Ernst & Sohn
A Wiley Brand

Zeitschrift Stahlbau

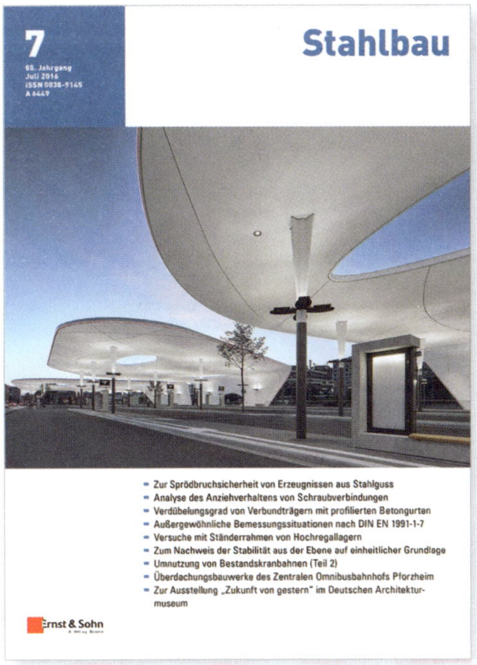

In der Zeitschrift **Stahlbau** wird mit ca. 100 Fachaufsätzen und Projektberichten pro Jahr das gesamte Spektrum des Stahlbaus zusammengefasst. Die neuesten Erkenntnissen aus der Forschung, anwendungsorientierte Beiträge aus der Praxis sind Arbeitshilfen für die täglichen Aufgabenstellungen des Ingenieurs.

Die in **Stahlbau** publizierten Fachaufsätze sind Erstveröffentlichungen.

Hrsg.: Ernst & Sohn, Berlin
Stahlbau
86. Jahrgang 2017
Erscheint monatlich
Impact-Faktor 2015: 0,225
ISSN Print 0038-9145
ISSN Online 1437-1049

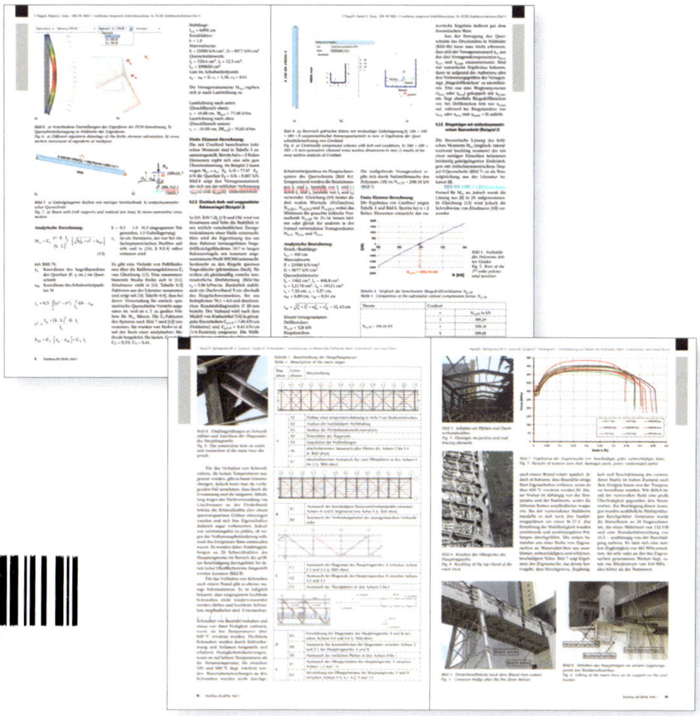

AF889043

Weitere Zeitschriften:

- Beton- und Stahlbetonbau
- Steel Construction – Design and Research
- Structural Concrete

Probeheft bestellen:
www.ernst-und-sohn.de/zeitschriften

Ernst & Sohn
Verlag für Architektur und technische Wissenschaften GmbH & Co. KG

Kundenservice: Wiley-VCH
Boschstraße 12
D-69469 Weinheim

Tel. +49 (0)800 1800-536
Fax +49 (0)6201 606-184
cs-germany@wiley.com

1063116_dp

Ausführung von Stahlbauten

DIN

Herbert Schmidt
Jörg-Dieter Korth
Gregor Machura
Ralf Podleschny
Christian Kammel
Michael Volz

Ausführung von Stahlbauten

Kommentare zu DIN EN 1090-2 und DIN EN 1090-4

2., überarbeitete und erweiterte Auflage 2019

Herausgeber:
DIN Deutsches Institut für Normung e. V.

Beuth
Berlin · Wien · Zürich

Ernst & Sohn
A Wiley Brand

Herausgeber: DIN Deutsches Institut für Normung e. V.

Berlin · Wien · Zürich
Saatwinkler Damm 42/43
13627 Berlin

Telefon: +49 30 2601-0
Telefax: +49 30 2601-1260
Internet: www.beuth.de
E-Mail: kundenservice@beuth.de

Verlag für Architektur und technische Wissenschaften GmbH & Co. KG
Rotherstraße 21
10245 Berlin

Telefon: +49 30 470 31-200
Telefax: +49 30 470 31-270
Internet: www.ernst-und-sohn.de
E-Mail: info@ernst-und-sohn.de

Titelbild: © gyn9037, Benutzung unter Lizenz von shutterstock.com
Satz: B & B Fachübersetzergesellschaft mbH, Berlin
Druck: COLONEL, Kraków

Gedruckt auf säurefreiem, alterungsbeständigem Papier nach DIN EN ISO 9706

ISBN 978-3-410-27631-9 (Beuth Verlag)
ISBN (E-Book) 978-3-410-27632-6 (Beuth Verlag)
ISBN 978-3-433-03108-7 (Ernst & Sohn)
ePDF 978-3-433-60533-2 (Ernst & Sohn)

Inhalt

Autorenporträts

Herbert Schmidt (federführender Autor)

Herbert Schmidt (Jahrgang 1936) studierte Bauingenieurwesen an der TU Braunschweig, arbeitete drei Jahre als Brückenbaustatiker in der Stahlbaufirma MAN Werk Gustavsburg und promovierte nach anschließenden fünf Jahren Assistententätigkeit am Institut für Stahlbau der TU Braunschweig 1970 mit einer Arbeit aus dem Brückenbau. Es folgten sechs weitere Jahre am selben Institut als Oberingenieur und Akademischer Oberrat, in denen er das neu gegründete Stahlbaulabor aufbaute und leitete. 1974 arbeitete er für zehn Monate als Gastwissenschaftler im Fritz Engineering Laboratory der Lehigh University in Bethlehem/USA. Ende 1977 folgte Schmidt einem Ruf als C3-Professor an die Universität Stuttgart. Dort leitete er im Otto-Graf-Institut (FMPA des Landes Baden-Württemberg) die Abteilung Baukonstruktionen, bis er Mitte 1981 auf die neu geschaffene C4-Professur Stahlbau der damaligen Universität Gesamthochschule Essen berufen wurde.

Es folgten zwei Jahrzehnte engagierter und fruchtbarer Lehr- und Forschungstätigkeit in Essen. Viele der erarbeiteten Forschungsergebnisse fanden Eingang in Handbücher, Regelwerke und Normen. 1990 und 1998 weilte Schmidt als Gastprofessor an australischen Universitäten. Seine wissenschaftlichen Leistungen wurden durch Berufung auf ehrenamtliche Positionen in vielen nationalen und europäischen Fachgremien gewürdigt. Die Stahlbaupraxis verlor er aber neben seiner wissenschaftlichen Tätigkeit nie aus den Augen: Von 1989 bis 2004 war er Prüfingenieur für Baustatik/Fachrichtung Metallbau. 1995 gründete er mit zwei Partnern in Essen das Ingenieurbüro für Konstruktiven Ingenieurbau Prof. Schmidt & Partner, das vor allem im Industriebau, Behälterbau und Kraftwerksbau (einschließlich Windenergie) tätig wurde. Darüber hinaus schärften viele Schadensgutachten seinen Blick für die Belange der Praxis.

Seit 2002 ist Herbert Schmidt zwar im Ruhestand, was ihn aber nicht daran hindert, sich weiterhin als Seniorpartner des Ingenieurbüros und als Emeritus für Stahlbau der Universität Duisburg-Essen beratend, begutachtend, vortragend und veröffentlichend in das Stahlbaugeschehen einzubringen. 2014 erhielt er (zusammen mit seinem früheren Berliner Kollegen Prof. Lindner) die Auszeichnung des Deutschen Stahlbaues für sein Lebenswerk, die „jahrzehntelange prägende Beeinflussung der Stahlbaunormung auf den Gebieten der Schalenstabilität sowie der Stahlbauausführung auf nationaler und internationaler Ebene".

Jörg-Dieter Korth

Jörg-Dieter Korth ist Jahrgang 1950. Er studierte nach seiner Berufsausbildung als Schiffbauschlosser in den Fachrichtungen Technologie der metallverarbeitenden Industrie und Schweißtechnik und diplomierte (FH) 1973 in Roßwein. Nach seinem Studium arbeitete er als Technologe im Chemieanlagenbau Leipzig. 1974 wechselte er in den Stahlbau als Schweißingenieur zu Industriemontagen (IMO) Leipzig. 1977 begann er parallel ein Fernstudium an der TU Dresden in der Fachrichtung Fertigungsprozessgestaltung, das er als Diplomingenieur abschloss.

Bei der Arbeit in der Schweißtechnik wurde Korth mit den unterschiedlichsten Vorhaben betraut. Neben den Aufgaben in der Stahlbaufertigung und bei der Montage von Stahlbauten gab es spezielle Vorhaben wie das Verarbeiten und das Schweißen von höherfesten wasservergüteten Baustählen. Dazu erfolgten Veröffentlichungen in der Zeitschrift „Schweißtechnik" der DDR. Beteiligt war er auch an den besonderen Forschungsaufgaben zum Vorbereiten und Realisieren der Montage und des Schweißens des Stahlzellen-Containments für die neue Generation von Kernkraftwerken der DDR. Dazu erfolgten Untersuchungen zur Sicherheit, zu Qualitätsfragen und technologischen Fragen und den dafür geforderten besonders hohen Zähigkeitsanforderungen an die Schweißverbindungen. Dafür musste das Fachpersonal vom Schweißer bis zum Ingenieur für diese Aufgaben aus- und weitergebildet werden. Das erfolgte grundsätzlich in der eigenen Firma und gehörte somit zu den Aufgaben der Abteilung Schweißtechnik, die dafür mehrere eigene Ausbildungsstätten betrieb.

Zu den Aufgaben seiner Abteilung gehörte auch das Umsetzen des Geplanten auf den Baustellen und das Prüfen der Schweißarbeiten. Mit den Aufgaben im Kernkraftwerksbau war er über Jahre beschäftigt und konnte dabei Erfahrungen an besonders anspruchsvollen Schweißaufgaben sammeln.

1984 wurde Jörg-Dieter Korth Abteilungsleiter der Schweißtechnik IMO Leipzig. 1992 wurden der Abteilung unter seiner Leitung noch die Aufgaben der Qualitätssicherung, der Messtechnik und der Prüftechnik (ZfP) zugeordnet. Außerdem erfolgte unter seiner Federführung die Einführung eines zertifizierten Qualitätsmanagementsystems. Neben den Aufgaben in Deutschland konnte Korth auch im europäischen Ausland auf den Baustellen seiner Firma mit deutschen und europäischen Partnern Erfahrungen sammeln. Dabei verlagerten sich die Schwerpunkte der Aufgaben in den Bau von Stahlbrücken, von Behältern einschließlich der Druckbehälter, von Industrieanlagen sowie von architektonischen Stahlbauten.

Seine umfassenden und praxisbezogenen Erfahrungen im Stahlbau und im Schweißen brachte er über Jahre in den Normenausschuss zur DIN 18800-7 und zur DIN EN 1090-2 ein. Diese Aufgabe nimmt er noch heute wahr. Er unterstützt mit seinem Fachwissen auch noch im Ruhestand die Ausbildungs- und Weiterbildungsmaßnahmen von Fachpersonal in den Handwerkskammern und auch in den SLVs.

Gregor Machura

Gregor Machura ist Jahrgang 1971 und studierte Bauingenieurwesen in Bochum mit dem Schwerpunkt „Konstruktiver Ingenieurbau". Im anschließenden Berufsleben fokussierte Machura sein Interesse auf die Stahlbauweise mit dem Erwerb einer Reihe ergänzender Zusatzqualifikationen, u. a. Internationaler Schweißfachingenieur (IWE), VDG-Zusatzstudium Gießereitechnik und Gießereifachingenieur-VDG, FROSIO Beschichtungsinspektor Level III sowie die Klasse-III-Qualifikationen im Bereich der zerstörungsfreien Prüfung ZfP: VT, MT, PT, RT, UT.

Ab 2001 arbeitete er in der Gesellschaft für Metallbautechnik als Konstrukteur. Danach war er viele Jahre bei der Gesellschaft für Schweißtechnik International und Schweißtechnischen Lehr- und Versuchsanstalt (GSI SLV) in Duisburg im Bereich Service und Weiterbildung tätig. Höhepunkte seiner beruflichen Laufbahn während dieser Zeit waren u. a. die Fertigungsüberwachungen der Fassadenkonstruktion BMW-Welt in München, des Radioteleskops SRT auf Sardinien und diverser Kraftwerksbauten der Alstom Power Inc. Windsor.

Seit 2011 war Machura technischer Referent beim Deutschen Stahlbau-Verband DStV. Zu seinen Schwerpunktaufgaben gehörten die Bereiche Fertigung, Anlagen- & Kraftwerksbau und Brückenbau. Er betreute die zugehörigen Arbeits- und Fachausschüsse. Ab Januar 2012, nach dem Zusammenschluss von DStV und bauforumstahl e. V., erweiterte sich seine Tätigkeit auf die Mitglieder von bauforumstahl (BFS). Seit 2018 ist Herr Machura nun Geschäftsführer von bauforumstahl und DStV, gleichzeitig auch geschäftsführendes Mitglied des Deutschen Ausschusses für Stahlbau DASt.

Machura engagiert sich seit Jahren in nationalen und internationalen Normungsgremien im Bereich DIN, CEN und ISO. Er ist Obmann des deutschen Normen-Arbeitsausschusses NA 005-08-14 AA „Stahlbauten, Herstellung" bei DIN und gleichzeitig Obmann der Working Group WG 2 „Execution of steel structures and aluminium structures" von CEN/TC 135, in der die aktuelle EN 1090-2 erarbeitet wurde. Er ist auch Vorsitzender des Internationalen Normen-Arbeitsausschusses ISO/TC 44/SC 10 „Quality management in the field of welding".

Ralf Podleschny

Ralf Podleschny (Jahrgang 1961) studierte Bauingenieurwesen an der Bergischen Universität Wuppertal und promovierte im Anschluss daran am Institut für Mechanik, AG Experimentelle Mechanik der Ruhr Universität Bochum 1993 mit einer Dissertation auf dem Gebiet der Bruchmechanik.

Im Anschluss arbeitete er sechs Jahre in einem Ingenieurbüro für Tragwerksplanung in Düsseldorf mit dem Schwerpunkt Brückenbau. Im Juli 1999 begann er seine Tätigkeit beim IFBS, Internationaler Verband für den Metallleichtbau, als technischer Leiter. Seit März 2001 ist er beim IFBS als Geschäftsführer beschäftigt, und seit dem Jahr 2003 leitet er ebenfalls als Geschäftsführer den europäischen Verband der Metall-Profiltafel- und Sandwichhersteller PPA-Europe, European Association for Panels and Profiles.

Ralf Podleschny hält Vorträge zu verschiedenen Themen des Metallleichtbaus im Rahmen von Vortragsveranstaltungen von Partnerorganisationen und IFBS-Seminaren. Er ist in vielen deutschen, europäischen und internationalen Normenausschüssen Mitglied, hier insbesondere auf dem Gebiet des Metallleichtbaus. Darüber hinaus ist er Mitglied im Sachverständigenausschuss Metallbau des DIBt.

Ralf Podleschny ist Obmann des Normenausschusses TC 135/WG 14, der die neuen Normenteile EN 1090-4 und -5 erarbeitet hat.

Christian Kammel

Christian Kammel (Jahrgang 1969) studierte nach 15-monatiger Wehrdienstzeit Bauingenieurwesen mit der Vertieferrichtung Konstruktiver Ingenieurbau an der RWTH Aachen. Für seine Diplomarbeit und Studienleistungen erhielt er den F.C.-Trapp-Preis und die Springorum-Denkmünze der RWTH Aachen. Er begann 1994 seine Tätigkeit als wissenschaftlicher Mitarbeiter am Lehrstuhl für Stahlbau bei Prof. Dr. Dr. h. c. Sedlacek. Schwerpunkte seiner 13-jährigen Assistententätigkeit waren die Windingenieurtechnik, die Mehrkörperdynamik und die Stahlbauausführung. In dieser Zeit absolvierte er 2003 den Schweißfachingenieurlehrgang (EWE/IWE) der SLV Duisburg in Aachen.

Nach der Promotion „summa cum laude" zum Thema „Vorhersage der Wirkungsweise nachgiebiger Schutzeinrichtungen für den Straßenverkehr" wechselte er 2007 zum Industrieverband Stahlverarbeitung e. V., Siegen, für den er seither als technischer Berater tätig ist. Seit 2001 ist er Mitinhaber des Architektur- und Ingenieurbüros Kammel in Hagen.

Neben der Mitarbeit in mehreren weiteren Normenausschüssen ist Kammel seit 2002 Mitarbeiter im DIN-Spiegelausschuss NA 005-08-14 AA „Stahlbauten, Herstellung". Er war von 2002 bis 2014 im europäischen Normenausschuss CEN/TC 135 tätig und an der Erarbeitung der letzten Version von DIN 18800-7 und der ersten Versionen der europäischen Normen EN 1090-1 und EN 1090-2 beteiligt. U. a. war er 2007 mit der deutschen Übersetzung der EN 1090-2 befasst.

Michael Volz

Michael Volz (Jahrgang 1971) hat an der Universität Karlsruhe Bauingenieurwesen, Fachrichtung Konstruktiver Ingenieurbau, studiert. Danach war er von 1998 bis 2001 drei Jahre wissenschaftlicher Assistent bei Prof. Saal am Lehrstuhl für Stahl- und Leichtmetallbau der Universität Karlsruhe, bevor er 2001 bei der ISIB Dr. Möll GmbH eine Ausbildung zum Internationalen Schweißfachingenieur IWE absolvierte und in die Abteilung Metallische Werkstoffe und Fügetechnik der Versuchsanstalt für Stahl, Holz und Steine wechselte. Diese Abteilung übernahm Volz 2002 von Gerhard Steidl und baute sie bis zu seinem Ausscheiden im Dezember 2011 stetig aus.

Volz war in dieser Zeit Leiter der Anerkannten Stelle für die Herstellerqualifikationen/Eignungsnachweise zum Schweißen nach DIN 18800-7, RiL 804, DIN V 4113-3 sowie DIN 4099/DIN EN ISO 17660 mit einem Bestand von etwa 400 Betrieben europaweit. Außerdem war er Überwachungsstellenleiter für metallische Bauprodukte nach Bauproduktenrichtlinie (u. a. DIN EN 10025-1, DIN 15088, DIN EN 10340, DIN 488, DIN EN 1090-1) und in dieser Eigenschaft regelmäßig in Herstellbetrieben verschiedenster Größe vor Ort.

In seiner Zeit in Karlsruhe hat Volz an der Fakultät Bauingenieurwesen bei Prof. Saal promoviert. Im Januar 2012 folgte er dem Ruf der Hochschule Offenburg auf eine W2-Professur und lehrt dort u. a. Technische Mechanik, Werkstofftechnik, FEM und Festigkeitsnachweise. Die Tätigkeit von Volz war und ist stark durch die Verbindung von Wissenschaft und Praxis geprägt. Seine Erfahrungen bringt er unter anderem als ISO 9001-Auditor, als Sachverständiger im SVA „Metallbau und Verbundbau" des DIBt sowie im Koordinierungsausschuss der Anerkannten Stellen, als EBA-Prüfer mit dem Sachgebiet Schweißtechnik und als Vorstandsmitglied im DVS-BV Karlsruhe ein.

Vorwort zur 2., vollständig überarbeiteten und erweiterten Auflage

Die 2012 erschienene erste Auflage des Kommentarbuches „Ausführung von Stahlbauten – Kommentare zu DIN EN 1090-1 und DIN EN 1090-2" ist vergriffen, das Buch wurde in der Praxis trotz seines ungewöhnlichen Umfangs erfreulicherweise gut aufgenommen. Deshalb stellte sich die Frage nach einer zweiten Auflage. Da beide kommentierten Normen sich europäisch in Überarbeitung befanden, kam eine einfache, druckfehlerberichtigte, zweite Auflage nicht infrage – die Kommentierung muss sich selbstverständlich auf die beim Erscheinen aktuellen Versionen der Normen beziehen. Die europäische Überarbeitung der beiden Normen verlief bzw. verläuft jedoch extrem unterschiedlich, das hängt mit ihren völlig unterschiedlichen Funktionen für das Stahlbaugeschehen zusammen.

EN 1090-1 enthält keine technischen Regeln für das Bauen, sondern ausschließlich Regeln für den Konformitätsnachweis und die CE-Kennzeichnung des Bauproduktes „Tragende Stahlbauteile". Diese Regeln werden derzeit grundlegend systemisch überarbeitet. Veranlassung dafür ist, dass die Norm EN 1090-1 wegen ihrer europarechtlichen Funktion als „harmonisierte" Europäische Produktnorm von der **EU-Bauproduktenrichtlinie (BPR)**, die noch der aktuellen Version EN 1090-1:2009+A1:2011 (also auch der aktuellen DIN EN 1090-1:2012-02) zugrunde liegt, umgestellt werden muss auf die seit Juli 2013 europaweit verbindliche **EU-Bauproduktenverordnung (BPVO)**.

Das hört sich einfacher an, als es ist. Der zurzeit vorliegende Entwurf sieht vom Grundsatz her anders aus als die aktuell gültige Version, mit dem Erscheinen einer neuen EN 1090-1 ist nicht vor 2020 zu rechnen. Eine zweite Auflage der Kommentare zu DIN EN 1090-1 müsste sich demnach unverändert auf die derzeit gültige Version 2012-02 beziehen. Das macht wenig Sinn, denn mittlerweile sind praktisch alle deutschen und auch viele ausländische Metallbaubetriebe nach EN 1090-1 zertifiziert, es besteht kein Bedarf für nochmaliges Abdrucken der Kommentare von 2012. **Das vorliegende Buch enthält deshalb keine Kommentare zu DIN EN 1090-1.**

Die technischen Regeln für das Bauen mit Stahl sind in **EN 1090-2** enthalten. Diese Regeln sind ebenfalls europäisch überarbeitet worden, allerdings eher moderat. Die überarbeitete EN 1090-2 ist im Juni 2018 erschienen, eine zweite Auflage der Kommentare muss sich deshalb auf die neue, im September 2018 veröffentlichte Version von DIN EN 1090-2 beziehen. Die im vorliegenden Buch gebrachten Kommentare zu DIN EN 1090-2 stellen in diesem Sinne eine zweite, völlig überarbeitete und erweiterte Auflage der Kommentare von 2012 dar.

Eine der wesentlichen Überarbeitungen der EN 1090-2 betraf die technischen Anforderungen an tragende, dünnwandige, kaltgeformte Bauelemente und Bauteile aus Stahl. Sie waren in der bis vor kurzem gültigen Version nur unbefriedigend behandelt, vor allem nicht umfassend genug. Es wurde deshalb innerhalb der Normenreihe EN 1090 eine neue Norm **EN 1090-4** geschaffen, in der dieses Teilgebiet des Stahlbaus aus der bisherigen EN 1090-2 herausgelöst und nunmehr mit der notwendigen Ausführlichkeit dargestellt wurde. Diese neue Norm ist fertig, die deutsche Version DIN EN 1090-4 wurde ebenfalls im September 2018 veröffentlicht. Sie wird im vorliegenden Buch erstmalig kommentiert.

Das vorliegende Buch behandelt also, zusammengefasst, alle europäisch genormten **technischen Regeln** für die **Ausführung von Stahlbauten**, jedoch keine Regeln für Konformitätsnachweise bzw. für die Bewertung und Überprüfung der Leistungsbeständigkeit gemäß BPVO.

Vom siebenköpfigen Autorenteam des Vorgängerbuches sind Herbert Schmidt (federführend), Christian Kammel und Michael Volz geblieben. Hinzugekommen sind Jörg-Dieter Korth, Gregor Machura und Ralf Podleschny, alle drei Mitglieder des deutschen NABau-Spiegelausschusses für die Normenreihe EN 1090. Die beiden Letzteren sind auch langjährige Mitglieder des zuständigen europäischen Arbeitsausschusses CEN/TC 135, G. Machura seit kurzem auch als Convenor der für EN 1090-2 verantwortlichen Working Group, R. Podleschny schon seit Jahren als Convenor der für die neue EN 1090-4 verantwortlichen Working Group.

Alle Kommentierungen stammen also, wie auch im Vorgängerbuch, aus „erster Hand“. Damit ist sichergestellt, dass sie sich nicht nur auf nachträgliche Interpretationen des Textes stützen. Unvermeidbar sind in die Kommentare viele Hinweise, Argumente und Informationen eingeflossen, die von den Mitgliedern der Arbeitsausschüsse und Working Groups während und nach der Normungsarbeit schriftlich oder mündlich vorgebracht wurden. Außerdem haben viele Fachkolleginnen und -kollegen während der Erarbeitung des vorliegenden Buchmanuskripts mit Ratschlägen und aktuellen Informationen Hilfestellung geleistet. Aus verständlichen Gründen kann das nicht im Einzelnen kenntlich gemacht werden; stattdessen danken die Autoren an dieser Stelle all diesen Kolleginnen und Kollegen für die Hilfe und die jahrelange gute Zusammenarbeit.

Aufbau und Struktur der Kommentare zu DIN EN 1090-2 und DIN EN 1090-4 sind identisch mit dem Vorgängerbuch von 2012. Die im seinerzeitigen Vorwort gegebene Beschreibung des Aufbaus und der Struktur des Buches wird, entsprechend aktualisiert, nachfolgend wiedergegeben.

Aufbau und Struktur des Buches

Das Buch folgt streng der Gliederung der kommentierten Normen, ohne jedoch deren Texte zu wiederholen. Man muss also beim Lesen stets Norm und Kommentar nebeneinander liegen bzw. auf dem Bildschirm haben.

Da beide Teilnormen der Normenreihe DIN EN 1090 in einem gemeinsamen Buch kommentiert werden, wird allen Nummerierungen der jeweiligen Norm (Kapitel, Anhänge, Tabellen, Bilder usw.) eine „II“ (für DIN EN 1090-2) bzw. eine „IV“ (für DIN EN 1090-4) vorangestellt (z. B. Tabelle II.24 für Tabelle 24 von DIN EN 1090-2 oder Anhang IV.E für Anhang E von DIN EN 1090-4). Eigene Tabellen, Bilder und Gleichungen des Kommentarbuchs bekommen, um sie von denen der Norm unterscheiden zu können, zusätzlich ein „K“ vorangestellt und werden innerhalb jedes kommentierten Kapitels oder Anhangs durchnummeriert (z. B. Tabelle KII.8-10 oder Bild KIV.9-7).

Leider sind die Normtexte – im Gegensatz zur früheren DIN 18800-7 und auch zu den Eurocodes der Normenreihe DIN EN 1993 – unterhalb der Dezimalstrukturierung der Normabschnitte nicht weiter in sachliche Textelemente untergliedert. Deshalb wurde bei Normabschnitten mit mehreren, gleichwertig nebeneinander stehenden Einzelregelungen die Kommentarstruktur, wo sachlich möglich, weiter nach Sachthemen untergliedert. Dazu wurden zunächst die Textabsätze innerhalb eines Normabschnittes gedanklich durchnummeriert. Thematisch zusammengehörende Textabsätze wurden dann zu Kommentarelementen mit eigener Sachüberschrift zusammengefasst. Die Kommentarelemente („Kommentar“ genannt) werden innerhalb des entsprechenden Normabschnittes in dreieckigen Klammern durchnummeriert; Beispiel: Im Abschnitt „Zu II.8.2.4 – Scheiben“ findet man u. a. einen Kommentar „<5> zu Abs. 7 – Keilscheiben“.

Bei einer ganzen Reihe solcher Kommentare, für die mehrseitige kommentierende Texte erforderlich waren, erwies es sich zwecks besserer Lesbarkeit und Zitierbarkeit als sinnvoll, sie zusätzlich weiter zu substrukturieren; Beispiel: Im Hauptabschnitt „Zu II.8.5 – Anziehen vorgespannter Schraubengarnituren“ findet man im Abschnitt „Zu II.8.5.1 – Allgemeines“ einen Kommentar „<1> Zu Abs. 1 und 2 nebst Anmerkung u. Tabelle II.18 – Zweck und Höhe der Vorspannung“ mit drei Subkommentaren „<1.1> Zu den Begrifflichkeiten ‚Vorspannen‘ und ‚planmäßiges Vorspannen‘“, „<1.2> Zur Zielsetzung des Vorspannens“ und „<1.3> Zur Höhe der aufgebrachten Vorspannkraft“.

Direkte Verweise auf Kapitel und Abschnitte (z. B. „siehe Kap. II.12“ oder „siehe Abschnitt IV.9.17“), auf Anhänge (z. B. „siehe Anhangtabelle II.B.18“) und auf Tabellen und Bilder (z. B. „siehe Tabelle II.17“ oder „siehe Bild IV.4“) beziehen sich stets auf die Norm selbst. Vorwärts- und Rückwärtsverweise innerhalb des Kommentarbuches auf Kommentartexte werden durch Hinzufügen von „zu“ kenntlich gemacht (z. B. vorwärts „siehe zu II.12.4.2.1“ oder rückwärts „vgl. zu II.5.1 <1.3>“).

Regelwerke, die im jeweiligen Kapitel 2 der beiden Normen unter „Normative Verweisungen“ aufgelistet sind, werden im Kommentar ohne weiteren Quellennachweis unter genau derselben Bezeichnung zitiert, also datiert oder undatiert (zur Bedeutung dieser beiden Begriffe siehe zu II.2 <2>) und ohne den vorangestellten Zusatz „DIN“ (auch wenn sie als deutsche Norm

DIN EN oder DIN ISO oder DIN EN ISO übernommen worden sind). Da sich die Kommentierung bei den undatierten Verweisungen natürlich nur auf die derzeit konkret geltende Ausgabe der jeweiligen Norm beziehen kann, da aber andererseits das ständige Anhängen des konkreten Ausgabedatums im Text diesen noch spröder machen würde als sowieso schon unvermeidbar, sind in den Tabellen KII.2-1 und KIV.2-1 jeweils am Ende der Kommentierung des Kapitels „Normative Verweisungen" für sämtliche in DIN EN 1090-2 bzw. DIN EN 1090-4 undatiert zitierten Normen die aktuellen Ausgabedaten, auf die sich die vorliegende Kommentierung konkret bezieht, zusammengestellt.

Beide Normen enthalten neben dem Kapitel „Normative Verweisungen" am Ende auch „Literaturhinweise". Literaturstellen daraus werden wie folgt zitiert: [II.**Lit**48] oder [IV.**Lit**26].

Alle im Kommentarbuch zitierten Regelwerke, die nicht in den „Normativen Verweisungen" oder „Literaturhinweisen" der beiden Normen enthalten sind, findet man mit vollständiger Bezeichnung im eigenen Literaturverzeichnis des Buches unter „**R**egelwerke" (z. B. „[**R**28]"). Alle Quellenangaben und Literaturhinweise, die sich nicht auf Regelwerke beziehen, werden unter „**V**eröffentlichungen" aufgelistet (z. B. „[**V**12]").

Alle Bilder und Abbildungen, die keine Quellenangaben aufweisen, stammen von den Verfassern selbst.

Auszüge aus dem Vorwort zur 1. Auflage

Zur jüngeren Geschichte der Ausführungsnormung im deutschen Stahlbau

Im September 2002 erschien die Norm DIN 18800-7 „Stahlbauten, Ausführung und Herstellerqualifikation" in völlig neuer Überarbeitung als Nachfolgerin der Ausgabe Mai 1983. Auslöser für die Überarbeitung war u. a. das Erscheinen der europäischen Vornorm ENV 1090-1 als deutsche Vornorm im Juli 1998 gewesen. Es hatte in der deutschen Stahlbaupraxis so viele Vorbehalte gegen ihre versuchsweise Einführung gegeben, dass man stattdessen die Überarbeitung der nationalen Norm in Angriff genommen hatte. Dabei hatte jedoch die ENV 1090-1 als Vorlage gedient.

Die Vorlagenfunktion der ENV 1090-1 für die DIN 18800-7:2002 bezog sich vor allem auf Inhalt und Gliederung, nicht auf den Detaillierungsgrad der Darstellung und damit auf den Umfang. Obwohl mit 45 Seiten mehr als viermal so umfangreich wie die alte DIN 18800-7:1983, war es aber doch gelungen, die 120 Seiten der ENV 1090-1 auf unter 40 % zu reduzieren. Das war eine Konsequenz der traditionellen deutschen Vorstellung, eine Norm solle das „Normale" in möglichst knapper Form regeln, aber im Grundsatz für Fachleute geschrieben und kein Ersatz für Lehrbücher oder Nachschlagewerke sein.

Trotzdem waren, der europäischen Vorgabe folgend, so viele neue Inhalte in die DIN 18800-7 gekommen – weit über die klassische deutsche baurechtliche Funktion als Technische Baubestimmung hinaus –, dass ein ausführlicher Kommentar erforderlich wurde. Er erschien 2005 gemeinsam bei den Verlagen Beuth und Ernst & Sohn als Fachbuch unter dem Titel „Ausführung von Stahlbauten – Erläuterungen zu DIN 18800-7" [V66]. Obwohl nach einigen Jahren vergriffen, wurde auf eine zweite Auflage verzichtet und stattdessen die erste Auflage des vorliegenden Buches mit Kommentaren zu den beiden 2010/2011 erschienenen Nachfolgenormen DIN EN 1090-1 und DIN EN 1090-2 erarbeitet [V68].

Der Ersatz von DIN 18800-7 durch das Normenpaar DIN EN 1090-1 und DIN EN 1090-2 bedeutete einen weit größeren Einschnitt für das deutsche Stahlbaugeschehen als beispielsweise der Ersatz der Bemessungsnormenreihe DIN 18800 durch die verschiedenen Teile der Normenreihe DIN EN 1993 (Eurocode 3). Während die Ausführung von Stahlbauten in DIN 18800-7 gemäß der deutschen Tradition als ganzheitlicher Vorgang behandelt wurde, wurde sie nun quasi „künstlich" in zweierlei Hinsicht aufgespalten:

- Zum einen wird jetzt – grob vereinfacht formuliert – die Ausführung von Stahlbauten in rechtlich-verwaltungstechnisches Handeln (Konformitätsnachweisverfahren nach EN 1090-1) und bautechnisches Handeln (technische Regeln nach EN 1090-2) zerlegt.

- Zum anderen wird – wieder grob vereinfacht formuliert – die Ausführung von Stahlbauten in das Herstellen von vorgefertigten Bauteilen (Konformitätsnachweis der Herstellung nach EN 1090-1, Herstelltechnik jedoch nach EN 1090-2) und das Zusammenfügen der vorgefertigten Bauteile (Montieren) zum fertigen Tragwerk (ausschließlich nach EN 1090-2) zerlegt.

Der tiefere Grund für dieses Aufspalten des Stahlbaugeschehens liegt in der europäisch eingeführten Definition eines im Werk vorgefertigten Stahlbauteils als **„Bauprodukt"** (ähnlich z. B. einem Stück Walzprofil oder einer Schraube). Es führt dazu, dass im Werk vorgefertigte Stahlbauteile nunmehr unter die europäische Bauproduktenrichtlinie fallen, deren Ziel die Schaffung eines europäischen Binnenmarktes und der freie Handel von Bauprodukten innerhalb der Mitgliedsstaaten der EU und der EFTA ist. Deshalb hat EN 1090-1 auch europarechtlich einen anderen Status als EN 1090-2 ... Tragende Stahlbauteile müssen also zukünftig in der Regel mit einem CE-Zeichen gekennzeichnet sein, ähnlich dem in Deutschland bisher für Bauprodukte obligatorischen Ü-Zeichen.

Zum Kommentar-Buch „Ausführung von Stahlbauten"

Ingenieure und Techniker werden nach Meinung der Verfasser für das Arbeiten mit DIN EN 1090-1 und DIN EN 1090-2 mehr Hilfestellung benötigen als für das Arbeiten mit DIN 18800-7. Die beiden europäischen Normen sind zusammen nicht nur fünfmal umfangreicher, sondern erfordern auch insgesamt andere Herangehensweisen. Das hängt mit der oben beschriebenen Aufspaltung in zwei Teile zusammen, aber auch mit den unterschiedlichen „Ingenieurkulturen" der anderen großen europäischen Länder, die Eingang in die Normen gefunden haben. ... Das Buch soll deutschen Ingenieuren und Technikern, die auf der Grundlage von DIN EN 1090-1 und DIN EN 1090-2 Stahlbauten in Deutschland oder im europäischen Ausland planen, bauen, prüfen oder überwachen, eine unmittelbare Hilfe bei der täglichen Arbeit sein. Es gibt Zusatz- und Hintergrundinformationen, es stellt Verknüpfungen zu angrenzenden Bereichen dar, es gibt wichtige Auszüge aus zitierten Regelwerken wieder, und es zeigt anhand von Musterbeispielen die Umsetzung der Normregelungen auf. Das Buch soll auch ausländischen Ingenieuren und Technikern, die in Deutschland bauen wollen, eine Hilfe sein.

Nachruf Rainer Zwätz

Kurz vor Fertigstellung des Manuskripts verstarb am 11. Dezember 2011 Herr Dipl.-Ing. Rainer Zwätz, einer der sieben Autoren, plötzlich und unerwartet im Alter von 69 Jahren. Rainer Zwätz hatte auch schon das Vorgängerbuch als einer der damals vier Autoren mit erarbeitet. Aufgrund seiner langjährigen Erfahrungen als führender Mitarbeiter der SLV Duisburg sowie als Mitglied vieler nationaler und internationaler Fachgremien war er besonders prädestiniert für die Kommentierung aller für die Ausführung von Stahlbauten relevanten Aspekte der Werkstoffe, des Schweißens, des Qualitätsmanagements, der Kontroll- und Prüfmaßnahmen im Werk und auf der Baustelle sowie der Unternehmenszertifizierung für das Schweißen. Aber auch auf allen anderen, im vorliegenden Buch behandelten Teilgebieten der Ausführung von Stahlbauten wurde er innerhalb des Autorenteams wegen seiner konstruktiv-kritischen Diskussionsbeiträge geschätzt. Rainer Zwätz wird seinen Mitautoren stets in positiver Erinnerung bleiben.

II Kommentare zu DIN EN 1090-2 Technische Regeln für die Ausführung von Stahltragwerken

Nationales Vorwort

Zu II

Nach der üblichen Angabe des verantwortlichen europäischen Arbeitsausschusses (CEN/TC 135) und des zuständigen deutschen „Spiegelausschusses“ (NA 005-08-14 AA) folgt eine Auflistung von sieben in der Norm zitierten ISO-Dokumenten, die nicht als EN-ISO-Normen übernommen wurden, für die es aber deutschsprachige Versionen gibt; das ist in jedem Fall hilfreich. Zwei Seiten später folgen auch die deutschen Titel dieser sieben ISO-Dokumente – warum als eigenständiger **Nationaler Anhang**, ist nicht nachzuvollziehen.

Diese sieben ISO-Dokumente werden in EN 1090-2 allerdings nur mit Empfehlungscharakter zitiert; sie stehen nicht bei den Normativen Verweisungen in Kapitel II.2, sondern lediglich bei den Literaturhinweisen am Ende von EN 1090-2. Dort findet man im Übrigen sechs weitere ISO-Dokumente ([II.Lit30] bis [II.Lit35]), für die es aber keine deutschsprachigen Versionen gibt. Sie werden in diesem Buch an den Stellen ihrer Zitierung kommentiert.

Ärgerlicher für den deutschen Normanwender sind vier ebenfalls nur englischsprachig verfügbare ISO-Normen – ISO 4997, ISO 4463, ISO 2859-5 und ISO 19840 –, die in EN 1090-2 jedoch bei den Normativen Verweisungen aufgeführt werden, also einen formal verbindlicheren Charakter haben als die hier aufgelisteten. Auch sie werden an den Stellen ihrer Zitierung kritisch kommentiert.

Von den vier aufgeführten **Nationalen Fußnoten** sind drei redaktioneller, die vierte erklärender Art; sie stellen also keine nationalen Sonderregelungen dar. Die aufgelisteten Änderungen sind identisch mit den auch im Europäischen Vorwort aufgeführten Änderungen; sie werden dort kommentiert.

Die Auflistung **früherer Ausgaben** ist für Liebhaber der Ingenieurgeschichte interessant: Man erkennt, dass es bereits vor ca. 100 Jahren im deutschen Stahlbau normative Vorgaben für die Ausführung gab. Die konsequente Zusammenfassung all dessen, was für die Ausführung von Stahltragwerken Stand der Technik und regelungsbedürftig war, erfolgte aber in der Bundesrepublik erst 1983 mit der Herausgabe von DIN 18800-7. Parallel dazu gab es in der DDR die 9-teilige Normenreihe TGL 13510. Auf europäischer Ebene begann die Arbeit an der Normung für die Ausführung von Tragwerken aus Stahl unmittelbar nach der Wende, ein erster Entwurf erschien 1993 (hier nicht aufgeführt). Weitgehend unbekannt in unserer schnelllebigen Zeit ist heute, dass die hier aufgeführte 6-teilige DINV-ENV-Reihe 1090 von 1998/2003 noch gesplittet war in

- allgemeine Regeln und Regeln für den Hochbau,
  ergänzende Regeln für kaltgeformte dünnwandige Bauteile und Profilbleche (!),
- ergänzende Regeln für Stähle mit hoher Streckgrenze,
- ergänzende Regeln für Tragwerke aus Hohlquerschnitten,
- ergänzende Regeln für Brücken,
- ergänzende Regeln für nichtrostenden Stahl.

In der ersten Ausgabe der EN 1090-2 in der heutigen Form im Jahre 2008 wurden die sechs Teile zusammengeführt – um sie nun wieder auseinanderzunehmen (siehe EN 1090-4) ...

Zu II Europäisches Vorwort

<1> Zu Abs. 1 bis 5 sowie Abs. 17 – Herkunft und Funktion der Norm EN 1090-2

Die Norm EN 1090-2 wurde, wie bereits im Vorwort zu diesem Buch erläutert, vom Technischen Komitee TC 135 des Europäischen Komitees für Normung (CEN) erarbeitet. Gemäß Abs. 5 liegt ihm ein Auftrag der Europäischen Kommission zugrunde. Dieser Auftrag darf nicht verwechselt werden mit dem wesentlich stringenteren Typ von Mandat, wie es dem CEN erteilt wird, wenn es um die Unterstützung grundlegender Anforderungen der Verordnung (EU) Nr. 305/2011, der so genannten **EU-Bauproduktenverordnung (BPVO)** [R182], geht. Das Ergebnis eines solchen Mandats ist eine **europäisch harmonisierte Produktnorm (hEN)**. Man erkennt eine solche hEN formal daran, dass sie einen informativen Anhang ZA besitzt, in dem der Zusammenhang mit der BPVO dargestellt wird. Die vorliegende Norm EN 1090-2 ist demnach **keine** solche europäisch harmonisierte Norm, sondern eine „ganz normale" technische Norm. Sie unterliegt aber natürlich der CEN/CENELEC-Geschäftsordnung und ist deshalb von den nationalen Normungsinstituten der 34 in Abs. 17 aufgeführten Mitgliedsländer zu übernehmen und mit dem Status einer nationalen Norm zu versehen.

Der Passus zu möglichen Patentrechten in Abs. 3 ist neu. Er taucht in allen Neu-Ausgaben von EN-Normen auf. Vermutlich gab es juristische Probleme, auf die hier aber nicht eingegangen werden kann.

<2> Zu Abs. 6 – Zusammenhang zwischen EN 1090-1 einerseits und EN 1090-2/EN 1090-4 andererseits

Wie bereits im Vorwort zu diesem Buch dargelegt, sind EN 1090-1[1] einerseits und EN 1090-2 und EN 1090-4 andererseits Teile einer nunmehr fünfteiligen Normenreihe „Ausführung von Stahltragwerken und Aluminiumtragwerken". Sie sind also im weitesten Sinne fachlich aufeinander abgestimmt, aber nicht nur das. EN 1090-1 ist eine europäisch harmonisierte Norm (hEN), wie in <1> beschrieben. Da keinerlei technische Regeln für die Herstellung der hinsichtlich des Konformitätsnachweises behandelten tragenden Bauteile enthaltend, ist sie hinsichtlich der Bauteile für Stahltragwerke vollständig auf die technischen Ausführungsregeln in EN 1090-2 und EN 1090-4 als Bezugsdokumente angewiesen.

Umgekehrt könnte man aber mit EN 1090-2 allein ein voll funktionsfähiges und tragsicheres Stahltragwerk herstellen und errichten. Man hätte dann nur keinen vorgegebenen, rechtlich-verwaltungstechnischen Rahmen für ein Konformitätsnachweisprozedere. Tatsächlich sind EN 1090-2 und EN 1090-4 vom Arbeitsausschuss CEN/TC 135 sogar bewusst so konzipiert worden, dass sie ohne EN 1090-1 voll funktionieren. Sie stellen in sich schlüssige Sätze technischer Ausführungsregeln für allgemeine Stahltragwerke bzw. für kaltgeformte tragende Bauelemente und -teile dar und können daher auch in Ländern außerhalb der EU genutzt werden (was im Übrigen schon geschieht). Daher findet man in EN 1090-2 und EN 1090-4 auch keine essenziellen Rückverweisungen auf EN 1090-1.

<3> Zu Abs. 7 bis 16 – Änderungen gegenüber Ausgabe 2008+A1:2011 (DIN-EN-Ausgabe 2011-10)

Wichtigste Änderung gegenüber der 2011er Ausgabe ist die Entfernung der allermeisten technischen Anforderungen an kaltgeformte und/oder dünnwandige Bauteile (z. B. Profilbleche/Profiltafeln). Diese werden jetzt konkret für „kaltgeformte, tragende Bauelemente aus Stahl und kaltgeformte, tragende Bauteile für Dach-, Decken-, Boden- und Wandanwendungen" in dem bereits erwähnten eigenen Teil 4 der Normenreihe EN 1090 in viel ausführlicherer Form gebracht.

1 Die europäisch harmonisierte Bauproduktnorm EN 1090-1 befindet sich zum Zeitpunkt der Drucklegung dieses Buches immer noch in einem Prozess grundsätzlicher systemischer Überarbeitung; ein Ende ist nicht abzusehen. Alle Erwähnungen von EN 1090-1 im vorliegenden Kommentarbuch beziehen sich deshalb auf die zurzeit europaweit rechtsverbindliche Fassung EN 1090-1:2009+A1:2011 bzw. auf ihre deutsche Fassung DIN EN 1090-1:2012-02.

Diese neue Norm EN 1090-4 wird im vorliegenden Buch in analoger Weise wie EN 1090-2 ausführlich kommentiert.

Eine weitere wichtige Änderung ist der Wegfall des bisherigen (informativen) Anhangs B mit Empfehlungen zur Festlegung der Ausführungsklasse. Diese finden sich jetzt im (normativen!) Anhang C des aktuellen Eurocode EN 1993-1-1 [R96][2]; siehe auch Kommentare zu Abschnitt II.4.1.2 des vorliegenden Buches. Die drei neu aufgenommenen informativen Anhänge II.D, II.I und II.L sollen Hilfestellung bei speziellen Ausführungs-Teilprozessen geben – zum Ersten bei der Überprüfung automatisierter thermischer Schneidverfahren, zum Zweiten bei der Beurteilung dicker Beschichtungen auf den Kontaktflächen vorgespannter Schraubenverbindungen, zum Dritten bei der Auswahl von Schweißnahtklassen. Alle drei gehen auf Wünsche aus der Stahlbaupraxis zurück; siehe die zugehörigen Kommentare im vorliegenden Buch. Der Anhang J „Einsatz von Scheiben mit direkten Kraftanzeigern" konnte entfallen, weil es dafür die spezielle Norm EN 14399-9 gibt. Die teilweise Umnummerierung einiger Anhänge sollte beachtet werden, wenn man Arbeitsanweisungen usw. von der 2011er Ausgabe auf die aktuelle Ausgabe von EN 1090-2 umstellt.

Darüber hinaus gibt es im Haupttext – neben einer Reihe eher redaktioneller Ergänzungen, Korrekturen und Klarstellungen – auch einige moderate sachliche Änderungen. Dazu gehören die Regelungen zum Bauen mit nichtrostenden Stählen, zum Ausgangsprodukt Stahlguss, zum thermischen Schneiden, zur Qualifizierung des Schweißverfahrens, zu den Abnahmekriterien für Schweißnähte, zu vorgespannten Schraubenverbindungen und zur Kontrolle und Prüfung von Schweißnähten. Alle diese Änderungen werden im vorliegenden Buch an den entsprechenden Stellen kommentiert.

<4> Ergänzender Kommentar zur baurechtlichen Situation in Deutschland

Für die Errichtung von **„baulichen Anlagen"** des Öffentlichen Baurechts, einschließlich des Einbaus von Bauprodukten in diese baulichen Anlagen, gelten in Deutschland, sofern es sich nicht um Brücken- oder Stahlwasserbauten handelt (siehe zu II-Einleitung <4>), die Landesbauordnungen (**LBOs**). Die Landesbauordnungen sind die länderspezifischen Umsetzungen der so genannten Musterbauordnung (**MBO**), die von den für Bau zuständigen Ministern und Senatoren der 16 Bundesländer (Bauministerkonferenz BMK) erstellt bzw. jeweils novelliert wird. Die derzeit gültige Version stammt vom Mai 2016 [R193]. Auf diese neue MBO beziehen sich alle entsprechenden Angaben oder Verweise in diesem Buch. Gemäß § 3 dieser MBO sind bauliche Anlagen so zu errichten, dass die öffentliche Sicherheit und Ordnung, insbesondere Leben, Gesundheit und die natürlichen Lebensgrundlagen, nicht gefährdet werden. Dabei sind die Grundanforderungen an Bauwerke nach EU-Bauproduktenverordnung (**BPVO**) [R182] (vgl. <1>) seit Juli 2013 geltendes EU-Recht. Zu den Grundanforderungen gehören u. a. die Tragsicherheit (mit „Mechanische Festigkeit und Standsicherheit" umschrieben) sowie die Gebrauchstauglichkeit (mit „Sicherheit und Barrierefreiheit bei der Nutzung" umschrieben).

In § 85a der MBO ist festgelegt, dass die Anforderungen nach § 3, also auch die Forderung nach Berücksichtigung der Grundanforderungen an Bauwerke, durch **„Technische Baubestimmungen"** konkretisiert werden können. Diese Technischen Baubestimmungen seien „zu beachten", im Klartext: Sie sind verbindlich. Bekannt gemacht werden sie vom Deutschen Institut für Bautechnik (DIBt) als Muster-Verwaltungsvorschrift (**MVV-TB**), rechtlich gesehen eine „normkonkretisierende" Verwaltungsvorschrift. Die derzeit gültige (erste) Version stammt vom Dezember 2017 [R194], auf sie beziehen sich alle entsprechenden Angaben und Verweise in diesem Buch. Die MVV-TB wird in den einzelnen Bundesländern – analog zur MBO – weitgehend unverändert als Verwaltungsvorschrift des Landes VV-TB übernommen (bei Drucklegung dieses Buches ist das noch nicht in allen Bundesländern erfolgt). Sie soll voraussichtlich ein Mal pro Jahr aktualisiert werden. Weitere Einzelheiten zur MVV-TB und zur Novellierung des deutschen Bauordnungsrechts in den Jahren 2016/2017 siehe z. B. [V7] [V33].

---

2 Bei der Aufführung von EN 1993-1-1 in den Literaturhinweisen am Ende von EN 1090-2 als [II.Lit4] fehlt die aktuelle Änderung A1 von 2014-07.

In der MVV-TB findet man im Kapitel A, gegliedert nach den erwähnten sechs Grundanforderungen der BPVO und nach den Bauweisen (Betonbau, Metallbau, Holzbau usw.), die Technischen Baubestimmungen systematisch aufgelistet. Im deutschen Baugeschehen spielen die Technischen Baubestimmungen und ihre Listen seit jeher eine zentrale Rolle. Die Auflistung in Kapitel A der MVV-TB entspricht den „Technischen Regeln für die Planung, Bemessung und Konstruktion baulicher Anlagen und ihrer Teile" in Teil I der früheren Musterliste der Technischen Baubestimmungen. Die hier kommentierte EN 1090-2 stand seit Juli 2012 in jener Musterliste der Technischen Baubestimmungen und steht jetzt in der A1-Liste „Mechanische Festigkeit und Standsicherheit" der MVV-TB, und zwar im Abschnitt A.1.2.4 für „Bauliche Anlagen im Metall- und Verbundbau". Sie ist damit – als Ersatz für die frühere DIN 18800-7 – im bauaufsichtlichen Bereich die einzige Technische Baubestimmung für die Ausführung von Stahlbauten bzw. Stahltragwerken.

Zu beachten sind folgende zwei zusätzliche Sachverhalte:

- In einer Reihe von Fällen ist in Deutschland zusätzlich zu EN 1090-2 eine allgemeine bauaufsichtliche Zulassung (abZ) zu beachten, z. B. beim Bauen mit nichtrostenden Stählen. Hierauf wird an den betreffenden Stellen der Normkommentierung jeweils deutlich hingewiesen.
- Es gibt zur Zeit der Drucklegung des vorliegenden Buches in den Nationalen Anhängen (NAs) zu den Eurocodes für Deutschland noch eine Reihe von zusätzlichen Anwendungsregelungen, z. B. für das Vorspannen von Schraubengarnituren. Auch hierauf wird an den betreffenden Stellen der Normkommentierung jeweils deutlich hingewiesen.

Einleitung

Zu II

<1> Zu Abs. 1 – Zielsetzung der Norm

Ein ausreichendes Niveau an **„mechanischer Festigkeit und Standsicherheit, Gebrauchstauglichkeit und Dauerhaftigkeit“** als zentrale Zielsetzung einer sachgemäßen Ausführung von Stahltragwerken nach dieser Norm ist identisch mit der in den Eurocodes niedergelegten Zielsetzung einer sachgemäßen Bemessung der Stahltragwerke. Dabei ist mit dem Ziel „mechanische Festigkeit und Standsicherheit“ (Übersetzung von „*mechanical resistance and stability*“) nicht nur die statische bzw. quasi-statische Tragsicherheit, sondern auch die dynamische und Ermüdungssicherheit gemeint. In DIN 18800-7 [R73] hieß es früher „Ausführung von tragenden Bauteilen aus Stahl unter vorwiegend ruhender und nicht vorwiegend ruhender Beanspruchung“, womit exakt dasselbe gemeint war. EN 1090-2 ist also ganz klar die Nachfolgenorm der früheren DIN 18800-7.

Die Norm definiert dort, wo sie **verbindliche Anforderungen** festlegt, grundsätzlich **technische Mindestanforderungen**. Das bezieht sich auf alle angesprochenen Fertigungs- und Montagearbeiten, beginnend beim Materialeinkauf als vorbereitendem Prozess, über Zuschnitt, Zusammenbau und Fügen bzw. Verbinden (Schweißen und Schrauben) bis hin zum Korrosionsschutz und zur Montage. Die Mindestanforderungen sind zum Teil recht niedrig angesetzte untere Grenzanforderungen, deren Einhaltung unabdingbar ist, um ein sicheres, brauchbares und dauerhaftes Bauwerk zu erhalten. Eine Hilfestellung beim Auffinden der verbindlichen Anforderungen in der Norm bietet **Anhang II.A.1**. Dieser Anhang listet die Elemente auf, für die gemäß Haupttext in den Ausführungsunterlagen in jedem Fall Angaben gemacht werden müssen („erforderliche Zusatzangaben“ genannt, siehe auch zu II.4.1.1 <2.3>).

Für ein qualitativ anspruchsvolleres Bauwerk kann es manchmal sinnvoll sein, schärfere als die Mindestanforderungen festzulegen. Außer in der Ausschreibung oder Auftragsspezifikation kann das auch in Fachnormen oder anderen Ausführungsregelwerken für spezielle Stahlbauten erfolgen (Beispiel: Ril 804 der Deutsche Bahn AG [R196], siehe <4>). Großzügigere Anforderungen als diejenigen der EN 1090-2 dürfen dagegen keinesfalls festgelegt werden, auch nicht in Ausschreibungen oder Auftragsspezifikationen – es sei denn, EN 1090-2 sieht ausdrücklich eine solche Möglichkeit vor.

Neben verbindlichen Anforderungen sind in EN 1090-2 viele **empfehlende Festlegungen** enthalten. Diese Empfehlungen sind anhand des verwendeten modalen Hilfsverbs „sollte“ erkennbar. Zur Sprachregelung in Normen ist in DIN 820-2 [R45] eine Definition der modalen Hilfsverben festgelegt, in internationaler Entsprechung in der CEN/CENELEC-Geschäftsordnung Teil 3. Die bereits erwähnte DB-Richtlinie Ril 804 [R196] gibt diese Formulierungen von Festlegungen mittels modaler Hilfsverben in etwas verkürzter Form in einer einzigen Tabelle wieder, welche hier als Tabelle KII.1-1 abgedruckt ist.

EN 1090-2 enthält darüber hinaus viele Möglichkeiten, projektspezifisch verbindliche Anforderungen selbst zu spezifizieren, was meist durch Formulierungen wie „sofern nichts anderes festgelegt ist“ o.Ä. gekennzeichnet ist. Eine Hilfestellung beim Auffinden dieser Empfehlungen bietet **Anhang II.A.2**. Dieser Anhang listet die Elemente auf, die gemäß Haupttext in den Ausführungsunterlagen optional festgelegt werden dürfen („Auswahlmöglichkeiten“ genannt, siehe auch zu II.4.1.1 <2.4>).

Tabelle KII.1-1: Formulierung von Festlegungen mittels modaler Hilfsverben (nach DIN 820-2 [R45]) gemäß Ril 804 der Deutsche Bahn AG [R196]

Bedeutung	Modale Hilfsverben	Umschreibung (Anwendung nur in Ausnahmefällen)	Anwendung ...
Anforderung: Gebot	muss	ist zu ..., ist erforderlich, es ist erforderlich, dass ..., hat zu ..., lediglich ... zulässig, es ist notwendig	für Anforderungen, die verbindlich, d. h. ohne Abweichung eingehalten werden müssen
Anforderung: Verbot	darf nicht	ist nicht zulässig (erlaubt, gestattet), es ist unzulässig, ist nicht zu ..., es hat nicht zu ...	
Empfehlung	sollte	es wird empfohlen, dass ..., ist in der Regel	wenn von mehreren Möglichkeiten eine besonders empfohlen wird, ohne andere Möglichkeiten zu erwähnen oder auszuschließen, oder wenn (in negativer Form) von einer bestimmten Möglichkeit abgeraten wird, diese jedoch nicht verboten ist
	sollte nicht	wird nicht empfohlen, sollte vermieden werden	
Zulässigkeit	darf	ist zugelassen, ist zulässig, ... auch ...	um eine zulässige Handlungsweise anzugeben
	braucht nicht zu	ist nicht erforderlich, keine ... nötig	
Möglichkeit	kann	vermag, es ist möglich, dass ..., lässt sich ..., in der Lage (sein), zu ...	zur Angabe von Möglichkeiten und Vermögen
	kann nicht	vermag nicht, es ist nicht möglich, dass ..., ... lässt sich nicht ...	

<2> Zu Abs. 2 – erste Voraussetzung für die Anwendung der Norm

Zentrale Bezugsnormen der EN 1090-2 hinsichtlich der Bemessung sind die Normen der **Normenreihe EN 1993 (Eurocode 3)**. Alle Tragwerke und Bauteile, die nach einem der vielen Teile von EN 1993 bemessen wurden, müssen nach EN 1090-2 ausgeführt werden. Umgekehrt müssen alle Tragwerke und Bauteile, die nach EN 1090-2 gefertigt, geliefert und/oder montiert werden sollen, in der Regel nach einem der Teile von EN 1993 bemessen worden sein (Ausnahmen siehe zu II.1 <3>). EN 1090-2 und die Normenreihe EN 1993 bilden demnach eine im Wesentlichen untrennbare fachliche Einheit.

Dass EN 1090-2 auch für alle Stahlteile von Verbundtragwerken gilt, die nach der **Normenreihe EN 1994 (Eurocode 4)** bemessen wurden, ist einleuchtend und entspricht der früheren deutschen Regelung nach DIN 18800.

<3> Zu Abs. 3 – zweite Voraussetzung für die Anwendung der Norm

Fachkundiges Personal und angemessene technische Ausrüstung sind die selbstverständliche und unabdingbare Grundvoraussetzung dafür, ein Stahltragwerk gemäß den Anforderungen dieser Norm ausführen zu können. Um das zumindest für die vorgefertigten Bauteile administrativ sicherzustellen, gibt es in Europa für die Herstellung der Bauteile das komplexe Netzwerk aus zertifizierter und überwachter werkseigener Produktionskontrolle (WPK) sowie Konformitätsnachweisen mit Leistungserklärung nach BPVO für die CE-Kennzeichnung gemäß EN 1090-1.

Die Ausführungsnorm EN 1090-2 selbst enthält aber sowohl für die Fertigungsarbeiten (Herstellarbeiten) in der Werkstatt als auch für die Montagearbeiten auf der Baustelle unzählige Organisations-, Inspektions- und Prüfvorgaben, die der Qualitätssicherung dienen sollen. Soweit sie sich auf die Herstellung der Bauteile beziehen, wird ihre Einhaltung in Europa zum Teil durch das vorstehend angesprochene Instrumentarium der nach EN 1090-1 zertifizierten und überwachten WPK gewährleistet. Soweit sie sich aber auf die Arbeiten während des Transports, der Lagerung und des Vor- und endgültigen Zusammenbaus der Bauteile zum Tragwerk, d. h. auf die Baustellenarbeiten im weitesten Sinne, beziehen (Anschlagen, Ausrichten, Schweißen, Schrauben, usw.), gibt es in Europa kein solches extern-administratives Inspektionsinstrument.

Diese scheinbare Regelungslücke in der EN 1090-Struktur erweist sich jedoch bei näherem Hinsehen als europarechtlich konsequent: Die europäisch harmonisierte Bauproduktnorm EN 1090-1 hat eine rein handelspolitische Funktion (Stichworte: Europäischer Binnenmarkt, freier Warenverkehr von Bauprodukten). Sie legt Anforderungen an den Konformitätsnachweis von Stahlbauteilen fest, die als Bauprodukte in Verkehr gebracht bzw. auf dem Markt bereitgestellt werden, d. h. salopp gesprochen: Ihre Zuständigkeit endet, wenn die CE-gekennzeichneten Bauteile auf der Baustelle abgeladen sind. Das Bauen selbst unterliegt nationalem Recht (in Deutschland sogar noch föderal gesplittet), und deshalb ist es europarechtlich konsequent, dass EN 1090-2 keinerlei Vorgaben für die administrative Umsetzung ihrer qualitätssichernden Organisations-, Inspektions- und Prüfvorgaben enthält. Zur Umsetzung in Deutschland siehe <4>.

<4> Ergänzender Kommentar zur öffentlich-baurechtlichen Umsetzung von EN 1090-2 in Deutschland

In allen bauaufsichtlich geregelten Bereichen in Deutschland ist dafür gesorgt, dass die EN 1090-2 rechtlich verbindlich ist. Das erfolgt auf unterschiedliche Weise, wie nachfolgend kurz dargestellt:

Für **bauliche Anlagen** im Geltungsbereich und nach Definition der **Landesbauordnungen** (LBOs) folgt die rechtliche („bauordnungsrechtliche") Verbindlichkeit aus der Aufnahme von EN 1090-2 als **Technische Baubestimmung** gemäß § 85a der Musterbauordnung (MBO) [R193] in die Muster-Verwaltungsvorschrift Technische Baubestimmungen (MVV-TB) [R194] (vgl. Kommentar <4> zu II-Europäisches Vorwort).

Den analogen rechtlichen Vorgang stellt für **Straßenbrücken** die Inbezugnahme der EN 1090-2 in den „Zusätzlichen Technischen Vertragsbedingungen und Richtlinien für Ingenieurbauten (**ZTV-ING**)" [R203] dar, die mit dem jeweiligen „Allgemeinen Rundschreiben Straßenbau (ARS)" des Bundesverkehrsministeriums (derzeit BMVI) bekanntgemacht werden. Für die Bundesfernstraßen (Bundesautobahnen und Bundesstraßen) werden die bauenden Straßenbauverwaltungen der Länder darin gebeten, die ZTV-ING ihren Bauverträgen zugrunde zu legen; die Länder und die Kommunen können in ihren Bereichen eigenverantwortlich verfahren.

Für **Eisenbahnbrücken** wird die EN 1090-2 durch die Inbezugnahme in der „Richtlinie 804 – Eisenbahnbrücken (und sonstige Ingenieurbauwerke) planen, bauen und instand halten" (**Ril 804**) [R196] mit anschließender bauaufsichtlicher Einführung durch das Eisenbahn-Bundesamt (EBA) rechtlich verbindlich. Darüber hinaus hat die DB Netz AG einen Deutsche-Bahn-Standard **DBS 918005** „Technische Lieferbedingungen für die Ausführung von Eisenbahnbrücken und Ingenieurbauwerken" erarbeitet [R31], in dem die Umsetzung der EN 1090-2 bei der Deutschen Bahn geregelt wird. Er enthält zusätzliche Regelungen zur Ril 804, vor allem die erforderlichen

Zusatzangaben und Auswahlmöglichkeiten, welche gemäß EN 1090-2 zwischen Auftraggeber und Auftragnehmer festzulegen sind (siehe zu II.4.1.1 <2.3> u. <2.4>). Auf die wichtigsten dieser DB-Festlegungen wird an den entsprechenden Stellen dieses Kommentarbuches hingewiesen. Im Übrigen regelt der DBS 918005 nicht nur die Umsetzung von EN 1090-2 bei der Deutschen Bahn, sondern auch von EN 1090-1, z. B. durch Einführung einer „Herstellerbezogenen Produktqualifikation (HPQ)“, mit deren Hilfe Bauteilhersteller über die Ausführungsklasse EXC3 hinaus für die Fertigung von Bauteilen für stählerne Eisenbahnbrücken und sonstige Ingenieurbauwerke im Geltungsbereich der Ril 804 qualifiziert werden (auf Details kann hier nicht eingegangen werden).

Für **Stahlwasserbauten** im Geschäftsbereich der Wasser- und Schifffahrtsverwaltung des Bundes (WSV) wurde EN 1090-2 durch die mit Erlass des Bundesverkehrsministeriums (damals **BMVBS**) [R15] verfügte Aufnahme in das Verzeichnis „Technisches Regelwerk – Wasserstraßen“ (TR-W), einschließlich der „Wasserstraßenspezifischen Liste Technischer Baubestimmungen (WLTB)“, rechtlich verbindlich. Darüber hinaus wird EN 1090-2 auch in **DIN 19704-2** [R79], der Norm für die Ausführung von Stahlwasserbauten, in Bezug genommen.

Anwendungsbereich

Zu II.1

<1> Zu Abs. 1 bis 3 – Halbzeuge und Stähle

Für ältere deutsche Anwender der Norm EN 1090-2 ist zu beachten, dass der Anwendungsbereich teilweise weiter gefasst ist als derjenige der früheren deutschen Norm DIN 18800-7 [R73], wie aus den nachfolgenden Kommentaren hervorgeht:

<1.1> Warmgewalzte Baustahlerzeugnisse

EN 1090-2 gilt bei Regelanwendungen über S460, die frühere Anwendungsgrenze von DIN 18800-7, hinaus für **Baustahlsorten bis S700**. Ausführungsregeln für diese Stahlsorten mit höherer Streckgrenze liegen allerdings bisher nur in Form von Vorschlägen vor. Danach sollte mindestens Ausführungsklasse EXC3 zugrunde gelegt werden, und für Fertigungsprozesse wie Schweißen, Wärmebehandlung, thermisches Schneiden und Kaltumformen sollten qualifizierte Verfahrensanweisungen vorliegen. Selbstverständlich sollten auch die Verarbeitungsrichtlinien der Stahlhersteller beachtet werden. Hinsichtlich der Formgebung gibt es Regeln im Bericht CEN/TR 10347 (siehe zu II.6.5.1). Hinsichtlich der Bemessung von Stahlbauten mit Stahlsorten > S460 bis S700 enthält der Eurocode **EN 1993-1-12** [R107] einschließlich seines deutschen NA [R108] explizite Regeln (siehe zu II.5.3.1 <2.1>).

EN 1090-2 kann sogar über S700 hinaus für **Baustähle** mit noch höherer Streckgrenze **bis S960** angewendet werden. Eine solche Anwendung erfordert allerdings in jedem Fall umfassende Spezialkenntnisse. Es gibt im Übrigen im Eurocode 3 keine Bemessungsregeln dafür, d. h. im deutschen bauaufsichtlichen Bereich wäre in jedem Fall eine Zustimmung im Einzelfall (ZiE) erforderlich, denn eine entsprechende allgemeine bauaufsichtliche Zulassung (abZ) oder europäische Zulassung/Bewertung (ETA) gibt es derzeit noch nicht. Ob es schon eine stahlbauliche Anwendung im Rahmen einer ZiE gegeben hat, ist den Verfassern nicht bekannt.

Es gibt aber Technikbereiche, in denen der „ultrahochfeste" schweißgeeignete Feinkornbaustahl S960 seit etwa 30 Jahren quasi Standardbaustahl ist. Dazu gehört der Bau von Mobilkranen, Hubsteigern und ähnlichen Geräten, bei denen oberstes Konstruktionsziel die Minimierung des Verhältnisses Eigengewicht zu Nutzlast ist. Die im Kranbau gültige europäische Norm EN 13001-3-1 [R125] erlaubt explizit die Verwendung ultrahochfester Feinkornbaustähle bis S960.

<1.2> Kaltgeformte und dünnwandige Bauteile

EN 1090-2 gilt gemäß vorliegendem Normtext über die traditionellen warmgewalzten und kaltgeformten Baustahl Halbzeuge (Bleche, Walzprofile, Kaltprofile, Hohlprofile) hinaus formal auch für **kaltgeformte Bauteile** und **dünnwandige Profilbleche**, allerdings nur, sofern diese nicht in den Anwendungsbereich der neuen speziellen Norm **EN 1090-4** fallen, was aber praktisch nur bei einem verschwindend kleinen Anteil dieser Bauteile der Fall ist (siehe Kommentare zu EN 1090-4 in diesem Buch). Der Teil 4 der Normenreihe EN 1090 wurde entwickelt, weil die in der 2011er Ausgabe der EN 1090-2 verstreut zu findenden Ausführungsregeln für das Spezialgebiet der dünnwandigen kaltgeformten Bauteile lückenhaft und technisch unzureichend waren. Die technischen Anforderungen von EN 1090-4 haben jetzt natürlich stets Vorrang gegenüber den allgemeineren Anforderungen von EN 1090-2. Das ist eine wichtige Festlegung, da begriffliche oder auch ausführungspraktische Überschneidungen zwischen den beiden Teilen der Normenreihe EN 1090 wohl nicht zu vermeiden sein werden. Ein Beispiel für kaltgeformte Bauteile, die **nicht** unter den Anwendungsbereich von EN 1090-4 fallen, sind Stahlschutzplanken („Leitplanken") an Straßen.

Für den Begriff **„dünnwandig"** gibt es im Übrigen weder in EN 1090-2 noch anderswo eine verbindliche quantitative Definition, insbesondere nicht die früher einschlägige Grenzdicke $t = 3$ mm. Der Begriff ist hier rein qualitativ zu verstehen, er folgt u. a. aus der traditionellen Übersetzung „dünnwandiges Blech" für „*sheet*" (statt korrekt „Feinblech"). Für den Begriff „kaltgeformtes Bauteil" ist dagegen in Abschnitt II.3.9.1 eine Definition angegeben. Aus ihr folgt u. a., dass es sich bei „kaltgeformten Bauteilen" nach EN 1090-2 **nicht** automatisch um dünnwandige

Bauteile handelt (siehe Kommentar zu II.3.9.1). Beispielsweise gelten die EN-1090-2-Regeln für Kaltumformen in Abschnitt II.6.5.4 für Materialdicken sowohl unter als auch über 3 mm, während andererseits EN 1090-4 auch für Profilbleche/Profiltafeln mit $t > 3$ mm gilt.

Eine präzise Abgrenzung zwischen EN 1090-2 und EN 1090-4 ist sehr schwierig. Sie funktioniert jedenfalls formal nicht über den Begriff „dünnwandig". Der kommt in EN 1090-4 überhaupt nicht vor. Das hat die vorgenannten, eher formalistischen, u.a. auch industriepolitischen Gründe. Gleichwohl wird jeder normale Stahlbauer bei EN 1090-4 den qualitativen Begriff „dünnwandig" im Hinterkopf haben – was zumindest dem allgemeinen Verständnis nicht abträglich ist.

Eine Klarstellung ist an dieser Stelle zu Sorgen angebracht, die aus Kreisen mittelständischer Metallbau- und Klempnerbetriebe bekannt wurden: An der Zertifizierungssituation nach **EN 1090-1** ändert die neue EN 1090-4 nichts! Dort geht es ja um die Herstellung tragender Bauteile, nicht um deren Einbau und Verarbeitung. Wenn ein Klempnerbetrieb Stahltrapezbleche bezieht und sie in einem Dach einbaut, dann ist er kein Hersteller und braucht auch nicht zertifiziert zu sein. Er muss dann nur die technischen Regeln der EN 1090-4 anstelle der früheren DIN 18807-3 beachten. Die Stahltrapezbleche selbst müssen selbstverständlich mit CE-Kennzeichnung nach EN 1090-1 geliefert werden. Im Übrigen hat sich die europaweit heftig und kontrovers geführte Diskussion, welche Metallbauteile als „tragende Bauteile" nach EN 1090-1 gelten (Stichwort „*scope of EN 1090-1*"), inzwischen weitgehend entspannt: Der seit langem dazu avisierte Technical Report des CEN (siehe z.B. [V69]) ist inzwischen als **DIN CEN/TR 17052** [R89] erschienen. Er enthält u.a. eine umfangreiche „Negativliste" von Produkten und Bauteilen, die nicht in den Anwendungsbereich von EN 1090-1 fallen; diese Thematik kann hier aber nicht vertieft werden.

<1.3> Nichtrostende Stahlerzeugnisse

EN 1090-2 gilt formal auch für alle Arten von Halbzeugen (warmgeformt, kaltgeformt, dünnwandig) aus den verschiedensten Sorten **nichtrostender** (andere Bezeichnung: **„korrosionsbeständiger"**) **Stähle** (austenitisch, ferritisch, austenitisch-ferritisch). Das ist ein Bereich des Stahlbaus, der in Deutschland traditionell ausschließlich über eine allgemeine bauaufsichtliche Zulassung (abZ) geregelt war. Das erklärt, warum man hierzulande die Erfassung in der 2011er Ausgabe der EN 1090-2 für äußerst lückenhaft und aus deutscher Sicht zudem nicht sicher genug hielt.

Nunmehr ist zwar die Bemessung von Stahlkonstruktionen aus nichtrostenden Stählen in der neuen Ausgabe des Eurocode **EN 1993-1-4** [R100] einschließlich deutschem Nationalen Anhang **DIN EN 1993-1-4/NA** [R101] befriedigend geregelt, die Ausführung in der vorliegenden neuen Ausgabe von EN 1090-2 – obwohl erheblich ausführlicher behandelt – nach Auffassung der deutschen Fachleute jedoch immer noch nicht. Die (jetzt allerdings „abgespeckte") **abZ Nr. Z-30.3-6** [R9] wurde deshalb bis ins Jahr 2022 verlängert und ist für die Ausführung von Stahlkonstruktionen unter Verwendung von Erzeugnissen, Bauteilen und Verbindungsmitteln aus nichtrostenden Stählen in Deutschland weiterhin zusätzlich zu EN 1090-2 zu beachten. Der Zulassungsbescheid Z-30.3-6 kann bei der Informationsstelle Edelstahl Rostfrei, Postfach 10 22 05, 40013 Düsseldorf bezogen oder auch kostenlos aus dem Internet heruntergeladen werden → www.edelstahl-rostfrei.de. Auf die zusätzlichen Bestimmungen der abZ wird an den entsprechenden Stellen dieses Kommentarbuches hingewiesen, ferner auch auf einige Regelungen in EN 1993-1-4 (einschließlich deutschem NA), welche ebenfalls die Ausführung tangieren. Eine ausführliche Darstellung des Bauens mit nichtrostenden Stählen aus der Sicht der Zulassung Z-30.3-6 findet man in [V55].

<2> Zu Abs. 4 – Art und Gestalt des Tragwerks, Einwirkungen

EN 1090-2 gilt, ähnlich wie früher DIN 18800-7 [R73], für die Ausführung

- von Stahltragwerken **beliebiger Art** und Zweckbestimmung, d.h. von Hochbauten der unterschiedlichsten Art (Industriehallen, Geschossbauten, Stadiondächer) über Brücken und Industriebauten aller Art (Kesselgerüste, Rohrbrücken) bis zu Türmen, Masten, Schornsteinen, Behältern, Silos, Rohrleitungen usw., sowie von Teilen solcher Stahltragwerke (z.B. Fassadenkonstruktionen);

- von Stahltragwerken **beliebiger Gestalt**, d. h. von Fachwerken, Rahmentragwerken, plattenförmigen und schalenförmigen Tragwerken, Seiltragwerken usw.;
- von Stahltragwerken unter **beliebigen Einwirkungen**, sowohl nicht ermüdungsrelevanten Einwirkungen als auch Ermüdungseinwirkungen, d. h. unter allen Arten von Eigen-, Nutz- und Verkehrslasten, unter allen Arten von atmosphärischen Einwirkungen (Wind, Schnee, Eis, Temperaturen) sowie unter außergewöhnlichen Einwirkungen wie Erdbeben und Erschütterungen.

  Die früher im deutschen Sprachgebrauch verwendeten Begriffe „vorwiegend ruhende Beanspruchung" und „nicht vorwiegend ruhende Beanspruchung", mit denen sowohl die Ermüdungsrelevanz als auch die Schwingungsanfälligkeit erfasst wurden, werden in den Eurocodes und in EN 1090 nicht mehr benutzt. Im vorliegenden Buch werden diese traditionellen Begriffe daher nicht mehr verwendet. Nicht vorwiegend ruhende Einwirkungen und Ermüdungseinwirkungen können nicht gleichgesetzt werden, denn Werkstoffermüdung kann es auch ohne Schwingungen geben. Es wird in den Eurocodes und in EN 1090 bewusst nur noch zwischen ermüdungsrelevanten und nicht ermüdungsrelevanten Einwirkungen unterschieden. Letztere werden „statisch und quasi-statisch" genannt.

Die Bilder KII.1-1 bis KII.1-5 zeigen eine (zufällige) Auswahl typischer Stahlbauten, deren Ausführung in den Anwendungsbereich von EN 1090-2 fällt, während der Ausführungsarbeiten.

Quelle: PSP, Essen

Bild KII.1-1: Montage eines BMK-Kesselhauses

Quelle: IMO Leipzig

Bild KII.1-2: Montage einer Straßenbrücke

Quelle: IMO Leipzig

Bild KII.1-3: Montage eines Hangars

Quelle: IMO Leipzig

Bild KII.1-4: Montage eines Gittermastes

Quelle: IMO Leipzig

◂ **Bild KII.1-5:** Montage eines Tankbehälters

<3> Zu Abs. 5 und 6 – Bemessung der Tragwerke nach Eurocode

Die fachliche Einheit von Ausführungsnorm EN 1090-2 und Bemessungsnormen der Reihen EN 1993 (Eurocode 3) bzw. EN 1994 (Eurocode 4) wurde bereits im Kommentar <2> zu II-Einleitung dargelegt. Insofern schließt sich hier der Kreis zu den vorhergehenden Absätzen 1 bis 4 dieses Normkapitels II.1 „Anwendungsbereich". Alle gegenüber der früheren DIN 18800-7 hinzugekommenen Anwendungsbereiche haben ihre Entsprechung in den Bemessungsnormen: Tragwerke aus Baustählen > S460 müssen nach EN 1993-1-12 [R107] (einschließlich NA [R108]) bemessen werden, kaltgeformte dünnwandige Bauteile nach EN 1993-1-3 [R98] (einschließlich NA [R99]), Tragwerke aus nichtrostenden Stählen nach EN 1993-1-4 [R100] (einschließlich NA [R101]).

Die besondere Erwähnung von **EN 1993-5**, dem Eurocode für Pfähle und Spundwände [II.Lit6], an dieser Stelle soll sicherstellen, dass nicht nur alle stahlbaulichen Sekundär-Tragelemente von Pfahl- und Spundwänden (Anker, Gurtungen usw.) nach EN 1090-2 ausgeführt werden – was in EN 1993-5 sowieso explizit gefordert wird –, sondern dass auch die Fertigung der Pfähle selbst nach EN 1090-2 erfolgt. Man hielt diesen Hinweis für erforderlich, weil die beiden einschlägigen Ausführungsnormen EN 12699 für Verdrängungspfähle [II.Lit14] und EN 14199 für Mikropfähle [II.Lit16] sich nur mit den Arbeiten auf der Baustelle befassen. Für diese, sofern sie stahlbauliche Arbeiten betreffen (Schweißen, ZfP usw.), wird in den beiden genannten Normen explizit auf EN 1090-2 verwiesen.

<4> Zu Abs. 7 – Bemessung der Tragwerke mit anderen Regeln

Die Öffnung der Norm EN 1090-2 auch für solche stählernen Tragwerke, die mit anderen Bemessungsregeln bemessen wurden, entspricht einer bewährten deutschen Tradition. Gemeint sind damit aber strenggenommen nicht solche Stahltragwerke, die zwar nicht in den deutschen bauaufsichtlichen Bereich fallen (vgl. Kommentar <4> zu II-Einleitung), deren Regelwerke aber dennoch für die Bemessung den Eurocode 3 (Normenreihe EN 1993) in Bezug nehmen. Hier ist wiederum zu unterscheiden zwischen einerseits Tragwerken, die technisch ebenfalls „Bauwerke" oder zumindest bauwerksähnlich sind, aber nicht dem öffentlichen Baurecht unterliegen, z. B. Freileitungsmaste nach EN 50341-2-4 (VDE 0210-2-4) [R129] oder Offshore-Bauwerke nach BSH-Standard 7005 „Konstruktion" [R16] oder Fliegende Bauten nach EN 13814-1 [R126], und andererseits Tragwerken, die technisch eher Maschinen sind, z. B. Braunkohlentagebau-Großgeräte nach der Normenreihe DIN 22261 [R80÷82]. Eine in Kürze erscheinende Vornorm DIN SPEC 18088-13 [R171] über die Ausführung von Offshore-Stahlbauten im Zusammenhang mit Windenergieanlagen muss hier ebenfalls erwähnt werden; sie wird ergänzende Vorgaben zu EN 1090-2 enthalten.

Gemeint sind mit Abs. 7 vielmehr stählerne Tragwerke bzw. ganz allgemein: Stahlkonstruktionen, die tatsächlich nicht nach den Normenreihen EN 1993 bzw. EN 1994 bemessen wurden, aber trotzdem unter Zuhilfenahme von EN 1090-2 ausgeführt werden. Das können Komponenten von Baumaschinen sein, z. B. Verteilermaste für Betonpumpen nach DIN 24117 [R83], ferner alle Arten von stahlbaulichen Anlagenkomponenten, z. B. nach der EU-Druckgeräterichtlinie [R183]. Auch Stahlschutzplanken („Leitplanken") gehören hierher: Sie werden nicht rechnerisch bemessen, sondern im Versuch getestet, aber nach EN 1090-2 ausgeführt. Das gilt natürlich in allen Fällen zunächst nur für den technischen Inhalt von EN 1090-2. Die formal-rechtliche Anwendbarkeit hängt von den jeweiligen Festlegungen der zuständigen Fachinstitutionen oder -behörden ab, ggf. auch davon, ob in der Auftragsspezifikation explizit der Bezug zu EN 1090-2 hergestellt ist.

Es gibt sogar europäische Länder, die nur EN 1090-2 verbindlich eingeführt haben, die Eurocodes aber zwar mit dem Status einer nationalen Norm versehen haben (wie europäisch vorgeschrieben), daneben aber auch ältere nationale Bemessungsnormen noch offiziell „am Leben erhalten haben".

<5> Zu Abs. 8 – Schweißen von Betonstahl an Baustahl

In der 2011er Ausgabe von EN 1090-2 fehlten Regelungen für das in der Stahlbaupraxis an den Schnittstellen zum Stahlbetonbau öfter benötigte Verschweißen von Betonstahlstäben mit Stahlbauteilen. Das war aus Industriekreisen bemängelt worden. Nunmehr ist es in EN 1090-2 durchgängig geregelt: Das Ausgangsprodukt „schweißgeeigneter Betonstahl" in II.5.8, das Schweißen selbst und die Qualifizierung der Schweißverfahren in II.7.1 mit Tabelle II.12, die Qualifizierung des Schweißpersonals in II.7.4.2.1 und II.7.4.3 und die Kontrolle und Prüfung schließlich in II.12.4.5. Außer in II.5.8, wird in all diesen Abschnitten stets auf die zweiteilige Normenreihe **EN ISO 17660** verwiesen. Welche Informationen aus ihr jeweils entnommen werden können, wird in den zugehörigen Kommentaren angesprochen.

Zu II.2 Normative Verweisungen

Einführende Kommentare zu Kapitel II.2

<1> Zum Umfang der normativen Verweisungen

Die alte DIN 18800-7 (Ausgabe 1983) zitierte 25 Regelwerke. Ihre letzte Ausgabe (2008) [R73] führte bereits 119 Regelwerke auf, die im Normentext zitiert wurden, also bei der Ausführung von Stahlbauten ggf. zu beachten waren. Die vorliegende EN 1090-2 führt im Kapitel „Normative Verweisungen" nun 164 reine Normen auf, also keine Richtlinien oder sonstigen Regelwerke, wobei 17 von ihnen ihrerseits Normenreihen mit 2 bis 9 Normteilen sind. Dazu kommen noch 48 weitere Dokumente in einem Literaturverzeichnis am Ende der Norm, bei denen es sich überwiegend ebenfalls um Normen handelt. Diese im separaten Literaturverzeichnis aufgelisteten Dokumente werden anders als die mit Anforderungen verknüpften „Normativen Verweisungen" entweder nur in Anmerkungen oder in Sätzen mit reinem Hinweischarakter zitiert. Zur Erinnerung: Im Vorwort zu diesem Buch wird dargelegt, dass diese Dokumente des Literaturverzeichnisses von EN 1090-2 hier mit „[II.Litxx]" zitiert werden.

Die ausgesprochen hohe Anzahl der normativen Verweisungen und weiteren Bezugsdokumente hängt mit der immer noch stetig anwachsenden Anzahl immer differenzierterer EN- und ISO-Normen zusammen, die als DIN-Normen übernommen werden. Die 164 Normen und 48 übrigen zitierten Dokumente stellen, wie sich im Verlaufe dieses Kommentarbuches zeigen wird, noch nicht einmal alle Regelwerke dar, die bei Ausführungsarbeiten im Rahmen von EN 1090-2 direkt oder indirekt zu beachten sind. Zusätzliche, in den Kommentaren erwähnte Regelwerke werden im Literaturverzeichnis am Ende des Buches unter „[Rxx]" aufgelistet. Man mag diese Entwicklung mit Recht bedauern, umkehrbar ist sie wohl nicht.

Die Auflistungen in Kap. II.2 und im Literaturverzeichnis sollen für den Anwender der EN 1090-2 eine Hilfe sein, den Überblick zu behalten. Keinesfalls muss er etwa alle aufgeführten Normen selbst vorliegen haben oder beherrschen. Im vorliegenden Kommentarbuch wird an vielen Stellen kurz der Inhalt der dort zitierten Normen skizziert; teilweise werden auch Auszüge abgedruckt (z. B. Tabellen), um dem Anwender Hilfestellung bei der Entscheidung zu geben, ob er sich die zitierte Norm im Originalumfang selbst beschaffen und durchlesen muss.

Fast alle aufgelisteten EN-, EN-ISO- und ISO-Normen sind als DIN-EN- bzw. DIN-EN-ISO- bzw. DIN-ISO-Norm offiziell in das deutsche Normenwerk übernommen worden. Der Zusatz „DIN" wird aber in der Auflistung in Kap. II.2 der EN 1090-2 grundsätzlich weggelassen. Dieser Vorgehensweise folgt – wie bereits im Vorwort dargelegt – auch das vorliegende Kommentarbuch; das schließt die hier kommentierten Normen EN 1090-2 und EN 1090-4 selbst mit ein, die natürlich auch als DIN EN 1090-2 bzw. DIN EN 1090-4 offizielle deutsche Normen sind.

Zwei Fragenkomplexe dürften sich vielen Anwendern im Zusammenhang mit den „Normativen Verweisungen" aufdrängen:

- Wie geht man mit den „datierten" und „undatierten" Verweisungen um?
- Wie verbindlich werden die in den normativen Verweisungen zitierten Normen aufgrund ihrer Zitierung? Gelten sie gar allesamt im deutschen bauaufsichtlichen Bereich als quasi automatisch baurechtlich eingeführt, weil DIN EN 1090-2 selbst als Technische Baubestimmung bauaufsichtlich eingeführt ist?

Beide Fragen werden nachfolgend diskutiert und so gut wie möglich beantwortet.

<2> Zu datierten und undatierten Verweisungen

Ein Kapitel „Normative Verweisungen" ist seit einiger Zeit Standard in deutschen und internationalen Normen. Der einführende Text in Kapitel II.2 ist ebenfalls Standardtext. Was aber für den Normen- und Regelwerksexperten eindeutig und klar ist – nämlich die Unterscheidung von datierten und undatierten Verweisungen –, bringt für viele Anwender und Praktiker zum Teil Unsicherheit oder sogar Verwirrung.

Datierte Verweisungen im Text enthalten nach der Normnummer das **Ausgabedatum** der zu beachtenden Norm. In der Auflistung in Kapitel II.2 enthält eine solche Norm dann ebenfalls unmittelbar hinter der Normnummer, also noch vor dem Titel der Norm, das Ausgabedatum. Durch eine solche datierte Verweisung wird auf den konkreten Inhalt dieser Normenausgabe Bezug genommen. Die vorliegende Norm EN 1090-2 hat allerdings nur wenige datierte Verweisungen. Eines der wenigen Beispiele ist EN 10296-2:2005 „*Geschweißte kreisförmige Stahlrohre für den Maschinenbau und allgemeine technische Anwendungen*". Diese Art der Zitierung bedeutet, dass auch bei einer Neuausgabe die dann zurückgezogene Ausgabe 2005 so lange für Stahlbauten nach EN 1090-2 weiter angewendet werden muss, bis

- entweder eine offizielle Änderung der aktuellen EN 1090-2:2018-09 erschienen ist, in der die Datierung aufgehoben ist,
- oder – da DIN EN 1090-2 in der Liste der deutschen Technischen Baubestimmungen (Abschnitt A.1 der MVV-TB [R194]) enthalten ist – die Obersten Bauaufsichtsbehörden für ihren Bereich in einer Anlage zur Liste festlegen, dass anstelle der DIN EN 10296:2006-02 (entspricht EN 10296-2:2005) die Folgeausgabe, ggf. mit bestimmten Einschränkungen, anzuwenden ist.

Datierte Verweisungen wurden aus formalen Gründen immer dann erforderlich, wenn in EN 1090-2 auf konkrete Textpassagen, Tabellen oder Anhänge der betreffenden Norm Bezug genommen wird, von denen nicht sicher ist, ob sie bei einer Neuausgabe beibehalten werden.

Undatierte Verweisungen im Text enthalten nur die Normnummer **ohne Ausgabedatum.** In der Auflistung in Kap. II.2 enthält eine solche Norm dann ebenfalls vor dem Titel der Norm kein Ausgabedatum (obwohl sie natürlich ein aktuelles Ausgabedatum hat!). Die vorliegende EN 1090-2 hat fast ausschließlich solche undatierten Verweisungen. Ein Beispiel ist EN ISO 14555 „*Schweißen – Lichtbogenbolzenschweißen von metallischen Werkstoffen*". Die undatierte Zitierung von EN ISO 14555 bedeutet nun, dass im Anwendungsbereich der EN 1090-2 überall dort, wo auf EN ISO 14555 verwiesen wird, automatisch deren neueste Ausgabe angewendet werden muss, ggf. selbst dann, wenn diese als offizielle Nachfolgenorm mit anderer Bezeichnung oder sogar mit anderer Nummer herausgegeben worden sein sollte.

Für zusätzliche Verwirrung sorgt möglicherweise, dass bei DIN-Normen, die aufgrund der Übernahmeverpflichtung im Rahmen der europäischen Normung des CEN unverändert als DIN-EN- oder DIN-EN-ISO-Norm übernommen werden mussten, dies hinter dem Titel dadurch deutlich gemacht wird, dass dort die Ursprungsquelle (Normnummer und Ausgabejahr) angegeben wird. Bei dem vorstehend genannten Beispiel EN ISO 14555 steht beispielsweise in der deutschen Fassung auf der Titelseite hinter dem Titel: „*(ISO/FDIS 14555:2016); Deutsche und Englische Fassung FprEN ISO 14555:2016*". Diese Angabe der **Ursprungsquelle** und des Ausgabejahres gilt **nicht** als datierte Verweisung im Sinne der EN 1090-2.

Die Kommentare dieses Buches können sich bei den undatierten Verweisungen sachlich natürlich nur auf die derzeit konkret geltende Ausgabe der jeweiligen Norm beziehen. Um bei Normzitaten im Text nicht ständig das konkrete Ausgabedatum anhängen zu müssen – der sowieso schon spröde Text würde noch schwieriger lesbar –, sind in Tabelle KII.2-1 für sämtliche undatiert zitierten Normen die zur Zeit der Drucklegung dieses Buches aktuellen Ausgabedaten, auf die sich die Kommentare konkret beziehen, zusammengestellt.

<3> Zur Verbindlichkeit der zitierten Normen

Alle in den normativen Verweisungen zitierten Normen befassen sich zwangsläufig mit Fragen der Ausführung im weitesten Sinne. (Einzige Ausnahme sind die in II.2.7 zitierten Teile der Bemessungsnormenreihe EN 1993 – sie werden hier nicht weiter beachtet.) Die Ausführungsnormen lassen sich hinsichtlich ihres Gegenstandes bzw. ihrer Funktion grob einteilen in

- Produktnormen für Ausgangsprodukte,
- Bearbeitungsnormen und
- Prüfnormen.

Sie werden nachfolgend, dieser Einteilung folgend, hinsichtlich ihrer baurechtlichen Verbindlichkeit aus der Sicht von § 3 der deutschen Landesbauordnungen diskutiert[3].

Daneben können in Bezug auf das zivile Baurecht (Bauvertragsrecht) die Norm EN 1090-2 selbst und alle Normen und Richtlinien, auf die darin verwiesen wird, selbstverständlich als allgemein anerkannte Regeln der Technik für den Standard in der Baupraxis eingestuft werden, die generell maßgebend für den zu erbringenden Leistungsumfang des Herstellers von Stahlbauten sind.

<3.1> Produktnormen für Ausgangsprodukte

Die in EN 1090-2 zitierten Produktnormen müssen zunächst grundsätzlich in „europäisch harmonisierte“ und „nicht europäisch harmonisierte“ Produktnormen unterteilt werden. Die nicht europäisch harmonisierten Produktnormen (ihre Zahl wird zunehmend kleiner) lassen sich dann hinsichtlich ihrer Verbindlichkeit in zwei weitere Kategorien unterteilen, wie nachfolgend dargelegt.

(a) *Europäisch harmonisierte Produktnormen (hEN)*

Der Begriff „(europäisch) harmonisierte Norm“ ist eine von der Europäischen Kommission festgelegte Definition mit folgendem Inhalt:

- Für die Norm lag ein Normungsauftrag (Mandat) der Europäischen Kommission und der Europäischen Freihandelszone an CEN vor, um „grundlegende Anforderungen der Verordnung (EU) Nr. 305/2011“ – üblicherweise EU-Bauproduktenverordnung (BPVO) genannt [R182] – „zu unterstützen“ (vgl. auch zu II-Europäisches Vorwort <1>).
- Die Norm wurde von der Europäischen Kommission im EU-Amtsblatt veröffentlicht.

Selbstverständlich sind im landläufigen Sprachsinn alle von CEN erarbeiteten Normen Ergebnis einer „europäischen Harmonisierung“ (z. B. auch die im vorliegenden Buch kommentierten EN 1090-2 und EN 1090-4) und deshalb europaweit harmonisiert. Aber nur solche, die die beiden vorstehend genannten Voraussetzungen erfüllen, sind europarechtlich als „europäisch harmonisierte Norm“ (abgekürzt **hEN**) anzusehen.

Die Harmonisierung von Normen wird, wie bereits gesagt, im Amtsblatt der Europäischen Union bekannt gegeben. Dabei wird auch der Termin festgelegt, ab dem die Anwendung der Norm – und damit der Nachweis der Konformität mit ihren Anforderungen – möglich ist. Alle harmonisierten europäischen Normen müssen als nationale Normen umgesetzt werden (in Deutschland als DIN EN ..., in Großbritannien z. B. BS EN ..., in Österreich z. B. OENORM EN ...). Dazu im Widerspruch stehende nationale Normen müssen innerhalb eines bestimmten Zeitraums (der so genannten „Koexistenzphase“) zurückgezogen werden. Nach Ablauf der Koexistenzphase wird die harmonisierte europäische Norm automatisch rechtlich verbindlich.

Jede harmonisierte europäische Norm (hEN) enthält einen Anhang ZA, der den Bezug zum Mandat der Europäischen Kommission und damit zur BPVO herstellt. Die Übereinstimmung mit den im Anhang ZA aufgeführten Abschnitten der Norm bestätigt, dass das Bauprodukt im Sinne der BPVO brauchbar ist und mit dem **CE-Kennzeichen** kenntlich gemacht werden darf. Harmonisierte Normen mit Bezug auf die Bauproduktenverordnung gehören grundsätzlich zur Kategorie der Produktnormen. Es gibt aber auch europäische Produktnormen für Bauprodukte, die (noch) nicht harmonisiert sind (siehe weiter unten).

Eine Liste der aktuell europäisch harmonisierten Bauproduktnormen (hEN) findet sich auf der Website der EU-Kommission unter folgendem Link:

http://ec.europa.eu/growth/single-market/european-standards/harmonised-standards/construction-products/index_en.htm (Stand: 2018-09)

---

3 Die hier vorgenommene Kategorisierung soll dem Anwender der Norm EN 1090-2 Hilfestellung dabei geben, die bei der Bearbeitung seiner konkreten Problemstellung vorgefundenen Normzitate bzw. -verweise hinsichtlich ihrer Wichtigkeit einzuordnen. Sie erhebt keinen Anspruch auf juristische Belastbarkeit.

Nachfolgend wird ein Auszug aus dieser Liste mit den wichtigsten stahlbaurelevanten Bauprodukten wiedergegeben:

Warmgewalzte Erzeugnisse aus Baustählen – Teil 1: Allgemeine technische Lieferbedingungen: EN 10025-1,

Nichtrostende Stähle – Teil 4: Technische Lieferbedingungen für Blech und Band aus korrosionsbeständigen Stählen für das Bauwesen: EN 10088-4,

Nichtrostende Stähle – Teil 5: Technische Lieferbedingungen für Stäbe, Walzdraht, gezogenen Draht, Profile und Blankstahlerzeugnisse aus korrosionsbeständigen Stählen für das Bauwesen: EN 10088-5,

Warmgefertigte Hohlprofile für den Stahlbau aus unlegierten Baustählen und aus Feinkornbaustählen – Teil 1: Technische Lieferbedingungen: EN 10210-1,

Kaltgefertigte geschweißte Hohlprofile für den Stahlbau aus unlegierten Baustählen und aus Feinkornbaustählen – Teil 1: Technische Lieferbedingungen: EN 10219-1,

Stahlguss für das Bauwesen: EN 10340,

Vergütungsstähle für das Bauwesen – Technische Lieferbedingungen: EN 10343,

Schweißzusätze – Allgemeine Produktnorm für Zusätze und Pulver zum Schmelzschweißen von metallischen Werkstoffen: EN 13479,

Hochfeste vorspannbare Garnituren für Schraubverbindungen im Metallbau – Teil 1: Allgemeine Anforderungen: EN 14399-1,

Garnituren für nicht vorgespannte Schraubverbindungen im Metallbau – Teil 1: Allgemeine Anforderungen: EN 15048-1.

Natürlich gehören in diese Liste eigentlich auch die **tragenden Bauteile** nach **EN 1090-1**. Auf diesen Sonderfall wird hier unter Verweis auf die allgemeinen Erläuterungen im Vorwort zu diesem Buch nicht eingegangen.

Die in den europäisch harmonisierten Produktnormen (hEN) beschriebenen Bauprodukte (also Stahlerzeugnisse, Schweißzusätze, Schraubengarnituren usw.) dürfen nur mit CE-Kennzeichnung geliefert werden, korrekt: „in Verkehr gebracht bzw. auf dem Markt bereitgestellt werden". In Tabelle KII.2-1 werden diese Normen in der Spalte „Verbindlichkeitskategorie" mit „**hEN**" gekennzeichnet. Aufgrund der Europäischen Verträge sind sie europaweit grundsätzlich verbindlich, auch die in ihnen festgelegte CE-Kennzeichnung, allerdings nur „binnenmarktrechtlich". Die Verbindlichkeit endet, vereinfacht formuliert, nach Ankunft auf der Baustelle. Baurechtlich verbindlich wird die CE-Kennzeichnung erst auf der Grundlage des jeweiligen nationalen Baurechts – in Deutschland z. B. im Geltungsbereich der Landesbauordnungen (LBOs) de facto dadurch, dass ein Bauprodukt – vereinfacht formuliert – ohne (deutsches) Ü-Zeichen nur verwendet werden darf, wenn es die CE-Kennzeichnung trägt und die in der begleitenden Leistungserklärung erklärten Leistungen den Anforderungen der LBO entsprechen (siehe auch zu II.5.1 <1.3> <1.4>).

Viele der europäisch harmonisierten Produktnormen sind „**Schirm-Produktnormen**". Mit dieser **nicht** genormten, sondern von den Verfassern des Vorgänger-Beuth-Kommentars [V68] „erfundenen" Bezeichnung soll ihre primäre Eigenschaft umschrieben werden, nämlich für eine ganze Produktfamilie allgemeine Anforderungen (so genannte Produktmerkmale) zu formulieren, die sicherstellen, dass das jeweilige Produkt für den vorgesehenen Einsatz geeignet ist und CE-gekennzeichnet werden darf – ohne dabei aber direkt auf einzelne spezielle Produkte einzugehen. Auch beinhaltet die Gesamtheit dieser Produktmerkmale meistens nicht sämtliche technischen Anforderungen, die für den Einsatz der einzelnen Produkte in Bauwerken (baulichen Anlagen) erfüllt sein müssen. Eine Schirm-Produktnorm gilt damit im Prinzip für alle Produkte, für die eine spezielle Einzel-Produktnorm mit zusätzlichen „eigenen" technischen Lieferbedingungen existiert und die sich technisch unter den „Schirm" subsumieren lassen. Ein typisches Beispiel dafür ist EN 15048-1 „*Garnituren für nicht vorgespannte Schraubverbindungen ...*". Die Norm gilt explizit für „alle geeigneten Kopfformen und Schaftmaße", legt sich also nicht auf spezielle Produktnormen fest (siehe zu II.5.6.3 <1.1>). Die meisten der harmonisierten Schirm-Produktnormen legen allerdings selbst explizit fest, welche Einzel-Produktnormen unter ihren Schirm gehören. Ein typisches Beispiel dafür ist EN 10025-1 „*Warmgewalzte Erzeugnisse aus Baustählen* ...“ (siehe zu II.5.3.1 <2>).

(b) *Einzel-Produktnormen unter dem Schirm einer europäisch harmonisierten Schirm-Produktnorm*

Typische Beispiele: EN 10025-4 (unter dem „Schirm“ von EN 10025-1) oder EN 14399-4 (unter dem „Schirm“ von EN 14399-1). Diese Produktnormen finden sich weder in der hEN-Liste auf der EU-Website noch in Deutschland in der Liste Technischer Baubestimmungen für Bauprodukte, die nicht die CE-Kennzeichnung tragen, in Abschnitt C2 der MVV-TB [R194] (siehe zu II.5.1 <1.3>). Sie sind aber wegen ihrer eindeutigen Zuordnung zu einer harmonisierten Schirm-Produktnorm trotzdem europarechtlich genauso verbindlich wie jene. In Tabelle KII.2-1 werden sie in der Spalte „Verbindlichkeitskategorie“ mit „**{hEN}**“ gekennzeichnet.

(c) *Sonstige europäische Produktnormen*

Typische Beispiele: EN 10268 „*Kaltgewalzte Flacherzeugnisse* ...“ oder EN ISO 13918 „*... Bolzen ... für das Lichtbogenbolzenschweißen*“ oder EN 10297-2 „*Nahtlose kreisförmige Stahlrohre aus nichtrostenden Stählen für ... allgemeine technische Anwendungen*“. Diese „sonstigen“ EN-Produktnormen werden auf unterschiedliche Weise in Deutschland rechtlich verbindlich; darauf wird jeweils bei der Kommentierung der entsprechenden Abschnitte des Normkapitels II.5 eingegangen (siehe auch zu II.5.1 <1.3>). In Tabelle KII.2-1 werden die sonstigen europäischen Produktnormen in der Spalte „Verbindlichkeitskategorie“ mit „**soPro**“ gekennzeichnet.

<3.2> Bearbeitungsnormen im weitesten Sinne

Hiermit sind solche zitierten Normen gemeint, die zusätzlich zu EN 1090-2 für einzelne, mit der Ausführung von Stahltragwerken zusammenhängende Bearbeitungsschritte spezifische Ausführungsregeln und Qualifikationsanforderungen beschreiben. Sie haben

- entweder verbindlichen Regelungscharakter
- oder eher Empfehlungscharakter.

(a) *Bearbeitungsnormen mit Regelungscharakter*

Typische Beispiele: EN ISO 9013 „*Thermisches Schneiden*“ oder Normenreihe EN ISO 8501 „*Vorbereitung von Stahloberflächen* ...“. Solche konkret als ergänzende Festlegungen für die Herstellung von Stahlbauten in Bezug genommenen Normen gelten in gleicher Weise wie die in EN 1090-2 verbal formulierten Festlegungen. Da EN 1090-2 in allen Bundesländern als Technische Baubestimmung bauaufsichtlich eingeführt und damit verbindlich ist, sind diese mitgeltenden Normen ebenso im baurechtlichen Sinne verbindlich, ohne dass es einer gesonderten bauaufsichtlichen Einführung bedarf. In Tabelle KII.2-1 werden sie in der Spalte „Verbindlichkeitskategorie“ mit „**Reg**“ gekennzeichnet.

(b) *Bearbeitungsnormen mit Empfehlungscharakter*

Typisches Beispiel: Normenreihe EN 1011 „*Empfehlungen zum Schweißen metallischer Werkstoffe* ...“. Solche zusätzlich zu den Festlegungen zitierten Normen, sinngemäß oder wörtlich als Empfehlungen tituliert, sind nicht verbindlich. Sie werden in EN 1090-2 entweder nur in Anmerkungen oder in Sätzen mit reinem Hinweischarakter zitiert. Die meisten von ihnen werden deshalb auch „nur“ im Literaturverzeichnis aufgeführt. Die wenigen zwar in den Normativen Verweisungen aufgeführten, aber von den Verfassern trotzdem nur als Empfehlung eingestuften Normen (wie z. B. EN 1011) werden in Tabelle KII.2-1 in der Spalte „Verbindlichkeitskategorie“ mit „**Emp**“ gekennzeichnet.

<3.3> Prüfnormen im weitesten Sinne

Hiermit sind solche zitierten Normen gemeint, die zusätzlich zu EN 1090-2 für einzelne, bei der Ausführung von Stahltragwerken erforderliche Inspektions- und Prüfarbeiten spezifische Angaben für die Durchführung von Messungen und Prüfungen sowie die Beurteilung der Mess- und Prüfergebnisse machen. Sie haben ebenfalls

- entweder verbindlichen Regelungscharakter
- oder eher Empfehlungscharakter.

(a) *Prüfnormen mit Regelungscharakter*

Typische Beispiele: EN ISO 17635 „*Zerstörungsfreie Prüfung von Schweißverbindungen* ...“ oder EN ISO 5817 „... *Bewertungsgruppen von Unregelmäßigkeiten* ...“. Solche Prüfvorschriften und Beurteilungskriterien sind Grundlagen zum Nachweis der fachgerechten Ausführung. Sie sind zwar nicht verbindlich im Sinne einer konkreten Festlegung zur Ausführung von Stahlbauten, haben aber die Funktion zusätzlich benötigter Regelwerke. Die in EN 1090-2 vorgegebenen Einstufungen der Bauteile in zulässige Bewertungsgruppen bzw. Prüfklassen, die in solchen Normen definiert sind, sind deshalb Bestandteil der baurechtlich verbindlichen Regeln in EN 1090-2. In Tabelle KII.2-1 werden sie in der Spalte „Verbindlichkeitskategorie“ mit „**Reg**“ gekennzeichnet.

(b) *Prüfnormen mit Empfehlungscharakter*

Typisches Beispiel: Normenreihe ISO 4463 „*Measurement methods* ...“ (Messverfahren im Bauwesen). Solche als Hilfestellung genannten Regelwerke für Prüf- und Messmethoden stellen aus Sicht der Verfasser unverbindliche Empfehlungen dar, selbst wenn sie in den Normativen Verweisungen aufgeführt werden. In Tabelle KII.2-1 werden sie in der Spalte „Verbindlichkeitskategorie“ mit „**Emp**“ gekennzeichnet.

Ausgangsprodukte — Zu II.2.1

Kommentare zu den nachfolgenden Norm-Auflistungen erübrigen sich weitgehend.

Stähle — Zu II.2.1.1

Keine Kommentierung erforderlich.

Stahlguss — Zu II. 2.1.2

Es fällt auf, dass in der aktuellen EN 1090-2 – im Gegensatz zur 2011er Ausgabe – auf die europäisch harmonisierte Produktnorm für Stahlguss im Bauwesen, **EN 10340**, nicht mehr datiert verwiesen wird. Grund dafür ist, dass EN 10340 im Jahr 2017 als Entwurf in Form eines zweiteiligen Normenpaares veröffentlicht wurde und man sicherstellen wollte, dass dieses Normenpaar nach seinem offiziellen Erscheinen maßgebend für EN 1090-2 sein wird; Genaueres siehe Kommentar zu II.5.4.

Schweißzusätze — Zu II.2.1.3

Im Vergleich zur Ausgabe 2011 der EN 1090-2 fällt auf, dass jetzt die europäisch harmonisierte Produktnorm **EN 13479** (eine „Schirm“-Produktnorm) fehlt – dies, obwohl es von ihr eine ganz neue Ausgabe 2017-10 gibt. Dass diese jetzt in EN 1090-2 bewusst nicht mehr aufgeführt wird, hat tiefere Gründe, die mit der Umformulierung von EN 13479 aufgrund des Ersatzes der EU-Bauproduktenrichtlinie durch die EU-Bauproduktenverordnung als Bezugsdokument für harmonisierte Produktnormen zusammenhängt; Genaueres siehe zu II.5.5 <1>.

Mechanische Verbindungsmittel — Zu II.2.1.4

In dieser Auflistung fehlen Produktnormen für Schrauben und Muttern von Schraubengarnituren für nicht vorgespannte Schraubenverbindungen, weil sie über die aufgeführte „Schirm“-Produktnorm EN 15048-1 sowieso indirekt für die Ausführung von Stahlbauten relevant, zumindest CE-kennzeichnungspflichtig sind. Unverständlich ist allerdings, warum in dieser normativen Auflistung bei den nicht vorspannbaren Scheiben sogar die für den täglichen Gebrauch eher unbedeutenden Sonderformen „kleine Scheiben“ (EN ISO 7092) und „große Scheiben“ (EN ISO 7093) aufgeführt sind, während die von der Bedeutung her (nämlich Empfehlungscharakter) vergleichbaren Normen für Sechskantmuttern mit Klemmteil sich (logisch nachvollziehbar) im Anhang „Literaturhinweise" finden.

Zu II.2.1.5 Hochfeste Zugglieder

Keine Kommentierung erforderlich.

Zu II.2.1.6 Lager im Bauwesen

Keine Kommentierung erforderlich.

Zu II.2.2 Bearbeitung

Dass in dieser Auflistung nur drei Normen genannt werden, ist auf den ersten Blick überraschend – ist doch die Bearbeitung der Ausgangsprodukte auf dem Fertigungsweg hin zum Bauteil eine ganz wesentliche Phase bei der Ausführung von Stahlbauten. Für die nicht durch diese drei Normen abgedeckten Bearbeitungsschritte (z. B. gemäß Definition des Begriffes „Bearbeitung" in II.3.10: Identifizierbarkeit, Lagerung, Schneiden, Formgebung, Lochen) gibt es entweder gar keine Bezugsnormen, oder sie sind unter den anderen Überschriften mit aufgelistet (z. B. die Normenreihe EN ISO 8501 unter „Korrosionsschutz").

Zu II.2.3 Schweißen

Keine Kommentierung erforderlich.

Zu II.2.4 Prüfungen

Keine Kommentierung erforderlich.

Zu II.2.5 Montage

Die hier aufgeführte Normenreihe ISO 4463 gibt es nur in englischer Sprache. Deutsche Übersetzungen sind nach Wissen der Verfasser derzeit nicht geplant, ebenso wenig eine Übernahme als DIN-Normen. Der Verbindlichkeitsgrad kann unter diesen Umständen nach Auffassung der Verfasser nur mit „Empfehlungscharakter" eingestuft werden. Anmerkungen zum Inhalt finden sich in den Kommentaren zu den Normabschnitten, in denen die Normteile konkret in Bezug genommen werden. Als Hilfestellung werden nachfolgend die deutschen Titel wiedergegeben.

ISO 4463-1 Messverfahren im Bauwesen – Abstecken und Messung – Teil 1: Planung und Organisation, Messverfahren, Annahmekriterien.

ISO 4463-2 Messverfahren im Bauwesen – Abstecken und Messung – Teil 2: Messpunkte.

ISO 4463-3 Messverfahren im Bauwesen – Abstecken und Messung – Teil 3: Kontrollliste für die Beschaffung von Vermessungen und Messleistungen.

Zu II.2.6 Korrosionsschutz

Keine Kommentierung erforderlich.

Zu II.2.7 Verschiedenes

In dieser Auflistung sind alle Normen, die nicht einer der sechs Sachgruppen II.2.1 bis II.2.6 zuzuordnen sind, enthalten. Das hat einen gewissen „Gemischtwaren-Charakter" zur Folge. U. a. werden hier auch Teile der Stahlbau-Bemessungsnormenreihe EN 1993 (Eurocode 3) aufgeführt, in denen an etlichen Stellen direkte Anforderungen für die Ausführung enthalten sind. Das darf aber nicht darüber hinwegtäuschen, dass auch die übrigen Teile des Eurocode 3 zusammen mit der vorliegenden EN 1090-2 gelten (vgl. zu II-Einleitung <2>). Es sei ferner daran erinnert, dass auch die Nationalen Anhänge zu den Eurocode-Teilen oft Ausführungsregelungen enthalten, die ggf. zu beachten sind.

Tabelle KII.2-1: Übersicht normative Verweisungen

Norm	aktuelle DIN-Ausgabe	Verbind-lichkeit[1]	Norm	aktuelle DIN-Ausgabe	Verbind-lichkeit[1]	Norm	aktuelle DIN-Ausgabe	Verbind-lichkeit[1]
2.1 Ausgangsprodukte – 2.1.1 Stähle								
EN 10017	2005-01	{hEN}	EN 10060	2004-02	{hEN}	EN 10204	2005-01	Reg
EN 10021	2007-03	soPro	EN 10061	2004-02	{hEN}	**EN 10210-1**	2016-02 /E	**hEN**
EN 10024	1995-05	{hEN}a	**EN 10080**	2005-08	**hEN**	EN 10210-2	2016-02 /E	{hEN}
EN 10025-1	2005-02[2]	**hEN**	EN 10088-1	2014-12	soPro	**EN 10219-1**	2016-01 /E	**hEN**
EN 10025-2	2005-04	{hEN}	**EN 10088-4**	**2010-01**	**hEN**	EN 10219-2	2016-02 /E	{hEN}
EN 10025-3	2005-02	{hEN}	**EN 10088-5**	**2009-07**	**hEN**	EN 10268	2013-12	soPro
EN 10025-4	2005-04	{hEN}	EN 10131	2016-06	soPro	EN 10279	2000-03	{hEN}
EN 10025-5	2005-02	{hEN}	EN 10139	1997-12	soPro	EN 10296-2	2006-02[2]	soPro
EN 10025-6	2009-08	{hEN}	EN 10140	2006-09	soPro	EN 10297-2	2006-02[2]	soPro
EN 10029	2011-02	{hEN}	EN 10143	2008-11	soPro	EN 10346	2015-10	soPro
EN 10034	1994-03	{hEN}	EN 10149-1	2013-12	soPro	EN 10365	2017-05	{hEN}
EN 10048	1996-10	{hEN}	EN 10149-2	2013-12	soPro	EN ISO 1127	1997-03	soPro
EN 10051	2011-02	{hEN}	EN 10149-3	2013-12	soPro	EN ISO 9444-2	2010-01	{hEN}
EN 10055	1995-12	{hEN}	EN 10163-1	2005-03	Reg	EN ISO 9445-1	2010-06	{hEN}
EN 10056-1	2017-06	{hEN}	EN 10163-2	2005-03	Reg	EN ISO 9445-2	2010-06	{hEN}
EN 10056-2	1994-03	{hEN}	EN 10163-3	2005-03	Reg	EN ISO 18286	2010-11	{hEN}
EN 10058	2004-02	{hEN}	EN 10164	2016-04 /E	Reg	ISO 4997	(2015-02)[3]	Emp
EN 10059	2004-02	{hEN}	EN 10169	2012-06	soPro			
2.1 Ausgangsprodukte – 2.1.2 Stahlguss								
EN 1559-1	2011-05	{hEN}	**EN 10340**	2008-11	**hEN**			
EN 1559-2	2014-12	{hEN}						
2.1 Ausgangsprodukte – 2.1.3 Schweißzusätze								
EN ISO 636	2017-09	{hEN}	EN ISO 14175	2008-06	{hEN}	EN ISO 18275	2017-02 /E	{hEN}
EN ISO 2560	2010-03	{hEN}	EN ISO 14341	2011-04	{hEN}	EN ISO 18276	2017-07	{hEN}
EN ISO 3581	2018-03	{hEN}	EN ISO 14343	2017-08	{hEN}	EN ISO 26304	2017-02 /E	{hEN}
EN ISO 13918	2018-04	soPro	EN ISO 16834	2012-08	{hEN}			
EN ISO 14171	2016-12	{hEN}	EN ISO 17632	2016-05	{hEN}			
EN ISO 14174	2012-05	{hEN}	EN ISO 17633	2017-02 /E	{hEN}			
2.1 Ausgangsprodukte – 2.1.4 Mechanische Verbindungsmittel								
EN 14399-1	2015-04	**hEN**	**EN 15048-1**	2016-09	**hEN**	EN ISO 7090	2000-11	soPro
EN 14399-2	2015-04	{hEN}	EN 15048-2	2016-09	{hEN}	EN ISO 7091	2000-11	soPro
EN 14399-3	2015-04	{hEN}	EN ISO 898-1	2013-05	Reg	EN ISO 7092	2000-11	soPro
EN 14399-4	2015-04	{hEN}	EN ISO 898-2	2012-08	Reg	EN ISO 7093-1	2000 11	soPro
EN 14399-5	2015-04	{hEN}	EN ISO 3506-1	2018-02 /E	Reg	EN ISO 7094	2000-12	soPro
EN 14399-6	2015-04	{hEN}	EN ISO 3506-2	2018-02 /E	Reg	EN ISO 10684	2009-09	Reg

Norm	aktuelle DIN-Ausgabe	Verbindlichkeit[1]	Norm	aktuelle DIN-Ausgabe	Verbindlichkeit[1]	Norm	aktuelle DIN-Ausgabe	Verbindlichkeit[1]
EN 14399-7	2016-01 /E	{hEN}	EN ISO 4042	2017-07 /E	Reg	EN ISO 21670	2014-09	soPro
EN 14399-8	2016-01 /E	{hEN}	EN ISO 6789-1	2017-07	Reg			
EN 14399-9	2016-01 /E	{hEN}	EN ISO 6789-2	2017-07	Reg			
EN 14399-10	2016-01 /E	{hEN}	EN ISO 7089	2000-11	soPro			
2.1 Ausgangsprodukte – 2.1.5 Hochfeste Zugglieder								
EN 10138-3	2000-10 /E	{hEN}	EN 10264-4	2012-03	soPro	EN 13411-4	2011-06	{hEN}
EN 10244-2	2009-08	Reg	**EN 12385-1**	2009-01	**hEN**			
EN 10264-3	2012-03	soPro	EN 12385-10	2008-07	{hEN}			
2.1 Ausgangsprodukte – 2.1.6 Lager im Bauwesen								
EN 1337-2	2018-02 /E	{hEN}	**EN 1337-5**	2018-02 /E	**hEN**	**EN 1337-8**	2018-02 /E	**hEN**
EN 1337-3	2018-02 /E	**hEN**	**EN 1337-6**	2018-02 /E	**hEN**			
EN 1337-4	2018-02 /E	**hEN**	**EN 1337-7**	2018-02 /E	**hEN**			
2.2 Bearbeitung								
EN ISO 286-2	2010-11	Reg	EN ISO 9013	2017-05	Reg	CEN/TR 10347	2006-09[3]	Emp
2.3 Schweißen								
EN 1011-1	2009-07	Emp	EN ISO 14554-1	2014-05	Reg	EN ISO 15614-1	2017-12	Reg
EN 1011-2	2001-05	Emp	EN ISO 14554-2	2014-05	Reg	EN ISO 15614-11	2002-10	Reg
EN 1011-3	2017-05	Emp	EN ISO 14555	2017-10	Reg	EN ISO 15614-12	2014-10	Reg
EN ISO 3834-1	2006-03	Reg	EN ISO 14731	2016-11 /E	Reg	EN ISO 15614-13	2012-10	Reg
EN ISO 3834-2	2006-03	Reg	EN ISO 14732	2013-12	Reg	EN ISO 15620	2017-10 /E	Reg
EN ISO 3834-3	2006-03	Reg	EN ISO 15607	2004-03	Reg	EN ISO 17652-1	2003-07	Reg
EN ISO 3834-4	2006-03	Reg	EN ISO 15609-1	2005-01	Reg	EN ISO 17652-2	2003-07	Reg
EN ISO 3834-5	2015-11	Reg	EN ISO 15609-2	2001-12	Reg	EN ISO 17652-3	2003-07	Reg
EN ISO 4063	2011-03	Reg	EN ISO 15609-3	2004-10	Reg	EN ISO 17652-4	2003-07	Reg
EN ISO 5817	2014-06[2]	Reg	EN ISO 15609-4	2009-10	Reg	EN ISO 17660-1	2017-11 /E	Reg
EN ISO 9606-1	2017-12[2]	Reg	EN ISO 15609-5	2012-03	Reg	EN ISO 17660-2	2017-11 /E	Reg
EN ISO 9692-1	2013-12	Emp	EN ISO 15610	2004-02	Reg			
EN ISO 9692-2	1999-09	Emp	EN ISO 15611	2004-03	Reg			
EN ISO 11970	2016-08	Reg	EN ISO 15612	2018-10	Reg			
EN ISO 13916	2018-03	Emp	EN ISO 15613	2004-09	Reg			
2.4 Prüfungen								
EN 10160	1999-09	Reg	EN ISO 9018	2016-02	Reg	EN ISO 17638	2017-03	Reg
EN ISO 3452-1		Reg	EN ISO 9712	2012-12	Reg	EN ISO 17640	2018-03	Reg
EN ISO 6507-1	2018-07	Reg	EN ISO 17635	2017-04	Reg	EN ISO 23279	2017-12	Reg
EN ISO 6507-2	2018-07	Reg	EN ISO 17636-1	2013-05	Reg			
EN ISO 6507-3	2018-07	Reg	EN ISO 17636-2	2013-05	Reg			
EN ISO 6507-4	2018-07	Reg	EN ISO 17637	2017-04	Reg			

Norm	aktuelle DIN-Ausgabe	Verbindlichkeit[1]	Norm	aktuelle DIN-Ausgabe	Verbindlichkeit[1]	Norm	aktuelle DIN-Ausgabe	Verbindlichkeit[1]
2.5 Montage								
EN 1337-11	1998-04	Reg	ISO 4463-2	(1995-12)[3]	Emp			
ISO 4463-1	(1989-11)[3]	Emp	ISO 4463-3	(1995-12)[3]	Emp			
2.6 Korrosionsschutz								
EN ISO 1461	2009-10	Reg	EN ISO 8503 (Teile 1 bis 4)	2012-06	Reg	EN ISO 12944 (Teile 1 bis 9)	2018-04 bzw. -06	Reg
EN ISO 2063-1	2018-02	Reg						
EN ISO 2063-2	2018-02	Reg	EN ISO 8503-5	2017-07	Reg	EN ISO 14713-1	2017-08	Emp
EN ISO 2808	2007-05	Reg	EN ISO 8504 (Teile 1 bis 3)	2002-01	Reg	EN ISO 14713-2	2010-05	Emp
EN ISO 8501 (Teile 1 bis 4)	2007-12	Reg	EN ISO 8504-3	2018-01 /E	Reg	ISO 19840	2012-09[3]	
EN ISO 8502 (Teile 2 bis 4)	2017-05	Reg	EN ISO 12670	2015-12	Reg			
			EN ISO 12679	2015-12	Emp			
2.7 Verschiedenes								
EN 1090-4	2018-xx	Reg	EN 1993-1-9	2010-12[2]	Bemess.	ISO 2859-5	(2005-06)[3]	Emp
EN 1993-1-6	2017-07	Bemess.	EN 1993-2	2010-12[2]	Bemess.			
EN 1993-1-8	2010-12	Bemess.	EN 13670	2011-03	Reg			

1 öffentlich-baurechtliche Verbindlichkeit gemäß einführendem Kommentar <3> zu II.2:
- hEN Europäisch harmonisierte Produktnorm,
- {hEN} Einzel-Produktnorm unter dem Schirm einer hEN,
- soPro sonstige Produktnorm,
- Reg Bearbeitungs- oder Prüfnorm mit Regelungscharakter,
- Emp Bearbeitungs- oder Prüfnorm mit Empfehlungscharakter.

2 datierte Verweisung – alle anderen Normen werden undatiert zitiert

3 bisher nicht als DIN-Norm übernommen

Zu II.3 Begriffe

Einführender Kommentar zu Kapitel II.3

Die früheren deutschen Stahlbaunormen enthielten keine Begriffsdefinitionen. Man ging davon aus, solche Normen seien für Fachleute geschrieben worden, die sich bei Zweifelsfällen einigen würden. Heute muss jedoch davon ausgegangen werden, dass sich nicht ausschließlich ausgebildete Stahlbaufachleute (Ingenieure, Techniker, Facharbeiter, Schweißer usw.) mit den Aufgaben des Stahlbaus befassen, sondern auch berufsfremde Personen, Institutionen und Organisationen. Es müssen nicht nur technisch-fachliche, sondern auch vertragsrechtliche und organisatorische Faktoren, soweit sie den Ablauf der Fertigung und Montage beeinflussen, geregelt werden. Schon das Kapitel 3 der letzten Ausgabe von DIN 18800-7 war mit seinen acht Begriffsdefinitionen eine Reaktion auf die Veränderungen in den stahlbaulichen Wertschöpfungsprozessen. Die vorliegende Norm EN 1090-2 setzt die Entwicklung mit nunmehr 23 Begriffsdefinitionen im Kap. II.3 konsequent fort. Ohne Zweifel helfen solche klaren Begriffsdefinitionen auch, Auslegungsprobleme und damit Streitfälle möglichst von Vornherein zu vermeiden.

Zu II.3.1 Bauwerk

Kein Kommentar erforderlich.

Zu II.3.2 Stahltragwerk

Kein Kommentar erforderlich.

Zu II.3.3 Stahlkonstruktion

Kein Kommentar erforderlich.

Zu II.3.4 Hersteller

In der früheren DIN 18800-7 [R73] stand an dieser Stelle „Unternehmer, der Stahlbauten ausführt“, was im Prinzip dasselbe ist wie hier in EN 1090-2 definiert. In der seinerzeitigen Vornorm zu DIN 18800-7 hatte die Definition noch den Zusatz „... oder ausführen lässt“ enthalten. Das hätte nach Meinung der Industrie die Verantwortlichkeiten im heutigen arbeitsteiligen Stahlbaugeschehen, wo Untervergaben an viele Nachauftragnehmer zunehmend das tägliche Geschäft bestimmen, besser festgelegt. Der Zusatz wurde aber aus rechtlichen Gründen mit dem Argument, dass in einer Ausführungsnorm Anforderungen an den **Ausführenden** und nicht an einen Zwischenhändler gestellt werden, gestrichen. Die EN 1090-2 definiert nun den Hersteller genauso, wobei allerdings der englische Originalbegriff „*constructor*“ treffender ist (siehe auch zu II.3.6).

Stahlbauunternehmer sollten bei Untervergaben bedenken, dass die dem Kunden geschuldete Gesamtleistung des Stahlbaubetriebes nur dann erreicht werden kann, wenn die geforderten Qualitätskriterien auch in allen untervergebenen Teilprozessen erfüllt werden. Sie sollten die dazu notwendigen vertraglichen Regelungen fixieren und dabei insbesondere die Verbindlichkeit der EN 1090-2 einbeziehen. Vertraglich klar definierte Teilverantwortlichkeiten vermeiden Streitfälle im Nachhinein. Es ist außerdem dringend zu empfehlen, in Verträgen, Spezifikationen und ähnlichen Papieren sorgfältig zwischen demjenigen, der dem Bauherrn/Kunden den Stahlbau liefert, und demjenigen, der ihn tatsächlich ausführt, zu unterscheiden.

In Anlehnung an den Titel der EN 1090-2 hätte der Hersteller eigentlich als **„Ausführender“** bezeichnet werden müssen (siehe auch zu II.3.6). Das hätte im Übrigen den Begriffswiderspruch zu EN 1090-1 vermieden, wo im Normtext mit „Hersteller“ stets der Hersteller der dort ausschließlich behandelten vorgefertigten Bauteile („*manufacturer*“) gemeint ist.

Tragwerk

Zu II.3.5

Kein Kommentar erforderlich.

Herstellung

Zu II.3.6

Die hier gegebene Begriffsdefinition, nach der sich die „Herstellung" nur auf die Fertigung und Anlieferung der **Bauteile** bezieht, ist unglücklich gewählt, bedeutet sie doch eine begriffliche Inkonsequenz zwischen der „Herstellung" und dem „Hersteller", der ja gemäß II.3.4 für die gesamte Erstellung des **Stahltragwerkes**, also einschließlich Montage auf der Baustelle, verantwortlich ist. Im englischsprachigen Originaltext ist diese Inkonsequenz nicht vorhanden – dort wird sauber zwischen „*manufacturing*" und dem zugehörigen „*manufacturer*" einerseits und dem „*constructor*" andererseits unterschieden. Die bauteilbezogene Begriffsdefinition stimmt allerdings mit derjenigen in EN 1090-1 überein, aber dort geht es ja tatsächlich ausschließlich um das „Bauprodukt" Bauteil.

Wie bereits zu II.3.4 dargelegt, hätte im Sinne der nachfolgenden Definition des Begriffes „Ausführung" und auch in Anlehnung an den Titel der EN 1090-2 der Hersteller eigentlich als „Ausführender" bezeichnet werden müssen. Das mag als Wortklauberei erscheinen, könnte aber z. B. bei einer juristischen Auseinandersetzung über die Verantwortlichkeiten anlässlich eines Schadens Bedeutung erlangen und sollte deshalb bei der Abfassung von Vertragstexten, die auf EN 1090-2 Bezug nehmen, beachtet werden.

Ausführung

Zu II.3.7

Die hier gegebene Definition der Ausführung („*execution*") ist insofern konsequent, als sie der Bauteil-Herstellung („*manufacturing*") gemäß vorhergehender Begriffsdefinition in II.3.6 einfach nur die weiteren Schritte bis zur Fertigstellung (Montage, Inspektion/Prüfung, Dokumentation) hinzufügt. Auf die im vorhergehenden Kommentar angesprochene begriffliche Inkonsistenz zwischen demjenigen, der die Bauteile herstellt, und demjenigen, der das ganze Tragwerk ausführt, sei hier noch einmal hingewiesen.

Die Definition schließt alle für die physische Erstellung des Stahltragwerks notwendigen Vorgänge vom Einkauf über die Fertigung, den Transport und die Montage bis hin zur Prüfung der ausgeführten Konstruktion ein, bewusst aber nicht die Planung und Bemessung. Hätte man Letztere auch unter die „Ausführung" subsumiert, so würde das zu unübersehbaren Konsequenzen für die Verantwortlichkeitsstrukturen führen. Es hätte auch der klaren Einteilung der europäischen Normen für Stahlbau widersprochen, wonach die Normenreihe EN 1993 für die Bemessung und Konstruktion und EN 1090-2 für die Ausführung zuständig ist. Ausdrücklich eingeschlossen ist aber hier die Dokumentation über die Inspektionen/Kontrollen. Dabei wird bewusst nicht nach den verschiedenen Stadien des Ausführungsprozesses unterschieden.

Es sei an dieser Stelle kritisch darauf hingewiesen, dass der in der Begriffsdefinition II.3.5 in Bezug genommene Basis-Eurocode **EN 1990** die **Bauausführung** anders definiert, nämlich: „alle Tätigkeiten für die physische Erstellung eines Gebäudes oder Ingenieurbauwerks einschließlich der Beschaffung von Baustoffen, Überwachung und der **Erstellung der Herstellungsunterlagen**". Auch auf diese Diskrepanz sollte ggf. geachtet werden.

Ausführungsunterlagen

Zu II.3.7.1

Dass die Ausführungsunterlagen auch Angaben bzw. Anforderungen für all jene Punkte enthalten müssen, für die im Haupttext explizit Festlegungen verlangt werden, z. B. grundsätzlich erforderliche oder optionale Zusatzangeben gemäß Tabellen II.A.1 und II.A.2 in Anhang II.A, ist selbstverständlich. Darüber hinaus werden Inhalt und Umfang der Ausführungsunterlagen ausführlich im Kommentar zu II.4.1.1 diskutiert.

Zu II.3.7.2 Ausführungsklasse

Die Ausführungsklassen werden hinsichtlich Definition und Handhabung ausführlich im Kommentar zu II.4.1.2 erläutert. Dort wird auch die Vorgehensweise bei der Auswahl bzw. Bestimmung der Ausführungsklasse für ein konkretes Bauteil oder Tragwerk diskutiert, insbesondere die in EN 1993-1-1, Anhang C, dazu gegebenen Festlegungen.

Zu II.3.8 Ausgangsprodukt

In der Ausgabe 2011-10 der DIN EN 1090-2 war der englische Originalbegriff *„constituent products“* etwas unglücklich mit „Konstruktionsmaterialien“ übersetzt worden, was in der Praxis teilweise zu Fehlinterpretationen geführt hat. Die jetzige Übersetzung „Ausgangsprodukt“ liegt näher an der von der Norm gemeinten Bedeutung, nämlich Oberbegriff für Werkstoffe, Halbzeuge und Verbindungsmittel. Auch „Vorprodukt“ wäre als deutsche Übersetzung in Frage gekommen. Dagegen wäre der traditionelle deutsche Begriff „Halbzeug“ zu eng gewesen, er taucht in EN 1090-2 gar nicht mehr auf.

Zu II.3.9 Bauteil

Ergänzend sei hier die Definition eines Bauteils in EN 1990 (Eurocode 0) angegeben: „Physisch unterscheidbarer Teil des Tragwerks, z. B. eine Stütze, ein Träger, eine Deckenplatte, ein Gründungspfahl“. Weitere Kommentare erübrigen sich.

Zu II.3.9.1 Kaltgeformtes Bauteil

Die hier als Quelle genannte Norm **EN 10079:2007-06** [II.Lit11] (Achtung: datiert!) enthält Begriffsbestimmungen für Stahlerzeugnisse, die in der Stahlindustrie hergestellt oder von ihr oder ihren Kunden verwendet werden. Dort findet sich der Begriff **„Kaltprofile“**. Deren Definition ist identisch mit der hier wiedergegebenen Begriffsdefinition, aber dort ergänzt durch „oder dünnwandige Profilbleche“ hinter „Langerzeugnisse“. Das heißt, ein kaltgeformtes Bauteil im Sinne von EN 1090-2 muss **nicht** dünnwandig sein. Die Begriffsdefinition entspricht im Prinzip dem Geltungsbereich der Bemessungsnorm EN 1993-1-3, nämlich „kaltgeformte Bauteile und Bleche“ (vgl. auch zu II.2.1 <1.2>). Der Begriff wird in EN 1090-4 ebenfalls definiert (siehe zu IV.3.1.13).

Zu II.3.10 Bearbeitung

Die in der Anmerkung beispielhaft aufgeführten Bearbeitungsschritte sind praktisch identisch mit den Abschnitt-Überschriften des Kapitels II.6. Man könnte also auch sagen: Bearbeitung ist das, was in Kapitel II.6 beschrieben wird. Oder noch besser: Die Überschrift jenes Kapitels hätte konsequenterweise „Bearbeitung“ lauten sollen (siehe einführenden Kommentar zu II.6).

Zu II.3.11 Montagekonzept

Das Montagekonzept, so wie es hier definiert wird und wie der Begriff in Kap. II.9 verwendet wird, ist etwas, das in erster Linie den **Tragwerksplaner** angeht (*„design basis method of erection“*) – im Gegensatz zur nachfolgend definierten Montageanweisung. Eine ausführlichere Gegenüberstellung der verschiedenen in EN 1090-2 verwendeten Begrifflichkeiten zur Montage und zur Montageplanung findet man im Kommentar <1.2> zu II.9.1.

Zu II.3.11.1 Montageanweisung

Die Montageanweisung (*„erection method statement“*) als vom **Hersteller** zu erstellende Verfahrensanweisung für das von ihm gewählte Montageverfahren entspricht dem deutschen bautechnischen Sprachgebrauch, z. B. auch früher in DIN 18800-7 (siehe ausführliche Kommentare zu II.9.3.2).

Inspektions- und Prüfplan (en: inspection and test plan, ITP)

Zu II.3.12

Der Inspektions- und Prüfplan als Bestandteil der Qualitätsdokumentation wird hinsichtlich Zielsetzung, Inhalt und Umfang im Kommentar <2.3> zu II.4.2.1 ausführlich erläutert.

Nichtkonformität

Zu II.3.13

Die hier gegebene Begriffsdefinition „Nichterfüllung einer Anforderung" ist die direkte Übersetzung des englischen „*non-fulfilment of a requirement*", wie ja auch der Begriff „Nichtkonformität" selbst die direkte Übersetzung des englischen „*nonconformity*" ist. Die als Quelle angegebene Norm EN ISO 9000:2015-11 [II.Lit23] macht jedoch darauf aufmerksam, dass „*nonconformity*" im Deutschen auf verschiedene Weise übersetzt werden könne. Zwar sei „Nichtkonformität" als die bevorzugte Übersetzung zu verwenden, aber auch „Fehler" sei eine zulässige Übersetzung. Andererseits definiert EN ISO 9000:2015-11 aber den Begriff „Mangel" als „Nichtkonformität in Bezug auf einen beabsichtigten oder festgelegten Gebrauch". Daraus folgt, dass im Deutschen unter einer Nichtkonformität, also der Nichterfüllung einer Anforderung, vordergründig sowohl ein „Fehler" als auch ein „Mangel" verstanden werden könnte. Das wiederum ist problematisch, denn die Unterscheidung zwischen den Begriffen Mangel und Fehler ist, wie sinngemäß in einer Anmerkung in EN ISO 9000:2015-11 betont wird, wegen ihrer rechtlichen Bedeutung wichtig, insbesondere im Zusammenhang mit Produkt- und Dienstleistungshaftungsfragen.

In der 2005er Ausgabe von EN ISO 9000 stand an dieser Stelle zusätzlich die Empfehlung, die Benennung „Mangel" nur mit äußerster Vorsicht zu verwenden. Wohl als Konsequenz daraus, kommt der Begriff Mangel in der deutschen Version von EN 1090-2 nicht vor, im Gegensatz übrigens zum entsprechenden englischen Begriff „*defect*", der in der deutschen Version aber stets mit „Fehler" übersetzt wurde. Aufgrund der vielfältigen Bedeutung des Begriffes Fehler im allgemeinen deutschen Sprachgebrauch war es sicher von Vorteil, stattdessen den neuen und nicht negativ beladenen Kunstbegriff „Nichtkonformität" in EN 1090-2 zu verwenden, da es hier im Speziellen um die Korrektur nichtkonformer Produkte geht. Es bleibt aber festzuhalten, dass unter „Nichtkonformität" **nicht** ein Mangel zu verstehen ist.

Ergänzende ZfP (zerstörungsfreie Prüfung)

Zu II.3.14

Die ergänzenden ZfP-Verfahren werden im Kommentar zu II.12.4.2.6 ausführlich erläutert. Eine weitere Kommentierung an dieser Stelle erübrigt sich.

Toleranz

Zu II.3.15

Die hier gegebene verbale Begriffsdefinition und die zusätzliche Anmerkung erscheinen in sich verständlich und würden eigentlich keiner Kommentierung bedürfen. Sie haben nur einen Haken: Sie passen nicht zu den geometrischen Toleranzvorgaben in Kapitel 11 und in Anhang B von EN 1090-2 – übrigens auch nicht zu denen in EN 1090-4 –, die ohne Ausnahme nicht als absolute Differenz zwischen Höchst- und Mindestmaß, sondern als vorzeichenbehaftete Abweichung Δ vom Nennmaß vorgegeben werden. Bei einer vorgegebenen zulässigen (±)-Abweichung Δ – das ist der häufigste Fall in Anhang II.B – ist die Toleranz gemäß hier vorliegender Definition gleich $|2\Delta|$, was zwar mathematisch interessant, aber ohne Relevanz für den Anwender ist. Mit anderen Worten: Die Begriffsdefinition II.3.15 in EN 1090-2 ist überflüssig und verwirrt nur.

Hätte man aus der als Quelle genannten **ISO 1803:1997-10** [II.Lit30] – wurde nicht ins Deutsche übersetzt und auch nicht als DIN-Norm übernommen – nicht nur die Begriffsdefinition „*tolerance*" und die erste „*note*" abgeschrieben, sondern auch die zweite „*note*", so wäre das begriffliche Gesamtsystem klarer geworden: *"Note 2: In building construction, tolerance is commonly expressed by ± permitted deviation so that the value of the tolerance is implicit (see figure 3)."*

Aus deutscher Sicht ist interessant, dass es kurzzeitig eine DIN-Norm mit identischem Grundlageninhalt gab, und zwar DIN 18201:1997-04 [R67]. In ihrem Vorwort hieß es: „Die in dieser Norm festgelegten Begriffe und ihre Definitionen entsprechen den auf internationaler Ebene in ISO 1803 getroffenen Vereinbarungen." Diese DIN 18201 wurde kurze Zeit später zurückgezogen, ihr Inhalt wurde in **DIN 18202** [R68] integriert. Letztere nimmt nun ISO 1803 zwar nicht mehr explizit in Bezug, wurde jedoch vom deutschen Spiegelausschuss zum ISO-Ausschuss TC 59 erarbeitet, der auch für ISO 1803 verantwortlich zeichnete. Tatsächlich erkennt man bei den begrifflichen Grundlagen deutlich die enge Verwandtschaft zwischen ISO 1803 und DIN 18202. Folgende Begriffsdefinitionen findet man in DIN 18202:

- Nennmaß = Maß, das zur Kennzeichnung von Größe, Gestalt und Lage eines Bauteils oder Bauwerks angegeben und in Zeichnungen eingetragen wird;
- Höchstmaß/Mindestmaß = größtes/kleinstes zulässiges Maß;
- Maßabweichung = Differenz zwischen Istmaß und Nennmaß;
- Grenzabweichung = Grenzwert für die Maßabweichung = Differenz zwischen Höchstmaß und Nennmaß oder zwischen Mindestmaß und Nennmaß;
- Maßtoleranz = Differenz zwischen Höchstmaß und Mindestmaß.

Die Begriffe werden in DIN 18202 zusätzlich durch ein Bild erläutert, dass der *„figure 3"* in ISO 1803 entspricht. Es wird hier als Bild KII.3-1 abgedruckt.

Es bleibt festzuhalten, dass in EN 1090-2 das Wort „Toleranzen" durchgängig rein qualitativ als Sammelbegriff für die Vorgabe irgendwelcher Grenzabweichungen verwendet wird, jedoch ohne Zusammenhang mit der quantitativen Definition in II.3.15.

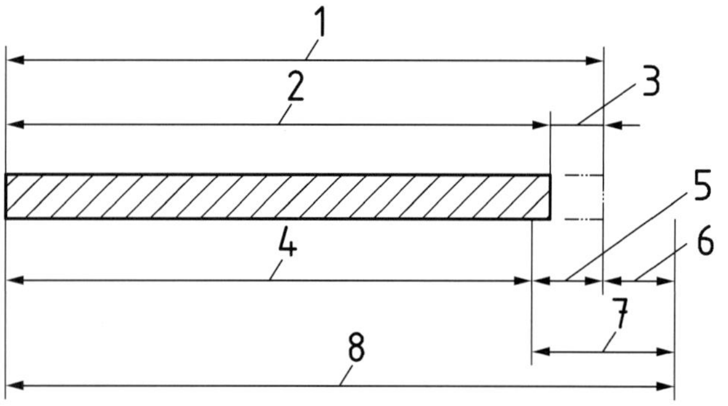

Legende
1 Nennmaß
2 Istmaß
3 Maßabweichung
4 Mindestmaß
5 Grenzabweichung (–)
6 Grenzabweichung (+)
7 Maßtoleranz
8 Höchstmaß

Bild KII.3-1: Begriffsdefinitionen zur Toleranz (Bild 1 aus DIN 18202:2013-04)

Zu II.3.15.1 Grundlegende Toleranz

Zu II.3.15.2 Ergänzende Toleranz

Zu II.3.15.3 Besondere Toleranz

Die drei hier definierten **Toleranzkategorien** „grundlegend" (*„essential"*), „ergänzend" (*„functional"*) und „besonders" (*„special"*) werden im Kommentar zu II.11.1 ausführlich erklärt und hinsichtlich ihrer baupraktischen Bedeutung diskutiert. Eine weitere Kommentierung an dieser Stelle erübrigt sich.

Zu II.3.15.4 Herstelltoleranz

EN 1090-2 unterscheidet in Kapitel II.11 und in Anhang II.B jeweils konsequent zwischen **„Herstelltoleranzen"** und **„Montagetoleranzen"**. Erstere beziehen sich auf die Herstellung der Bauteile und sind auch für EN 1090-1 relevant. Sie sind dort das primäre der bei der CE-Kennzeichnung zu deklarierenden Herstellungsmerkmale. Letztere beziehen sich auf das Errichten des

Tragwerks durch Zusammenfügen der Bauteile auf der Baustelle. Dass die Montagetoleranzen hier nicht gleichwertig ebenfalls als Begriff definiert sind, ist eine der leider immer noch vielen redaktionellen Unvollkommenheiten der EN 1090-2.

Im Übrigen ist die hier gegebene Begriffsdefinition „zulässige Abweichung der Größe einer Bauteilabmessung" sowieso viel zu eng – was ist mit Geradheitsabweichungen, Ebenheitsabweichungen usw.? In Kapitel II.11 und im Anhang II.B wird der Begriff „Herstelltoleranzen" wesentlich allgemeiner gehandhabt. Die vorliegende Begriffsdefinition ist dafür nicht nur nicht hilfreich, sondern sie verwirrt und ist – wie die allgemeine Toleranzdefinition in II.3.15 – überflüssig.

Zu II.4 Ausführungsunterlagen und Dokumentation

Einführender Kommentar zu Kapitel II.4

Die (west)deutsche Grundnorm für die Bemessung von Stahlbauten hatte traditionell seit den 1950er Jahren den Titel „Bemessung und Konstruktion“ (bzw. „... und bauliche Durchbildung“) und enthielt neben einem eigenständigen Kapitel „Grundsätze für die Konstruktion“ auch einen Abschnitt über die „bautechnischen Unterlagen“ (zu Anfang noch „Bauvorlagen“ genannt).

Dass die Eurocode-Normenreihe EN 1993 für den Stahlbau keine **Grundsätze für die Konstruktion** mehr enthält – obwohl in der deutschen Übersetzung immer noch „Bemessung und Konstruktion“ tituliert –, dürfte mehrere Gründe haben, die sowohl in den unterschiedlichen Traditionen der verschiedenen Ingenieurgesellschaften Europas als auch in den überragenden heutigen Berechnungsmöglichkeiten zu suchen sind. Soweit in der Normenreihe EN 1993 konstruktive Details angesprochen werden, geht es ausschließlich um deren rechnerische Bemessung, nicht um Regeln oder Empfehlungen für ihre konstruktive Ausbildung. Im Zusammenhang mit der hier zu kommentierenden EN 1090-2 spielt dieser eigentlich zu bedauernde Aspekt aber keine Rolle und wird nicht weiter vertieft.

Bemerkenswert ist aber, dass der Stahlbau-Eurocode EN 1993 auch keine Angaben zu den **bautechnischen Unterlagen** mehr macht, außer dass er allgemein hinsichtlich der Ausführung von Stahlbauten auf EN 1090-2 verweist. Das ist im Sinne einer sauberen Trennung von „Planung“ und „Ausführung“ so gewollt. Dieser Trend wurde seinerzeit mit der Ausgabe 2002 der DIN 18800-7 bereits vorbereitet. Sie enthielt erstmals in der deutschen Stahlbaunormung ein eigenständiges Kapitel „Dokumentation“. Darin wurde die Thematik der mit der ordnungsgemäßen Ausführung von Stahlbauten zusammenhängenden Dokumente besser strukturiert und klarer geregelt. Es wurden **Ausführungsunterlagen**, die vor bzw. während der Bauausführung schriftlich vorliegen müssen, und **Nachweisunterlagen**, die nach Fertigstellung schriftlich dokumentiert werden müssen, konsequent gegenüber den übrigen früher in DIN 18800-1 aufgeführten bautechnischen Unterlagen (Baubeschreibung, statische Berechnung usw.) abgegrenzt. Diese Aufteilung findet sich sinngemäß im vorliegenden Kapitel II.4 von EN 1090-2 wieder, wobei der zweite Abschnitt II.4.2 jetzt „Herstellerdokumentation“ heißt und einen weiter gefassten Inhalt hat als die seinerzeitigen Nachweisunterlagen in DIN 18800-7 [R73].

Es muss an dieser Stelle jedoch daran erinnert werden, dass auch das jetzige europäische Normensystem für Stahlbau – trotz der gewollten klaren Trennung in Bemessung (nach Eurocode-Normenreihe EN 1993) und Ausführung (nach Normenreihe EN 1090) – natürlich als fachliche Einheit konzipiert ist. Das wird in beiden Normenreihen immer wieder betont (vgl. auch zu II-Einleitung <2>). In Deutschland wird das im Gültigkeitsbereich der Landesbauordnungen noch unterstrichen durch die bauordnungsrechtlich verbindliche Liste der Technischen Baubestimmungen in Abschnitt A1 der MVV-TB [R194] (vgl. zu II-Europäisches Vorwort <4>), in der die Bemessungs- und Ausführungsnormen nebeneinander aufgeführt sind. Im europäischen Ausland sind zwar die administrativen Regelungen für das Bauen zum Teil weniger stringent, aber die enge Verzahnung von Bemessung und Ausführung gilt dort ebenfalls.

Zu II.4.1 Ausführungsunterlagen

Zu II.4.1.1 Allgemeines

<1> Zum Erfordernis von Ausführungsunterlagen

<1.1> Zu Funktion, Umfang und Benennung der Ausführungsunterlagen

Umfassende und präzise Ausführungsunterlagen sind – neben dem ebenfalls vor der Ausführung zu erstellenden Qualitätsmanagementplan bzw. der Qualitätsdokumentation (siehe zu II.4.2) – das „A und O“ für eine planungskonforme, wirtschaftliche und vor allem sichere Errichtung eines Bauwerks in Stahlbauweise. In der Vergangenheit sind immer wieder Fehlentscheidungen bei der Ausführung und auch Schadensfälle bekannt geworden, die wegen unvollständiger oder fehlerhafter Ausführungsunterlagen entstanden.

Mit der zentralen Stellung der Ausführungsunterlagen in EN 1090-2 soll erreicht werden, dass zwischen dem vom Tragwerksplaner, der das Tragwerk konstruiert und bemisst (ggf. nach planerischen Vorgaben eines Objektplaners, z. B. eines Architekten), und dem vom Hersteller, d. h. vom Ausführenden des Stahlbaus (vgl. zu II.3.4), zu leistenden Anteil an der Errichtung eines Stahlbauwerks keine Lücke bleibt. Die Gefahr solcher Lücken ist umso größer geworden, je mehr sowohl die Tragwerksplanung als auch die Stahlbauausführung in Teilprozesse gesplittet werden, für welche unterschiedliche Büros und Firmen zuständig sind. Bei der Stahlbauausführung hat das „ungleiche“ Normenpaar EN 1090-1 und -2 selbst einen entscheidenden Schub in dieser Richtung beigetragen, indem nunmehr das Bauen in Stahl scheinbar auch administrativ in die Herstellung von Bauteilen und das Zusammenfügen von Bauteilen gesplittet wurde (vgl. Vorwort zu diesem Buch).

Die Ausführungsunterlagen sollen gemäß Normtext EN 1090-2 „für alle Teile des Stahltragwerks die notwendigen Informationen und technischen Anforderungen“ enthalten, anders formuliert: „alle am Ausführungsprozess Beteiligten mit allen notwendigen Informationen versehen“ (Zitat aus Richtlinie **BFS-RL 07-101** „zur Erstellung von Herstellungsunterlagen im Stahlbau“ [R14]). Das heißt, sie müssen **alle** für die Errichtung eines Stahltragwerkes – von der Eingangskontrolle der Ausgangsprodukte über die Werkstattfertigung der Bauteile mit begleitender werkseigener Produktionskontrolle und den Transport bis hin zur Montage – notwendigen Informationen und technischen Anforderungen enthalten.

Die technischen Anforderungen werden, soweit die Tragsicherheit betroffen ist, vom Tragwerksplaner vorgegeben. Soweit nur die Gebrauchstauglichkeit und Dauerhaftigkeit betroffen sind, müssen sie zwischen dem Bauherrn/Auftraggeber, dem Tragwerksplaner und dem Hersteller vereinbart und abschließend geregelt werden. Eine enge Kooperation zwischen dem Tragwerksplaner und dem Hersteller, d. h. dem Ausführenden des Stahlbaus, bei der Erstellung und Abstimmung der Ausführungsunterlagen ist im Sinne einer qualitätssicheren Ausführung eines Stahlbautragwerks grundsätzlich anzustreben. Dies wird leider oft nur unvollkommen praktiziert.

Die oben erwähnte **BFS-RL 07-101** versteht unter Ausführungsunterlagen allerdings etwas anderes als EN 1090-2, nämlich – nach Interpretation der Verfasser dieses Kommentarbuches – die Gesamtheit aller Unterlagen, die vor Beginn der Ausführungsarbeiten **vorhanden** sein müssen, nicht die Unterlagen, die für die Ausführungsarbeiten **benötigt** werden. Beispielsweise wird dort auch die Statische Berechnung aufgeführt, die aber weder vom Werkstattleiter noch vom Montageleiter zur Durchführung seiner Aufgaben benötigt wird. Die zentralen Ausführungsunterlagen im Sinne von EN 1090-2, nämlich die eigentlichen Ausführungszeichnungen (siehe weiter unten), werden in der BFS-Richtlinie als **„Herstellungsunterlagen“** bezeichnet.

Dieser Begriff, obwohl gut gemeint, verstärkt unglücklicherweise den Begriffswirrwarr zum Thema „Herstellung“, der dem Normenpaar EN 1090-1 und EN 1090-2/-4 sowieso schon innewohnt (vgl. zu II.3.4, II.3.6 und II.3.7): Die Herstellungsunterlagen nach Diktion BFS-Richtlinie dienen sowohl der „Herstellung“ der Bauteile (binnenmarktpolitisch nach EN 1090-1, technisch nach EN 1090-2/-4) als auch der Ausführung/Errichtung des Tragwerks durch den „Hersteller“ des Gesamtstahlbaus (nach EN 1090-2). Diejenigen der Herstellungsunterlagen, die der Herstellung der Bauteile dienen, werden im Übrigen in EN 1090-1 Bauteilspezifikation genannt. Sie können sowohl vom Hersteller der Bauteile (nach EN 1090-1) angefertigt werden, als auch vom Auftraggeber beigestellt werden, möglicherweise nachdem sie vom Hersteller des Gesamtstahlbaus (nach EN 1090-2) angefertigt wurden.

Hintergrund dieser speziellen Begriffsdefinitionen in der BFS-RL 07-101 dürfte u. a. sein, dass sie unmittelbar aus der deutschen Stahlbaupraxis kommen, wo man sich mit der Realität der harmonisierten Bauproduktnorm EN 1090-1 „herumschlagen“ muss. Man erkennt das daran, dass als Zielsetzung der Herstellungsunterlagen u. a. auch die Leistungserklärung nach EU-BPVO [R182] mit Herstellungs- und Tragfähigkeitsmerkmalen eine Rolle spielt – etwas, was mit der rein technischen Zielsetzung von EN 1090-2 nichts zu tun hat.

Der Leser möge Verständnis dafür haben, dass unter diesen Umständen im vorliegenden Kommentarbuch der Begriff „Herstellungsunterlagen“ nicht verwendet wird. Ansonsten sei aber die genannte BFS-Richtlinie dem Leser ans Herz gelegt, da sie viele nützliche Hinweise zur Erstellung von Ausführungszeichnungen, insbesondere von Werkstattzeichnungen, enthält.

Unbestritten ist, dass Ausführungsunterlagen, die nicht vom Hersteller selbst angefertigt wurden, von ihm auf Vollständigkeit und Machbarkeit überprüft werden müssen. Unvollständige Ausführungszeichnungen oder Zeichnungen mit Bauteilangaben, die nicht ausführbar sind (z. B. bei einem kleinen Kastenquerschnitt das Anschließen der Schottbleche im Kasten mit vier Kehlnähten), müssen zurückgewiesen bzw. einvernehmlich korrigiert werden. Ggf. kann der Hersteller auch Änderungen zur Erreichung einfacherer bzw. sinnvollerer Ausführungsvarianten vorschlagen. Bei schweißtechnischen Konstruktionen hat die Schweißaufsichtsperson oder eine von ihr beauftragte Person die Ausführungszeichnung für die Fertigung freizugeben.

Die Wichtigkeit guter und vollständiger Ausführungsunterlagen kann nicht genug betont werden. Nur klare, in zeichnerischer oder in Schriftform gemachte Anweisungen bieten die Gewähr dafür, dass die geforderte Qualität und Sicherheit erreicht werden. Es sollte allen Beteiligten stets bewusst sein, dass weder nach Statischen Berechnungen noch nach Prüfberichten, Besprechungsvermerken oder Baubeschreibungen gebaut wird, sondern ausschließlich nach den Ausführungsunterlagen.

Gemäß Normtext sollen die technischen Anforderungen und notwendigen Informationen für alle Teile der Stahlkonstruktion **vor Beginn der Ausführungsarbeiten** vollständig („*complete*“) geregelt sein. Das muss nicht zwangsläufig heißen, dass alle Ausführungsunterlagen bereits komplett fertiggestellt sind – das ist bei größeren Projekten gar nicht machbar. In jedem Fall muss aber von Anfang an geregelt sein, wie bei eventuellen Änderungen bereits vereinbarter Ausführungsunterlagen während der Bauausführung zu verfahren ist – ein besonderes Anliegen von EN 1090-2, das in unterschiedlichster Ausprägung mehrfach auftaucht (siehe z. B. zu II.4.2.1 <2.4>). Die vereinbarte Regelung muss u. a. sicherstellen, dass der verantwortliche Tragwerksplaner auch bei der Ergänzung bzw. Änderung der Ausführungsunterlagen mit einbezogen wird.

<1.2> Zur Art der Ausführungsunterlagen

Hinsichtlich der konkreten Art oder Form der Ausführungsunterlagen gibt EN 1090-2 keinerlei Hinweise oder Vorgaben – für die Verfasser eigentlich nicht nachvollziehbar. Die Ausführungsunterlagen (englisch „*execution specification*“) werden in II.3.7.1 allgemein als „Satz von Dokumenten“ („*set of documents*“) definiert und bleiben in der gesamten Norm seltsam vage. Es ist jedoch völlig klar, dass zentraler Bestandteil der Ausführungsunterlagen – neben Dokumenten wie Schweißplan, Korrosionsschutzplan usw. – die **Ausführungszeichnungen** sind. Man beachte, dass das Wort „Zeichnung“ („*drawing*“) in der gesamten Norm überhaupt nur als „Montagezeichnung“ vorkommt! Alle Vorgaben der EN 1090-2 für die Ausführungsunterlagen werden in diesem Kommentarbuch in erster Linie als Vorgaben für die Ausführungszeichnungen interpretiert und dementsprechend kommentiert.

In Anlehnung an die bereits erwähnte BFS-RL 07-101 [R14] sollte bei den Ausführungszeichnungen unterschieden werden zwischen

- Werkstattzeichnungen (einschließlich Stücklisten und NC-Daten) und
- Übersichtszeichnungen.

Auf **Werkstattzeichnungen** werden ein oder mehrere Bauteile so präzise und umfassend dargestellt und mit Informationen versehen, dass alle Nutzer zufrieden gestellt sind. Nutzer sind in erster Linie die Werkstatt des Bauteilherstellers (Arbeitsvorbereitung, Zuschnitt, Zusammenbau, Schweißen, Oberflächenbehandlung, ggf. Korrosionsschutz) und seine werkseigene Produktionskontrolle (WPK) gemäß EN 1090-1 (dort heißen die Werkstattzeichnungen „Bauteilspezifikationen“); ferner externe Prüfer und Überwacher sowie ggf. Bauherr und/oder Objektplaner. Eine gute Hilfestellung bei der Anfertigung von Werkstattzeichnungen bietet die Richtlinie **BFS-RL 02-101** [R13], die „der Vereinheitlichung und Standardisierung von Werkstattzeichnungen in den Bereichen des allgemeinen Stahlbaus, des Brückenbaus und des Behälterbaus dienen“ soll. Sie richtet sich an Konstrukteure, technische Systemplaner und auch an Systemhäuser, die CAD-Systeme für den Stahlbau erstellen bzw. anbieten.

Übersichtszeichnungen dienen der leichten Orientierung und dem Auffinden der Bauteile im Bauwerk. Meist werden sie gleichzeitig als **Montageübersichtspläne** erstellt. Sie bilden mit den Werkstattzeichnungen zusammen als Satz von Ausführungszeichnungen eine Einheit, d. h. alles, was zur unmittelbaren Werkstattfertigung nicht interessiert und deshalb nicht auf den Werkstattzeichnungen enthalten ist, um sie nicht zu überladen (z. B. Verbindungskategorie geschraubter Verbindungen einschl. ggf. Vorspannverfahren, Montagetoleranzen, Anweisungen für die nach Montage aufzubringende Deckschicht eines Duplex-Korrosionsschutzes usw.), muss auf den Übersichtszeichnungen zu finden sein.

Neben diesen eigentlichen Ausführungszeichnungen gehören ggf. auch die zugehörigen **Stücklisten** und Bearbeitungsdaten (**NC-Dateien**) zu den Ausführungsunterlagen im Sinne von EN 1090-2; zum Inhalt von Stücklisten und NC-Dateien siehe auch BFS-RL 07-101. Ergänzende Ausführungsanweisungen, die in der Verantwortung des Herstellers nach den Maßgaben dieser Norm festzulegen sind, wie **Arbeitspläne und -anweisungen** (siehe Kapitel II.7 bis II.9) sowie **Prüfpläne und -anweisungen** (siehe Kapitel II.12), gehören ebenfalls zu den Ausführungsunterlagen und sind gesondert zu dokumentieren. Skizzenhafte Darstellungen zur Konstruktion und zur Ausführung in statischen Berechnungen können dagegen **nicht** als Ersatz für die hier beschriebenen Ausführungszeichnungen gelten.

Weitergehende zeichnerische Darstellungen, die über die weiter unten im Detail erläuterten Mindestanforderungen an die Inhalte von Ausführungszeichnungen hinausgehen und die in der ausschließlichen Verantwortung des Herstellers liegen (z. B. Zeichnungen für verschiedene Fertigungsschritte), sollten, um ihre geringere Verbindlichkeitsstufe zu kennzeichnen, nicht als Werkstattzeichnungen bezeichnet werden. Angesichts der modernen Möglichkeiten für den Datentransfer und die elektronische Speicherung von fertigungsspezifischen Daten geht es heute schon weitgehend ohne solche betriebsinternen Zeichnungen, zumindest in Teilbereichen wie z. B. für den Zuschnitt. Auch die Arbeitsvorbereitung kann im „Virtuellen“, z. B. im Schnittstellenprogramm, versteckt sein. Jeder dieser Punkte sollte aber abruf- und auch prüfbar sein. Die Speicherung der Dokumentation, auch elektronisch und auch die von Teilschritten, ist sicherzustellen, um eine effektive Kontrolle zu gewährleisten.

<2> Zu den Inhalten der Ausführungsunterlagen

Die im vorliegenden Normabschnitt II.4.1.1 gegebene Auflistung von sechs Punkten (a) bis (f)), die in den Ausführungsunterlagen zu berücksichtigen sind, suggeriert eine gewisse Vollständigkeit, die aber in keiner Weise gegeben ist. Deshalb werden nachfolgend, bevor konkret auf die sechs Punkte (a) bis (f) eingegangen wird, zwei etwas allgemeinere Checklisten für die „notwendigen Informationen und technischen Anforderungen“ (Zitat Normtext) zusammengestellt, die nach Auffassung der Verfasser in den Ausführungsunterlagen (vor allem auf den Ausführungszeichnungen und in den zugehörigen Stücklisten) enthalten sein müssen. Die Listen lehnen sich an die entsprechenden Auflistungen in den früheren deutschen Normen DIN 18800-1 und -7 an, jetzt aber aufgeteilt nach Werkstattzeichnungen (bzw. in der Diktion von EN 1090-1: Bauteilspezifikationen) und (Montage-)Übersichtszeichnungen. Die Listen erheben keinen Anspruch auf Vollständigkeit. Es sei ferner auf die schon mehrfach erwähnte Richtlinie **BFS-RL 07-101 „Herstellungsunterlagen“** [R14] verwiesen, die vor allem für Werkstattzeichnungen eine sehr gute Auflistung von Inhalten bringt.

<2.1> Allgemeine Checkliste für erforderliche Angaben in den Ausführungsunterlagen, hier: Werkstattzeichnungen (bzw. Bauteilspezifikationen)

- *Darstellung und Bemaßung des Bauteils*

Beispiele:
- charakteristische Schnitte und Ansichten;
- Hauptabmessungen (z. B. Länge, Breite, Höhe);
- Bearbeitungsmaßketten (z. B. für Rippenpositionen, Schrägschnitte, Schraubenlöcher).

An dieser Stelle sei ein Hinweis auf die Normenreihe **ISO 128** [R160] erlaubt. Sie dürfte zwar für eine(n) ausgebildete(n) technische Zeichner(in) trivial sein, bietet aber doch eine Fülle von Grundwissen für das Anfertigen technischer Zeichnungen (auch mit CAD).

- *Darstellung, Bemaßung und Bezeichnung der Einzelteile des Bauteils*

Beispiele:
- Stirnplatten, Rippen, Steifen, Knotenbleche usw.;
- Sub-Positionierung der Einzelteile.

- *Baustahlprodukte mit Maßen, Produktnormen und Standard-Werkstoffangaben*

Beispiele:
- HEB 360 DIN 1025-2 aus Stahl EN 10025-2-S235J0;
- CHS 244,5x10 EN 10210-S355NLH;
- Blech EN 10051-2,0x1200x2500 aus Stahl EN 10088-4-1.4301;

(siehe II.5.3 und Kommentare dazu).

- *Optionale zusätzliche Angaben für Stahlerzeugnisse (Baustahlprodukte)*

Beispiele:
- Z-Güte nach EN 10164 (z. B. Z25);
- Eignung zum Feuerverzinken (Schmelztauchverzinken) nach EN 10025-2;
- Eignung zum Kaltverformen nach EN 10025-2 („C“ hinter der Stahlsorte);
- Herstellverfahren/Lieferzustand nach EN 10025-1 u. -2 (z. B. „+N“ hinter der Stahlsorte);
- Prüfumfang nach EN 10025-2 (z. B. Kerbschlagbiegeversuch bei Erzeugnis aus JR-Stahl);

(siehe II.5.3 und Kommentare dazu).

- *Prüfbescheinigungen für Stahlerzeugnisse (Baustahlprodukte)*

Beispiel:
- Abnahmeprüfzeugnis 3.1 für Baustahl S355J0;

(siehe zu II.5.2 <2.2>).

- *Darstellung der Löcher für geschraubte Anschlüsse/Stöße*

Beispiele:
- Bemaßung der Lochbilder (Lochabstände, Randabstände);
- Angabe der Nennlochdurchmesser;
- ggf. Sonderangaben zum Lochen (z. B. Senklöcher, Aufreiben gestanzter Löcher);

(siehe II.6.6 und Kommentare dazu).

- *Vermaßung und Nahtart der Schweißnähte*

Beispiel:
- anschaulich-isometrische und symbolische Darstellung einer Schweißnaht;

(siehe Bild KII.4-1).

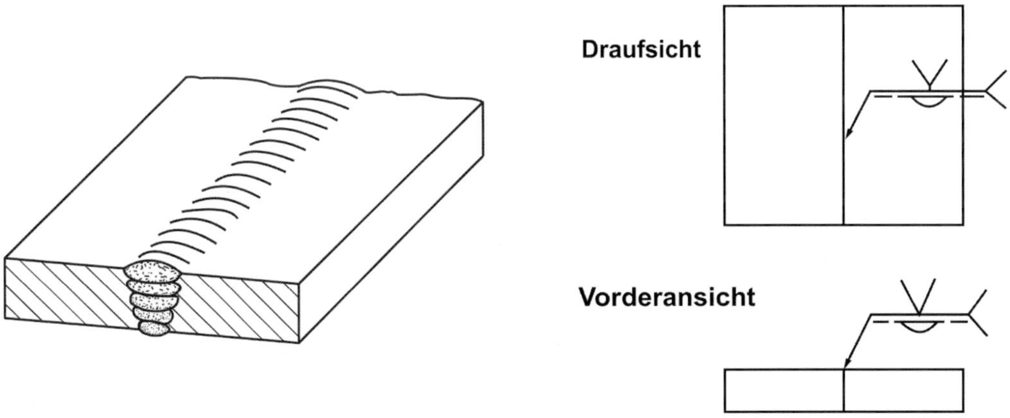

a) b)

Bild KII.4-1: Beispiel für Darstellung einer Schweißnaht (V-Naht mit Gegenschweißung):
a) anschaulich-isometrische Darstellung,
b) symbolische Darstellung nach Entwurf EN ISO 2553 [R133]

Ergänzende Anmerkung zur Vermaßung von Schweißnähten:

Alle Schweißnähte müssen auf der Zeichnung vermaßt sein. Dies kann durch eine Sammelangabe über dem Schriftfeld erfolgen, wenn alle Schweißnähte der betreffenden Zeichnung die gleiche Nahtdicke aufweisen. Aus der Zeichnung muss aber eindeutig ersichtlich sein, wo Schweißnähte anzuordnen sind. Allein der Hinweis „alle Schweißnähte a = 4 mm“ ist nicht ausreichend.

Ergänzende Anmerkung zu Bedarfsstumpfstößen:

Fallen in der Fertigung Schweißnähte an, die auf den Zeichnungen nicht enthalten sind, z. B. bei Bedarfsstumpfstößen von Blechen oder Formstählen (siehe zu II.4.2.1 <2.4>), so sind diese nachträglich in die Ausführungszeichnungen aufzunehmen.

- *Bewertungsgruppen und ggf. zusätzliche Ausführungsmerkmale für Schweißnähte*

Beispiele:

- Bewertungsgruppe B nach EN ISO 5817 (siehe II.7.6 und Kommentare dazu);
- ggf. vorwärmen;
- Schweißspritzer entfernen (wegen Korrosionsschutzbeschichtung);
- Schweißnaht einebnen (Sondergüte);
- Baustellennähte kennzeichnen;
- Schweißreihenfolge mit Rücksicht auf Verzug und Zugänglichkeit festlegen.

- *Zerstörungsfreie Schweißnahtprüfungen (ZfP)*

Beispiele:

- Prozentsatz des Prüfumfanges (siehe Tabelle II.24);
- Zulässigkeitsgrenze 1 bei ZfP mittels PT nach EN ISO 3452-1 oder mittels MT nach EN ISO 17638;
- Prüfklasse B bei ZfP mittels RT nach EN ISO 17636;
- Prüfklasse C bei ZfP mittels UT nach EN ISO 17640;

(siehe II.12.4.2.6 und Kommentare dazu).

Ergänzende Anmerkung zur Darstellung der erforderlichen ZfP:

Art und Umfang der erforderlichen ZfP können direkt auf der Werkstattzeichnung angegeben werden. Bei größeren Bauvorhaben darf das entfallen. Es muss dann aber auf der Werkstattzeichnung ein deutlicher Hinweis auf den Inspektions- und Prüfplan ITP vorhanden sein, der nach EN 1090-2 sowieso immer zu erstellen ist (siehe zu II.4.2.1 <2.3>).

- *Angaben über Vorbehandlungsmaßnahmen in der Werkstatt*

Sind bei den einzusetzenden Werkstoffen (Stahlerzeugnissen) Vorbehandlungsmaßnahmen im Herstellerwerk des Erzeugnisses oder im Stahlbaubetrieb (beim Bauteilhersteller) vorzunehmen, ist dies in den Werkstattzeichnungen oder zugehörigen Ausführungsdokumenten anzugeben. Werden z. B. besondere Forderungen hinsichtlich der Geradheit von Blechen für geschweißte Träger gestellt, muss dies angegeben werden, damit die Bleche ggf. besonders gerichtet bestellt, vor Beginn der übrigen Fertigung in einer Richtwalze und/oder nach dem Zusammenbau und Schweißen gerichtet werden können.

- *Angaben zum Korrosionsschutz*

Beispiele:

- Angabe des erforderlichen Entrostungs- und/oder Vorbereitungsgrades der Oberflächen (siehe II.4.1.3 und Kommentare dazu);
- Angaben zum Aufbringen einer Fertigungsbeschichtung (Shop-Primer).

- *Ausführungsklassen, Herstellungstoleranzen, Oberflächenvorbereitungsgrade*

Diese Angaben werden im vorliegenden Normabschnitt II.4.1 explizit gefordert und weiter unten in den Kommentaren zu II.4.1.2, II.4.1.3 und II.4.1.4 ausführlich kommentiert.

<2.2> Allgemeine Checkliste für erforderliche Angaben in den Ausführungsunterlagen, hier: (Montage-)Übersichtszeichnungen

- *Darstellung und Bemaßung des Gesamttragwerkes*

Beispiele:

- charakteristische Schnitte, Ansichten, Ebenen, Isometrien usw.;
- Haupt- und Nebenachsen, Systemmaße, Höhenkoten usw. (z. B. +12,500);
- Positionierung der Bauteile im Gesamttragwerk.

- *Angaben zur Ausführung geschraubter Anschlüsse/Stöße*

Beispiele:

- Angabe der Anordnung der Stoßteile, Laschen, Schraubengarnituren;
- Verbindungskategorie nach EN 1993-1-8, bei vorgespannten Verbindungen Vorspannkraft und Vorspannverfahren;
- ggf. Anziehen vorgespannter Garnituren am Schraubenkopf;
- ggf. vorbereitete Futterbleche für Stirnplattenverbindungen;

(siehe II.8.5 und Kommentare dazu).

- *Mechanische Verbindungsmittel mit Maßen, Produktnormen und Standard-Werkstoffangaben*

Beispiele:

- Garnitur SB EN 15048: EN ISO 4014-M24×120-8.8 + EN ISO 4032-M24-8;
- Garnitur HV: Schrb/Mu EN 14399-4-M16×80-10.9/10 + 2 Sch EN 14399-6-16;

(siehe II.5.6 und Kommentare dazu).

- *Optionale zusätzliche Angaben für mechanische Verbindungsmittel*

Beispiel:

- Feuerverzinkte Schraubengarnituren („tZn“ hinter der Festigkeitsklasse);

(siehe Kommentare zu II.5.6).

- *Prüfbescheinigungen für mechanische Verbindungsmittel*

Beispiel:

- Abnahmeprüfzeugnis 3.1 für SB-Schraubengarnituren FK 8.8;

(siehe zu II.5.2 <2.3>).

- *Angaben über Besonderheiten, die bei der Montage zu beachten sind*

Beispiele:

- Eintragung von planmäßigen Überhöhungen oder Vorkrümmungen;
- Angabe von Bereichen, in denen Montagehilfen (z. B. Transportösen o. Ä.) mit Rücksicht auf die Bemessung (Ermüdungssicherheit) **nicht** angeordnet werden dürfen;
- Hinweis auf kritische Montagephasen und/oder -zwischenzustände.

- *Angaben zum Korrosionsschutz*

Beispiele:

- Angaben zum Beschichtungssystem (Grund-, Zwischen-, Deckbeschichtung, ggf. Kantenschutz);
- festgelegte Kontrollflächen nach EN ISO 12944-7 (siehe II.F.7.3 und Kommentar dazu).

- *Ausführungsklassen, Montagetoleranzen*

Diese Angaben werden im vorliegenden Normabschnitt II.4.1 explizit gefordert und weiter unten in den Kommentaren zu II.4.1.2 und II.4.1.4 ausführlich kommentiert.

<2.3> Zu II.4.1.1(a) – Erforderliche Zusatzangaben nach Auflistung in Anhang II.A.1

Gemeint sind hier Zusatzangaben, die, sofern der jeweilige spezielle Sachverhalt zutrifft, in den Ausführungsunterlagen zwingend angegeben werden müssen. Solche Sachverhalte erkennt man im Normtext daran, dass der Ausdruck „muss festgelegt werden" verwendet wird. Sämtliche Stellen dieser Art sind im Anhang II.A in **Tabelle II.A.1** übersichtlich im Sinne einer informativen Checkliste aufgelistet. Viele dieser Stellen sind von den von den Verfassern zusammengestellten allgemeinen Checklisten in den obigen Kommentaren <2.1> u. <2.2> abgedeckt, andere nicht. Beispiel: Es ist seit jeher eine Standardforderung, dass die Festigkeitsklassen von Schrauben und Muttern bei Garnituren für nicht vorgespannte Schraubenverbindungen unter Beachtung der Auswahlmöglichkeiten der jeweiligen Produktnorm angegeben werden müssen (in II.5.6.3 gefordert). Dass aber bei wetterfesten Schraubengarnituren die chemische Zusammensetzung des Werkstoffes anzugeben ist (gefordert in II.5.6.6), ist eine echte „Zusatzforderung".

Es ist dringend zu empfehlen, bei der Erarbeitung der Ausführungsunterlagen für ein Projekt die Auflistung in Tabelle II.A.1 von EN 1090-2 in jedem Falle sorgfältig durchzugehen, um sicherzustellen, dass nichts vergessen oder übersehen wird. Der ganze Anhang II.A ist im Übrigen als „normativ" eingestuft, womit wohl seine Bedeutung herausgestrichen werden soll. Im normungstechnischen Sinne ist er eigentlich nur „informativ", denn er enthält keine eigenständigen Regeln, sondern listet nur, wie beschrieben, Regeln auf, die andernorts im Haupttext der Norm stehen. Siehe auch Kommentare zu Tabelle II.A.1.

Für Stahlkonstruktionen im Bereich der Deutschen Bahn, d. h. vor allem für Eisenbahnbrücken, sind spezielle Anforderungen, welche „erforderliche Zusatzangaben" im Sinne des vorliegenden Normabsatzes von EN 1090-2 darstellen, im Bahnstandard DBS 918005 [R31] aufgelistet.

<2.4> Zu II.4.1.1(b) – Optionale Zusatzangaben (aufgrund von Auswahlmöglichkeiten) nach Auflistung in Anhang II.A.2

Hier sind solche Zusatzangaben gemeint, die in den Ausführungsunterlagen nur dann erforderlich werden, wenn von einer in der Norm EN 1090-2 genannten Option (Auswahlmöglichkeit) Gebrauch gemacht wird. Solche Stellen erkennt man im Normtext in der Regel an der Verwendung des Ausdruckes „sofern nichts anderes festgelegt wurde". Auch diese Stellen sind übersichtlich im „normativen" Anhang II.A aufgelistet (in **Tabelle II.A.2**). Solche Zusatzangaben sind in den obigen Checklisten <2.1> und <2.2> der Verfasser in der Regel nicht enthalten. Beispiel: Gemäß II.5.6.4 dürfen Schraubengarnituren aus nichtrostendem Stahl generell nicht als vorgespannte Verbindungen eingesetzt werden (siehe zu II.5.6.4 <3>). Es besteht aber die Option (Auswahlmöglichkeit), dies doch zu tun – jedoch nur unter der Bedingung, dass sie dann als „besonderes Verbindungsmittel" eingestuft werden, für das eine entsprechende Verfahrensprüfung vorgeschrieben ist. Dies muss natürlich in den Ausführungsunterlagen eindeutig vermerkt werden.

Auch die checklistenartige Auflistung in Tabelle II.A.2 sollte vor Fertigstellung der Ausführungsunterlagen für ein Projekt noch einmal durchgesehen werden, damit nicht etwa unbewusst Auswahlmöglichkeiten der EN 1090-2 in Anspruch genommen wurden, ohne die entsprechenden Zusatzforderungen zu erfüllen. Siehe auch Kommentare zu Tabelle II.A.2.

Die Deutsche Bahn hat für ihren Bereich im Standard DBS 918005 [R31] eine Reihe der EN-1090-2-Auswahlmöglichkeiten zu verbindlichen Forderungen erklärt, z. B. die Erstellung eines Qualitätsmanagementplans nach II.4.2.2 (siehe Kommentar dazu).

<2.5> Zu II.4.1.1(c) bis (e) – Ausführungsklassen, Vorbereitungsgrade, Toleranzklassen

Diese drei Aspekte spielen für die Ausführung von Stahlkonstruktionen eine dominierende Rolle und werden deshalb in EN 1090-2 innerhalb des vorliegenden Normabschnittes II.4.1 in „eigenen" Unterabschnitten abgehandelt. Sie müssen bei der Erarbeitung der Ausführungsunterlagen in jedem Fall sorgfältig bedacht werden. Entsprechende Angaben gehören unbedingt in die Ausführungszeichnungen (in den allgemeinen Checklisten der Verfasser in den obigen Subkommentaren <2.1> und <2.2> sind sie nicht erfasst!); Einzelheiten siehe Kommentare zu II.4.1.2, II.4.1.3 und II.4.1.4.

<2.6> Zu II.4.1.1(f) – Anforderungen aus Sicht der Arbeitssicherheit

Bei der Erstellung der Ausführungsunterlagen sind auch die Anforderungen an die Arbeitssicherheit zu berücksichtigen. Leider wird die Arbeitssicherheit in der Norm EN 1090-2 selbst eher stiefmütterlich behandelt (siehe Kommentar zu II.4.2.3). Die jeweils einschlägigen nationalen Unfallverhütungsvorschriften (z. B. in Deutschland die DGUV-Vorschriften) sind immer zu beachten, auch ohne dass in den Ausführungszeichnungen explizit darauf hingewiesen werden muss.

Zu II.4.1.2 Ausführungsklassen

<1> Zu Abs. 1 und 3 – Definition und Bedeutung der Ausführungsklassen

Eines der zentralen Merkmale von EN 1090-2 ist die Definition von vier Ausführungsklassen für Stahlkonstruktionen, bezeichnet mit **EXC1 bis EXC4** (EXC von „*execution class*"). Sie sind in Deutschland an die Stelle der fünf Klassen A bis E getreten, in welche früher gemäß DIN 18800-7 [R73] geschweißte Bauteile entsprechend ihren unterschiedlichen schweißtechnischen Anforderungen und Einsatzbereichen eingeteilt worden waren. Im Gegensatz zu den damaligen Klassen A bis E beziehen sich die EN-1090-Klassen EXC1 bis EXC4 aber nicht nur auf die schweißtechnische Ausführung (Herstellerqualifikation für Schweißbetriebe), sondern auf die gesamte Ausführung, also auch auf alle anderen Fertigungsprozesse in der Werkstatt und vor allem auch auf die Baustellenarbeiten. Der Schwerpunkt der Definition liegt aber nach wie vor auf den unterschiedlichen Anforderungen an die eingesetzten Schweißverfahren und an die Schweißaufsicht (siehe Kapitel II.7) sowie an die Kontroll- und Prüfmaßnahmen für Schweißverbindungen (siehe Abschnitt II.12.4).

An welchen Stellen der Norm gewisse Anforderungen von der jeweiligen Ausführungsklasse abhängig gemacht werden, ist – analog zu den erforderlichen und den optionalen Zusatzangaben (Auswahlmöglichkeiten) (vgl. weiter oben) – übersichtlich als Checkliste im Anhang II.A in **Tabelle II.A.3** aufgelistet. Anschauliche Beispiele sind

- die Rückverfolgbarkeit für Ausgangsprodukte während des Herstellprozesses gemäß II.5.2; sie wird in EXC1 bis EXC4 nicht gefordert/nur eingeschränkt gefordert/vollständig gefordert/vollständig gefordert (siehe zu II.5.2 <4> <5>);

- das Abnahmekriterium für Schweißnahtunregelmäßigkeiten gemäß II.7.6.1; von EXC1 bis EXC4 wird gefordert: Bewertungsgruppe D/C/B/B + zusätzliche Anforderungen für einzelne Schweißnähte (siehe zu II.7.6.1 <2>).

Weitere Beispiele erübrigen sich unter Verweis auf Tabelle II.A.3, die unmittelbar verständlich und nachvollziehbar ist; siehe auch Kommentar dazu.

<2> Zu Abs. 2 und Anmerkung – Auswahl der Ausführungsklasse

Wie bereits im Subkommentar <2.5> zu II.4.1.1 betont, gehört die Ausführungsklasse zu den unverzichtbaren Angaben in den Ausführungsunterlagen bzw. -zeichnungen. Die Auswahl bzw. Festlegung der Ausführungsklasse(n) ist demnach eine wichtige Grundsatzentscheidung bei der Erarbeitung der Ausführungsunterlagen für ein Projekt. Hinsichtlich der normativen Grundlagen für diese Grundsatzentscheidung muss unterschieden werden zwischen

- den allgemeinen Regeln nach EN 1993-1-1/A1 [R96], Anhang C, und
- den für Deutschland verbindlichen Regeln im NA dazu [R97].

<2.1> Allgemeine Regeln nach EN 1993-1-1/A1, Anhang C

Die allgemeinen Regeln zur Auswahl der Ausführungsklassen im Anhang C von EN 1993-1-1/A1 standen – etwas anders formuliert, aber im Prinzip ähnlich – ursprünglich mit Empfehlungscharakter in einem informativen Anhang der Ausgabe 2011 von EN 1090-2. Sie wurden 2014 als normativer Anhang C nach EN 1993-1-1 transferiert, da die Auswahl der Ausführungsklasse in der Regel vor Beginn der Ausführung getroffen werden muss, d. h. Aufgabe des Tragwerksplaners, nicht des Ausführenden ist. Die Auswahl hängt laut diesem Anhang C von folgenden drei **Parametern** ab:

(1) der geforderten Zuverlässigkeit, konkret: der Zuverlässigkeitsklasse RC oder optional der Schadensfolgeklasse CC, beide nach EN 1990 [II.Lit3];

(2) der Art der Belastung, für die das Tragwerk, das Bauteil oder das Detail bemessen wird;

(3) der Art der Konstruktion, d. h. des Tragwerks, Bauteils oder Details.

Die in Abhängigkeit der ersten beiden Parameter empfohlenen Ausführungsklassen – es wird durchgängig das modale Hilfsverb „sollte“ verwendet (vgl. Tabelle KII.1-1) – sind in einer Tabelle C.1 zusammengefasst, die hier als Tabelle KII.4-1 abgedruckt ist.

Tabelle KII.4-1: Allgemeine Empfehlungen für die Auswahl der Ausführungsklasse nach EN 1993-1-1/A1:2014-07, Anhang C (dort Tabelle C.1)

Zuverlässigkeitsklasse (RC) oder Schadensfolgeklasse (CC)	Art der Belastung	
	Statische, quasi-statische oder seismische Einwirkungen (DCL)[a]	Ermüdung[b] oder seismische Einwirkungen (DCM oder DCH)[a]
RC3 oder CC3	EXC3[c]	EXC3[c]
RC2 oder CC2	EXC2	EXC3
RC1 oder CC1	EXC1[1]	EXC2

a Seismische Duktilitätsklassen werden in EN 1998-1 definiert: niedrig = DCL; mittel = DCM; hoch = DCH.
b Siehe EN 1993-1-9.
c EXC4 kann für Tragwerke festgelegt werden, wenn das Versagen der Konstruktion schwerwiegende Folgen hätte.

1 **EXC2** (statt EXC1), falls die nachstehend aufgeführten Bauteilarten vorliegen:
- geschweißte Bauteile, die aus Stahlprodukten der Stahlsorte S355 oder höher hergestellt werden;
- für die Standsicherheit wesentliche Bauteile, die auf der Baustelle miteinander verschweißt werden;
- geschweißte Bauteile aus Kreishohlprofil-Fachwerkträgern, die besonders geschnittene Endquerschnitte erfordern;
- Bauteile, die durch Warmumformen gefertigt oder im Verlauf der Herstellung einer Wärmebehandlung unterzogen werden.

Hinsichtlich des ersten Parameters „geforderte Zuverlässigkeit“ darf gemäß EN 1993-1-1/A1 der Nationale Anhang entscheiden, ob die Auswahl der Ausführungsklasse auf den Zuverlässigkeitsklassen oder den Schadensfolgeklassen oder auf beiden beruhen soll. In Deutschland gelten gemäß DIN EN 1993-1-1/NA [R97] die **Schadensfolgeklassen**, auch **Versagensfolgeklassen** genannt. Sie sind bauweisenunabhängig und finden sich deshalb im Grundlagen-Eurocode (EN 1990) [II.Lit3]. Dort wird „zum Zwecke der Differenzierung der Zuverlässigkeit im Bauwesen“ zwischen den drei Klassen **CC1, CC2** und **CC3** (CC von „*Consequence Category*“) unterschieden. Diese werden dort in einer Tabelle B.1 verbal definiert und mit einigen Beispielen aus dem Hochbau erläutert. In Tabelle A.1 von EN 1991-1-7 [R94] sind weitere Beispiele aus dem Hochbau für die Zuordnung von Gebäudetypen zu den drei Schadensfolgeklassen zusammengestellt. In Tabelle KII.4-2 sind die Inhalte beider genannter Normtabellen systematisch zusammengefasst. Zu beachten ist noch der Hinweis, dass ein Tragwerk bzw. Bauwerk Bauteile mit verschiedenen Schadensfolgeklassen enthalten kann.

Tabelle KII.4-2: Beispiele für die Zuordnung von Bauwerken, Tragwerken und Bauteilen des Hochbaus zu den Schadens- bzw. Versagensfolgeklassen nach EN 1990:2010-12, Tab. B.1 und EN 1991-1-7:2010-12, Tab. A.1

Schadens- bzw. Versagensfolgeklasse CC1 **Niedrige** Folgen für Menschenleben, **kleine/vernachlässigbare** wirtschaftliche, soziale oder umweltbeeinträchtigende Folgen	**Schadens- bzw. Versagensfolgeklasse CC2** **Mittlere** Folgen für Menschenleben, **beträchtliche** wirtschaftliche, soziale oder umweltbeeinträchtigende Folgen	**Schadens- bzw. Versagensfolgeklasse CC3** **Hohe** Folgen für Menschenleben, **sehr große** wirtschaftliche, soziale oder umweltbeeinträchtigende Folgen
Landwirtschaftliche Gebäude ohne regelmäßigen Personenverkehr (z. B. Scheunen, Gewächshäuser). **Einfamilienhäuser** mit bis zu vier Stockwerken. **Gebäude, die selten von Personen betreten werden**, wenn der Abstand zu anderen Gebäuden oder Flächen mit häufiger Nutzung durch Personen mindestens das 1,5fache der Gebäudehöhe beträgt.	*Untere Risikogruppe CC2a:* **Hotels, Wohn- und Bürogebäude** mit bis zu 4 Stockwerken. **Industriebauten** mit bis zu 3 Stockwerken. **Einzelhandelsgeschäfte** mit bis zu 3 Stockwerken und Geschossflächen bis 1000 m^2 je Geschoss. **Gebäude mit Publikumsverkehr** mit Geschossflächen bis 2000 m^2 je Geschoss bis zu 3 Stockwerken. Einstöckige **Schulgebäude.** *Obere Risikogruppe CC2b:* **Hotels, Wohn- und Bürogebäude** mit 5 bis 15 Stockwerken. **Parkhäuser** mit bis zu 6 Stockwerken. **Einzelhandelsgeschäfte** mit 4 bis 15 Stockwerken. **Gebäude mit Publikumsverkehr** mit Geschossflächen von 2 000 m^2 bis 5 000 m^2 je Geschoss. **Krankenhäuser** mit bis zu 3 Stockwerken. **Schulgebäude** mit 2 bis 15 Stockwerken.	**Öffentliche** Gebäude mit **hohen Versagensfolgen** (z. B. eine Konzerthalle). Alle Gebäude, die die Stockwerksanzahl- und Flächengrenzen **der Klasse CC2b übersteigen.** Alle Gebäude mit **starkem Publikumsverkehr.** **Tribünen/Stadien** mit mehr als 5 000 Zuschauern. Gebäude mit lagernden **Gefahrgütern** oder **gefährlichen Verfahren.**
Anmerkung: Diese Zuordnungsbeispiele gelten nur für Haupttragwerke von Bauwerken. Bauteile, die nur untergeordnete Bedeutung für das Tragverhalten haben, können in niedrigere Schadensfolgeklassen eingeordnet werden.		

Der zweite Parameter „Belastungsart“ ist in Tabelle C.1 von EN 1993-1-1/A1 (hier Tabelle KII.4-1) verständlich verbal beschrieben und bedarf keiner weiteren Kommentierung. Zum dritten Parameter „Konstruktionsart“ enthält Anhang C von EN 1993-1-1/A1 außer der in der Fußnote (1) zu Tabelle KII.4-1 festgehaltenen Begrenzung der Ausführungsklasse EXC1 keine weiteren Angaben. Aus der Sicht der Praxis ist das allerdings ein mindestens ebenso wichtiger Parameter, wie allein schon die ausführlichen Hochbaubeispiele in Tabelle KII.4-2 zeigen.

An dieser Stelle sei aber darauf hingewiesen, dass die Situation weniger kompliziert ist, als es angesichts der Tabellen KII.4-1 und KII.4-2 auf den ersten Blick erscheinen mag. Die große Masse aller Stahlbauten gehört zu den beiden mittleren Klassen EXC2 und EXC3. Für die einfachste Klasse EXC1 kommen nur gänzlich nicht-geschweißte oder ohne Baustellenschweißungen aus Baustahl S235 geschweißte Tragwerke unter nicht-ermüdungsrelevanten Einwirkungen mit niedrigen Schadensfolgen in Frage. Auf der anderen Seite ist die anspruchsvollste Klasse EXC4 nur für Tragwerke zu wählen, deren Versagen „schwerwiegende“ Folgen für Menschen und Umwelt hat, also deutlich extremere als die „hohen“ Schadensfolgen der Klasse CC3. Die Aufgabe, die Ausführungsklasse festzulegen, reduziert sich also nach den allgemeinen Regeln von EN 1993-1-1/A1 meist auf die Entscheidung zwischen EXC2 und EXC3.

<2.2> Festlegungen für Deutschland nach DIN EN 1993-1-1/NA

Gemäß Anmerkung im Abschnitt C.2.2 von EN 1993-1-1/A1 darf „die Auswahl der Ausführungsklasse ... im Nationalen Anhang festgelegt werden“. Der deutsche Nationale Anhang DIN EN 1993-1-1/NA [R97] macht davon Gebrauch und legt im NDP zu C.2.2 zunächst fest, dass die Auswahl der Ausführungsklasse für EN 1090-2 in Deutschland auf Grundlage der Schadensfolgeklasse und der Konstruktionsart zu erfolgen habe (vgl. vorhergehenden Subkommentar <2.1>). Sodann konkretisiert der NA die Auswahl, wie nachfolgend wiedergegeben. Im Einzelnen stellen sich die vorgeschriebenen Zuordnungen somit wie folgt dar (Wortlaut aus DIN EN 1993-1-1/NA):

Ausführungsklasse EXC1

In diese Ausführungsklasse fallen statisch und quasi-statisch beanspruchte Bauteile oder Tragwerke aus Stahl bis zur Festigkeitsklasse S275 und mit Werkstoffdicken bis max. 20 mm und Kopf- und Fußplatten bis max. 30 mm, für die einer der folgenden Punkte (a bis h) vollständig zutrifft:

(a) Tragkonstruktionen mit
- bis zu zwei Geschossen aus Walzprofilen ohne biegesteife Kopf-, Fuß- und Stirnplattenstöße mit einer maximalen Geschosshöhe von 3 m,
- druck- und biegebeanspruchten Stützen ohne Stoß,
- Biegeträgern mit bis zu 5 m Spannweite und Auskragungen bis 2 m,
- charakteristischen veränderlichen, gleichmäßig verteilten Einwirkungen/Nutzlasten bis 2,5 kN/m^2 und charakteristischen veränderlichen Einzelnutzlasten bis 2,0 kN;

(b) Tragkonstruktionen mit max. 30° geneigten Belastungsebenen (z. B. Rampen) mit Beanspruchungen durch charakteristische Achslasten von max. 63 kN oder charakteristische veränderliche, gleichmäßig verteilte Einwirkungen/Nutzlasten von bis zu 17,5 kN/m^2 (Kategorie E2.4 nach DIN EN 1991-1-1/NA:2010-12, Tabelle 6.4DE) in einer Höhe von max. 1,25 m über festem Boden wirkend;

(c) Treppen und Balkonanlagen bis zu einer Absturzhöhe von 12 m in bzw. an Wohngebäuden;

(d) alle Geländer mit einer horizontalen Nutzlast bis $q_k = 0{,}5$ kN/m nach DIN EN 1991-1-1/NA:2010-12, Tabelle 6.12 DE;

(e) Landwirtschaftliche Gebäude ohne regelmäßigen Personenverkehr (z. B. Scheunen, Gewächshäuser);

(f) Wintergärten, Überdachungen, Carports an Wohngebäuden;

(g) Gebäude, die selten von Personen betreten werden, wenn der Abstand zu anderen Gebäuden oder Flächen mit häufiger Nutzung durch Personen mindestens das 1,5fache der Gebäudehöhe beträgt;

(h) Regalanlagen in Gebäuden bis zu einer Lagerhöhe von 7,5 m.

Die Ausführungsklasse EXC1 gilt auch für andere vergleichbare Bauwerke, Tragwerke und Bauteile.

Ausführungsklasse EXC2

In diese Ausführungsklasse fallen statisch, quasi-statisch und ermüdungsbeanspruchte Bauteile oder Tragwerke aus Stahl bis zur Festigkeitsklasse S700, die nicht den Ausführungsklassen EXC1, EXC3 und EXC4 zuzuordnen sind.

Ausführungsklasse EXC3

In diese Ausführungsklasse fallen statisch, quasi-statisch und ermüdungsbeanspruchte Bauteile oder Tragwerke aus Stahl bis zur Festigkeitsklasse S700, für die mindestens einer der folgenden Punkte zutrifft:

(a) Dachkonstruktionen von Versammlungsstätten/Stadien;

(b) Gebäude mit mehr als 15 Geschossen;

(c) folgende Tragwerke oder deren Bauteile:
- Geh- und Radwegbrücken mit einer Spannweite über 15 m oder einer Fläche über 75 m^2,
- Straßenbrücken,
- Eisenbahnbrücken,
- ermüdungsbeanspruchte fliegende Bauten,
- ermüdungsbeanspruchte Türme und Maste wie z. B. Antennentragwerke und Türme und Maste über 20 m Konstruktionshöhe,
- Kranbahnen,
- ermüdungsbeanspruchte zylindrische Türme wie z. B. Tragrohre für Schornsteine und zylindrische Türme über 20 m Konstruktionshöhe.

(d) Bauteile für den Stahlwasserbau, wie Verschlüsse, Kanalbrücken und Schiffshebewerke.

Die Ausführungsklasse EXC3 gilt auch für andere vergleichbare Bauwerke, Tragwerke und Bauteile.

Ausführungsklasse EXC4

In diese Ausführungsklasse fallen alle Bauteile oder Tragwerke der Ausführungsklasse EXC3 mit extremen Versagensfolgen für Menschen und Umwelt, wie z. B.:

(a) Straßenbrücken und Eisenbahnbrücken (siehe DIN EN 1991-1-7) über dicht besiedeltem Gebiet oder über Industrieanlagen mit hohem Gefährdungspotenzial;

(b) Sicherheitsbehälter in Kernkraftwerken.

ANMERKUNG Bei der Auswahl der Ausführungsklasse können seismische Beanspruchungen wie quasi-statische Beanspruchungen behandelt werden.

Eine Kommentierung dieser für Deutschland verbindlichen klaren Zuordnungen erübrigt sich. Besonders hingewiesen sei aber darauf, dass der im Anhang C von EN 1993-1-1/A1 gegebenen Empfehlung, geschweißte Bauteile ab S355 grundsätzlich der Ausführungsklasse EXC2 zuzuordnen (vgl. Tabelle KII.4-1), gefolgt wurde, indem in Deutschland in Ausführungsklasse EXC1 generell nur Baustahl bis S275 bearbeitet werden darf.

<2.3> Weitere bauaufsichtliche Festlegungen in Deutschland

In dem durch die **LBOs** abgedeckten bauaufsichtlichen Bereich gibt es keine über die NA-Festlegungen hinausgehenden speziellen Festlegungen zur Ausführungsklasse mehr – einzige Ausnahme: In Liste B4 der MVV-TB [R194] findet man für Schweißnähte von Stahlteilen mit Dichtfunktion in „ortsfest verwendeten Anlagen und Anlagenteilen in Lager-, Abfüll- und Umschlaganlagen (LAU-Anlagen) zum Umgang mit wassergefährdenden Stoffen“ explizit die Ausführungsklasse EXC2 vorgeschrieben, unter zusätzlicher Erfüllung von (nicht näher bezeichneten) Anforderungen an die Schweißausführung und die Rückverfolgbarkeit der Werkstoffe. Dazu sei kritisch angemerkt, dass auch ohne diese Festlegung wohl niemand auf die Idee gekommen wäre, solche Anlagen in Ausführungsklasse EXC1 einzuordnen!

Für **Straßenbrücken** bestätigt die ZTV-ING [R203] explizit die in den NA-Festlegungen vorgeschriebene Ausführungsklasse EXC3, außer EXC2 für untergeordnete Bauteile wie Laufstege, Entwässerungsteile usw. Für **Stahlwasserbauten** wird in der Wasserstraßenspezifischen Liste Technischer Baubestimmungen (WLTB) [R202] ebenfalls explizit die in den NA-Festlegungen vorgeschriebene Ausführungsklasse EXC3 bestätigt, außer EXC2 für Einlaufrechen und Schwimmpoller. Für **Offshore-Stahlbauten** fordert der zuständige BSH-Standard [R16] für vorwiegend nicht ruhend beanspruchte, d. h. ermüdungsbeanspruchte Konstruktionen die Ausführungsklasse EXC3 und bestätigt damit im Prinzip ebenfalls die NA-Festlegungen.

Bei **Eisenbahnbrücken** gilt nach DBS 918005 [R31] für Brückengeländer usw. EXC2 und für Lärmschutzanlagen EXC3, für die Stahlüberbauten selbst aber eine von der Deutschen Bahn definierte, eisenbahnspezifische Ausführungsklasse EXC3/DB, die gegenüber der normalen Ausführungsklasse EXC3 einige Zusatzforderungen enthält. Stahlbaufirmen können sich dafür im Rahmen einer „Herstellerbezogenen Produktqualifikation (HPQ)“ zertifizieren lassen. Das entspricht im Prinzip der früheren „ESE“-Ergänzung zur Herstellerqualifikation E nach DIN 18800-7.

<3> Ergänzender Kommentar zur Handhabung der Ausführungsklassen

Im Anhang C von EN 1993-1-1/A1 wird die Ausführungsklasse (EXC) definiert als „in Klassen zusammengefasste Anforderungen, die für die Ausführung der Stahlkonstruktion als Ganzes, eines einzelnen Bauteils oder eines Details eines Bauteils festgelegt sind“. Ein Tragwerk kann also mehrere unterschiedliche Ausführungsklassen enthalten. Diese Denkweise war für deutsche Stahlbauer ungewohnt. Die früher gemäß DIN 18800-7 für einzelne Tragwerksklassen bescheinigte Herstellerqualifikation eines Schweißbetriebes hatte quasi automatisch zur Folge, dass ein Tragwerk in der Regel als Ganzes einer Klasse zugeordnet wurde. Theoretisch dürften jetzt sogar innerhalb eines Details für verschiedene Anforderungstypen unterschiedliche Ausführungsklassen gewählt werden. Beispiel (Bild KII.4-2): Für die Rahmenecken einer Reihe von Hallenbindern wird für die Schweißnähte EXC3 gefordert (bedeutet u. a. Bewertungsgruppe B für die Unregelmäßigkeiten, siehe II.7.6), während für den geschraubten Kopfplattenstoß EXC2 als ausreichend festgelegt wird (bedeutet u. a. geringeren Inspektions- und Prüfaufwand, siehe II.12.5.2.4).

Quelle: Lindab Buildings, Luxemburg

Bild KII.4-2: Rahmenecke mit geschweißten und geschraubten Verbindungen

Inwieweit eine solche aufgesplitterte EXC-Zuordnungssystematik innerhalb eines Tragwerks baupraktisch sinnvoll und vor allem fehlerfrei handhabbar ist, sei dahingestellt. Es ist allerdings durchaus denkbar, dass ein Hersteller aus ganz pragmatischen Gründen innerhalb eines Tragwerkes unterschiedliche Ausführungsklassen anstrebt, z. B. EXC3 nur für einige besonders wichtige Bauteile, für das Gros der Bauteile aber EXC2, um damit den strengen Forderungen nach vollständiger Rückverfolgbarkeit der Stahlerzeugnisse (siehe zu II.5.2 <3>) aus dem Wege zu gehen. Will man jedenfalls das „Splitting" in Anspruch nehmen, so ist es besonders wichtig, die Ausführungsklassen in den Ausführungszeichnungen sorgfältig und gut sichtbar anzugeben.

Der Normalfall sollte aber nach Meinung der Verfasser die Zuordnung eines Stahlbautragwerkes zu einer einzigen Ausführungsklasse sein. Allenfalls kann es sinnvoll sein, zwei vom Typ her unterschiedliche Tragwerke eines Bauvorhabens zwei verschiedenen Ausführungsklassen zuzuordnen, z. B. eine Kranbahn in einer Werkhalle in EXC3 und die Hallenkonstruktion selbst in EXC2, oder das Elektrofiltergehäuse eines Zementwerkes in EXC3 und sein Unterstützungsgerüst in EXC2, oder das Skelett eines Geschossbaus in EXC2 und eine frei an seiner Rückseite stehende Außenfluchttreppe in EXC1.

Zu II.4.1.3 Anforderungen an die Oberflächenvorbereitung für den Korrosionsschutz

<1> Zu Abs. 1 und Anmerkung – Definition der Vorbereitungsgrade

In der hier in Bezug genommenen Norm **EN ISO 8501-3** geht es um die visuelle Beurteilung (sichtbare Unregelmäßigkeiten) von Stahloberflächen, die für das **Auftragen von Beschichtungsstoffen** für Zwecke des Oberflächenschutzes (Korrosionsschutzes) vorbereitet wurden – nicht um die Art der Vorbereitungsmaßnahmen selbst. Diese werden im Anhang-Abschnitt II.F.2.1 behandelt (siehe Kommentare dazu). EN ISO 8501-3 definiert drei Vorbereitungsgrade **P1 bis P3**. Ihre Bedeutung und genauere Definition werden im Kommentar <3.4> zu II.10.2 ausführlich erläutert. Dort wird auch der Bezug zu EN 12944-4 hergestellt, wo die Vorbereitungsgrade in die primäre und die partielle Oberflächenvorbereitung unterteilt werden – ein korrosionstechnisch sinnvolles Vorgehen, bestimmt durch Schutzdauer, Beschichtungssystem und Kundenwunsch.

<2> Zu Abs. 2 und 3 – Wahl und Handhabung der Vorbereitungsgrade

Es ist unmittelbar einleuchtend, dass die Wahl des Vorbereitungsgrades von der Korrosionsbeanspruchung am Standort des Tragwerks (Korrosivitätskategorie) und von der angestrebten Schutzdauer des Korrosionsschutzes abhängt. Indirekt bedeutet das natürlich auch eine Abhängigkeit vom Beschichtungssystem, das ja seinerseits im Hinblick auf die beiden Parameter ausgewählt wurde. Beide Parameter müssen in der Leistungsspezifikation für den Korrosionsschutz festgelegt werden (siehe Anhang II.F.1.2 sowie Kommentar dazu). Über die Abhängigkeit des zu wählenden Vorbereitungsgrades von den beiden Parametern gibt es in II.10.2 die Tabelle II.22, die dort auch ausführlich kommentiert wird.

Der geforderte Vorbereitungsgrad muss in den Ausführungsunterlagen angegeben werden. Dabei ist es – ähnlich wie bei den Ausführungsklassen – zulässig, Vorbereitungsgrade für Teile eines Tragwerks oder sogar für spezielle Details unterschiedlich festzulegen. Es sind aber in der Praxis nur wenige Fälle vorstellbar, wo diese liberale Regelung sinnvoll angewendet werden könnte. Warum sollte beispielsweise in einem Tragwerk, das für eine ganz bestimmte Schutzdauer des Korrosionsschutzes beschichtet werden soll, eine Rahmenecke gründlicher vorbereitet werden als der Rahmenstiel? Allenfalls denkbar ist eine unterschiedliche Vorbereitung der Stahloberflächen, wenn einzelne Teile eines Tragwerks erheblich stärkerer Korrosivität ausgesetzt sind als andere, z. B. bei einem Pylon eines abgespannten Hallendaches, der teils innerhalb, teils außerhalb der Halle liegt, oder bei einer Brückenstütze, die teils oberhalb, teils unterhalb der Wasseroberfläche liegt, oder bei Verkehrszeichenbrücken, deren bodennaher Bereich besonders korrosionsgefährdet ist. Die Tabelle 1 der EN ISO 8501-3 (siehe zu II.10.2 <3.4>) sollte in jedem Falle gewissenhaft geprüft und auch mit dem Bauherrn besprochen werden.

Will man die Aufsplitterung des Vorbereitungsgrades in Anspruch nehmen oder einzelne Punkte aus Tabelle 1 der EN ISO 8501-3 ausschließen, so ist es besonders wichtig, das in den Ausführungszeichnungen sorgfältig und gut sichtbar anzugeben. Der Normalfall sollte aber, wie bei der Ausführungsklasse, nach Meinung der Verfasser die Zuordnung eines Stahlbautragwerkes zu einem einzigen Vorbereitungsgrad sein.

Für Bauteile, die **feuerverzinkt** oder **spritzverzinkt** werden sollen, muss dies in der Werkstattzeichnung angegeben werden. In der Regel übernimmt dann der Verzinkungsbetrieb die erforderliche Vorbehandlung der Bauteile (z. B. Beizen); weitere Angaben dazu findet man im Kommentar zu II.F.2.2.

Geometrische Toleranzen — Zu II.4.1.4

<1> Zu den Arten geometrischer Toleranzen

Die Norm EN 1090-2 teilt die von Stahlkonstruktionen bei der Fertigung im Werk und bei der Montage auf der Baustelle einzuhaltenden geometrischen Toleranzen konsequent in zwei Kategorien ein:

- **grundlegende** Toleranzen, die **tragsicherheitsrelevant** sind („*essential tolerances*").
- **ergänzende** Toleranzen, die **funktions- und gebrauchstauglichkeitsorientiert** sind („*functional tolerances*").

Die beiden Kategorien werden im Normabschnitt II.11.1 definiert; der Kommentar dazu gibt die zugehörigen Hintergrundinformationen. Es sei hier daran erinnert, dass die geometrischen Toleranzen nach EN 1090-2 eines der wichtigsten Leistungsmerkmale bei der CE-Kennzeichnung von Bauteilen nach EN 1090-1 darstellen, welches stets zu deklarieren ist.

<2> Zu (a) – Grundlegende geometrische Toleranzen

Da die grundlegenden Toleranzen die Tragsicherheit betreffen, unterliegen sie nicht der freien Entscheidung der am Projekt Beteiligten und brauchen demzufolge in den Ausführungsunterlagen eigentlich nicht besonders angegeben zu werden. Die in Anhang II.B aufgeführten 52 grundlegenden Toleranzmerkmale – sie werden im Kommentar zu II.B einzeln mit ihren strukturmechanischen Hintergründen erläutert – sind verbindlich. Es ist aber doch zu empfehlen, auf Ausführungszeichnungen eine entsprechende Sammelbemerkung über oder neben dem Schriftfeld anzubringen, etwa der Art „Die grundlegenden geometrischen Toleranzen nach EN 1090-2 Anhang B sind einzuhalten".

Darüber hinaus ist es denkbar, dass ein Tragwerksplaner, wenn ihm aufgrund seiner statischen Berechnung ein bestimmtes Toleranzmerkmal besonders wichtig erscheint, dafür sorgt, dass ein Warnvermerk auf der Ausführungszeichnung noch einmal gezielt auf diesen Toleranzwert hinweist, z. B. auf den zulässigen Stich l/1000 einer frei tragenden Stütze. Zum Vorgehen bei Überschreitung grundlegender Toleranzen (Nichtkonformität) siehe zu II.11.2.1 <2>.

<3> Zu (b) – Ergänzende geometrische Toleranzen

Anders verhält es sich mit den ergänzenden Toleranzen. Die in Anhang II.B aufgeführten 129 ergänzenden Toleranzmerkmale sind **nicht** verbindlich (obwohl der normative Status des gesamten Anhangs II.B das fälschlicherweise suggeriert). Vorgeschrieben ist nur, dass überhaupt ergänzende Toleranzen festgelegt werden müssen. Enthalten die Ausführungszeichnungen allerdings keine Angaben dazu, so gelten automatisch die in Anhang II.B tabellierten ergänzenden Toleranzgrenzwerte, und zwar die weniger anspruchsvollen der Toleranzklasse 1.

Alternativ zu Anhang II.B dürfen aber andere ergänzende Toleranzen zwischen dem Bauherrn/Auftraggeber und dem Hersteller, ggf. unter Hinzuziehung des Tragwerksplaners, vereinbart werden (sowohl großzügigere als auch strengere), z. B. Fertigungstoleranzen für geschweißte Bauteile nach EN ISO 13920 oder Montagetoleranzen nach DIN 18202. Diese müssen dann aber sorgfältig in den Ausführungsunterlagen angegeben werden.

Wenn ergänzende Toleranzen oder Toleranzklassen (z. B. Klasse C für Längen- und Winkelmaße nach EN ISO 13920) für die gesamte Zeichnung gelten sollen, kann dies ebenfalls durch Sammelangabe über dem Schriftfeld erfolgen – analog zur Vermaßung von Schweißnähten (vgl. zu II.4.1.1 <2.1>). Sofern unterschiedliche Toleranzklassen für die Bauteile auf einer Zeichnung gewählt werden, muss das detailliert angegeben werden. Lässt sich mit den genormten Grenzwerten (z. B. nach EN ISO 13920) die Toleranzvorgabe nicht beschreiben oder ist sie zu großzügig oder zu streng, müssen in der Ausführungszeichnung ggf. vermaßte Toleranzen am Bauteil angegeben werden.

Die gesamten Zusammenhänge der ergänzenden Toleranzen sind im Kommentar zu II.11.3 ausführlich erläutert.

Zu II.4.2 Herstellerdokumentation

Einführender Kommentar zur Herstellerdokumentation

Unter „Herstellerdokumentation" versteht EN 1090-2 zwei völlig unterschiedliche Typen von Dokumentationen:

- eine **qualitätssichernde Dokumentation** von beabsichtigten Aktionen, Maßnahmen, Vorgehensweisen usw. in der Planungsphase des Projekts, also im Wesentlichen noch **vor Beginn der Ausführungsarbeiten;**
- eine **beweissichernde Dokumentation** von durchgeführten Maßnahmen, Inspektionen, Prüfungen usw. während der einzelnen Herstellungsphasen des Bauwerks, davon viele erst **nach Beendigung der Ausführungsarbeiten.**

Zum ersten Typ gehören die Qualitätsdokumentation nach II.4.2.1 und der Qualitätsmanagementplan nach II.4.2.2, wobei Letzterer die übergeordnete der beiden qualitätssichernden Dokumentationen ist. Insofern ist die Reihenfolge der beiden Teilabschnitte nicht ganz logisch. Die Ausführungsdokumentation nach II.4.2.4 stellt den zweiten Typ von Herstellerdokumentation, also eine beweissichernde Dokumentation, dar. Insgesamt gesehen, werden Fragen der Herstellerdokumentation – neben dem vorliegenden Abschnitt II.4.2 – noch an mehreren anderen Stellen der EN 1090-2 behandelt, u. a. im Abschnitt II.12.1 und im informativen Anhang II.C (siehe Kommentare dazu).

Obwohl nicht explizit in der Norm gesagt, ist klar, dass diese Dokumentationen **projektspezifisch** erstellt werden sollen. Offen lässt die Norm aber, wer genau sie erstellen soll – implizit natürlich der Hersteller im Sinne von EN 1090-2 (der Ausführende des Stahlbaus) – und wie dabei die Verzahnung mit den in EN 1090-1 geregelten Aufgaben der werkseigenen Produktionskontrolle (**WPK**) des (oder der) involvierten Bauteilfertiger(s) erfolgen soll. Eindeutig ist die Situation nur beim traditionellen Szenario des Stahlbaugeschehens, bei dem eine Stahlbaufirma die Bauteile eines Stahltragwerkes in eigener Werkstatt fertigt und auf der Baustelle mit eigenen Monteuren montiert. In diesem einfachsten Fall kann z. B. bei der Aufstellung der Qualitätsdokumentation (bzw. des Qualitätsmanagementplans) für ein Projekt der Leiter der firmeneigenen WPK von Vornherein mit einbezogen werden.

In allen anderen Szenarien des Stahlbaugeschehens ist das weniger eindeutig und muss im Vorfeld der Realisierung jedes Projektes abgeklärt werden. Ein typisches Beispiel wäre ein Großprojekt, bei dem ein Generalunternehmer, der kein Stahlbauer ist, sondern z. B. Anlagenbauer, die Fertigung der Stahlbauteile und die Montage des Stahltragwerks getrennt vergibt (ohne Zwischenschaltung einer ARGE Stahlbau). Hier müsste geklärt werden, wer die Funktion des Herstellers im Sinne von EN 1090-2 übernimmt und damit für die Erstellung der Herstellerdokumentation verantwortlich ist.

Qualitätsdokumentation

Zu II.4.2.1

<1> Zum Erfordernis einer Qualitätsdokumentation

Für die Herstellung von Bauteilen oder Tragwerken der Ausführungsklassen **EXC2 bis EXC4** müssen mindestens die unter den Ziffern (a) bis (f) aufgeführten und nachfolgend kommentierten qualitätssichernden Punkte im Vorfeld der Ausführung dokumentiert werden. Diese Forderung einer „Vorab"-Qualitätsdokumentation war zwar früher in DIN 18800-7 nicht explizit enthalten. Aber bei der Herstellung solcher Bauteile musste der Hersteller auch in der Vergangenheit aus Gründen der Produkthaftung indirekt immer nachweisen können, dass er sich rechtzeitig Gedanken gemacht hatte, wie er zumindest die schweißtechnischen Forderungen der Norm DIN 18800-7 bei der Herstellung von Bauteilen oder Tragwerken einzuhalten gedachte. Denn das Einhalten der Forderungen des jeweilig maßgebenden Teils der Normenreihe EN ISO 3834 bedeutete auch die Erstellung der darin geforderten qualitätssichernden Dokumentationen.

Der genaue Zeitpunkt der Abfassung der einzelnen Dokumente für die Qualitätsdokumentation wird im entsprechenden Unterpunkt (b) des Abschnittes II.4.2.2 präzisiert: Sie müssen nicht in ihrer Gesamtheit vor Beginn der Ausführungsarbeiten vorliegen, sondern jeweils spätestens zu Beginn des betroffenen Herstellungsschrittes (siehe zu II.4.2.2 <2.2>).

Bauteile oder Tragwerke der Ausführungsklasse **EXC1** bedürfen keiner speziellen Qualitätsdokumentation in der Planungsphase. Dies entspricht sinngemäß den früheren Regelungen von DIN 18800-7 [R73] zur Herstellerqualifikation für geschweißte Stahlbauteile: In der Tragwerksklasse A waren nur die elementaren schweißtechnischen Qualitätsanforderungen nach EN ISO 3834-4 zu erfüllen, wie auch jetzt in der Klasse EXC1 von EN 1090-2 (siehe II.7.1). In EN ISO 3834-1 wird zwar die Prüfung der Anforderungen, nicht aber ihre Dokumentation gefordert. Herstellern solcher einfachen Bauteile oder Tragwerke wurde aber aus Gründen der Produkthaftung empfohlen, dafür zu sorgen, dass sie zumindest nachträglich nachweisen konnten, die Forderungen der Ausführungsnorm bei der Herstellung eingehalten zu haben. Diese nachträgliche Dokumentation wird im Übrigen zukünftig auch für EXC1 Pflicht in Form der Ausführungsdokumentation nach II.4.2.4 (siehe Kommentar dazu).

<2> Zu den Inhalten einer Qualitätsdokumentation

<2.1> Zu (a) – Organigramm der für die Ausführung zuständigen Personen

Für alle Stufen einer Projektausführung – also von der Vertragsprüfung über die Fertigung bis zur Endkontrolle – müssen die Aufgaben und Befugnisse der am Projekt beteiligten Personen vorher schriftlich festgelegt werden. Dies wird auch in verschiedenen weiteren Abschnitten der EN 1090-2 für spezielle Einzelaufgaben eindeutig verlangt, z.B. in II.7.4.3 für die Schweißaufsichtsperson(en) oder in II.12.4.1 für die Inspektion vor, während und nach dem Schweißen. Die Festlegung erfolgt am besten, wie hier explizit vorgeschrieben, mit Hilfe eines Organigramms. In die Erstellung des Organigramms sollte, falls das Projekt die Fertigung der Bauteile einschließt und der vorgesehene Bauteilfertiger schon bekannt ist, der Leiter von dessen WPK mit einbezogen werden. Bild KII.4-3 zeigt ein denkbares Organigramm-Muster für die Qualitätsdokumentation eines reinen Montageprojektes (z.B. Montage einer Gruppe von Tankbehältern); für ein konkretes Projekt müsste es mit Namen versehen werden.

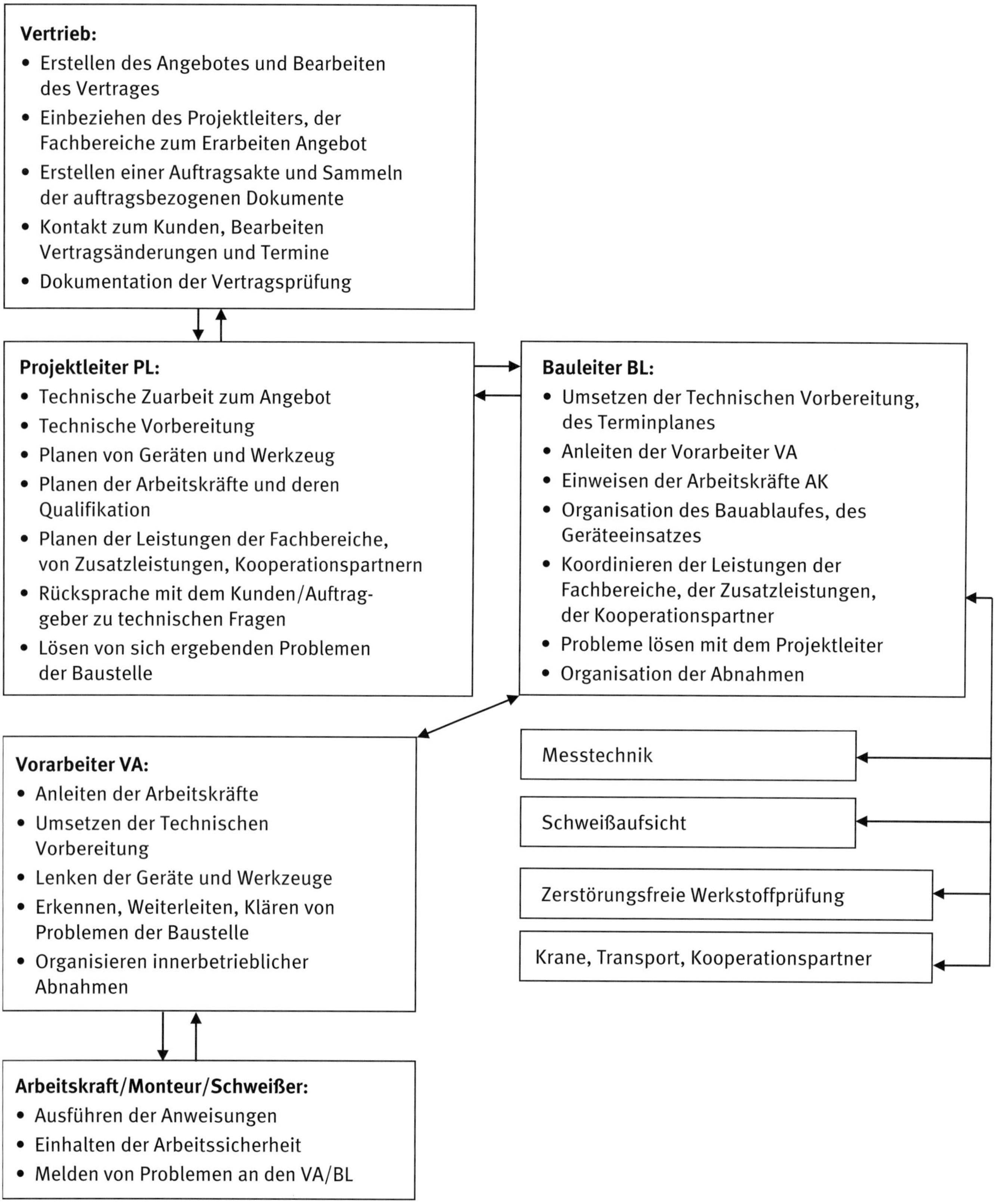

Quelle: IMO Leipzig

Bild KII.4-3: Muster für das Organigramm in der Qualitätsdokumentation eines reinen Montageprojektes

<2.2> Zu (b) – Arbeitsprozesse, Verfahren und Arbeitsanweisungen

Die zur Anwendung kommenden Arbeitsprozesse und Verfahren müssen vor Ausführungsbeginn eindeutig festgelegt und somit dokumentiert werden. Bei näherem Betrachten dieser vordergründig klaren und nachvollziehbaren Normforderung wird die im einführenden Kommentar zu diesem Normabschnitt II.4.2 angesprochene Überschneidung mit den Aufgaben der WPK des Bauteilfertigers nach EN 1090-1 überdeutlich: Die für einige Werkstatttätigkeiten benötigten Verfahrens- oder Arbeitsanweisungen, z. B. nach II.6.4.3 für thermisches Schneiden, nach II.6.5.2 für Warmumformen, nach II.6.5.3 für Flammrichten und nach II.7.4.1 für die Qualifizierung des Schweißverfahrens (siehe Kommentare dazu), können natürlich nicht ohne Mitwirkung der WPK in die Qualitätsdokumentation hineingeschrieben werden.

Für die Arbeitsprozesse auf der Baustelle gibt es solche Abstimmungsprobleme mit der WPK nicht, da EN 1090-2 keine werkseigene Produktionskontrolle vorschreibt, schon gar nicht eine zertifizierte (vgl. zu II-Einleitung <3>). Ein Montagebetrieb, der nach EN ISO 9001 [R146] zertifiziert ist, wird die für ein bestimmtes Projekt benötigten Arbeitsanweisungen einfach aus seinem Qualitätsmanagement-Handbuch entnehmen, in dem alle für den Betrieb relevanten Arbeitsanweisungen beschrieben sind, z. B. „Hubmontage eines Flachbodentanks" oder „Montage und Prüfen einer Kranbahn" oder „Schraubarbeiten im Stahlbau". Für spezielle, nur auf der betreffenden Baustelle geforderte Arbeiten müssen dann ergänzende Arbeitsanweisungen neu erstellt werden. Nicht vergessen darf man die für die Arbeitssicherheit geforderten Dokumente, die immer neu erstellt werden müssen, wie z. B. die „Gefährdungs- und Risikoanalyse".

<2.3> Zu (c) – Inspektions- und Prüfplan

Vorab-Bemerkung zur Begrifflichkeit: Nach Verständnis der Verfasser sagt ein **Inspektionsplan** etwas dazu aus, zu welchem Zeitpunkt und durch wen Inspektionen auf Einhalten von Vorgaben und Toleranzen durchgeführt werden (z. B. mittels Prüfungen), während ein **Prüfplan** konkrete Angaben zu Umfang und Qualitätsanforderungen der durchzuführenden Prüfungen (z. B. ZfP) enthält. In EN 1090-2 wird grundsätzlich immer ein kombinierter **Inspektions- <u>und</u> Prüfplan** verlangt, in der Praxis oft unter der englischen Bezeichnung ITP bearbeitet, vgl. zu II.3.12. Hinsichtlich der detaillierten Prüfungen kann er allerdings oft erst im Verlaufe der Projektabwicklung konkretisiert werden.

Dass bereits vor Beginn der Ausführungsarbeiten die Art der durchzuführenden Prüfungen und Inspektionen sowie der Inspektionsumfang (siehe z. B. für Schweißverbindungen II.12.4.2.2) und die Inspektionszeitpunkte vor, während und nach der Fertigung und Montage festzulegen und zu dokumentieren seien, ist im Prinzip nichts Neues. Auch in der früheren DIN 18800-7 gab es die Forderung nach einem Prüfplan, allerdings nur für die Prüfung von Schweißnähten und auch dort nur „ggf.". Interpretiert wurde das in der Regel so, dass bei Bauteilen mit ermüdungsrelevanter Beanspruchung in jedem Fall ein Prüfplan für die zerstörungsfreien Schweißnahtprüfungen zu erstellen war.

Im Übrigen sollte die Festlegung eines **Prüfkonzeptes** bereits in der Planungsphase vom Hersteller nicht als „Schikane" der technischen Kontrollinstanzen angesehen werden, sondern auch als Chance für eine kostenkontrollierte Ausführung des Bauwerks. Das Prüfkonzept beeinflusst die Ökonomie eines Bauvorhabens in erheblichem Maße. Wenn bei Vertragsabschluss die durchzuführenden Prüfungen nicht eindeutig fixiert werden, kann das zu unangenehmen Auseinandersetzungen zwischen der vom Bauherrn mit der Fertigungsüberwachung beauftragten Prüfinstanz und der ausführenden Stahlbaufirma führen. Andererseits hat sich gezeigt, dass ein technisch sinnvoll geplantes Prüfkonzept durchaus das rechtmäßige Sicherheitsbedürfnis der Öffentlichkeit und des Bauherrn befriedigen kann, ohne dass dabei alle technisch machbaren Prüfmöglichkeiten komplett ausgeschöpft werden müssen. In diesem Sinn sorgt ein frühzeitiger Inspektions- und Prüfplan auch dafür, dass nicht vom Auftraggeber bzw. von der von ihm beauftragten Prüfinstanz nachträglich kostenintensive Prüfungen „nachgeschoben" werden können. Ausgenommen hiervon sind selbstverständlich Prüfungen, die auf Grund des äußeren Befundes Zweifel an einer fachgerechten Ausführung beseitigen sollen.

Hinsichtlich der notwendigen Beteiligung der WPK des Bauteilherstellers bei der Aufstellung des Inspektions- und Prüfplans für ein Gesamtprojekt gilt sinngemäß das Gleiche, wie in <2.2> zu Ziffer (b) ausgeführt.

Tabelle KII.4-3 zeigt beispielhaft für die Montage eines Flachbodentankbauwerks, in welchen prinzipiellen Schritten die Inspektions- und Prüfungsarbeiten ablaufen. Hieraus muss im Zuge der technologischen Vorbereitung eines konkreten Projektes – auf der Grundlage des Vertrages, der Regeln der Technik und der Firmenvorschriften – der angepasste Inspektions- und Prüfplan der Qualitätsdokumentation entwickelt werden. Er enthält Festlegungen, welches Bauteil bzw. welche Stelle des Bauteils wann mit welchem Prüfverfahren zu prüfen ist; weiterhin welches Personal die notwendige Berechtigung besitzt, eine Erfüllung aller Prüfanforderungen festzustellen sowie den Prüfstatus zu kennzeichnen. Die Planung der Prüfmittel für die anstehenden Prüfaufgaben erfolgt entsprechend den relevanten Kriterien (z. B. geforderte Toleranzen) unter Beachtung der Schwerpunkte Richtigkeit, Präzision und Handhabung.

Der Prüfstatus bei Zwischen- und Abnahmeprüfungen wird durch Abnahme-, Prüf- oder Messprotokolle dokumentiert. Die zur Prüfung berechtigte Person kennzeichnet den Prüfstatus durch Unterschrift, Datum und Prüfergebnis auf dem Protokoll. Die gleiche Kennzeichnung erfolgt unverwischbar am Bauteil oder durch einen Anhänger. Änderungen an der Kennzeichnung des Prüfstatus dürfen durch dieselbe Person, die die Erstkennzeichnung vorgenommen hat, oder durch deren Vorgesetzte(n) erfolgen. Alle Dokumentationen der Ergebnisse der nach dem Inspektions- und Prüfplan vorgesehenen Prüfungen und Kontrollen gehören zur Ausführungsdokumentation (siehe II.4.2.4).

<2.4> Zu (d) – Vorgehensweise bei Änderungen

In der Qualitätsdokumentation ist auch schriftlich niederzulegen, wie man bei eventuell erforderlich werdenden Abänderungen vorzugehen gedenkt. Beispiele:

- Sollte ein so genannter Bedarfsstumpfstoß in Blechen oder Formstählen erforderlich werden, um beispielsweise vorhandene Lagerlängen ausnutzen zu können, so ist erstens der Tragwerksplaner um Stellungnahme bzw. statischen Nachweis zu bitten und zweitens die zusätzliche Schweißnaht in die entsprechende Werkstattzeichnung einzuzeichnen.
- Sollte in der Werkstatt des Herstellers ein vom Ersteller der Ausführungsunterlagen vorgesehener Schweißprozess nicht zur Verfügung stehen, so ist erstens die vorgesehene Schweißnahtvorbereitung von der Schweißaufsichtsperson vor dem Hintergrund des konkret zur Verfügung stehenden Schweißprozesses zu überprüfen und zweitens die ggf. modifizierte Schweißnahtvorbereitung in die entsprechende Werkstattzeichnung einzuzeichnen.
- Sollten Änderungen in der Montageplanung (d. h. im Montageverfahren gemäß II.9.3.2) erforderlich werden, deren Ursachen betrieblicher Art sind, so ist durch die realisierende Struktureinheit bei den entsprechenden Fachabteilungen des eigenen Betriebes die Klärung zu veranlassen. Nach der Lösung des Problems sind die Unterlagen zu aktualisieren.
- Sollten Änderungen im Montageplan notwendig werden, deren Ursachen in Kundenwünschen oder in differenziert auslegbaren Vertragsbedingungen oder in geänderten Bauabläufen bzw. Bausituationen liegen, so ist unter Einschaltung des Leiters der zuständigen Struktureinheit und des Vertriebes die Klärung zu veranlassen. Die Gründe der Planabweichung sind schriftlich zu erfassen und dem Kunden/Auftraggeber anzuzeigen.

Die im Zuge der Ausführung dann tatsächlich vorgenommenen Änderungen oder Abweichungen von den ursprünglich in den Ausführungsunterlagen (Werkstattzeichnung, Inspektions- und Prüfplan usw.) festgelegten Qualitätsanforderungen sind zu begründen und zu beschreiben bzw. ebenfalls zu dokumentieren; dies gehört in die Ausführungsdokumentation nach II.4.2.4.

Tabelle KII.4-3: Beispiel: Auszug eines Inspektions- und Prüfplans für die Montage eines Flachbodentanks

Fa. Muster	**Checkliste Prüfen eines Flachbodentanks**			Bearbeitet: Revision: Seite 1 von 1	**Dokument Nr.**

Prüfungen entsprechend DIN 4119-1 und -2	**AN**	**AG**	**TÜV**	**Bemerkungen**
* V ≅ Verantwortlich, * M ≅ Mitwirkungspflicht, * I ≅ zu informieren	*	*	*	
1 Prüfungen vor Fertigungsbeginn **1.1** Nachweiserbringung Herstellerzertifikat nach DIN EN 1090-1, Schweißzertifikat nach DIN EN 1090-1 oder Zertifikat nach DIN EN ISO 3438-2. Nachweis als Fachbetrieb nach WHG. Nachweis der Schweißverfahrensprüfungen nach AD 2000 Merkblatt HP 2/1, DIN EN ISO 15614-1. Nachweis der Schweißprüfbescheinigungen nach DIN EN ISO 9606-1. Nachweis Schweißplan.	V	I	I	Protokoll erstellen: 1 × Baustelle, 1 × Qualitätssicherung/ Schweißtechnik, 1 × Bereich Brückenbau/ Tankbau. Dokumente für den Kunden und die Baustelle bereitstellen.
2 Prüfungen vor Baubeginn Messprotokoll der Gründungsoberfläche entsprechend DIN 4119-1 Abschnitt 3.3.	I	V		Protokoll an Baustelle
3 Prüfungen während der Montage				Wurden höhere Prüfleistungen als nach DIN 4119-1 und -2 vertraglich vereinbart, so gelten diese.
3.1 Durchstrahlungsprüfung an den Stumpfnähten vom Tank- und Tassenmantel nach DIN 4119-1 Abschnitt 7.2.	V	I	I	Für alle Stumpfnähte Protokoll erstellen.
3.2 Dichtigkeitsprüfung des Bodens				
3.2.1 An Schweißnähten des Tankbodens ist nach DIN 4119-1, Abschnitt 8.5 die Dichtheit des unteren und oberen Bodens mittels einer Unterdruckprüfung nachzuweisen.	V	I	I	Protokoll erstellen.
3.2.2 Der obere Boden ist analog dem unteren Boden wie Punkt 3.2.1 auch 100 % vor der Wasserfüllung zu prüfen.	V	I	I	Protokoll erstellen.
…				
8 Prüfungen nach der Wasserfüllung				
8.1 Setzungsmessung siehe Pkt. 6.1.	V	I	I	Protokoll erstellen.
8.2 Wiederholung der Dichtheitsprüfung der Schweißnähte am oberen Boden.	V	I	I	Protokoll erstellen.
8.2.1 Unterdruckprüfung mit 0,5 bar Vakuumglocke und schaumbildendem Mittel.				Prüfart mit dem Sachverständigen abstimmen.
8.2.2 Erneutes Überprüfen des Leckübenwachungsraumes auf Dichtheit wie Pkt. 5.3.	V	I	M	Protokoll erstellen.

<2.5> Zu (e) – Vorgehensweise bei Nichtkonformitäten

Zur Definition einer Nichtkonformität vgl. zu II.3.13. Die Norm EN 1090-2 regelt die Vorgehensweise beim Auftreten von **Nichtkonformitäten** in verschiedenen Abschnitten konkret in Abhängigkeit von der jeweiligen Ausführungsphase bzw. vom eingesetzten Fertigungsprozess, z. B. in II.12.2.3 im Falle beigestellter Halbzeuge und Bauteile, in II.12.4.2.7 allgemein für Schweißverbindungen und in II.12.7.3.7 für die bei der Montage erreichte Ist-Geometrie des Tragwerks. Ein einfacher Hinweis in der Qualitätsdokumentation auf diesen jeweiligen Abschnitt von EN 1090-2 reicht aber oft nicht aus; vielmehr müssen ggf. spezielle Vorgehensweisen für das jeweilige Projekt beschrieben werden. Das ist wieder mit der WPK des Bauteilherstellers abzustimmen, da in der WPK-Systembeschreibung nach EN 1090-1 ebenfalls Angaben über das geplante Vorgehen bei Auftreten von Nichtkonformitäten niedergeschrieben sind.

Ein als nichtkonform (fehlerhaft) erkanntes Produkt ist in der Regel auf geeignete Art zu kennzeichnen, z. B. mit „gesperrt". Wenn möglich, ist das Produkt gesondert zu lagern. Die Sperrung eines nichtkonformen (fehlerhaften) Produktes ist zu dokumentieren. Zur Sperrung ist der mit der Prüfung Beauftragte berechtigt.

Während die vorstehenden Ausführungen implizit unterstellen, dass alle Beteiligten – in der Regel der Besteller/Auftraggeber oder sein Abnahmebeauftragter auf der einen Seite, der Hersteller auf der anderen Seite, bei schwerwiegenderen Nichtkonformitäten ggf. auch der Tragwerksplaner – einvernehmlich die Nichtkonformität anerkennen, trifft das bei Reklamationen durch den Besteller oder seinen Abnahmebeauftragten (z. B. den Architekten) bis hin zu einer veritablen Streitigkeit nicht zu. Solche nicht-technischen Probleme zu regeln, ist aber nicht Aufgabe einer Norm für technische Ausführungsregeln (die 2011er Ausgabe von EN 1090-2 führte an dieser Stelle Reklamationen und Streitigkeiten noch explizit auf!).

Zur Vorgehensweise beim Auftreten von Nichtkonformitäten gehört auch die Festlegung, wie danach die ggf. erforderlich werdenden **Korrekturmaßnahmen** geplant werden und ablaufen sollen. Je nach Bedarf wird man bei der Fehlersuche und/oder dem Erarbeiten der Korrekturmaßnahme eine oder mehrere innerbetriebliche Fachabteilungen sowie andere Struktureinheiten (z. B. Qualitätsstelle, Technisches Controlling usw.) einbinden. Die Durchführung von Korrekturmaßnahmen muss überwacht werden. Ziel der Überwachung ist es festzustellen, ob die angestrebte Verbesserung erreicht wurde.

Das QM-Handbuch von nach EN ISO 9001 [R146] zertifizierten Betrieben enthält in der Regel ebenfalls eine Reihe von Arbeitsanweisungen und Formblättern für den Umgang mit Nichtkonformitäten. Auf diese kann man natürlich bei der Erstellung der Qualitätsdokumentation für ein konkretes Projekt zurückgreifen.

<2.6> Zu (f) – Produktionsprüfstopps, Beaufsichtigung von Inspektionen und Prüfungen, Zugänglichkeitsbedingungen

Alle so genannten **Produktionsprüfstopps** (planmäßige Haltepunkte im Produktionsprozess) müssen in der Qualitätsdokumentation vor Beginn der Fertigung festgelegt werden. Produktionsprüfstopps sind zum Beispiel erforderlich, wenn Schweißnähte oder Schraubenverbindungen durch Einbau von weiteren Bauteilen verdeckt werden und deshalb später nicht mehr prüfbar sind (siehe auch zu II.7.2.2 <1.4>). Produktionsprüfstopps können auch bei Serienfertigungen oder bei einer größeren Anzahl gleichartiger Bauteile innerhalb eines Projekts sinnvoll sein, um nach einer gewissen Anfangsmenge die Fertigungsprozesse überprüfen und ggf. noch optimieren zu können.

Der Besteller/Auftraggeber oder sein Abnahmebeauftragter kann ggf. auch Produktionsprüfstopps zur Durchführung von **Zwischenprüfungen** vor der Weiterführung der Fertigung verlangen (siehe zu II.C.2.4 <3>). Solche geforderten Produktionsprüfstopps müssen vom Besteller oder seinem Abnahmebeauftragten bei der Aufstellung des Inspektions- und Prüfplans bekannt gegeben werden, damit sie vom Hersteller in seine Qualitätsdokumentation übernommen werden können; ggf. muss der Hersteller sie erfragen. Schwerpunkte solcher geforderten Zwischenprüfungen können die Bauteilgeometrie, die Schweißverbindungen, die ZfP oder der Korrosionsschutz sein.

Die Anforderungen an die **Beaufsichtigung** von Zwischenprüfungen während der Produktionsprüfstopps sowie die dafür notwendigen **Zugänglichkeitsbedingungen** sind ebenfalls in der Qualitätsdokumentation zu fixieren. Die Zugänglichkeit für die Ausführung der vorgesehenen Prüf- und Inspektionstätigkeiten muss vorab geprüft und vom Hersteller sichergestellt werden (siehe auch zu II.7.5.4 <2>).

Qualitätsmanagementplan

Zu II.4.2.2

<1> Zu Abs. 1 – Erfordernis und Definition eines Qualitätsmanagementplans

Wie im einführenden Kommentar zum vorliegenden Normabschnitt II.4.2 erläutert, stellt ein Qualitätsmanagementplan (QM-Plan) eine gegenüber der Qualitätsdokumentation nach II.4.2.1 übergeordnete qualitätssichernde Dokumentation dar. Man kann die Qualitätsdokumentation auch als eine Art „kleinen QM-Plan“ ansehen. Während aber nach EN 1090-2 die Erstellung einer Qualitätsdokumentation obligatorisch ist (mit Ausnahme von EXC1), ist es in der Norm grundsätzlich freigestellt, ob ein QM-Plan erstellt wird. Zur Erinnerung: Auch in Deutschland wurde in der Vergangenheit im Stahlbau nur bei der Errichtung besonderer Tragwerke, z.B. eines großen Kesselgerüstes oder einer Brücke, ein QM-Plan erstellt.

Ohne Frage ist das Erfordernis eines QM-Plans sachlich von der Ausführungsklasse des Tragwerks abhängig, auch wenn nicht explizit in EN 1090-2 gefordert. Ein QM-Plan sollte deshalb nach Meinung der Verfasser bei Tragwerken der Ausführungsklassen EXC3 und EXC4 die Regel sein. Der Bahnstandard DBS 918005 [R31] fordert ihn konsequenterweise für Eisenbahnbrücken.

In der Norm EN ISO 9000 [II.Lit23] wird in Abschnitt 3.8.9 ein Qualitätsmanagementplan wie folgt definiert:

Ein Qualitätsmanagementplan (QM-Plan) ist eine Spezifikation der Verfahren und zugehörigen Ressourcen dahingehend, durch wen und wann diese bezüglich eines spezifischen Objekts anzuwenden sind.

ANMERKUNG 1 Diese Verfahren umfassen üblicherweise die Verfahren, die sich auf Qualitätsmanagementprozesse und auf Produkt- und Dienstleistungsrealisierungsprozesse beziehen.

ANMERKUNG 2 Ein QM-Plan verweist häufig auf Teile des QM-Handbuches oder auf Verfahrensdokumente.

ANMERKUNG 3 Ein QM-Plan ist üblicherweise eines der Ergebnisse der Qualitätsplanung.

<2> Zu Abs. 2 – Inhalte eines Qualitätsmanagementplans (QM-Plans)

<2.1> Zu (a) – Allgemeines Managementdokument

Das hier in EN 1090-2 geforderte „allgemeine Managementdokument“ ist der eigentliche Kernbestandteil eines QM-Plans. Die im vorliegenden Normabsatz (a) unter den Ziffern (1) bis (3) genannten Punkte sind nur Mindestinhalte eines QM-Plans. Je nach Bauteil- oder Tragwerksart (Ausführungsklasse und Beanspruchungskategorie) müssen möglicherweise weitere Punkte benannt werden (siehe auch II.C.2). Solche weiteren, ggf. erforderlichen Punkte werden in den entsprechenden Abschnitten der EN 1090-2 behandelt.

Bereits bei der Erstellung eines Angebotes müssen die Produktionsmöglichkeiten überprüft werden, wie im ersten Satz gefordert. Es kann erforderlich werden, dass die Fertigung von Bauteilen oder Baugruppen untervergeben werden muss, weil zum Beispiel die Tragfähigkeit der Krane oder die Art und Kapazität der vorhandenen Maschinen des Herstellers für die Bearbeitung oder die vorhandenen Schweißverfahren nicht ausreichen.

Die im zweiten Satz geforderte Benennung der Zuordnung von Aufgaben und Befugnissen (gemeint ist: zu den am Projekt beteiligten verantwortlichen Personen, einschließlich deren Aufgaben und Teilverantwortlichkeiten) ist mit dem für die Qualitätsdokumentation obligatorischen Organigramm (siehe nachfolgenden Subkommentar <2.2>) bereits erledigt; die nochmalige Aufzählung an dieser Stelle ist eigentlich überflüssig.

Dass die erforderlichen Inspektionen und Prüfungen einschließlich der Zeitpunkte und der verantwortlichen Personen im Vorfeld festgelegt werden müssen, wie im dritten Satz gefordert, ist selbstverständlich.

<2.2> Zu (b) – Qualitätsdokumentation

Hier wird noch einmal der bereits mehrfach erläuterte Zusammenhang zwischen QM-Plan und Qualitätsdokumentation („kleiner QM-Plan“) deutlich: Letztere wird für den Fall, dass ein QM-Plan erstellt wird, konsequenterweise als zweiter Hauptbestandteil eine Untermenge desselben. Es sei aber auch noch einmal darauf hingewiesen, dass EN 1090-2 eine Qualitätsdokumentation für die Ausführungsklassen EXC2 bis EXC4 verbindlich fordert, auch wenn kein QM-Plan erstellt wird!

Die hier vorgenommene Präzisierung des Zeitpunktes, zu dem die einzelnen Dokumente der Qualitätsdokumentation („Qualitätsdokumente“) vorliegen müssen – nämlich spätestens zu Beginn des jeweiligen Herstellungsschrittes –, gehört eigentlich in den Abschnitt II.4.2.1 und wurde deshalb im Kommentar <1> dazu bereits erwähnt. Einzelheiten zu den Inhalten einer Qualitätsdokumentation vgl. zu II.4.2.1 <2.1> bis <2.6>.

<2.3> Zu (c) – Ausführungsbelege

Alle ausgeführten Inspektionen und Prüfungen müssen in „Ausführungsbelegen“ dokumentiert werden. Dies muss vor Beginn der Ausführungsarbeiten festgelegt werden und ist insofern Gegenstand des dritten Hauptbestandteils des QM-Plans. Die Ausführungsbelege selbst gehören natürlich **nicht** alle zum QM-Plan, da dieser ja im Vorfeld der Ausführung erstellt wird (die Formulierung der Norm ist hier höchst missverständlich). Sie sind in ihrer Gesamtheit erst Bestandteil der Ausführungsdokumentation nach II.4.2.4 (siehe Kommentar dazu).

Zu den Ausführungsbelegen, die bereits vorher vorliegen müssen und deshalb auch schon in den QM-Plan aufzunehmen sind, gehören die erforderlichen Qualifizierungen des einzusetzenden Personals, z. B. Schweißer, Bediener, Schweißaufsichtspersonal, Personal für die Durchführung von zerstörungsfreien Prüfungen und Prüfaufsicht; ferner die geforderten Arbeitsanweisungen für die in dieser Norm genannten Arbeitsprozesse – alles natürlich mit der Einschränkung „soweit Bauteilfertiger und/oder Montagefirma bei Aufstellung des QM-Plans für das Gesamtprojekt schon bekannt“. An die bei der Kommentierung der Qualitätsdokumentation bereits thematisierte Überschneidung mit den Aufgaben der WPK des Bauteilfertigers nach EN 1090-1 sei hier noch einmal erinnert. Die für Werkstatttätigkeiten benötigten Verfahrens- oder Arbeitsanweisungen können nicht ohne Mitwirkung der WPK in den QM-Plan hineingeschrieben werden (vgl. zu II.4.2.1 <2.2>).

<3> Zu Abs. 3 – Checkliste für die Gestaltung eines Qualitätsmanagementplans

Anhang II.C von EN 1090-2 enthält Empfehlungen für die Gestaltung und Inhalte eines Qualitätsmanagementplans. Die Leitlinien von ISO 10005 [II.Lit36] sind dort berücksichtigt. Unter Verweis auf den Kommentar zu jenem Anhang II.C kann an dieser Stelle auf eine weitere Kommentierung der Gestaltung eines Qualitätsmanagementplans verzichtet werden.

Zu II.4.2.3 Arbeitssicherheit

Europäische (EN) und Internationale (EN ISO oder ISO) Anwendungsnormen enthalten relativ wenig oder gar keine Aussagen und Anforderungen zur Arbeitssicherheit. Dies ist leider auch in EN 1090-2 der Fall (vgl. zu II.4.1.1 <2.6>). Lediglich für die Montage von Stahltragwerken sind in den Normabschnitten II.9.2 und II.9.3 Anforderungen zur Arbeitssicherheit enthalten (siehe Kommentare dazu).

Dessen ungeachtet gelten auch zukünftig in Deutschland zusätzlich für die Werkstattfertigung und für die Montage die deutschen berufsgenossenschaftlichen Unfallverhütungsvorschriften weiter, z. B. **DGUV 100-500** (früher BGR 500) „Betreiben von Arbeitsmitteln“, Abschn. 2.26 „Schweißen, Schneiden und verwandte Verfahren“ [R32] und **DGUV 38** (früher BGV C22) „Bauarbeiten“ [R33]. In letzterer Vorschrift werden u. a. Montageanweisungen behandelt (in § 17); eine umfangreiche beispielhafte Checkliste zur Berücksichtigung von Aspekten der Arbeitssicherheit bei der Erstellung einer solchen Montageanweisung findet sich in diesem Buch im Kommentar <1.5> zu II.9.3.2.

Ausführungsdokumentation

Zu II.4.2.4

Während die gemäß EN 1090-2 im Vorfeld der Ausführung vom Hersteller zu erstellenden Dokumentationen – Qualitätsdokumentation nach II.4.2.1 ab EXC2 obligatorisch, Qualitätsmanagementplan nach II.4.2.2 optional – früher in Deutschland, wie erwähnt, nicht direkt gefordert wurden, war eine umfassende Dokumentation nach beendeter Ausführung schon immer erforderlich. Sie lief in DIN 18800-7 [R73] unter dem Begriff **„Nachweisunterlagen“**. Als solche waren dort explizit aufgeführt:

- Prüfbescheinigungen nach EN 10204,
- Aufzeichnungen über die jeweilige Verwendung der verschiedenen Ausgangsprodukte,
- Angaben von genehmigten Abweichungen,
- Berichte über Prüfungen.

Das entspricht sinngemäß den **„Ausführungsbelegen“** nach Terminologie EN 1090-2. Wie bereits zu II.4.2.2 im Subkommentar <2.3> ausgeführt, müssen diese nach Fertigstellung des Tragwerks für die gesamte Fertigung und Montage vorliegen – und zwar für alle Ausführungsklassen, auch für EXC1! Aus ihnen muss ersichtlich sein, dass die für das jeweilige Projekt geforderten Bedingungen erfüllt worden sind (siehe auch zu II.C.2.3). Eine übersichtliche und vollständige Ausführungsdokumentation ist auch für die Zwecke der Rückverfolgbarkeit von Ausgangsprodukten wichtig (siehe zu II.5.2 <3>).

Grundsätzlich gehören auch aktuelle **Bestandszeichnungen** („*as-built drawings*“), obwohl in EN 1090-2 nicht explizit aufgeführt, zu einer guten Ausführungsdokumentation. Auf deren ordnungsgemäße Erstellung und Ablieferung sollte vor allem der Bauherr schon bei Vertragsabschluss Wert legen. Wer jemals bei einer Umbaumaßnahme – die angebliche Ausführungszeichnung in der Hand – ratlos vor dem realen Tragwerk gestanden und nach Ähnlichkeiten gesucht hat, wird bestätigen, dass es sehr wichtig ist, Abweichungen, die während der Bauausführung einvernehmlich festgelegt worden sind, abschließend in die Bestandspläne zu übernehmen.

Zu II.5 Ausgangsprodukte

Zu II.5.1 Allgemeines

<1> Zu Abs. 1 – Bei der Ausführung von Stahltragwerken verwendbare Ausgangsprodukte

<1.1> Zum Begriff „Ausgangsprodukte“

Die deutsche Ausgabe der Norm EN 1090-2 verwendet den Begriff „**Ausgangsprodukte**“ als Oberbegriff für Werkstofferzeugnisse und -halbzeuge, Schweißzusätze, Verbindungsmittel usw., d. h. alle Produkte, die man benötigt, um Stahlbauteile zu fertigen bzw. eine Stahlkonstruktion herzustellen. Der Begriff trifft den englischen Originalbegriff „*constituent products*“ besser als die unglückliche Übersetzung „Konstruktionsmaterialien“ in der Ausgabe 2011 der DIN EN 1090-2 (vgl. auch zu II.3.8).

Zu den Ausgangsprodukten im Sinne von EN 1090-2 gehören alle Grundwerkstoffe für Stahltragwerke, d. h. Baustähle (in Form von Warm- und Kaltprofilen aller Art, von Grob- und Feinblechen und von Bändern), nichtrostende Stähle, Schmiedeteile und Stahlguss. Außerdem gehören dazu Schweißzusätze, mechanische Verbindungsmittel (z. B. Schrauben, Bolzen und Kopfbolzen), Vergussmaterialien, hochfeste Zugglieder und -stäbe einschließlich ihrer Endverbindungen sowie Lager.

<1.2> Zum Begriff „Europäische Normen“

Gemäß erstem Absatz dieses Normkapitels II.5 müssen die Ausgangsprodukte aus den „**Europäischen Normen**“, die in den Abschnitten II.5.2 bis II.5.12 aufgeführt sind, ausgewählt werden. Alle diese aufgeführten europäischen Produktnormen (EN-Produktnormen) sind im Kapitel „Normative Verweisungen“ im Abschnitt II.2.1 aufgelistet, einige weniger wichtige nur in den Literaturhinweisen am Ende von EN 1090-2. Im Kommentar <3.1> zu II.2 wurden diese europäischen Produktnormen in drei Verbindlichkeitskategorien unterteilt, von denen die ersten beiden Kategorien solche Produkte beschreiben, die **mit CE-Kennzeichnung** geliefert werden. Die Pflicht zur CE-Kennzeichnung folgt entweder aus der Produktnorm selbst – wenn sie (europäisch) harmonisiert, d. h. eine „**hEN**“ ist, z. B. Erzeugnisse aus Stahlguss nach EN 10340 – oder aus der zugehörigen (europäisch) harmonisierten „Schirm-Produktnorm“, z. B. für thermomechanisch gewalzte schweißgeeignete Feinkornbaustähle nach EN 10025-4 aus der hEN EN 10025-1 (vgl. hierzu die ausführliche Kommentierung <3.1> zu II.2 sowie auch die systematische Zusammenstellung in Tabelle KII.2-1).

Die Normen der dritten im Kommentar <3.1> zu II.2 definierten Kategorie „(c) sonstige europäische Produktnormen“ (z. B. die Normenreihe EN 10149 für Stähle mit hoher Streckgrenze zum Kaltumformen oder die Norm EN ISO 13918 für Schweißbolzen) beschreiben Produkte **ohne CE-Kennzeichnung**. Trotzdem dürfen sie gemäß dem ersten Absatz dieses Normkapitels II.5 für Stahltragwerke nach EN 1090-2 eingesetzt werden, da sie in den Abschnitten II.5.2 bis II.5.12 explizit aufgeführt sind. Das ist eine wichtige Feststellung, u. a. auch für die vorgefertigten Stahlbauteile nach EN 1090-1. Diese müssen demnach **nicht** ausschließlich aus CE-gekennzeichneten Ausgangsprodukten hergestellt werden, um anschließend ihrerseits nach EN 1090-1 mit CE-Kennzeichnung versehen werden zu dürfen.

Darüber hinaus gibt es auch EN-Produktnormen, die **nicht** explizit in den Abschnitten II.5.2 bis II.5.12 aufgeführt und deshalb auch nicht bei den normativen Verweisungen in II.2.1 oder in der Literaturliste am Ende von EN 1090-2 aufgelistet sind, die aber trotzdem „Europäische Normen“ im Sinne des Kapitels II.5 von EN 1090-2 darstellen. Ein unmittelbar einleuchtendes Beispiel dafür sind die EN-ISO-Normen 4014 ff. und 4032 ff. für Sechskantschrauben und Sechskantmuttern. Für diese ist in EN 1090-2 lediglich stellvertretend die zugehörige harmonisierte „Schirm-Produktnorm“ EN 15048-1 aufgeführt (vgl. zu II.2.1.4). Weitere Beispiele sind EN 10225 „Schweißgeeignete Baustähle für feststehende Offshore-Konstruktionen“ und EN ISO 10642 „Senkschrauben mit Innensechskant“.

<1.3> Zur Verwendbarkeit europäisch genormter Ausgangsprodukte in Deutschland

Wie in diesem Kommentarbuch bereits mehrfach angesprochen, gelten in der Bundesrepublik Deutschland für die Verwendung von Bauprodukten in baulichen Anlagen des Öffentlichen Baurechts – ausgenommen Brücken- und Stahlwasserbauten (vgl. zu II-Einleitung <4>) – die Landesbauordnungen (LBOs), deren gemeinsame Grundlage die Musterbauordnung (**MBO** [R193]) ist, der wiederum die gemeinsame Muster-Verwaltungsvorschrift „Technische Baubestimmungen" (**MVV-TB** [R194]) nachgeordnet ist (vgl. Kommentar <4> zum Europäischen Vorwort). In § 16c der MBO steht nun sinngemäß, dass ein Bauprodukt dann keines (deutschen) Ü-Zeichens bedarf, wenn es die CE-Kennzeichnung trägt – allerdings nur dann, wenn die in der begleitenden Leistungserklärung erklärten Leistungen den Anforderungen der LBO an die Verwendbarkeit des Bauprodukts im Bauwerk entsprechen, nicht nur den Anforderungen an das harmonisierte Bauprodukt als solches. Damit wird der vieldiskutierten Erkenntnis Rechnung getragen, dass es hENs gibt, bei denen zwischen den von ihnen erfassten „Wesentlichen Merkmalen" und den deutschen bauordnungsrechtlichen Verwendbarkeitsanforderungen eine „Lücke" klafft. Die dafür vorgesehenen bauaufsichtlichen Verfahren eines „Lückenschlusses" können hier nicht vertieft werden, siehe dazu die einschlägigen Veröffentlichungen (z. B. [V7]).

Lässt man die vorgenannte Sonderproblematik einmal außer Acht, so bedeutet § 16c MBO im Klartext: Es dürfen nur solche Ausgangsprodukte eingesetzt werden, die entweder ein europäisches Konformitätszeichen „**CE**" oder ein deutsches Konformitätszeichen „**Ü**" tragen – ausgenommen unbedeutende Bauprodukte, die nach Abschnitt D2 der MVV-TB keines Verwendbarkeitsnachweises bedürfen, z. B. drucklose Regenwasserbehälter oder kleinformatige Fassadenelemente.

Grundlage für das CE-Zeichen kann gemäß **BPVO** [R182] entweder eine harmonisierte Bauproduktnorm (**hEN**) sein – das ist die Regel – oder eine Europäische Technische Bewertung (ETA). Grundlage für das Ü-Zeichen kann entweder eine „technische Regel" aus der Liste „Technische Baubestimmungen für Bauprodukte, die nicht die CE-Kennzeichnung tragen", in Abschnitt C2 der MVV-TB sein – das ist die Nachfolgeliste der früheren Bauregelliste A Teil 1 – oder ein traditioneller deutscher Verwendbarkeitsnachweis, d. h. eine allgemeine bauaufsichtliche Zulassung (abZ) oder ein allgemeines bauaufsichtliches Prüfzeugnis (abP) oder eine bauaufsichtliche Zustimmung im Einzelfall (ZiE).

Damit sind praktisch alle Ausgangsprodukte, denen die im vorhergehenden Kommentar <1.2> besprochenen europäischen Produktnormen zugrunde liegen, auch nach deutschem Baurecht einsetzbar, denn sie sind entweder in der bei der EU-Kommission geführten hEN-Liste „europäisch harmonisierter Bauprodukte" erfasst (z. B. warmgefertigte Hohlprofile für den Stahlbau nach EN 10210-1) oder in der vorgenannten Liste technischer Regeln für „nationale Bauprodukte" in Abschnitt C2 der MVV-TB (z. B. Blankstahl nach EN 10275).

Eine Sonderstellung nehmen dabei die zwar in EN 1090-2 aufgeführten, aber nicht harmonisierten europäischen Produktnormen ein, im Kommentar <3.1> zu II.2 **„sonstige europäische Produktnormen"** genannt (vgl. Tabelle KII.2-1). Sie finden sich nämlich nicht in der oben genannten deutschen C2-Liste anerkannter technischer Regeln in der MVV-TB. Das mag zunächst verwirrend sein, erklärt sich aber relativ einfach: Die in ihnen genormten Ausgangsprodukte werden in aller Regel nicht direkt ins Bauwerk eingebaut, sondern in vorgefertigte Bauteile integriert, die dann ihrerseits als „Bauprodukt mit CE-Kennzeichnung" nach EN 1090-1 zur Baustelle geliefert (d. h. „in Verkehr gebracht") werden. Damit übernimmt der (zertifizierte!) Bauteilhersteller u. a. die Verantwortung dafür, dass ihm die in EN 1090-2 für das jeweilige Ausgangsprodukt geforderte Prüfbescheinigung vorlag (siehe zu II.5.2 <2>). Eine Ü-Kennzeichnung dieser nicht harmonisierten europäischen Ausgangsprodukte ist deshalb nach derzeitiger Auffassung der deutschen Bauaufsicht nicht erforderlich. Sie erfüllen – quasi im „Huckepack" des Bauteils – die CE-Kennzeichnungsbedingung nach § 16c MBO indirekt. Hierzu gehören z. B. kaltumformbarer Stahl mit hoher Streckgrenze nach EN 10149 und Stahldraht nach EN 10264, aber auch die schon mehrfach erwähnten Schweißbolzen nach EN ISO 13918. Letztere fallen allerdings aus dieser Sichtweise heraus, wenn sie direkt auf der Baustelle eingebaut werden sollen (siehe zu II.5.7 <1>).

Ergänzend wird an dieser Stelle darauf hingewiesen, dass die aktuellen deutschen **Nationalen Anhänge** (NAs) zu den **Eurocodes** auch noch einige spezielle Regelungen zur Verwendbarkeit europäisch genormter Ausgangsprodukte enthalten, die ggf. zu beachten sind. Die entsprechenden Regelungen werden an den relevanten Stellen im Verlaufe des Kapitels II.5 diskutiert.

<1.4> Zur Verwendbarkeit national geregelter Ausgangsprodukte in Deutschland

Der Ordnung halber sei klargestellt, dass es natürlich immer noch viele Ausgangsprodukte für Stahltragwerke gibt, für die es (noch) keine europäische Norm, dafür aber in Deutschland ein anerkanntes Regelwerk gibt. Sie sind in der erwähnten C2-Liste der MVV-TB aufgelistet und unterliegen der Ü-Kennzeichnungspflicht. Dazu gehören beispielsweise feuerverzinkte (stückverzinkte) tragende Bauteile aus Stahl und Stahlguss nach DASt-Richtlinie 022 [R27] oder Gewindestangen nach DIN 976-1 [R47] oder HV-Keilscheiben nach DIN 6918 [R56].

<2> Zu Abs. 2 – Nicht durch Europäische Normen abgedeckte Ausgangsprodukte

Eine Öffnungsklausel für Ausgangsprodukte, die nicht durch Normen abgedeckt sind, entspricht auch einer langen deutschen Tradition. Deshalb hat man z. B. im Nationalen Anhang **DIN EN 1993-1-1/NA** [R97] zum Eurocode EN 1993-1-1 von der dort im Abschnitt 3.1 in einer Anmerkung eröffneten Möglichkeit Gebrauch gemacht und für Stahlerzeugnisse die bewährte Formulierung aus der alten DIN 18800-1 übernommen: „Andere als die oben genannten Stahlsorten dürfen nur verwendet werden, wenn

- die chemische Zusammensetzung, die mechanischen Eigenschaften und die Schweißeignung in den Lieferbedingungen des Stahlherstellers festgelegt sind und diese Eigenschaften einer der oben genannten Stahlsorten zugeordnet werden können, oder
- sie in Fachnormen vollständig beschrieben und hinsichtlich ihrer Verwendung geregelt sind, oder
- ihre Verwendbarkeit durch einen bauaufsichtlichen Verwendbarkeitsnachweis (z. B. allgemeine bauaufsichtliche Zulassung oder Zustimmung im Einzelfall) nachgewiesen worden ist.“

Ohne eine Öffnungsklausel für Ausgangsprodukte wäre eine moderne Ausführungsnorm wie die EN 1090-2 nicht zeitgemäß. Dass die Eigenschaften eines solchen Produktes festgelegt werden müssen, ist trivial. Die Festlegung muss natürlich ein den Normen vergleichbares Niveau haben. Die festgelegten Eigenschaften müssen an geeigneter Stelle in den Ausführungsunterlagen fixiert werden und sind später vom Hersteller, analog zu genormten Erzeugnissen, zu bestätigen, beispielsweise durch Prüfbescheinigungen (siehe zu II.5.3 <5>).

Sowohl europäisch, als auch in Deutschland gibt es baurechtliche Werkzeuge für solche „nicht geregelten“ Bauprodukte: Europäisch die **ETA** (Europäische Technische Bewertung) mit CE-Kennzeichnung, in Deutschland, wie oben bereits angesprochen, die **abZ** (allgemeine bauaufsichtliche Zulassung), das **abP** (allgemeines bauaufsichtliches Prüfzeugnis) und die **ZiE** (Zustimmung im Einzelfall), alle drei mit Ü-Kennzeichnung. Die deutsche Industrie hat traditionell schon immer die Möglichkeit wahrgenommen, neu entwickelte Materialien oder Produkte in der Kombination Forschungsergebnisse/ZiE in der Praxis einzusetzen.

Unter die Öffnungsklausel fallen im Prinzip auch alle **nicht-europäischen Produktnormen**. Der Passus „müssen deren Eigenschaften festgelegt werden“ kann gedanklich fortgesetzt werden mit „oder festgelegt worden sein“. Wenn also ein kompetenter Arbeitsausschuss die Eigenschaften bereits in einer Norm festgelegt hat, z. B. in einer **nationalen Produktnorm** – umso besser. Entscheidendes Kriterium für die Verwendbarkeit einer Produktnorm unter dem Dach von EN 1090-2 ist nach Auffassung der Verfasser, dass in ihr die Produkteigenschaften eindeutig und auf dem Vollständigkeits- und Präzisionsniveau vergleichbarer EN-Normen beschrieben sind.

Einschlägige Beispiele deutscher Produktnormen wurden schon im obigen Kommentar <1.4> genannt. Ein weiteres Beispiel sind Niete nach DIN 124 (siehe zu II.5.6.10). Für sie wird in EN 1090-2 sogar explizit „Übereinstimmung mit der betreffenden Produktnorm“ verlangt, wohl wissend, dass es für Niete gar keine europäische Produktnorm gibt. Auch die Stahlbau-Schraubengarnituren nach den deutschen Normen DIN 7990 ff. sind hier zu nennen, sie werden noch nicht einmal in der C2-Liste der MVV-TB aufgeführt, sondern sind durch die zugehörige harmonisierte „Schirm-Produktnorm" EN 15048-1 abgedeckt und werden deshalb sogar CE-gekennzeichnet geliefert (siehe zu II.5.6.3 <1.2>).

<3> Zu Abs. 2 – Festzulegende Eigenschaften für nicht durch Europäische Normen abgedeckte Stähle

Die im 2. Absatz von Normabschnitt 5.1 aufgeführte Liste von Eigenschaften (a) bis (k), die für Ausgangsprodukte ohne eigene Norm festzulegen seien, gilt natürlich nur für das Ausgangsprodukt „Stähle" – die Eigenschaft „Bruchdehnung" macht z. B. beim Ausgangsprodukt „Vergussmaterial" wenig Sinn! Dieser kleine Strukturfehler hat sich unbemerkt in die Norm eingeschlichen ...

Im Übrigen war diese auf Wunsch der europäischen Industrie erfolgte detaillierte Auflistung – in der 2011er Ausgabe von EN 1090-2 gab es sie noch nicht – nach deutscher Auffassung nicht zwingend erforderlich, da sie naheliegenderweise im Wesentlichen den Einteilungs- und Bestellkriterien der Normenreihe EN 10025 nachempfunden ist. Gleichwohl könnte sie für den einen oder anderen Anwendungsfall hilfreich sein. Man sollte allerdings nicht zu eng an ihr „kleben", sondern sie eher als Empfehlung betrachten. Beispielsweise tritt für viele Stähle in Punkt (a) an die Stelle der Streckgrenze die 0,2 %-Dehngrenze. Die Punkte (j) und (k) müssten strenggenommen mit „und" statt mit „oder" aufgeführt werden, denn ohne ausreichend detaillierte Angaben, um das Kohlenstoffäquivalent CEV berechnen zu können, macht eine Festlegung von dessen Höchstgrenze keinen Sinn. Ferner muss man, wenn man eine CEV-Höchstgrenze festlegt, auch die Formel festlegen, mit der CEV berechnet werden soll. Es bietet sich die in EN 10025-1 wiedergegebene IIW-Formel an, siehe Gleichung (KII.5-1) dieses Buches.

Der in Punkt (i) in Bezug genommene europäisch/internationale Technische Bericht **CEN ISO/TR 15608** (in Deutschland auch als DIN SPEC 8517 veröffentlicht) hat das Ziel, für die schweißgeeigneten Werkstoffe Gruppen mit vergleichbaren kennzeichnenden Eigenschaften zu schaffen. In dieser „quasi globalisierten" Werkstoffgruppeneinteilung gehören z. B. zur Stahlgruppe 1.2 Stähle mit einer chem. Analyse von C ≤ 0,25 %, Si ≤ 0,60 %, usw. usw., V ≤ 0,1 %, Ti ≤ 0,05 %, sowie einer festgelegten Mindeststreckgrenze von $275\ \text{N/mm}^2 < R_{eH} \leq 360\ \text{N/mm}^2$. Es gibt drei „quasi regionale" Technische Berichte,

- CEN ISO/TR 20172: Schweißen, Werkstoffgruppeneinteilung – Europäische Werkstoffe,
- CEN ISO/TR 20173: Schweißen, Werkstoffgruppeneinteilung – Amerikan. Werkstoffe,
- CEN ISO/TR 20174: Schweißen, Werkstoffgruppeneinteilung – Japanische Werkstoffe,

in denen jeweils die Zuordnung der regional genormten Stähle zu den übergeordneten Stahlgruppen zu finden ist. Aus CEN ISO/TR 20173 kann man z. B. entnehmen, dass der ASTM-Stahl Nr. A131, Typ AH32, der Stahlgruppe 1.2 entspricht.

<4> Zu Abs. 3 – Bedeutung von EN 10021

EN 1090-2 fordert im vorliegenden Normabschnitt, zusammen mit der jeweils relevanten „Europäischen Produktnorm" auch noch die Anforderungen der Norm EN 10021 zu beachten. EN 10021 ist eine Art „Produkt-Übernorm" mit allgemeinen technischen Lieferbedingungen für alle in EN 10079 [R116] erfassten **Stahlerzeugnisse**. Letztere reichen vom vorprofilierten Halbzeug über Verpackungsbleche bis zu Freiformschmiedestücken, also weit über das Anwendungsspektrum des Stahlbaus hinaus. Für den durchschnittlichen Stahlbau-Anwender (z. B. einen mittelständischen Bauteilhersteller) stellt sich die Frage, ob ihm die Beachtung der „übergeordneten" Lieferbedingungen nach EN 10021 – über die gezielten Lieferbedingungen der jeweiligen speziellen Produktnorm (z. B. EN 10025-3) und die eventuellen speziellen Anforderungen der Bauteilspezifikation hinaus – wesentliche zusätzliche Erkenntnisse für die Abwicklung eines Auftrages bringt. Dazu sei Folgendes zum Inhalt von EN 10021 mitgeteilt:

Die dort zu findenden übergeordneten Lieferbedingungen sind von eher allgemeiner Art, beispielsweise:

- „Sofern zum Zeitpunkt der Anfrage und Bestellung nicht anders vereinbart oder in der Produktspezifikation nichts Anderes festgelegt ist, bleibt das Herstellverfahren dem Hersteller überlassen.“
- „Wenn ein Kerbschlagarbeitswert ohne nähere Angaben vorgeschrieben ist, so ist davon auszugehen, dass der Mittelwert der Ergebnisse der Einzelprüfungen gemeint ist.“
- „Der Besteller muss, falls er die Ausstellung einer Prüfbescheinigung wünscht, die Art der Bescheinigung angeben.“

Im Abschnitt „Anwendungsbereich“ von EN 10021 heißt es zudem u. a.: „Wenn die bei der Bestellung vereinbarten oder in den betreffenden Produktspezifikationen festgelegten Lieferbedingungen von den allgemeinen technischen Lieferbedingungen dieser Europäischen Norm abweichen, so gelten die Lieferbedingungen der Bestellung oder die der entsprechenden Produktspezifikation.“ Das heißt, alle anderen Lieferbedingungen und Anforderungen sind im Vergleich zu EN 10021 höherrangig. Bedenkt man, dass EN 10021 in der gesamten EN 1090-2 nur an dieser einzigen Stelle in Bezug genommen wird, so erscheint den Verfassern ihre Bedeutung für das normale Stahlbaugeschehen eher gering.

Konkrete Verweisungen auf EN 10021 erfolgen in den Stahl-Produktnormen (z. B. EN 10025-i) nur im Zusammenhang mit Beanstandungen, die z. B. im Rahmen einer Wareneingangskontrolle beim Stahlbauer festgestellt werden, in Bezug auf Ansprüche und daraus entstehende Handlungen und Wiederholungsprüfungen, die vom Lieferanten der Stahlerzeugnisse ggf. durchzuführen sind.

Zu II.5.2 Identifizierbarkeit, Prüfbescheinigungen und Rückverfolgbarkeit

<1> Zu Abs. 1 – Dokumentation der Eigenschaften von Ausgangsprodukten

Dass die Eigenschaften der gelieferten Ausgangsprodukte dokumentiert werden müssen, ist eine Forderung, die auch früher nach DIN 18800-7 [R73] unter der Bezeichnung „Nachweisunterlagen“ selbstverständlich war. Dazu gehören u. a. alle **Prüfbescheinigungen** nach EN 10204 (siehe nachfolgenden Kommentar <2>) und/oder **Konformitätsnachweise**, d. h. in der Regel die Begleitinformation zur CE-Kennzeichnung, in Deutschland ggf. ersatzweise zum Ü-Zeichen (vgl. zu II.5.1 <1.2> bis <1.4>). Die Nachweisdokumente müssen so klar und ausführlich sein, dass gemäß II.12.2.1 die in ihnen dokumentierten Istwerte der Eigenschaften auf Übereinstimmung mit den in der Bestellung geforderten Sollwerten überprüft werden können. Diese Überprüfung ist in der Regel eine reine Dokumentenprüfung (siehe zu II.12.2.1 <1>).

Die Nachweisdokumente für die gelieferten Ausgangsprodukte gehören zu den Ausführungsbelegen nach II.4.2.2 (vgl. Kommentar <2.3> dazu) und müssen zum Ende des Bauvorhabens in die Ausführungsdokumentation nach II.4.2.4 übernommen werden (vgl. Kommentar dazu).

<2> Zu Abs. 2 und Tabelle II.1 – Prüfbescheinigungen nach EN 10204

<2.1> Arten von Prüfbescheinigungen

Die europäische Norm für die verschiedenen Arten von Prüfbescheinigungen metallischer Erzeugnisse ist EN 10204. Sie gilt mit Ausnahme von Vergussmaterial für alle Ausgangsprodukte, die im vorliegenden Kapitel II.5 erfasst werden. Tabelle KII.5-1 enthält die derzeit nach EN 10204 für metallische Erzeugnisse möglichen Prüfbescheinigungen (Tabelle A.1 aus EN 10204:2005).

Das wichtigste Unterscheidungskriterium für die Prüfbescheinigungen ist die Art der Prüfung. Es wird zwischen der **nichtspezifischen Prüfung** (Prüfung muss **nicht** an der Liefereinheit durchgeführt werden) und der **spezifischen Prüfung** (Prüfung muss an der Liefereinheit durchgeführt werden) unterschieden. Die Definition der beiden Arten von Prüfungen gemäß EN 10204:2005 lautet:

Tabelle KII.5-1: Prüfbescheinigungen nach EN 10204:2005 (dort Tabelle A.1)

Bezeichnung der Prüfbescheinigungen nach EN 10204				Inhalt der Bescheinigung	Bestätigung der Bescheinigung durch
Art	**Deutsch**	**Englisch**	**Französisch**		
2.1	Werks-bescheinigung	Declaration of compliance with the order	Attestation de conformité à la commande	Bestätigung der Übereinstimmung mit der Bestellung	den Hersteller
2.2	Werkszeugnis	Test report	Relevé de contrôle	Bestätigung der Übereinstimmung mit der Bestellung unter Angabe von Ergebnissen nichtspezifischer Prüfung	den Hersteller
3.1	Abnahme-prüfzeugnis 3.1	Inspection certificate 3.1	Certificat de reception 3.1	Bestätigung der Übereinstimmung mit der Bestellung unter Angabe von Ergebnissen spezifischer Prüfung	den von der Fertigungsabteilung unabhängigen Abnahmebeauftragten des Herstellers
3.2	Abnahme-prüfzeugnis 3.2	Inspection certificate 3.2	Certificat de reception 3.2	Bestätigung der Übereinstimmung mit der Bestellung unter Angabe von Ergebnissen spezifischer Prüfung	den von der Fertigungsabteilung unabhängigen Abnahmebeauftragten des Herstellers und den vom Besteller beauftragten Abnahmebeauftragten oder den in den amtlichen Vorschriften genannten Abnahmebeauftragten

Nichtspezifische Prüfung:

Vom Hersteller nach ihm geeignet erscheinenden Verfahren durchgeführte Prüfungen, durch die ermittelt werden soll, ob Erzeugnisse, die nach der gleichen Erzeugnisspezifikation und nach dem gleichen Verfahren hergestellt worden sind, die in der Bestellung festgelegten Anforderungen erfüllen. Die geprüften Erzeugnisse müssen **nicht** notwendigerweise aus der Lieferung selbst stammen.

Spezifische Prüfung:

Prüfungen, die vor der Lieferung entsprechend der Erzeugnisspezifikation an den zu liefernden Erzeugnissen oder an Prüfeinheiten, von denen diese ein Teil sind, durchgeführt werden, um festzustellen, ob die Erzeugnisse die in der Bestellung festgelegten Anforderungen erfüllen.

Die **Werksbescheinigung 2.1** (ohne Angabe von Prüfergebnissen, aber abgestützt auf nichtspezifische Prüfungen) als die aussageschwächste Prüfbescheinigung nach EN 10204 war früher in Deutschland im Stahlbau nicht relevant. Sie ist aber jetzt die Regel für mechanische Verbindungsmittel, die nicht vorgespannt werden sollen (siehe <2.3>). Dagegen war und ist das **Werkszeugnis 2.2** die übliche Forderung, wenn auf den Aufwand spezifischer Prüfungen verzichtet werden kann, z. B. bei normalfesten Baustählen < S275 mit moderater Anforderung für die Kerbschlagarbeit (siehe <2.2>). Aber noch einmal: Im Werkszeugnis 2.2 werden zwar Prüfergebnisse mitgeteilt, sie sind aber **nichtspezifisch**.

Als Standard-Prüfbescheinigung bei anspruchsvolleren Ausgangsprodukten, bei denen man auf einen lieferungsspezifischen Nachweis der Eigenschaften nicht verzichten kann, dient das **Abnahmeprüfzeugnis (APZ) 3.1** (früher 3.1.B). Es wird zwar auch vom Hersteller ausgestellt, muss jedoch die Unterschrift des betriebsinternen Abnahmebeauftragten (Leiter der QS-Abteilung o.Ä.) tragen. Dieser muss von der Fertigungsabteilung unabhängig sein, also nicht weisungsgebunden.

Ein **Abnahmeprüfzeugnis (APZ) 3.2** muss zusätzlich die Unterschrift eines **externen** Abnahmebeauftragten tragen. Es wird in Deutschland im Stahlhochbau nur sehr selten gefordert, während es für stählerne Straßenbrücken nach ZTV-ING [R203] die Regelforderung darstellt. Für stählerne Eisenbahnbrücken reicht zwar nach DBS 918005 [R31] formal ein APZ 3.1 aus, jedoch nur, wenn die betreffende Stahlbaufirma im Besitz einer „Herstellerbezogenen Produktqualifikation (HPQ)“ nach DBS 918002-02 [R30] ist (vgl. auch zu II.4.1.2 <2.3>). Dieser HPQ-Status kann auch nicht durch ein APZ 3.2 ersetzt werden. Noch einmal: Abnahmeprüfzeugnisse 3.1 und 3.2 enthalten **spezifische** Prüfergebnisse.

Die gemäß EN 1090-2 allgemein erforderlichen Prüfbescheinigungen nach EN 10204 sind in Tabelle II.1 der Norm in Abhängigkeit vom Typ der Ausgangsprodukte (Stahlprodukte, Schweißzusätze, Verbindungsmittel usw.) verbindlich vorgegeben. Bei harmonisierten Produkten (z. B. Baustählen oder Schraubengarnituren) stellt sich die grundsätzliche Frage, ob jetzt nicht die Eigenschaften quasi doppelt abgefragt werden, indem man nämlich zusätzlich zur Leistungserklärung (DoP) nach jeweiliger hEN auch eine Prüfbescheinigung gemäß vorliegender Tabelle II.1 verlangt. Das wurde bei Neufassung der EN 1090-2 ausführlich diskutiert. Man entschied sich aber, eventuelle Teil-Redundanzen in Kauf zu nehmen, insbesondere wohl auch angesichts der aktuellen Entwicklung bei den hEN-Normen, die zunehmend die Tendenz zeigen, in der Leistungserklärung immer weniger anwendungsrelevante technische Eigenschaften als „Wesentliche Merkmale“ zu deklarieren (siehe z. B. zu II.5.5). Die Vorgaben der Tabelle II.1 werden nachfolgend kommentiert.

<2.2> Prüfbescheinigungen für Stähle und Stahlguss

Bei **Baustählen** nach Tabellen II.2 und II.3 (siehe zu II.5.3.1) reicht gemäß Tabelle II.1 für die unlegierten Baustähle S235JR, S235J0, S235J2, S275JR und S275J0 ein Werkszeugnis 2.2 aus. Alle anderen Baustähle, d. h. S275J2 und alle Sorten und Güten ab S355JR, benötigen ein Abnahmeprüfzeugnis 3.1 oder 3.2. Dies stellt eine gewisse Verschärfung gegenüber der Ausgabe 2011 der EN 1090-2 dar. Insbesondere ist jetzt auch die Freistellung der Ausführungsklasse EXC1 von der Forderung nach einem Abnahmeprüfzeugnis 3.1 für S355 weggefallen. Für deutsche Anwender sei noch einmal daran erinnert, dass gemäß Nationalem Anhang DIN EN 1993-1-1/NA [R97] der Baustahl S355 für die Ausführungsklasse EXC1 ausgeschlossen ist (vgl. zu II.4.1.2 <2.2>).

Für die mit **Abnahmeprüfzeugnis 3.1 oder 3.2** zu liefernden Baustähle erinnert die Fußnote „b“ in Tabelle II.1 zunächst an die allgemeine Forderung in EN 10025-1:2004, die in der CEV-Formel enthaltenen chemischen Elemente in der Prüfbescheinigung anzugeben (man beachte die datierte Verweisung: Grund ist das Fehlen dieser Forderung im derzeitigen Entwurf für eine Neufassung von EN 10025-1). Der 2. Satz in der Fußnote „b“, dass bei der nach EN 10025-2 zusätzlich geforderten Angabe ggf. weiterer zugefügter Elemente auf jeden Fall Aluminium Al, Niob Nb und Titan Ti enthalten sein sollten, wurde seinerzeit von den deutschen Delegierten durchgesetzt, da die Gehalte dieser feinkornbildenden Elemente beim Schweißen bekannt sein sollten. Der Gehalt des weiteren Feinkornbildners Vanadium V ist ebenfalls von großer Wichtigkeit beim Schweißen. Er geht aber bereits in die Formel zur Bestimmung des Kohlenstoffäquivalentes CEV nach EN 10025-1:2004, Abs. 7.2.3, ein und muss deshalb immer im Abnahmeprüfzeugnis 3.1 angegeben sein. Die Formel (nach IIW – Internationales Schweißinstitut) lautet:

$$\mathrm{CEV} = \mathrm{C} + \frac{\mathrm{Mn}}{6} + \frac{\mathrm{Cr} + \mathrm{Mo} + \mathrm{V}}{5} + \frac{\mathrm{Ni} + \mathrm{Cu}}{15} \qquad \text{(KII.5-1)}$$

Gegen die Fußnote „b“ gab es übrigens im Zuge der Neufassung von EN 1090-2 einen Einspruch mit dem Argument, ein Stahl, bei dem auch nur eines der Elemente Al, Nb oder Ti fehle, erhalte dadurch schon das Stigma eines „nicht normgemäßen“ Stahles. Der Einspruch wurde abgelehnt, ein Zeichen für die Wichtigkeit dieser Elemente.

Bei den mit **Werkszeugnis 2.2** gelieferten Baustählen S235JR, S235J0, S235J2, S275JR und S275J0 muss zunächst noch einmal daran erinnert werden, dass die auf diesem Werkstoffnachweis ausgewiesenen chemischen und mechanischen Eigenschaften nichtspezifisch sind, also in der Regel nicht von der Liefereinheit stammen, sondern aus den im Stahlwerk im Rahmen der werkseigenen Produktionskontrolle laufend durchgeführten chemischen Analysen und zerstörenden Werkstoffprüfungen. Die ausgewiesenen Werte sind deshalb für jegliche Art quantitativer Bewertung – z. B. im Zusammenhang mit schweißtechnischen Prozessen oder mit Tragsicherheitsüberlegungen – unbrauchbar.

So kann z. B. bei dicken Bauteilen, bei denen ggf. aus schweißtechnischen Gründen vorgewärmt werden muss, die Vorwärmtemperatur nicht aus der chemischen Analyse des Werkszeugnisses bestimmt werden. Sollte also bei der Ausführungsplanung erkennbar sein, dass ein Vorwärmen erforderlich werden wird, empfiehlt es sich – über die Mindestanforderung von EN 1090-2 hinausgehend –, einen spezifischen Werkstoffnachweis zu bestellen, z. B. ein Abnahmeprüfzeugnis 3.1. Das sollte dann aber auch allen an der Ausführung Beteiligten, z. B. auch der Montageabteilung oder -firma, mitgeteilt werden.

Die in einem Werkszeugnis 2.2 mitgeteilten mechanischen Eigenschaften können aus demselben Grund auch nicht als Istwerte für Versuchsauswertungen im Rahmen eines bauaufsichtlichen Zulassungsverfahrens oder einer Zustimmung im Einzelfall verwendet werden. Auch hier ist es zweckmäßig, über die Mindestanforderung von EN 1090-2 hinaus ein Abnahmeprüfzeugnis 3.1 zu bestellen.

Generell kann zu der Frage, welche Prüfbescheinigung für Erzeugnisse aus Baustählen verlangt werden sollte, angemerkt werden, dass die internationale Tendenz eher in Richtung höherwertige Prüfbescheinigung geht als umgekehrt. Man sollte deshalb im Zweifelsfall auch für die normalfesten Baustahlsorten S235JR, S235J0, S235J2, S275JR und S275J0 ein Abnahmeprüfzeugnis 3.1 verlangen. Allerdings kann es passieren, dass man sich damit Probleme bei der Verfügbarkeit am Stahlmarkt einhandelt.

An dieser Stelle sei auf die Problematik fehlender Prüfbescheinigungen hingewiesen, wenn z. B. Stähle aus bestehenden Bauwerken wiederverwendet werden. Dann müssen ersatzweise Stückprüfungen an den Produkten durchgeführt werden, wobei die durchzuführenden Untersuchungen in jedem Einzelfall festzulegen sind. Das Vorgehen bei solchem Altstahl wird im Kommentar <2.3> zu II.5.3.1 etwas eingehender diskutiert.

Die Bilder KII.5-1 und -2 zeigen Beispiele von Prüfbescheinigungen nach EN 10204 für Baustahlerzeugnisse, und zwar ein Abnahmeprüfzeugnis 3.1 für ein HEA-Profil nach EN 10365 aus unlegiertem Baustahl S355J2 nach EN 10025-2 und ein Abnahmeprüfzeugnis 3.1 für eine 100-mm-Grobblechtafel aus thermomechanisch gewalztem schweißgeeignetem Feinkornbaustahl S460ML nach EN 10025-4. Zu den Stählen, ihren Bezeichnungen und ihren Eigenschaften siehe II.5.3 und Kommentare dazu. Beide Prüfzeugnisse sind weitgehend selbsterklärend; einige ausgewählte Anmerkungen mögen zur Erläuterung genügen.

Zu Beispiel 1 (Bild KII.5-1):

Der Zusatz „+AR" hinter der Stahlbezeichnung bedeutet, dass der Träger „wie gewalzt" geliefert wird, d. h. konventionell warmgewalzt, nicht normalisierend oder thermomechanisch gewalzt und auch nicht mit besonderen Wärmebehandlungsbedingungen wie Normalglühen oder Abschrecken (siehe zu II.5.3.1 <2.1>).

Die wesentlichen technischen Aussagen finden sich in drei Informationsblöcken:

- Chemische Zusammensetzung von Schmelzproben (so genannte Schmelzanalyse):
  Der Kohlenstoffgehalt C beträgt 0,08 % (er darf maximal 0,20 % betragen), und das Kohlenstoffäquivalent CEV beträgt 0,38 % (es darf maximal 0,45 % betragen).
- Zugversuch:
  Die Streckgrenze R_{eH} beträgt 426 MPa (sie muss größer als 355 MPa sein), die Zugfestigkeit R_m beträgt 530 MPa (sie muss zwischen 470 MPa und 630 MPa liegen), und die Bruchdehnung A beträgt 29,0 % (sie muss mindesten bei 22 % liegen).

- Kerbschlagbiegeversuch:
  Die mittlere Kerbschlagarbeit aus drei Proben bei einer Prüftemperatur von –20 °C beträgt 152 J (sie darf für die hier verwendete Untermaß-Probe nach EN ISO 148-1 nicht unter 20 J liegen), der kleinste Einzelwert beträgt 146 J (er darf nicht unter 70 % von 20 J, also 14 J liegen).

Ferner findet sich auf Seite 2 die **CE-Kennzeichnung** als Statement der Konformität mit der gemäß harmonisierter „Schirm-Produktnorm" **EN 10025-1** (vgl. zu II.2 <3.1>) erklärten Leistung. Auf ähnliche Weise kombinieren viele Hersteller von Ausgangsprodukten die Forderung einer hEN-Produktnorm nach CE-Kennzeichnung mit der Forderung von EN 1090-2 nach einem Abnahmeprüfzeugnis 3.1 nach EN 10204.

Zu Beispiel 2 (Bild KII.5-2):

Der Zusatz „Z35" hinter der Stahlbezeichnung bedeutet, dass das Blech mit „Z-Güte" gemäß EN 10164 bestellt wurde (siehe zu II.5.3.4 <3>). Die vom Ersteller der Prüfbescheinigung parallel zu EN 10204 als Bezugsnorm zitierte ISO 10474 wurde bisher nicht als EN-Norm übernommen; sie definiert aber die Prüfbescheinigungen für metallische Erzeugnisse analog zu EN 10204.

Die drei Informationsblöcke sind, in anderer Reihenfolge, ähnlich gestaltet wie bei Beispiel 1, allerdings ohne Angabe des jeweils zulässigen Wertes:

- Chemische Zusammensetzung:
  C = 0,071 % (≤ 0,16 %), CEV = 0,41 % (≤ 0,48 %);
- Zugversuch:
  R_{eH} (bzw. $R_{p0,2}$) = 440 MPa (≥ 400 MPa), R_m = 578 MPa (≥ 500 MPa, ≤ 680 MPa), A = 25,0 % (≥ 17 %);
- Kerbschlagbiegeversuch:
  Prüftemperatur T = –50 °C (wegen Gütegruppe ML), mittlere Kerbschlagarbeit = 273 J (≥ 27 J), kleinster Einzelwert = 242 J (≥ 19 J).

Darüber hinaus enthält das Prüfzeugnis Angaben zu einer Härteprüfung und einer Ultraschallprüfung des Bleches, zwei weiteren Prüfungen, die offenbar bei der Bestellung gefordert wurden. Wie bei Beispiel 1, so findet sich auch hier auf der letzten Seite, etwas anders gestaltet, die CE-Kennzeichnung nach EN 10025-1.

SWT
STAHLWERK THÜRINGEN

A03 **Zertifikat Nr. 3146/10-2017** 1 / 2
Avis-Nr. A171025987

A02 Abnahmeprüfzeugnis 3.1

entsprechend EN 10204:2004/3.1

A04 A06 SWT

A01 Stahlwerk Thüringen GmbH
A05 Qualitätsstelle
Kronacher Straße 6
07333 Unterwellenborn
Deutschland

Firma Muster
z.H. Herr Max Mustermann
Musterstraße 1
12345 Musterhausen

A08 Auftrags-Nr.: 207 9876 117
A07 Ihre Bestellung: 1234567

B02 Güte: S355J2+AR
entsprechend: EN 10025-2/2004

Pos. A10	Charge B07	Profil B01	Entsprechend	Länge B09	Stück B08	Gewicht B13
001	85222	HE 200A	EN 10365	12 000 mm	8	4 060 kg

Schmelzanalyse [%]

Charge B07	C C71	Si C72	Mn C73	P C74	S C75	N C76	Al C77	Nb C78	V C79	Cr C80
max	0,20	0,25	1,60	0,030	0,030					
min		0,14								
85222	0,08	0,18	1,45	0,019	0,019	0,009	0,016	0,041	0,007	0,09

Schmelzanalyse [%]

Charge B07	Cu C81	Ni C82	Mo C83	Ti C84	CEV1 C93
max	0,55				0,46
min					
85222	0,36	0,13	0,03	0,023	0,38

Zugversuch (ISO 6892-1)

Charge B07	Streckgrenze [N/mm²] C11	Zugfestigkeit [N/mm²] C12	Bruchdehnung $5{,}65\sqrt{S_o}$ [%] C13	Re/Rm C14
max		630		
min	355	470	22,0	
85222	426	530	29,0	0,80

Z03 Abnahmebeauftragter
René Merbach

Z02 25.10.2017

Z04
0769
13
032 CPR 2014-09-11 SWT

Quelle: Stahlwerk Thüringen GmbH

Bild KII.5-1: Beispiel 1 für Abnahmeprüfzeugnis 3.1 nach EN 10204 für Baustahlerzeugnisse (Seite 1 von 2)

SWT
STAHLWERK THÜRINGEN

A03 **Zertifikat Nr. 3146/10-2017** 2/2
Avis-Nr. A171025987

A02 Abnahmeprüfzeugnis 3.1

entsprechend EN 10204:2004/3.1

A04 SWT
A06

A01 Stahlwerk Thüringen GmbH
A05 Qualitätsstelle
Kronacher Straße 6
07333 Unterwellenborn
Deutschland

Firma Muster
z.H. Herr Max Mustermann
Musterstraße 1
12345 Musterhausen

A08 Auftrags-Nr.: 207 9876 117
A07 Ihre Bestellung: 1234567

B02 Güte: S355J2+AR
entsprechend: EN 10025-2/2004

Kerbschlagbiegeversuch (ISO148-1)

Charge	Form	Temperatur	L C02 1 [J]	2	3	M
B07	C40/C41	C03	C42	C42	C42	C43
min			14			20
85222	KV 450/7.5	-20°C	146	154	156	152

Z01

Material ist zum Verzinken geeignet. Si: 0,14% - 0,25%

Erschmelzungsart: - Elektrostahl
Oberflächenbeschaffenheit gemäß DIN EN 10163-3, Klasse C, Untergruppe 1

Werkstoff Nummer: 1.0577

Allgemeine technische Lieferbedingungen für warmgewalzte Baustahlprodukte: DIN EN 10025-1
Vorgesehene Verwendungen: Geschweißte, geschraubte und genietete Konstruktionen

Erklärte Leistungen gemäß DoP:

Toleranzen / Streckgrenze / Zugfestigkeit / Bruchdehnung
Kerbschlagarbeit / Schweißeignung / Dauerhaftigkeit

Abmessungs- und Formtoleranzen:
HE/IPE/UB/UC/BP/HP nach DIN EN 10034
U/UPE/PFC nach DIN EN 10279

Die gelieferten Produkte überschreiten nicht die zulässigen Grenzwerte der Oberflächenkontamination laut Strahlenschutzverordnung.

Es wird bestätigt, dass die Lieferung den Bestellanforderungen entspricht.

Z03 Abnahmebeauftragter
René Merbach

Z02 25.10.2017

Z04
CE
0769
13
032 CPR 2014-09-11 SWT

Bild KII.5-1 (*Fortsetzung*): Beispiel 1 für Abnahmeprüfzeugnis 3.1 nach EN 10204 für Baustahlerzeugnisse (Seite 2 von 2)

QM-System: Zertifiziert nach ISO 9001

DILLINGER

Erläuterungen siehe Rückseite/Explications voir au verso/See reverse for explanations (www.dillinger.de/certificate)

A02 ABNAHMEPRUEFZEUGNIS 3.1 NACH EN 10204:2004 ABNAHMEPRUEFZEUGNIS 3.1 NACH ISO 10474:2013 MATERIAL TEST REPORT (MTR)	A10 Versandanzeige-Nr. und Datum	A08/ Werksauftrags-/ A03 Bescheinigungs-Nr. — Blatt 1/...
A05 Aussteller Abnahmeorgan: DH	A06 Besteller — A07.1 Nr. Empfänger — A07.2 Nr.	B01 Erzeugnis: GROBBLECHE

B02/ Stahlbezeichn. **S460ML+Z35**

B03 Anforderungen DBS-918002-02:13/DIN-EN10025-4:05
DIN-EN10164:05

B01-B99 Beschreibung des Erzeugnisses

B14 Pos. Nr.	B08 Stückzahl	B09 Dicke	B10 Breite MM	B11 Länge	B12 Theoretische Masse KG	B04 Lieferzustand des Erzeugnisses	B07.2 Schmelzen-Nr.	B07.1 Walztafel-/Proben-Nr.	A09 Artikelnummer des Kunden
01	1	100,00	x 4280	x 10050	33766	TM	437092	57356-01	
***	1				33766	Ist-Masse: 34360 KG			

B06 Kennzeichnung des Erzeugnisses

POSITION-NR.: 01
STAHLBEZEICHNUNG **S460ML Z35**
SCHMELZEN-NR. / HERSTELLERZEICHEN /WALZTAFEL-NR.-PROBEN-NR. / ABNAHMEPRUEFSTEMPEL

C10-C29 Zugversuch

B14 Pos. Nr.	B07.2 Schmelzen-Nr.	B07.1 Walztafel-/Proben-Nr.	B05 Referenz(wärme)behandlung	C01	C02/ C01	C03 Temp. GR.C	C10	C11 MPA RP02	C12 RM	C13	A % L0=5D	C14-C15	Z %
01	437092	57356		K4	SV	RT							76,0
				K4	SV	RT							76,0
				K4	SV	RT							75,6
				K4	Q	RT		440	578		25		

C30-C39 Härteprüfung

B14 Pos. Nr.	B07.2 Schmelzen-Nr.	B07.1 Walztafel-/Proben-Nr.	B05 Referenz(wärme)behandlung	C01	C02/C01	C03 Temp. GR.C	C30 Prüfverfahren	C35	C31 Einzelwerte			C32 Mittelwert
01	437092	57356		K1	O	RT	HV10	HV	262	266	267	265

A04 D H Zeichen des Herstellers

Z01/Z02/Z03 Es wird bestätigt, dass die Lieferung der Vereinbarungen bei der Bestellung entspricht.

A H B

AG der Dillinger Hüttenwerke
Postfach 1580, D-66748 Dillingen/Saar
Abnahme — A01

Der Abnahmebeauftragte — Abnahmeprüfstempel — Datum — RD 1

Quelle: Dillinger Hüttenwerke

Bild KII.5-2: Beispiel 2 für Abnahmeprüfzeugnis 3.1 nach EN 10204 für Baustahlerzeugnisse (Seite 1 von 4)

QM-System: Zertifiziert nach ISO 9001

DILLINGER

Erläuterungen siehe Rückseite/Explications voir au verso/See reverse for explanations (www.dillinger.de/certificate)

A02 ABNAHMEPRUEFZEUGNIS 3.1 NACH EN 10204:2004 ABNAHMEPRUEFZEUGNIS 3.1 NACH ISO 10474:2013 MATERIAL TEST REPORT (MTR)	A10 Versandanzeige-Nr. und Datum	A08/ A03 Werksauftrags-/ Bescheinigungs-Nr. Blatt 2/...
A05 Aussteller Abnahmeorgan DH	A06 Besteller / Empfänger; A07.1 Nr. / A07.2 Nr.	B01 Erzeugnis GROBBLECHE
B02/ Stahlbezeichn. **S460ML+Z35** B03 Anforderungen DBS-918002-02:13/DIN-EN10025-4:05 DIN-EN10164:05		

C40-C49 Kerbschlagbiegeversuch

B14 Pos. Nr.	B07.2 Schmelzen-Nr.	B07.1 Walztafel-/ Proben-Nr.	B05 Referenz(wärme)behandlung	C01	C02/ C01	C03 Temp. GR.C	C41 Proben-breite	C40 Proben-form	C44 Prüfverfahren	C46 Energie Joule	C45	C42 Einzelwerte AV=J			C43 Mittelwert
01	437092	57356		K4	LV	-50		CHP-V		600	AV 2	279	299	242	273

C70-C99 Chemische Zusammensetzung % - Schmelzenanalyse

B07.2 Schmelze	C70	C93	C	SI	MN	P	S	N	CU	MO	NI	CR	V	NB	TI	B
437092	Y	S	0,071	0,380	1,65	0,012	0,0008	0,0034	0,028	0,005	0,040	0,271	0,001	0,024	0,004	0,0003

B07.2 Schmelze	C70	C93	AL-T
437092	Y	S	0,033

C94 Schmelzenanalyse C-Äquivalent / Legierungsbegrenzung

B07.2 Schmelze	
437092	FO-02= 0,41

C94 Formel C-Äquivalent / Legierungsbegrenzung

FO-02 = C+(MN/6)+(CR+MO+V)/5+(NI+CU)/15

D01 Kennzeichnung, Identifizierung, Oberfläche, Form und Maße

POSITION-NR.: 01

PRUEFUNG VON KENNZEICHNUNG, OBERFLAECHE, FORM UND MASSEN: DIE ERGEBNISSE ENTSPRECHEN DEN ANFORDERUNGEN.

OBERFLAECHE	NACH EN-10163-A3
DICKE	NACH EN-10029:10-C
LAENGE UND BREITE	NACH EN-10029:10
EBENHEIT	NACH EN-10029:10-T4L

A04 Zeichen des Herstellers	Z01/Z02/Z03 Es wird bestätigt, dass die Lieferung den Vereinbarungen bei der Bestellung entspricht. Der Abnahmebeauftragte / Abnahmeprüfstempel	**AG der Dillinger Hüttenwerke** **Postfach 1580, D-66748 Dillingen/Saar** **Abnahme** A01 Datum RD 1

Bild KII.5-2 (*Fortsetzung*): Beispiel 2 für Abnahmeprüfzeugnis 3.1 nach EN 10204 für Baustahlerzeugnisse (Seite 2 von 4)

QM-System: Zertifiziert nach ISO 9001

DILLINGER

Erläuterungen siehe Rückseite/Explications voir au verso/See reverse for explanations (www.dillinger.de/certificate)

A02 ABNAHMEPRUEFZEUGNIS 3.1 NACH EN 10204:2004 ABNAHMEPRUEFZEUGNIS 3.1 NACH ISO 10474:2013 MATERIAL TEST REPORT (MTR)	A10 Versandanzeige-Nr. und Datum	A08/ Werksauftrags-/ A03 Bescheinigungs-Nr. — Blatt 3/...
A05 Aussteller Abnahmeorgan: DH	A06 Besteller — A07.1 Nr. Empfänger — A07.2 Nr.	B01 Erzeugnis: GROBBLECHE
B02/ Stahlbezeichn. **S460ML+Z35** B03 Anforderungen DBS-918002-02:13/DIN-EN10025-4:05 DIN-EN10164:05		

D02 Zerstörungsfreie Prüfungen - Ultraschallprüfung

POSITION-NR.: 01

US-PRUEFSPEZIFIKATION : EN-10160 KLASSE S1 UND E1
PRUEFPLAN FLAECHE : LAENGSSPUREN MIT EINEM ABSTAND VON 100 MM
RAND : 100 MM
PERSONAL QUALIFIKATION : STUFE 2 NACH EN 473 / ISO 9712
DAS PRUEFERGEBNIS ENTSPRICHT DEN BESTELLVORSCHRIFTEN.

Z01-Z99 Weitere Angaben zu Bestätigungen

POSITION-NR.: 01

RADIOAKTIVITAET: DIE SPEZIFISCHE AKTIVITAET DER BLECHE IST KLEINER ALS 1 BECQUEREL/GRAMM, DIE EFFEKTIVE DOSIS KLEINER ALS 1 MILLISIEVERT/JAHR UND CADMIUM GEHALT IST KLEINER ALS 20 PPM.

POSITION-NR.: 01

DER NACHWEIS ÜBER DIE EINHALTUNG DER GRENZWERTE DER STRAHLENSCHUTZVERORDNUNG (STRLSCHV) FÜR DIE UNEINGESCHRAENKTE FREIGABE VON FESTEN STOFFEN (STRLSCHV ANLAGE III, SPALTE 5) WURDE ERBRACHT.

Z04 Umweltproduktdeklaration für Baustähle

POSITION-NR.: 01

Für Grobbleche aus Baustählen von Dillinger Hütte liegt eine validierte Umweltproduktdeklaration nach ISO 14025 und EN 15804 vor: BFS-20130094-IBG1-DE+RC1. Weitere Informationen finden Sie unter www.dillinger.de/EPD-D/.

A04 D H Zeichen des Herstellers	Z01/Z02/Z03 Es wird bestätigt, dass die Lieferung der Vereinbarungen bei der Bestellung entspricht. Der Abnahmebeauftragte — AHB Abnahmeprüfstempel	A01 **AG der Dillinger Hüttenwerke** **Postfach 1580, D-66748 Dillingen/Saar** **Abnahme** Datum RD 1

Bild KII.5-2 (*Fortsetzung*): Beispiel 2 für Abnahmeprüfzeugnis 3.1 nach EN 10204 für Baustahlerzeugnisse (Seite 3 von 4)

QM-System: Zertifiziert nach ISO 9001

DILLINGER

Erläuterungen siehe Rückseite/Explications voir au verso/See reverse for explanations (www.dillinger.de/certificate)

A02 ABNAHMEPRUEFZEUGNIS 3.1 NACH EN 10204:2004 ABNAHMEPRUEFZEUGNIS 3.1 NACH ISO 10474:2013 MATERIAL TEST REPORT (MTR)	A10 Versandanzeige-Nr. und Datum	A08/ Werksauftrags-/ A03 Bescheinigungs-Nr. — Blatt 4
A05 Aussteller Abnahmeorgan DH	A06 Besteller — A07.1 Nr. Empfänger — A07.2 Nr.	B01 Erzeugnis GROBBLECHE
B02/ Stahlbezeichn. S460ML+Z35 B03 Anforderungen DBS-918002-02:13/DIN-EN10025-4:05 DIN-EN10164:05		

Z04 CE-Zeichen

POSITION-NR.: 01

CE 0769	EN 10025-1:2004 Grobblech S460ML / 1.8838 zur Verwendung in geschweißten, geschraubten und genieteten Bauteilen	
DILLINGER AG der Dillinger Hüttenwerke Postfach 1580, D-66748 Dillingen/Saar 16 S460ML_EN10025-4-04_C_160101D1	Grenzabmaße und Formtoleranzen Dehnung Zugfestigkeit Streckgrenze Kerbschlagarbeit Schweißbarkeit Dauerhaftigkeit (chemische Zusammensetzung)	wie in der Leistungserklärung angegeben S460ML_EN10025-4-04_C_160101D1

Die Leistungserklärung kann von folgender Adresse heruntergeladen werden: www.dillinger.de/dop/S460ML_EN10025-4-04_C_160101D1.pdf

A04 D H Zeichen des Herstellers	Z01/Z02/Z03 Es wird bestätigt, dass die Lieferung den Vereinbarungen bei der Bestellung entspricht. Der Abnahmebeauftragte — A H B Abnahmeprüfstempel	A01 AG der Dillinger Hüttenwerke Postfach 1580, D-66748 Dillingen/Saar Abnahme Datum RD 1

Bild KII.5-2 (*Fortsetzung*): Beispiel 2 für Abnahmeprüfzeugnis 3.1 nach EN 10204 für Baustahlerzeugnisse (Seite 4 von 4)

Für **nichtrostende Stähle** nach Tabelle II.4 (siehe zu II.5.3.1 <4>) wird in Tabelle II.1 analog zu den Baustählen für Sorten mit einer 0,2 %-Dehngrenze ≤ 240 MPa (das sind ausschließlich unverfestigte Sorten) ebenfalls ein Werkszeugnis 2.2 als ausreichend erklärt, während für die höherfesten Sorten (das sind überwiegend kaltverfestigte Sorten) ein Abnahmeprüfzeugnis 3.1 verlangt wird. Das ist liberaler als die deutsche Regelung in der allgemeinen bauaufsichtlichen Zulassung **abZ Nr. Z-30.3-6** [R9] (vgl. zu II.1 <1.3>). In ihr gibt es die Besserstellung der normalfesten Sorten (dort „Festigkeitsklasse S235" genannt) nicht. Man war der Meinung, dass die nichtrostenden Stähle auch in den unteren Festigkeitsklassen deutlich anspruchsvoller als Baustähle seien. Darüber hinaus sei wegen der Kostensituation deutlich mehr „zwielichtiges" Material auf dem Markt als bei den Baustählen, was in der Vergangenheit auch zu Schäden (z. B. Verfleckung) geführt habe. Fazit: Nichtrostende Stähle müssen in Deutschland grundsätzlich mit Abnahmeprüfzeugnis 3.1 geliefert werden.

Für **Stahlguss** wird in Tabelle II.1 allgemein ein Abnahmeprüfzeugnis 3.1 verlangt, aber mit der Erleichterung, dass bei einer festgelegten Mindest-Streckgrenze ≤ 355 MPa und wenn die Kerbschlagarbeit bei 20 °C, d. h. bei Raumtemperatur zu prüfen ist, auch ein Werkszeugnis 2.2 akzeptiert wird.

<2.3> Prüfbescheinigungen für mechanische Verbindungsmittel

Wie aus Tabelle II.1 zu ersehen ist, sind für **nicht vorspannbare Schraubengarnituren** nach Normenreihe EN 15048 sowie für Schrauben, Muttern und Scheiben als Einzelelemente in nicht vorgespannten Schraubverbindungen, für Niete zum Warmnieten und für selbstschneidende und selbstbohrende Blechschrauben und Blindniete nur **Werksbescheinigungen 2.1** erforderlich, d. h. die aussageschwächste Prüfbescheinigungsart nach EN 10204. Dies erscheint zunächst als erstaunlich „milde" Forderung. Für die Schraubengarnituren ist das Argument dahinter, dass die europäisch harmonisierte „Schirm-Produktnorm" EN 15048-1 die CE-Kennzeichnung verlangt und somit die normgemäße Durchführung der werkseigenen Produktionskontrolle bei den Garniturenherstellern durch die dafür notifizierten Stellen regelmäßig überwacht wird. Das ist ein durchaus nachvollziehbares Argument. Für Niete und Dünnblech-Verbindungsmittel trifft es allerdings nicht zu, da es dafür keine harmonisierten Produktnormen gibt (wird hier nicht weiter vertieft).

Schrauben oder Muttern als Einzelelemente in nicht vorgespannten, tragenden Schraubverbindungen (nicht als Komponente einer Schraubengarnitur) gemäß Fußnote „f" können, da sie nicht mit CE-Kennzeichnung geliefert werden können, ein formales Problem darstellen. Für den deutschen bauaufsichtlichen Bereich wurde das inzwischen geklärt (siehe zu II.5.6.12 <1.5>). Dagegen ist für Scheiben die „milde" Forderung insofern konsequent, als der Einbau von Scheiben gemäß EN 1090-2 im Allgemeinen nicht erforderlich ist, Scheiben also als nicht tragsicherheitsrelevant eingestuft werden und auch kein Bestandteil der Garnitur sind.

Im Übrigen sind Tragwerkskonstellationen denkbar, in denen es unter dem Gesichtspunkt der „Schadenstoleranz" angezeigt ist, sich bei mechanischen Verbindungsmitteln nicht mit einer Werksbescheinigung 2.1 zu begnügen, sondern durch einen spezifischen Werkstoffnachweis, d. h. ein Abnahmeprüfzeugnis 3.1, dafür zu sorgen, dass die genormten mechanischen Eigenschaften in jedem Einzelfall mit hoher Zuverlässigkeit vorhanden sind. Eine solche Konstellation kann z. B. vorliegen, wenn das Versagen einer einzigen Schraubengarnitur das Versagen der gesamten Tragkonstruktion zur Folge hat (Stichwort „Einschraubenverbindung").

Für **vorspannbare Schraubengarnituren** nach Normenreihe EN 14399 fordert Tabelle II.1 **Abnahmeprüfzeugnisse 3.1**. Das schließt – im Gegensatz zu nicht vorspannbaren Garnituren, vgl. weiter oben – die Scheiben mit ein. Aus der früheren DIN 18800-7 stammt die in Fußnote „d" der Tabelle II.1 angegebene Regelung, dass eine Chargenidentifikationskennzeichnung (Herstellungsloskennzeichnung) auf den Schrauben dem Abnahmeprüfzeugnis 3.1 gleichwertig ist. Dahinter steht die Überlegung, dass das Definitionskriterium „spezifische Prüfung" einer 3.1-Prüfbescheinigung ersatzweise dadurch erfüllt wird, dass im Beanstandungsfall über die Chargenkennzeichnung eine Verbindung zu Prüfdaten hergestellt werden kann, die in der

Dokumentation der werkseigenen Produktionskontrolle abgelegt sind und mindestens 10 Jahre aufbewahrt werden.

Bei genauem Lesen der EN 14399-1 stellt sich übrigens die Frage, ob eine solche **Herstellungsloskennzeichnung** nicht für vorspannbare hochfeste Schraubengarnituren generell vorgeschrieben ist. In EN 14399-1 heißt es unter der Überschrift „Rückverfolgbarkeit und Kennzeichnung“: „Die einzelnen Elemente der hochfesten vorspannbaren Garnituren für Schraubverbindungen im Metallbau müssen in Bezug auf ihren Hersteller identifizierbar und rückverfolgbar sein. Der Hersteller muss über schriftliche Verfahren verfügen, mit denen sichergestellt wird, dass die Prozesse in Verbindung mit dem Anbringen von Rückverfolgbarkeits-Codes und/oder -Kennzeichnungen auf den hochfesten vorspannbaren Garnituren für Schraubverbindungen im Metallbau regelmäßig überprüft werden.“ Den Verfassern ist nicht bekannt, ob alle Verbindungsmittelhersteller, die CE-gekennzeichnete vorspannbare Garnituren nach Normenreihe EN 14399 anbieten, die vorstehende Normanweisung so interpretieren, dass die Schrauben und Muttern eine Herstellungsloskennzeichnung tragen müssen. Führende deutsche Hersteller kennzeichnen jedenfalls ihre HV-Schrauben und -Muttern seit geraumer Zeit zusätzlich so, dass die Rückverfolgbarkeit gegeben ist.

Interessant ist, dass während der Neufassung der EN 1090-2 von deutscher Seite vorgeschlagen wurde, die Fußnote „d“ auf nicht vorspannbare Schraubengarnituren der Festigkeitsklasse 8.8 nach EN 15048 zu erweitern – Argument: Etliche Hersteller hätten begonnen, auch 8.8-Schrauben mit Fertigungschargen-Nummer zu versehen. Obwohl der Vorschlag offiziell abgelehnt wurde, haben die Verfasser keine Bedenken, ihm trotzdem zu folgen – zumal es dabei ja nur um den Verzicht auf eine Werksbescheinigung 2.1 geht.

In Bild KII.5-3 ist beispielhaft ein Abnahmeprüfzeugnis 3.1 für vorspannbare HV-Garnituren abgedruckt, wie es derzeit routinemäßig ausgestellt wird. Bei seiner genaueren Betrachtung stellt man fest, dass sich die weiter oben (vgl. zu II.5.2 <2.1>) thematisierte Frage einer Redundanz mit der hEN-Leistungserklärung, im vorliegenden Fall nach EN 14399-1, nicht stellt: Letztere gibt nur Grenzwerte von Eigenschaften an und bestätigt, dass sie in der laufenden Produktion eingehalten werden. Das ersetzt bestenfalls eine nichtspezifische Prüfbescheinigung 2.1 oder 2.2, aber nicht die spezifische Prüfbescheinigung 3.1 mit ihren konkreten Zahlenwerten für die betreffende Charge. Man könnte höchstens die stahlbauliche Anwendungsrelevanz der mitgeteilten Eigenschaften in Frage stellen – in Bild KII.5-3 z. B. neben den relevanten Eigenschaften „Zugfestigkeit der Schraube“ und „Zinkschichtdicke aller drei Garnitur-Komponenten“ die vielen Härtewerte für Schraube, Mutter und Scheibe.

In diesem Sinne ist die neue Fußnote „e“ der Tabelle II.1 zu beachten, wonach zukünftig das Abnahmeprüfzeugnis 3.1 für vorspannbare Schraubengarnituren auch die Ergebnisse der Eignungsprüfung beinhalten muss. Gemeint ist damit der Anziehversuch nach EN 14399-2. In welcher Form dessen Ergebnisse in das 3.1-Zeugnis einfließen sollen, wird noch diskutiert. Nach Meinung der Verfasser bräuchten das nicht etwa die zahlenmäßigen Ergebnisse zu sein (z. B. die min-max-Werte der individuellen k-Faktoren k_i, der erreichten höchsten Schraubenkräfte $F_{bi,max}$ und des Duktilitätsmaßes „Drehwinkeldifferenz $\Delta_{\theta 2i}$“, Bezeichnungen siehe zu II.8.5.4). Die Angabe der k-Klasse, bei K2 zusätzlich des k_m-Wertes, dürfte reichen.

FRIEDBERG

Abnahmeprüfzeugnis
Certificate of tests
DIN EN 10204/3.1

August Friedberg GmbH * Postfach 10 08 43 * 45808 Gelsenkirchen * Deutschland

August Friedberg GmbH
Achternbergstraße 38 A
45884 Gelsenkirchen
Deutschland
Telefon / Phone +49 20991320
Fax +49 2099132178
info@august-friedberg.com
http://www.august-friedberg.com

Datum / Date: 05.01.2018

Lieferschein / Delivery slip
Kunden-Nr. / Customer no.
Ihre Bestell-Nr. / Your order no.
Unsere Auftrags-Nr. / Our order no.
Kommissions-Nr. / Picking order no.
Ansprechpartner / Contact person
Telefon / Phone +492099132199
E-Mail info@august-friedberg.com

Pos.	Artikel-Nr. / Item no.	Artikelbezeichnung / Item description	Los-Nr. / Lot no.	Menge / Quantity
10-10	273623512945	EN14399-4 HV 10.9 M36X235 TZN+ NG LOSE EINGELAGERT	007523BC5236D07	472 Stk

Chemische Analyse in % / Chemical Composition in %				
	C	0,3250	Al	0,0270
	B	0,0034	Cr	1,1300
	Cu	0,0600	Mn	0,8400
	Mo	0,0300	Ni	0,0700
	P	0,0070	S	0,0030
	Si	0,2100	Ti	0,0540

Mechanische Kennwerte / Mechanical Properties				
	Zugfestigkeit/Tensile strength Rm (min-max) [MPa]	1100-1125	Schrägzug /Tensile test underwedgeloading 6° [MPa]	1.115,00
	Härte / Hardness [HBW F = 30 D²]	338,00	Härte / Hardness (min – max) [HBW F = 30 D²]	330-348
	Oberflächenhärte / Surface hardness [HV 0,3]	329,00	Oberflächenhärte / Surface hardness (min – max) [HV 0,3]	322-333
	Schichtdicke / Layer thickness [µm]	60-69		
	Kennung / Identification	Friedberg HV 10.9 CE D7	Material: 32CrB4	

Pos.	Artikel-Nr. / Item no.	Artikelbezeichnung / Item description	Los-Nr. / Lot no.	Menge / Quantity
10-11	283600012999	EN14399-4 MUTTER M36 10Z TZN MOLY LOSE GESCHÜTTET	005704BC3289D07	472 Stk

Chemische Analyse in % / Chemical Composition in %				
	C	0,4550	Al	0,0040
	Cr	0,2900	Mn	0,6700
	Ni	0,0700	P	0,0110
	S	0,0140	Si	0,1800

Mechanische Kennwerte / Mechanical Properties				
	Härte / Hardness [HV F ≥ 98 N]	306,00	Härte / Hardness (min – max) [HV F ≥ 98 N]	297-312
	Schichtdicke / Layer thickness [µm]	75-90		
	Kennung / Identification	AF HV CE 10Z D7	Material C45	

Quelle: August Friedberg GmbH

Bild KII.5-3: Beispiel für Abnahmeprüfzeugnis 3.1 nach EN 10204 für HV-Garnituren (Seite 1 von 2)

FRIEDBERG

Abnahmeprüfzeugnis
Certificate of tests
DIN EN 10204/3.1

August Friedberg GmbH * Postfach 10 08 43 * 45808 Gelsenkirchen * Deutschland

August Friedberg GmbH
Achternbergstraße 38 A
45884 Gelsenkirchen
Deutschland
Telefon / Phone +49 20991320
Fax +49 2099132178
info@august-friedberg.com
http://www.august-friedberg.com

Lieferschein / Delivery slip Nr.: **Datum / Date: 08.01.2018** **Seite 2 / 2**

Pos.	Artikel-Nr. / Item no.	Artikelbezeichnung / Item description	Los-Nr. / Lot no.	Menge / Quantity
10-12	293600022999	EN14399-6 SCHEIBE 36 TZN+	168312	944 Stk

Chemische Analyse in % **Chemical Composition in %**	C	0,4280	Cr	0,2450
	Mn	0,6400	Mo	0,0017
	Ni	0,0100	P	0,0110
	S	0,0008	Si	0,2100

Mechanische Kennwerte **Mechanical Properties**	Härte / Hardness (min – max) [HV F ≥ 98 N]	339-349	Schichtdicke / Layer thickness [µm]	59-70
	Kennung / Identification	AF CE HV	Material: C45	

Es wird bestätigt, dass die gelieferten Teile geprüft wurden und den Vereinbarungen bei der Bestellannahme entsprechen. / We here with confirm that the delivered parts were quality checked and are according to your confimation of your order. We here with confirm that the delivered parts were quality checked and are according to your confimation of your order.

Gelsenkirchen, am 05.01.2018 C.Stolle / J. Eckert-Flechsig (Quality Control)

Diese Prüfbescheinigung ist per EDV erstellt und ohne Unterschrift gültig. / This certificate has been issued by our IT-System and is valid without any signature.

Geschäftsführung: Beatrix Brand * Handelsregister: Amtsgericht Gelsenkirchen 12 HRB 2384 * USt-IdNR.: DE 189 084 013
Es gelten unsere allgemeinen Geschäftsbedingungen

Bild KII.5-3 (*Fortsetzung*): Beispiel für Abnahmeprüfzeugnis 3.1 nach EN 10204 für HV-Garnituren (Seite 2 von 2)

Man beachte, dass im 3.1-Zeugnis des Bildes KII.5-3 die CE-Kennzeichnung der HV-Garnituren – im Gegensatz zu den 3.1-Zeugnissen der Baustahlerzeugnisse in den Bildern KII.5-1 und -2 – nicht integriert ist. Der vom Hersteller angegebene und nachvollziehbare Grund ist, dass er einerseits 3.1-Zeugnisse nicht ausschließlich für CE-konforme Produkte erstellt, andererseits aber eine einheitliche Form anstrebt. Andere Hersteller handhaben das zum Teil anders. Allen gemeinsam ist aber, dass die CE-Kennzeichnung auf jeden Fall auf dem Etikett der Verpackung angebracht werden muss (siehe zu II.5.6.12 <1.3>).

<2.4> Prüfbescheinigungen für andere Ausgangsprodukte

Für **Schweißzusätze** nach Tabelle II.5 (siehe zu II.5.5) reicht gemäß Tabelle II.1 – wie für die einfachen unlegierten Baustähle – ein **Werkszeugnis 2.2** aus. Das sollte vermutlich dadurch gerechtfertigt sein, dass sämtliche in Tabelle II.5 aufgeführten Schweißzusätze mit CE-Kennzeichnung geliefert werden. Diese ist allerdings auf der Grundlage der jüngsten Ausgabe der entsprechenden harmonisierten „Schirm-Produktnorm" EN 13479 praktisch wertlos; siehe hierzu die kritischen Anmerkungen zu II.5.5 (dort ist auch ein Abnahmeprüfzeugnis 3.1 für einen Schweißzusatz abgedruckt).

Bolzen zum **Lichtbogenbolzenschweißen** (in der Praxis meist „Schweißbolzen“ genannt) müssen wie vorspannbare Schraubengarnituren mit **Abnahmeprüfzeugnis 3.1** geliefert werden. Die während der Normbearbeitung zwischenzeitlich angedachte Möglichkeit, in Anlehnung an die vorspannbaren Garnituren eine Ersatzregelung mithilfe der Chargenidentifikationskennzeichnung (Herstellungsloskennzeichnung) zu akzeptieren, hat sich nicht realisieren lassen. Die derzeit etwas unbefriedigende Marktsituation bei den Schweißbolzen wird im Kommentar <1> zu II.5.7 diskutiert.

Die Forderung von Tabelle II.1, **Brückendehnfugen, hochfeste Zugglieder** und **Lager** grundsätzlich mit **Abnahmeprüfzeugnis 3.1** zu liefern, ist unmittelbar nachvollziehbar – handelt es sich doch eher um komplexe Bauteile als um einfache Ausgangsprodukte im Sinne von Vorprodukten für den Stahlbau. Eine weitere Kommentierung erübrigt sich.

<2.5> Zur Zuverlässigkeit von Prüfbescheinigungen

Der von Vornherein eingeschränkte Aussagegehalt von nichtspezifischen Prüfbescheinigungen 2.1 und 2.2 wurde in <2.1> und <2.2> bereits ausgiebig dargestellt. Man kann Werksbescheinigungen und Werkszeugnisse bestenfalls als eine qualitative Form der Herkunftsbezeichnung verwenden. Das sollte angesichts des heutigen globalisierten Handels allerdings nicht unterschätzt werden – Stahlbauer wissen unter der Hand von Schraubenhändlern zu berichten, die bei Forderung einer Werksbescheinigung 2.1 „in ein anderes Regal greifen“ als ohne eine solche Forderung ...

Aber auch das Vorliegen von spezifischen Werkstoffnachweisen, formal dokumentiert durch die höherwertigen Prüfbescheinigungen 3.1 oder 3.2, entbindet den Verarbeiter streng juristisch nach vorliegenden Urteilen von Oberlandesgerichten nicht automatisch von der Notwendigkeit, stichprobenhafte **Eingangskontrollen** durchzuführen, z. B. Verwechslungsprüfungen durch Härteprüfung oder spektralanalytische Bestimmung von ausgewählten chemischen Elementen.

<3> Zu Abs. 3 – Ersatzweise Prüfbescheinigungen nach EN ISO 16228

Die hier als alternative Prüfbescheinigungsnorm genannte Norm **EN ISO 16228** [II.Lit48] wurde speziell für mechanische Verbindungselemente entwickelt, u. a. weil EN 10204 sich im Wesentlichen nur auf Ausgangswerkstoffe bezieht. EN ISO 16228 baut vom Grundsatz her auf der deutschen Norm **DIN 11204** [R66] auf, die nach dem kürzlichen Erscheinen von DIN EN ISO 16228 zurückgezogen wurde. Während jene jedoch für Prüfbescheinigungen nach EN 10204 ergänzend für Verbindungselemente die jeweiligen Mindestanforderungen vorgab, definiert EN ISO 16228 selbst die verschiedenen Arten von Prüfbescheinigungen, die vom Hersteller oder Vertreiber von Verbindungselementen auf konkrete Anfrage des Käufers zum Zeitpunkt der Bestellung ausgestellt werden können. Insofern ist EN ISO 16228 eine vollwertige Alternative zu EN 10204.

Die Arten von Prüfbescheinigungen nach EN ISO 16228 sind allerdings eng an EN 10204 angelehnt (vgl. Kommentar <2.1> weiter oben), erhalten nur den Zusatz „F“ (für *„fastener“*). Es gibt also eine Werksbescheinigung für Verbindungselemente F2.1, ein Werkszeugnis für Verbindungselemente F2.2 und zwei Typen Abnahmeprüfzeugnisse für Verbindungselemente F3.1 und F3.2. Die Norm gilt für fertig hergestellte mechanische Verbindungselemente, wie Bolzen, Schrauben, Gewindebolzen, Muttern, Unterlegscheiben, Stifte, Niete und so weiter, hergestellt aus Stahl, nichtrostendem Stahl, Nichteisenmetallen oder nichtmetallischen Werkstoffen. Auf Einzelheiten kann hier nicht eingegangen werden. Nur so viel: Die z. B. für ein F3.1-Zeugnis geforderten Mindestangaben für Schrauben, Muttern und Scheiben entsprechen im Wesentlichen denen im 3.1-Zeugnis in Bild KII.5-3. Es bleibt abzuwarten, wie weit die Praxis von alternativen Prüfbescheinigungen nach EN ISO 16228 Gebrauch machen wird.

<4> Zu Abs. 4 und 5 – „Vollständige“ Rückverfolgbarkeit von Ausgangsprodukten

Vorab sei darauf hingewiesen, dass die im vorliegenden Kommentar verwendeten Bezeichnungen „eingeschränkte“ und „vollständige“ Rückverfolgbarkeit – in der 2011er Ausgabe von EN 1090-2 noch in der Anhangtabelle II.A.3 verwendet – leider nicht in die aktuelle Ausgabe übernommen wurden. Sie werden hier aus Gründen der Anschaulichkeit beibehalten.

Je mehr unterschiedliche Werkstoffe und Halbzeuge im Stahlbau verwendet werden, umso wichtiger wird die Rückverfolgbarkeit aller in einem Projekt eingesetzten Ausgangsprodukte durch alle Phasen der Herstellung hindurch, von der Lieferung über die Fertigung und Montage bis zur Übergabe nach Einbau ins Stahltragwerk. EN 1090-2 verlangt das in Abs. 4 des vorliegenden Normabschnittes bei Bauteilen oder Tragwerken der Ausführungsklassen **EXC3** und **EXC4**. Verfahren für die Rückverfolgbarkeit sollten bereits im Qualitätsmanagementplan – sofern ein solcher erstellt wird (vgl. zu II.4.2.2 <1>) – definiert werden (siehe informativen Anhang II.C.2.3.3 und Kommentar <1> dazu).

Ein direkter Zusammenhang besteht natürlich zwischen der in II.4.2.4 geforderten Ausführungsdokumentation (vgl. Kommentar dazu) und der Rückverfolgbarkeit von Ausgangsprodukten. Je systematischer die Ausführungsdokumentation angelegt ist und je vollständiger sie ist, desto einfacher ist die Rückverfolgbarkeit zu realisieren.

Die Norm gewährt im darauf folgenden Abs. 5 bei „üblichen Herstellverfahren" eine Erleichterung, sofern nicht die Rückverfolgbarkeit für jedes einzelne Ausgangsprodukt verlangt wird. Die Erleichterung besteht darin, dass **fertigungslosbezogene Aufzeichnungen** für die Rückverfolgbarkeit ausreichen. Unter „üblichen Herstellverfahren" sind Fertigungsprozesse zu verstehen, für die der Hersteller über langjährige Erfahrung verfügt und die durch Verfahrensqualifikationen belegt sind und für die präzise Arbeitsanweisungen vorliegen.

Diese Darf-Regelung ist schwer zu verstehen und gibt Anlass zu unterschiedlichen Interpretationen, was eine „Rückverfolgbarkeit von der Lieferung bis zur Übergabe" (d. h. „vollständig") ist, wie sie gemäß Tabelle II.A.3 in Anhang II.A von EN 1090-2 für EXC3 und EXC4 gefordert wird. Man stelle sich als Beispiel eines Fertigungsloses 15 baugleiche Binder einer Halle vor, deren Stege aus Baustahl S355J2 gefertigt werden sollen (Bild KII.5-4). Stammt das Material für alle 15 Stege aus einem einzigen Stahl-Lieferlos, so ist die fertigungslosbezogene Aufzeichnung keine besondere Erleichterung, sondern liefert eine Rückverfolgbarkeit jedes einzelnen Ausgangsproduktes. Ein Problem entsteht erst, wenn beispielsweise zehn Stege aus einem Lieferlos und fünf Stege aus einem zweiten Lieferlos genommen werden. Eine „vollständige" Rückverfolgbarkeit im strengen Wortsinn ist dann bei nur fertigungslosbezogener Aufzeichnung nicht gegeben. Die Fertigungslos-Regelung bedeutet also de facto einen Verzicht auf eine wirklich vollständige Rückverfolgbarkeit.

Es gibt demnach zwei Schärfe-Niveaus der vollständigen Rückverfolgbarkeit „von der Lieferung bis zur Übergabe":

- Wirklich vollständige Rückverfolgbarkeit: Jedes einzelne Ausgangsprodukt kann rückverfolgt werden. Dies ist nicht obligatorisch („falls verlangt"), kann aber optional bei Vertragsabschluss vereinbart werden.
- Angenähert vollständige Rückverfolgbarkeit: Der Verbleib einzelner Werkstoffchargen kann nur fertigungslosbezogen rückverfolgt werden. Zumindest diese etwas vereinfacht-vollständige Rückverfolgbarkeitsvariante ist für EXC3 und EXC4 obligatorisch.

Es ist beispielsweise denkbar, dass ein Bauteilfertiger (Bauteilhersteller) bewusst auf die bauteilbezogene Rückverfolgbarkeit innerhalb eines Fertigungsloses verzichtet, weil er eine Beanstandung oder einen Schaden an einem der Bauteile für höchst unwahrscheinlich hält und deshalb in Kauf nimmt, dass er in diesem unwahrscheinlichen Fall alle Bauteile des Fertigungsloses auswechseln muss.

Die vollständige Rückverfolgbarkeit hat im Übrigen nur für solche Ausgangsprodukte ein wirkliches Gewicht, für die Prüfbescheinigungen mit spezifischen Prüfergebnissen mitgeliefert werden, so dass eine Verbindung zur Produktionscharge des Ausgangsproduktes hergestellt werden kann. Sofern also ein Betrieb nur eine Sorte Grundwerkstoff einsetzt, für den außerdem nur Werkszeugnisse 2.2 mitgeliefert werden (z. B. nur Baustahl S235JR), ist der Nachweis der Rückverfolgbarkeit relativ bedeutungslos, da die im nichtspezifischen Werkstoffnachweis ausgewiesene Schmelzennummer sowieso nicht zu der Liefereinheit gehören muss (vgl. zu II.5.2 <2.1>).

Einziger Vorteil einer vollständigen Rückverfolgbarkeit ist dann, dass man zumindest genau weiß, von welchem Stahlhersteller in einem bestimmten Bauteil der Baustahl S235JR gekommen ist.

Mit welchen Identifizierungs- oder Kennzeichnungsmethoden der Bauteilhersteller die spätere Rückverfolgbarkeit der Ausgangsprodukte im Einzelnen sicherstellt, wird im Kommentar zu II.6.2 diskutiert.

Quelle: Lindab Buildings, Luxemburg

Bild KII.5-4: Halle als Beispiel für eine größere Anzahl baugleicher Bauteile

<5> Zu Abs. 6 – „Eingeschränkte" Rückverfolgbarkeit bei Verwendung verschiedener Stahlsorten in einem Bauteil

Wenn in einem Bauteil Stahlerzeugnisse (z. B. Bleche) aus verschiedenen Stahlsorten (z. B. S235 und S355) und/oder mit verschiedenen Gütegruppen (z. B. S355JR und S355J0) miteinander verarbeitet werden, muss die nach Eingang beim Hersteller erfolgende separate Sortenkennzeichnung der Erzeugnisse beim Zuschneiden, Bearbeiten und Zusammenfügen der Elemente so klar übertragen und fortgeschrieben werden, dass am Ende jede Sorte/Güte erkennbar ist und damit Werkstoffverwechslungen zuverlässig ausgeschlossen sind. Verschiedene Gütegruppen derselben Stahlsorte kommen in einem Bauteil allerdings extrem selten vor, und verschiedene Stahlsorten können eigentlich auch nur dann zu Verwechslungen führen, wenn ihre Maße (z. B. die Blechdicken) nahe beieinander liegen (z. B. 10 und 12 mm).

Verlangt wird diese separate Sortenkennzeichnung in EN 1090-2 nicht nur in den Ausführungsklassen EXC3 und EXC4 – bei diesen ist sowieso vollständige Rückverfolgbarkeit „von der Lieferung bis zur Übergabe" obligatorisch (vgl. <4>), die die Stahlsortenkennzeichnung mit einschließt. Die Sortenkennzeichnung wird aber in EN 1090-2 auch für Ausführungsklasse **EXC2** gefordert, was in Tabelle II.A.3 des Anhangs II.A etwas unscharf als Rückverfolgbarkeit „durch Kennzeichnung" bezeichnet wird (kennzeichnen muss man auch bei Rückverfolgbarkeit „von der Lieferung bis zur Übergabe"!).

Diese Sorten-Rückverfolgbarkeit erfordert im System der werkseigenen Produktionskontrolle (WPK) des Bauteilherstellers entsprechende Festlegungen bei der Wareneingangskontrolle. In einer Stellungnahme des Bundesverbandes Metall (BVM) wird z. B. Handwerksunternehmen empfohlen, Erzeugnisse aus der in ihrem Betrieb am häufigsten verbauten Stahlsorte (z. B. S235JR), nachdem sie bei der Wareneingangskontrolle anhand der Prüfbescheinigung ordnungsgemäß identifiziert wurden, ohne weitere Kennzeichnung ins Lager oder direkt in die Fertigung zu geben, während alle anderen (nur selten eingesetzten) Stahlsorten geeignete Farbcodes erhalten. Diese müssen dann zu allen Zeitpunkten der Fertigung erhalten bleiben.

Bei einfachen Bauvorhaben der Klasse **EXC1** spielt das Thema Rückverfolgbarkeit keine Rolle. Sie wird deshalb nicht gefordert.

<6> Zu Abs. 7 und 8 – Kennzeichnung von Ausgangsprodukten

Die Kennzeichnung von Ausgangsprodukten zwecks eindeutiger Identifizierbarkeit im Verlaufe des Herstellprozesses – sei es nur zur Sortenkennzeichnung gemäß <5> oder zur vollständigen Rückverfolgbarkeit gemäß <4> – wird ausführlich in den Kommentaren zu II.6.2 behandelt. Fehlt eine vorgeschriebene Kennzeichnung, so gelten diese Bauteile oder Baugruppen selbstverständlich als nichtkonforme Produkte im Sinne von II.12.2.3 (siehe Kommentar dazu).

Zu II.5.3 Stahlprodukte

Zu II.5.3.1 Allgemeines

<1> Zu Abs. 1 – Festlegungen in den Produktnormen für Stähle

Zunächst zur Überschrift dieses Normabschnittes II.5.3: In der englischen Version von EN 1090-2 lautet die Überschrift „*Structural steel products*". Das ist begrifflich nicht konsequent, denn es sind alle drei in den Tabellen II.2, II.3 und II.4 aufgeführten Stahlgruppen für den Stahlbau gemeint, nicht nur die „*structural steels*", also „Baustähle" im engeren Sinne nach Tabelle II.2. Deshalb wurde als deutsche Übersetzung inhaltlich korrekt „Stahlprodukte" gewählt.

Die in den Tabellen II.2, II.3 und II.4 aufgeführten Produktnormen für Stahlprodukte stellen die in Normabschnitt II.5.1 als verbindlich definierten „Europäischen Normen" dar (vgl. Kommentar <1.2> dazu). Die Anforderungen dieser Normen sind grundsätzlich einzuhalten, es sei denn, in der Bestellung bzw. Spezifikation sind andere Anforderungen genannt. Solche anderen Anforderungen dürfen aber die Anforderungen der Produktnormen nicht unterschreiten. Ein Besteller darf nur „aufsatteln", da generell alle Forderungen der EN 1090-2 technische Mindestforderungen sind (vgl. zu II. Einleitung <1>).

Die gemäß Normtext festzulegenden „Sorten, Gütegruppen und gegebenenfalls Gewichte von Überzügen und Behandlungszustände" sind typische Zusatzangaben, wie sie gemäß II.4.1.1(a) in den Ausführungsunterlagen zwingend angegeben werden müssen und in Tabelle II.A.1 in Anhang II.A aufgelistet sind (vgl. zu II.4.1.1 <2.3>). Im Falle von mitbestellten Überzügen (z. B. Zinküberzug) ist neben dem erforderlichen Gewicht des Überzuges ggf. auch die Eignung des bestellten Stahls für das Feuerverzinken zu beachten bzw. festzulegen; dabei geht es um den Silicium-Gehalt, der im Korridor zwischen 0,1 % und 0,3 % liegen sollte. Das als Bild KII.5-1 abgedruckte Abnahmeprüfzeugnis 3.1 enthält z. B. auf Seite 2 eine (offenbar mitbestellte) entsprechende Aussage: „Material ist zum Verzinken geeignet – Si = 0,14 % ÷ 0,25 %". Siehe auch Kommentare zu II.F.6.3.

<2> Zu Tabelle II.2 – Baustähle

<2.1> Gesamtheit der in EN-Produktnormen genormten Baustahlsorten

Spalte 2 der Tabelle II.2 enthält die eigentlichen Produktnormen mit technischen Lieferbedingungen (EN 10025-1 ff., EN 10210-1, EN 10219-1), natürlich undatiert, d. h. es gilt jeweils die neueste Fassung dieser Normen (vgl. zu II.2.1 <2>). Die **Normenreihe EN 10025** stellt in dieser Hinsicht zurzeit ein besonderes Problem dar: Es gibt für alle sechs Teile neue Entwürfe, für Teil 1 von

2011-04, für die Teile 2 bis 6 von 2018-07. Wann aber deren verbindliche Einführung anstelle der aktuell noch gültigen 2005er Ausgaben (vgl. Tabelle KII.2-1) erfolgen wird, lässt sich bei Drucklegung dieses Buches nicht absehen.

Grund für die Unsicherheit ist die in diesem Buch an mehreren Stellen angesprochene, derzeit laufende Grundsatzdiskussion zwischen CEN und EU-Kommission über den für bautechnische Zwecke teilweise „mangelhaften" Inhalt harmonisierter Bauproduktnormen (hENs); vgl. zu II.5.1 <1.3>. In diesem Fall geht es um die „Schirm-Produktnorm" EN 10025-1: Der 2011er Entwurf definiert nach Meinung des zuständigen CEN-Arbeitsausschusses für die CE-Kennzeichnung nicht mehr genügend aussagekräftige Produktmerkmale. Man hat deshalb die jetzt vorgelegten 2018er Entwürfe der Teile 2 bis 6 von EN 10025 so umgeschrieben, dass sie „eigenständige Normen zu Technischen Lieferbedingungen einschließlich der Vorbereitung der Probenabschnitte und Proben, der Prüfverfahren, der Kennzeichnung, der Verpackungen und der Bilder" darstellen. Im vorliegenden Buch wird wegen dieser Unsicherheit grundsätzlich auf die derzeit gültigen Ausgaben der Normenreihe EN 10025 Bezug genommen (vgl. Tabelle KII.2-1), jedoch in einigen Fällen auf wahrscheinlich kommende Änderungen in den 2018er Entwürfen hingewiesen.

Bei den in den Spalten 3 und 4 der Tabelle II.2 aufgeführten Normen für Abmessungen und Toleranzen ist zu beachten, dass auch sie undatiert genannt sind. Übrigens gibt es inzwischen auch für warmgewalzte I-, H- und U-Profile eine europäische Maßnorm, die EN 10365. In der Ausgabe 2011 von EN 1090-2 stand dort noch in Tabelle II.2 „nicht vorhanden". Zu beachten ist ggf., dass diese EN 10365 seit 2015 zunächst unter der abweichenden Nummer prEN 16828 im Umlauf war.

Der Übersichtlichkeit halber sind in Tabelle KII.5-2 alle **Baustahlsorten und -güten** zusammengestellt, die gemäß Normtabelle II.2 im Stahlbau eingesetzt werden dürfen. Eventuelle nationale Einschränkungen sind dabei nicht erfasst, z. B. dass in Deutschland gemäß DIN EN 1993-1-1/NA [R97] in Ausführungsklasse EXC1 nur Stahl bis zur Festigkeitsklasse S275 verarbeitet werden darf (vgl. zu II.4.1.2 <2.2>). Es sei noch einmal darauf hingewiesen, dass alle in Tabelle KII.5-2 erfassten Baustähle mit **CE-Kennzeichnung** geliefert werden müssen (vgl. Tabelle KII.2-1). Eine zusammenfassende Darstellung der im Stahlbau einsetzbaren modernen Stähle (höherfeste TM- und wasservergütete Stähle sowie wetterfeste Stähle) findet man in [V43].

Zu den in Tabelle KII.5-2 aufgeführten **TM-Feinkornbaustählen** nach EN 10025-4 ist auf folgende Besonderheit hinzuweisen: Flacherzeugnisse nach EN 10025-4 sind auf Dicken $t \leq 120$ mm beschränkt. In der Stahlbaupraxis besteht aber Bedarf für größere Dicken, und diese werden inzwischen auch von mindestens einem Stahlhersteller angeboten. Deshalb gibt es in Deutschland eine allgemeine bauaufsichtliche Zulassung für Flacherzeugnisse aus den Stahlsorten S355M und S355ML bis $t \leq 140$ mm, die abZ Z-30.2-64 [R8]. Der Zulassungsinhaber walzt diese Stahlsorten inzwischen sogar bis $t = 150$ mm, verzichtet aber mit Blick auf die nächste Ausgabe der EN 10025-4 auf eine Erweiterung der Zulassung, da dort der Nenndickenbereich auf $t \leq 150$ mm angehoben werden wird.

Zu den in Tabelle KII.5-2 aufgeführten Stählen mit **höherer Streckgrenze** nach EN 10025-6 ist anzumerken, dass früher nach DIN 18800 für Bauvorhaben in der Bundesrepublik Deutschland im bauaufsichtlichen Bereich nur Stähle bis zum Feinkornbaustahl S460 zulässig waren. Der Einsatz von Stählen mit höherer Streckgrenze ($R_e > 460$ MPa) bedurfte einer Zustimmung im Einzelfall (ZiE) oder einer allgemeinen bauaufsichtlichen Zulassung (abZ). In Anwendungsbereichen, die sich zwar in der Berechnung oder bei der Herstellung an die Normenreihe DIN 18800 anlehnten, die aber keine „baulichen Anlagen" im baurechtlichen Sinne waren (z. B. Schreitausbau des Bergbaus, Fahrzeugkrane oder Betonförderpumpen), durften auch früher schon Stähle mit höherer Streckgrenze ($R_e > 460$ MPa) eingesetzt werden.

Die seit Einführung der Ausführungsnorm EN 1090-2 formal eröffnete Anwendung höherfester Baustähle mit $R_e > 460$ MPa für Stahlbauten ist für den Anwendungsbereich der Normenreihe EN 1993 (Eurocode 3) bis **S700** an Zusatzregeln gekoppelt, die man im Normteil **EN 1993-1-12** [R107] findet und die gemäß deutschen Nationalen Anhängen **DIN EN 1993-1-1/NA** [R97] und **DIN EN 1993-1-12/NA** [R108] verbindlich zu beachten sind. Die Zusatzregeln beziehen sich aber weniger auf Ausführungsaspekte, sondern fast ausschließlich auf die Bemessung. Im Wesentlichen geht es um Vorbehalte gegenüber der Duktilität dieser Stähle, d.h. im weitesten Sinne gegenüber der Ausnutzung plastischer Reserven bei der Bemessung. Um es noch einmal zu betonen: Bauaufsichtliche Verwendbarkeitsnachweise in Form von abZ oder ZiE sind für diese Baustähle mit höherer Streckgrenze bis S700 in Deutschland nicht mehr erforderlich.

Stähle mit noch höherer Streckgrenze (> S700, aber ≤ S960) dürfen im Anwendungsbereich der Normenreihe EN 1993 (Eurocode 3) nur im Rahmen besonderer Randbedingungen verwendet werden. Es gibt aber Technikbereiche außerhalb des Stahlbaus (vgl. zu II.1 <1.1>), in denen der „ultrahochfeste" schweißgeeignete Feinkornbaustahl S960 bereits seit Jahren eingesetzt wird. Im Mobilkranbau wird sogar schon mit den ultrahochfesten Stahlsorten S1100QL und S1300QL gearbeitet.

EN 1090-2 fordert keine Angabe des gewünschten **Lieferzustandes** – im Gegensatz zur früheren DIN 18800-7 [R73] . Trotzdem ist zu empfehlen, bei Stählen, deren Produktnorm Optionen für den Lieferzustand vorsieht, den gewünschten Lieferzustand bei der Bestellung anzugeben, z.B. „+AR" oder „+N" bei Baustählen nach EN 10025-2 oder -5. Das als Bild KII.5-1 abgedruckte 3.1-Abnahmeprüfzeugnis betrifft z.B. einen Stahl im Lieferzustand „+AR", d.h. „wie gewalzt". Damit soll offenbar vermieden werden, dass der Stahl im Lieferzustand „+M" geliefert wird, was gemäß EN 10025-2 bei fehlender Angabe des Lieferzustandes „+AR" oder „+N" zulässig wäre (auch gemäß 2018er Entwurf zulässig bleiben wird). Der ggf. unbeabsichtigt gelieferte Zustand „+M" würde die Möglichkeit ausschließen, das Profil bei seiner späteren Verwendung warm umzuformen (siehe zu II.6.5.2 <2>).

Tabelle KII.5-2: Baustähle für Stahlbau gemäß europäischen Produktnormen nach Tabelle II.2

	→ zunehmende Stahlgüte			
Unlegierte Baustähle nach EN 10025-2				
↓ zunehmende Festigkeit	S235JR	S235J0	S235J2	
	S275JR	S275J0	S275J2	
	S355JR	S355J0	S355J2	S355K2
		S450J0		
Normalgeglühte/normalisierend gewalzte schweißgeeignete Feinkornbaustähle nach EN 10025-3				
↓ zunehmende Festigkeit		S275N	S275NL	
		S355N	S355NL	
		S420N	S420NL	
		S460N	S460NL	
Thermomechanisch gewalzte schweißgeeignete Feinkornbaustähle nach EN 10025-4				
↓ zunehmende Festigkeit		S275M	S275ML	
		S355M	S355ML	
		S420M	S420ML	
		S460M	S460ML	
Wetterfeste Baustähle nach EN 10025-5				
↓ zunehmende Festigkeit		S235J0W	S235J2W	
		S355J0WP	S355J2WP	
		S355J0W	S355J2W	S355K2W
Flacherzeugnisse aus Stählen mit höherer Streckgrenze im vergüteten Zustand nach EN 10025-6				
↓ zunehmende Festigkeit		S460Q	S460QL	S460QL1
		(S500Q)	(S500QL)	(S500QL1)
		(S550Q)	(S550QL)	(S550QL1)
		(S620Q)	(S620QL)	(S620QL1)
		(S690Q)	(S690QL)	(S690QL1)
		((S890Q))	((S890QL))	((S890QL1))
		((S960Q))	((S960QL))	
Warmgefertigte Hohlprofile für den Stahlbau aus unlegierten Baustählen und aus Feinkornbaustählen nach EN 10210-1				
↓ zunehmende Festigkeit	S235JRH			
		S275J0H S275NH	S275J2H S275NLH	
		S355J0H S355NH	S355J2H S355NLH	S355K2H
		S420NH	S420NLH	
		S460NH	S460NLH	
Kaltgefertigte geschweißte Hohlprofile für den Stahlbau aus unlegierten Baustählen und aus Feinkornbaustählen nach EN 10219-1				
↓ zunehmende Festigkeit	S235JRH			
		S275J0H S275NH S275MH	S275J2H S275NLH S275MLH	
		S355J0H S355NH S355MH	S355J2H S355NLH S355MLH	S355K2H
		S420MH	S420MLH	
		S460NH S460MH	S460NLH S460MLH	
(...) Nur unter Beachtung der Zusatzregeln in EN 1993-1-12 einsetzbar ((...)) Nach Eurocode 3 (EN 1993) gar nicht einsetzbar				

Die **Bezeichnungssystematik der Baustähle** hat sich in den letzten Jahrzehnten mehrfach geändert. Um bei Baumaßnahmen im Bestand, bei denen auf ältere Bestandszeichnungen mit früheren Stahlbezeichnungen zurückgegriffen werden muss, eine Hilfe zu bieten, gibt es in der Tabelle A.1 von EN 10025-2 eine „Liste vergleichbarer früherer Stahlbezeichnungen". Ein Auszug davon ist hier in Tabelle KII.5-3 wiedergegeben.

Tabelle KII.5-3: Vergleich der in Deutschland maßgebenden Bezeichnungen für unlegierte Baustähle seit 1980 (Auszug aus Tabelle A.1 von EN 10025-2:2005)

Bezeichnung nach E DIN EN 10025-2: 2011-04		Bezeichnung nach DIN EN 10025: 1994-03		Bezeichnung nach DIN EN 10025: 1991-01	Bezeichnung nach DIN 17100: 1980-01
–	–	S235 JR	1.0037	Fe 360 B	St 37-2
–	–	S235 JRG1	1.0036	Fe 360 BFU	USt 37-2
S235 JR	1.0038	S235 JRG2	1.0038	Fe 360 BFN	RSt 37-2
S235 J0	1.0114	S235 J0	1.0114	Fe 360 C	St 37-3 U
–	–	S235 J2G3	1.0116	Fe 360 D1	St 37-3 N
S235 J2	1.0117	S235 J2G4	1.0117	Fe 360 D2	–
S275 JR	1.0044	S275 JR	1.0044	Fe 430 B	St 44-2
S275 J0	1.0143	S275 J0	1.0143	Fe 430 C	St 44-3 U
–	–	S275 J2G3	1.0144	Fe 430 D1	St 44-3 N
S275 J2	1.0145	S275 J2G4	1.0145	Fe 430 D2	–
S355 JR	1.0045	S355 JR	1.0045	Fe 510 B	–
S355 J0	1.0553	S355 J0	1.0053	Fe 510 C	St 52-3 U
–	–	S355 J2G3	1.0570	Fe 510 D1	St 52-3 N
S355 J2	1.0577	S355 J2G4	1.0577	Fe 510 D2	–
–	–	S355 K2G3	1.0595	Fe 510 DD1	–
S355 K2	1.0596	S355 K2G4	1.0596	Fe 510 DD2	–

<2.2> Wahl der erforderlichen Stahlgütegruppe

Die Wahl der jeweils erforderlichen Stahlgütegruppe zur Vermeidung von Sprödbrüchen erfolgte früher in Deutschland nach DASt-Richtlinie 009 [R20]. Die Tabelle „Maximal zulässige Erzeugnisdicken t_z [mm]" jener Richtlinie ist identisch mit der jetzigen Tabelle 2.1 des Eurocode-Teils **EN 1993-1-10** [R105], hier als Tabelle KII.5-4 abgedruckt. Nach dieser Tabelle muss die notwendige Stahlgüte (JR, J0, J2, M, ML usw., vgl. Tabelle KII.5-2) in Abhängigkeit von drei Parametern ermittelt werden:

- der maximal vorhandenen **Erzeugnisdicke** t,
- der **Bezugstemperatur** T_{Ed} und
- der **Bezugsspannung** σ_{Ed}.

Eine umgekehrte Anwendung der Tabelle ermöglicht bei vorgegebener Stahlgüte die Ermittlung der maximal zulässigen Erzeugnisdicke t.

Die **Bezugstemperatur** entspricht in der Regel der Einsatztemperatur, und diese ist gemäß Nationalem Anhang DIN EN 1993-1-10/NA [R106] in Deutschland anzusetzen mit

- 0 °C für innen liegende Hochbauteile,
- −5 °C für vollständig unter Wasser liegende Stahlwasserbauteile,
- −15 °C für einseitig von Wasser benetzte Stahlwasserbauteile,
- −30 °C für außen liegende Hochbauteile und Brücken.

Die **Bezugsspannung** ist die unter der maßgebenden Einwirkungskombination (ständige und veränderliche Einwirkungen) maximal anliegende Zugspannung (außergewöhnliche Einwirkungskombination ohne Teilsicherheitsbeiwerte) an der Stelle der erwarteten Rissentstehung. Sie wird in drei Spannungsstufen angegeben, bezogen auf die erzeugnisdickenabhängige Streckgrenze $f_y(t)$. Für die meisten Anwendungen kommt $\sigma_{Ed} = 0{,}50\, f_y(t)$ bis $0{,}75\, f_y(t)$ in Frage. Bei Bauteilen, die ausschließlich Druckspannungen ausgesetzt sind, darf gemäß deutschem NA zu EN 1993-1-10 [R106] grundsätzlich das Spannungsniveau $\sigma_{Ed} = 0{,}25\, f_y(t)$ angewendet werden.

Tabelle KII.5-4: Größte zulässige Erzeugnisdicken *t* in mm (Tabelle 2.1 aus EN 1993-1-10)

Stahlsorte		[AC] KV [AC]		Bezugstemperatur T_{Ed} °C																				
Stahlsorte	Stahlgütegruppe	bei T °C	J_{min}	10	0	−10	−20	−30	−40	−50	10	0	−10	−20	−30	−40	−50	10	0	−10	−20	−30	−40	−50
				$\sigma_{Ed} = 0,75 f_y(t)$							$\sigma_{Ed} = 0,50 f_y(t)$							$\sigma_{Ed} = 0,25 f_y(t)$						
S235	JR	20	27	60	50	40	35	30	25	20	90	75	65	55	45	40	35	135	115	100	85	75	65	60
	J0	0	27	90	75	60	50	40	35	30	125	105	90	75	65	55	45	175	155	135	115	100	85	75
	J2	−20	27	125	105	90	75	60	50	40	170	145	125	105	90	75	65	200	200	175	155	135	115	100
S275	JR	20	27	55	45	35	30	25	20	15	80	70	55	50	40	35	30	125	110	95	80	70	60	55
	J0	0	27	75	65	55	45	35	30	25	115	95	80	70	55	50	40	165	145	125	110	95	80	70
	J2	−20	27	110	95	75	65	55	45	35	155	130	115	95	80	70	55	200	190	165	145	125	110	95
	M,N	−20	40	135	110	95	75	65	55	45	180	155	130	115	95	80	70	200	200	190	165	145	125	110
	ML,NL	−50	27	185	160	135	110	95	75	65	200	200	180	155	130	115	95	230	200	200	200	190	165	145
S355	JR	20	27	40	35	25	20	15	15	10	65	55	45	40	30	25	25	110	95	80	70	60	55	45
	J0	0	27	60	50	40	35	25	20	15	95	80	65	55	45	40	30	150	130	110	95	80	70	60
	J2	−20	27	90	75	60	50	40	35	25	135	110	95	80	65	55	45	200	175	150	130	110	95	80
	K2,M,N	−20	40	110	90	75	60	50	40	35	155	135	110	95	80	65	55	200	200	175	150	130	110	95
	ML,NL	−50	27	155	130	110	90	75	60	50	200	180	155	135	110	95	80	210	200	200	200	175	150	130
S420	M,N	−20	40	95	80	65	55	45	35	30	140	120	100	85	70	60	50	200	185	160	140	120	100	85
	ML,NL	−50	27	135	115	95	80	65	55	45	190	165	140	120	100	85	70	200	200	200	185	160	140	120
S460	Q	−20	30	70	60	50	40	30	25	20	110	95	75	65	55	45	35	175	155	130	115	95	80	70
	M,N	−20	40	90	70	60	50	40	30	25	130	110	95	75	65	55	45	200	175	155	130	115	95	80
	QL	−40	30	105	90	70	60	50	40	30	155	130	110	95	75	65	55	200	200	175	155	130	115	95
	ML,NL	−50	27	125	105	90	70	60	50	40	180	155	130	110	95	75	65	200	200	200	175	155	130	115
	QL1	−60	30	150	125	105	90	70	60	50	200	180	155	130	110	95	75	215	200	200	200	175	155	130
S690	Q	0	40	40	30	25	20	15	10	10	65	55	45	35	30	20	20	120	100	85	75	60	50	45
	Q	−20	30	50	40	30	25	20	15	10	80	65	55	45	35	30	20	140	120	100	85	75	60	50
	QL	−20	40	60	50	40	30	25	20	15	95	80	65	55	45	35	30	165	140	120	100	85	75	60
	QL	−40	30	75	60	50	40	30	25	20	115	95	80	65	55	45	35	190	165	140	120	100	85	75
	QL1	−40	40	90	75	60	50	40	30	25	135	115	95	80	65	55	45	200	190	165	140	120	100	85
	QL1	−60	30	110	90	75	60	50	40	30	160	135	115	95	80	65	55	200	200	190	165	140	120	100

<2.3> Vorgehen bei Altstahl

Eine besondere Werkstoff-Problematik entsteht immer dann, wenn beim Um- und Anbauen von Altbauten bzw. beim Bauen im Bestand Altstahl weiter verwendet werden soll, da in der Regel keine Werkstoffnachweise (z.B. Prüfbescheinigungen nach EN 10204) mehr vorliegen. Leider enthält EN 1090-2 keine Aussagen zum Vorgehen in einem solchen Fall. Es empfiehlt sich, grundsätzlich eine Bestimmung der vorliegenden Stahlqualität des Altstahls durchzuführen. Für eine genaue Spektralanalyse reicht in der Regel ein Bohrkern von ca. 25 mm Durchmesser bei ca. 5 bis 10 mm Dicke aus. Sollten aufgrund der Analyse Zweifel an der Verwendbarkeit entstehen (z.B. bei höheren Phosphor- und/oder Stickstoffgehalten), sind zusätzliche Prüfungen zur Bestimmung der mechanischen Eigenschaften erforderlich (z.B. Kerbschlagarbeit, Streckgrenze, Zugfestigkeit, Bruchdehnung). Für die entsprechenden Proben benötigt man dann Bohrkerne von mindestens 45 mm (besser 60 mm) Durchmesser.

Als besonders kritisch haben sich glatte Rundstähle in Altbauten erwiesen. Bei diesen kann es sich aus Sicht der Schweißeignung z. B. um folgende Stähle handeln:

- schweißgeeigneter Baustahl St37 oder St52 nach der früheren DIN 17100 – entsprechend S235 oder S355 nach DIN EN 10025-2;
- schweißgeeigneter glatter Betonstahl mit niedrigem Kohlenstoffgehalt (früher zulässig);
- hochkohlenstoffhaltiger niedriglegierter Stahl mit eingeschränkter oder mangelhafter Schweißeignung;
- nicht schweißgeeigneter glatter Betonstahl mit hohem Kohlenstoffgehalt (früher zulässig).

Ohne Durchführung einer Spektralanalyse ist bei derartigen Rundstählen keine Entscheidung über die Schweißeignung möglich. Im Extremfall kann das auch bedeuten, dass diese Grundwerkstoffe gar nicht geschweißt werden können. Dann müssen ggf. Schraubenverbindungen oder andere konstruktive Lösungen verwendet werden.

<3> Zu Abs. 2 und Tabelle II.3 – Stähle mit Eignung zum Kaltumformen

Wenn ein Flacherzeugnis während der Fertigung kaltverformt werden soll, so muss der verwendete Stahl für die Kaltumformung geeignet sein. Dies ist bei den in Tabelle II.3 genannten Stählen der Fall, bzw. die Kaltumformbarkeit ist zumindest in den genannten Produktnormen eine Auswahloption.

Aus deutscher Sicht ist zu beachten, dass der Nationale Anhang **DIN EN 1993-1-3/NA** [R99] ausdrücklich nur die in **EN 1993-1-3** [R98] in den dortigen Tabellen 3.1a und 3.1b gelisteten Stahlsorten sowie zusätzlich aus EN 10346 (vormals EN 10326) die Sorten S390GD, S420GD und S450GD zulässt. Für Letztere wurde, um die „Lücke“ zwischen Bemessung und Herstellung zu schließen, eigens die abZ **Z-30.10-65** [R204] geschaffen. In den genannten Tabellen finden sich aber nicht die hier in Tabelle II.3 aufgeführten organisch beschichteten Bleche nach EN 10169 und das Schmalband nach EN 10139, sie dürfen in Deutschland also nicht für kaltgeformte Bauteile eingesetzt werden. Ferner sei darauf hingewiesen, dass keine der in den Zeilen 3 bis 7 der Tabelle II.3 aufgeführten Produktnormen europäisch harmonisiert ist, aber auch keine von ihnen in der C2-Liste technischer Regeln in der MVV-TB aufgeführt ist. Diese Erzeugnisse werden also weder mit CE-Kennzeichnung noch mit Ü-Zeichen geliefert, sind aber trotzdem im deutschen bauaufsichtlichen Bereich ohne besonderen Verwendbarkeitsnachweis einsetzbar, denn die mit ihnen hergestellten Bauteile werden ja ihrerseits mit CE-Kennzeichnung nach EN 1090-1 zur Baustelle gebracht (vgl. zu II.5.1 <1.3>).

Zur (nicht harmonisierten) Norm EN 10346 ist anzumerken, dass sie das Standard-Ausgangsprodukt für Profiltafeln nach EN 1090-4 behandelt (siehe dortige Tabelle IV.1 und Kommentar dazu in diesem Buch). Dass die Norm hier in EN 1090-2 ebenfalls aufgeführt wird, hat damit zu tun, dass die von ihr abgedeckten Flacherzeugnisse schweißgeeignet sind und deshalb in Sonderfällen auch für dünnwandige ($t \leq 6{,}5$ mm) geschweißte Stahltragwerke, z. B. kleinere Silos oder Tanks, eingesetzt werden. Im Übrigen verweist EN 1090-4 für den Herstellungsprozess Schweißen in der Regel sowieso zurück auf EN 1090-2 (siehe z. B. IV.6.1 und IV.7.3).

Unbestritten ist die Verwendbarkeit von Baustählen nach EN 10025-2, -3 und -4 zum Kaltumformen. Ein unlegierter Baustahl nach EN 10025-2, der zur Kaltumformung geeignet sein soll, ist in seiner Bezeichnung am angehängten Buchstaben „C“ oder „GC“ erkennbar, z. B. S355J2C. Die in EN 10025-2, Abschnitt 7.4.2.2, gemachten Angaben zur Kaltumformbarkeit unlegierter Baustähle werden nachstehend wiedergegeben. (Sie stammen zwar aus der zurzeit noch gültigen Ausgabe 2005-02, sind aber im aktuellen Entwurf prEN 10025-2:2018 praktisch unverändert enthalten.)

Kaltumformbarkeit gemäß EN 10025-2:2005-02

- *Allgemeines*

Zum Kaltumformen geeignete Stahlsorten und Gütegruppen sowie zum Kaltziehen geeignete Maschinenbaustähle sind bei der Bestellung mit dem entsprechenden Kurznamen (einschließlich Buchstaben C oder GC) oder der passenden Werkstoffnummer entsprechend den Tabellen 9 bis 12 von EN 10025-2 zu bezeichnen.

ANMERKUNG Kaltumformen kann zu einer Verringerung der Zähigkeit führen. Außerdem ist es erforderlich, auf die Gefahr von Sprödbruch im Zusammenhang mit Schmelztauchverzinkung hinzuweisen.

- *Kaltbiegen oder Abkanten (Option 11 in EN 10025-2)*

Falls zum Zeitpunkt der Bestellung festgelegt, müssen Blech, Band, Breitflachstahl und Flachstahl (Breite < 150 mm) in Nenndicken ≤ 30 mm zum Kaltbiegen oder Abkanten ohne Rissbildung bei den empfohlenen Mindestwerten für die Biegehalbmesser nach Tabelle 11 von EN 10025-2 geeignet sein. Die in Betracht kommenden Stahlsorten und Gütegruppen sind in Tabelle 9 von EN 10025-2 angegeben.

- *Walzprofilieren (Option 12 in EN 10025-2)*

Falls zum Zeitpunkt der Bestellung festgelegt, müssen Blech und Band in Nenndicken ≤ 8 mm zur Herstellung von Kaltprofilen durch Walzprofilieren (z. B. nach EN 10162 [II.Lit12]) geeignet sein. Diese Eignung gilt für die in Tabelle 12 von EN 10025-2 angegebenen Biegehalbmesser. Die in Betracht kommenden Stahlsorten und Gütegruppen sind in Tabelle 9 von EN 10025-2 angegeben.

- *Stabziehen (Option 22 von EN 10025-2)*

Falls zum Zeitpunkt der Bestellung festgelegt, müssen Stäbe zum Kaltziehen geeignet sein. Die in Betracht kommenden Sorten und Gütegruppen sind in den Tabellen 9 und 10 von EN 10025-2 angegeben.

Die Vorgaben der vorstehend genannten Tabellen 9 bis 12 von EN 10025-2 sind bei der Kaltumformung unbedingt zu beachten. Diese Vorgaben müssen dem Konstrukteur bekannt sein. Vor allem sind die Mindestwerte für die inneren Biegehalbmesser beim Abkanten (Tabelle 11 von EN 10025-2) und beim Walzprofilieren (Tabelle 12 von EN 10025-2) zu beachten!

Bei kalt zu verformenden Bauteilen im deutschen bauaufsichtlichen Bereich sind ggf. die zusätzlichen Festlegungen der jeweiligen allgemeinen bauaufsichtlichen Zulassung (abZ) oder Europäischen Bewertung (ETA), sofern vorliegend, zu beachten. Die DASt-Richtlinie 016 [R24] hat dagegen seit Aufnahme von EN 1993-1-3 [R98] einschließlich NA [R99] in die Liste der Technischen Baubestimmungen nur noch Empfehlungscharakter.

<4> Zu Tabelle II.4 – Nichtrostende Stähle

Die in Tabelle II.4 aufgeführten Produktnormen **EN 10088-4 und -5** mit technischen Lieferbedingungen für Blech und Band sowie für Stäbe, Walzdraht und Profile aus korrosionsbeständigen Stählen für das Bauwesen haben seit Anfang 2011 als europäisch harmonisierte, speziell auf Bauprodukte zugeschnittene hEN-Normen die vorherigen allgemein gültigen Normen EN 10088-2 und -3 mit ihren fast unübersehbar großen Mengen von Stahlsorten ersetzt. Allerdings haben immer noch knapp 50 Stahlsorten, davon allein 28 austenitische, den Weg in die beiden hENs geschafft. Das bedeutet, dass Blech-, Band-, Stab-, Profil- und Draht-Ausgangsprodukte aus diesen „harmonisierten" nichtrostenden Stählen mit CE-Kennzeichnung geliefert werden (vgl. zu II.2.1 <3.1>).

Das bedeutet allerdings nicht, dass sie automatisch auch eingesetzt werden dürfen, denn die Stahlsorten wurden nicht alle in den für die Bemessung verbindlichen Eurocode **EN 1993-1-4** [R100] übernommen. Dort finden sich 25 von ihnen in Tabelle 2.1 wieder, d. h. mit Angaben zu den Bemessungswerten, weitere 7 in Tabelle A.3, d. h. mit Einordnung in Korrosionsbeständigkeitsklassen CRC (mit denen man aber formal keine Bauteile bemessen kann!). Zusätzlich hat man fünf austenitisch-ferritische Sorten (so genannte „Duplexstähle"), die der Arbeitsausschuss für wichtig erachtete, die aber in den beiden hENs nicht geregelt sind, in EN 1993-1-4 aufgenommen; diese können natürlich nicht mit CE-Kennzeichnung geliefert werden.

Leider wurde die Unübersichtlichkeit für deutsche Anwender weiter erhöht, indem man von einer Öffnungsklausel in EN 1993-1-4 Gebrauch gemacht und im Nationalen Anhang **DIN EN 1993-1-4/NA** [R101] drei zusätzliche austenitische Stahlsorten aus EN 10088-4 bzw. -5 für die nationale Verwendung geregelt hat. Diese müssen natürlich mit CE-Kennzeichnung beschafft werden.

Ferner führt der deutsche NA Kaltverfestigungsstufen für deutlich mehr Stähle auf als EN 1993-1-4, darunter auch solche, die es in EN 10088-4 und -5 gar nicht gibt. Letztere können folgerichtig nicht mit CE-Kennzeichnung geliefert werden.

An dieser Stelle sei den Verfassern die kritische Frage erlaubt, ob eine so breite Palette nichtrostender Stahlsorten für Anwendungen im Bauwesen wirklich erforderlich ist – einige Fachleute bezweifeln das, zumal ein großer Teil davon nur schwierig und nur bei Abnahme großer Mengen zu bekommen ist, was dem Planer die Arbeit nicht gerade erleichtert.

Es muss nun auch noch daran erinnert werden, dass für den deutschen bauaufsichtlichen Bereich für die Herstellung von Bauteilen aus nichtrostenden Stählen weiterhin die Beachtung der allgemeinen bauaufsichtlichen Zulassung (abZ) **Z-30.3-6** [R9] vorgeschrieben ist (vgl. zu II.1 <1.3>). Diese nimmt in ihrer aktuellen Ausgabe analog zu EN 1993-1-4 generell die beiden hENs EN 10088-4 und -5 in Bezug, übernimmt alle Stahlsorten aus EN 1993-1-4 und DIN EN 1993-1-4/NA, fügt aber noch drei weitere aus EN 10088-4 hinzu, für die EN 1993-1-4 zwar keine Nennwerte der Streckgrenze und der Zugfestigkeit zur Verfügung stellt, dafür aber Regelungen für die Werkstoffauswahl und die Dauerhaftigkeit. Die Zulassung hat also insgesamt die 32 Stahlsorten „im Angebot", die man auch in den verschiedenen Abschnitten von EN 1993-1-4 mit unterschiedlichem Regelungsgehalt wiederfindet, allerdings – das sei noch einmal wiederholt – für eine Reihe von Stahlsorten mit Kaltverfestigungsstufen, die in EN 1993-1-4 nicht vorgesehen sind. Für Erzeugnisse aus den oben erwähnten fünf Duplexstählen, die nicht in den beiden hENs geregelt sind, schreibt die Zulassung folgerichtig Lieferung nach EN 10088-2 und -3 [R118, R119] vor, und zwar mit Ü-Zeichen.

Die Tabelle II.4 in EN 1090-2 führt für Rohre (geschweißt oder nahtlos) aus nichtrostenden Stählen weiterhin die nicht harmonisierten Produktnormen **EN 10296-2** und **EN 10297-2** auf. In beiden Normen werden zwar für die Herstellung der Rohre mehrheitlich solche nichtrostenden Stahlsorten genannt, die auch in EN 1993-1-4 bzw. in der abZ Z-30.3-6 aufgeführt sind, jedoch darüber hinaus auch andere. In diesem Zusammenhang ist auf die bemerkenswerte Tatsache hinzuweisen, dass die Bemessungsnorm EN 1993-1-4 die nichtrostenden Stahlsorten aus EN 10088-4 und -5 so handhabt, als gälten sie auch für Hohlprofile. Die beiden vorgenannten EN-Normen für Rund-Hohlprofile („kreisförmige Rohre") kommen in EN 1993-1-4 überhaupt nicht vor, übrigens auch nicht im deutschen NA, und für nichtrostende Rechteck-Hohlprofile gibt es gar keine europäische Produktnorm, übrigens auch keine nationale DIN-Norm. Andererseits gehören Hohlprofilkonstruktionen zu den architektonisch auffallendsten „Edelstahl"-Anwendungen im Bauwesen (siehe z. B. Bild KII.5-5).

Im deutschen bauaufsichtlichen Bereich gehören die Normen EN 10296-2 und EN 10297-2 für das Ausgangsprodukt „Rohr aus nichtrostenden Stählen" zu den „sonstigen europäischen Produktnormen", für die eine Übernahme in die C2-Liste der MVV-TB (verbunden mit einer Ü-Kennzeichnungspflicht) nicht erforderlich ist, da sie in Bauteile eingebaut werden, die später mit CE-Kennzeichnung nach EN 1090-1 zu versehen sind (vgl. zu II.5.1 <1.3>).

Insgesamt gesehen, ergibt sich nun in Deutschland folgende, etwas verwirrende Situation für die Herstellung von Bauteilen aus nichtrostenden Stählen: Die Ausgangsprodukte werden entweder mit CE-Kennzeichen bezogen (Flachmaterial und Stäbe usw. nach EN 10088-4 und -5) oder mit Ü-Zeichen gemäß abZ Z-30.3-6 (Flachmaterial und Stäbe usw. nach EN 10088-2 und -3 sowie Flachmaterial und Stäbe usw. nach EN 10088-4 und -5 in den besonderen Kaltverfestigungsstufen nach DIN EN 1993-1-4/NA) oder ohne jegliches Übereinstimmungszeichen (Rohre nach EN 10296-2 und EN 10297-2). Die daraus gefertigten Bauteile müssten dann vordergründig eigentlich nach EU-Recht mit CE-Kennzeichnung gemäß EN 1090-1 versehen werden. Bei strenger Auslegung ist das aber unzulässig, wenn die erwähnten kaltverfestigten Stahlsorten verwendet werden, die es im zuständigen Eurocode EN 1993-1-4 nicht gibt. Deshalb sind solche Bauteile nach deutschem Bauordnungsrecht mit Ü-Zeichen gemäß abZ Z-30.3-6 zu liefern. Sollten ausländische Hersteller nichtrostende Bauteile, die ausschließlich aus in EN 1993-1-4 erfassten Stahlsorten gefertigt sind, mit CE-Kennzeichnung gemäß EN 1090-1 nach Deutschland liefern, so müsste das akzeptiert werden, und es dürfte kein Ü-Zeichen nach abZ Z-30.3-6 verlangt werden.

Quelle: IMOA/Nicole Kinsman

Bild KII.5-5: Fußgängerbrücke aus nichtrostendem Duplex-Stahl über die Marina Bay in Singapur

Unabhängig von dieser im deutschen bauaufsichtlichen Bereich zu beachtenden komplexen Situation findet man fachlich einige nützliche Empfehlungen zur Werkstoffwahl und zur Herstellung in [V101] und vor allem in der Broschüre **„Bemessungshilfen zu nichtrostenden Stählen im Bauwesen"** [V4]. Sie ist 2017 in vierter, völlig überarbeiteter Auflage erschienen und kann kostenlos aus dem Internet bei www.edelstahl-rostfrei.de heruntergeladen werden. Sie befasst sich, wie der Titel schon sagt, zwar überwiegend mit der Bemessung nach Eurocode EN 1993-1-4, bringt auch ausführliche Beispiele dazu, beschreibt aber auch das im normativen Anhang A von EN 1993-1-4 vorgegebene Werkstoff-Auswahlverfahren unter dem Gesichtspunkt der Korrosionsbeständigkeit. Tabelle KII.5-5 ist der Broschüre entnommen. Sie zeigt geeignete nichtrostende Stahlsorten für die unterschiedlichen Ansprüche an die Korrosionsbeständigkeit – von I (gering) bis V (sehr stark); die Tabelle findet sich in ähnlicher Form sowohl in EN 1993-1-4 selbst, als auch in der abZ Z-30.3-6.

<5> Zu Abs. 3 und 4 plus Anmerkung – Andere Stahlprodukte

Hier geht es um die in II.5.1 geforderte Festlegung relevanter Eigenschaften für nicht durch Normen abgedeckte Ausgangsprodukte (siehe dortige Liste für Stahlerzeugnisse), die nach Vorstellung von EN 1090-2 in den Ausführungsunterlagen festgeschrieben sein müssen. Sie sollen dann mit den bei der Lieferung tatsächlich angegebenen Eigenschaften verglichen werden – eine der vielen trivialen Forderungen in EN 1090-2! Auch dass die Basis für die mitgelieferten Angaben (verwendete Prüfverfahren usw.) bereitzustellen ist, erscheint eher trivial und bedarf keiner weiteren Kommentierung.

Tabelle KII.5-5: Geeignete nichtrostende Stahlsorten für die fünf Korrosionsbeständigkeitsklassen (CRC) nach EN 1993-1-4 (Tabelle 3.5 der „Bemessungshilfen" zu nichtrostenden Stählen [V4])

Korrosionsbeständigkeitsklasse CRC				
I	II	III	IV	V
1.4003 (F)	1.4301 (A)	1.4401 (A)	1.4439 (A)	1.4565 (A, S)
1.4016 (F)	1.4307 (A)	1.4404 (A)	1.4462 (D)	1.4529 (A, S)
1.4512 (F)	1.4311 (A)	1.4435 (A)	1.4539 (A)	1.4547 (A, S)
	1.4541 (A)	1.4571 (A)		1.4410 (D, S)
	1.4318 (A)	1.4429 (A, S)		1.4501 (D, S)
	1.4306 (A)	1.4432 (A)		1.4507 (D, S)
	1.4567 (A)	1.4162 (D, S)		
	1.4482 (D, S)	1.4662 (D, S)		
		1.4362 (D)		
		1.4062 (D, S)		
		1.4578 (A)		

A: Austenit; D: Duplex; F: Ferrit; S: Sondergüte

ANMERKUNG 1 Die Korrosionsbeständigkeitsklassen sind nur für die Anwendung mit diesem Auswahlverfahren für Stahlsorten vorgesehen und gelten nur für Konstruktionen, die eine tragende Funktion erfüllen.

ANMERKUNG 2 Die Stahlsorte einer höheren Klasse darf anstelle der durch den CRF vorgegebenen verwendet werden.

Grenzabmaße der Dicke

Zu II.5.3.2

EN 10029 definiert für warmgewalztes Blech aus unlegierten und legierten Stählen (ausgenommen nichtrostende Stähle) mit Nenndicken zwischen 3 und 400 mm vier Toleranzfelder A bis D für die Blechdicke t. Sie unterscheiden sich zwar auch im oberen Grenzabmaß, vor allem aber im unteren Grenzabmaß (maximal zulässige Dickenabweichung Δt nach unten, also zulässige Minderdicke):

- Klasse A: Die zulässige Minderdicke nimmt mit der Nenndicke
  von 0,3 mm – gilt bis $t = 5$ mm –
  auf 1,3 mm – gilt ab $t = 250$ mm – zu;
- Klasse B: Die zulässige Minderdicke ist für alle Nenndicken konstant = 0,3 mm;
- Klasse C: Die zulässige Minderdicke ist für alle Nenndicken konstant = Null;
- Klasse D: Die zulässige Minderdicke ist ca. 50 % größer als bei Klasse A (symmetrisch zum Nennwert verteilte Grenzabmaße).

Grundsätzlich sollen die Eurocodes über die Teilsicherheitsbeiwerte der Beanspruchbarkeiten die Minderdicken nach Klasse A mit abdecken. Daher wurde diese Toleranzklasse in EN 1090-2 im vorliegenden Normabschnitt als Standard-Blechdickentoleranz festgelegt.

Klasse A galt im Übrigen traditionell im Stahlbrückenbau in Deutschland. Dagegen schreibt EN 1993-2, Anhang C, die Klasse C für die wesentlichen Elemente von Stahlfahrbahnen vor, d. h. für Fahrbahnblech, Trapezprofile und Querträger (Flachprofil für beidseitiges Schweißen). Diese Vorgabe wurde vom deutschen NA zu EN 1993-2 [R110] übernommen, d. h. eine Minderdicke für Elemente von Stahlfahrbahnen wird auch in Deutschland explizit ausgeschlossen.

Bei Konstruktionen aus dünneren Blechen bedeutet Klasse A unter Umständen, dass die Minustoleranz bei der Bemessung beachtet werden muss. Beispielsweise würde für eine kreiszylindrische Silowandung mit einer Nenndicke von 4 mm und einer (gemäß Klasse A zulässigen)

Istdicke von 3,7 mm die Beulsicherheit um ca. 15 % reduziert. Diese mögliche Unterschreitung der Nenndicke wurde übrigens in der früheren DIN 18800-4 [R72] berücksichtigt, im Nachfolge-Eurocode EN 1993-1-6 aufgrund der obigen Unterstellung, dass die Minderdicke in den Teilsicherheitsbeiwerten abgedeckt ist, dagegen nicht.

Will man das Risiko eines signifikanten Tragsicherheitsdefizits vermeiden, muss man die Bleche mindestens nach Klasse B, am besten mit Null-Minustoleranz nach Klasse C EN 10029 bestellen. Dies ist eine der in Tabelle II.A.2 in Anhang II.A aufgelisteten Optionen (Auswahlmöglichkeiten) für Anforderungen bei den Ausgangsprodukten (vgl. zu II.4.1.3 <2.4>).

Die Klasse D nach EN 10029 hat bisher im bauaufsichtlichen Bereich keine Rolle gespielt und sollte auch in Zukunft nicht genutzt werden, da die üblichen Bemessungsregeln für die unteren und oberen Grenzabmaße keine Gültigkeit haben.

Bei warmgewalztem Blech aus **nichtrostendem Stahl** gibt es ein Problem: Die im vorliegenden Normabsatz von EN 1090-2 als Bezugsnorm angegebene **EN ISO 18286** kennt für die Dicken-Grenzabmaße keine Klassen – insofern ist die Normvorgabe „Klasse A“ falsch. Es findet sich nur eine allgemeingültige Tabelle, in der das untere Grenzabmaß viel strenger, das obere Grenzabmaß viel großzügiger als Klasse A in EN 10029 ist. Auch die deutsche abZ Z-30.3-6 [R9] enthält dazu keine genauere Vorgabe. Die Verfasser empfehlen in dieser Situation, auch für Blech aus nichtrostendem Stahl für die Grenzabmaße der Dicke die Klasse A nach EN 10029 anzuwenden.

Im Übrigen gilt EN ISO 18286 nur für Blech, das durch Warmwalzen auf einer Umkehrstraße (Quartoblech) hergestellt wurde, nicht für kontinuierlich warmgewalztes Blech. Für Letzteres enthält **EN ISO 9444-2** (vgl. Tabelle II.4) Dicken-Grenzabmaße, allerdings nur bis $t \leq 13$ mm. Für kontinuierlich kaltgewalzte Flacherzeugnisse findet man analog dazu im Normenpaar **EN ISO 9445-1 und -2** (vgl. Tabelle II.4) Dicken-Grenzabmaße bis $t \leq 8$ mm.

Zu II.5.3.3 Oberflächenbeschaffenheit

<1> Zu Abs. 1, 2 und 4 – Anforderungen bei Baustählen

EN 1090-2 nimmt für Baustähle bezüglich der Oberflächenbeschaffenheit die Regelungen in **EN 10163-2** für Bleche und Breitflachstahl und in **EN 10163-3** für Profile in Bezug. Für Bleche und Breitflachstahl wird die Klasse A1 nach EN 10163-2 und für Profile die Klasse C1 nach EN 10163-3 gefordert.

In beiden Normen werden jeweils zwei Klassen unterschieden, welche über zulässige Tiefen und/oder Größen von **Oberflächen-Ungänzen** definiert sind. In EN 10163-2 für Bleche und Breitflachstahl sind dies die Klassen A und B, in EN 10163-3 für Profile die zwei Klassen C und D. Die Klassenbezeichnungen A bzw. C stehen dabei für die jeweils liberalere der zwei Klassen (gegenüber B bzw. D mit erhöhten Anforderungen). Die nachgestellte Zahl bedeutet eine von drei Untergruppen, welche über das erlaubte **Ausbesserungsverfahren** definiert sind. Bei den hier geforderten Klassen A1 und C1 ist das Ausbessern durch Meißeln und/oder Schleifen mit nachfolgendem Schweißen erlaubt.

Beide Normen unterscheiden je nachdem, ob die Oberflächen-Ungänzen festgelegte Grenzwerte unter- oder überschreiten, zwischen Unvollkommenheiten und Fehlern. In EN 10163-2 werden für Flacherzeugnisse explizit zusätzlich auch „alle Risse, Schalen und Schalenstreifen (en: ‚*cracks, shell and seams*‘) unabhängig von ihrer Tiefe und/oder Größe“ als Fehler definiert. In EN 10163-3 gibt es für Profile diese zusätzliche Fehler-Definition nicht. Fehler müssen, Unvollkommenheiten können ausgebessert werden. Wenn Letzteres erfolgen soll (z. B. bei Profilen auch das Ausbessern von Rissen, die gemäß EN 10163-3 keine Fehler sind), muss das gemäß EN 1090-2 in den Ausführungsunterlagen festgelegt werden, wobei es sich um eine Zusatzangabe aufgrund von Optionen (Auswahlmöglichkeiten) nach Tabelle II.A.2 in Anhang II.A handelt (vgl. zu II.4.1.1 <2.4>). Die genauen Randbedingungen für das Feststellen der Unvollkommenheiten und Fehler sowie Vorgehensweisen beim Ausbessern müssen den genannten Normen entnommen werden.

<2> Zu Abs. 3 und 4 – Anforderungen bei nichtrostenden Stählen

Für nichtrostende Stähle erscheint es auf den ersten Blick so, als würden gänzlich andere Anforderungen gelten. Bei näherem Hinsehen stellt sich jedoch heraus, dass sowohl für Bleche und Bänder in EN 10088-4, als auch für Profile in EN 10088-5 für die Oberflächenqualität die gleiche Normenreihe EN 10163 herangezogen wird wie für die Baustähle.

In EN 10088-4 heißt es explizit: „Für warmgewalzte Quartobleche gelten, falls nicht anders vereinbart, die Festlegungen der Klasse A2 nach EN 10163-2. Für andere Erzeugnisse können, wenn erforderlich, genauere Anforderungen an die Oberflächenbeschaffenheit bei der Anfrage und Bestellung vereinbart werden." Klasse A2 ist allerdings schärfer als die für Flacherzeugnisse aus Baustahl verlangte Klasse A1, das Ausbessern durch Schweißen ist also bei Flachmaterial aus nichtrostenden Stählen nur nach Vereinbarung bei der Bestellung und unter vereinbarten Bedingungen erlaubt.

EN 10088-5 nimmt für Profile ebenfalls die Norm EN 10163-3 in Bezug, allerdings ohne eine konkrete Klasse vorzuschreiben. Wird also etwas Besseres als Klasse C1 für erforderlich gehalten, so muss das gemäß EN 1090-2 in den Ausführungsunterlagen festgelegt werden. Für die Oberflächenbeschaffenheit von Stäben und Drähten aus nichtrostendem Stahl gibt es spezifische Regeln, auf die hier nicht näher eingegangen werden kann.

In der abZ Z-30.3-6 [R9] wird zusätzlich darauf hingewiesen, dass bei hohen optischen Anforderungen der Oberflächenbeschaffenheit eine besondere Bedeutung zukommt. Um die entsprechende glatte und fehlerfreie Oberfläche zu bekommen, sei die Wahl einer höheren Korrosionsbeständigkeitsklasse nicht zielführend. Vielmehr müssten dafür in EN 10088-4 und -5 spezifizierte besondere Ausführungsarten bestellt werden, z. B. 2B, 2R, 1G, 2G, 1K oder 2K für Blech und Band.

<3> Zu Abs. 5 – Anforderungen bei anderen Erzeugnissen

Bei Erzeugnissen, die in den in EN 1090-2 aufgeführten Standard-Produktnormen nicht definiert sind, sondern für die andere Festlegungen gelten – also „ungeregelte" Bauprodukte im öffentlich-baurechtlichen Sinne –, muss eine entsprechende Oberflächenbeschaffenheit nach den Möglichkeiten der jeweils einschlägigen Norm festgelegt werden. Dies sollte in jedem Fall in Abstimmung mit den am Projekt Beteiligten erfolgen.

<4> Zu Abs. 6 – Oberflächenbeschaffenheit und Vorbereitungsgrad

Der Hinweis, dass die Oberflächen von Ausgangsprodukten so beschaffen sein müssen, dass mit ihnen der für Beschichtungen erforderliche Oberflächenvorbereitungsgrad nach II.10.2 erreicht werden kann (gemeint ist wohl nicht: von Vornherein vorhanden ist), ist sicherlich sinnvoll. Wie weit das bei den oben diskutierten komplizierten Vorgaben immer einzuhalten ist, sei dahingestellt.

Zusätzliche Eigenschaften **Zu II.5.3.4**

<1> Zu Abs. 1 – Ultraschallgeprüfte Erzeugnisse bei Zugbeanspruchung in Dickenrichtung

Mit inneren Inhomogenitäten sind „Dopplungen" gemeint, die man nur durch Ultraschallprüfung erkennen kann. Dopplungen entstehen bei der Walzherstellung des Erzeugnisses als flächige Defekte parallel zu den Oberflächen. Bleche mit Dopplungen sind – ähnlich wie solche mit inhärentem Terrassenbruch (siehe zu II.7.2.2 <1.7>) – nicht in der Lage, Zugkräfte in Dickenrichtung zu übertragen. Bild KII.5-6 zeigt typische Stahlbaudetails mit Zugbeanspruchung in Dickenrichtung, wobei auch die dort dargestellten T- und L-Stöße zu den „geschweißten Kreuzstößen" im Sinne des vorliegenden Normabsatzes gehören. Bei großflächigeren Dopplungen können auch keine Druckkräfte parallel zu den Oberflächen, d. h. in der Regel in Längs- und Querrichtung des Blechbauteils, übertragen werden (wegen der lokalen Ausbeulgefahr).

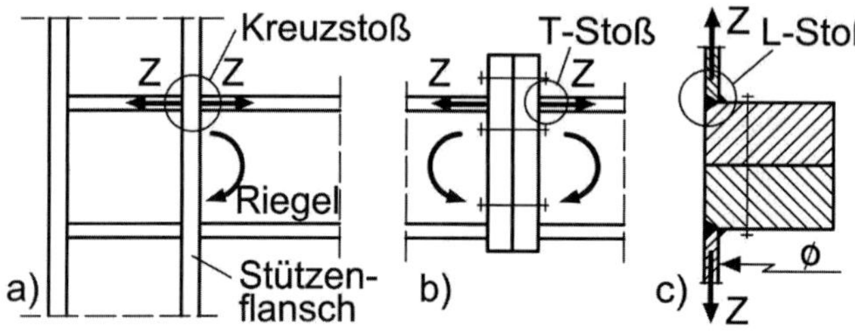

Bild KII.5-6: Beispiele für Zugbeanspruchung in Dickenrichtung im Stahlbau:
a) geschweißter biegefester Rahmenknoten,
b) geschraubter biegefester Stirnplattenstoß eines Trägers,
c) geschraubter Ringflanschstoß eines Turmes

Dopplungen können im Stahlerzeugnis durch Ultraschallprüfung festgestellt werden. Deshalb forderte die Ausgabe 2011 der EN 1090-2 für die Ausführungsklassen EXC3 und EXC4 – ähnlich wie auch früher DIN 18800-7 für Stahlbauten der Klasse E – im vorliegenden Normabsatz verbindlich, dass an geschweißten Kreuzstößen mit primären Zugspannungen in Dickenrichtung ultraschallgeprüfte Flacherzeugnisse eingesetzt werden. Diese verbindliche Forderung ist in der aktuellen Ausgabe von EN 1090-2 fallen gelassen worden. Der Grund dafür war nicht etwa, dass man im Arbeitsausschuss CEN TC135 die UT-Prüfung überhaupt nicht für erforderlich hielte, sondern umgekehrt, dass der Eindruck vermieden werden müsse, in der Ausführungsklasse EXC2 brauche man über dieses Thema nicht nachzudenken. Deshalb wurde, ohne Ausführungsklassen zu nennen, die Variante „sofern festgelegt" gewählt. Es ist jetzt eine Option (Auswahlmöglichkeit), die in den Ausführungsunterlagen festgelegt werden muss (siehe Tabelle II.A.2 in Anhang II.A). Obwohl nun nicht mehr verbindlich gefordert, empfehlen die Verfasser, es bei hoher Zugbeanspruchung in Dickenrichtung (einschließlich Biegezug) zu vereinbaren, insbesondere wenn die Zugbeanspruchung ermüdungsrelevant ist.

Im Gegensatz zur früheren DIN 18800-7, wo das Blech in der gesamten Fläche die Qualitätsklasse S1 aufweisen musste, ist dies gemäß EN 1090-2, falls überhaupt gefordert, nur in der unmittelbaren Umgebung der kritischen Zugbeanspruchung in Dickenrichtung erforderlich. Die geforderte Qualitätsklasse S1 ist die zweithöchste Klasse nach EN 10160 und entspricht weitgehend den früheren deutschen Prüfbedingungen nach SEL 072-77.

Soll die Ultraschallprüfung nicht erst nach der Anlieferung vor Beginn der Fertigungsarbeiten beim Hersteller durchgeführt werden, so muss sie mitbestellt werden. In diesem Fall dürfte es sinnvoll sein, das Flacherzeugnis nicht nur gezielt im späteren Zugspannungsbereich prüfen zu lassen, sondern komplett ultraschallgeprüft zu bestellen.

Wegen der häufigen Verwechslung von Dopplungen und Terrassenbrüchen in der Praxis sei hier abschließend noch einmal auf die Ausführungen zu II.7.2.2 <1.7> verwiesen. Auch ein dopplungsfreies Blech, nachgewiesen durch die Ultraschallprüfung nach EN 10160, ist keine Garantie dafür, dass bei Zugbeanspruchung in Dickenrichtung nicht Terrassenbrüche auftreten können.

<2> Zu Abs. 2 und 3a – Ultraschallgeprüfte Erzeugnisse ohne Zugbeanspruchung in Dickenrichtung

In diesen Normabsätzen wird als Option (Auswahlmöglichkeit) im Sinne von Tabelle II.A.2 in Anhang II.A (vgl. zu II.4.1.1 <2.4>) anheimgestellt, auch in anderen Bereichen, wo zwar geschweißt wird, aber keine Zugspannungen aus äußeren Einwirkungen in Dickenrichtung übertragen werden müssen, trotzdem eine Ultraschallprüfung auf innere Inhomogenitäten zu fordern, weil dort innere Zugbeanspruchungen durch Schweißeigenspannungen entstehen können. Explizit werden Aussteifungsschottbleche oder Aussteifungen genannt, die an Flansche oder Stege angeschweißt werden.

Es sei in diesem Zusammenhang daran erinnert, dass EN 1090-2 grundsätzlich Mindestanforderungen verbindlich festlegt und dass jederzeit in der Tragwerks- bzw. Auftragsspezifikation oder in anderen Ausführungsregelwerken schärfere Forderungen formuliert werden können (vgl.

Kommentar <1> zu II-Einleitung). Beispielsweise muss nach der Technischen Lieferbedingung DBS 918002-02 der Deutschen Bahn AG [R30] bei Flacherzeugnissen ab 10 mm Dicke für Eisenbahnbrücken unabhängig von der späteren Beanspruchungsart die Ultraschallprüfung (flächen- und randzonengeprüft) grundsätzlich mitbestellt werden.

Nichtrostende Stähle werden hier explizit ausgenommen, weil bei ihnen aus metallurgischen Gründen keine Terrassenbruchbildung möglich ist. Dopplungen gibt es bei nichtrostenden Stählen aber durchaus.

<3> Zu Abs. 3b – Verbesserte Verformungseigenschaften rechtwinklig zur Dicke

Bei den verbesserten Verformungseigenschaften rechtwinklig zur Erzeugnisoberfläche bzw. rechtwinklig zur Dicke nach **EN 10164** geht es um die Vermeidung der Gefahr von **Terrassenbrüchen**. Diese Thematik wird ausführlich im Kommentar <1.7> zu II.7.2.2 diskutiert. Sie spielt vor allem bei Zugbeanspruchung in Dickenrichtung im Bereich von Schweißnähten eine Rolle (vgl. Bild KII.5-6).

Die direkte werkstoffbezogene Maßnahme zum Vermeiden von Terrassenbrüchen – sie sollte nur ergriffen werden, wenn die in diversen Regelwerken empfohlenen konstruktiven Maßnahmen (siehe zu II.7.2.2 <1.7>) nicht greifen – besteht in der Auswahl eines Werkstoffes mit so genannter **Z-Güte** nach EN 10164. Maßgebende mechanische Werkstoffeigenschaft dafür ist die Brucheinschnürung „Z" in [%] einer Zugprobe in Dickenrichtung (siehe Bild KII.5-7) im Zugversuch nach EN ISO 6892-1 [R145].

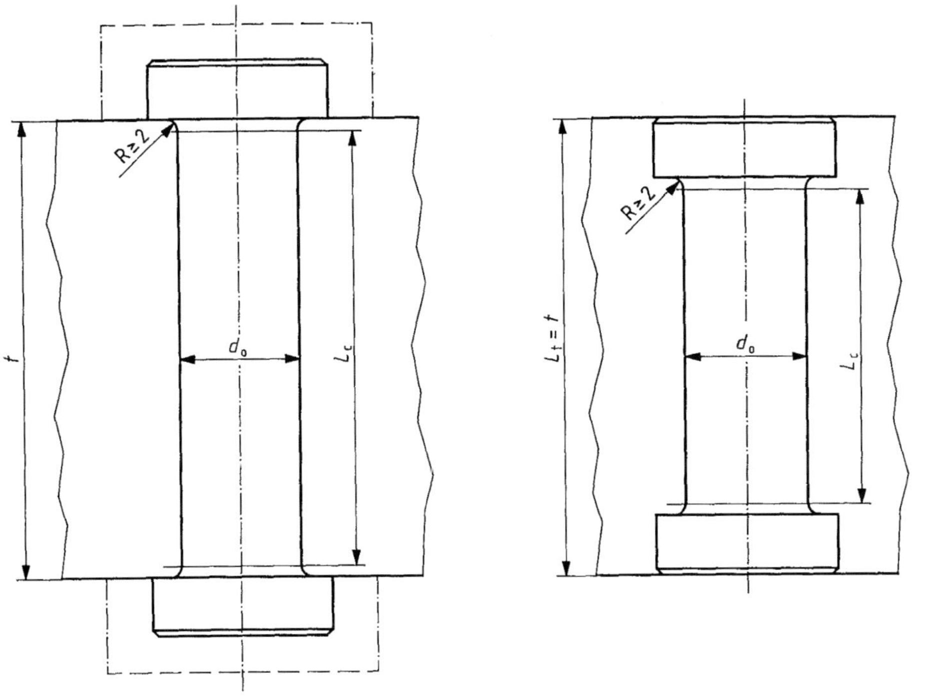

Bild KII.5-7: Zugproben in Dickenrichtung nach EN 10164:
a) mit vorher angeschweißten Verlängerungsstücken (bei $t = 15 \div 80$ mm)
b) ohne Verlängerungsstücke (bei $t = 20 \div 80$ mm) (Probenform für $t > 80$ mm siehe Originalnorm)

EN 10164 kennt drei Güteklassen Z15, Z25 und Z35 (siehe Tabelle KII.5-6). Bei den meisten Einsatzfällen reicht im normalen Stahlbaudickenbereich die Werkstoffgüte Z25 aus. Lediglich bei sehr dicken Blechen (> 40 mm) und bei ungünstigen konstruktiven Gestaltungen (z. B. T-Stöße mit HV-Nähten) ergibt sich nach EN 1993-1-10 [R105] die Notwendigkeit einer Stahlgüte Z35. Genauere Angaben zur Auswahl der erforderlichen Z-Güte findet man im Kommentar <1.7> zu II.7.2.2. Die Z-Güte gehört, sofern bestellt, selbstverständlich in die Prüfbescheinigung (vgl. z. B. das Beispiel 2 für ein 3.1-Abnahmeprüfzeugnis in Bild KII.5-2).

Tabelle KII.5-6: Güteklassen und Mindestwerte für die Brucheinschnürung Z (Tabelle 1 in EN 10164)

Güteklasse	Brucheinschnürung Z in [%]	
	Mittelwert aus drei Versuchen min.	kleinster zulässiger Einzelwert
Z15	15	10
Z25	25	15
Z35	35	25

Für **nichtrostende** Stähle sind verbesserte Verformungseigenschaften in Dickenrichtung nicht relevant, weil sie in der Regel nicht terrassenbruchgefährdet sind. Auch der deutsche NA zu EN 1993-1-4 [R101] trägt dem Rechnung, indem er eindeutig festlegt, dass die Stahlsorten nichtrostender Stähle nicht im Hinblick auf Eigenschaften in Dickenrichtung ausgewählt werden müssen. Weiter heißt es dort: „Wenn bei speziellen Anwendungsfällen (große Blechdicken, hohe Beanspruchung in z-Richtung) Terrassenbruch nicht eindeutig ausgeschlossen werden kann, sollten entsprechende Untersuchungen erfolgen."

<4> Zu Abs. 3c – Besondere Lieferbedingungen für nichtrostende Stähle

Neben den in der Norm genannten besonderen Lieferbedingungen hinsichtlich erhöhter Lochfraßbeständigkeit und beschleunigter Korrosionsprüfung sind in den Normen EN 10088-4 und -5 weitere Bestelloptionen genannt, die je nach Stahlsorte die Ausführungsart und Oberflächenbeschaffenheit oder andere Gebrauchseigenschaften betreffen. Durch abweichende Legierungen können bei einigen nichtrostenden Stahlsorten bestimmte Eigenschaften verbessert werden. Beispielsweise kann

- durch niedrigere Kohlenstoffgehalte die Beständigkeit gegen interkristalline Korrosion erhöht werden,
- durch besondere Schwefelanteile die Spanbarkeit verbessert werden.

<5> Zu Abs. 3d und Anmerkung – Verarbeitungsmaßnahmen vor der Lieferung

Dieser Passus wird hin und wieder dahingehend missverstanden, dass es sich um Bearbeitungen vor Lieferung des Bauteils auf die Baustelle handele. Dem ist nicht so: Es geht vielmehr um Bearbeitungen an Ausgangsprodukten (Blechen, Profilen usw.) vor deren Lieferung vom Produzenten an den Bauteilhersteller. Darauf beziehen sich die drei in der Anmerkung genannten Beispiele. Solche vorbereitenden Verarbeitungsmaßnahmen an späteren Elementen eines Bauteils gehören natürlich auf die Werkstattzeichnung bzw. in die Bauteilspezifikation (vgl. zu II.4.1.1 <2.1>), und sie müssen natürlich mitbestellt werden. Eine weitere Kommentierung ist nicht erforderlich.

Zu II.5.4 Stahlguss

<1> Zu Abs. 1 – Anforderungen an Stahlgussteile

Vorab: Gute Gesamtüberblicke zum Bauen mit Gusswerkstoffen findet man in [V25] und [V97]. Für **Stahlguss** gelten gemäß diesem Absatz die Anforderungen der Norm **EN 10340**. Deren zur Zeit der Drucklegung dieses Buches noch gültige Ausgabe 2008 ist eine europäisch harmonisierte Produktnorm (hEN). Sie wird gemäß veröffentlichten Entwürfen aus dem Jahre 2017 in Kürze neu als Normenpaar erscheinen, das dann im Rahmen von EN 1090-2 maßgebend sein wird, denn EN 10340 wird undatiert zitiert (vgl. zu II.2.1.2). Von diesem Normenpaar wird Teil 1 harmonisiert und Teil 2 nicht harmonisiert sein. Teil 1 wird unter dem Titel „Allgemeines" die Produktmerkmale, die Testmethoden, die Probennahme und die Bewertung und Verifizierung sowie die Leistungserklärung nach BPVO [R182] spezifizieren. Teil 2 wird die eigentlichen technischen Lieferbedingungen für Stahlguss für das Bauwesen enthalten. Es wird also in jedem Fall dabei bleiben, dass Erzeugnisse aus Stahlguss mit CE-Kennzeichnung geliefert werden müssen.

Durch die neue EN 10340-1 werden die Prüfmethoden und die Anzahl der zu prüfenden Proben sowie die Konformitätskriterien zur Bestimmung der mechanischen Eigenschaften zwar wesentlich deutlicher definiert, dennoch wird besonders in EN 10340-2 in weiten Teilen auf die beiden allgemeinen Gießerei-Normen EN 1559-1 (allgemeine technische Lieferbedingungen) und EN 1559-2 (zusätzliche Anforderungen an Stahlgussstücke) verwiesen. Da auch bezüglich der äußeren und inneren Beschaffenheit von Gussstücken nur auf EN 1559-1 und -2 verwiesen wird, werden nach wie vor keine Mindestforderungen an vorhandene Unregelmäßigkeiten definiert. Die Beschaffenheit eines Gussstückes ist zwischen Besteller und Hersteller zu vereinbaren und wird in der EN 1559-1 nicht als wesentliches Merkmal aufgeführt. Damit ist die Beschaffenheit von Gussbauteilen auch nicht Bestandteil der CE-Kennzeichnung, und die werkseigene Produktionskontrolle muss für die Leistungserklärung des Herstellers nicht darauf ausgerichtet sein.

Die innere und äußere Beschaffenheit ist jedoch wesentlich für die Tragfähigkeit von Bauteilen aus Stahlguss. Neben einer Schwächung der Querschnittsfläche können Gussfehler eine große Kerbwirkung erzeugen. Diese kann sich zum Beispiel negativ auf die Sprödbruchsicherheit oder die Ermüdungsfestigkeit auswirken. Mit den Absätzen 2 und 3 im Normabschnitt II.5.4 von EN 1090-2 wird versucht, diesen Umstand zu berücksichtigen.

Das Thema „Schweißen von Stahlguss“ wird in EN 10340 ausschließlich im Sinne des „Produktionsschweißens“ beim Gießer angesprochen, z. B. wenn ein Gussbauteil wegen zu großer Abmessungen aus zwei Gussstücken zusammengeschweißt werden muss. Es wird dann mit CE-Zeichen nach EN 10340 ausgeliefert. Das so genannte „Verbindungsschweißen“ der Gussteile mit Baustahlprodukten, z. B. mit Hohlprofilen in einer Stahlbauwerkstatt oder auf einer Baustelle (siehe z. B. Bild KII.5-8), ist ausdrücklich ausgeschlossen, da es nichts mit dem BPVO-Bauprodukt Stahlgussteil zu tun hat. Auch EN 1559-2 kennt Schweißen nur als Produktionsschweißen. Selbst die in Arbeit befindliche prEN 1011-9 „Schweißen von Stahlguss“ wird sich voraussichtlich nur mit dem Produktionsschweißen befassen.

Quelle: Vallourec & Mannesmann Tubes

Bild KII.5-8: Vorgefertigte Stahlbauteile mit Gussstücken: Baumstützen im Flughafengebäude Stuttgart

<2> Zu Abs. 2 – An Stahlgussteilen durchzuführende Prüfungen

Die in der Regel („sofern nicht anders festgelegt“) an jedem Herstellungslos durchzuführenden ZfP – das sind 100 % Sichtprüfung und jeweils 10 % MT/PT-Prüfung und UT/RT-Prüfung – erscheinen vom Aufwand her vertretbar, wenn man sie mit den für Schweißverbindungen in II.12.4 geforderten ZfP vergleicht. Diese Mindestanforderung kann jedoch nur auf Gussbauteile einer Serienfertigung bezogen werden, bei denen z. B. 10 % der Bauteile geprüft werden. Bei Einzelstücken oder Kleinserien, wie sie im Bauwesen oftmals angewendet werden, ist für tragende Bauteile ein deutlich erhöhter Prüfumfang (bis zu 100 % MT und UT/RT) empfehlenswert.

Die unter Ziffer (b) geforderten zerstörenden Prüfungen an jeweils einem bzw. drei Guss-Probestücken pro Schmelze zielen im Wesentlichen auf die in der Leistungserklärung gemäß BPVO zu deklarierenden „Wesentlichen Merkmale“ nach EN 10340 (bzw. zukünftig EN 10340-1). Allerdings sind die Brucheinschnürungsversuche nach (b3) und die mikroskopischen Schnitt-Untersuchungen nach (b5) Forderungen, die über die Anforderungen an die CE-Kennzeichnung hinausgehen.

Zusätzlich zur Anzahl der Proben pro Schmelze fordert die neue EN 10340-1 auch eine Probe je Wärmebehandlung. Diese Forderung macht Sinn, da die Wärmebehandlung wesentlichen Einfluss auf die Werkstoffeigenschaften hat.

Weiterhin ist hier anzumerken, dass nach EN 10340-1 lediglich die Werte der Zugfestigkeit und der Streckgrenze auch für das Bauteil selbst gelten. Die Kerbschlagarbeit und die Bruchdehnung beziehen sich nur auf den mitgegossenen Prüfblock. Ob das wirklich so umgesetzt werden wird, kann bezweifelt werden. Da durch die Bemessungsregeln des Eurocodes auch der Nachweis einer ausreichenden Sicherheit gegen sprödes Bauteilversagen zu erbringen ist und dieser gemäß DIN EN 1993-1-8/NA (siehe <4>) über die Kerbschlagarbeit geführt wird, sollte hier immer eine Sonderforderung – alle mechanischen Kennwerte beziehen sich auch auf das Gussbauteil – bestellt werden. Erfahrungsgemäß können die am Bauteil gemessenen Kerbschlagwerte deutlich von den Werten des Prüfblocks abweichen.

<3> Zu Abs. 3 – Abnahmekriterien für Stahlgussteile

Die in Abs. 3 von II.5.4 vorgegebenen Regel-Abnahmekriterien („sofern nicht anders festgelegt“) stellen in den jeweils in Bezug genommenen Prüfnormen mittlere bis höhere Gütestufen dar. Beispielsweise ist für MT-Prüfungen die Gütestufe SM2 (nichtlineare vereinzelte Anzeigen) die vierte von sieben Stufen und die Gütestufe LM3 (lineare Anzeigen) die fünfte von neun Stufen. Für UT-Prüfungen ist die Gütestufe 2 dagegen die vierte von fünf Stufen. Da die Gütestufen der unterschiedlichen Prüfverfahren in keinem direkten Zusammenhang stehen, ist die Definition von Regel-Abnahmekriterien auf Basis unterschiedlicher Prüfmethoden, die zu gleicher Qualität führen, nicht möglich.

Die Angaben in Abs. 3 von II.5.4 sollten daher immer projektspezifisch angepasst werden. Abnahmekriterien sind immer in Abhängigkeit der Beanspruchung zu wählen und können auch innerhalb eines Bauteils abgestuft definiert werden. Eine Bestellung nach den vorgegebenen Regel-Abnahmekriterien führt beispielsweise im Bereich von Anschweißenden zu einer Reduzierung der Tragfähigkeit. Daher wäre hier eine differenzierte Unterteilung, z. B. mit Bauteilklassen, wünschenswert gewesen.

<4> Ergänzender Kommentar zur Verwendung von Stahlgussteilen in Deutschland

Wie oben bereits angeführt, wurde bei Einführung der EN 1090-2 im Jahre 2011 in Deutschland kritisiert, dass die in Bezug genommene harmonisierte Norm EN 10340 keine konkreten Anforderungen an die innere und äußere Beschaffenheit von Erzeugnissen aus Stahlguss als Grundlage für eine qualitätsgesicherte Verwendung von Stahlgussteilen als tragende Bauteile enthielt. Darüber hinaus enthielten die etwa zur gleichen Zeit erschienenen Eurocodes EN 1993-1-1 und EN 1993-1-8 aber auch keine Bemessungsregeln für Bauteile aus Stahlguss – im Gegensatz zur früheren deutschen Stahlbaunorm DIN 18800-1. Man übernahm deshalb die alten Regelungen in den Nationalen Anhang **DIN EN 1993-1-8/NA** [R104] als konfliktfreie nationale Ergänzung.

Sie gelten zurzeit weiterhin in Deutschland. Eine Zustimmung im Einzelfall (ZiE) ist demnach für einige ausgewählte Werkstoffe nicht zwingend erforderlich. Die Regelungen des NA, soweit sie die Ausführung betreffen, werden nachfolgend kurz wiedergegeben.

Für Bauteile aus Stahlguss und Gusseisen mit Kugelgraphit wurden, ähnlich wie jetzt in EN 1090-2 für Stahlguss, einzuhaltende Gütestufen angegeben, allerdings differenziert nach „Ausnutzungsgrad η" (= Verhältnis Beanspruchung zu Beanspruchbarkeit) und Wanddicke in den Beanspruchungszonen, siehe Tabelle KII.5-7. Man erkennt, dass bei hoher Zugbeanspruchung (Ausnutzung „H") in der betreffenden Beanspruchungszone für die UT-Prüfung die höchste Gütestufe 1 verlangt wird. Die Beanspruchungszonen sind in den Werkstattzeichnungen der Bauteile (Bauteilspezifikationen) festzulegen. Für die Oberflächenbeschaffenheit können auf Grund des Korrosionsschutzes ggf. höhere Anforderungen als die in der Tabelle KII.5-7 angegebenen erforderlich sein. Fertigungsschweißungen an Gussteilen sind zulässig, wenn das dafür erforderliche Schweißzertifikat nach EN 1090-1, Anhang B vorliegt.

Nach Stand der Dinge (bei Drucklegung dieses Buches) werden auch die nächsten Ausgaben von EN 1993-1-1 und EN 1993-1-8 keine Bemessungsregeln für Bauteile aus Stahlguss enthalten. Streng genommen dürfen demnach auch weiterhin gemäß europäischem Stahlbau-Regelwerk tragende Bauteile aus Stahlguss gar nicht verwendet werden, allenfalls auf der Grundlage eines besonderen Verwendbarkeitsnachweises. Vor diesem Hintergrund ist in Deutschland geplant, ergänzend zum europäischen Regelwerk eine DASt-Richtlinie zur Verwendung von Stahlguss im Bauwesen zu entwickeln.

Tabelle KII.5-7: Anforderungen an die innere und äußere Beschaffenheit von quasi-statisch beanspruchten Bauteilen aus Stahlguss oder Gusseisen mit Kugelgraphit (Tabelle NA.B.2 aus DIN EN 1993-1-8/NA [R104])

Beanspruchungszonen		**Gütestufen**	
	Kriterien[f]	**der inneren Beschaffenheit (Volumen) Ultraschallprüfung** nach DIN EN 12680-1[b] oder DIN EN 12680-3[c]	**der äußeren Beschaffenheit (Oberfläche)**[a] **Eindringprüfung** nach DIN EN 1371-1 oder **Magnetpulverprüfung** nach DIN EN 1369
H	$1{,}00 \geq \eta_{Zug} > 0{,}75$ Wanddicke $t \leq 30$ mm[b] Wanddicke $t \leq 20$ mm[c] Schweißflanken Bereiche von Krafteinleitungen (z. B. Sacklochgewinde) Druckkegel von vorgespannten Schrauben	1[d]	**SP2** oder **SM2** (Einzelanzeigen) **LP2** oder **LM2** (lineare Anzeigen) **AP2** oder **AM2** (Anzeigen in Reihe)
M	$0{,}75 \geq \eta_{Zug} > 0{,}30$ $1{,}00 \geq \eta_{Druck} > 0{,}75$ Wanddicke 30 mm $< t \leq 50$ mm[b] Wanddicke 20 mm $< t \leq 30$ mm[c]	2[e]	
N	$0{,}30 \geq \eta_{Zug}$ $0{,}75 \geq \eta_{Druck}$ Wanddicke $t > 50$ mm[b] Wanddicke $t > 30$ mm[c]	3[e]	

a Zur visuellen Bestimmung der Oberfläche kann auch DIN EN 12454 vereinbart werden.
b Für Stahlguss.
c Für Gusseisen mit Kugelgraphit.
d Oberflächenrisse mit Tiefen über 3 mm sind unzulässig.
e Innerhalb einer Bezugsfläche dürfen nicht gleichzeitig Reflektoren im Rand und Kern auftreten.
f Für den Ausnutzungsgrad gilt $\eta = S_d/R_d$.

<5> Zu Schmiede- und Vergütungsstählen

EN 1090-2 enthält keine Angaben zu solchen Stahlerzeugnissen, obwohl sie als Ausgangsprodukte für Stahltragwerke durchaus eine Rolle spielen. Es gibt sogar eine europäisch harmonisierte Produktnorm **EN 10343** „Vergütungsstähle für das Bauwesen“ [R122]. Warum diese in EN 1090-2 nicht aufgeführt wird, ist den Verfassern nicht bekannt. Möglicherweise wurde sie einfach übersehen.

Der im vorhergehenden Kommentar <4> für Stahlguss in Bezug genommene normative Nationale Anhang **DIN EN 1993-1-8/NA** [R104] enthält auch zur Verwendung von Schmiede- und Vergütungsstählen einige normative Angaben, auf die hier ausdrücklich hingewiesen sei. Beispielsweise dürfen danach die Vergütungsstähle C35+N und C45+N nach EN 10083-2 [R117] für stählerne Lager, Gelenke und spezielle Verbindungselemente (z. B. Raumfachwerkknoten, Bolzen) verwendet werden.

Zu II.5.5 Schweißzusätze

<1> Zu Abs. 1 u. Tabelle II.5 – Produktnormen für Schweißzusätze

Bereits bei der Kommentierung der Normativen Verweisungen wurde darauf hingewiesen, dass im Vergleich zur Ausgabe 2011 der EN 1090-2 jetzt die europäisch harmonisierte Produktnorm (hEN) **EN 13479** in EN 1090-2 nicht mehr aufgeführt wird – dies, obwohl es von ihr eine ganz neue Ausgabe 2017-10 gibt (vgl. zu II.2.1.3). Sie unterscheidet sich vordergründig nicht wesentlich von der seinerzeit geltenden Ausgabe 2005-03, ausgenommen, dass die Grundlage für die Harmonisierung jetzt die EU-Bauproduktenverordnung (BPVO) ist, statt der früheren EU-Bauproduktenrichtlinie. Sie legt „Produktmerkmale und zugehörige Prüf- und Bewertungsverfahren für Schweißzusätze und Pulver zum Schmelzschweißen von metallischen Konstruktionen ... in Bauwerken fest“ und besitzt einen Anhang ZA.

Betrachtet man diesen Anhang ZA allerdings genauer, so erkennt man den grundsätzlichen Unterschied zur früheren Ausgabe von EN 13479: Als mit der CE-Kennzeichnung zu deklarierendes „wesentliches Merkmal“ (Nachfolgebegriff für das frühere „Leistungsmerkmal“) wird nur noch die chemische Zusammensetzung aufgeführt, im Gegensatz zu insgesamt neun Leistungsmerkmalen in der seinerzeitigen Ausgabe (u. a. Zugfestigkeit, Streckgrenze und Kerbschlagzähigkeit). Es geht hier wieder um die mehrfach erwähnte Auseinandersetzung zwischen CEN und Europäischer Kommission um die für bautechnische Zwecke teilweise „mangel- bzw. lückenhaften“ Inhalte harmonisierter Bauproduktnormen (hENs); vgl. zu II.5.1 <1.3>. Die „magere“ CE-Kennzeichnung der neuen EN 13479 hielt der CEN-Arbeitsausschuss TC 135 für absolut wertlos für die Belange der Stahlbau-Anwender und verzichtete deshalb ganz auf die Zitierung dieser „Schirm-Produktnorm“ in EN 1090-2.

Das ändert allerdings nichts an der Tatsache, dass sämtliche in Tabelle II.5 aufgeführten EN-ISO-Normen für Schweißzusätze – es handelt sich um Stab-, Massivdraht-, Fülldraht- und Bandelektroden sowie Schweißstäbe, Schweißpulver und Schutzgase – unter den Normativen Verweisungen in EN 13479 aufgeführt sind, also mit CE-Kennzeichen geliefert werden. Wegen dessen relativer Wertlosigkeit ist die mitgelieferte Prüfbescheinigung umso wichtiger. Bild KII.5-9 zeigt ein 3.1-Abnahmeprüfzeugnis für Drahtelektroden, das man freiwillig mitbestellen kann – als Ersatz für das in EN 1090-2 gemäß Tabelle II.1 nur geforderte 2.2-Werkszeugnis, dessen praktischer Wert wegen des nichtspezifischen Inhalts ebenfalls eingeschränkt ist (vgl. zu II.5.2 <2.4>). Das Aussagekräftige am 3.1-Abnahmeprüfzeugnis sind die schmelzenspezifischen mechanischen Eigenschaften R_e usw. des reinen Schweißgutes (siehe Bild KII.5-9). Man beachte, dass hier – im Gegensatz zu den 3.1-Abnahmeprüfzeugnissen für Stahlerzeugnisse (Bilder KII.5-1 und -2) – die CE-Kennzeichnung nicht in die Prüfbescheinigung integriert wird; sie findet sich auf dem Etikett der Verpackung (siehe Bild KII.5-10). Die ganze Qualitätssicherungssituation ist sehr unbefriedigend.

FLIESS
SINCE 1915

Schweißdrähte / Welding Wires

Fliess Essenbergerstr. 85-93 47059 Duisburg

Fa. Mustermann GmbH
Musterstrasse 4

0000 Musterstadt

Abnahmeprüfzeugnis
Inspection Certificate
Certificate de réception
EN 10 204-3.1

Datum: 14.11.2017 **Nr.:** 1972/17
Date/Date

Bestell-Nr.: Order No./No. de commande	987654321	**Bestelldatum:** of/du	16.10.2017
Unsere Auftrags-Nr.: Our order no./No. de commande d'usine	10000105005	**Unsere Abteilung:** Our Department/notre département	QA / Si
Qualität: Quality/Qualité	ED-FK 1000	**Norm-Bezeichnung:** Standard classification/norme	DIN EN ISO 16834-A Mn4Ni2CrMo
Spulart: Spooling/Bobinage	B300 - 15 kg	**Abmessung:** Dimension/Dimension	1,2 mm
Schmelz-Nr.: Cast-no./No. coulée	884150	**Gewicht:** Weight/Poids	15 kg

Chemische Zusammensetzung in % / Chemical composition / Composition chimique												
Schmelze	**C**	**Si**	**Mn**	**P**	**S**	**Cu steel**	**Al**	**Cr**	**Mo**	**Ni**	**V**	**Ti**
884150	0,11	0,83	1,79	0,008	0,009	0,014	0,006	0,35	0,56	2,28	0,003	0,077
	Nb	**Co**	**Pb**	**Sn**	**B**	**As**	**Zr**	**Ta**	**Sb**	**Ca**	**N mill**	**O**
884150	0,002	0,0010	0,001	0,002	0,0005	0,003	0,001	0,001	0,0010	0,0010	0,004	

Bemerkungen/remarks/remarques AWS A5.28 : ER120S-G

Mechanische Eigenschaften des reinen Schweißgutes mechanical properties of pure weld metal / propriété mécanique de soudage purement			
Re bzw. Rp0,2	**Rm**	**A5**	**Av**
1017 MPa	1102 MPa	13 %	60/56/58 J @ -40 °C
			47/49/47 J @ -60 °C

HERMANN FLIESS & CO. GMBH
Qualitätsstelle
QA Dept.

QUALITY ASSURANCE QA DEPT. Si FLIESS

Slavko Simunovic

Hermann Fliess & Co. GmbH
Essenberger Straße 85-93
47059 Duisburg / Germany

+49 203 31908-0 · Fax -90
info@fliess.biz · www.fliess.biz

National-Bank Duisburg
IBAN: DE56 3602 0030 0005 0761 10 BIC: NBAG DE3E

Commerzbank Duisburg
IBAN: DE51 3504 0038 0581 8075 00 BIC: COBA DE FF XXX

Handelsregister Duisburg HRB-Nr. 2696

Deutsche Bank Duisburg
IBAN: DE38 3507 0030 0317 3267 00 BIC: DEUT DE DE350

Postbank Essen
IBAN: DE36 3601 0043 0002 8854 32 BIC: PBNK DE FF

Geschäftsführer Henning H. Fliess · Alexander H. Fliess

Quelle: Hermann Fliess & Co. GmbH

Bild KII.5-9: Beispiel für Abnahmeprüfzeugnis 3.1 für Schweißzusätze – Drahtelektroden zum Schutzgasschweißen von hochfesten Stählen nach EN ISO 16834

Quelle: ISAF Drahtwerk GmbH

Bild KII.5-10: Etikett auf Verpackung für Schweißzusätze: Drahtelektroden zum Schutzgasschweißen von unlegierten Stählen nach EN ISO 14341

Zur Situation in Deutschland: Die Schweißzusätze gelten auch in Deutschland als Bauprodukte. Die zugehörigen EN-ISO-Produktnormen werden aber wegen der hEN-Eigenschaft von EN 13479 nicht in der C2-Liste technischer Regeln in der MVV-TB aufgeführt. Da die EU-Kommission jedoch aufgrund der erkannten „Lückenproblematik" von hENs übergangsweise als „Lückenschluss" freiwillige nationale Nachweissysteme toleriert [V7], bietet sich für den deutschen bauaufsichtlichen Bereich eine Anwendung von Abschnitt D3 der MVV-TB an, wo die Anforderungen für freiwillige Herstellerangaben, die über die Wesentlichen Merkmale der CE-Kennzeichnung hinaus gehen, konkretisiert sind.

An dieser Stelle muss darauf hingewiesen werden, dass die Deutsche Bahn für ihren Bereich, d. h. Eisenbahnbrücken und sonstige Ingenieurbauwerke, gemäß Ril 804 [R196] und DBS 918005 [R31] (vgl. zu II-Einleitung <4>) für gelieferte Schweißzusätze zusätzlich zur CE-Kennzeichnung ein **DB-Zulassungszertifikat** verlangt, dafür aber explizit auf eine Prüfbescheinigung nach EN 10204 verzichtet. Die DB-Zulassungszertifikate (früher DB-Kennblätter) haben eine lange Geschichte, die vor allem darin begründet ist, dass bei der Bahn nicht nur an Bauwerken, sondern auch im Schienenfahrzeugbau sowie an Schienen und Oberbauteilen geschweißt wird. Die Zulassungszertifikate werden von der DB Systemtechnik GmbH nach einer eigenen Verfahrensanweisung erstellt. Die ausgestellten Zertifikate können unter www.en15085.net (Stand: 2018-09) eingesehen und bezogen werden.

Für andere Anwendungsbereiche (z. B. Straßenbrücken) kann das DB-Zertifikat zusätzlich vertraglich vereinbart werden. Das wird zwar selten wahrgenommen. Es ist aber von vielen deutschen Stahlbaufirmen bekannt, dass sie darauf achten, zumindest für alle von ihnen eingesetzten Zusatzwerkstoffe ein DB-Zertifikat vorliegen zu haben, um dem sonst vom Auftraggeber möglicherweise geforderten 3.1-Abnahmeprüfzeugnis aus dem Wege zu gehen. Dem gleichen Zweck dienen auch die TÜV-Kennblätter. Das Beispiel-Etikett in Bild KII.5-10 nennt konsequenterweise neben der CE-Kennzeichnung sowohl eine DB-Nummer als auch eine TÜV-Nummer. Aufgrund dieser traditionellen Situation wird in Deutschland die oben dargelegte, europäisch unbefriedigende Qualitätssicherungssituation bei den Schweißzusätzen keine wesentliche Rolle spielen.

Neuerdings taucht, wie im gesamten Bausektor, auch bei Schweißzusätzen die „*Environmental Product Declaration* (**EPD**)" auf. Die EPD erfasst den Lebenszyklus eines Produktes vollständig. Sie wird beispielsweise von den TÜVs in Form von Merkblättern erstellt (nicht zu verwechseln mit den vorstehend erwähnten „TÜV-Kennblättern"). Die EPD spielt jedoch nach Kenntnis der Verfasser bisher im Stahlbau keine Rolle.

<2> Zu Abs. 2 – Eignung der Schweißzusätze

Schweißzusätze und -hilfsstoffe müssen sowohl aufeinander als auch auf die eingesetzten Schweißverfahren und Schweißprozesse und auf die zu schweißenden Grundwerkstoffe abgestimmt sein. Die Güte des Schweißgutes soll den Grundwerkstoffeigenschaften weitgehend entsprechen. Es ist deshalb nicht sinnvoll, Schweißgut mit einer deutlich höheren Festigkeit als der des Grundwerkstoffes zu verwenden. In Einzelfällen – vor allem bei Reparaturschweißungen oder im Wurzelbereich – kann es sogar sinnvoll sein, einen weicheren Schweißzusatz auszuwählen, um durch eine höhere Dehnung im Schweißgut die Rissgefahr auf Grund vorhandener Eigenspannungen zu reduzieren.

Der Nahtaufbau mit verschiedenen Schweißzusätzen ist statthaft, solange diese Schweißzusätze für den Grundwerkstoff zugelassen sind. Ebenso dürfen auch verschiedene Schweißprozesse für eine Schweißnaht eingesetzt werden.

<3> Zu Abs. 3 und Tabelle II.6 – Schweißzusätze für wetterfeste Stähle

Beim Schweißen von wetterfesten Stählen nach EN 10025-5 müssen – zumindest bei den Raupen der Decklage und der außenliegenden Wurzellage – Schweißzusätze und Schweißpulver verwendet werden, die in der chemischen Zusammensetzung eine gleichwertige Wetterfestigkeit wie bei den Grundwerkstoffen ergeben. Dazu müssen diese Schweißzusätze gemäß Tabelle II.6 höhere Gehalte der Elemente Cu und P sowie des Elementes Ni oder der Elemente Cr und Mo als der Grundwerkstoffe aufweisen. Mit Cu und P wird die festhaftende Rostschicht der wetterfesten Stähle erzeugt, Ni, Cr und Mo gleichen die versprödenden Eigenschaften von Cu und P aus. Weitere Ausführungen zum Schweißen von wetterfesten Stählen siehe auch Kommentar zu II.7.5.10.

<4> Zu Abs. 4 – Schweißzusätze für nichtrostende Stähle

Schweißzusätze zum Schweißen von nichtrostenden Stählen müssen von der chemischen Zusammensetzung her garantieren, dass die Beständigkeit des Schweißgutes gegen Korrosion und/oder Hitze gegeben ist. Deshalb werden immer Schweißzusätze gewählt, die in der chemischen Zusammensetzung geringfügig höher legiert sind als die Grundwerkstoffe.

Ergänzend sei hier auf den **Eurocode EN 1993-1-4** [R100] hingewiesen, der – obwohl eigentlich nur für Bemessungsregeln bei Anwendung von nichtrostenden Stählen zuständig – auch einige Angaben zu Schweißzusätzen macht. Zum Beispiel dürfen („als Ausnahme zu den in EN 1993-1-8 gestellten Anforderungen an Schweißzusatzwerkstoffe") beim Schweißen von kaltverfestigtem austenitischem nichtrostendem Stahl Schweißzusatzwerkstoffe eine niedrigere Nennfestigkeit haben als das Grundmaterial. Es sollte sich aber möglichst um austenitische Schweißzusatzwerkstoffe handeln. Austenitisch-ferritische Schweißzusatzwerkstoffe dürfen nur verwendet werden, wenn die mechanischen Eigenschaften der Anschlüsse durch entsprechende Versuche verifiziert sind.

Im deutschen bauaufsichtlichen Bereich sind für das Schweißen von nichtrostenden Stählen zusätzlich die Bestimmungen der allgemeinen bauaufsichtlichen Zulassung (abZ) **Z-30.3-6** [R9] zu beachten (vgl. auch zu II.1 <1.3>). Dort werden natürlich dieselben drei Produktnormen für Schweißzusätze aufgeführt wie in Tabelle II.5 von EN 1090-2, aber man findet darüber hinaus genaue Vorgaben, welche Stabelektroden nach EN ISO 3581 bzw. Drahtelektroden nach EN ISO 14343 bzw. Fülldrahtelektroden nach EN ISO 17633 für die diversen nichtrostenden Stähle zu verwenden sind, insbesondere in Mischverbindungen zwischen unterschiedlichen Stählen. Damit sind sowohl solche zwischen unterschiedlichen nichtrostenden Stählen (z. B. austenitischen und ferritischen Stählen) gemeint als auch die so genannten Schwarz-Weiß-Verbindungen zwischen Baustählen und nichtrostenden Stählen. Weitere Ausführungen zum Schweißen von nichtrostenden Stählen siehe Kommentar zu II.7.7.

Mechanische Verbindungsmittel — Zu II.5.6

Allgemeines — Zu II.5.6.1

<1> Zu Abs. 1 – Vergleichbare Korrosionsbeständigkeit der Verbindungsmittel und der Bauteile

Die Formulierung „vergleichbare Korrosionsbeständigkeit" bedeutet nicht, dass die Korrosionsschutzsysteme des Bauteils und der Verbindungsmittel exakt gleichwertig sein müssen. Sie müssen nur aufeinander **abgestimmt** sein, damit während der gesamten Nutzungsdauer des Tragwerks unter Berücksichtigung der geplanten Überarbeitungsintervalle der geforderte Korrosionsschutz stets vorhanden ist. Grundsätzlich muss die fertige Schraubenverbindung einschließlich ihrer Umgebung im Regelfall mit demselben Korrosionsschutzsystem versehen werden wie das restliche Stahltragwerk. Das ist im Normabschnitt II.10.8 so festgelegt, aber in der Praxis oft nur schwierig oder gar nicht zu realisieren (siehe zu II.10.8 <3>).

Es ist logisch, dass es keinen Sinn ergibt, in einer mit hochwertigem Korrosionsschutzsystem versehenen Stahlkonstruktion Schraubengarnituren mit schwächerem Korrosionsschutz einzubauen und dann so zu belassen. Verwendet man beispielsweise zur Montage einer Duplex-beschichteten Stahlkonstruktion feuerverzinkte Schrauben, so müssen diese nach abgeschlossener Montage (und ggf. nach dem Nachziehen, wenn sie mit dem Drehmomentverfahren vorgespannt wurden) in der Korrosivitätskategorie C5 (gemäß EN ISO 12944-2) zur Erreichung einer einheitlichen Schutzdauer in jedem Fall mit einer Deckbeschichtung versehen werden, in C4 unter Umständen ebenfalls. In Korrosivitätskategorie C3 und geringer ist das nicht erforderlich – falls dem keine Vereinbarung mit dem Bauherrn/Kunden entgegensteht. Technisch ausschlaggebend hierfür ist die Dickenabnahme der Zinkschicht nach Tabelle 1 in EN ISO 12944-2, wenn man von einer Mindestzinkauflage von 50 µm für die Verbindungselemente gemäß EN ISO 10684 ausgeht. Das hier angesprochene nachträgliche „Beschichten“ vorgespannter verzinkter Schraubenverbindungen wird in der Stahlbau-Praxis sehr kritisch gesehen: Es sei fast nicht möglich, diese Arbeiten auf der Baustelle mit vertretbaren Kosten qualifiziert auszuführen (siehe zu II.10.8 <3>).

Umgekehrt spricht selbstverständlich nichts dagegen, eine Stahlkonstruktion, die für die Zwischenlagerung auf der Baustelle mit einer Grundbeschichtung versehen ist, sich aber später in trockener Innenatmosphäre befinden wird (Korrosivitätskategorie C1), mit feuerverzinkten oder sogar galvanisch verzinkten (siehe Kommentar <3> weiter unten) Schraubengarnituren zu montieren und diese unbeschichtet zu lassen.

Die frühere DIN 18800-7 enthielt die rigide Forderung, in **feuerverzinkten Konstruktionen** nur **feuerverzinkte Verbindungsmittel** einzusetzen. Das war als Mindestforderung vor dem Hintergrund des Phänomens „Kontaktkorrosion“ zu verstehen (siehe zu II.10.4) und gilt in diesem Sinne nach wie vor. Es dürfen also keinesfalls Aluminium-Verbindungsmittel in feuerverzinkten Konstruktionen eingesetzt werden, und auch „schwarze“ (korrekt: „wie hergestellt“ gelieferte) Schrauben in feuerverzinkten Konstruktionen sind generell unzulässig. Eine häufig gestellte Frage beim Einsatz feuerverzinkter Schraubengarnituren in feuerverzinkten Stahlkonstruktionen ist, ob die Überzugsdicke auf den Verbindungsmitteln (≥ 50 µm nach EN ISO 10684) im Sinne der oben diskutierten Abstimmung zwischen Verbindungsmitteln und Konstruktion überhaupt ausreichend ist im Vergleich zu der in der Regel größeren Überzugsdicke auf den Bauteilen (z. B. ≥ 85 µm für $t \geq 6$ mm nach EN ISO 1461). Die Antwort lautet: ja!

Verbindungsmittel, die gemäß elektrischer Spannungsreihe wesentlich „edler“ sind als Zink (siehe zu II.10.4), dürfen in feuerverzinkten Konstruktionen in der Regel eingesetzt werden. Das gilt aus baupraktischer Sicht vor allem für **Verbindungsmittel aus nichtrostendem Stahl**, z. B. nach Zulassung (abZ) **Z-30.3-6** [R9], sofern das Oberflächenverhältnis Bauteil (= korrosionstechnische Anode) zu Verbindungsmittel (= korrosionstechnische Kathode) ausreichend groß ist. Ein typischer zulässiger Anwendungsfall wären großflächige verzinkte Profiltafeln, die mit nichtrostenden Schrauben verbunden werden. Bild II.5-15 zeigt ein zulässiges Beispiel aus dem eher kleinteiligen Metallbau. Keinesfalls dürfen jedoch umgekehrt feuerverzinkte Verbindungsmittel für Konstruktionen aus nichtrostenden Stählen verwendet werden – die „unedlere“ Zinkschicht und anschließend der ähnlich „unedle“ Schraubenstahl würden sehr schnell rosten. Als Grundregel sollte nach wie vor gelten, dass für feuerverzinkte Konstruktionen auch feuerverzinkte Verbindungsmittel zum Einsatz kommen.

Die frühere DIN 18800-7 empfahl ferner die Verwendung von feuerverzinkten Schrauben „auch“ in beschichteten Konstruktionen; auch das war als Mindestforderung zu verstehen. Sie ist unter Umständen nicht ausreichend, so dass eigentlich eine abschließende Deckbeschichtung der Schrauben erforderlich wird (vgl. aber weiter oben). Von Vornherein **organisch beschichtete Schrauben** für den Zusammenbau bereits beschichteter Stahlkonstruktionen einzusetzen, wie zuweilen in der Literatur vorgeschlagen [V36], mag zwar zunächst logisch klingen, wäre aber angesichts des rauen Baustellenbetriebs mehr als problematisch. Es würde große Sorgfalt erfordern, eine beschichtete Mutter ordnungsgemäß anzuziehen, ohne die Beschichtung entscheidend zu beschädigen. Abgesehen davon gibt es auf dem deutschen Markt gar keine beschichteten Schraubengarnituren.

Der Korrosionsschutz für die drei Komponenten einer Schraubengarnitur (Schraube, Mutter, ggf. Scheiben) muss selbstverständlich nicht nur mit dem Korrosionsschutz der zu verbindenden Bauteile vergleichbar sein (wie im vorliegenden Normabsatz gefordert), sondern auch untereinander einheitlich und verträglich sein. Beide harmonisierten „Schirm-Produktnormen“ für Metallbauverschraubungen, EN 15048-1 und EN 14399-1, enthielten demzufolge bis zur Einführung der BPVO im Jahre 2013 die Forderung „die Überzüge aller Komponenten einer Garnitur müssen miteinander verträglich sein und müssen eine ähnliche Korrosionsbeständigkeit haben“. Diese Forderung ist in den jetzt gültigen Ausgaben der beiden Normenreihen in den jeweiligen Teil 2 verschoben worden, weil die Oberflächenbeschaffenheit „kein Produktmerkmal für die CE-Kennzeichnung“ sei – eine der vielen Auswirkungen der BPVO, die für den „normalen“ Ingenieur nur schwer nachvollziehbar sind.

Es sei hier noch einmal daran erinnert, dass EN 1090-2 nicht nur für Konstruktionen aus Baustahl gilt, sondern auch für solche aus nichtrostenden Stählen (vgl. zu II.1 <1.3>). Deshalb sind auch Verbindungsmittel aus nichtrostenden Stählen durch die Norm abgedeckt und hier im Kontext „vergleichbare Korrosionsbeständigkeit“ zu beachten. Sie stellen in Konstruktionen aus nichtrostenden Stählen selbstverständlich die Regel dar, während verzinkte Schrauben in einer Konstruktion aus nichtrostendem Stahl ausgeschlossen sind (vgl. weiter oben).

<2> Zu Abs. 2 und Anmerkung – Feuerverzinkte Verbindungsmittel

Die hier in Bezug genommene Norm **EN ISO 10684** enthält Anforderungen an den Oberflächenzustand vor dem Verzinken und an das zu verwendende Zink, darüber hinaus Vorgaben zur Gewindetoleranz für Schrauben mit Gewindeuntermaß bzw. Muttern mit Gewindeübermaß sowie Vorschriften für die entsprechende Kennzeichnung, und schließlich auch Anforderungen an den fertigen Zinküberzug. Die Norm gilt für Schrauben und Muttern mit Festigkeitsklassen bis einschließlich 10.9 (Schrauben) bzw. 12 (Muttern) mit Regelgewinde von M8 bis M64, deckt also den gesamten Stahlbau ab (wobei M8 wegen der dicken Zinkschicht schon problematisch ist). Für Gewinde kleiner als M8 wird in EN ISO 10684 von Feuerverzinkung explizit abgeraten. Man bekommt solch kleine Verbindungsmittel im Handel auch gar nicht in feuerverzinkter Ausführung, sondern nur galvanisch verzinkt (siehe <3>).

Da Ausführende von Stahlbauten feuerverzinkte Verbindungsmittel in der Regel als fertige Ausgangsprodukte beziehen, gelten die Regeln der EN ISO 10684 in erster Linie für die Verbindungsmittelhersteller. Diese haben für Deutschland (der Deutsche Schraubenverband DSV zusammen mit dem Gemeinschaftsausschuss Verzinken GAV) sogar zusätzlich eine Richtlinie erarbeitet [R173]. Sie setzt die in Forschungsprojekten für hochfeste Schrauben gewonnenen Erkenntnisse zur Vermeidung

- von flüssigmetallinduzierten Anrissen und
- von wasserstoffinduzierten Sprödbrüchen

in praktische Herstellungsregeln um. Sie beschreibt besondere Maßnahmen in einzelnen Stufen des Fertigungsprozesses für feuerverzinkte Schrauben und regelt einheitliche Gewindetoleranzen für die in Deutschland einsetzbaren feuerverzinkten Schraubengarnituren. Wichtiger für den Stahlbauer sind allerdings die in EN ISO 10684 enthaltenen besonderen Kennzeichnungs- und Liefervorschriften (siehe zu II.5.6.12 <1.2> und <1.4>).

Im aktuell noch gültigen NA zu EN 1993-1-8, **DIN EN 1993-1-8/NA** [R104], findet man noch die beiden traditionellen deutschen Vorschriften für feuerverzinkte Schrauben, Muttern und Scheiben:

- Es sind nur komplette Garnituren (Schrauben, Muttern und Scheiben) eines Herstellers zu verwenden.

- Feuerverzinkte Schrauben der Festigkeitsklassen 8.8 und 10.9 sowie zugehörige Muttern und Scheiben dürfen nur verwendet werden, wenn sie vom Schraubenhersteller im Eigenbetrieb oder unter seiner Verantwortung im Fremdbetrieb verzinkt wurden

Diese beiden Vorschriften sind vor dem Hintergrund der jetzigen EN-Normengeneration überflüssig. Die beiden Normenreihen für Metallbauverschraubungen, EN 15048-i und EN 14399-i, erlauben jetzt generell nur das Verbauen von Garnituren, deren Lieferung – ob feuerverzinkt oder „schwarz" (korrekt: wie hergestellt) – von einem Hersteller vorgeschrieben ist (siehe zu II.5.6.12 <1.3>). Und beide für die technischen Anforderungen und Lieferzustände maßgebenden Normteile EN 15048-2 und EN 14399-2 schreiben vor, dass „die Überzüge auf allen Elementen unter der Aufsicht des Herstellers der Garnituren aufgebracht werden müssen" bzw. „der Oberflächenüberzug jedes Elements der Kontrolle durch den Hersteller unterliegt".

Beim Aufbringen der Überzüge unter der Aufsicht des Garniturenherstellers geht es vor allem um die **Gewindepassfähigkeit.** Damit ist nicht nur die Leichtgängigkeit beim Aufschrauben der verzinkten Mutter auf die verzinkte Schraube gemeint (hieran sind vor allem die Stahlbaumonteure interessiert), sondern auch die statisch wirksame Gewinde-Eingriffstiefe in der verschraubten Verbindung. Da es grundsätzlich zwei Möglichkeiten gibt, die Passfähigkeit fertigungstechnisch zu erreichen – nämlich Unterschneiden des Schraubengewindes oder Überschneiden des Muttergewindes –, soll die Lieferung von einem Hersteller 100%ig sicherstellen, dass nicht eine überschnittene Mutter (Gewindeübermaß) mit einer unterschnittenen Schraube (Gewindeuntermaß) kombiniert wird.

Streng genommen stellt die Lieferung einer feuerverzinkten Garnitur von einem Hersteller aber immer noch eine doppelte Absicherung dar. Die Gefahr mangelhafter Gewindepassfähigkeit besteht eigentlich nicht mehr, seit **EN ISO 10684** vorschreibt, Schrauben mit Gewindeuntermaß bzw. Muttern mit Gewindeübermaß eindeutig mit einem Kurzzeichen für die jeweilige Gewindetoleranz zu kennzeichnen (siehe zu II.5.6.12 <1.2>). Es würde also rein technisch gar nichts passieren – einmal abgesehen davon, dass für tragende Schraubenverbindungen sowieso nur Garnituren eines Herstellers eingesetzt werden dürfen –, wenn man z. B. in einer nicht vorgespannten Verbindung eine feuerverzinkte Schraube der Fa. XX mit einer feuerverzinkten Mutter der Fa. YY zusammen verbauen würde, sofern man nur darauf achtete, keine Schrauben mit Gewindeuntermaß (Zusatzkennzeichen „U") und Muttern mit Gewindeübermaß (Zusatzkennzeichen „Z") zu „paaren". EN ISO 10684 weist im Übrigen deutlich auf die Gefahr hin, dass solche Verbindungen mit „großer Wahrscheinlichkeit zum Abstreifen des Gewindes führen" würden, und untersagt sie explizit.

Hinsichtlich der beiden genannten **Rissbildungsgefahren** beim Verzinken hochfester Schraubengarnituren gibt im Übrigen auch EN ISO 10684 selbst im Abschnitt „Feuerverzinkungsverfahren und Vorsichtsmaßnahmen" klare Warnhinweise. EN 1090-2 richtet im vorliegenden Normabschnitt II.5.6.1 in einer Anmerkung ebenfalls das besondere Augenmerk des Anwenders auf die Gefährdung durch Wasserstoffversprödung während des Galvanisierens oder des Feuerverzinkens von 10.9-Schrauben (siehe <3>). Und „*last but not least*" wird die besondere Wichtigkeit der Schraubenherstellerverantwortung bei hochfesten Garnituren zusätzlich dadurch unterstrichen, dass die beiden relevanten Einzel-Produktnormen EN 13499-3 und -4 im Zusammenhang mit den technischen Lieferbedingungen auch darauf hinweisen.

<3> Zu Abs. 3 und Anmerkung – Verbindungsmittel mit galvanischen Überzügen

Die hier in Bezug genommene Norm **EN ISO 4042** gilt zunächst einmal für alle Arten galvanischer Überzüge auf Verbindungselementen mit und ohne Gewinde, nämlich

- Cadmiumüberzüge,
- Zinküberzüge,
- Nickel-, Nickel-Chrom- und Kupfer-Nickel-Chrom-Überzüge,
- Chromatierung.

Bedenkt man aber, dass Überzüge aus Cadmium oder Cadmiumlegierung zumindest für vorspannbare 10.9-Schraubengarnituren im Stahlbau explizit untersagt sind (EN 14399-3 und -4) und dass auch andere metallische Korrosionsschutzüberzüge, die **nicht zinkbasiert** sind, für Verbindungsmittel im Stahlbau nach Wissen der Verfasser derzeit praktisch nicht eingesetzt werden, kann EN 1090-2 mit dem vorliegenden Normabsatz nur galvanische Zinküberzüge meinen, also **„galvanisch verzinkte“** Schraubengarnituren.

Die **galvanische Verzinkung** von 8.8- und 10.9-Schrauben wird im deutschen Stahlbau traditionell kritischer gesehen als in fast allen anderen Ländern. Sie ist, zurückgehend auf die früheren DIN 18800er Normen, gemäß Nationalem Anhang **DIN EN 1993-1-8/NA** [R104] in Deutschland ausdrücklich verboten. Im EN-Normensystem gibt es ein solch striktes Verbot für den Stahlbau nicht. Hintergrund des Verbotes sind vor allem Vorbehalte gegenüber dem Erfolg der Wasserstoffaustreibung bei der galvanischen Verzinkung. Gelingt diese nicht, so kann der Werkstoff so stark verspröden, dass die Schraube unter eigentlich zulässiger Zugbeanspruchung (z. B. bereits nach dem Vorspannen) reißt. Die Gefahr dieser „internen“ Wasserstoffversprödung beim Verzinkungsprozess steigt mit der Festigkeit und/oder Härte des Schraubenwerkstoffes – im Übrigen nicht nur bei galvanischer Verzinkung, sondern auch bei Feuerverzinkung (weshalb 12.9-Schrauben im Stahlbau gar nicht eingesetzt werden dürfen). Die Vorbehalte wurden zusätzlich unterstützt durch eine undifferenzierte Aussage in der aktuell noch gültigen EN ISO 4042:2001: „Eine vollständige Beseitigung der Wasserstoffversprödungsgefahr kann nicht garantiert werden. Wenn die Wahrscheinlichkeit von Wasserstoffversprödung verringert werden soll, sollten andere Beschichtungsverfahren in Erwägung gezogen werden.“

Die **Anmerkung** am Ende des vorliegenden Normabschnittes II.5.6.1, in der – vom Grundsatz her zu Recht – ebenfalls auf die Gefährdung durch Wasserstoffversprödung hingewiesen wird, ist in zweierlei Hinsicht zu kritisieren: Erstens sind praktisch nur die Schrauben gefährdet, die Muttern mit ihrer nur lokalen Zugbeanspruchung lediglich in Sonderfällen bei großen Abmessungen und die Scheiben als Bestandteile der Garnituren gar nicht. Zweitens wird das Galvanisieren und das Feuerverzinken unzulässigerweise „über einen Kamm geschoren“. Während jedoch die Wasserstoffaustreibung bei feuerverzinkten 10.9-Schrauben heute von den erfahrenen Schraubenherstellern beherrscht wird, wird sie bei galvanisch verzinkten 10.9-Schrauben auch international immer noch kritisch gesehen. Insofern ist das deutsche Verbot galvanisch verzinkter 10.9-Schrauben immer noch berechtigt.

Nicht mehr zeitgemäß ist aber nach Meinung vieler Fachleute, dass in Deutschland daneben auch 8.8-Schrauben mit galvanischem Zinküberzug immer noch verboten sind. Zum einen stellt die neue Ausgabe von EN ISO 4042 (bei Drucklegung dieses Buches noch Entwurf) Schrauben der FK 8.8 eindeutig besser als solche der FK 10.9. Zum anderen bestand dem Hörensagen nach das Misstrauen gar nicht so sehr gegenüber dem Werkstoff 8.8 als solchem, sondern gegenüber der Möglichkeit einer Überfestigkeit – EN ISO 898-1 schreibt nämlich zwar für die Härte min- und max-Werte vor, für die Festigkeit aber nur Mindestwerte. Die Schraube würde sich dann beim Verzinken eher wie eine 10.9-Schraube verhalten, so der Vorbehalt. Da heute, sowohl nach EN 15048 als auch nach EN 14399, die Herstellung aller Komponenten einer Garnitur in der Verantwortung des jeweiligen (zertifizierten) Garniturenherstellers liegt, besteht diese Gefahr nicht mehr. Nachträgliches Verzinken von unkontrolliert hergestellten und beschafften Schrauben ist nicht mehr zulässig. Es soll aber nicht verschwiegen werden, dass einige deutsche Korrosionsschutz-Experten das Verbot von galvanisch verzinkten 8.8-Schrauben im Stahlbau nach wie vor für gerechtfertigt halten.

Niedrigfeste Verbindungsmittel (4.6 und 5.6) mit galvanischem Zinküberzug sind aus Sicht der Wasserstoffversprödung unproblematisch, können also im Stahlbau uneingeschränkt eingesetzt werden. Man muss sich aber im Klaren darüber sein, dass die Schichtdicke und damit die Korrosionsschutzwirkung viel kleiner sind als bei feuerverzinkten Verbindungsmitteln. Deshalb steht in einer Anmerkung des deutschen NA zu EN 1993-1-8: „Die galvanische Verzinkung bei Schrauben reicht als Korrosionsschutz alleine nur in trockenen Innenräumen (Korrosivitätskategorie C1 nach EN ISO 12944-2) aus.“ Allerdings lässt sich mit der Maximalschichtdicke von ca. 12 µm auch Korrosivitätskategorie C2 erreichen.

Die niedrige Korrosionsschutzwirkung erklärt im Übrigen auch, warum galvanisch verzinkte Verbindungsmittel im Maschinenbau vergleichsweise häufig zum Einsatz kommen. Auch der gemäß mehrerer allgemeiner bauaufsichtlicher Zulassungen (z. B. abZ Z-14.4-746 [R6]) jetzt schon in Deutschland erlaubte Einsatz galvanisch verzinkter 8.8-Verbindungsmittel in Regalsystemen macht nur vor dem Hintergrund der niedrigen Korrosivität bei Haus-in-Haus-Konstruktionen Sinn.

Stahlbau-Verbindungen, die mit galvanisch verzinkten Garnituren verschraubt werden und dann atmosphärischer Korrosion ausgesetzt sind, müssen nach erfolgter Montage in aller Regel noch mit einer wirkungsvollen Beschichtung endgeschützt werden, etwa im Sinne eines Duplex-Korrosionsschutzsystems. Dann sind sie selbstverständlich auch bei höheren Korrosivitätskategorien als C1 einsetzbar. Solch nachträgliches „Beschichten" von Schraubenverbindungen ist jedoch aus Sicht der Praxis sehr kritisch zu sehen (siehe zu II.10.8 <3>).

<4> Zu Abs. 4 – Verbindungsmittel mit nichtelektrolytisch aufgebrachten Zinklamellenüberzügen

Zinklamellenüberzüge nach **EN ISO 10683**[4] werden erzeugt, indem eine Zinklamellendispersion, üblicherweise mit einer Zugabe von Aluminiumlamellen, in einem geeigneten Medium auf die Stahloberfläche aufgetragen und dann eingebrannt wird. In einer Anmerkung der Norm heißt es: „Überzüge nach dieser Norm werden besonders bei hochfesten Verbindungselementen (≥ 1 000 MPa) verwendet, um das Risiko einer fertigungsbedingten Wasserstoffversprödung zu vermeiden."

Da die Schichtdicke von Zinklamellenüberzügen mit 5 bis 15 µm in der gleichen Größenordnung liegt wie beim galvanischen Zinküberzug, bieten sie sich eigentlich als problemlose Alternative zu galvanisch verzinkten 8.8- und vor allem 10.9-Garnituren an. Beide Überzugsarten werden in der Tat in allen Schrauben- und Mutter-Produktnormen EN ISO 4014 ff. und EN ISO 4032 ff. als korrosionsschutztechnisch gleichwertige Bestelloptionen aufgeführt. Auch preislich liegen Verbindungsmittel mit beiden Überzugsarten in der gleichen Größenordnung (etwa halb so teuer wie feuerverzinkte Verbindungsmittel). Aus anderen Technikbereichen ist zu hören, dass viele Unternehmen ihre Schraubenverbindungen von galvanisch verzinkt auf Zinklamelle umstellen. Dies soll u. a. auch den Vorteil geringerer Gewindereibungszahlen haben.

Speziell für den Stahlbau gibt es seit 2015 eine allgemeine bauaufsichtliche Zulassung (abZ) **Z-30.11-45** [R12] für „Verbindungselemente und Bauteile aus Stahl mit maximalen Abmessungen 10 × 10 × 5 m mit einer Zinklamellenbeschichtung". Die Sollschichtdicke beträgt 30 µm, hat also offenbar auf dem eigentlichen Zinklamellenüberzug noch eine Deckschicht. Angeblich liefert die Beschichtung bis Korrosivitätskategorie C5, Schutzdauer „mittel", nach EN 12944-2 ausreichenden Korrosionsschutz. Über praktische Erfahrungen liegen den Verfassern keine Erkenntnisse vor.

<5> Zu Abs. 5 – Verbindungsmittel mit anderen Schutzbeschichtungen oder -überzügen

Dieser Normabsatz heißt im Englischen „*Protective coatings of components* ...". Gemeint sind demnach – über die in den drei vorhergehenden Normabsätzen explizit behandelten Feuer- und galvanischen Verzinkungen sowie Zinklamellenüberzüge hinaus – alle anderen für Verbindungsmittel angebotenen Korrosionsschutzsysteme. Sie dürfen grundsätzlich verwendet werden (außer den im obigen Kommentar <3> angesprochenen Cadmium-Überzügen), sofern sie den Anforderungen der maßgebenden Produktnorm oder, falls keine Produktnorm vorliegt, den Empfehlungen des Herstellers entsprechen. Das klingt für deutsche Stahlbauer-Ohren sehr liberal, ist aber bei näherem Hinsehen konsequent, denn die Gefahr der Wasserstoffversprödung ist durch die Anmerkung am Ende des Normabschnittes II.5.6.1 deutlich genug thematisiert, und darüber hinaus ist die Verwendbarkeit im Stahlbau vor allem eine Frage der Korrosionsschutzdauer.

---

4 Die Norm EN ISO 10683 findet sich weder in Kapitel II.2 noch im Literaturverzeichnis von EN 1090-2. Sie wurde daher in das Literaturverzeichnis dieses Buches aufgenommen: [R149].

Es sei hier daran erinnert, dass auch der deutsche NA zu EN 1993-1-8 [R104] „andere metallische Korrosionsschutzüberzüge" für Schrauben zulässt, sofern

- die Verträglichkeit mit dem Stahl gesichert ist,
- eine wasserstoffinduzierte Versprödung vermieden wird und
- ein adäquates Anziehverhalten nachgewiesen wird.

Neben dem Feuerverzinken, dem galvanischen Verzinken und den nichtelektrolytischen Zinklamellenüberzügen gibt es eine Reihe weiterer Verzinkungstechniken, die in manchen Ländern fast ebenso oder sogar mehr verbreitet sind als das Feuerverzinken. In Großbritannien ist beispielsweise für Kleinteile und Verbindungsmittel das **„Sherardisieren"** sehr verbreitet. Dabei wird der Zinküberzug durch erhitzten Zinkstaub in einer rotierenden Trommel aufgebracht („Thermodiffusionsverfahren"). Die erreichbaren Schichtdicken sind mit maximal ca. 30 µm kleiner als beim Feuerverzinken. Die Korrosionsschutzwirkung ist pro Dickeneinheit jedoch besser, weil der Überzug sehr dicht ist, d. h. wegen der geringeren Dicke insgesamt vergleichbar mit dem Feuerverzinken. In jedem Fall ist sie deutlich besser als beim galvanischen Verzinken [V50]. Ein wesentlicher Vorteil ist auch hierbei der Wegfall der internen (fertigungsbedingten) Wasserstoffversprödung. Gegen den Einsatz solcher sherardisierverzinkten Verbindungsmittel an Stelle feuerverzinkter Verbindungsmittel ist aus korrosionsschutztechnischer Sicht überhaupt nichts einzuwenden, zumal es inzwischen auch eine europäische Norm dazu gibt, die **EN ISO 14713-3** [R153].

Mechanische Verbindungsmittel werden mit einer Reihe weiterer **zinkbasierter** Korrosionsschutzüberzüge angeboten, z. B. mit polymetallischen **Metalldiffusionsüberzügen** (siehe z. B. abZ **Z-30.11-29** [R11]). Ihre Einsatzbereiche müssen in der Regel besonders festgelegt werden, insbesondere hinsichtlich der abgedeckten Korrosivitätskategorien. Für weitere Informationen wird auf die Fachliteratur verwiesen.

Bezeichnungsweise

Zu II.5.6.2

<1> Zu (a) – Definition einer „Scheibe"

Mit „flache Scheibe mit Fase" sind vor allem die Scheiben nach EN 14399-6 für die vorspannbaren Schraubengarnituren HR und HV gemeint. Sie haben allerdings nicht eine Fase, sondern **zwei Fasen**, und zwar eine große Fase innen und eine kleine Fase außen; insofern ist die Definition nicht ganz korrekt (siehe zu II.5.6.3 <1.4>).

Zur Definition der Begriffe „Schraube" und „Mutter" werden keine Angaben gemacht. Grund hierfür ist die Vielzahl an unterschiedlichen Schrauben- und Mutterntypen (Sechskantkopf, Zylinderkopf, Senkkopf, Linsenkopf, Flachkopf usw.). Die Begriffe „Schraube" und „Mutter" sollen alle diese Typen, die in den jeweiligen Produktnormen beschrieben sind, und nicht nur die klassischen Sechskantkopfschrauben und -muttern umfassen.

<2> Zu (b) – Definition einer „Garnitur"

Die hier gegebene Definition einer „Garnitur" unterscheidet sich von der früher im deutschen Stahlbau verwendeten Definition. Während damals der Begriff „Garnitur" nur für „planmäßig vorgespannte" Schraubenverbindungen reserviert war, handelt es sich hier zunächst um eine rein sprachliche Definition. Sie gilt in dieser Form gleichermaßen für vorgespannte und nicht vorgespannte Verbindungen und sagt nichts über die Herkunft der jeweiligen Komponenten der Garnitur (Schraube, Mutter, ggf. Scheibe(n)) aus. Diese müssen nur geometrisch und werkstofflich zueinander passen.

In den beiden „Schirm-Produktnormen" für Metallbauverschraubungen, EN 15048-1 und EN 14399-1, wird die „Garnitur" allerdings enger definiert, nämlich bestehend aus „zusammengehörender" Schraube und Mutter und bei den vorspannbaren Garnituren zusätzlich der (den) erforderlichen Scheibe(n). Das hängt damit zusammen, dass beide Normen generell die Lieferung aller Komponenten einer Garnitur unter der Verantwortung eines Herstellers vorschreiben (siehe zu II.5.6.12 <1>).

Zu II.5.6.3 Garnituren für nicht vorgespannte Schraubenverbindungen

<1> Zu Abs. 1 und 2 – einsetzbare Garnituren und Scheiben

<1.1> Normenpaar EN 15048-1 und EN 15048-2

Traditionell durften in Deutschland bis Ende des letzten Jahrhunderts, im Gegensatz zu den meisten anderen Industrieländern, für nicht vorgespannte Verbindungen im Stahlbau nur „deutsche Stahlbauschrauben“ (siehe nachfolgenden Kommentar <1.2>) und „deutsche HV-Schrauben“ (siehe zu II.5.6.4 <1.2>) eingesetzt werden, für vorgespannte Verbindungen nur die HV-Schrauben. Ab 2002 wurde mit DIN 18800-7 die Vielfalt an genormten Kombinationen Schraube/Mutter/Scheibe(n) erstmals größer, und mit der seit 2012 für die Ausführung von Stahlbauten europaweit maßgebenden EN 1090-2 ist diese Vielfalt weiter gewachsen.

Für nicht vorgespannte Schraubenverbindungen werden in EN 1090-2 – im Gegensatz zur früheren Vorgehensweise in den deutschen Stahlbaunormen – keine einzelnen Produktnormen mehr aufgeführt. Es wird stattdessen im vorliegenden Normabschnitt für alle Schraubengarnituren, die im Metallbau in nicht vorgespannten Schraubenverbindungen für Scher-/Lochleibungs- und/oder Zugbeanspruchung eingesetzt werden sollen, auf die europäische „Normenreihe“ **EN 15048** verwiesen. Diese besteht aus zwei Teilen mit folgender Aufgabenteilung:

EN 15048-1 ist eine harmonisierte europäische Produktnorm (vgl. zu II.2.1 <3.1>) für das Bauprodukt „Garnituren für nicht vorgespannte Schraubverbindungen im Metallbau“ und beschreibt dafür gemäß Normtitel „allgemeine Anforderungen“. Diese Aufgabenbeschreibung ist insofern irreführend, als in der jetzt gültigen Ausgabe 2016-09 aufgrund der Anpassung an die BPVO [R182] nur noch ausschließlich solche Anforderungen gemeint sind, die sich auf die „Produktmerkmale“ der Garnituren als Gesamtheit beziehen, welche für ihre CE-Kennzeichnung als erforderlich definiert wurden. Alle weiteren technischen und sonstigen Anforderungen (z. B. Oberflächenausführung, Kennzeichnung der Garnitur-Elemente Schraube und Mutter, Lieferbedingungen) finden sich in **EN 15048-2**. Dieser zweite Teil der Normenreihe enthält vor allem auch die Versuchsbedingungen für den im Teil 1 als Eignungsversuch geforderten Zugversuch an kompletten Garnituren, der die Funktionsfähigkeit der CE-gekennzeichneten Garnituren sicherstellen soll. Für den Stahlbau-Anwender gilt jedenfalls: Man muss beide Teile der „Normenreihe“ EN 15048 im Blick haben.

Mit dem erstmaligen Erscheinen der Norm EN 15048-1 im Jahre 2007 war normungstechnisch ein ganz neuer Weg für Schraubenverbindungen beschritten worden. EN 15048-1 war (und ist es immer noch) eine europäisch harmonisierte **„Schirm-Produktnorm“** (vgl. zu II.2 <1.3> sowie Tabelle KII.2-1). Sie fixiert die für die CE-Kennzeichnung der Garnituren als relevant eingestuften „allgemeinen Anforderungen“ an Garnituren aus Schrauben und Muttern in Form der drei Produktmerkmale („Wesentliche Merkmale“ in der Terminologie der BPVO)

- Typ,
- Festigkeitsklasse und
- Produktklasse,

ohne auf einzelne spezielle Produkte einzugehen. Sie ist damit offen für alle denkbaren geometrischen Formen von Schrauben und Muttern, sofern sie nur die folgenden, mit den Produktmerkmalen erfassten **zentralen Forderungen** der „Schirm-Produktnorm“ erfüllen:

(a) Schrauben und Muttern müssen hinsichtlich ihrer Maße und Toleranzen in einer eigenen Produktnorm beschrieben sein. Dabei sollte es sich gemäß EN 15048-2 um **europäische** oder **internationale Produktnormen** handeln (also EN oder ISO). Wenn es keine gibt, ist auch ein Bezug auf nationale Produktnormen (z. B. DIN) zulässig.

(b) Sie müssen in **Garnituren** lieferbar sein (siehe zu II.5.6.12 <1.3>). Die Komponenten (Schrauben und Muttern) müssen – neben den üblichen werkstoffmechanischen Anforderungen, z. B. nach EN ISO 898-1 und EN ISO 898-2 – im Rahmen der werkseigenen Produktionskontrolle (WPK) des Garniturenherstellers laufend stichprobenweise im **Zugversuch an der Garnitur** nach EN 15048-2 geprüft werden. Dabei müssen sie die nominelle Mindestbruchkraft ($A_{s,nom} \cdot R_{m,min}$) bringen – unabhängig davon, ob sie im Bauwerk überhaupt auf Zug beansprucht werden sollen.

(c) Gemäß dem europarechtlichen Status der EN 15048-1 als harmonisierte europäische Produktnorm muss die WPK des Garniturenherstellers durch eine „notifizierte" Stelle zertifiziert sein.

(d) Die Schrauben und Muttern selbst müssen mit dem Zusatzkennzeichen **„SB"** (für ***Structural Bolting***) versehen sein (siehe zu II.5.6.12 <1.1>). Dieses „SB" ist das oben genannte Produktmerkmal „Typ" der Garnituren.

Bemerkenswert ist bei diesen zentralen Forderungen u. a., dass formal Schrauben mit beliebiger Kopf- und Schaftform eingesetzt werden können, nicht, wie früher nach DIN 18800-7, nur Sechskantschrauben und (in Sonderfällen) Senkkopfschrauben. Gleichwohl werden diese bewährten Schraubenformen weiterhin den Stahlbau beherrschen (siehe Tabelle KII.5-8). Auch beliebige Gewindelängen sind zugelassen, sofern sie die von der Anwendung her ggf. vorhandenen Anforderungen (z. B. Lage des Gewindes in Bezug auf die Scherfuge) erfüllen. In der jetzt gültigen Ausgabe 2016 der EN 15048-1 wird der Begriff „Schraube" sogar auf Stiftschrauben und Gewindebolzen erweitert, also quasi auf „kopflose" Schrauben. Ein Gewindebolzen mit zwei Muttern gilt jetzt auch als „Garnitur" nach EN 15048.

Eindeutige Beschränkungen gibt es aber hinsichtlich

- der **Gewindeart und -größe**:

  Metrisches ISO-Regelgewinde **M12 bis M39**, wobei aber die Verwendung größerer Durchmesser nicht ausgeschlossen wird;
- der **Werkstoffe** und **Festigkeitsklassen**:

  Schrauben aus Kohlenstoffstahl oder legiertem Stahl: FK **4.6**, (4.8), **5.6**, (5.8), (6.8), **8.8**, **10.9** nach EN ISO 898-1 (die eingeklammerten Festigkeitsklassen sind in Deutschland gemäß DIN EN 1993-1-8/NA [R104] aufgrund der Vorbehalte hinsichtlich Duktilität nicht zugelassen – wie auch in den meisten anderen europäischen Ländern);

  Muttern aus Kohlenstoffstahl oder legiertem Stahl: FK **5, 6, 8, 10, 12** nach EN ISO 898-2 (die Festigkeitsklasse 12 wird ggf. für 10.9-Schrauben benötigt);

  Schrauben und **Muttern** aus austenitischem nichtrostendem Stahl der Sorten A2, A3, A4, A5: FK **50, 70, 80** nach EN ISO 3506-1 und -2.

Zu den **Gewindegrößen** ist anzumerken, dass alle vier genannten Grundnormen für die mechanischen Eigenschaften von Schrauben und Muttern die hier genannten Festigkeitsklassen für einen Gewindebereich von M1,6 bis einschließlich M39 definieren. Es spricht also aus Sicht der Verfasser nichts dagegen, gedanklich den Bereich des „normalen Stahlbaus" für nicht vorgespannte Schraubenverbindungen gegenüber der vergleichsweise engen unteren EN-15048-Grenze M12 auf **M6 bis M39** zu erweitern, wobei der untere Grenzdurchmesser M6 den früheren deutschen Stahlbaunormen DIN 18800-1 und -7 nachempfunden ist. Das ist im Übrigen auch formal normkonform mit EN 1090-2, denn in Abschnitt II.8.2.2 ist der Mindestdurchmesser M12 mit dem Zusatz „sofern nicht anders festgelegt" versehen (siehe Kommentar <1> dazu).

Eine untere Grenze M12 für einfachen leichten Stahlbau ist eindeutig zu einschränkend – man denke nur an den Fassaden- oder Gewächshausbau oder ähnliche Anwendungsbereiche des Stahlleichtbaus. Folgerichtig erlaubt im Übrigen EN 1090-4 explizit für ihren Anwendungsbereich metrische Schrauben ab M6 (siehe zu IV.5.7.1 <1>). Ergänzend sei hier darauf hingewiesen, dass man in der aktuellen Ausgabe von EN 15048-1 den unteren Grenzdurchmesser für Stahlschrauben in Aluminiumkonstruktionen sogar auf **M5** reduziert hat, während er für Stahlkonstruktionen bei dem restriktiven Wert M12 belassen wurde – eine Unterscheidung, die sich den Verfassern nicht erschließt. Weitere Erläuterungen dazu siehe zu II.8.2.2 <1>.

Der Klarheit wegen sei hier noch einmal auf den **europarechtlichen Status** der EN 15048-1 als harmonisierte europäische Produktnorm hingewiesen. Seit Juli 2012 – mit der offiziellen Einführung der beiden für die Bemessung und die Ausführung von Schraubenverbindungen maßgebenden europäischen Normen EN 1993-1-8 und EN 1090-2 als deutsche Technische Baubestimmungen

– dürfen für nicht vorgespannte tragende Schraubenverbindungen auch in Deutschland nur noch Garnituren mit CE- und SB-Kennzeichnung nach EN 15048-1 eingesetzt werden.

In Abs. 2 des hier kommentierten Abschnitts II.5.6.3 von EN 1090-2 wird der Ordnung halber zusätzlich erwähnt, dass auch vorspannbare Garnituren nach **EN 14399-3 bis -10** für nicht vorgespannte Verbindungen eingesetzt werden dürfen. Das ist selbstverständlich, denn sie erfüllen die obigen drei zentralen Forderungen (a) bis (c) per se und tragen statt des SB-Typ-Zeichens ein höherwertiges H-Typ-Zeichen (siehe zu II.5.6.4 <1>).

In den nachfolgenden drei Kommentaren <1.2> bis <1.4> werden die Produktnormen der wichtigsten, zurzeit im europäischen Stahlbau für nicht vorgespannte Schraubenverbindungen als Garnitur-Elemente einsetzbaren Schrauben und Muttern sowie zusätzlich der (nicht zur Garnitur gehörenden) einsetzbaren Scheiben, alle aus Kohlenstoffstahl oder legiertem Stahl, zusammengestellt und kommentiert. Es handelt sich im Wesentlichen um Sechskantschrauben, Sechskantmuttern und flache runde Scheiben. Zum besseren Verständnis der Zusammenstellungen zeigt Bild KII.5-11 eine mit allgemeinen Bezeichnungen versehene, rein schematische „Garnitur" aus Sechskantschraube und Sechskantmutter mit zwei optional hinzugefügten Scheiben. Man beachte, dass sich die Definition der Klemmlänge geändert hat: Die jetzige „Paketdicke" wurde früher in Deutschland als Klemmlänge bezeichnet.

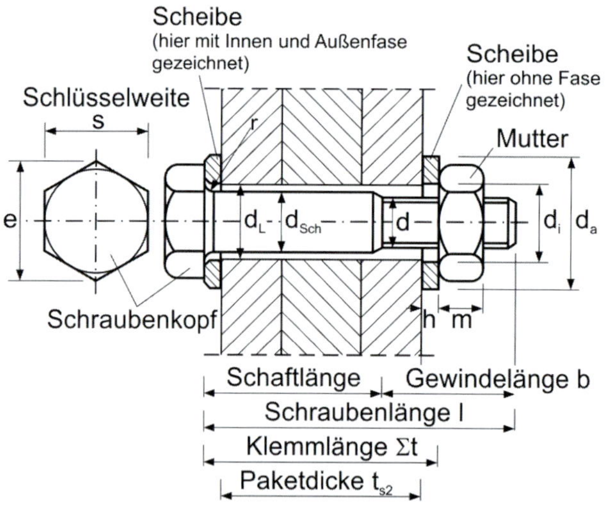

Bild KII.5-11: Schematische „Garnitur" aus Sechskantschraube und Sechskantmutter plus zwei Scheiben

ACHTUNG

Das Bild stellt **keine** normgemäße Garnitur dar, sondern dient der Veranschaulichung von Begriffen und Bezeichnungen.

<1.2> Produktnormen für Schrauben aus Kohlenstoffstahl oder legiertem Stahl

Tabelle KII.5-8 gibt eine Übersicht über die wichtigsten der zurzeit in nicht vorgespannten Garnituren einsetzbaren Sechskantschrauben mit ihren zugehörigen Produktnormen. Die drei wesentlichen geometrischen Parameter sind (vgl. Bild KII.5-11):

- die Gewindelänge b, bezogen auf die Schraubenlänge l bzw. den Gewindedurchmesser d;
- der Schaftdurchmesser d_{Sch}, bezogen auf den Gewindedurchmesser d;
- die Schlüsselweite s (= Kopfgröße), bezogen auf den Gewindedurchmesser d.

Wie sich die neun erfassten Sechskantschraubentypen in diesen wesentlichen geometrischen Parametern unterscheiden, ist Tabelle KII.5-8 zu entnehmen. Ebenfalls enthält die Tabelle die Stahlsorten und Festigkeitsklassen, in denen die einzelnen Schraubentypen lieferbar sind. Man erkennt aus der Tabelle, dass drei Typen von Sechskantschrauben für den Einsatz in nicht vorgespannten Verbindungen in Frage kommen. Es sind erstens die international genormten

Sechskantschrauben nach EN ISO 4014 ff.; sie werden im vorliegenden Kommentarbuch „**Standard-Metallbauschrauben**“ genannt. Zweitens sind es die nur in Deutschland genormten Sechskantschrauben DIN 7968/7990; sie werden im vorliegenden Kommentarbuch „**deutsche Stahlbauschrauben**“ genannt. Beide Bezeichnungen sind nicht genormt, sondern Wortschöpfungen der Verfasser. Beide Schraubentypen werden in den nachfolgenden Abschnitten hinsichtlich ihrer Charakteristika beschrieben. Drittens sind in Tabelle KII.5-8 der Vollständigkeit halber auch die **vorspannbaren Metallbauschrauben** nach EN 14399-i aufgeführt, die selbstverständlich auch für nicht vorgespannte Verbindungen eingesetzt werden dürfen.

Standard-Metallbauschrauben (Sechskantschrauben)

Die klassischen Sechskantschrauben mit Schaft, d. h. mit mittellangem Gewinde, nach **EN ISO 4014** [R135] und **4016** [R136] (früher DIN 931 und DIN 558) bzw. mit Gewinde bis Kopf nach **EN ISO 4017** [R137] und **4018** [R138] (früher DIN 933 und DIN 601) werden in sämtlichen Technikbereichen europa- und weltweit seit über 150 Jahren eingesetzt. Diese bisweilen auch „Maschinenbauschrauben“ genannten Standardschrauben waren im deutschen Stahlbau bis 1990 für tragende Verbindungen verboten. Man hatte Angst davor gehabt, das Gewinde in die Lochleibung – geschweige denn in die Scherfuge – hineinragen zu lassen und hatte deshalb in den 1940er Jahren speziell für den Stahlbau einen Schraubentyp mit besonders kurzem Gewinde entwickelt: die „rohe Stahlbauschraube“, im vorliegenden Kommentarbuch „deutsche Stahlbauschraube“ genannt (siehe weiter unten). Ihre wechselvolle Geschichte wurde vom Erstverfasser u. a. in [V61] [V66] skizziert.

Die für das frühere Verbot u. a. auch ins Feld geführten Vorbehalte im deutschen Stahlbau gegenüber dem Qualitätsstandard der „Maschinenbauschrauben“ sind durch die strengen Forderungen des Normenpaares EN 15048-1 und -2 weitgehend gegenstandslos geworden. Es ist jetzt sichergestellt, dass nicht „irgendwelche“ als Massenprodukt für Technikbereiche, in denen die Sicherheitsanforderungen niedriger sind als im Stahlbau, „irgendwo“ gefertigte Schrauben und Muttern für tragende Verbindungen des Metallbaus/Stahlbaus eingesetzt werden. Nur solche Schrauben und Muttern kommen jetzt zum Einsatz, die als qualitätsgesicherte Garnituren gezielt für den Metallbau gefertigt und geliefert wurden – vor Ort überprüfbar anhand der Zusatzkennzeichnung „SB“. Bild KII.5-12 zeigt je eine typische Standard-Metallbauschraubengarnitur mit halblangem und mit durchgehendem Gewinde; zu Muttern und Scheiben siehe weiter unten.

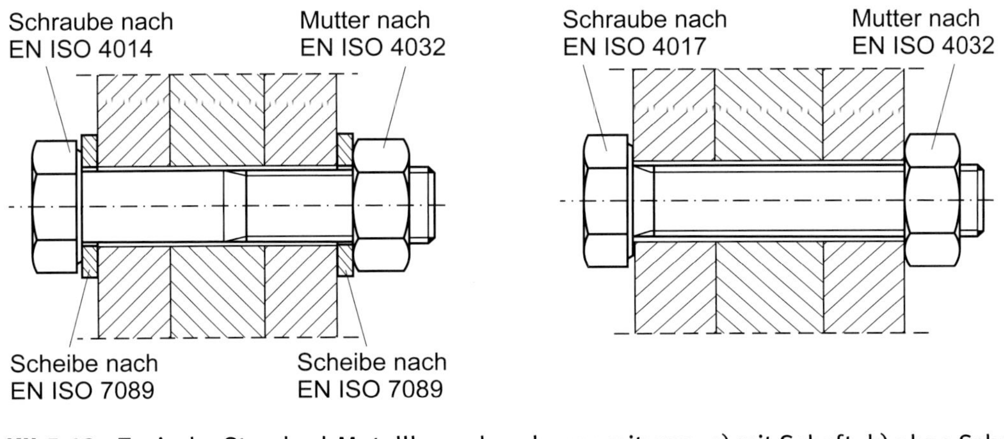

Bild KII.5-12: Typische Standard-Metallbauschraubengarnituren: a) mit Schaft, b) ohne Schaft

Standard-Metallbauschrauben der Festigkeitsklasse 8.8 haben sich seit ihrer Einführung in den deutschen Stahlbau im Jahre 1990 vielfach bewährt – dies zunächst sogar ohne die seit 2012 hinzugekommene scharfe Garnituren-Forderung der EN 15048-1. Es wird abzuwarten sein, welche der anderen drei Festigkeitsklassen 4.6, 5.6 und 10.9 sich auf dem deutschen Markt durchsetzen werden. Es sei hier daran erinnert, dass in einer 1990 an der Universität Essen durchgeführten Untersuchung die statistischen Kenndaten Zugfestigkeit, Scherfestigkeit, Bruchdehnung und Spannungsquerschnitt einer europaweiten 4.6-Stichprobe sich wesentlich unbefriedigender darstellten als diejenigen einer europaweiten 8.8-Stichprobe [V40], sicherlich eine Folge der schlechteren Produktklasse C (siehe Tabelle KII.5-8).

Die wesentlichen **Vorteile** von Standard-Metallbauschraubengarnituren gegenüber deutschen Stahlbauschraubengarnituren sind,

- dass das Lagersortiment der Schrauben klein gehalten werden kann (keine enge Längenabstufung mit Rücksicht auf die Klemmlängen/Paketdicken erforderlich),
- dass gemäß EN 1090-2 bei „normalen runden" Löchern keine Scheiben eingebaut werden müssen (siehe zu II.8.2.4 <1>).

Die wesentlichen **Nachteile** sind

- die geringere Abschertragfähigkeit (bei Gewinde in der Scherfuge),
- die etwas größeren Verformungen in Scher-/Lochleibungsverbindungen, insbesondere bei Schrauben mit durchgehendem Gewinde nach EN ISO 4017 und EN ISO 4018.

Deutsche Stahlbauschrauben (Sechskantschrauben)

Die Produktnorm für deutsche Stahlbauschrauben ist **DIN 7990** [R62]. Der wirtschaftliche Preis für das oben als seinerzeitiges Entwicklungsziel für diese Schraube genannte, fast vollständige Freihalten der Lochleibung vom Schraubengewinde (quasi Nachahmung eines Nietes) ist zum einen die erforderliche feine Klemmlängen- bzw. Paketdickenabstufung in 5-mm-Stufen bei der Ausführungsplanung, Beschaffung und Lagerhaltung, zum anderen die Notwendigkeit einer dicken Scheibe unter der Mutter (deutsche Stahlbauscheibe nach DIN 7989, siehe Tabelle II.5-10 sowie Kommentar <1.4>). Diese dicke Scheibe wird benötigt, um sicherzustellen, dass die Mutter in jedem Fall „handfest" angezogen werden kann – auch wenn unvermeidbar der Gewindeauslauf einmal geringfügig außerhalb der Paketdicke zu liegen kommt, wie z. B. in Bild KII.5-13 dargestellt. Bei der größeren Gewindelänge b der Standard-Metallbauschrauben entfällt dieser Grund für eine Scheibe unter der Mutter (siehe zu II.8.2.4 <1>). Trotz der konstruktiven Notwendigkeit einer Scheibe nach DIN 7989 gehört diese aber formal nicht zur CE-gekennzeichneten DIN 7990-Schraubengarnitur nach EN 15048-1.

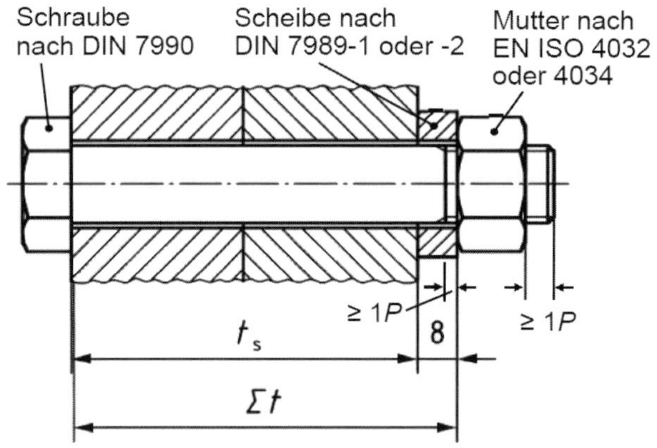

Bild KII.5-13: Deutsche Stahlbauschraubengarnitur

Die kritischen Anmerkungen zur besonders kurzen Gewindelänge der deutschen Stahlbauschraube nach DIN 7990 treffen nicht auf die deutsche Stahlbau-**Passschraube** nach **DIN 7968** [R58] zu. Ihr Schaft ist 1 mm dicker als das Gewinde und soll, zusammen mit dem nominell identischen Lochdurchmesser d_L (zur Fertigungstoleranz dieses Lochdurchmessers siehe zu II.6.6.2 <1>), ein praktisch schlupffreies Tragverhalten gewährleisten. Passschrauben werden demzufolge entweder zur Minimierung der Verformungen oder zur Verbesserung der Ermüdungseigenschaften eingesetzt. Deshalb ist es nur konsequent, bei ihnen durch die besonders kurze Gewindelänge ein möglichst vollständiges Ausfüllen des Loches durch den Schaft anzustreben.

Obwohl die deutschen Stahlbauschrauben nach DIN 7990 und DIN 7968 in der Praxis sehr gut eingeführt sind, existiert für sie bisher keine europäische Produktnorm. Trotzdem dürfen sie als normkonformes Verbindungsmittel innerhalb der in Bild KII.5-13 dargestellten Garnitur,

d. h. zusammen mit einer Mutter EN ISO 4032 oder EN ISO 4034, eingesetzt werden. Eine solche Garnitur ist durch die „Schirm-Produktnorm" EN 15048-1 abgedeckt und muss bzw. darf deshalb CE-gekennzeichnet werden (vgl. obigen Kommentar <1.1>). Wie weit sich die deutschen Stahlbauschrauben längerfristig gegenüber den Standard-Metallbauschrauben (siehe Tabelle KII.5-8) auf dem Markt behaupten werden, wird die Zukunft zeigen.

Die wesentlichen **Vorteile** der deutschen Stahlbauschraubengarnituren gegenüber Standard-Metallbauschraubengarnituren sind,

- dass sie zu verformungsärmeren Scher-/Lochleibungsverbindungen (Kategorie A nach EN 1993-1-8) führen,
- dass die Abschertragfähigkeit immer dem höheren Wert für Schaft in der Scherfuge entspricht,
- dass sie im deutschen Stahlbau seit Jahrzehnten eingeführt sind.

Die wesentlichen **Nachteile** sind

- die aufgrund der kurzen Gewindelänge erforderliche feine Klemmlängen- bzw. Paketdickenabstufung in 5-mm-Stufen bei der Ausführungsplanung, Beschaffung und Vorhaltung,
- die grundsätzliche konstruktive Notwendigkeit einer dicken Scheibe unter der Mutter (vgl. weiter oben).

Vorspannbare Metallbauschrauben (Sechskantschrauben)

Bei den in Tabelle KII.5-8 in der Gruppe der vorspannbaren Metallbauschrauben aufgeführten Schrauben „System HV" handelt es sich um die altbekannten und bewährten deutschen **HV-Schrauben**, früher in DIN 6914 genormt, heute in **EN 14399-4**. Sie werden im Kommentar <1.2> zu II.5.6.4 ausführlich beschrieben. Dort wird auch die kurze Gewindelänge kritisch kommentiert; sie hat einen ähnlichen Hintergrund wie bei der deutschen Stahlbauschraube. Wie bei der Passschraubenversion der Letzteren ist auch bei der Passversion der HV-Schraube, der **HVP-Schraube** – früher in DIN 7999 genormt, heute in **EN 14399-8** – das besonders kurze Gewinde zweckmäßig. Auch hier gilt: Wenn man schon eine teure Passverbindung herstellt, dann ist es auch sinnvoll, das Loch optimal mit dem Schaft auszufüllen. Die HVP-Schraube hat ferner gegenüber der normalen HV-Schraube noch die Besonderheit, dass aufgrund der Kombination der besonders kurzen Gewindelänge mit dem Stufensprung zwischen Schaft- und Gewindedurchmesser bei manchen Klemmlängen zwei Scheiben bzw. ein entsprechendes Unterlegblech unter der Mutter verwendet werden müssen.

Die in Tabelle KII.5-8 ferner aufgeführten vorspannbaren **HR-Schrauben** nach **EN 14399-3** werden im Kommentar <1.3> zu II.5.6.4 beschrieben. Im vorliegenden Kontext des möglichen Einsatzes in nicht vorgespannten Verbindungen ist ihre Gewindelänge interessant: Sie ist fast doppelt so groß wie bei HV-Schrauben und hat deshalb eine weniger enge Klemmlängenabstufung zur Folge.

Senkkopfschrauben/Senkschrauben

Schrauben mit versenktem Kopf gehören seit jeher zum Repertoire des Stahlbaus. Sie sind, sofern eine Produktnorm existiert, durch die europäisch harmonisierte Schirm-Produktnorm EN 15048-1 abgedeckt, müssen aber natürlich alle vier im Kommentar <1.1> aufgeführten zentralen Forderungen (a) bis (d) erfüllen. Sie wurden nicht in Tabelle KII.5-8 aufgenommen, um diese nicht zu überladen. Die wichtigsten Produktnormen für Senkschrauben werden nachfolgend kurz vorgestellt.

Niedrigfeste Senkschrauben mit Schlitz (FK 4.6, Produktklasse C) für nicht vorgespannte Verbindungen sind in **DIN 7969** [R59] von M12 bis M24 genormt. Sie haben geringfügig längere Gewinde als die deutschen Stahlbauschrauben nach DIN 7990, benötigen aber unter der Mutter trotzdem eine deutsche Stahlbauscheibe nach DIN 7989, siehe Tabelle II.5-10 sowie Kommentar <1.4>.

Im Kopf haben sie einen Schlitz zum Gegenhalten beim Anziehen der Mutter. Obwohl gemäß EN 1993-1-8 Senkschrauben generell nur zu 70 % auf Zug ausgenutzt werden dürfen, bringen die Senkschrauben nach DIN 7969 im Garnitur-Zugversuch nach EN 15048-2 die volle Zugtragfähigkeit. Deshalb erfüllen sie, zusammen mit Muttern EN ISO 4032 oder EN ISO 4034, als Garnituren für nicht vorgespannte Schraubenverbindungen alle Anforderungen der EN 15048-1, werden also mit SB- und CE-Kennzeichnung geliefert.

Senkschrauben nach DIN 7969 in höheren Festigkeitsklassen als 4.6 wären aus technischer Sicht als Scher-/Lochleibungsverbindungen durchaus einsetzbar, sind aber in der Norm als Regelfall nicht vorgesehen. Als auftragsbezogen gefertigte Sonderlösung sind Senkschrauben DIN 7969 in der Festigkeitsklasse 8.8 schon eingesetzt worden.

Hochfeste Senkschrauben mit Innensechskant nach **EN ISO 10642** [R147] – sie sind bis M20 in den Festigkeitsklassen 8.8 und 10.9 lieferbar – können aus technischer Sicht durchaus als tragende Kategorie-A-Verbindung eingesetzt werden. Im Fassaden- und Regalbau sind solche Anwendungen bekannt. Dabei ist aber zu beachten, dass ihre Senkkopfform flacher ist als die nach DIN 7969. Für eine planmäßige Zugbeanspruchung kommen sie deshalb nur sehr eingeschränkt in Frage. Außerdem bringen sie im Garnitur-Zugversuch nach EN 15048-2 nicht die volle Zugtragfähigkeit und sind deshalb nicht als Garnitur nach EN 15048-1 mit SB- und CE-Kennzeichnung lieferbar. Als Konsequenz daraus werden sie allerdings in der deutschen C2-Liste geregelter Bauprodukte in der MVV-TB [R194] (vgl. zu II.5.1 <1.3>) aufgeführt, d. h. sie werden mit Ü-Zeichen geliefert.

Hochfeste Senkkopfschrauben mit Schlitz (FK 8.8 oder 10.9) sind für vorgespannte Verbindungen in **EN 14399-7** von M12 bis M36 genormt. Sie gehören zum System HR für vorspannbare Schraubengarnituren (siehe zu II.5.6.4 <1.3>). Im Kopf haben sie einen Schlitz zum Gegenhalten beim Anziehen der Mutter. Der Senkkopf selbst ist höher und breiter als der nach DIN 7969 und deshalb offenbar in der Lage, die planmäßige Vorspannkraft ordnungsgemäß in das Klemmpaket einzuleiten. Das bedeutet, dass diese Senkkopfschraube in jedem Fall auch als nicht vorgespannte Zugverbindung (Kategorie D nach EN 1993-1-8) eingesetzt werden kann. Allerdings sind solche Garnituren im deutschen Handel kaum verfügbar (wie alle Verbindungsmittel des Systems HR).

Zylinderkopfschrauben

Zylinderkopfschrauben mit Innensechskant nach **EN ISO 4762** [R143], FK 8.8/10.9, M3 ÷ M39, sind im Maschinenbau weit verbreitet. Im allgemeinen Bauwesen gibt es ebenfalls eine Reihe von Anwendungen, vor allem wenn flächige Bündigkeit verlangt wird (z. B. in Abdeckplatten über Kanaleinstiegen oder in Fußplatten von Laternenpfosten, beides auf Gehwegen). Im eigentlichen Stahlbau kommen Zylinderkopfschrauben mit Innensechskant eher selten vor; Bild KII.5-14 zeigt eine aus Montagegründen gewählte Anwendung in Frankreich. Für diese Schraubenform ist der Garnituren-Zugversuch nach EN 15048-2 unproblematisch, weshalb sie baurechtlich als Garnitur mit SB- und CE-Kennzeichnung geliefert werden müssen. Sie stehen infolgedessen auch nicht in der deutschen C2-Liste geregelter Bauprodukte in der MVV-TB. Das Problem ist allerdings, dass nach Kenntnis der Verfasser bisher kein Schraubenhersteller solche SB-Garnituren anbietet – der Markt dafür dürfte einfach zu klein sein.

Tritt das Problem der Nicht-Verfügbarkeit von SB-Garnituren bei einem konkreten Projekt im Zuge der Montageplanung bzw. der Bauüberwachung auf, so empfehlen die Verfasser Einzelfallentscheidungen mit Augenmaß. Geht es beispielsweise um eine Verbindung der Kategorie A mit 8.8-Zylinderkopfschrauben M12 in einem untergeordneten Bauteil eines EXC2-Tragwerkes, so ist es durchaus vertretbar, sich mit einem Abnahmeprüfzeugnis 3.1 zu begnügen. Handelt es sich jedoch beispielsweise um ein EXC3-Tragwerk oder um planmäßig zugbeanspruchte Garnituren (Kategorie D), so ist eine Eignungsprüfung des Lieferloses in Anlehnung an EN 15048-2 durch ein anerkanntes Prüflabor unumgänglich.

Quelle: Lothar Bär

Bild KII.5-14: Zylinderkopfschrauben mit Innensechskant in der Dachkonstruktion eines Museumsbaus

Tabelle KII.5-8: In Europa für **nicht** vorgespannte Stahlbauverbindungen als Garnituren-Element einsetzbare Sechskantschrauben (Auswahl!)

Vereinf. Bez.; Grundlage	Produktnorm	Gewindelänge	Schaftdurchm.	Schlüsselweite	Prod. klasse	Werkstoff[3]	FK
Standard-Metallbauschrauben „SB“; EN 15048-1 EN 15048-2	EN ISO 4014	mittellang: $b \approx (2{,}2 \div 2{,}5) \cdot d$	normal: $d_{Sch} = d$	normal: $s \approx (1{,}5 \div 1{,}6) \cdot d$	A/B[1]	W1	5.6, 8.8, 10.9
						W2	A2-70, A4-70[2] A2-50, A4-50[2]
	EN ISO 4016				C	W1	4.6
	EN ISO 4017	lang: $b \approx l$	normal: $d_{Sch} = d$	normal: $s \approx (1{,}5 \div 1{,}6) \cdot d$	A/B[1]	W1	5.6, 8.8, 10.9
						W2	A2-70, A4-70[2] A2-50, A4-50[2]
	EN ISO 4018				C	W1	4.6
Deutsche Stahlbauschrauben „SB“, EN 15048-1 EN 15048-2	DIN 7990	besonders kurz: $b \approx (1{,}2 \div 1{,}6) \cdot d$	normal: $d_{Sch} = d$	normal: $s \approx (1{,}5 \div 1{,}6) \cdot d$	C	W1	4.6, 5.6
	DIN 7968	besonders kurz: $b \approx (1{,}2 \div 1{,}5) \cdot d$	Pass-: $d_{Sch} = d+1$	normal: $s \approx (1{,}5 \div 1{,}6) \cdot d$	C	W1	5.6
Vorspannbare Metallbauschrauben „H“; EN 15048-1 EN 15048-2	EN 14399-4 „HV“	kurz: $b \approx (1{,}4 \div 1{,}9) \cdot d$	normal: $d_{Sch} = d$	groß: $s \approx (1{,}6 \div 1{,}7) \cdot d$	B	W1	10.9
	EN 14399-8 „HVP“	besonders kurz: $b \approx (1{,}2 \div 1{,}5) \cdot d$	Pass-: $d_{Sch} = d+1$	groß: $s \approx (1{,}6 \div 1{,}7) \cdot d$	B	W1	10.9
	EN 14399-3 „HR“	mittellang: $b \approx (2{,}2 \div 3{,}3) \cdot d$	normal: $d_{Sch} = d$	groß: $s \approx (1{,}6 \div 1{,}7) \cdot d$	B	W1	8.8, 10.9

1 ≤ M24/> M24
2 Erste Zeile: ≤ M24; zweite Zeile: > M24
3 W1 = Stahl (Kohlenstoffstahl oder legierter Stahl); W2 = nichtrostender Stahl (Achtung: In Deutschland nur unter Beachtung der abZ **Z-30.3-6** [R9] verwendbar, siehe Kommentar <1.5> weiter unten).

<1.3> Produktnormen für Muttern aus Kohlenstoffstahl oder legiertem Stahl

Tabelle KII.5-9 gibt eine Übersicht über die wichtigsten der zurzeit einsetzbaren Typen von Sechskantmuttern mit ihren zugehörigen Produktnormen. Sie unterscheiden sich im Wesentlichen in den beiden geometrischen Parametern (vgl. Bild KII.5-11)

- Mutterhöhe m, bezogen auf den Gewindedurchmesser d;
- Schlüsselweite s, bezogen auf den Gewindedurchmesser d

sowie in den zulässigen Form- und Maßabweichungen, definiert durch die Produktklasse. Die Tabelle enthält außerdem wieder die Stahlsorten und Festigkeitsklassen, in denen die einzelnen Muttertypen lieferbar sind. Im Gegensatz zur Schraubentabelle KII.5-8 gibt es nur zwei Typen von Sechskantmuttern: analog zu den Standard-Metallbauschrauben die **„Standard-Metallbaumuttern“** nach EN ISO 4032 ff. und analog zu den vorspannbaren Metallbauschrauben die **vorspannbaren Metallbaumuttern.**

Standard-Metallbaumuttern (Sechskantmuttern)

Den Anfang der 1990er Jahre auch in Deutschland eingeführten neuen Sechskantmuttern nach **EN ISO 4034** [R141] (Nachfolgenorm von DIN 555) und **EN ISO 4032** [R139] (Nachfolgenorm von DIN 934) war eine längere internationale Diskussion hinsichtlich der **Mutterhöhe m** vorausgegangen. Im Maschinenbau gilt in der Regel das Konstruktionsprinzip, dass bei Überlastung einer gezogenen Schraubenverbindung die Schraube durch Trennbruch versagen soll. Dazu ist eine bestimmte Mindesthöhe der Mutter erforderlich, da sonst die Gewindepaarung Schraube/Mutter durch Gewindeabstreifen versagt. Muttern mit $m \approx 0{,}8 \cdot d$, wie z. B. nach den früheren DIN-Normen 555 und 934, neigen – das ist seit langem bekannt – bei passender Festigkeitspaarung (z. B. Schraube FK 8.8 + Mutter FK 8) zum Versagen durch Gewindeabstreifen, bevor die Schraube reißt. Dabei wird aber in aller Regel die genormte Mindestzugtragfähigkeit der Schraube im Spannungsquerschnitt überschritten, so dass die eigentliche Zugtragfähigkeit der Garnitur Schraube/Mutter formal als „normgemäß“ eingestuft werden kann.

Welche der beiden Versagensarten für den Stahlbau wünschenswert ist, darüber wurde lange gestritten. Ein Argument für die Versagensart Schraubentrennbruch ist z. B. die bessere Erkennbarkeit des Bruches im fertigen Tragwerk – eine der beiden Schraubenhälften fällt meist herunter. Ein Argument für die Versagensart Gewindeabstreifen ist z. B. das gutartig-duktile Tragverhalten ohne Totalausfall der Verbindung. In der internationalen Normung für Standard-Sechskantmuttern hat sich der erste Standpunkt durchgesetzt, weshalb die heute üblicherweise im Stahlbau eingesetzten Muttern nach EN ISO 4032 und EN ISO 4034 eine Mutterhöhe $m \approx 0{,}9 \cdot d$ aufweisen (siehe Tabelle KII.5-9).

Darüber hinaus gibt es sowohl noch höhere genormte Sechskantmuttern mit $m \approx 1{,}0 \cdot d$ (EN ISO 4033 [R40], siehe Tabelle KII.5-9) als auch wesentlich niedrigere („flache“) genormte Sechskantmuttern mit $m \approx 0{,}5 \cdot d$ (EN ISO 4035 [R42], in Tabelle KII.5-9 nicht aufgenommen), die aber beide im Stahlbau selten eingesetzt werden. Erstere ISO-Norm wird aber in EN 1993-1-8 als Bezugsnorm aufgeführt, Letztere dagegen nicht, da die flachen Muttern Zugkräfte nur eingeschränkt übertragen können.

Die Standard-Metallbaumuttern nach **EN ISO 4034** gehören anwendungstechnisch, d. h. von ihren gröberen Maß- und Formtoleranzen her (charakterisiert durch die „Produktklasse C“) und von der für den Stahlbau zulässigen und lieferbaren niedrigen Festigkeitsklasse 5 her, zu niedrigfesten Schrauben. Sie liefern also sowohl zusammen mit Standard-Metallbauschrauben nach EN ISO 4016 und 4018, als auch zusammen mit deutschen Stahlbauschrauben nach DIN 7990, als auch mit Senkschrauben nach DIN 7969 grundsätzlich sinnvolle Garnituren gemäß EN 15048-1 und -2 für Scher-/Lochleibungs- und/oder Zugverbindungen (Kategorien A und D nach EN 1993-1-8) in der Festigkeitsklasse 4.6. Die deutsche Vorgänger-Mutter nach DIN 555 wurde als „rohe Sechskantmutter“ bezeichnet, analog zur damaligen „rohen Sechskantschraube“ nach DIN 7990.

In Garnituren mit mittel- und höherfesten Standard-Metallbauschrauben nach EN ISO 4014 und EN ISO 4017 müssen **Standard-Metallbaumuttern** nach **EN ISO 4032** mit ihren höheren Maßtoleranzansprüchen (Produktklasse A bzw. B) und höheren Festigkeitsklassen 6 bis 12 verwendet werden. Auch für die deutschen Stahlbau-Passschrauben nach DIN 7968 sollten diese „besseren" Muttern verwendet werden, obwohl dafür grundsätzlich auch Muttern nach EN ISO 4034 der Festigkeitsklasse 5 zulässig wären. Im Übrigen kann es manchmal wirtschaftlich sein, Muttern nach EN ISO 4032 wegen ihrer oft größeren Marktverfügbarkeit sogar zusammen mit 4.6-Schrauben einzusetzen.

Vorspannbare Metallbaumuttern (Sechskantmuttern)

Bei den in Tabelle KII.5-9 aufgeführten „vorspannbaren Metallbaumuttern System HV" handelt es sich um die bewährten deutschen **HV-Muttern**, früher in DIN 6915 genormt, heute in **EN 14399-4**. Sie werden im Kommentar <1.2> zu II.5.6.4 näher beschrieben. Dort wird auch die kleine Mutterhöhe $m \approx 0{,}8 \cdot d$ kommentiert. Die ebenfalls in Tabelle KII.5-9 aufgeführten vorspannbaren **HR-Muttern** nach **EN 14399-3** gehören zu den HR-Schrauben und werden im Kommentar <1.3> zu II.5.6.4 beschrieben.

Sechskantmuttern mit Klemmteil

Wegen ihrer geringen Relevanz für Stahlbauverbindungen wurden Sechskantmuttern mit Klemmteil nicht in die Tabelle KII.5-9 aufgenommen (siehe zu II.5.6.8).

Tabelle KII.5-9: In Europa für nicht vorgespannte Stahlbauverbindungen einsetzbare Sechskantmuttern (Auswahl)

Vereinf. Bez.; Grundlage	Produktnorm	Mutterhöhe	Schlüsselweite	Prod.-klasse	Werkstoff[3]	FK
Standard-Metallbaumuttern „SB"; EN 15048-1 EN 15048-2	EN ISO 4032	mittel: $m \approx 0{,}9 \cdot d$	normal: $s \approx (1{,}5 \div 1{,}6) \cdot d$	A/B[1]	W1	6, 8, 10, 12
					W2	A2-70, A4-70[2] A2-50, A4-50[2]
	EN ISO 4034	mittel: $m \approx 0{,}9 \cdot d$	normal: $s \approx (1{,}5 \div 1{,}6) \cdot d$	C	W1	5
	EN ISO 4033	groß: $m \approx 1{,}0 \cdot d$	normal: $s \approx (1{,}5 \div 1{,}6) \cdot d$	A/B[1]	W1	9, 12
Vorspannbare Metallbaumuttern „H"; EN 15048-1 EN 15048-2	EN 14399-4 „HV"	klein: $m \approx 0{,}8 \cdot d$	groß: $s \approx (1{,}6 \div 1{,}7) \cdot d$	B	W1	10, 12
	EN 14399-3 „HR"	mittel: $m \approx 0{,}9 \cdot d$	groß: $s \approx (1{,}6 \div 1{,}7) \cdot d$	B	W1	8, 10, 12

1 ≤ M16/> M16
2 Erste Zeile: ≤ M24; zweite Zeile: > M24
3 W1 = Stahl (Kohlenstoffstahl oder legierter Stahl), W2 = nichtrostender Stahl (Achtung: In Deutschland nur unter Beachtung der abZ Nr. **Z-30.3-6** [R9] verwendbar, siehe Kommentar <1.5> weiter unten).

<1.4> Produktnormen für Scheiben aus Kohlenstoffstahl oder legiertem Stahl

Vorab zur Erinnerung: Scheiben gehören nicht zur „Garnitur für nicht vorgespannte Schraubverbindungen im Metallbau" nach EN 15048-1. Wenn trotzdem oft empfohlen wird, Scheiben anzuordnen, ist das eine sinnvolle konstruktive Maßnahme im Sinne von EN 1090-2, aber eben außerhalb der Garnitur-Definition (siehe auch zu II.5.6.9.1 <2>).

Betrachtet man nun zunächst die „normalen" Scheiben, d. h. die **runden flachen Scheiben** mit „normalem" Durchmesser, so sind deren wichtigste, im Stahlbau einsetzbare Typen mit ihren zugehörigen Produktnormen in Tabelle KII.5-10 zusammengestellt. Die Systematik hinter den vielen aufgeführten Scheibentypen wird erst auf den zweiten Blick erkennbar. Runde flache Scheiben unterscheiden sich neben der Härte und der Maßgenauigkeit (charakterisiert durch die Produktklasse) in folgenden vier geometrischen Parametern (vgl. Bild KII.5-11):

- Dicke h;
- Außendurchmesser d_a, bezogen auf das Sechskant-Eckmaß e;
- Innendurchmesser d_i, bezogen auf den Gewindedurchmesser d;
- Vorhandensein oder Nichtvorhandensein von Fasen auf der dem Schraubenkopf bzw. der Mutter zugewandten Seite.

Wie sich die Unterschiede konkret darstellen, zeigt Tabelle KII.5-10. Analog zur Schraubentabelle KII.5-8, aber im Gegensatz zur Mutterntabelle KII.5-9, sind drei Typen von flachen runden Scheiben aufgeführt: analog zu den Standard-Metallbauschrauben und -muttern die **„Standard-Metallbauscheiben"** nach EN ISO 7089 ff., analog zu den deutschen Stahlbauschrauben die **„deutschen Stahlbauscheiben"** nach DIN 7989 und analog zu den vorspannbaren Metallbauschrauben und -muttern die **vorspannbaren Scheiben** nach EN 14399-5 und -6.

Standard-Metallbauscheiben

Die einfachste der Standard-Metallbauscheiben, die Scheibe nach **EN ISO 7091** (Ersatz für die frühere DIN 126), darf trotz ihrer Produktklasse C grundsätzlich für alle Scher-/Lochleibungs- und/oder Zugverbindungen mit Standard-Metallbauschrauben und -muttern eingesetzt werden, unabhängig von deren Festigkeitsklasse, da sie die in EN 15048-2 geforderte Mindesthärte 100 HV aufweist. Selbstverständlich können auch die beiden maßgenaueren und härteren Scheibentypen nach **EN ISO 7089** (Ersatz für die frühere DIN 125-1, Form A) oder **EN ISO 7090** (Ersatz für die frühere DIN 125-1, Form B) genommen werden. Die Außenfase bei Letzterer (siehe Tabelle KII.5-10) ist für den Stahlbau bedeutungslos. Als Empfehlung sei ergänzend angemerkt, dass in hoch zugbeanspruchten (aber nicht vorgespannten) Verbindungen mit 8.8- oder 10.9-Schrauben die härteren Scheiben (HV 200 oder HV 300) genommen werden sollten, da sie ein verformungsärmeres Tragverhalten gewährleisten.

Deutsche Stahlbauscheiben

Mit den beiden Varianten deutscher Stahlbauscheiben in Tabelle KII.5-10 verhält es sich im Prinzip ähnlich wie mit den drei Standard-Metallbauscheibenvarianten; sie unterscheiden sich vor allem in der Produktklasse, also der Maßgenauigkeit. Die Scheibe nach **DIN 7989-1** [R60] wurde seinerzeit gezielt für die spezielle deutsche Stahlbauschraube entwickelt, quasi als „rohe" Stahlbauscheibe. Ihr wesentliches Kennzeichen ist die große Dicke (siehe Tabelle KII.5-10), die rein geometrisch wegen der besonders kurzen Gewindelänge der Schraube erforderlich ist; vgl. hierzu die Erläuterungen im Kommentar <1.2> weiter oben. Aus dieser speziellen Funktion folgt, dass an die Maßgenauigkeit und die Härte keine besonderen Anforderungen gestellt werden. Die Scheiben dürfen deshalb durch Stanzen gefertigt werden, ihre Dicke darf z. B. um ± 1,2 mm von der Solldicke 8 mm abweichen (Produktklasse C), und sie sind zwar „weich", erfüllen aber mit HV 100 die oben erwähnte Mindesthärteforderung der EN 15048-2. Muttern dürfen auf Scheiben mit HV 100 natürlich grundsätzlich nur „handfest" angezogen werden (siehe zu II.8.3 <2>).

Die Scheibe nach **DIN 7989-2** [R61] ist eine maßgenauere Variante (Produktklasse A) zur „rohen" Stahlbauscheibe, aber mit identischen Sollvorgaben. Sie wird spanend hergestellt und wurde früher als „blanke" Stahlbauscheibe bezeichnet. Sie ist bisweilen besser am Markt verfügbar, weil die Einrichtung des Stanzwerkzeuges für „rohe" Scheiben sich nur bei größeren Mengen rechnet. Grundsätzlich ist aber die Scheibe nach DIN 7989-1 für alle Garnituren aus „deutschen" Stahlbauschrauben und -muttern unter allen dafür zulässigen Beanspruchungen geeignet. Für eine vorzugsweise Verwendung der maßgenaueren Scheibe nach DIN 7989-2 bei Verbindungen mit Passschrauben nach DIN 7968 (vgl. Tabelle KII.5-8), wie es in früheren Ausgaben von DIN 7989 empfohlen wurde, gibt es kein technisches Argument.

Es spricht im Übrigen auch nichts dagegen, dünne Standard-Metallbauscheiben im 3er- oder 2er-Paket als Ersatz für die dicke Stahlbauscheibe einzusetzen, z. B. drei Scheiben à 3 mm bei M16 oder zwei Scheiben à 4 mm bei M24.

Vorspannbare Scheiben

Bei den in Tabelle KII.5-10 aufgeführten vorspannbaren Scheiben nach **EN 14399-6** handelt es sich um die bewährten deutschen **HV-Scheiben**, früher in DIN 6916 genormt. Sie werden im Kommentar <1.2> zu II.5.6.4 ausführlich erläutert, insbesondere hinsichtlich der Funktion der Fasen. Die ebenfalls in Tabelle KII.5-10 aufgeführten vorspannbaren Scheiben nach **EN 14399-5** sind identisch mit denen nach EN 14399-6, mit Ausnahme der fehlenden Fasen. Solche Scheiben gab es im deutschen HV-System nach DIN 6914 ff. nicht.

In der ersten Auflage dieses Kommentarbuches [V68] standen in der analogen Tabelle als letzte der aufgeführten runden Scheiben „vorspannbare Scheiben nach DIN 34820“. Sie waren als spezielle Scheiben für vorgespannte Verbindungen mit 8.8-Metallbauschrauben nach EN ISO 4014 und 4017 entwickelt worden. Die Norm wurde inzwischen mangels Nachfrage zurückgezogen (siehe auch zu II.5.6.4 <1.5>).

Kleinere und größere flache runde Scheiben

Sie wurden nicht in Tabelle KII.5-10 aufgenommen, zum einen, um diese nicht zu überladen, zum anderen wegen ihrer geringen Relevanz für Stahlbauverbindungen (siehe zu II.5.6.9.1 <2>).

Keilscheiben

Keilscheiben sind für Stahlbauverbindungen durchaus relevant, wurden aber ebenfalls nicht in Tabelle KII.5-10 aufgenommen, um diese nicht zu überladen (siehe zu II.5.6.9.2).

Tabelle KII.5-10: In Europa für nicht vorgespannte Stahlbauverbindungen einsetzbare runde flache Scheiben (Auswahl)

<table>
<tr><th>Vereinf. Bez.; Grundlage</th><th>Produkt-norm</th><th>Dicke[1]</th><th>Außen-Ø[1]</th><th>Innen-Ø[1]</th><th>Fasen</th><th>Prod.-klasse</th><th>Werk-stoff[2]</th><th>Härte</th></tr>
<tr><td rowspan="5">Standard-Metallbau-scheiben; EN 1090-2 EN 15048-2</td><td rowspan="2">EN ISO 7089</td><td rowspan="5">dünn: $h = 2{,}5 \div 5{,}0$ mm</td><td rowspan="7">$d_a \approx e + (3 \div 5)$ mm</td><td rowspan="5">$d_i = d + 1$ mm</td><td rowspan="2">ohne</td><td rowspan="4">A</td><td>W1</td><td>200/300 HV</td></tr>
<tr><td>W2</td><td>200 HV</td></tr>
<tr><td rowspan="2">EN ISO 7090</td><td rowspan="2">außen</td><td>W1</td><td>200/300 HV</td></tr>
<tr><td>W2</td><td>200 HV</td></tr>
<tr><td>EN ISO 7091</td><td>ohne</td><td>C</td><td>W1</td><td>100 HV</td></tr>
<tr><td rowspan="2">„Deutsche“ Stahlbau-scheiben; EN 1090-2 EN 15048-2</td><td>DIN 7989-1</td><td rowspan="2">dick: $h = 8$ mm</td><td rowspan="2">$d_i = d + (2 \div 3)$ mm</td><td rowspan="2">ohne</td><td>C</td><td>W1</td><td rowspan="2">100 HV</td></tr>
<tr><td>DIN 7989-2</td><td>A</td><td>W1</td></tr>
<tr><td rowspan="2">Vorspannbare Scheiben; EN 1090-2 EN 15048-2</td><td>EN 14399-5</td><td rowspan="2">mittel: $h = 3{,}0 \div 6{,}0$ mm</td><td rowspan="2">$d_a \approx e$</td><td rowspan="2">$d_i = d + 1$ mm</td><td>ohne</td><td rowspan="2">A</td><td>W1</td><td rowspan="2">300÷370 HV</td></tr>
<tr><td>EN 14399-6</td><td>innen und außen</td><td>W1</td></tr>
<tr><td colspan="9">1 Bei Angabe einer Bandbreite: kleinerer Wert: M12, größerer Wert: M36
2 W1 = Stahl (Kohlenstoffstahl oder legierter Stahl), W2 = nichtrostender Stahl (Achtung: In Deutschland nur unter Beachtung der abZ Z-30.3-6 [R9] verwendbar, siehe Kommentar <1.5> weiter unten).</td></tr>
</table>

<1.5> Mechanische Verbindungsmittel aus nichtrostendem Stahl

Nichtrostende Schraubengarnituren werden – abgesehen vom natürlichen Anwendungsfall „Edelstahl-Stahlbau" – im klassischen Stahlbau mit seinen feuerverzinkten oder organisch beschichteten Konstruktionen eher selten verwendet, im Stahlleichtbau (z. B. Fassaden) jedoch durchaus häufiger (vgl. auch zu II.5.6.1 <1>). Im Übrigen verlangen sowohl EN 1090-4 als auch DIN 55634-1 [R87] für tragende dünnwandige Bauteile aus Stahl, die der Witterung ausgesetzt sind, explizit nichtrostende Verbindungselemente (siehe zu IV.5.7.2 <5>). Man muss dabei aber stets die Thematik „Bimetallkorrosion" im Auge haben (siehe II.10.4 und Kommentar dazu). Bild KII.5-15 zeigt eine typische Anwendung nichtrostender Schrauben in einer feuerverzinkten Stahlkonstruktion.

Bild KII.5-15: Nichtrostende Schraubengarnituren in der feuerverzinkten Eingangstür eines Friedhofs

Der aktuelle Wissensstand zu nichtrostenden mechanischen Verbindungsmitteln, vor allem auch zur Bemessung von geschraubten Anschlüssen, ist in den bereits im Kommentar <4> zu II.5.3.1 erwähnten **„Bemessungshilfen zu nichtrostenden Stählen im Bauwesen"** [V4] zusammengefasst. Die infrage kommenden Produktnormen für nichtrostende Sechskantschrauben, Sechskantmuttern und runde flache Scheiben sind der Übersichtlichkeit halber in die drei Tabellen KII.5-8 bis KII.5-10 mit eingearbeitet, dort jeweils allgemein als Werkstoff W2 gekennzeichnet.

Der Eurocode für nichtrostende Stahlkonstruktionen, **EN 1993-1-4** [R100], macht keine komplexen Vorgaben für mechanische Verbindungsmittel – im Gegensatz zu den Grundwerkstoffen (vgl. zu II.5.3.1 <4>) –, außer dass nichtrostende Schrauben und Muttern den Normen EN ISO 3506-1 und -2 entsprechen und Scheiben aus austenitischem Stahl bestehen müssen; zu den beiden genannten Normen siehe weiter unten. Als Werkstoffgruppen sind nur austenitische und austenitisch-ferritische („Duplex"-)Stähle in den Festigkeitsklassen 50, 70 und 80 vorgesehen. Der deutsche Nationale Anhang zu EN 1993-1-4 macht – ebenfalls im Gegensatz zu den Grundwerkstoffen – keine darüber hinaus gehenden Vorgaben.

Für den deutschen bauaufsichtlichen Bereich muss, wie bereits mehrfach erwähnt (vgl. zu II.5.3.1 <4>), für die Verwendung von nichtrostenden Stählen im Stahlbau weiterhin die allgemeine bauaufsichtliche Zulassung (abZ) **Z-30.3-6** [R9] beachtet werden. Diese verweist hinsichtlich der technischen Lieferbedingungen für nichtrostende Verbindungsmittel auf die Schirm-Produktnorm EN 15048-1. Das heißt, auch unter dem Dach der Zulassung müssen Schraubengarnituren aus nichtrostenden Stählen für nicht vorgespannte Verbindungen mit „SB" versehen sein und mit CE-Kennzeichnung geliefert werden. Ferner wird in der abZ ebenfalls auf die beiden Normen EN ISO 3506-1 und -2 verwiesen, und es gibt eine Tabelle mit 17 zugelassenen Stahlsorten für Verbindungsmittel, davon 12 austenitische und 5 Duplexstähle, wobei alle 17 zu den 32 insgesamt in der abZ vorgesehenen nichtrostenden Stahlsorten gehören. In Anlehnung an EN 1993-1-4 sind die drei Festigkeitsklassen 50, 70 und 80 zugelassen. Für alle nichtrostenden Verbindungsmittel schreibt die abZ – wie auch für die nichtrostenden Stahlerzeugnisse – Lieferung mit Abnahmeprüfzeugnis 3.1 vor.

Stahlsorten für nichtrostende mechanische Verbindungsmittel

Für den Werkstoff nichtrostender Schrauben und Muttern gelten **EN ISO 3506-1** und **EN ISO 3506-2**. Diese beiden Normen haben für nichtrostende Schrauben und Muttern die gleiche Funktion wie EN ISO 898-1 und EN ISO 898-2 für die Schrauben und Muttern aus „normalem" Schraubenstahl (Kohlenstoffstahl oder legiertem Stahl). Die Normen enthalten die chemischen Zusammensetzungen und mechanischen Eigenschaften für die austenitische, ferritische und martensitische Stahlgruppe, mit den Buchstaben „A", „F" und „C" gekennzeichnet. Davon spielt, wie weiter oben angegeben, nur die austenitische Gruppe im Bauwesen eine Rolle. Darüber hinaus hat sich in den letzten Jahren die nicht genormte Gruppe FA (ferritisch-austenitisches Gefüge = Duplexstahl) als Alternative durchgesetzt. Sie wird gemäß vorliegenden Neu-Entwürfen von EN ISO 3506-1 und -2 zukünftig mit dem Kennbuchstaben „D" geführt werden. Dem Buchstaben folgt eine Ziffer (1, 2, 3, 4, 5, zukünftig auch 8), die die Korrosionsbeständigkeit angibt, wobei die „1" für die geringste und die „8" für die höchste Beständigkeit steht. Die Kombination „Stahlgruppe/Korrosionsbeständigkeit" wird mit „**Stahlsorte**" bezeichnet, z. B. A3 oder D6. Tabelle KII.5-11 (entnommen aus [V4]) zeigt die zukünftig für Verbindungsmittel im Wesentlichen in Frage kommenden nichtrostenden Stahlsorten.

Tabelle KII.5-11: Nichtrostende Stahlsorten für mechanische Verbindungsmittel (aus [V4])

Stahlgruppe	Bezeichnung gemäß ISO 3506	Bezeichnungen der nichtrostenden Stähle	Anmerkungen
Austenitisch	A1	1.4570, 1.4305	Entwickelt zur Bearbeitung[1]
	A2	1.4301, 1.4307	Standardaustenite
	A3	1.4541, 1.4550	stabilisierte Standardaustenite
	A4	1.4401, 1.4404	Molybdän-Austenite
	A5	1.4571	stabilisierte Molybdän-Austenite
	A8	1.4529, 1.4547	Superaustenite
Duplex	D2	1.4482, 1.4362	„Lean" Duplex-Stähle
	D4	1.4162, 1.4062	„Lean" Duplex-Stähle
	D6	1.4462	„Standard" Duplex-Stähle
	D8	1.4410, 1.4501, 1.4507	„Super" Duplex-Stähle

1 Der hohe Schwefelgehalt verringert die Korrosionsbeständigkeit gegenüber Stählen mit normalem Schwefelgehalt. Mit Sorgfalt auswählen.

Stahlsorte A1 eignet sich besonders für die spanende Bearbeitung, hat aber eine niedrige Korrosionsbeständigkeit. Stähle der Sorte A2 sind mäßig korrosionsbeständig, z. B. der im Bauwesen häufig verwendete Stahl 1.4301. Stähle der Sorte A3 sind stabilisierte nichtrostende Stähle mit mäßiger bis mittlerer Korrosionsbeständigkeit. A4-Stähle enthalten Molybdän und besitzen eine mittlere Korrosionsbeständigkeit. Stähle der Sorte A5 sind stabilisierte molybdänhaltige Austenite mit mittlerer bis starker Korrosionsbeständigkeit, und A8-Stähle (so genannte „Superaustenite") besitzen eine sehr starke Korrosionsbeständigkeit. Für Duplexstähle stellt sich die Sorteneinteilung analog dar (vgl. Tabelle KII.5-11).

EN ISO 3506-1 und -2 definieren derzeit für austenitische Schrauben und Muttern die drei **Festigkeitsklassen (FK)** 50, 70 und 80; in Zukunft kommt die FK 100 hinzu, außerdem auch Duplexstahlschrauben und -muttern in den FKn 70, 80 und 100. Die beiden Ziffern entsprechen bei Schrauben 1/10 der Mindestzugfestigkeit, bei Muttern 1/10 der Prüfspannung, beides in MPa. Es ist zu beachten, dass die Produktnormen nicht alle Kombinationen Stahlsorte-FK standardmäßig vorsehen (siehe weiter unten).

Schrauben nach EN ISO 3506-1 und Muttern nach EN ISO 3506-2 werden, soweit nichts anderes vereinbart wird, sauber und metallisch blank geliefert. Beide Normen empfehlen aber für eine maximale Korrosionsbeständigkeit eine Passivierung. Diese muss, wenn sie gefordert wird, nach EN ISO 16048 [R154] ausgeführt werden. Passivierte Schrauben und Muttern dürfen zusätzlich mit dem Symbol „P“ hinter den Kennzeichen der Stahlsorte und der Festigkeitsklasse gekennzeichnet werden. Generell ist auf die Abstimmung zwischen Festigkeit und Korrosionsbeständigkeit der Verbindungsmittel und des Grundmaterials zu achten (vgl. auch zu II.5.6.1 <1>).

Nichtrostende Schrauben

... sind als Sechskantschrauben nach **EN ISO 4014** [R135] und **EN ISO 4017** [R137] (Produktklassen A und B) lieferbar, und zwar vorzugsweise in den Stahlsorte/FK-Kombinationen **A2-70** und **A4-70** für Durchmesser bis M24, **A2-50** und **A4-50** für größere Durchmesser bis M39 (vgl. Tabelle IIK.5-8) – alles andere nach Vereinbarung. Zukünftig werden wahrscheinlich weitere lieferbare Kombinationen bis A4-80 sowie Duplexstahl-Kombinationen hinzukommen. Die weiteren in Tabelle IIK.5-8 aufgeführten Schraubentypen gibt es nicht aus nichtrostendem Stahl.

Nichtrostende Muttern

... sind als Sechskantmuttern nach **EN ISO 4032** [R139] (Produktklassen A und B) lieferbar (vgl. Tabelle KII.5-9), wobei für die angebotenen Stahlsorte/FK-Kombinationen dasselbe gilt wie für Schrauben. Muttern nach EN ISO 4034 und EN ISO 4033 sind aus nichtrostendem Stahl nicht vorgesehen. Dagegen gibt es die für den Stahlbau wenig relevanten flachen Muttern nach EN ISO 4035 auch in nichtrostendem Stahl.

Nichtrostende Scheiben

... sind als flache runde Scheiben nach **EN ISO 7089** und **EN ISO 7090** (Produktklassen A und B) lieferbar (vgl. Tabelle KII.5-10). Scheiben nach EN ISO 7091 aus nichtrostendem Stahl sind nicht vorgesehen. Für den Werkstoff nichtrostender Scheiben gibt es keine den Normen EN ISO 3506-1 und -2 vergleichbare spezielle Norm. Die technischen Lieferbedingungen nehmen gleichwohl EN ISO 3506-1 in Bezug. Als standardmäßiger Lieferzustand wird, wie bei den Schrauben und Muttern, „blank, d. h. wie hergestellt“ angegeben.

<2> Zu Abs. 3 – festzulegende Eigenschaften gemäß Produktnormen

Dass bei der Bestellung von Verbindungsmitteln, für die es eine Produktnorm gibt, die darin zugelassenen Auswahlmöglichkeiten hinsichtlich Festigkeitsklasse und eventuellem Oberflächenschutz festgelegt werden müssen, ist selbstverständlich. Für die Oberflächenausführung bieten die Produktnormen für die Standard-Metallbauschrauben, -muttern und -scheiben (vgl. Tabellen KII.5-8 bis KII.5-10) in ihren Lieferbedingungen neben „wie hergestellt“ und „muss vereinbart werden“ als Wahlmöglichkeit Verweise auf die Normen für Zinklamellenüberzüge (EN ISO 10683), für galvanische Verzinkung (EN ISO 4042) und für Feuerverzinkung (EN ISO 10684) an. Die Garnituren-Norm EN 15048-2 verweist ebenfalls auf die „Festlegungen in den zutreffenden Überzugs-Normen“. Deshalb muss der Begriff „Produktnorm“ hier auf **EN ISO 10683** [R149], **EN ISO 4042** und **EN ISO 10684** erweitert werden, wobei die stahlbaupraktische Relevanz in dieser Reihenfolge zunimmt. Gemäß letzterer Norm ist bei der Bestellung eines feuerverzinkten Verbindungsmittels das Kurzzeichen **„tZn“** an die Produktbezeichnung anzufügen. Auf die Bezeichnungssystematik für galvanische Verzinkung und Zinklamellenüberzüge wird hier nicht weiter eingegangen. Alle drei Überzugsarten wurden in den Kommentaren <2> bis <4> zu II.5.6.1 ausführlich diskutiert.

<3> Zu Abs. 4a und 4b – festzulegende technische Lieferbedingungen bei größeren Durchmessern

Die in den Grundnormen für die mechanischen Eigenschaften von Schrauben und Muttern – das sind EN ISO 898-1 und -2 zu Abs. 4a sowie EN ISO 3506-1 und -2 zu Abs. 4b – definierten Festigkeitsklassen gelten nur bis einschließlich M39. Deshalb müssen bei **Durchmessern > M39** die technischen Lieferbedingungen speziell vereinbart werden. Diese Durchmesser gehen aber nicht nur hinsichtlich der mechanischen Eigenschaften, sondern auch hinsichtlich der Geometrie über den durch die beiden „Schirm-Produktnormen“ EN 15048-1 und EN 14399-1 definierten „normalen" Stahlbau hinaus (vgl. zu II.5.6.3 <1.1>) und müssen sowieso speziell vereinbart werden. Besonders hingewiesen sei darauf, dass in Abs. 4b – abweichend von der aktuellen Ausgabe der EN 15048-1 – neben austenitischem auch der austenitisch-ferritische nichtrostende Stahl (Duplexstahl) explizit genannt wird, quasi ein Vorgriff auf die nächste Ausgabe von EN 15048-1.

<4> Zu Abs. 4c – festzulegende Eigenschaften bei wetterfesten Garnituren

Ein Kommentar zu wetterfesten Schraubengarnituren an dieser Stelle erübrigt sich unter Hinweis auf den Normabschnitt II.5.6.6 und den zugehörigen Kommentar.

<5> Zu Abs. 5 – Verbindungsmittel zur Verbindung nichtrostender Stähle

Die Verwendung von Schrauben und Muttern aus Kohlenstoffstahl oder legiertem Stahl nach EN ISO 898-1 und EN ISO 898-2 in Bauteilen aus nichtrostendem Stahl ist gemäß diesem Normabsatz grundsätzlich zu vermeiden. Das gilt auch dann, wenn die Verbindungsmittel feuerverzinkt sind (vgl. zu II.5.6.1 <1>). Es geht dabei um das Phänomen der galvanischen Korrosion (auch „Kontaktkorrosion" oder „Bimetallkorrosion" genannt).

Sind Verbindungen aus Kohlenstoffstahl oder legiertem Stahl in Kombination mit nichtrostendem Stahl unvermeidbar, so muss diese Bimetallkorrosion zuverlässig ausgeschlossen werden. In geschraubten Verbindungen mit nichtrostenden Verbindungsmitteln in reinen Baustahlkonstruktionen oder in gemischten Konstruktionen sind die Teile aus Baustahl und aus nichtrostendem Stahl elektrisch gegeneinander zu isolieren. Dies erfordert den Einsatz geeigneter **Isolierelemente**, z. B. von isolierenden Unterlegscheiben und Dichtungen sowie ggf. isolierenden Hülsen; eine übliche und praxisgerechte Lösung zeigt Bild KII.5-16.

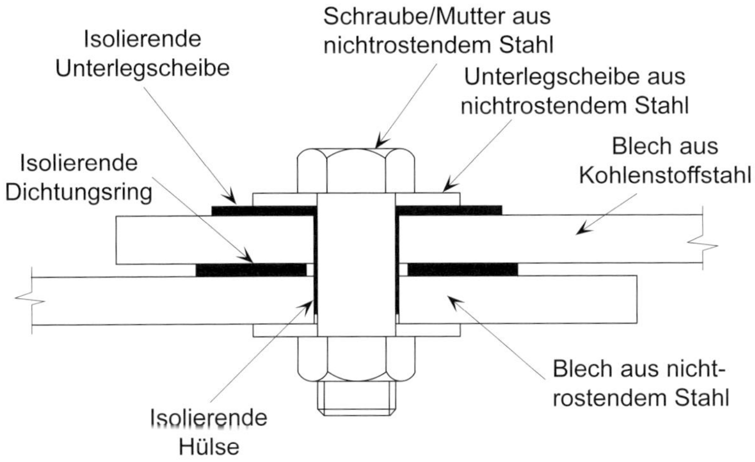

Quelle: nach [V4]

Bild KII.5-16: Gebräuchliche Detaillösung zur Verbindung ungleicher Werkstoffe mit Vermeidung von Bimetallkorrosion (nach [V4])

<6> Zu Abs. 6 einschl. Anmerkung – Schäfte von Bolzen

Diese neu in EN 1090-2 aufgenommene Regel mit einer einheitlichen Fertigungstoleranz für den Schaftdurchmesser von Bolzen, unabhängig von deren Verwendung im Tragwerk, macht nach Meinung der Verfasser keinen Sinn. Die angegebene Toleranzklasse h13 mit ihrer kleinstzulässigen Abweichung von 0,0 mm passt nicht zu den Lochtoleranzvorgaben in II.6.2.2, weder als „normaler" Bolzen im Sinne einer Scher-Lochleibungs-Verbindung (das Loch dürfte sogar 0,5 mm kleiner sein!), noch als Passbolzen (das Loch dürfte gemäß Klasse H11 exakt passend sein); siehe Kommentare zu II.6.2.2.

Im Übrigen werden Bolzen im Stahlbau oft in Bolzenverbindungen mit Augenstäben im Sinne von EN 1993-1-8, 3.13.1, eingesetzt (siehe z. B. Bild KII.5-17). Sie benötigen dann ein moderates bis großes Spiel, um sich in der Lochleibung verdrehen zu können. Dafür sind die Fertigungstoleranzen für Loch- und Bolzendurchmesser im Einzelfall festzulegen.

Bild KII.5-17: Knotenpunkt eines seil-abgespannten Stadiondaches mit Bolzen-Augenstab-Verbindungen (vorbereitet für die Montage)

Zu II.5.6.4 Garnituren für vorgespannte Schraubenverbindungen

<1> Zu Abs. 1 und Tabelle II.7 – einsetzbare Garnituren

<1.1> Normenpaar EN 14399-1 und EN 14399-2

Für vorspannbare Schraubengarnituren ist, analog zu den nicht vorspannbaren Garnituren (vgl. zu II.5.6.3 <1.1>), ein Normenpaar zuständig: **EN 14399-1** und **EN 14399-2**. Die Aufgabenteilung der beiden Teile stellt sich ähnlich dar wie beim Normenpaar EN 15048-1 und EN 15048-2 für die nicht vorspannbaren Garnituren.

EN 14399-1 ist eine harmonisierte europäische Produktnorm hEN (vgl. zu II.2.1 <3.1>) für das Bauprodukt „Hochfeste vorspannbare Garnituren für Schraubverbindungen im Metallbau" und beschreibt dafür gemäß Normtitel „allgemeine Anforderungen". Wie bei EN 15048-1, so ist auch hier diese Aufgabenbeschreibung insofern irreführend, als ausschließlich solche Anforderungen gemeint sind, die sich auf die für die CE-Kennzeichnung maßgebenden „Produktmerkmale" der Garnituren als Gesamtheit (siehe weiter unten) beziehen. Alle weiteren technischen und sonstigen Anforderungen (z.B. Oberflächenüberzüge, Kennzeichnung der Garnitur-Elemente, Lieferzustände) finden sich in **EN 14399-2**. Dieser zweite Teil enthält aber vor allem, analog zu EN 15048-2 für die nicht vorspannbaren Garnituren, auch die Versuchsbedingungen für den im Teil 1 als Eignungsprüfung geforderten Anziehversuch, der die Eignung der CE-gekennzeichneten Garnituren zum Vorspannen sicherstellen soll.

Ähnlich wie beim Normenpaar EN 15048-1 und -2, so hat sich auch beim Normenpaar EN 14399-1 und -2 die Aufgabenteilung in der jetzt gültigen Ausgabe 2015-04 gegenüber der bei Erscheinen der 2011er Ausgabe von EN 1090-2 gültigen Ausgabe stark verändert: Teil 1 wurde im Zuge der Anpassung an die BPVO [R182] „abgemagert" und „kümmert sich", wie oben erwähnt, jetzt nur noch um die CE-Produktmerkmale. Dass aber trotz dieser formalen Analogie zwischen den Normpaaren EN 15048-1 und -2 einerseits und EN 14399-1 und -2 andererseits die hEN EN 15048-1 in EN 1090-2 als Bezugsnorm genannt wird, die hEN EN 14399-1 jedoch nicht, ist für den Anwender sehr irritierend.

Hinter dem Nicht-Nennen von EN 14399-1 steht zwar die gleiche Überlegung im Arbeitsausschuss CEN/TC 135, wie bei der ebenfalls nicht mehr in EN 1090-2 zitierten harmonisierten Produktnorm für Schweißzusätze (vgl. zu II.5.5 <1>). Während aber dort das einzige nach der Anpassung an die BPVO verbliebene Produktmerkmal für die CE-Kennzeichnung tatsächlich für die Verwendung im Bauwesen vergleichsweise unwichtig ist, haben die vier in **EN 14399-1** verbliebenen Produktmerkmale der vorspannbaren Garnituren, nämlich

- Typ,
- Festigkeitsklasse,

- Produktklasse und
- k-Klasse

durchaus einen anwendungstechnischen Sinn. Das Ignorieren von EN 14399-1 sollte deshalb möglichst bald korrigiert werden. Die nachfolgende Kommentierung von EN 14399-1 erfolgt jedenfalls so, als sei sie nach wie vor offizielle Bezugsnorm in EN 1090-2. Das ist auch im Sinne der deutschen Stahlbau-Anwender, die z. B. gemäß Bauordnungsrecht vorspannbare Schraubengarnituren nur mit CE-Kennzeichnung nach EN 14399-1 verbauen dürfen.

EN 14399-1 ist, analog zu EN 15048-1 (vgl. zu II.5.6.3 <1.1>), als harmonisierte **„Schirm-Produktnorm“** konzipiert. Ähnlich EN 15048-1 fixiert auch EN 14399-1 die für die CE-Kennzeichnung der Garnituren als relevant eingestuften technischen Anforderungen an „vorspannbare“ Garnituren aus Schrauben, Muttern und Scheiben in Form der vier Produktmerkmale. Die technischen Anforderungen der Schirm-Produktnorm lassen sich wie folgt zusammenfassen:

(a) Schrauben, Muttern und Scheiben müssen hinsichtlich ihrer Maße und Toleranzen in einer eigenen Produktnorm beschrieben sein.

(b) Sie müssen in **Garnituren** lieferbar sein (siehe zu II.5.6.12 <1.3>). Die Komponenten (Schrauben, Muttern, Scheiben) müssen – neben den üblichen werkstoffmechanischen Anforderungen, z. B. nach EN ISO 898-1 für Schrauben, EN ISO 898-2 für Muttern und EN ISO 6507-1 für die Härte von Scheiben – im Rahmen der werkseigenen Produktionskontrolle (WPK) des Garniturenherstellers laufend stichprobenweise im **Anziehversuch an der Garnitur** nach EN 14399-2 geprüft werden. Dabei müssen sie eine maximale Schraubenkraft $F_{b,max}$ von mindestens 90 % der nominellen Bruchkraft ($A_{s,nom} \cdot R_{m,nom}$) sowie, zur Sicherstellung ausreichender Duktilität, definierte Mindestdrehwinkel $\Delta\theta$ vom erstmaligen Überschreiten der Vorspannkraft $F_{p,C}$ bis zum Erreichen von $F_{b,max}$ und bis zum anschließenden Wieder-Unterschreiten von $F_{p,C}$ bringen.

(c) Gemäß dem europarechtlichen Status der EN 14399-1 als harmonisierte europäische Produktnorm muss die WPK des Garniturenherstellers durch eine „notifizierte“ Stelle zertifiziert sein.

(d) Die Schrauben, Muttern und Scheiben selbst müssen mit dem Zusatzkennzeichen **„H“** (für ***High Strength***) versehen werden (siehe zu II.5.6.12 <1.1>). Dieses „H“ bildet zusammen mit weiteren Buchstaben das oben genannte Produktmerkmal „Typ“ der Garnituren.

Im Gegensatz zu EN 15048-1 scheint EN 14399-1 auf den ersten Blick nicht von Vornherein offen zu sein für alle denkbaren geometrischen Formen von Schrauben, Muttern und Scheiben, für die es gültige Produktnormen gibt und die, zu einer Garnitur zusammengestellt, die vorgenannten zentralen Forderungen erfüllen. Vielmehr legt sie sich auf nur zwei Geometrien fest, die sich zudem noch sehr ähnlich sind (HR und HV), und verweist in Tabelle II.7 als infrage kommende Produktnormen lediglich auf die „eigenen“ Normteile **EN 14399-3 bis -10.**

Diese scheinbare Einengung auf die „eigenen“ Normteile steht aber im Widerspruch zu dem ursprünglichen Anspruch, der am Anfang des Normtextes von EN 14399-1 unter „Anwendungsbereich“ formuliert ist: „… legt die allgemeinen Anforderungen an die Garnituren aus Schraube, Mutter und Scheibe(n) für hochfeste Schraubverbindungen im Metallbau fest, die zum Vorspannen geeignet sind.“ Weiter heißt es in einer Anmerkung: „Hochfeste Garnituren für Schraubverbindungen im Metallbau entsprechend EN 14399-2 bis EN 14399-10 sind so gestaltet, dass sie die Anforderungen dieser Europäischen Norm erfüllen.“ Diese Formulierung impliziert nach Auffassung der Autoren dieses Buches, dass auch anders zusammengestellte hochfeste Garnituren für das Vorspannen geeignet sein können, sofern mit ihnen die durch die obigen Produktmerkmale erfassten technischen Anforderungen erfüllt werden können. Demnach sind die Systeme HR und HV nur **Beispiele für geeignete Garnituren.**

Dieser Thematik kommt Bedeutung zu, wenn man das in einigen Stahlbau-Anwendungsbereichen seit langem bewährte Vorspannen von 8.8-Standard-Metallbauschrauben nach EN ISO 4014 und 4017 gedanklich in den aktuellen Stand der Normung einzuordnen versucht. Gemäß Bemessungsnorm EN 1993-1-8 sind alle Schraubengarnituren der Festigkeitsklassen

8.8 und 10.9, die den Anforderungen der entsprechenden „Bezugsnormengruppe" genügen, für vorgespannte Verbindungen einsetzbar, sofern eine kontrollierte Vorspannung nach EN 1090-2 aufgebracht wird. Die genannte Bezugsnormengruppe führt – neben der Normenreihe EN 14399 – sowohl die Schraubennormen EN ISO 4014 und 4017 als auch die Mutternormen EN ISO 4032 und EN ISO 4033 auf (vgl. Tabellen KII.5-8 und KII.5-9), so dass eine geeignete 8.8-Garnitur problemlos zusammengestellt werden kann; siehe hierzu <1.5>.

Es sei allerdings nicht verschwiegen, dass diese Einschätzung nicht von allen Fachleuten geteilt wird. Man argumentiert teilweise, der Normtext in EN 1090-2 verweise nun einmal ausschließlich auf Tabelle II.7, und dort stünden nun einmal nur die „eigenen" Produktnormen EN 14399-3 bis -10, also seien auch nur diese erlaubt.

<1.2> Vorspannbare Schraubengarnituren – System HV

Wie bereits in den Kommentaren <1.2> bis <1.4> zu II.5.6.3 erwähnt, handelt es sich bei dem durch die Produktnormen **EN 14399-4** (Sechskantschraube und -mutter mit großer Schlüsselweite) und **EN 14399-6** (flache Scheibe mit Fase) beschriebenen System HV um die seit über 50 Jahren in Deutschland mit großem Erfolg eingesetzten HV-Schrauben (früher DIN 6914), HV-Muttern (früher DIN 6915) und HV-Scheiben (früher DIN 6916). Die kennzeichnenden geometrischen Parameter finden sich in den Tabellen KII.5-8 bis KII.5-10. Bild KII.5-18 zeigt eine HV-Garnitur. Das System HV dürfte auch in Zukunft das in Deutschland und in vielen anderen europäischen Ländern bevorzugt eingesetzte Vorspannsystem im Stahlbau bleiben; es wird deshalb hier etwas ausführlicher kommentiert.

HV-Schrauben nach EN 14399-4

Die HV-Schrauben waren – wie die deutschen Stahlbauschrauben nach DIN 7990 (vgl. zu II.5.6.3 <1.2>) – eine deutsche Sonderentwicklung. Sie wurden in den 1950er Jahren gezielt für gleitfeste Schraubenverbindungen entwickelt, wie sie Ende der 1930er Jahre erstmals in den USA eingesetzt worden waren [V41]. Die deutsche Entwicklung von der vorgespannten Maschinenbauschraube nach DIN 931 (heute EN ISO 4014) aus hochfestem Werkstoff 10K (heute 10.9) bis zur HV-Schraube nach DIN 6914, deren Schlüsselweite s auf diejenige des jeweils nächsten Nenndurchmessers vergrößert worden war („große Schlüsselweite" genannt), wurde vom Erstverfasser in [V61] skizziert. Warum man dabei die Gewindelänge um 25 % bis 35 % gegenüber DIN 931 verkürzte (vgl. Tabelle KII.5-8), ist nachträglich nur schwer nachvollziehbar. Die HV-Schraube ist seitdem als qualitativ hochwertiges Verbindungsmittel aus dem deutschen und europäischen Stahlbau nicht mehr wegzudenken. Um sie im eingebauten Zustand einwandfrei erkennen zu können, mussten HV-Schrauben, -muttern und -scheiben von Anfang an auf der Kopf- bzw. Auflagefläche das Kennzeichen „HV" tragen – wie auch heute noch nach den neuen Produktnormen der Reihe EN 14399 (siehe zu II.5.6.12 <1.1>).

Zur kurzen Gewindelänge der HV-Schrauben ist Folgendes kritisch anzumerken: Mit der seinerzeitigen Verkürzung der Gewindelänge gegenüber den Maschinenbauschrauben mit Schaft hat man sich als Nachteil eine ähnlich enge Klemmlängenabstufung eingehandelt wie bei der deutschen Stahlbauschraube (vgl. zu II.5.6.3 <1.2>) – mit allen Konsequenzen, von der teureren Lagerhaltung bis zur Fehleranfälligkeit beim Einbau. In [V75, V76] wurde darüber hinaus nachgewiesen, dass eine so genannte „HVN-Schraube" (durchgehendes Gewinde, sonst gleiche Geometrie wie EN 14399-4) aufgrund ihrer größeren Dehnweichheit und Duktilität für den Stahlbau vom Tragverhalten her sogar günstiger wäre.

Die früher in DIN 7999 genormte HV-Passschraube wurde in die Produktnorm **EN 14399-8** als Sechskant-Passschraube mit großer Schlüsselweite übernommen, zu kennzeichnen mit „HVP" (siehe zu II.5.6.12 <1.1>). Die geometrischen Parameter der **HVP-Schraube** finden sich in Tabelle KII.5-8. Sie wird mit einer normalen HV-Mutter und normalen HV-Scheiben zu einer Garnitur kombiniert. Sie benötigt manchmal unter der Mutter – in Abhängigkeit von der Klemmlänge – zwei Scheiben bzw. ersatzweise ein Unterlegblech.

HV-Muttern nach EN 14399-4

Bei den HV-Muttern war die kleine Mutterhöhe $m \approx 0{,}8 \cdot d$ (vgl. Tabelle KII.5-9) von Entwicklungsbeginn an gewollt [V24]. Die Garnituren aus Schrauben, Muttern und Scheiben sollten die für eine tragende Stahlbauverbindung notwendige Duktilität vorwiegend durch plastische Verformung der gepaarten Gewinde erreichen. Als weiteres Argument wurde die größere Arbeitssicherheit für die Monteure ins Feld geführt: Wird die Garnitur beim Anziehen ungewollt überlastet – das kommt manchmal vor, z. B. wenn mangelhafte Garnituren glatter geschmiert sind als angeblich nach Leistungserklärung, oder wenn am Schraubgerät ein falscher Wert eingestellt ist –, so ist der nur allmähliche Abfall des Anziehmomentes beim Abstreifbruch der Gewindepaarung vom Monteur sicherer abzufangen als der schlagartige völlige Ausfall beim Trennbruch des freien Gewindeteils. Als Nachteil wird dafür in Kauf genommen, dass bei einem Abstreifbruch die Schraube meist im Schraubenloch bleibt (im Gegensatz zum Zugbruch, bei dem fast immer eines der beiden Schraubenenden herausfällt) und dass deshalb HV-Verbindungen nur mit Hilfe von Lockerheitskontrollen zuverlässig auf ihren einwandfreien Zustand überprüft werden können, z. B. bei wiederkehrenden Prüfungen.

Es sei bereits hier darauf hingewiesen, dass bei HV-Muttern der vorgeschriebene Überstand des Schraubengewindes im angezogenen Zustand um mindestens einen Gewindegang über die Mutteraußenseite hinaus (siehe zu II.8.2.2 <2>) wegen der kleinen Mutterhöhe besonders wichtig ist. Nur so kann sichergestellt werden, dass das Gewindeabstreifen nicht schon unterhalb der genormten Mindestbruchkraft der Schraubengarnitur erfolgt.

HV-Scheiben nach EN 14399-6

Die HV-Scheiben mit Fase wurden speziell für vorgespannte HV-Verbindungen entwickelt. Ihr Außendurchmesser ist groß genug, um das Sechskant-Eckmaß *e* der größeren Schlüsselweite abzudecken (vgl. Tabelle KII.5-10), und sie haben eine relativ große Innenfase für den größeren Kopfausrundungsradius r der HV-Schraube. Die kleinere Außenfase dient dazu, im fertigen Zustand zu erkennen, ob die Innenfase richtig, d. h. dem Schraubenkopf zugewandt, eingebaut wurde (siehe Bild KII.5-18). Die Härte HV 300 ist erforderlich, weil beim planmäßigen Vorspannen der Verbindung durch Anziehen der Mutter diese auf der Scheibe gegen einen wachsenden Reibwiderstand gedreht wird.

Als eine weitere Produktnorm der Reihe EN 14399 beschreibt **EN 14399-5** flache vorspannbare **Scheiben ohne Fase** (vgl. Tabelle KII.5-10). Sie sind – abgesehen von den fehlenden Fasen – identisch mit den Scheiben nach EN 14399-6, dürfen aber natürlich nur unter der Mutter angeordnet werden. Solche Scheiben gab es im ursprünglichen deutschen HV-System nicht. Man hielt damals den Kostenvorteil bei der Fertigung für zu unbedeutend, um den Nachteil der Verwechslungsgefahr bei der Montage kompensieren zu können. Es ist dringend zu empfehlen, auch in Zukunft nur Scheiben mit Fase einzusetzen, wie in Bild KII.5-18 dargestellt.

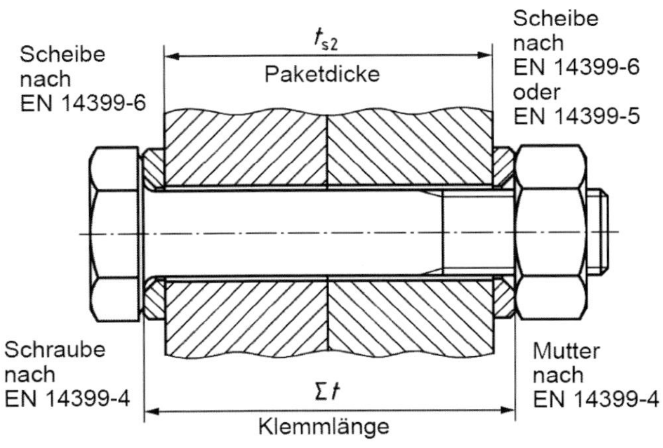

Bild KII.5-18: Vorspannbare Schraubengarnitur System HV

Nicht europäisch genormte HV-Garnituren > M36

Die in den vorhergehenden Absätzen beschriebenen HV-Garnituren nach EN 14399-4 ff. sind für die Schraubendurchmesser **M12 bis M36** genormt. Da in Sonderanwendungen (z. B. in WEA-Rohrtürmen) zunehmend größere vorspannbare Schraubengarnituren benötigt werden, haben führende deutsche Schraubenhersteller bereits vor etlichen Jahren HV-Garnituren mit größeren Gewindedurchmessern in Anlehnung an die Parameter der Norm EN 14399-4 entwickelt und erprobt. Um sie in Deutschland „bauaufsichtlich einführbar" zu machen, wurden sie für sieben Gewindedurchmesser **M39 bis M72** in der **DASt-Richtlinie 021** [R26] normiert. Diese Richtlinie findet sich jetzt in der deutschen C2-Liste geregelter Bauprodukte in der MVV-TB [R194] unter Nr. C2.4.5.21 wieder, so dass die größeren HV-Garnituren mit Ü-Zeichen geliefert werden können.

Bei Einführung dieser 10.9-Schrauben großer Abmessungen gab es in der Praxis teilweise Bedenken hinsichtlich der Sprödbruchsicherheit bei tiefen Temperaturen, z. B. beim Einsatz im Offshore-Bereich. Diese Bedenken konnten durch neuere Untersuchungen ausgeräumt werden: Oberhalb von –50 °C besteht keine Sprödbruchgefahr [V100].

<1.3> Vorspannbare Schraubengarnituren – System HR

Bei dem durch die Produktnorm **EN 14399-3** beschriebenen System HR handelt es sich um eine Sechskantschraube und eine Sechskantmutter mit großer Schlüsselweite, geometrisch der HV-Schraube und HV-Mutter sehr ähnlich (vgl. Tabellen KII.5-8 und KII.5-9). Vorspannbare Scheiben nach EN 14399-5 bzw. -6 vervollständigen die vorspannbare Garnitur System HR. Sie wurde nach Wissen der Verfasser in Frankreich entwickelt und wird dort (wie auch in Großbritannien) mit Erfolg eingesetzt.

Die Übernahme der beiden im Grunde sehr ähnlichen Systeme HV und HR alternativ nebeneinander in die Produktnormenreihe EN 14399 ist ein typisches Kompromissergebnis des europäischen Normungsprozesses: Man hat sich nicht auf ein System einigen können! Das wird klar, wenn man die in EN 14399-1, -2, -3, -4, -7 und -8 gleichlautende Einleitung liest. Dort heißt es: „Dieses Dokument über Garnituren für Schraubverbindungen im Metallbau gibt die Situation in Europa wieder, wo zwei unterschiedliche technische Lösungen existieren, um für Garnituren für Schraubverbindungen die notwendige Duktilität zu erreichen. Bei diesen Lösungen werden unterschiedliche Garnituren für Schraubverbindungen (Systeme HR, HV und HRC) verwendet. Beide Systeme haben sich gut bewährt, und die Entscheidung für eines der beiden Systeme liegt in der Verantwortung der Sachverständigen für die konstruktiven Verbindungen."

Schrauben und Muttern des Systems HR gibt es – im Gegensatz zum System HV – neben der Festigkeitsklasse 10.9 auch in der Festigkeitsklasse 8.8. Deren anwendungspraktischer Sinn erschließt sich den Verfassern allerdings nicht ganz. Wie im Kommentar <1.2> weiter oben dargestellt, wurde die große Schlüsselweite seinerzeit eingeführt, um genügend Pressungsfläche für die größere Vorspannkraft des 10.9-Schraubenquerschnittes zu haben. Das heißt im Umkehrschluss, für die kleinere Vorspannkraft eines 8.8-Schraubenquerschnittes reicht eigentlich die normale Schlüsselweite aus; siehe hierzu <1.5>. Fazit: Wenn man schon die größere Schlüsselweite einsetzt, sollte man konsequenterweise auch Festigkeitsklasse 10.9 wählen.

HR-Schrauben nach EN 14399-3

Die HR-Schrauben haben – bei sonst praktisch identischen Maßen – eine etwas größere Gewindelänge als die HV-Schrauben, etwa vergleichbar mit dem mittellangen Gewinde der Standard-Metallbauschrauben mit Schaft nach EN ISO 4014 (vgl. Tabelle KII.5-8). Der Grund ist laut EN 14399-3, dass die Garnitur ihr duktiles Verformungsvermögen vorwiegend durch plastische Verlängerung der Schraube in ihrem freien belasteten Gewindebereich erreichen soll – im Gegensatz zur plastischen Abstreifverformung der gepaarten Gewinde bei der HV-Garnitur. Die größere Gewindelänge hat natürlich den Vorteil einer weniger engen Klemmlängenabstufung, was man durch Vergleich der Klemmlängen- und Paketdickentabellen in EN 14399-3 und -4 leicht verifizieren kann.

An das System HR angelehnt ist die hochfeste **Senkschraube** nach **EN 14399-7** (vgl. zu II.5.6.3 <1.2>). Infolge der besonderen Form des Senkkopfes kann sie auf die volle EN-Vorspannkraft $F_{p,C}$ (70 % der Zugfestigkeit im Gewindequerschnitt, siehe II.8.5.1) vorgespannt werden. Erfahrungen mit dieser vorspannbaren Senkschraube liegen in Deutschland nach Wissen der Verfasser bisher nicht vor.

HR-Muttern nach EN 14399-3

Um Gewindeabstreifen vor Beginn der plastischen Verlängerung der Schraube zuverlässig auszuschließen, ist die HR-Mutter etwas höher als die HV-Mutter, wiederum bei sonst praktisch identischen Abmessungen (vgl. Tabelle KII.5-9). Aus Prüflaborkreisen ist allerdings unter der Hand zu hören, dass auch HR-Garnituren oft durch Gewindeabstreifen versagen – der geringe Unterschied in der Mutterhöhe ($\approx 0{,}9\,d$ vs. $\approx 0{,}8\,d$) reicht offenbar nicht aus, um ein völlig anderes Tragverhalten zu erzwingen.

Bild KII.5-19 zeigt je eine HV- und HR-Garnitur M24 im Vergleich. Die große Ähnlichkeit ist offensichtlich, die Normung dieser beiden Systeme nebeneinander in Europa ist jedenfalls technisch nicht zu rechtfertigen.

Quelle: IML, Uni Duisburg-Essen

Bild KII.5-19: Vorspannbare Schraubengarnituren M24×160-HV und M24×150-HR im Vergleich

<1.4> Vorspannbare Sonderformen von Schraubengarnituren

EN 1090-2 führt als eigenständige Produktnormen der Reihe EN 14399 noch **EN 14399-9** (Direkte Kraftanzeiger für HR- oder HV-Garnituren) und **EN 14399-10** (HRC-Schrauben mit kalibrierter Vorspannung, von *„high resistance calibrated"*) auf. Da in Kapitel II.8 von EN 1090-2 auch konkrete Vorspannverfahren für diese Garnitur-Sonderformen angegeben werden (siehe II.8.5.5 und II.8.5.6), handelt es sich zunächst formal um europäisch genormte vollwertige Technologien für vorgespannte Schraubenverbindungen. Beide Verfahren werden offenbar seit längerem in Großbritannien und in den USA mit Erfolg eingesetzt und wurden folgerichtig von britischer Seite in die Entwicklung der Norm EN 1090-2 eingebracht. In Deutschland gibt es gewisse Vorbehalte gegen beide, insbesondere gegen die Zuverlässigkeit der Kalibrierung – möglicherweise aber nur, weil keine entsprechenden eigenen Erfahrungen vorliegen. Da beide Vorspannverfahren im Nationalen Anhang DIN EN 1993-1-8/NA [R104] für das Aufbringen der vollen EN-Vorspannkraft (siehe II.8.5.1) in Deutschland vorerst nicht allgemein zugelassen sind, werden die entsprechenden Produkte nachfolgend nur kurz kommentiert.

HRC-Schrauben nach EN 14399-10

... sind Sonderschrauben des Systems HR, mit sehr ähnlicher Geometrie in den USA und in Großbritannien unter der Bezeichnung TCB (von *tension controlled bolt*) verbreitet. Sie sind über das eigentliche Ende der Schraube hinaus, abgesetzt durch eine umlaufende Kerbe, verlängert um ein verzahntes „Abscherende" (siehe Bild KII.5-20). Beim Anziehen der Mutter mit einem speziellen „Abscherschrauber", der das verzahnte Abscherende am Mitdrehen hindert, bricht Letzteres unter der kalibrierten Vorspannkraft infolge der dazu gehörenden örtlichen Torsionsbeanspruchung in der Kerbe weg. Es gibt die HRC-Schraube wahlweise mit Sechskantkopf (entsprechend der HR-Schraube) oder mit Halbrundkopf (wie in Bild KII.5-20a dargestellt). Als Mutter wird die standardmäßige HR-Mutter nach EN 14399-3 mit $m \approx 0{,}9\,d$ (vgl. Tabelle KII.5-9) oder eine etwas höhere Muttervariante mit $m \approx 1{,}0\,d$ eingesetzt (mit „HRD" gekennzeichnet, siehe Bild KII.5-20b).

Die HRC-Schraube mit Halbrundkopf entspricht praktisch der in Deutschland von Anfang der 1980er Jahre bis 2002 allgemein bauaufsichtlich zugelassenen FUCHS-HVA-Schraube. Sie wurde praktisch nicht nachgefragt. Dagegen gibt es für die jetzige HRC-Schraube seit 2013 eine europäische Zulassung ETA (Nr. 13-0244) für den britischen Hersteller Tension Control Bolt Ltd. unter dem Namen „Schraubengarnituren mit TCB Studs", mit der offenbar der Zeitraum bis zur (erhofften) uneingeschränkten Einsatzmöglichkeit über EN 1090-2 überbrückt werden soll. Ob über diese Zulassung in Deutschland bereits HRC-Schrauben eingesetzt wurden, ist den Verfassern nicht bekannt.

Der montagetechnische **Vorteil** der HRC-Schraube besteht zweifelsohne darin, dass man sie beim Anziehen der Mutter am Kopf nicht gegenhalten muss. Deshalb macht eigentlich nur die Variante mit Halbrundkopf Sinn. Man könnte sie beispielsweise einsetzen, wenn bei der Sanierung historischer Stahlbauten aus Gründen des Denkmalschutzes ein „nietkopfähnliches" Aussehen erwünscht ist. Ein weiterer Vorteil ist, dass beim Vorspannen keine Torsionsbeanspruchung in die Schraube eingetragen wird, so dass auch keine Torsionsrelaxation eintreten kann.

Aus den wenigen Erfahrungen mit der FUCHS-HVA-Schraube lassen sich folgende **Nachteile** benennen: Es liegt in Bezug auf den korrekten Schmierungszustand die gleiche Empfindlichkeit vor wie bei den „normalen" HV- und HR-Garnituren (siehe zu II.8.5.1). Es ist ein spezielles Anziehgerät erforderlich, für das aber die Zugänglichkeit bei vielen Tragwerken nicht durchgängig gegeben ist. Bei feuerverzinkten Garniturkomponenten fällt die Verzinkung auf der freigelegten Bruchfläche weg, so dass ein dauerhafter Korrosionsschutz schwer zu gewährleisten ist.

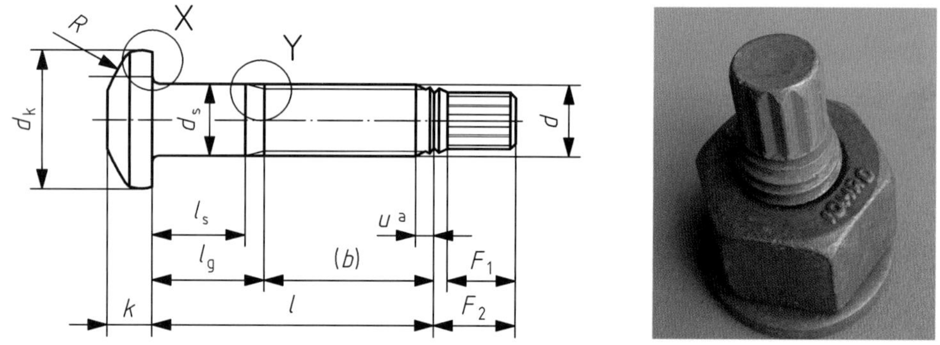

Quelle: L. Bär

a) b)

Bild KII.5-20: Planmäßig vorspannbare HRC-Schraube: a) zeichnerische Darstellung der Halbrundkopfvariante (aus EN 14399-10), b) vormontierte HRC-Garnitur (mit erhöhter HRD-Mutter) vor dem endgültigen Anziehen

Direkte Kraftanzeiger nach EN 14399-9

... sind speziell geformte Scheiben, die an einer Auflagefläche mit herausgestanzten „Überständen" versehen sind (siehe Bild KII.5-21). Die direkten Kraftanzeiger werden auch „lastanzeigende Scheiben" (LIW von *load indicating washers*) oder „**DTI-Scheiben**" (von *direct tension indicator*) genannt. Die DTI-Scheiben werden unter dem Schraubenkopf oder unter der Mutter angeordnet, zusammen mit einer besonders harten Scheibe, an der die Überstände anliegen (siehe Bild KII.5-22). Beim Anziehen werden die Überstände unter der Einwirkung der Vorspannkraft plastisch abgeplattet, wobei der verbleibende Restspalt ein Maß für die Kraft ist. Anhand dieses Restspaltes, der mit einer Fühllehre/Spaltlehre mit definierter Dicke jeweils zwischen den Überständen überprüft wird, sind die Scheiben kalibriert.

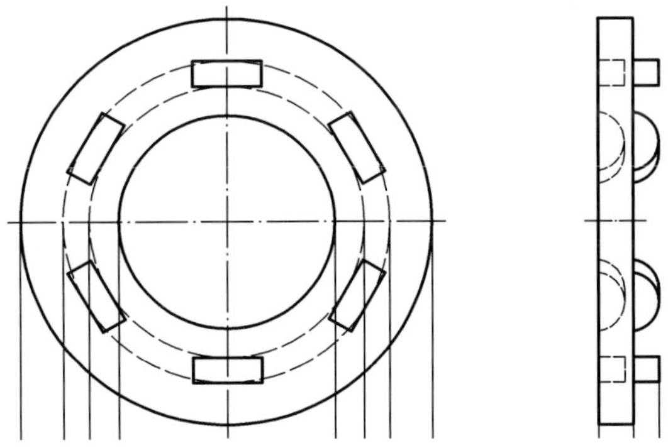

a)

Quelle: www.orbitalfasteners.co.uk

b)

Bild KII.5-21: Direkter Kraftanzeiger (DTI-Scheibe):
a) zeichnerische Darstellung (aus EN 14399-9), b) Foto

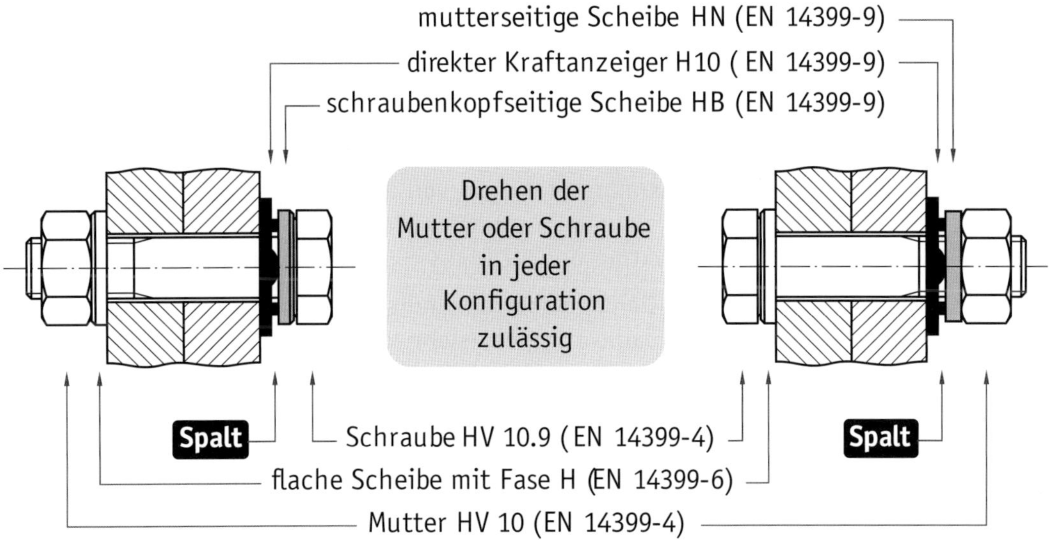

Quelle: aus [V58]

Bild KII.5-22: Konfigurationen von HV-Garnituren mit direkten Kraftanzeigern

Der klare **Vorteil** der DTI-Scheiben liegt auf der Hand: Das Vorspannen ist vom Schmierungszustand der Garnituren unabhängig, da die Vorspannkraft direkt „gemessen" wird. Die lastanzeigenden Scheiben wurden 1962 in Großbritannien erfunden, kamen 1972 in die USA und wurden dort in den 1980er und 1990er Jahren zu der heutigen Version weiterentwickelt. Sie wurden in den letzten Jahrzehnten weltweit, vor allem aber in den USA, erfolgreich eingesetzt.

In Deutschland liegen bisher nur einige wenige Erfahrungen von Versuchsanwendungen vor. Danach wären folgende **Nachteile** zu benennen: Der verbleibende Spalt ist quasi prädestiniert für Spaltkorrosion. Eine spätere Überprüfung der Vorspannung über das Anziehmoment ist nicht möglich, da die Garnituren ja gerade ohne Anforderungen an den Schmierungszustand (k-Klasse K0 nach EN 14399-1, siehe II.8.5.1) geliefert werden. Darüber hinaus bestehen Vorbehalte gegenüber der Genauigkeit der Kalibrierung. Zum Zeitpunkt der Drucklegung dieses Kommentarbuches ist in Deutschland der Einsatz von DTI-Scheiben nur mit bauaufsichtlicher Zustimmung im Einzelfall (ZiE) möglich.

Am Institut für Metall- und Leichtbau (IML) der Universität Duisburg-Essen wurde in den letzten Jahren in umfangreichen Versuchsreihen das Tragverhalten von mit DTI-Scheiben vorgespannten Verbindungen untersucht [V58]. Dabei wurde besonders die Zugbeanspruchung unter die Lupe genommen, die als Verbindungskategorie E nach EN 1993-1-8 ohne besondere Einschränkungen zulässig ist. Auf die dabei zu befürchtenden Vorspannkraftverluste infolge fortschreitender plastischer Verformung der DTI-Überstände bei wiederholt zu hoher Betriebszugbeanspruchung beziehen sich vor allem die deutschen Vorbehalte, während die Anwendung in gleitfesten Verbindungen der Kategorien B und C als eher unproblematisch gesehen wird.

Die Ergebnisse zeigen, dass in der Tat bereits bei einem Überschreiten der Montagevorspannkraft um etwa 6 % Vorspannkraftverluste von über 40 % auftraten. Anhand umfangreicher Modellrechnungen konnte schließlich gezeigt werden, dass eine Begrenzung der einwirkenden Zugkraft auf die etwa **0,6- bis 0,7-fache Mindestvorspannkraft** die Vorspannkraftverluste auf weniger als 5 % der Mindestvorspannkraft begrenzt. Da die tatsächliche Montagevorspannkraft in der Regel etwas größer als die vorgeschriebene Mindestvorspannkraft ist, wäre damit deren Erhalt gewährleistet. Das heißt, es ist dringend geboten, die zulässige Zugbeanspruchung vorgespannter DTI-Verbindungen im Rahmen der Bemessung nach EN 1993-1-8 auf die 0,6-fache Mindestvorspannkraft zu reduzieren.

<1.5> Vorspannbare Standard-Metallbauschrauben-Garnituren FK 8.8

Wie in <1.1> bereits ausgeführt, werden die in der früheren DIN 18800-7 [R73] noch genormten vorspannbaren 8.8-Schraubengarnituren weder in EN 14399-1 noch in EN 14399-2 explizit erwähnt. Gleichwohl sind sie nach Überzeugung der Verfasser auch zukünftig unter dem europäischen Stahlbau-Normendach „EN 1993-1-8 plus EN 1090-2" als vorspannbare Garnituren einsetzbar. Für Deutschland wurde das durch Übernahme in den Nationalen Anhang DIN EN 1993-1-8/NA [R104] ausdrücklich festgeschrieben, und in einer Veröffentlichung wurde kürzlich noch einmal dafür plädiert [V82]. Es sei aber noch einmal nicht verschwiegen, dass diese positive Einschätzung einer „sinngemäßen" Normkonformität nicht von allen Fachleuten geteilt wird. Man argumentiert rein formal, in EN 1090-2 werde nun einmal im Zusammenhang mit vorspannbaren Garnituren ausschließlich auf die Produktnormen EN 14399-3 bis -10 verwiesen.

Gemäß DIN EN 1993-1-8/NA dürfen in Deutschland jedenfalls derzeit weiterhin für das so genannte modifizierte Drehmoment-Vorspannverfahren (siehe zu II.8.5.3 <2.2>) neben 10.9-HV-Garnituren auch 8.8-Garnituren aus Metallbauschrauben, -Muttern und -Scheiben eingesetzt werden. Zukünftig wird das in der DASt-Richtlinie 024 [R29] auch so fortgeschrieben werden. Solche Garnituren sind eine vereinfachte, zwar deutlich weniger tragfähige, aber dafür werkstofflich unproblematischere Alternative zu den bewährten 10.9-HV-Garnituren – dies vor allem in Fällen, wo die Vorspannung lediglich der Verbesserung der Gebrauchstauglichkeit dient (siehe zu II.8.5.1 <1.2>). Allerdings waren solche vorspannbaren 8.8-Garnituren mit kalibrierter Schmierung bisher auf dem deutschen Markt nicht erhältlich. Es wird sich zeigen, ob die Nachfrage aus der Stahlbauindustrie das zu ändern vermag. Zu beachten ist allerdings, dass solche mit kalibrierter Schmierung versehenen, vorspannbaren 8.8-Standard-Metallbauschrauben-Garnituren natürlich im Sinne von EN 14399-1 mit CE-Kennzeichnung versehen werden müssen, d. h. unter Einschluss des gewährleisteten Produktmerkmals „k-Klasse K1"; eine CE-Kennzeichnung nach EN 15048-1 reicht nicht aus. Ob und wie das zu realisieren ist, muss sich zeigen. Daneben besteht selbstverständlich immer die Möglichkeit, über eine Verfahrensprüfung in einem anerkannten Prüflabor in Anlehnung an EN 14399-2 vorspannbare 8.8-Standard-Metallbauschrauben-Garnituren projektbezogen einzusetzen.

Ein kleines Problem stellt möglicherweise die benötigte **vorspannbare Scheibe** dar. Da eine entsprechende EN-Produktnorm nicht zur Verfügung stand, war in Deutschland speziell die Norm **DIN 34820** entwickelt worden [R84]; die dort genormten Scheiben waren ebenso hart wie die (größeren) HV-Scheiben, und sie hatten wie jene eine Außen- und eine Innenfase, allerdings kleiner. Das ist auch der Grund, warum keinesfalls gefaste HV-Scheiben nach EN 14399-6 für vorgespannte Verbindungen mit 8.8-Metallbauschrauben verwendet werden dürfen. Leider ist DIN 34820 inzwischen wegen mangelnder Nachfrage zurückgezogen worden, was allerdings nicht heißt, dass man bei entsprechender Menge nicht solche Scheiben fertigen lassen kann. In [V82] wird aufgrund neuerer Untersuchungen die Meinung vertreten, man könne problemlos auf Scheiben nach EN ISO 7089 oder EN ISO 7090 mit einer Mindesthärte von HV 200 zurückgreifen. Tatsächlich wird das auch in der zukünftigen DASt-Ri 024 so festgelegt werden. Es soll allerdings mit genau solchen Scheiben wegen der fehlenden Innenfase bereits Schadensfälle gegeben haben, so dass die praktische Einsetzbarkeit der technisch eigentlich vernünftigen 8.8-Vorspanntechnologie zurzeit am Scheibenproblem krankt.

<2> Zu Abs. 2 – festzulegende Eigenschaften gemäß Produktnormen

Dieser Normabsatz stimmt wörtlich mit demjenigen für nicht vorspannbare Schraubengarnituren überein (vgl. zu II.5.6.3 <2>). Analog zu den dortigen Produktnormen enthalten auch die Normteile EN 14399-i eindeutige Auswahlmöglichkeiten für den Oberflächenzustand, nämlich

- „wie hergestellt" – entspricht dem üblichen Zustand der Oberfläche mit einem leichten Ölfilm, der sich aus der Herstellung ergibt;
- feuerverzinkt nach EN ISO 10684 – bei der Bestellung durch Hinzufügen des Kurzzeichens „tZn" hinter der Produktbezeichnung festzulegen;
- sonstige – zu vereinbaren (mit den üblichen Einschränkungen: keine Beeinträchtigung der Eigenschaften, keine Überzüge aus Cadmium oder Cadmiumlegierungen).

Die beiden weiteren Oberflächenvarianten bei den nicht vorspannbaren Verbindungsmitteln, Zinklamellen- und galvanischer Zinküberzug, entfallen hier natürlich.

<3> Zu Abs. 3 – Unzulässigkeit des Vorspannens nichtrostender Schraubengarnituren

Die zunächst einmal generelle Unzulässigkeit, nichtrostende Schraubengarnituren als vorgespannte Verbindungen einzusetzen, entspricht dem bisherigen europäischen und deutschen Regelungsstand, wie er in **EN 1993-1-4** [R100] und in der schon mehrfach erwähnten allgemeinen bauaufsichtlichen Zulassung (abZ) **Z-30.3-6** [R9]) fixiert ist. In EN 1993-1-4 wird die rechnerische Inanspruchnahme einer Vorspannung ausgeschlossen, wenn „nicht durch Versuche die Eignung im Einzelfall nachgewiesen werden kann". In der abZ wird wegen möglicher Kriechererscheinungen bei Zugbeanspruchung die Nutzung einer Vorspannung selbst im Hinblick auf die Gebrauchstauglichkeit ausgeschlossen. Natürlich ist das Vorspannen als solches nicht verboten; nur darf man die Vorspannung tragwerksplanerisch nicht berücksichtigen, weder quantitativ zur Erhöhung der Tragsicherheit noch qualitativ zur Verbesserung der Gebrauchstauglichkeit. Zu Letzterer könnte eine Vorspannung nach Meinung der Verfasser durchaus beitragen.

Wie durchgängig in EN 1090-2 gehandhabt, wird auch im vorliegenden Normabsatz für Sonderanwendungen die Option „es sei denn, dies wird festgelegt" offen gehalten (siehe Tabelle II.A.2 in Anhang II.A). Das heißt konkret: Wenn nichtrostende Schraubengarnituren doch tragsicherheitsrelevant vorgespannt werden sollen, dann gelten sie als „besondere Verbindungsmittel" und müssen einer Verfahrensprüfung unterzogen werden. Im Stahlwasserbau dürfen übrigens gemäß DIN 19704-2 [R79] Schrauben aus nichtrostendem Stahl bei lösbaren, nachstell- und auswechselbaren Verbindungen vorgespannt werden; es gibt dort sogar eine Tabelle mit Anzugsmomenten und Vorspannkräften.

Es sei an dieser Stelle erwähnt, dass man derzeit am IML der Universität Duisburg-Essen die traditionelle Unzulässigkeit, nichtrostende Schraubengarnituren tragwerksplanerisch gezielt vorzuspannen, durch Untersuchungen zum Vorspannverhalten von Standard-Metallbauschraubengarnituren aus nichtrostenden austenitischen und Duplex-Stählen erneut wissenschaftlich hinterfragt. Dabei werden u. a. EN-ISO-4017-Garnituren der Stahlsorten A4-80 und A4-100 einer schwedischen Spezialfirma eingesetzt, die also den üblichen hochfesten Schrauben-Festigkeitsklassen 8.8 und 10.9 entsprechen. Erste Ergebnisse sind durchaus positiv: Die Garnituren erreichen bei Wahl einer geeigneten Schmierung im Anziehversuch nach EN 14399-2 sowohl eine ausreichende Duktilität als auch die gewählten Vorspannkraftniveaus, z. B. $F_{p,C}$ nach EN 1090-2 (siehe II.8.5.1 und Kommentar <1.3> dazu). Auch Fresserscheinungen in den gepaarten Gewinden und Auflageflächen lassen sich bei Wahl des „richtigen" Schmiermittels weitestgehend vermeiden [V79][V81].

Direkte Kraftanzeiger **Zu II.5.6.5**

Direkte Kraftanzeiger nach EN 14399-9 (DTI-Scheiben) wurden bereits im Kommentar zu II.5.6.4 unter <1.4> behandelt. Das Verbot, die aus legiertem Stahl gefertigten Spezialscheiben in wetterfesten oder nichtrostenden Schraubengarnituren anzuwenden, sollte ohne weiteren Kommentar einleuchten. Aus wetterfestem oder nichtrostendem Stahl gefertigte direkte Kraftanzeiger gibt es (noch) nicht.

Zu II.5.6.6 Wetterfeste Garnituren

Wetterfeste Schraubengarnituren müssen, abgesehen von der speziellen chemischen Zusammensetzung ihres Werkstoffes, in Geometrie und Festigkeitsklassen den zentralen Forderungen der „Schirm-Produktnormen" EN 15048-1 und EN 14399-1 entsprechen (vgl. zu II.5.6.3 <1.1> und II.5.6.4 <1.1>); das leuchtet ein. Vor allem müssen die den Festigkeitsklassen gemäß EN ISO 898-1 zugeordneten mechanischen Eigenschaften erreicht werden.

Dass in der Anmerkung auf die amerikanische ASTM-Norm verwiesen wird, zeigt, dass es keine europäische Norm für wetterfeste Verbindungsmittel gibt. In der Tat ist in den USA das Bauen mit wetterfestem Stahl viel verbreiteter als in Europa, vor allem als in Deutschland (siehe zu II.10.3 <1.1>). Interessanterweise wurden in der früheren DDR z. B. Freileitungsmaste zum Teil aus „KT-Stahl" (**k**orrosions**t**räger Stahl) errichtet, und zwar mit Schrauben, die ebenfalls aus KT-Stahl waren; allerdings sind in diesen Schraubenverbindungen erhebliche Spaltkorrosionsschäden aufgetreten. Deutsche Hersteller haben in den letzten Jahrzehnten keine wetterfesten Verbindungsmittel hergestellt, da die geringen nachgefragten Mengen den Prozessaufwand (schwierig wegen des hohen Kupferanteils im wetterfesten Stahl) nicht gerechtfertigt hätten. Angesichts dieses Sachstandes und der Konstruktionsregel, dass in wetterfesten Stahlkonstruktionen geschraubte Verbindungen sowieso tunlichst vermieden werden sollten (siehe zu II.10.3 <1.1>), wird auf eine detaillierte Kommentierung wetterfester Garnituren verzichtet.

Zu II.5.6.7 Ankerschrauben

<1> Einführender Kommentar zum Thema „Gewindeteile"

Unter der unzutreffend einengenden Überschrift „Ankerschrauben" („*foundation bolts*") werden in diesem Abschnitt der Norm nach Überzeugung der Verfasser indirekt alle **Gewindeteile** angesprochen, die keine Schrauben oder Muttern mit eindeutigen Produktnormen im engeren Sinne der „Schraubenverbindungen" nach II.5.6.3 bis II.5.6.6 sind. Dazu gehören neben den eigentlichen Ankerschrauben (siehe weiter unten) beispielsweise jede Art von Zugstangen mit Außengewinde an den Enden, Gewindebolzen und -stangen, Schraubmuffen, Spannschlösser, Sacklochverbindungen, Innengewindeanker usw. Alle diese Verbindungen sind zwar keine „Verbindungen mit Schrauben", wohl aber „Schraubverbindungen" bzw. „geschraubte Verbindungen" mit metrischen Außen- und Innengewinden. Auf sie können sowohl die Bemessungsregeln des Eurocode EN 1993-1-8 für die Tragmodelle „Abscheren" und „Zug" sinngemäß angewendet werden, als auch alle Ausführungsregeln für Werkstoffe sowie Gewindeformen und -toleranzen der Schrauben- und Mutter-Produktnormen. Genau diese bemessungs- und fertigungstechnische Analogie ist gemäß Normabschnitt II.8.8, Abs. 3, die Voraussetzung dafür, dass die Gewindeteile bei der Ausführung der Verbindungen **nicht** als „besondere Verbindungsmittel" gemäß II.5.6.11 eingestuft zu werden brauchen (siehe auch zu II.8.8 <3>). Bei all den vorgenannten Gewindeteilen handelt es sich also eindeutig um **normgemäße Stahlbau-Verbindungsmittel**. Es wäre für den Normanwender hilfreich gewesen, wenn man diesen Sachverhalt bereits im vorliegenden Kapitel II.5 „Ausgangsprodukte" klar herausgestellt hätte.

Hinsichtlich der für Gewindeteile verwendbaren **Werkstoffe** wird in II.5.6.7 ausdrücklich die Fertigung aus warmgewalztem Stahl zugelassen, z. B. mit geschnittenem oder aufgerolltem Gewinde. Solche Gewindeteile können dann logischerweise nicht die Schrauben- und Mutterfestigkeitsklassen nach EN ISO 898-1 und EN ISO 898-2 aufweisen, weil das Ausgangserzeugnis (Vorprodukt) nur in Baustahl erhältlich ist. Gleiches gilt, wenn Betonstähle eingesetzt werden, was hier ebenfalls explizit zugelassen wird (siehe <2.1> weiter unten).

Für das **Feuerverzinken** von Gewindeteilen/Ankerschrauben gilt EN ISO 10684 sinngemäß (vgl. zu II.5.6.1 <2>). Die Regeln für das Überschneiden von Innengewinden (Muttern mit Gewindeübermaß) bzw. das Unterschneiden von Bolzengewinden (Schrauben mit Gewindeuntermaß) sind dabei besonders zu beachten; siehe hierzu die nachfolgenden Kommentare zu den speziellen Gewindeteilen.

<2> Gewindeteile mit Außengewinde

<2.1> Ankerschrauben, Ankerbolzen

Ankerschrauben bzw. Ankerbolzen dienen der Verbindung von Stahlbauteilen mit Stahlbetonbauteilen, z. B. der Verankerung von Stahlstützen in Fundamenten. Sie werden in der Regel projektspezifisch individuell (also ohne Produktnorm) auf der Grundlage des vorliegenden Normabschnittes II.5.6.7 der EN 1090-2 gefertigt und zwar, wie oben bereits erwähnt, aus **Schraubenstählen** nach EN ISO 898-1 oder aus **Baustählen** nach EN 10025-2 bis -4 oder aus **Betonstählen** nach EN 10080. Das Außengewinde (Bolzengewinde) wird in der benötigten Länge am Ende der Rund- oder Betonstähle spanabhebend geschnitten oder kalt aufgerollt. Bild II.5-23 zeigt zwei einfache Beispiele aus Baustahl und Betonstahl. Beim Schneiden oder Rollen der Gewinde müssen die gleichen Gewindetoleranzen eingehalten werden wie in den Produktnormen für die jeweils vergleichbaren Schrauben, insbesondere wenn mit Hilfe von aufgeschraubten Standard-Sechskantmuttern planmäßig Zugkräfte übertragen werden sollen.

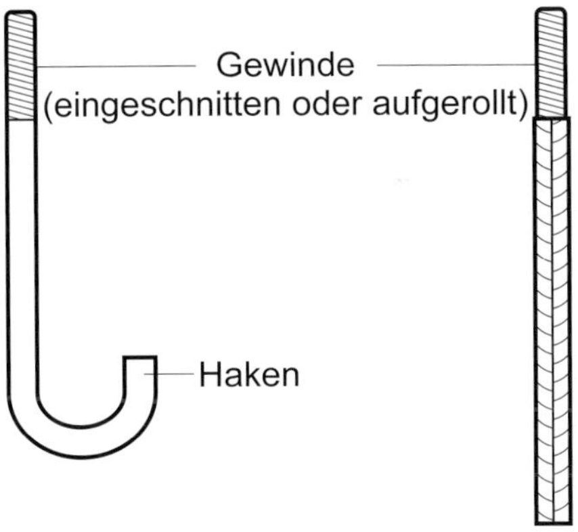

Quelle: nach [V37]

Bild KII.5-23: Beispiele für Ankerschrauben/Ankerbolzen aus a) Rundstahl (glatt) und b) Betonstahl (gerippt)

Die vorstehende Aussage zu den Gewindetoleranzen gilt insbesondere auch dann, wenn die Ankerschrauben **feuerverzinkt** werden sollen. In diesem Fall ist EN ISO 10684 sinngemäß zu beachten (vgl. zu II.5.6.1 <2>), vor allem die Regeln für das Unterschneiden von Außengewinden (mit Gewindeuntermaß) und das Überschneiden von Innengewinden (mit Gewindeübermaß). Wenn z. B. ein Hersteller von Ankerschrauben deren Gewinde vor dem Stückverzinken mit Normaltoleranz (z. B. 6g) schneidet, die zugehörigen feuerverzinkten Muttern aber im Schraubenhandel hinzugekauft werden sollen, so müssen diese mit Zusatzkennzeichen „Z" beschafft werden. (Zur Frage „CE-Kennzeichnung solcher Muttern ja oder nein" siehe zu II.5.6.12 <1.5>).

Es gibt auch konstruktive Ankerbolzenlösungen mit geripptem Betonstahl, bei denen das aus dem Beton herausragende Außengewinde nicht direkt auf den Betonstahlstab geschnitten ist (wie im einfachen Beispiel des Bildes KII.5-23b), sondern zu einem an den Betonstahlstab geschweißten Gewindeteil bzw. -bolzen gehört. Beide Teile müssen dann natürlich aus schweißgeeignetem Stahl hergestellt sein. Eine solche Konstruktion bedarf deshalb in Deutschland ggf. eines besonderen bauaufsichtlichen Verwendbarkeitsnachweises; siehe z. B. abZ Nr. Z-30.6-39 [R10] mit Ankern aus einem Gewindeteil mit zwei bis vier angeschweißten Betonstahlstäben.

Der Hinweis auf **EN 13670** in der Anmerkung am Ende von Abschnitt II.5.6.7 führt ins Leere. Man findet dort nichts über Anforderungen an Betonstahlstäbe, die als Anker verwendet werden.

Eine aus Sicht der Verfasser eher „bürokratische" Frage muss hier noch angesprochen werden, die leider immer wieder in der Praxis auftaucht: Müssen/dürfen/sollen solche projektspezifisch hergestellten Ankerschrauben CE- oder Ü-gekennzeichnet sein? Da sie keine Einzelkomponenten von Schraubengarnituren sind, entfällt eine CE-Kennzeichnung nach EN 15048-1. Da sie auch keine Gewindestangen nach DIN 976-1 sind (siehe <2.4>), entfällt auch das Ü-Zeichen. Einzige denkbare formale Möglichkeit: Die Ankerschrauben werden als tragende Bauteile nach EN 1090-1 angesehen. Wenn der Hersteller dann Stähle gemäß II.5.6.7 verwendet und die Gewinde gemäß II.8.9(3) schneidet, kann er bestätigen, nach EN 1090-2 hergestellt zu haben, und kann die Ankerschrauben mit CE-Kennzeichnung nach EN 1090-1 ausliefern – Voraussetzung ist natürlich, dass er nach EN 1090-1 zertifiziert ist. Ist das nicht der Fall und Bauherr/Bauaufsicht bestehen auf einem gezielten Verwendbarkeitsnachweis, bleiben nur qualifizierte „SB-Garnituren-Zugversuche“ mit Gewindeabschnitten in Anlehnung an EN 15048-2 (siehe Bild KII.5-24).

Quelle: IML, Uni Duisburg-Essen

Bild KII.5-24: Zugbruch im Gewindeabschnitt einer individuell gefertigten Ankerschraube

<2.2> Hammerschrauben

Hammerschrauben sind eine besondere Form der im vorhergehenden Kommentar behandelten Ankerschrauben/-bolzen. Die Verankerung erfolgt mit Hilfe eines Hammerkopfes, der hinter eine Stützkonstruktion fasst, z. B. eine T-Nut in einer Ankerplatte oder ein Doppel-U-Profil in einem Fundament. Es gibt dazu keine europäische Produktnorm, wohl aber mehrere deutsche Produktnormen (DIN 186 [R38], DIN 188 [R39], DIN 261 [R40], DIN 7992 [R63]), die sogar alle in der C2-Liste der MVV-TB [R194] (früher Bauregelliste A Teil 1) stehen.

Allerdings dürfen die in diesen DIN-Normen beschriebenen Hammerschrauben nicht ohne besonderen statischen Nachweis des Hammerkopfes zur Verankerung von Stützenfüßen in Fundamenten eingesetzt werden. Das folgt aus der Tatsache, dass für die Bemessung des Hammerkopfes eigens die **DASt-Richtlinie 018** [R25] erarbeitet wurde. Sie gilt für alle Stahlbau-Schraubenfestigkeitsklassen, d. h. 4.6, 5.6, 8.8 und 10.9. Sie schreibt vor, dass der Kopf der Hammerschraube im Gesenk oder als Freiform zu schmieden sei. Diese von 2001 stammende DASt-Richtlinie wurde allerdings nie in die bauaufsichtliche Liste der Technischen Baubestimmungen aufgenommen. Der Grund sind gewisse Vorbehalte gegen ihre allgemeine Verwendbarkeit bei unterschiedlichen Formen von Hammerschrauben. Sie sollte aber trotz ihres (nur) Empfehlungscharakters auf jeden Fall beachtet werden!

<2.3> Zugstäbe mit Gewinde an den Enden

Aus Rundstählen hergestellte Zugstäbe mit Gewinde an den Enden werden im Bauwesen für vielfältige Aufgaben eingesetzt. Bemessungs- und herstellungstechnisch entsprechen sie den im obigen Kommentar <1.1> besprochenen Ankerschrauben/-bolzen, sofern sie projektspezifisch aus einem der dort angegebenen Stähle gefertigt werden.

Rundstahl-Zugstäbe werden hier deshalb gesondert aufgeführt,

- weil sie erstens, wenn aus hochfestem Stahl hergestellt, in EN 1090-2 zur eigenständigen Ausgangsprodukt-Gruppe **„Hochfeste Zugglieder, Stäbe und Endverbindungen"** (Abschnitt II.5.11) gehören, und
- weil sie zweitens sehr häufig als Bestandteil komplett vorgefertigter **Zugstabsysteme** eingesetzt werden.

Einen guten Überblick über Rundstahl-Zugstäbe und ihre Verankerungen findet man in [V84]. Es gibt derzeit eine Reihe von Zugstabsystemen mit Europäischer Technischer Zulassung (ETA) bzw. (neuerdings) „Europäischer Technischer Bewertung" (sinnigerweise ebenfalls mit „ETA" abgekürzt). Die Zulassungs- bzw. Bewertungsnotwendigkeit ergibt sich aber nicht, weil der elementare Rundstab mit Endgewinden ein „nicht geregeltes Bauprodukt" wäre – es sei denn, der Durchmesser geht über den Gültigkeitsbereich der Gewinde-Bemessungsgleichungen in EN 1993-1-8 hinaus (z. B. > M100). Zu den tatsächlichen Gründen für die Erteilung von Zulassungen für Zugstabsysteme siehe Kommentar <1> zu II.5.11.

<2.4> Einfache Gewindebolzen, Gewindestangen

Einfache Gewindebolzen sind industriell seriengefertigte zylindrische Teile mit von Ende zu Ende durchgehendem Außengewinde, quasi wie Schrauben nach EN ISO 4017, aber ohne Kopf. Bei ihnen ist die von EN 1090-2 geforderte Analogie zu genormten Schraubengarnituren unmittelbar augenfällig. Eine europäische oder internationale Produktnorm gibt es nicht, wohl aber die deutsche Produktnorm **DIN 976-1** [R47] für Gewindebolzen mit metrischem Gewinde aus Stahl, nichtrostendem Stahl oder Nichteisenmetall. Sie findet sich auch in der C2-Liste geregelter Bauprodukte in der MVV-TB [R194], d. h. Gewindebolzen nach DIN 976-1 dürfen in Deutschland nur mit Ü-Zeichen eingesetzt werden.

Gewindebolzen nach DIN 976-1 sind von 5 mm bis 3 000 mm Länge lieferbar; ab 500 mm Länge hießen sie früher **Gewindestangen**. Sie werden im Stahlbau vielfältig eingesetzt, z. B. auch als Ankerschrauben oder Zugstäbe im Sinne der vorhergehenden Kommentare. Auch als geschraubte Verbindung mit beiderseits aufgeschraubter Mutter kommen sie zum Einsatz. Dabei gelten für ein mit Mutter versehenes Bolzenende alle Regeln für Schrauben mit Muttern sinngemäß. Eine solche Kombination „Gewindebolzen plus zwei Muttern" gilt sogar neuerdings gemäß EN 15048-1 als „Garnitur", müsste also mit CE-Kennzeichnung geliefert werden (siehe Bild KII.5-25). Inwieweit sich das marktmäßig umsetzen lässt, bleibt abzuwarten.

Quelle: IML, Uni Duisburg-Essen

Bild KII.5-25: SB-Garnitur aus Gewindebolzen plus zwei Muttern (die Scheiben gehören nicht zur Garnitur)

Gewindebolzen nach DIN 976-1 sind aus Kohlenstoff- oder legiertem Stahl in den Festigkeitsklassen (FK) 4.8, 5.6, 5.8, 8.8, 10.9 und 12.9 gemäß EN ISO 898-1 genormt. Lässt man die durch DIN EN 1993-1-8/NA wegen zu geringer Duktilität (Bruchdehnung) verbotenen FKn 4.8 und 5.8 (im Vergleich zu 4.6 und 5.6) sowie die grundsätzlich verbotene FK 12.9 außer Acht, so lassen sich alle Ausführungsformen von Schraubenverbindungen nach EN 1993-1-8 grundsätzlich auch mit 5.6-, 8.8- oder 10.9-Gewindebolzen realisieren. Will man die Gewindebolzenverbindung allerdings planmäßig vorspannen, so ist eine Verfahrensprüfung notwendig. Aus nichtrostendem Stahl gibt es die Gewindebolzen in den Stahlsorten/Festigkeitsklassen A2-70 und A4-70.

Gewindebolzen nach DIN 976-1 müssen auf einer Stirnfläche mit der Festigkeitsklasse gekennzeichnet sein. Das darf auch mit in der Norm festgelegten Farben erfolgen. An den Gewindebolzen darf **nicht geschweißt** werden. Der Grund dafür ist vor allem der hohe Kohlenstoffgehalt von C = 0,55 %, der für diese Schraubenstähle – bei in der Regel weiterer Legierung mit härtbarkeitssteigernden Elementen – nach EN ISO 898-1 zulässig ist (siehe auch zu II.5.7). Bei Feuerverzinkung gilt das weiter oben Gesagte sinngemäß, d. h. es sind die Regeln zum Gewindeüber- und -untermaß nach EN ISO 10684 zu beachten.

<2.5> Schweiß-Gewindebolzen

Schweiß-Gewindebolzen gehören zu den „Bolzen und Kopfbolzen", die in EN 1090-2 im Abschnitt II.5.7 als eigenständige Ausgangsprodukt-Gruppe geführt werden. Die zugehörige Produktnorm **EN ISO 13918** behandelt allgemein Bolzen, die zum Lichtbogenbolzenschweißen geeignet sind, d. h. alle Typen im Stahlbau verwendbarer **Schweißbolzen.** Dazu gehören in erster Linie Kopfbolzen für den Verbundbau, aber eben auch Gewindebolzen. Diese erfreuen sich wachsender Beliebtheit im Stahlbau (siehe z. B. Bilder KII.5-33 und KII.9-13). Sie werden in EN ISO 13918 nur „Gewindebolzen" genannt, weil dort sowieso nur Schweißbolzen behandelt werden. Leider übernehmen die Stahlbaunormen DIN EN 1993-1-8/NA [R104] und EN 1090-2 diese Bezeichnungsweise und verursachen damit die Gefahr einer Verwechslung mit den im vorhergehenden Kommentar besprochenen einfachen Gewindebolzen nach DIN 976-1. Deshalb wird hier die nicht normkonforme Bezeichnung „Schweiß-Gewindebolzen" verwendet.

Die werkstoff-, schweiß- und prüftechnische Kommentierung dieser Schweiß-Gewindebolzen erfolgt zu II.5.7, II.7.5.12 und II.12.4.3. Hier sei aber zu ihrer Verwendung als geschraubte Verbindung Folgendes angemerkt: Die im DVS-Merkblatt 0904 [V98] für ungeschmierte Gewinde angegebenen Montageanziehdrehmomente sind zu hoch; angemessenere Werte werden in [V99] auf der Grundlage neuerer experimenteller Untersuchungen vorgeschlagen.

Quelle: IML, Uni Duisburg-Essen

Bild KII.5-26: Im Labor lichtbogenbolzengeschweißter Gewindebolzen

<3> Gewindeteile mit Innengewinde

<3.1> Schraubmuffen, Gewindemuffen

Hiermit sind längliche Teile mit prismatischer oder tonnenförmiger Gestalt gemeint, die in Längsrichtung ein durchgehendes zentrisches Innengewinde aufweisen. In dieses können von beiden Seiten Teile mit Außengewinde eingeschraubt werden. Auf diese Weise lassen sich z. B. Rundstahl-Zugstäbe zu beliebig langen Zugstangenzügen koppeln.

Es gibt keine Produktnorm für solche Innengewindeteile. Die in EN 1090-2 in Abschnitt II.8.8 geforderte bemessungs- und fertigungstechnische Analogie (vgl. <1>) ist aber gegeben, denn die Ähnlichkeit zu den genormten Muttern der Schraubengarnituren ist ohne Zweifel vorhanden. Verbindungsmuffen sind im Übrigen in sechseckig-prismatischer Gestalt als industriell seriengefertigte **„Langmuttern"** im Handel. Diese werden nach irgendwelchen Werksnormen gefertigt, so dass es in der Regel schwierig ist, die bauaufsichtlich erforderlichen Werkstoffnachweise zu bekommen. Sollen Verbindungsmuffen projektspezifisch individuell gefertigt werden, so ist zu empfehlen, sinngemäß vorzugehen wie bei den Ankerschrauben, d. h. entweder einen Baustahl nach EN 10025-2 bis -4 oder einen „Mutterstahl" nach EN ISO 898-2 zu verwenden.

Kritisches Verwendbarkeitskriterium – neben der Werkstofffrage und den zu gewährleistenden Gewindetoleranzen – ist meist die statisch erforderliche Einschraubtiefe für die Übertragung der Zugkraft; siehe dazu <3.3>. Sollen Verbindungsmuffen feuerverzinkt werden, so sind wieder die Regeln der EN ISO 10684 zu beachten (vgl. <1>).

<3.2> Spannschlösser

Ebenfalls zu den Gewindeteilen im weiteren Sinne des vorliegenden Normabschnittes II.5.6.7 gehören Spannschlösser. Sie sind in Deutschland als „Spannschlossmuttern“ in **DIN 1478** (rohrförmig geschlossene Form) [R48] und **DIN 1480** (offene geschmiedete Form) [R49] für Gewindedurchmesser M6 bis M64 bzw. M56 (offene Form) genormt (siehe Bild KII.5-27). Wie bei den Gewindebolzen gibt es für sie keine europäische oder internationale Produktnorm. Dennoch gehören sie nach Meinung der Verfasser **nicht** zu den besonderen Verbindungsmitteln nach II.5.6.11, da sie durch die Analogie-Regelung in II.8.8 abgedeckt sind. Solche Spannschlösser erfreuen sich großer Beliebtheit im Stahlhochbau und werden vielfältig eingesetzt (siehe Bild KII.5-27). Sie haben – im Gegensatz zu den Verbindungsmuffen – an einem Ende ein metrisches **Links**gewinde, so dass beim Drehen das zunächst schlaff zusammengebaute Zugsystem gespannt wird.

Beide Typen werden standardmäßig aus unlegiertem Baustahl S235 gefertigt, der geschlossene Typ optional auch aus Baustahl S355 und nichtrostendem Stahl A4-50. Die zum Einschrauben in die Spannschlossmuttern vorgesehenen Anschweißenden nach **DIN 34828** [R85] sind in denselben drei Werkstoffen lieferbar. Die Spannschlösser dürfen in Deutschland für tragende Bauteile eingesetzt werden (Verbandstäbe, Abspannungen, Abhängungen usw.); sie sind in der C2-Liste geregelter Bauprodukte in der MVV-TB [R194] aufgeführt und unterliegen dem ÜZ-Verfahren. Ihre Beanspruchbarkeit ist gemäß DIN 1478 und DIN 1480 stets größer als die des zugehörigen Anschweißendes aus demselben Werkstoff, bedarf also keines Nachweises. Beim Zusammenbau mit Anschlussteilen aus anderen Werkstoffen, insbesondere aus Werkstoffen mit höherer Festigkeit, ist die Belastbarkeit der Spannschlossmutter gesondert zu prüfen und nachzuweisen.

Keinesfalls kommen die in DIN 1478 und DIN 1480 genormten Spannschlösser für vorgespannte Systeme in Frage. Für solche Aufgabenstellungen sei auf die inzwischen zahlreichen allgemein bauaufsichtlich zugelassenen Zugstabsysteme verwiesen (vgl. obigen Kommentar <2.3>). Die Spannschlossmuttern bzw. Spannmuffen der zugelassenen Zugstabsysteme bestehen zum Teil aus wesentlich höherfesten Werkstoffen, so dass mit ihnen auch größere Zugkräfte übertragen werden können.

Bild KII.5-27: Spannschloss DIN 1480 in einer Stahlkonstruktion

<3.3> Gewindelöcher, Sacklöcher

Gemeint sind hier alle Verbindungen, bei denen in Stahlbauteile Löcher gebohrt werden und in die Löcher ein Innengewinde (Muttergewinde) zur Einleitung von Zug- und/oder Scherkräften eingeschnitten wird. Bei einem Gewindeloch (siehe Bild KII.5-28a) geht das Loch durch ein plattenartiges Bauteilelement hindurch (z. B. die Kopfplatte einer Rohrstütze), bei einem Sackloch (siehe Bild KII.5-28b) endet das Loch in einem massiven Bauteilelement (z. B. in einem Lagerkörper). Im ersten Fall lässt sich ein Bolzengewindeteil beliebig weit einschrauben, im zweiten Fall nur bis zum Boden des Sackloches.

In beiden Fällen ist wieder die statisch erforderliche Einschraubtiefe ein wichtiges Bemessungskriterium. Der Nationale Anhang DIN EN 1993-1-8/NA [R104] bringt dazu als NCI die alte Näherungsformel aus DIN 18800-1; vertiefte Ausführungen findet man in [V84]. In der zukünftigen DASt-Ri 024 [R29] wird zusätzlich zur Näherungsformel erlaubt, auch die in der Regel geringere Einschraubtiefe gemäß genauerer Berechnung nach VDI-Ri 2230-1 [R199] zu verwenden. Sacklochverbindungen dürfen nur mit speziellem Nachweis (Verfahrensprüfung) vorgespannt werden. In der zukünftigen DASt-Ri 024 finden sich nähere Angaben, wie eine solche Verfahrensprüfung durchzuführen ist.

Bei **feuerverzinktem** Stahlbau ist wieder EN ISO 10684 sinngemäß zu beachten (vgl. <1>). Will man beispielsweise eine feuerverzinkte Schraube in ein Sacklochgewinde einschrauben, das mit Normaltoleranz (z. B. 6H) in ein stückverzinktes Bauteil geschnitten wurde, so muss eine Schraube mit Zusatzkennzeichen „U" eingesetzt werden. Mit einer HV-Schraube ginge das gar nicht, weil diese in verzinkter Ausführung gemäß EN 14399-4 nur in Normaltoleranz 6g erhältlich ist (siehe zu II.5.6.12 <1.2>). In diesem Falle müsste man das Sacklochgewinde erst nach dem Stückverzinken mit Gewindeübermaß in das Bauteil schneiden (z. B. 6AZ).

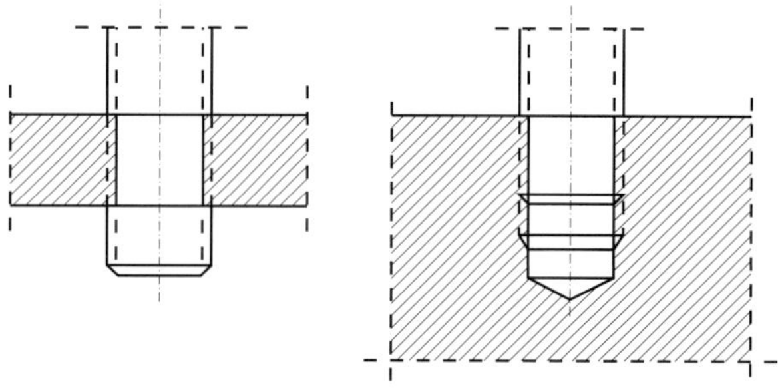

Bild KII.5-28: Geschraubte Verbindung mit a) Gewindeloch, b) Sacklochgewinde

Zu II.5.6.8 Sicherungselemente

<1> Zu Abs. 1 – Erfordernis von Sicherungselementen

Man beachte, dass der Einsatz von zusätzlichen Sicherungselementen in EN 1090-2 für keinen Anwendungsfall geschraubter Verbindungen verbindlich vorgeschrieben ist, sondern zu den Optionen (Auswahlmöglichkeiten) nach II.4.1.1b gehört, die in der Tabelle II.A.2 im Anhang II.A zusammengestellt sind (vgl. zu II.4.1.1 <2.4>). In welchen Fällen Schraubenverbindungen (nicht vorgespannte wie auch vorgespannte) tatsächlich zusätzlich gesichert werden sollten, wird im Kommentar zu II.8.2.1 ausführlich diskutiert (dort <2.1>).

Mit „Losdrehen" („*loosening*") ist das selbsttätige Losdrehen infolge Aufhebung der inneren Selbsthemmung der Schraubenverbindung gemeint. Dabei geht die Vorspannkraft in jedem Fall verloren. Insofern ist die Formulierung „oder Verlust der Vorspannkraft" irreführend – gemeint ist damit die zweite mögliche Ursache für einen Vorspannkraftverlust, nämlich Lockern infolge Setzen und Relaxation.

<2> Zu Abs. 2 – einsetzbare Sicherungselemente

Das Wichtigste vorab: **Muttern mit Klemmteil** können nach einschlägigem Wissensstand (vgl. z. B. VDI-Richtlinie 2230-1 [R199]) das Losdrehen nicht verhindern, wie hier im Normtext fälschlicherweise suggeriert; sie stellen bestenfalls eine „Verliersicherung" dar (siehe zu II.8.2.1 <2.2>). Die hier im Normtext aufgeführten vier ISO-Produktnormen für Sicherungselemente behandeln aber ausnahmslos Muttern mit Klemmteil. Sie kommen also nur als Verliersicherungen für nicht vorgespannte Verbindungen in Frage. Dabei ist die Mutter nach EN ISO 10511 für den „normalen" Stahlbau praktisch irrelevant; sie behandelt eine viel zu niedrige Mutterform mit $m \approx 0{,}5\,d$ (vgl. Tabelle KII.5-9) – es sei denn, sie wird als zusätzliche zweite Mutter eingesetzt. Dass die aufgeführten Produktnormen nur Empfehlungscharakter haben, erkennt man aus der Tatsache, dass sie nicht unter den Normativen Verweisungen in II.2.2.4 aufgelistet sind, sondern lediglich unter den Literaturhinweisen am Ende von EN 1090-2 [II.Lit18, 20, 21, 22, 24].

Eine Mutter mit Klemmteil wird in der im Normtext in Bezug genommenen **EN ISO 2320** definiert als eine Mutter, die sich wegen eines in sie integrierten Klemmteils nicht frei auf dem Außengewinde bewegt und die unabhängig von Klemm- oder Druckkräften (also z. B. Vorspannkräften) einen Widerstand gegen Verdrehen bietet. Das Klemmteil kann entweder einen nichtmetallischen Einsatz haben oder ebenfalls metallisch sein (Ganzmetallmutter). EN ISO 2320 enthält Prüfvorschriften für das Klemmdrehmoment, das erforderlich ist, um die Mutter auf der Schraube, die nicht unter Vorspannung steht, zu bewegen. Es werden Größtwerte für das Aufschraub-Klemmdrehmoment und Mindestwerte für das Abschraub-Klemmdrehmoment angegeben.

Obwohl nach Wissen der Verfasser in der deutschen Stahlbaupraxis kaum bekannt, sind Muttern mit nichtmetallischem Einsatz nach **EN ISO 7040** sowie Ganzmetallmuttern nach **EN ISO 7042** bzw. **EN ISO 7719** (unterscheiden sich nur in der Gesamthöhe, aber nicht in der Mindestgewindehöhe) für nicht vorgespannte Stahlbauverbindungen als Verliersicherungen durchaus einsetzbar. Sie sind in der Geometrie (abgesehen vom Klemmteil), in den Festigkeitsklassen und in den Produktklassen mit den Standard-Metallbaumuttern nach EN ISO 4032 vergleichbar (vgl. Tabelle KII.5-9), können also theoretisch an deren Stelle eingesetzt werden. Die Gestaltung des Klemmteils ist aber nicht genormt, sondern erfolgt nach Wahl des Herstellers, wobei natürlich die oben erwähnten funktionellen Eigenschaften nach EN ISO 2320 erreicht werden müssen.

Aus praktischer Sicht ist zu beachten, dass der Einsatz anstelle einer Standardmutter frühzeitig geplant werden muss, um die Mutter mit Klemmteil zusammen mit der zugehörigen Schraube als CE-gekennzeichnete Garnitur nach EN 15048-1 bestellen zu können (vgl. zu II.5.6.3 <1.1>). Gelingt das nicht, so kann eine Mutter mit Klemmteil immer noch als zusätzliche zweite Mutter aufgeschraubt werden, vorausgesetzt, die überstehende Gewindelänge ist groß genug – was allerdings bei Schrauben mit Schaft in aller Regel nicht der Fall ist. Ergänzend sei darauf hingewiesen, dass aus Praxiskreisen über Probleme mit Muttern mit Klemmteil nach EN ISO 7042 in feuerverzinkter Ausführung berichtet wird (z. B. Zinkschichtdickenschwankungen auf dem Gewinde).

Allgemein zum Thema Sicherungselemente muss darauf hingewiesen werden, dass im Jahre 2003 eine Reihe von DIN-Normen über Sicherungselemente zurückgezogen wurden, weil sie in der Praxis fälschlicherweise als „Losdrehsicherungen" eingesetzt worden waren, wofür sie aber gemäß Forschungsarbeiten aus den 1980er Jahren völlig ungeeignet waren, weil wirkungslos [V17]. Es handelt sich um folgende Elemente:

- Federringe/Federscheiben nach DIN 128, 137, 6904, 6905;
- Fächerscheiben/Zahnscheiben nach DIN 6797, 6798, 6907;
- Sicherungsbleche/Sicherungsnäpfe nach DIN 93, 432, 463, 526;
- Sicherungsmuttern nach DIN 7969.

Insbesondere Letztere – in der Praxis auch „Palmuttern" genannt – waren früher im Stahlbau verbreitet. Aber auch sie leisten nicht die ihnen fälschlicherweise zugeschriebene Losdrehsicherung. Besonders ärgerlich ist, dass Produkte nach diesen zurückgezogenen DIN-Normen nach wie vor gefertigt und im Handel angeboten werden.

Das Thema Sicherung von Schraubengarnituren gegen selbsttätiges Losdrehen wird in den Kommentaren <2.1> und <2.2> zu II.8.2.1 ausführlich behandelt. Dort findet man auch Hinweise zu weiteren einsetzbaren Sicherungselementen, wie z. B. Keilsicherungsscheiben.

Scheiben — Zu II.5.6.9

Flache Scheiben — Zu II.5.6.9.1

<1> Zu Abs. 1 – Scheiben als Teil einer Verbindungsmittelgarnitur

Da bei nicht vorgespannten Schraubenverbindungen die Scheiben gemäß EN 15048-1 und -2 grundsätzlich nicht zur Garnitur gehören, gilt dieser Absatz nur für vorspannbare Garnituren. Dass die in einer solchen Garnitur vorgeschriebenen Scheiben ihrer zuständigen Produktnorm entsprechen müssen, ist trivial. Beispielsweise müssen bzw. muss bei einer vorgespannten

HVP-Verbindung nach EN 14399-8 die vorgeschriebene(n) gefaste(n) Scheibe(n) der Produktnorm EN 14399-6 entsprechen.

<2> Zu Abs. 2 – Scheiben in nicht vorgespannten Verbindungen

Noch einmal: Scheiben in nicht vorgespannten Schraubenverbindungen gehören nicht zur Garnitur, werden also in aller Regel separat angeliefert. Sie haben nicht nur keine CE-Kennzeichnung, sondern tragen überhaupt keine Kennzeichen (siehe zu II.5.6.12 <1.1>). Trotzdem müssen sie natürlich ihrer jeweiligen Produktnorm entsprechen. Die für Stahlbauanwendungen zulässigen Produktnormen sind im vorliegenden Normabsatz explizit aufgelistet.

Warum für das unwichtigste Element nicht vorgespannter Schraubenverbindungen hier überhaupt explizit ISO-Produktnormen aufgelistet werden, jedoch keine für die Standard-Metallbauschrauben und -muttern der entsprechenden Garnituren (vgl. zu II.5.6.3 <1.1>), gehört zu den Ungereimtheiten der Norm EN 1090-2.

Die als erste aufgeführten **normalen** flachen runden Scheiben nach **EN ISO 7089** bis **7091** wurden bereits bei der Diskussion der für nicht vorgespannte Verbindungen einsetzbaren Scheiben als „Standard-Metallbauscheiben" ausführlich kommentiert (vgl. zu II.5.6.3 <1.4> u. <1.5>, insbesondere auch Tabelle KII.5-10).

Der anwendungstechnische Sinn der **kleinen** flachen runden Scheiben nach **EN ISO 7092** (4 ÷ 6 mm kleinere Außendurchmesser) im Stahlbau erschließt sich den Verfassern nicht wirklich. Die **großen** (ca. 1,6-fache Außendurchmesser) und **extra großen** (ca. 1,9-fache Außendurchmesser) flachen runden Scheiben nach **EN ISO 7093-1** und **EN ISO 7094** machen dagegen Sinn, wenn es um die Überbrückung von übergroßen runden Löchern und von Langlöchern geht (siehe zu II.8.2.4 <4>). Allerdings – darauf sei bereits hier hingewiesen – reichen diese größeren Scheiben mit ihren maximal ca. 50 % größeren Dicken nicht aus, um planmäßig Zugkräfte (z. B. eine Vorspannkraft) an einem Langloch zu übertragen. Dafür sind in der Regel speziell bemessene Unterlegbleche erforderlich (siehe zu II.5.6.9.3).

Nichtrostende Scheiben wurden bereits im Kommentar <1.5> zu II.5.6.3 angesprochen. Die hier angeführten vier Produktnormen sind diejenigen unter den sechs vorgenannten, deren Scheiben auch aus nichtrostendem Stahl lieferbar sind.

Zu II.5.6.9.2 Keilscheiben

EN 1090-2 nennt hier keine Produktnormen, weil es für Keilscheiben weder EN-Normen noch ISO-Normen gibt. Stattdessen steht hier die vernünftige Forderung, dass außer der Keilgeometrie alle anderen Eigenschaften (Härte usw.) die Anforderungen der entsprechenden, im vorhergehenden Abschnitt aufgelisteten Produktnormen für flache Scheiben erfüllen müssen. Die Keilgeometrie ist festzulegen.

Man wird in Deutschland, so lange es keine entsprechende EN-Produktnorm gibt, in der Regel auf die vier traditionellen deutschen Produktnormen für **keilförmige Vierkantscheiben** zurückgreifen, nämlich

- **DIN 434** [R42] und **DIN 435** [R43] für den Einbau von „deutschen" Stahlbauschraubengarnituren und
- **DIN 6917** [R55] und **DIN 6918** [R56] für den Einbau von HV-Garnituren

in geneigten Flanschen von U-Profilen und von I-Profilen (heute kaum noch verwendet). Alle vier Normen finden sich auch in der C2-Liste der MVV-TB [R194], müssen also mit Ü-Zeichen geliefert werden. Warum diese Scheiben eine Vierkantform haben, ist unmittelbar einsehbar: damit sie exakt in Richtung der auszugleichenden Flanschneigung eingebaut werden können. Für Metallbauschraubengarnituren EN ISO 4014 ff. gibt es auch in Deutschland keine genormten Keilscheiben; sie müssten ggf. in Anlehnung an die vorspannbaren Keilscheiben angefertigt werden.

Zum Einsatz der Keilscheiben siehe zu II.8.2.4 <5>.

Unterlegbleche

Zu II.5.6.9.3

Unterlegbleche können aus unterschiedlichen Gründen bei Schraubenverbindungen benötigt werden. Zum einen können sie ersatzweise für Scheibenstapel aus zwei oder drei Scheiben eingesetzt werden, die entweder bei Schraubentypen mit besonders kurzem Gewinde (z. B. HVP-Schrauben nach EN 14399-8) manchmal bei ungünstiger Klemmlänge erforderlich sind, oder die bei der zulässigen Anpassung der Klemmlänge von Schraubengarnituren vorgesehen sind (siehe Tabelle II.16 und zugehörigen Kommentar). Zum anderen sind Unterlegbleche in der Regel erforderlich, wenn es um die Überbrückung von übergroßen runden Löchern oder von Langlöchern geht.

Dass die Geometrie eines solchen Unterlegbleches (Nennlochspiel, überlappende Aufstandsfläche auf dem verbundenen Bauteil) mindestens der standardmäßigen Scheibe entsprechen muss, an deren Stelle es eingesetzt wird, ist selbstverständlich. Viel wichtiger als diese elementare Festlegung ist jedoch, dass Unterlegbleche, mit denen Langlöcher oder übergroße runde Löcher überbrückt werden sollen, dafür in der Regel statisch bemessen werden müssen. Insbesondere die Blechdicke spielt dabei eine Rolle. Diese Thematik wird im Kommentar <4> zu II.8.2.4 ausführlich diskutiert.

Niete zum Warmnieten

Zu II.5.6.10

EN 1090-2 nennt hier keine Produktnormen, weil es, ähnlich wie für Keilscheiben, für Niete zum Warmnieten weder EN-Normen noch ISO-Normen gibt. Es empfiehlt sich deshalb, bis zum Erscheinen einer EN-Norm im Bedarfsfall für die geometrischen Abmessungen die klassischen deutschen Produktnormen **DIN 124** für **Halbrundniete** [R37] und **DIN 302** für **Senkniete** [R41] heranzuziehen und den Werkstoff im Einzelfall festzulegen. Der deutsche NA zur Bemessungsnorm EN 1993-1-8 [R104] schreibt das für Deutschland sogar explizit vor.

Es spricht nichts dagegen, zusätzlich die im Jahr 2011 mit einer neuen Ausgabe erschienene Norm **DIN 101** [R36] hinzuzuziehen, in der man die technischen Lieferbedingungen für die beiden vorgenannten Nietformen findet. DIN 18800-7 enthielt eine Begrenzung des Nenndurchmessers von Nieten auf ≥ 6 mm; es wird empfohlen, diese Grenze auch zukünftig nicht zu unterschreiten. Im Übrigen enthalten die beiden genannten deutschen Produktnormen sowieso nur Niete ab 10 mm Nenndurchmesser.

Besondere Verbindungsmittel

Zu II.5.6.11

<1> Zu Abs. 1 und Anmerkung – Definition und Einsatz

Der Normabschnitt II.5.6.11 ist typisch für hochkomplexe technische Dokumente wie die vorliegende Norm EN 1090-2: Alles, was sich nicht systematisch einordnen lässt, ist ein „besonderes" Verbindungsmittel. Die Definition mit Hilfe des Nichtvorhandenseins einer EN- oder ISO-Norm greift allerdings viel zu kurz und ist auch nicht konsistent. Ankerschrauben aus Betonstählen werden in II.5.6.7 explizit aufgeführt, werden also ganz offensichtlich nicht als besondere Verbindungsmittel angesehen, obwohl es für sie weder eine EN-, noch eine ISO-Norm gibt.

Keine besonderen Verbindungsmittel sind jedenfalls nach Auffassung der Verfasser alle **Gewindeteile**, für die es entweder ein bewährtes nationales Regelwerk gibt (z. B. DIN) oder deren Werkstoffe sowie Gewindeformen und -toleranzen sinngemäß den Produktnormen der Garniturelemente nach II.5.6.3 entsprechen; dies folgt auch aus der Analogieforderung in II.8.8, Abs. 3. Alle in den Kommentaren zu II.5.6.7 konkret beschriebenen Gewindeteile mit Außen- und Innengewinde sind demnach keine besonderen Verbindungsmittel.

Unzweifelhaft **besondere Verbindungsmittel** sind dagegen die zum Teil in II.8.8 beispielhaft aufgeführten Anker-/Dübelverbindungen aller Art (Dübel mit Innengewindeanker, Verbundanker usw.), Klebverbindungen und Durchsetzfügeverbindungen sowie die im nachfolgenden Absatz gesondert behandelten Injektions-Schrauben. Wie mit besonderen Verbindungsmitteln umzugehen ist, steht im erwähnten Normabschnitt II.8.8 (siehe Kommentar dazu).

<2> Zu Abs. 2 – Harz-Injektions-Schrauben

Harz-Injektions-Schrauben sind quasi der Prototyp eines besonderen Verbindungsmittels. Sie dienen dazu, eine schlupffreie Scher-/Lochleibungsverbindung zu erzeugen – als Alternative zu Passschrauben oder gleitfest vorgespannten Schrauben. Im informativen Anhang II.J findet man eine zeichnerische Darstellung sowie weitere Einzelheiten zu Harz-Injektions-Schrauben. In Deutschland ist für ihren Einsatz gemäß DIN EN 1993-1-8/NA [R104] ein bauaufsichtlicher Verwendbarkeitsnachweis erforderlich, also entweder ein Europäisches Technisches Bewertungsdokument (ETA) oder eine allgemeine bauaufsichtliche Zulassung (abZ) oder eine Zustimmung im Einzelfall (ZiE). Bisher gibt es aber weder ein ETA noch eine abZ.

Zum Einsatz von Injektionsschrauben siehe (außer Anhang II.J) auch Kommentar <4> zu II.8.8.

Zu II.5.6.12 Lieferung und Kennzeichnung

<1> Zu Abs. 1 – Verbindungsmittel nach eindeutigen Produktnormen

<1.1> Kennzeichnung der Schrauben/Muttern/Scheiben aus Kohlenstoffstahl oder legiertem Stahl

Alle im Stahlbau eingesetzten Schrauben und Muttern (egal ob vorgespannt oder nicht) sowie die vorspannbaren Scheiben müssen ein **Herstellerkennzeichen** aufweisen, alle Schrauben und Muttern zusätzlich die **Kennzeichnung der Festigkeitsklasse**. Diese früher in DIN 18800-7 noch explizit vorgegebene Kennzeichnungspflicht findet sich in EN 1090-2 nicht wieder. Sie gilt aber gleichwohl unverändert weiter, nunmehr vorgegeben auf dem Umweg über die beiden übergeordneten Produktnormen für Metallbauverschraubungen, EN 15048-2 und EN 14399-2. Viele der im vorliegenden Absatz von EN 1090-2 angesprochenen „maßgebenden Produktnormen" (z. B. EN ISO 4014 ff. und EN ISO 4032 ff., vgl. zu II.5.6.3, Tabellen KII.5-8 und KII.5-9) enthalten dagegen selbst keinerlei Hinweis auf die Kennzeichnungspflicht.

Die generelle Kennzeichnungspflicht **aller Schrauben** folgt bereits aus EN ISO 898-1. Danach ist die Angabe des Herstellerkennzeichens und der Festigkeitsklasse seit langem weltweit obligatorisch für Sechskantschrauben ab M5, also für alle im Stahlbau eingesetzten Schrauben. Die Kennzeichnung muss vorzugsweise auf der Kopfstirnfläche (Kopfoberfläche) erfolgen (erhöht oder vertieft), das früher ebenfalls zulässige Anbringen des Herstellerkennzeichens auf einer Schlüsselfläche wird nicht mehr erwähnt. Die neuen Stahlbau-Garnitur-Normen EN 15048-2 und EN 14399-2, -3, -4, -7, -8 und -10 haben diese Regelung übernommen, wobei Erstere sie jetzt konsequenterweise auch auf die Kuppen von Stiftschrauben und Gewindebolzen erweitert. Zusätzlich ist die Angabe der Verwendungsart hinter der Festigkeitsklasse als so genanntes **Produktkennzeichen** erforderlich: „SB" (***S**tructural **B**olting*) für nicht vorspannbare, „H" für vorspannbare Schrauben. Bei Letzteren ist ein zusätzlicher Buchstabe oder ein zusätzliches Buchstabenpaar, welcher(s) das System kennzeichnet, hinzuzufügen: z. B. „HR" nach EN 14399-3 oder „HV" nach EN 14399-4 oder „HVP" nach EN 14399-8 oder „HRC" nach EN 14399-10. Deutsche Stahlbauschrauben müssen also jetzt auch das Produktkennzeichen „SB" tragen. Bild KII.5-29a zeigt die vorgeschriebene Kennzeichnung je einer vorspannbaren und einer nicht vorspannbaren Sechskantschraube.

Mit der generellen Kennzeichnungspflicht **aller Muttern** verhält es sich ähnlich wie bei den Schrauben: Sie folgt bereits aus EN ISO 898-2. Danach ist die Angabe des Herstellerkennzeichens und der Festigkeitsklasse auf Muttern ebenfalls seit langem obligatorisch, und zwar auf einer Auflagefläche oder einer Schlüsselfläche (in beiden Fällen vertieft). Wieder enthalten die neuen Garnitur-Normen EN 15048-2 und EN 14399-2 ff. ebenfalls verbindliche Angaben zur Kennzeichnung der Muttern, die sich jedoch deutlich von denen in EN ISO 898-2 unterscheiden: Die Möglichkeit der Kennzeichnung auf einer Schlüsselfläche wurde nicht übernommen. Die Kennzeichnung von nicht vorspannbaren Muttern darf erhöht oder vertieft auf einer der Auflageflächen angebracht werden, von vorspannbaren Muttern muss sie bei beiderseits gefasten Muttern auf der Ober- oder Unterseite vertieft und bei Muttern mit Telleransatz auf der Gegenseite der Auflagefläche erhöht oder vertieft angebracht sein. Für das zusätzlich hinter der Festigkeitsklasse anzubringende **Produktkennzeichen** gilt sinngemäß das bei den Schrauben Gesagte. Bild KII.5-29b zeigt die vorgeschriebene Kennzeichnung je einer vorspannbaren und einer nicht vorspannbaren Sechskantmutter.

Die Kennzeichnungspflicht der **vorspannbaren Scheiben** folgt aus den entsprechenden Produktnormen (vgl. Tabelle KII.5-10). Die Scheiben müssen mit dem Zeichen des Herstellers, im Falle der Scheiben für die Systeme HR und HV (EN 14399-5 bzw. -6) zusätzlich mit dem Buchstaben „H" gekennzeichnet sein. Die Kennzeichnung muss auf einer der beiden Flächen (bei Scheiben ohne Fase) bzw. auf der Fläche ohne Fase (bei Scheiben mit Fase) angebracht sein. In beiden Fällen muss beim Einbau darauf geachtet werden, dass die Kennzeichnung auf der Unterseite, d. h. der Auflagefläche auf dem Bauteil, zu liegen kommt, weil sonst das Anziehverhalten der auf der Scheibe gedrehten Mutter (oder des auf der Scheibe gedrehten Schraubenkopfes, siehe zu II.8.5.1 <4>) beeinträchtigt würde. Bild KII.5-29c zeigt die Kennzeichnung einer vorspannbaren Scheibe mit Fase nach EN 14399-6.

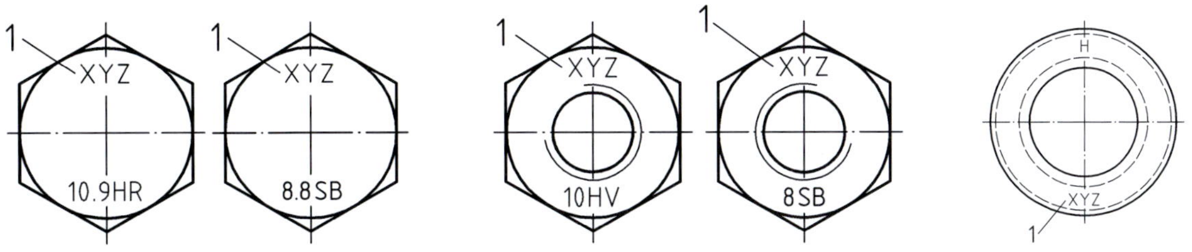

a) b) c)

Bild KII.5-29: Kennzeichnung der Komponenten von Schraubengarnituren für den Metallbau nach EN 14399-2 (vorspannbar) und EN 15048-2 (nicht vorspannbar):
a) Schraubenköpfe, b) Muttern, c) vorspannbare Scheibe („1" → Herstellerkennzeichen)

Fotos einiger ordnungsgemäß gekennzeichneter Schrauben, Muttern und Scheiben verschiedener Schraubenhersteller sind in Bild KII.5-30 zu sehen.

a)

b)

c)

Quelle: siehe Herstellerkennzeichen

Bild KII.5-30: Fotos korrekt gekennzeichneter Komponenten von Schraubengarnituren:
a) Schraubenköpfe, b) Muttern,
c) vorspannbare Scheiben

An dieser Stelle sei auf eine Problematik bei der praktischen Umsetzung der vorstehenden Kennzeichnungsregeln hingewiesen, die nach Wissen der Verfasser bisher nicht befriedigend gelöst ist. Die beiden klassischen Verbindungsmittel-Grundnormen EN ISO 898-1 und EN ISO 898-2 meinen mit „Herstellerzeichen" natürlich den Hersteller des jeweiligen Verbindungsmittels, also der Schraube oder der Mutter (oder ggf. der vorspannbaren Scheibe). Das erkennt man schon aus dem Wortlaut „... müssen im Verlauf des Herstellungsprozesses mit einem Herstellerzeichen versehen werden". Im Gegensatz dazu meinen die Stahlbaugarnitur-Normen EN 15048-2 und EN 14399-2 ff. mit „Herstellerzeichen" den Hersteller der Garnituren, der für die CE-Kennzeichnung verantwortlich ist. Fertigt ein Garniturenhersteller alle zwei (bzw. drei) Elemente seiner Garnitur im eigenen Verbindungsmittel-Werk, ist das schlüssig. Das ist aber nach Wissen der Verfasser in der Praxis die ganz seltene Ausnahme. Die Regel ist, dass ein (bzw. zwei) Elemente fremdgefertigt sind, jedoch schon dort beim Herstellungsprozess das Zeichen des späteren Garniturenherstellers eingeprägt bekommen – so weit so gut.

Es werden aber auf dem Markt inzwischen auch SB-Garnituren mit CE-Kennzeichnung nach EN 15048 angeboten, bei denen ein „dritter Marktbeteiligter" im Sinne von Art. 15 der BPVO [R182] (z. B. ein Händler) als Hersteller der Garnituren fungiert, deren Elemente er aber beide bei verschiedenen Verbindungsmittelherstellern beschafft hat. Er hat die CE-Kennzeichnung angebracht und übernimmt damit die volle Verantwortung für die Garnituren. Voraussetzung ist natürlich, dass er selbst nach EN 15048-1 zertifiziert ist und die vorgeschriebenen Garnituren-Zugversuche nach EN 15048-2 im Rahmen seiner WPK durchführt, vgl. zu II.5.6.3 <1.1>. Was er naturgegeben nicht kann, ist das nachträgliche Anbringen seines eigenen Herstellerzeichens auf den beiden Komponenten, denn die hat er seinerseits von Verbindungsmittelherstellern mit voraussetzungsgemäß korrektem Herstellerzeichen nach EN ISO 898-1 und -2 eingekauft.

Die einzige formal korrekte Vorgehensweise wäre nun, die betreffenden Verbindungsmittelhersteller bei Bestellung quasi dazu zu „zwingen", die Schrauben oder Muttern neben dem „SB" und ihrem eigenen Herstellerzeichen auch mit dem Zeichen des zukünftigen „Garniturenherstellers" zu markieren. Solche SB-Garnituren sind tatsächlich auf dem Markt. Aus technischer Sicht bestehen aber nach Meinung der Verfasser keinerlei Bedenken gegen den Einsatz von CE-gekennzeichneten SB-Schraubengarnituren mit unterschiedlichen Herstellerzeichen auf Schraube und Mutter anstelle des Zeichens des Garniturenherstellers, sofern nur sichergestellt ist, dass der Garniturenhersteller seine „Subunternehmer" entsprechend den Vorgaben von EN 15048 kontrolliert. Allerdings kann die marktrechtliche Relevanz eines solchen Vorgehens von den Verfassern nicht eingeschätzt werden.

Noch eine Ergänzung zu den vorspannbaren Scheiben: Im weiteren Sinne gehören auch **DTI-Scheiben** (korrekt: direkte Kraftanzeiger) nach EN 14399-9 dazu (vgl. zu II.5.6.4 <1.4>). Sie müssen auf der Seite, auf der sich die Überstände befinden, ebenfalls mit dem Kennzeichen des Herstellers sowie je nach Zutreffen mit „H8" (für 8.8-Garnituren) oder „H10" (für 10.9-Garnituren) gekennzeichnet sein. Die für solche vorspannbaren DTI-Garnituren außerdem erforderlichen „normalen" Scheiben werden mit „HB" für die schraubenkopfseitige (gefaste) Scheibe und mit „HN" für die mutterseitige (flache) Scheibe gekennzeichnet.

Es sei noch einmal deutlich gesagt, dass **nicht vorspannbare Scheiben** (EN ISO 7089 ff. und DIN 7989, vgl. Tabelle KII.5-10) **keinerlei Kennzeichnung** aufzuweisen brauchen.

Die gesamte Kennzeichnungspflicht für mechanische Verbindungsmittel macht im Übrigen streng genommen nur Sinn, wenn man im Falle von Beanstandungen über das Herstellerkennzeichen den Hersteller des Verbindungsmittels bzw. der Garnitur eindeutig ermitteln kann. Leider gibt es nur auf freiwilliger Basis geführte Herstellerlisten, z. B. die folgenden:

- Deutschlandweit: DIN CERTCO Gesellschaft für Konformitätsbewertung GmbH, Berlin: Herkunfts-(Hersteller-)Zeichen für Schrauben, Muttern und andere mechanische Verbindungselemente nach DIN-Normen (Ausgabe März 2011).
- Europaweit: European Industrial Fasteners Institute, Köln: Fastener Manufacturer Identification Symbols (aktuelle Ausgabe nicht bekannt).
- Weltweit: The American Society of Mechanical Engineers, New York: A Guide to the Markings of Fastener Manufacturers; Fastener Insignia Register des US Patent and Trademark Office, Stand 2010.

Aufgrund der freiwilligen Basis, mit der diese Listen geführt werden, besteht die Gefahr, dass bei einer eventuellen gerichtlichen Auseinandersetzung die herstellerseits verbindliche Kennzeichnungspflicht der Verbindungsmittel ins Leere läuft, da das Herstellerzeichen des betreffenden

Verbindungsmittels in keiner der Listen zu finden ist. Der Deutsche Schraubenverband DSV hat sich trotz mehrfacher Nachfrage zu dieser Problematik bisher nicht geäußert.

<1.2> Zusätzliche Kennzeichnung feuerverzinkter Schrauben/Muttern

Zur Kennzeichnungspflicht nach den „maßgebenden Produktnormen" gehört auch die zusätzliche Kennzeichnung bei Gewindeunter- bzw. -übermaß von **feuerverzinkten Schrauben und Muttern** nach EN ISO 10684. Wie im Kommentar <2> zu II.5.6.1 dargelegt, dient das Unterschneiden des Schraubengewindes bzw. das Überschneiden des Muttergewindes dazu, die Dicke der aufgebrachten Zinkschicht (in der Regel deutlich über 40 µm) toleranzmäßig zu kompensieren. Würde man z. B. eine feuerverzinkte Mutter nach EN ISO 4032 mit normaler Gewindetoleranz 6H mit einer feuerverzinkten Schraube nach EN ISO 4017 mit normaler Gewindetoleranz 6g paaren, so würde das zu einer Gewindeüberschneidung führen, die ein Aufschrauben der Mutter unmöglich machen würde. Deshalb sieht EN ISO 10684 die Möglichkeit vor,

- feuerverzinkte Muttern mit 6AZ statt mit 6H zu fertigen (d. h. zu überschneiden) – sie sind dann zusätzlich mit „Z" zu kennzeichnen;
- feuerverzinkte Schrauben mit 6az statt mit 6g zu fertigen (d. h. zu unterschneiden) – sie sind dann zusätzlich mit „U" zu kennzeichnen.

Die Zusatzkennzeichnung ist jeweils hinter der Festigkeitsklasse anzubringen, z. B. „8Z" oder „8.8U". Natürlich darf man weder ungekennzeichnete feuerverzinkte Schrauben und Muttern paaren – das würde zu einer Gewindeüberschneidung führen, die ein Aufschrauben der Mutter unmöglich machen würde –; noch darf man feuerverzinkte Schrauben mit Zusatzkennzeichen „U" und feuerverzinkte Muttern mit Zusatzkennzeichen „Z" zusammen verbauen – das würde eine gefährliche Reduktion der Abstreiftragfähigkeit zur Folge haben. Darauf wird in EN 1090-2 nicht noch einmal ausdrücklich hingewiesen (im Gegensatz zur früheren DIN 18800-7), da es bereits in EN ISO 10684 explizit untersagt wird.

Eine Sonderregelung gilt gemäß EN ISO 10684, wenn feuerverzinkte Schrauben und die zugehörigen Muttern zusammen in einem **versiegelten Behälter** des Schraubenherstellers verpackt und geliefert werden (siehe Kommentar <1.4> weiter unten). In diesem Fall ist die beschriebene zusätzliche Kennzeichnung der Schrauben oder Muttern entbehrlich.

Für feuerverzinkte vorspannbare **HV- und HR-Garnituren** gilt eine weitere Sonderregelung. Die entsprechenden Produktnormen EN 14399-3 und -4 schreiben explizit vor, dass die toleranzmäßige Kompensation der Zinkschichtdicke grundsätzlich mit der Mutter zu bewerkstelligen sei. Das bedeutet, verzinkte HV- und HR-Muttern werden grundsätzlich mit Gewindeübermaß (Toleranz 6AZ) gefertigt, verzinkte HV- und HR-Schrauben grundsätzlich mit Normaltoleranz 6g. Die zwingende Notwendigkeit einer zusätzlichen Kennzeichnung neben dem Produktkennzeichen „HV" bzw. „HR" entfällt damit. Trotzdem bezeichnen einzelne Hersteller – offenbar, um auf „Nummer sicher" zu gehen – ihre feuerverzinkten HV-Muttern mit „10Z tZn" (vgl. z. B. 3.1-Prüfbescheinigung in Bild KII.5-3).

Eine ähnliche Sonderregelung, allerdings mit umgekehrtem Sachverhalt, gilt für **deutsche Stahlbauschrauben**. Die entsprechenden Produktnormen DIN 7990 und 7968 schreiben explizit vor, dass die toleranzmäßige Kompensation der Zinkschichtdicke grundsätzlich mit der Schraube zu bewerkstelligen sei. Das bedeutet, verzinkte deutsche Stahlbauschrauben werden grundsätzlich mit Gewindeuntermaß (Toleranz 6az) gefertigt. Die Notwendigkeit einer zusätzlichen Kennzeichnung – neben dem Produktkennzeichen „SB" – entfällt damit.

<1.3> Lieferung von Schraubengarnituren aus Kohlenstoffstahl oder legiertem Stahl

Wie bereits im Kommentar <1.1> zu II.5.6.3 hervorgehoben, müssen nach EN 15048-1 auch für nicht vorgespannte Schraubenverbindungen die Schrauben und Muttern in Form zusammengehörender **Garnituren** eingesetzt werden, also von einem einzigen Hersteller stammen, eben dem Garniturenhersteller. Die frühere Sondervorschrift „Lieferung von einem Hersteller" für vorgespannte Verbindungen hat sich damit erledigt – Garnituren für vorgespannte und nicht vorgespannte Schraubenverbindungen für den Metallbau unterscheiden sich liefertechnisch nicht mehr. Der einzige Unterschied – neben der bei vorspannbaren Garnituren zur Garnitur gehörenden Scheibe – ist, dass für vorspannbare Garnituren in EN 14399-2 als Begründung für die Forderung nach einem einzigen Hersteller zusätzlich zu der zu gewährleistenden Garnitur-Zugtragfähigkeit (wie bei den nicht vorspannbaren Garnituren) auch noch die Schmierung angeführt wird: „Vorgespannte Schraubenverbindungen reagieren sehr empfindlich auf Unterschiede in der Herstellung und Schmierung. Es ist deshalb wichtig, dass die Garnituren für Schraubenverbindungen im Metallbau von einem einzigen Hersteller geliefert werden, der stets für ihre Funktion verantwortlich ist."

„Lieferung als Garnitur" bedeutet nun aber nicht, dass die Schraubengarnituren „aufgemuttert" auf die Baustelle zu liefern sind. Der Garniturenhersteller soll nur auf der Grundlage seiner werkseigenen Produktionskontrolle zusammenpassende Gewindegeometrie- und Oberflächenpaarungen gewährleisten. Dabei geht es zunächst um die Passfähigkeit und Zugtragfähigkeit, bei den vorspannbaren Garnituren zusätzlich auch um das „Anziehverhalten" beim Vorspannen durch Anziehen. Darunter versteht man den funktionalen Zusammenhang zwischen einerseits dem aufgebrachten Anziehmoment M und dem Drehwinkel θ und andererseits der in der Schraube durch das Anziehen erzeugten Vorspannkraft F_b. Dieses Anziehverhalten ist gemäß EN 14399-3, -4, -7 und -8 vom Garniturenhersteller sicherzustellen, indem die Garnituren „im Lieferzustand in geeigneter Weise mit Schmierstoff versehen sind" (siehe zu II.8.5.2).

Die vorstehend beschriebenen Eigenschaften lassen sich am einfachsten gewährleisten, wenn die zwei bzw. drei Elemente einer Garnitur zusammengepackt in **einer einzigen Verpackung** geliefert werden, die (bzw. deren Etikett) – neben dem Kennzeichen des Garniturenherstellers – mit der Herstellungslos-Nummer der Garnitur beschriftet ist. Bei dieser Liefervariante **„(a) einmaliges Garniturenlos"** stammen Schrauben und Muttern (und ggf. vorspannbare Scheiben) jeweils aus einem einzigen Herstellungslos. Grundlage für die Gewährleistung ist dann – neben der fremdüberwachten werkseigenen Produktionskontrolle – die Eignungsprüfung beim Garniturenhersteller für das betreffende Garniturenlos. Vorspannbare Garnituren der k-Klasse K2 (siehe zu II.8.5.1 <2.2>) dürfen nur als einmaliges Garniturenlos bereitgestellt werden.

Beide Normenpaare EN 15048-1 und -2 sowie EN 14399-1 und -2 erlauben neben dieser Lieferung in einer einzigen Verpackung auch, jedes Garniturenelement in **separaten Verpackungen** zu liefern, die – neben dem Kennzeichen des Garniturenherstellers – mit der Herstellungslos-Nummer des betreffenden Elementes beschriftet sind. Bei dieser Liefervariante **„(b) erweitertes Garniturenlos"** stammen die Muttern aus einem einzigen Herstellungslos, die Schrauben (und ggf. die vorspannbaren Scheiben) dagegen aus verschiedenen Herstellungslosen. Die Elemente der Garnituren sind dann zwischen Liefermengen desselben Herstellers **frei austauschbar**. In diesem Fall erfolgt die Gewährleistung – neben der fremdüberwachten werkseigenen Produktionskontrolle – über Serien von Eignungsprüfungen beim Garniturenhersteller. Einzelheiten zu den repräsentativen Stichproben für die Eignungsprüfungen und zu der Durchführung der Prüfungen findet man in den genannten Normen; ihre Umsetzung ist Aufgabe der Garniturenhersteller und wird hier nicht weiter diskutiert.

Für nicht vorspannbare Garnituren nach EN 15048-1 und -2 – das sei nochmals betont – bezieht sich bei den vorstehenden Aussagen der Begriff „Garnitur" stets nur auf das Paar Schraube/Mutter (vgl. zu II.5.6.2 <2>). Werden nicht vorspannbare Scheiben benötigt (siehe zu II.8.2.4), so dürfen sie stets in separaten Behältern bezogen werden, auch durchaus von einem anderen Hersteller. Für vorspannbare Garnituren der k-Klasse K2 (siehe zu II.8.5.1 <2.2>) ist nur die Liefervariante „(a) einmaliges Garniturenlos" zulässig.

Selbstverständlich müssen die Verpackungen (Kartonagen/Behälter/Pakete) versiegelt und ungeöffnet auf die Baustelle kommen. Sie müssen auf ihrem Etikett neben Garniturenhersteller-Kennzeichen und Herstellungslos-Nummer mit der vollständigen normgemäßen Bezeichnung der enthaltenen Verbindungselemente versehen sein, z. B. „Sechskantschraube ISO 4014 – M12 × 80 – 8.8" für eine 80 mm lange, „wie hergestellt" gelieferte 8.8-Standard-Metallbauschraube M12 mit Schaft. Bei vorspannbaren Garnituren bzw. Garniturelementen müssen außerdem die notwendigen Informationen für mindestens ein zutreffendes Anziehverfahren nach EN 1090-2 sowie die k-Klasse auf dem Etikett oder der Verpackung angegeben sein (siehe zu II.8.5).

Bei beiden Garniturtypen (vorspannbaren und nicht vorspannbaren) kommt zusätzlich zu den vorstehend beschriebenen Angaben noch die in EN 15048-1 und EN 14399-1 vorgeschriebene **CE-Kennzeichnung und -Etikettierung** hinzu. Dazu gehören – neben dem eigentlichen „CE"-Symbol – u.a. die Referenznummer der Leistungserklärung für die Garnitur und die Kennnummer der Notifizierten Stelle, die den Garniturenhersteller zertifiziert hat (weitere Einzelheiten siehe Normen).

Bei **einmaligen Garniturenlosen** (Liefervariante „a") muss die CE-Kennzeichnung an der Verpackung angebracht werden. Es bietet sich an, sie in das Verpackungsetikett mit den weiteren Angaben zu integrieren. Bild KII.5-31 zeigt drei Beispiele für solche normgemäßen Etikette, zwei für nicht vorspannbare SB-Garnituren (Bilder KII.5-31a1 und -31a2) und eines für eine vorspannbare HR-Garnitur (Bild KII.5-31b). Etikette anderer Hersteller sehen naturgemäß, da individuell gestaltet, zum Teil anders aus, müssen jedoch vom Ansatz her die gleichen Mindestangaben enthalten.

a)

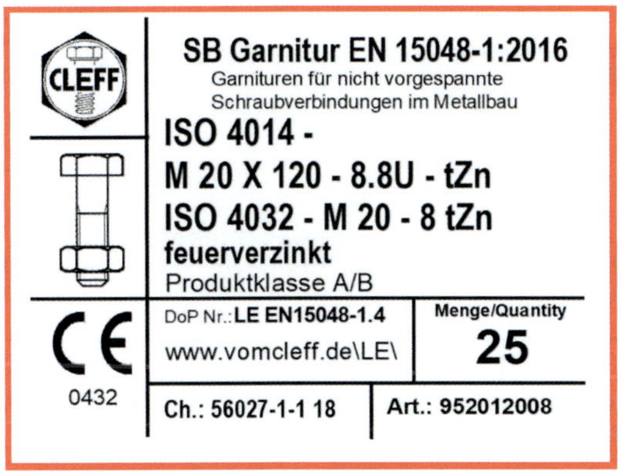

b)

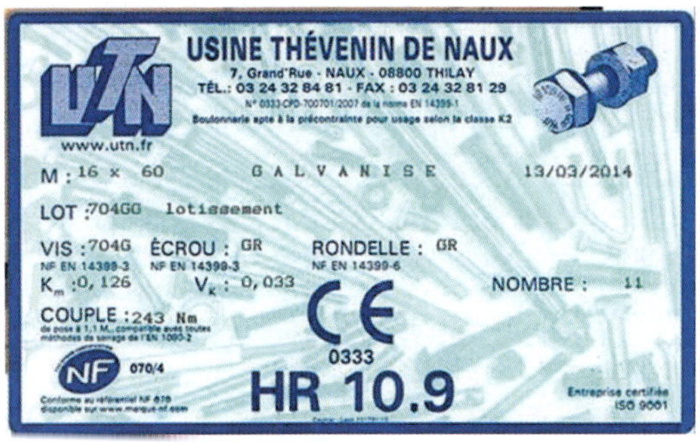

Quelle: siehe Herstellerangaben

Bild KII.5-31: Beispiele für Etikette auf Verpackungen für Schraubengarnituren, Liefervariante „a":
a) SB-Garnituren nach EN 15048-1 und -2,
b) HR-Garnitur nach EN 14399-3

Bei **erweiterten Garniturenlosen**, deren Elemente verpackt in separaten Paketen geliefert werden (Liefervariante „b"), muss gemäß EN 15048-1 und EN 14399-1 „die CE-Kennzeichnung in den Begleitunterlagen erscheinen". Dieser Vorgabe liegt die eher wirklichkeitsfremde Vorstellung zugrunde, die separaten Kartons mit der notwendigen Anzahl der zwei bzw. drei Garniturelemente würden jeweils in einer gemeinsamen Sendung auf eine Baustelle geliefert – was aber natürlich die seltene Ausnahme ist. An den Handel werden die Elemente in der Regel nicht in der für spätere Garnituren erforderlichen Anzahl geliefert. Und auch der Handel bestückt ggf. Lager beim Kunden nicht gleichzeitig mit zugeordneten Schrauben und Muttern und ggf. Scheiben der jeweiligen Abmessungen in der jeweils erforderlichen Anzahl. Erst bei der Entnahme aus dem Lager für den Einbau ins Tragwerk entsteht die tatsächliche Schraubengarnitur durch den Verwender. Der Garniturhersteller trägt die Verantwortung dafür, dass die von ihm (direkt oder über Händler) in separaten Verpackungen ausgelieferten Garniturelemente zueinander passen, d.h. aus erweiterten Garniturenlosen seiner WPK-kontrollierten Produktion stammen und demzufolge frei austauschbar sind.

Das lässt sich am sichersten gewährleisten, wenn das CE-Zeichen selbst und zumindest die wichtigsten Informationen der vorgeschriebenen Garnituren-CE-Kennzeichnung (u.a. die Kennnummer der Notifizierten Stelle) auf allen separaten Elemente-Kartons angebracht werden. Nach

Kenntnis der Verfasser gehen alle Garniturhersteller im Prinzip so vor, allerdings mit Unterschieden im Detail. Bild KII.5-32 zeigt zwei aktuelle Beispiele für Verpackungsetikette für die drei Elemente vorspannbarer HV-Garnituren nach Liefervariante „b". Der Hersteller von Beispiel 2 fügt noch einen Begleitzettel mit der kompletten CE-Kennzeichnung nach EN 14399-1 (dort Bild ZA.1) hinzu. Andere Hersteller bringen auf den Etiketten auch noch die Referenznummer ihrer Leistungserklärung (DoP) an und erfüllen damit ihrer Interpretation nach die Forderungen nach vollständiger Begleitinformation.

a) b)

Quelle: siehe Herstellerangaben

Bild KII.5-32: Beispiele für Etikette auf Paketen für Schrauben, Muttern, Scheiben für HV-Garnituren nach EN 14399-4 und -6, Liefervariante „b": a) Beispiel 1, b) Beispiel 2

Wie beim Thema Kennzeichnung (vgl. <1.1>), so sei auch hier beim Thema Lieferung noch einmal deutlich gesagt, dass es für **nicht vorspannbare Scheiben** keinerlei Vorgaben gibt. Sie benötigen keine CE-Kennzeichnung und werden in separaten Behältern geliefert. Einzige Bedingung ist ihre Mindesthärte 100 HV, die bei Verwendung der in Tabelle KII.5-10 aufgeführten Produktnormen automatisch eingehalten ist. Sie ist in einer mitgelieferten Werksbescheinigung 2.1 zu bestätigen (vgl. Tabelle II.1 und Kommentar dazu).

<1.4> Zusätzliche Festlegungen für die Lieferung von Schraubengarnituren mit Korrosionsschutzüberzügen

Zur „Lieferung in Übereinstimmung mit den Anforderungen der maßgebenden Produktnorm“ gehört auch die Beachtung der besonderen Regelungen für Verbindungsmittel mit Korrosionsschutzüberzügen, d. h. der entsprechenden Anforderungen in den Normen EN ISO 10684, EN ISO 4042 und EN ISO 10683. Im Falle von **feuerverzinkten Verbindungsmitteln** nach EN ISO 10684 muss die vollständige normgemäße Bezeichnung der Verbindungselemente auf dem Etikett des Behälters/Pakets die Feuerverzinkung als solche („tZn“) und die Zusatzkennzeichnung „Z“ oder „U“ (vgl. <1.2> weiter oben) einschließen, z. B. „Sechskantschraube ISO 4014 – M16x60 – 8.8U – tZn“ für eine feuerverzinkte Standard-Metallbauschraube M16 der Festigkeitsklasse 8.8 mit Gewindeuntermaß (vgl. Beispiel a1 in Bild KII.5-31).

Werden feuerverzinkte Schrauben und die zugehörigen Muttern zusammen in einem versiegelten Behälter des Herstellers geliefert (Liefervariante „a“), so brauchen sie selbst nicht mit der Zusatzkennzeichnung versehen zu sein. Die Zusatzkennzeichnung darf auch dann auf dem Etikett wegfallen, wenn der Hersteller die Gewindetoleranz nicht frei wählen darf, sondern diese in der betreffenden Produktnorm verbindlich festgelegt ist (z. B. EN 14399-4 oder DIN 7990, vgl. <1.2>). Im Beispiel a2 in Bild KII.5-31 wurde das für Garnituren nach DIN 7990 in Anspruch genommen.

Für Verbindungsmittel mit galvanischen Zinküberzugssystemen nach EN ISO 4042 und mit Zinklamellenüberzugsystemen nach EN ISO 10683 sind die Normvorgaben für Kennzeichnung und Bestellung wesentlich komplizierter und können hier nicht behandelt werden.

<1.5> Verwendung von Einzelkomponenten aus Garnituren

In [V69] wurde die damals in der deutschen Praxis heftig diskutierte Frage aufgegriffen, wie man hinsichtlich des bauaufsichtlichen Verwendbarkeitsnachweises zu verfahren hat, wenn einzelne Schrauben oder Muttern, die im Bauwerk nicht als Komponente einer Garnitur eingesetzt werden, sondern im Sinne einer „anderen geschraubten Verbindung“, z. B. als Schraube in einer Sacklochverbindung oder als Mutter auf einer Zugstange (vgl. Kommentare zu II.5.6.7). Es war unbestritten, dass die CE-Kennzeichnung der Garnituren nach EN 15048-1 und EN 14399-1 nur für die jeweils komplette Garnitur gilt. Da aber die geschilderte Verwendung von Einzelkomponenten technisch unproblematisch ist, durfte sie nicht an einer „bürokratischen“ Hürde scheitern. Abgestimmt zwischen Bauaufsicht (DIBt), Verbindungsmittelherstellern und -händlern, Stahlbauern und PÜZ-Stellen, wurden praxistaugliche Regelungen festgelegt [V83], die auch in die zukünftige DASt-Ri 024 [R29] übernommen werden. Verkürzt lauten sie (genauer Wortlaut siehe DASt-Ri 024):

- Schrauben, Muttern (und ggf. Scheiben), die nachweislich aus CE-gekennzeichneten Garnituren nach EN 15048 oder nach EN 14399 stammen, dürfen mit geeigneten Außengewindeteilen (z. B. Ankerschrauben) oder mit geeigneten Innengewindeteilen (z. B. Gewindebohrungen) eingesetzt werden.
- Falls dabei Komponenten aus Garnituren nach EN 14399 in vorgespannten Verbindungen eingesetzt werden, muss zusätzlich eine Verfahrensprüfung durchgeführt werden; die DASt-Ri 024 enthält Regeln dazu.

Die hin und wieder artikulierte Sorge, man würde nun von einer Stahlbaufirma ernsthaft verlangen, CE-gekennzeichnete Garnituren einzukaufen und dann die jeweils nicht benötigte Komponente (Muttern oder Schrauben) in den Müll zu werfen, erweist sich bei näherem Betrachten der Liefervorgaben in EN 15048-1 und EN 14399-1 als gegenstandslos (vgl. <1.3>): Liefervariante „b“ erlaubt sowohl Garniturherstellern, Schrauben und Muttern getrennt in Kartons mit CE-Etikettierung in den Begleitunterlagen auszuliefern, wenn sie aus dem „erweiterten Garniturenlos“ ihrer Produktion stammen, als auch Händlern, aus ordnungsgemäß beschafften und mit CE-Kennzeichnung in den Begleitunterlagen versehenen Garnituren die Schrauben- und Muttern-Kartons jeweils einzeln zu verkaufen.

<1.6> Kennzeichnung und Lieferung von nichtrostenden Schrauben/Muttern/Scheiben

Die in <1.1> und <1.3> beschriebenen generellen Regeln zur Kennzeichnung von Schrauben, Muttern und Scheiben aus „normalem Schraubenstahl" und zur Lieferung von daraus zusammengesetzten Garnituren gelten sinngemäß auch für solche aus nichtrostendem Stahl. Das heißt, auf Schrauben und Muttern sind Herstellerkennzeichen, Festigkeitsklasse und Produktkennzeichen obligatorisch. Die Festigkeitsklasse richtet sich nach EN ISO 3506-1 und -2 (z. B. A2-70, vgl. zu II.5.6.3 <1.5>). Als Produktkennzeichen kommt, da nichtrostende Schraubengarnituren nicht vorgespannt werden dürfen (vgl. zu II.5.6.4 <3>), nur das obligatorische „SB" gemäß EN 15048-1 infrage, zusammen mit der CE-Kennzeichnung auf der Verpackung oder im Begleitdokument. Die in <1.5> beschriebene Regelung gilt ebenfalls auch für Einzelkomponenten aus nichtrostenden Garnituren.

<2> Zu Abs. 2 – Verbindungsmittel ohne eindeutige Produktnormen

Für andere als standardmäßige mechanische Verbindungsmittel, für welche die Produktnormensituation nicht so eindeutig ist (z. B. Ankerschrauben) oder für die es gar keine europäischen oder internationalen Produktnormen gibt (z. B. Injektionsschrauben), hat man die Anforderungen an Kennzeichnung und Lieferung in EN 1090-2 vorsichtshalber explizit aufgelistet.

<2.1> Zu (a) – Verpackung

Die Forderung nach einer geeigneten haltbaren Verpackung und eindeutigen Etikettierung entspricht den im vorherigen Absatz kommentierten Anforderungen der einschlägigen Produktnormen.

<2.2> Zu (b) – Etikettierung und begleitende Dokumentation

Die Auflistung ist selbsterklärend und bedarf keines Kommentars.

<2.3> Zu (c) – Kennzeichnung

Bei der hier vorgeschriebenen dauerhaften Herstellerkennzeichnung wird man sich am besten an den genaueren Vorgaben in den Produktnormen für Schraubengarnituren orientieren.

Zu II.5.7 Bolzen und Kopfbolzen

<1> Zu Abs. 1 – Für das Lichtbogenbolzenschweißen geeignete Bolzen

Die hier in Bezug genommene Produktnorm **EN ISO 13918** behandelt allgemein Bolzen, die zum Lichtbogenbolzenschweißen geeignet sind, d. h. alle Typen im Stahlbau verwendbarer **Schweißbolzen**, u. a. Kopfbolzen für den Verbundbau und verschiedene Typen von Gewindebolzen (im Kommentar <2.5> zu II.5.6.7 als „Schweiß-Gewindebolzen" bezeichnet). Der Oberbegriff „Bolzenschweißen" ist unter der Ordnungsnummer 78 in EN ISO 4063 aufgeführt. Im Stahlbau kommen von den drei aufgeführten Bolzenschweißprozessen folgende zwei zur Anwendung (siehe auch zu II.7.5.12):

- 783 – Hubzündungsbolzenschweißen mit Keramikring oder Schutzgas,
- 784 – Kurzzeitbolzenschweißen mit Hubzündung.

Tabelle KII.5-11 enthält einen Auszug aus der Tabelle 1 der EN ISO 13918 mit den Schweißbolzentypen, die im Stahlbau angewendet werden. In der jetzt gültigen 2018er Ausgabe von EN ISO 13918 werden zusätzlich „Verbundstifte/-nägel" aufgeführt. Dabei handelt es sich um „*insulation pins*", die im Schiffbau benötigt werden; im Stahlbau haben sie keine Bedeutung.

Alle in der Tabelle KII.5-11 aufgeführten **Gewindebolzen** (und Stifte) werden gemäß Tabelle 2 der EN ISO 13918, abgesehen von nichtrostendem Stahl, aus **schweißgeeignetem** unlegierten Stahl der **FK 4.8** gefertigt. Dieser Stahl ist dadurch gekennzeichnet, dass er zwar in seinen mechanischen Eigenschaften der in EN ISO 898-1 definierten Festigkeitsklasse 4.8 entspricht, jedoch abweichend von EN ISO 898-1 nur maximal 0,2 % Kohlenstoff enthalten darf. Er darf **nicht** mit dem Standardschraubenstahl 4.8 nach EN ISO 898-1 mit seinem hohen zulässigen Kohlenstoffgehalt von 0,55 % verwechselt werden, aus dem einfache, nicht schweißbare Gewindebolzen und Gewindestangen nach DIN 976-1 [R47] gefertigt werden (vgl. zu II.5.6.7 <2.4>).

Die **Kopfbolzen** SD in Tabelle KII.5-11 bestehen aus **kaltverfestigtem Baustahl S235**, wobei es gemäß Tabelle 2 der EN ISO 13918 zwei Werkstoffvarianten gibt: SD1 (mit $R_m \geq 450$ MPa, $R_{eH} \geq 350$ MPa) und SD2 (mit $R_m \geq 400$ MPa, $R_{eH} \geq 235$ MPa).

Tabelle KII.5-11: Im Stahlbau einsetzbare Schweißbolzen nach EN ISO 13918 (Auszug aus Tabelle 1)

Schweißtechnik	Bolzentyp	Symbol für Bolzen	Symbol für Keramikringe
Hubzündungs-Bolzenschweißen mit Keramikring oder Schutzgas	Bolzen mit durchgehendem Gewinde	FD	UF
	Bolzen mit praktisch durchgehendem Gewinde	MD	MF
	Bolzen mit Teilgewinde	PD	PF
	Gewindebolzen mit reduziertem Schaft	RD	RF
	Stift	UD	UF
	Verbundstift/-nagel	ND	UF
	Stift mit Innengewinde	ID	UF
	Kopfbolzen	SD	UF/DF
Kurzzeit-Bolzenschweißen mit Hubzündung	Gewindebolzen mit Flansch	PS	–
	Stift	US	–
	Stift mit Innengewinde	IS	–

Der deutsche NA zu EN 1993-1-8 [R104] hat als NCI aus der früheren DIN 18800-1 die Tabelle mit im Stahlbau verwendbaren Kopf- und Gewindebolzen übernommen (Tabelle NA.1). Sie bedeutet für Gewindebolzen keine Einschränkung gegenüber EN ISO 13918. Für Kopfbolzen wird dagegen in Tabelle NA.1 nur die Werkstoffvariante SD1 aufgeführt (als „S235J2+C450", d. h. kaltverfestigt auf eine Mindestzugfestigkeit von 450 MPa). Statt der zweiten Werkstoffvariante SD2, bei der nur die Ausgangsstreckgrenze 235 MPa vorhanden ist, sind gemäß Tabelle NA.1 für alle Bolzentypen die unlegierten Stahlsorten S235JR, S235J0, S235J2, S355J0 und S355J2 nach EN 10025-2 zulässig. Diese lassen sich aber in den allermeisten Fällen prinzipiell auch einer der beiden Werkstoffvarianten SD1 oder SD2 zuordnen; insofern erscheint die Festlegung im NA etwas unlogisch.

Die Verwendbarkeit des Ausgangsprodukts „Bolzen nach EN ISO 13918" in Deutschland stellt sich wie folgt dar (vgl. zu II.5.1 <1.3>): Da EN ISO 13918 keine europäisch harmonisierte Produktnorm (hEN) ist (in überschaubarer Zukunft auch nicht werden wird), werden die Bolzen ohne CE-Kennzeichnung geliefert. Deshalb gab es bis 2014 in der Bauregelliste A Teil 1 das Bauprodukt „Bolzen und Stifte zum Lichtbogenbolzenschweißen", für das ein Übereinstimmungsnachweis ÜHP gefordert wurde, d. h. Schweißbolzen mussten mit Ü-Zeichen geliefert werden. Dieses „national geregelte Bauprodukt" ist in der Nachfolgeliste C2 der MVV-TB [194] mit der im Kommentar <1.3> zu II.5.1 geschilderten Begründung nicht mehr enthalten. Für die Hauptanwendungen

- Kopfbolzen als Dübel im Verbundbau (siehe z. B. Bild KII.7-25) und
- Gewindebolzen für Stirnplatten- und ähnliche Anschlüsse (siehe z. B. Bild KII.9-13)

funktioniert das in aller Regel, denn diese Bolzen werden ganz überwiegend in der Werkstatt angeschweißt und gelangen damit „im Huckepack" mit den nach EN 1090-1 CE-gekennzeichneten Bauteilen auf die Baustelle.

Immer dann, wenn Lichtbogenbolzenschweißen einmal ausnahmsweise auf der Baustelle eingesetzt wird – meistens für Gewindebolzen (siehe z. B. Bild KII.5-33) –, ergibt sich allerdings im bauaufsichtlichen Bereich ein formales Problem: Jetzt ist eigentlich – sofern keine deutsche Zulassung (abZ) oder europäische Zulassung/Bewertung (ETA) vorliegt – eine Zustimmung im Einzelfall (ZiE) als Verwendbarkeitsnachweis erforderlich. Das erscheint bei einem so bewährten stahlbaulichen „Ausgangsprodukt" in der Regel übertrieben. Tatsächlich scheint man bisher in der Praxis dieses Problem mit Augenmaß zu handhaben; entsprechende Schwierigkeiten sind den Verfassern nicht bekannt geworden. An dieser Stelle sei auch daran erinnert, dass Bolzen zum Lichtbogenbolzenschweißen grundsätzlich mit Abnahmeprüfzeugnis 3.1 geliefert werden müssen (vgl. Tabelle II.1).

Quelle: KÖCO, Ennepetal

Bild KII.5-33: Lichtbogenbolzenschweißen von Gewindebolzen für Sanierungsarbeiten auf dem Dach der Veltins-Arena in Gelsenkirchen

Für den ebenfalls häufigen Anwendungsfall „Ankerplatten mit Kopfbolzen" als Massivbau-Einbauteil wird in Anhang 2 der MVV-TB [R194] explizit eine europäische Zulassung bzw. Bewertung (ETA) verlangt. Die beiden führenden Bolzenhersteller haben inzwischen solche ETAs [R178, R179]. Darüber hinaus gibt es eine abZ [R205] für Schweiß-Gewindebolzen aus dem (patentierten) höherfesten schweißgeeigneten Sonderstahl K800.

So genannte „weiße" Schweißbolzen aus **nichtrostenden Stählen** sind durch EN ISO 13918 ebenfalls abgedeckt, und zwar als **Gewindebolzen** in mehreren Werkstoffvarianten von A2-50 bis A5-70, wobei in der Regel A2-50 gewählt wird. **Kopfbolzen** gibt es aus zwei austenitischen Stählen, einer davon der klassische nichtrostende Stahl 1.4301. Weiße Schweißbolzen dürfen sowohl auf Bauteilen aus nichtrostendem Stahl als auch auf Bauteilen aus schweißgeeignetem Baustahl verschweißt werden.

Für letzteren Fall – so genannte **Schwarz/Weiß-Verbindungen** – sind im Geltungsbereich der abZ **Z-30.3-6** [R9] (vgl. zu II.5.6.3 <1.5>) einige zusätzliche Bedingungen einzuhalten, u. a. Bolzendurchmesser ≤ 12 mm. Die Schwierigkeiten beim Hubzündungsbolzenschweißen von „Weiß" auf „Schwarz" lassen sich umgehen, indem man auf Verbundbolzen zurückgreift [V10], z. B. so genannte Duo-PD-Gewindebolzen. Deren zylindrischer Anschweißfuß besteht aus schweißgeeignetem „schwarzen" Stahl der FK 4.8, wie die normalen Gewindebolzen. Der Gewindeteil aus „weißem" Stahl ist durch Reibschweißen (siehe Tabelle II.13) an den Anschweißfuß gefügt. Will man diese innovative Technik im deutschen bauaufsichtlichen Bereich einsetzen, sollte man sich frühzeitig mit dem entsprechenden Bolzenhersteller wegen des evtl. geforderten Verwendbarkeitsnachweises in Verbindung setzen.

<2> Zu Abs. 2 – Andere Bolzen oder Schubdübel

Dieser Absatz bezieht sich auf zug- und/oder schubübertragende Konstruktionselemente, die zwar mit der Unterkonstruktion verschweißt werden, aber entweder gar keine Bolzen sind (auch keine Kopfbolzen – insofern ist hier die Übersetzung „Kopfbolzen" für *„shear connector"* nicht zutreffend), oder, sofern es sich um Bolzen handelt, nicht mit den Bolzenschweißprozessen 783 oder 784 verschweißt werden oder nicht den Abmessungen und Werkstoffanforderungen von EN ISO 13918 entsprechen. Für solche Verbindungen gelten die Festlegungen als „besondere Verbindungsmittel" nach II.5.6.11 – es sei denn, sie werden im Sinne von DIN EN 1993-1-8/NA aus unlegierten Baustählen nach EN 10025-2 hergestellt (vgl. Kommentar <1> weiter oben). In diesem Fall können sie „normal" angeschweißt werden, z.B. mit umlaufender Kehlnaht, sofern deren Tragfähigkeit sichergestellt ist.

Betonstahl mit Schweißverbindung zu Baustahl — Zu II.5.8

In der letzten Ausgabe von EN 1090-2 fehlten Regelungen für das in der Stahlbaupraxis an den Schnittstellen zum Stahlbetonbau öfter benötigte Verschweißen von Betonstahlstäben mit Stahlbauteilen. Das war aus Industriekreisen bemängelt worden. Nunmehr ist es in EN 1090-2 durchgängig geregelt: Das Ausgangsprodukt schweißgeeigneter Betonstahl im vorliegenden Abschn. II.5.8, das Schweißen selbst und die Qualifizierung der Schweißverfahren in II.7.1 und Tabelle II.12, die Qualifizierung des Schweißpersonals in II.7.4.2.1 und II.7.4.3 und die Inspektion und Prüfung schließlich in II.12.4.5. In all diesen Abschnitten wird stets auf die zweiteilige Normenreihe **EN ISO 17660** verwiesen. Welche Informationen aus ihr jeweils entnommen werden können, wird in den zugehörigen Kommentaren angesprochen.

Die im vorliegenden Abschnitt normativ in Bezug genommene, aus dem Jahr 2005 stammende **EN 10080** ist vom Aufbau und Inhalt her eine harmonisierte europäische Produktnorm (hEN) für das Bauprodukt „schweißgeeigneter Betonstahl", wonach dieser eigentlich mit CE-Kennzeichnung geliefert werden müsste. Die Norm findet sich jedoch nicht in der offiziellen Liste im EU-Amtsblatt – ein Sachverhalt, der hier nicht weiter ergründet wird. Fakt ist jedenfalls, dass die EN 10080 nach Wissen der Verfasser in den meisten Ländern Europas ignoriert wird, so auch in Deutschland. Stattdessen hat man nach Erscheinen von EN 10080 die deutsche sechsteilige Betonstahl-Normenreihe **DIN 488** [R44] systemisch so überarbeitet, dass sie quasi die hEN-Qualitätssicherungsstruktur (WPK, Zertifizierung, Fremdüberwachung usw.) imitiert. Konsequenterweise stehen die DIN 488-Teile in der C2-Liste national geregelter Bauprodukte in der MVV-TB [R194]. Das bedeutet letztendlich, dass der Verweis auf EN 10080 nur als Empfehlung zu verstehen ist.

Vergussmaterial — Zu II.5.9

Bei der Ausführung von Stahlbauten wird Vergussmaterial vor allem an den Schnittstellen zwischen der Stahlkonstruktion und angrenzenden Betonbauteilen (Fundamente, Ortbetonwände usw.) benötigt, seltener zum Füllen von Fugen zwischen Stahlbauteilen. Da es keine europäischen Produkt- und Anwendungsnormen für Vergussmaterial gibt, stellt EN 1090-2 in diesem Normabschnitt einige Grundregeln zusammen. Sie sind zwar verständlich und bedürfen insoweit keiner Kommentierung. Sie reichen aber für eine Beschaffung geeigneten Vergussmaterials (zementbasierter oder harzbasierter Vergussmörtel oder Unterstopfmörtel oder Einpressmörtel usw.) sowie für eine sachgemäße Ausführung in aller Regel nicht aus. Die verschiedenen Verguss-Aufgabenstellungen sind oft so komplex, dass jede einzelne besondere Überlegungen erfordert. Beispielsweise sind bei zu vergießenden Bauteilen mit verzinkten Oberflächen zusätzliche Maßnahmen erforderlich. Es ist aus Sicht der Verfasser dringend zu empfehlen, mit Vergussarbeiten einen erfahrenen Subunternehmer zu beauftragen, zumindest aber die Beratung des Vergussmörtelherstellers in Anspruch zu nehmen, evtl. mit Hilfe entsprechender **Datenblätter** (siehe z.B. www.pagel.com, www.possehl-spezialbau.de, www.gcpat.de – Stand: 2018-09).

Für zementbasierten Vergussmörtel und Vergussbeton gibt es im Übrigen in Deutschland eine **DAfStb-Richtlinie** [R18], die auch in die C2-Liste der MVV-TB [R194] übernommen wurde (Nr. C2.1.4.5). Danach müssen Vergussmörtel einen Übereinstimmungsnachweis **ÜZ** aufweisen.

Zu II.5.10 Dehnfugen bei Brücken

Dehnfugen bei Brücken (meist in Form von **Fahrbahnübergängen**) gehören zu den wichtigsten Komponenten der **Brückenausrüstung**. Sie reichen von einem beidseitig eingeklemmten Gummi-Neoprene-Bandprofil (bei kleinen Dehnwegen) bis zu komplizierten Finger- und Lamellenkonstruktionen (bei großen Dehnwegen) [V95]. Es gibt für sie weder eine europäische noch eine nationale Norm, jedoch eine europäische Leitlinie für die Erstellung von ETAs (ETAG 032 [R214]). Die Aufführung von Dehnfugen in EN 1090-2 unter „Ausgangsprodukte" erscheint grenzwertig; sie stellen eher Bauteile dar. Deshalb ist auch die Forderung eines Abnahmeprüfzeugnisses 3.1 in EN 1090-2 (Tabelle II.1, vgl. zu II.5.2 <2.4>) nachvollziehbar. In jedem Fall handelt es sich bei Brückendehnfugen bzw. Fahrbahnübergängen um sehr spezielle Ausrüstungskomponenten, die nur von wenigen spezialisierten Herstellern angeboten werden. Eine frühzeitige Kontaktaufnahme und Beratung ist unabdingbar, ggf. mit vorheriger Information über entsprechende **Datenblätter** aus dem Internet (siehe z. B. www.maurer-soehne.de, www.rowatecag.ch, www.gumba.de – Stand: 2018-09). Vor diesem Hintergrund wird mit Rücksicht auf den Umfang des vorliegenden Kommentarbuches auf eine weitere Kommentierung verzichtet.

Zu II.5.11 Hochfeste Zugglieder, Stäbe und Endverbindungen

<1> Zum Regelungsgegenstand „hochfeste Zugglieder"

Dieser Normabschnitt bezieht sich allgemein auf hochfeste Zugglieder aus Stahl, also auf diejenigen Bauproduktgruppen, deren Bemessung und Konstruktion im Eurocode **EN 1993-1-11** [II.Lit5] geregelt ist. Die dortige Tabelle 1.1 (hier als Tabelle KII.5-12 abgedruckt) gibt einen Überblick über die Gruppen der im Stahlbau eingesetzten hochfesten Zugglieder. Es handelt sich in Gruppe A um hochfeste Zugstäbe (meist Rundstahlstäbe mit Gewinde), in Gruppe B um hochfeste Spiralseile aus Drähten und in Gruppe C um hochfeste Paralleldrahtbündel und Litzenbündelseile, bei allen drei Gruppen einschließlich der zugehörigen Endverankerungen. Für alle drei Gruppen ist gemäß EN 1090-2 (Tabelle II.1) ein Abnahmeprüfzeugnis 3.1 nach EN 10204 vorzulegen (vgl. zu II.5.2 <2.4>).

Tabelle KII.5-12: Gruppen von Zuggliedern (Tabelle 1.1 aus EN 1993-1-11)

Gruppe	Hauptsächlicher Bestandteil bzw. Grundelement	Zugglied
A	Zugstab	Zugstabsystem, Vorspannstab
B	Runddraht	Offenes Spiralseil
	Rund- und Z-Draht	Vollverschlossenes Spiralseil
	Rund- und Litzendraht	Rundlitzenseil
C	Runddraht	Paralleldrahtlitze
	Runddraht	Paralleldrahtbündel
	Sieben-Drähte-(Vorspann-)Litze	Litzenbündelseil

In EN 1993-1-11 sind für alle drei **Zuggliedgruppen A bis C** neben den Regeln für die Bemessung in einem informativen Anhang A auch „Produktanforderungen" zusammengestellt. Diese enthalten aber über die elementaren Vorgaben,

- dass die Werkstoffe den relevanten europäischen Produktnormen entsprechen müssen und
- dass die Eignung des Korrosionsschutzes einschließlich der Dauerhaftigkeit der Füllstoffe und Korrosionsschutzstoffe in der Regel durch entsprechende Versuche zu überprüfen ist,

hinaus keine Informationen, die dem Anwender von EN 1090-2 weiterhelfen könnten.

Die für den Stahlbau sehr wichtigen Zugstäbe der **Zuggliedgruppe A** werden meist im Rahmen von **Zugstabsystemen** (Zugstäben mit Gewinde, Endverankerungen und ggf. weiterem Zubehör) eingesetzt, entweder auf der Grundlage einer Europäischen Technischen Zulassung bzw. neuerdings Bewertung (ETA) oder auf der Grundlage einer deutschen allgemeinen bauaufsichtlichen Zulassung (abZ). Es gibt derzeit allein ca. 20 abZs und ca. 10 ETAs für vorgefertigte Zugstabsysteme. Veranlassung für die Erteilung einer solchen Zulassung bzw. Bewertung ist natürlich **nicht** der elementare Rundstab mit Endgewinden (vgl. zu II.5.6.7 <2.3>). Vielmehr folgt die Zulassungsnotwendigkeit in der Regel entweder aus den übrigen Teilen des Systems (z.B. den Gabelköpfen aus Stahlguss oder Gusseisen mit Kugelgraphit), wenn deren experimentell oder mit Hilfe von FEM-Berechnungen ermittelten Tragfähigkeiten günstiger sind als konservativ rechnerisch nach maßgebender Bemessungsnorm EN 1993-1-11 ermittelt; oder aus einem auf ermüdungsrelevante Einwirkungen erweiterten Anwendungsbereich. Weitere Einzelheiten zu Zugstabsystemen findet man in [V84]; dort ist auch eine komplette ETA abgedruckt.

Zugstäbe und ihre Anschlüsse lassen sich – das sei noch einmal betont – in der Regel durchaus rein rechnerisch mit EN 1993-1-1 bzw. EN 1993-1-11 bemessen. Unbestritten ist aber, dass für Zugstäbe mit ihren Endverbindungen, wenn sie sich nicht mit EN 1993-1-1 bzw. EN 1993-1-11 rechnerisch bemessen lassen und wenn keine deutsche Zulassung oder europäische Zulassung/Bewertung vorliegt, sondern wenn ihre Tragfähigkeiten auf der Grundlage von speziellen Versuchen ermittelt werden, in Deutschland ein bauaufsichtlicher Verwendbarkeitsnachweis in Form einer Zustimmung im Einzelfall (ZiE) erforderlich ist.

Die meisten Regelungen der Bemessungsnorm EN 1993-1-11 beziehen sich auf Spiralseile (**Zuggliedgruppe B**), folgerichtig auch die wenigen Produktangaben im vorliegenden Normabschnitt von EN 1090-2 (siehe <2> und <3>). Hinsichtlich des grundsätzlichen Querschnittsaufbaus der in Tabelle KII.5-12 genannten drei Seilarten sei auf den informativen Anhang C von EN 1993-1-11 (Tabelle C.2) verwiesen.

<2> Zu Abs. 1 bis 3 – Stahldrähte, Litzen, Drahtseile

Es werden die gängigen Produktnormen angegeben, zunächst für die Seil-Ausgangsprodukte – runder und profilierter Draht aus unlegiertem Stahl (EN 10264-3) einschließlich der verzinkten Variante (EN 10244-2), Draht aus nichtrostendem Stahl (EN 10264-4), Stahldrahtlitzen (prEN 138-3) –, dann für die Drahtseile selbst (EN 12385-1 und -10). Bei Seilen mit Endverankerungen sollte im Abnahmeprüfzeugnis 3.1 auch die Mindestbruchkraft angegeben werden. Diese ist in den beiden genannten Produktnormen für Seile näher erläutert.

Zusätzliche Produktregelungen für hochfeste Seile und deren Endverankerungen findet man (neben den Bemessungsgrundsätzen) in EN 1993-1-11. Abschnitt 4 enthält für den Korrosionsschutz von Drähten, Seilen und Litzen ausführliche Vorgaben, getrennt nach Korrosionsschutz der Einzeldrähte, Korrosionsschutz in den Drahtzwischenräumen, um das Eindringen von Feuchtigkeit zu vermeiden, und Korrosionsschutz der Seiloberfläche. Für Transport, Lagerung und Handhabung von Seilen werden im informativen Anhang B von EN 1993-1-11 Empfehlungen gegeben. Beispielsweise sollte der kleinste Wickeldurchmesser auf Haspeln oder Spulen in der Regel bei vollverschlossenen Seilen nicht unter dem 30-fachen, bei Spirallitzenseilen nicht unter dem 24-fachen und bei Litzenseilen nicht unter dem 16-fachen Seildurchmesser liegen, um ein Aufspleißen der Seile zu vermeiden.

Die genannten Produktnormen für Drahtseile sind europäisch harmonisiert, enthalten also einen Anhang ZA und sehen demzufolge eine CE-Kennzeichnung der Seile vor. Diese ist allerdings nicht im Anhang ZA geregelt, im Gegensatz zu allen anderen in diesem Buch erwähnten harmonisierten Produktnormen. Das hängt damit zusammen, dass Seile gar keine Bauprodukte sind, also nicht der EU-Bauproduktenverordnung (BPVO) unterliegen, sondern der EU-Maschinenrichtlinie [R184]. Die CE-Kennzeichnung des Bauteils „hochfestes Stahlseil mit Endverankerungen" ist deshalb auch nicht auf der Grundlage von EN 1090-1 möglich, sondern nur – wie auch bei den Zugstabsystemen – auf der Grundlage Europäischer Technischer Zulassungen bzw. Bewertungen (ETAs).

<3> Zu Abs. 4 – Endverbindungen/Endverankerungen von Drahtseilen

Die Normenreihe **EN 13411-1 bis -7** regelt die Ausführung von Endverankerungen für Drahtseile aus Stahldraht. Die Bemessungsregeln für Endverankerungen in EN 1993-1-11 sind nach fast derselben Systematik gegliedert und verweisen hinsichtlich der Ausführung auf den jeweils relevanten Teil von EN 13411. Die sieben Normteile behandeln:

- Teil 1: Kauschen für Anschlagseile aus Stahldrahtseilen,
- Teil 2: Spleißen von Seilschlaufen für Anschlagseile,
- Teil 3: Pressklemmen und Verpressen,
- Teil 4: Vergießen mit Metall und Kunstharz,
- Teil 5: Drahtseilklemmen mit U-förmigem Klemmbügel,
- Teil 6: Asymmetrische Seilschlösser,
- Teil 7: Symmetrische Seilschlösser.

Hinsichtlich der grundsätzlichen konstruktiven Ausbildung der verschiedenen Drahtseilendstücke sei wieder auf den informativen Anhang C von EN 1993-1-11 (Tabelle C.3) verwiesen. Aus der Normenreihe EN 13411 wird hier in EN 1090-2 der Teil 4 besonders hervorgehoben, weil dies die einzige Endverankerung mit Vergussmaterial ist und beim Einbau verschiedene Punkte zu berücksichtigen sind, z. B. Werkstoffwahl, Vorwärmen, Aushärten usw. Diese Hervorhebung darf aber nicht darüber hinwegtäuschen, dass neben den metall- oder harzvergossenen Seilköpfen nach EN 13411-4 z. B. auch die Ausführung gepresster Drahtseilendstücke nach EN 13411-3 viel Erfahrung erfordert.

Zu II.5.12 Lager im Bauwesen

Die gesamte achtteilige Normenreihe EN 1337 ist vollkommen überarbeitet und Anfang 2018 der Fachöffentlichkeit als Entwurf zur Stellungnahme vorgestellt worden; mit der Veröffentlichung wird Mitte 2019 gerechnet. Warum hier in EN 1090-2 nicht auch der Teil 1 von EN 1337 zitiert wird, ist nicht ganz nachvollziehbar; alle anderen sieben Teile nehmen ihn in Bezug. Auf eine fachliche Kommentierung der Normenreihe an dieser Stelle wird verzichtet, zumal für Lager sinngemäß das bereits zu II.5.10 für Dehnfugen bei Brücken Gesagte gilt: Ihre Aufführung in EN 1090-2 unter den „Ausgangsprodukten" ist grenzwertig; sie stellen eher Bauteile dar. Deshalb ist auch die Forderung eines Abnahmeprüfzeugnisses 3.1 in EN 1090-2 (Tabelle II.1, vgl. zu II.5.2 <2.4>) nachvollziehbar. In jedem Fall handelt es sich bei Lagern um sehr spezielle Komponenten, die nur von wenigen spezialisierten Herstellern angeboten werden. Eine frühzeitige Kontaktaufnahme und Beratung ist unabdingbar, ggf. mit vorheriger Information über entsprechende **Datenblätter** aus dem Internet (siehe z. B. www.maurer.eu, www.gumba.de, www.pgtec.de, usw. – Stand: 2018-09). Einen hervorragenden Überblick über Lager im Bauwesen findet man im Standardwerk [V6], ferner im konkreten Zusammenhang mit der Normenreihe EN 1337 in [V96].

Zur bauaufsichtlichen Verwendbarkeit der EN-1337-Lager in Deutschland ist ergänzend Folgendes zu sagen: Die Teile 3 bis 8 (Elastomerlager, Rollenlager, Topflager, Kipplager, Kalottenlager, Führungslager) beschreiben „harmonisierte" Bauprodukte im Sinne der BPVO [R182] und müssen demzufolge mit Leistungserklärung und CE-Kennzeichnung geliefert werden. Für die Verwendung als Brückenlager – die mit Abstand häufigste Verwendung von „Lagern im Bauwesen" – sind in Deutschland zusätzlich so genannte „Ausstattungszulassungen" des DIBt für die Lagerhersteller zu beachten (z. B. abZ Nr. Z-16.7-445 [R7]); in ZTV-ING [R203] wird das explizit gefordert. Diese nationalen Ausstattungszulassungen beziehen sich nicht auf die Lager selbst – das ist EU-rechtlich nicht zulässig –, sondern sie regeln die Herstellung und Verwendung der für den Einbau der Lager in die Brückenkonstruktion erforderlichen Anschlussbauteile (z. B. obere und untere Ankerplatte, Schraubenhalter usw.) sowie die Verwendung der damit komplett ausgestatteten Lager. Ohne eine solche Ausstattungszulassung darf ein Brückenlager, auch wenn es ein CE-Zeichen besitzt, in Deutschland nicht eingebaut werden. Soweit sich derzeit absehen lässt, wird sich an dieser deutschen Verwendbarkeits-Systematik auch nach Veröffentlichung der neuen Ausgabe der Normenreihe EN 1337 nichts ändern.

Vorbereitung und Zusammenbau — Zu II.6

Allgemeines — Zu II.6.1

<1> Zu Abs. 1 u. 2 sowie Anmerkung – Inhalt des Kapitels II.6

Gliederung und Inhalt dieses Normkapitels stimmen trotz der etwas seltsamen Überschrift „Vorbereitung und Zusammenbau" weitgehend mit dem Kapitel 6 „Fertigung" der früheren deutschen Norm DIN 18800-7 [R73] überein. Es geht um alle Arbeitsschritte, die bei der **Werkstattfertigung** von Stahlbauteilen anfallen – ausgenommen das Schweißen, das Verschrauben und die Oberflächenbehandlung, für die aufgrund ihrer herausragenden Bedeutung die eigenständigen Normkapitel II.7, II.8 und II.10 vorhanden sind. Unter II.3.10 werden die werkstattbezogenen Arbeitsschritte unter dem Begriff „Bearbeitung" zusammengefasst, so dass man das vorliegende Kapitel konsequenterweise auch so hätte nennen können (vgl. Kommentar dazu). Einen zwar kurzen, aber sehr anschaulichen Überblick über den Aufbau einer Stahlbauwerkstatt für leichten und mittelschweren Stahlbau, von der Strahlanlage über Säge-, Brenn- und Bohranlagen und Schweißroboter bis zu Zulagen für den Zusammenbau und Markieranlagen, findet man in Abschnitt 8.1 von [V72].

<2> Zu Abs. 3 – Instandhaltung der Werkzeuge

Dieser Absatz der Norm soll auf mögliche negative Auswirkungen bei Verwendung nicht einwandfreier Werkzeuge hinweisen, dies unter dem Gesichtspunkt der Qualitätssicherung, aber auch der reibungslosen Abwicklung der Fertigungsprozesse. In den meisten renommierten Stahlbaubetrieben werden für Werkzeuge Prüf- und Revisionsintervalle, für ausgewählte Werkzeuge mit recht detaillierten Unterlagen, vorgehalten. Das betrifft Anlagenteile, Matrizen und Stempel, Sägeblätter für Kaltkreissägen (KKS), Dosiereinrichtungen für Minimalschmierung u. v. a. m. Ein Sägeblatt für eine KKS zum Beispiel hat in der Regel eine Werkzeugkarte, auf der die Probeschnitte, der Schärfdienst, der Segmenttausch, die Kontrolle des Stammblattes und letztlich die Standzeit vermerkt werden.

Die Kontrolle, ob alle in der Fertigung eingesetzten Maschinen, Einrichtungen und Werkzeuge in einwandfreiem Zustand sind, gehört im Übrigen, wenn die Werkstatt nach EN 1090-1 zertifiziert ist, zu den Aufgaben der werkseigenen Produktionskontrolle WPK.

Identifizierbarkeit — Zu II.6.2

<1> Zu Abs. 1 – Erfordernis der Identifizierbarkeit

Die Forderung nach eindeutiger Identifizierbarkeit aller Bestandteile von Stahlbauteilen während sämtlicher Fertigungsabschnitte stand mit der gleichen Schärfe auch schon in der früheren DIN 18800-7 und zielte schon dort vor allem in Richtung Werkstoff-Ausgangsprodukte. Die Forderung wird umso wichtiger, je mehr unterschiedliche Werkstoffe im Stahlbau eingesetzt werden. Die **Identifizierbarkeit** der Produkte während des Fertigungsprozesses steht in engem Zusammenhang mit der im Normabschnitt II.5.2 geforderten **Rückverfolgbarkeit** der Ausgangsprodukte im fertigen Bauteil (vgl. zu II.5.2 <3> bis <5>). Diese kann nur erreicht werden, wenn alle Vorprodukte während des gesamten Fertigungsprozesses identifizierbar bleiben. Die entsprechende Überwachung ist im Übrigen, wenn die Werkstatt nach EN 1090-1 zertifiziert ist, eine Aufgabe der werkseigenen Produktionskontrolle WPK.

Eine häufige Problematik bei der lückenlosen Fortschreibung der Identifizierbarkeit stellen beispielsweise Bleche dar, bei denen die Chargennummer und die Werkstoffsorte und -güte und somit der Bezug zu einer Prüfbescheinigung auf der Blechtafel selbst angegeben sind (durch eine der im Kommentar <2.2> weiter unten beschriebenen Kennzeichnungsmethoden). Wird die Blechtafel dann zerteilt, wird leider häufig das Übertragen dieser Kennzahlen nicht ordnungsgemäß durchgeführt. Führt ein verantwortungsbewusster Hersteller aber die durch die Produkthaftung und ggf. durch das Qualitätsmanagement-Handbuch geforderte Eingangskontrolle sorgfältig durch, so sollten trotzdem Werkstoffverwechslungen weitestgehend auszuschließen sein bzw. rechtzeitig entdeckt werden.

Eine vollständige Rückverfolgbarkeit der Ausgangsprodukte zu den Prüfbescheinigungen (Werkstoffnachweisen) wird allerdings im Normabschnitt II.5.2, Abs. 4, nur für die Ausführungsklassen **EXC3** und **EXC4** verlangt. Dazu sei angemerkt, dass in der 2011er Ausgabe von EN 1090-2 auch im vorliegenden Absatz des Normabschnittes II.6.2 noch stand, man müsse bei EXC3 und EXC4 dafür sorgen, dass die Prüfbescheinigungen den fertiggestellten Bauteilen zugeordnet werden können. Der Wegfall an dieser Stelle bedeutet aber nicht den Verzicht auf diese Forderung; sie steht, wie gesagt, nach wie vor in II.5.2, Abs. 4, in Form der Forderung nach vollständiger Rückverfolgbarkeit (vgl. Kommentar <4> dazu).

Die Verfasser sind der Auffassung, dass ein Fertiger grundsätzlich wissen sollte, was er „auf den Böcken zu liegen hat", auch bei den Ausführungsklassen EXC1 und EXC2. Die vollständige Rückverfolgbarkeit bedeutet keinen wesentlichen zusätzlichen Aufwand, da die Vorgehensweise für die Gewährleistung der Identifizierbarkeit nicht vorgeschrieben wird. Fertiger, die sowieso ein System für die vollständige Rückverfolgbarkeit brauchen, weil sie z. B. gelegentlich auch in Ausführungsklasse EXC3 fertigen, sind daher gut beraten, zumindest für EXC2 keine eingeschränkte Sonderbehandlung vorzusehen.

Sofern ein Betrieb nur **eine** Stahlsorte verwendet, für die außerdem nur Werkszeugnisse 2.2 mitgeliefert zu werden brauchen (z. B. nur Baustahl S235JR) – wie dies für Stahlbauten der Ausführungsklasse EXC1 oft die Regel ist –, braucht er selbstverständlich keine besonderen Maßnahmen zur Identifizierbarkeit und Rückverfolgbarkeit der Ausgangsprodukte zu treffen (vgl. zu II.5.2 <5>).

Ergänzender Hinweis: Das Erfordernis der Identifizierbarkeit trifft im Grunde genommen nicht nur auf die Stahl-Ausgangsprodukte zu, sondern auch auf Beschichtungs- und Hilfsstoffe jedweder Art. Beispielsweise werden Schmierstoffe für Zuschnitteinheiten dabei gern vergessen. Die Schmierstoffauswahl hat unter Umständen Bedeutung für das nachträgliche Reinigen der Bauteile und damit auch für die Haftfähigkeit des Beschichtungsstoffes (der Farbe). Das kann z. B. bei reibbeiwerterhöhender Beschichtung für gleitfeste Verbindungen von Bedeutung sein.

<2> Zu Abs. 2 – Methoden der Identifizierbarkeit

<2.1> Indirekte und direkte Methoden der Identifizierbarkeit

Von den im Normtext genannten drei grundsätzlichen Methoden der Identifizierbarkeit

- geeignete Loskennzeichnung,
- individuelle, unverwechselbare Formgebung und/oder Größe des Bauteils,
- dauerhafte und eindeutige Kennzeichnung

lassen sich die ersten beiden als indirekte Methoden bezeichnen, während die dauerhafte Kennzeichnung (zur Begrifflichkeit „dauerhaft" siehe weiter unten) der einzelnen Ausgangsprodukte das direkte Vorgehen darstellt. Mit der „Loskennzeichnung" (erster Spiegelstrich) ist nicht das mechanische Kennzeichnen von Losen gemeint – das wäre ja dasselbe wie der dritte Spiegelstrich –, sondern das intelligente Einteilen in Lose (im englischen Originaltext steht hier „*batching*", was eher „Chargieren/Dosieren" bedeutet, nicht „Loskennzeichnung"). Als weitere indirekte Methode der Identifizierbarkeit nennt das DVS-Merkblatt 1712 [V14] die auftragsbezogen separate Lagerung der Ausgangsprodukte.

Während die indirekten Methoden nicht durchgängig angewendet werden können, ist das direkte Kennzeichnen immer möglich. Es wird deshalb auch am häufigsten eingesetzt, wobei es aber eine Vielzahl von Methoden gibt, Stahlerzeugnisse (und auch Bauteile) dauerhaft zu kennzeichnen (siehe <2.2>). Die Normformulierung „ohne dass bei der Aufbringung eine Beschädigung entsteht" bedarf einer Klarstellung: Mit „Beschädigung" ist selbstverständlich nicht jegliche Art von mechanischem Angriff gemeint – sonst wären die nachfolgenden Regeln gegenstandslos, denn jede maschinelle Prägung (egal ob hart oder weich, siehe <3>) stellt strenggenommen eine Beschädigung dar.

Die Methode der Identifizierbarkeit wird in der Norm bewusst nicht vorgeschrieben. Dem Betrieb sollen alle Möglichkeiten der Zuordnung und Identifizierbarkeit von Werkstoffen und Bauteilen gestattet werden, so dass er die jeweils für seine Situation effizienteste und kostengünstigste

Methode auswählen kann. Damit soll sichergestellt werden, dass diese „uralte“ Forderung nicht zu einem kostentreibenden Faktor wird.

Ergänzend zum Thema Identifizierbarkeit sei darauf hingewiesen, dass entsprechende Festlegungen auch bereits in den technischen Vertragsbestimmungen fixiert werden können. Das ist eine heute übliche Vorgehensweise bei Großprojekten und gut organisierten Bauherren oder Bauträgern. Bei diesen ist es beispielsweise keine Seltenheit, dass sie die eingesetzten Stahlsorten (ggf. nur die vom Üblichen abweichenden) auch nach abgeschlossener Montage dauerhaft auf der Konstruktion sehen wollen. Oft ist diese Forderung verbunden mit Festlegungen zur Schriftgröße und zum Kennzeichnungsort (siehe z. B. Bild II.6-1).

Bild KII.6-1: Dauerhafte Kennzeichnung der Stahlsorte in einer fertig montierten Stahlkonstruktion

<2.2> Kennzeichnungsmethoden

Für eine „dauerhafte“ Kennzeichnung im Sinne der Norm kommen

- **traditionelle Methoden** wie Farbbeschriftung – manuell mit Kreide (Bild KII.6-2a) oder mit Sprühmatrize/Schablone (Bild KII.6-2b) – oder angehängte/aufgeklebte Blechtäfelchen/Zettel mit Barcodes (Bild KII.6-2c) oder
- **maschinelle Methoden** wie hartes Stempeln (Bild KII.6-d), Fräsen (Bild KII.6-2e), Plasmamarkieren (Bild KII.6-2f) oder Nadeln (Bild KII.6-2g) oder
- **„intelligente“ Methoden** (siehe weiter unten)

in Frage.

Die vorgeschriebene „Dauerhaftigkeit“ der Kennzeichnung bezieht sich immer auf einen konkreten Schritt in der Bearbeitungskette, denn die Kennzeichnung kann sich im Durchlauf verändern. So kann sich ein Einzelteil zum Anbauteil, zur Baugruppe, zur Vormontageeinheit, zum Versandlos oder zu irgendeiner anderen Baugruppe „wandeln“ und dabei eventuell oberflächenbehandelt, konserviert oder noch anderweitig bearbeitet werden. In all diesen Fertigungsphasen ist es möglich, dass sich die Kennzeichnung verändert. Zwei Grundsätze sind aber bei angestrebter vollständiger Rückverfolgbarkeit (vgl. Kommentar <1> weiter oben) immer einzuhalten:

- Es darf kein Einzelteil oder Bauteil **ohne** Kennzeichnung geben.
- Aus der jeweils aktuellen Bezeichnung muss der Durchlauf vom Wareneingang her lückenlos nachzuvollziehen sein.

Die Beispiele in Bild KII.6-2 sind willkürlich ausgewählt. Sie sollen die vielen Möglichkeiten einer Kennzeichnung von Stahlhalbzeugen beim Durchlaufen des Fertigungsprozesses und schließlich auch der Bauteile selbst illustrieren. Der Normbegriff „dauerhafte Kennzeichen" muss allerdings insofern differenziert werden, als die in den Bildern KII.6-2a bis -2c beispielhaft gezeigten traditionellen Kennzeichnungen nur **„temporär-dauerhaft"** sind, d. h. lediglich einzelne Fertigungsschritte oder den Versand überstehen müssen. Die vier in den Bildern KII.6-2d bis -2g gezeigten Kennzeichen, erzeugt durch maschinelles Prägen, sind dagegen **wirklich dauerhaft**, d. h. widerstandsfähig gegenüber nachgeschalteten Fertigungsschritten wie Strahlen, Beschichten oder Feuerverzinken sowie gegenüber Witterungseinflüssen. Da diese Prägeverfahren im Stahlbau zunehmend eingesetzt werden, gibt die Norm dazu in den Absätzen 3 bis 6 des Abschnittes II.6.2 zusätzliche Regeln; sie werden im nachfolgenden Kommentar <3> diskutiert.

Quelle: Bilder a) bis c): Verfasser; Bilder d) bis g): IML, UDE

Bild KII.6-2: Beispiele für die Kennzeichnung von Stahlerzeugnissen während der Fertigung:
a) manuelle Farbbeschriftung von Blechteilen,
b) Farbbeschriftung einer Blechtafel mit Sprühmatrize,
c) an Bauteile angehängte Etikette mit Barcodes,
d) hart gestempelte und e) gefräste Kennzeichnung auf einem Blech,
f) plasmamarkierte und g) genadelte Kennzeichnung auf einem Blech

Unter den am Beginn dieses Kommentars <2.2> erwähnten **„intelligenten" Kennzeichnungsmethoden** versteht man automatische Identifikationssysteme (Auto-ID-Systeme), mit deren Hilfe Ausgangsprodukt- oder Bauteilinformationen über einen integrierten Speicherchip (einen so genannten RFID-Chip) entweder direkt oder dezentral über eine Kommunikation mit dem Produktionsplanungs- und Steuerungssystem (PPS-System) des Bauteilherstellers abgerufen werden können (siehe u. a. [V83]). Vor dem Hintergrund weiter zunehmender Arbeitsteilung und der damit in Zusammenhang stehenden logistischen und qualitätsrelevanten Anforderungen ist die Weiterentwicklung solcher intelligenten Kennzeichnungsmethoden zweifelsohne förderungswürdig. Der derzeit erreichte Stand ist aber für die Stahlbaupraxis, u. a. auch aus Sicht der Kosten-Nutzen-Relation, noch nicht attraktiv genug.

<3> Zu Abs. 3 bis 5 – Zulässigkeit von Hartprägungen oder gestanzten/gebohrten Markierungen einerseits und von Weichprägungen andererseits

Absatz 3 des Normabschnittes II.6.2 macht darauf aufmerksam, dass es bei der Wahl des Verfahrens zur Einzelteil- und Bauteilkennzeichnung Einschränkungen bezüglich so genannter **Hartprägungen** gibt. Vordergründig würde man dazu alle vier in den Bildern KII.6-2d bis -2g genannten maschinellen Prägeverfahren

- hartes Stempeln,
- Fräsen,
- Plasmamarkieren und
- Nadeln

zählen, denn alle vier verändern die Oberfläche bzw. die oberflächennahen Schichten dauerhaft durch plastische Verformung (Hartstempelung und Nadeln), Entfernung von Material (Fräsen) oder Aufschmelzen (Plasmamarkieren). Es entstehen mehr oder weniger scharfe Kanten (Kerben), die vor allem das Ermüdungsverhalten negativ beeinflussen, aber indirekt auch das Korrosionsverhalten, falls die Bauteile beschichtet werden.

Nun gibt es aber gemäß den Absätzen 4 und 5 auch **„Weichprägungen"**, welche verwendet werden dürfen, falls Hartprägungen unzulässig sind. Leider fehlt in der Norm eine Definition, welche Prägeverfahren als Hart- und welche als Weichprägung einzustufen sind. In der englischen Ausgabe wird die Weichprägung als „*soft or low stress stamp*" bezeichnet. Daraus könnte man schließen, dass unter Weichprägungen solche Prägungen zu verstehen sind, bei denen die Markierungen (Kennziffern, Buchstaben, Zahlen usw.) nicht kantig in das Material eingebracht werden, sondern mit „weichen" Übergängen versehen sind. Dies wäre z.B. dann der Fall, wenn bei Nadelungen die Nadelköpfe rund ausgeführt sind, was im Englischen passenderweise auch als „*low stress needling*" bezeichnet wird. Spitze Nadelköpfe würden demnach nicht darunter fallen.

Unbestritten ist, dass eine Einstufung in Hart- oder Weichprägung immer im Zusammenhang mit der Auswirkung der Prägung auf das Ermüdungsverhalten der Bauteile zu verstehen ist. Dieser Thematik wurde im Institut für Metall- und Leichtbau (IML) der Universität Duisburg-Essen (UDE) mit umfangreichen Untersuchungen an Prüfkörpern aus Baustahl S235, S355 und S460, die mittels der vier maschinellen Prägeverfahren mit Kennzeichnungen versehen waren, nachgegangen [V32]. Die Ergebnisse bestätigen zunächst erwartungsgemäß, dass das Ermüdungsverhalten durch eingeprägte Kennzeichnungen mehr oder weniger negativ beeinflusst wird. Die Größe der Einbuße an Ermüdungsfestigkeit lässt sich im Wesentlichen am geometrischen Kerbeffekt (Kerbtiefe, Kerbschärfe) festmachen. Eine Ausnahme bildet das Plasmamarkieren, bei dem trotz vergleichsweise kleiner geometrischer Kerbwirkung die Ermüdungsfestigkeit nur in der Größenordnung des Stempelns und Fräsens lag. Diese Diskrepanz lässt sich mit der Aufhärtung der Kerbrandschicht durch den Aufschmelzprozess erklären. Interessantestes Ergebnis ist jedoch, dass Nadelprägungen deutlich höhere Ermüdungsfestigkeiten liefern als die anderen drei Verfahren, unabhängig davon, ob spitze oder speziell ausgerundete Nadelspitzen verwendet wurden.

Zusammenfassend ist für **Baustähle** festzuhalten, dass das Nadeln grundsätzlich als Weichprägung eingestuft werden kann, unabhängig von der Form der Nadeln. Die drei anderen Prägeverfahren sind eindeutig den Hartprägungen zuzuordnen. Ob diese Einstufung auf **nichtrostende Stähle** übertragen werden kann – für diese kommen gemäß Normtext ausschließlich Weichprägungen in Frage –, ist zu bezweifeln.

Festlegungen oder Restriktionen in Hinsicht auf die zulässigen Kennzeichnungsverfahren sind bereits in der Phase des „*Basic Design*" zu treffen. Die früher übliche Kennzeichnung über Abbohren, Meißelkerben oder ähnliche „harte" Verfahren werden im Stahlbau wegen der vorstehend beschriebenen Nachteile sowieso kaum noch eingesetzt bzw. sind explizit unzulässig (vgl. Abs. 2 des vorliegenden Normabschnittes II.6.2).

Die Ziffern (a) und (b) des Normabsatzes 3 enthalten klare Festlegungen zur Zulässigkeit von Hartprägungen und bedürfen keiner Kommentierung. Zu Ziffer (c) ist anzumerken, dass bei den vorstehend beschriebenen Untersuchungen am IML der UDE die Ermüdungsrisse bei den drei als Hartprägung identifizierten Prägeverfahren stets eindeutig von der durch die Prägung verursachten Kerbwirkung ausgingen.

<4> Zu Abs. 6 – unzulässige Bereiche für Markierungen

Dieser Normabsatz ist klar verständlich und bedarf keiner Kommentierung. Entsprechende Festlegungen gehören selbstverständlich in die Ausführungsunterlagen und damit in die Qualitätsdokumentation (vgl. zu II.4.1 und II.4.2).

Zu II.6.3 Handhabung und Lagerung

<1> Zu Abs. 1 und 2 – Handhabung und Lagerung von Ausgangsprodukten

Die Ausführungen dieses Normabschnittes zur Handhabung und Lagerung sowohl der Ausgangsprodukte als auch der aus ihnen gefertigten Bauteile zeigen einmal mehr, dass EN 1090-2 offenbar nicht davon ausgeht, dass die Fertigungsprozesse in allen europäischen Ländern gleichermaßen durch ausgebildete Fachleute organisiert, ausgeführt und geprüft werden. Daran muss man sich als Normanwender wohl gewöhnen. Einerseits werden aufgrund der aus Sicht deutscher Stahlbauer teilweise vorhandenen „Überregulierung“ in der Norm „Binsenweisheiten“ hochgespielt, andererseits werden manchmal wirklich interessante Aspekte nicht angesprochen.

Dass beim Umgang mit Ausgangsprodukten die Empfehlungen des Produktherstellers einschließlich eines ggf. von ihm angegebenen Haltbarkeitsdatums beachtet werden müssen, ist trivial. Es sei an dieser Stelle daran erinnert, dass nach Definition in EN 1090-2 auch Schweißzusätze zu den Ausgangsprodukten gehören (vgl. II.5.5). Der qualitätssichernde Umgang mit ihnen (Transport, Lagerung, Dokumentation) ist besonders wichtig (siehe auch zu II.7.5.2).

Neben den Ausgangsprodukten selbst ist auch die Lagerung von Hilfsmaterialien, Arbeits- und Messmitteln, aber auch Lastaufnahmemitteln erwähnenswert. Dass es z. B. auch Anforderungen an ein Farblager, egal ob in der Fertigung oder Montage, gibt, sollte man zumindest beachten.

<2> Zu Abs. 3 und Tabelle II.8 – Handhabung und Lagerung von Stahlbauteilen

Wie bei den Ausgangsprodukten, so ist es auch bei den aus ihnen gefertigten Bauteilen selbstverständlich, dass sie sachgerecht, werterhaltend und sicher gehandhabt, ausgelagert und ggf. zwischengelagert werden müssen.

Die in Tabelle II.8 aufgelisteten Schutzmaßnahmen gehören teilweise in die Kategorie „Binsenweisheiten“. Jeder Satz, jede Anmerkung ist im Prinzip richtig und muss beachtet werden, „falls zutreffend“. Der Leser sollte die Tabelle II.8 als eine Art Checkliste in der vorbereitenden Organisation und bei der Durchführung einer Bauteillagerung ansehen, wenn es darum geht, die Bedingungen und die Aufgaben der Lagerung in eine konkrete Organisation, Struktur und Lager- und Handhabungstechnologie umzusetzen. Dabei muss aber die Aufgabe des Lagers (z. B. als Puffer oder als Kapazitätsausgleich zwischen Gewerken und unterschiedlichen Lieferern in der Montage) berücksichtigt werden. Oberstes Ziel ist in jedem Falle, das eigentliche Lagergut werterhaltend zu lagern.

Zum Anheben: Die drei in Tabelle II.8 aufgeführten Schutzmaßnahmen sind nachvollziehbar, wobei Nr. 1 zu den Binsenweisheiten gehört.

Zur Lagerung: Neben den eher trivialen Schutzmaßnahmen Nr. 4 bis 6 sind bei der Planung eines Baustellenlagers folgende Punkte zu beachten:

- Die Lagerplätze für die einzelnen Bauteil- und Produkttypen sind festzulegen.
- Eine auf den jeweiligen Bauteiltyp zugeschnittene Lagerung muss gewählt werden.
- Es müssen ausreichende Kapazitäten vorhanden sein; jeder zusätzliche Umschlagprozess ist zu vermeiden.

- Geeignete Lastaufnahme- und andere Hilfsmittel sind zu disponieren.
- Der „immaterielle Materialfluss“, d. h. die Arbeit mit der Dokumentation, ist zu organisieren.

Man stelle sich beispielsweise das Baustellenlager einer Großbaustelle vor, mit dem notwendigen Kleinteil- und Blechlager, der Unterbringung von Verbindungsmitteln, von Farbe, von Zulagen, vielleicht einer Vormontagefläche – und das alles im tiefsten Winter bei Schnee. Wenn das nicht von Anfang an gut organisiert wird, kann man mit Sicherheit von einem Montagestopp ausgehen!

Zum Korrosionsschutz: Neben den simplen Maßnahmen Nr. 7 und 8 in Tabelle II.8 ist darauf zu achten, dass selbst dickere Bauteile einen Mindestkorrosionsschutz für Transport, Lagerung und Montage benötigen. Zum Thema Korrosionsschutz gehört auch der Umgang mit im Werk beschichteten Bauteilen; sie müssen ordnungsgemäß verpackt, schonend transportiert und sachgerecht gelagert werden [V92]. Die Ausbesserung von unvermeidbar auftretenden Beschädigungen muss zeitnah erfolgen. Im normativen Anhang II.F werden im Abschnitt II.F.1.4 einige konkrete Hinweise zum Handling beschichteter oder mit metallischem Überzug versehener Bauteile gegeben (siehe auch Kommentar <3> dazu). Die verschiedenen Teile der Normenreihe EN ISO 12944 enthalten ebenfalls viele Angaben dazu.

Zu nichtrostenden Stählen: Die große Anzahl der in Tabelle II.8 dazu aufgeführten Schutzmaßnahmen (Nr. 9 bis 16) zeigt, dass der Umgang mit nichtrostenden Stählen ganz besondere Sorgfalt erfordert. Das wird hier nicht im Einzelnen kommentiert.

Mit Rücksicht auf die Gefahr von Kontaktkorrosion ist sowohl bei der Fertigung (Maßnahme Nr. 16) als auch bei der Lagerung (Maßnahme Nr. 12) von Bauteilen aus nichtrostendem Stahl jeglicher Kontakt mit unlegiertem Stahl oder anderen Metallen zu vermeiden, selbst wenn es sich nur um gemeinsam benutzte Werkzeuge, Drahtbürsten o. Ä. handelt. Zum Phänomen der Kontaktkorrosion siehe zu II.10.4.

Zum Transport: Zu den hier geforderten besonderen Maßnahmen gehört zum Beispiel, dass die Bauteile auf LKW gegen Verrutschen und gegen Beschädigung untereinander geschützt werden müssen, z. B. durch geeigneten Kantenschutz gegen „Scheuern“.

Schneiden — Zu II.6.4

Allgemeines — Zu II.6.4.1

<1> Zu Abs. 1 u. 2 – generelle Anforderungen, anerkannte Schneidverfahren

Von den drei hier genannten generellen Anforderungen an Schneidarbeiten:

- Einhaltung geometrischer Toleranzen,
- Einhaltung maximaler Härtewerte auf den Oberflächen freier Schnittkanten,
- Glattheit freier Schnittkanten,

bedarf die erste keines Kommentars. Die Härteforderungen werden in II.6.4.4 und im zugehörigen Kommentar ausführlich behandelt. Mit „Glattheit freier Schnittkanten“ („*smoothness of free edges*“) sind die Anforderungen an die geometrische Qualität der Schnittfläche nach EN ISO 9013 (Rechtwinkligkeit, Neigung, Rauheit) gemeint; sie werden in II.6.4.3 und im zugehörigen Kommentar ausführlich behandelt.

EN 1090-2 überlässt dem Hersteller für die Ausführung von Trennschnitten die Entscheidung und die Verantwortung für die Wahl des Schneidverfahrens und der Vorgehensweise. Er hat damit die Möglichkeit, die Fertigungskosten zu optimieren, muss dabei aber ggf. die in den nachfolgenden Abschnitten spezifizierten Anforderungen hinsichtlich Güte und Härte der Schnittflächen beachten.

Bei der Aufzählung der anerkannten Schneidverfahren in Absatz 2 fällt auf, dass einige in der Stahlbaupraxis gebräuchliche Schneid- bzw. Trennverfahren gar nicht oder nur beiläufig im folgenden Text genannt werden. Das **Stanzen** wird hier beispielsweise nicht erwähnt, sondern nur in II.6.6.3 im Zusammenhang mit der Herstellung von Löchern (siehe Kommentar dazu). Der Grund für das Nicht-Aufführen des Stanzens unter den anerkannten Schneidverfahren wird im Kommentar zu II.6.4.2 erläutert. Das **Nibbeln**, obwohl nicht gerade alltäglich im Stahlbau, hat dagegen sogar einen eigenen Abschnitt (siehe ebenfalls zu II.6.4.2). Das aufgeführte **„Schneiden mittels Trennscheibe“** (im Handwerkerjargon „Flexen“ genannt) ist wohl eher ein Reparatur- und Montageverfahren als ein planmäßig eingesetztes Schneidverfahren. Zum **Wasserstrahlschneiden** als dem modernsten der fünf aufgezählten Schneidverfahren bringt EN 1090-2 in den nachfolgenden Abschnitten – im Gegensatz zum **Scherschneiden** und **thermischen Schneiden** – keine näheren Angaben, zum klassischen Trennverfahren **Sägen** ebenfalls nicht.

Dass das Sägen aber hervorragend geeignet ist, steht außer Zweifel. Beim Sägen gibt es praktisch keine Schnittflächenprobleme, deshalb erübrigen sich wohl nähere Angaben in der Norm. Bild KII.6-3 zeigt je eine klassische robuste Kaltkreissäge und Bandsäge im Einsatz.

a)

b)

Quelle: Kaltenbach Maschinenfabrik, Lörrach

Bild KII.6-3: a) Kaltkreissäge, b) Bandsäge

Die Verfasser empfehlen, vor Beginn jedes größeren Fertigungsprojektes eine gründliche Analyse der anlagen- und maschinentechnischen Möglichkeiten des betreffenden Unternehmens durchzuführen, vor allem auch, welche Anlagen aus Gründen der Rationalisierung möglichst permanent eingesetzt werden sollen. Neben den beiden moderneren thermischen Schneidverfahren (Plasma- und Laserstrahlschneiden, siehe zu II.6.4.3) sei vor allem auch auf das Wasserstrahlschneiden hingewiesen (siehe weiter unten).

Für den Stahlbauer, der entweder Teile selbst zuschneidet oder diese in einem Zuschnittbetrieb herstellen lässt, ist es wichtig, die Anforderungen an die Teile genauestens festzulegen.

Des Weiteren spielen Stückzahl und Werkstoff eine wichtige Rolle. Dann wird die Technologie der Herstellung diesen Anforderungen an das Bauteil zugeordnet. Hier hat sich in den letzten Jahren sehr viel getan. Es sind Spezialzuschnittbetriebe auf dem Markt, die entscheidend mit beteiligt waren an der Geräte- und Verfahrensentwicklung und die fast jedes Problem der Kunden lösen. Es geht also hier um neuartige bzw. spezialisierte Anlagen und Technologien und damit um Kosten, die ein „normaler" Stahlbaufertiger in seiner Preisbildung nicht darstellen kann – es sei denn, es geht um Kaufteile, bei denen diese Qualität notwendig ist.

Das oben erwähnte **Wasserstrahlschneiden** hat in der letzten Zeit, obwohl immer noch eher „exotisch" wirkend, in der Blechbearbeitung im mittleren Stahlhochbau eine gewisse Bedeutung erlangt, weil die Technik leistungsfähiger und damit wirtschaftlicher geworden ist und die Qualität kaum zu schlagen ist. Es handelt sich um ein auf Abrasion basierendes Trennverfahren (Abtragen von Material durch im Wasser befindliche Festteile). Bild KII.6-4 zeigt ein modernes Gerät aktueller Bauart. Es wird z. B. im Präzisionszuschnitt eingesetzt, vor allem im Bereich der Lohnfertigung als Dienstleistung. Es kommt aber auch bei speziellen Stählen für die Sicherheitstechnik, bei nichtrostenden Stählen (Wegfall des Anlauffarbenproblems, siehe zu II.10.10) und bei einer Reihe weiterer Werkstoffe, z. B. Aluminium, zum Einsatz.

Das Wasserstrahlschneiden ist sehr leistungsfähig (bis zu $t = 30$ mm bei Stahl) und sollte bis zu einer Blechdicke von ca. 15 mm immer in die technologischen Überlegungen bei der Fertigungsplanung mit einbezogen werden. Mit Wasserstrahlschneiden lassen sich Bohrungen in einer Toleranz herstellen, die durch Bohren nur schwer machbar und deren Qualität kaum zu schlagen ist.

Quelle: IML, Uni Duisburg-Essen

Bild KII.6-4: Wasserstrahlschneidanlage

Mit den im letzten Satz des 2. Absatzes empfohlenen „Vorkehrungen" bei freien Schnittkanten in ermüdungsbeanspruchten Bauteilen wird die in Abschnitt II.6.4.4 diskutierte Begrenzung von Aufhärtungsvorgängen beim Schneiden angesprochen, siehe dortige Kommentare.

<2> Zu Abs. 3 – Vorgehen bei Nichterfüllung der Anforderungen

Die Aussagen der Norm hierzu sind eindeutig und bedürfen keines Kommentars.

<3> Zu Abs. 4 – Schneiden beschichteter Werkstoffe

Das fertigungsbezogene Schneiden von beschichteten Werkstoffen sollte grundsätzlich vermieden werden. Es kommt im Stahlbau ohnehin nur selten vor – wenn, dann vor allem im Dünnblechbereich. Zwei Grundsätze sind vordringlich zu beachten:

- Möglichst wenig oder keine Wärme, d. h. als Verfahren kommen z. B. Scheren, Unterwasser-Plasma- oder Unterwasser-Laserstrahlschneiden oder Wasserstrahlschneiden in Frage, in jedem Fall mit geringem Vorschub.
- Besondere Sorgfalt beim Spannen/Fixieren des zu bearbeitenden Teils.

<4> Zu Abs. 5 – Entfernen von Graten

Nicht nur wegen der Verletzungsgefahr, sondern auch aus Korrosionsschutzgründen ist es wichtig, dass die Kanten von Schnittflächen entgratet werden, da sonst eine gleichbleibende Schichtdicke des nachfolgenden Korrosionsschutzsystems nicht erreicht werden kann.

Zu II.6.4.2 Scherschneiden und Nibbeln

Hier fehlt scheinbar im Normtext, wie bereits im Kommentar <1> zu II.6.4.1 angesprochen, neben dem **Scherschneiden** (meist vereinfachend als **„Scheren"** bezeichnet) die explizite Erwähnung des traditionellen **Stanzens**. Es gibt Stahlbauanwendungen (z. B. den Mastbau), wo der Zuschnitt leichter Fachwerke ohne Stanzen undenkbar ist. In der aktuellen Ausgabe der DIN 8588 [R65] wird jedoch innerhalb der Fertigungsverfahren „Zerteilen" das Stanzen nicht mehr aufgeführt. Vielmehr findet sich dort die Anmerkung „In der Werkstatttechnik wurde früher Scherschneiden auch als Stanzen bezeichnet. Da ..., scheidet es im Rahmen des Systems nach DIN 8580 [R64] als Bezeichnung für Fertigungsverfahren aus. Stanzen soll deshalb auch nicht als Synonym für Schneiden verwendet werden." EN 1090-2 folgt also der aktuellen Systematik der Fertigungsverfahren, wenn das Stanzen nicht als eigenständiges Schneidverfahren aufgeführt wird. Es ist vielmehr als früher gebräuchliches Synonym für das Scherschneiden zu betrachten.

Beim Scherschneiden befindet sich das Blech zwischen zwei Werkzeugschneiden, die sich parallel aneinander vorbei bewegen und dabei das Blech durchtrennen. Erfolgt das Abtrennen oder Durchtrennen eines Erzeugnisses oder das Schneiden einer Form oder das Herausschneiden eines Loches nicht „mehrhubig fortschreitend" oder „kontinuierlich", sondern in einem einzigen Hub („einhubiges Scherschneiden"), so sprach man früher von Stanzen. Bild KII.6-5 zeigt eine moderne Hochleistungs-Stanz-Scher-Anlage für Winkelstahl.

Nibbeln bedeutet das stückweise Abtrennen des Werkstoffs längs einer beliebig geformten Schnittlinie mit schnell aufeinander folgenden Scherschneidhüben (gemäß DIN 8588 auch: Knabberschneiden). Es wird im Stahlbau bei geringen Blechdicken eingesetzt (siehe z. B. Bild KII.6-6), vorwiegend bei Dünnblechkonstruktionen, auch bei beschichteten. Eine ausführlichere Kommentierung des Nibbelns erfolgt deshalb zu IV.6.4.2 in diesem Buch.

Quelle: Trumpf, Ditzingen

Bild KII.6-6: Elektro-Nibbler für Blech bis 10 mm im Einsatz

Quelle: Kaltenbach Maschinenfabrik, Lörrach

◂ **Bild KII.6-5:** Stanz-Scher-Anlage für Winkelstahl bis zu 200 × 200 × 25 mm

Für gescherte (gestanzte) Schnitte und Ausklinkungen gab es im früheren deutschen Regelwerk eine maximal zulässige Blechdicke von 16 mm. In EN 1090-2 gibt es eine solche Begrenzung nicht mehr. Mit modernen Werkzeugen und Maschinen lassen sich auch bei mehr als 16 mm Bauteildicke einwandfreie Scherschnitte (Stanzschnitte) herstellen, die kerb- und rissfrei sowie weder beschädigt noch besonders kaltverfestigt sind (vgl. z. B. Bild KII.6-5). Diesem Umstand wollte man im Zuge der Erarbeitung der Norm gerecht werden und hat daher bewusst möglichen Weiterentwicklungen in der Maschinentechnik keine Einschränkungen hinsichtlich der möglichen Bauteildicke auferlegt.

Entscheidend für die Machbarkeit bleibt die geforderte Schnittflächenqualität. Sollten die Schnittflächen Kerben oder Risse aufweisen, müssen sie nachgearbeitet werden, z. B. durch Schleifen mit einer Mindesttiefe von 0,5 mm. Risse in Schnittflächen sind in der Regel bereits bei einer sorgfältigen Sichtprüfung erkennbar. Bei Zweifeln muss die Sichtprüfung durch eine Oberflächenrissprüfung (Eindringverfahren oder Magnetpulverprüfung) ergänzt werden.

Werden die Schnittflächen als Nahtfuge für den nachfolgenden Arbeitsgang Schweißen benutzt, kann davon ausgegangen werden, dass mögliche leichte Beschädigungen oder verfestigte Zonen beim Schweißen aufgeschmolzen werden. In diesem Fall ist keine Nacharbeit der gescherten Schnitte vor dem Schweißen erforderlich. Somit sind vor allem Schnittflächen, die nicht Bestandteile einer Schweißnahtfuge sind, besonders sorgfältig herzustellen und ggf. nachzuarbeiten, insbesondere wenn sie zu ermüdungsbeanspruchten Bauteilen gehören, da sonst verbleibende Kerben Auslöser von Rissen sein können. Die Werkzeugführung, d. h. die Anzahl der Hübe pro Schnittkantenlänge, ist mitentscheidend für die Qualität des Schnittes. Sie ist damit auch ein wichtiges Entscheidungskriterium für die Wahl der Scherschneid- bzw. Stanztechnik als Schneidverfahren. Alternative ist ggf. die Laserstrahltechnik, die in der Schnittqualität enorme Vorteile hat; siehe weiter unten.

Aus Kostengründen empfiehlt es sich, die Werkzeuge von Scheren und Stanzen regelmäßig darauf zu überprüfen, ob die hergestellten Schnitte bzw. Stanzungen noch den Anforderungen entsprechen. Ein manuelles Nacharbeiten der erzeugten Schnittfläche, z. B. durch Schleifen, wird in der Regel unwirtschaftlicher sein als ein rechtzeitiger Werkzeugwechsel oder ein Nacharbeiten des Werkzeuges.

Thermisches Schneiden

Zu II.6.4.3

<1> Zu Abs. 1 – Geeignete automatisierte thermische Schneidprozesse

Besonders ausführlich befasst sich die EN 1090-2 hier mit dem automatisierten thermischen Schneiden und dessen Auswirkungen. Zur Forderung „jährliche Überprüfung der Eignung" siehe <2>.

Zu den in diesem Normabschnitt gemeinten thermischen Schneidprozessen gehören

- das autogene Brennschneiden,
- das Plasmaschneiden und
- das Laserstrahlschneiden.

Das **autogene Brennschneiden** (Schneiden mit Brenngas und Sauerstoff) ist nach wie vor das im Stahlbau am häufigsten eingesetzte Schneidverfahren. Dabei sind heute neben dem traditionellen manuellen Brennschneiden vor allem halb- und vollautomatische Brennanlagen im Einsatz. Bild KII.6-7 zeigt einen Brennroboter zum Ausklinken von Walzprofilen.

Das **Plasmaschneiden** ist ein eingeführtes, sehr leistungsfähiges Verfahren, das in einem Lichtbogen mit Plasmagas/Druckluft Werkstoffe trennt. Die Vorteile gegenüber dem autogenen Brennschneiden liegen hauptsächlich in der bis zu viermal so hohen Schnittgeschwindigkeit und in dem wegen der hohen Energiedichte geringeren Wärmeverzug. Maximale Werkstoffdicken von 50 mm sind machbar. Ab ca. 20 mm sollte man allerdings beginnen, Schnittgeschwindigkeiten mit herkömmlichen Verfahren zu vergleichen. Bild KII.6-8 zeigt einen modernen Plasmaschneidkopf bei der Arbeit. Unterschieden wird auch in konventionelle Plasmaschneidtechnik und Unterwasser-Plasmaschneidtechnik. Letztere Technologie hat sich in den letzten Jahren etabliert. Die früheren Probleme der Parallelschnitte und der Ablenkung des Lichtbogens sind in modernen Anlagen gelöst, in der Regel über die Steuerung und die Bewegung des Schneidkopfes.

Quelle: Kaltenbach Maschinenfabrik, Lörrach

Bild KII.6-7: Brennroboter zum Ausklinken von Walzprofilen, Arbeitsbereich ($b \times h$): 1 200 × 450 mm

Quelle: Peddinghaus GmbH, Gevelsberg

Bild KII.6-8: Plasmaschneidkopf im Einsatz

Quelle: Trumpf, Ditzingen

Bild KII.6-9: Laserschneidkopf im Einsatz

Das **Laserstrahlschneiden** (auch „Laserschneiden" genannt) hat sich als Präzisionsverfahren durchgesetzt. Hauptmerkmale sind der fokussierte Laserstrahl, der den Werkstoff der Schnittfuge erhitzt, sowie das aus einer konzentrischen Schneiddüse zugeführte Schneidgas, das den erhitzten Werkstoff aus der Schnittfuge austreibt („Werkstoffablation"). Je nachdem, ob der ausgetriebene Fugenwerkstoff dampfförmig, flüssig oder ein Oxid ist, unterscheidet man die drei Methoden Laserstrahl-Sublimierschneiden, -Schmelzschneiden und -Brennschneiden. Letztere Variante wird im Stahlbau am häufigsten eingesetzt, sie ist besonders für unlegierten Baustahl geeignet. Für nichtrostenden Stahl kommt vor allem das Schmelzschneiden infrage. Grundsätzlich ist die Schnittfuge im Vergleich zu anderen thermischen Schneidverfahren sehr klein, weil relativ wenig Material aufgeschmolzen bzw. verdampft wird. Aufgrund der geringen Wärmeeinbringung in das benachbarte Material sind die Schnittkanten gerade, was zu einer hohen Schneidgenauigkeit führt. Das Laserstrahlschneiden ist im Übrigen das genaueste der in II.6.4.1 aufgeführten „anerkannten" Schneidverfahren.

Neben Werkstoffdicke und -güte spielt bei der Anwendung des Laserstrahlschneidens die Oberfläche des zu schneidenden Materials eine wichtige Rolle, da beim Arbeiten mit dem „gebündelten Lichtstrahl“ Reflexionen unerwünscht sind. Das Verfahren kommt vor allem im Dünnblechbereich (z. B. als Ersatz für einen Nibbler), bei notwendigerweise geringem Wärmeeintrag und vor allem bei Präzisionszuschnitten zum Einsatz. Der Werkstoff muss ggf. auf die Laserstrahltechnologie abgestimmt werden (z. B. der Si-Gehalt), und bei der Bestellung ist die Absicht, mit Laserstrahlschneiden zu arbeiten, mit anzugeben. Bild KII.6-9 zeigt den Schneidkopf einer Laserstrahlschneidanlage bei der Arbeit.

Grundsätzlich gilt für Laserstrahl-, Wasserstrahl- und zum Teil auch Plasmaschneidanlagen, dass es sich um Technologien mit relativ hohen Investitionskosten handelt. Sie kommen deshalb nur für große Stahlbaubetriebe in Frage, vor allem aber für spezialisierte Fachbetriebe, also Schneidbetriebe. Diese können über die Stückzahlen auch für mittelständische Stahlbauer durchaus wettbewerbsfähige Preise realisieren.

<2> Zu Abs. 1 bis 3 – Jährliche Überprüfung der Eignung

Die Forderungen der Norm bezüglich der **vier Prüfkörper** für die jährlich durchzuführende Eignungsüberprüfung eines automatisierten Schneidprozesses – alle drei im vorhergehenden Kommentar <1> aufgeführten thermischen Schneidverfahren gehören dazu – sind im Prinzip eindeutig und bedürfen eigentlich keiner Kommentierung. Sie zielen vor allem auf die geometrische **Schnittflächenqualität** nach EN ISO 9013 (siehe <3>). Dieser Prüfvorgang gehört im Übrigen zum festen Bestandteil der Qualitätskontrolle in der Fertigung im Rahmen der werkseigenen Produktionskontrolle WPK nach EN 1090-1.

Es sollte beachtet werden, dass in einem guten Fertigungsbetrieb die Qualitätssicherung eines permanenten automatisierten Prozesses wie des Zuschnittvorgangs wesentlich mehr beinhaltet als nur die Formalie dieser in EN 1090-2 normierten, einmal im Jahr durchzuführenden Eignungsüberprüfung. In der Regel findet ein regelmäßiges mehrstufiges Kontrollprozedere statt: Täglich kontrolliert der Maschinenbediener die Abmessung, die Schnittflächenqualität usw. Je nach Verfahren wird wöchentlich, im Schichtbetrieb ggf. auch in kürzeren Intervallen, ein zusätzliches Prüfprogramm abgefahren. Das kann z. B. so aussehen, dass Fahrgeschwindigkeiten, Parallelfahrt, Abläufe bei sich hochgradig überlagernden Prozessen eines Brennportales mittels dessen Signiereinrichtung auf eine Blechtafel gezeichnet und anschließend vermessen werden. Die jährliche Eignungsüberprüfung stellt dann quasi die dritte Stufe dar, dazu werden dann Spezialisten des Maschinenherstellers und andere hinzugezogen, und die Gesamtanlage einschl. aller Funktionen wird getestet.

Eine Anmerkung sei den Verfassern an dieser Stelle erlaubt: Wie hier bei den Schneidprozessen, liegen oft die tatsächlichen Anforderungen der betriebsinternen WPK und auch die des Anlagenservice höher als die Mindestforderungen der Norm EN 1090-2. Es wäre schön, wenn eine solche „gelebte Qualität“ eines Stahlbaubetriebes durch den Kunden bewusst gewünscht, entsprechend kontrolliert und dann aber auch honoriert würde.

<3> Zu Abs. 4 – Leitfaden für die Verfahrensprüfung

Trotz der scheinbaren Ausführlichkeit der Regelungen in den Normabsätzen 2 und 3 ist die Verfahrensprüfung zur Schnittflächenqualität aus Sicht der Praxis nicht ausführlich und verständlich genug beschrieben. Es fehlen genauere Angaben zur Art der Prüfungsdurchführung. Nur wenn mit dem Maschinenhersteller die Schneidparameter (Schnittgeschwindigkeit usw.) festgelegt bzw. optimiert werden, ist in der Regel eine normgemäße Durchführung der Verfahrensprüfung möglich. Um dafür europaweit klare Randbedingungen zu schaffen, wurde auf Vorschlag der deutschen Arbeitsausschussmitglieder für die aktuelle Ausgabe der EN 1090-2 der informative Anhang II.D „Verfahren zum Prüfen der Eignung automatisierter thermischer Schneidverfahren“ erarbeitet (siehe Kommentar dazu).

<4> Zu Abs. 5 u. Tabelle II.9 – Qualität der Schnittflächen freier Schnittkanten

EN ISO 9013 gilt seit 2003 – im Gegensatz zur allerersten Ausgabe 1995 – für alle drei thermischen Schneidverfahren. In der Ausgabe 2017 sind die Anwendungsbereiche für Plasmaschneiden erweitert und für Laserstrahlschweißen reduziert worden. EN ISO 9013 ist jetzt anzuwenden für autogene Brennschnitte von 3 mm bis 300 mm, für Plasmaschnitte von 0,5 mm bis 150 mm und für Laserstrahlschnitte von 0,5 mm bis 32 mm. Die Qualität der Schnittflächen – gemeint ist die geometrische Qualität – wird durch die beiden Kenngrößen

- Rechtwinkligkeits- oder Neigungstoleranz *u* und
- gemittelte Rautiefe *Rz*5

beschrieben. Die Definition der ersten Kenngröße geht aus Bild KII.6-10 hervor. Die zweite Kenngröße ist das arithmetische Mittel von fünf benachbarten Differenz-Einzelmessungen.

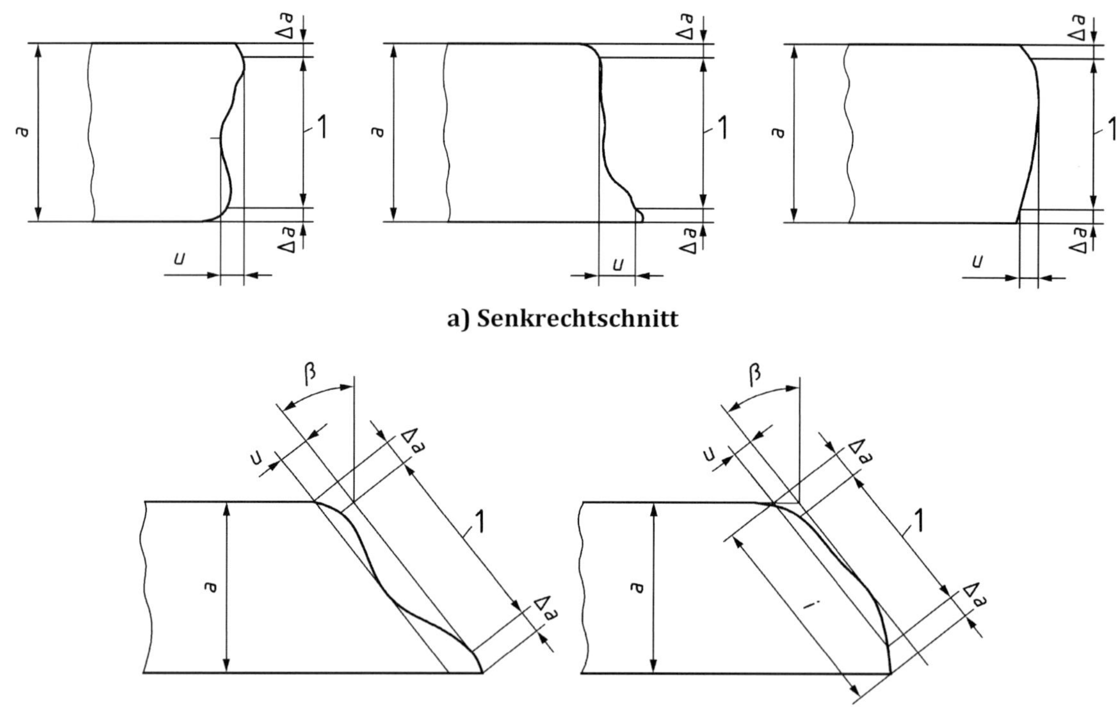

a) Senkrechtschnitt

b) Fasenschnitt

Bild KII.6-10: Definition der Rechtwinkligkeits- oder Neigungstoleranz (Bild 6 aus EN ISO 9013)

Für die Rechtwinkligkeits- oder Neigungstoleranz *u* [mm] sind in EN ISO 9013 fünf Bereiche und für die gemittelte Rautiefe *Rz*5 [μm] vier Bereiche definiert (siehe Tabelle KII.6-1). Man erkennt aus der Gegenüberstellung mit den Forderungen nach EN 1090-2, dass die schärferen Güteanforderungen 1 bis 3 für den Stahlbau keine Bedeutung haben. Eine Differenzierung der geforderten Schnittflächenqualität nach „ermüdungsrelevant“ und „nicht ermüdungsrelevant“ (wie früher in DIN 18800-7) gibt es in EN 1090-2 nicht mehr. Im Übrigen sind die Forderungen in der aktuellen Ausgabe von EN 1090-2 gegenüber der 2011er Ausgabe deutlich liberalisiert worden. Tabelle KII.6-1 gilt nicht nur für automatisierte, sondern für alle thermischen Schneidprozesse.

Tabelle KII.6-1: Qualitätsbereiche für Rechtwinkligkeits- oder Neigungstoleranz sowie gemittelte Rautiefe von thermischen Schnittflächen nach EN ISO 9013, zusammen mit den Forderungen nach EN 1090-2, Tabelle II.9

<table>
<tr><th>Bereich ISO 9013</th><th>Rechtwinkligkeits- oder Neigungstoleranz u [mm]</th><th>Forderung EN 1090-2</th><th>Gemittelte Rautiefe Rz5 [μm]</th><th>Forderung EN 1090-2</th></tr>
<tr><td>1</td><td>0,05 + 0,003a</td><td>–</td><td>10 + (0,6a [mm])</td><td>–</td></tr>
<tr><td>2</td><td>0,15 + 0,007a</td><td>–</td><td>40 + (0,8a [mm])</td><td>–</td></tr>
<tr><td>3</td><td>0,40 + 0,010a</td><td>–</td><td>70 + (1,2a [mm])</td><td>–</td></tr>
<tr><td>4</td><td>0,80 + 0,020a</td><td>EXC3/EXC4</td><td>110 + (1,8a [mm])</td><td>EXC2/EXC3/EXC4</td></tr>
<tr><td>5</td><td>1,20 + 0,035a</td><td>EXC2</td><td>–</td><td>–</td></tr>
<tr><td>–</td><td colspan="4">EXC1 → Schnittkanten dürfen keine signifikanten Unregelmäßigkeiten aufweisen, und die Schlacke muss entfernt werden</td></tr>
<tr><td colspan="5">a = Werkstückdicke in mm</td></tr>
</table>

EN ISO 9013 enthält ausführliche Festlegungen darüber, mit welchen Messverfahren und Messgeräten die Werte der Kenngrößen von Schnittflächen ermittelt und beurteilt werden können. In der Beurteilung und damit in der Einstufung der Konstruktion gemäß den Messergebnissen liegt natürlich unvermeidbar ein gewisser Ermessensspielraum.

Härte freier Schnittflächen

Zu II.6.4.4

<1> Zu Abs. 1 bis 3 u. Anmerkung 1 – Erfordernis einer Härteüberprüfung, höchstzulässige Härtewerte

Dieser Normabschnitt stellte in der 2011er Ausgabe der EN 1090-2 eine der in der Praxis am heftigsten diskutierten und in ihrer Sinnhaftigkeit angezweifelten neuen Regelungen dar. Er wurde jetzt liberaler gefasst, indem

- zwar für Schneidprozesse, bei denen lokale Aufhärtungen zu erwarten sind, generell eine Eignungsüberprüfung gefordert wird,
- aber nur für Baustähle mit höherer Streckgrenze ab S460 mit 450 (HV 10) ein fester Höchstwert für die Härte auf freien Schnittflächen vorgegeben wird,
- während für alle anderen Fälle eventuelle Härteforderungen auf freien Schnittflächen als Option (Auswahlmöglichkeit) im Sinne von Tabelle II.A.2 in Anhang II.A definiert werden, also zwischen Hersteller und Kunde in der Vorbereitung eines Projektes einvernehmlich festgelegt werden können.

Obwohl der vorliegende Normabschnitt für alle anerkannten Schneidprozesse gilt, sind lokale Aufhärtungen am ehesten bei den thermischen Schneidprozessen zu erwarten. Sie hängen vom Kohlenstoffgehalt und von der Abkühlgeschwindigkeit beim Schnitt ab. Vor allem für die unlegierten Standardbaustähle S235 und S355 nach EN 10025-2 sollte es jedoch der Normalfall sein, dass man nicht von der Option Gebrauch macht, d. h. dass sie **nicht** hinsichtlich der Schnittflächenhärte auf freien Schnittkanten nachgewiesen werden müssen. Bei den Feinkornbaustählen zeigen die TM-Stähle nach EN 10025-4 eine geringere Aufhärtungstendenz im Vergleich zu den N-Stählen nach EN 10025-3, wobei in beiden Fällen die Aufhärtung beim Plasma- und Laserstrahlschneiden tendenziell höher ist als beim autogenen Brennschneiden [V43].

Bei der Entscheidung, ob im Zweifelsfall bei Baustählen < S460 eventuell doch eine Überprüfung der Schnittflächenhärte gefordert wird, soll die Anmerkung 1 zu Abs. 3 Hilfestellung leisten. Von den dort aufgeführten Kriterien für eine eventuelle Härteforderung auf freien Schnittflächen sind die rein werkstofflichen Kriterien eher theoretischer Natur: Die Ermüdungsfestigkeit brenngeschnittener Blechkanten mit nachträglicher mechanischer Bearbeitung (Überschleifen usw.) stellt den zweitgünstigsten aller Kerbfälle in EN 1993-1-9 dar, kennt darüber hinaus gar keinen

Parameter „Härte“. Eine Stoßbelastung, die auf einer zu harten Schnittfläche Sprödrisse erzeugt, müsste schon explosionsartig sein. Und Wasserstoffversprödung spielt bei Baustählen in der Regel keine Rolle.

Als ernstzunehmendes Kriterium bleibt die (möglicherweise) fehlende Eignung einer zu harten Schnittfläche für die Oberflächenvorbereitung für Korrosionsschutz. Für organische Korrosionsschutzbeschichtungen wird dieses Thema im Normabschnitt II.10.2 behandelt (siehe Kommentar <4> dazu). Für Feuerverzinkung liefert der Verweis auf EN ISO 14713-2 folgenden Hinweis unter dem Stichwort „Wasserstoffversprödung“: „Falls Baustähle eine größere Härte als etwa 340 HV haben, muss die Wasserstoffaufnahme bei der Oberflächenvorbehandlung verringert werden. In den Schweißnähten und in der Wärmeeinflusszone (WEZ) von Baustählen wird üblicherweise eine Härte von 340 HV nicht überschritten. Daher tritt für diese Bereiche im Allgemeinen keine Versprödung durch Aufnahme von Wasserstoff beim Beizen auf.“ Schnittflächen werden dort nicht erwähnt, insofern hilft der Verweis aus Sicht des Stahlbauers hier nicht weiter. Da andererseits 340 HV ein recht niedriger und schwer einzuhaltender Grenzwert ist, ist es Aufgabe des Verzinkers, ggf. beim Beizen entsprechende Maßnahmen zu ergreifen.

Im Übrigen stellen Schnittkanten oft nicht nur wegen der Härte ein Problem für das Verzinken dar, sondern auch wegen der Oxidationsprodukte vom Brennschneiden her. Deshalb sollten freie Schnittflächen vor dem Feuerverzinken generell nachbearbeitet werden.

<2> Zu Abs. 4 u. 5 – Eignungsüberprüfung der Schneidprozesse hinsichtlich Härte

Die Eignungsüberprüfung der Schneidprozesse hinsichtlich Vermeidung lokaler Aufhärtungen muss, sofern der Nachweis der Härte in der Auftragsspezifikation oder im Vertragswerk explizit gefordert wird bzw. bei Baustahl ≥ S460 obligatorisch ist, gemäß den Anweisungen dieses Normabsatzes durchgeführt werden. Diese sind eigentlich eindeutig und bedürfen keines Kommentars – außer dass in Fachkreisen immer wieder ernsthafte Zweifel geäußert werden, ob eine Messung der Vickers-Härte auf einer schmalen Schnittfläche überhaupt machbar ist bzw. ob sie zuverlässige Ergebnisse liefert.

Stichprobenartige Untersuchungen dazu im Institut für Metall- und Leichtbau der Universität Duisburg-Essen [V5] an schmalen Schnittflächen von autogen geschnittenen, plasmageschnittenen und laserstrahlgeschnittenen S355-Blechproben mit drei verschiedenen Härteprüfgeräten (1 × stationär, 2 × tragbar) ergaben stark streuende Messergebnisse. Stand des Wissens ist heute, dass für die Eignungsüberprüfung keinesfalls mobile Härteprüfgeräte eingesetzt werden dürfen. Deren Einsatzbereich sind Messungen hinsichtlich möglicher Materialverwechslungen, z. B. bei der Wareneingangskontrolle. Für die hier behandelte Qualifizierung automatisierter Schneidprozesse kommen nur stationäre Härteprüfungen nach EN ISO 6507 in Frage.

Der bereits im Zusammenhang mit der Eignungsüberprüfung hinsichtlich der geometrischen Schnittflächenqualität erwähnte Leitfaden im informativen Anhang II.D (vgl. zu II.6.4.3 <3>) enthält auch zur Härteprüfung detaillierte Empfehlungen, siehe Kommentar zu diesem Anhang.

<3> Zu Anmerkung 2 – Überprüfung der Härte nach dem Schweißen

Der Verweis in der Anmerkung darauf, dass bei der im Rahmen der Qualifizierung von Schweißverfahren durchgeführten Schweißverfahrensprüfung nach dem Schweißen die Härte überprüft wird, ist an dieser Stelle eigentlich überflüssig. Im vorliegenden Normabschnitt geht es eindeutig nur um „freie Schnittflächen“, d. h. Konturschnittflächen, die später frei bleiben und in aller Regel Korrosionsschutz bekommen. Härteprüfungen auf Schnittflächen, die später verschweißt werden sollen, vor dem Schweißen durchzuführen, wäre unsinnig.

<4> Zu Abs. 6 – Vorwärmen zwecks Begrenzung der Härte

Durch Vorwärmen und ggf. zusätzliche Wärmeeinbringung mit einem Wärmebrenner während des Brennschneidens kann in besonders problematischen Fällen die Härte der Schnittflächen begrenzt und damit auch die Rissgefahr vermindert werden.

Formgebung — Zu II.6.5

Allgemeines — Zu II.6.5.1

<1> Zu Abs. 1 bis 3 – generelle Anforderungen, Verfahren der Formgebung

Im vorliegenden Normabschnitt II.6.5 wird die Problematik der Formgebung mit Hilfe beider grundsätzlicher Methoden (Warm- und Kaltumformung) sehr ausführlich behandelt, und es wird der Bezug zum Werkstoff als ausschlaggebendem Faktor hergestellt. Der Werkstoff und seine Herstellung spielen, neben der technologischen Notwendigkeit und der gewählten Vorgehensweise, bei der Formgebung eine wichtige Rolle.

Werkstoffe, die ihre Festigkeiten durch Mikro-Legierungselemente oder spezielle Techniken beim Walzen erhalten – das betrifft eine Vielzahl der im Stahlbau eingesetzten Werkstoffe, u. a. alle thermomechanisch gewalzten Feinkornbaustähle (vgl. Tabelle II.2) – neigen dazu, allgemein beim Umformen (Kalt- oder Warmumformen), insbesondere aber bei einer Wärmebehandlung und beim Flammrichten, ihre Werkstoffeigenschaften zu verändern. Deshalb bezieht sich die Forderung im Absatz 1, dass die festgelegten Eigenschaften erreicht werden müssen, natürlich auf die Werkstoffeigenschaften des verarbeiteten Werkstoffes **nach** dem Umformprozess.

Die hier normativ zitierte (aber eigentlich informativ gedachte) Richtlinie **CEN/TR 10347** aus dem Jahre 2006 behandelt Umformprozesse für alle Baustähle nach EN 10025-2 bis -6 und EN 10149-2 und -3, und zwar sowohl Warmumformen und Flammrichten als auch Kaltumformen. Sie entspricht inhaltlich etwa dem deutschen Stahl-Eisen-Werkstoffblatt **SEW 088**, das allerdings kürzlich neu erschienen und deshalb eher auf dem aktuellen Wissensstand ist [R197]. Da die CEN/TR-Richtlinie bisher nicht in deutscher Sprache erschienen ist, SEW 088 dagegen zweisprachig deutsch/englisch ist, empfehlen die Verfasser, SEW 088 anstelle von CEN/TR 10347 als Werkstoffinformationsquelle zur Formgebung zu verwenden.

Zusätzlich sollten unbedingt die Hinweise in den Produkt- und Schweißnormen (z. B. EN 1011-2) sowie ggf. die der Stahlhersteller als Hilfestellung in Anspruch genommen werden. Die Hinweise in den früheren deutschen allgemeinen bauaufsichtlichen Zulassungen für Erzeugnisse aus TM-Feinkornbaustählen waren zwar ebenfalls sehr hilfreich, haben aber keine offizielle Funktion mehr.

<2> Zu Abs. 4 – umgeformte Bauteile mit Schäden

Dass umgeformte Bauteile mit Rissen, Terrassenbrüchen oder Beschichtungsschäden „nichtkonform“ sind, ist trivial und bedarf keiner Kommentierung.

Warmumformen — Zu II.6.5.2

<1> Zu Abs. 1 – Anforderungen an die Formgebung durch Warmumformen

Wie bereits weiter oben dargelegt, sind bei der Warmumformung und Wärmebehandlung von Stahlerzeugnissen in jedem Fall die entsprechenden Vorgaben und Empfehlungen der maßgebenden Werkstoffnormen und/oder -richtlinien zu beachten. Am wichtigsten sind jedoch die Empfehlungen der Stahlhersteller selbst. Man darf nicht vergessen, dass die Vorgaben und technischen Lieferbedingen in den Normen Mindest-Empfehlungen darstellen und dass beim heutigen globalen Werkstoffhandel die Qualität trotz der Normvorgaben oft sehr unterschiedlich ist.

Beide im vorhergehenden Kommentar erwähnten Richtlinien **CEN/TR 10347** und **SEW 088** enthalten ausführliche Hinweise und Vorgaben für das Warmumformen, SEW 088 zusätzlich auch zum Zeit-Temperatur-Verlauf beim Spannungsarmglühen. Achtung: Das Vorwärmen vor dem Schweißen (siehe zu II.7.5.5) zählt nicht zur Wärmebehandlung im Sinne dieses Normabschnittes.

In den weiteren Absätzen des vorliegenden Normabschnittes II.6.5.2 wird nacheinander aufgezählt, in welchen Fällen und für welche Stahlsorten das Warmumformen nicht zulässig ist bzw. welche Bedingungen der Warmumformprozess erfüllen muss. Dabei ist die Reihenfolge nicht unbedingt erkennbar logisch. Im nachfolgenden Kommentar <2> werden die einzelnen Punkte in einer werkstofflich logischeren Reihenfolge kommentiert.

<2> Zu Abs. 1 bis 7 und Anmerkung – Warmumformen zulässig/nicht zulässig

Nichtrostende Stähle dürfen in der Regel nicht warm umgeformt werden. Das ist seit langem Stand des Wissens, im Übrigen auch in der deutschen Zulassung abZ Z-30.3-6 [R9], falls im Einzelfall doch erforderlich, an die Durchführung spezieller Versuche gekoppelt. Verantwortlich für die Empfindlichkeit nichtrostender Stähle gegen Warmumformen ist das Legierungselement Cr. Bei einem unkontrollierten Wärmeeintrag besteht die Gefahr der Versprödung durch Bildung von Karbid oder intermetallischen Phasen. Der Aufwand für das anschließend erforderliche Lösungsglühen und die nötigen Versuche dürfte sich nur für Serienfertigungen lohnen. Bei Einzelprojekten ist angesichts der guten duktilen Eigenschaften nichtrostender Stähle in aller Regel Kaltumformen vorzuziehen (siehe zu II.6.5.4 <2.2>).

Unlegierte Baustähle nach **EN 10025-2** sind für Sorten bis einschließlich S450 zum Warmumformen geeignet – ausgenommen im Lieferzustand „+M“. Ist der Lieferzustand nicht bekannt, muss vorsichtshalber davon ausgegangen werden, dass „+M“ vorliegt. Es muss unbedingt vermieden werden, dass man mit einem Werkstoff „im Grenzbereich“ zum thermomechanisch gewalzten Stahl arbeitet, ohne diesen geordert zu haben.

Bei Erzeugnissen, welche nach EN 10025-2 im Lieferzustand „+AR“ (wie gewalzt) beschafft wurden, ist aber zu beachten, dass, obwohl das Warmumformen nicht untersagt ist, die mechanischen Eigenschaften nach Warmumformung nicht mehr gewährleistet werden. Handelt es sich allerdings um warmgefertigte Hohlprofile aus unlegierten Baustählen nach **EN 10210-1** (siehe Bild KII.6-11), so braucht das nicht beachtet zu werden, da diese nur mindestens normalgeglüht/normalisierend gewalzt (Lieferzustand „+N“) geliefert werden.

Umformen der unlegierten Baustähle im Blauwärmebereich (250 °C bis 380 °C) ist generell verboten, weil die Stähle sich in diesem Temperaturbereich relativ spröde verhalten (Blausprödigkeit) und Risse bzw. sogar Sprödbrüche entstehen könnten. Bei Stahlsorten bis S355 muss das Warmumformen im rotglühenden Zustand (600 °C bis 650 °C) erfolgen, bei der Stahlsorte S450 zwischen 750 °C und 960 °C. Die Angaben im Normtext zum Abkühlen müssen beachtet werden.

Quelle: ZIS Meerane

Bild KII.6-11: Warmgeformte Kreishohlprofile

Feinkornbaustähle nach **EN 10025-3** sind ähnlich gut zum Warmumformen geeignet wie die unlegierten Baustähle. Die dortigen Hinweise auf die Lieferzustände „+AR“ und „+M“ entfallen hier, weil diese Feinkornbaustähle von Vornherein ausschließlich normalgeglüht/normalisierend gewalzt geliefert werden, erkennbar am Buchstaben „N“ hinter der Sortenbezeichnung (vgl. Tabelle KII.5-3). Zu den geeigneten Temperaturbereichen für den Warmumformprozess gilt dasselbe wie bei den unlegierten Stählen.

Feinkornbaustähle nach **EN 10025-4** dürfen grundsätzlich nicht warm umgeformt werden, weil sie thermomechanisch gewalzt wurden, erkennbar am Buchstaben „M“ hinter der Sortenbezeichnung (vgl. Tabelle KII.5-3). Grund dafür – um es noch einmal zu betonen – ist die Tatsache, dass die durch den thermomechanischen Walzvorgang erzeugte Festigkeit beim Warmumformen in der Regel verloren gehen würde. Zwar gibt es in der zurzeit noch gültigen Ausgabe von EN 10025-4 in einer Anmerkung zur Auswirkung von Warmumformung auf die Festigkeitswerte den Zusatz „wenn Temperaturen über 580 °C angewendet werden müssen, sollte beim Lieferer nachgefragt werden“. Das würde im Klartext bedeuten, man könnte in Sonderfällen den TM-Stahl für Warmumformen bestellen und bekäme dann die Parameter für die Warmumformung angegeben. Im Entwurf von 2018 ist dieser Zusatz aber nicht mehr enthalten. Es gilt also weiter die klare Anweisung in EN 10025-4: „Die Erzeugnisse dürfen nicht warm umgeformt werden“, die von EN 1090-2 in den vorliegenden Normabschnitt übernommen wurde. Allenfalls ist ein „Halbwarmumformen“ bei 530 bis 580 °C möglich [V43].

Für **wetterfeste Baustähle** nach **EN 10025-5** gilt sinngemäß das für die unlegierten Baustähle Gesagte.

Stähle im vergüteten Zustand nach **EN 10025-6** dürfen nur bis zur maximalen Spannungsarmglühtemperatur warm umgeformt werden. Wegen Letzterer ist der Stahlhersteller um Rat zu fragen. Die Einschränkung hängt mit der technischen Bearbeitungsreihenfolge beim Vergüten zusammen. Bei beabsichtigten höheren Umformtemperaturen ist der Hersteller ebenfalls zu Rate zu ziehen, und es ist eine zusätzliche Vergütungsbehandlung nach Rat des Stahlherstellers erforderlich. Wegen dieser Kompliziertheit wird das Warmumformen vergüteter Baustähle in der Praxis, wenn irgend möglich, vermieden. Es sei hier daran erinnert, dass diese Stähle im Stahlbau gemäß Eurocode 3 von S500 bis S700 nur unter Beachtung von Zusatzregeln nach EN 1993-1-12 und oberhalb S700 überhaupt nicht eingesetzt werden dürfen (vgl. Tabelle KII.5-3).

Dass **kaltgeformte Bauteile** oder Bauprodukte (Profilbleche), deren hohe Nennstreckgrenze durch eben diese Kaltumformung erreicht wurde, nicht warm umgeformt werden dürfen, liegt auf der Hand. Man würde die Streckgrenze möglicherweise wieder absenken.

Flammrichten — Zu II.6.5.3

Allgemeines — Zu II.6.5.3.1

<1> Zu Abs. 1 – Zweck des Flammrichtens

Das Flammrichten wird im Stahlbau sehr häufig zur geometrischen Korrektur von Bauteilen eingesetzt, die sich z. B. beim Schweißen verzogen haben. Es kann im Prinzip heute bei allen ferritischen Werkstoffen, die im Stahlbau eingesetzt werden dürfen, angewendet werden (siehe Bild KII.6-12). Dabei stellen aber, wie beim Warmumformen, thermomechanisch gewalzte Stähle ein besonderes Problem dar, d. h. unlegierte Baustähle nach EN 10025-2 im Lieferzustand „+M“ sowie Feinkornbaustähle nach EN 10025-4. Stähle im Lieferzustand „+M“ können zwar durchaus flammgerichtet werden, aber nur unter besonderen Bedingungen, die in jedem Fall mit den Herstellervorschriften und Werkstoffnormen abzugleichen sind.

Beide bereits mehrfach erwähnten Richtlinien **CEN/TR 10347** und **SEW 088** enthalten Kapitel über Flammrichten von Baustählen nach den Normenreihen EN 10025 und EN 10149 mit einer ganzen Reihe praktischer Hinweise. U. a. gibt es in beiden Richtlinien ähnlich aussehende Tabellen mit empfohlenen Höchstwerten für die Flammrichttemperatur; Tabelle KII.6-2 gibt die Inhalte dieser Tabellen wieder. Aber besonders bei thermomechanisch gewalzten Stählen ab S355M ersetzen die Tabellen nicht das sorgfältige Beachten der Stahlhersteller-Informationen.

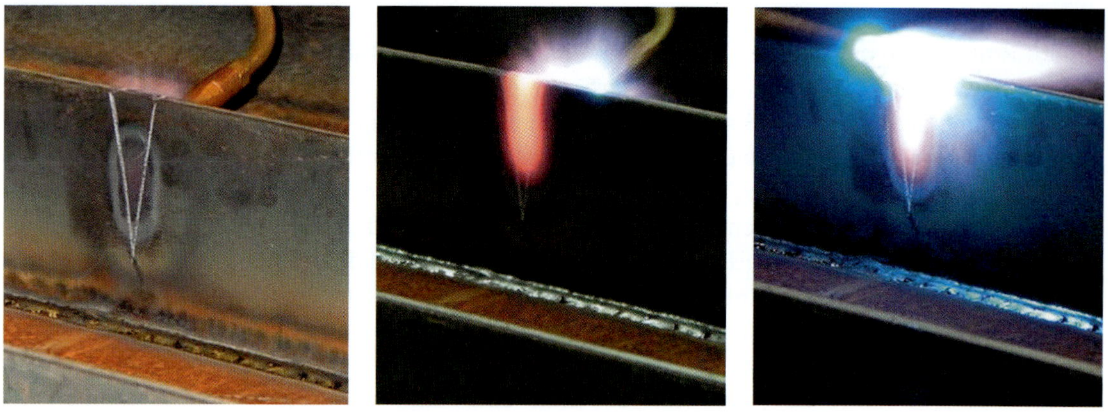

a) b) c)

Quelle: Rainer Zwätz †

Bild KII.6-12: Flammrichten eines T-Blechstoßes mit Wärmekeil:
a) Beginn des Anwärmens, b) Anwärmphase, c) Ende des Anwärmens

Tabelle KII.6-2: Empfohlene Höchsttemperaturen beim Flammrichten
(nach Table 2 in CEN/TR 10347 und Tabelle 6 in SEW 088)

<table>
<tr><th rowspan="2">Lieferzustand</th><th colspan="3">Empfohlene Höchstwerte der Flammrichttemperatur in [°C]</th></tr>
<tr><th>Oberflächennahes Erwärmen</th><th>Kurzzeitiges durchgreifendes Erwärmen</th><th>Längeres durchgreifendes Erwärmen</th></tr>
<tr><td>wie gewalzt „+AR“</td><td rowspan="3">≤ 900</td><td rowspan="3">≤ 700</td><td rowspan="3">≤ 650</td></tr>
<tr><td>normalgeglüht, normalisierend gewalzt</td></tr>
<tr><td>thermomechanisch gewalzt, bis S460</td></tr>
<tr><td>thermomechanisch gewalzt, S500 ÷ S700</td><td>≤ 900</td><td>≤ 600</td><td>≤ 550</td></tr>
<tr><td>vergütet</td><td colspan="3">≤ Anlasstemperatur – 20 K (im Allg. < 550 °C)</td></tr>
</table>

<2> Zu Abs. 2 u. 3 –Verfahrensprüfung für das Flammrichten von Baustählen > S355

In der 2011er Ausgabe von EN 1090-2 wurde noch generell für EXC3 und EXC4 eine Verfahrensprüfung für das Flammrichten verlangt. Die jetzige Regelung ist sach- und problembezogener, denn eventuelle Schwierigkeiten beim Flammrichten sind eine Werkstofffrage, keine Frage der Ausführungsklasse.

Zu den vier als Mindestinhalt eines dokumentierten Flammrichtverfahrens genannten Punkten ist Folgendes zu sagen:

- Zu (a) und (b): Übliche Vorgehensweisen beim Flammrichten sind entweder oberflächliche Wärmestriche/Wärmebahnen bis 950 °C oder eine kurzzeitige, örtlich durchgreifende Erwärmung (Wärmekeile, Wärmepunkte) bis 700 °C (ähnlich Bild KII.6-12).
- Zu (c): Als Temperaturmessmethoden kommen Pyrometer (Strahlungsthermometer) oder Glühfarbentabellen infrage. Beide Methoden sind relativ grob und haben ihre Grenzen [V51], so dass die Erfahrung des ausführenden Mitarbeiters entscheidende Bedeutung hat.
- Zu (d): Die Benennung der zur Anwendung des dokumentierten Verfahrens befugten Arbeitskräfte ist zwingend erforderlich, denn das Flammrichten gehört zu den klassischen Stahlbauarbeiten mit hohen Ansprüchen an die handwerkliche Fertigkeit [V74]. Es gibt in Deutschland sogar eine Ausbildung zur „Flammrichtfachkraft“.

Die in Abs. 3 für ein Flammrichtverfahren geforderten Zug-, Kerbschlagbiege- und Härteprüfungen an Proben aus dem beim Flammrichten erwärmten Bereich sollen sicherstellen, dass dort die Werkstoffeigenschaften nicht unzulässig verändert werden. Das ist besonders wichtig bei den TM-Stählen nach EN 10025-4 und den vergüteten Stählen nach EN 10025-6. Die Prüfungen sind ähnlich, wie sie auch für die Wärmeeinflusszonen bei der Schweißverfahrensprüfung nach EN ISO 15614-1 verlangt werden.

Zusätzliche Anforderungen für nichtrostende Stähle — Zu II.6.5.3.2

Diese umfangreichen zusätzlichen Anforderungen machen deutlich, wie ungleich schwieriger das Flammrichten von Bauteilen aus nichtrostendem Stahl im Vergleich zu Baustahl ist und wie ernst der erste Satz „... sollte vermieden werden" zu nehmen ist. Interessanterweise findet sich in der deutschen Zulassung **abZ Z-30.3-6** [R9] ein mit dem vorliegenden Normabschnitt nahezu gleichlautender Abschnitt „Flammrichten", einschließlich der Tabelle II.10. Dort gibt es ergänzend zum Hinweis, bei kaltverfestigten nichtrostenden Stählen könnten dabei die mechanischen Eigenschaften beeinträchtigt werden (Abs. 4 von II.6.5.3.2), den naheliegenden Tipp, vorsichtshalber bei der Bemessung für die erwärmte Zone nur die Festigkeitswerte ohne Kaltverfestigung anzusetzen. Auf die einzelnen Anforderungen kann hier nicht eingegangen werden.

Kaltumformen — Zu II.6.5.4

<1> Zu Abs. 1 und Anmerkung – Anforderungen an die Kaltumformbarkeit

Die hier aufgeführten Verfahren Rollprofilieren (nicht zu verwechseln mit dem warmen Walzprofilieren), Pressen und Abkanten sind nur eine beispielhafte Auswahl der vielen in der Praxis eingesetzten Kaltumformverfahren. Weitere Verfahren sind Kaltbiegen, Kaltziehen, Kaltkröpfen, Kaltfalzen. Mit dem Verweis auf die Produktnormen meint der Normtext zwei Aspekte:

- Der betreffende Stahl muss zum Kaltumformen geeignet sein; hierzu vgl. zu II.5.3.1 <3>.
- Das Kaltumformen unterliegt bestimmten konstruktiven und verarbeitungstechnischen Bedingungen, die bindend einzuhalten sind.

Zum letzteren Aspekt gehören z. B. die in den Produktnormen EN 10025-2 bis -4 für Baustähle angegebenen Mindestwerte für die Biegehalbmesser beim Abkanten. Darüber hinaus findet man dort aber keine konkreten Empfehlungen für das Kaltumformen (auch nicht in den 2018er Entwürfen), lediglich wieder den Hinweis auf die Richtlinie **CEN/TR 10347** (vgl. zu II.6.5.2 <1>), deren eher allgemeine Empfehlungen schon im Zusammenhang mit dem Warmumformen und dem Flammrichten angesprochen wurden. Das ist der Grund, warum in EN 1090-2 in den nachfolgenden Ziffern (a) bis (j) des Normabschnittes II.6.5.4 ungewöhnlich detaillierte Regeln für das Kaltumformen zusammengestellt sind.

Der Hinweis in der Anmerkung auf die verringerte Duktilität nach einer Kaltumformung sollte ernst genommen werden. Dieser Effekt ist z. B. der Grund, warum gemäß „Verbindungs-Eurocode" EN 1993-1-8 in gewissen Fällen das Schweißen in kaltverformten Bereichen unzulässig ist, es sei denn, diese wurden nach dem Kaltverformen und vor dem Schweißen normalisiert oder halten gewisse Mindestbiegeradien ein (siehe zu II.7.2.2 <3>).

<2> Zu Ziffern (a) bis (j) – Einzelregelungen für das Kaltumformen

Die hier zusammengestellten Verarbeitungsregeln sind Mindestforderungen. Über diese hinaus können Verarbeitungsregeln nur im Zusammenhang mit konkreten Anwendungen erarbeitet werden. Es sind neben den geltenden Normen ggf. Produktrichtlinien sowie Bedingungen von Zulassungsbescheiden oder sogar von Zustimmungen im Einzelfall zu beachten und im Notfall auch gutachterliche Stellungnahmen einzuholen. Zusammenfassend ist festzuhalten, dass zum erfolgreichen Kaltumformen viel Erfahrung gehört und dass deshalb die Verarbeitungshinweise der Stahlhersteller sorgfältig beachtet werden müssen.

Angesichts der detaillierten und klaren Angaben zu den einzelnen Regelungen dieses Normabschnittes erübrigt sich eine ausführliche Kommentierung; die folgenden Anmerkungen mögen genügen.

<2.1> Zu Ziffern (a) und (b) – Spannungsarmglühen nach dem Kaltumformen

Es geht hier wie beim Warmumformen und Flammrichten wieder vor allem um die thermomechanisch gewalzten und vergüteten Baustähle, die unter der Einwirkung höherer Temperaturen Festigkeitseinbußen erleiden können. Man „bezahlt" quasi für das Ziel, die beim Kaltumformen entstandenen Eigenspannungen durch Spannungsarmglühen zu reduzieren, mit schlechteren mechanischen Eigenschaften. Das muss ggf. vorher zwischen den Beteiligten abgestimmt werden.

<2.2> Zu Ziffern (c) bis (f) – Kaltumformen bei nichtrostenden Stählen

Im Gegensatz zu Baustählen ist bei nichtrostenden Stählen das Kaltumformen die Regel-Formgebungsmethode. Trotzdem gibt es keine Norm mit Vorgaben für z. B. Mindestbiegeradien usw. beim Kaltbiegen, wie z. B. DIN 6935 [R57] für unlegierten Baustahl. Deshalb bringt EN 1090-2 hier einige detaillierte Vorgaben dazu. Die abZ Z-30.3-6 enthält in einem kurzen Abschnitt Kaltformgebung nahezu gleichlautende Vorgaben.

Besonderheiten im Vergleich zum Kaltumformen von unlegierten Stählen resultieren zum einen aus der größeren Duktilität, die engere Biegeradien erlaubt (kann architektonische Vorteile haben), zum anderen aus der nichtlinearen Spannung-Dehnung-Charakteristik, die eine stärkere Kaltverfestigung zur Folge hat. Deshalb benötigt man zum Umformen deutlich größere Kräfte (Anmerkung 2 beziffert sie bei austenitischem Stahl auf ca. 150 %!), und man muss mit Rücksicht auf das Zurückfedern grundsätzlich stärker „überverformen".

Interessant ist, dass man gemäß Eurocode EN 1993-1-4 [R100] eine solche Kaltverfestigung sogar bei der Bemessung ansetzen darf, sofern sie durch 1:1-Bauteilversuche verifiziert wurde. Eine solche experimentelle Verifizierung ist vor allem dann unverzichtbar, wenn bei der Bemessung gewisse plastische Eigenschaften des Bauteils vorausgesetzt werden.

<2.3> Zu Ziffern (g) und (h) – Kaltumformbiegen von kaltgeformten Profilen (sofern nicht in EN 1090-4 anderweitig festgelegt)

Ein Beispiel für kaltgeformte offene Profile, die ihrerseits durch Kaltumformbiegen in ihre endgültige Bauteilform gebracht werden, sind Stahlschutzplanken.

<2.4> Zu Ziffern (i) und (j) – Kaltumformbiegen von Hohlprofilen

Das Kaltumformbiegen von Hohlprofilen erfordert besonders große Erfahrung. Kreishohlprofile können z. B. zwei- und dreidimensional gebogen werden. Bild KII.6-13 zeigt eine im Jahr 2011 erbaute, begehbare stählerne Großskulptur, deren Haupttragrohre ∅ 323,9 mm × 30 mm von einer Spezialfirma auf einer Profilbiegemaschine durch Kaltumformbiegen gefertigt und anschließend spannungsarm geglüht und feuerverzinkt wurden.

Bild KII.6-13: Begehbare Großskulptur „Tiger & Turtle" auf einer Halde bei Duisburg

Lochen

Zu II.6.6

Maße von Löchern

Zu II.6.6.1

<1> Zu Abs. 1 bis 4 u. Tabelle II.11 – Nennlochdurchmesser für Schrauben und Bolzen

Es werden hier sowohl runde als auch längliche Löcher (Langlöcher) behandelt. Das Nennlochspiel für runde Löcher ist auf bekannte Weise definiert als Differenzmaß Δd [mm] zwischen den Nenndurchmessern d_0 des Loches und d der Schraube bzw. des Bolzens. Für Langlöcher mit den Maßen $d_{0,\text{längs}}$ (Lochlänge) und $d_{0,\text{quer}}$ (Lochbreite) gilt die Definition für beide Richtungen sinngemäß. Tabelle II.11 für das Nennlochspiel normaler Schrauben und Bolzen (keine Passschrauben und Passbolzen) unterscheidet zwischen je zwei Arten von runden Löchern und Langlöchern.

<1.1> Zu „normalen runden Löchern" nach Tabelle II.11

Dies sind die bekannten Löcher, wie sie auch in den früheren deutschen Normen DIN 18800-1 und -7 genormt waren. Die Werte $\Delta d = 2$ mm für M16 bis M24 und $\Delta d = 3$ mm für M27 bis M36 sind identisch mit den früheren bewährten max-Δd-Werten. Der Wert $\Delta d = 1$ mm für M12 und M14 ist jedoch schärfer als früher. Diese engere Begrenzung des Lochspiels für kleine Schraubendurchmesser wird u. a. damit begründet, eine Montage mit feuerverzinkten M12-Schrauben in 13er-Löchern einer ebenfalls feuerverzinkten Stahlkonstruktion sei nicht praktikabel. Hierauf nimmt die Norm EN 1090-2 zwar Rücksicht, indem sie bei M12- und M14-Schrauben erlaubt, das Nennlochspiel um die Überzugdicke zu erhöhen (**Fußnote „d"** in Tabelle II.11). Das führt aber, geht man einmal von einer maximalen Zinkschichtdicke von 100 µm und von einem ebenfalls feuerverzinkten Bauteil aus, für M12 auf ein Nennloch mit $d_0 = 13{,}4$ mm, was das vorgenannte Praxisproblem nur teilweise entschärft.

Das früher für **M12 und M14** generell zulässige Lochspiel von $\boldsymbol{\Delta d = 2}$ **mm** ist jetzt gemäß **Fußnote „e"** in Tabelle II.11 nur noch als Ausnahmeregelung erlaubt, „sofern entsprechend festgelegt". Das heißt, es muss jetzt als Option (Auswahlmöglichkeit) im Sinne von Tabelle II.A.2 in Anhang II.A in den Ausführungsunterlagen explizit festgelegt werden. Es ist dringend zu empfehlen, vor einer solchen Festlegung den Tragwerksplaner zu Rate zu ziehen, denn das größere Lochspiel beeinflusst sowohl die Scher-/Lochleibungstragfähigkeit als auch vor allem die Zugtragfähigkeit der Schraubenverbindung.

Der Bemessungs-Eurocode EN 1993-1-8 enthält in Abs. 3.6.1(5) eine Regel hierzu: ... *sofern der Bemessungswert der Abschertragfähigkeit kleiner oder gleich dem Bemessungswert der Lochleibungstragfähigkeit ist und wenn zusätzlich für Schrauben der Festigkeitsklassen 8.8 und 10.9 die Abschertragfähigkeit $F_{v,Rd}$ nach Tabelle 3.4 mit dem Faktor 0,85 abgemindert wird.*" Die Bedingung „Abschertragfähigkeit ≤ Lochleibungstragfähigkeit" macht mechanisch keinen Sinn. Wenn überhaupt, müsste die Bedingung umgekehrt lauten; dann könnte man als Begründung anführen, dass sich der Abscherbeanspruchung infolge des größeren Schlupfweges bis zum Anliegen am Lochrand noch zusätzlich Schraubenbiegung überlagert. Nach Meinung der Verfasser sollte man allerdings bei Scher-/Lochleibungsbeanspruchung die Erhöhung auf $\Delta d = 2$ mm als grundsätzliche Option erlauben, aber mit angemessener Abminderung sowohl der Abschertragfähigkeit, als auch der Lochleibungstragfähigkeit, z. B. beide auf 85 %.

Viel gravierender ist, wie bereits in [V68] kritisiert, dass diese Ausnahmeregelung in EN 1993-1-8 nicht hinsichtlich der Verbindungskategorien eingeschränkt ist. Sie kann eigentlich nur für Scherverbindungen der Kategorien A, B oder C gemeint sein, nicht für Zugverbindungen der Kategorien D und E. Beispielsweise weist eine Standard-Metallbauschraube M12 (z. B. EN ISO 4014) in einem 14-mm-Loch bei Anliegen an einem Lochrand selbst mit Scheiben eine sehr unsymmetrische tragende Pressungsfläche der Scheibe auf dem Lochrand auf, die eine einwandfreie Übertragung einer Zugkraft in Frage stellt. Ohne Scheiben – für nicht vorgespannte Verbindungen gemäß EN 1090-2 generell zulässig – lägen Kopf und Mutter auf einer Seite sogar nur noch mit 1 mm Überlappung auf dem Lochrand auf. Für Verbindungen der Kategorie D mit Standard-Metallbauschraubengarnituren kommt also das erhöhte Nennlochspiel $\Delta d = 2$ mm für M12/M14 keinesfalls in Frage! Allenfalls sind vorspannbare Garnituren M12 mit großer Schlüsselweite in 14er-Löchern für die Kategorien D und E zu akzeptieren.

Sehr kritisch aus Sicht der Tragsicherheit ist die in der **Fußnote „a"** in Tabelle II.11 gegebene Empfehlung zu sehen, das Nennlochspiel $\Delta d = 1$ mm in der Regel generell auch für Schrauben < M12 anzuwenden. Diese Empfehlung verwundert umso mehr, als ja sowohl EN 1090-2 selbst als auch EN 15048-1 Verbindungsmittel mit Nenndurchmessern < 12 mm nur in Ausnahmefällen zulassen (vgl. zu II.5.6.3 <1.1>, siehe zu II.8.2.2 <1>). Zwar vertreten die Verfasser die Meinung, dass es technisch keine Bedenken gibt, als Untergrenze für tragende Schraubenverbindungen im Stahlbau den Durchmesser M6 anzusehen (vgl. zu II.5.6.3 <1.1>). Aber die zugehörigen Schraubenlöcher dürfen keinesfalls automatisch mit $\Delta d = 1$ mm ausgeführt werden: Eine zugbeanspruchte Schraube M6 in einem mit ± 0,5 mm Toleranz (siehe II.6.6.2) hergestellten 7-mm-Nennloch wäre sehr leichtsinnig. Gemäß **EN 20273** [R128] entspricht $\Delta d = 1$ mm für M12 der Klasse „fein". Danach bietet es sich an, auch für Schrauben < M12 diese Klasse „fein" nach EN 20273 vorzusehen. Konkret würde das $\Delta d = 0{,}5$ mm für M10 und $\Delta d = 0{,}4$ mm für M8 und M6 bedeuten. Diese kleinen Löcher dürfen allerdings keinesfalls mit der pauschalen Toleranz ± 0,5 mm nach Abschn. 6.6.2 von EN 1090-2 ausgeführt werden, sondern mit einer durchmesserabhängigen Toleranz, z. B. H13 nach EN ISO 286-2.

Ebenfalls kritisch zu sehen – allerdings nicht aus Sicht der Tragsicherheit, sondern der Montagefreundlichkeit – ist die in der **Fußnote „b"** in Tabelle II.11 gegebene Empfehlung, das Nennlochspiel $\Delta d = 3$ mm generell auch für Nenndurchmesser > M36 anzuwenden. Gewindedurchmesser > M36 kommen zwar als eigentliche, nicht vorgespannte Schraubenverbindungen mit normalen Sechskantschrauben (z. B. EN ISO 4014) im Stahlbau kaum vor, dafür aber umso häufiger bei anderen Gewindeteilen, wie Ankerschrauben, Zugstangen usw. Bei deren Berücksichtigung in der Konstruktionsplanung stellt sich dann die Frage nach dem maximal zulässigen Nennlochspiel. Greift man wieder auf die oben erwähnte Norm EN 20273 zurück, so stellt man fest, dass dort die Werte $\Delta d = 2$ mm und 3 mm der Tabelle II.11 Durchgangslöchern der Klasse „mittel" entsprechen. Daraus lässt sich für Durchmesser > M36 die Empfehlung $\Delta d \approx 0{,}08\,d$ herleiten. Die Verfasser empfehlen, dies als groben Anhalt für die Wahl maximal zulässiger Nennlöcher für Gewindeteile mit großem Durchmesser zu nehmen. Natürlich sind kleinere Nennlochspiele immer zulässig.

Die **Fußnote „c"** in Tabelle II.11 beschreibt ein Vorgehen, das in ähnlicher Form auch früher im Turm- und Mastbau üblich war. Das um 0,5 mm verringerte Lochspiel soll die Schlupfverformungen in Scher-/Lochleibungsverbindungen verringern. In früheren deutschen Normen für Antennentragwerke wurde sogar verlangt, dass der Schraubenschlupf beim Nachweis der Standsicherheit zu berücksichtigen sei bzw. dass darüber hinaus das Lochspiel auf maximal 0,8 mm zu begrenzen sei. Auch der Eurocode **EN 1993-3-1** [R111] für Türme und Maste stellt anheim, Schrauben mit geringeren Toleranzen für die Schraubenlöcher als in EN 1090-2 angegeben einzusetzen, wenn Verschiebungen kritisch sind. Und der neueste deutsche NA dazu [R112] schreibt nun vor, dass Scher-/Lochleibungsverbindungen nur verwendet werden dürfen, wenn entweder a) die Löcher mit einem Lochspiel von maximal 1,0 mm ausgeführt und die Verbindungen vorgespannt werden oder b) beim Nachweis der Standsicherheit der Schraubenschlupf berücksichtigt wird und die auftretenden Verformungen nicht die Gebrauchstauglichkeit beeinträchtigen. Noch wirksamer als ein reduziertes Lochspiel wäre freilich die Wahl von Passverbindungen!

<1.2> Zu „übergroßen runden Löchern" und „kurzen Langlöchern" nach Tabelle II.11

Beide Lochformen haben nach Auffassung der Verfasser im allgemeinen Stahlbau nur geringe Relevanz. Sie sind von den Zahlenwerten her ganz offensichtlich den *„oversize holes"* und *„short-slotted holes"* in den US-amerikanischen *„AASHTO LRFD Bridge Design Specifications"* nachempfunden. Dort sind sie aber ausschließlich für *„slip-critical connections"* vorgesehen, also für gleitfeste Schraubenverbindungen der Kategorie C nach EN 1993-1-8. Bei diesen spielt die Lochgröße tatsächlich keine so bedeutende Rolle wie bei SL-Verbindungen der Kategorie A oder gar Zugverbindungen der Kategorien D und E. In Tabelle II.11 von EN 1090-2 stehen die beiden Lochformen scheinbar gleichberechtigt neben den „normalen runden Löchern" und „langen Langlöchern", obwohl sie in der gesamten Norm nur im Zusammenhang mit der Reglementierung des nachträglichen Aufweitens von Schraubenlöchern zwecks Ausgleichens von Passungenauigkeiten bei der Montage explizit angesprochen werden (in II.9.6.5.3, siehe Kommentar <5> dazu).

Bei beiden Lochformen sind die Übermaße einerseits zu gering, um wirklich größere Montageungenauigkeiten ausgleichen zu können. Zum Beispiel bedeuten die zulässigen Übermaße für M20 konkret: Übergroßes rundes Loch mit ∅ 24 mm (statt ∅ 22 mm) oder kurzes Langloch mit $d_{0,\text{längs}}/d_{0,\text{quer}}$ = 26/22 mm (statt 22/22 mm). Andererseits sind die Übermaße aber zu groß, um für die verschiedenen Verbindungskategorien nach EN 1993-1-8 uneingeschränkt eingesetzt werden zu können. EN 1993-1-8 macht deshalb für beide Lochtypen Angaben zur reduzierten **Lochleibungstragfähigkeit**, nämlich pauschal 0,8-fach bei übergroßem rundem Loch und 0,6-fach bei jeder Art von Langloch (quer zum Langloch). Die **Abschertragfähigkeit** darf in übergroßen runden Löchern gemäß EN 1993-1-8 ebenfalls nicht voll angesetzt werden, wobei aber keine Angaben für eine Abminderung gemacht werden. Diese Regelungslücke in EN 1993-1-8 kann hier nicht vertieft werden.

Die **Zugtragfähigkeit** wird, wie schon bei der im Kommentar <1.1> weiter oben diskutierten Frage des ausnahmsweise zulässigen Nennlochspiels Δd = 2 mm bei M12 und M14, wieder nicht erwähnt. Der Sachverhalt stellt sich aus Sicht der Verfasser ähnlich dar: Eine planmäßige Zugübertragung im Sinne der Verbindungskategorien D und E darf bei beiden Lochtypen nicht ohne besondere Überlegungen hinsichtlich Scheiben bzw. Unterlegblechen in Anspruch genommen werden; siehe hierzu zu II.8.2.4 <4>.

Übergroße runde Löcher mit signifikant größeren als den in Tabelle II.11 genormten Durchmessern werden im Kommentar <4.5> zu II.8.2.4 diskutiert.

<1.3> Zu „langen Langlöchern" nach Tabelle II.11

Diese haben mit $d_{0,\text{längs}}/d_{0,\text{quer}}$ = 2,5 zwar praxisübliche Abmessungen. Aber es stellt sich die Frage, warum gerade dieses Verhältnis als fix genormt werden muss, da bei noch längeren Langlöchern eine weitere Abminderung der Lochleibungstragfähigkeit über die oben erwähnten 40 % hinaus zweifelsohne nicht zu erwarten wäre. Durch Versuche ist aber nur der Abmessungsbereich bis $d_{0,\text{längs}}/d_{0,\text{quer}}$ = 2,5 belegt (siehe DASt-Richtlinie 23 [R28]).

Langlöcher mit anderen als den in Tabelle II.11 genormten Abmessungen werden im Kommentar <4.1> zu II.8.2.4 diskutiert.

<2> Zu Abs. 5 und Anmerkung 1 – Nennlochdurchmesser für Passschrauben

Die Frage des „passenden" Loches für eine Passschraube – d. h. eines Loches, in das sich einerseits die Passschraube unter Baustellenbedingungen einbauen lässt, das aber andererseits eine praktisch schlupffreie Scherkraftübertragung gewährleistet – wird in EN 1090-2 grundsätzlich anders geregelt als früher in DIN 18800-1 und -7. Während früher der Nennlochdurchmesser um nicht mehr als ein gewisses Maß Δd (konkret: max Δd = 0,3 mm) größer sein durfte als der Nenndurchmesser des Schraubenschaftes, haben nunmehr Loch und Schraubenschaft identische Nenndurchmesser. Die Einbaubarkeit wird jetzt, fertigungstechnisch konsequenter, mit Hilfe einer geeignet gewählten Toleranzlage für die Bohrung sichergestellt (siehe zu II.6.6.2 <1>).

<3> Zu Abs. 6 – Nennlochdurchmesser für Niete zum Warmnieten

Hier sagt EN 1090-2 – wie auch bei vielen anderen stahlbaulichen Ausführungsaspekten – nur, dass eine Festlegung des Nennlochdurchmessers erfolgen muss. Das liegt daran, dass es keine europäische Norm für warm geschlagene Niete bzw. für deren Lochgeometrie gibt (vgl. zu II.5.6.10). In den deutschen Normen DIN 124 (Halbrundniete) [R37] und DIN 302 (Senkniete) [R41] wird für Rohnietdurchmesser von 10 bis 36 mm der Nietlochdurchmesser durchgängig um **Δd = 1 mm** größer vorgeschrieben. Er muss mit einer Toleranz **H12** realisiert werden. Gemäß den technischen Lieferbedingungen für Niete in DIN 101 [R36] muss für die Annahmeprüfung der Kopfschlagzähigkeit das Schrägloch, in das der Niet einzustecken ist, ebenfalls mit Toleranz H12 hergestellt werden. Inwieweit eine solch enge Herstelltoleranz für die Nietlöcher in einer Stahlkonstruktion sinnvoll ist, sei dahingestellt.

<4> Zu Abs. 7 und 8 sowie Anmerkung 2 – Lochsenkung für Senkkopfschrauben und Senkniete

Die hier in Abs. 7 niedergelegten Regeln zur Herstellung der Lochsenkung sind eigentlich trivial – Senkverbindungen haben nur Sinn, wenn die Köpfe auch wirklich versenkt sind. Bei Senkkopfschrauben setzt das ein sorgfältiges Planen und Herstellen des Senkloches voraus. Die Senkung muss nach dem Lochen erfolgen (siehe zu II.6.6.3 <4>). Nachträgliches Beischleifen überstehender Senkköpfe in größerem Umfange sollte vermieden werden.

Das in Abs. 8 vorgeschriebene Mindestmaß von 2 mm für die unterhalb einer Senkung verbleibende Restdicke mit der ursprünglichen zylindrischen Lochwandung, sofern die Senkkopfschraube planmäßig auf Zug beansprucht werden soll, ist unbedingt einzuhalten, da sie für die Tragsicherheit wichtig ist. Ohnehin ist für deutsche Stahlbauer die Vorstellung, eine Senkkopfschraube planmäßig auf Zug zu beanspruchen, noch gewöhnungsbedürftig (vgl. zu II.5.6.3 <1.2>).

Zu II.6.6.2 Toleranzen von Lochdurchmessern bei Schrauben und Bolzen

<1> Zu (a) – Löcher für Passschrauben und Passbolzen

Die Vorgabe der Toleranzklasse H11 für das Loch stellt zusammen mit der neuen Regelung „Nennlochspiel $\Delta d = 0$“ (vgl. zu II.6.6.1 <2>) den Ersatz für die frühere Passverbindungs-Regel in DIN 18800-1 und -7 dar. H11 bedeutet nach **EN ISO 286-2** konkret, dass die kleinste Ist-Abweichung vom Nenn-Lochdurchmesser 0,0 mm und die größte 0,11 ÷ 0,16 mm (je nach Durchmesser) betragen darf. In Kombination mit den früher für den Schaft von Passschrauben üblichen h-Toleranzlagen ergäbe das ein theoretisches Minimalspiel zwischen oberem Schaftgrenzmaß und unterem Lochgrenzmaß von 0,0 mm, was nicht praktikabel wäre. Inzwischen sind die einschlägigen Passschrauben-Normen auf die Toleranzklasse b11 für den Schaftdurchmesser umgestellt worden, wodurch gegenüber H11 ein Minimalspiel von 0,15 ÷ 0,17 mm gewährleistet ist. Für feuerverzinkte Passschrauben werden laut Aussage führender Verbindungsmittelhersteller keine besonderen zusätzlichen Maßnahmen getroffen, obwohl die Zinkschichtdicke (ca. 0,04 ÷ 0,10 mm gemäß EN ISO 10684) das Spiel zum Teil „aufbraucht“. Negative Rückmeldungen aus der Praxis über die neue Passschrauben-Situation sind den Verfassern nicht bekannt.

<2> Zu (b) – Löcher für normale Schrauben und Bolzen

Die durchmesserunabhängige Vorgabe einer Fertigungstoleranz von ± 0,5 mm für den Lochdurchmesser erscheint für Durchmesser ≥ M16 aus der Sicht der Stahlbaupraxis plausibel. Sie entspricht größenordnungsmäßig etwa dem Toleranzfeld H14 nach EN ISO 286-2.

Für kleine Durchmesser M12 und M14 erscheint ± 0,5 mm jedoch zu großzügig, insbesondere wenn man das mit der zulässigen Loch-Ovalisierung von ± 1,0 mm gemäß ergänzender Toleranzklasse 1 nach EN 1090-2, Tabelle B.8 in Anlage B, kombiniert (siehe Kommentar dazu). Bild KII.6-14 veranschaulicht das am Beispiel von M12. Beim Regel-Nennlochspiel $\Delta d = 1$ mm kann ein so enges Ist-Loch entstehen, dass die Schraube nur sehr schwer einzuführen ist. Beim Sonder-Nennlochspiel $\Delta d = 2$ mm (vgl. zu II.6.6.1 <1.1>) kann dagegen ein so weites Ist-Loch entstehen, dass eine planmäßige Zugkraftübertragung noch kritischer gesehen werden müsste, als bereits im Subkommentar <1.1> zu II.6.6.1 ausgeführt. Aus Sicht der Verfasser wäre statt der durchmesserunabhängigen Toleranz ± 0,5 mm das im Normentwurf für EN 1090-2 ursprünglich enthaltene durchmesserabhängige Toleranzfeld H13 nach EN ISO 286-2 besser geeignet gewesen; es wurde jedoch von den britischen Vertretern im CEN-Arbeitsausschuss unter Hinweis auf die typische Werkzeuggenauigkeit abgelehnt – ein Argument, das angesichts der Präzision heutiger Bohranlagen nicht nachvollziehbar ist. Die Verfasser empfehlen, Löcher für normale Schrauben und Bolzen in der Regel mit Toleranzklasse H13 nach EN ISO 286-2 herzustellen.

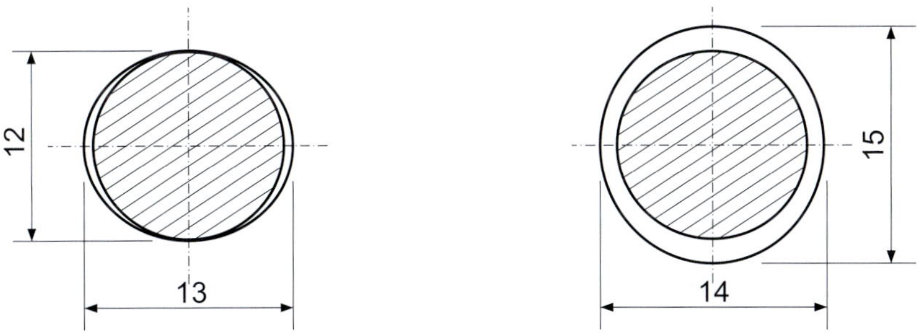

a) Regel-Nennlochspiel $\Delta d = 1$ mm, Lochtoleranz –0,5 mm, Ovalitätstoleranz +1 mm;

b) Sonder-Nennlochspiel $\Delta d = 2$ mm, Lochtoleranz +0,5 mm, Ovalitätstoleranz –1 mm

Bild KII.6-14: Gemäß EN 1090-2 tolerierte Istlöcher für eine Schraube M12

Ausführung von Löchern

Zu II.6.6.3

<1> Zu Abs. 1 – generelle Anforderungen an Verfahren zur Lochherstellung

Die hier postulierte Regel, dass Löcher auf „jegliche Weise" hergestellt werden dürfen, hört sich zunächst sehr großzügig an. In der Tat sind die im vorliegenden Abschnitt II.6.6.3 genannten Anforderungen an die Verfahren zur Lochherstellung etwas liberaler als früher in DIN 18800-7. Zum einen sind die generell zugelassenen Verfahren – Bohren, maschinelles thermisches Schneiden, Stanzen – zwar identisch. Zum anderen ist aber die frühere Abhängigkeit von der absoluten Bauteildicke und von der späteren Beanspruchungssituation des Bauteils am Loch – vorwiegend ruhend Druck oder vorwiegend ruhend Zug oder nicht vorwiegend ruhend – weggefallen.

Wie früher, werden **Bohren** und **maschinelles thermisches Schneiden** (jetzt vor allem in Form von Laserstrahl- und Plasmaschneiden) als gleichwertige Verfahren eingestuft, allerdings – das darf nicht übersehen werden – beim thermischen Schneiden vorausgesetzt, dass mit der Innenkontur des Loches die geforderte Schnittflächenqualität nach EN ISO 9013 erreicht wird (vgl. zu II.6.4.3 <4> und zu II.6.4.4). Genau das hat in der Praxis bei plasmageschnittenen Schraubenlöchern schon zu Diskussionen zwischen Stahlbauern und Prüfinstanzen geführt: Plasmageschnittene Löcher haben unvermeidbar eine verfahrensbedingte „Ausfahrkerbe", die sich zwar durch eine spezielle Gas-Steuerungstechnik der Plasmastromquelle minimieren, aber nicht ganz ausschalten lässt. Sie sollte möglichst unter der zulässigen mittleren Rautiefe gemäß Tabelle KII.6-1 bleiben, also z. B. bei 20-mm-Blech unter 146 µm. Ist das nicht ganz zu schaffen, so dürfte das bei quasi-statischer Beanspruchung, also i. d. R. Ausführungsklasse EXC2, tolerierbar sein. Bei ermüdungsrelevanter Beanspruchung muss dagegen auf eine der beiden genaueren Verfahren Bohren oder Laserstrahlschneiden umgestellt werden.

Bild KII.6-15 zeigt eine moderne Bohr-Brennschneid-Maschine (ein so genanntes „Blechbearbeitungszentrum" für den Stahl- und Anlagenbau) im Einsatz; die Anlage arbeitet mit dem vorstehend diskutierten Plasmaschneidverfahren.

Quelle: Kaltenbach Maschinenfabrik, Lörrach

Bild KII.6-15: Bohr-Brennschneid-Maschine

Ein **manuelles Brennschneiden** von Löchern ist im Stahlbau immer noch **unzulässig**, auch wenn in EN 1090-2 nicht explizit verboten. Im Übrigen dürfte es auch nahezu aussichtslos sein, die in II.6.4 geforderten Qualitäten für ein manuell gebranntes Loch zu erreichen. Die Unzulässigkeit manuell gebrannter Löcher muss besonders beachtet werden, wenn bei Baustellenarbeiten Passungenauigkeiten auftreten – eine Situation, in der Stahlbaumonteure bekanntlich schnell mit dem Brenner zur Hand sind.

<2> Zu Abs. 2 bis 6 – Lochherstellung durch Stanzen

<2.1> Zur Zulässigkeit des Stanzens zur Lochherstellung

Das Stanzen von Löchern ist jetzt, im Gegensatz zu früher in DIN 18800-7 und bisher in der Ausgabe 2011 von EN 1090-2, auch zulässig, wenn der Lochdurchmesser kleiner als die Blechdicke t ist, konkret: der kleinstzulässige gestanzte Lochdurchmesser ist jetzt $d = (1/1{,}4)\ t \approx 0{,}7\ t$. Die frühere Abhängigkeit von der im Bauteil zu erwartenden Beanspruchungsart gibt es, wie bereits erwähnt, nicht mehr. Die bisherige indirekte Abhängigkeit dadurch, dass die Frage des Aufreibens (ja oder nein) von der Ausführungsklasse abhängig gemacht wurde, ist in der aktuellen Ausgabe von EN 1090-2 gekippt worden (siehe nachfolgenden Kommentar <2.2>).

Das bisherige generelle Verbot in EN 1090-2, Löcher mit $d < t$ zu stanzen, hatte in der Praxis heftige Diskussionen verursacht, insbesondere in anderen europäischen Ländern, wo es diese rigide Forderung – im Gegensatz zu Deutschland – nie gegeben hatte. Man hatte in Deutschland Zweifel an der einwandfreien Stanzbarkeit solcher Löcher in dickeren Materialien gehabt (z. B. Löcher ∅ 14 mm für Schrauben M12 in einem 20-mm-Trägerflansch). Diese Zweifel sind inzwischen bei der weiter entwickelten Stanztechnik offenbar verschwunden. Nach Meinung der Verfasser kann man sogar in Fällen, in denen die betreffende gestanzte Lochleibung nur sehr niedrig beansprucht wird (z. B. wenn mit der vorgenannten Schraube M12 ein 3 mm dickes Aussteifungsbauteil als quasi-statisch beanspruchte Kategorie-A-Verbindung auf einen 24 mm dicken Trägerflansch geschraubt werden soll), noch unter die obengenannte Grenze $d \geq 0{,}7\ t$ gehen.

<2.2> Zum Aufreiben gestanzter Löcher

Gemäß aktueller Ausgabe von EN 1090-2 ist es nicht mehr von der Ausführungsklasse abhängig, ob Löcher durch Stanzen ohne nachträgliches Aufreiben hergestellt werden dürfen. Das Stanzen von Löchern (unter Einhaltung der obigen t/d-Begrenzung) wird sogar grundsätzlich in die Verantwortung der am Bau Beteiligten gelegt („sofern nichts anderes festgelegt wird"), d. h. ist eine Option (Auswahlmöglichkeit) für die Ausführungsunterlagen im Sinne von Tabelle II.A.2 in Anlage II.A.

Das Aufreiben von mit 2 mm Untermaß gestanzten Löchern kommt jetzt gemäß EN 1090-2 nicht mehr wie bisher als Vorgabe für die Ausführungsklassen EXC3 und EXC4 ins Spiel, sondern als Erlaubnis in Fällen, „wo unbehandelte Stanzlöcher nicht zulässig sind". Aufgrund welcher Kriterien solche Stanzlöcher unzulässig sein können, steht jetzt in einer unverbindlichen Anmerkung:

- Entweder bei zyklischer Beanspruchung (gemeint ist Ermüdungsbeanspruchung),
- oder bei seismischer Beanspruchung,
- oder in Überlappverbindungen (gemeint sind Laschenverbindungen der Kategorie A) mit 10.9-Schrauben,
- oder bei gleitfesten Verbindungen (Kategorie B oder C).

Bei den ersten drei Kriterien geht es offenbar um die Beanspruchung der gestanzten Lochleibung, die entweder ermüdungsrelevant oder stoßartig oder einfach sehr hoch ist. Das vierte Kriterium ist für die Verfasser nicht nachvollziehbar, da bei gleitfesten Verbindungen die Lochleibung ja gerade nicht beansprucht wird. Das Aufreiben spielt bekanntlich deshalb eine verbessernde Rolle, weil an einem gestanzten Lochrand stets kleinste Anrisse vorhanden sind, die – zusammen mit der ebenfalls unvermeidbaren örtlichen Werkstoffaufhärtung – zu frühzeitigen Spröd- oder Ermüdungsbrüchen führen können. Der gestörte Bereich um das Stanzloch herum wird durch das

Aufreiben entfernt. Das Aufreiben entspricht dem Nacharbeiten (Schleifen) gescherter und gestanzter Schnitte (vgl. zu II.6.4.2). Es ist allerdings zu bedenken, dass in der Regel das Aufreiben einen zusätzlichen Arbeitsgang darstellt und so die kostengünstigen Effekte des Stanzens unter Umständen neutralisiert werden.

Zusammenfassend ist festzuhalten, dass vor allem die ersten beiden Kriterien durch die bisherige Vorgabe von EXC3 und EXC4 im Prinzip zutreffend erfasst wurden. Wie weit die jetzige Liberalisierung sich in der Praxis bewähren und vor allem von den bauaufsichtlichen Instanzen akzeptiert werden wird, bleibt abzuwarten.

<2.3> Zur jährlichen Überprüfung der Eignung des Stanzprozesses

Gemäß EN 1090-2 sollen jährlich an einer repräsentativen Anzahl – sie war in der 2011er Ausgabe noch willkürlich mit „acht“ festgelegt – von Proben aus den infrage kommenden Ausgangsprodukten Teststanzungen (im Sinne von Verfahrensprüfungen) durchgeführt werden, die die relevante Bandbreite der Lochdurchmesser, Erzeugnisdicken und Stahlsorten abdecken.

Den Verfassern sind übrigens Stahlbaufertiger bekannt, die genau dies seit längerem als Normalfall praktizieren, darüber hinaus die Stanzwerkzeuge und damit die Standzeiten auswerten und, falls notwendig, Korrekturmaßnahmen festlegen. Nur: Verfahrensprüfungen haben sie das nicht genannt. Die Prüfung von Stempel und Matrize sowie die des hergestellten Loches waren (oder hätten es sein sollen) schon immer fester Bestandteil der qualitätssichernden Maßnahmen beim Stanzen von Löchern. Insofern ist die in EN 1090-2 geforderte periodische Verfahrensprüfung kein Paradigmenwechsel; sie stellt lediglich eine festgeschriebene Qualitätssicherung im Interesse der Stahlbau-Hersteller dar.

<2.4> Zu den zulässigen Stanzverformungen des Loches (Bild II.1)

Der zulässige Verzug bei gestanzten Löchern und Plasmaschnitten nach Bild II.1 wurde in Anlehnung an eine britische Norm reglementiert. Die praxisgerechte Überprüfung der geforderten Toleranzen dürfte sich prüftechnisch als aufwändig erweisen. Allerdings sollen dem Hörensagen nach die in Bild II.1 dargestellten Forderungen in der Regel gut einhaltbar sein, wobei allerdings das Vergleichen mit einer Grenzlehre eher als praxisfremd gesehen wird. In der Regel zersägt man ein zu prüfendes Loch und misst es dann „richtig“ aus.

<3> Zu Abs. 7 – Herstellung von Löchern für Passschrauben

Angesichts der vorgeschriebenen engen Toleranz für Passschraubenlöcher (vgl. zu II.6.6.2 <1>) ist klar, dass das „passende Bohren“ der Löcher in der Werkstatt am kompletten Paket aller später in der Verbindung zusammenzuschraubenden Lagen erfolgen muss. In der Regel wird man die Passlöcher, wie hier vorgegeben, in der Werkstatt mit 3 mm Untermaß vorbohren oder vorstanzen und dann vor Ort aufreiben, und zwar mit besonderer Sorgfalt am fest zusammengehaltenen Verbindungspaket.

Würden ausnahmsweise nicht nachträglich aufgeriebene, gestanzte Löcher für Scher-/Lochleibungsverbindungen mit Passschrauben beispielsweise in ermüdungsbeanspruchten feuerverzinkten Bauteilen eingesetzt, so würden sich die ermüdungsschädigenden Wirkungen des Stanzens und des Feuerverzinkens überlagern. Nach entsprechenden Untersuchungen [V86] ist in einem solchen Fall unter Umständen eine Verbesserung des Ermüdungsverhaltens dadurch erreichbar, dass man den Werkstoffbereich um den Lochrand herum unter Druckvorspannung in Dickenrichtung bringt (im Sinne einer vorgespannten Verbindung); im konkreten Fall wäre das aber durch eine Verfahrensprüfung nachzuweisen.

<4> Zu Abs. 8 – Senkung von Löchern für Senkkopfschrauben

Die Forderung, dass das Senken nach dem Lochen erfolgen muss, bedarf keines Kommentars. Weitere Angaben zur Lochsenkung für Senkkopfschrauben vgl. zu II.6.6.1 <4>.

<5> Zu Abs. 9 – Herstellung von langen Langlöchern

Die hier gegebenen Arbeitsanweisungen für Langlöcher sind klar verständlich und bedürfen keines Kommentars.

<6> Zu Abs. 10 – Grate an Löchern

Das Brechen außen liegender Lochränder ist – neben der Vermeidung von Verletzungen – vor allem auch aus Gründen des Korrosionsschutzes erforderlich. An einem Lochrand mit Grat kann sich keine gleichmäßige Schichtdicke ausbilden. Innen liegende Lochränder müssen auch entgratet werden, aber aus einem anderen Grund, nämlich um ein sattes Anliegen der verbundenen Bauteile zu ermöglichen und die Verbindungsmittel (Schrauben oder Niete) nicht zu beschädigen. Deshalb müssen insbesondere in ermüdungsbeanspruchten Bauteilen die Schrauben- und Nietlöcher generell gratfrei sein. Es muss aber darauf hingewiesen werden, dass das Entgraten so erfolgen sollte, dass der Lochrand nach dem Entgraten immer noch relativ scharfkantig ist, um die Tragfähigkeit der Schraubenverbindung voll zu erhalten. Nach Meinung der Verfasser liegt bei einem Radius $r \leq 1$ mm ausreichende Scharfkantigkeit vor.

Zu II.6.7 Ausschnitte

<1> Zu Abs. 1 u. 2 – einspringende Ecken und Ausklinkungen

Mit „Überschneiden" einer einspringenden Ecke ist gemeint, dass man sie durch zwei aufeinander zulaufende gerade Schnitte zu erzeugen versucht (z. B. mittels manuellen Brennschneidens). Dabei ist es unvermeidbar, dass einer der beiden Schnitte etwas zu lang gerät. Das ist keinesfalls zulässig. Selbst bei Einsatz maschinellen thermischen Schneidens (egal mit welchem der drei Verfahren) ist eine scharfe Ecke aus Gründen der Kerbwirkung unzulässig (siehe Bild KII.6-16). Einspringende Ecken und Ausklinkungen müssen mit einem Radius von mindestens $r = 5$ mm ausgerundet werden (siehe Bild KII.6-16). Eine Differenzierung des Mindestradius nach der Ausführungsklasse (wie in der 2011er Ausgabe der EN 1090-2 noch vorgesehen) oder von der Art der Beanspruchung (wie früher in DIN 18800-7) gibt es nicht mehr.

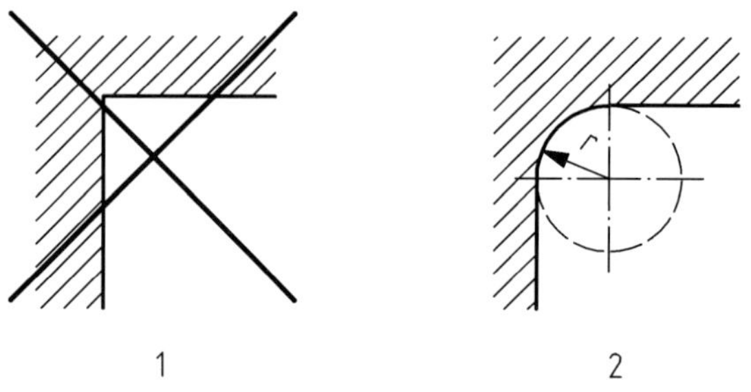

Bild KII.6-16: Einspringende Ecken, Beispiel 90°:
1 – unzulässig, 2 – Regelausführung

<2> Zu Abs. 3 – gestanzte Ausschnitte

Die Vorgaben bedürfen keines Kommentars.

Zu II.6.8 Oberflächen von Kontaktstößen

Der spezielle Hinweis auf die Toleranzen in Kapitel II.11 meint die grundlegenden Montagetoleranzen für Kontaktstöße in Abschnitt II.11.2.3.5 und in Tabelle II.B.19 in Anhang II.B (siehe ausführliche Kommentare dazu). Insbesondere die dort geforderte Rechtwinkligkeit und Ebenheit der im Kontaktstoß aufeinandertreffenden Bauteil-Endflächen muss natürlich schon bei der Werkstattfertigung erreicht werden.

Zusammenbau

Zu II.6.9

<1> Zu Abs. 1 – Toleranzen beim Zusammenbau des Bauteils

Der Hinweis, dass beim Zusammenbau der Ausgangsprodukte zum Bauteil darauf geachtet werden muss, dass das fertige Bauteil die festgelegten (bzw. die in EN 1090-2 verbindlich vorgegebenen) geometrischen Herstelltoleranzen einhält, ist im Grunde trivial. Dies ist eine Grundforderung für jegliche Art von Werkstattfertigung. Die in jedem Fall einzuhaltenden grundlegenden Herstelltoleranzen werden in Abschnitt II.11.2.2 und in den Tabellen II.B.1 bis II.B.14 in Anhang II.B beschrieben (siehe Kommentare dazu). Hinsichtlich der ergänzenden Herstelltoleranzen sind die Festlegungen der Bauteilspezifikation zu beachten (siehe ausführlichen Kommentar zu II.11.3). Im Übrigen gehört die laufende Überprüfung und Überwachung, dass die Herstelltoleranzen eingehalten werden, zu den Aufgaben der werkseigenen Produktionskontrolle WPK nach EN 1090-1.

<2> Zu Abs. 2 u. 3 – Kontaktflächen verschiedener Werkstoffe

Hier geht es um das Phänomen der Kontaktkorrosion (auch galvanische oder Bimetallkorrosion genannt), zu dem im Kommentar zu II.10.4 etwas gesagt wird. Ist die Kombination verschiedener Werkstoffe mit gemeinsamer Kontaktfläche nicht vermeidbar, kommt als Vorkehrung gegen galvanische Korrosion die konstruktive Trennung durch Isolation zwischen den Werkstoffen in Betracht.

<3> Zu Abs. 4 bis 6 und Anmerkung – Ausrichten mit Hilfe aufgedornter Löcher

Das Aufdornen von Löchern zum Zwecke des Ausrichtens spielt bei der Herstellung von Bauteilen in der Werkstatt eine eher untergeordnete Rolle, dagegen eine wichtige Rolle bei der Montage des Tragwerks auf der Baustelle. Im dortigen Abschnitt II.9.6.5.3 wird aber – nicht ganz nachvollziehbar – hinsichtlich des Aufdornens auf den vorliegenden Abschnitt rückverwiesen. Die Kommentierung der hier in II.6.9 gegebenen Regeln zur Lochvergrößerung durch Aufdornen und ggf. Aufreiben erfolgt aber – der Sachlogik folgend – trotzdem im Kommentar <5> zu II.9.6.5.3.

<4> Zu Abs. 7 – Temporäre Bauteile

Die Vorgabe, dass auch temporäre Bauteile die Anforderungen von EN 1090-2 und ggf. auch alle besonderen Anforderungen erfüllen müssen, ist trivial. Auch temporäre Bauteile sind grundsätzlich Bestandteil der Konstruktion. Dieser Normabsatz soll den Anwender offenbar im Sinne eines „erhobenen Zeigefingers" daran erinnern.

<5> Zu Abs. 8 – Überhöhte oder voreingestellte Bauteile

Auch diese Vorgabe ist trivial. Beispielsweise ist ein mit vorgegebener Überhöhung in Auftrag gegebener Deckenträger selbstverständlich erst dann spezifikationsgemäß gefertigt, wenn er die Überhöhung nach Anschweißen aller Rippen, Steifen und Platten (z. B. Kopfplatten), nach Bohren aller Löcher usw. tatsächlich aufweist.

Überprüfung des Zusammenbaus

Zu II.6.10

Vorab: Hier ist nicht, wie im vorhergehenden Normabschnitt II.6.9, der Zusammenbau der Ausgangsprodukte zum Bauteil in der Werkstatt gemeint, sondern der Zusammenbau der fertigen Bauteile zum Tragwerk. Obwohl erst auf der Baustelle erfolgend, muss vorher in der Werkstatt sichergestellt werden, dass er später auch funktioniert. Die dafür erforderlichen Überprüfungsmaßnahmen sind hier gemeint.

Alle drei hier genannten Varianten zur Überprüfung der erforderlichen Passgenauigkeit an komplexen Montageschnittstellen, also

- Schablonen,
- dreidimensionale Messungen,
- probeweiser Zusammenbau,

sind Stand der Technik in der Stahlbaupraxis. Ihr Einsatz hängt von der jeweiligen Bauteilstruktur, der Bauteilgröße und den Fertigungs- und Montagebedingungen ab; ferner auch davon, dass die Montagearbeiten optimiert werden sollen.

Bild KII.6-17a zeigt als Beispiel den probeweisen Zusammenbau der in drei Segmenten vorgefertigten Stahlkonstruktion für die in Bild KII.6-17b während der Montage gezeigte Überdachung einer Stadtbahn-Haltestelle.

a)

b)

Quelle: SEITZ Stahlbau GmbH, Herforst, und PSP, Essen

Bild KII.6-17: Stahlkonstruktion für die Überdachung einer Stadtbahn-Haltestelle:
a) Probeweiser Zusammenbau in der Werkstatt, b) Montage

Schweißen

Zu II.7

Einführender Kommentar zu Kapitel II.7

Die europäischen Basisnormen für das Schweißen liegen inzwischen durchgehend als EN-ISO-Normen vor, so dass in EN 1090-2 weitgehend nur noch auf diese Normen verwiesen werden muss. Der Normtext dieses Kapitels ist deshalb unvermeidbar sehr „querverweislastig" und enthält nur ausgewählte technische Anforderungen an das Schweißen.

Für das Schweißen an Stahlguss und Gusseisen macht EN 1090-2 keine Angaben. Empfehlungen für das Schweißen von Gusseisen finden sich in EN 1011-8 [R92], für Stahlguss gibt es bisher keine vergleichbare europäische oder nationale Norm. Die angeblich geplante prEN 1011-9 „Schweißen von Stahlguss" wird sich voraussichtlich nur mit dem Produktionsschweißen befassen. Die Entwürfe für das zukünftige Stahlguss-Normenpaar EN 10340-1 und -2 [R20, R21], welches die jetzt gültige Produktnorm EN 10340 ersetzen wird, enthalten auch nur Angaben zum Schweißen von Gussstücken untereinander durch den Gießer, nichts zum Verschweißen von Gussstücken mit anderen Stahlerzeugnissen (Bleche, Rohre, Schmiedestücke). Gerade solche Schweißverbindungen werden aber im modernen Architekturstahlbau zunehmend ausgeführt (vgl. z. B. Bild KII.5-8, siehe auch Bild KII.7-20).

Für deutsche Anwender sei dazu auf den derzeit noch gültigen Nationalen Anhang zu EN 1993-1-8 [R104] verwiesen. Dort wird im normativen Anhang NA.B auch das Schweißen an Gussstücken behandelt (vgl. auch zu II.5.4 <1>).

Allgemeines

Zu II.7.1

<1> Zu Abs. 1 mit Anmerkung und Abs. 4 und 5 – Qualitätsanforderungen für Schmelzschweißen nach EN ISO 3834

Die Qualitätsanforderungen für das **Schmelzschweißen** metallischer Werkstoffe sind in der internationalen Normenreihe EN ISO 3834 enthalten. Sie besteht aus fünf Teilen (vgl. II.2.3), von denen in den Teilen 2 bis 4 folgende Stufen der Qualitätsanforderungen definiert werden:

- Teil 2: Umfassende Qualitätsanforderungen,
- Teil 3: Standard-Qualitätsanforderungen,
- Teil 4: Elementare Qualitätsanforderungen.

Diese drei Stufen der Qualitätsanforderungen nach EN ISO 3834 werden im Abs. 4 des vorliegenden Abschnittes der EN 1090-2 explizit den vier Ausführungsklassen **EXC1 bis EXC4** zugeordnet.

Der in der Anmerkung zu Abs. 1 genannte Leitfaden **CEN ISO/TR 3834-6** [II.Lit29] ist 2007 in Deutschland als **DIN-Fachbericht** gleichen Namens [R165] erschienen. In diesem DIN-Fachbericht wird die Anwendung der Normenreihe EN ISO 3834 ausführlich und umfassend kommentiert. Außerdem wurde dazu nach erstmaliger Veröffentlichung von EN ISO 3834 im Jahre 2006 vom Zweitverfasser der 1. Auflage des vorliegenden Buches ein umfangreicher Kommentar als DIN/DVS-Taschenbuch veröffentlicht [V88].

Abs. 5 erinnert daran, dass seit 2014 die Auswahl der Ausführungsklassen im jeweiligen Nationalen Anhang zu EN 1993-1-1/A1 [R96], Anhang C, festgelegt werden darf, wobei dort empfohlen wird, geschweißte Bauteile ab Festigkeitsklasse S355 aus der Ausführungsklasse EXC1 herauszuhalten. Genau dieser Empfehlung ist man im deutschen NA zu EN 1993-1-1/A1 [R97] gefolgt (vgl. zu II.4.1.2 <2.2>).

<2> Zu Abs. 1 – Qualitätsanforderungen für Widerstandsschweißen nach EN ISO 14554

Die Qualitätsanforderungen für das **Widerstandsschweißen** metallischer Werkstoffe sind in der internationalen Normenreihe EN ISO 14554 enthalten, welche folgende Teile hat (vgl. II.2.3):

- Teil 1: Umfassende Qualitätsanforderungen,
- Teil 2: Elementar-Qualitätsanforderungen.

Im Gegensatz zu EN ISO 3834 gibt es demnach in EN ISO 14554 nur zwei Stufen der Qualitätsanforderungen. Eine Zuordnung dieser beiden Stufen zu den Ausführungsklassen EXC wird in EN 1090-2 nicht gegeben. Die Verfasser empfehlen folgende Zuordnung: Für die Ausführungsklasse **EXC1** reichen die „elementaren Qualitätsanforderungen" nach EN ISO 14554-2 aus, während ab Ausführungsklasse **EXC2** „umfassende Qualitätsanforderungen" nach EN ISO 14554-1 gefordert werden sollten. Der Auftraggeber kann natürlich auch für Bauteile der Ausführungsklasse EXC1 „umfassende Qualitätsanforderungen" fordern.

Im Übrigen betrifft das Widerstandsschweißen eher einen Randbereich des Stahlbaus, vorwiegend eingesetzt – wegen des hohen Investitionsaufwandes – bei der industriellen Serienfertigung von Stahlbauteilen unter übersichtlichen Fertigungsbedingungen. Da kein Schweißzusatz benötigt wird, ist das Widerstandsschweißen besonders beim Zusammenfügen unterschiedlicher Materialien ein vorteilhaftes Schweißverfahren. Es entsteht dann im Schweißbereich ein Gemisch von zwei Grundwerkstoffen.

<3> Zu Abs. 2 – Schweißen von Betonstahl an Baustahl

Die hier in Bezug genommene Normenreihe **EN ISO 17660** „Schweißen von Betonstahl" hat zwei Teile (vgl. II.2.3), die sich aber nicht nach Stufen von Qualitätsanforderungen unterscheiden, sondern nach tragenden und nichttragenden Schweißverbindungen. Im Teil 1 für tragende Verbindungen findet sich ein Abschnitt über Verbindungen zwischen Betonstahlstäben und anderen Stahlteilen, z. B. Trägern oder Platten. Es werden detaillierte Angaben zur schweißtechnischen Ausführung für von einseitigen und beidseitigen Flankenkehlnahtanschlüssen von Betonstahlstäben an Baustahlteilen und von geschweißten Stirnplattenverbindungen gemacht. Eine sinnvolle Zuordnung zu den Ausführungsklassen nach EN 1090-2 kann man indirekt herleiten daraus, dass Hersteller geschweißter Betonstahlverbindungen erstens die Qualitätsanforderungen nach EN ISO 3834-3 voll erfüllen und zweitens über mindestens eine Schweißaufsichtsperson nach EN ISO 14731 mit speziellen technischen Kenntnissen für das Schweißen von Betonstählen verfügen müssen: Das bedeutet mindesten Ausführungsklasse EXC2.

Im Teil 2 von EN ISO 17660 für nichttragende Betonstahlverbindungen kommen Anschlüsse an Baustahl nicht explizit vor. Da nichttragende Betonstahlverbindungen üblicherweise mit der gleichen Sorgfalt herzustellen sind wie die tragenden Verbindungen, gilt dies auch für nichttragende Verbindungen zwischen Betonstahlstäben und Stahlbauteilen.

Das Normenpaar EN ISO 17660-1 und -2 steht folgerichtig in der deutschen Liste der Technischen Baubestimmungen (Abschnitt A1 in der MVV-TB [194]), allerdings ergänzt mit der zusätzlichen Vorschrift, bei den Themen Qualitätsanforderungen und Schweißpersonal sei „die DVS-Richtlinie DVS 1708:2009-09 zu beachten". Was das für die Anwendung in Deutschland bedeutet, wird an den entsprechenden Stellen kommentiert.

<4> Zu Abs. 3 – Lichtbogenschweißen ferritischer und nichtrostender Stähle

Die Normenreihe **EN 1011** enthält in acht Teilen Empfehlungen zum Schweißen metallischer Werkstoffe für verschiedene Arten schweißgeeigneter metallischer Werkstoffe und für spezielle Schweißprozesse. Die hier in Bezug genommenen ersten drei Teile behandeln das **Lichtbogenschweißen** allgemein, d. h. manuell, teilmechanisch, vollmechanisch und automatisch EN 1011-1), sowie speziell an ferritischen (außer nichtrostenden ferritischen) Stählen (EN 1011-2) und an allen Arten von nichtrostenden Stählen (EN 1011-3). Die Inhalte wurden auch international als ISO/TR-Report veröffentlicht [R211].

Die in der 2011er Ausgabe von EN 1090-2 noch enthaltenen zusätzlichen Anforderungen für das Schweißen nichtrostender Stähle, die explizit als „Änderungen der Anforderungen von EN 1011" tituliert waren, sind jetzt auf Betreiben einzelner Mitgliedsländer unter der Maxime „eine Norm ist kein Lehrbuch" entfallen. Als Hilfestellung waren diese zusätzlichen Informationen zur schweißtechnischen Verarbeitung nichtrostender Stähle in deutschen Betrieben aber durchaus willkommen, sie finden sich jetzt teilweise in der abZ Z-30.3-6 (siehe weiter unten) wieder.

Wie schon bei der Behandlung der Schweißzusätze (vgl. zu II.5.5 <4>), so muss auch hier auf den **Eurocode EN 1993-1-4** [R100] hingewiesen werden, der – obwohl eigentlich nur für die Bemessung von Bauteilen aus nichtrostenden Stählen zuständig – auch einige beim Schweißen von nichtrostenden Stählen beachtenswerte Angaben enthält. Beispielsweise wird für das im dortigen normativen Anhang A gebrachte Verfahren zur Werkstoffauswahl explizit vorausgesetzt, dass die Anforderungen von EN 1090-2 an Schweißverfahren, anschließende Nachbearbeitung der Schweißnähte sowie Entfernung von Oberflächenverunreinigungen eingehalten werden. Bei Schweißnähten zwischen nichtrostendem Stahl und Baustahl werden besondere Maßnahmen gefordert, um die Dauerhaftigkeit der Schweißnähte sicherzustellen. Beispielsweise sollte die Schweißnaht beschichtet sein und die Beschichtung mindestens 75 µm auf die Oberfläche des nichtrostenden Stahls aufgebracht werden.

Es muss hier ferner wieder daran erinnert werden, dass im deutschen bauaufsichtlichen Bereich beim Bauen mit nichtrostenden Stählen, also vor allem auch beim Schweißen von nichtrostenden Stählen, weiterhin die abZ **Z-30.3-6** [R9] zu beachten ist (vgl. zu II.1 <1.3>). Sie enthält teilweise Festlegungen, die deutlich einschränkender sind als die europäischen Festlegungen in EN 1011-3.

Bei Anwendung des Schweißprozesses **Laserstrahlschweißen** sind nach Auffassung der Verfasser die Empfehlungen in **EN 1011-6** [R91] zusätzlich zu beachten. Warum dieser Normteil in EN 1090-2 nicht erwähnt wird, ist nicht bekannt. Möglicherweise wurde er einfach nur vergessen.

In den Kommentaren zu Abschnitt II.7.7 findet man einige weitere Aussagen zum Schweißen nichtrostender Stähle.

Schweißplan — Zu II.7.2

Erfordernis eines Schweißplanes — Zu II.7.2.1

Der hier generell geforderte Schweißplan soll gewährleisten, dass die geforderte Stufe der Qualitätsanforderungen nach den Normenreihen EN ISO 3834 bzw. EN ISO 14554 bei der Fertigung geschweißter Bauteile erreicht werden kann. Für sehr einfache Bauteile, z. B. der Ausführungsklasse EXC1, ist die Aufstellung eines Schweißplanes aber in der Regel nicht erforderlich.

Eine Definition des Begriffes „Schweißplan" findet man z. B. in **DIN 1910-100** [R50]: „Plan, der das gesamte Schweißverfahren festlegt (z. B. Schweißfolgeplan, Schweißbedingungen, Schweißparameter)." Der Schweißplan ist somit der Oberbegriff für alle schweißtechnischen Fertigungspläne. Er kann die Fertigungspläne Heftfolgeplan, Schweißfolgeplan und Schweißanweisung sowie die Prüfanweisungen und ggf. den Wärmebehandlungsplan enthalten oder aus einzelnen Fertigungsplänen bestehen. Einzelheiten zum Inhalt und Aufbau von Schweißplänen einschließlich eines Beispiels für einen Schweißplan findet man im **DVS-Merkblatt 1710** [V12].

Inhalt eines Schweißplans — Zu II.7.2.2

<1> Zu Abs. 1 – Inhalte eines Schweißplans im Einzelnen

Der Schweißplan muss alle für die schweißtechnische Ausführung des speziellen Bauteils (sowohl in der Werkstatt als auch bei der Montage) wichtigen Punkte enthalten. Die hier im Normabschnitt II.7.2.2 aufgeführten Punkte (a) bis (n) stellen eine Art Checkliste dar und brauchen deshalb nicht in jedem Schweißplan komplett enthalten zu sein; sie werden aber nachfolgend einzeln kommentiert. In Bild KII.7-1 ist, ergänzend zu dem erwähnten Beispiel im DVS-Merkblatt 1710, als weiteres Beispiel der Schweißplan für eine Brücke abgedruckt.

<1.1> Zu Abs. 1a – Schweißanweisungen

Sie sind für alle Bauteile der Ausführungsklassen EXC2 bis EXC4 erforderlich. Schweißanweisungen werden in der Normenreihe EN ISO 15609 und im Kommentar dieses Buches zu II.7.4.1.1 ausführlich erläutert.

<1.2> Zu Abs. 1b – Maßnahmen zur Vermeidung von Verzug

In einem geschweißten Bauteil entstehen **Verzug** (in der Regel bei dünnen Bauteilen und freier Schrumpfmöglichkeit) und/oder **Eigenspannungen** (in der Regel bei dicken Bauteilen oder bei Einspannung oder aufgrund der Bauteilgeometrie). Maßnahmen zur Minimierung von Verzug können eine geeignete Schweißfolge oder Vorgaben zum Ausgleich der Winkelschrumpfung sein. Ist mit Schrumpfungen zu rechnen, sollte man Schrumpfzugaben planen. Diese müssen beim Zusammenbau berücksichtigt werden, um nach der Abkühlung nach dem Schweißen möglichst das geforderte Sollmaß des Bauteils zu erreichen.

<1.3> Zu Abs. 1c – Schweißfolge

Die Schweißfolge sollte so gewählt werden, dass Verzug oder Eigenspannungen in möglichst geringem Umfang auftreten. Es muss darauf hingewiesen werden, dass es unmöglich ist, gleichzeitig Verzug **und** Eigenspannungen in einem geschweißten Bauteil auszuschließen! Grundlegende Empfehlungen für die Schweißfolge findet man in vielen Veröffentlichungen des Verlags DVS Media GmbH, Düsseldorf (z.B. auch in dem bereits erwähnten DVS-Merkblatt 1710 [V12]). Sie basieren meistens auf den Arbeiten und Erfahrungen von *Malisius*. Als Beispiel für einen anspruchsvollen Schweißfolgeplan ist in Bild KII.7-2 der zu dem Brücken-Schweißplan in Bild KII.7-1 gehörende Schweißfolgeplan wiedergegeben. Dazu ist anzumerken, dass im normalen Hoch- und Industriebau in der Regel auch weniger ausführliche Schweißfolgepläne ihren Zweck erfüllen.

Der Verweis in der Anmerkung auf Anhang II.E ist im vorliegenden Zusammenhang wenig hilfreich, da dort zwar ausführliche Erläuterungen zu den schweißtechnischen Besonderheiten bei Verwendung von Hohlprofilen gegeben werden (Schweißnahtvorbereitung, Schweißbadsicherung usw.), jedoch kaum Hinweise zur Schweißfolge.

<1.4> Zu Abs. 1d – Zwischenprüfungen

Zwischenprüfungen sind beispielsweise erforderlich, wenn eine spätere Prüfung aufgrund der Zugänglichkeit nicht mehr möglich ist, zum Beispiel bei einem Kasten, in dem nach dem Fertigstellen innenliegende Schweißnähte nicht mehr zu prüfen sind. Dabei ist auch zu beachten, dass man ggf. festgestellte Fehler noch reparieren können muss, dass z. B. ein ausreichender Zugang für die Reparatur vorhanden sein muss.

Ein weiteres Beispiel wäre ein hochbeanspruchtes dickes Bauteil, z.B. im Brückenbau, bei dem aufgrund der Dicke eine komplette Prüfung nach Abschluss der Schweißarbeiten durch RT (Durchstrahlungsprüfung) nicht mehr möglich ist. In einem derartigen Sonderfall kann der Bereich der Wurzel und der ersten Zwischenlage vor dem Weiterschweißen mit RT geprüft werden, weil UT (Ultraschallprüfung) für den Wurzelbereich nicht sinnvoll ist – RT bietet hohe Sicherheit hinsichtlich der Fehlerarmut. Nach Abschluss der Schweißarbeiten wird dann die komplette Naht UT-geprüft. Zeitpunkt und Prüfverfahren sind anzugeben.

<1.5> Zu Abs. 1e – Drehen (Wenden) der Bauteile

Zur Vermeidung von Verzug durch Winkelschrumpfungen kann es bei dickeren Bauteilen erforderlich sein, das Bauteil einmal oder mehrere Male zu wenden und wechselseitig zu schweißen. Dies ist in der Schweißfolge anzugeben. Dabei ist zu beachten, ob die Wurzel ausgearbeitet wird oder belassen bleibt. Ein symmetrisches Bauteil ohne Ausarbeitung der Wurzel wird an der zuerst geschweißten Naht eine Winkelschrumpfung erhalten, die meist, wenn kein Gegenschweißen erfolgt, nur durch aufwändige Richtarbeiten beseitigt werden kann.

<1.6> Zu Abs. 1f – Einspannen von Bauteilen

Wie bereits ausgeführt (vgl. <1.2>), kann es erforderlich sein, ein Bauteil beim Schweißen einzuspannen, um Winkel- oder Längsschrumpfung weitgehend auszuschließen. Dabei ist aber zu beachten, dass ein Vermeiden von Verzug unvermeidbar ein Einbringen von Eigenspannungen in das Bauteil bedeutet, die im Extremfall einen Spröd- oder Terrassenbruch hervorrufen können (siehe nachfolgenden Kommentar <1.7>).

Fa. Mustermann	Schweißplan	Dokument Nr.:

Schweißplan Nr.:	-- / ----
Vorhaben	BV Brücke XYZ
Kostenträgernummer	-- / ---- / --
Schweißüberwachungsperson	Die Schweißüberwachungsperson wird im Berufungsschreiben (Arbeitsanweisung Anlage 01) durch den Leiter der Schweißtechnik festgelegt.
Schweißerqualifikation	Die Schweißerqualifikation richtet sich nach den Arbeitsaufgaben am zu schweißenden Bauteil und wird von der Schweißaufsichtsperson festgelegt. Die Schweißer werden in der Schweißerliste (Arbeitsanweisung Formblatt 05) namentlich mit ihren gültigen Schweißerprüfbescheinigungen festgehalten.
Schweißprozess	111 – Lichtbogenhandschweißen 121 – UP-Schweißen 135 – MAG-Schweißen 136 – MAG-Schweißen mit schweißpulvergefüllter Elektrode 138 – MAG-Schweißen mit metallpulvergefüllter Elektrode
Grundwerkstoff	DIN EN 10025–2 S355J2
Zusatzwerkstoff	DIN EN ISO 2560 - E 42 0 RR 1 2 – ESAB OK 43.32 DIN EN ISO 2560 - E 42 4 B 4 2 H5 - ESAB OK 48.00 DIN EN ISO 14341 - G 42 3 M G3Si1 – OK Autrod 12.51 DIN EN ISO 17632 - T 42 2 M M 1 H10 - ESAB OK Tubrod 14.12 DIN EN ISO 17632 - T 42 2 M M 2 H5 - ESAB OK Tubrod 14.13 DIN EN ISO 17632 - T 46 2 P M 1 H10 - ESAB OK Tubrod 15.13 DIN EN ISO 17632 - T 50 6 Ni P M 1 H5 - ESAB PZ 6138 DIN EN ISO 14171 - S2 - ESAB OK Autrod 12.20 DIN EN ISO 14174 - SA AB 1 67 AC H5 - ESAB OK Flux 10.71
Anforderungen	Bewertungsgruppe DIN EN ISO 5817 - B Ril 804.4101 Tabelle 4, DBS 918005

Trocknen der Zusatzwerkstoffe:
Es sind die Angaben der Hersteller auf der Originalverpackung zu beachten. Basische Elektroden können bei Lieferung in einer Vakuumverpackung ohne Trocknen 8 h eingesetzt werden. Das Datum/Uhrzeit des Öffnens der Verpackung ist in dem geplanten Feld des Etikettes einzutragen. Der Transport der Elektroden kann in der Original VacPac oder in einem Köcher erfolgen. Ansonsten sind basische Elektroden und UP-Pulver in der Regel wie folgt zu trocknen:

Trockentemperatur:	$\geq$ 300° C
Trockenzeitraum:	$\cong$ 2 Stunden
Wiederholungen:	$\leq$ 3 x
Zwischenlagerung der Elektroden:	$\cong$ 120° C über unbegrenzten Zeitraum
Zwischenlagerung im Elektrodenköcher:	$\geq$ 80° C, max. 9 h, danach wieder trocknen
Zwischenlagerung von UP-Pulver:	$\cong$ 50° C, bis 48 h, danach wieder trocknen.

Keramische Badsicherungen sind trocken bei ca. 20°C und nicht mehr wie 60% Luftfeuchtigkeit zu lagern und bei der Verarbeitung aus einem beheizten Elektrodenköcher zu entnehmen.

Vorbereitung:
Die Schweißnahtbereiche sind vor dem Schweißen von Rost, Zunder und anderen Verunreinigungen zu säubern. Reste der Schweißnahtabklebung sind mittels eines nicht rückfettenden Lösungsmittels oder auf eine andere geeignete Art zu entfernen, z.B. durch Bürsten oder Schleifen.
Die Enden der Stumpfnähte sind mit Endkraterblechen bei Blechdicken >12 mm entsprechend der planmäßigen Nahtform oder Flachstahlstücken zu versehen, die eine Mindestlänge von 40 mm aufweisen. Das Anschweißen der Endkraterbleche erfolgt in der Nahtfuge.

			3		
			2		
			1		
Erstellt/Name	**Geprüft/Name**	**Datum**	**Revision SP**	**Änderung/Seite**	**Mitteilung/Bemerkung**

Bearbeitet: Ersteller, Datum	Revision:	Seite 1 von 3

Bild KII.7-1: Beispiel für einen Schweißplan im Brückenbau (Blatt 1 von 3)

Fa. Mustermann	Schweißplan	Dokument Nr.:

Vorwärmen:
Der Nahtbereich ist vor dem Schweißen schwitzwasserfrei zu trocknen. Das Vorwärmen erfolgt mittels Propan oder eines Propan/Sauerstoff-Gemisches. Durch einen ausreichenden Brennerabstand ist das Anschmelzen am Grundwerkstoff zu vermeiden. Die Mindestausdehnung des zu erwärmenden Bereiches beträgt – ausgehend von der Nahtmitte – 100mm oder bei Materialdicken bis 25mm das 4fache der Materialdicke (4 x t).
Die Kontrolle der Vorwärmtemperatur (T_V) erfolgt mittels eines Anlegethermometers.
Für das Schweißen bei Temperaturen < 5° C gilt die Arbeitsanweisung „Schweißen bei tiefen Temperaturen".
Die Anweisungen zum Vorwärmen gelten auch für das Heftschweißen, insbesondere beim Heften einer Stumpfnahtwurzel und bei Kehlnähten ist eine ausreichende Wärmemenge einzubringen.
Das Anschweißen von Montagehilfen und Endkraterblechen an eine Konstruktion ist sinngemäß zu behandeln.

Grundwerkstoff	Materialdicke [mm]	Vorwärmtemperatur [°C]
DIN EN 10025-2 – S355J2	$3 \leq t \leq 20$	$80 \leq T_V \leq 100$°C
	t >20	$T_V \approx 120$°C

Heftschweißen:
Das Heftschweißen erfolgt in der Schweißnahtfuge. Der Abstand und die Länge der Heftschweißungen werden durch die Spannungen im Bauteil und dessen Geometrie bestimmt. Die Heftschweißnahtlänge beträgt mindestens 50mm oder das 3- bis 5- fache der Materialdicke (4 x t). Zündstellen sind in die Schweißfuge zu legen.
Bei Schweißnahtlängen > 1000 mm ist von der Mitte nach Außen, bzw. vom kleinen zum großen Stegabstand zu heften, ansonsten richtet sich die Heftfolge z.B. nach dem einzustellenden Stegabstand. Heftstellen an hervorspringenden oder innenliegenden Ecken sind nicht zulässig (Kehlnähte). Vor dem Überschweißen sind die Heftschweißungen einer Sichtprüfung zu unterziehen. Heftschweißungen mit unzulässigen Fehlern sind auszuarbeiten z.B. durch Fugen oder Schleifen. Nahtanfänge und Nahtenden von Heftstellen werden vor dem Überschweißen angeschliffen.
Mindestqualifikation der Heftschweißer: 111 P FW FM1 B t14 PB ml; 111 P FW FM1 B t14 PF ml

Montagehilfen:
Schweißverbindungen zum Befestigen von Montagehilfen, wie z.B. Knaggen zum Ausrichten von Bauteilen, werden mindestens zweilagig ausgeführt. Es gilt der der Abschnitt „Vorwärmen". Sofern nicht anders festgelegt, sind für das Schweißen von Montagehilfen die Aussagen zu den Heftschweißungen sinngemäß anzuwenden.
Montagehilfen dürfen das Querschrumpfen von Stumpfnähten nicht behindern. Das Entfernen von Montagehilfen erfolgt durch Einschleifen der Kehlnaht und blechebenes Schleifen der am Bauteil verbleibenden Nahtreste in Beanspruchungsrichtung. Das Abschlagen von Montagehilfen ohne Einschleifen ist nicht zulässig. Die Festlegungen gelten auch für das Entfernen von Endkraterblechen.
Wenn gefordert, ist der Bereich der technologischen Anschweißung nach dem Schleifen einer Oberflächenriss - Prüfung zu unterziehen, das Ergebnis der Prüfung ist zu dokumentieren.

Schweißen:
Die Schweißarbeiten dürfen nur von qualifizierten Schweißern entsprechend der jeweils zutreffenden Schweißanweisung ausgeführt werden. Vor dem Schweißen muss der Schweißnahtbereich frei von Verunreinigungen und von Feuchtigkeit sein.
Der Schweißfolgeplan ist grundsätzlich einzuhalten. Das Einhalten überwacht die Schweißüberwachungsperson. Werden Änderungen an der Schweißfolge notwendig, sind diese mit der Schweißaufsicht abzustimmen.
Eine Reparaturschweißung erfolgt grundsätzlich nach Abstimmung mit der Schweißaufsicht.
Zündstellen außerhalb des Schweißnahtbereiches sind nicht zulässig!
Fehlstellen sind durch Schleifen in Kraftlinienrichtung zu beseitigen.
Bei Schweißarbeiten in der Position PE mit dem Verfahren 111 sind Zündstellen vor dem Überschweißen zu beseitigen. Nach dem Abschluss der Schweißarbeiten ist eine 100%ige Sichtprüfung vom Schweißer vorzunehmen. Fehler sind fachgerecht zu beseitigen. Werden unzulässige Fehler durch die zerstörungsfreie Werkstoffprüfung ermittelt, ist vor der Fehlerbeseitigung die Lagebestimmung der Fehler mit der Unterstützung des Prüfers vorzunehmen.
Grundsätzlich sind an einem Bauteil Stumpfnähte vor Kehlnähten zu schweißen. Des Weiteren gilt der Grundsatz „Quernaht vor Längsnaht".
Die Schweißarbeiten sind durch die Schweißüberwachungsperson zu dokumentieren.
Werden Bauteile durch eine Doppelkehlnaht miteinander verbunden, müssen die Bauteile vollständig umschweißt (Nahtanfänge, Nahtenden) werden. Ansatzstellen oder Endkrater werden nicht an hervorspringenden oder innenliegenden Ecken ausgeführt.
Ansatzstellen bzw. Endkrater sind im Abstand von mindestens einer Blechdicke (1 x t) voneinander entfernt anzuordnen.

Bearbeitet: Ersteller, Datum	Revision:	Seite 2 von 3

Bild KII.7-1 (*Fortsetzung*): Beispiel für einen Schweißplan (Blatt 2 von 3)

Fa. Mustermann	Schweißplan	Dokument Nr.:

Als grundsätzliche Schweißfolge bei Doppel-T-förmigen und kastenförmigen Bauteilen gilt Untergurt, Obergurt, Steg unter Beachtung der speziellen Hinweise in dem Schweißfolgeplan.
HV-Nähte in den Positionen PA, PF und PC sind zum Vermeiden von Bindefehlern immer an der geraden Nahtflanke beginnend kehlnahtförmig aufzubauen.
Die zulässige Pendelbreite in den Positionen PA, PF und PE beträgt bei dem Prozess 111 maximal 4 x Kerndrahtdurchmesser und bei Anwendung der Prozesse 121, 135, 136, 138 ≤15 mm.
In der Position PC sind Zugraupen zu schweißen.
Die Fallnahtposition PG ist untersagt!

Nacharbeiten:
Zündstellen außerhalb des Schweißnahtbereiches sind nicht zulässig und werden durch Schleifen in Beanspruchungsrichtung beseitigt. Rückstände von Schweißrauchen sowie anhaftende Schweißspritzer werden nach dem Schweißen entfernt.

Prüfungen:
Nach dem Abschluss der Schweißarbeiten erfolgt eine 100%ige Sichtprüfung (VT) durch den Schweißer bzw. die Schweißüberwachungsperson.
Ist bei Stumpfnähten ein vollständiges Durchschweißen gefordert, erfolgt zusätzlich eine mindestens 10%ige Ultraschall- (UT) oder Röntgenprüfung (RT). Das Bewerten der Schweißverbindung erfolgt nach DIN EN ISO 5817 und der geforderten Bewertungsgruppe.

Mitgeltende Unterlagen:

Arbeitsanweisung	Schweißarbeiten
Arbeitsanweisung Anlage 01	Berufungsschreiben zur Schweißüberwachungsperson SÜP
Arbeitsanweisung Anlage 02	Kohlelichtbogen-Fugenhobeln
Arbeitsanweisung Anlage 03	Arbeitsanweisung für Eisenbahnbrücken DB Ril 804
Arbeitsanweisung Anlage 04	Sanierungsplan für das Auftragsschweißen bei abweichenden Stegabstand
Arbeitsanweisung Anlage 05	Entfernen technologischer Anschweißungen
Arbeitsanweisung Formblatt 05	Schweißerliste
Arbeitsanweisung Formblatt 10	Protokoll Schweißarbeiten
Arbeitsanweisung	Verarbeiten von nichtrostendem Stahl
Arbeitsanweisung	Schweißen bei tiefen Temperaturen
Arbeitsanweisung	Musterschweißfolgen/Musterschweißtechnologien
Zeichnung	
Stückliste	
Schweißnahtprüfplan Montage	

Schweißaufsichtsperson

....
Name, Unterschrift, Stempel

Ort, den

Ende Schweißplan

Bearbeitet: Ersteller, Datum	Revision:	Seite 3 von 3

Bild KII.7-1 (*Fortsetzung*): Beispiel für einen Schweißplan (Blatt 3 von 3)

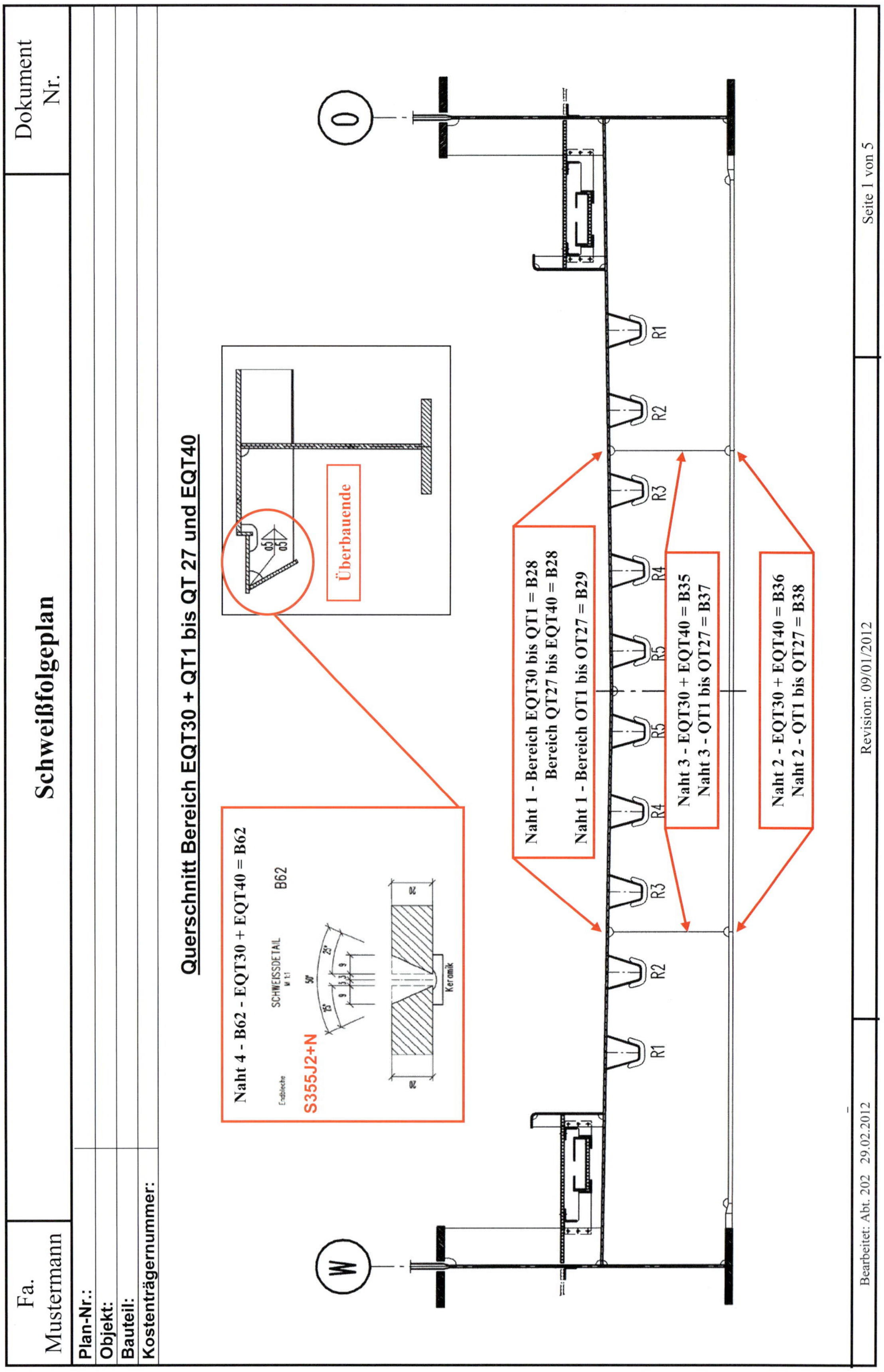

Bild KII.7-2: Beispiel für einen Schweißfolgeplan im Brückenbau (Blatt 1 von 5)

Fa. Mustermann	Schweißfolgeplan	Dokument Nr.

Naht 1 → B28 - FB - Bereich EQT30 - QT1
Naht 1 → B28 - FB - Bereich QT27 - EQT40

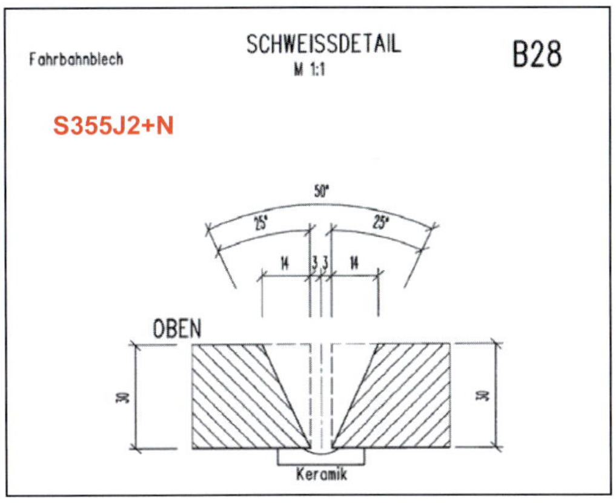

Naht 1 → B29 - FB - Bereich QT2 - QT27

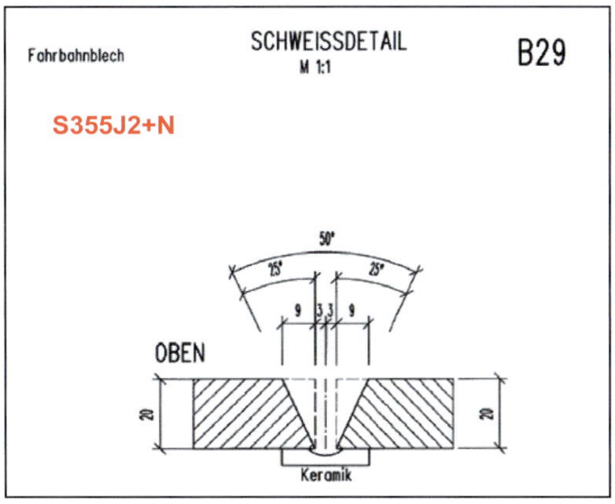

Naht 2 → B36 - EQT30 + 40 - UG

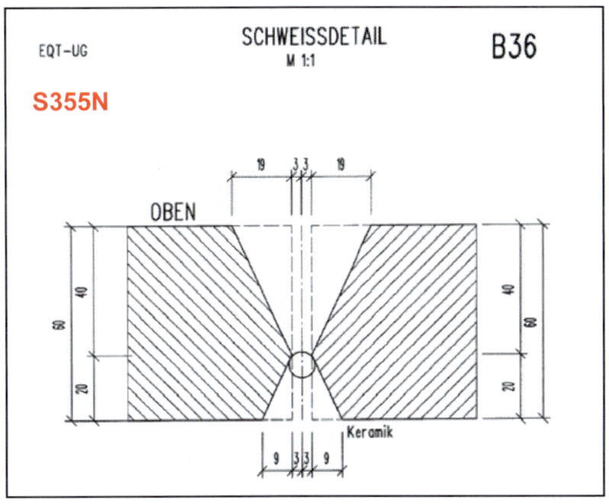

Naht 2 → B38 - QT 1 - QT27 - UG

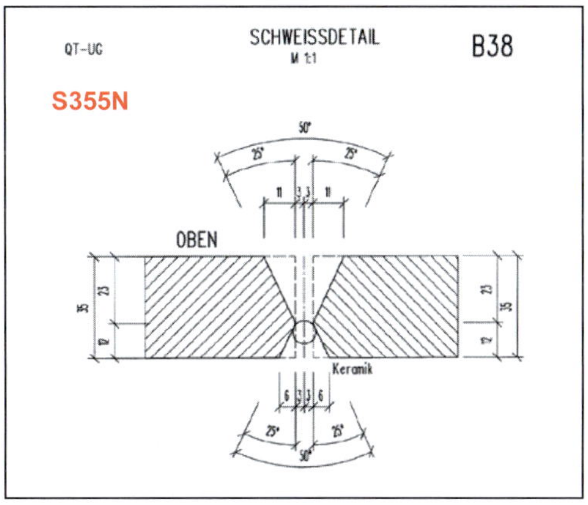

Naht 3 → B35 - EQT30 + 40 - Steg

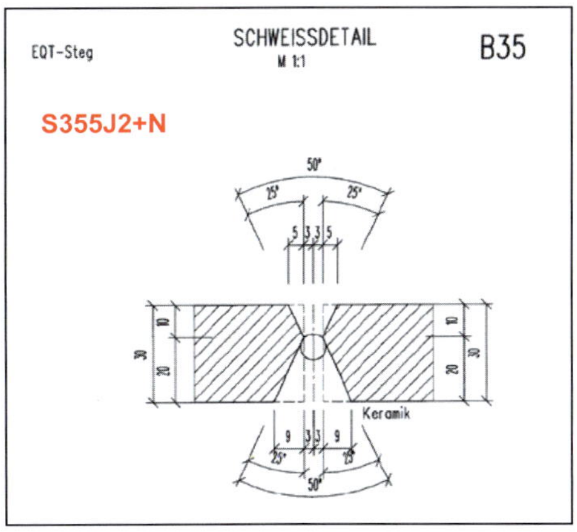

Naht 3 → B37 - QT 1 - QT27 - Steg

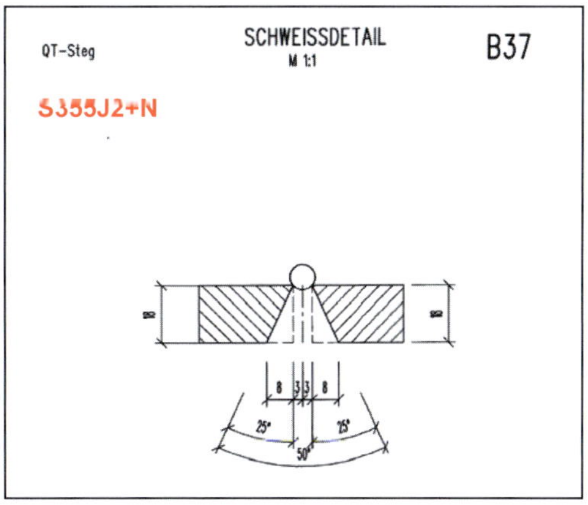

Bearbeitet:	Revision:	Seite 2 von 5

Bild KII.7-2 (*Fortsetzung*)**:** Beispiel für einen Schweißfolgeplan (Blatt 2 von 5)

Fa. Mustermann	**Schweißfolgeplan**	Dokument Nr.

Nr.	Arbeitsfolge	Schweißfolge	Verfahr.	Position	Nahtart	Bemerkung
1	Wareneingangskontrolle					Kontrolle der Nahtvorbereitung und Maßhaltigkeit der Bauteile. Treten Abweichungen vom Sollzustand auf, sind diese in der QAA08/02/01F01 Mängelrüge zu protokollieren.
2	Bauteile entsprechend Geometrieplan und Nahtgeometrie ausrichten. **Achtung!** **Beim ausrichten der Längsstöße Ost u. West ist auf die Einhaltung des Lichtraumprofiles zu achten!**					Stegabstände im Schweißjournal dokumentieren.
3	**zum Einsatz kommende Schweißzusatzwerkstoffe im Verfahren 111 + 136 + 138 in Abhängigkeit von der Materialgüte**					

Schweißverbindung		Schweißzusatzwerkstoff		
Materialgüte 1	**Materialgüte 2**	**Verf. 111**	**Verf. 136**	**Verf. 138**
S355J2+N	S355J2+N	OK 48.00	OK Tubrod 15.13 Filarc PZ 6138	OK Tubrod 14.12
S355J2+N	S355N			
S355J2+N	S355NL			
S355N	S355N			
S355N	S355NL			
S355NL	S355NL	OK 48.08	Filarc PZ 6138	

Nr.	Arbeitsfolge	Schweißfolge	Verfahr.	Position	Nahtart	Bemerkung
4	**zum Einsatz kommende Schweißzusatzwerkstoffe im Verfahren 136 + 138 in Abhängigkeit von der Blechdicke und der Schweißpositionen** **OK Tubrod 14.12 t ≤ 45mm Pos. PA + PB** **OK Tubrod 15.13 t ≤ 40mm Pos. PA + PB + PC + PD + PE + PF** **Filarc PZ 6138 t > 10mm Pos. PA + PB + PC + PD + PE + PF**					
5	Vorwärmen der zu schweißenden Nahtbereiche → siehe Sp- Nr. 28/13/244					Kontrolle mittels Anlegethermometer
6	wenn es die Ausbildung des Schweißstoßes zulässt so ist jeder Schweißstoß ist an den Nahtenden mit Endkraterblechen zu versehen	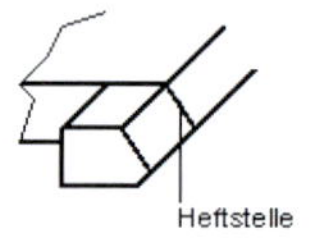	111 alt. 136 alt. 138	PF PC	I- Naht	ZW 111: OK 48.00 ZW 136: OK Tubrod 15.13 ZW 138: OK Tubrod 14.13 Immer in der Nahtfuge heften.. Ansätze u. Endkraterporen ausschleifen!
7	**Naht 1/O** heften	Heften von der Mitte des Bauteils nach außen bzw. vom kleinen zum großen Stegabstand	136 alt. 138	PA	V-Naht	ZW 136: OK Tubrod 15.13 ZW 138: OK Tubrod 14.12 Heften auf Rundkeramik. Ansätze u. Endkraterporen sind auszuschleifen
8	**Naht 1/O** schweißen der Wurzel- u. 1. Fülllage	Schweißrichtung lagenweise wechseln 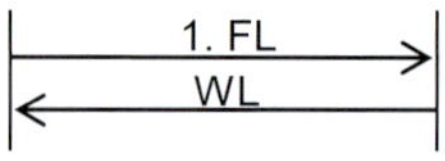	136 alt. 138	PA	V-Naht	ZW 136: OK Tubrod 15.13 ZW 138: OK Tubrod 14.12 Heften auf Rundkeramik. Ansätze u. Endkraterporen sind auszuschleifen
9	**Naht 2/O** heften		136 136 alt. 138	PA	2/3 DV-Naht	**EQT30 u. EQT40** ZW 136: Filarc PZ 6138 **QT1 bis QT27** ZW 136: OK Tubrod 15.13 ZW 138: OK Tubrod 14.12 Heften auf Rundkeramik. Ansätze u. Endkraterporen sind auszuschleifen

Bearbeitet:	Revision:	Seite 3 von 5

Bild KII.7-2 (*Fortsetzung*)**:** Beispiel für einen Schweißfolgeplan (Blatt 3 von 5)

Fa. Mustermann	**Schweißfolgeplan**	Dokument Nr.

Nr.	Arbeitsfolge	Schweißfolge	Verfahr.	Position	Nahtart	Bemerkung
10	Schweißen der **Naht 2/O** bis zu 2/3 von der PA- Seite	Schweißrichtung lagenweise wechseln 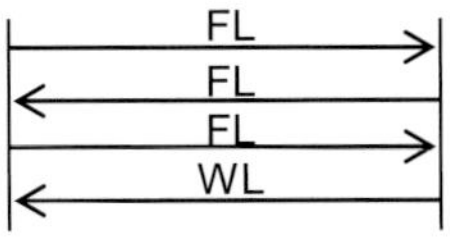	136 136 alt. 138	PA	2/3 DV-Naht	**EQT30 u. EQT40** ZW 136: Filarc PZ 6138 **QT1 bis QT27** ZW 136: OK Tubrod 15.13 ZW 138: OK Tubrod 14.12 Wurzel auf Rundkeramik schweißen. Ansätze u. Endkraterporen ausschleifen!
11	**Naht 1/O** Schweißen der Fülllagen bis max. 2/3 von der PA- Seite	Schweißrichtung ist lagenweise zu wechseln. 	121 alt. 136 alt. 138	PA	V- Naht	ZW 121: OK Autrod 12.20 OK Flux 10.71 ZW 136: OK Tubrod 15.13 ZW 138: OK Tubrod 14.12 Ansätze u. Endkraterporen ausschleifen!
12	**Naht 1/O und 2/O** Wurzellage ausfugen		111	PE	V- Naht 2/3 DV-Naht	Ausfugen mittels Kohlelichtbogen-Fugenhobeln. Gefugte Flächen sind zu beschleifen !
13	**Naht 1/O und 2/O** Kapplage schweißen	Schweißrichtung ist lagenweise zu wechseln. 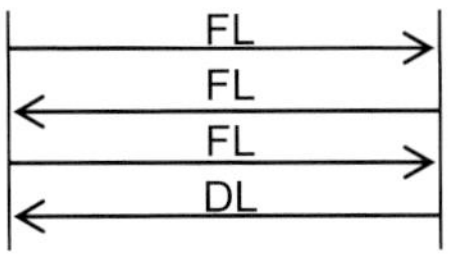	136	PE	V- Naht 2/3 DV-Naht	**Naht 1:** ZW 136: OK Tubrod 15.13 **Naht 2:** **EQT30 u. EQT40** ZW 136: Filarc PZ 6138 **QT1 bis QT27** ZW 136: OK Tubrod 15.13 Ansätze u. Endkraterporen sind auszuschleifen
14	**Naht 3/O h**eften und schweißen	Wurzel im Pilgerschritt 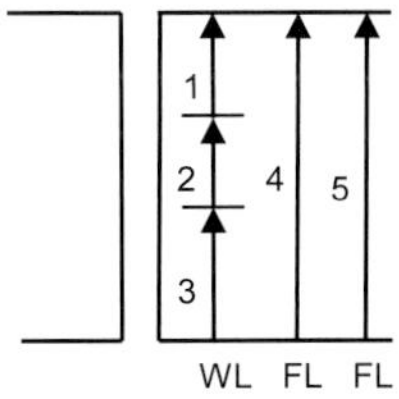	136	PF	2/3 DV-Naht V- Naht	ZW 136: OK Tubrod 15.13 Wurzel auf Rundkeramik heften und schweißen! Ansätze u. Endkraterporen sind auszuschleifen
15	**Naht 3/O** Wurzellage ausfugen		111	PF	2/3 DV-Naht V- Naht	Ausfugen mittels Kohlelichtbogen-Fugenhobeln. Gefugte Flächen sind zu beschleifen !
16	**Naht 3/O** Kapplage schweißen	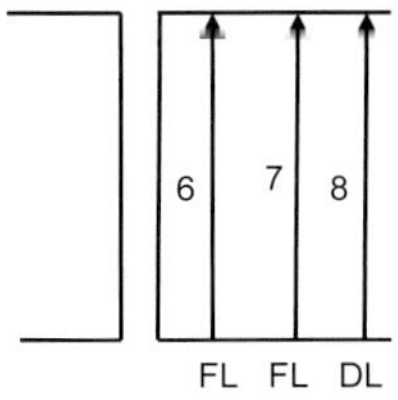	136	PF	2/3 DV-Naht V- Naht	ZW 136: OK Tubrod 15.13 Ansätze u. Endkraterporen sind auszuschleifen
17	**Mit dem Schweißen der Naht 3 können auch die Nähte 1 und 2 fertig geschweißt werden.**					
18	**Naht 1/O** fertig schweißen	Schweißrichtung ist lagenweise zu wechseln. 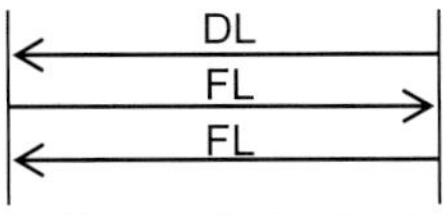	121	PA	V- Naht	ZW 121: OK Autrod 12.20 OK Flux 10.71 Ansätze u. Endkraterporen ausschleifen!
19	**Naht 2/O**	Schweißrichtung ist la-	136	PA	2/3 DV-	ZW 136: Filarc PZ 6138

Bearbeitet:	Revision:	Seite 4 von 5

Bild KII.7-2 (*Fortsetzung*)**:** Beispiel für einen Schweißfolgeplan (Blatt 4 von 5)

Fa. Mustermann	**Schweißfolgeplan**	Dokument Nr.

Nr.	Arbeitsfolge	Schweißfolge	Verfahr.	Position	Nahtart	Bemerkung
	fertig schweißen	genweise zu wechseln. 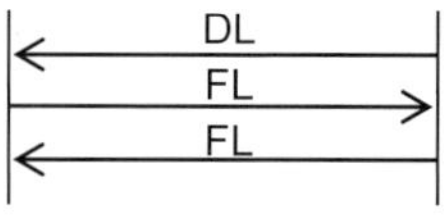	alt. 138		Naht	Ansätze u. Endkraterporen ausschleifen!
20	**Naht 4/O** schweißen		136	PA PF PE	V- Naht	ZW 136: OK Tubrod 15.13 Ansätze u. Endkraterporen ausschleifen!
21	Sichtprüfung					100% mit unbewaffnetem Auge
22	Zerstörungsfreie Prüfung					laut Schweißnahtprüfplan Montage **605-b u. 606-b**
23	Entfernen der Endkraterbleche					mittels Brennschnitt oder Fugen. Schnittflächen sind kerbfrei zu beschleifen!
24	Schweißen des Olemutz Fahrbahn an Endblech	Schweißrichtung ist lagenweise zu wechseln.	136	PA PE	DHV-Naht	ZW 136: OK Tubrod 15.13 Ansätze u. Endkraterporen sind auszuschleifen
25	Schweißen der offenen Halsnähte		136	PB PD	Kehlnaht	ZW 136: OK Tubrod 15.13 Ansätze u. Endkraterporen sind auszuschleifen
26	Sichtprüfung					100% mit unbewaffnetem Auge
27	**Schweißen Längsstoß - West analog Längsstoß Ost** **+ Naht 1/W + Naht 2/W + Naht 3/W + Naht 4/W**					**siehe lfd.- Nr. 5 bis 26**

Die Schweißfolge kann in Abhängigkeit von den Gegebenheiten nur in Abstimmung mit der Schweißaufsicht geändert werden.

Schweißaufsicht:

Unterschrift　　　　Ende Schweißfolgeplan　　　　Ort, den

Bearbeitet:	Revision:	Seite 5 von 5

Bild KII.7-2 (*Fortsetzung*)**:** Beispiel für einen Schweißfolgeplan (Blatt 5 von 5)

<1.7> Zu Abs. 1g – Vermeiden von Terrassenbrüchen

Zur Einordnung der Bruchart „Terrassenbruch"

Bei der Herstellung und Verwendung geschweißter Stahlkonstruktionen hat grundsätzlich die Vermeidung folgender Brucharten Bedeutung:

- **Verformungsbruch** – wird vermieden durch den statischen bzw. quasi-statischen Tragsicherheitsnachweis nach dem jeweils maßgebenden Teil der Normenreihe EN 1993 (Eurocode 3);
- **Ermüdungsbruch** – wird vermieden durch den Ermüdungssicherheitsnachweis nach EN 1993-1-9 oder z. B. speziell für Brücken nach EN 1993-2 oder z. B. speziell für Krane nach EN 13001-1 [R124];
- **Sprödbruch** – wird vermieden durch Auswahl der Stahlgütegruppe nach EN 1993-1-10 [R105];
- **Terrassenbruch** unter Zugbeanspruchung in Dickenrichtung – wird vermieden durch die nachfolgend beschriebenen Maßnahmen.

Zugbeanspruchung in Dickenrichtung kommt im Stahlbau aufgrund der konstruktiven Gestaltung häufig vor; vgl. Bild KII.5-6. An den dort dargestellten Kreuz-, T- und L-Stößen können Terrassenbrüche beim Vorhandensein von nichtmetallischen Einschlüssen in unmittelbarer Nähe der Schweißnaht auftreten, wobei der Terrassenbruch entweder (das ist die Regel) schon unmittelbar nach dem Schweißen durch die entstandenen Zugeigenspannungen in Dickenrichtung des Bleches oder des Formstahls verursacht wird (siehe Bild KII.7-3) oder (das ist die Ausnahme) erst später unter zusätzlichen Zugspannungen infolge externer Einwirkungen eintritt. Bei reinen Stumpfstößen sind Terrassenbrüche – auch beim Vorhandensein von nichtmetallischen Einschlüssen – unbekannt.

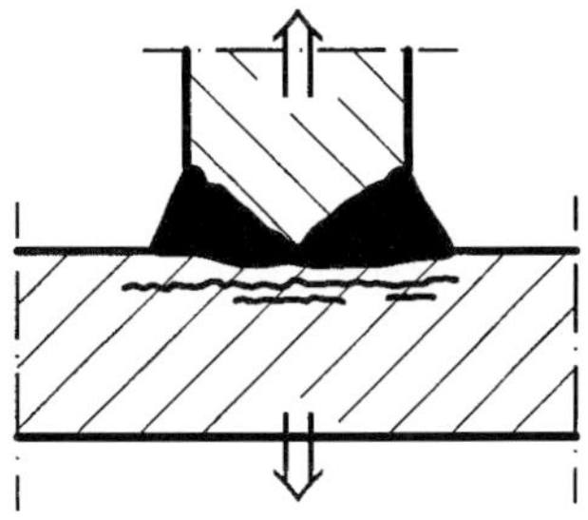

Bild KII.7-3: Terrassenbruch unter einer DHV-Naht eines T-Stoßes, hervorgerufen durch Schweißnahteigenspannungen in Dickenrichtung

In den 1960er und 1970er Jahren wurden relativ viele Schäden an geschweißten Stahlkonstruktionen festgestellt, die als Ursache einen Terrassenbruch hatten. Ursache hierfür war – neben den relativ schlechten Werkstoffeigenschaften in Werkstoffdickenrichtung – vor allem ein Streben nach „Vollanschlüssen" bei T-Stößen, um Ermüdungsbrüche zu vermeiden. Es ist wichtig zu wissen, dass die einen Terrassenbruch auslösenden Zugbeanspruchungen in Dickenrichtung in der Regel nicht von externen Lasten im Betrieb des Bauteils herrühren. Vielmehr sind die durch Konstruktion und Fertigung (vor allem Schweißen) bedingten Eigenspannungen in der Regel der Auslöser. Bei T-förmigen Verbindungen können bereits die Eigenspannungen, die beim Abkühlen der Schweißnaht in Höhe der Streckgrenze im Bauteil entstehen, ausreichen, um einen terrassenbruchgefährdeten Grundwerkstoff unter der Schweißnaht zu schädigen (siehe Bild KII.7-3).

Ein Terrassenbruch wird durch eine entsprechende Anzahl und Größe nichtmetallischer Einschlüsse im Rohstahl bedingt, die sich während des Walzens ausformen und somit die Belastbarkeit bei Zugbeanspruchung in Werkstoffdickenrichtung schwächen. Bild KII.7-4 zeigt nichtmetallische Einschlüsse im Rohstahl (Block oder Bramme) und im ausgewalzten Halbzeug. Derartige nichtmetallische Einschlüsse sind meist Mangansulfide (MnS). Es können auch (seltener) Mangansilikate (MnSi) und Aluminiumoxyde (Al_2O_3) sein. Die Bilder KII.7-7a und -7b zeigen typische Terrassenbrüche.

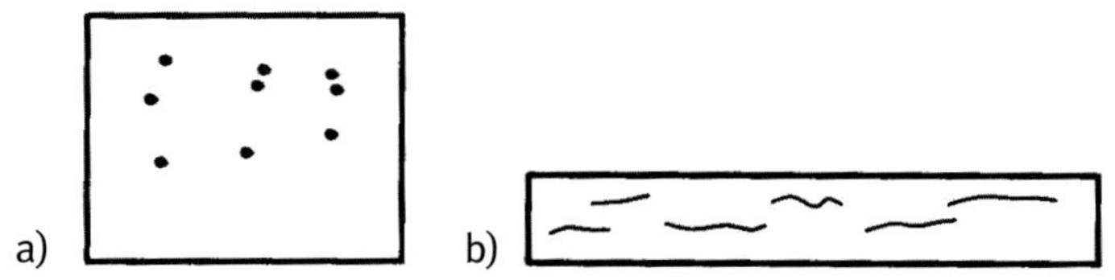

Bild KII.7-4: Nichtmetallische Einschlüsse: a) im Block, b) im ausgewalzten Halbzeug

Regelwerke zum Vermeiden von Terrassenbrüchen

Nachdem in den Jahren vor 1980 die Ursache für die Terrassenbrüche weltweit intensiv erforscht worden war, konnte in Deutschland 1981 die **DASt-Richtlinie 014** [R23] veröffentlicht werden. Darin wurden sowohl werkstoffbezogene Maßnahmen zum Vermeiden von Terrassenbrüchen als auch konstruktive und fertigungstechnische Maßnahmen empfohlen. Bei Anwendung und Beachtung der Empfehlungen der DASt-Ri 014 sind Terrassenbrüche weitestgehend zu vermeiden. Diese Empfehlungen sind nahezu komplett in **EN 1993-1-10** [R105] und teilweise in den informativen **Anhang F von EN 1011-2** übernommen worden.

Vorgehen zum Vermeiden von Terrassenbrüchen

Der Hersteller von Stahlbauten muss sich entscheiden, welchen der nachfolgend skizzierten beiden Wege zur Vermeidung von Terrassenbrüchen er wählt, wobei oft eine Kombination in Frage kommt:

- Befolgen der **konstruktiven** und **fertigungstechnischen Empfehlungen** in EN 1993-1-10 (einschließlich NA [R106]) oder in der DASt-Ri 014 oder im Anhang F von EN 1011-2. Dies reicht aber manchmal allein nicht aus, sondern muss ggf. mit einer geeigneten Werkstoffwahl, wie nachstehend beschrieben, kombiniert werden.
- Verwendung von Werkstoffen mit **„verbesserten Verformungseigenschaften senkrecht zur Erzeugnisoberfläche“** nach EN 10164 (vgl. zu II.5.3.4 <3>).

Konstruktive und fertigungstechnische Empfehlungen

Bild KII.7-5 zeigt typische Beispiele der konstruktiven Empfehlungen aus der früheren DASt-Ri 014, die auch in den erwähnten Anhang F von EN 1011-2 übernommen wurden. Mit fertigungstechnischen Empfehlungen ist vor allem **Vorwärmen** gemeint. Es bewirkt eine Verminderung der Abkühlgeschwindigkeit, womit die Schweißschrumpfung auf einen größeren Bereich ausgedehnt wird.

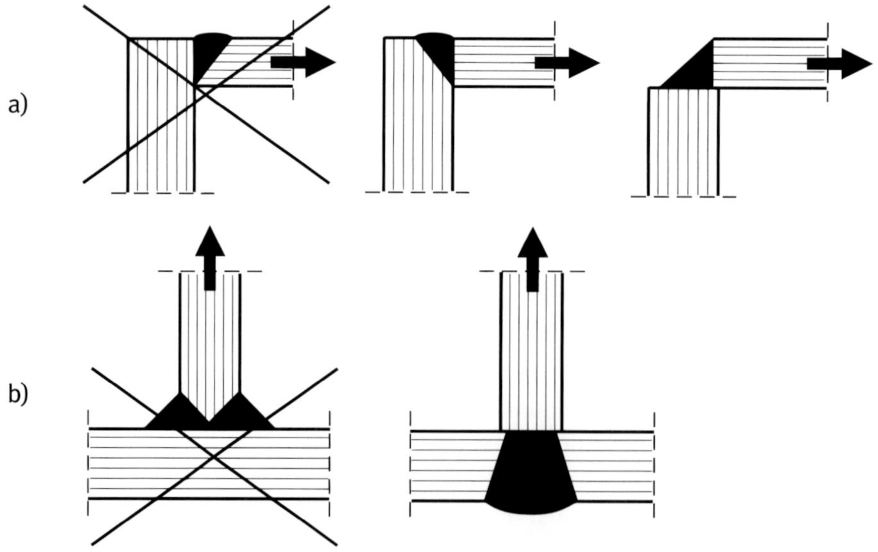

Bild KII.7-5: Beispiele für Vermeidung der Terrassenbruchgefahr durch bessere Detailkonstruktion, hier: durch Anschluss aller Schichten der miteinander verschweißten Walzerzeugnisse (nach DASt-Ri 014 [R23]):

a) Geeignetere Anordnung der Schweißnaht an einem L-Stoß,

b) Dreiblechnaht statt Doppel-HV-Naht an einem T-Stoß

Es muss noch auf eine weit verbreitete **falsche** Meinung bei geschraubten Stirnplattenanschlüssen oder -stößen hingewiesen werden (vgl. Bild KII.5-6b). Die Schraubverbindungen stellen keinen Schutz vor Schäden aufgrund von Terrassenbrüchen dar, selbst wenn die Schrauben vorgespannt sind. Die Schrauben halten zwar die Stirnplatten zusammen, auch wenn im Schraubenbereich ein Terrassenbruch im Grundwerkstoff vorliegt. Ist jedoch ein Terrassenbruch beim Schweißen der Anschlussnähte des Formstahls (z. B. I-Profil) an eine der beiden Stirnplatten aufgetreten, stellen die Schraubverbindungen **keinen** Schutz gegen ein Versagen des Stirnplattenanschlusses dar. Der Schaden wird unter den Schweißnähten auftreten; der durch den Terrassenbruch geschädigte Grundwerkstoffbereich wird dort aus der Stirnplatte herausgerissen.

Werkstoffe mit verbesserten Verformungseigenschaften senkrecht zur Erzeugnisoberfläche

Die direkte werkstoffbezogene Maßnahme zum Vermeiden von Terrassenbrüchen besteht in der Auswahl eines Werkstoffes mit so genannter **Z-Güte** nach EN 10164. Das ist eine der besonderen Werkstoffeigenschaften, die gemäß II.5.3.4 bei der Bestellung von Baustahl-Ausgangsprodukten besonders zu vereinbaren ist. Der werkstoffmechanische Hintergrund für die Ermittlung der Z-Güte sowie die Definition der drei Güteklassen Z15, Z25 und Z35 sind im Kommentar <3> zu jenem Normabschnitt beschrieben.

Da in den Jahren nach 1980 bei der Stahlerzeugung große Fortschritte bei der Verringerung von nichtmetallischen Einschlüssen erreicht wurden, z. B. durch Senkung des Schwefelgehaltes im Stahl, ist die Anzahl von bekannt gewordenen Terrassenbrüchen in den letzten Jahren zurückgegangen. So erhält der Verarbeiter/Hersteller heute in vielen Fällen ohne explizite Bestellung Werkstoffqualitäten, die bereits eine für untere Beanspruchungsniveaus akzeptable Brucheinschnürung in Dickenrichtung Z aufweisen.

Auswahl der erforderlichen Z-Güteklasse

Entscheidend bei der Werkstoffwahl ist, dass man nicht unbesehen eine unnötig hohe Güte wählt, sondern nur die tatsächlich erforderliche Güte. Dazu braucht man ein Verfahren zur Auswahl der erforderlichen Güte. Die diesbezüglichen Empfehlungen zur Werkstoffauswahl und zur Option des Vorwärmens der DASt-Ri 014 (dort Tabellen 2 und 3) wurden als Tabelle 3.2 in EN 1993-1-10 übernommen (hier als Tabelle KII.7-1 abgedruckt). Anhang F von EN 1011-2 hat dagegen zwar die Konstruktionsempfehlungen der DASt-Ri 014 übernommen, aber nicht die vorgenannten Empfehlungen zur Werkstoffwahl.

Zweck der Tabelle KII.7-1 ist es, den erforderlichen Z-Wert Z_{Ed} zu ermitteln, um den Nachweis

$$Z_{Ed} \leq Z_{Rd} \tag{II.7-1}$$

führen zu können, wobei Z_{Rd} der verfügbare Z-Wert des Werkstoffs ist. Der erforderliche Z-Wert wird ermittelt als Summe der in Tabelle KII.7-1 berücksichtigten fünf Einflüsse (a) bis (e) zu

$$Z_{Ed} = Z_a + Z_b + Z_c + Z_d + Z_e. \tag{II.7-2}$$

Da der verfügbare Z-Wert Z_{Rd} nur in den drei gemäß Tabelle KII.5-6 genormten Güteklassen vorliegt, kann die Nachweisgleichung (II.7-1) nicht direkt angewendet werden. Vielmehr benötigt man noch eine Zuordnung der ermittelten Z_{Ed}-Werte zu den Güteklassen. Dazu eignet sich am besten die bewährte Tabelle 3 aus DASt-Ri 014. Sie wurde leider nicht in EN 1993-1-10 übernommen. Tabelle KII.7-2 stellt eine Anpassung dieser Tabelle aus DASt-Ri 014 an die Terminologie von EN 1993-1-10 dar. Es wird von den Verfassern empfohlen, sie bei der Bestimmung der erforderlichen Z-Güteklasse des zu verwendenden Grundwerkstoffes nach DIN EN 10164 weiterhin anzuwenden.

Tabelle KII.7-1: Einflüsse auf die Ermittlung der erforderlichen Brucheinschnürung in Dickenrichtung Z_{Ed} (Tabelle 3.2 aus EN 1993-1-10 einschließlich Korrekturen gemäß NA:2016-04 [R106])

a)	Schweißnahtdicke, die für die Dehnungsbeanspruchung durch Schweißschrumpfung verantwortlich ist	**Effektive Schweißnahtdicke** a_{eff}**, siehe Bild 3.2**	**Nahtdicke bei Kehlnähten**	Z_i
		$a_{eff} \leq$ 7 mm	$a =$ 5 mm	$Z_a = 0$
		7 < $a_{eff} \leq$ 10 mm	$a =$ 7 mm	$Z_a = 3$
		10 < $a_{eff} \leq$ 20 mm	$a =$ 14 mm	$Z_a = 6$
		20 < $a_{eff} \leq$ 30 mm	$a =$ 21 mm	$Z_a = 9$
		30 < $a_{eff} \leq$ 40 mm	$a =$ 28 mm	$Z_a = 12$
		40 < $a_{eff} \leq$ 50 mm	$a =$ 35 mm	$Z_a = 15$
		50 < a_{eff}	$a >$ 35 mm	$Z_a = 15$
b)	Nahtform und Anordnung der Naht in T-, Kreuz- und Eckverbindungen	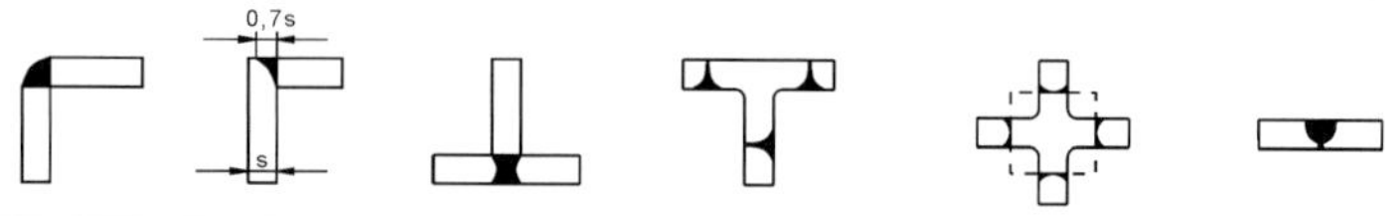		$Z_b = -25$
		Eckverbindungen	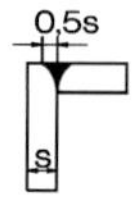	$Z_b = -10$
		Einlagige Kehlnähte mit $Z_a = 0$ oder Kehlnähte mit $Z_a > 1$ mit Puffern mit duktilem Schweißgut	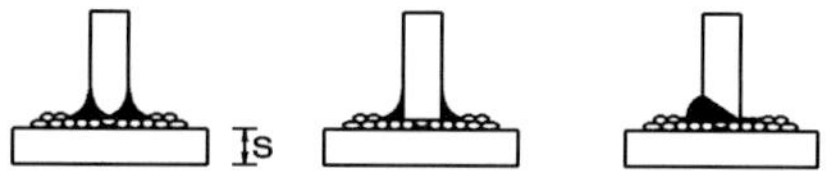	$Z_b = -5$
		Mehrlagige Kehlnähte		$Z_b = 0$
		Voll durchgeschweißte und nicht voll durchgeschweißte Nähte	mit geeigneter Schweißfolge, um Schrumpfeffekte zu reduzieren 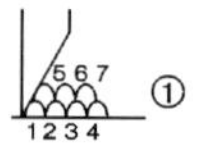 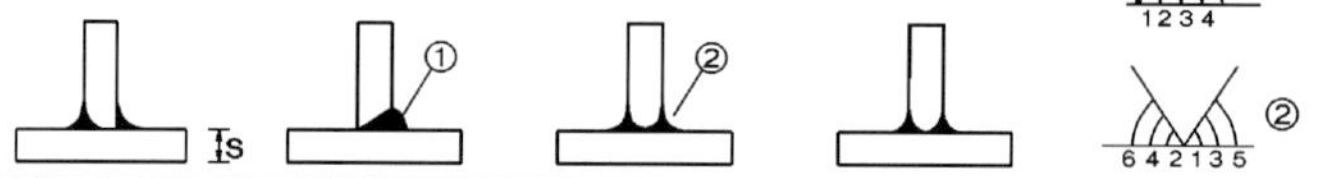	$Z_b = 3$
		Voll durchgeschweißte und nicht voll durchgeschweißte Nähte	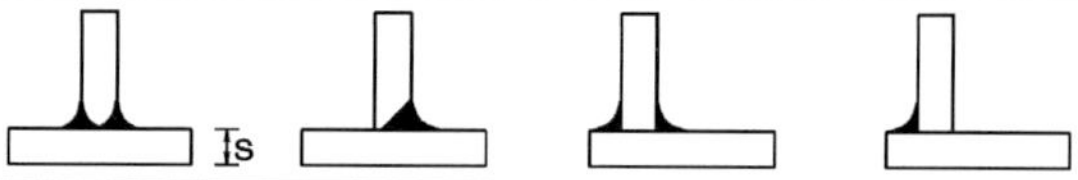	$Z_b = 5$
		Eckverbindungen		$Z_b = 8$
c)	Auswirkung der Werkstoffdicke s auf die lokale Behinderung der Schrumpfung	$s \leq 10$ mm		$Z_c = 2^a$
		10 < $s \leq 20$ mm		$Z_c = 4^a$
		20 < $s \leq 30$ mm		$Z_c = 6^a$
		30 < $s \leq 40$ mm		$Z_c = 8^a$
		40 < $s \leq 50$ mm		$Z_c = 10^a$
		50 < $s \leq 60$ mm		$Z_c = 12^a$
		60 < $s \leq 70$ mm		$Z_c = 15^a$
		70 < s		$Z_c = 15^a$
d)	Auswirkung der großräumigen Behinderung der Schweißschrumpfung durch andere Bauteile	Schwache Behinderung:	Freie Schrumpfung möglich (z. B. T-Anschlüsse)	$Z_d = 0$
		Mittlere Behinderung:	Freie Schrumpfung behindert (z. B. Querschott in Kastenträgern)	$Z_d = 3$
		Starke Behinderung:	Freie Schrumpfung verhindert (z. B. Längsrippe in orthotroper Fahrbahnplatte)	$Z_d = 5$
e)	Einfluss der Vorwärmung	Ohne Vorwärmung		$Z_e = 0$
		Vorwärmung ≥ 100 °C		$Z_e = -8$

a Darf um 50 % reduziert werden, wenn der Werkstoff in Dickenrichtung vorherrschend statisch und nur durch Druckkräfte belastet wird.

Tabelle KII.7-2: Erforderliche Z-Güteklasse des zu verwendenden Grundwerkstoffes (in Anlehnung an Tabelle 3 aus DASt-Ri 014)

Z-Wert Z_{Ed} nach Gl. (II.7-2) (Summe der Einflüsse a) bis e) nach Tabelle KII.7-1)	Erforderliche Z-Güteklasse nach EN 10164
≤ 10	Keine Z-Güte erforderlich
11 bis 20	Z15
21 bis 30	Z25
> 30	Z35

Zu Tabelle KII.7-1 ist ergänzend kritisch anzumerken, dass sie fälschlicherweise den Eindruck von Vollständigkeit erweckt. Es fehlt zum Beispiel in Zeile 1 der Sektion (b) der in Bild KII.7-6 gezeigte konstruktive Anschluss, der häufig beim Einbau von Schotten oder von vergleichbaren Aussteifern angewandt wird. Im Gegensatz zu dem in der Tabelle als zweites Bild gezeigten Detail erfolgt hier die Einspannung des vertikalen Bleches von beiden Seiten, was die ungünstige Wirkung vervielfacht. Eine Bewertung mit einer Punktezahl fehlt und dürfte auch schwierig sein. In jedem Fall verschärft sich die Terrassenbruchgefahr derart, dass für diesen Fall auch die Z-Güte des Grundwerkstoffes keine vollständige Sicherheit gegen Versagen bietet. Die Bilder KII.7-7a und -7b veranschaulichen diese typische Terrassenbruchgefahrenstelle anhand eines in einer ausgeführten Konstruktion gefundenen und eines im Versuch erzeugten Bruches.

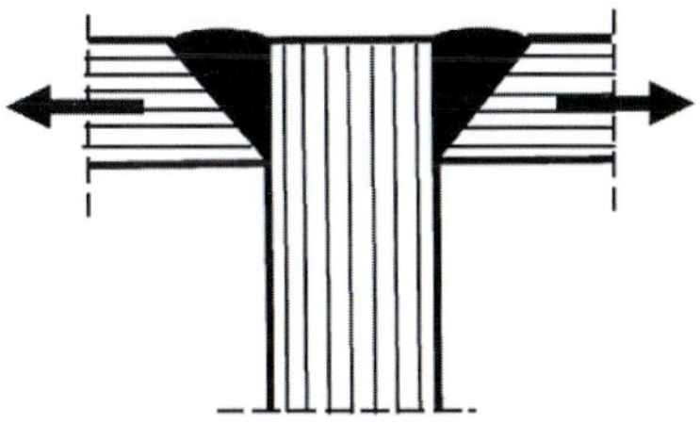

Bild KII.7-6: Hinsichtlich Terrassenbruchgefahr besonders ungünstiges konstruktives Stahlbaudetail

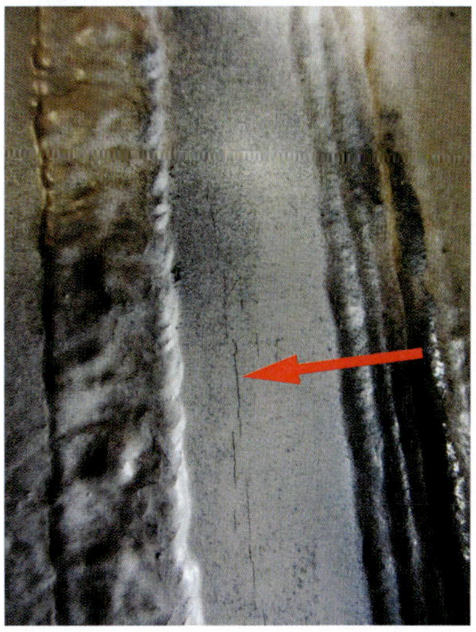

a)

b)

Bild KII.7-7: Terrassenbrüche in konstruktiven Stahlbaudetails nach Bild KII.7-6:
a) in ausgeführter Konstruktion gefunden (Draufsicht),
b) im Versuch erzeugt und vollends offen gezogen

Ultraschallprüfung und Terrassenbruch

In den Kommentaren <1> und <2> zu II.5.3.4 wird „ultraschallgeprüft" als eine zusätzliche Eigenschaft von Stahl-Ausgangsprodukten behandelt, die bei der Bestellung extra zu vereinbaren ist. Es stellt sich, da auch dort die Zugbeanspruchung in Dickenrichtung im Vordergrund steht, die Frage, ob man der Terrassenbruchgefahr nicht mit Ultraschallprüfungen beikommen kann.

Ultraschallprüfung vor dem Schweißen

Wird eine Ultraschallprüfung **vor dem Schweißen**, z. B. bei der Dopplungsprüfung eines entsprechend bestellten Bleches (vgl. zu II.5.3.4 <2>), durchgeführt, und dabei werden keine Beanstandungen festgestellt, heißt dies (leider) noch lange nicht, dass später beim Schweißen kein Terrassenbruch entstehen kann. Mit der UT-Prüfung können lediglich schon vorhandene Trennflächen innerhalb des Bleches („Dopplungen") erkannt werden, in der Regel jedoch nicht die für einen späteren Terrassenbruch verantwortlichen nichtmetallischen Einschlüsse.

Ultraschallprüfung nach dem Schweißen

In Kreisen der Praxis hört man hin und wieder die Meinung, es sei in manchen Fällen unter Umständen kostengünstiger, auf die teure Z-Güte des Grundwerkstoffes zu verzichten und stattdessen **nach dem Schweißen** die besonders kritischen Bereiche des Grundwerkstoffes einer Ultraschallprüfung zu unterziehen. Eine beim Schweißen infolge Terrassenbruch aufgetretene Werkstofftrennung würde dann erkannt werden. Eine solche UT-Prüfung – z. B. des Grundwerkstoffbereiches unter der Doppel-HV-Naht des Bildes KII.7-3 – stellt allerdings auch für einen geübten und erfahrenen Werkstoffprüfer eine Herausforderung dar, bei der nicht sicher ist, ob er den Terrassenbruch wirklich erkennt. Außerdem gibt es auch die – zwar sehr unwahrscheinliche, aber nicht ganz auszuschließende – Möglichkeit, dass der Terrassenbruch unter den Schweißeigenspannungen noch nicht aufgegangen ist (also auch bei der UT-Prüfung nicht erkannt wird), sondern erst später unter äußerer Zugbelastung aufgeht.

Wie gesagt, eine solche Ultraschallprüfung kritischer Bereiche nach dem Schweißen ist keinesfalls erforderlich, wenn die Erzeugnisse mit der erforderlichen Z-Güte bestellt worden sind. Ob Verzichten auf die Z-Güte plus UT-Prüfen nach dem Schweißen wirklich kostengünstiger ist, darf ganz stark bezweifelt werden. Vor allem: Was macht man, wenn man dabei tatsächlich einen Terrassenbruch entdeckt? Die Verfasser empfehlen dringend, den klassischen Weg „konstruktiv/fertigtechnisches Minimieren der Terrassenbruchgefahr plus ggf. Grundwerkstoff mit Z-Güte" zu wählen.

Magnetpulverprüfung und Terrassenbruch

Wird ein beidseitig eingeschweißtes Schott, ähnlich dem in Bild KII.7-6 dargestellten, in Dickenrichtung durch Schweißschrumpfspannungen beansprucht, so bietet sich eine Sichtprüfung und ergänzend eine Magnetpulverprüfung (MT) der Stirnfläche an. Damit lassen sich Risse auch in ihren Anfängen gut feststellen; die Risse in Bild KII.7-7a wurden auf diese Weise gefunden. Zwar wäre auch das Farbeindringverfahren (PT) grundsätzlich einsetzbar, jedoch kann man mit dem MT-Prüfen sauberer arbeiten als mit der PT-Prüfung. Außerdem lassen sich auch feine Anrisse mit der MT-Prüfung frühzeitig besser erkennen.

<1.8> Zu Abs. 1h – Vermeidung lokaler Aufhärtungen bei kleinen Schweißnähten

Wenn Schweißnähte mit geringer Wärmeeinbringung, z. B. Heftnähte, an einem Grundwerkstoff ausgeführt werden sollen, der durch seine chemische Zusammensetzung und/oder durch die Materialdicke zum Aufhärten neigt, müssen Maßnahmen zum Vermeiden der Aufhärtung geplant werden. Folgende zwei Maßnahmen, die auch gekoppelt werden können, kommen infrage:

- Vorwärmen,
- mehrlagiges Ausführen der Heftnaht

<1.9> Zu Abs. 1i – Spezielle Ausrüstung für Schweißzusätze

Der englische Text „*Special equipment for welding consumables*“ bedeutet – zutreffender übersetzt – „Spezielle Einrichtungen bei der Verwendung von Schweißzusätzen“. Damit sind Trockenöfen zur Nachtrocknung und Lagerung von basisch umhüllten Stabelektroden und Schweißpulvern gemeint, ggf. während des Schweißens auch Köcher (siehe zu II.7.5.2 <2>), die ggf. im Schweißplan anzugeben sind.

<1.10> Zu Abs. 1j – Nahtquerschnitt und Oberflächenzustand bei nichtrostenden Stählen

Gemäß Abschn. II.7.1 sind beim Schweißen nichtrostender Stähle die Festlegungen von **EN 1011-3** zu beachten (vgl. Kommentar <4> dazu). Zur Oberflächenbehandlung nach dem Schweißen findet man dort allerdings nur die Empfehlung, von verschiedenen aufgezählten Reinigungsprozessen (Bürsten, Strahlen, Schleifen, Beizen, elektrolytisches Polieren) die beiden letztgenannten zu verwenden, wenn man einen optimalen Korrosionswiderstand erreichen will. **EN 1993-1-4** nimmt im Anhang A zum Thema „Entfernung von Oberflächenverunreinigungen nach dem Schweißen“ nur verbal die vorliegende Norm EN 1090-2 in Bezug.

Schärfere Festlegungen zur Oberflächenbehandlung nach dem Schweißen enthält dagegen der im deutschen bauaufsichtlichen Bereich immer noch zu beachtende Zulassungsbescheid **abZ Z-30.3-6** [R9] (vgl. II.1 <1.3>). Dort wird großer Wert auf das Entfernen so genannter Anlauffarben auf und neben Schweißnähten gelegt. Anlauffarben bilden sich insbesondere in der Wärmeeinflusszone von Schweißnähten und zerstören dort die „Passivschicht“ des nichtrostenden Stahls. Das ist die nichtsichtbare Schutzschicht von ca. 5 nm ($5 \cdot 10^{-6}$ mm) Dicke, welche die wichtigste Gebrauchseigenschaft der nichtrostenden Stähle, eben die Korrosionsbeständigkeit, gewährleistet. Nähere Angaben findet man auch in den Merkblättern der Informationsstelle Edelstahl Rostfrei www.edelstahl-rostfrei.de, u. a. auch in [V4]. Die konkret vorgesehenen Maßnahmen gehören auf jeden Fall in den Schweißplan.

<1.11> Zu Abs. 1k – Anforderungen an Abnahmekriterien

Neben den Anforderungen für die Oberflächenbehandlung nach Kapitel II.10 und für die geometrischen Toleranzen nach Kapitel II.11 ist der hier in Bezug genommene Abschnitt II.7.6 mit den Festlegungen zur auszuführenden Bewertungsgruppe nach EN ISO 5817 unbedingt zu beachten (siehe zu II.7.6.1 <2>). Im Schweißplan müssen die jeweils erforderlichen Kriterien und Bewertungsgruppen angegeben werden. Aber aus wirtschaftlichen Gründen sollte die Praktikerregel „so gut wie nötig, **nicht** so gut wie möglich – wenn Verkupfern reicht, ist Vergolden Unsinn, es sei denn, der Hersteller bekommt einen vergoldeten Preis!“ beachtet werden.

<1.12> Zu Abs. 1l – Verweis auf Inspektions- und Prüfplan

Die im Inspektions- und Prüfplan gemäß II.12.4 vorgesehenen Inspektionen und Prüfungen sind im Schweißplan anzugeben. Dabei ist auch der Zeitpunkt von Zwischen- und Endprüfungen festzulegen (vgl. <1.4>).

<1.13> Zu Abs. 1m – Anforderungen an die Schweißnahtidentifizierung

In Abhängigkeit von der Ausführungsklasse EXC und von dem damit zu beachtenden Teil der Normenreihen EN ISO 3834 bzw. EN ISO 14554 (vgl. zu II.7.1) sowie von den Kundenforderungen sind im Schweißplan die Festlegungen zur Identifizierung und zur Rückverfolgbarkeit anzugeben.

<1.14> Zu Abs. 1n – Anforderungen zur Oberflächenbehandlung

Die Anforderungen an die Oberflächenbehandlung (siehe Kap. II.10) sind – soweit sie das Schweißen betreffen – im Schweißplan anzugeben.

<2> Zu Abs. 2 – Überlappte oder unzugängliche Schweißnähte

Die Problematik von Schweißnähten, die im Verlaufe der Fertigung unzugänglich werden, wurde bereits im Zusammenhang mit dadurch erforderlich werdenden Zwischenprüfungen angesprochen (vgl. <1.4>). Zu überlappten Kehlnähten bei Bauteilanschlüssen und bei Überlappstößen findet man in II.7.5.8.2 konstruktive Vorgaben (siehe Kommentar <3> dazu).

<3> Zu Abs. 3 – Schweißen in kaltumgeformten Bereichen

Schweißen in kaltumgeformten Bereichen kann eine Zunahme der Sprödbruchgefahr im Bereich der Wärmeeinflusszone (WEZ) verursachen. Deshalb darf innerhalb solcher Bereiche (einschließlich beidseitiger Streifen der Breite $5t$) nur dann geschweißt werden, wenn gewisse Bedingungen eingehalten sind; sie finden sich im hier in Bezug genommenen Abschnitt 4.14 von EN 1993-1-8:2005 (vgl. auch zu II.6.5.4 <1>).

Zu II.7.3 Schweißprozesse

Hinsichtlich der im Stahlbau einsetzbaren Schweißprozesse stellt die neue Ausgabe von EN 1090-2 eine Art Quantensprung dar: Während sowohl in der früheren DIN 18800-7 [R73] als auch in der 2011er Ausgabe von EN 1090-2 die einsetzbaren Schweißprozesse nach EN ISO 4063 explizit vorgegeben waren, dürfen jetzt gemäß EN 1090-2 sämtliche in **EN ISO 4063** genormten Schweißprozesse verwendet werden. Man verlässt sich quasi voll auf die qualitätssichernde Funktion der vorgeschriebenen Qualifizierungen aller eingesetzten Schweißverfahren sowie auf die Fachkenntnisse und das Verantwortungsbewusstsein der Schweißaufsicht der Stahlbaubetriebe.

Das entspricht der grundsätzlichen Tendenz europäischer Regelwerke, immer mehr die Verantwortung für die Fertigung an die Hersteller weiterzugeben. Das bei der Qualifizierung der Schweißprozesse erlangte Know-how des Schweißpersonals bietet zudem die Chance, die Fertigung noch mehr zu optimieren. Die Verfasser haben nach Diskussion darauf verzichtet, hier die früher vorgeschriebenen Schweißprozesse quasi als Empfehlung noch einmal aufzuführen. Die Ersteller der jüngsten Ausgabe der **abZ Z-30.3-6** [R9] haben sich in dieser Hinsicht anders entschieden und für das Schweißen nichtrostender Stähle die zulässigen Schweißprozesse wie bisher explizit vorgeschrieben.

Zu II.7.4 Qualifizierung des Schweißverfahrens und des Schweißpersonals

Zu II.7.4.1 Qualifizierung des Schweißverfahrens

Zu II.7.4.1.1 Allgemeines

<1> Zu Abs. 1 u. 3 – Erfordernis und Erstellung von Schweißanweisungen

Kernthema des Unterabschnittes II.7.4.1.1 ist, obwohl aus der Überschrift „Allgemeines" nicht erkennbar, die **Schweißanweisung (WPS)**. Der informative Anhang K von EN 1090-2 enthält ein Flussdiagramm zur Erstellung und Verwendung einer Schweißanweisung. Allerdings ist im gesamten Kapitel II.7 kein Verweis auf dieses Flussdiagramm enthalten (wohl aber in einer Anmerkung in II.12.4.2.2, wo er allerdings weniger Sinn macht; siehe Kommentar <2> dazu). Das Flussdiagramm in Anhang II.K soll das Verstehen des Qualifizierungsprozesses mithilfe der Zwischenstufe einer **vorläufigen Schweißanweisung** (**pWPS**, von *„**p**reliminary **W**elding **P**rocedure **S**pecification"*) und der Anwendung der schließlich qualifizierten WPS in der Fertigung erleichtern. Eine vorläufige Schweißanweisung (pWPS) ist eine Schweißanweisung, von welcher der Benutzer annimmt, dass mit den in ihr enthaltenen schweißtechnischen Angaben die geforderten Anforderungen an die Schweißverbindung erfüllt werden können. Die pWPS muss nach einem festgelegten, bestimmten Verfahren qualifiziert und zur endgültigen WPS weiterentwickelt werden. Die in Abs. 3 in Bezug genommene Basisnorm für die Qualifizierung von

Schweißverfahren, **EN ISO 15607**, enthält dazu im Anhang B eine Tabelle, aus der die Philosophie des Qualifizierungsprozesses von Schweißverfahren klar hervorgeht; diese Tabelle wird hier als Tabelle KII.7-3 wiedergegeben.

Tabelle KII.7-3: Verschiedene Stufen für die Qualifizierung von Schweißverfahren (Tabelle B.1 aus EN ISO 15607:2003)

Tätigkeit	Ergebnis	Beteiligte Partner
Entwicklung des Verfahrens	pWPS	Hersteller
Qualifizierung des Verfahrens durch eine Methode	WPQR[1] einschl. des Gültigkeitsbereiches der entsprechenden Norm für die Qualifizierung	Hersteller und, wenn zutreffend, Prüfer/Prüfstelle
Endgültige Festlegung des Verfahrens	WPS aufgrund dieses WPQR[1]	Hersteller
Freigabe für die Fertigung	Kopie der WPS oder Arbeitsanweisung	Hersteller

1 WPQR (von „*Welding Procedure Qualification Record*"): Bericht über die Qualifizierung des Schweißverfahrens.

Hinsichtlich der Beteiligung eines externen Prüfers bzw. einer externen Prüfstelle (ja oder nein) beim Qualifizierungsprozess und der Erstellung des WPQR (Zeile 2 in Tabelle KII.7-3) gibt es in der Praxis verschiedene Varianten, von „vorgeschrieben" (im Druckgerätebereich) bis „nicht vorgeschrieben" (im Stahlhochbau). In vielen Betrieben fungiert der Hersteller auch als Prüfer, so dass keine externe Prüfstelle involviert sein muss. Das ist aber auch stark von der verwendeten Qualifizierungsmethode abhängig (siehe II.7.4.1.2 und Kommentare dazu) und muss auf jeden Fall mit der Prüfstelle, die das Schweißzertifikat des Herstellers ausgestellt hat, abgestimmt sein.

Bei der anspruchsvollsten Qualifizierungsmethode, der Schweißverfahrensprüfung, empfiehlt es sich zu klären, welche Vorgehensweise von den Kunden und Auftraggebern akzeptiert wird. Meistens werden die Prüfstücke unter Aufsicht eines Vertreters der Prüfstelle, die das Schweißzertifikat ausgestellt hat, geschweißt. Die Werkstoffprüfungen (zumindest die zerstörenden Prüfungen) erfolgen dann durch ein vom Hersteller beauftragtes akkreditiertes Prüflabor. Sofern vereinbart, erstellt es auch auf Basis aller Prüfergebnisse den WPQR. Anderenfalls macht das, nach Erhalt aller Prüfergebnisse (ZfP und ZP), die Prüfstelle (siehe Beispiel in Bild KII.7-10).

Die Norm **EN ISO 15607** enthält auch ein Flussdiagramm, das wesentlich anschaulicher ist als das eingangs erwähnte Flussdiagramm in Anhang II.K. Es ist hier als Bild KII.7-8 abgedruckt, auch wenn es nicht mehr ganz aktuell ist (EN ISO 15614 ist inzwischen keine „prEN" mehr, und bei den Qualifizierungen aufgrund einer vorgezogenen Arbeitsprüfung und einer Schweißverfahrensprüfung fehlt EN ISO 17660); siehe auch zu II.7.4.1.2 <1>.

Schweißanweisungen müssen gemäß Abs. 1 dieses Normabschnittes entweder nach dem für den jeweiligen Schweißprozess maßgebenden Teil der Normenreihe EN ISO 15609 (bei allen Schmelzschweißprozessen und beim Widerstandsschweißen) oder nach EN 14555 (beim Bolzenschweißen) oder nach EN ISO 15620 (beim Reibschweißen) oder nach dem maßgebenden Teil des Normenpaares EN ISO 17660 (beim Schweißen von Betonstahl an Baustahl) erstellt werden. Alle genannten Normen enthalten mehr oder weniger aussagekräftige, informative Formblätter oder Beispiele für die jeweilige spezielle Schweißanweisung. Ein Beispiel einer Schweißanweisung nach EN ISO 15609-1 ist im Bild KII.7-9 wiedergegeben.

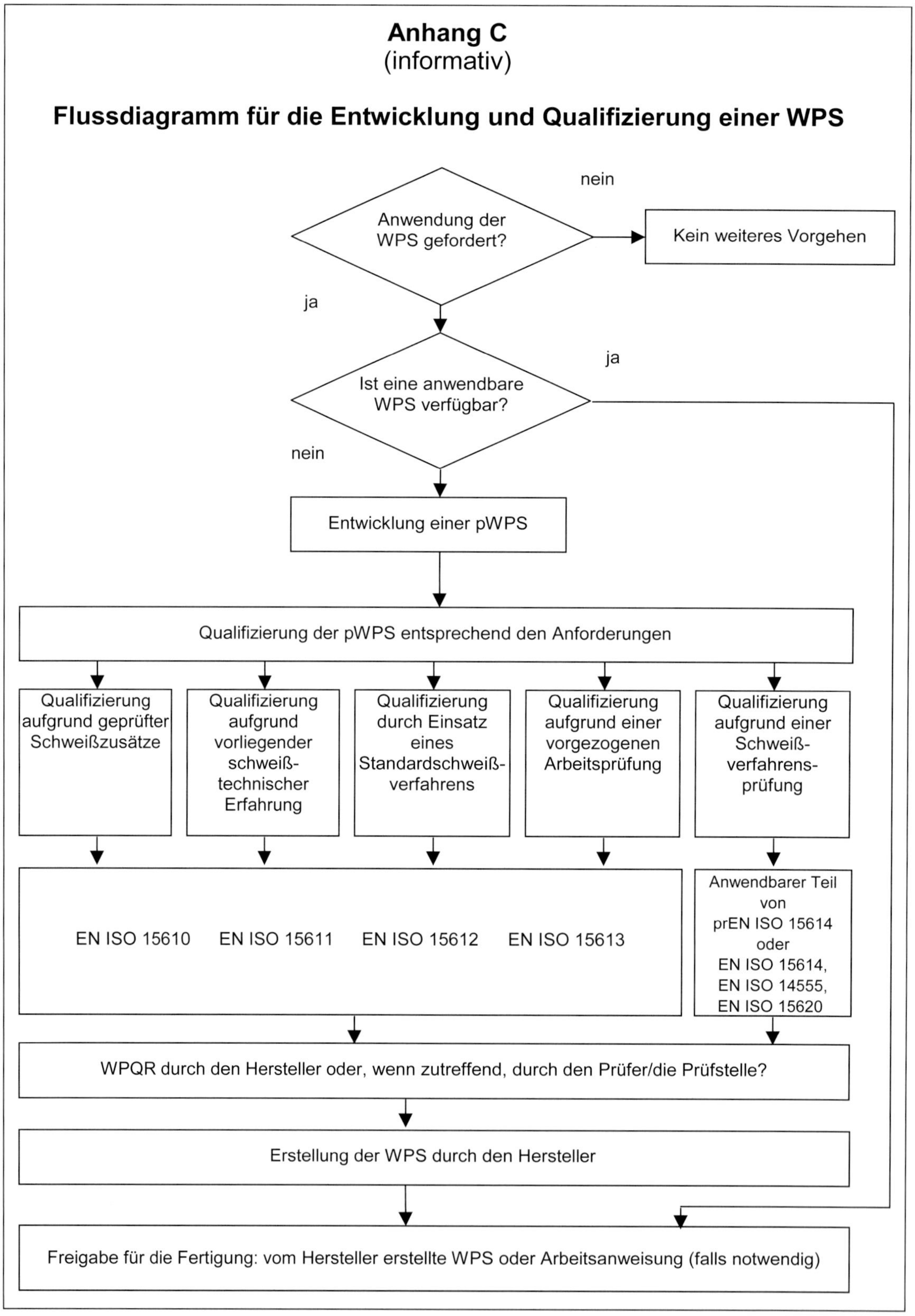

Bild KII.7-8: Flussdiagramm für die Entwicklung und Qualifizierung einer pWPS (Anhang C von EN ISO 15607:2003)

<2> Zu Abs. 2 – Einzelheiten zu Schweißanweisungen

Für **Heftnähte** können besondere Schweißlagebedingungen in der WPS enthalten sein. Dies wird in EN 1090-2 in Abschnitt II.7.5.7 bereits ab Ausführungsklasse EXC2 verlangt, was aber nach Meinung der Verfasser eine zu strenge Forderung ist (siehe auch zu II.7.5.7 <1>).

Beim Schweißen von **Hohlprofilen** sind der Nahtanfang und das Nahtende von besonderer Bedeutung. Dabei ist der Übergang von einer Kehlnaht zu einer Stumpfnaht besonders kritisch. Hierfür sollten in der WPS besondere Festlegungen getroffen werden. Die schweißtechnischen Details von Hohlprofilverbindungen werden im informativen Anhang II.E ausführlich erläutert (siehe auch Kommentare dazu).

Dass in EN 1090-2 für Schweißanweisungen als dem zentralen Dokument jeglichen Schweißens keine – außer den beiden mehr zufällig ausgewählten Hinweisen auf Heftnähte und Hohlprofilschweißungen – weiteren Angaben gemacht werden, hängt damit zusammen, dass die in Bezug genommenen ISO-Normen ausreichend verständlich und vor allem in der Stahlbaupraxis hinreichend eingeführt sind.

<3> Zu Abs. 4 – Arbeitsanweisungen in Ausführungsklasse EXC1

Für die Ausführungsklasse EXC1 gelten gemäß EN 1090-2 die „elementaren" Qualitätsanforderungen nach EN ISO 3834-4 (vgl. zu II.7.1 <1>). Darin werden – im Gegensatz zu den Normteilen 2 und 3 – keine Schweißanweisungen explizit gefordert. Mit dem vorliegenden Normabsatz von EN 1090-2 soll aber klar gemacht werden, dass auch in EXC1 geeignete Arbeitsanweisungen für das Schweißen vorliegen müssen. Gemäß EN ISO 15607 ist eine Arbeitsanweisung – im Gegensatz zur qualifizierten Schweißanweisung – eine „vereinfachte Vorschrift für das Schweißverfahren, die für die direkte Anwendung in der Werkstatt und auf der Baustelle geeignet ist".

DVS SLV DUISBURG

Schweißanweisung des Herstellers (WPS)

DIN EN ISO 15609-1:2005

Beleg-Nr.:	**SLV-DU-P-BW-1.2-t12-PA**	Art der Vorbereitung und Reinigung:	**Schleifen**
Ort:	**Duisburg**	Spezifikation des Grundwerkstoffes:	**S355J2+N / DIN EN 10025-2**
Hersteller:	**SLV Duisburg**	Werkstückdicke t (mm):	**12**
WPQR-Nr.:	**12345**	Außendurchmesser (mm):	**--**
Stoßart:	**Stumpfstoß**	Schweißposition:	**PA**
Nahtart:	**BW**	Sonstiges:	**--**
Einzelheiten der Fugenvorbereitung:	**siehe Skizze**		

Gestaltung der Verbindung	Schweißfolge
α = 60 ° b = 1 - 2 mm c = 0,5 - 1 mm	

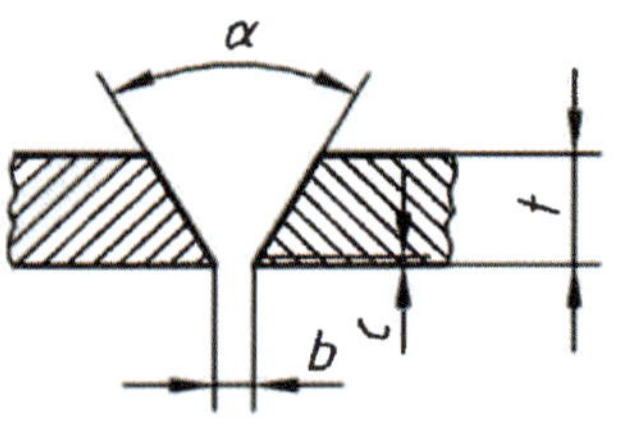

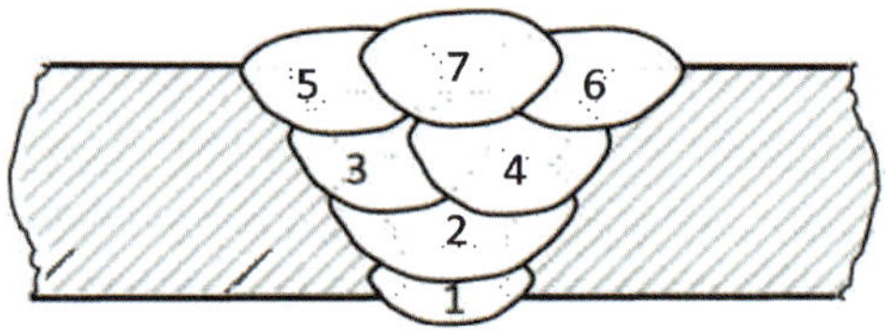

Einzelheiten für das Schweißen:

Schweiß-raupe	Prozeß	Ø des Zusatzwerk-stoffes [mm]	Stromstärke [A]	Spannung [V]	Stromart/ Polung	Draht-vorschub [m/min]	Vorschub-geschwindig-keit [cm/min]	Wärmeein-bringung [kJ/mm]	Tropfen-übergang ISO 4063
1	**135**	**1,2**	**130 - 140**	**16 - 17**	**DC+**	**3 - 4**	**20 - 30**	**0,33 - 0,57**	**D**
2	**135**	**1,2**	**170-180**	**18 - 19**	**DC+**	**4 - 6**	**34 - 40**	**0,37 - 0,48**	**S**
3-4	**135**	**1,2**	**240-250**	**21 - 22**	**DC+**	**6 - 8**	**40 - 50**	**0,48 - 0,66**	**S**
5-7	**135**	**1,2**	**240-250**	**21 - 22**	**DC+**	**6 - 8**	**40 - 50**	**0,48 - 0,66**	**S**

Zusatzwerkstoff		Kontaktdüsenabstand:	**10 - 13 mm**
- Einteilung und Markenname:	**ISO 14341-A-G 42 4 M 3Si1** **HOESCH WEKO 2**	Brenneranstellwinkel:	**neutral**
Sondervorschrift Trocknung:	**--**	Wärmenachbehandlung und/oder Ausfugen:	**--**
Schutzgas/Schweißpulver			**--**
- Schutzgas:	**ISO 14175 - M21**	Zeit, Temperatur, Verfahren:	**--**
- Wurzelschutz:	**--**	Erwärmungs- und Abkühlrate:	**--**
Gasdurchflußmenge			
- Schutzgas:	**12 - 13 l/min**		
- Wurzelschutz:	**--**		
Wolframelektrodenart/Ø:	**--**	- Pendeln (Max. Raupenbreite):	**Strichraupe**
Einzelheiten über Ausfugen/ Schweißbadsicherung:	**--**	- Pendeln (Amplitude, Frequenz; Verweilzeit):	**--** **--**
Vorwärmtemperatur:	**--**	- Einzelheiten für das Pulsschweißen:	**--**
Zwischenlagentemperatur:	**≤ 200 °C**	- Einzelheiten für das Plasmaschweißen:	**--**

Hersteller:

[Stempel: Schweißtechnische Lehr- u. Versuchsanstalt SLV Duisburg, Gesellschaft für Schweißtechnik International mbH, DVS, ISO, Nr. 18]

J. Lechtenböhmer, 08.08.2018

Name, Datum und Unterschrift

Quelle: SLV Duisburg

Bild KII.7-9: Beispiel für eine Schweißanweisung (WPS)

Qualifizierung des Schweißverfahrens für die Prozesse 111, 114, 12, 13 und 14

Zu II.7.4.1.2

<1> Zu Abs. 1 und Tabelle II.12 – Qualifizierungsmethoden allgemein

Der vorliegende Normabschnitt II.7.4.1.2 behandelt die Qualifizierung der Schweißverfahren für die **Lichtbogenschweißprozesse**, nach wie vor die mit Abstand wichtigsten Schweißprozesse für den Stahlbau. Die Basisnorm **EN ISO 15607** kennt fünf Möglichkeiten der Qualifizierung von vorläufigen Schweißanweisungen (**pWPS**):

- Qualifizierung aufgrund des Einsatzes geprüfter Schweißzusätze nach EN ISO 15610,
- Qualifizierung aufgrund vorliegender schweißtechnischer Erfahrung nach EN ISO 15611,
- Qualifizierung aufgrund eines Standardschweißverfahrens nach EN ISO 15612,
- Qualifizierung aufgrund einer vorgezogenen Arbeitsprüfung nach EN ISO 15613,
- Qualifizierung aufgrund einer Schweißverfahrensprüfung nach EN ISO 15614-1.

Diese fünf Qualifizierungsmethoden, für die der Aufwand und die Kosten in der genannten Reihenfolge zunehmen, tauchen auch in Tabelle II.12 von EN 1090-2 auf, ebenfalls im bereits erwähnten Flussdiagramm im informativen Anhang C von EN ISO 15607 (vgl. Bild KII.7-8).

Tabelle II.12 und Bild KII.7-8 zeigen, dass die Methode der Qualifizierung einer pWPS zu einer für die Fertigung verbindlichen **WPS** durch die Anforderungen, d. h. durch die jeweils maßgebende **Anwendungsnorm** oder die **Auftragsspezifikation** festgelegt wird. Deshalb kann es bei der Verwendung einer WPS in mehreren Anwendungsbereichen oder für verschiedene Auftraggeber manchmal sinnvoll sein, von Vornherein die höchste, d. h. aufwändigste Methode der Qualifizierung der pWPS nach EN ISO 15614-1 zu wählen, um später nicht noch eine weitere Art der Qualifizierung durchführen zu müssen. Meistens ist es allerdings sinnvoller, für jeden Anwendungsbereich eine Arbeitsprüfung nach EN ISO 15613 durchzuführen, um die praxisgerechte Ausführung nachzuweisen; man darf nicht vergessen, dass bei der Schweißverfahrensprüfung nach EN ISO 15614-1 nur Normprüfstücke behandelt werden.

Die Tabelle II.12 berücksichtigt als Kriterium für die Auswahl der Qualifizierungsmethode – neben dem Grundwerkstoff (Baustahl, nichtrostender Stahl, Betonstahl) – lediglich die Ausführungsklasse EXC. Die Erwähnung des Mechanisierungsgrades im Normtext (Abs. 1) ist ein Fehler, sie stammt noch aus der 2011er Ausgabe der EN 1090-2. Man hat jetzt die bisherigen speziellen Anwendungsbeschränkungen hinsichtlich Stahlsorte und Mechanisierungsgrad (Fußnoten „a“ und „b“ in der alten Tabelle II.12) gestrichen, es gelten grundsätzlich nur die entsprechenden Beschränkungen der Qualifizierungsnormen selbst. Die fünf für den Grundwerkstoff Baustahl aufgelisteten Qualifizierungsnormen bzw. -methoden und die jeweiligen Einschränkungen beim Anwenden der durch sie qualifizierten WPS werden nachfolgend kurz kommentiert.

EN ISO 15610 „... aufgrund des Einsatzes geprüfter Schweißzusätze“

Diese einfachste Qualifizierungsmethode darf nur angewendet werden für

- Grundwerkstoffe der Untergruppe 1-1, das sind Stähle mit $R_{eH} \leq 275$ N/mm^2, und der Untergruppe 8-1, das sind austenitische nichtrostende Stähle mit Cr ≤ 19 % (Grundwerkstoffgruppen nach CEN ISO/TR 15608 [R166], siehe zu II.7.4.3 <3>);
- Materialdicken 3 mm $\leq t \leq$ 40 mm;
- Kehlnähte mit $a \geq 3$ mm;
- Rohre mit $D > 25$ mm.

Um es noch einmal ganz klar zu sagen: Die bisherige Beschränkung dieser Qualifizierungsmethode auf manuelle und teilmechanische Schweißprozesse ist weggefallen. Die Beschränkung auf EXC2 ist natürlich geblieben.

EN ISO 15611 „... aufgrund vorliegender schweißtechnischer Erfahrung“

Nach dieser Norm dürfen pWPSen für Schweißverfahren qualifiziert werden, die im Unternehmen schon längere Zeit im Einsatz sind und deren Eignung durch eine Dokumentation der ZfP über einen angemessenen Zeitraum (> 1 Jahr) nachgewiesen wurde. Das heißt im Umkehrschluss, dass man mindestens ein Jahr mit einer nichtqualifizierten vorläufigen Schweißanweisung pWPS gearbeitet hat – eine etwas widersprüchliche Methode. Sie wird eher selten angewandt. Hinsichtlich des Geltungsbereiches für ein Schweißverfahren, das in Übereinstimmung mit dieser Norm qualifiziert ist, fordert sie nur, dass er mit „dem entsprechenden Teil von EN ISO 15614“ übereinstimmt, hier also mit EN ISO 15614-1. EN 1090-2 beschränkt die Anwendung dieser Methode aber nach wie vor auf EXC2.

EN ISO 15612 „… aufgrund eines Standardschweißverfahrens“

Diese Norm soll dem Hersteller die Möglichkeit geben, Schweißanweisungen zu verwenden, welche auf Schweißverfahrensprüfungen beruhen, die von anderen Organisationen nach EN ISO 15614-1 durchgeführt wurden. Die Methode wurde bisher in Deutschland ebenfalls eher selten angewandt, liegt aber neuerdings im Trend [V69]. Die derart qualifizierten und von einer externen Organisation herausgegebenen Schweißanweisungen heißen gemäß Ausgabe 2018 von EN ISO 15612 jetzt „SWPS“, mit „S“ für Standardschweißverfahren. Voraussetzung für die Anwendung beim Schweißen in der Produktion ist natürlich, dass mit der gleichen oder vergleichbaren Schweißgerätetechnik (Stromquelle usw.) gearbeitet wird wie bei der externen Qualifizierung.

Folgende Einschränkungen für die Anwendung werden genannt:

- Grundwerkstoffe der Untergruppen 1-1 bis 1-3, d. h. bis $R_{eH} \leq 460$ N/mm^2;
- Grundwerkstoffe der Untergruppe 8-1, das sind austenitische nichtrostende Stähle mit Cr ≤ 19 %;
- Grundwerkstoffe der Untergruppe 11-1, das sind Stähle mit höherem Kohlenstoffgehalt, die man selten schweißt;
- Dicke des Grundwerkstoffes $t \leq 50$ mm.

Auch hier sei besonders darauf hingewiesen, dass die bisherige Beschränkung dieser Qualifizierungsmethode auf manuelle und teilmechanische Schweißprozesse weggefallen ist. Ferner eröffnet EN 1090-2 gemäß Fußnote „c“ der Tabelle II.12 jetzt sogar die Möglichkeit, auch in EXC3 und EXC4 die Qualifizierungsmethode „Standardschweißverfahren“ einzusetzen, „sofern nach den Ausführungsunterlagen zulässig“, d. h. der Auftraggeber muss zugestimmt haben.

EN ISO 15613 „… aufgrund einer vorgezogenen Arbeitsprüfung“

Diese Qualifizierungsmethode der WPS kommt zur Anwendung, wenn die in EN ISO 15614-1 genormten Prüfstücke das zu schweißende Bauteil nicht angemessen repräsentieren. Die Schweißanweisung muss dann vor Fertigungsbeginn aufgrund einer vorgezogenen Arbeitsprüfung qualifiziert werden. Das oder die dafür neu entwickelte(n) Sonderprüfstück(e) müssen die Besonderheiten des zu schweißenden Bauteils spiegeln. Die Prüfung des oder der neuen Prüfstücke(s) erfolgt analog zu den Forderungen der EN ISO 15614-1. Eine nach dieser Norm erteilte Qualifizierung ist auf die Verbindungsart beschränkt, die bei der vorgezogenen Arbeitsprüfung verwendet wurde. Darüber hinaus werden keine Einschränkungen hinsichtlich des Geltungsbereiches gemacht.

EN ISO 15614-1 „… aufgrund einer Schweißverfahrensprüfung“

Die Qualifizierung einer WPS mit Hilfe einer Schweißverfahrensprüfung ist seit jeher „die Mutter aller Qualifizierungsmethoden“ und hat eine lange Tradition. In der aktuellen Ausgabe 2017 der EN ISO 15614-1 werden zwei Stufen (1 und 2) der Schweißverfahrensprüfung unterschieden, um eine möglichst große Anzahl von Schweißkonstruktionen und unterschiedlichen Anforderungen abzudecken. Bei Stufe 2 ist der Prüfumfang größer, und die Geltungsbereiche sind eingeschränkter bzw. detaillierter gestaffelt als bei Stufe 1. Die Stufe 1 wurde im zuständigen ISO-Arbeitsausschuss von der „Pazifik-Fraktion“ eingebracht, wird aber derzeit auch von ASME nicht anerkannt. Schweißverfahrensprüfungen, die mit den Anforderungen der Stufe 2 durchgeführt wurden, sind automatisch für Stufe 1 qualifiziert, jedoch nicht umgekehrt. Die Stufe 2 entspricht dem Niveau der früheren Ausgaben von EN ISO 15614-1, sie ist für EN 1090-2 gemäß Fußnote „a“ der Tabelle II.12 vorgeschrieben.

Hinsichtlich des Geltungsbereiches enthält EN ISO 15614-1 umfangreiche Angaben und Tabellen zu den Grundwerkstoffen, den Werkstoffdicken usw., auf die hier nicht eingegangen werden kann. Unter anderem muss jeder Mechanisierungsgrad (manuell, teilmechanisch, vollmechanisch und automatisch) unabhängig voneinander qualifiziert werden. Zur Erläuterung dieser vier Mechanisierungsgrade wird Tabelle 1 von **DIN 1910-100** [R50] hier als Tabelle KII.7-4 wiedergegeben.

Tabelle KII.7-4: Beispiele für die Einteilung von Schweißverfahren nach dem Grad der Mechanisierung (Tabelle 1 aus DIN 1910-100 [R50])

Benennung	Beispiele Schutzgasschweißen		Bewegungs-/Arbeitsabläufe		
	Wolfram-Inertgasschweißen WIG (141)	Metall-Schutzgasschweißen MSG (13)	Brenner-/Werkstückführung	Zusatzvorschub	Werkstückhandhabung
Handschweißen (manuelles Schweißen)	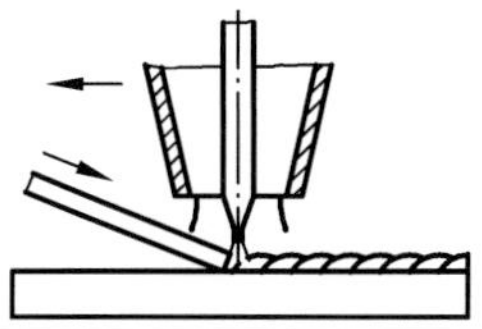	—	manuell	manuell	manuell
teilmechanisches Schweißen	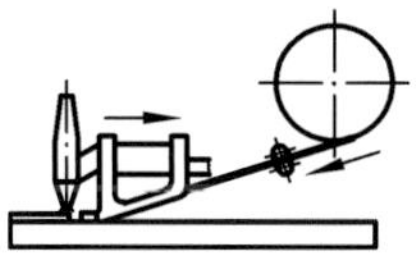	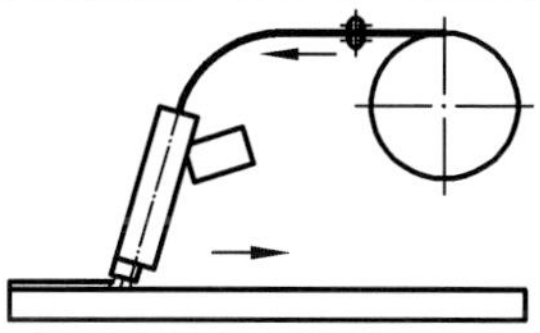	manuell	mechanisch	manuell
vollmechanisches Schweißen	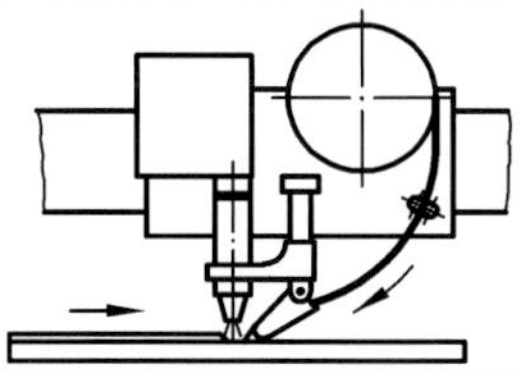	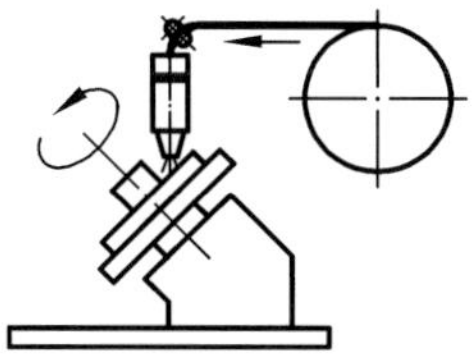	mechanisch	mechanisch	manuell
automatisches Schweißen	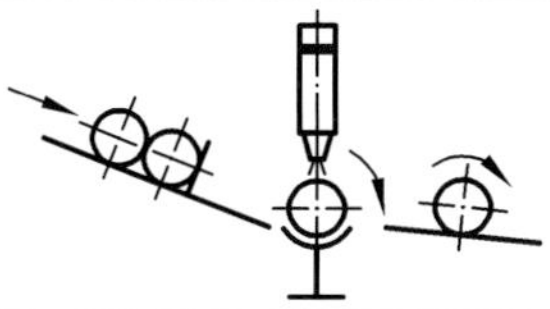	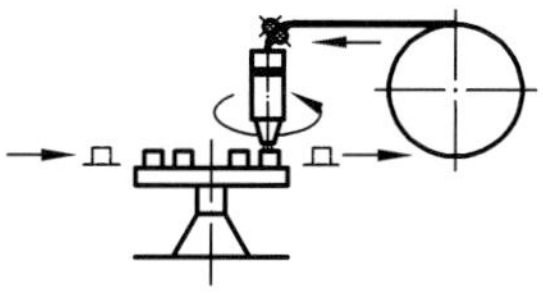	mechanisch	mechanisch	mechanisch

Über die Qualifizierung eines Schweißverfahrens muss in einem **WPQR** (von „***W****elding* ***P****rocedure* ***Q****ualification* ***R****eport*“) berichtet werden, vgl. hierzu Tabelle KII.7-3. Ein beispielhafter WPQR ist in Bild KII.7-10 wiedergegeben. Das Dokument ist klar und verständlich und bedarf keiner Erläuterung.

Die Ausführungsklasse **EXC1** kommt in Tabelle II.12 nicht vor, da für EXC1 keine WPS und somit auch keine Qualifizierung des Schweißverfahrens erforderlich ist (vgl. zu II.7.4.1.1 <3>).

In Tabelle II.12 werden für Schweißverbindungen zwischen **Betonstahl** und Stahlbauteilen die beiden Normen EN ISO 17660-1 und -2 aufgeführt. Das sind keine reinen Verfahrensqualifizierungsnormen wie die Reihe EN ISO 15610 bis 15614, sondern allgemeine Normen für das Schweißen von Betonstahl (vgl. zu II.7.1 <3>). EN ISO 17660-1 schreibt aber für tragende Betonstahl-Schweißverbindungen in Kapitel 11 als einzige Qualifizierungsmethode Schweißverfahrensprüfungen in Anlehnung an EN ISO 15614-1 vor und macht für die speziellen Betonstahl-Prüfstücke, zerstörenden Prüfungen und Geltungsbereiche detaillierte Vorgaben. Im deutschen bauaufsichtlichen Bereich gilt für das Schweißen von Betonstahl, wie im Kommentar <3> zu II.7.1 erwähnt, zusätzlich die Richtlinie **DVS 1708** [R177]. Sie enthält ergänzende Forderungen für die Herstellerqualifikation bzw. (nach Diktion EN-1090) für das Schweißzertifikat zum Schweißen von Betonstahl.

DVS SLV DUISBURG

* 2 0 1 8 0 0 2 2 0 1 7 2 0 1 6 0 0 0 W P Q 1 *

Bericht über die Qualifizierung eines Schweißverfahrens (WPQR)

Welding Procedure Qualification Record form (WPQR)

(p)WPS-Nr. des Herstellers: Manufacturer's (p)WPS-no.:	1	WPQR-Nr.:	2018-2017-2016/000.1			
Hersteller: Manufacturer	Mustermann GmbH	Prüfstelle: Examining body:	GSI mbH, NL SLV Duisburg			
Anschrift: Adress:	Musterstraße 1 · 12345 Geilenkirchen	Anlagen: Annex:	1.	(p)WPS	1	Seite(n) Page(s)
Regel/Prüfnorm: Code/Testing standard:	DIN EN ISO 15614-1:2017 (Stufe 2)		2.	Ist-Parameter Test report	1	Seite(n) Page(s)
Datum der Schweißung: Date of welding:	08.06.2018		3	Prüfbericht Test report	6	Seite(n) Page(s)

	Angaben zum Prüfstück Detail of test sample	Geltungsbereich Range of qualification
Produktform: Product form:	Blech Plate	Blech, Rohr (D > 500 mm; D > 150 mm PC, rot.:PF, PA) Plate, Tube (D > 500 mm; D > 150 mm PC, rot.:PF, PA)
Schweißprozess Welding process(es):	135	135
Dicke des Schweißguts [mm]: Deposited thickness [mm]:	--	--
Stoßart / Nahtart: Type of joint and weld:	Stumpfstoß Butt-joint / BW	BW, FW *
'Grundwerkstoff(e) Parent metal(s)	S355J2+N	siehe Werkstoffgruppe see material group
Werkstoffgruppe nach CEN ISO/TR 15608 Material group(s) acc. to CEN ISO TR 15608	1.2	1[a] - 1
Dicke des Grundwerkstoffs (mm): Parent Material Thickness (mm):	15,00	7,5 - 30
Kehlnahtdicke (mm): Throat thickness (mm):	--	--
Einlagig/Mehrlagig (sl/ml): Single run/Multi-run (sl/ml):	ml	ml
Einseitig/Beidseitig (ss/bs), Badsicherung (nb.mb) Single side/Both sides (ss/bs):	bs	bs, ss mb
Rohraussendurchmesser (mm): Outside Pipe Diameter (mm):	--	--
Bezeichnung des Zusatzwerkstoffes: Filler Material Designation:	DIN EN ISO 14341-A-G 46 4 M21 4Si1 / G 42 2 C1 4Si1	DIN EN ISO 14341-A-G 46 4 M21 4Si1 / G 42 2 C1 4Si1
Hersteller/Markenname Zusatzwerkstoff: Filler Material Manufacturer:	Böhler EMK 8	siehe ISO 15614-1 Abs. 8.4.5
Art der Zusatzwerkstoffprodukte: Type of Filler Metall:	S	S
Durchmesser des Zusatzwerkstoffes (mm): Filler Material Size (mm):	1,2	siehe ISO 15614-1 Abs. 8.4.6
Bezeichnung des Pulvers: Designation of Shielding Flux:	--	--
Hersteller/Markenname des Pulvers Manufacturer/Designation of Shielding Flux	--	--
Schutzgas-Bezeichnung und Zusammensetzung Shielding Gas-Designation and Composition:	DIN EN ISO 14175 - M21 (18 % CO_2, 82 % Ar)	DIN EN ISO 14175 - M21 (18 % CO2, 82 % Ar) siehe ISO 15614-1 Abs. 8.5.2.1
Formiergas-Bezeichnung und Zusammensetzung Backing Gas-Designation and Composition:	--	--
Schweißstromart und Polung: Type of Welding Current and Polarity:	DC+	DC+
Lichtbogenart: Mode of Metal Transfer:	D / S	D / G, S
Wärmeeinbringung: Heat input:	0,64 - 0,87 kJ/mm	0,48 - 1,09 kJ/mm
Schweißposition(en): Welding Position(s):	PA	PA
Vorwärmtemperatur: Preheat Temperature:	70 °C	≥ 20 °C / ISO 15614-1 Abs. 8.4.8
Zwischenlagentemperatur: Interpass Temperature:	≤ 227 °C	≤ 277 °C
Wasserstoffarmglühen: Post-Heating:	--	--
Wärmenachbehandlung: Post-Weld Heat-Treatment:	580 °C / 1,0 h	± 20 °C / ISO 15614-1 Abs. 8.4.12
Weitere Informationen (siehe auch 8.5): Other Information (see also 8.5):	--	--

a: Gilt für Stähle mit der gleichen oder niedrigeren festgelegten Streckgrenze derselben Werkstoffgruppe
Covers the equal or lower specified yield strength steels of the same group

* Kehlnahtprüfungen müssen gefordert werden, wenn dies die dominierende Art der Schweißung in der Produktion ist.
Fillet weld test shall be required where this is the predominant form of production welding.

Seite Page 1 von of 2

GSI – Gesellschaft für Schweißtechnik International mbH
Niederlassung SLV Duisburg
Postfach 10 12 62, 47012 Duisburg
Bismarckstraße 85, 47057 Duisburg

T +49 203 37 81-0
F +49 203 37 81-228
info@slv-duisburg.de
www.slv-duisburg.de

Amtsgericht Düsseldorf HRB37719
St.-Nr.: 106/5772/0212
USt.-Id.-Nr.: DE 813013727
Ein Unternehmen des DVS – Deutscher Verband für Schweißen und verwandte Verfahren e. V.

Geschäftsführer der GSI: Dipl.-Ing. Jörg Vogelsang
Niederlassungsleiter: Dipl.-Ing. Jörg Mährlein, M. Sc.
Vorsitzender Aufsichtsrat: Prof. Dr.-Ing. Heinrich Flegel

Sparkasse Duisburg
IBAN: DE70 3505 0000 0209 0031 44
BIC: DUISDE33XXX
Postbank | Essen
IBAN: DE96 3601 0043 0026 4074 34
BIC: PBNKDEFF

Quelle: SLV Duisburg

Bild KII.7-10: Beispiel eines WPQR (Blatt 1 von 3)

DVS SLV DUISBURG

Die Geltungsbereiche der WPQR 2018-2017-2016/000.1 beziehen sich auf die DIN EN ISO 15614-1:2017 (Stufe 2) Abweichungen der Geltungsbereiche durch die Anwendungsnormen können aber gelten und müssen beachtet werden.

Hiermit wird bestätigt, dass die Prüfungsschweißungen in Übereinstimmung mit den Anforderungen der vorbezeichneten Vorschriften und Prüfnormen zufriedenstellend vorbereitet, geschweißt und geprüft worden sind.

Die Ergebnisse des Untersuchungsberichtes beziehen sich ausschließlich auf die im Bericht genannten Prüfgegenstände.

Die GSI mbH Niederlassung SLV Duisburg übernimmt keinerlei Haftung für Maßnahmen jeglicher Art, die basierend auf den Ergebnissen und Schlussfolgerungen aus diesen Untersuchungen sowie auf den Empfehlungen dieses Berichtes ergriffen werden.

Der Untersuchungsbericht darf nur ungekürzt und unter Nennung unserer Urheberschaft veröffentlicht werden. Die gekürzte oder auszugsweise Veröffentlichung bedarf der vorherigen Genehmigung der GSI mbH Niederlassung SLV Duisburg.

The scope of the WPQR 2018-2017-2016/000.1 refers to DIN EN ISO 15614-1:2017 (Stufe 2).
Deviations from the scope of application through the application standards can, however, apply and must be observed.

It is hereby confirmed that the test welds have been satisfactorily prepared, welded and tested in accordance with the requirements of the above regulations and test standards.

The results of the investigation report relate exclusively to the test items mentioned in the report.

The GSI mbH branch SLV Duisburg accepts no liability for any measures taken on the basis of the results and conclusions of these investigations as well as the recommendations of this report.

The examination report may only be published in full and with the naming of our copyright. The abridged or optional publication requires the prior approval of GSI mbH branch SLV Duisburg.

Duisburg, 16.07.2018

Gesellschaft für Schweißtechnik International mbH Niederlassung SLV Duisburg DVS Nr. 16

Dipl.-Ing. Jörg Lechtenböhmer
(Werkstoffe & Verfahren)

Seite 2 von 2
Page of

GSI – Gesellschaft für Schweißtechnik International mbH
Niederlassung SLV Duisburg
Postfach 10 12 62, 47012 Duisburg
Bismarckstraße 85, 47057 Duisburg

T +49 203 37 81-0
F +49 203 37 81-228
info@slv-duisburg.de
www.slv-duisburg.de

Amtsgericht Düsseldorf HRB37719
St.-Nr.: 106/5772/0212
USt.-Id.-Nr.: DE 813013727
Ein Unternehmen des
DVS – Deutscher Verband für Schweißen und verwandte Verfahren e. V.

Geschäftsführer der GSI:
Dipl.-Ing. Jörg Vogelsang
Niederlassungsleiter:
Dipl.-Ing. Jörg Mährlein, M. Sc.
Vorsitzender Aufsichtsrat:
Prof. Dr.-Ing. Heinrich Flegel

Sparkasse Duisburg
IBAN: DE70 3505 0000 0209 0031 44
BIC: DUISDE33XXX
Postbank | Essen
IBAN: DE96 3601 0043 0026 4074 34
BIC: PBNKDEFF

Bild KII.7-10 (*Fortsetzung*): Beispiel eines WPQR (Blatt 2 von 3)

DVS SLV DUISBURG

Anlage 2
Attachment 2

Seite 1 von 1
Page of

WPQR Nr. 2018-2017-2016/000.1
WPQR no.

Schweißnahtvorbereitung und -aufbau / Ist-Parameter
Weld seam preparation and assembly / actual parameters

Gestaltung der Verbindung
Joint design

t = 15 mm
u = 3.0 mm
b = 3.0 mm
β = 45°
h = 7.5 mm

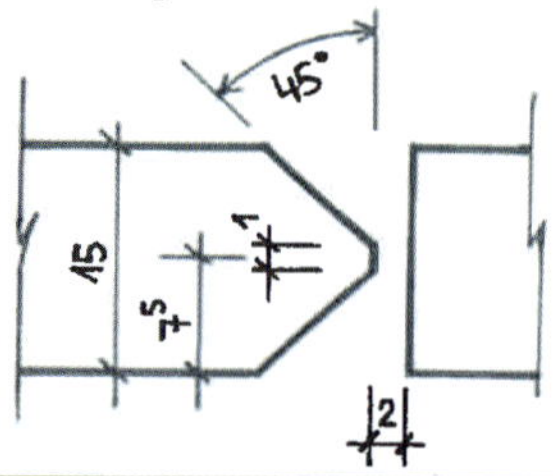

Schweißfolge
Welding Sequences

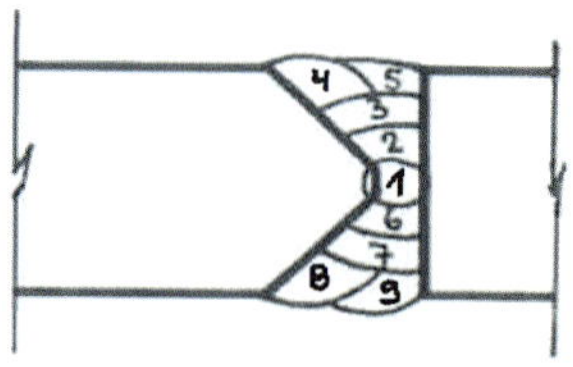

Schweißraupe bead	Schweißprozess welding process	Ø Zusatzwerkstoff Ø filler metal	Stromart / Polung kind of current / polarity	Spannung Voltage	Stromstärke Current	Drahtvorschub-geschwindigkeit Wire feed speed	Schweiß-geschwindigkeit Welding speed	Vorwärmtemperatur Preheating temperature	Zwischenlagen-temperatur interpass temperature	Wärmeeinbringung Heat input	Tropfenübergang Metal transfer
	ISO 4063	[mm]		[V]	[A]	[m/min]	[cm/min]	[°C]	[°C]	[kJ/mm]	ISO 4063
1	135	1,2	DC +	21,0	160	4	22	70	-	0,73	D
2	135	1,2	DC +	30,7	276	10	56	-	89	0,73	S
3	135	1,2	DC +	31,2	295	10	60	-	102	0,74	S
4	135	1,2	DC +	31,0	286	10	60	-	105	0,71	S
5	135	1,2	DC +	31,5	300	10	61	-	227	0,74	S
6	135	1,2	DC +	31,2	270	10	63	-	110	0,64	S
7	135	1,2	DC +	31,8	298	10	52	-	131	0,87	S
8	135	1,2	DC +	32,1	300	10	63	-	185	0,73	S
9	135	1,2	DC +	32,5	315	10	61	-	192	0,81	S
								-			-
								-			-
								-			-
								-			-
								-			-
								-			-
								-			-
								-			-
								-			-
								-			-
								-			-
								-			-
								-			-
								-			-
								-			-
								-			-
								-			-
								-			-
								-			-
								-			-
								-			-
								-			-
								-			-

GSI – Gesellschaft für Schweißtechnik International mbH
Niederlassung SLV Duisburg
Postfach 10 12 62, 47012 Duisburg
Bismarckstraße 85, 47057 Duisburg

T +49 203 37 81-0
F +49 203 37 81-228
info@slv-duisburg.de
www.slv-duisburg.de

Amtsgericht Düsseldorf HRB37719
St.-Nr.: 106/5772/0212
USt.-Id.-Nr.: DE 813013727
Ein Unternehmen des DVS – Deutscher Verband für Schweißen und verwandte Verfahren e. V

Geschäftsführer der GSI: Dipl.-Ing. Jörg Vogelsang
Niederlassungsleiter: Dipl.-Ing. Jörg Mährlein, M. Sc.
Vorsitzender Aufsichtsrat: Prof. Dr.-Ing. Heinrich Flegel

Sparkasse Duisburg
IBAN: DE70 3505 0000 0209 0031 44
BIC: DUISDE33XXX
Postbank | Essen
IBAN. DE96 3601 0043 0026 4074 34
BIC: PBNKDEFF

Bild KII.7-10 (*Fortsetzung*): Beispiel eines WPQR (Blatt 3 von 3)

<2> Zu Abs. 2 und 3 – Qualifizierung bei Kehlnähten an Stahlsorten ≥ S460

Bei (querbeanspruchten) Kehlnahtverbindungen an Stahlsorten ≥ S460 gilt das standardmäßige Kehlnaht-Prüfstück (T-Stoß) nach EN ISO 15614-1 als nicht rigoros genug. EN 1090-2 verlangt deshalb in den vorliegenden Normabsätzen 2 bis 4 bei der Schweißverfahrensprüfung stattdessen drei Kreuzzugversuche (korrekt: Zugversuche am Doppel-T-Stoß) nach **EN ISO 9018**, siehe Bild KII.7-11.

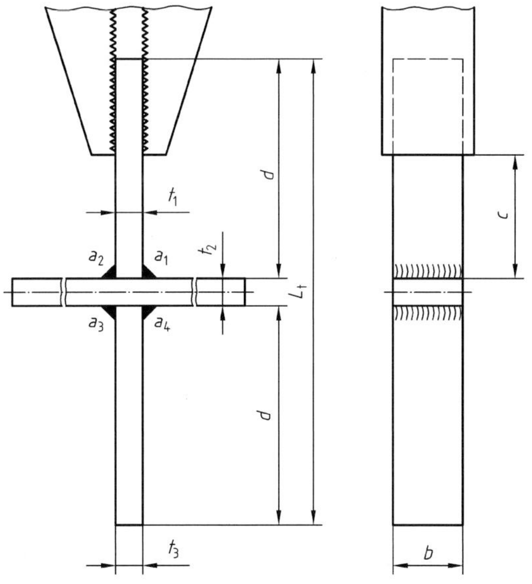

Bild KII.7-11: Kreuzzugprobe („Doppel-T-Probe") (Bild 3 aus EN ISO 9018); Auszug aus Legende:
$t_1 = t_2 = t_3$
$a_1 \approx a_2 \approx a_3 \approx a_4 \approx 0{,}5 \cdot t_1$

Wenn beim Kreuzzugversuch der Bruch in den Schweißnähten auftritt – was erwünscht ist, deshalb die (bemessungstechnisch eigentlich zu geringe) nominelle Schweißnahtdicke $a \approx 0{,}5 \cdot t$ –, muss die Bruchfestigkeit der Schweißnaht auf den tatsächlich vorhandenen Nahtquerschnitt, d.h. auf die tatsächlich vorhandene Kehlnahtdicke a_{ist}, bezogen werden, bei Prozessen mit tiefem Einbrand also unter Berücksichtigung des tatsächlich vorhandenen Wurzeleinbrandes. Der Mittelwert der so ermittelten drei Bruchfestigkeitswerte muss ≥ 0,8 × Nennzugfestigkeit des Grundwerkstoffes sein. Der Faktor 0,8 berücksichtigt die besondere Tragwirkung einer querzugbeanspruchten Kehlnaht, bei der in der geneigten Nennfläche eine Kombination aus Zug- und Scherspannung zum Bruch führt. In der **DVS-Richtlinie 1702** [R176] wird die Ermittlung der Kehlnaht-Bruchfestigkeit etwas genauer beschrieben als in EN ISO 9018.

<3> Zu Abs. 4 – Qualifizierung bei Kehlnähten mit tiefem Einbrand

Wird eine mehrlagige Kehlnaht mit tiefem Einbrand vollmechanisiert geschweißt, muss für die erste Lage eine eigene Schweißverfahrensprüfung durchgeführt werden, mit Makroschliffen, um den tatsächlichen Wert des tiefen Einbrands bestimmen zu können. Die auf den Ausführungszeichnungen geforderte Kehlnahtdicke kann in der Fertigung um den im WPQR genannten Wert des Wurzeleinbrandes reduziert werden. Bei Berücksichtigung des tiefen Einbrandes sollten regelmäßige Arbeitsprüfungen in der Fertigung durchgeführt werden, mindestens eine pro Auftrag. Diese Arbeitsprüfungen bestehen lediglich aus einem Makroschliff mit Messung des ausgeführten Einbrandes.

<4> Zu Abs. 5 – Qualifizierung beim Schweißen auf Fertigungsbeschichtungen

Das Schweißen auf Fertigungsbeschichtungen (Shop Primern) ist gemäß II.7.5.1.1, Abs. 8, ab Ausführungsklasse EXC2 ohne Schweißverfahrensprüfung grundsätzlich unzulässig (siehe Kommentar dazu). Die hier in Bezug genommene vierteilige Normenreihe EN ISO 17652 behandelt die Prüfung von Fertigungsbeschichtungen für das Schweißen und für verwandte Prozesse. Dabei muss die geplante maximale Beschichtungsdicke bei der Prüfung erfasst werden. Diese besteht aus der Sollbeschichtungsdicke zuzüglich einer Toleranz. Die Forderung, im geschweißten Prüfstück die Bewertungsgruppe B nach EN ISO 5817 (siehe II.7.6) einzuhalten (also auch in Ausführungsklasse EXC2!), zeigt, für wie problematisch das Schweißen auf Fertigungsbeschichtungen eingeschätzt wird.

Die vorgegebenen Anforderungen an die Fehlerarmut (Porosität) sind im Übrigen nur schwer zu erreichen. Im Wesentlichen ist dies abhängig vom Einhalten der vom Beschichtungsstoffhersteller angegebenen maximalen Schichtdicke. Nach den Erfahrungen der Verfasser wird diese vom Beschichter nur selten eingehalten. Dazu kommt als zweites Problem, dass durch das Verbrennen der Beschichtung im Lichtbogen zusätzliche Rauche entstehen. Diese bergen nicht nur die Gefahr von vermehrten Poren im Schweißgut, sondern stellen auch eine Gefährdung des Schweißers und seiner Umgebung dar. Deshalb sollte das Überschweißen von Fertigungsbeschichtungen grundsätzlich vermieden werden (siehe auch zu II.7.5.1.1 <6>). Für Straßenbrücken und Ingenieurbauten im Zuständigkeitsbereich der ZTV-ING [R203] ist es unzulässig.

<5> Zu Abs. 6 – Qualifizierung bei nichtrostenden Stählen im nicht-kaltverfestigten Zustand

Die Forderung in diesem Normabsatz, dass für die meisten im Bauwesen zugelassenen nichtrostenden Stähle im nicht-kaltverfestigten Zustand (vgl. zu. II.5.3.1 <4>) grundsätzlich die anspruchsvollste Qualifizierungsmethode für ein Lichtbogenschweißverfahren – eine Schweißverfahrensprüfung nach EN ISO 15614-1 – anzuwenden ist, findet sich identisch in der deutschen Zulassung abZ **Z-30.3-6** [R9]. Dort wird sogar ergänzend gefordert, bei der Verfahrensprüfung auch die Dehngrenze $R_{p0.2}$ für die jeweilige Anwendung nachzuweisen.

Dass sechs austenitische Stahlsorten von dieser strengen Forderung ausgenommen sind, hat einen historischen Hintergrund: Die Stahlsorten 1.4301, 1.4541, 1.4401 und 1.4571 waren bereits in der ersten deutschen Zulassung von 1974 enthalten und sind damit die klassischen nichtrostenden Stähle, die nunmehr seit über 40 Jahren im Stahlbau eingesetzt werden. Damals bestanden bezüglich des Schweißens noch nicht die heutigen hohen Anforderungen, diese Stahlsorten haben sich trotzdem bis heute bewährt. Da 1.4307 und 1.4404 die LC-Varianten von 1.4301 und 1.4401 sind, genießen sie quasi den gleichen Status. Man beachte, dass der Sonderstatus natürlich nicht für die kaltverfestigten Varianten der genannten sechs Stähle (ab FK S275) gilt.

Welche der anderen Qualifizierungsmethoden in Tabelle II.12 für die sechs austenitischen „Sonderstatus-Stahlsorten" in Frage kommt, wird weder in EN 1090-2 noch in der abZ angegeben. Die beiden einfachsten Methoden (EN ISO 15610 und 15611) dürften wohl ausscheiden, während eine Qualifizierung nach EN ISO 15612 zumindest formal für vier der sechs Stahlsorten möglich ist, denn sie erfüllen die Bedingung Cr ≤ 19 % (vgl. <1>); die anderen beiden (1.4301 und 1.4307) haben Cr ≤ 19,5 %.

<6> Zu Abs. 7 – Qualifizierung nach EN ISO 15613 oder 15614-1

Gemäß diesem Normabsatz sind bei Qualifizierung nach einer der beiden anspruchsvollen Methoden in Tabelle II.12 zusätzlich zu den allgemeinen Festlegungen in EN ISO 15614-1 bzw. EN ISO 15613 zwei Anforderungen bei den Prüfungen zu erfüllen, die unmittelbar einleuchten:

a) Für die Durchführung der Kerbschlagbiegeprüfungen ist die in der Produktnorm der verschweißten Grundwerkstoffe festgelegte niedrigste Prüftemperatur maßgebend.

b) Bei vergüteten Feinkornbaustählen sind Mikroschliffuntersuchungen erforderlich und zu dokumentieren, um vorhandene Mikrofehler festzustellen. Dabei sind festgestellte Mikrorisse unzulässig.

Zu II.7.4.1.3 Qualifizierung des Schweißverfahrens für andere Schweißprozesse

Im vorliegenden Normabschnitt geht es zunächst um sechs im Stahlbau eher selten zum Einsatz kommende Schweißprozesse aus den Gruppen 2 „Widerstandsschweißen", 4 „Pressschweißen" und 5 „Strahlschweißen". In der zugehörigen Tabelle II.13 sind neben den Normen zur Qualifizierung der Schweißverfahren auch die Normen zur Erstellung der zugehörigen Schweißanweisungen aufgeführt.

Wie bereits im Kommentar <2> zu II.7.1 erwähnt, spielt das Widerstandsschweißen im Stahlbau wegen der guten Automatisierbarkeit praktisch nur bei der industriellen Serienfertigung eine gewisse Rolle (vgl. zu II.7.1 <2>), vor allem in Form des **Widerstandspunktschweißens.** Der Nachteil ist, dass keine durchgehende, dichte Schweißnaht erzeugt wird, sondern nur eine Reihe von „Schweißlinsen". Das Verfahren wird deshalb vorwiegend im Fahrzeug- und Karosseriebau angewendet.

Das **Rollennahtschweißen** wurde aus dem Widerstandspunktschweißen abgeleitet, liefert aber eine durchgehende Naht. Das **Buckelschweißen** liefert dem Widerstandspunktschweißen ähnliche Reihen von „Schweißlinsen", erfordert aber vorher das plastische Einprägen der Buckel in eines der beiden zu verbindendenden Bleche, ist also noch spezieller als das Punktschweißen. Stahlbauliche Anwendungen sind den Verfassern nicht bekannt.

Für das **Abbrennstumpfschweißen** ist das stoßlose Aneinanderschweißen von Eisenbahnschienen das bekannteste Beispiel. Aber auch im Bauwesen gibt es Anwendungen, z. B. Stumpfstöße von Betonrippenstählen (Bild KII.7-12).

Bild KII.7-12: Durch Abbrennstumpfschweißen hergestellter Stumpfstoß eines Betonrippenstahls

Das **Reibschweißen** wurde in der Variante Rotationsreibschweißen z.B. im Rahmen eines Raumfachwerksystems für die Schweißverbindung zwischen Hohlprofil-Fachwerkstäben und Kopfplatten eingesetzt. Eine neuere Anwendung sind so genannte Duo-Gewindebolzen, bei denen ein Gewindeteilstück aus nichtrostendem Stahl und ein glattes zylindrisches Teilstück aus bolzenschweißgeeignetem Kohlenstoffstahl mittels Reibschweißen zusammengefügt sind (vgl. zu II.5.7 <1>).

Das **Laserstrahlschweißen** („Laserschweißen") ist aufgrund seiner hohen Schweißgeschwindigkeit und des geringen thermischen Verzugs vor allem von Anwendungen im Fahrzeugbau und in der Medizintechnik her bekannt, dort hauptsächlich im Dünnblechbereich bis 6 mm. Im Gegensatz zum Laserstrahl**schneiden** (vgl. zu II.6.4.3 <1>) gibt es aber im Stahlbau bisher keine größeren Anwendungen.

Insgesamt gesehen spielen die vorgenannten sechs „anderen Schweißprozesse" der Tabelle II.13 im Stahlbau nur eine untergeordnete Rolle. Auf ihre Kommentierung wird deshalb mit Rücksicht auf den Umfang dieses Buches verzichtet.

Das **Bolzenschweißen** ist dagegen eine für den Stahlbau wichtige Schweißprozessgruppe, vor allem die beiden Prozesse 783 und 784 (vgl. zu II.5.7 <1> und Tabelle KII.5-11). Die in Tabelle II.13 für die Qualifizierung genannte Norm **EN ISO 14555** gilt generell für das gesamte „Lichtbogenbolzenschweißen von metallischen Werkstoffen" und schreibt als Qualifizierungsmethode eine Schweißverfahrensprüfung oder eine vorgezogene Arbeitsprüfung vor. Die in der 2011er Ausgabe von EN 1090-2 noch in Tabelle II.13 enthaltene Besserstellung der Ausführungsklasse EXC2 hinsichtlich der geforderten Qualifizierungsmethode entfällt damit. Die Schweißverfahrensprüfung für das Bolzenschweißen nach EN ISO 14555 wird auch in II.7.5.12 angesprochen (siehe Kommentar dazu). Einzelheiten dieser Schweißverfahrensprüfung werden im vorliegenden Buch ausführlich im Zusammenhang mit dem allgemeinen Thema „Inspektion und Prüfung geschweißter Kopfbolzen" in II.12.4.3 beschrieben und kommentiert.

Gültigkeit der Qualifizierung des Schweißverfahrens

Zu II.7.4.1.4

Die Qualifizierung einer pWPS durch einen WPQR gilt nach den Vorgaben von **EN ISO 15607** zeitlich unbegrenzt, soweit in der Fertigung der Geltungsbereich des WPQR eingehalten und nicht von seinen Schweißparametern erheblich abgewichen wird. Alle in Tabelle II.12 für die gängigen Schweißverfahren des Stahlbaus genannten Normen für die Qualifizierungsmethoden kennen keine zeitliche Begrenzung der Gültigkeit der Qualifizierung. In diesem Zusammenhang sei darauf hingewiesen, dass auch die in der 2011er Ausgabe von EN 1090-2 im vorliegenden Abschnitt II.7.4.1.4 noch vorgeschriebenen zusätzlichen Prüfungen für ein nach EN ISO 15614-1 qualifiziertes Schweißverfahren jetzt entfallen sind.

Diese zeitlich unbegrenzte Gültigkeit der Qualifikation eines Schweißverfahrens entbindet den Hersteller allerdings nicht von seiner Verpflichtung, darauf zu achten, dass die in der Fertigung und Montage eingesetzten Schweißverfahren eine gültige Qualifikation haben. Wenn sich die ursprünglich für die Qualifizierung bestandenen Voraussetzungen ändern, wie z. B. der Grundwerkstoff, der Schweißzusatz, die Schweißparameter, dann muss die Qualifizierung den neuen Voraussetzungen angepasst werden. Darüber hinaus ist jedem Hersteller grundsätzlich zu empfehlen, sich vor dem Einsatz eines qualifizierten Schweißverfahrens, das längere Zeit nicht zum Einsatz gekommen ist, durch eine Arbeitsprobe zu vergewissern, dass die im WPQR dokumentierten Parameter erneut erreicht werden und damit die vorhandene WPS weiter gültig ist. Dabei kann er sich sinngemäß an die Vorgaben der DIN EN ISO 15613 für vorgezogene Arbeitsprüfungen anlehnen.

Für die in Tabelle II.13 aufgeführten „anderen" Schweißprozesse stellt sich die Gültigkeit der Qualifizierung zum Teil anders dar. Zwar kennen die in Bezug genommenen Teile 11, 12 und 13 der Normenreihe EN ISO 15614 ebenfalls keine zeitliche Begrenzung der Geltungsdauer von Schweißverfahrensprüfungen. Aber in den für Reibschweißen und Bolzenschweißen zuständigen Normen EN ISO 15620 und EN ISO 14555 (vgl. Tabelle II.13) ist das anders geregelt.

EN ISO 15620 schränkt die Gültigkeit einer Qualifizierung für **Reibschweißen** auf den bei der Verfahrensprüfung benutzten Maschinentyp ein. Bei Maschinenwechsel ist eine neue Qualifizierung erforderlich.

EN ISO 14555 verlangt für die Aufrechterhaltung einer Qualifizierung für **Bolzenschweißen** u. a. während und nach der Fertigung Prüfungen im Rahmen einer „Prozessüberwachung". Dabei wird unterschieden zwischen Arbeitsprüfung, vereinfachter Arbeitsprüfung und Fertigungsüberwachung. Die Prozessüberwachung wird im Kommentar <2.2> zu II.12.4.3 ausführlich diskutiert. Arbeitsprüfungen dürfen an Teilen der tatsächlichen Fertigung oder an besonderen Prüfstücken durchgeführt werden. Ein Zeitpunkt für die regelmäßige Durchführung der Arbeitsprüfungen wird in EN ISO 14555 nicht genannt.

Die im Text ebenfalls genannte Qualifizierungsnorm **EN ISO 11970** für das Produktionsschweißen von **Stahlguss** gilt ausschließlich für Schweißungen am Gussstück und zwischen Gussstücken (vgl. zu II.5.4 <1>). Für das Verschweißen von Stahlguss mit Baustahl – viel wichtiger für den Stahlbau – gibt es keine spezielle Qualifizierungsnorm.

Zu II.7.4.2 Schweißer und Bediener von Schweißeinrichtungen

Zu II.7.4.2.1 Allgemeines

<1> Zu Abs. 1 – Allgemeines zur Qualifizierung von Schweißern und Bedienern

<1.1> Zu den Normen für die Qualifizierung von Schweißern und Bedienern

In der 2011er Ausgabe von EN 1090-2 war die Qualifizierung des Schweißpersonals noch über EN-Normen geregelt. Inzwischen gibt es für die Qualifizierung sowohl von Schweißern als auch von Bedienern ISO-Normen. Die Anforderungen an Schweißer und Bediener von Schweißeinrichtungen sind also nicht mehr europäisch, sondern grundsätzlich weltweit geregelt. Allerdings muss einschränkend konstatiert werden, dass leider „weltweit gelten" nicht automatisch „weltweit umsetzen" bedeutet. Hinsichtlich der weltweiten Umsetzung gibt es noch erhebliche Defizite.

<1.2> Zur Anzahl von Schweißern und Bedienern in einem Betrieb

EN 1090-2 enthält keine Angabe zur Anzahl von Schweißern und Bedienern in einem Betrieb. In Deutschland gab es dazu früher die Empfehlung des Koordinierungsausschusses der notifizierten Stellen für Metallbauten im bauaufsichtlichen Bereich, dass für die überwiegend eingesetzten Schweißprozesse mindestens zwei geprüfte Schweißer bzw. Bediener verfügbar sein sollten. Dagegen hielt man für einen weiteren, nur sporadisch eingesetzten Schweißprozess einen Schweißer mit gültiger Prüfungsbescheinigung für ausreichend. In der aktuellen Ausgabe des in Deutschland für die Zertifizierung von Betrieben nach EN 1090-1 in der Regel zugrunde gelegten **DVS-Merkblattes 1711** [V13] sind diese Empfehlungen zur Anzahl von Schweißern und Bedienern nicht mehr enthalten. Dort heißt es nur noch: „Der Hersteller muss über eine ausreichende Anzahl von ... verfügen“. Das hängt wohl auch damit zusammen, dass in der heutigen arbeitsteiligen Welt kleinere Betriebe nur eine Minimalzahl eigener Schweißer bzw. Bediener „vorhalten“ und bei größeren Projekten Schweißer in Leiharbeit hinzuziehen. Die Verfasser halten die „Zwei-Schweißer-Regel“ aber dennoch nach wie vor für vernünftig.

<1.3> Einzelheiten zur Schweißerprüfung und Bedienerprüfung

Gemäß dem deutschen Nationalen Vorwort zu **EN ISO 9606-1** muss in der Bundesrepublik Deutschland bei Schweißerprüfungen eine fachkundliche Prüfung nach Anhang B durchgeführt werden. Das Ergebnis der Prüfung muss dokumentiert werden, wobei die Art der fachkundlichen Prüfung (schriftlich, mündlich, Benutzung eines EDV-Programms) der Schweißaufsichtsperson des Betriebes überlassen bleibt. Es empfiehlt sich, auch die Durchführung der vor einer fachkundlichen Prüfung erforderlichen Unterweisung der Schweißer zu dokumentieren. Dies dient auch dem Nachweis der in Deutschland vorgeschriebenen regelmäßigen Unterweisung der Schweißer in Arbeitssicherheit und Unfallverhütung.

Ebenfalls gemäß dem Nationalen Vorwort zu EN ISO 9606-1 müssen in Deutschland Schweißer, die ihre Prüfung außerhalb Deutschlands ohne fachkundliche Prüfung abgelegt haben und in der Bundesrepublik eingesetzt werden, nach den derzeitig geltenden Rechtsvorschriften mindestens Kenntnisse auf dem Gebiet der Arbeitssicherheit und Unfallverhütung sowie Kenntnisse über das Entstehen und Vermeiden von Schweißnahtfehlern nachweisen, auch wenn sie der deutschen Sprache nicht mächtig sind. Das bedeutet, dass diese Schweißer natürlich vor ihrem Einsatz in Deutschland entweder mit Hilfe von Dolmetschern oder durch entsprechendes Informationsmaterial in einer Sprache, der sie mächtig sind, unterwiesen werden müssen.

Bei der Verlängerung einer Schweißerprüfung muss in Deutschland in jedem Fall – unabhängig davon, ob ein Prüfstück geschweißt wird, oder ob aufgrund vorliegender zerstörungsfreier oder zerstörender Prüfprotokolle die Verlängerung bestätigt wird – auch die fachkundliche Prüfung erneut nachgewiesen werden.

Nach EN ISO 9606-1 schließt eine Schweißerprüfung an einer Stumpfnaht nicht mehr, wie früher, eine Schweißerprüfung an einer Kehlnaht ein. Es müssen also, wenn beide Nahtarten in der Fertigung vorkommen, sowohl das Stumpf- als auch das Kehlnahtprüfstück geschweißt werden. Wenn eine Stumpfnahtprüfung bereits vorliegt, reicht zusätzlich das Schweißen eines Kehlnahtprüfstückes an 10 mm dickem Blech in der erforderlichen Schweißposition.

Die Bilder KII.7-13 und KII.7-14 zeigen beispielhaft zwei Prüfungsbescheinigungen über nach ISO 9606-1 abgelegte Schweißerprüfungen, die erste für Stumpfnähte (Nahtart BW, von „*butt weld*“), die zweite für Kehlnähte (Nahtart FW, von „*fillet weld*“). Die erste ist von einer externen Prüfstelle ausgestellt und gilt gleichzeitig als Zertifikat, was aber nur für den Druckgerätebereich vorgeschrieben ist – Frau Mustermann schweißt ihre Stumpfnähte offenbar an Druckgeräten. Im Stahlbau kann eine Prüfungsbescheinigung auch von einer als Prüfer agierenden Schweißaufsichtsperson ausgestellt werden (siehe <1.4>); Bild KII.7-14 ist ein Beispiel dafür.

Bediener von vollmechanisierten oder automatisierten Schweißanlagen können ihre Qualifikation durch irgendeine der nach **EN ISO 14732**, Abschnitt 4.1, möglichen vier Qualifizierungsmethoden erhalten. Dabei empfiehlt es sich, anfallende Verfahrens- oder Arbeitsprüfungen bei vollmechanisierten oder automatisierten Schweißverfahren gleichzeitig für die beteiligten Bediener als Bedienerprüfung auszuwerten und entsprechende Prüfungsbescheinigungen auszustellen.

DVS GSI SLV

1 **Schweißer-Prüfungsbescheinigung/Zertifikat**

2 Bezeichnung **ISO 9606-1 135 T BW FM1 S s4.5 D168.3 H-L045 ss nb**

3 WPS - Bezug	001	Prüfstelle:	GSI mbH NL SLV Duisburg
4 Name des Schweißers	**Lisa Mustermann (119)**	Prüf.-Nr.:	D-SLV-47057-9606-1-180614-07.000020-Z
5 Legitimation	12345		
6 Art der Legitimation	Personalausweis	Foto	
7 Geburtsdatum, -ort	15.12.1976, Paderborn	(falls nötig)	
8 Beschäftigt bei	MUSTERMANN, Geilenkirchen		
9 Vorschrift/Prüfnorm	2014/68/EU, DIN EN ISO 9606-1:2017-12, AD 2000 HP 3:2014-11		
10 Fachkunde	bestanden		

11 Kenngrößen	Prüfstück	Geltungsbereich
12 Schweißprozess(e)	ISO 4063 - 135-D	135-,138- D,G,S,P
13 Stromart/Polung	DC (+)	-
14 Produktform (Blech oder Rohr)	T	T, P
15 Nahtart	BW	BW, Rohrabzw. Winkel >= 60°
16 Werkstoffgruppe(n)	1.1 / P235TR1	-
17 Schweißzusatzgruppe	FM1	FM1, FM2
18 Zusatzwerkstoff/Bezeichnung	S - DIN EN ISO 14341-A -G 3Si1	S, M
19 Schutzgas	DIN EN ISO 14175 - M21	-
20 Hilfsstoffe	-	-
21 Schweißgutdicke (mm)	4,50	3,00 - 9,00
22 Rohraußendurchmesser (mm)	168,30	>= 84,15
23 Schweißposition	H-L045	PA, PC, PE, PF
24 Schweißnahteinzelheiten	ss nb	ss (mb, nb, gb, fb), bs

25 Zusätzliche Hinweise:

26 Art der Prüfung 27	Ausgeführt und bestanden	Nicht geprüft	
28 Sichtprüfung	X	-	notifizierte Stelle für Druckgeräte GSI GmbH 2014/68/EU NoBo 1182 Nr. 6
29 Durchstrahlungsprüfung	X	-	
30 Bruchprüfung	X	-	
31 Biegeprüfung	-	X	Ort: Duisburg
32 Kerbzugprüfung	-	X	Verlängerung nach: 9.3 a
33 Makroskopische Untersuchung	-	X	Datum des Schweißens: 08.06.2018
34 Zusätzliche Prüfungen *	-	X	Gültig bis: **07.06.2021**

35 Bemerkungen: Die Anforderungen der Druckgeräterichtlinie, 2014/68/EU Zulassung von Personal Anhang I, 3.1.2 sind erfüllt.

Dipl.-Ing. J. Lechtenböhmer

36 Name und Unterschrift des Zertifizierers
ZLS Reg. Nr.: ZLS-NB-0216

37 Bestätigung der Gültigkeit durch die Schweißaufsichtsperson oder den Prüfer / die Prüfstelle für die folgenden 6 Monate (Abschnitt 9.2)

38

Datum	Unterschrift	Dienststellung oder Titel

Datum	Unterschrift	Dienststellung oder Titel

39 * falls notwendig, Angaben auf Zusatzblatt
40 Übersetzung und weitere Angaben auf der Rückseite

GSI – Gesellschaft für Schweißtechnik International mbH · Aachener Straße 172, 40223 Düsseldorf · www.gsi-slv.de

Quelle: GSI – Gesellschaft für Schweißtechnik International mbH

Bild KII.7-13: Beispiel 1 für eine Schweißer-Prüfungsbescheinigung

STAHLBAU MAGDEBURG GmbH
Berliner Chaussee 106-112
39114 Magdeburg
Telefon (0391) 8509-0
Telefax (0391) 8509-109

Nach DIN EN ISO 9001 zertifiziert
Herstellerqualifikation EXC4 nach DIN EN 1090-2 und EXC3DB nach DBS918005

1 **Schweißer-Prüfungsbescheinigung**

2 **ISO 9606-1 135 P FW FM1 S t15 PF ml**
ISO 9606-1 135 P FW FM1 S t15 PB ml

3 Hersteller-Schweißanweisung: 135 FW1, 135 FW2 — Prüfer/Prüfstelle: SBM/PS-Ock
4 Name des Schweißers: **Mustermann, Max (MM)** — Beleg-Nr.: MM-135-BW-2018
5 Legitimation: A7B8C78DE
6 Art der Legitimation: Personalausweis
7 Geburtsdatum und -ort: 13.13.2013, Musterstadt
8 Beschäftigt bei: Stahlbau Magdeburg GmbH
9 Vorschrift/Prüfnorm: DIN EN ISO 9606-1
10 Fachkunde: bestanden/ ~~nicht geprüft~~ (unzutreffendes durchstreichen)

Nr.	Kenngrößen	Prüfstück	Geltungsbereich
11	Kenngrößen	Prüfstück	Geltungsbereich
12	Schweißprozess(e)	ISO 4063 – 135-D	ISO 4063 – 135; 138-D, G, S, P
13	Stromart/ Polung	DC (+)	-
14	Produktform (Blech oder Rohr)	P	P
15	Nahtart	FW	FW
16	Werkstoffgruppe(n)	1,2 / S355J2+N	-
17	Schweißzus. Werkstoffgruppe(n)	FM1	FM1, FM2
18	Zusatzwerkstoff / Bezeichnung	S - DIN EN ISO 14341-A-G4Sil	S, M
19	Schutzgas	DIN EN ISO 14175-M21	-
20	Hilfsstoffe	-	-
21	Schweißgutdicke	15,00	>= 3,00
22	Rohraußendurchmesser (mm)	-	
23	Schweißposition	PF	PF, PA, PB
24	Schweißnahteinzelheiten	ml	ml, sl

25 Zusätzliche Hinweise:

Nr.	Art der Prüfung	Ausgeführt und bestanden	Nicht geprüft
26/27	Art der Prüfung	Ausgeführt und bestanden	Nicht geprüft
28	Sichtprüfung	X	-
29	Durchstrahlungsprüfung	-	X
30	Bruchprüfung	X	-
31	Biegeprüfung	-	X
32	Kerbzugprüfung	-	X
33	Makroskopische Untersuchung	-	X
34	Zusätzliche Prüfungen *	-	X

Stempel:

Ort: Magdeburg
Verlängerung nach: 9.3a
Datum des Schweißens: 27.09.2018
Gültig bis: 26.09.2021

35 Bemerkungen

i.A. M. Ockert
M. Sc. (IWE) M. Ockert
Name und Unterschrift des Prüfers oder der Prüfstelle

36

37 Bestätigung der Gültigkeit durch die Schweißaufsichtsperson oder den Prüfer/ die Prüfstelle für die folgenden 6 Monate (Abschnitt 9.2)

38

Datum	Unterschrift	Dienststellung oder Titel

Datum	Unterschrift	Dienststellung oder Titel

39 * falls notwendig, Angaben auf Zusatzblatt
40 Übersetzung des Formblattes auf der Rückseite

Formblatt- Nr.: FB051 Rev.: 3

Quelle: Stahlbau Magdeburg GmbH

Bild KII.7-14: Beispiel 2 für eine Schweißer-Prüfungsbescheinigung

<1.4> Zur Durchführung von Schweißer- und Bedienerprüfungen

Im Gegensatz zur 2011er Ausgabe von EN 1090-2 enthält die aktuelle Ausgabe im Abschnitt II.7.4.3 die explizite Erlaubnis für Schweißaufsichtspersonen (SAPs), als Prüfer zu agieren. Das entspricht jahrzehntelanger Praxis in Deutschland, wo die verantwortlichen SAPs – neben den anerkannten externen Prüfern/Prüfstellen – schon immer Schweißer und Bediener ihres eigenen Betriebes prüfen durften. Natürlich mussten sie selbst im Rahmen der Herstellerqualifikation bzw. -zertifizierung überprüft werden und nachweisen, dass sie dazu in der Lage sind. Die erteilte Berechtigung zur Prüfung der Schweißer wurde früher in der Herstellerqualifikationsbescheinigung vermerkt und kann heute (muss aber nicht) im Schweißzertifikat des Betriebes vermerkt werden.

Das bereits mehrfach erwähnte DVS-Merkblatt 1711 [V13] nennt als eine mögliche Voraussetzung für die Erteilung der Berechtigung die Anwendung des Merkblattes **DVS 0700** [V8]. Dieses beschreibt eine Vorgehensweise, wie ein Hersteller für seine SAP die Berechtigung erwerben kann, betriebseigene Schweißer- und/oder Bedienerprüfungen durchzuführen und die entsprechenden Prüfungsbescheinigungen auszustellen. Unter anderem müssen bei einer Inspektion des Betriebes von der SAP mindestens zwei Schweißerprüfungen an Prüfstücken mit den in der Fertigung vorkommenden schwierigsten Schweißpositionen veranlasst werden, die im Beisein eines Vertreters der notifizierten Stelle bewertet werden; weitere Einzelheiten siehe DVS 0700.

Eine auf der Grundlage von DVS 0700 ausgestellte Berechtigung bleibt nur dann gültig, wenn je Schweißprozess eine Mindestanzahl von fünf Schweißerprüfungen und/oder zwei Bedienerprüfungen pro Jahr durchgeführt werden. Die Proben oder die Prüfstücke sowie die ggf. dazugehörigen Durchstrahlungsbilder/Ultraschall-Prüfprotokolle von durchgeführten Schweißerprüfungen müssen bis zur nächsten Inspektion des Betriebes aufbewahrt werden, damit eine Nachbewertung durch einen Vertreter der notifizierten Stelle erfolgen kann.

Es sei an dieser Stelle angemerkt, dass das Merkblatt DVS 0700 derzeit in der Stahlbau-Industrie kaum Anwendung findet, da man die Anforderungen an das Personal für nicht praxisgerecht hält. In jedem Fall ist aber unschwer zu erkennen, dass es eine wirtschaftliche Entscheidung des Betriebes ist, ob die Schweißer- und Bedienerprüfungen nach einer erfolgreichen Überprüfung des Schweißaufsichtspersonals selbständig im eigenen Betrieb durchgeführt werden oder ob diese Prüfungen bei einer externen Prüfstelle abgelegt werden.

Hat die Schweißaufsichtsperson (SAP) die Berechtigung erhalten, Schweißer- und Bedienerprüfungen durchzuführen und zu bewerten, so darf sie selbstverständlich nur Schweißer und Bediener des eigenen Betriebes prüfen. Neben der Prüfung des eigenen Schweißpersonals darf die SAP auch die qualitätsgerechte Arbeit von Leasingpersonal, welches im Verantwortungsbereich des Betriebes geschweißt hat, bestätigen und die halbjährliche Verlängerung von deren Schweißer-Prüfungsbescheinigungen (siehe <1.5> weiter unten) vornehmen.

Was **externe Prüfer/Prüfstellen** anbetrifft, so dürfen leider (aus deutscher Sicht) im Nationalen Vorwort von EN ISO 9606-1 aus Gründen der europäischen Wettbewerbsgleichheit keine Prüfstellen für die Durchführung von Schweißerprüfungen mehr aufgelistet werden. Deshalb steht jetzt auf Beschluss des Beirates des Normenausschusses Schweißtechnik (NAS) nur noch folgender Hinweis über Prüfstellen und Prüfer im Nationalen Vorwort von EN ISO 9606-1: „Entsprechend den Vorgaben für die Erstellung von Europäischen Normen sind in der vorliegenden Norm die Prüfstellen und Prüfer für die Durchführung von Schweißerprüfungen nicht genannt. Sie werden für die verschiedenen Anwendungsbereiche in den jeweils maßgebenden Rechtsvorschriften, Richtlinien oder in Liefervereinbarungen angegeben.“ In [V69] wird auf die Gefahr hingewiesen, dass durch den Wegfall der Auflistung die Prüfung von Schweißpersonal durch externe Dienstleister sich zu einem „schnellen Geschäft“ entwickeln könnte.

EN 1090-2 empfiehlt in Abschn. II.7.4.3 für die Qualifizierung von Schweißpersonal durch externe Prüfer/Prüfstellen, dass dies in Übereinstimmung mit den Verfahren nach EN ISO/IEC 17020 [II.Lit27] oder EN ISO/IEC 17024 [II.Lit28] geschehen solle. Die beiden (als DIN-Normen übernommenen) internationalen Normen haben zum Ziel, Vertrauen zu fördern in Stellen/Institutionen, welche Inspektionen durchführen (-17020) bzw. welche Personen zertifizieren (-17024). Beide Normen können u. a. als Anforderungsdokument für eine Akkreditierung verwendet werden. Im vorliegenden Zusammenhang ist vor allem EN ISO/IEC 17024 beachtenswert. Die Norm enthält Grundsätze und Anforderungen für eine Stelle/Institution, die Personen anhand spezifischer Anforderungen zertifiziert, und schließt die Entwicklung und Aufrechterhaltung eines Zertifizierungsprogramms für Personen ein. Man sollte allerdings mit der Prüfung von Schweißpersonal nur solche externen Prüfer/Prüfstellen betrauen, die nicht nur versichern, dass sie „in Übereinstimmung mit den Verfahren nach EN ISO/IEC 17024“ arbeiten, sondern die dafür konkret akkreditiert sind.

Abschließend zum Thema „Durchführung der Schweißerprüfungen“ sei daran erinnert, dass natürlich die Kundenspezifikation die Forderung beinhalten kann, nur Schweißpersonal einzusetzen, das die Prüfungen bei einer externen Prüfstelle abgelegt hat.

<1.5> Zur Gültigkeit der Schweißer- und Bediener-Prüfungsbescheinigungen

Nach EN ISO 9606-1 und EN ISO 14732 muss alle sechs Monate die Gültigkeit der Prüfungsbescheinigung um weitere sechs Monate verlängert werden, indem die verantwortliche Schweißaufsichtsperson (SAP) bzw. die Prüfstelle bestätigt, dass der Schweißer/Bediener innerhalb des ursprünglichen Geltungsbereiches seiner Prüfungsbescheinigung geschweißt bzw. gearbeitet hat. In der Ausführungsklasse EXC1 darf der für die Überwachung der Schweißarbeiten Verantwortliche des Betriebes diese Bestätigung vornehmen.

Darüber hinaus muss die Fähigkeit des Schweißers bzw. Bedieners periodisch überprüft werden, indem entweder

a) alle drei Jahre (beim Schweißer) bzw. sechs Jahre (beim Bediener) die Prüfung wiederholt wird oder
b) alle zwei Jahre (beim Schweißer) bzw. drei Jahre (beim Bediener) zwei Schweißnähte/Schweißungen, die während der letzten sechs Monate geschweißt wurden, mittels ZfP oder zerstörender Prüfung geprüft und dokumentiert werden oder
c) drei herstellerspezifische Bedingungen erfüllt sind (Näheres siehe Normen).

<2> Zu Abs. 2 – Prüfung von Schweißern und Bedienern in Ausführungsklasse EXC1

Der Normtext nimmt hier Bezug auf die drei im vorhergehenden Kommentar <1.5> genannten drei Optionen (a) bis (c), die Fähigkeit eines Schweißers bzw. Bedieners periodisch zu überprüfen. Die Option (c) wird für EXC1 ausgeschlossen.

<3> Zu Abs. 3 – Qualifizierung von Schweißern für Betonstahl

Zu Aufbau und Inhalten des hier in Bezug genommenen Normenpaares **EN ISO 17660-1** und **-2** vgl. den Kommentar <3> zu II.7.1. In EN ISO 17660-1 (tragende Betonstahl-Schweißverbindungen) findet man im Abschnitt 9.2 „Schweißer- und Bedienerprüfungen“ die Forderung, dass Schweißer als Basis über eine Kehlnahtschweißerprüfung nach **ISO 9606-1** verfügen müssen und Bediener über eine Bedienerprüfungsbescheinigung nach **ISO 14732**. Die Qualifizierung von Betonstahl-Schweißern und -Bedienern erfolgt also nominell auf der Grundlage derselben ISO-Normen wie bei den Stahlbau-Schweißern und -Bedienern (vgl. <1>). Natürlich müssen die Schweißungen an Betonstahl-Prüfstücken erfolgen, wobei für Betonstahlschweißer eine „zusätzliche Ausbildung für die jeweiligen Schweißverbindungen“ vorgeschrieben wird.

Diese besondere Ausbildung ist u. a. darin begründet, dass die Schweißer lernen müssen, beim Schweißen nur eine begrenzte Wärmemenge einzubringen, da sonst die mittels Kaltverformung erzeugte erhöhte Festigkeit des Betonstahls abgebaut würde. Des Weiteren muss der Schweißer mit den besonderen Nahtarten, die sich aus dem runden Querschnitt der Betonstähle und insbesondere der Rippen ergeben (siehe Bild KII.7-15), zurechtkommen. Geprüft wird das durch zerstörende Werkstoffprüfungen gemäß Tabelle 3 in EN ISO 17660-1.

In Deutschland ist auf dem „Umweg" über die Richtlinie DVS 1708 [R177] – ihre Beachtung ist bauordnungsrechtlich in der MVV-TB vorgeschrieben, vgl. zu II.7.1 <3> – für die zusätzliche Ausbildung der Betonstahlschweißer die Richtlinie **DVS 1146** [R174] quasi-verbindlich. Sie macht detaillierte Angaben zur praktischen und fachkundlichen Ausbildung und Prüfung der Betonstahlschweißer. Das Programm ist allerdings so umfangreich, dass in Fachkreisen zunehmend hinterfragt wird, ob Schweißer wirklich an Betonstahlverbindungen ausgebildet werden müssen, die sie in der Praxis dann niemals schweißen. Das verursacht wegen der vielen zerstörenden Prüfungen (Zugversuche/Scherversuche) erhebliche Kosten. Es drängt sich die Frage auf, ob solche erhöhten nationalen Anforderungen noch zeitgemäß sind. Prüfstellen und Verantwortliche der Betriebe sollten gemeinsam praxisgerechtere Lösungen anstreben.

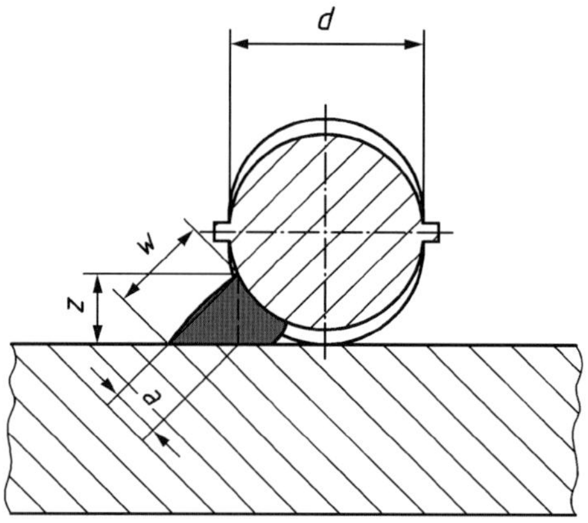

Bild KII.7-15: Flankenkehlnaht Betonrippenstahl an Stahlbauteil (Bild 9 aus EN ISO 17660-1)

<4> Zu Abs. 4 – Aufzeichnung und Aufbewahrung der Qualifizierungen von Schweißpersonal

Die jeweils gültigen Schweißer- und Bediener-Prüfungsbescheinigungen müssen im Betrieb oder auf der Baustelle vorliegen. Es wird dringend empfohlen, auch ältere, nicht mehr gültige Prüfungsbescheinigungen für eine Dauer von mindestens fünf Jahren (oder ggf. länger gemäß im QMH genannter Aufbewahrungsfrist) aufzubewahren, um bei Streitigkeiten nachträglich den ordnungsgemäßen Einsatz von Schweißern und Bedienern belegen zu können.

Zu II.7.4.2.2 Hohlprofilanschlüsse

Für die auch schon in der 2011er Ausgabe von EN 1090-2 als Regel („sofern nichts anderes festgelegt wird") geforderte spezielle Qualifizierungsprüfung für Schweißer von Rohrabzweigungen < 60° (Beispiel siehe Bild KII.7-16) definiert die Norm EN ISO 9606-1 kein Prüfstück. Deshalb werden jetzt in EN 1090-2 Vorgaben für die Prüfstücke und die Prüfungen gemacht, u. a. unter Bezug auf den informativen Anhang II.E. Die Vorgaben sind verständlich und bedürfen keiner Kommentierung. Bild KII.7-17 zeigt das früher in der deutschen Norm DIN 18808 [R77] für Hohlprofilabzweigungen vorgeschriebene Prüfstück. Es wird in der deutschen Praxis nach wie vor verwendet.

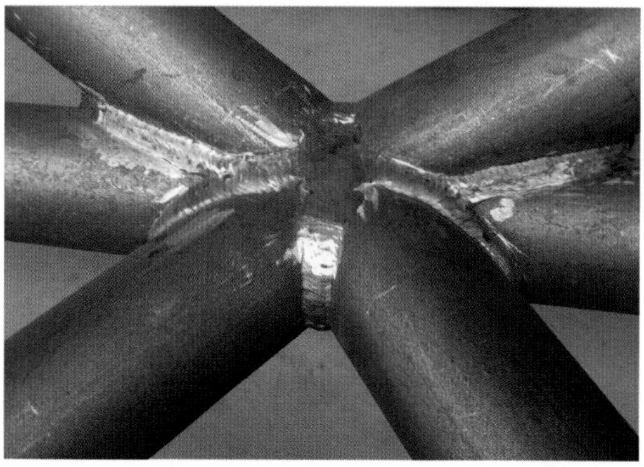

Quelle: PSP, Essen

Bild KII.7-16: Knoten eines Dreigurt-Rohrfachwerkträgers mit Abzweigwinkeln < 60°

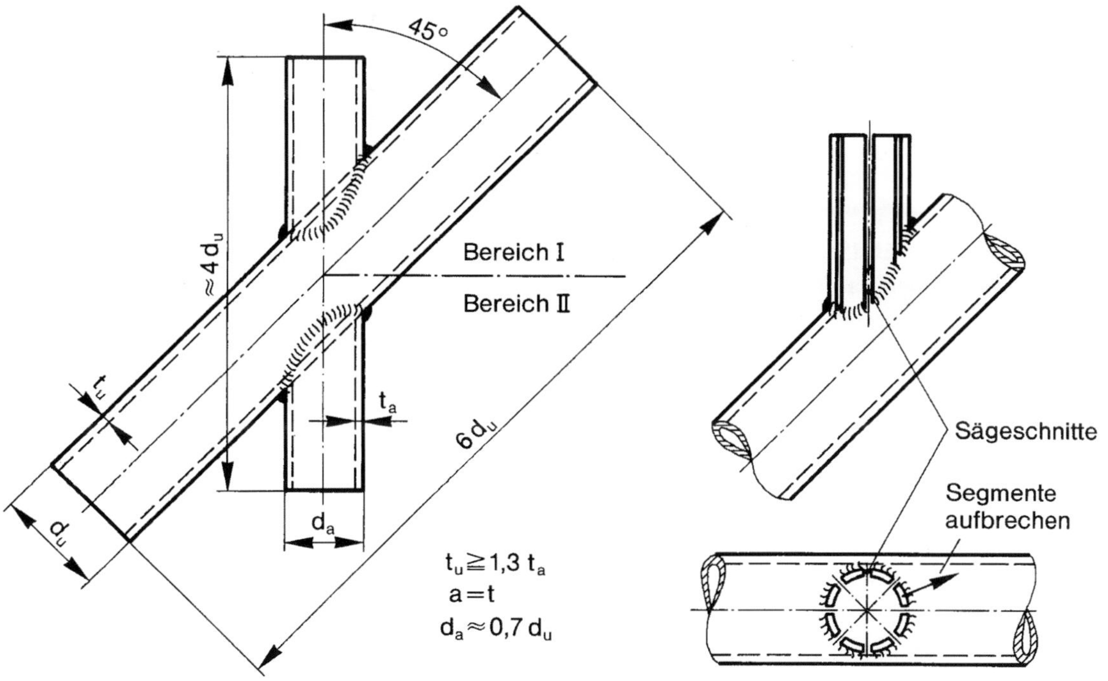

Prüfstück für Zusatzprüfung — Vorbereitung des Prüfstücks zur Auswertung

Bild KII.7-17: Beispiel für ein Rohrknoten-Prüfstück (aus DIN 18808 [R77])

Schweißaufsicht

Zu II.7.4.3

<1> Zu den Begrifflichkeiten

Im Englischen heißt die Überschrift dieses Normabschnittes, wie z. B. auch der Titel der in Bezug genommenen EN ISO 14731, „*welding coordination*". Das wird sprachlich nicht ganz korrekt mit „Schweißaufsicht" übersetzt, weil wir in Deutschland traditionell schon immer eine Schweißaufsicht hatten. Ebenso wird der „*welding coordinator*" bei uns zur „Schweißaufsichtsperson". Darin drücken sich (auch) unterschiedliche historische Denkmuster der Ingenieurgesellschaften in den verschiedenen Ländern Europas aus. Gemeint ist gemäß Grundprinzip der europäischen Normung jemand, der das Schweißpersonal und seine Schweißarbeiten eher koordiniert als im Sinne der früheren Baupolizei überwacht. Allerdings sollte bei solchen (heute beliebten) Diskussionen nicht übersehen werden, dass auch im Englischen, wenn es um die konkrete Beschreibung der Tätigkeiten des „*welding coordinator*" geht, durchgängig das Wort „*supervise*" verwendet wird, und das bedeutet nun doch wieder „beaufsichtigen/überwachen"... .

<2> Zu Abs. 1 – Beaufsichtigung der Schweißarbeiten in Ausführungsklasse EXC1

In der in Abs. 1 des vorliegenden Normabschnittes in Bezug genommenen EN ISO 3834-4 wird für die in der Ausführungsklasse EXC1 geforderten „elementaren Qualitätsanforderungen" (vgl. II.7.1) keine Schweißaufsichtsperson nach EN ISO 14731 gefordert. Der Abschnitt 7.1 von EN ISO 3834-4 enthält aber eine allgemeine Festlegung zur Beaufsichtigung der Schweißarbeiten: „Der Hersteller muss eine ausreichende Aufsicht der Schweißarbeiten sicherstellen, damit das Schweißen in einer Art ausgeführt wird, die als gute Arbeitsqualität zu bezeichnen ist." Eine Schweißaufsicht im Sinne von EN ISO 14731 ist also bei EXC1 nicht erforderlich. Der Betrieb muss aber eine Person benennen, die die Schweißarbeiten beaufsichtigt.

<3> Zu Abs. 2 – Schweißaufsichtspersonal in Ausführungsklassen EXC2 bis EXC4

<3.1> Zum Erfordernis des Vorhandenseins einer Schweißaufsicht

EN 1090-2 verlangt im vorliegenden Normabschnitt, dass ab Ausführungsklasse **EXC2** ausreichend qualifiziertes Schweißaufsichtspersonal nach EN ISO 14731 die Ausführung von Schweißarbeiten sicherstellt. Damit ist nicht gemeint, dass ständig eine Schweißaufsichtsperson (SAP)

während der Ausführung aller Schweißarbeiten anwesend sein muss. Schwierige Schweißarbeiten müssen jedoch von der SAP detailliert geplant und, wenn erforderlich, auch persönlich beaufsichtigt werden, jedoch nicht sämtliche Schweißarbeiten. Die SAP bleibt in jedem Fall für die Ausführung der Schweißarbeiten verantwortlich und muss selbst entscheiden, welche Schweißarbeiten von ihr persönlich betreut werden müssen und für welche sie ihre Aufgaben delegieren kann.

<3.2> Zu den in EN ISO 14731 definierten Stufen der technischen Kenntnisse des Schweißaufsichtspersonals

Die im Normtext in Bezug genommene **EN ISO 14731** unterscheidet im Abschnitt 6 zwischen

- erforderlichen allgemeinen Kenntnissen für die gesamte Schweißaufsicht und
- erforderlichen speziellen Kenntnissen für das verantwortliche Schweißaufsichtspersonal.

Diese geforderten zwei Kategorien von Kenntnissen werden in EN ISO 14731 wie folgt näher beschrieben:

Forderungen für die gesamte Schweißaufsicht

Für alle zugewiesenen Aufgaben muss das Schweißaufsichtspersonal in der Lage sein, **entsprechende technische Kenntnisse** nachzuweisen, die es ihm ermöglichen, diese Aufgaben zufriedenstellend auszuüben:

- Allgemeine technische Kenntnisse;
- besondere technische Kenntnisse im Schweißen und in verwandten Prozessen entsprechend den zugewiesenen Aufgaben. Diese können durch eine Verbindung aus theoretischem Wissen, Schulung und/oder Erfahrung erworben werden. Der Umfang der geforderten Herstellungserfahrung, der Ausbildung und des technischen Wissens muss durch den Hersteller festgelegt werden; sie ist von den zugewiesenen Aufgaben und der Verantwortung abhängig.

Forderungen für das verantwortliche Schweißaufsichtspersonal

Verantwortliches Schweißaufsichtspersonal (siehe 4.2 von EN ISO 14731) muss einer der nachfolgend genannten Gruppen (Stufen) zugeordnet werden. Dies hängt von der Art und der Komplexität der Fertigung ab:

- Personen mit **umfassenden technischen Kenntnissen**, wobei volle technische Kenntnisse für alle Aufgaben und Verantwortung für die schweißtechnische Herstellung bei der Planung, Ausführung, Beaufsichtigung und Prüfung erforderlich sind;
- Personen mit **speziellen technischen Kenntnissen,** wobei der Grad der technischen Kenntnisse für Aufgaben und die Verantwortung innerhalb eines ausgewählten oder eingeschränkten technischen Bereichs für die Planung, Ausführung, Beaufsichtigung und Prüfung ausreichen muss;
- Personen mit **technischen Basiskenntnissen,** wobei der Grad der technischen Kenntnisse für Aufgaben und die Verantwortung innerhalb eines eingeschränkten technischen Bereichs, der nur einfache geschweißte Konstruktionen einschließt, für die Planung, Ausführung, Beaufsichtigung und Prüfung ausreichen muss.

Die aktuell noch gültige Ausgabe 2006 von EN ISO 14731 enthält in einem informativen Anhang Empfehlungen für technische Kenntnisse beim Schweißen auf der Basis der vom Internationalen Institut für Schweißtechnik (**IIW**) herausgegebenen Dokumente für die Ausbildung von Schweißaufsichtspersonal:

- Internationaler **Schweißfachingenieu**r **(IWE)**, Doc. IAB-002-2000/EWF-409 Rev. 2;
- Internationaler **Schweißtechniker (IWT)**, Doc. IAB-003-2000/EWF-410 Rev. 2;
- Internationaler **Schweißfachmann (IWS)**, Doc. IAB-004-2000/EWF-411 Rev. 1.

Gemäß genanntem Anhang von EN ISO 14731:2006 kann bei Schweißaufsichtspersonal, das die Anforderungen dieser Dokumente erfüllt oder anerkannte nationale Qualifikationen besitzt, davon ausgegangen werden, dass die oben beschriebenen Anforderungen nach Abschnitt 6 von EN ISO 14731 erfüllt sind. Damit ergibt sich die in Tabelle KII.7-5 wiedergegebene empfohlene Zuordnung der Stufen technischer Kenntnisse zu der Ausbildung nach den IIW-Richtlinien.

Tabelle KII.7-5: Empfohlene Zuordnung der Stufen technischer Kenntnisse von Schweißaufsichtspersonen nach Abschnitt 6 von EN ISO 14731:2006 zu den IIW-Ausbildungsstufen

Stufe der technischen Kenntnisse nach EN ISO 14731	IIW-Ausbildung und -Qualifikation	In EN 1090-2 verwendete Abkürzung[1]
Umfassende technische Kenntnisse	Internationaler Schweißfachingenieur IWE	C
Spezielle technische Kenntnisse	Internationaler Schweißtechniker IWT	S
Technische Basiskenntnisse	Internationaler Schweißfachmann IWS	B
1 siehe auch Kommentar <4> weiter unten		

Die nächste Ausgabe von EN ISO 14731 wird den genannten Anhang wahrscheinlich nicht mehr enthalten, also auch nicht die empfohlene Zuordnung zwischen den Stufen technischer Kenntnisse und den IIW-Ausbildungsstufen. Es gibt sie dann nur noch als völlig unverbindliche Empfehlung in Veröffentlichungen von EWF *(European Welding Federation)* und IAB (*International Authorisation Board*) [V29]. Das ist insbesondere in Deutschland, wo diese Zuordnung traditionell als quasi-verbindlich gehandhabt wird, zu beachten, wenn mit Auftraggebern oder Stahlbaubetrieben aus anderen europäischen Ländern zusammengearbeitet wird. Hintergrund ist die dortige Überzeugung, dass man die erforderlichen technischen Kenntnisse unter Umständen auch ohne IIW-Ausbildung durch andere bewährte nationale Qualifikationen nachweisen kann.

<3.3> Zur Untervergabe der Tätigkeiten der Schweißaufsicht

Nach EN ISO 14731:2006, Abschnitt 4.2, darf die Schweißaufsicht untervergeben werden. (Dies wird in der nächsten Ausgabe von EN ISO 14731 wahrscheinlich so bleiben, die Untervergabe wird sogar genauer spezifiziert werden.) Das Merkblatt **DVS 1711** [V13] empfiehlt dazu, eine Verfahrensanweisung zu erstellen, die u. a. Folgendes beinhalten sollte:

- Der Umfang der zu beaufsichtigenden Schweißarbeiten ist zu definieren; dabei muss sichergestellt sein, dass während der Ausführung von Schweißarbeiten eine ausreichende und qualifizierte Beaufsichtigung erfolgt.
- Die Tätigkeit der untervergebenen Schweißaufsicht ist vertraglich zu regeln. Dabei ist die Weisungsbefugnis gegenüber den Mitarbeitern des Betriebes und die Erfüllung der Aufgaben gemäß EN ISO 14731 sicherzustellen.
- Die Arbeitszeit ist vertraglich so zu regeln, dass die SAP ihre Aufgaben wahrnehmen kann (Nachweis über Arbeitsbuch).

In DVS 1711 wird ferner angemerkt, dass Schweißaufsichtspersonen, die kein Arbeitsverhältnis mit dem Hersteller haben, sondern als Dienstleister vertraglich an den Hersteller gebunden sind, als „untervergebene Schweißaufsicht“ gelten.

<3.4> Zu den Aufgaben des Schweißaufsichtspersonals

Der normative Anhang B von EN ISO 14731 (wird in der nächsten Ausgabe praktisch unverändert übernommen werden) listet auf über vier Seiten die wesentlichen Aufgaben des Schweißaufsichtspersonals auf. Die nachfolgend wiedergegebenen Überschriften der einzelnen Abschnitte sollen einen Überblick über die Bandbreite der Aufgaben vermitteln.

- Überprüfung der Anforderungen,
- Technische Überprüfung,
- Untervergabe,
- Schweißtechnisches Personal,
- Einrichtungen,
- Fertigungsplanung,
- Qualifizierung von Schweißverfahren,
- Schweißanweisungen,
- Arbeitsanweisungen,
- Schweißzusätze,
- Werkstoffe,
- Überwachung und Prüfung vor dem Schweißen,
- Überwachung und Prüfung während des Schweißens,
- Überwachung und Prüfung nach dem Schweißen,
- Wärmebehandlung nach dem Schweißen,
- Mangelnde Übereinstimmung und Korrekturmaßnahmen,
- Kalibrierung und Validierung von Mess-, Überwachungs- und Prüfeinrichtungen,
- Kennzeichnung und Rückverfolgbarkeit,
- Qualitätsberichte.

Es müssen von der Schweißaufsichtsperson (SAP) natürlich nur die Aufgaben und Tätigkeiten übernommen werden, die für die jeweilige Fertigung und den jeweiligen Betrieb relevant sind. So wird im bauaufsichtlich geregelten Bereich – im Gegensatz zum Druckbehälterbau – in der Regel keine Wärmebehandlung nach dem Schweißen durchgeführt.

Die Aufgaben können aufgeteilt werden, wenn mehrere SAPs in einem Betrieb tätig sind. Abschnitt 4.2 von EN ISO 14731 enthält Festlegungen dazu. Es sollte ein Organigramm erstellt werden, aus dem erkennbar ist, wer die verantwortliche SAP ist und welche Tätigkeiten von den einzelnen SAPs wahrgenommen werden. Selbstverständlich ist es auch möglich, verantwortliche SAPs getrennt für Betrieb und Montage oder für verschiedene Betriebsteile zu benennen.

Gemäß DVS 1711 soll die SAP auch dafür sorgen, dass die für die Herstellung erforderlichen Normen und Regelwerke im Betrieb aktuell vorliegen und dem Personal bekannt sind.

<4> Zu Abs. 3 mit Anmerkung sowie Tabellen II.14 und II.15 – Erforderliche technische Kenntnisse des Schweißaufsichtspersonals

In den Tabellen II.14 und II.15 ordnet EN 1090-2 die in EN ISO 14731 definierten drei Stufen der technischen Kenntnisse des Schweißaufsichtspersonals (vgl. <3.2>) den konkreten Bedingungen der Ausführung von Stahlbauten zu. Dabei bedeuten die für die drei Stufen der technischen Kenntnisse verwendeten Abkürzungen gemäß Normtext:

- **B** Technische Basiskenntnisse (***B****asic technical knowledge*),
- **S** Spezielle technische Kenntnisse (***S****pecific technical knowledge*),
- **C** Umfassende technische Kenntnisse (***C****omprehensive technical knowledge*).

Der besseren Übersicht halber wurden diese Abkürzungen auch in Tabelle KII.7-5 eingetragen. Eingangsparameter für die beiden Tabellen sind zum einen die **Ausführungsklassen**, zum Zweiten die zu schweißenden **Grundwerkstoffe** und zum Dritten die zu schweißenden **Materialdicken.**

Zur Abhängigkeit von den Grundwerkstoffen

In beiden Tabellen sind die Stähle in zwei Gruppen eingeteilt,

- die Baustähle in Tabelle II.14 nach Stahlsorten: S235 ÷ S355/S420 ÷ S700,
- die nichtrostenden Stähle in Tabelle II.15 nach Gefügearten: Austenitisch/Ferritisch/Austenitisch-ferritisch (Duplexstähle).

Durch die ebenfalls in die Tabellen eingetragenen Bezugs-Produktnormen – man beachte, dass die Produktnormen für nichtrostende Stähle „datiert“ sind (vgl. zu II.2.1 <2>) – ist der Bezug zu den im Normabschnitt II.5.3 beschriebenen Stahlprodukten (Tabellen II.2 bis II.4) gegeben, so dass die Gruppeneinteilung in sich schlüssig und verständlich ist. Der Anwender von EN 1090-2 benötigt also die in der Anmerkung als Hintergrundinformation genannten CEN-ISO/TR-Dokumente nicht. Trotzdem werden sie nachfolgend kurz erläutert.

Der Technische Bericht **CEN ISO/TR 15608** (in Deutschland unter komplizierter Bezeichnung veröffentlicht [R166]) enthält eine Gruppeneinteilung von Werkstoffen zum Schweißen. Er kann aber auch für andere Zwecke wie Wärmebehandlung, Umformen und zerstörungsfreie Prüfung angewendet werden. Mit Hilfe dieses Berichtes können weltweit alle metallischen Werkstoffe einer Gruppe/Untergruppe zugeordnet werden.

Die Tabelle 1 dieses Technischen Berichtes enthält die Gruppenunterteilung von Stählen. Auf diese beziehen sich die Stahl-Gruppenbezeichnungen in Spalte 2 der Tabellen II.14 und II.15 von EN 1090-2. Es gibt folgende drei regionale Berichte zur Zuordnung von Grundwerkstoffen zum Bericht CEN ISO/TR 15608:

- EN ISO/TR 20172 **„Europäische Werkstoffe“** (in Deutschland als DIN-Fachbericht [R168] veröffentlicht).
- EN ISO/TR 20173 **„Amerikanische Werkstoffe“** (in Deutschland ebenfalls als DIN-Fachbericht veröffentlicht [R169]).
- EN ISO/TR 20174 **„Japanische Werkstoffe“** (in Deutschland ebenfalls als DIN-Fachbericht veröffentlicht [R170]).

Zur Abhängigkeit von den Ausführungsklassen und den Materialdicken

Aus der in **Tabelle II.14** ersichtlichen speziellen Zuordnung der Schweißaufsichtsperson mit technischen Basiskenntnissen (Stufe B) ergab sich bei Einführung der EN 1090-2 (die 2011er Ausgabe enthielt schon dieselbe Tabelle II.14), dass die Einsatzmöglichkeiten eines Schweißfachmannes beim **Schweißen von Baustählen** gegenüber der früheren deutschen Norm DIN 18800-7 erheblich ausgeweitet worden waren. Das wurde in der Praxis erst allmählich erkannt. Es bedeutet, dass auch kleinere Metall- und Stahlbaubetriebe mit einem Schweißfachmann (IWS) als Schweißaufsichtsperson große Anwendungsbereiche innerhalb der Ausführungsklasse EXC2 abdecken.

Ähnlich stellt sich die Situation beim **Schweißen von nichtrostenden Stählen** dar. Nach **Tabelle II.15** darf eine Schweißaufsichtsperson mit technischen Basiskenntnissen (Stufe B), d. h. in Deutschland ein Schweißfachmann (IWS), alle austenitischen und ferritischen nichtrostenden Stähle bis zum S355 in der Ausführungsklasse EXC2 bis 25 mm Bauteildicke in der Fertigung überwachen. Die bereits mehrfach erwähnte deutsche Zulassung abZ Z-30.3-6 [R9] verweist ohne Einschränkung auf diese Tabelle II.15 in EN 1090-2, verlangt lediglich zusätzlich ein Fachgespräch eines Vertreters der notifizierten Stelle mit der Schweißaufsichtsperson.

<5> Zu Abs. 4 – Schweißaufsichtspersonal beim Schweißen von Betonstahl

Für Schweißaufsichtspersonen (SAPs), in deren Verantwortungsbereich u. a. Schweißverbindungen zwischen Betonstahlstäben und Stahlbauteilen hergestellt werden, gilt logischerweise – analog zu Schweißern (vgl. zu II.7.4.2.1 <3>) –, dass sie ebenfalls zusätzliche Kenntnisse nach **EN ISO 17660-1** haben müssen. Von Vornherein ist mindestens die Qualifikation „S“ nach EN ISO 14731 erforderlich, das wurde bereits im Kommentar <3> zu II.7.1 thematisiert. EN ISO 17660-1 schreibt z. B. vor, sofern ein genormter Zugversuch bei einer Schweißverbindung zwischen Stabstahl und Formstahl nicht möglich ist, müsse die Probenform und die Prüfmethode zwischen der SAP und dem Prüflabor vereinbart werden. Gemäß informativem Anhang B von EN ISO 17660-1 können die erforderlichen technischen Kenntnisse einer SAP zum Schweißen von Betonstählen erlangt werden durch

- einen speziellen Lehrgang nach EWF 544-01, oder
- nationale Ausbildungsprogramme, oder
- Fertigungserfahrung (siehe ISO 14731).

Zur Umsetzung im deutschen bauaufsichtlichen Bereich: Die Richtlinie **DVS 1708** [R177] – ihre Beachtung ist bauordnungsrechtlich in der MVV-TB vorgeschrieben, vgl. zu II.7.1 <3> – fordert, dass die Qualifikation der SAP der Richtlinie **DVS-EWF 1175** [R175] entsprechen muss. Dabei handelt es sich um die deutsche Fassung einer EWF-Richtlinie. Sie schreibt vor, dass in 22 fachtheoretischen Unterrichtseinheiten die (voraussetzungsgemäß) vorhandenen SAP-Kenntnisse so zu vertiefen seien, dass der Lehrgangsteilnehmer in der Lage ist, die speziellen Probleme beim Schweißen von Betonstahl zu erkennen und zu lösen. Trotz des relativen Alters der Richtlinie (sie stammt aus dem Jahre 2004) wird in Deutschland nach wie vor danach ausgebildet.

<6> Zu Abs. 5 – Verantwortlichkeiten/Zuständigkeiten des Schweißaufsichtspersonals

<6.1> ... für die Qualifizierung des Schweißpersonals

Dass das Schweißaufsichtspersonal dafür verantwortlich ist, dass die von ihm eingesetzten bzw. beaufsichtigten Schweißer und Bediener die erforderlichen Qualifizierungen haben bzw. erwerben, ist selbstverständlich. Die beiden weiteren Sätze des Abs. 5 – entweder eigene SAP oder externe Stellen als Prüfer der Schweißer und Bediener – wurden bereits ausführlich im Kommentar <1.4> zu II.7.4.2.1 kommentiert.

<6.2> ... für die schweißtechnischen Betriebseinrichtungen

EN 1090-2 enthält keine Angaben zu betrieblichen Einrichtungen, weder dazu, welche erforderlich sind, noch dazu, wer für sie zuständig ist. Die Normenreihe EN ISO 3834 enthält ebenfalls, außer ganz allgemeinen Forderungen, keine konkreten Festlegungen für die erforderliche Werkstattgröße oder für die Hebezeuge und Transportvorrichtungen eines Herstellerbetriebes für geschweißte Stahlbauteile, insbesondere auch nicht für die erforderlichen schweißtechnischen Einrichtungen (für die Nahtvorbereitung, für das Schweißen, für die Prüfung usw.). Im Anhang B von **EN ISO 14731** findet man dagegen unter den aufgeführten Aufgaben des Schweißaufsichtspersonals (vgl. <3.4>) den Punkt B.5 „Einrichtungen". Anhand der dort genannten Unterpunkte werden nachfolgend einige Anmerkungen zur Zuständigkeit der SAP gemacht – wobei allerdings zu beachten ist, dass in einem Stahlbaubetrieb die Aufgaben der verantwortlichen SAP sich mit denen des Leiters der werkseigenen Produktionskontrolle (WPK) nach EN 1090-1 überlappen bzw. teilweise eine Untermenge darstellen.

Eignung der Schweiß- und Zusatzeinrichtungen

Für die Auswahl der schweißtechnischen Einrichtungen, Geräte und Maschinen, die für die jeweils vorgesehene Fertigung erforderlich sind, ist die SAP zuständig, ggf. in Zusammenarbeit mit dem WPK-Leiter. Es ist zu prüfen, ob die geforderten Schweißprozesse überhaupt ausgeführt werden können. Mit den schweißtechnischen Einrichtungen muss es insbesondere möglich sein, die Vorgaben des Schweißplans und der Schweißanweisungen zu erfüllen. Sieht der Schweißplan z. B. vor, dass Bauteile gedreht, gewendet oder eingespannt werden müssen, so ist dafür zu sorgen, dass das realisiert werden kann.

Zu den Zusatzeinrichtungen im weiteren Sinne gehören auch Hebezeuge sowie Transport- und Fördereinrichtungen. Es muss sichergestellt sein, dass mit den vorhandenen Einrichtungen die zu schweißenden Bauteile gehoben, bewegt, gedreht, gewendet werden können (siehe das Beispiel eines WEA-Turmschusses in Bild KII.7-18). Dazu muss jeweils konkret die Krankapazität und die Machbarkeit der Bauteil-Abmessungen in der vorgesehenen Werkstatt überprüft werden.

Quelle: PSP, Essen

Bild KII.7-18: Schuss eines WEA-Rohrturms beim Handling in der Werkstatt

Bereitstellung, Kennzeichnung und Handhabung von Hilfsmitteln und Einrichtungen

Mit Hilfsmitteln sind die klassischen Mess- und Prüfeinrichtungen, wie Messschieber, Gliedermaßstäbe, Maßbänder, Schichtdickenmessgeräte, Schweißnahtlehren usw., gemeint.

Persönliche Arbeitsschutz- und sonstige Sicherheitseinrichtungen

... die in unmittelbarem Zusammenhang mit den vorgesehenen Fertigungsprozessen stehen.

Instandhaltung der Einrichtungen

Alle Geräte und Einrichtungen, die für die schweißtechnische Produktion vorgesehen sind, müssen nicht nur dafür geeignet sein, sondern auch funktionstüchtig sein und die Forderungen zur Arbeitssicherheit erfüllen. Um dies zu gewährleisten, ist eine regelmäßige Überprüfung und Wartung der Ausrüstungen erforderlich. Es ist sicherzustellen, dass die – meist in Intervallen festgelegten – Instandhaltungen termingemäß durchgeführt werden.

Allgemeine Festlegungen zur Instandhaltung der schweißtechnischen Einrichtungen findet man im Abschn. 8 von EN ISO 3834-2 und -3. Der Unterschied zwischen den beiden Normteilen bei den Einrichtungen besteht darin, dass in Betrieben nach EN ISO 3834-2 (Schweißen mit „umfassenden Qualitätsanforderungen", EXC3/4 in EN 1090-2) dokumentierte Pläne und Aufzeichnungen für die Instandhaltung der Einrichtungen vorhanden sein müssen. Mit diesen Plänen soll sichergestellt werden, dass die Instandhaltung der Einrichtungen, die Einfluss auf das Ergebnis der Schweißarbeiten haben und in den entsprechenden Schweißanweisungen aufgeführt sind, regelmäßig überwacht wird. In EN 3834-3 (EXC2 in EN 1090-2) ist lediglich ausgeführt, dass Aufzeichnungen zur Instandhaltung der Einrichtungen empfohlen werden. Die Forderungen zur Sicherheit der Geräte sind immer zu erfüllen.

Verifizierung und Validierung der Einrichtungen

Es ist festzulegen, für welche Messmittel und Geräte (z. B. Schweißgeräte) eine Kalibrierung vorgeschrieben ist. Die Überprüfungsintervalle der kalibrierten Messmittel und Geräte sind festzulegen und sinnvollerweise in einer Liste festzuhalten. Die geforderten Zeitintervalle sind terminlich zu planen. Für die Kalibrierung, Verifizierung und Validierung von Einrichtungen zum Schweißen gibt es die recht ausführliche Norm EN ISO 17662 [R155]), die allerdings – nicht ganz verständlich – in EN 1090-2 nicht erwähnt wird.

Zu II.7.5 Vorbereitung und Ausführung von Schweißarbeiten

Zu II.7.5.1 Schweißnahtvorbereitung

Zu II.7.5.1.1 Allgemeines

<1> Zu Abs. 1 bis 3 – Eignung der Schweißnahtvorbereitung

Die Schweißnahtvorbereitung ist vom vorgesehenen Schweißprozess, dem Grundwerkstoff, der Dicke des Bauteils und der Schweißposition abhängig. Sie sollte gemäß Abs. 3 den Empfehlungen von **EN ISO 9692-1 bzw. -2** entsprechen, wobei aber Abweichungen von diesen Empfehlungen bei entsprechender Erfahrung des ausführenden Betriebes zulässig sind. Die Empfehlungen der beiden genannten Normen betreffen z. B. den Öffnungswinkel, den Stegabstand und die Steghöhe von Schweißnahtfugen in Abhängigkeit vom Schweißprozess und von der Bauteildicke. Die Ausführungszeichnungen und/oder die Fertigungsunterlagen (z. B. die Bauteilspezifikation im Sinne von EN 1090-1) müssen in jedem Fall klare Angaben über die auszuführende Schweißnahtvorbereitung enthalten (vgl. auch zu II.4.1.1 <2.1>). In der pWPS für die Qualifizierung eines Schweißverfahrens (vgl. zu II.7.4.1 <1>) und in den für die Fertigung maßgebenden Schweißanweisungen WPS müssen Angaben zur Nahtvorbereitung – ggf. mit Toleranzgrenzmaßen – gemacht werden.

Vor allem bei beigestellten Zeichnungen muss von der Schweißaufsichtsperson (oder der Abt. Arbeitsvorbereitung) geprüft werden, ob die auf den Zeichnungen vorgesehene Schweißnahtvorbereitung für die im Ausführungsbetrieb eingesetzten Schweißprozesse geeignet ist. Dies gilt z. B., wenn die Zeichnungen eine DY-Nahtvorbereitung für den Schweißprozess 121 nach EN ISO 4063 enthalten. Dieser Prozess ist in der Lage, Stege von 6 ÷ 8 mm durchzuschweißen, was bei anderen Prozessen, wie zum Beispiel 111 oder 135, nicht möglich ist.

Der spezielle Verweis im Normabsatz 3 für Brückenfahrbahnplatten auf die Schweißnahtvorbereitungsdetails des Anhangs C des „Brücken-Eurocodes" **EN 1993-2** (man beachte die Datierung des Verweises) entspricht der Zielsetzung jenes (informativen) Anhangs: Er gibt zwar hauptsächlich Empfehlungen für die bauliche Durchbildung von Stahlfahrbahnen, enthält aber auch einiges zur Ausführung. Dazu steht in einer Anmerkung, ganz im Sinne der angestrebten sauberen Trennung zwischen europäischer Bemessungs- und Ausführungsnormung: „Es ist beabsichtigt, die Regelungen in diesem Anhang, die sich auf die Ausführung beziehen, in EN 1090 zu übernehmen." Folgerichtig tauchen in EN 1090-2 an mehreren Stellen Verweise auf EN 1993-2 [R109] auf. In Deutschland ist zusätzlich zu beachten, dass im Nationalen Anhang **DIN EN 1993-2/NA** [R110] der informative Anhang C von EN 1993-2 durch einen eigenen normativen (!) Anhang NA.G ersetzt wurde. Auf konkrete Schweißnahtvorbereitungsdetails kann hier nicht eingegangen werden.

<2> Zu Abs. 4 – Freischnitte (Durchschweißöffnungen) für die Zugänglichkeit

Hiermit sind Ausnehmungen (Aussparungen, englisch: „*cope holes*") an Schweißnahtkreuzungen gemeint, z. B. in einer Quersteife an einer durchlaufenden Halskehlnaht eines geschweißten Trägers oder in einem Fahrbahnquerträger an einer durchlaufenden Längsrippe, wie z. B. in Tabelle II.B.21 für das Toleranzmerkmal Nr. 8 dargestellt. Der Zusatz „um die Zugänglichkeit sicherzustellen" („*to ensure accessibility*") könnte irreführenderweise auf „Handlöcher" zur Fertigstellung später unzugänglicher Schweißnähte hinweisen. Für solch eine Öffnung wäre aber die Vorgabe eines Mindestradius von 40 mm zu klein. Ein Ausrundungsradius von mindestens 40 mm für Freischnitte/Ausnehmungen, z. B. mit Rücksicht auf die Ermüdungsfestigkeit, ist eine weit verbreitete Konstruktionsregel. Sie hat aber nichts mit der Ausführungsaktivität „Schweißnahtvorbereitung" zu tun, sondern gehört ins Planungsregelwerk.

<3> Zu Abs. 5 – Schweißnahtvorbereitung an Baustählen > S460

Es ist selbstverständlich, dass bei einer Schweißnahtvorbereitung durch Brennschneiden alle entstandenen unzulässigen Fehler wie z. B. Schnittrillen, Kerben oder Risse entfernt werden müssen. Nach dem Brennschneiden dieser Stähle müssen die entstandenen Zunderschichten durch Schleifen entfernt werden. Danach ist durch Sichtprüfung (VT), durch Eindringprüfung (PT) oder durch Magnetpulverprüfung (MT) die Rissfreiheit zu bestätigen. Entstandene Risse sind durch Schleifen oder Fugen und anschließendes Schleifen zu entfernen, und ggf. müssen die Nahtfugen nachbearbeitet werden, um eine den Anforderungen entsprechende Ausführung der Schweißarbeiten zu ermöglichen.

<4> Zu Abs. 6 – Ausbessern von Kerben und anderen Fehlern in der Nahtgeometrie

Neben Rissen sind auch alle Kerben und andere Fehler in der Nahtgeometrie zu entfernen. Dazu kann zusätzlich zum Schleifen oder anstelle von Schleifen ein Auftragsschweißen der Nahtfugen erforderlich werden. Dazu sollte ein dehnfähiger Schweißzusatz verwendet werden. Der gesamte Schweißbereich – also auch neben den Nähten – sollte anschließend beschliffen und erneut zerstörungsfrei geprüft werden. Die Übersetzung „blecheben" für „smooth" erscheint an dieser Stelle zu scharf. Gemeint ist, dass der reparierte Bereich so zu bearbeiten ist, dass ein gleichmäßiger Übergang zwischen Grundwerkstoff und Schweißnaht hergestellt wird.

<5> Zu Abs. 7 – Reinigung der Oberflächen im Schweißnahtbereich

Dass Öl, Fett, Farbrückstände, vorhandene Feuerverzinkung und Feuchtigkeit vor dem Schweißen zu entfernen sind, sollte selbstverständlich sein. Reinigen des Schweißnahtbereiches ist bei Verschmutzung jeglicher Art erforderlich.

<6> Zu Abs. 8 und Anmerkung – Verwendung von Fertigungsbeschichtungen (Shop Primern)

Grundsätzlich ist das Überschweißen von Schichten üblicher Beschichtungssysteme nicht gestattet. Auch Fertigungsbeschichtungen (Shop Primer) dürfen gemäß vorliegendem Normtext nur in Ausführungsklasse EXC1 ohne einen durch Verfahrensqualifikation geführten Nachweis der Überschweißbarkeit überschweißt werden; die vage einschränkende Formulierung „wenn sie den Schweißprozess nicht beeinträchtigen" ist hier wenig hilfreich. Diese Quasi-Freigabe ist nach Meinung von Praktikern kritisch zu sehen, da angesichts der eher geringen Qualifikation der Ausführenden in EXC1 die Schwierigkeiten des Überschweißens von Beschichtungen zusätzliche Probleme erzeugen, so dass von einer Mindestqualität nicht viel übrig sein wird. Einfacher und oft auch produktiver ist es, den Schweißnahtbereich abzukleben, um das Beschichten zu vermeiden. Wenn das nicht möglich ist, sollte man die Beschichtung vor den Schweißarbeiten beseitigen. Dadurch erleichtert man auch dem Schweißer das qualitätsgerechte Arbeiten. Gerade wenig erfahrenen Schweißern erschwert eine Beschichtung die Arbeit umso mehr.

Ab Ausführungsklasse EXC2 müssen in jedem Fall Verfahrensqualifikationen nach EN ISO 15613 oder EN ISO 15614-1 vorliegen, ausgeführt mit der jeweils vorgesehenen Fertigungsbeschichtung. Hinsichtlich der Prüfungen verweist die Anmerkung explizit auf die Norm EN ISO 17652-2, die, zusammen mit den anderen drei Teilen der Normenreihe, auch in Abschn. II.7.4.1.2 in Bezug genommen wird (vgl. Kommentar <4> dazu). Es sei hier noch einmal darauf hingewiesen, dass die ZTV-ING [R203] das Überschweißen von Fertigungsbeschichtungen generell verbietet und darüber hinaus vorschreibt, dass eine vorhandene Fertigungsbeschichtung vor der Applikation der Grundbeschichtung des Beschichtungssystems durch Trockenstrahlen entfernt werden muss.

Hohlprofile **Zu II.7.5.1.2**

<1> Zu Abs. 1 – Anschlüsse von Kreishohlprofilen

Hohlprofilanschlüsse erfordern eine speziell angepasste Nahtvorbereitung, um Schweißnahtverbindungen mit zulässigen Fehlern zu erreichen. Dies ist beim Anschluss von Kreishohlprofilen (Rohren) an ebene Bleche oder Formstähle relativ einfach zu erreichen, indem die anzuschließenden Kreishohlprofile „gerade" (im jeweilig vorliegenden Rohrabzweigwinkel) geschnitten werden, sofern die entstehende Passgenauigkeit den Anforderungen der WPS entspricht.

<2> Zu Abs. 2 – Einseitig geschweißte Hohlprofilanschlüsse

Einseitig zu schweißende Hohlprofilanschlüsse sind aufgrund der wechselnden Schweißnahtfugengeometrie besonders sorgfältig vorzubereiten. Der hier angesprochene informative **Anhang II.E** enthält eine Fülle von Details zu geschweißten Hohlprofilanschlüssen und hilft bei der Auswahl der geeigneten Schweißnahtvorbereitung, unter Berücksichtigung der bereits im vorhergehenden Normabschnitt in Bezug genommenen Normen EN ISO 9692-1 und -2. Der Anhang II.E ersetzt in Deutschland teilweise die Empfehlungen der (aus anwendungstechnischer Sicht: leider) zurückgezogenen früheren DIN 18808 [R77]. Auf den Kommentar zu Anhang II.E sei hier besonders hingewiesen.

Zu II.7.5.2 Lagerung und Handhabung von Schweißzusätzen

<1> Zu Abs. 1 – Empfehlungen des Herstellers

Hersteller von Schweißzusätzen müssen für ihre Produkte nur haften, wenn die Schweißzusätze entsprechend ihren Empfehlungen oder Vorgaben ordnungsgemäß gelagert, gehandhabt und verwendet werden. Deshalb müssen besondere Empfehlungen des Herstellers von Schweißzusätzen, sofern vorliegend, unbedingt bei der Lagerung und Verwendung eingehalten werden.

<2> Zu Abs. 2 –Trocknung und Lagerung von Schweißzusätzen

Die Lagerbedingungen müssen so gewählt sein, dass die vom Hersteller gewährleisteten Eigenschaften erhalten bleiben. Es darf keine Taupunktunterschreitung im Lagerraum (mit der Folge von Feuchtigkeitsaufnahme) auftreten. Dazu dienen in erster Linie die Empfehlungen des Herstellers der Schweißzusätze, zusätzlich die Empfehlungen, die im **DVS-Merkblatt 0957** [V11] enthalten sind. Vereinfacht kann gesagt werden, dass eine Taupunktunterschreitung im Lagerraum sicher vermieden werden kann, wenn folgende Bedingungen eingehalten werden:

Mindesttemperatur: ≥ 18 °C,

maximale Luftfeuchtigkeit: ≤ 60 %.

Für die Trocknung und Lagerung von **fluorid-basischen Schweißpulvern** sollten die Empfehlungen der Tabelle 3 des Stahl-Eisen-Werkstoffblattes **SEW 088** [R197], hier als Tabelle KII.7-6 wiedergegeben, eingehalten werden.

Tabelle KII.7-6: Trocknung und Lagerung von fluorid-basischen Schweißpulvern (Tab. 3 aus SEW 088 [R197])

Herstellungsart	Trocknung		Zwischenlagerung	
	Temperatur °C	Dauer*) h	Temperatur °C	Dauer*) h
agglomeriert	300 bis 400	2 bis 10	rd. 150	≤ 30
erschmolzen	200 bis 400			

*) Bei Verwendung von Umwälzöfen ist eine kürzere Trocknungsdauer zulässig.

Es sei ergänzend darauf hingewiesen, dass eine Überschreitung der empfohlenen Trocknungstemperaturen und -zeiten von Schweißzusätzen zum Ausbrennen von Legierungsbestandteilen in der Umhüllung oder in der Füllung führen kann. Umgekehrt darf ein nachgetrockneter Schweißzusatz nicht mehr unter 100 °C abkühlen, da er sonst – wie ein ausgetrockneter Schwamm – begierig Wasserstoff aufnimmt. Unbenutzte Schweißzusätze müssen bei den angegebenen Temperaturen weiter gelagert werden. Eine Weiterverwendung von verbleibenden nachgetrockneten Schweißzusätzen, die die Temperatur von 100 °C unterschritten haben, sollte an tragenden Bauteilen nicht mehr erfolgen. Eine mehrmalige Nachtrocknung kann ebenfalls zum Ausbrennen von Legierungsbestandteilen in der Umhüllung oder in der Füllung führen und muss deshalb vermieden werden.

<3> Zu Abs. 3 und Anmerkung – Beschädigte Schweißzusätze

Beschädigte oder überlagerte Schweißzusätze oder solche mit offensichtlich sichtbaren Qualitätsminderungen (z. B. korrodierter Kerndraht von Elektroden oder Elektroden mit abgeplatzten Umhüllungen) dürfen an tragenden Bauteilen, die EN 1090-2 unterliegen, nicht eingesetzt werden. Für untergeordnete Schweißarbeiten außerhalb des Anwendungsbereiches von EN 1090-2 oder für Ausbildungszwecke können derartige Schweißzusätze nach Überprüfung ggf. noch verwendet werden. Zu den in der Anmerkung aufgezählten Beispielen ist anzumerken, dass mit „Elektrodendrähten mit abgeplatzten oder beschädigten Kupferüberzügen" nur verkupferte Schweißdrähte, z. B. für das MAG-Schweißen, gemeint sein können. Die gehören allerdings gar nicht hierher; der Kupferüberzug dient dem Korrosionsschutz und ist für die Schweißeignung des Zusatzwerkstoffs nicht notwendig.

Witterungsschutz — Zu II.7.5.3

<1> Zu Abs. 1 und Anmerkung – Schutz des Schweißers und des Arbeitsbereiches

Dieser Normabschnitt betrifft vor allem Schweißarbeiten bei der Montage. Auch dort müssen das qualitätssichere Schweißen und die Reproduzierbarkeit der Schweißprozesse im Vordergrund stehen. Zu diesem Zweck muss auf Baustellen nicht nur der Werkstoff, sondern vor allem auch der Mensch (Schweißer und Bediener) gegen direkte Witterungseinflüsse – Kälte, Wind, Regen, Schnee – geschützt werden.

Windeinflüsse können bei den in der Anmerkung angesprochenen Schutzgasschweißprozessen 13 und 14 nach EN ISO 4063 zum Abreißen des Schutzgases führen. Deshalb ist sicherzustellen, dass der Schweißbereich gegen Wind geschützt wird. Dies gilt im Übrigen auch für die Werkstatt; zugige Hallen sind zu vermeiden.

<2> Zu Abs. 2 – Tauwasser

Tauwasser an den Nahtflanken sowie im gesamten Schweißnahtbereich kann zur Aufnahme von Wasserstoff und somit zu Poren in der Schweißnaht führen. Bei höherfesten Grundwerkstoffen ist außerdem die Gefahr von wasserstoffinduzierten Rissen vorhanden. Deshalb muss vorhandenes Tauwasser aus dem Schweißnahtbereich entfernt werden. Dazu reicht es erfahrungsgemäß, den Schweißnahtbereich auf ≥ 80 °C vorzuwärmen.

<3> Zu Abs. 3 – niedrige Werkstofftemperatur

Selbstverständlich ist es möglich, auch bei tiefen Temperaturen zu schweißen, z. B. beim Bau von Pipelines in Alaska oder Sibirien. Nur müssen dann geeignete Maßnahmen zum Schutz des Menschen und des Werkstoffes getroffen werden (vgl. <1>). Dazu gehört z. B. das **Einhausen** des Arbeitsbereiches (Beispiele siehe Bilder KII.7-19a, b, c).

Bei Temperaturen unter +5 °C **kann** gemäß Normtext das Vorwärmen des Grundwerkstoffes notwendig werden – auch wenn die vorhandene Werkstoffdicke und/oder chemische Zusammensetzung normalerweise kein Vorwärmen erfordern würde (siehe zu II.7.5.5). Grundsätzlich dient das Vorwärmen bei tiefen Temperaturen dazu, Kondensat zu beseitigen und damit die Gefahr wasserstoffinduzierter Risse zu vermeiden. Die in der Norm genannte 5 °C-Grenze ist eine Empfehlung. Es kann in besonderen Fällen durchaus möglich sein, auch unter +5 °C ohne besondere Maßnahmen zu schweißen. Dies ist jedoch im Einzelfall in Abhängigkeit von den Umgebungsbedingungen und vom Grundwerkstoff und Schweißzusatz sorgfältig zu überprüfen. In jedem Fall ist die Wahl eines geeigneten Schweißzusatzes erforderlich. Stabelektroden mit zelluloser, saurer oder rutiler Umhüllung sind für einen Einsatz bei Temperaturen unter +5 °C nicht geeignet, da deren Einsatz die Gefahr wasserstoffinduzierter Risse mit sich bringen würde.

Bei Verwendung von Grundwerkstoffen > S355 sollte nach Meinung der Verfasser bei einer Temperatur unter +5 °C vor dem Schweißen auf jeden Fall vorgewärmt werden, um Risse aufgrund wasserstoffinduzierter Rissbildung oder zu hoher Härte auszuschließen. Die Verfasser empfehlen, auch den Werkstoff S355 bei Temperaturen unter +5 °C in aller Regel vorzuwärmen.

a)

b)

c)

Quelle: IMO Leipzig

Bild KII.7-19: Beispiele für die Einhausung von Schweißarbeitsplätzen:
a) und b) im Brückenbau, c) im Behälterbau

Zu II.7.5.4 Zusammenbau für das Schweißen

<1> Zu Abs. 1 – Allgemeine Forderungen zum Zusammenbau

Die hier im Normtext zusammengestellten allgemeinen Forderungen sind plausibel. Das „In-Position-Halten durch äußere Hilfsmittel in der Anfangsphase des Schweißens" sollte allerdings dahingehend präzisiert werden, dass nur so lange gehalten werden muss, wie es statisch erforderlich ist.

Natürlich muss sichergestellt werden, dass **nach** dem Schweißen die geforderte Geradheit und Länge des Bauteils innerhalb der festgelegten Toleranzen erreicht werden (vgl. auch zu II.6.9 <1>). Deshalb müssen ggf. Zuschläge im Zusammenbau berücksichtigt werden. Hier sind Erfahrungswerte aus der jeweiligen Werkstatt meist besser als Berechnungsprogramme. Werte aus der Literatur sind nach der ersten Anwendung zu überprüfen.

Die laufende Überprüfung und Überwachung, dass die Herstelltoleranzen eingehalten werden, gehört sowohl zu den Aufgaben der werkseigenen Produktionskontrolle WPK nach EN 1090-1 als auch zu den Aufgaben des Schweißaufsichtspersonals nach EN 1090-2 (vgl. zu II.7.4.3 <3.4>). Die beiden Aufgabenbereiche überlappen sich gegenseitig, bzw. die Schweißaufsicht ist ein Teil der WPK.

Bei komplexen Bauteilen des Stahlbaus ist es unumgänglich, **Zusammenbauhilfen** zu verwenden. Dazu gehören auch Transporthilfen. Diese Zusammenbau- oder Transporthilfen können durch Schweißnähte (in der Regel sind das relativ dünne und kurze Heftnähte) oder durch Schraubverbindungen (vorwiegend bei Montageösen oder Transporthilfen) realisiert werden. Beim Anschweißen von Zusammenbauhilfen muss unbedingt geprüft werden, ob eine Vorwärmung des Grundwerkstoffes erforderlich ist (siehe II.7.5.5). Dabei muss beachtet werden, dass in der Regel bei den Zusammenbauhilfen durch die meist relativ kurzen und dünnen Nähte die Wärmeableitungsgeschwindigkeit besonders hoch ist.

<2> Zu Abs. 2 – Zugänglichkeit der zu schweißenden Anschlüsse beim Zusammenbau

Die Forderung, dass die zu schweißenden Nähte für den Schweißer zugänglich sein müssen, ist im Grunde trivial und gehört aus Sicht der Verfasser zum mehrfach angesprochenen EN-1090-Grundthema „Binsenweisheiten“.

<3> Zu Abs. 3 – Zusammenbau von geschweißten Hohlprofilbauteilen

Der Hinweis im Normtext auf den informativen **Anhang II.E** bedarf keines weiteren Kommentars (vgl. auch zu II.7.5.1.2 <2>).

<4> Zu Abs. 4 und Anmerkung – Zusätzliche Maßnahmen für den Zusammenbau

Dieser Normabsatz behandelt zwei Arten von zusätzlichen Maßnahmen, die eigentlich nichts miteinander zu tun haben.

Erstens: **Zusätzliche Schweißnähte** – unter Umständen für den Zusammenbau oder für Transporthilfen erforderlich – oder gar die Änderung der Lage von in der Bauteilspezifikation festgelegten Schweißnähten (z.B. Bedarfsstumpfstöße, siehe zu II.7.5.9.1 <1>) müssen natürlich vorher abgeklärt werden. Es muss nicht nur eine qualifizierte Schweißanweisung vorliegen und sichergestellt werden, dass diese Zusatzmaßnahme nicht die Prüffähigkeit der betroffenen Schweißnähte gefährdet, sondern es muss vor allem auch überprüft werden, ob nicht die statischen Eigenschaften des Bauteils beeinträchtigt werden.

Zweitens: Eine **örtliche Verstärkung eines Schweißstoßes** in einem Hohlprofilfachwerk muss natürlich ebenfalls vorher abgeklärt werden. Wieso das allerdings erst beim Zusammenbau in der Werkstatt ein Thema sein soll, erschließt sich den Verfassern nicht. Die im Normtext alternativ ins Spiel gebrachte Querschnittsvergrößerung des Stabes selbst ist eine tragwerksplanerische Maßnahme, die anlässlich des Zusammenbaus des Fachwerks in der Werkstatt viel zu spät kommt.

Die in der Anmerkung aufgeführten Details sind zwar typisch für Hohlprofilfachwerke, haben aber keinen erkennbaren Zusammenhang mit den beiden vorbeschriebenen zusätzlichen Maßnahmen.

Vorwärmen **Zu II.7.5.5**

<1> Zu den Gründen für ein Vorwärmen

Vorwärmen wird in der Schweißtechnik aus drei Hauptgründen angewendet:

- Vermeiden von **Kaltrissen** oder wasserstoffinduzierten Rissen, abhängig von der chemischen Zusammensetzung des Grundwerkstoffes, der Erzeugnisdicke, dem eingebrachten Wasserstoff beim Schweißen, der eingebrachten Wärmemenge beim Schweißen und den zu erwartenden Eigenspannungen;
- Vermeiden von **Härterissen** bei zu hoher Abkühlgeschwindigkeit und ungünstiger chemischer Zusammensetzung und/oder Erzeugnisdicke des Grundwerkstoffes;
- Vermeiden von **Schrumpfrissen** bei zu hohen Eigenspannungen oder Schrumpfbehinderung.

Es sei daran erinnert, dass Schweißeigenspannungen bei Beanspruchung in Bauteildickenrichtung zu Terrassenbrüchen führen können (vgl. zu II.7.2.2. <1.7>).

<2> Zu Abs. 1 – Normen für das Vorwärmen

Für die Bestimmung der notwendigen Vorwärmtemperatur gibt es weltweit viele (geschätzt ca. 100) Methoden, die aber meist nicht direkt vergleichbar sind, da die Annahmen und Hintergründe meist sehr unterschiedlich sind. Eine Zusammenfassung der amerikanischen, deutschen, englischen und japanischen Empfehlungen zur Vermeidung von Kaltrissen mit Angabe der erforderlichen Vorwärmtemperatur ist im Bericht CEN ISO/TR 17844 (in Deutschland als DIN-Fachbericht gleichen Namens veröffentlicht [R167]) enthalten.

In Europa gibt es in **EN 1011-2** für ferritische Stähle zwei sehr unterschiedliche Empfehlungen für das Vorwärmen:

- Methode A in Anhang C.2 unter Verwendung des Kohlenstoffäquivalentes CE,
- Methode B in Anhang C.3 unter Verwendung des Kohlenstoffäquivalentes CET.

In Deutschland wird die Anwendung der Empfehlungen nach C.3 (Methode B) empfohlen, die auf das Stahl-Eisen-Werkstoffblatt **SEW 088** [R197] zurückgehen. Diese führen zwar in der Regel zu höheren Vorwärmtemperaturen als nach C.2 (Methode A), sind aber vor allem bei hochfesten Feinkornbaustählen sicherer hinsichtlich der Vermeidung von Kaltrissen (wasserstoffinduzierten Rissen).

Bild KII.7-20 zeigt einen zum induktiven Vorwärmen mittels Glühgürtel vorbereiteten Baustellen-Schweißstoß zwischen einer Rohrstütze aus S355 und einem Baumverzweigungs-Gussknoten aus GS 20 Mn 5V.

Quelle: Rainer Zwätz †

Bild KII.7-20: Induktives Vorwärmen eines Rohr-Schweißstoßes

In **EN ISO 13916** sind die Definitionen und die Grundlagen für das Messen der beim Schweißen wichtigen Temperaturen enthalten. Diese Norm legt die Anforderungen für die Messung der Temperaturen beim Schmelzschweißen fest. Soweit geeignet, kann sie auch für andere Schweißprozesse angewendet werden. Die Norm bezieht sich nicht auf die Temperaturmessung bei der Wärmenachbehandlung.

In EN ISO 13916 sind u. a. folgende Definitionen für spezielle Temperaturen enthalten:

- Vorwärmtemperatur (T_p): Die Temperatur im Schweißbereich des Werkstückes unmittelbar vor jedem Schweißvorgang. Sie wird im Normalfall als untere Grenze angegeben und gleicht üblicherweise der niedrigsten Zwischenlagentemperatur.
- Zwischenlagentemperatur (T_i): Die Temperatur in einer Mehrlagenschweißung und im angrenzenden Grundwerkstoff wird unmittelbar vor dem Schweißen der nächsten Raupe gemessen. Sie wird im Normalfall als höchste Temperatur angegeben.
- Haltetemperatur (T_m): Die niedrigste Temperatur im Schweißbereich, die auch einzuhalten ist, wenn die Schweißung unterbrochen wird.

Die Art der Messung, die Ermittlung der Messpunkte und die Messmittel sind aus EN ISO 13916 zu entnehmen. Die dortige Vorgabe für die Lage der Messpunkte bezogen auf die Naht ist hier als Bild KII.7-21 wiedergegeben.

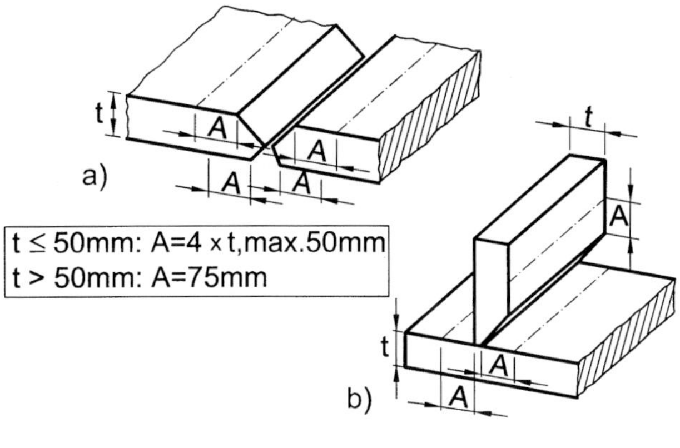

Bild KII.7-21: Abstände der Temperaturmesspunkte von der Naht (nach Bild 1 in EN ISO 13916)

Die für die Temperaturmessung zu benutzenden Einrichtungen sollten in der Schweißanweisung festgelegt werden. Dies können sein:

- Temperaturempfindliche Mittel (TS), z. B. Temperaturmessstifte (in EN ISO 13918 einfach „Stifte" genannt) oder Farben,
- Kontaktthermometer (CT),
- Thermoelemente (TE),
- berührungslos messende optische oder elektrische Geräte (TB).

Kontaktthermometer (dazu gehören auch die „Sekundenthermometer") sollten bei Verfahrens- oder Arbeitsprüfungen von den Schweißaufsichtspersonen benutzt werden. Bei der Auswahl von „Sekundenthermometern" ist vor allem darauf zu achten, dass der Fühler schnell die Messtemperatur erfasst.

Die **berührungslos messenden Geräte (TB)** sind für die Bestimmung von Vorwärm- und Zwischenlagentemperaturen an Stahlbauteilen nicht zu empfehlen.

Schweißer, die an Werkstoffen eingesetzt werden, für die eine definierte Vorwärm- und/oder Zwischenlagentemperatur vorgeschrieben ist und für die die Verwendung von **Temperaturmessstiften (TS)** zulässig ist, müssen mindestens zwei solche Stifte am Arbeitsplatz zur Anwendung haben, nämlich

- den Stift der minimalen Vorwärmtemperatur und
- den Stift der maximalen Zwischenlagentemperatur.

Geschweißt werden darf, wenn die Stiftfarbe der minimalen Vorwärmtemperatur umschlägt und die Stiftfarbe der maximalen Zwischenlagentemperatur nicht umschlägt. Hierbei ist allerdings zu beachten, dass die Temperaturanzeige der Stifte ungenau ist.

In **EN 1011-3** findet man nur den Hinweis, dass beim Schweißen von austenitischen nichtrostenden Stählen Vorwärmen vermieden werden sollte, während es bei martensitischen nichtrostenden Stählen mit mehr als 0,1 % Kohlenstoff erforderlich sei. Die Zulassung abZ Z-30.3-6 sagt zum Vorwärmen beim Schweißen von nichtrostenden Stählen nichts.

<3> Zu Abs. 2 – Aufrechterhalten der Vorwärmtemperatur

In der Schweißanweisung (WPS) müssen, sofern erforderlich, die Angaben zur Vorwärm- und Zwischenlagentemperatur angegeben werden. Die erforderliche Vorwärmtemperatur muss während des **gesamten** Schweißvorganges aufrechterhalten werden. Dies gilt besonders für das Heften und das Anschweißen von Montagehilfen, da hierbei aufgrund der geringen Wärmeeinbringung besonders hohe Abkühlgeschwindigkeiten entstehen können (vgl. zu 7.5.4 <1>).

Bei Arbeitsunterbrechungen am Wochenende oder an Feiertagen muss bei anspruchsvollen Stählen (nicht bei unlegierten Baustählen) die Haltetemperatur (T_m) aufrechterhalten bleiben. Da es sowieso grundsätzlich effektiver und energiesparender ist, „in einer Wärme zu arbeiten", sollte man versuchen, bei Arbeiten mit aufwändigem Vorwärmen (z.B. bei großen Materialdicken) in Tag- und Nachtschicht zu arbeiten.

Zu II.7.5.6 Montagehilfen

<1> Zu Abs. 1 und 2 – Angeschweißte Montagehilfen

Bei der Verwendung von angeschweißten Montagehilfen – dazu gehören auch Zusammenbauhilfen (vgl. zu II.7.5.4 <1>) – muss darauf geachtet werden, dass die Bauteileigenschaften und die bemessungstechnischen Kerbfälle bei schwingend beanspruchten Bauteilen nicht verändert werden. Für das Anschweißen ist eine Schweißanweisung (WPS) erforderlich. Die Bereiche, in denen keine Montagehilfen angebracht werden dürfen, sind festzulegen. Wichtig ist, dass ein leichtes Entfernen der Montagehilfen ohne Beschädigung des Grundwerkstoffes möglich ist, wie hier explizit im Normtext gefordert.

Bei den Ausführungsklassen EXC3 und EXC4 ist die Verwendung von Montagehilfen, da sie unter Umständen den bei der Bemessung berücksichtigten Kerbfall beeinflussen oder sogar verändern, mit dem Tragwerksplaner abzusprechen. In extrem sicherheitsrelevanten Anwendungsfällen ist die Lage der verwendeten Montagehilfen zu dokumentieren.

<2> Zu Abs. 3 – Entfernen angeschweißter Montagehilfen

In der Regel müssen angeschweißte Montage- oder Zusammenbauhilfen, wie vorstehend dargelegt, nach Beendigung der Schweißarbeiten bzw. nach dem Einbau des Bauteils entfernt werden. Die Norm nennt als mögliche Methoden für das Entfernen in der englischsprachigen Originalfassung „*cutting, gouging or chipping*", was mit „Abschneiden, Abhobeln oder Abmeißeln" übersetzt worden ist. Mit „Abmeißeln" sind alle händischen schrittweisen Abarbeitungsmethoden gemeint. Statt „Abhobeln" kann man „*gouging*" gemäß EN 1792 [R93] auch mit „Fugen" übersetzen. Für das „Fugen" sind die beiden meistverwendeten Methoden das Kohle-Lichtbogen-Fugen und das autogene Fugen. Sie unterscheiden sich durch die Wärmequelle zum Aufschmelzen des Grundwerkstoffes. Das Kohle-LB-Fugen ist produktiver. Beide Verfahren erfordern eine Unterweisung und vom Ausführenden entsprechende Erfahrungen. Weniger oft wird das Plasmafugen verwendet. Es bedarf einer gesondert zu beschaffenden Gerätetechnik und erfordert Erfahrungen im Umgang mit dem Plasmaverfahren. Auch „Abhobeln" kann mechanisch oder thermisch erfolgen. Es wird nicht klar, ob mit dem Verbot im letzten Satz des vorliegenden Normabsatzes beide Methoden gemeint sind. Nach Meinung der Verfasser sollte man diesen letzten Satz wie folgt interpretieren: Das Entfernen von Montagehilfen darf bei den Stahlsorten ≥ S460 oder bei Bauteilen, die ermüdungsbeansprucht sind, nur so erfolgen, dass der Grundwerkstoff dadurch nachweislich nicht geschädigt wird.

Ein „Abschlagen" von Zusammenbauhilfen mit dem Hammer sollte jedenfalls allein aus erzieherischen Gründen selbst bei dem unkritischen Werkstoff S235 unterbleiben.

Nach dem Entfernen der Montagehilfe soll gemäß Normtext die Oberfläche des Grundwerkstoffes gleichmäßig bearbeitet werden. Das bedeutet nach Meinung der Verfasser nicht automatisch „blecheben", das sollte zumindest mit dem Planer abgestimmt werden. Oft genügt ein Abschneiden der Montagehilfe über der Schweißnaht und anschließendes kerbfreies Bearbeiten. Dass die Stelle, von der die Montagehilfe entfernt wurde, sichtgeprüft und bei Stahlsorten ≥ S355 zusätzlich einer ZfP unterzogen werden muss, wird dagegen von den Verfassern ausdrücklich unterstützt.

Es sei an dieser Stelle darauf hingewiesen, dass man Montage- oder Zusammenbauhilfen auch **anschrauben** kann. Geschraubte Montagehilfen haben den Vorteil, dass sie in der Regel das Bauteil im Tragverhalten nicht beeinflussen – sieht man einmal von einem eventuellen (moderaten) Ermüdungseinfluss der in der Konstruktion verbleibenden Schraubenlöcher ab. Anders ist es bei angeschweißten Montage- oder Zusammenbauhilfen; hier können bei unsachgemäßer Beseitigung Risse (Mikrorisse) in der Konstruktion verbleiben, die oft mit bloßem Auge nicht zu erkennen sind.

<3> Zu Abs. 4 – Inspektion des Nahtbereiches nach dem Entfernen einer Montagehilfe

Die hier vorgeschriebene Inspektion des Schweißnahtbereiches nach dem Entfernen von Montage- oder Zusammenbauhilfen, um festzustellen, ob der Grundwerkstoff im Oberflächenbereich nicht durch Risse und Kerben geschädigt wurde, besteht bei Stahlsorten < S355 gemäß vorherigem Normabsatz in der Regel aus einer Sichtprüfung (VT, ggf. mit Lupe). Bei höherwertigen Stahlsorten muss eine Oberflächenrissprüfung mittels Eindringprüfung (PT) oder Magnetpulverprüfung (MT) erfolgen. Es muss daran erinnert werden, dass in der Vergangenheit durch derartige Anrisse, die beim Schweißen von Montage- oder Zusammenbauhilfen im Grundwerkstoff entstanden und nach dem Entfernen nicht bemerkt worden sind, schon große Schäden entstanden sind, z. B. Risse im Speisewasserbehälter des Kernkraftwerks Biblis A unterhalb einer Transporthilfe.

Wird die Blechoberfläche beschliffen, und eine anschließende Oberflächenrissprüfung ergibt keine unzulässige Anzeige, dann ist davon auszugehen, dass keine Risse mehr vorhanden sind.

Heftnähte

Zu II.7.5.7

<1> Zu Abs.1 – Schweißverfahren für Heftnähte, Mindestlänge von Heftnähten

Die Verfasser halten die hier postulierte Forderung, dass bereits in Ausführungsklasse EXC2 für Heftnähte eine auf einem qualifizierten Schweißverfahren basierende Schweißanweisung eingesetzt werden muss, für grenzwertig (vgl. zu II.7.4.1.1 <2>). Bedenkt man allerdings, dass Heftnähte in der Praxis leider oft von Monteuren ohne eine Schweißausbildung ausgeführt werden und entsprechend mit Mängeln behaftet sind, so ist die strikte Forderung in EN 1090-2 wohl europäisch gewollt und muss akzeptiert werden. In den höheren Ausführungsklassen EXC3 und EXC4 ist die uneingeschränkte Forderung nach einer Heft-Schweißanweisung nachzuvollziehen.

Die Mindestlänge „$4 \cdot t_{max}$ bzw. 50 mm“ einer Heftung darf gemäß Normtext unterschritten werden, wenn durch Arbeits- oder Verfahrensprüfungen nachgewiesen worden ist, dass eine geringere Länge der Heftstelle keinen Anriss oder keine zu hohe Härte verursacht. Dieses Verfahren muss für jeden Grundwerkstoff und jede verkürzte Heftlänge durchgeführt werden. Dabei schließt der höherfeste Grundwerkstoff den Werkstoff mit geringerer Festigkeit ein. Deshalb ist nur die kürzeste Heftlänge zu qualifizieren.

<2> Zu Abs. 2 – In der Schweißnaht verbleibende Heftstellen, gerissene Heftstellen

Heftstellen außerhalb von planmäßigen Schweißnähten – wie das bei unterbrochen geschweißten Nähten leider oft der Fall ist – sind zu entfernen. Bei unterbrochen geschweißten Nähten ist es ratsam, die Heftstelle in der Länge oder Teillänge einer Schweißnaht im Schweißnahtbereich auszuführen. Derartige Heftstellen und andere Heftstellen, die ein Teil der späteren Schweißnaht werden, müssen von qualifizierten Schweißern ausgeführt werden. Das heißt im Umkehrschluss, dass Schweißer ohne Schweißerprüfung nur dann heften dürfen, wenn die Heftstellen vor der endgültigen Nahtausführung entfernt werden. Deshalb ist es sinnvoll, das relativ einfache Kehlnahtprüfstück nach EN ISO 9606-1 von allen Heftern schweißen zu lassen und wie in der Norm vorgegeben zu prüfen.

Vor dem Überschweißen von Heftnähten, die in eine endgültige Naht einbezogen werden, müssen sie einer Sichtprüfung unterzogen, gereinigt und ggf. beschliffen werden. Sie dürfen zulässige Ungänzen haben. Haben sie jedoch unzulässige Fehler, wie z. B. einen Riss – meist im Endkraterbereich – oder gerissene Heftstellen oder eine Heftstelle mit Bindefehler, so sind sie vor dem Überschweißen zu entfernen. In Abhängigkeit vom eingesetzten Grundwerkstoff muss zerstörungsfrei geprüft werden, ob unter der gerissenen Heftstelle Risse in den Grundwerkstoff hineinlaufen.

Zu II.7.5.8 Kehlnähte

Zu II.7.5.8.1 Allgemeines

Gemäß diesem Normabschnitt sind **Maßunterschreitungen** der **geforderten Kehlnahtdicke** „a" und/oder der geforderten Schenkellänge „z" nicht zulässig. Ausgenommen sind die unter (a) bis (c) aufgeführten Fälle. Zu diesen ist Folgendes anzumerken:

- *Zu (a)*: Bei Berücksichtigung von tiefem Einbrand bei der Kehlnaht oder bei einer HY-Naht ist durch eine Schweißverfahrensprüfung für den eingesetzten Schweißprozess nachzuweisen, dass die geforderten Einbrände erreicht worden sind. Der zusätzliche Einbrand muss in der Schweißanweisung ausgewiesen werden.
- *Zu (b)*: Beim Zusammenbau verbleibende Spalte, die den jeweils zulässigen Wert des Merkmals Nr. 3.2 „schlechte Passung bei Kehlnähten" (Ordnungs-Nr. 617 nach EN ISO 5817) in der geforderten Bewertungsgruppe nach EN ISO 5817 überschreiten (siehe zu II.7.6 <2>), dürfen durch eine größere Kehlnahtdicke ausgeglichen werden. Eine Unterschreitung des jeweils zulässigen Wertes des Merkmals 1.20 „zu kleine Kehlnahtdicke" (Ordnungs-Nr. 5213 nach EN ISO 5817) ist dabei nicht zulässig.
- *Zu (c)*: Die Tabelle II.B.21 in Anhang II.B, auf die hier im Zusammenhang mit Brückenfahrbahnen verwiesen wird, wurde aus dem Anhang C des „Brücken-Eurocode" EN 1993-2 übernommen (vgl. zu II.7.5.1.1 <1>); siehe Kommentare dazu.

EN 1090-2 enthält keine Angaben über konstruktiv sinnvolle **Mindestkehlnahtdicken**, die ein Missverhältnis von Nahtquerschnitt und verbundenen Querschnittsteilen vermeiden. Da auch EN 1993-1-8 keine Angaben dazu enthält, hat man in Deutschland die bewährte Formel

$$a \geq \sqrt{\max t} - 0{,}5 \quad \text{mit } a \text{ und } t \text{ in [mm]} \qquad \text{(II.7-3)}$$

aus der früheren DIN 18800-1 als NCI in den Nationalen Anhang zu EN 1993-1-8 [R104] übernommen. Auf die Einhaltung dieser konstruktiven Bedingung darf aber in Abhängigkeit von den gewählten Schweißbedingungen verzichtet werden, jedoch sollte für Blechdicken $t \geq 30$ mm die Schweißnahtdicke mit $a \geq 5$ mm gewählt werden.

Zu II.7.5.8.2 Kehlnähte an Bauteilanschlüssen

Die Forderungen dieses Normabschnittes zu „*fillet welds on member connections*" – so die Originalformulierung – sind leider schwer verständlich. In den nachfolgenden Kommentaren wird versucht, sie sachgerecht zu interpretieren.

<1> Abs. 1, 2 und 5 – Anschluss von Bauteilen mit Längskehlnähten

Vorab: Bild II.2 der Norm wird im letzten Textabsatz (Abs. 5) falsch in Bezug genommen. Es gehört zu Abs. 3.

Der Anschluss eines Stabes an ein anderes Bauteil (z. B. ein Knotenblech) mit nur einer Längskehlnaht, d. h. unsymmetrisch, ist implizit gemäß Normabsatz 5 unzulässig. Wird ein Stab mit zwei Längskehlnähten angeschlossen (siehe Bild KII.7-22), so soll deren Länge mindestens gleich 75 % ihres Abstandes sein. Die Längskehlnähte sollen, wenn hinsichtlich Zugang machbar, an ihren Enden um mindesten das Zweifache der Schenkellänge „z" kontinuierlich um die Ecken herum geschweißt („*returned*") werden, sofern nichts anderes festgelegt ist.

Eine einzelne Lage innerhalb einer Längskehlnaht außerhalb von Endumschweißungen („*excluding end returns*") soll gemäß Normtext mindestens viermal so lang sein wie die Schenkellänge bzw. sechsmal so lang wie die Nahtdicke. Diese Regel erscheint allerdings eher akademisch.

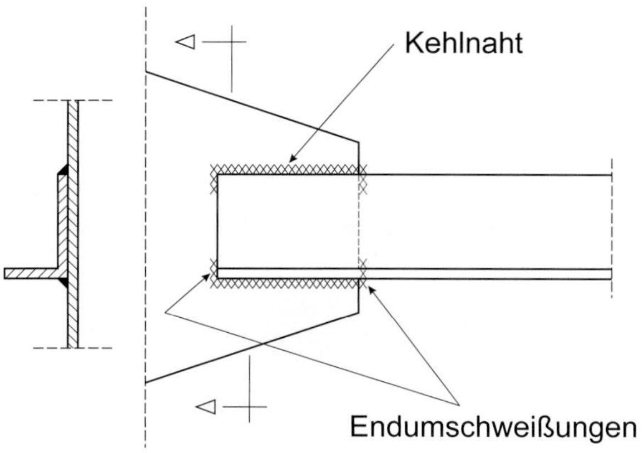

Bild KII.7-22: Anschluss eines Bauteils (Stabes) mit Hilfe zweier Längskehlnähte

<2> Zu Abs. 3 – Unterbrochene Längskehlnähte

Unterbrochen geschweißte Kehlnähte (hierher gehört in der Norm der Verweis auf Bild II.2) sind gemäß Normtext unzulässig, wo „eine Kapillarwirkung zur Bildung von Rostblasen führen könnte". Diese Regel ist wenig hilfreich, denn Korrosionsgefahr besteht eigentlich immer und muss sowieso beachtet werden. Es ist aber durchaus vorstellbar, dass andere Argumente, die **für** eine unterbrochene Naht sprechen (z. B. geringer Wärmeeintrag wegen Verzugsgefahr) gewichtiger sind. Das Endstück („*end run*") einer unterbrochenen Längskehlnaht muss jedenfalls gemäß Norm bis zum Ende des angeschlossenen Bauteils reichen.

<3> Zu Abs.4 – Längskehlnähte an Überlappstößen

Überlappstöße dürfen in der Regel, ähnlich wie Anschlüsse, nicht mit nur einer Längskehlnaht ausgeführt werden. Die Länge der Überlappung soll mindesten das Vierfache von t_{min} betragen, wobei diese Zahl aber nur eine Größenordnung darstellen kann.

Stumpfnähte

Zu II.7.5.9

Allgemeines

Zu II.7.5.9.1

<1> Zu Abs. 1 und Anmerkung – Bedarfsstumpfstöße

Wird zum Erreichen einer geforderten Bauteillänge wegen zu geringer Länge der vorhandenen bzw. vorrätigen Grundwerkstoffe (Ausgangsprodukte bzw. -erzeugnisse) ein in den Ausführungsunterlagen nicht vorgesehener Stumpfstoß erforderlich (ein so genannter Bedarfsstumpfstoß), muss die Lage und Ausführung mit der Konstruktionsplanung abgestimmt werden (Stichwort: Kerbfall). Der Bedarfsstumpfstoß muss in den Ausführungszeichnungen nachgetragen werden.

<2> Zu Abs. 2 bis 4 – Enden von Stumpfnähten, Anlauf- und Auslaufbleche

Grundsätzlich muss der Ausführung von Stumpfnahtenden besondere Sorgfalt gewidmet werden. Endkrater müssen gefüllt sein.

Gemäß Normtext müssen in den Ausführungsklassen EXC3 und EXC4 bei voll durchgeschweißten Quer-Stumpfnähten An- und Auslaufbleche verwendet werden, um eine einwandfreie Ausführung des Nahtanfangs und des Nahtendes zu erreichen (siehe Bilder KII.7-23a und -23b). Auf diese an sich technisch gut begründbare Forderung darf man nach Meinung der Verfasser im Einzelfall auch einmal verzichten, muss das aber im Schweißplan deutlich erklären. Ein solcher Fall könnte z. B. bei einem stumpf gestoßenen I-Träger vorliegen, dessen Flanschnähte mit An- und Auslaufblechen geschweißt werden, bei dessen Stegnaht man das aber für übertrieben hält.

Die Schweißeignung von An- und Auslaufblechen muss dem verwendeten Grundwerkstoff entsprechen. An- und Auslaufbleche müssen – ähnlich wie Montage- oder Zusammenbauhilfen – nach dem Schweißen entfernt werden (vgl. zu II.7.5.6 <2>). Bei der Ausführungsklasse EXC2 sind An- und Auslaufbleche bei voll durchgeschweißten Quer-Stumpfnähten nur erforderlich, wenn die Ausführungszeichnung, der Schweißplan oder die Auftragsspezifikation dies ausdrücklich verlangen (Auswahlmöglichkeit nach Tabelle II.A.2 in Anhang II.A, vgl. zu II.4.1.1 <2.4>).

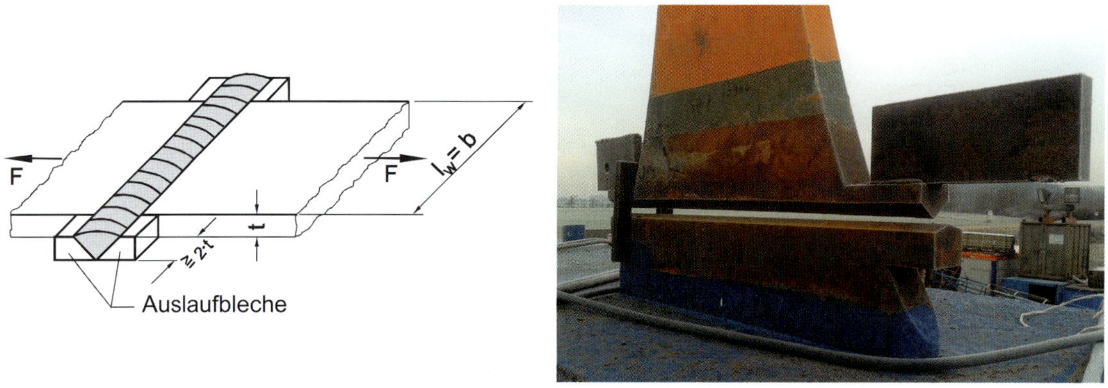

a) b)

Bild KII.7-23: An- und Auslaufbleche an beiden Enden einer Schweißnaht:
a) Zeichnung, b) Ausführung

Für voll durchgeschweißte Längs-Stumpfnähte und für teilweise durchgeschweißte Stumpfnähte sind An- und Auslaufbleche grundsätzlich nur eine Option, die in den Ausführungsunterlagen festgelegt werden müsste.

<3> Zu Abs. 5 – Entfernen der Nahtüberhöhung

Die Ausführungsunterlagen müssen festlegen, ob und welches Bearbeiten der Stumpfnaht erforderlich ist. Das Abarbeiten bis zur „blechebenen Oberfläche“, wie hier im Normtext anheimgestellt, kommt nur infrage, wenn dies vom Kerbfall her erforderlich und auf der Zeichnung angegeben ist („Sondergüte“). Blechebene Oberflächen werden allerdings zunehmend auch aus optischen Gründen im Architekturstahlbau gefordert; die Schweißnähte sollen quasi „unsichtbar“ werden – eigentlich schade und selten wirklich erreicht. Geschliffen werden sollte in Spannungsrichtung (Kraftrichtung), also in der Regel rechtwinklig zur Stumpfnaht.

<4> Zusatzforderungen für Stumpfnähte nach DIN EN 1993-1-8/NA

Im deutschen Nationalen Anhang zu EN 1993-1-8 hat man folgende bewährte konstruktive Stumpfnahtdetails aus DIN 18800-1 übernommen:

- Wechselt an Stumpfstößen von Querschnittsteilen die Dicke, so sind bei Dickenunterschieden von mehr als 10 mm die vorstehenden Kanten im Verhältnis 1 : 1 oder flacher zu brechen (siehe Bild KII.7-24). (Das rechts dargestellte Detail ist allerdings fehlerhaft gezeichnet: Da die beiden Teil-Schweißnähte sich in Blechmitte nicht überschneiden, würde man beim Prüfen der Naht einen unzulässigen Fehler feststellen!)
- Wenn aufeinanderliegende Gurtplatten an derselben Stelle gestoßen werden, ist der Stoß mit Stirnfugennähten vorzubereiten (Bild KII.7-25).

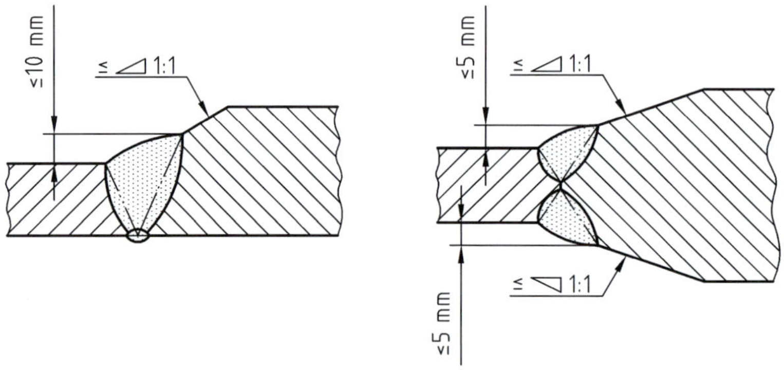

Bild KII.7-24: Brechen von Kanten bei Stumpfstößen von Querschnittsteilen mit verschiedenen Dicken (aus DIN EN 1993-1-8/NA [R104])

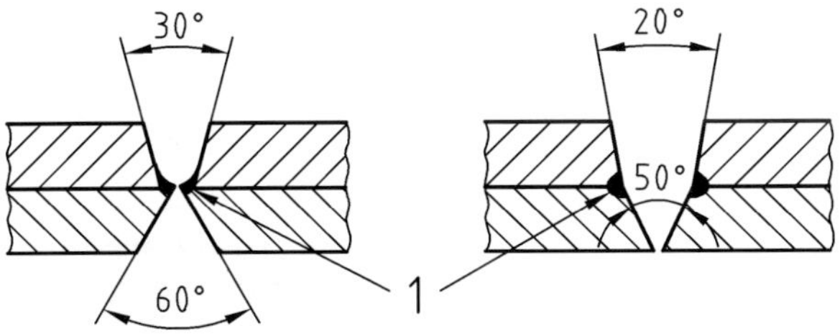

Bild KII.7-25: Nahtvorbereitung eines Stumpfstoßes aufeinanderliegender Gurtplatten (aus DIN EN 1993-1-8/NA [R104])

Einseitige Schweißnähte **Zu II.7.5.9.2**

<1> Zu Abs. 1 – Erfordernis und Arten der Schweißbadsicherung

Es gilt zunächst festzuhalten, dass für einseitig durchgeschweißte Stumpfnähte nicht grundsätzlich eine Schweißbadsicherung verlangt wird. Beim Schweißen ohne Badsicherung muss der einzusetzende Schweißer aber seine Schweißerprüfung in „ss nb“ (mit einseitigem Schweißen ohne Badsicherung) abgelegt haben. Bei der Entscheidung, mit Badsicherung zu schweißen, ist die Art der Badsicherung freigestellt: metallisch (Badsicherung aus Stahl) oder nichtmetallisch (Keramikunterlage, Pulverkissen, Klebeband mit Pulvereinlage), verbleibend oder nicht verbleibend.

<2> Zu Abs. 2 bis 4 – Verbleibende Schweißbadsicherungen aus Stahl

Falls eine Badsicherung aus Stahl wegen des ungünstigen Kerbfalls nicht am Bauteil verbleiben darf, muss dies in der Zeichnung oder im Schweißplan angegeben werden. Soll die Badsicherung aus Stahl verbleiben, muss die Schweißanweisung Details dazu enthalten. Dabei sollte beachtet werden, dass eine verbleibende Badsicherung die Durchführung von zerstörungsfreien Prüfungen mit UT und RT erschwert. Bei UT kann in der Regel keine sichere Bewertung des Wurzelbereichs durchgeführt werden.

Der Stahl einer verbleibenden Badsicherung muss gemäß vorliegendem Normtext ein Kohlenstoffäquivalent CEV ≤ 0,43 % aufweisen. Bei unterschiedlichen Grundwerkstoffen mit höheren CEV-Werten muss die Badsicherung dem Grundwerkstoff mit der besseren Schweißeignung entsprechen (siehe auch II.7.7).

Eine verbleibende Badsicherung sollte die gesamte Schweißnahtlänge erfassen. Bei Bauteilen der Ausführungsklassen EXC3 und EXC4 ist keine Unterbrechung einer verbleibenden Badsicherung zulässig. Stöße der Badsicherung sind vollständig zu verschweißen. Die Heftstellen der verbleibenden Badsicherung müssen im Bereich der Stumpfnähte liegen. Aus Korrosionsschutzgründen kann es erforderlich werden, an den Längsseiten der verbleibenden Badsicherung „Dichtnähte“ zu schweißen.

<3> Zu Abs. 5 – Hohlprofilanschlüsse

Gemeint sind hier stumpf geschweißte Hohlprofil**stöße** („*joints between hollow sections*“). Sofern diese ohne Badsicherung ausgeführt werden (siehe Bild KII.7-26), ist ein blechebenes Beschleifen der Stumpfnähte nicht zulässig, da die vorhandenen Nahtüberhöhungen eine zusätzliche Sicherheit darstellen. Ausnahmen hiervon sind in begründeten Fällen zulässig. Bei der Verwendung von verbleibenden Schweißbadsicherungen ist ein blechebenes Beschleifen dagegen zulässig.

Quelle: PSP, Essen

Bild KII.7-26: Hohlprofilstoß mit einseitiger Stumpfnaht

Zu II.7.5.9.3 Ausfugen

Das Ausfugen von Stumpfnähten muss mit besonderer Sorgfalt durchgeführt werden und bedarf der Erfahrung des Ausführenden. Es muss so tief erfolgen, dass die Wurzellage und ggf. weitere Lagen, sofern eine Fehlerwahrscheinlichkeit in der Ausführung besteht, entfernt werden. Die Art des Ausfugens ist freigestellt. Schleifen, mechanische Ausarbeitung, Brennfugen mit Gas-Sauerstoff-Gemisch und Kohleelektrode und Druckluft sind möglich. Die Verwendung der Kohleelektrode, die eine dünne Aufhärtungsschicht hinterlassen kann, ist unkritisch, da anschließend die Nahtfuge beschliffen wird.

Die neu entstandene Nahtfuge nach dem Beschleifen muss eine einwandfreie Ausführung der Schweißarbeiten zulassen. Hier muss vor allem der neue Flankenwinkel beachtet werden, der dem Flankenwinkel der zuerst geschweißten Seite entsprechen sollte. Bei U-förmigen Flanken, wie sie im Absatz 2 dieses Normabschnittes „empfohlen" werden, besteht die Gefahr von Bindefehlern beim Füllen der Fuge, wenn der Flankenwinkel zu klein ist.

Zu II.7.5.10 Schweißen wetterfester Stähle

Bei der Verwendung von wetterfesten Stählen nach EN 10025-5 sind vor allem die konstruktiven Festlegungen von großer Bedeutung. Wasser und Feuchtigkeit dürfen in dem Tragwerk nicht verbleiben. Es muss konstruktiv für das Ablaufen von Regenwasser und Feuchtigkeit gesorgt werden. Entsprechende konstruktive Empfehlungen sind in der **DASt-Richtlinie 007** [R19] enthalten (siehe ausführliche Kommentare zu II.10.3).

Besondere Sorgfalt ist bei der Auswahl der Schweißzusätze erforderlich. Die im Text erwähnte Tabelle II.6 enthält keine spezielle Norm für die Schweißzusätze beim Schweißen wetterfester Stähle. Der zu verwendende Schweißzusatz für die Decklage und Kapplage und für die Wurzellage, ggf. auch für die darunterliegende Fülllage einer Schweißnaht von wetterfesten Stählen, muss die Wetterfestigkeit der Schweißnaht sicherstellen. Deshalb sollte der Schweißzusatz in der Analyse weitgehend dem Grundwerkstoff entsprechen. Für die Lagen, die nicht der Witterung ausgesetzt sind, ist dies nicht erforderlich. Hierfür können die Schweißzusätze für unlegierte Baustähle verwendet werden (CMn-Schweißzusätze).

Zu II.7.5.11 Rohrabzweigungen

Das Schweißen von Rohrabzweigungen stellt hohe Anforderungen an die Vorbereitung der Schweißnahtfugen (vgl. zu II.7.5.1.2 <2>). Häufig wird die Schweißverbindung an Rohrabzweigungen als eine Kombination von Kehlnaht und Stumpfnaht ausgeführt. Eine Badsicherung der Stumpfnaht oder des Stumpfnahtanteils ist gemäß Normtext nicht erforderlich. Der ausführende Schweißer muss aber über gültige Schweißer-Prüfungsbescheinigungen für Stumpfnähte (BW) für einseitiges Schweißen ohne Badsicherung (ss nb) und – sofern auch Kehlnahtanteile geschweißt werden – für Kehlnähte (FW) verfügen.

Der in der Anmerkung angesprochene informative **Anhang II.E** enthält eine Fülle von Details zu geschweißten Hohlprofilanschlüssen und wird von den Verfassern wärmstens empfohlen.

Bolzenschweißen

Zu II.7.5.12

Bolzenschweißen wird im Stahlbau vor allem wegen der im Verbundbau eingesetzten Kopfbolzendübel immer wichtiger (siehe Bild KII.7-27). Aber nicht nur als Kopfbolzen, sondern auch als Gewindebolzen erfreuen sich Schweißbolzen wachsender Beliebtheit. Alle Arten von Schweißbolzen müssen der zugehörigen Produktnorm **EN ISO 13918** entsprechen (vgl. zu II.5.7 <1>).

Quelle: PSP, Essen

Bild KII.7-27: Kopfbolzendübel in einer Verbundbrücke

Im Stahlbau werden überwiegend die beiden Bolzenschweißprozesse mit den folgenden Ordnungsnummern nach EN ISO 4063 eingesetzt:

- 783 – Hubzündungs-Bolzenschweißen mit Keramikring oder Schutzgas (vor allem für Kopfbolzen bis 25 mm Durchmesser);
- 784 – Kurzzeit-Bolzenschweißen mit Hubzündung (vor allem für Durchmesser ≤ 12 mm).

Die im Normtext in Bezug genommene **EN ISO 14555** gibt nicht nur die Anforderungen an die Ausführung des Bolzenschweißens vor, sondern beschreibt auch die für die Qualifizierung des Bolzenschweißprozesses durchzuführenden Verfahrens- und Arbeitsprüfungen (vgl. zu II.7.4.1.3 und Tabelle II.13). Einzelheiten dieser Schweißverfahrensprüfung nach EN ISO 14555 werden im Zusammenhang mit dem allgemeinen Thema „Inspektion und Prüfung geschweißter Kopfbolzen" in II.12.4.3 kommentiert.

In der Praxis ergibt sich manchmal die Situation, dass einzelne Bolzen von Bolzenschweißverbindungen mit manuellen Prozessen 111, 114, 135, 136 oder 138 nach EN ISO 4063 geschweißt oder repariert werden müssen (siehe II.12.4.3). Dies ist unter Beachtung von Abschnitt 14.7 von EN ISO 14555 zulässig. Das dafür eingesetzte Schweißverfahren muss natürlich qualifiziert sein. Es muss also eine Schweißanweisung für die Reparaturschweißung bzw. die manuelle Schweißung vorliegen. Die eingesetzten Schweißer müssen über eine gültige Schweißer-Prüfungsbescheinigung nach EN ISO 9606-1 verfügen, welche die vorgesehenen Parameter (Grundwerkstoff, Nahtart, Schweißposition, Schweißzusatz usw.) einschließt. Für handgeschweißte Bolzen ist ein statischer Nachweis erforderlich.

Der in der Anmerkung angesprochene Fall, dass die Verfahrensprüfung ggf. das Bolzenschweißen durch ein verzinktes Blech hindurch erfassen muss, bezieht sich z. B. auf Deckenkonstruktionen im Hochbau, bei denen die Deckenprofilbleche auf den Deckenträgern aufliegen und diese als Verbundträger mit Kopfbolzen ausgebildet werden sollen.

Ausführlichere Informationen über Bolzenschweißen im Stahlbau findet man im DVS-Merkblatt 0904 [V98], ferner in [V1] [V2].

Zu II.7.5.13 Schlitz- und Lochnähte

Sowohl kreisrunde **Lochnähte** als auch längliche **Schlitznähte** können als reine Kehlnahtverbindungen (englisch: „*slot welds*") oder voll gefüllt (englisch: „*plug welds*") ausgeführt werden (siehe Bilder KII.7-28 und KII.7-29).

Für eine fehlerfreie Ausführung aller vier Arten von Lochschweißungen benötigt der Schweißer genügend große Abmessungen. Gemäß Anmerkung in der Norm muss deshalb für eine fehlerfreie Kehlnaht die Breite der Schlitznaht bzw. der Durchmesser der Lochnaht die Dicke t des anzuschließenden Bauteils um mindestens 8 mm überschreiten, um ggf. auch Kehlnahtverbindungen mit einer die ganze Bauteildicke t erfassenden Nahtdicke ausführen zu können. Für die Länge des Schlitzes fordert die Anmerkung ebenfalls Mindestmaße, wobei der kleinere Wert von 5 t oder 70 mm einzuhalten ist.

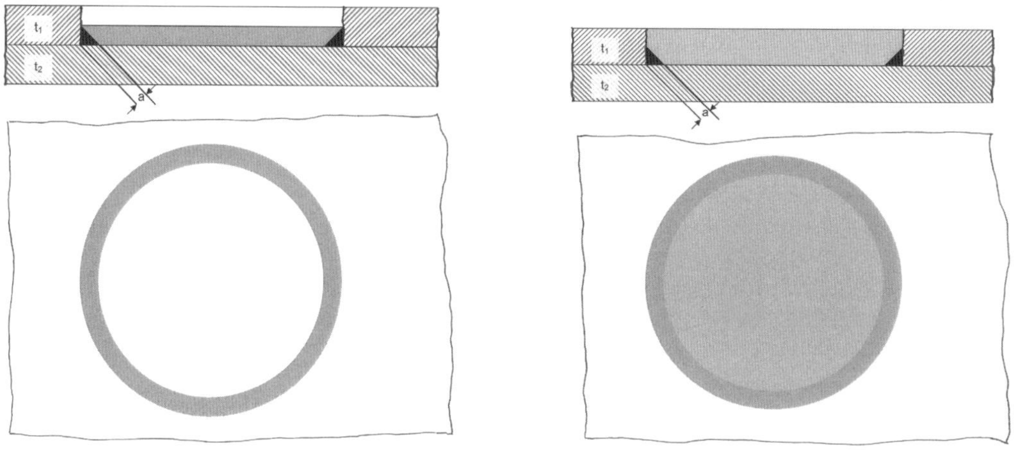

a) b)

Quelle: Rainer Zwätz †

Bild KII.7-28: Ausführung einer Lochnaht: a) nur mit einer Kehlnaht, b) voll gefüllt

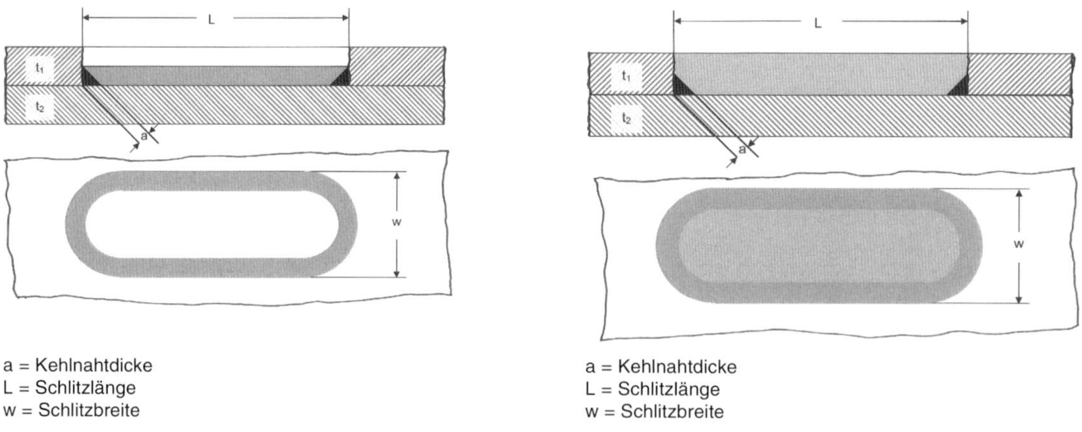

a) b)

Quelle: Rainer Zwätz †

Bild KII.7-29: Ausführung einer Schlitznaht: a) nur mit einer Kehlnaht, b) voll gefüllt

Es leuchtet ein, dass man bei „voll gefüllt" vorgesehenen Loch- oder Schlitznähten ohne vorherige Kehlnahtschweißung und ohne, dass diese Kehlnaht auf fachgerechte Ausführung geprüft worden ist, das restliche Loch nicht mit Schweißgut füllen darf.

Andere Schweißnahtarten — Zu II.7.5.14

Sind in Sonderfällen andere Schweißnahtarten, zum Beispiel Dichtnähte, für die es keine speziellen Regelungen in der Norm gibt, auszuführen, müssen die Anforderungen für das Schweißen vereinbart werden. Dabei dürfen die Anforderungen von EN 1090-2 nicht unterschritten werden.

Wärmebehandlung nach dem Schweißen — Zu II.7.5.15

Eine Wärmebehandlung nach dem Schweißen ist im Stahlhochbau bei statischer bzw. quasistatischer Beanspruchung sehr selten erforderlich. Lediglich bei sehr dicken Bauteilen (> 60 mm Bauteildicke) oder bei Erwartung von hohen Eigenspannungen im Bauteil aufgrund von Schweißnahtanhäufungen ist ein **Spannungsarmglühen** zu empfehlen, wobei die Glühtemperatur vom verwendeten Grundwerkstoff abhängt. Bei Bauteilen mit ermüdungsrelevanter Beanspruchung kann ein Spannungsarmglühen bei Schweißnahtanhäufungen auch schon bei Bauteildicken ≤ 60 mm zur Beseitigung von Schweißnahteigenspannungen erforderlich werden.

Bei Wärmenachbehandlungen nach dem Schweißen muss die vorgesehene Wärmebehandlung in der Schweißverfahrensprüfung nachgewiesen werden. Die Schweißanweisung muss Angaben zur Wärmebehandlung enthalten, sofern nicht – was am sinnvollsten wäre – ein separater Wärmebehandlungsplan vorliegt, der die Angaben des WPQR enthält.

Bei der in der Anmerkung als Informationsquelle für Qualitätsanforderungen bei der Wärmebehandlung genannten Norm **EN ISO 17663** [II.Lit26] handelt es sich um einen Leitfaden für alle Arten von Wärmebehandlung beim Schweißen, z. B. Vorwärmen, Spannungsarmglühen, Wärmenachbehandlung.

Ausführung von Schweißarbeiten — Zu II.7.5.16

<1> Zu Abs. 1 und 2 – Vermeiden von Zündstellen und Schweißspritzern

Zündstellen können nicht nur beim Schweißen selbst auftreten, sondern auch beim Zusammenbau (Heften) oder bei schadhaften Stromkabeln und Stromrückführungskabeln. Deshalb sollten die Schweißkabel regelmäßig auf Betriebssicherheit überprüft werden. Aus „erzieherischen" Gründen sollten Zündstellen auch bei Grundwerkstoffen, bei denen keine Aufhärtung zu erwarten wäre, vermieden werden. Vorhandene Zündstellen sind durch Schleifen sorgfältig zu entfernen. Bei Stählen mit höherer Streckgrenze (≥ S460) wird, wie im Normtext vorgegeben, eine Oberflächenrissprüfung nach dem Schleifen empfohlen.

Schweißspritzer müssen bei Stahlsorten ≥ S460, wie im Normtext vorgegeben, in der Regel entfernt werden. Bei anderen Stahlsorten hängt die Frage, ob Schweißspritzer entfernt werden müssen, ggf. von den Forderungen des Korrosionsschutzes an die Vorbereitung der Oberfläche ab, die zu beachten sind.

Folgende zwei Gründe können die Entfernung von Schweißspritzern und Zündstellen erforderlich machen:

- In Abhängigkeit vom Grundwerkstoff können unter Schweißspritzern und Zündstellen unzulässig hohe Härtewerte vorliegen (z. B. bei Grundwerkstoffen ≥ S355). In Ausnahmefällen können unter Zündstellen auch bereits Anrisse aufgrund der hohen Abkühlgeschwindigkeit vorliegen.
- Schweißspritzer wirken sich aufgrund der Schichtdickenunterschreitung in ihrem Bereich nachteilig für die Qualität einer später aufzubringenden Korrosionsschutzbeschichtung aus. Außerdem kann sich ein Schweißspritzer nach dem Aufbringen des Korrosionsschutzes lösen und an dieser Stelle Korrosion auslösen.

<2> Zu Abs. 3 bis 5 – Entfernung von Ausführungsfehlern und Nachbearbeitung

Vor dem Schweißen jeder nachfolgender Raupe oder Lage muss eine Sichtprüfung (VT) (siehe II.12.4.2.5) durch den Schweißer oder Bediener durchgeführt werden, um sicherzustellen, dass die bisher ausgeführten Raupen und Lagen ohne unzulässige Unregelmäßigkeiten ausgeführt worden sind. Sichtbare Risse und Hohlräume (Poren, Schlacken oder Metalleinschlüsse) müssen vor dem Weiterschweißen entfernt werden. Beim Schweißprozess 141 ist auf Wolframeinschlüsse zu achten. Schlackenreste auf der Oberfläche der Schweißnaht sind zur Sicherstellung des Korrosionsschutzes (vgl. <1>) zu entfernen.

In der Schweißnahtfuge sind vor allem die Übergänge zum Grundwerkstoff einer genauen Sichtprüfung zu unterziehen. Bei Zweifel muss eine Oberflächenrissprüfung (PT oder MT) vor dem Weiterschweißen durchgeführt werden (siehe II.12.4.2.6).

In der Schweißanweisung müssen Angaben zur Oberflächennachbehandlung (z. B. Einebnen der Decklagenraupen oder Beschleifen des Nahtüberganges) zum Erreichen der geforderten Bewertungsgruppe nach EN ISO 5817 (siehe II.7.6.1) vorhanden sein.

Zu II.7.5.17 Schweißen von orthotropen Brückenfahrbahnen

<1> Zu Absatz 1 – Notwendigkeit von Arbeitsprüfungen beim Schweißen

Der hier in Bezug genommene Normabschnitt II.12.4.4 verlangt, falls festgelegt, in den Ausführungsklassen EXC3 und EXC4 die Durchführung von Arbeitsprüfungen beim Schweißen in ganz speziellen Sonderfällen. Der dritte dieser Sonderfälle sind orthotrope Brückenfahrbahnplatten, und zwar die Schweißnähte zwischen Längsrippen und Deckblech und in Laschenstößen von Längsrippen (so genannten Fensterstößen), siehe zu II.12.4.4 <4>. In Bereichen, die durch Fahrzeugverkehr gar nicht oder nicht hoch beansprucht werden, sind die aufwändigen Arbeitsprüfungen gemäß vorliegendem Normtext aber nicht erforderlich.

<2> Zu Absatz 2 – Entfernen von Schweißnahtansätzen und -enden

Der Hinweis in diesem Absatz ist so selbstverständlich, dass er eigentlich nicht kommentiert werden muss. Alle Nahtenden und neuen Nahtansätze müssen auf Ausführungsfehler nach dem Schweißen durch Sichtprüfung überprüft werden, um Schweißfehler zu minimieren. Endkrater oder ein schlecht ausgeführter Wiederansatz führt zu (meist unzulässigen) Kerben, die beseitigt werden müssen.

<3> Zu Absatz 3 – Anschluss von Trapez-Längsrippen an Querträger

Rissprobleme an den hier angesprochenen Anschlüssen von Fahrbahnlängsrippen an die Fahrbahnquerträger haben in der jüngsten Vergangenheit bei vielen Brücken zu aufwändigen Reparaturen während des Betriebes geführt. Häufig sind an diesen Stellen bei späteren Brückenhauptprüfungen Terrassenbrüche festgestellt worden (vgl. zu II.7.2.2 <1.7>). Die in der Regel durchlaufenden Längsnähte der Längsrippen sollten zuerst geschweißt werden, um eine kerbfreie Schweißnahtqualität zu gewährleisten. Die Querträger mit ihren Ausnehmungen für die Längsrippen sollten erst danach aufgesetzt und angeschweißt werden.

Zu II.7.6 Abnahmekriterien

Zu II.7.6.1 Routineanforderungen

<1> Zu Abs. 1 –Anforderungen in den Normkapiteln II.10 und II.11

Im Kapitel II.10 sind die Anforderungen an die Oberflächenbehandlung enthalten, im Kapitel II.11 und im normativen Anhang II.B die Anforderungen an die geometrischen Toleranzen, d. h. die zulässigen Maßabweichungen. Einzelheiten dazu siehe ausführliche Kommentare zu diesen Kapiteln.

<2> Zu Abs. 2 und 3 – Abnahmekriterien für Schweißnahtunregelmäßigkeiten

Die hier in Bezug genommene Norm **EN ISO 5817** (man beachte die Datierung des Verweises) dient gemäß ihrem Nationalen Vorwort als Referenznorm für die Festlegungen zur Bewertung von Schweißnähten sowohl für die verschiedenen Anwendungsgebiete, z. B. für Stahlbau, als auch für Prüfungsnachweise, z. B. für die Prüfung der Schweißer und Verfahrensprüfungen. Es werden

Bewertungsgruppen von Unregelmäßigkeiten an Schmelzschweißverbindungen definiert (ausgenommen Elektronen- und Laserstrahlschweißen). Die Bewertungsgruppen beziehen sich auf die Fertigungsqualität und nicht auf die Gebrauchstauglichkeit des gefertigten Erzeugnisses. Der Begriff Bewertungsgruppe wird wie folgt definiert: „Beschreibung der Qualität einer Schweißung auf der Basis von Art, Größe und Anzahl ausgesuchter Unregelmäßigkeiten". Die Norm unterscheidet vier **Typen von Unregelmäßigkeiten**:

- Oberflächenunregelmäßigkeiten,
- innere Unregelmäßigkeiten,
- Unregelmäßigkeiten in der Nahtgeometrie,
- Mehrfachunregelmäßigkeiten.

Die vier Typen sind ihrerseits in einzelne **Unregelmäßigkeitsmerkmale** unterteilt, für die in Tabelle 1 der EN ISO 5817 Grenzen für die Unregelmäßigkeiten angegeben sind. Dabei werden für die Beschreibung der Unregelmäßigkeitsmerkmale die Ordnungsnummern nach EN ISO 6520-1 [R144] verwendet, z. B. Nr. 505 für das Merkmal „Schroffer Nahtübergang" (vgl. Text des vorliegenden Normabsatzes von EN 1090-2).

Die Grenzen für die Unregelmäßigkeiten werden in der genannten Tabelle 1 von EN ISO 5817 jeweils für drei **Bewertungsgruppen B, C und D** angegeben, wobei D niedrige, C hohe und B höchste Anforderungen beschreibt. In der Einleitung zu EN ISO 5817 wird darauf hingewiesen, dass die angegebenen Werte für Unregelmäßigkeiten von Schweißnähten übliche Schweißpraxis berücksichtigen. Höhere Anforderungen, d. h. kleinere (strengere) zulässige Werte, als in Bewertungsgruppe B angegeben, könnten gemäß diesem Hinweis zusätzliche Fertigungsprozesse verlangen, z. B. Glätten mit dem WIG-Schweißprozess oder Schleifen. Das bedeutet im Umkehrschluss, dass auch höhere Anforderungen, als in der Bewertungsgruppe B festgelegt, postuliert werden können. Dem folgt die Norm EN 1090-2, indem sie in Abs. 3 für die höchste Ausführungsklasse EXC4 fordert, dass zusätzliche Anforderungen für einzelne Schweißnähte festgelegt werden müssen.

Der in der Fertigung an dünnen und mittleren Blechdicken nicht messbare „schroffe Nahtübergang" braucht gemäß Normtext gar nicht beachtet zu werden. Da „Mikro-Bindefehler" (und auch Mikrorisse) nur durch Mikroschliffe nachweisbar sind, wird auf den Nachweis dieses Unregelmäßigkeitsmerkmals in der Fertigung ebenfalls verzichtet. Bei Baustahl mit höherer Streckgrenze im vergüteten Zustand kann der Nachweis des Nichtvorhandenseins dieser beiden Unregelmäßigkeitsmerkmale jedoch in der Verfahrensprüfung – teilweise auch bei Arbeitsprüfungen – gefordert werden.

Die in EN 1090-2 geforderte Bewertungsgruppe der Schweißnähte eines Bauteils oder Tragwerkes ist von der spezifizierten Ausführungsklasse EXC abhängig. In der einfachsten Ausführungsklasse **EXC1** ist die **Bewertungsgruppe D** erlaubt (mit Ausnahme des Merkmals „zu kleine Kehlnahtdicke"), was großzügiger ist als früher nach DIN 18800-7. In der Ausführungsklasse **EXC2** ist allgemein **Bewertungsgruppe C** vorgeschrieben. Jedoch sind für einige Merkmale die Unregelmäßigkeitsgrenzen nach D zulässig, während umgekehrt für das Merkmal „zu kleine Nahtdicke" der Grenzwert nach B einzuhalten ist.

In der Ausführungsklasse **EXC3** ist allgemein die höchste **Bewertungsgruppe B** vorgeschrieben; besondere Ausnahmen sind hier nicht erlaubt. Für die höchste Ausführungsklasse **EXC4** wird, wie bereits erwähnt, gefordert, dass gegenüber der Bewertungsgruppe B für einzelne Schweißnähte zusätzliche Anforderungen festgelegt werden müssen.

Bewertungsgruppen für strahlgeschweißte Verbindungen an Stahl, die in EN ISO 5817 explizit ausgeschlossen sind (vgl. weiter oben), enthält **EN ISO 13919-1** [R152]. Diese Norm für Elektronen- und Laserstrahl-Schweißverbindungen ist ähnlich aufgebaut wie EN ISO 5817.

<3> Zur Anmerkung unter Abs. 2 – Nach EN 1993-1-8 bemessene Schweißnähte

Diese Anmerkung war bei der Überarbeitung von EN 1090-2 – in der 2011er Ausgabe gab es sie nicht – sehr umstritten, da von der Sinnhaftigkeit her grenzwertig. Es gibt keine statisch/quasi-statisch beanspruchten tragenden Schweißnähte, die **nicht** nach EN 1993-1-8 bemessen wurden. Die Anmerkung würde also, nähme man sie ernst, de facto bedeuten, dass zum einen die Bewertungsgruppe D ganz ausgeschlossen wird und dass zum Zweiten das Schweißen tragender Nähte in der Ausführungsklasse EXC1 verboten ist – im völligen Widerspruch zum Absatz 2 des vorliegenden Normabschnittes. Der Hintergrund für die Aufnahme der Anmerkung in EN 1090-2 ist rein formalistisch: In EN 1993-1-8 steht in Abschn. 4.1 (3) der Satz „Im Allgemeinen ist, sofern nicht anderweitig festgelegt, Qualitätsstandard C nach EN ISO 5817 erforderlich." Genau dieser Satz wird aber wahrscheinlich in der überarbeiteten Fassung von EN 1993-1-8 gestrichen werden, da er der „sauberen" Trennung von Bemessungs- und Ausführungsnormung widerspricht. Fazit: Die Verfasser dieses Kommentarbuches empfehlen, die Anmerkung zu ignorieren.

Zu II.7.6.2 Anforderungen bezüglich Ermüdung

<1> Zu Abs. 1 und 3 – Ausführungsanforderungen aus Eurocodes

Im Gegensatz zur 2011er Ausgabe von EN 1090-2 werden jetzt ermüdungsbeanspruchte Schweißnähte beim Thema Abnahmekriterien gesondert thematisiert. Das geht u. a. auf denselben Abschnitt von EN 1993-1-8 zurück, der bereits im vorstehenden Kommentar <3> zu II.7.6.1 benannt wurde. Dort heißt es auch: „Qualitätsanforderungen an ermüdungsbeanspruchte Schweißnähte, siehe EN 1993-1-9". Beachtenswert ist, dass alle hier im Normabschnitt II.7.6.2 formulierten Regelungen Optionen sind („sofern festgelegt", „dürfen").

Mit der Forderung, dass die Ausführungsunterlagen ggf. den Kerbfall festlegen sollen, ist nicht einfach die Angabe der für die Bemessung maßgebenden Nummer (z. B. 90) gemeint – damit könnte der Werkstattleiter oder Bauleiter wenig anfangen. Vielmehr soll bei einer ermüdungsbeanspruchten Schweißnaht auf das zutreffende Konstruktionsdetail in den Tabellen von **EN 1993-1-9** verwiesen werden, z. B. beim Schweißanschluss eines Knotenbleches auf das Detail Nr. 4 in Tabelle 8.4 von EN 1993-1-9 (Bild KII.7-30). Dort findet man für dieses Beispiel folgende Vorgaben für die Ausführung: „... gleichmäßiger Übergang, und zwar vor dem Schweißen mit dem Radius *r* durch maschinelle Bearbeitung oder Brennschneiden und nach dem Schweißen durch Schleifen der Schweißzone parallel zur Lastrichtung ...". Kritisch sei an dieser Stelle angemerkt, dass solche Ausführungsanforderungen eigentlich nichts mit Abnahmekriterien zu tun haben, sondern in die Fertigungsplanung gehören.

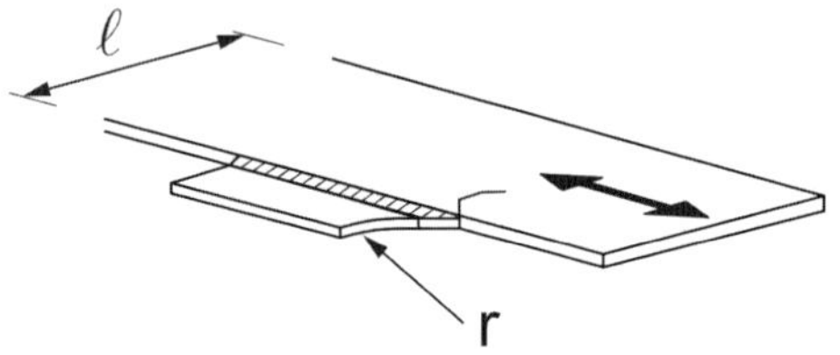

Bild KII.7-30: An einen Blech- oder Trägerflanschrand angeschweißtes Knotenblech (aus EN 1993-1-9, Tabelle 8.4)

Der Hinweis in Abs. 3 auf EN 1993-2, Anhang C, ist überflüssig, da Brückenfahrbahnen im nächsten Normabschnitt II.7.6.3 sowieso explizit angesprochen werden.

<2> Zu Abs. 2 – Verschärfte Abnahmekriterien für ermüdungsbeanspruchte Schweißnähte

Der hier in Bezug genommene (informative!) **Anhang C** von **EN ISO 5817** ist leider von der Terminologie her für Bauingenieure verwirrend: Er benutzt die maschinenbautypischen Begriffe „Schwingfestigkeit" usw. anstelle von „Ermüdungsfestigkeit" usw. Inhalt sind zusätzliche Anforderungen an Schweißungen unter Berücksichtigung der Ermüdungsbeanspruchung, zusammengefasst in Tabelle C.1 als

- eine „ermüdungsverschärfte" Bewertungsgruppe C 63 und
- zwei „ermüdungsverschärfte" Bewertungsgruppen B 90 und B 125.

Die Zahlenwerte bezeichnen dabei die Nummern des **Kerbfalls** nach **EN 1993-1-9**, im Anhang C von EN ISO 5817 mit „Schwingfestigkeitsklasse" FAT (von ***„Fatigue"***) bezeichnet, hier in EN 1090-2 mit „DC" abgekürzt (von ***„Detail Category"***).

Die praktische Bedeutung der Bewertungsgruppe C 63 ist eher vernachlässigbar: Erstens kommen in der Ausführungsklasse EXC2 signifikant ermüdungsbeanspruchte Schweißkonstruktionen kaum vor, und zweitens ist für keine einzige der über 50 Unregelmäßigkeitsmerkmale der zentralen Tabelle 1 von EN ISO 5817 eine verschärfte Forderung angegeben, sondern lediglich für das Merkmal „Winkelversatz“ (Nr. 508 in EN ISO 6520-1), das aber seinerseits in Tabelle 1 gar nicht vorkommt; er soll kleiner als 2° sein.

Mehr Sinn machen die Bewertungsgruppen B 90 und B 125. Vor allem Letztere (also für hochgradig ermüdungsbeanspruchte Schweißnähte) enthält signifikante Verschärfungen gegenüber den Normalforderungen der Bewertungsgruppe B, z. B. sind Einbrand- und Wurzelkerben auch bei $t > 3$ mm grundsätzlich nicht zulässig, statt $\leq 0{,}5$ mm in der normalen Bewertungsgruppe B. Warum diese „ermüdungsverschärften“ Forderungen, wenn man sie denn für tragsicherheitsrelevant hält, nur als „Darf-Regel“ eingeführt wurden, erschließt sich den Verfassern allerdings nicht.

Orthotrope Brückenfahrbahnen — Zu II.7.6.3

Alle Schweißnähte in orthotropen Stahlfahrbahnen müssen a priori die Routineanforderungen nach II.7.6.1 für Ausführungsklasse EXC3 erfüllen, d. h. der Bewertungsgruppe B entsprechen. Wegen der großen Ermüdungsanfälligkeit dieser hochgradig dynamisch beanspruchten Stahlkonstruktionen ist aber beim Bauherrn/Auftraggeber oft der Wunsch vorhanden, mehr zu tun, d. h. in den Ausführungsunterlagen zusätzliche verschärfte Vorgaben für die Schweißnähte zu machen. Das ermöglicht EN 1090-2 nun als Option („sofern festgelegt“), indem wieder, wie gehabt (vgl. zu II.7.5.1.1 <1>), auf den „Brücken-Eurocode“ **EN 1993-2** verwiesen wird. Gemeint sind dort die Tabellen C.4 und C.5 im informativen Anhang C. Tabelle C.4 enthält für eine große Anzahl geschweißter Konstruktionsdetails neben Angaben zu Prüfverfahren und -umfang vor allem Fertigungstoleranzen. Letztere wurden allerdings nahezu 1 : 1 in Tabelle II.B.21 des Anhangs II.B von EN 1090-2 als ergänzende geometrische Montagetoleranzen übernommen (siehe Kommentar dazu), stehen also für die Ausführungsunterlagen als Option sowieso zur Verfügung. Tabelle C.5 enthält einige zusätzliche Bedingungen für Schweißnähte in Ergänzung zu EN ISO 5817 – Beispiel: Für das Merkmal „Kantenversatz bei Blechen“ sind maximal 2 mm zulässig (statt maximal 3 mm bei Bewertungsgruppe B).

Der zusätzliche Verweis auf Tabelle 8.8 des „Ermüdungs-Eurocodes“ **EN 1993-1-9** soll den Anwender wohl dafür sensibilisieren, dass es bei orthotropen Stahlfahrbahnen um Ermüdung geht. Er ist im Prinzip überflüssig, denn spezifische Angaben für Abnahmekriterien von Schweißnähten findet man dort nicht (vgl. zu II.7.6.2 <1>). Man beachte übrigens, dass beide Eurocode-Verweisungen datiert sind, weil Anforderungen zur Ausführung in den zukünftigen Ausgaben der Eurocodes minimiert werden sollen.

Schweißen nichtrostender Stähle — Zu II.7.7

<1> Zu Abs. 1 – Festlegung der Anforderungen

Im Abschnitt II.7.1 von EN 1090-2 wird hinsichtlich des Schweißens nichtrostender Stähle auf die Teile 1 (Lichtbogenschweißen allgemein) und 3 (speziell Lichtbogenschweißen nichtrostender Stähle) der **Normenreihe EN 1011** verwiesen. Sie werden im vorliegenden Normabschnitt zwar nicht noch einmal aufgeführt, sind aber selbstverständlich bei der Festlegung der Anforderungen für das Schweißen nichtrostender Stähle zu beachten. Im Kommentar <4> zu II.7.1 wurde ferner darauf hingewiesen, dass der Eurocode **EN 1993-1-4** [R100] einige Angaben zum Schweißen nichtrostender Stähle macht und dass im deutschen bauaufsichtlichen Bereich außerdem die Zulassung **abZ Z-30.3-6** [R9] zu beachten ist (vgl. zu II.2.1 <1>).

Im vorliegenden Absatz von EN 1090-2 ist vor allem das Schweißen von so genannten „**Schwarz-Weiß-Verbindungen**“ (S/W-Verbindungen) gemeint, d. h. das Zusammenschweißen ferritischer Baustähle und nichtrostender Stähle. Die Anforderungen an diese Verbindungen müssen in den Vertragsbedingungen oder in der Auftragsspezifikation festgelegt werden. Für diese Verbindungen sind Schweißverfahrensprüfungen nach EN ISO 15614-1 durchzuführen. Dabei ist Abschnitt 8.3 und vor allem Tabelle 5 „Geltungsbereich für Stahlgruppen und Untergruppen" jener Norm zu beachten.

Eine besondere Bedeutung für S/W-Verbindungen hat die Wahl des Schweißzusatzes. Er sollte immer höher legiert sein als der nichtrostende Stahl, um eine risssichere Schweißverbindung herstellen zu können. Die Zusammensetzung des Schweißgutes sollte außerhalb der rissgefährdeten Bereiche des Schaeffler-Diagramms (oder anderer vergleichbarer Diagramme) liegen. Dabei sind der Schweißprozess und das entstehende Aufmischungsverhältnis zu beachten. Nützliche Hinweise zum Schweißen von S/W-Verbindungen findet man im Merkblatt **DVS 3011** [V15].

In Deutschland dürfen gemäß abZ Z-30.6-6 innerhalb der Ausführungsklasse EXC1 keine S/W-Verbindungen ausgeführt werden. Die beiden Strahlschweißverfahren (Prozesse 51 und 52) sind für S/W-Verbindungen nicht zulässig.

<2> Zu Abs. 2 – Verunreinigung von nichtrostendem Stahl, Kontaktkorrosion

Der Schweißaufsichtsperson kommt eine besondere Verantwortung bei der Verhinderung und der Beseitigung von Verunreinigungen beim Schweißen von nichtrostenden Stählen zu. Sie muss außerdem dafür sorgen, dass Kontaktkorrosion durch Kontakt unterschiedlicher metallischer Werkstoffe unbedingt vermieden wird. Hier sind vor allem Kupfereinschlüsse zu nennen, die durch schlecht isolierte Schweißkabel oder Kontakt der Kupferschweißdüse mit dem Grundwerkstoff oder den Schweißnahtfugen oder dem Schweißgut entstehen können.

Die Oberflächenreinigung hat beim Bauen mit nichtrostendem Stahl eine viel größere Bedeutung als beim traditionellen Stahlbau. Dabei geht es nicht nur um die Endreinigung nach der Montage, sondern auch um die Reinigung nach einzelnen Fertigungsprozessen, wie dem thermisches Schneiden und eben dem Schweißen. Im Kommentar zu Abschnitt II.10.10 wird das Thema, einschließlich der wichtigen Entfernung von „Anlauffarben", ausführlich diskutiert.

Mechanisches Verbinden

Zu II.8

Allgemeines

Zu II.8.1

<1> Zu Abs. 1 – Geltungsbereich

Es geht in diesem Kapitel II.8 der Norm EN 1090-2 um die Arbeitsschritte des Verbindens/Befestigens/Anschließens von Bauteilen mit Hilfe von mechanischen Verbindungsmitteln. Dieses „mechanische Verbinden" – in der Regel handelt es sich um Verschrauben – kann vom Grundsatz her sowohl in der Werkstatt als auch auf der Baustelle erfolgen, wenngleich mechanische Verbindungen in aller Regel Baustellenverbindungen sind.

<2> Zu Abs. 2 – zulässiger Dickenunterschied

Obwohl die Platzierung dieser Dickenunterschied-Regel unter „Allgemeines" und auch der Text eine gewisse Allgemeingültigkeit vortäuschen, kann hier nur der Fall einer **scherbeanspruchten geschraubten Laschenverbindung** gemeint sein, jedenfalls keine zugbeanspruchte Schraubenverbindung. Einen Dickenunterschied „D", wie er im Bild II.3 dargestellt ist, sollte man in der Planung unbedingt vermeiden. Nur wenn das nicht möglich ist (z. B. wenn die zu stoßenden Teile zu unterschiedlichen Walzprofilen gehören und deshalb im Stoß „verzogen" werden müssen), ist unter „D" ein planmäßiger Dickenunterschied zu verstehen. In der Regel ist „D" der unplanmäßige Dickenunterschied aus Herstellungstoleranzen der Walzerzeugnisse.

Der wissenschaftliche Hintergrund der angegebenen Zahlenwerte für den zulässigen Dickenunterschied ist den Verfassern nicht bekannt. Wahrscheinlich handelt es sich eher um empirische Erfahrungswerte aus der Praxis. Der Wert **2 mm** ist für statische und quasi-statische Scher-/Lochleibungsbeanspruchung nicht vorgespannter Schraubenverbindungen (Verbindungskategorie A nach EN 1993-1-8) plausibel, denn die durch einen Spalt dieser Größenordnung entstehende zusätzliche Biegebeanspruchung der scherbeanspruchten Schrauben ist vernachlässigbar.

Der pauschale Grenzwert **1 mm** bei vorgespannten Verbindungen erscheint dagegen nur plausibel, wenn er auf Scher-/Lochleibungsverbindungen der Kategorie A angewendet wird, die aus Gebrauchstauglichkeitsgründen zusätzlich vorgespannt sind. Wird dagegen die Vorspannkraft gemäß Tragwerksplanung zur Erzeugung eines Gleitwiderstandes benötigt (Verbindungskategorien B und C nach EN 1993-1-8), so ist es von den Steifigkeitsverhältnissen abhängig, ob ein herstellungsbedingter Spalt von 1 mm sich durch das Vorspannen der Schrauben derart leicht zuziehen lässt, dass noch genügend Druckpressung in der Kontaktfläche entsteht, um eine einwandfreie tragsicherheitsrelevante Reibkraftübertragung zu gewährleisten. Das müsste im Einzelfall geprüft und entschieden werden, wird aber wohl die Ausnahme sein; eine pauschale Angabe dafür ist nicht möglich. Es ist deshalb dringend zu empfehlen, bei gleitfesten Verbindungen der Kategorien B und C eine praktisch spaltfreie Auflage der zu verbindenden Teile (Spalt ≈ 0 mm) zumindest im größten Teil der Reibkontaktfläche vorzuschreiben. Nur an deren äußerstem Rand kann eventuell ein Spalt bis 1 mm toleriert werden.

Sollte man bei dieser Thematik das Toleranzmerkmal „Kontaktstoß" in Anhang II.B (Tabelle II.B.19) heranziehen wollen, so ist Vorsicht geboten: Dort sind Kontaktstöße in Stützen gemeint, also druckbeanspruchte Kontaktflächen, deren Spaltsituation wesentlich unproblematischer ist (vgl. Kommentar dazu).

<3> Zu Abs. 2 u. 4 – Futterbleche zum Ausgleich eines unzulässigen Dickenunterschiedes

Die Begrenzung der Dicke von Futterblechen zum Ausgleich eines zu großen Dickenunterschiedes D nach Bild II.3 auf $t_F \geq 1$ mm ist plausibel, solche Futterbleche sind im Stahlbau seit jeher gang und gäbe.

Die Begrenzung der Anzahl der übereinander liegenden Futterbleche auf maximal 3 entspricht ebenfalls einer alten konstruktiven Stahlbauregel. Eine solche bewährte deutsche Regel war es auch, dass Futterbleche mit mehr als 6 mm Dicke mit mindestens einer Schraubenreihe bzw. einer entsprechenden Schweißnaht vorgebunden werden mussten. Solches Vorbinden als Maßnahme beim Futtern von Scher-/Lochleibungsverbindungen gibt es im Verbindungs-Eurocode **EN 1993-1-8** nicht mehr. Dort wird aber in Abs. 3.6.1(12) die Abschertragfähigkeit der Schrauben bei einer Futterdicke von mehr als 1/3 des Schraubendurchmessers abgemindert. Das zielt statisch in dieselbe Richtung wie die früher in Deutschland übliche Erhöhung der Schraubenanzahl. Beides dient der Berücksichtigung der größeren Schraubenbiegung bei mehr als einer Ebene mit unvermeidbaren Relativverschiebungen. Insgesamt gesehen wird aber diese zusätzliche Biegebeanspruchung der scherbeanspruchten Schrauben bei gefutterten Stößen etwas unproblematischer gesehen als traditionell in Deutschland.

<4> Zu Abs. 3 u. 5 – Korrosionsgefahr bei Dickenunterschieden

Der Korrosionsgefahr durch eine Verminderung des zulässigen Dickenunterschiedes, also des zulässigen Spaltmaßes, zu begegnen – wie hier in der Norm suggeriert –, ist problematisch. Wenn es nicht gelingt, den Spalt vollständig zu schließen (beispielsweise mit dauerelastischem Material), ist die Spaltkorrosionsgefahr bekanntlich bei einem sehr kleinen Spalt (z. B. 0,3 mm) eher größer als bei einem größeren Spalt (z. B. 2 mm). Ein vernünftiger Mindestkorrosionsschutz der Futterbleche, z. B. eine Grund- oder Fertigungsbeschichtung, kann jedenfalls durch Minimierung des Spaltmaßes nicht entbehrlich gemacht werden.

Der Hinweis auf die Gefahr von Kontaktkorrosion zwischen Bauteil- und Futterblechwerkstoff sollte eigentlich überflüssig sein – es wird hoffentlich niemand auf die Idee kommen, einen Spalt im Stoß eines Bauteils aus nichtrostendem Stahl mit schwarzen Blechen aus Baustahl zu futtern!

Zu II.8.2 Einsatz von Schraubengarnituren

Zu II.8.2.1 Allgemeines

<1> Zu Abs. 1 – Schraubengarnituren

Der Normabschnitt II.8.2 gibt Regeln für den konkreten Einsatz der in II.5.6.3 und II.5.6.4 beschriebenen Schraubengarnituren für nicht vorgespannte und vorgespannte Verbindungen. Einen definierten Zusammenhang mit der Bemessung der geschraubten Verbindungen nach EN 1993-1-8 (Stichwort „Verbindungskategorien") gibt es nicht. In den nachfolgenden Kommentaren wird jedoch, wo es angezeigt ist, auf die bemessungstechnischen Verbindungskategorien A bis E Bezug genommen.

<2> Zu Abs. 2 bis 4 – Sicherung der Schraubengarnitur

<2.1> Zum Erfordernis einer Sicherung

Der hier verwendete Begriff „Sicherung der Schraubengarnitur" muss zunächst dahingehend präzisiert werden, dass es um Relativverdrehungen der Mutter gegenüber der Schraube geht, die es gilt zu verhindern. Eine solche Relativverdrehung kann auch dadurch entstehen, dass der Schraubenkopf sich auf der Unterlage dreht. Es geht also um das so genannte **selbsttätige Losdrehen** von angezogenen Schraubengarnituren. Das Losdrehen wird bei wiederholter (zyklischer) Beanspruchung dadurch ausgelöst, dass unvermeidbar im Gewindeeingriff kleinste radiale Relativverschiebungen zwischen den Gewindeflanken stattfinden, die den tangentialen Reibungswiderstand gegen Drehen der Mutter inkrementell abbauen, so dass die Selbsthemmung der angezogenen Garnitur sukzessive aufgehoben wird; genauere Erklärungen siehe einschlägige Literatur [V24] [V28] [V38].

Zyklische Zugbeanspruchung der Verbindung kann zu teilweisem Losdrehen führen, hat aber keine praktische Bedeutung, da die dafür erforderlichen Zugkräfte weit außerhalb des Ermüdungsbereiches liegen [V22]. **Zyklische Scherbeanspruchung** der Verbindung kann dagegen zum völligen Losdrehen bis zum Totalausfall führen. Ursache sind vor allem die mehr oder weniger unvermeidbaren Relativverschiebungen quer zur Schraubenachse in den Kontaktflächen zwischen Bauteil und Schraubenkopf bzw. Mutter – zusätzlich zu den oben erwähnten Mikroverschiebungen zwischen den Gewindeflanken; auch hier sei hinsichtlich genauerer Erklärungen auf die Literatur verwiesen.

Es ist als Erstes festzuhalten, dass **vorgespannte** Verbindungen in aller Regel **keine zusätzlichen Sicherungselemente** benötigen. Das entspricht auch der klaren Aussage in der früheren DIN 18800-7 [R73]. Man darf im Stahlbau erfahrungsgemäß davon ausgehen, dass ein Schraube/Mutter-Paar – sofern die Verbindung vorgespannt ist und ein eventueller signifikanter Vorspannkraftverlust infolge Setzens und Relaxation durch Nachziehen kompensiert wurde (siehe zu II.8.5.1 <11.3>) – sich auch unter bautypisch „nicht statischen" Einwirkungen (z. B. Straßenverkehr, Kranlasten, Windeinwirkung auf einen WEA-Turm, Welleneinwirkung auf ein Offshore-Bauwerk) aufgrund seiner inneren Selbsthemmung nicht selbsttätig losdreht, und zwar unabhängig davon, ob sie als „quasi-statisch" eingestuft wird oder ob für sie ein rechnerischer Ermüdungssicherheitsnachweis geführt werden muss .

Untersuchungen am ISW der TU Darmstadt [V21] haben diese langjährigen Erfahrungen bestätigt – bis auf eine Ausnahme: Zyklisch wechselnde (also nicht schwellende) Querbeanspruchung kann bei kurzer Klemmlänge ($l_k/d < 5$) auch eine vorgespannte Garnitur zum selbsttätigen Losdrehen bringen. Diesen Sonderfall spricht der Absatz 3 des vorliegenden Normabschnittes II.8.2.1 an. Solche vorgespannten Verbindungen sollte man gleitfest ausbilden (Kategorie C nach EN 1993-1-8) oder als Passverbindung mit HVP-Schraubengarnituren.

Für **nicht vorgespannte** Scher-/Lochleibungsverbindungen (Kategorie A) stellt sich der Sachverhalt wesentlich komplexer dar. Aus Sicht der Verfasser sollte grob unterschieden werden in

(a) Verbindungen, die ausschließlich (oder fast ausschließlich) Scherkräfte aus **ständigen Einwirkungen** (Eigengewicht, Vorspannung usw.) übertragen sollen;

(b) Verbindungen, die planmäßig (d. h. gemäß Tragwerksplanung) Scherkräfte aus **veränderlichen Einwirkungen** übertragen sollen, welche **dynamisch** und/oder **ermüdungsrelevant** sind (Straßenverkehr, Kranlasten, Betriebslasten auf fliegenden Bauten usw.);

(c) Verbindungen, die zwar gemäß Tragwerksplanung überwiegend Scherkräfte aus **veränderlichen Einwirkungen** übertragen sollen, welche als **quasi-statisch** gelten (Wind, Schnee, Betriebsdrücke usw.), die aber trotzdem unvermeidbar von der Gesamtkonstellation des Tragwerkes her ständigen **Vibrationen** quer zur Schraubenachse ausgesetzt sind;

(d) Verbindungen, die zwar gemäß Tragwerksplanung überwiegend Scherkräfte aus **veränderlichen Einwirkungen** übertragen sollen, welche als **quasi-statisch** gelten (Wind, Schnee, Betriebsdrücke usw.), bei denen aber ein erheblicher Anteil der Kräfte **wiederholt** auftritt, ohne allerdings ermüdungsrelevant zu sein.

Zu (a): Dieser Fall ist eindeutig: Zusätzliche Sicherungselemente sind nicht erforderlich. Er kommt aber im Stahlbau in dieser Reinheit nicht allzu häufig vor.

Zu (b): Dieser Fall ist ebenfalls eindeutig: Die Verbindungen sind durch geeignete Maßnahmen gegen selbsttätiges Losdrehen zu sichern. Infrage kommende Sicherungsmaßnahmen werden weiter unten im Subkommentar <2.2> beschrieben und diskutiert. Solche planmäßig dynamisch beanspruchten, aber nicht vorgespannten Verbindungen sollten allerdings die Ausnahme im Stahlbau sein. Besser wäre es, sie vorzuspannen, ggf. mit HVP-Schraubengarnituren (vgl. weiter oben).

Zu (c): Dieser Fall einer unplanmäßig dynamisch beanspruchten, aber nicht vorgespannten Verbindung kommt im Stahlbau öfter vor. Beispiele sind rein konstruktive, d. h. nichttragende Verbindungen (Stabilisierungsbauteile, Lagerfixierungen usw.) an Kranbahnen, Freizeitbahnen und ähnlichen dynamisch belasteten Stahlbauten, aber auch tragende Verbindungen in nominell quasi-statisch belasteten Tragwerken, z. B. Industriebauten mit schweren Maschinen oder Lagergestelle oder Rauchgaskanäle. Solche Verbindungen brauchen eigentlich formal nicht gesichert zu werden. Es ist aber dringend zu empfehlen, im Einzelfall zu prüfen, ob nicht doch eine Losdrehsicherung der Muttern angezeigt ist, z. B. durch Vorspannen.

Zu (d): Dieser Fall ist der problematischste, weil er schwer einzugrenzen ist. Bekannt gewordene vereinzelte Schadensfälle dieses Typs betreffen geschraubte Anschlüsse von Windverbandstäben oder von Geländerpfosten. Beide Beispiele sind dadurch gekennzeichnet, dass die Anschlusskräfte zwar formal als quasi-statisch gelten und auch in der Realität keinen dynamischen

Charakter haben, jedoch in fast voller Höhe wiederholt auftreten, oft sogar nicht nur schwellend, sondern mit wechselnder Richtung. Allgemeine Regeln für die Beurteilung, wann in solchen Fällen zusätzliche Sicherungsmaßnahmen gegen selbsttätiges Losdrehen angezeigt sind, können derzeit nicht angegeben werden. Eine Vorspannung kann aber ebenfalls nicht schaden.

<2.2> Mögliche Maßnahmen gegen selbsttätiges Losdrehen

In der allgemeinen Verschraubungstechnik unterscheidet man bei der Sicherung von Schraubenverbindungen zwischen dem Sichern gegen Lockern, dem Sichern gegen selbsttätiges Losdrehen und dem Sichern gegen Verlieren (z. B. [V38]). Mit Lockern ist der Vorspannkraftverlust infolge von Setzen und Relaxation gemeint (siehe zu II.8.5.1 <11.2>). Dieser Effekt ist beim selbsttätigen Losdrehen zwar stets mit beteiligt. Trotzdem sind Sicherungselemente, die allein das Lockern verhindern, als Maßnahme gegen selbsttätiges Losdrehen ungeeignet. Damit scheiden alle federnden Sicherungselemente, die beim Verschrauben mitverspannt werden (Federringe, Federscheiben, Fächerscheiben, Zahnscheiben, Spannscheiben usw.), von Vornherein aus.

Gegen **selbsttätiges Losdrehen** werden neben den unmittelbar einleuchtenden konstruktiven bzw. bemessungstechnischen Maßnahmen,

- hohe Vorspannkraft,
- große elastische axiale Nachgiebigkeit (lange Schraube, Dehnschraube),
- kleines Lochspiel (z. B. Passschraube),

in der einschlägigen Literatur (z. B. [V38]) folgende **zusätzlichen** Sicherungsmaßnahmen genannt:

- **kraftschlüssige** Sicherungen (im Wesentlichen klemmende Sicherungselemente),
- **formschlüssige** Sicherungen (im Wesentlichen sperrende Sicherungselemente),
- **stoffschlüssige** Sicherungen (im Wesentlichen klebende Sicherungselemente).

Die **klemmenden** Sicherungselemente haben sich gemäß [V38] allenfalls als Verliersicherung geeignet erwiesen, als Losdrehsicherung dagegen nur sehr bedingt. Damit scheiden die in EN 1090-2 im Abschnitt II.5.6.8 als Sicherungselemente explizit aufgeführten verschiedenartigen Sechskantmuttern mit Klemmteil (vgl. Kommentar <2> dazu) für eine ernstzunehmende zusätzliche Sicherung von Stahlbauverbindungen aus – ein bemerkenswerter Befund!

Uneingeschränkt als Losdrehsicherung geeignet sind dagegen alle **sperrenden** und alle **klebenden** Sicherungselemente. Geht man davon aus, dass spezielle formschlüssige Schrauben und/oder Muttern (z. B. Sperrzahnschrauben, Sperrzahnmuttern) im Stahlbau weniger in Frage kommen, u. a. weil sie ohne Scheiben verbaut werden müssen, so bleiben für die Losdrehsicherung normaler Sechskantschraubengarnituren nur folgende Maßnahmen:

- Spezielle formschlüssige Scheiben unter Kopf und Mutter (aktuelle Beispiele siehe weiter unten).
- Verkleben des Gewindes, entweder durch vor Ort flüssig aufgetragenen Spezialgewindeklebstoff (z. B. Loctite) oder durch Einsatz von serienmäßig mit klebender Innenbeschichtung versehenen Muttern (z. B. als Kunststoff-Fleckbeschichtung bekannt). Bei flüssigem Klebstoff empfiehlt es sich, mittelfeste Kleber zu verwenden, so dass die Verbindungen später mit normalem Werkzeug demontiert werden können.
- Ungangbarmachen des Gewindes durch Lackieren des Gewindeüberstands oder durch einen Körnerschlag; der Nachteil dieser klassischen handwerklichen Vorgehensweise ist – neben der Möglichkeit handwerklicher Fehler – die schwierige spätere Demontierbarkeit.

Seit einigen Jahren sind mehrere Systeme formschlüssiger **Sicherungsscheiben** auf dem Markt, die anstelle normaler flacher Scheiben unter dem Schraubenkopf und unter der Mutter in nicht vorgespannte Schraubenverbindungen nach EN 15048 eingebaut werden und deren selbsttätiges Losdrehen verhindern. Sie haben entweder einfach nur beidseitig Radialrippen, die sich beim Anziehen der Verbindung in die Gegenauflagen (Bauteile bzw. Kopf und Mutter) einprägen und so den nötigen „Sperrzahn-Formschluss“ herstellen [R206]. Das funktioniert allerdings nur mit hohen vorgeschriebenen Anziehmomenten und nur für kleine Schraubendurchmesser bis M16. Wirksamer und auch für größere Schraubendurchmesser bis M48 einsetzbar sind selbsthemmende **Keilsicherungsscheiben**, bestehend jeweils aus einem Paar gleicher Einzelscheiben, deren äußere Flächen ebenfalls mit Radialrippen, deren innere Flächen aber mit schiefen Ebenen (Keilflächen) versehen sind [R207] [R208] [R209]. Die Funktionsweise besteht jetzt aus einer Kombination des Sperrzahnprinzips mit der selbsthemmenden Keilwirkung der inneren Scheibenflächen. Letztere funktioniert allerdings nur, wenn der Keilwinkel α größer als der Gewindesteigungswinkel β ist (siehe Bild KII.8-1). Keilsicherungsscheiben dürfen neuerdings auch in vorgespannten HV-Verbindungen eingesetzt werden, sofern die Vorspannung nur der Verbesserung der Gebrauchstauglichkeit dient (Zielebene II, siehe zu II.8.5.1 <1.2>), konkret: sofern nur auf $F_{p,C}{}^*$ vorgespannt wird (siehe zu II.8.5.1 <1.3>). Allerdings müssen die Anziehparameter (z. B. Voranziehmoment und Weiterdrehwinkel) speziell bestimmt werden, so dass ein individueller Verwendbarkeitsnachweis erforderlich wird [V47] [V90]; Einzelheiten sind den entsprechenden bauaufsichtlichen Zulassungen [R207] und [R209] zu entnehmen.

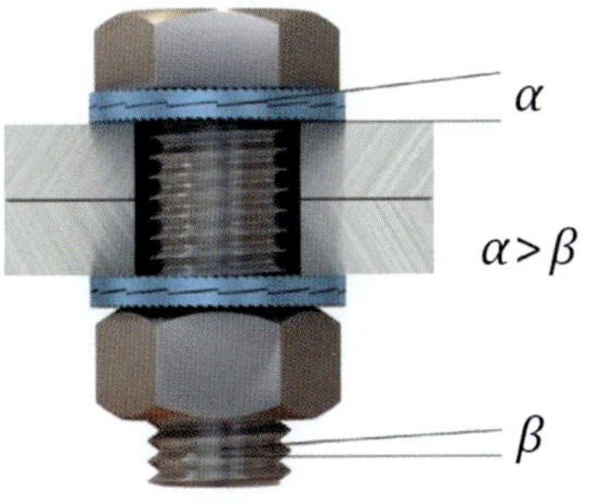

Quelle: www.nord-lock.com

Bild KII.8-1: Mit Keilsicherungsscheiben gegen selbsttätiges Losdrehen gesicherte Schraubenverbindung

Vom häufig vorgenommenen **Heftschweißen** der Muttern am Schraubengewinde – es wäre eine stoffschlüssige Sicherungsmaßnahme – ist dringend abzuraten, sofern nicht ihre Schweißeignung speziell nachgewiesen wurde (siehe nachfolgenden Kommentar <3>).

<3> Zu Abs. 5 – Schweißen an Schrauben und Muttern

Mit dem hier ausgesprochenen Schweißverbot an Schrauben und Muttern wird eine heikle Frage aus der täglichen Stahlbaupraxis angesprochen. Dabei ist das **Schweißen an Schrauben** weniger relevant als das Schweißen an Muttern. Ersteres ist in einer logisch durchgeplanten Konstruktion eigentlich immer vermeidbar und sollte daher grundsätzlich ausgeschlossen werden. Der Grund für das Schweißverbot ist vor allem der für die Schraubenwerkstoffe nach EN ISO 898-1 zulässige hohe Kohlenstoffgehalt; er liegt z. B. für die Festigkeitsklassen 4.6 und 5.6 bei C ≤ 0,55 % und damit außerhalb der Schweißeignung. Deshalb werden Gewinde-Schweißbolzen nach EN ISO 13918 ja auch aus „schweißgeeignetem" unlegierten Stahl der Festigkeitsklasse 4.8 (C ≤ 0,18 %) gefertigt (vgl. zu II.5.7 <1>).

Aufgrund der Formulierung „sofern nichts anderes festgelegt ist" erscheint es denkbar, dass ein Schweißexperte für ein konkretes Schrauben-Lieferlos auf der Grundlage der tatsächlichen chemischen Analyse (z. B. Abnahmeprüfzeugnis 3.1 nach EN 10204) und unter Beachtung der speziellen Ausführungs-Randbedingungen die Schweißbarkeit bestätigt – allerdings auch nur für niedrigfeste 4.6- oder 5.6-Schrauben.

Was das **Schweißen an Muttern** betrifft, so ist zunächst anzumerken, dass der Hinweis in II.8.2.1 auf spezielle „Schweißmuttern" wenig hilfreich ist. Erstens gibt es sowohl die Sechskant-Schweißmuttern ohne Flansch nach DIN 929 [R46], als auch diejenigen mit Flansch nach EN ISO 21670 (Ersatz für die frühere DIN 977) nur bis M16. Und zweitens müssen sie wegen ihrer speziellen Geometrie (Schweißwarzen usw.) schon bei der konstruktiven Detailplanung berücksichtigt werden. Interessant ist aber auch hier, dass der Werkstoff für diese Schweißmuttern maximal C = 0,25 % Kohlenstoffgehalt haben darf, während der Grenzwert für normale Muttern nach EN ISO 898-2 für die Festigkeitsklassen 4 bis 6 bei C = 0,50 % und für die Festigkeitsklassen 8 und 10 sogar bei C = 0,58 % liegt.

Das **Anheften von Muttern** in Schraubenverbindungen, die vom Kopf her angezogen werden, weil die Mutter beim Anziehen nicht mehr zugänglich ist, wird von Stahlbaukonstrukteuren hin und wieder vorgesehen. Dazu lässt sich Folgendes sagen: Absolut unzulässig ist das generell bei Muttern der Festigkeitsklassen 8 und 10, außerdem bei Muttern der Festigkeitsklassen 4 und 5 in zugbeanspruchten Verbindungen und in ermüdungsrelevant scherbeanspruchten Verbindungen. Ob in statisch bzw. quasi-statisch beanspruchten reinen Scher-/Lochleibungsverbindungen, für die keine Schweißmuttern verfügbar sind, Muttern der Festigkeitsklassen 4 oder 5 ausnahmsweise angeheftet werden dürfen, muss im Einzelfall entschieden werden. Ggf. müsste ein spezieller Nachweis, wie oben für die Schrauben skizziert, geführt werden.

Für geschraubte Verbindungen an Hohlprofilen und anderen rückseitig schwer zugänglichen Konstruktionen gibt es übrigens seit einigen Jahren elegante Lösungen, z. B. die so genannten „Hollo-Bolts" (abZ Nr. Z-14.4-420 [R5]).

Zu II.8.2.2 Schrauben

<1> Zu Abs. 1 – Mindestdurchmesser der Schrauben

Die Frage, ob **M12** nicht eine zu stringente Untergrenze für den „normalen" Stahlbau mit **nicht vorgespannten** Schraubenverbindungen darstellt, wurde bereits im Kommentar <1.1> zu II.5.6.3 angesprochen. Man denke nur an leichte Tragwerke wie Gewächshäuser, Fassaden und Geländer oder an dünnwandige Behälter, bei denen nicht selten Sechskantschrauben M10 oder sogar M8 zum Einsatz kommen. Hintergrund der M12-Grenze ist die Problematik des Lochspiels (vgl. zu II.6.6.1 <1.1>). Die für eine volle Zugkraftübertragung benötigte rechnerische Pressungsfläche zwischen Schraubenkopf bzw. Mutter und Lochrand ist bei solch kleinen Sechskantschrauben in ihrer tatsächlichen Größe so empfindlich gegen exzentrischen Sitz der Schraube im Loch, dass bei üblicher Stahlbaugenauigkeit keine einwandfrei tragsichere Zugverbindung zu gewährleisten ist.

In Deutschland galt bis zur Einführung der EN 1090-2 die Regel, dass Schrauben < M12 zwar für volle Scher-/Lochleibungstragfunktion, aber nur für maximal 50 % Zugkraftausnutzung eingesetzt werden durften. Diese Regelung erscheint den Verfassern nach wie vor vernünftig, sofern für die Löcher die im Kommentar <1.1> zu II.6.6.1 empfohlenen kleineren Nennlochspiele und engeren Toleranzen angewendet werden. Dagegen wirkt die im vorliegenden Normabsatz in der optionalen Öffnung für Durchmesser < M12 („sofern nichts anderes festgelegt wird") indirekt enthaltene Anweisung, die Anforderungen in jedem Einzelfall einer Schraubenverbindung < M12 speziell festzulegen, übertrieben bürokratisch. Selbstverständlich gilt das nicht für beliebig kleine Sechskantschrauben. Auch hier erscheint die früher in Deutschland vorgegebene absolute Untergrenze von **≥ M6** für tragende Verbindungen vernünftig. Im Übrigen sei noch einmal daran erinnert, dass EN 1090-4 für ihren Anwendungsbereich explizit metrische Schrauben ab M6 erlaubt (siehe zu IV.5.7.1 <1>).

Schrauben mit kleineren Durchmessern als M6 kommen eigentlich nur bei dünnwandigen kaltgeformten Bauteilen in Frage. Dabei handelt es sich aber in der Regel nicht um normale Sechskantschrauben mit Muttern, sondern um spezielle gewindeformende Blechschrauben (siehe EN 1090-4, IV.5.7.2, und Kommentare dazu in diesem Buch).

Für **vorgespannte** Verbindungen macht die Begrenzung auf ≥ M12 eher Sinn. Sie ergibt sich im Übrigen für Schraubengarnituren mit großer Schlüsselweite automatisch aus der Tatsache, dass die entsprechenden Produktnormen EN 14399-i gar keine kleineren Durchmesser enthalten. Allerdings bedeutet diese Untergrenze nicht, dass kleinere Schrauben (z. B. 8.8-Standard-Metallbauschrauben EN ISO 4017) grundsätzlich nicht vorgespannt werden dürfen. Die Vorspannung darf nur nicht bemessungstechnisch in Rechnung gestellt werden, darf also nur der qualitativen Verbesserung der Gebrauchstauglichkeit dienen. Ein Beispiel dafür sind Schraubstöße in den Wänden dünnwandiger Flüssigkeitsbehälter oder Rundsilos aus Stahl, die zwar rechnerisch als reine Scher-/Lochleibungsverbindungen wirken, aber aus Dichtigkeitsgründen vorgespannt werden. Die entsprechende frühere deutsche Norm DIN 18914 [R78] ist zwar nicht mehr gültig, einige ihrer Regeln sind aber nach wie vor als Empfehlungen brauchbar (siehe hierzu zu II.8.5.3 <2.3>).

<2> Zu Abs. 2 bis 5 und 7 – Längenmaße der Schrauben

Bei der Wahl der **Schraubenlänge *l*** (vgl. Bild KII.5-11) – in den Schrauben-Produktnormen auch Nennlänge oder Nennmaß genannt – sind drei grundsätzliche Bedingungen zu beachten:

- Das Schraubenende muss für alle Verbindungskategorien nach EN 1993-1-8 **nach** dem Anziehen der Mutter **außen** um mindestens einen Gewindegang über die Mutteraußenseite hinausragen (**Mindest-Gewindeüberstand $Ü_a$** in Bild KII.8-2). Laut Normtext gilt das auch in Bezug auf die Außenseite eventueller zusätzlicher Sicherungselemente – eine Regelung mit wenig Praxisrelevanz, da z.B. die in Abschnitt II.5.6.8 propagierten Sechskantmuttern mit Klemmteil für eine ernstzunehmende zusätzliche Sicherung von Stahlbauverbindungen unbrauchbar sind (vgl. Kommentar <2> dazu).
- Das Schraubengewinde muss **nach** dem Anziehen der Mutter **innen** (also zwischen Mutter und dem Übergang vom Schraubengewinde zum Schraubenschaft) noch eine Mindestzahl von Gewindegängen frei bleiben ($Ü_i$ in Bild KII.8-2), d.h. der Schaft muss einen gewissen Mindestabstand vor der Innenfläche der Mutter (Mutterauflagefläche) aufhören; das bedeutet de facto Forderung einer **Mindest-Gewindelänge *b*** (vgl. Bild KII.5-11). Die Mindestzahl frei bleibender Gewindegänge beträgt bei nicht vorgespannten Verbindungen (Kategorien A und D) „1", bei vorgespannten Verbindungen (Kategorien B, C und E) des Systems HV „2" und des Systems HR „4".
- In einer Scher-/Lochleibungsverbindung (Kategorie A nach EN 1993-1-8), bei deren Bemessung die volle Schaftquerschnittsfläche $A = A_{Sch}$ der Schraube eingesetzt und ausgenutzt wurde, muss der Schraubenschaft so lang sein, dass die maßgebende Scherfuge eindeutig innerhalb des gewindefreien Teils zu liegen kommt; das bedeutet de facto Forderung einer **Mindest-Schaftlänge l_S** (vgl. Bild KII.5-11).

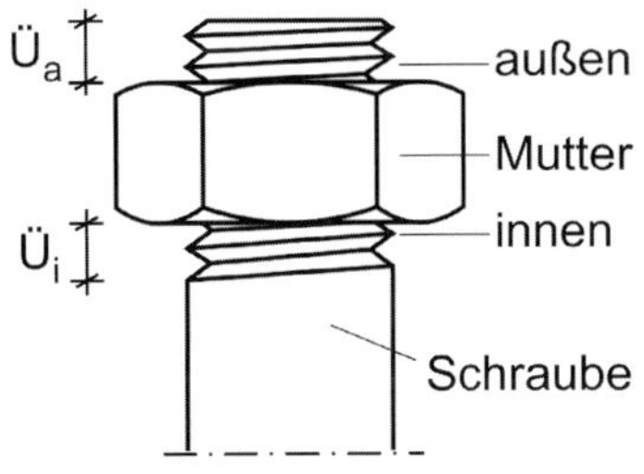

Bild KII.8-2: Position der Mutter auf einer Schraube nach dem Anziehen

Zum **Mindest-Gewindeüberstand $Ü_a$**: Die verbindliche Definition des erforderlichen Gewindeeingriffs im angezogenen Zustand ist wichtig für das Verhältnis zwischen Monteuren und Prüfinstanz. Diese Frage ist vor allem bei den Schraubentypen mit kurzem oder sehr kurzem Gewinde wegen der engen Klemmlängenabstufung ein häufiges Thema bei der Objekt- und Bauüberwachung. Auf die diesbezüglichen kritischen Anmerkungen zur kurzen Gewindelänge im Kommentar <1.2> zu II.5.6.3 sei noch einmal hingewiesen. Der vorgeschriebene Mindestüberstand von einem Gewindegang gilt generell, d.h. für nicht vorgespannte und vorgespannte Verbindungen. Das erleichtert die Übersicht bei der Objekt- und Bauüberwachung. Bei HV-Muttern ist dieser Mindestüberstand wegen ihrer niedrigen Höhe (vgl. zu II.5.6.4 <1.2>) für die Tragsicherheit besonders wichtig.

Zur **Mindest-Gewindelänge *b***: Die generelle Forderung von mindesten einem frei bleibenden Gewindegang zwischen Mutter-Auflagefläche und Gewindeauslauf soll zunächst sicherstellen, dass die Mutter beim Anziehen wirklich die gewollte Pressungskraft auf das Bauteilpaket aufbringt und nicht pressungsfrei gegen den gewindefreien Teil des Schaftes läuft. Das gilt sowohl für das „handfeste" Anziehen einer nicht vorgespannten Verbindung (siehe zu II.8.3 <2>), als auch für das kontrollierte Anziehen einer vorgespannten Verbindung.

Bei vorgespannten Schrauben muss darüber hinaus die innen frei bleibende Gewindelänge ($Ü_i$ in Bild KII.8-2) einen definierten Beitrag zum Vorspann-Dehnweg liefern. Dazu reichen bei HV- und HVP-Garnituren (EN 14399-4 und -8) zwei Gewindegänge aus, bei HR-Garnituren (EN 14399-3 und -7) sowie HRC-Garnituren (EN 14399-10) sind vier frei bleibende Gewindegänge erforderlich.

Letzteres hängt damit zusammen, dass beim HR-System die notwendige Duktilität vorwiegend durch plastische Verlängerung der Schraube erreicht werden soll (vgl. zu II.5.6.4 <1.3>).

Zur **Mindest-Schaftlänge l_s**: Diese Bedingung greift im Wesentlichen nur bei Standard-Metallbauschrauben mit Schaft („Schaftschrauben") nach EN ISO 4014 und 4016. Bei der Festlegung der Schraubenlänge mit Rücksicht auf die Lage der Scherfuge muss aber berücksichtigt werden, dass der Istwert der Schaftlänge l_S wegen des Gewindeauslaufs stets kleiner ist als der Nennwert „l_g = Schraubenlänge l – Gewindelänge b" (vgl. Bild KII.5-11). Die Produktnormen geben gewährleistete Mindestwerte min l_S an. Zu bedenken ist dann noch, dass die Schaftlänge aus statischen Gründen mindestens 0,1 d über die Scherfuge hinausragen muss, um eindeutig Abscheren im Schaftquerschnitt zu erzeugen [V22]; die Schraubenlänge ist also so zu wählen, dass die maßgebende Scherfuge nicht um mehr als „min l_S – 0,1 d" vom Kopf entfernt liegt. Ist das nicht realisierbar, weil dann z. B. das Schraubenende zu weit aus der Konstruktion herausstehen würde, bleibt als letzte Möglichkeit zur Rettung der Tragwerksplaner-Bemessung nur das Umdrehen der Einbaulage der Schraube (Position von Kopf und Mutter), was insbesondere bei unterschiedlich dicken Teilen erfolgreich sein kann.

Die Überlegungen zur Mindest-Schaftlänge spielen bei Scher-/Lochleibungsverbindungen mit deutschen Stahlbauschrauben nach DIN 7990 oder mit HV-Schrauben nach EN 14399-4 wegen ihrer kurzen Gewindelängen (vgl. zu II.5.6.3 <1.2> und II.5.6.4 <1.2>) in der Regel keine Rolle. Bei diesen Schraubentypen ist es bei ordnungsgemäßem Gewindeüberstand und ordnungsgemäßer Anordnung der Scheibe(n) praktisch nicht möglich, dass das Gewinde bis zur ersten Scherfuge reicht; seltene Ausnahmen bei HV-Schrauben siehe [V22]. Dasselbe gilt erst recht für Passschrauben nach DIN 7968 und EN 14399-8. Bei Passschrauben ist allerdings die Vorschrift in EN 1090-2, Abschn. II.8.6, zu beachten, wonach mit Rücksicht auf die Lochleibungsbeanspruchung das Gewinde nicht um mehr als 1/3 der Bauteildicke in die Lochleibung ragen darf; das kann evtl. bei dünnen Blechen greifen. Bei Standard-Metallbauschrauben mit Gewinde bis Kopf nach EN ISO 4017 und 4018 entfällt natürlich die Bedingung „Mindest-Schaftlänge".

<3> Zu Abs. 6 – Klemmlängen und Paketdicken

Die Klemmlänge ist ein den älteren deutschen Stahlbaukonstrukteuren vertrauter Hilfsbegriff. Die deutschen Normen für Stahlbauschrauben (DIN 7990 ff.) und für HV-Schrauben (DIN 6914 ff. – inzwischen zurückgezogen) enthielten schon immer Klemmlängentabellen, aus denen man direkt die erforderliche Schraubenlänge l ablesen konnte. Das hatte sich schon früh als hilfreich erwiesen, weil diese beiden Schraubentypen sehr kurze Gewindelängen und deshalb eine 5-mm-Längenabstufung aufweisen (vgl. zu II.5.6.3 und II.5.6.4, jeweils <1.2>). Die damalige Klemmlänge l_k war als Dicke des zu klemmenden Bauteilpakets, d. h. als lichter Abstand zwischen den Scheiben definiert.

Konsequenterweise enthalten aus demselben Grund auch die jetzt gültigen Nachfolgenormen für HV-Schraubengarnituren (EN 14399-4 und -8) sowie die Normen für HR-Garnituren (EN 14399-3 und -7) **Klemmlängentabellen** – allerdings jetzt mit einer anderen Definition der Klemmlänge, nämlich einschließlich der Scheiben, also als lichter Abstand zwischen den beiden Auflageflächen des Schraubenkopfes und der Mutter. Damit Verwechslungen mit der alten Klemmlänge möglichst vermieden werden, hat die „neue" Klemmlänge ein anderes Formelzeichen erhalten: Sie heißt jetzt **„Klemmlänge Σt"** (vgl. auch Bild KII.5-11). Die Klemmlängentabellen in den Normen für deutsche Stahlbauschrauben (DIN 7990, 7968, 7969) wurden inzwischen ebenfalls auf diese neue Definition umgestellt.

Die im vorhergehenden Kommentar <2> besprochenen Forderungen nach Mindest-Gewinde-Überständen auf beiden Seiten der Mutter sind bei Verwendung der Klemmlängentabellen der Normen automatisch eingehalten. EN 1090-2 fordert deshalb in Abs. 6 des vorliegenden Normabschnitts – quasi im Umkehrschluss – für alle vorgespannten Garnituren nach Normenreihe EN 14399 die Wahl in Übereinstimmung mit diesen Klemmlängentabellen.

Da für manche Konstruktionsaufgaben außer der neuen Klemmlänge („*clamp length*") auch die Nettodicke des eigentlichen Bauteil-Klemmpakets (die alte Klemmlänge) benötigt wird, ist auch sie in die Tabellen der Normen übernommen worden, jetzt unter der neuen Bezeichnung **„Paketdicke t_s"** („*grip length*"). Bild KII.8-3 zeigt beide definierten Längen am Beispiel einer HV-Garnitur mit zwei Scheiben (deshalb der zusätzliche Index „2" bei t_{s2}).

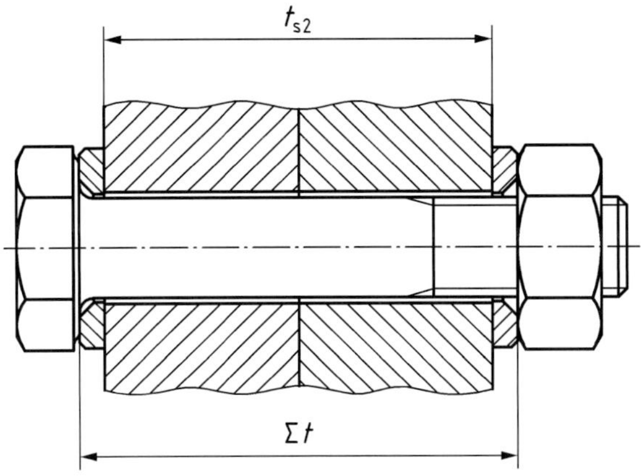

Bild KII.8-3: Definition von Klemmlänge Σt und Paketdicke t_s (Bild A.1 aus EN 14399-4)

Zur Anpassung der Klemmlänge mit Hilfe von Scheiben oder Unterlegblechen siehe zu II.8.2.4 <3>).

Muttern

Zu II.8.2.3

<1> Zu Abs. 1 – Drehbarkeit der Mutter

Diese Regeln zur freien Drehbarkeit der Mutter auf der Schraube betreffen vor allem feuerverzinkte Garnituren. Bevor man, wie vorgeschrieben, eine Garnitur aussondert, sollte man aber entsprechend der seit Jahrzehnten auf deutschen Baustellen bewährten Vorgehensweise verfahren: „Ist in Einzelfällen beim ersten Aufschrauben ein Montagewerkzeug nötig, muss die Mutter aber beim zweiten Aufschrauben von Hand drehbar sein." Bei einem normgemäß feuerverzinkten Paar Schraube/Mutter, das vorschriftsmäßig von ein und demselben Schraubenhersteller bezogen wurde, darf die freie Drehbarkeit spätestens beim zweiten Aufschrauben kein Problem mehr sein. Anderenfalls ist die Garnitur tatsächlich auszusondern.

Handelt es sich allerdings um mit dem Drehmomentverfahren vorzuspannende Garnituren, darf auch beim handfesten Anziehen der Mutter, bevor vorgespannt wird, mit einem Montagewerkzeug (z. B. einem Drehmomentschlüssel) keine größere Gewalt erforderlich sein, da sonst das Anziehverhalten der geschmierten Mutter unzulässig verändert würde.

Die Überprüfungsanweisungen (a) und (b) sind einleuchtend und bedürfen keiner Kommentierung.

<2> Zu Abs. 2 – Einbauposition der Mutter und Schraube

Die hier gegebene Vorschrift, **Muttern** so einzubauen, dass ihr Herstellerkennzeichen sichtbar bleibt, hat zum einen rein pragmatische Gründe aus der Sicht der Qualitätskontrolle und Bauüberwachung. Zum anderen würde aber bei geschmierten vorspannbaren Muttern mit gewährleistetem k-Wert die gekerbte Kennzeichnung bei umgekehrter Einbaulage das Reibverhalten verändern.

Zur Einbauposition der **Schraube** (konkret: zur Einsteckrichtung) enthält EN 1090-2 keine Vorgaben. Traditionell galt im Stahlbau die handwerkliche Regel, **vertikal angeordnete** Schrauben von oben nach unten einzustecken. Damit sollte erreicht werden, dass bei unbeabsichtigtem Lösen der Mutter die Schraube immer noch eine horizontale Scherverbindung darstellt – die allerdings nicht längerfristig so belassen werden kann. Wenn kein anderes wichtigeres Kriterium dagegenspricht, sollte man dieser Regel folgen. Ein wichtigeres Kriterium kann z. B. bei vorgespannten Verbindungen das einfachere Handling des Anziehgerätes von oben sein. Mit zunehmender Verbreitung maschineller Anziehgeräte trifft man deshalb auf Baustellen immer mehr Schraubengarnituren mit oben liegender Mutter an, z. B. auch in Ringflanschverbindungen von WEA-Rohrtürmen.

Für **horizontal angeordnete** Schrauben gibt es keine ähnlich begründete Regel. Von der Arbeitssicherheit her wird aber oft in Arbeitsanweisungen vorgeschrieben, bei der Montage möglichst die Schrauben „von fest auf lose" einzustecken, d. h. vom bereits fixierten zum anzuschließenden Bauteil.

Zu II.8.2.4 Scheiben

<1> Zu Abs. 1 nebst Anmerkung – Erfordernis von Scheiben bei nicht vorgespannten Garnituren

Die generelle Erlaubnis, Schrauben für nicht vorgespannte Verbindungen in **normalen runden Löchern** (Definition vgl. II.6.6.1, Tabelle II.11) ohne jegliche Scheibe zu verbauen, war bei Einführung der EN 1090-2 für deutsche Stahlbaukonstrukteure und -monteure ebenso gewöhnungsbedürftig wie fehleranfällig. Sie bezieht sich nämlich nur auf Garnituren mit Standard-Metallbauschrauben nach EN ISO 4014 ff. (vgl. Tabelle KII.5-8). Bei der deutschen Stahlbauschraube nach DIN 7990 ist dagegen nach wie vor unter der Mutter eine deutsche Stahlbauscheibe DIN 7989 zwingend erforderlich – nicht wegen des Drehens der Mutter auf der Scheibe, sondern zur Kompensation der besonders kurzen Gewindelänge dieser Schraube (vgl. zu II.5.6.3 <1.2> u. <1.4>). Deshalb darf auch nicht ersatzweise eine dünnere Scheibe genommen werden.

Natürlich ist es nach wie vor normkonform, auch in nicht vorgespannten Verbindungen Scheiben anzuordnen. Das ist dann eine Auswahlmöglichkeit/Option („falls nicht anders festgelegt") im Sinne von II.4.1.1(b) bzw. von Tabelle II.A.2 in Anlage II.A. Im Normtext folgt deshalb unmittelbar nach der vorgenannten generellen Erlaubnis, auf Scheiben gänzlich zu verzichten, die Anweisung, falls doch Scheiben gefordert werden, ihre Zahl (eine oder zwei) und ihre Position (im Fall nur einer Scheibe auf der Seite, wo gedreht wird) genau festzulegen. Leider fehlen – außer der Anmerkung, dass Scheiben ggf. die örtliche Beschädigung dicker metallischer Überzüge verringern – konkrete Hinweise darauf, in welchen sonstigen Fällen die Anordnung von Scheiben angezeigt sein könnte. Vermutlich sind zum einen HR- oder HV-Garnituren gemeint, die „überqualifiziert" als Scher-/Lochleibungs- oder Zugverbindungen (Kategorien A oder D nach EN 1993-1-8) eingesetzt werden und bei denen trotzdem unter der gedrehten Komponente (Mutter oder Kopf) eine Scheibe angeordnet werden sollte. Zum anderen ist auch bedenkenswert, ob man nicht bei hochfesten zugbeanspruchten Kategorie-D-Verbindungen Scheiben unter Kopf und Mutter anordnen sollte, um infolge der gleichmäßigeren Zugkrafteinleitung geringere Verformungen zu erhalten. Der DB-Standard DBS 918005 [R31] verlangt übrigens grundsätzlich zwei Scheiben bei nicht vorgespannten Verbindungen.

Die Forderung von Scheiben für den Sonderfall einer einschnittigen Scher-/Lochleibungsverbindung mit nur einer Schraubenreihe findet sich nicht nur hier in EN 1090-2, sondern auch in EN 1993-1-8 (Bild KII.8-4). Sie hat statische Gründe: Ohne Scheiben bestünde eine erhöhte Gefahr des „Durchknöpfens", wie es bei dem Versuchskörper in Bild KII.8-5 anschaulich zu erkennen ist. Bei 8.8- oder 10.9-Schrauben sollten diese Scheiben mindestens die Härte 200 HV aufweisen (vgl. Tabelle KII.5-10).

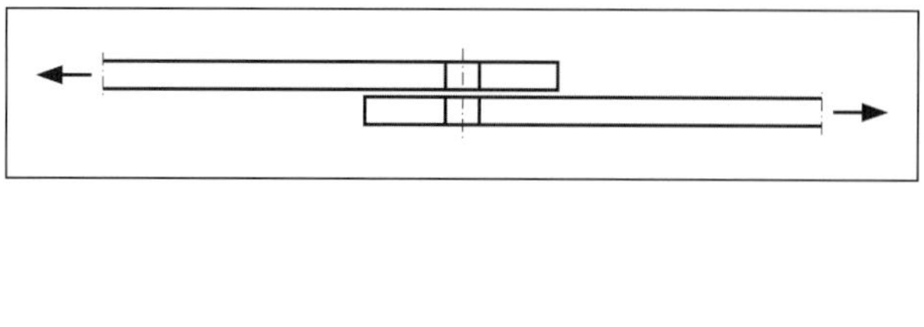

Bild KII.8-4: Einschnittige SL-Verbindung mit nur einer Schraubenreihe (Bild aus EN 1993-1-8)

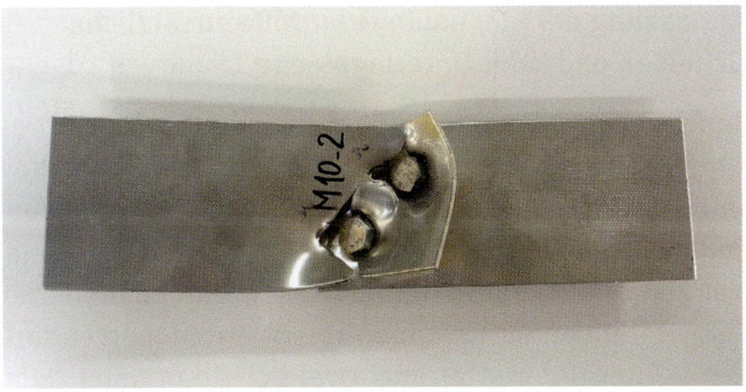

Quelle: IML, Uni Duisburg-Essen

Bild KII.8-5: Einschnittige SL-Verbindung mit nur einer Schraubenreihe nach Traglastversuch

<2> Zu Abs. 2 – Erfordernis von Scheiben bei vorgespannten Garnituren

Bei vorgespannten 10.9-Garnituren (Systeme HR oder HV, vgl. zu II.5.6.4) sind gemäß dem vorliegenden Absatz 2(b) von EN 1090-2 – entgegen der traditionellen deutschen HV-Vorspanntechnologie – nur dann zwingend auf beiden Seiten gehärtete Scheiben einzubauen, wenn das vorzuspannende Bauteilpaket aus niedrigfestem Baustahl S235 besteht. Gehärtete Scheiben in vorgespannten Schraubengarnituren haben statisch-konstruktiv drei Funktionen:

(1) Beide Scheiben: Begrenzung der Druckpressung auf dem Bauteil (nahe am Lochrand!) auf eine vertretbare Größe.

(2) Scheibe auf der gedrehten Seite (in der Regel mutterseitig, in Ausnahmefällen kopfseitig) zusätzlich: Gewährleistung einwandfreien Drehens mit Hilfe der Härte der Scheibe; auf dem weicheren Bauteil würde die Mutter bzw. der Kopf beim Drehen „fressen“.

(3) Kopfseitige Scheibe zusätzlich: Verhindern des Aufsitzens der Kopfausrundung auf dem Lochrand mit Hilfe der Innenfase der Scheibe.

Aus diesen Funktionen folgt die Normvorgabe, dass nur unter der Mutter eine fasenlose Scheibe nach EN 14399-5 eingesetzt werden darf. Wenn allerdings an der Mutter gedreht wird – was der Regelfall ist –, darf sie nicht auf der gekennzeichneten Seite der Scheibe aufliegen, da deren gekerbte Kennzeichnung das Reibverhalten verändern würde. Das ist der Grund, warum für HV-Garnituren grundsätzlich auf beiden Seiten gefaste Scheiben nach EN 14399-6 vorgeschrieben sind[5].

Unter dem Schraubenkopf muss jedenfalls zwingend eine Scheibe mit Innenfase nach EN 14399-6 eingebaut werden, und zwar so, dass die Fase zum Kopf hinweist. Damit man das im eingebauten Zustand überprüfen kann, hat die Scheibe auch außen eine kleine Fase (vgl. zu II.5.6.4 <1.2>). Es ist zu empfehlen, um Verwechslungen beim Einbau zu vermeiden, grundsätzlich **nur Scheiben mit Fase** einzusetzen, wie in Bild KII.5-18 dargestellt.

Die Regelungen in Abs. 2(a) und 2(c), wonach vorgespannte 8.8-Garnituren generell und 10.9-Garnituren bei Bauteil-Klemmpaketen aus Baustahl > S235 nur auf der gedrehten Seite eine Scheibe benötigen, waren im CEN-Ausschuss TC 135 heftig umstritten. Man hielt dort mehrheitlich nur die obige Funktion (2) für unverzichtbar, die Funktion (1) jedoch nur bei der Paarung hohe Vorspannkraft/niedrige Bauteil-Streckgrenze für relevant und die Funktion (3) für gänzlich irrelevant.

Bedenkt man, dass die HR-Schrauben für beide Werkstoffvarianten 8.8 und 10.9 die gleiche Kopfausrundungsgeometrie haben und für die vorspannbaren 8.8-Metallbauschrauben-Garnituren sogar eigens die vorspannbare Scheibe nach DIN 34820 [R84] mit Innenfase für die Kopfausrundung geschaffen worden war (vgl. zu II.5.6.4 <1.5>), so wird von den Verfassern dringend empfohlen, vorzuspannende Schraubengarnituren weiterhin grundsätzlich **mit zwei gefasten Scheiben** zu versehen. Die in Kürze erscheinende DASt-Richtlinie 024 [R29] schreibt das für HV-Verbindungen in Deutschland verbindlich vor.

5 Die Verfasser vermissen in EN 14399-3 eine entsprechende Vorgabe für die Einbaulage der ungefasten Scheibe nach EN 14399-5 unter der Mutter einer HR-Garnitur.

<3> Zu Abs. 3, Tabelle II.16 und Abs. 5 – Anpassung der Klemmlänge mithilfe zusätzlicher Scheiben und/oder Unterlegbleche

Die Erlaubnis, in nicht vorgespannten Verbindungen zum Ausgleich der Klemmlänge bis zu drei Scheiben mit einer Gesamtdicke von maximal 12 mm zusätzlich anzuordnen, entspricht der Tradition im deutschen Stahlbau. Es handelt sich dabei um empirische Erfahrungswerte. Anstelle der maximal drei Scheiben darf jetzt auch ein zusätzliches Unterlegblech, entweder allein oder mit maximal zwei Scheiben, zusätzlich angeordnet werden. Der zusätzliche Scheibenstapel darf sowohl unter dem Schraubenkopf, als auch unter der Mutter angeordnet werden, und er darf auch gesplittet werden, z. B. ein Unterlegblech unter der Mutter und zwei Scheiben unter dem Schraubenkopf. Bei der deutschen Stahlbauschraubengarnitur nach DIN 7990 ist zu beachten, dass die zugehörigen Scheiben 8 mm dick sind (vgl. Tabelle KII.5-10), dass also schon zwei Scheiben die zulässige Gesamtdicke von 12 mm überschreiten würden.

Bei vorgespannten Verbindungen sind die Regeln aus nachvollziehbaren Gründen etwas rigider: Auf der Seite, auf der bei drehmomentgesteuertem Vorspannen gedreht wird, darf ein Unterlegblech zusätzlich zur vorgeschriebenen Scheibe angeordnet werden. Auf der Gegenseite dürfen maximal zwei Scheiben oder ein Unterlegblech plus Scheibe zusätzlich angeordnet werden.

Grund dafür, dass man die Klemmlänge in der beschriebenen Weise anpassen muss, kann nur eine – aus welchen Gründen auch immer – etwas zu lange Schraube sein. Selbstverständlich müssen die vorgeschriebenen Mindest-Gewindeüberstände $\ddot{U}_a$ und $\ddot{U}_i$ (vgl. zu II.8.2.2 <2>) trotzdem eingehalten werden. Dasselbe gilt für die Lage der Scherebene bei Scher-/Lochleibungsverbindungen, falls diese von der Bemessung her im Schaftbereich liegen muss (vgl. zu II.8.2.2 <2>).

<4> Zu Abs. 4 u. 6 – Scheiben und Unterlegbleche an Langlöchern und übergroßen Löchern

In Abschnitt II.6.6.1 der EN 1090-2 werden „kurze und lange Langlöcher" sowie „übergroße runde Löcher" definiert. Einige kritische Anmerkungen zu diesen Definitionen aus der Sicht der Stahlbaupraxis wurden bereits bei der Kommentierung jenes Normabschnittes gemacht (vgl. zu II.6.6.1 <1.2> u. <1.3>). Im vorliegenden Normabschnitt II.8.2.4 wird nun die wichtige Frage angesprochen, wie bei den Langlöchern und übergroßen Löchern der Kraftschluss zwischen Lochrand und Schraubenkopf bzw. Mutter konstruktiv bewerkstelligt wird. Die pauschale Angabe „müssen Unterlegbleche nach II.5.6.9.3 eingesetzt werden" ist allerdings dürftig, zumal in jenem Normabschnitt auch nur minimale konstruktive Vorgaben gemacht werden (vgl. Kommentar dazu). Da Stahlhochbau ohne Langlöcher und übergroß gebohrte Löcher nicht denkbar ist – sie erleichtern die Montage und ermöglichen Verschiebungsfreiheitsgrade in statischen Tragwerkssystemen –, wird die Thematik nachfolgend etwas ausführlicher diskutiert.

<4.1> Scheiben und Unterlegbleche – Langloch mit SL-Beanspruchung

Im Eurocode EN 1993-1-8 findet sich die Angabe, dass die Lochleibungstragfähigkeit $F_{b,Rd}$ in **Lochquerrichtung**, also bei Kraftrichtung quer zur Längsachse, mit dem Beiwert $C_{l,quer} = 0{,}6$ gegenüber normalem Lochspiel abgemindert werden müsse, wobei kein Unterschied zwischen so genannten kurzen und langen Langlöchern nach EN 1090-2 (vgl. II.6.6.1, Tabelle II.11) gemacht wird. Im Gegensatz dazu hat eine im Auftrag des DASt angefertigte Studie, die in Form der **DASt-Richtlinie 023** [R28] veröffentlicht wurde, folgende Näherungsformel für den Abminderungsfaktor bei variablen Abmessungen des Langloches empfohlen:

$$C_{l,quer} = 1{,}15 - 0{,}15 \cdot \frac{d_{0,längs}}{d_{0,quer}}, \qquad \text{(KII.8-1)}$$

wobei die Gültigkeit aber auch auf $d_{0,längs}/d_{0,quer} \leq 2{,}5$ begrenzt ist. Mit den Maßen $d_{0,längs}/d_{0,quer} \approx 1{,}2$ des genormten „kurzen Langlochs" liefert Gl. (KII.8-1) $C_{l,quer} = 0{,}97$, mit den Maßen $d_{0,längs}/d_{0,quer} = 2{,}5$ des genormten „langen Langlochs" $C_{l,quer} = 0{,}78$. Die Werte sind deutlich größer als der oben genannte pauschale, offenbar sehr auf der sicheren Seite liegende Eurocode-Wert 0,6 für kurze und lange Langlöcher.

Allerdings wird in der DASt-Ri 023 darauf hingewiesen, dass man den Abminderungsfaktor wesentlich kleiner ansetzen muss, wenn mit Rücksicht auf die Gebrauchstauglichkeit eine bleibende Eindrückung des Schraubenschaftes in den Langlochrand von mehr als 0,1 mm vermieden werden soll. Die dafür vorgeschlagene Verkleinerung des Abminderungsfaktors nach Gl. (KII.8-1) hängt natürlich vom Verhältnis Streckgrenze/Zugfestigkeit ab; sie beträgt je nach Herstellverfahren des Langloches bei S235 ca. 40 ÷ 50 %, bei S355 ca. 45 ÷ 55 %. Angesichts dieses großen Unterschiedes zwischen reiner Tragsicherheit und Gebrauchstauglichkeit empfehlen die Verfasser, den günstigen Abminderungsfaktor nach Gl. (KII.8-1) nur in Sonderfällen in Anspruch zu nehmen.

In **Lochlängsrichtung** darf die Lochleibungstragfähigkeit rechnerisch voll in Anspruch genommen werden, sofern die Schraube am Ende des Loches anliegt. Ob das ein bemessungsrelevanter Zustand ist, hängt vom Einzelfall ab.

Für die Abmessung $d_{0,\text{quer}}$ (Breite) von Langlöchern sollte möglichst nicht das volle zulässige Nennlochspiel Δd gemäß Tabelle II.11, Fußnote „f", in Anspruch genommen werden, d. h. beispielsweise für eine Schraube M20 die Lochbreite zu $d_{0,\text{quer}} = 21$ mm gewählt werden (statt $20 + 2 = 22$ mm). Will man das nicht, so sind in jedem Falle beidseitig mindestens **normale Scheiben** anzuordnen. Diese Empfehlung wird unmittelbar klar, wenn man die Ausführungsbeispiele in den Bildern KII.8-6a und -6b betrachtet. Im Zweifelsfall kann man auch **große Scheiben** nach EN ISO 7093 einsetzen, um die im vorliegenden Normabsatz von EN 1090-2 undifferenziert geforderten **Unterlegbleche** (Bild KII.8-6c) zu vermeiden. Diese sind nach Auffassung der Verfasser bei einem Langlochanschluss unter reiner Scher-/Lochleibungsbeanspruchung **nicht** unbedingt erforderlich.

a) b) c)

Bild KII.8-6: Langlochanschlüsse: a) Ausführungsbeispiel ohne Scheiben (keinesfalls sachgemäß), b) Ausführungsbeispiel mit Scheiben (bei reiner Scher-/Lochleibungsbeanspruchung sachgemäß), c) Ausführung mit Unterlegblechen

<4.2> Scheiben und Unterlegbleche – Langloch mit Zugbeanspruchung

Soll eine Langlochverbindung planmäßig auf Schraubenzug beansprucht werden, so müssen in jedem Fall beidseitig speziell angefertigte **Unterlegbleche** (ähnlich Bild KII.8-6c) vorgesehen werden, denn die Rest-Auflagefläche der normalen Scheiben oder gar des Schraubenkopfes und der Mutter auf den beiden Lochrändern reicht zur Übertragung einer planmäßigen Zugkraft keinesfalls aus. Bemerkenswert ist, dass EN 1993-1-8 zur Zugtragfähigkeit von Schraubengarnituren in Langlöchern überhaupt keine Aussage macht – deshalb möglicherweise die undifferenzierte Forderung in EN 1090-2 nach Unterlegblechen an Langlochanschlüssen. Abmessungen und Werkstoff der Unterlegbleche müssen nach Angaben des Tragwerksplaners festgelegt werden. Die angegebene Mindestdicke von 4 mm stellt eine praktikable untere Grenze dar, kann aber durchaus viel zu wenig sein.

Auch eine **Vorspannung** darf nur mit speziell bemessenen Unterlegblechen auf eine Langlochverbindung aufgebracht werden. Allerdings macht das keinen Sinn, wenn das Langloch eine Verschieblichkeit beim Betrieb des Bauwerkes gewährleisten soll; in diesem Fall darf man im Gegenteil die Schraube nur ganz leicht anziehen. Wenn jedoch der Zweck des Langloches darin bestand, Montageungenauigkeiten auszugleichen, so kann sehr wohl von der Bemessung her der Wunsch nach Vorspannen der Garnitur im Langloch berechtigt sein – möglicherweise sogar zwecks Erreichung eines gleitfesten Anschlusses (Verbindungskategorie B oder C) in Lochlängsrichtung. Aber um es ganz klar zu sagen: Die vorspannbaren Scheiben nach EN 14399-5 und -6 (vgl. Tabelle KII.5-10) reichen keinesfalls aus, um das Langloch für das Aufbringen einer Vorspannung zu überbrücken. Nach Wissen der Verfasser gab es einmal Pläne, eine neue Produktnorm der EN-14399er Reihe für spezielle Langloch-Vorspannscheiben zu entwickeln; was daraus geworden ist, ist den Verfassern nicht bekannt.

<4.3> Scheiben und Unterlegbleche – übergroßes rundes Loch mit SL-Beanspruchung

Das genormte **übergroße runde Loch** gemäß Tabelle II.11 ist – einmal abgesehen vom schwer erkennbaren Verwendungszweck des vergleichsweise kleinen „großen" Lochspiels (vgl. zu II.6.6.1 <1.2>) – hinsichtlich Scher-/Lochleibungsbeanspruchung ähnlich zu handhaben wie ein Langloch (vgl. <4.1>): Die Lochleibungstragfähigkeit wird in EN 1993-1-8 wegen des größeren Lochspiels mit dem Beiwert 0,8 abgemindert, und es sind in jedem Fall beidseitig **Scheiben**, ggf. wieder große Scheiben nach EN ISO 7093, anzuordnen. Speziell angefertigte Unterlegbleche sind jedoch – entgegen der missverständlich undifferenzierten Formulierung im Normtext – auch hier **nicht** unbedingt erforderlich.

Bei einem „signifikant übergroßen runden Loch", wie im Kommentar <4.5> behandelt, spielt die Frage der Lochleibungstragfähigkeit keine primäre Rolle, da man nicht vom Anliegen der Schraube am Lochrand ausgehen kann. Soll über eine solche Verbindung, wenn das signifikant übergroß gebohrte Loch zum Ausgleich von Montageungenauigkeiten vorgesehen war, beim späteren Betrieb des Bauwerkes eine Kraft quer zur Schraubenachse übertragen werden, so müssen die Unterlegbleche nachträglich angeschweißt werden. Ggf. muss dann aber zusätzlich zur Abscherbeanspruchung auch die Biegebeanspruchung der Schraube beachtet werden.

<4.4> Scheiben und Unterlegbleche – übergroßes rundes Loch mit Zugbeanspruchung

Auch hier gilt für das genormte **übergroße runde Loch** gemäß Tabelle II.11 dasselbe wie für ein Langloch unter Zugbeanspruchung (vgl. <4.2>): Scheiben reichen nicht aus, es sind beidseitig speziell festgelegte und angefertigte **Unterlegbleche** erforderlich.

<4.5> Unterlegbleche – „signifikant übergroßes rundes Loch" mit Zugbeanspruchung

Im Kommentar zu II.6.6.1, Tabelle II.11, wurde bereits dargelegt, dass sich die Praxisrelevanz des genormten „übergroßen runden Loches" mit seinem vergleichsweise geringen erhöhten Lochspiel nach Meinung der Verfasser in Grenzen hält. Andererseits gibt es aber im Stahlbau eine Vielzahl von Notwendigkeiten für übergroß hergestellte Löcher, fast immer im Zusammenhang mit dem Ausgleich von Montagetoleranzen, insbesondere an den Schnittstellen der Stahlbau- und Massivbaugewerke. Diese Löcher sind stets viel größer als die vorgenannten genormten übergroßen Löcher; sie werden hier zur Unterscheidung **„signifikant übergroße runde Löcher"** genannt.

Ein typisches Beispiel ist eine Stützenfußplatte, die ein signifikant übergroßes Loch zum Ausgleich der Lageungenauigkeit des aus dem fertigen Fundament herausragenden Zugankers bekommt (siehe zu II.11.2.3.3). Bild KII.8-7a veranschaulicht dieses Beispiel. Bild KII.8-7b veranschaulicht, was passiert, wenn das Unterlegblech unzureichend bemessen wurde und während der Montage ein Sturm eintritt: Die Mutter auf dem Anker wurde hier durch das Blech gezogen, ohne dass die Gewindestange oder das Gewinde versagte. Ein solches Schadensbild würden wohl die meisten Konstrukteure von der Anschauung her nicht für möglich halten; es lässt sich aber leicht nachrechnen. Die notwendige Mitwirkung des Tragwerksplaners (Statikers) bei der Festlegung solcher Unterlegbleche an zugbeanspruchten übergroßen Löchern wird hier deutlich.

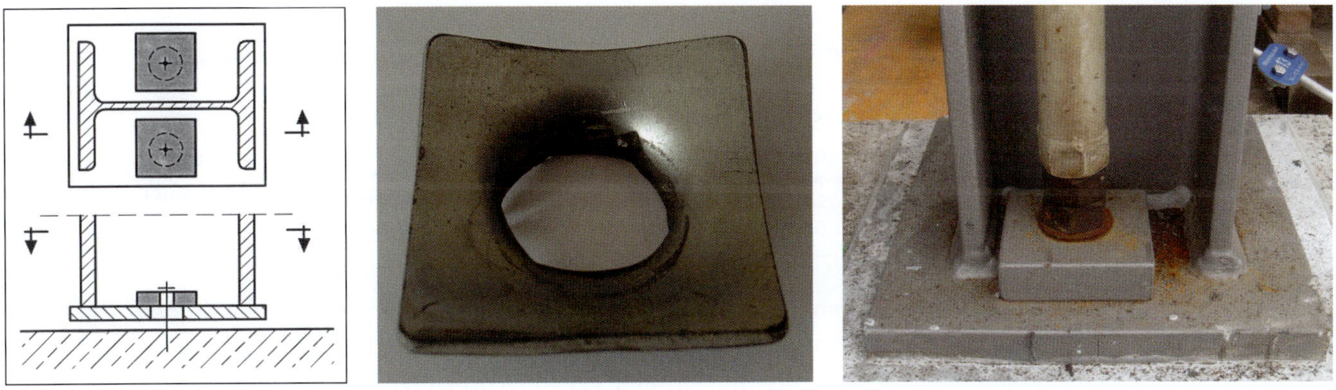

a) b) c)

Bild KII.8-7: Unterlegbleche zur Überbrückung eines aus Montagetoleranzgründen signifikant übergroßen Loches in einer Stützenfußplatte: a) Prinzipskizze, b) nicht ausreichend bemessenes Unterlegblech (Anker M24, Unterlegblech $t = 5$ mm, S235, Loch ∅ 50 mm) nach einem Montageeinsturz, c) etwas mehr als ausreichend bemessenes Unterlegblech

Im Zweifelsfall empfiehlt es sich, das Unterlegblech lieber über- als unterzudimensionieren (Bild KII.8-7c).

<5> Zu Abs. 7 – Keilscheiben

Die hier angegebenen Werte 5 % (≈ 3°) bzw. 3,33 % (≈ 2°) für die zulässige Neigung der Bauteiloberfläche gegen die Auflageflächen von Schraubenkopf und Mutter gelten für die Summe aus planmäßiger, d. h. konstruktionsbedingter, und unplanmäßiger, d. h. herstellbedingter Neigung. Sie entsprechen in der Größenordnung dem in Deutschland früher traditionell verwendeten Wert 4 % (≈ 2,5°). Hintergrund dieser Regel ist die aus Zugversuchen bekannte experimentelle Erkenntnis, dass selbst bei hochfesten Schrauben die durch eine schräge Auflagefläche eingeprägte lokale Biegebeanspruchung bei Annäherung an den Traglastzustand „herausfließt", so dass ihre Zugtragfähigkeit nicht beeinträchtigt wird. Der ertragbare plastische Biegewinkel ist bei kleinen Schraubendurchmessern größer als bei großen, deshalb der bei kleinen Schraubendurchmessern größere zulässige Neigungswinkel.

Eine konstruktionsbedingte Neigung der Bauteiloberfläche kann entweder von Anfang an vorhanden sein (z. B. auf einem geneigten U-Flansch) oder erst beim Anziehen der Schraubengarnitur infolge elastischer Verformung entstehen (z. B. im Schottblech des Konstruktionsbeispiels in Bild KII.8-8). Vom Grundsatz her ist es das dasselbe.

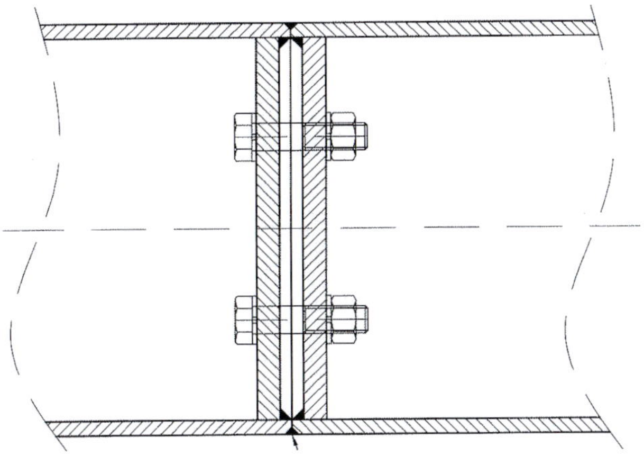

Quelle: Lothar Bär

Bild KII.8-8: Vorgespannter Druckkontaktstoß in einem Rechteckhohlprofil (mit anschließend geschweißter Dichtnaht)

Überschreitet die Neigung den zulässigen Wert, so lässt sich mit Hilfe der in Deutschland lieferbaren keilförmigen Vierkantscheiben (vgl. zu II.5.6.9.2) die verbleibende Neigung unter den zulässigen Wert drücken. Die flacheren dieser Keilscheiben sind jene für U-Profile nach DIN 434 bzw. DIN 6918. Sie haben Neigungen von 8 % (für < M24) bzw. 5 % (für ≥ M24). Diese Keilscheiben waren für den Einbau von deutschen Stahlbauschrauben-Garnituren bzw. von HV-Garnituren in geneigten Flanschen von U- und I-Profilen gedacht, können aber auch zusammen mit Standard-Metallbaugarnituren eingesetzt werden. Es ist also in der Regel nicht erforderlich, Keilscheiben speziell anzufertigen.

Allerdings gilt das wegen der in Kauf genommenen plastischen Biegewinkel in den Schrauben eigentlich nur für **statische bzw. quasi-statische** Belastung. EN 1090-2 sagt dazu nichts. Es wird aber dringend empfohlen, bei hochgradig **dynamisch** beanspruchten Schraubenverbindungen deutlich kleinere Neigungswinkel zuzulassen (z. B. nur die Hälfte der hier vorgegebenen Werte) und ggf. speziell gefertigte gehärtete Keilscheiben vorzusehen. Bei der Sanierung imperfekter, d. h. vor dem Vorspannen klaffender Flanschstöße in Rohrtürmen von Windenergieanlagen (WEA) – diese sind bekanntlich besonders ermüdungsgefährdet – wurde das bereits realisiert.

Eine bei Rohrtürmen von WEAs ebenfalls bereits eingesetzte Lösung stellen Kugelscheiben mit Kegelpfannen nach DIN 6319 [R54] dar (Bild KII.8-9a). Sie sind allerdings insofern etwas problematisch, als die Kraftübertragung über eine ringförmige „Hertz'sche Pressung" erfolgt. Deren üblicherweise zugelassener Grenzwert wird beim Vorspannen überschritten. Besser wären Kugelpfannen anstelle der Kegelpfannen, so dass die Kraftübertragung flächig zwischen konvexer Kugelkalotte und konkaver Kugelkalotte erfolgt. Bild KII.8-9b zeigt ein solches Spezialscheibenpaar für HV-Schrauben M36, ebenfalls bereits beim Bau von WEA-Türmen eingesetzt.

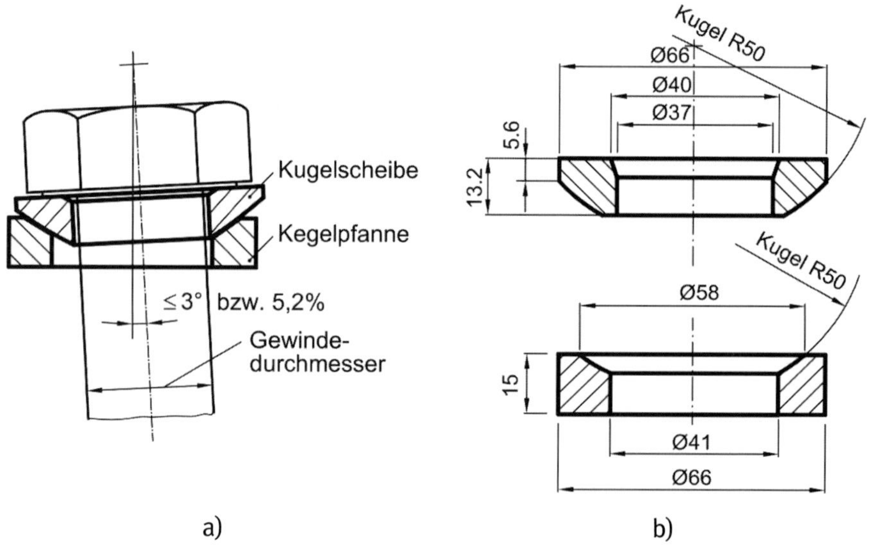

Quelle: August Friedberg GmbH, Gelsenkirchen

Bild KII.8-9: Ausgleich einer unzulässig großen Neigung zwischen den Auflageflächen des Bauteils und des Schraubenkopfes bzw. der Mutter mit Hilfe von Spezialscheibenpaaren:
a) Kugelscheibe mit Kegelpfanne nach DIN 6319,
b) Kugelscheibe mit Kugelpfanne

Zu II.8.3 Anziehen nicht vorgespannter Schraubengarnituren

<1> Zu Abs. 1 u. 2 – flächiges Anziehen, Restspalt

Das im ersten Absatz genannte Kriterium „weitgehend flächige Anlage" der verbundenen Teile ist unvermeidbar ähnlich unscharf wie das „handfeste Anziehen" im späteren Absatz 3. Man muss hier im Grunde genommen auf die Erfahrung der eingesetzten Monteure bzw. der Aufsichtsperson vertrauen. Das Kriterium ist eher handwerklich-optisch zu verstehen als tragsicherheits- oder gebrauchstauglichkeitsorientiert. Gewarnt werden muss in jedem Falle davor, aus der Formulierung „weitgehend flächig“ die zu strenge Forderung herzuleiten, dass eine nicht vorgespannte Scher-/Lochleibungsverbindung nach dem Verschrauben praktisch spaltfrei sein müsse.

Ein **moderater Restspalt** beeinträchtigt in einer solchen Verbindung weder die statische Zugtragfähigkeit noch die statische Scher-/Lochleibungstragfähigkeit, und die Korrosionsgefahr ist bei einem sehr kleinen Spalt (z. B. 0,3 mm) eher größer (Stichwort: Spaltkorrosion) als bei einem größeren Spalt (z. B. 3 mm). Der im Normabschnitt II.10.8 für „unzugängliche Oberflächen“, also auch für Kontaktflächen von Schraubenverbindungen, generell geforderte Mindestkorrosionsschutz (siehe zu II.10.8 <2>) kann jedenfalls durch Minimierung der Spaltbreite nicht entbehrlich gemacht werden.

Es bietet sich an, die für Laschenstöße als tolerierbar angesehene Spaltbreite von **2 mm** (vgl. zu II.8.1 <2>) als generell zulässig anzusehen, sofern nicht zwischen Auftraggeber und Hersteller etwas anderes vereinbart wurde. Für den günstigen Fall, dass im mittleren Bereich des Anschlusses oder Stoßes Kontakt erreicht wird, dass also nur die kantennahen Bereiche klaffen, nennt EN 1090-2 in diesem Normabschnitt sogar **4 mm** als tolerierbare Spaltbreite, sofern die zusammengeschraubten Teile mindesten 4 mm dick (Bleche) bzw. 8 mm dick (Profilquerschnitte) sind. Bild KII.8-10 zeigt je einen einfachen geschraubten Anschluss mit tolerierbarem und nicht tolerierbarem Spalt. Inwieweit tolerierte Restspalte gegen unmittelbaren Feuchtigkeitsandrang mit dauerelastischem Material verschlossen werden müssen, ist im Einzelfall zu entscheiden.

a) b)

Bild KII.8-10: Beispiele ausgeführter geschraubter Anschlüsse (nicht vorgespannt):
a) Restspalt tolerierbar, b) Restspalt nicht mehr tolerierbar

Bei dem Versuch, Spalte mit Gewalt zuzuziehen, besteht auch eine nicht zu unterschätzende Gefahr, die Schrauben zu überlasten, besonders bei niedrigfesten Schrauben bis M20, nicht nur bei kurzen Schrauben und M12-Schrauben, wie im nachfolgenden Normabsatz suggeriert. Im Zweifelsfall sollte durch Einsatz eines Drehmomentschlüssels sichergestellt werden, dass die Schrauben nicht unzulässig plastisch verformt werden. Für niedrigfeste Schrauben 4.6 und 5.6 können dabei die Handfest-Anziehmomente in Tabelle KII.8-1 als Anhalt dienen: Man sollte diese Schrauben keinesfalls mit mehr als dem Doppelten der dort angegebenen Werte anziehen. Für hochfeste Schraubengarnituren 8.8 und 10.9 darf natürlich das Soll-Anziehmoment des ersten Anziehschrittes der Vorspannverfahren nach II.8.5 nicht überschritten werden.

Zum Thema Futterbleche, die gemäß Normtext zwecks Anpassung der zusammenzuziehenden Flächen eingesetzt werden dürfen, siehe zu II.9.6.5.3 <3>.

<2> Zu Abs. 3 nebst Anmerkungen – „handfestes" Anziehen

Der traditionelle Begriff „handfest anziehen" wurde in der Norm bewusst gewählt, obwohl er unvermeidbar unscharf ist. Der Versuch in Anmerkung 2, ihn in Form einer „Person mit einem Schraubenschlüssel normaler Größe ohne Verlängerung" zu definieren, ist kaum weniger unscharf, denn ein kräftiger Monteur kann z. B. eine Schraube M16-4.6 oder M12-10.9 auf diese Weise durchaus überbelasten. Die zweite Definition in Anmerkung 2 mit Hilfe des „Hämmerbeginns" eines Schlagschraubers erscheint ebenfalls unscharf.

Um das handfeste Anziehen ggf. mit Hilfe einer objektiven Drehmomentkontrolle quantifizieren und damit in eine Arbeitsanweisung umsetzen zu können, sollten – sofern der Schraubenhersteller nicht selbst Anziehmomente empfiehlt – die traditionellen Handfest-Anziehmomente nach Tabelle KII.8-1 verwendet werden. Sie erzeugen in 8.8-Sechskantschrauben nach EN ISO 4014 ff. bei metallisch blanker, leicht geölter Gewindepaarung ($\mu_G \leq 0{,}18$) eine Zugspannung von ca. 8,5 bis 10,5 % und bei feuerverzinkter molykotisierter Gewindepaarung ($\mu_G \approx 0{,}10$) von ca. 14 bis 18 % der 0,2 %-Dehngrenze im Spannungsquerschnitt des Gewindes [R199]. Das entspricht für 4.6-Schrauben je nach Durchmesser und Schmierungszustand ca. 25 bis 50 % der Streckgrenze. Eine Überbeanspruchung der Schrauben durch die „Handfest"-Anziehmomente der Tabelle KII.8-1 ist damit ausgeschlossen. Die Tabelle wurde auch in die zukünftige DASt-Ri 024 [R29] übernommen.

Tabelle KII.8-1: Empfohlene „Handfest"-Anziehmomente

Schraube	M12	M16	M20	M22	M24	M27	M30	M36
$M_{A,\text{handfest}}$ [Nm]	15	35	60	90	110	165	220	350

Die Empfehlung der Norm, eine Schraubengruppe ausgehend vom Bereich der höchsten Steifigkeit hin zum Bereich der geringsten Steifigkeit anzuziehen, soll die weiter oben diskutierte flächige Anlage des Anschlusses ohne innere lokale Zwängungen gewährleisten. Wo der Bereich der höchsten Steifigkeit liegt, wird in Anmerkung 1 anhand zweier Beispiele einleuchtend erläutert. Würde man beispielsweise bei einer leicht konvex gewölbten größeren Decklasche zuerst die außen liegenden Schraubengarnituren anziehen, so würde beim anschließenden Anziehen der innen liegenden Schraubengarnituren die Lasche gegen die außen liegenden Schrauben schieben und so eine innere Zwängung erzeugen. Die daraus in der Praxis abgeleitete und weit verbreitete Regel, größere Anschlüsse „von der Mitte nach außen fortschreitend" anzuziehen, greift aber zu kurz, wie das in Anmerkung 1 angeführte Beispiel einer Stirnplattenverbindung eines I-Profils verdeutlicht.

Bei größeren bzw. komplexeren Anschlüssen sind ggf. mehrere Anziehdurchgänge im Sinne von schrittweisem Anziehen geboten, um innere Zwängungen im verschraubten Anschluss zu vermeiden.

Zu II.8.4 Vorbereitung von Kontaktflächen für gleitfeste Verbindungen

<1> Zu Abs. 1 – Kontaktflächen aus nichtrostendem Stahl, Korrosionsschutz von Kontaktflächen

Kein Kommentar erforderlich.

<2> Zu Abs. 2 – Bereich von Kontaktflächen

Mit „Bereich einer Kontaktfläche" ist die von dem vorgespannten Anschluss oder Stoß überdeckte Fläche gemeint, z. B. die Breite einer Stoßlasche. Sie muss ggf. auf dem Bauteil markiert werden, denn nur für ihre Vorbereitung gelten die strengen Anforderungen dieses Normabschnittes.

<3> Zu Abs. 3 u. 5 sowie Tabelle II.17 – Oberflächenbehandlung, Reibflächenklasse, Haftreibungszahl

Die Haftreibungszahl μ der zusammengespannten Kontaktflächen ist eine der beiden zentralen mechanischen Kenngrößen einer gleitfesten Verbindung (die andere ist die Vorspannkraft). Während in Deutschland früher für eine planmäßig gleitfeste Verbindung grundsätzlich $\mu \geq 0,50$ verlangt wurde, ist EN 1090-2 flexibler: Man darf Verbindungen bis herunter zu $\mu \geq 0,20$ planmäßig als gleitfest bemessen (Kategorien B und C nach EN 1993-1-8). Die Haftreibungszahl muss nur absolut zuverlässig in der Realität vorhanden sein. Zur besseren Übersicht werden die Kontaktflächen in der Norm je nach Behandlung in vier **Reibflächenklassen A bis D** eingeteilt. Für jede Klasse wird in Tabelle II.17 ein Mindestwert für μ gegeben, den man in die Bemessung ohne besonderen Nachweis durch Versuche bzw. Prüfungen einsetzen darf, sofern die Kontaktflächen sachgemäß behandelt wurden. Die ursprünglichen Einstufungen in der 2011er Ausgabe von EN 1090-2 beruhten auf umfangreichen Forschungsergebnissen, die u.a. an der TU Delft erarbeitet worden waren [V23]. Sie wurden in der aktuellen Ausgabe von EN 1090-2 aufgrund neuerer Forschungsergebnisse ergänzt. Will man eine höhere Haftreibungszahl verwenden oder eine andere Oberflächenvorbereitung ausführen als in Tabelle II.17 spezifiziert, so muss die Haftreibungszahl in besonderen Versuchen gemäß **Anlage II.G** ermittelt werden (siehe Kommentar dazu).

Zur Reibflächenklasse A

Reibflächenklasse A beschreibt das klassische Strahlen der Stahloberfläche mit den im Stahlbau üblichen Strahlmitteln und Korngrößen und das anschließende Zusammenbauen im metallisch blanken Zustand. Für das Strahlen gibt EN 1090-2 zwar keinen Oberflächenvorbereitungsgrad vor (siehe zu II.10.2 <3.3>) vor, der traditionell verwendete Grad Sa 2½ dürfte aber immer noch aktuell sein. Die Angabe „nicht körnig“ in Zeile 2 der Tabelle II.17 ist eine etwas unglückliche Übersetzung von „*not pitted*“; gemeint ist, dass die Oberfläche nicht narbig sein, also keine Rostnarben aufweisen darf. Als Mindestwert für die Haftreibungszahl dieser Reibflächenklasse gibt Tabelle II.17 den Wert $\mu = 0,50$ an; das entspricht auch der jahrzehntelangen Erfahrung im deutschen Stahlbau.

An dieser Stelle sei aufgrund eines realen Vorkommnisses warnend darauf hingewiesen, dass die Haftreibungszahl $\mu = 0,50$ nur für den speziellen Fall einer durch eine vorgespannte Schraubengarnitur zusammengepressten Kontaktfuge gilt. Es handelt sich um einen aus Versuchen entsprechend Anhang II.G zurückgerechneten Wert, der die sehr ungleichmäßigen lokalen Spannungszustände um die Schraubenlöcher herum quasi zusammenfassend abdeckt. Der Wert darf keinesfalls unbesehen für andere Reibverbindungen Stahl auf Stahl verwendet werden, z.B. nicht für großflächige Druckflächen unter Lagerplatten o.Ä.

Zur Reibflächenklasse B

Unbeschichtet (d.h. metallisch blank nach dem Strahlen) zusammengebaute gleitfeste Verbindungen im Sinne von Klasse A werden heute nur noch selten eingesetzt. In aller Regel werden gleitfeste Verbindungen mit Kontaktflächen ausgeführt, die nach dem Strahlen mit einer geeigneten Beschichtung versehen wurden; sie stellen die Gleitflächenklasse B dar. Als geeignete Beschichtungsstoffe dafür gelten seit langem Zink-Silikat-Systeme, und zwar sowohl Alkalisilikat(ASI)-Zinkstaub-Beschichtungen als auch Ethylsilikat(ESI)-Zinkstaub-Beschichtungen. Tabelle II.17 führt nur die ASI-Beschichtung mit einer Trockendicke zwischen 40 und 80 µm auf. Für die ESI-Beschichtung – sie wurde kaum eingesetzt – hielt man die Absicherung durch Versuche für zu dünn. Neuerdings wird sie aber öfter eingesetzt; ihre mit Hilfe von Anhang II.G ermittelten Haftreibungszahlen können durchaus in der gleichen Größenordnung wie bei ASI liegen. Dies ist aber abhängig vom Produkt, da für ESI mehrere Anbieter auf dem Markt sind. Die Haftreibungszahlen sollten direkt bei den Produktherstellern angefragt werden.

Für die ASI-Zinkstaub-Beschichtung werden in Tabelle II.17 zwei Varianten hinsichtlich des Untergrundes aufgeführt: Zum einen traditionell unmittelbar auf eine gestrahlte Oberfläche aufgebracht (Zeile 3), zum anderen auf eine feuerverzinkte und anschließend „gesweepte“

Oberfläche aufgebracht (Zeile 2). Diese zweite Variante hat die größere praktische Bedeutung, weil Feuerverzinkung weit verbreitet ist und deshalb der Wunsch, in einer feuerverzinkten Konstruktion gleitfeste Verbindungen auszubilden, zwangsläufig häufig vorkommt. Ein typischer Anwendungsfall sind z. B. Richtfunkmaste in Gitterbauweise, die aus Korrosionsschutzgründen feuerverzinkt sind.

Zwar haben frühere Untersuchungen gezeigt [V71], dass sich damit durchaus Reibbeiwerte in der Größenordnung von 0,50 erzielen lassen. Jedoch sind sie in dieser Höhe nur für Kurzzeitbelastungen voll nutzbar, weil ein solches Beschichtungssystem bei Zinkschichtdicken über 100 µm unter Dauerlast zum „Kriechgleiten" neigt. In der aktuellen Ausgabe von EN 1090-2 hat man sich nun entschlossen, diese Variante der Reibflächenklasse B zuzuordnen, um die Kriecheffekte zuverlässig abzudecken. Das setzt allerdings sorgfältiges Sweepen voraus, damit die ASI-Beschichtung ausreichend gut auf dem Zinküberzug haftet – analog zur Duplex-Korrosionsschutzbeschichtung (siehe zu II.F.2.1 <5>).

Tabelle II.17 führt in der Reibflächenklasse B auch Spritzaluminierung und Spritzverzinkung als gleichwertige Behandlung der gestrahlten Oberfläche auf, ein für deutsche Stahlbauer heute nicht mehr ganz so gewöhnungsbedürftiger Sachverhalt wie bei erstmaliger Einführung der EN 1090-2, da diese Reibflächenvarianten in Sonderfällen durchaus eingesetzt werden [V77] [V80].

Der Mindestwert für die Haftreibungszahl der Reibflächenklasse B beträgt gemäß Tabelle II.17 $\mu = 0{,}40$. Das ist gemäß jahrzehntelanger Erfahrung im deutschen Stahlbau für die Variante ASI-Beschichtung auf gestrahltem Untergrund sehr vorsichtig angesetzt; traditionell wurde für solche beschichteten Reibflächen $\mu \geq 0{,}50$ verwendet. Allerdings musste das vom Hersteller des Beschichtungsstoffes durch ein Abnahmeprüfzeugnis 3.1 belegt werden, wobei aber das zugrunde liegende Prüfverfahren keine Kriechversuche beinhaltete. Trotzdem dürfte es aufgrund der insgesamt positiven Erfahrungen im deutschen Stahlbau ratsam sein, bei größeren Bauvorhaben für diese traditionelle ASI-Beschichtung mit Hilfe des Anhangs II.G eine höhere Haftreibungszahl als 0,40 nachzuweisen [V77] [V80].

Zur Reibflächenklasse C

Verwendet man feuerverzinkte und anschließend gesweepte Oberflächen direkt, d. h. ohne zusätzliche Reibbeschichtung, für eine gleitfeste Verbindung, so werden logischerweise kleinere Haftreibungszahlen unterhalb der Reibflächenklasse B erzielt. Aufgrund früherer Untersuchungen [V24] [V71] war man gegenüber solchen gleitfesten Verbindungen mit nur feuerverzinkten Kontaktflächen in Deutschland skeptisch eingestellt. Man ging von verstärkter Kriechgleitgefahr unter Dauerlast aus. Allerdings wurde die Reibwirkung vorgespannter feuerverzinkter Flächen mit Hilfe von Verfahrensprüfungen durchaus in Anspruch genommen, z. B. bei den in Bild KII.8-12a gezeigten Klemmverbindungen einer Fußgängerbrücke. In Tabelle II.17 wird diese Variante jetzt mit $\mu = 0{,}35$ aufgeführt und damit einer Art Reibflächenklasse C* zugeordnet. Welche neuen Versuchsergebnisse hinter dieser erstaunlich optimistischen Einstufung stehen, ist den Verfassern nicht bekannt.

Die eigentliche Reibflächenklasse C in der 2011er Ausgabe von EN 1090-2 bezog sich auf eine metallisch blanke Oberfläche, die aber nicht gestrahlt war (wie bei Klasse A), sondern nur durch Flammstrahlen gereinigt. Für sie darf gemäß Tabelle II.17, Zeile 6, ohne besondere Prüfung $\mu = 0{,}30$ in die Bemessung eingeführt werden.

Zur Reibflächenklasse D

Die Reibflächenklasse D in Tabelle II.17, Zeile 7, mit ihrem ohne besondere Prüfung in die Bemessung einsetzbaren Wert $\mu = 0{,}20$ erschien deutschen Stahlbauern bei Erscheinen der EN 1090-2, ebenso wie auch die Reibflächenklasse C, sehr ungewöhnlich. Aber aus physikalischer Sicht ist nichts dagegen einzuwenden, solche kleinen Haftreibungszahlen in eine planmäßige gleitfeste Bemessung einzuführen. Durch Flammstrahlen gereinigte Oberflächen oder auch Oberflächen im Walzzustand dürften jedenfalls keine Kriechgleitprobleme haben wie die feuerverzinkten Oberflächen.

Zur Bestimmung der Haftreibungszahl nach Anhang II.G

Der normative Anhang II.G wird in diesem Buch ausführlich kommentiert; Kommentare an dieser Stelle erübrigen sich.

Zu den Fußnoten der Tabelle II.17

Eine herausragende Bedeutung hat die Fußnote (b): Danach braucht man sich um mögliche Vorspannkraftverluste infolge von Setzen und Relaxation in den zusammengespannten Reibflächen nicht zu kümmern. Sie wurden bei der Festlegung der tabellierten Haftreibungszahlen berücksichtigt.

Die in der Fußnote (c) für die Durchführung des Sweepstrahlens (Sweepens) in Bezug genommene Norm **EN 15773** [II.Lit17] behandelt das Pulverbeschichten verzinkter Stahlflächen (siehe zu II.F.1.1 <3>). Dort ist bei Feuerverzinkung zur Verbesserung der Haftung der Pulverbeschichtung vorheriges Sweepen erforderlich, wofür einige Vorgaben zum Strahlmittel, Strahldruck usw. gemacht werden. Sie sind gemäß dieser Fußnote zu Tabelle II.17 auch für die Vorbehandlung feuerverzinkter Flächen vor dem Aufbringen von Reibbeschichtungen zu beachten. „Alternative Abrasionsprozesse“ im Sinne der Fußnote (c) sind den Verfassern nicht bekannt.

<4> Zu Abs. 4 – Oberflächen von Futterblechen

Dass auch die Oberflächen von Futterblechen, die zum Ausgleich von Dickenunterschieden nach II.8.1 eingebaut werden, Kontaktflächen im Sinne dieses Abschnittes darstellen, sollte eigentlich selbstverständlich sein.

<5> Zu Abs. 6 – Maßnahmen vor dem Zusammenbau

Die in EN 1090-2 hier vorgeschriebenen Behandlungen der Reibflächen vor dem Zusammenbau – Entgraten sowie Entfernen jeglicher Verunreinigungen wie Öl, Farbreste, Schmutz, Flugrost – sind selbstverständliche Grundregeln. Dass die durch das Strahlen aufgeraute Oberfläche einer unbeschichteten Kontaktfläche für eine gleitfeste Verbindung vor dem Verschrauben nicht mehr mechanisch „berührt“ werden darf, weder beschädigend noch (wesentlich kritischer) glättend, ist eigentlich auch selbstverständlich. Im Übrigen ist die Inspektion der Reibflächen vor dem Zusammenbau auch Thema des Normabschnittes II.12.5.2.2 (siehe Kommentar dazu). Und im Abschnitt II.F.4 des normativen Anhangs II.F wird darauf hingewiesen, dass die Anforderungen an die Reibflächen in die Ausführungsunterlagen gehören.

Der Ausschluss „dicker“ Beschichtungen unter den Scheiben der vorgespannten Schraubengarnituren gemäß Ziffer (c) zielt auf den möglichen Vorspannkraftverlust infolge von Relaxation der organischen Korrosionsschutz-Beschichtung; siehe zu II.8.5.1 <11>. Da bei den gleitfesten Verbindungen die Vorspannkraft explizit in die Bemessung eingeht, kommt man hier, sofern die Bauteile endbeschichtet auf die Baustelle geliefert werden, nicht umhin, die Flächen unter den Scheiben nach Aufbringen der Grundbeschichtung abzukleben – es sei denn, man ermittelt den Vorspannkraftverlust auf Grundlage des Anhangs II.I, auf den hier im Normtext verwiesen wird.

Anziehen vorgespannter Schraubengarnituren — Zu II.8.5

Allgemeines — Zu II.8.5.1

<1> Zu Abs. 1 u. 2 nebst Anmerkung u. Tabelle II.18 – Zweck und Höhe der Vorspannung

<1.1> Zu den Begrifflichkeiten „Vorspannen“ und „planmäßiges Vorspannen“

In den deutschen Stahlbau-Regelwerken gab es seit 1974 „planmäßig vorgespannte“ und „nicht planmäßig vorgespannte“ Schraubenverbindungen Man wollte das gezielt geplante Vorspannen von Schraubengarnituren mit quantitativen Vorgaben, die bei der Ausführung einzuhalten und zu kontrollieren sind, absetzen vom eher intuitiven Vorspannen, welches von erfahrenen Bauleitern oder Richtmeistern als allgemein qualitätsverbessernde Montagemaßnahme schon lange vorher eingesetzt worden war.

Mit dem Erscheinen der verschiedenen europäischen Normen, zunächst in englischsprachiger Originalversion, dann in deutschsprachiger Version, entwickelte sich die folgende sprachliche Verwirrung: In den englischsprachigen Versionen sowohl der Bemessungsnorm EN 1993-1-8 als auch der Schirm-Produktnormen für Schrauben, EN 15048-1 und EN 14399-1, als auch der hier kommentierten Ausführungsnorm EN 1090-2 ist stets von **„non-preloaded“** und **„preloaded“** die Rede. In DIN EN 1993-1-8 [R103] einschließlich deutschem NA [R104] ist das von Anfang an formal-sprachlich korrekt mit **„nicht vorgespannt“** und **„vorgespannt“** übersetzt worden, in den Normenreihen DIN EN 15048 und DIN EN 14399 sowie in DIN EN 1090-2 dagegen in Anlehnung an die bewährten Formulierungen der bis dahin geltenden deutschen Stahlbaunormen mit **„nicht planmäßig vorgespannt“** und **„planmäßig vorgespannt“**.

Daraus wurde in der deutschsprachigen Praxis teilweise die falsche Schlussfolgerung gezogen, es gebe drei Vorspann-Niveaus, nämlich neben „nicht vorgespannt“ zum einen „vorgespannt“ (vielleicht mit weniger Aufwand, z. B. keine Garnituren, keine definierten Anziehparameter, keine Inspektionsanforderungen usw.) und zum anderen „planmäßig vorgespannt“ (mit all dem in EN 1090-2 beschriebenen Qualitäts- und Inspektionsaufwand). Dem war natürlich **nicht** so! Sowohl beim Vorspannen mit 70 % der 0,2 %-Dehngrenze statt mit 70 % der Zugfestigkeit (siehe <1.3>) als auch beim Vorspannen zur gezielten Verbesserung der Gebrauchstauglichkeit statt zur Erhöhung der Tragsicherheit (siehe <1.2>) handelt es sich um **„planmäßiges Vorspannen“** im Sinne der früheren deutschen Normen.

Inzwischen ist in den deutschen Übersetzungen der überarbeiteten Normenreihen EN 15048 und EN 14399 sowie auch der hier kommentierten aktuellen Ausgabe von EN 1090-2 einheitlich nur noch von **„vorgespannt“** und **„nicht vorgespannt“** die Rede. Aber es sei unmissverständlich klar gemacht: Beim Vorspannen von Schraubengarnituren im Stahlbau handelt es sich stets um ein planmäßiges Vorgehen, unplanmäßiges Vorspannen gibt es nicht!

<1.2> Zur Zielsetzung des Vorspannens

Das Vorspannen von Schraubenverbindungen kann sehr unterschiedliche Zielsetzungen haben. EN 1090-2 nennt hier in der Anmerkung folgende Beispiele: Gleitfestigkeit, Erdbebensicherung, Ermüdungsfestigkeit, Ausführungszwecke, Qualitätssicherung (z. B. Dauerhaftigkeit); dabei macht die Zielsetzung „Ausführungszwecke“ in einer Norm, die sich insgesamt mit nichts anderem als der Ausführung befasst, allerdings wenig Sinn. Leider wurde (nach Meinung der Verfasser) bei der Erarbeitung von EN 1090-2 versäumt, innerhalb der vorgespannten Verbindungen systematisch nach der Sicherheitsrelevanz der jeweiligen Zielsetzung des Vorspannens zu differenzieren, um dann den Aufwand bei der Installation/Montage und den späteren Inspektions- und Prüfumfang und die Prüfschärfe davon abhängig machen zu können (siehe auch einführenden Kommentar zu II.12.5.2).

Man kann aus Sicht der Verfasser – der Erstverfasser weist seit fast 15 Jahren immer wieder darauf hin [V66] [V67] [V68] – hinsichtlich der sicherheitsrelevanten Zielsetzung des Vorspannens im Stahlbau grundsätzlich zwei **Zielebenen** unterscheiden:

- *Zielebene I:* Vorspannen zur quantitativen **Erhöhung der Tragsicherheit** oder (in Ausnahmefällen) zur Gewährleistung einer quantitativ definierbaren Gebrauchstauglichkeit.
- *Zielebene II*: Vorspannen zur qualitativen **Verbesserung der Gebrauchstauglichkeit.**

Zur **Zielebene I** gehören eindeutig die **Verbindungskategorien B und C** nach EN 1993-1-8. In diesen scherbeanspruchten Verbindungen soll durch das Vorspannen eine zahlenmäßig definierte Klemmkraft für die planmäßige **Übertragung von Reibkräften** erzeugt werden. Damit soll die Lochleibungstragwirkung entweder bis zum Grenzzustand der Gebrauchstauglichkeit (Kategorie B) oder bis zum Grenzzustand der Tragfähigkeit (Kategorie C) ausgeschaltet werden. In diesen Fällen ist die Vorspannung unmittelbar sicherheitsrelevant. Sie ist deshalb beim Aufbringen äußerst sorgfältig zu kontrollieren, und es sind ggf. wiederkehrende Prüfungen während der gesamten Lebensdauer erforderlich. Beispiele sind gleitfest vorgespannte Stöße und Anschlüsse in Brücken, Kranen und WEA-Gittermasten sowie Seilklemmenanschlüsse im Seilbau.

Ebenfalls eindeutig zur **Zielebene I** gehört die **Verbindungskategorie E** nach EN 1993-1-8. In diesen meist auf Ermüdung zugbeanspruchten Verbindungen soll durch das Vorspannen eine quantitativ definierte Druckpressung im Klemmpaket zur planmäßigen Erhöhung der **Ermüdungslebensdauer der Schrauben** erzeugt werden. In diesem Fall ist die Vorspannung ebenfalls unmittelbar sicherheitsrelevant und deshalb äußerst sorgfältig zu kontrollieren und ggf. wiederkehrenden Prüfungen während der gesamten Lebensdauer zu unterziehen. Beispiele sind Ringflanschverbindungen in Schornsteinen, Masten und WEA-Rohrtürmen.

Zur **Zielebene II** gehören dagegen die meisten der statisch oder quasi-statisch beanspruchten, als vorspannungsfreie **Verbindungskategorie A oder D** nach EN 1993-1-8 bemessenen, aber zur qualitativen Verbesserung der **Gebrauchstauglichkeit** trotzdem vorgespannten Schraubenverbindungen im Stahlhochbau. Bei ihnen soll durch das Vorspannen entweder das Anliegen der verschraubten Teile qualitativ verbessert werden (Stichworte: Klaffungen, Spaltkorrosion). Oder es soll das Verformungsverhalten der Struktur qualitativ verbessert werden (Stichworte: Schlupfminimierung, Verformungssteifigkeit). Oder es soll das selbsttätige Losdrehen der Muttern infolge unvermeidbarer häufiger Vibrationen verhindert werden (vgl. zu II.8.2.1 <2>). Alle drei sind Gebrauchstauglichkeitszielsetzungen im weitesten Sinne – wenn man einmal von den seltenen Fällen absieht, in denen durch die größere Verformungssteifigkeit ein negativer statischer Verformungseffekt (Stichwort: Theorie 2. Ordnung) quantitativ signifikant reduziert wird.

Außer in letzterem Sonderfall ist die Vorspannung in allen vorgenannten Fällen nur mittelbar sicherheitsrelevant. Sie muss natürlich auch ordentlich aufgebracht und inspiziert werden. Aber von der Sache her würden ein geringerer Umfang und eine geringere Schärfe der Inspektionen genügen, verglichen mit den oben beschriebenen Beispielen der Zielebene I. Auch die Bewertung von Vorspannkraftverlusten könnte wesentlich lockerer gesehen werden (siehe Kommentar <11> zum vorliegenden Normabschnitt II.8.5.1). Wie gesagt, ohne Zweifel gehört ein großer Teil der heute üblicherweise im Stahlhochbau vorgespannten Scher-/Lochleibungs- und/oder Zugverbindungen, wie Stirnplattenstöße, biegefeste Rahmenecken und ähnliche Konstruktionsdetails, zur Zielebene II. Man erkennt Verbindungen der Zielebene II pragmatisch daran, dass die Vorspannkraft F_p in der statischen Berechnung, d. h. bei der Bemessung, gar nicht vorkommt.

Nicht ganz klar ist, welcher der beiden Zielebenen das in der Anmerkung des vorliegenden Normabsatzes u. a. genannte Vorspannen von Schraubenverbindungen in **erdbebengefährdeten Regionen** zuzuordnen ist. Da es die Duktilität der Anschlüsse/Stöße strukturmechanisch nicht erhöht und da auch Ermüdung keine Rolle spielt, kann es sich eigentlich nur um eine gefühlsmäßig-qualitative Maßnahme handeln.

In EN 1993-1-8 wird die Unterscheidung nach diesen „Zielebenen" nur tendenziell durch eine Anmerkung unter Tabelle 3.2 angedeutet: „Wird die Vorspannung nicht für den Gleitwiderstand eingesetzt, sondern aus anderen Gründen für die Ausführung oder als **Qualitätsmaßnahme** (z. B. für die Dauerhaftigkeit) gefordert, dann kann die Höhe der Vorspannung im Nationalen Anhang festgelegt werden." Der deutsche Nationale Anhang hat von dieser Option Gebrauch gemacht, wie im nachfolgenden Kommentar <1.3> dargelegt wird. Es sei an dieser Stelle erwähnt, dass die derzeit in Überarbeitung befindliche EN 1993-1-8 den Unterschied zwischen tragsicherheitsrelevanter und gebrauchstauglichkeitsorientierter Vorspannung wahrscheinlich deutlich klarer formulieren wird. Im Übrigen hat die in Kürze erscheinende DASt-Richtlinie 024 [R29] die Unterscheidung in die Zielebenen I und II konsequent übernommen.

<1.3> Zur Höhe der aufgebrachten Vorspannkraft

Volle Vorspannkraft $F_{p,C}$ nach EN 1993-1-8 und EN 1090-2

EN 1090-2 gibt für den „Nennwert der Mindestvorspannkraft" $F_{p,C}$ als Regelwert („sofern nichts anderes festgelegt wird") diejenige Vorspannkraft vor, die im Spannungsquerschnitt A_s des Schraubengewindes nominell eine axiale Zugspannung von 70 % der Nennzugfestigkeit f_{ub} erzeugt. Nach Wissen der Verfasser ist das in den USA seit über 50 Jahren gängige Montagepraxis. Die entsprechenden Zahlenwerte $A_s \cdot f_{ub}$ in [kN] für die beiden nach EN 1993-1-8 für Vorspannung zugelassenen Festigkeitsklassen 8.8 und 10.9 stehen in Tabelle II.18 der Norm. Dieses Vorspannkraftniveau ist höher als früher in Deutschland nach DIN 18800 gebräuchlich, wonach die Schrauben bekanntlich maximal auf eine axiale Zugspannung von 70 % der Nennstreckgrenze f_{yb} (entspricht bei den hochfesten Schrauben der 0,2 %-Dehngrenze) im Spannungsquerschnitt A_s

vorgespannt wurden. Der Unterschied mag auf den ersten Blick klein erscheinen, erweist sich aber bei genauerem Hinsehen als gravierend: Mit der EN-Regelvorspannkraft $F_{p,C}$ wird eine 10.9-Schraube nominell auf eine axiale Zugspannung von knapp 80 % und eine 8.8-Schraube sogar auf knapp 90 % der 0,2 %-Dehngrenze im Gewinde vorgespannt.

Vergleicht man die Vorspannkräfte $F_{p,C}$ der Tabelle II.18 mit den in der **VDI-Richtlinie 2230-1** [R199] für den Maschinenbau empfohlenen Montagevorspannkräften, so liegen die $F_{p,C}$-Werte für 10.9-Schrauben geringfügig darunter, für 8.8-Schrauben dagegen sogar noch darüber. Den empfohlenen VDI-Montagevorspannkräften liegt eine 90%ige Ausnutzung der Streckgrenze durch die Vergleichsspannung aus axialer Zugkraft und Anziehtorsionsmoment zugrunde, was etwa 80 % Ausnutzung durch die Zugkraft allein entspricht. Bedenkt man die in der Regel wesentlich günstigeren Arbeits- und Umweltbedingungen bei Maschinenbaumontagen, verglichen mit Stahlbaumontagen, so erscheint den Verfassern eine Vorspannung von **8.8-Schrauben** auf nominell 70 % ihrer Zugfestigkeit im Gewinde problematisch. Bei **10.9-Schrauben** muss man sich der hohen nominellen Streckgrenzenausnutzung unter den Vorspannkräften $F_{p,C}$ stets bewusst sein, wenn man ihre zweifelsohne vorhandenen strukturmechanischen Vorteile nutzbar machen will; das wird in den Kommentaren zu den Vorspannverfahren in II.8.5.3 und II.8.5.4 ausführlich diskutiert.

Mit der in EN 1090-2 verwendeten Bezeichnung „**Mindest**"vorspannkraft für $F_{p.C}$ wird zum Ausdruck gebracht, dass – wenn man sich für dieses Vorspannkraftniveau nach EN 1090-2 entschieden hat – das jeweils eingesetzte Vorspannverfahren (siehe zu II.8.5.3 bis II.8.5.6) in der Lage sein muss, diese Vorspannkraft zuverlässig zu erreichen, denn sie wird ja in die Bemessung nach EN 1993-1-8 als „**Nenn**"vorspannkraft eingeführt. Es steht aber fest – wie bei allen technischen Prozessen –, dass in einer größeren Anzahl nominell identischer Schraubengarnituren desselben Herstellers, die mit demselben kalibrierten Anziehgerät vorgespannt werden, trotzdem die in den Schrauben de facto erzeugten Vorspannkräfte F_V beträchtlich streuen. Der Normwert $F_{p,C}$ muss also als Mindestwert (sicherheitstheoretisch präziser formuliert: als charakteristischer unterer Fraktilwert) dieses F_V-Streubandes erreicht werden. Das bedeutet, dass die mit dem jeweiligen Vorspannverfahren tatsächlich erzeugten individuellen Vorspannkräfte im Mittel größer sein müssen als die Mindestvorspannkraft (siehe auch zu II.8.5.3 <2>).

Die Vorspannkraft $F_{p,C}$ nach EN 1090-2 wird in diesem Kommentarbuch im Weiteren auch als **volle Vorspannkraft** bezeichnet. Sie wird in EN 1993-1-8 und EN 1090-2 für alle vorgespannten Verbindungen (Verbindungskategorien B, C und E) zwar als Regel vorgegeben, jedoch – um es noch einmal zu betonen – nicht zwingend vorgeschrieben. Handelt es sich um hochgradig ermüdungsbeanspruchte Verbindungen der Kategorie E, so wird von den Verfassern jedoch dringend empfohlen, diese volle Vorspannung zu wählen – allerdings nur mit 10.9-Schrauben. Es ist demnach festzuhalten, dass für tragsicherheitsrelevantes Vorspannen (Zielebene I gemäß <1.2>) in der Regel die volle Vorspannkraft $F_{p,C}$ nach EN 1090-2 aufgebracht werden sollte.

In **Tabelle KII.8-2** sind die vollen Vorspannkräfte, um sie in ihrer Höhe besser einordnen zu können, für die üblichen Durchmesser M12 bis M36 den prüftechnisch geforderten Mindestbruchkräften nach EN ISO 898-1 und den nominellen Zugbruch- und Zugfließkräften im Gewindeteil der Schraube gegenübergestellt. Größere Vorspannkräfte als diese vollen Vorspannkräfte dürfen grundsätzlich weder in die Bemessung eingeführt noch für die Ausführung vorgegeben werden.

Reduzierte Vorspannkraft $F_{p,C}^*$ nach DIN EN 1993-1-8/NA bzw. DASt-Ri 024

Wählt man ein geringeres Vorspannkraftniveau als $F_{p,C}$, so gelten die im weiteren Verlauf des Normabschnittes II.8.5 von EN 1090-2 gebrachten quantitativen Regeln, vor allem die Anziehparameter, nicht. Letztere müssen dann gemäß Normtext festgelegt werden. Es bietet sich an, zu diesem Zweck auf die traditionelle und bewährte deutsche Vorspanntechnologie der zurückliegenden sechs Jahrzehnte mit ihren etwas geringeren Vorspannkräften (vgl. weiter oben) zurückzugreifen, deren Anziehparameter seit langem festliegen.

Das erfolgte 2010 für Deutschland zunächst formal über den Nationalen Anhang DIN EN 1993-1-8/NA [R104]. Die europäisch-normative Grundlage dafür bot die im obigen Kommentar <1.2>

bereits im Wortlaut zitierte Anmerkung unter Tabelle 3.2 der EN 1993-1-8. Sie wird in der nächsten Ausgabe der EN 1993-1-8 wahrscheinlich noch präziser formuliert werden. In den Tabellen NA.A.1 und NA.A.2 in DIN EN 1993-1-8/NA bzw. zukünftig in den Tabellen 7 und 10 der DASt-Ri 024 findet man unter der Bezeichnung $F_{p,C}$* die bekannten Vorspannkräfte aus der früheren DIN 18800-7 [R73] wieder. Sie erzeugen, wie gesagt, im Gewinde der Schraube nominell ca. 70 % der 0,2 %-Dehngrenze als axiale Zugspannung – allerdings mit Rücksicht auf den Baustellenbetrieb seinerzeit auf grobe 10er Zahlen gerundet! Sie werden in diesem Kommentar im Weiteren auch als **reduzierte Vorspannkräfte** bezeichnet.

Zur besseren Übersicht sind sie ebenfalls in Tabelle KII.8-2 aufgelistet. Sie kommen in erster Linie für alle Vorspannmaßnahmen in Frage, mit denen im Sinne der im Kommentar <1.2> definierten Zielebene II die Qualität, also die Gebrauchstauglichkeit und Dauerhaftigkeit, verbessert werden soll. Es spricht aber aus Sicht der Verfasser auch nichts dagegen, gleitfeste Verbindungen der Kategorien B und C sowie Zugverbindungen der Kategorie E nur auf $F_{p,C}$* vorzuspannen, sofern dieser Wert ordnungsgemäß in die Bemessung eingeführt wurde. Ob das für tragsicherheitsrelevantes Vorspannen, d.h. für Zielebene I gemäß obigem Kommentar <1.2>, immer eine im Vergleich zur vollen Vorspannkraft $F_{p,C}$ strukturmechanisch gleichwertige Lösung darstellt, ist allerdings eine andere Frage (siehe zu II.8.5.4 <4>). Auch ökonomisch ist für Zielebene I meistens die volle Vorspannkraft vorzuziehen, z.B. mit Blick auf die Zahl der benötigten Schrauben bei einem größeren gleitfest geschraubten Blechträgerstoß oder bei einem Ringflanschstoß in einem WEA-Rohrturm.

Es kann andererseits auch spezielle Gründe geben, tragsicherheitsrelevante Schraubengarnituren nur auf $F_{p,C}$* anzuziehen. Ein möglicher Grund ist der Wunsch nach besserer Lösbarkeit und Wiederverwendbarkeit, weshalb z.B. die europäische Norm für „Fliegende Bauten" (korrekt: für Fahrgeschäfte und Vergnügungseinrichtungen), EN 13814-1 [R126], als Vorspannkräfte die $F_{p,C}$*-Werte vorschreibt. Ein weiterer möglicher Grund – von den Verfassern allerdings sehr kritisch gesehen – ist der Wunsch, eventuelle Vorspannkraftverluste durch „Nachziehen" korrigieren zu können (siehe dazu <11.3>).

Tabelle KII.8-2 enthält reduzierte Vorspannkräfte $F_{p,C}$* auch für fünf größere Schraubendurchmesser M42 bis M72. Diese Durchmesser sind weder in der Normenreihe EN 15048 noch in der Normenreihe EN 14399 für den Stahlbau europäisch genormt. Es gibt aber in Deutschland die DASt-Richtlinie 021 [R26] für HV-Garnituren dieser Durchmesser (vgl. zu II.5.6.4 <1.2>).

Tabelle KII.8-2: Bruch-, Fließ- und Vorspannkräfte [kN] von Schraubengarnituren

		Zugrunde liegendes Produkt-Regelwerk												
		EN 14399-i								**DASt-Ri 021**				
		M12	**M16**	**M20**	**M22**	**M24**	**M27**	**M30**	**M36**	**M42**	**M48**	**M56**	**M64**	**M72**
10.9	Mindestzugbruchkraft ($A_{s,nom} \cdot R_{m,min}$)[1]	87,7	163	255	315	367	477	583	850	1 166	1 532	2 111	2783	3 602
	Nom. Zugbruchkraft ($A_{s,nom} \cdot f_{ub}$)	84,3	157	245	303	353	459	561	817	1 121	1 473	2 030	2676	3 463
	Nom. Zugfließkraft ($A_{s,nom} \cdot f_{yb}$)	75,9	141	221	273	318	413	505	735	1 009	1 326	1 827	2 408	3 117
	Volle Vorspannkraft $F_{p,C}$[2]	**59,0**	**110**	**172**	**212**	**247**	**321**	**393**	**572**	–	–	–	–	–
	Reduzierte Vorspannkraft $F_{p,C}$*[3]	***50,0***	***100***	***160***	***190***	***220***	***290***	***350***	***510***	***710***	***930***	***1 280***	***1 680***	***2 180***
8.8	Mindestzugbruchkraft ($A_{s,nom} \cdot R_{m,min}$)[1]	70,0	130	203	252	293	381	466	678	–	–	–	–	–
	Nom. Zugbruchkraft ($A_{s,nom} \cdot f_{ub}$)	67,4	126	196	243	282	367	449	654	–	–	–	–	–
	Nom. Zugfließkraft ($A_{s,nom} \cdot f_{yb}$)	54,0	100	157	194	226	294	359	523	–	–	–	–	–
	Volle Vorspannkraft $F_{p,C}$[2]	**47,0**	**88,0**	**137**	**170**	**198**	**257**	**314**	**458**	–	–	–	–	–
	Reduzierte Vorspannkraft $F_{p,C}$*[3]	***35,0***	***70,0***	***110***	***130***	***150***	***200***	***245***	***355***	–	–	–	–	–

1 nach EN ISO 898-1
2 nach EN 1993-1-8 und EN 1090-2
3 nach DIN EN 1993-1-8/NA

In DIN 18800-7 war für die in diesem Kommentarbuch „reduzierte Vorspannkraft $F_{p,C}$*" genannte Vorspannkraft die Bezeichnung „Regelvorspannkraft" gewählt worden. Damit sollte seinerzeit zum Ausdruck gebracht werden, dass nicht für jeden Schraubendurchmesser nur ein einziger Zahlenwert für die Vorspannkraft vorgeschrieben war, sondern dass neben dieser Regelvorspannkraft auch kleinere, für den jeweiligen Zweck geeignete Vorspannkräfte aufgebracht werden durften, allerdings nicht weniger als 50 %. Diese Regelung wurde, zusammen mit der Bezeichnung „Regelvorspannkraft", in den Nationalen Anhang DIN EN 1993-1-8/NA übernommen. In der zukünftigen DASt-Ri 024, die beide Vorspannkraftniveaus $F_{p,C}$ und $F_{p,C}$* gleichberechtigt nebeneinander behandelt und grundsätzlich jeweils auch kleinere Niveaus zulässt, wäre jedoch die traditionelle Bezeichnung „Regelvorspannkraft" für $F_{p,C}$* kontraproduktiv, da sie einem unbedarften Anwender suggerieren würde, $F_{p,C}$* stelle gegenüber $F_{p,C}$ die Regelvorgehensweise beim Vorspannen von Schraubenverbindungen dar. Deshalb wird der Begriff „Regelvorspannkraft" in der DASt-Ri 024 nicht mehr verwendet.

<2> Zu Abs. 3 u. 4 sowie Tabelle II.19 – Anziehverfahren, k-Klassen, Kalibrierung

<2.1> Zu den Anziehverfahren (Vorspannverfahren)

In EN 1090-2 ist nur das Vorspannen mittels Anziehen der Schraubengarnitur, d. h. mittels gegenseitigen Verdrehens der Mutter und der Schraube unter Last, normativ geregelt. Deshalb wird der Begriff „Anziehverfahren" in EN 1090-2 durchgängig anstelle des eigentlich korrekteren Begriffs „**Vorspannverfahren**" verwendet; zu anderen als den Anzieh-Vorspannverfahren siehe <8.2>.

EN 1090-2 nennt vier **Anziehverfahren** (Vorspannverfahren), die in Tabelle II.19 aufgelistet sind. Von ihnen sind das HRC-Anziehverfahren und das Verfahren mit DTI-Scheiben für den deutschen Stahlbau ungewohnt. Die entsprechenden Sonderformen von Schraubengarnituren wurden bereits bei der Kommentierung der vorspannbaren Schraubengarnituren vorgestellt und kommentiert (vgl. zu II.5.6.4 <1.4>); hinsichtlich der zugehörigen Sonder-Vorspannverfahren siehe zu II.8.5.5 und II.8.5.6.

Die beiden anderen Verfahren – **Drehmomentverfahren** und **Kombiniertes Vorspannverfahren** – hören sich für „altgediente" deutsche Stahlbauer zwar bekannt an, da in der früheren DIN 18800-7 gleichnamige Vorspannverfahren genormt waren. Die jetzigen EN-1090-Vorspannverfahren gleichen Namens zielen jedoch auf die volle Vorspannkraft $F_{p,C}$ und sind deshalb **nicht** identisch mit den früheren DIN-Verfahren gleichen Namens, sondern nur ähnlich. Die frühere DIN-Variante des Drehmomentverfahrens, die auf die reduzierte Vorspannkraft $F_{p,C}$* abzielte und die bisher über den Nationalen Anhang DIN EN 1993-1-8/NA [R104] und in Zukunft über die DASt-Richtlinie 024 [R29] nach wie vor in Deutschland eingesetzt werden darf, wird in diesem Kommentarbuch, ebenso wie in den beiden genannten Regelwerken, durch den Zusatz „**modifiziert**" gekennzeichnet, während die eigentlichen europäisch genormten Vorspannverfahren nach EN 1090-2 den Zusatz „**EN**" bekommen.

Tabelle KII.8-3 gibt eine Übersicht über die demnach in Deutschland einsetzbaren bzw. nicht einsetzbaren Vorspannverfahren.

Tabelle KII.8-3: Anziehverfahren (Vorspannverfahren) für Schraubengarnituren

Vorspannverfahren (Anziehverfahren)	Ziel-größe	k-Klasse	Grundlage	Bemerkungen zur Anwendbarkeit in Deutschland gemäß DIN EN 1993-1-8/NA bzw. DASt-Ri 024
EN-Drehmomentverfahren	$F_{p,C}$	K2	EN 1090-2	nicht zulässig
Kombiniertes Vorspann-verfahren		K1		vorgeschrieben
HRC-Anziehverfahren		K0[1]		nur mit ZiE
Direkte Kraftanzeiger (DTI)		K0		nur mit ZiE
Modifiziertes Drehmomentverfahren	$F_{p,C}{}^*$	K1	DIN EN 1993-1-8/NA bzw. DASt-Ri 024	vorgeschrieben

1 mit HRD-Muttern, sonst K2

Ergänzend sei hier angemerkt, dass die in DIN EN 1993-1-8/NA zusätzlich noch aufgeführten Vorspannverfahren „Drehimpuls-“ und „modifiziertes kombiniertes ...“ keinerlei praktische Bedeutung haben und nicht in die zukünftige DASt-Ri 024 übernommen wurden. Sie werden hier nicht weiter beachtet.

<2.2> Zu den k-Klassen

Alle mittels Anziehen der Schraubengarnitur funktionierenden Vorspannverfahren setzen schon immer eine **kalibrierte Schmierung** voraus. Zu ihrer Definition dient in EN 1090-2 ein für „altgediente“ deutsche Stahlbauer völlig neuer Begriff: die **„k-Klasse“**. Sie beschreibt die Qualität der Schmierung im Anlieferungszustand der Schraubengarnitur, aufgrund derer der Hersteller gewährleistet, dass nach sachgemäßem Anziehen der Garnitur die Schraube tatsächlich die gewünschte Vorspannkraft aufweist.

Die Größe k ist ein in der Verschraubungstechnik schon länger verwendeter Kennwert. Er bezeichnet ganz allgemein bei einem Anziehvorgang (siehe Bild KII.8-11) den dimensionslosen Quotienten aus dem Anziehdrehmoment M und dem Produkt aus Schraubendurchmesser d und Schraubenkraft F_b, Letztere mit Hilfe von M erzeugt:

$$k = M/[d \cdot F_b(M)]. \qquad \text{(KII.8-2a)}$$

In EN 14399-2 ist die Definition des k-Faktors für die vorliegenden Normzwecke wie folgt präzisiert worden:

$$k_i = M_{pi}/(d \cdot F_{p,C}). \qquad \text{(KII.8-2b)}$$

M_{pi} ist jetzt derjenige aus der Schraubenkraft/Anziehdrehmoment-Kurve eines individuellen Anziehversuches i abgelesene M-Wert, bei dem als Schraubenkraft F_b gerade die volle Vorspannkraft $F_{p,C}$ erreicht wird (siehe Bild KII.8-11). Führt man nun eine Serie von Anziehversuchen durch, so lassen sich aus den Einzelwerten k_i mit den üblichen statistischen Methoden der Mittelwert k_m und der Variationskoeffizient V_k des k-Faktors ermitteln. Auf ihnen basiert die Definition der k-Klassen gemäß EN 14399-1. Sie ist in Tabelle KII.8-4 wiedergegeben (Spalten 1 und 2); die Bemerkungen in Spalte 3 stammen von den Verfassern.

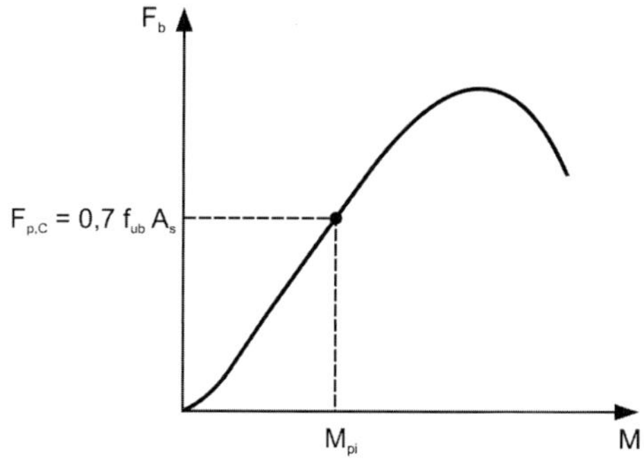

Bild KII.8-11: Schraubenkraft/Anziehdrehmoment-Kurve einer Schraubengarnitur beim Anziehen (aus EN 14399-2)

Tabelle KII.8-4: Definition der k-Klassen nach EN 14399-1

k-Klasse	zu liefernde Information	Bemerkung
K0	keine Anforderung an den *k*-Faktor	–
K1	Bereich der individuellen Prüfwerte: $0{,}10 \le k_i \le 0{,}16$	entspricht im Prinzip der traditionellen deutschen Vorspanntechnologie
K2	Mittelwert des *k*-Faktors: $0{,}10 \le k_m \le 0{,}23$ Variationskoeffizient des *k*-Faktors: $V_k \le 0{,}06$	sehr kostenaufwändig

Bei der anspruchsvollsten **k-Klasse K2** muss der Schraubenhersteller bei der Lieferung der Garnituren den tatsächlichen, d. h. spezifisch ermittelten Mittelwert k_m für das jeweilige Los quasi mitliefern. Der Wert darf aber nicht „irgendwo" liegen, sondern innerhalb der Grenzen $0{,}10 \le k_m \le 0{,}23$. Der zugehörige Variationskoeffizient V_k darf nicht größer sein als 0,06 (siehe hierzu zu II.8.5.3 <2.1>). Bei der weniger anspruchsvollen **k-Klasse K1** muss der Hersteller nur garantieren, dass seine individuellen Prüfwerte k_i innerhalb eines zulässigen Streubandes liegen, ohne aber für jedes Los eine eigene Statistik mitliefern zu müssen. Das Streuband ist mit $0{,}10 \le k_i \le 0{,}16$ festgelegt. Bei der einfachsten **k-Klasse K0** braucht der Hersteller nur sicherzustellen, dass die Garnituren überhaupt geschmiert sind, aber ohne jegliche quantitative Kalibrierung.

Der k-Wert hängt direkt von den Reibungszahlen μ_G im Gewinde und μ_K unter der Mutter (bzw. unter dem Kopf, siehe <4>) ab. Sind die beiden Reibungszahlen gleich, was bei industrieller Schmierung näherungsweise der Fall ist, so folgt mit der Gesamtreibungszahl $\mu_{ges} = \mu_G = \mu_K$ gemäß [V38] für Regelgewinde, normale Schlüsselweite und übliche Schraubendurchmesser bis M36 folgende mittlere Abhängigkeit:

$$k = 0{,}022 + 0{,}528\,\mu_G + 0{,}668\,\mu_K = 0{,}022 + 1{,}196\,\mu_{ges}. \qquad \text{(KII.8-3)}$$

Für die große Schlüsselweite der HV- und HR-Garnituren gilt die Formel nur näherungsweise. Man erkennt aus ihr aber, dass zu dem obigen Streuband der k-Klasse K1 Reibungszahlen $\mu_{ges} \approx 0{,}07 \div 0{,}12$ gehören. Das sind typische Werte für feuerverzinkte Oberflächen mit MoS_2-Schmierung. Die zulässige Obergrenze der k_m-Werte in der k-Klasse K2, $k_m = 0{,}23$, entspricht dagegen einer relativ hohen Reibungszahl von $\mu_{ges} \approx 0{,}18$, was typisch für metallisch blanke, leicht geölte Oberflächen sowie für ungeschmierte galvanische Überzüge und Zink-Lamellen-Überzüge ist.

Daraus folgt, dass nach EN 1090-2 und EN 14399-i formal auch Schraubengarnituren mit **ungeschmierten Oberflächen** planmäßig durch Anziehen auf die volle Vorspannkraft $F_{p,C}$ vorgespannt werden dürfen, sofern nur die für die k-Klasse K2 vorgeschriebene Grenze $V_k \le 0{,}06$ für den Variationskoeffizienten eingehalten wird! Ob das vom CEN-Arbeitsausschuss so gewollt war, darf bezweifelt werden. Die Verfasser raten für tragsicherheitsrelevantes Vorspannen dringend davon ab. Sie sind jedoch der Meinung, dass man im Zusammenhang mit dem gebrauchstauglichkeitsorientierten Vorspannen (Zielebene II nach <1.2>) durchaus darüber nachdenken könnte.

<3> Zu Abs. 5 – Kalibrierung nach Anhang II.H

Wie oben dargestellt, führt in aller Regel der Schraubenhersteller die Kalibrierung der von ihm werkseitig geschmierten Garnituren selbst durch und liefert die entsprechenden Informationen mit. Anderenfalls dürfte er die Garnituren ja gar nicht mit CE-Kennzeichnung ausliefern (vgl. zu II.5.6.4 <1.1>). Alternativ dazu erlaubt EN 1090-2 im vorliegenden Normabsatz auch die Kalibrierprüfung auf der Baustelle oder in einem externen Prüflabor unter Baustellenbedingungen. Die dafür erforderliche Prüftechnologie ist in Anhang II.H beschrieben. Wieso allerdings im vorliegenden Normtext ausgerechnet das EN-Drehmomentverfahren in der Regel ausgenommen wird („außer dies ist nach den Ausführungsunterlagen zulässig"), obwohl es im Anhang II.H gleichberechtigt explizit behandelt wird, erschließt sich den Verfassern nicht. Der Anhang II.H wird von ihnen im Übrigen aus mehreren Gründen kritisch gesehen (siehe Kommentar dazu).

<4> Zu Abs. 6 u. 8 – Anziehen vom Kopf her

In Abs. 8 des Normabschnittes II.8.5.1 wird ein Problem angesprochen, das vor allem im modernen Architekturstahlbau hin und wieder auftaucht. Wenn in einer vorzuspannenden Verbindung die Mutter einerseits aus gestalterischen Gründen nicht außen liegen soll, andererseits aber in ihrer Innenlage für das Anziehgerät nicht zugänglich ist (siehe Bild KII.8-12), muss die Garnitur ausnahmsweise durch Drehen des Kopfes vorgespannt werden. Dabei muss natürlich trotz der eingeschränkten Zugänglichkeit sichergestellt sein, dass die Mutter sich nicht mitdreht.

a) b)

Bild KII.8-12: Beispiel für eine durch Drehen des Schraubenkopfes vorgespannte geschraubte Verbindung: a) Detail Klemmverbindung, b) Gesamtansicht des Bauwerks (*Fußgängerbrücke Mechtenbergpark in Gelsenkirchen, Architekt: Frei Otto*)

Das Vorspannen durch Drehen des Schraubenkopfes war schon immer grundsätzlich zulässig und ist es auch jetzt nach EN 1090-2. Allerdings muss bedacht werden, dass die Kalibrierung im Anlieferungszustand (vgl. <2.2>) in der Regel für das Anziehen durch Drehen der Mutter gilt, wozu nur die Mutter durch den Hersteller geschmiert wurde (siehe <9>). Jetzt muss zusätzlich auch die kopfseitige Scheibe geschmiert werden. Das zugehörige Anziehmoment M_A für das Drehmomentverfahren (egal ob EN- oder modifiziertes Drehmomentverfahren) unterscheidet sich jetzt aber möglicherweise von demjenigen für Drehen der Mutter, weil das Drehreibverhalten des ungeschmierten Kopfes auf der geschmierten Scheibe anders sein kann als das der geschmierten Mutter auf der ungeschmierten Scheibe.

In der Regel muss deshalb, wenn drehmomentgesteuert angezogen werden soll, der Verbindungsmittelhersteller ergänzende Prüfungen, sprich: eine Verfahrensprüfung für Anziehen am Schraubenkopf durchführen. Ist also schon bei der Planung bekannt, dass vom Kopf her angezogen werden soll (wie z. B. bei der Fußgängerbrücke in Bild KII.8-12), so sind die Garnituren von Vornherein für kopfseitiges Anziehen zu bestellen. Stellt sich erst bei der Montage heraus, dass einzelne Garnituren von der Mutter her nicht zugänglich sind, so kommt auch eine Kalibrierprüfung nach Anhang II.H infrage. Im Übrigen gibt es Schraubenhändler, die geschmierte vorspannbare Scheiben nach EN 14399-6 einschließlich Dokumentation der zugehörigen Verfahrensprüfung aus Lagervorrat anbieten. Dabei muss man allerdings darauf achten, dass die Garniturvorschriften nach EN 14399-1 eingehalten werden (vgl. zu II.5.6.4 <1.1>).

Soll mit dem kombinierten Vorspannverfahren auf die volle Vorspannkraft $F_{p,C}$ angezogen werden, ist diese Verfahrensprüfung für kopfseitiges Anziehen nach Meinung der Verfasser entbehrlich, da es beim End-Anziehschritt „Weiterdrehwinkel" (siehe II.8.5.4 und Kommentare dazu) nur rein geometrisch um den relativen Drehwinkel im Gewindeeingriff zwischen Muttergewinde und Bolzengewinde geht, egal ob am Kopf oder an der Mutter gedreht wird.

<5> Zu Abs. 7 – Voranziehen wie eine nicht vorgespannte Verbindung

Für das hier vorgeschriebene „handfeste" Voranziehen vorzuspannender Schraubenverbindungen gilt sinngemäß dasselbe, wie zu II.8.3 für nicht vorgespannte Verbindungen ausgeführt. Die Reduzierung des zulässigen Restspaltes nach dem Voranziehen an den Kanten von 4 mm für nicht vorgespannte Verbindungen auf jetzt 2 mm ist plausibel.

<6> Zu Abs. 9 – Schrittweises Anziehen vom steifsten Teil des Anschlusses her

Eine Schraubengruppe ausgehend vom Bereich der höchsten Steifigkeit hin zum Bereich der höchsten Nachgiebigkeit anzuziehen, wird in EN 1090-2 gleichlautend auch in Abschnitt II.8.3 für nicht vorgespannte Verbindungen empfohlen (vgl. Kommentar <2> dazu). Beim hier behandelten vorspannenden Anziehen ist diese Empfehlung noch ernster zu nehmen. Gibt es im Anschluss keinen definierten „Bereich mit der höchsten Steifigkeit" (wie z. B. bei Ringflanschstößen), ist eine geeignete Anziehreihenfolge festzulegen, die derselben Zielsetzung dient.

Bei Ringflanschstößen wäre es z. B. **keine** geeignete Anziehreihenfolge, an einem Punkt zu beginnen und dann in einer Richtung entlang des Umfanges fortschreitend anzuziehen; die letzten Garnituren müssten dabei unter Umständen gegen erhebliche innere Zwängungskräfte angezogen werden und würden so nicht die mit dem Vorspannen angestrebte Druckvorspannung der Kontaktflächen in ihrer jeweils engeren Umgebung erzeugen. Geeigneter wäre es, von einem Punkt aus in beiden Umfangsrichtungen synchron fortschreitend vorzuspannen oder sogar an zwei oder drei Punkten zu beginnen.

Bei größeren Schraubenbildern sollte außerdem beachtet werden, dass bereits angezogene Garnituren unvermeidbar durch das Anziehen weiterer Garnituren, insbesondere der benachbarten, in ihrem Vorspannzustand beeinflusst werden. In Zweifelsfällen ist dringend zu empfehlen, nach Abschluss des Anziehens des gesamten Anschlusses alle Garnituren noch einmal zu überprüfen und ggf. zu korrigieren. In vielen Fällen ist es noch zielführender, wenn man über die sowieso vorgeschriebenen zwei Anziehschritte hinaus (siehe zu II.8.5.3 <2>) von Vornherein in drei oder noch mehr Anziehdurchgängen vorspannt.

Was hier fehlt, ist eine Vorgabe für den zulässigen Restspalt nach dem Vorspannen, analog zum zulässigen Restspalt nach dem Voranziehen im Normabsatz 7. Es sollte allen Beteiligten klar sein, dass ein „Null-Spalt" im normalen Stahlbau ohne spanabhebende Bearbeitung der Kontaktflächen nicht möglich ist. Sinnvoll wäre z. B., in Anlehnung an das Toleranzmerkmal „Kontaktstoß" in Tabelle II.B.19 der Anlage II.B, eine Vorgabe von $\leq 0{,}5$ mm über mindestens 2/3 der Kontaktfläche.

Alle hier gemachten Ausführungen zum schrittweisen Anziehen beziehen sich nicht auf die beiden Sonder-Vorspannverfahren HRC und DTI (vgl. Tabelle KII.8-3), sondern nur auf die drehmomentgesteuerten Vorspannverfahren bzw. den drehmomentgesteuerten ersten Anziehschritt des kombinierten Vorspannverfahrens (siehe zu II.8.5.3 und II.8.5.4).

<7> Zu Abs. 10 u. 11 – Genauigkeit und Zuverlässigkeit der Anziehgeräte

Geeignete Anziehgeräte für drehmomentgesteuertes Anziehen werden im Kommentar zu II.8.5.3 <1> beschrieben und diskutiert. Für die Genauigkeit dieser Anziehgeräte fordert die Norm hier **± 4 %**. Die Genauigkeitsforderung bezieht sich auf die zulässige Abweichung des vom Anziehgerät angezeigten Drehmomentwertes von der gleichzeitigen Drehmomentanzeige der Kalibriereinrichtung – nicht auf die in den Schrauben erzeugten Vorspannkräfte, die unvermeidbar viel stärker streuen (siehe zu II.8.5.3 <2.1>).

Der Verweis auf **EN ISO 6789** ist als Hilfestellung für das prinzipielle Vorgehen bei der Kalibrierung oder Rekalibrierung bzw. bei der Wartung zu verstehen. Konkret behandelt die zweiteilige Normenreihe EN ISO 6789 nämlich nur „handbetätigte" Drehmoment-Schraubwerkzeuge, also Drehmomentschlüssel und -schraubendreher, beide in „anzeigenden" und „auslösenden" Versionen. Für diese sind die geforderten ± 4 % allerdings nur erreichbar, wenn es sich nicht um die weit verbreiteten einfachen Drehmomentschlüssel mit anzeigendem Drehstab oder mit einfacher Verstellskala für das auslösende Drehmoment handelt; für Letztere gilt eine Genauigkeit von ± 6 %. Für alle Drehmoment-Schraubwerkzeuge, welche den Anforderungen der EN ISO 6789 entsprechen, muss entweder eine Konformitätserklärung oder ein Kalibrierzertifikat vorliegen.

Hinsichtlich der Überprüfungs- bzw. Kalibrierungsintervalle weist EN ISO 6789-2 allgemein auf die beim Anwender (also der Stahlbaufirma) üblichen Verfahren zur Prüfmittelüberwachung hin, in welche die Drehmoment-Schraubwerkzeuge einzubeziehen seien. Das Kalibrierungsintervall sei in Abhängigkeit von bestimmten Einsatzfaktoren zu wählen. Darüber hinaus gibt EN ISO 6789-2 für den Fall, dass der Anwender keine Verfahren zur Prüfmittelüberwachung durchführt, eine Gebrauchsdauer von 12 Monaten oder ungefähr 5 000 Lastwechseln als Anhaltswert für das Kalibrierintervall an. Bei intensivem Einsatz des Anziehgerätes dürfte in der Regel die zweite Angabe greifen, was zu Intervallen von weniger als 12 Monaten führen würde.

Für den drehmomentgesteuerten ersten Anziehschritt des kombinierten Vorspannverfahrens ist das Erreichen des exakten Anziehmomentwertes weniger wichtig als für das Drehmomentverfahren selbst; deshalb die großzügigeren Normforderungen ± 10 % für die Genauigkeit und „jährlich" für die Überprüfungsfrequenz.

Dass das Anziehgerät nach jedem schwerwiegenden Vorfall, der seine Funktionstüchtigkeit möglicherweise beeinträchtigt hat, überprüft werden muss, ist selbstverständlich. Drehmoment-Werkzeuge nach EN ISO 6789 wurden zwar im Werk einer Überbelastungsprüfung auf 125 % des Nennwertes ausgesetzt; doch auch sie müssen nach einer unbeabsichtigten Überbelastung, ebenso wie nach einer Reparatur oder nach unsachgemäßer Handhabung, rekalibriert werden. Auch nach Nichtbenutzung über einen längeren Zeitraum muss das Gerät überprüft werden, da es z. B. auch durch Staubeinwirkung ungenau geworden sein kann.

<8> Zu Abs. 12 – Andere Vorspannverfahren

Gemeint sind hier einerseits **weitere Anzieh-Vorspannverfahren**, bei denen aber die Vorspannkraft in der Schraube auf andere Weise eingestellt wird als in den genormten Anziehverfahren nach Tabelle KII.8-3, andererseits aber vor allem so genannte **ziehende Vorspannverfahren**. Bedingung für jedes im Stahlbau einsetzbare Vorspannverfahren ist, dass mit ihm auf eine reproduzierbare Weise eine definierte Vorspannkraft in die Schraubenverbindung eingebracht werden kann, d. h. dass es kalibrierbar ist. In der Regel wird für ein „anderes Vorspannverfahren" in Deutschland ein bauaufsichtlicher Verwendbarkeitsnachweis erforderlich, d. h. ETA, abZ oder ZiE.

<8.1> Zu den weiteren Anzieh-Vorspannverfahren

Beispiele sind:

- **vorspannkraftgesteuertes** Anziehen; hierzu gehört auch das Anziehen mit DTI-Scheiben nach EN 1090-2 (siehe zu II.8.5.6);

- **torsionsfestigkeitsgesteuertes** Anziehen; hierzu gehört auch das Anziehen von HRC-Schrauben nach EN 1090-2 (siehe zu II.8.5.5);
- **streckgrenzengesteuertes** Anziehen, wie im Maschinenbau eingesetzt [V38].

Vorspannkraftgesteuertes Anziehen erfolgt am „einfachsten" über die Kontrolle der Schraubenverlängerung. Diese lässt sich z. B. mit Hilfe einer axial angesetzten Ultraschallmessung ermitteln. Die Idee ist bereits Jahrzehnte alt. Die baupraktische Umsetzung scheiterte bisher an der erforderlichen Genauigkeit und am Aufwand. Seit einiger Zeit gibt es Entwicklungen für die besonders qualitätssensitive Windenergie-Industrie, bei denen die Schrauben einen permanenten Ultraschallsensor erhalten, so dass sie nicht nur vorspannkraftgesteuert angezogen werden können, sondern ihre Vorspannkraft bei den wiederkehrenden Prüfungen auch überprüft werden kann.

<8.2> Zu den ziehenden Vorspannverfahren

Es gibt eine ganze Reihe von Vorspannverfahren, bei denen nicht mittels Anziehen vorgespannt wird. Hier sind insbesondere die so genannten „ziehenden Vorspannverfahren" zu nennen. Das sind Verfahren, bei denen die axiale Vorspannkraft torsionsfrei mit Hilfe einer hydraulischen Vorrichtung (z. B. Stützhülse + Ringzylinder + Ringkolben) aufgebracht wird, welche die Schraube mit Hilfe einer zweiten Mutter oder eines Spezialgewindeteils dehnt, so dass die eigentliche Hauptmutter ohne Drehwiderstand beigedreht werden kann.

Die Schraube muss dafür allerdings ein längeres Gewinde haben als die HR- und HV-Schrauben nach EN 14399-3 und -4. Darüber hinaus muss der Rückfederungsbetrag bekannt sein, um den die Schraube zunächst über die angestrebte Vorspannkraft hinaus zu dehnen ist. Die Rückfederung entsteht bei der Umlagerung der Stützkraft von der Stützvorrichtung auf die Hauptmutter durch elastische und plastische Verformungen im Klemmpaket, im Mutterkörper und in den im Eingriff stehenden Gewindezähnen. Er kann bei kurzen Schrauben bis zu 50 % betragen [V38]. Im Schwermaschinen- und Anlagenbau ist dieses „direkte" Vorspannen weit verbreitet. Für den Stahlbau gibt es seit knapp 10 Jahren eine bauaufsichtliche Zulassung, zunächst als abZ, inzwischen als ETA-13/0243 [R180]).

<9> Zu Abs. 13 und 16 – Schmierung

In Absatz 13 weist die Norm noch einmal auf die eigentlich selbstverständliche Tatsache hin, dass die werksseitig aufgebrachte Schmierung, die ja die Grundlage für die Kalibrierung der angelieferten vorspannbaren Garnituren darstellt, keinesfalls verändert werden darf – es sei denn, die Kalibrierung erfolgt erst vor Ort unter „Baustellenbedingungen" nach Anhang II.H. Es stellt sich die Frage, warum jemand auf die Idee kommen sollte, die im Anlieferungszustand vorhandene Schmierung zu ändern und die Garnituren dann aufwändig neu zu kalibrieren.

Hinsichtlich der **Art der Schmierung** im Anlieferungszustand machen weder EN 1090-2 noch EN 14399 feste Vorgaben – außer der allgemein gehaltenen Forderung „es muss genügend geeigneter Schmierstoff auf den Muttern oder auf den Schrauben und Scheiben im Anlieferzustand vorhanden sein". Auch in EN ISO 10684 findet man für feuerverzinkte Garnituren lediglich die allgemeine Empfehlung, die Muttern oder Schrauben zu schmieren, um das Anziehverhalten der Schraubenverbindung zu verbessern. Im Gegensatz dazu nannte die frühere DIN 18800-7 explizit die beiden optionalen Oberflächenzustände „feuerverzinkt und mit Molybdändisulfid oder gleichwertigem Schmierstoff behandelt" und „wie hergestellt und leicht geölt", wovon der letztere Zustand allerdings heute nicht mehr dem Stand der Vorspanntechnologie im Stahlbau entspricht. DIN 18800-7 legte darüber hinaus auch explizit fest, dass die Mutter zu schmieren sei.

Was ein „geeigneter" Schmierstoff ist, lässt sich nicht allgemeingültig formulieren. Er sollte auf jeden Fall eine gewisse korrosionsschützende Wirkung aufweisen. Nicht geeignet sind deshalb die meisten säurehaltigen Schmiermittel, da sie in der Regel sowohl bei schwarzen als auch bei feuerverzinkten Schrauben bzw. Muttern zu verstärkter Korrosion führen. Allerdings gibt es auch hier wieder Ausnahmen – z. B. Korrosionsschutzwachse, die eine hohe Säurezahl aufweisen, also säurehaltig sind, aber trotzdem einen sehr guten Korrosionsschutz bieten. Molybdändisulfid-Schmierstoffe („Molykote“) sind in jedem Fall säurefrei und haben eine korrosionsschützende Wirkung.

De facto besteht derzeit die Schmierung im Anlieferungszustand für **vorspannbare feuerverzinkte Garnituren** nach Wissen der Verfasser bei den weitaus meisten Schraubenherstellern aus einer solchen Molybdändisulfidschicht auf der gesamten **Mutter**; sie wird werksseitig in einem firmenspezifischen Prozess (chemische Vorbehandlung, Tauchbad usw.) aufgebracht. Das Innengewinde wird gemäß EN ISO 10684 **nach** dem Feuerverzinken in die Mutter geschnitten und erst dann „molykotisiert“, um die geforderte Passfähigkeit und Reproduzierbarkeit des Anziehverhaltens zu erreichen. Das ist korrosionstechnisch zulässig, weil im zusammengebauten Zustand der Zinküberzug des Schraubengewindes auf elektrochemischem Wege auch das zinküberzugsfreie Muttergewinde schützt. Derart geschmierte feuerverzinkte Muttern sehen dunkel aus, lassen also den Zinküberzug unter der Schmierung nicht erkennen und können bei oberflächlicher Betrachtung leicht mit einer ungeschmierten schwarzen Mutter verwechselt werden (siehe Bild KII.8-13). Man fühlt jedoch die Schmierung deutlich beim Anfassen der Mutter. Außerdem würde eine schwarze Mutter wegen des fehlenden Gewindeübermaßes (vgl. zu II.5.6.13 <1.2>) sich nicht auf eine feuerverzinkte Schraube aufschrauben lassen.

Um es noch einmal klar zu formulieren: Der Schraubenhersteller gewährleistet für eine derart werksseitig „molykotisierte“ feuerverzinkte Mutter Folgendes: Wenn man

- sie auf eine gemäß Garniturdefinition nach EN 14399-1 dazu passende feuerverzinkte, aber ungeschmierte Schraube aus seiner eigenen, WPK-kontrollierten Garniturenherstellung aufschraubt,
- sie dann beim Anziehen auf einer feuerverzinkten, aber ungeschmierten Scheibe ebenfalls aus seiner eigenen Garniturenherstellung dreht und
- mit den Anziehparametern, die aus seinen mitgelieferten k-Parametern ermittelt wurden, nach einem der zugelassenen Vorspannverfahren voll anzieht,

dann liefert sie die volle Vorspannkraft $F_{p,C}$ bzw. die reduzierte Vorspannkraft $F_{p,C}^*$ aus Tabelle KII.8-2 mit der erforderlichen statistischen Zuverlässigkeit.

Sollen **schwarze Schraubengarnituren** („wie hergestellt“) zum Vorspannen eingesetzt werden – aus welchen Gründen auch immer –, so wäre es nach jetzigem Stahlbau-Normungsstand nicht zulässig, einfach den von der Fertigung her in der Regel vorhandenen, mehr oder weniger dünnen Ölfilm unbesehen als geeignete Schmierungsvariante „leicht geölt“ im Sinne der früheren DIN 18800-7 anzusehen. Eine solche Garnitur wäre keine vorspannbare Garnitur nach EN 14399-1 und -2, denn ihr fehlte eine kalibrierte k-Klasse. Es soll hier aber nicht verschwiegen werden, dass es Technikbereiche gibt, wo auch aktuell bewusst für den Schmierungszustand „leicht geölt“ Anzugsmomente angegeben werden, z. B. in EN 13814-1 [R126] für Schrauben nach EN ISO 4014/EN ISO 4017 in „Fliegenden Bauten“; Begründung: Seit über 50 Jahren bewährte Technologie in Konstruktionen, die immer wieder auf- und abgebaut werden.

Im Stahlbau muss dagegen der Garniturhersteller bei einem solchen Kundenwunsch, um dieselbe Anzieh-Reproduzierbarkeit zu erreichen wie bei den molykotisierten feuerverzinkten Muttern, auch die Ölschmierung in einem vergleichbar industriellen Prozess auf die Mutter aufbringen und die k-Klasse wie oben beschrieben bestimmen und gewährleisten. Es ist also ratsam, vorspannbare schwarze Garnituren, die nicht molykotisiert sein sollen, von Vornherein als „leicht geölt für Vorspannen nach EN 14399“ zu bestellen. Nach derzeitiger Marktlage wird man allerdings nur bei Abnahme einer größeren Menge einen Garniturenhersteller dafür begeistern können. Natürlich kann man schwarze vorspannbare Garnituren auch „wie hergestellt und geschmiert“ bestellen; die schwarzen Muttern werden dann molykotisiert und zeigen ein Anziehverhalten wie die feuerverzinkten molykotisierten Muttern.

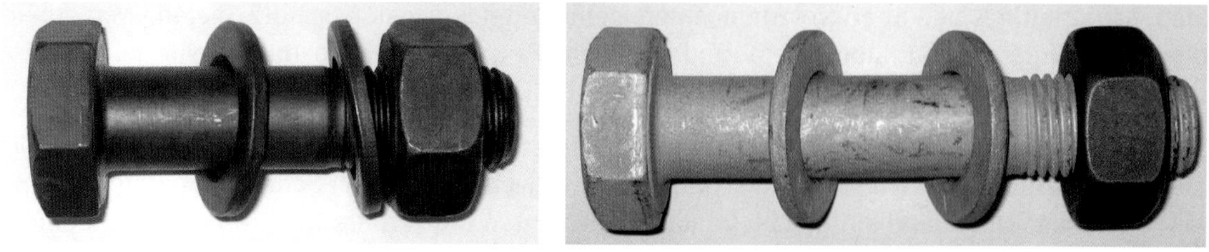

a) b)

Quelle: IML, UDE

Bild KII.8-13: HV-Garnituren M24:
a) wie hergestellt (schwarz) und leicht geölt (nicht vorspannbar),
b) feuerverzinkt und mit geschmierter/molykotisierter Mutter (vorspannbar)

Für beide Schmierungsvarianten taucht zuweilen auf Baustellen die Frage auf, ob man in Sonderfällen (Korrektur eines Fehlers unter Zeitdruck o.Ä.) die Schmierung nicht ausnahmsweise auch nachträglich vor Ort realisieren, d.h. entweder verzinkte Muttern nachträglich manuell mit Molykote besprühen/bestreichen oder schwarze Muttern nachträglich einölen kann. Als Argument dafür wird angeführt, das sei in den Anfängen des Vorspannens in den 1930er Jahren die Regel gewesen; erst seit den 1960er Jahren gebe es herstellerseits molykotisierte oder geölte Muttern. Die Antwort auf eine solche Frage lautet natürlich: Eine derart vor Ort manuell geschmierte, ursprünglich für eine nicht vorzuspannende Verbindung (Kategorie A oder D nach EN 1993-1-8) beschaffte 8.8- oder 10.9-Schraubengarnitur ist **keine** vorspannbare Garnitur nach EN 14399-1 und -2 und liefert **keinesfalls** eine vorgespannte Verbindung nach EN 1090-2 und EN 1993-1-8, ist also baurechtlich wohl in jedem europäischen Land im Stahlbau unzulässig. Rein technisch erreicht man aber, sofern man mit einem ingenieurmäßig durchdachten Anziehmoment vorspannt – die Schraube darf nicht infolge zu starker Schmierung und deshalb zu geringer Reibung überbeansprucht werden –, zweifelsohne eine qualitative Verbesserung der Verbindung. Ob eine solche Vorgehensweise beispielsweise als zeitlich begrenzte Notfallmaßnahme toleriert werden kann, muss im Einzelfall entschieden werden.

Tritt diese Fragestellung bei einer größeren Anzahl von Verbindungen auf (beispielsweise auf einer Großbaustelle), so bietet **Anhang II.H** der EN 1090-2 unter Umständen die Möglichkeit, eine Kalibrierung auf der Baustelle durchzuführen (vgl. <3>). Voraussetzung für den Erfolg einer solchen Maßnahme wäre, dass die vorgenommene Schmierung in den engen statistischen Grenzen des Anhangs II.H (vgl. Kommentar dazu) reproduzierbar wäre.

Im Übrigen sei darauf hingewiesen, dass die Qualität der Schmierung nur für die eigentlichen Drehmoment-Vorspannverfahren die vorstehend beschriebene dominante Rolle spielt. Beim drehwinkelgesteuerten Endanziehen des kombinierten Vorspannverfahrens muss im Prinzip nur sichergestellt sein, dass die Mutter ausreichend geschmiert ist, um problemlos mit den gängigen Anziehgeräten angezogen werden zu können (siehe zu II.8.5.4).

Der Hinweis in Abs. 16 des vorliegenden Normabschnittes, dass das Verhalten der Schmierung sich ändern kann, wenn die Garnitur nicht zeitnah nach dem Einbau angezogen, sondern längere Zeit unkontrollierten Bedingungen ausgesetzt wird, sollte ernst genommen werden.

<10> Zu Abs. 14 u. 15 – Lösen und Wiederverwenden einer bereits angezogenen Garnitur

Die Norm schließt hier die Wiederverwendung von Schraubengarnituren, die bereits einmal bis zur vollen Vorspannkraft $F_{p,C}$ angezogen waren und dann gelöst wurden, grundsätzlich aus. Das ist richtig, weil die Schraube dabei planmäßig in den plastischen Bereich hinein beansprucht wurde. Für einen ersten Zusammenbau (gemeint ist eine Probemontage in der Werkstatt gemäß II.6.10 oder auf der Baustelle) empfiehlt die Norm sogar, die Schrauben nicht voll anzuziehen, um sie wiederverwenden zu können.

Für Garnituren, die mit Hilfe des modifizierten Drehmomentverfahrens bis zur reduzierten Vorspannkraft $F_{p,C}$* angezogen wurden, ist es nach Meinung der Verfasser vertretbar, dass man die Schraube nach dem Lösen auf bleibende Schädigung überprüft und ggf. wiederverwendet, allerdings in jedem Fall mit neuer geschmierter Mutter und neuer Scheibe desselben Herstellers. Von „nicht bleibender Schädigung“ der Schraube kann in der Regel ausgegangen werden, wenn die Schraube nicht sichtbar verbogen ist und wenn die Mutter sich noch von Hand auf die gesamte Gewindelänge aufdrehen lässt. EN 13814-1 [R126] lässt für „Fliegende Bauten“ die Wiederverwendung von Schrauben in Verbindungen, die für den Transport bzw. Abbau ausgelegt sind, explizit zu, sofern sie nicht über die Streckgrenze hinaus beansprucht wurden – was ja bei $F_{p,C}$* eingehalten ist.

<11> Zu Abs. 17 – Vorspannkraftverluste

<11.1> Allgemeines

In Abschnitt II.8.4 der Norm wird ausführlich die Oberflächenbehandlung von Kontaktflächen geregelt, die später als gleitfest vorgespannte Verbindungen planmäßig Reibkräfte übertragen sollen (Verbindungskategorien B und C nach EN 1993-1-8). Für andere vorgespannte Verbindungen (z. B. Verbindungskategorie E) werden dagegen die Kontaktflächen, die in der Regel vor dem Zusammenbau ebenfalls beschichtet werden (meist bereits in der Werkstatt), in EN 1090-2 eher am Rande behandelt.

Die im vorliegenden Normabsatz thematisierten Vorspannkraftverluste treten bei allen zusammen gespannten Blechpaketen mit mehr oder weniger dick beschichteten Kontaktflächen auf. Laut Text im vorliegenden Normabschnitt II.8.5.1 sollen sie bei den genormten Anziehverfahren automatisch abgedeckt sein, außer für „dicke Beschichtungen“. Diese eher vage Aussage wird zum einen im informativen Anhang II.I dahingehend präzisiert, dass Vorspannkraftverluste ≤ 10 % abgedeckt seien. Zum anderen wird im normativen Korrosionsschutz-Anhang II.F die Trockenschichtdicke pro Fläche vor dem Zusammenbau ohne Angabe von Gründen auf **100 µm** begrenzt (siehe zu II.F.4 <2>). Das entspricht aber bei organischen Beschichtungssystemen – egal welches System letztendlich gewählt wird – nur der Grundbeschichtung, aber keinesfalls einem kompletten Beschichtungssystem nach EN ISO 12944-5.

Das bedeutet, wenn die Bauteile bereits in der Werkstatt endbeschichtet werden (was heute die Regel ist), müssen – zumindest bei tragsicherheitsrelevant vorgespannten Verbindungen (Zielebene I nach <1.2>) – entweder die vorzuspannenden Kontaktflächen und die Flächen unter den Scheiben nach Aufbringen der Grundbeschichtung abgeklebt werden, oder es müssen die Vorspannkraftverluste abgeschätzt werden, damit sie in der Bemessung berücksichtigt werden können. Dafür gibt es den informativen Anhang II.I, auf den im vorliegenden Normabsatz verwiesen wird (siehe Kommentar zu diesem Anhang). Darüber hinaus schreibt die Norm vor, dass bei „dicken“ Oberflächenbeschichtungen ggf. Maßnahmen zum Ausgleich eines möglichen Vorspannkraftverlustes festzulegen seien. Das alles erscheint den Verfassern recht undifferenziert; deshalb wird die Frage der Vorspannkraftverluste nachfolgend etwas genauer beleuchtet.

<11.2> Zu Ursachen, Größenordnung, Einflussparametern für Vorspannkraftverluste

Es ist seit langem bekannt, dass in einem vorgespannten „schwarzen“ (d. h. unbeschichteten) Blechpaket die Vorspannung innerhalb der ersten Stunden geringfügig abfällt. Man nennt das „Setzen“ der Verbindung und schreibt es im Wesentlichen dem plastischen Einebnen von Oberflächenrauigkeiten in allen Druckkontaktfugen zu (Kontaktflächen der Verbindung, Gewindeflanken, Schraubenkopf- und Mutterauflageflächen). Sind die Kontaktflächen beschichtet, so verstärkt sich der Vorspannkraftabfall infolge zeitabhängigen Kriechens bzw. (mechanisch korrekt) infolge von Relaxation des zusammengedrückten Beschichtungsstoffes erheblich, und es dauert vor allem länger, bis der quasi-endgültige Relaxationsabfall erreicht ist. Bei Polymerbeschichtungen mit einem quasi-endgültigen Relaxationsabfall von ca. 10 % dauert es ca. drei Tage, bei Polymerbeschichtungen mit einem quasi-endgültigen Relaxationsabfall von ca. 30 % mindestens 14 Tage [V34] [V35].

Auf eine konstruktive „Unsitte“ bei manchen vorgespannten Schraubenverbindungen unter erhöhtem Feuchtigkeitsangriff (z. B. Ringflanschstöße in Schornsteinen oder WEA-Rohrtürmen) muss hier noch hingewiesen werden: Es handelt sich um „Dichtstreifen“, die vor dem Vorspannen eingelegt werden, um eine absolut wasserdichte Verbindung zu erreichen. Davon ist dringend abzuraten, da sie unvermeidbar größere Vorspannkraftverluste verursachen.

<11.3> Kompensation des Vorspannkraftverlustes durch Nachziehen der Verbindungen

Will man den Vorspannkraftverlust kleiner halten als mit Hilfe der Tabelle II.I.1 in Anhang II.I abgeschätzt oder mit Hilfe einer Verfahrensprüfung nach II.I.2 ermittelt, oder will man Klemmpakete mit mehr als sechs beschichteten Kontaktflächen zusammenspannen, so bietet sich bei Verbindungen, die „drehmomentgesteuert“ vorgespannt wurden, d. h. mit einem der beiden Drehmoment-Vorspannverfahren (vgl. zu <2.1>), das erneute Anziehen der Garnituren an. Das darf aber aufgrund des oben beschriebenen zeitlichen Ablaufs des Vorspannkraftabfalls frühestens nach einigen Tagen, besser erst nach zwei Wochen erfolgen. Ein Nachziehen der Verbindungen im Rahmen eines verlängerten Montagevorganges, d. h. nach wenigen Stunden oder am nächsten Morgen, kann den Vorspannkraftverlust in der Regel **nicht** ausgleichen.

Man darf aber auch – sofern mit dem Nachziehen die definierte Vorspannkraft $F_{p,C}$* bzw. $F_{p,C}$ (zur Erinnerung: In Deutschland nicht zulässig, vgl. zu <2.1>) zuverlässig erreicht werden soll – auch nicht zu lange warten. Ohne unmittelbare Bewitterung der geschmierten Mutter (z. B. durch Regen) bleibt das Anziehverhalten zwar zunächst über mehrere Wochen unverändert, wird dann aber infolge Alterung, Verschmutzung und Mikrokorrosion im Gewinde allmählich schlechter. Das bedeutet, dass mit demselben Anziehmoment wegen der höheren Reibung zunehmend kleinere Vorspannkräfte erzeugt werden.

Aus den vorstehenden Überlegungen folgt, dass das Nachziehen von drehmomentgesteuert vorgespannten Schraubenverbindungen noch nach Jahren (z. B. im Rahmen von Wartungsprozessen) aus quantitativer Sicht äußerst kritisch gesehen werden muss. Es bedeutet allerdings ohne Zweifel eine zumindest qualitative Verbesserung, denn kleiner kann die aktuell noch vorhandene Vorspannung durch Nachziehen auch bei hohem Reibungswiderstand nicht werden. Ergänzend sei bereits hier darauf hingewiesen, dass bei Anwendung des Kombinierten Vorspannverfahrens ein Nachziehen zum Ausgleich von Vorspannkraftverlusten nicht möglich, aber auch nicht nötig ist (siehe zu II.8.5.4 <4>).

An dieser Stelle muss eine seit Einführung der EN 1090-2 in Praxiskreisen im Zusammenhang mit dem Nachziehen vorgespannter Schraubenverbindungen diskutierte Schein-Problematik angesprochen werden: In Anwendungsbereichen mit hoher Zug-Ermüdungsbeanspruchung der vorgespannten Schraubenverbindungen (Verbindungskategorie E), z. B. bei den Ringflanschstößen von Stahlschornsteinen oder von WEA-Rohrtürmen, ist es seit langem üblich, bei der Abnahme und dann bei den späteren regelmäßigen Inspektionen/Zustandsüberwachungen durch externe Prüfer u. a. auch alle Schraubenverbindungen mit einem „Prüfmoment“ nachzuziehen (Praxis-Jargon: „abzuknacken“, abgeleitet vom auslösenden Drehmomentschlüssel). Damit erschlägt man quasi zwei Fliegen mit einer Klappe: Erstens kompensiert man zumindest grob die eventuellen Vorspannkraftverluste der drehmomentgesteuert angezogenen Schraubengarnituren, zweitens überprüft man auf eventuelle Montagefehler und später auf Ermüdungsschäden.

Diese bewährte Inspektionsprozedur wird nun teilweise zum Anlass genommen, das Vorspannen auf $F_{p,C}$* mit dem modifizierten Drehmomentverfahren vorzuschreiben [R35] [R114], obwohl gerade für diese hochgradig ermüdungsbeanspruchten Kategorie-E-Verbindungen das Kombinierte Vorspannverfahren das strukturmechanisch bessere wäre (siehe zu II.8.5.4 <4>). Man setzt also eine schlechtere Vorspanntechnologie ein, nur um formal nachziehen zu können – eine unsinnige Vertauschung von Aktivitätszielen. Selbstverständlich muss man, wenn man mit dem Kombinierten Verfahren vorgespannt hat, weiterhin hinsichtlich möglicher Montagefehler und Ermüdungsschäden inspizieren, aber eben ohne „Prüfmoment“.

<12> Ergänzender Kommentar zur „Schraubanweisung“

Zu Zeiten der früheren DIN 18800-7 [R73] war für vorgespannte Schraubenverbindungen vor Beginn der Verschraubungsarbeiten eine Ausführungsanweisung zu erstellen. Eine vergleichbar konkrete Vorgabe fehlt in EN 1090-2 – für die Verfasser nicht ganz nachvollziehbar. Die Ausführungsanweisung sollte, quasi als „Schraubanweisung“ in Analogie zur Schweißanweisung, ein Beitrag zur Qualitätssicherung bei der Stahlbaumontage sein. Ihre Einhaltung musste sogar schriftlich dokumentiert werden und als Verschraubungsprotokoll zu den Nachweisunterlagen genommen werden. Hintergrund jener Forderung war, dass auf heutigen Baustellen (Stichworte: Subunternehmer, Leiharbeiter usw.) die Versuchung groß ist, ungelernte Arbeitskräfte mit Verschraubungsarbeiten zu betrauen – „schließlich hat jeder richtige Mann schon einmal einen Schraubenschlüssel in der Hand gehabt“. Bei Schweißarbeiten würde das niemandem einfallen.

Die schriftliche Ausführungsanweisung sollte sicherstellen, dass eine Fachperson sich **vorher** Gedanken darüber macht, welche besonderen Randbedingungen möglicherweise zu beachten sind. Die „Schraubanweisung“ hat sich nach Wissen der Verfasser auf deutschen Baustellen bewährt. Es ist zu empfehlen, eine solche Ausführungsanweisung auch weiterhin aufzustellen und zu dokumentieren. Der Bahn-Standard DBS 918005 [R31] schreibt das für Eisenbahnbrücken sogar verbindlich vor. Bild IIK.8-14 zeigt beispielhaft, wie eine solche „Schraubanweisung“ aussehen könnte.

Fa. Mustermann	Ausführungsanweisung für Schraubarbeiten nach DIN EN 1090-2	Dokumenten Nr.

Kunde:	KW XXX	AN Kostenträger-Nr.:
Auftrag:	Montage Kohlebunker	Auftrags-Nr. AG:
		Zeichnungs-Nr.:
Hersteller:	XXX	Grundwerkstoff: S355J2
Schraubengarnitur:	HV M24 x 120	Festigkeit: 10.9/10

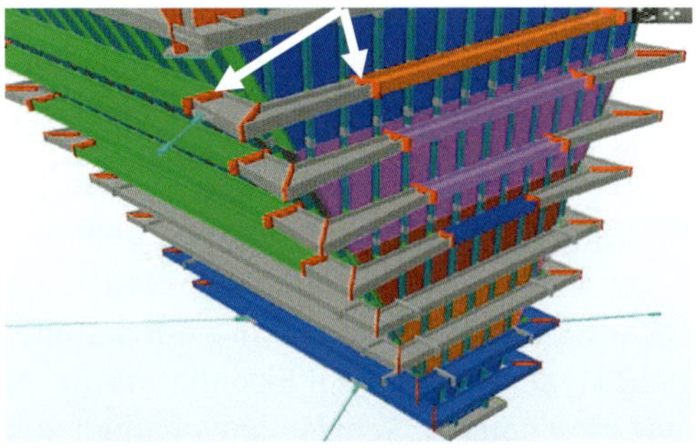

Stirnplattenstöße:
Stirnplatten: 2 x Bl. 40
Schraubengarnituren pro Stoß:
8 x M24 x 120 – 10.9/10 tZn / 16 x 24 Scheiben
Dokumentation: Leistungserklärung, CE-Kennzeichen
Ausführungsklasse: EXC2
Kategorie: E (Kontaktstoß, Toleranz B.19 < 0,5 mm)
Anziehverfahren: Kombiniertes Verfahren

Grundlagen: Es gilt die Arbeitsanweisung QAA07/06/01 „Schraubarbeiten im Stahlbau".
Verbindungsmittel: Diese Anweisung gilt nur für das vorliegende Projekt.
Dazu gehören folgende komplette Schraubengarnituren eines Herstellers:

Ausführung DIN EN 1993-1-8	**Kenn-zeichen**	**Schrauben** Produktnorm	FK	**Muttern** Produktnorm	FK	**Scheiben** Produktnorm	HK
Kategorie B/C/E	CE	DIN EN 14399-4	10.9	DIN EN 14399-4 k-Klasse K1	10	DIN EN 14399-6	300

Beschädigte oder angerostete Schrauben dürfen nicht verwendet werden.
Bereits vorgespannte hochfeste Schraubengarnituren dürfen nicht wieder verwendet werden.

Maße/Vorbereitung der Löcher:

Verbindungsart/Lochspiel DIN EN 1090-2 DIN EN 1993-1-8		**Vorspannkraft DIN EN 1090-2 DIN EN 1993-1-8/NA**	**Festigkeitsklasse/Funktionsbeiwert DIN EN 1090-2 Pkt. 5.6.4 Tabelle 7**	
E (Zug)	M24 ≤ 2mm	$F_{p,C}$	10.9/10	K1

Schraube	M12	M16	M20	M22	M24	M27	M30	M36
Lochmaß (HV)	13	18	22	24	**26**	30	33	39

Vorbereiten der Kontaktflächen:
Die Kontaktflächen der Kategorien A, B, C, D, E sind mindestens mit einer Grundbeschichtung nach DIN EN ISO 12944-5 zu beschichten. Zu den Kontaktflächen zählen auch die Oberfläche des Futterbleches und die Auflagefläche der Scheibe.

Grundsätze zum Verschrauben:
Veränderungen bedürfen der schriftlichen Zustimmung des Auftraggebers und des Planers.
Das Einschlagen von Schrauben, wodurch diese beschädigt werden, ist verboten.
Deformierte Teile der Schraubengarnitur sind auszuwechseln.
Beim Verschrauben sind die Bauteile so weit zusammenzuziehen, dass im Klemmbereich eine weitgehend flächige Anlage erreicht wird. Dabei dürfen die Schrauben aber nicht überlastet werden. Die Anforderung an den Stirnplattenstoß Kategorie E (DIN EN 1090-2 Anhang B.19) mit Auflage der Stirnplatten und einen Spalt ≤ 0,5 am Rand sind zu beachten. Es können bis drei Futterbleche eingesetzt werden. Futterbleche müssen mindestens 1 mm dick sein. Bei einer Gesamtdicke > 6 mm müssen diese vorgebunden werden. Das Anziehen der Schraubverbindung ist an der Mutter unter gleichzeitigem Gegenhalten des Schraubenkopfes vorzunehmen. Einfache Anschlüsse sind im Wechsel über Kreuz anzuziehen.

Schraubenüberstand:
Der Schraubenüberstand beträgt ≥ 1 P (Gewindegang) bis etwa ≤ 4 P (≤ 12 mm) aus der Mutter.

Bearbeitet: Abt. 202 08.02.2018	Revision: 14/02/2018	Seite 1 von 2

Quelle: IMO Leipzig

Bild KII.8-14: Beispiel: Ausführungsanweisung für Verschraubungsarbeiten an vorgespannten Verbindungen (Blatt 1 von 2)

Fa. Mustermann	Ausführungsanweisung für Schraubarbeiten nach DIN EN 1090-2	Dokumenten Nr.

Ausgleich der Klemmlänge:
HV-Verbindung: Es können auf der nicht gedrehten Seite zusätzlich 2 Scheiben und/oder ein Unterlegblech, in Summe $\leq$ 12 mm, eingebracht werden.

Schraubverbindung mit Vorspannung:
Das kombinierte Verfahren wird zum Vorspannen in den Kategorien B, C, E grundsätzlich angewandt.

Anziehen mit dem kombinierten Verfahren zum Erreichen der Vorspannkraft $F_{p,C}$:

Nenn-durchmesser d [mm]	Voranziehmoment M_A / $M_{r,1}$ [Nm] Kombiniertes Verfahren, FK 10.9		Weiterdrehwinkel [°] Klemmlänge $\sum t$ (mit Scheiben) [mm]		
	Feuerverzinkt/wie hergestellt, k-Klasse K1		<48	48≤ t <144	144≤ t ≤240
	M_A	$M_{r,1}$			
M 24	600	557	60°	90°	120°

Schraubgeräte zum Vorspannen einer Schraubengarnitur:
Schraubgeräte für das Vorspannen müssen mindestens einmal jährlich kalibriert sein.

Inspektion der Schraubverbindung, Sichtprüfung:
- auf zeichnungsgerechtes Ausführen der Schraubverbindung,
- auf Vollständigkeit der Schraubengarnituren,
- die sich berührenden Flächen des Anschlusses auf satte und dichte Anlage (Spalt $\leq$ 1 mm), auf ggf. gefordertes Unterlegblech sowie auf das Vorhandensein des Grundanstriches und seiner Schichtdicke,
- auf Schäden am Korrosionsschutz
- ob die geforderten Schraubengarnituren, mit der geplanten Festigkeit, dem Typ, mit Loskennzeichen eingesetzt wurden, ob die Anzahl der Scheiben, deren Lage mit der Fase zum Schraubenkopf bzw. zur Mutter stimmt, ob die Mutter mit dem Kennzeichen sichtbar eingebaut wurde und ob die Schraubengarnitur den geforderten Korrosionsschutz hat,
- ob sich der Überstand der Schraube aus der Mutter in der Toleranz befindet.

Prüfen der Vorspannung:
Prüfumfang:
EXC2: $\geq$ 5%.
Für das Auswerten des Prüfens gilt der sequentielle Typ A, siehe Dokument QAA07/06/01F04.
Ergibt sich aus der Prüfung das Ergebnis Rückweisung, müssen alle Schraubengarnituren der Schraubengruppe geprüft werden.
Ergibt sich die Rückweisung, wird die Prüfung auf den sequentiellen Typ B erweitert.
Nach dem Ergebnis Rückweisung ist die Ursache zu ermitteln.
Ausgetauschte Schraubengarnituren müssen erneut überprüft werden.

Prüfen der durch das kombinierte Verfahren erzeugten Vorspannung erfolgt durch Sichtprüfung:
- Kennzeichnen der Stellung der Mutter zur Schraube vor dem Aufbringen des Weiterdrehwinkels.
- Ist der Drehwinkel um >15° geringer als der geplante Winkel, muss eine Korrektur durch Weiterdrehen erfolgen. Ist der geplante Drehwinkel um < 30° überschritten, kann er belassen werden.
- Ist der Drehwinkel $\geq$ 30° als der geplante Winkel, muss die Schraubengarnitur gegen eine neue ausgetauscht und erneut angezogen werden.

Dokumentation der Schraubverbindung mit:
QAA07/06/01A02 Ausführungsanweisungen für Schraubarbeiten im Stahlbau nach DIN EN 1090-2.
QAA07/06/01F01 Abnahmeprotokoll HV-Schraubverbindungen.
QAA07/06/01F04 Prüfbericht sequentieller Typ A.
QAA07/06/01F05 Prüfbericht sequentieller Typ B.

Besondere Hinweise für das Vorhaben:

Ort/Datum Name Abteilung Unterschrift

Bearbeitet: Abt. 202 08.02.2018	Revision: 14/02/2018	Seite 2 von 2

Bild KII.8-14 (*Fortsetzung*): Beispiel: Ausführungsanweisung für Verschraubungsarbeiten an vorgespannten Verbindungen (Blatt 2 von 2)

Zu II.8.5.2 Referenz-Drehmomente

Das Referenz-Drehmoment M_r (eigentlich: Referenz-Anziehdrehmoment) ist die zentrale Größe der beiden in EN 1090-2 genormten Vorspannverfahren: des Drehmonentverfahrens und des Kombinierten Vorspannverfahrens. Es entspricht dem für ein Los von Schraubengarnituren geltenden **Mittelwert** M_m der Anziehdrehmomente M_i, die für die volle Vorspannkraft $F_{p,C}$ benötigt werden. Dieser Mittelwert wird entweder – das ist der Ausnahmefall – direkt aus einer Versuchsserie nach Anhang II.H (vgl. zu II.8.5.1 <3>) ermittelt:

$$M_r = M_{r,test} = M_m = \sum_{i=1}^{n} M_i \Big/ n. \tag{KII.8-4}$$

Oder – das ist der Regelfall – er wird mit Hilfe des vom Schraubenhersteller für den Anlieferungszustand gewährleisteten Mittelwertes k_m der Anzieh-Kennwerte k_i nach Gl. (KII.8-2b) berechnet:

$$M_r = k_m \, d \, F_{p,C}. \tag{KII.8-5}$$

Der Mittelwert k_m ist bei **k-Klasse K2** (vgl. Tabelle KII.8-4) der tatsächliche, statistisch ermittelte und für den Anlieferungszustand vom Schraubenhersteller für ein Los von Schraubengarnituren mitgelieferte Wert

$$k_m = \sum_{i=1}^{n} k_i \Big/ n. \tag{KII.8-6}$$

Er liefert gemäß Normtext das Referenz-Drehmoment $\boldsymbol{M_{r,2}}$. Dieser „genauere" Wert ist dem EN-Drehmomentverfahren zugrunde zu legen, für das eine Schmierung der k-Klasse K2 vorgeschrieben ist (vgl. Tabelle KII.8-3).

Bei **k-Klasse K1** liegt der Mittelwert irgendwo zwischen den vom Schraubenhersteller gewährleisteten Streubandgrenzen der individuellen Prüfwerte k_i ($0{,}10 \le k_i \le 0{,}16$, vgl. Tabelle KII.8-3). Im Normtext wird er aufgrund von Erfahrungen zu $k_{m,K1} = 0{,}125$ festgelegt und liefert das Referenz-Drehmoment $\boldsymbol{M_{r,1}}$. Dieser Wert darf natürlich nicht für das EN-Drehmomentverfahren verwendet werden, für das die k-Klasse K2 vorgeschrieben ist (vgl. Tabelle KII.8-3). Würde man beispielsweise für relativ glatt geschmierte K1-Garnituren ($k_{ist} = 0{,}10$) unzulässigerweise das EN-Drehmomentverfahren auf der Grundlage von $M_{r,1}$ anwenden, bestünde die Gefahr einer Überbeanspruchung der Schrauben.

Zu II.8.5.3 Drehmomentverfahren

<1> Zu Abs. 1 – Anziehgeräte

Das Drehmomentverfahren ist – mehr oder weniger modifiziert – das im Metallbau weltweit mit Abstand am häufigsten eingesetzte Vorspannverfahren für Schraubenverbindungen. Steuergröße ist dabei das Anziehdrehmoment M. Kennt man die Schraubenkraft/Anziehdrehmoment-Funktion $F_b = f(M)$ bzw. den k-Faktor (vgl. zu II.8.5.1 <2.2>, insbesondere Bild KII.8-11), so liefert das entsprechend festgelegte Soll-Anziehmoment M_A die gewünschte Vorspannkraft. Grundvoraussetzung für die Anwendung des Drehmomentverfahrens ist ein geeignetes Drehmoment-Anziehgerät. Es gibt eine Vielzahl unterschiedlicher Anziehgeräte, die sich in die im vorliegenden Normabschnitt erwähnten drei Gruppen einteilen lassen.

<1.1> Handbetriebene Drehschrauber

Diese sind in der zweiteiligen Normenreihe EN ISO 6789 als „handbetätigte Drehmoment-Schraubwerkzeuge" international genormt (vgl. auch zu II.8.5.1 <7>). Es handelt sich einerseits um die altbewährten **Drehmomentschlüssel**, entweder mit ablesbarer Drehmomentanzeige (anzeigendes Drehmoment-Schraubwerkzeug) oder beim Soll-Anziehmoment M_A ausrastend (auslösendes Drehmoment-Schraubwerkzeug), beide bei größerem aufzubringenden Drehmoment ggf. mit passendem Kraftvervielfältiger ausgestattet. Es gibt im Übrigen auch bereits Drehmomentschlüssel, die gleichzeitig Drehmoment und Drehwinkel anzeigen, also unter Umständen vorteilhaft für das Kombinierte Vorspannverfahren einzusetzen wären (siehe zu II.8.5.4).

EN ISO 6789 führt andererseits auch handbetätigte **Schraubendreher** auf, ebenfalls mit einer auslösenden und einer anzeigenden Variante; sie haben aber im Stahlbau keine Bedeutung.

<1.2> Automatische Drehschrauber

Es gibt eine Vielzahl von Ausführungen automatischer Drehschrauber (auch motorische oder motorisch betriebene Drehschrauber genannt), die sich vor allem in der Art des Antriebs unterscheiden: pneumatisch, elektrisch oder hydraulisch. Allen gemeinsam ist, dass sie – wie die handbetriebenen Drehschrauber – die Schraubengarnitur durch **kontinuierliches Drehen** bis zum gewählten Soll-Anziehmoment M_A anziehen. Aber neben der Art des motorischen Antriebs unterscheiden sich die Schrauber auch in der Kupplungsart (Klauen-, Rutsch-, Automatikkupplung) und in der Messung des abgegebenen Drehmomentes (siehe weiter unten). Vor dem Kauf eines motorischen Schraubers sollte man sich fachkundig beraten lassen und das Gerät gezielt für den jeweiligen Anwendungsfall auswählen.

Pneumatisch betriebene Drehschrauber sind auf Stahlbaustellen heute kaum noch anzutreffen. Sie erfordern bei der geforderten Genauigkeit zu viel Aufwand (Stichwort: „saubere Luft"), auch weil sie entsprechend der jeweiligen Schlauchlänge kalibriert werden müssen.

Elektrische Drehschrauber werden vorwiegend für kleine und mittlere Schraubendurchmesser eingesetzt, wobei aber die lieferbaren Leistungsbereiche durchaus das Anziehen von HV-Schrauben bis M42 ermöglichen. Sie sind schneller als Hydraulikschrauber und einfacher zu handhaben, benötigen allerdings Platz zum Ansetzen. Bild KII.8-15a zeigt einen klassischen elektrischen Drehschrauber im Einsatz. Für beengte räumliche Verhältnisse gibt es Winkelschrauber, mit denen man „um die Ecke" schrauben kann.

Hydraulische Drehschrauber kommen vorwiegend bei großen Durchmessern zum Einsatz, außerdem auch bei sehr beengten räumlichen Verhältnissen am Ort der Mutter der Schraubengarnitur – das eigentliche hydraulische Schraubwerkzeug ist kleiner als ein Elektroschrauber. Bild KII.8-15b zeigt einen modernen Hydraulikschrauber im Einsatz an einer solchen schwierigen Stelle. Es handelt sich um das Innere eines Rechteckhohlprofils, wobei die Verschraubungsstelle nur durch ein Handloch in der Profilwandung zugänglich ist.

Die Messung des Drehmomentes (Anziehmomentes) erfolgt bei den klassischen Drehschraubern indirekt über die Stromaufnahme (Elektroschrauber) bzw. indirekt über den Öldruck (Hydraulikschrauber). Die beiden in Bild KII.8-15a und -15b abgebildeten Schrauber gehören zu diesen Typen. Die geforderte Genauigkeit von ±4 % (vgl. zu II.8.5.1 <7>) stellt für diese Geräte kein Problem dar.

a)

b)

Quelle: a) Maschinenfabrik Wagner, Much; b) HYTORC, Krailing

Bild KII.8-15: Motorisch betriebene Drehschrauber im Einsatz:
a) Elektroschrauber, b) Hydraulikschrauber

Wenn eine direkte Messung des Anziehmomentes und/oder des Anziehdrehwinkels gewünscht wird – z. B. aus Gründen der Kalibrierfähigkeit oder weil beim Kombinierten Vorspannverfahren von drehmomentgesteuertem Anziehen kontrolliert auf drehwinkelgesteuertes Anziehen umgeschaltet und der ganze Vorgang dokumentiert werden soll –, so wird das durch einen Messwertaufnehmer-Vorsatz (Sensor) möglich (Bilder KII.8-16a und -16b). Der Sensor benötigt allerdings zusätzlich zum Antriebskabel (bei elektrischem Antrieb) bzw. zu den Hydraulikschläuchen (bei hydraulischem Antrieb) noch ein Messkabel, das zum Messverstärker führt. Das kann zwar unter Umständen für einen sehr rauen Baustellenbetrieb störend sein, hat sich aber vor allem bei anspruchsvollen Verschraubungsfällen hervorragend bewährt. Der große Vorteil von hydraulischen Anzugssystemen mit Antriebskabel und Winkelsensor, wie in Bild KII.8-15b zu sehen, besteht u. a. darin, dass der Anwender prozesssicher bei zeitgleicher Protokollierung unterschiedliche Anziehverfahren verwenden kann, z. B. streckgrenzengesteuertes Anziehen nach VDI-Richtlinie 2230-1 [R199] (vgl. zu II.8.5.1 <8.1>) und kombiniertes Drehmoment-Drehwinkel-Anziehen nach EN 1090-2.

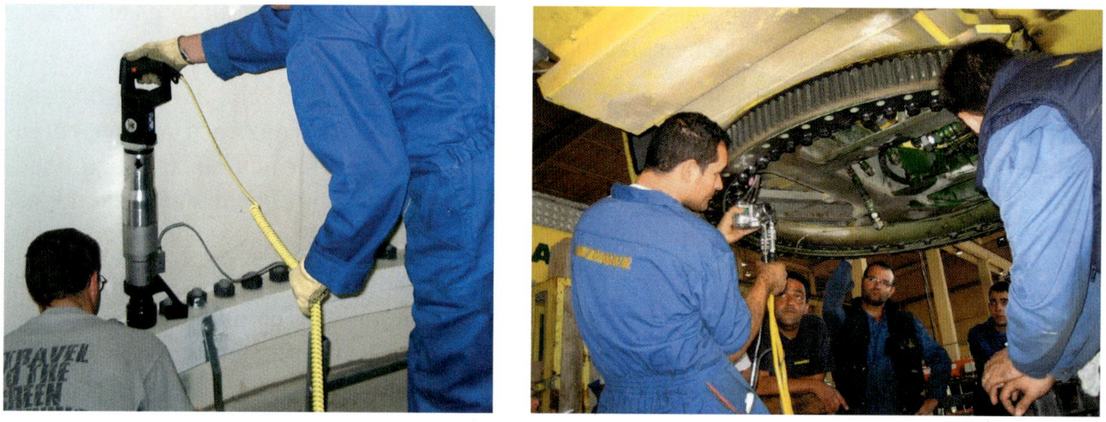

a) b)

Quelle: a) Maschinenfabrik Wagner, Much; b) HYTORC, Krailing

Bild KII.8-16: Drehschrauber mit Messwertaufnehmer-Vorsatz (Sensor) und Messkabel im Einsatz: a) elektrisch angetrieben, b) hydraulisch angetrieben

Für Anwendungsfälle, bei denen das Messkabel definitiv stört (z. B. in exponierter Position auf hohen Gerüsten), sind Schrauber mit integrierter direkter Messausstattung (Drehmoment und Drehwinkel) entwickelt worden, die ohne Sensortechnik (also ohne Messkabel und Messverstärker) auskommen und trotzdem eine Datenausgabe für die Dokumentation ermöglichen. Die Bilder KII.8-17a und -17b zeigen solche Geräte im Einsatz.

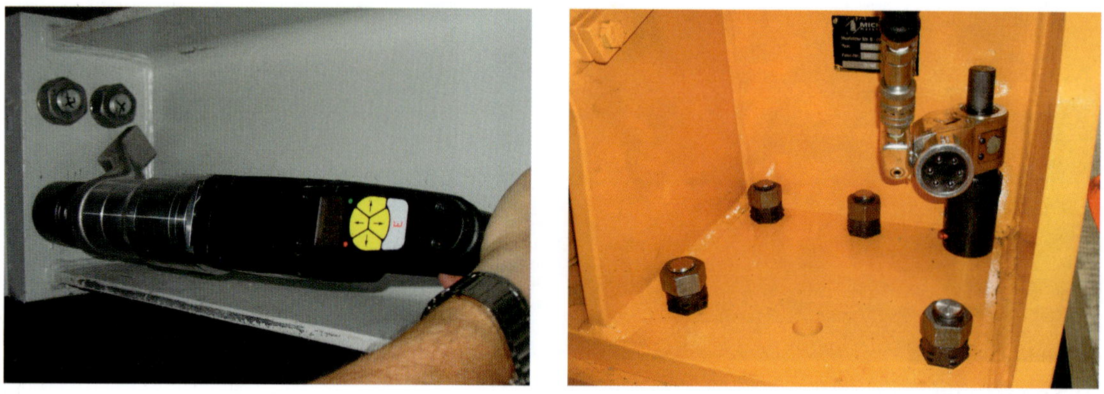

a) b)

Quelle: a) Maschinenfabrik Wagner, Much; b) HYTORC, Krailing

Bild KII.8-17: Drehschrauber mit integrierter Messausstattung ohne Messkabel, aber mit Datenausgabe für Dokumentation, im Einsatz: a) Elektroschrauber, b) Hydraulikschrauber

Bei dem Hydraulikschrauber in Bild KII.8-17b ist eine besonders raumsparende Konfiguration zu sehen, bei der nicht einmal ein Reaktionsarm benötigt wird (wie in allen anderen hier gezeigten Anwendungsfällen). Das wird durch Zwischenschaltung einer verdrehsicheren Spezial-Unterlegscheibe erreicht.

<1.3> Schlagschrauber

Schlagschrauber (korrekte Bezeichnung: **Drehschlagschrauber**) gehören zu den Drehimpuls-Anziehgeräten. Diese Geräte ziehen zwar drehmomentgesteuert an, aber im Gegensatz zum kontinuierlichen (stetigen) Drehen der Drehschrauber geschieht das durch **diskontinuierliches Drehen** (ruckweise) mittels einer Folge inkrementeller Drehimpulse. Sie sind deshalb beim EN-Drehmomentverfahren für das endgültige Anziehen auf das Soll-Anziehmoment M_A (siehe <2.1>) verboten. Dasselbe gilt natürlich auch für das modifizierte Drehmomentverfahren (siehe <2.2>). Schlagschrauber waren und sind aber weltweit seit vielen Jahrzehnten auf Stahlbaustellen wegen ihrer Robustheit sehr verbreitet, allerdings mit abnehmender Tendenz.

Der Drehimpuls wird beim Schlagschrauber mechanisch mit Hilfe von Kupplungsklauen und „Schlagnüssen“ (also wie mit einem auf einen Amboss einschlagenden Hammer) erzeugt. Betrieben wird er entweder mit Druckluft (heute kaum noch) oder elektrisch (heute fast ausschließlich). Die Vorteile von Elektro-Schlagschraubern gegenüber den motorischen Drehschraubern sind kürzere Schraubzeiten, ein viel geringeres Motordrehmoment – infolge des ruckweisen Anziehens kann das maximale Motordrehmoment deutlich kleiner sein als das durch die aufsummierten Drehimpulse de facto aufgebrachte Anziehmoment – und als Folge davon auch ein geringeres Gewicht. Ihr großer Nachteil ist – neben dem Problem der richtigen Einstellung auf die erzeugte Vorspannkraft – ihre große Ungenauigkeit. In [V38] wird für pneumatisch betriebene Schlagschrauber selbst bei Einstellung am zutreffenden Verschraubungsfall eine Unsicherheit von bis zu ± 40 % in den erreichten Vorspannkräften angegeben. Die VDI-Ri 2230-1 [R199] nennt sogar bis zu ± 50 % und rät für hochbeanspruchte Schraubenverbindungen explizit vom Schlagschrauber ab.

Aus dieser großen Ungenauigkeit folgt, dass Schlagschrauber für vorgespannte Schraubenverbindungen, wenn überhaupt, nur dann in Frage kommen, wenn es auf die exakte Höhe der Vorspannung nicht so ankommt. Daraus erklärt sich, dass sie gemäß vorliegendem Normtext von EN 1090-2 höchstens für den **ersten Anziehschritt** des Drehmomentverfahrens eingesetzt werden dürfen. Auch das wird allerdings in der deutschen Stahlbaubranche höchst kritisch gesehen, denn natürlich muss man bei solchem Vorgehen die Schrauber vor Ort regelmäßig an der Originalverschraubung oder zumindest an einem simulierten Klemmpaket einstellen, um die Ungenauigkeit auf unter ca. ± 10 % zu drücken.

Selbstverständlich spricht nichts dagegen, Schlagschrauber zum Anziehen von nicht vorgespannten Verbindungen oder zum Montage-Anziehen vorgespannter Verbindungen einzusetzen. Aber auch dafür sollten sie vor Ort so eingestellt werden, dass eine Überbeanspruchung der Schraubengarnitur ausgeschlossen ist.

Neben den Schlagschraubern gehören auch die **Impulsschrauber** zu den Drehimpuls-Anziehgeräten. Bei ihnen werden die Drehimpulse nicht mechanisch, sondern hydraulisch mit Hilfe eines Ölumlaufschlagwerkes erzeugt. Sie sind das wesentlich genauere der beiden Drehimpuls-Anziehgeräte. Sie werden in der industriellen Montagetechnik (z. B. im Fahrzeugbau) vielfach eingesetzt, haben aber für den Stahlbau bisher keine Bedeutung.

<2> Zu Abs. 2 u. 3 nebst Anmerkung – Anziehvorgang, Soll-Anziehmomente

Für das im Normtext als Erstes geforderte kontinuierliche und gleichmäßige Aufbringen des Anziehdrehmomentes (gemeint ist das End-Anziehdrehmoment) sind alle im vorhergehenden Kommentar <1> beschriebenen handbetriebenen und automatischen Drehschrauber geeignet. Für die Schlagschrauber gilt das, wie oben dargestellt, nicht. Deshalb dürfen sie nicht für das endgültige Anziehen auf das Soll-Anziehmoment verwendet werden.

Beim Anziehvorgang und vor allem beim Soll-Anziehmoment M_A muss in Deutschland unterschieden werden zwischen

- dem Drehmomentverfahren gemäß EN 1090-2 (hier **EN-Drehmomentverfahren** genannt) und
- dem **modifizierten Drehmomentverfahren** nach DIN EN 1993-1-8/NA [R104] bzw. zukünftig nach DASt-Ri 024 [R29] (vgl. zu II.8.5.1 <2.1>, insbesondere Tabelle KII.8-3).

Beide Vorspannverfahren/Anziehverfahren werden nachfolgend ausführlich kommentiert.

<2.1> Zum EN-Drehmomentverfahren nach EN 1090-2

Zur Erinnerung: Zielgröße dieses Vorspannverfahrens ist die **volle Vorspannkraft $F_{p,C}$** (vgl. zu II.8.5.1 <1.3>). Für das Vorspannen sind gemäß vorliegendem Normtext von EN 1090-2 mindestens zwei Anziehschritte vorgeschrieben. Das hängt damit zusammen, dass die Schraube mit dem zweiten Anziehschritt planmäßig mehr oder weniger stark im Gewinde in den plastischen Bereich hinein beansprucht wird (vgl. zu II.8.5.1 <1.3>) und dass deshalb eine Feinkorrektur auf Höhe des Soll-Anziehmomentes M_A problematisch ist. Infolgedessen sollte der schrittweise Ausgleich bei großen Anschlüssen mit vielen Schrauben (vgl. zu II.8.5.1 <6>) möglichst bereits auf dem Level des ersten Anziehschrittes erfolgen, mit der zusätzlichen Option, diesen seinerseits ggf. noch einmal zu unterteilen. Die hier mit „etwa 75 %" des Referenz-Drehmomentes M_r (vgl. zu II.8.5.2) vorgegebene Höhe des ersten Anziehschrittes hat eher Empfehlungscharakter. Sollte damit kein gleichmäßiges flächiges Anliegen der Kontaktflächen erreichbar sein, so sind nach Meinung der Verfasser durchaus auch 80 % oder 85 % vertretbar, allerdings nicht mehr.

Das im zweiten (bzw. im endgültigen) Anziehschritt aufgebrachte Anziehmoment – es wird in diesem Kommentarbuch als **Soll-Anziehmoment M_A** bezeichnet – muss präzise und sehr sorgfältig aufgebracht werden, denn mit ihm muss sichergestellt werden, dass in jeder Garnitur des Anschlusses/Stoßes mindestens die volle Vorspannkraft („Mindestvorspannkraft") $F_{p,C}$ erreicht wird. Es sei an dieser Stelle daran erinnert, dass für das EN-Drehmomentverfahren deshalb nur die höchste k-Klasse K2 zulässig ist (vgl. Tabelle KII.8-3). Um die strenge Forderung zu erfüllen, muss planmäßig mit mehr als dem Referenz-Drehmoment angezogen werden, denn dieses würde ja nur im Mittel die Vorspannkraft $F_{p,C}$ in den Schrauben eines Anschlusses liefern. EN 1090-2 schreibt 10 % mehr als das Referenz-Drehmoment vor. Das genormte Soll-Anziehmoment beträgt demzufolge

$$M_A = 1{,}10\, M_{r,2} \text{ bzw. } = 1{,}10\, M_{r,test}. \qquad \text{(KII.8-7a)}$$

Mit den zulässigen Größt- und Kleinstwerten des mittleren k-Faktors k_m eines Garniturenloses (min $k_m = 0{,}10$; max $k_m = 0{,}23$; vgl. zu II.8.5.1 <2.2>) führt das für HR- und HV-Garnituren zu den in Tabelle KII.8-5 zusammengestellten zahlenmäßigen unteren und oberen Grenzwerten für das Soll-Anziehmoment M_A.

Aus Sicht der Verfasser ist zu diesen Soll-Anziehmomenten des EN-Drehmomentverfahrens einiges kritisch anzumerken. Der Faktor 1,10 in Gl. (KII.8-7a) entsteht laut Anmerkung im Normtext näherungsweise aus $1/(1 - 1{,}65\, V_k)$ mit dem für die k-Klasse K2 vorgeschriebenen Variationskoeffizienten $V_k = 0{,}06$ (vgl. zu II.8.5.1 <2.2>). Der Zahlenwert 1,65 ist dabei der 5 %/95 %-Fraktilfaktor $K_{\sigma k}$, der für die Grundgesamtheit eines Zufallsereignisses mit normalverteilter Funktion im zugehörigen Formelausdruck $(1 \pm K_{\sigma k} \cdot V_k)$ die wahrscheinliche Streuung um den Mittelwert beschreibt. Das heißt, das aufgebrachte Soll-Anziehmoment $M_A = 1{,}10\, M_r$ soll offenbar sicherstellen, dass die untere Grenze des statistischen Fraktilbandes der tatsächlich erreichten individuellen Vorspannkräfte F_b den Nennwert $F_{p,C}$ nicht unterschreitet – der ja deshalb „Mindestvorspannkraft" genannt wird (vgl. zu II.8.5.1 <1.3>).

Wieso dabei gemäß Anmerkung auch der Variationskoeffizient $V_{k,tools}$ aus der Kalibrierung der Anziehgeräte mit abgedeckt sein soll, erschließt sich den Verfassern allerdings nicht: Der Garniturenhersteller wird ja nicht innerhalb einer Charge bei den Eignungsversuchen die eingesetzte Prüfapparatur mehrfach neu kalibrieren oder gar austauschen. D. h. der für den angegebenen

Mittelwert k_m mitgelieferte Variationskoeffizient $V_k \leq 0{,}06$ wird stets aus einer Prüfserie mit identischem Anziehgerät stammen. Die verwendeten Anziehgeräte dürfen aber gemäß EN 1090-2 bis zu ± 4 % „falsch" anzeigen (vgl. zu II.8.5.1 <7>).

Im Übrigen entspricht gemäß einschlägiger Fachliteratur [V38] eine Streubreite von ± 10 ÷ 15 % dem bestenfalls erreichbaren Ergebnis, wenn man eine größere Anzahl nominell identischer Schraubengarnituren desselben Herstellers mit qualitativ hochwertig (d. h. in einem industriell optimierten Prozess) geschmierter Mutter mit einem kalibrierten Präzisionsanziehgerät sorgfältig auf dasselbe Anziehmoment anzieht. Ursache dafür sind eine Reihe unvermeidbarer Fehlereinflüsse, neben den streuenden Werkstoffeigenschaften insbesondere die streuenden Reibungsverhältnisse im Gewindeeingriff zwischen Schraube und Mutter und in der Kontaktfläche zwischen Mutter und Scheibe (vgl. auch zu II.8.5.1 <1.3>).

Das Soll-Anziehmoment M_A müsste also, statistisch zutreffender, eigentlich aus

$$M_A \cong 1{,}15\ M_{r,2} \text{ bzw. } \cong 1{,}15\ M_{r,test} \qquad \text{(KII.8-7b)}$$

berechnet werden, um wirklich sicherzustellen, dass die untere Fraktile der Ist-Vorspannkräfte dem geforderten Mindestwert $F_{p,C}$ entspricht.

Die bei Beibehaltung der Gl. (KII.8-7a) aus dem in Wirklichkeit breiteren Fraktilband einerseits folgende eventuelle Unterschreitung der Mindestvorspannkraft in einzelnen Garnituren um bis zu 5 % ist weniger kritisch zu sehen als die Tatsache, dass andererseits die größten Ist-Vorspannkräfte rein rechnerisch bis zur Größenordnung von

$$F_{p,ist} = 1{,}15\ F_b\ (1{,}10\ M_{r,2}) = 1{,}15 \cdot 1{,}10\ F_{p,C} \cong 1{,}265\ F_{p,C} \qquad \text{(KII.8-8)}$$

reichen. Das entspräche ca. 90 % der nominellen Bruchzugkraft $A_{s,nom} \cdot f_{ub}$ und ca. 100 % (bei 10.9-Schrauben) bzw. ca. 110 % (bei 8.8-Schrauben) der nominellen Fließzugkraft $A_{s,nom} \cdot f_{yb}$ der Schrauben im Gewinde – einmal theoretisch angenommen, dass die Schraubenkraft/Anziehdrehmoment-Kurve in diesem Bereich noch linear wäre (vgl. Bild KII.8-11). Berücksichtigt man nun noch, dass infolge der überlagerten Anziehtorsion das örtliche Fließen im Gewinde bereits bei ca. 10 ÷ 15 % unterhalb der rechnerischen Fließzugkraft und das plastische Einschnüren bei etwa 10 % unterhalb der rechnerischen Bruchzugkraft einsetzt, so wird klar, dass drehmomentgesteuertes Anziehen bis in solche Vorspannkrafthöhen sehr kritisch gesehen werden muss. Das geht z. B. auch deutlich aus einer 2012 für den Arbeitsausschuss CEN/TC 135 angefertigten Studie über die Zuverlässigkeit der nach den verschiedenen Anziehverfahren vorgespannten Schraubenverbindungen hervor [V3].

Hierin bestehen die Vorbehalte in weiten Kreisen des deutschen Stahlbaus und auch der deutschen Schraubenhersteller sowie bei den deutschen Baubehörden gegenüber dem EN-Drehmomentverfahren nach EN 1090-2. Deshalb wird es im Nationalen Anhang DIN EN 1993-1-8/NA [R104] und auch zukünftig in der DASt-Ri 024 [R29] für Bauvorhaben **in Deutschland nicht zugelassen** (vgl. Tabelle KII.8-3). Das Anziehdrehmoment wird für ein kontrolliertes Anziehen in den überelastischen Bereich hinein als Steuergröße grundsätzlich als ungeeignet angesehen. Will man aus Gründen der Tragwerkssicherheit planmäßig kontrolliert in den teilplastischen Verformungsbereich der Schraube hinein vorspannen, was strukturmechanisch durchaus vorteilhaft ist, so muss das drehwinkelgesteuert erfolgen (siehe zu II.8.5.4 <1>).

Ein weiterer Vorbehalt in der deutschen Stahlbaupraxis gegenüber dem EN-Drehmomentverfahren besteht hinsichtlich der Praktikabilität der vorgeschriebenen k-Klasse K2 unter den Arbeitsbedingungen einer Baustelle. Angesichts der von Lieferlos zu Lieferlos sich innerhalb einer sehr großen Bandbreite ändernden Soll-Anziehmomente M_A (siehe Tabelle KII.8-5) sind nach Meinung von Montagefachleuten schwere Ausführungsfehler durch falsches Anziehen quasi vorprogrammiert!

Tabelle KII.8-5: Soll-Anziehmomente M_A [Nm] von Schraubengarnituren beim EN-Drehmomentverfahren und beim modifizierten Drehmomentverfahren

			Zugrunde liegendes Produkt-Regelwerk												
			EN 14399-i								DASt-Ri 021				
			M12	M16	M20	M22	M24	M27	M30	M36	M42	M48	M56	M64	M72
10.9-HR/HV EN 1090-2 K2	M_A	min[1]	78	193	377	513	652	954	1 296	2 265	–	–	–	–	–
	$= 1{,}10 \cdot k_m \cdot d \cdot F_{p,C}$	max[1]	179	445	868	1181	1 500	2 195	2 981	5 209	–	–	–	–	–
10.9-HV modifiziert K1	M_A*	genau	86	230	461	602	760	1 128	1 512	2 644	4 294	6 428	10 322	15 483	22 602
	$= 0{,}144 \cdot d \cdot F_{p,C}$*	*rund*[2]	***100***	***250***	***450***	***650***	***800***	***1 250***	***1 650***	***2 800***	***4 500***	***6 500***	***10 000***	***15 000***	***22 000***
8.8-HR EN 1090-2 K2	M_A	min[1]	62	155	302	412	521	763	1 037	1 813	–	–	–	–	
	$= 1{,}10 \cdot k_m \cdot d \cdot F_{p,C}$	max[1]	143	357	694	947	1199	1 755	2 386	4 170	–	–	–	–	
8.8-SB modifiziert K1	M_A*	genau	61	161	317	412	518	778	1 058	1 840	–	–	–	–	
	$= 0{,}144 \cdot d \cdot F_{p,C}$*	*rund*[2]	***70***	***170***	***300***	***450***	***600***	***900***	***1 200***	***2 100***	–	–	–	–	

1 nach EN 1993-1-8/EN 1090-2 (K2)
2 nach DIN EN 1993-1-8/NA bzw. DASt-Ri 024 (K1)

<2.2> Zum modifizierten Drehmomentverfahren nach DIN EN 1993-1-8/NA bzw. nach DASt-Ri 024

Zur Erinnerung: Zielgröße dieses Vorspannverfahrens ist die **reduzierte Vorspannkraft $F_{p,C}$*** (vgl. zu II.8.5.1 <1.3>). Es kommt in erster Linie für alle Vorspannmaßnahmen in Frage, mit denen im Sinne der Vorspannungs-Zielebene II (vgl. zu II.8.5.1 <1.2>) die **Gebrauchstauglichkeit** qualitativ verbessert werden soll. Wie zu II.8.5.1 <2.1> bereits ausgeführt, handelt es sich um die bewährte frühere DIN-Variante des Drehmomentverfahrens. Sie unterscheidet sich vom EN-Drehmomentverfahren neben dem Anziehen auf „nur“ die reduzierte Vorspannkraft $F_{p,C}$*, wodurch die in <2.1> beschriebenen Probleme beim drehmomentgesteuerten Hineinfahren in die plastische Verformung des Gewindebereiches weitgehend vermieden werden, zweitens dadurch, dass auf grob gerundete, vom Hersteller und vom Lieferlos unabhängige Werte des **Soll-Anziehmomentes M_A*** angezogen wird. Diese kennt jeder erfahrene Richtmeister und Stahlbaumonteur quasi auswendig, womit die Fehlerquote bei der Montage durch falsches Anziehen minimiert wird. Die Schmierung muss dafür von den Schraubenherstellern gemäß Abschnitt 10.4 der für die Prüfung der Eignung von hochfesten vorspannbaren Schraubengarnituren zum Vorspannen zuständigen Norm EN 14399-2 mit hohem prozesssichernden Aufwand für jeden Durchmesser gezielt so eingestellt werden, dass beim jeweiligen gerundeten Soll-Anziehmoment M_A* die reduzierte Vorspannkraft $F_{p,C}$* als untere Fraktile erreicht wird.

Für die Normdurchmesser M12 bis M36 sind die in DIN EN 1993-1-8/NA bzw. zukünftig in DASt-Ri 024 für Deutschland genormten runden M_A*-Werte für **10.9-HV-Garnituren** in Tabelle KII.8-5 ebenfalls eingetragen. Sie werden in Deutschland seit fast fünf Jahrzehnten unverändert verwendet. Beachtenswert ist, dass sie von der Größenordnung her – wie es auch sein muss – durchaus der europäisch genormten k-Klasse K1 für HV-Garnituren nach EN 14399-4 entsprechen. Das lässt sich leicht zeigen: Mit $k_m \approx 0{,}125$ (vgl. zu II.8.5.1 <2.2>) erhält man unter sinngemäßer Anwendung der Gl. (KII.8-7b)

$$M_A^* = 1{,}15\, M_{r,1}^* = 1{,}15 \cdot 0{,}125\, d\, F_{p,C}^* = 0{,}144\, d\, F_{p,C}^*. \qquad \text{(KII.8-9)}$$

Die mit dieser Gl. (KII.8-9) berechneten „genauen“ M_A*-Werte sind ebenfalls in Tabelle KII.8-5 eingetragen. Man erkennt, dass sie zwar nicht allzu viel von den genormten runden Werten abweichen, dass Letztere aber seinerzeit doch recht grob festgelegt worden sind, um „mit aller

Gewalt“ runde Werte zu erhalten. Gleiches gilt für die fünf großen Durchmesser M42 bis M72 nach DASt-Richtlinie 021 [R26].

Zu den in Tabelle KII.8-5 ferner eingetragenen gerundeten Anziehmomenten M_{A}^* für **8.8-Garnituren** ist anzumerken, dass sie seinerzeit im Rahmen der Erarbeitung der Ausgabe 2002 von DIN 18800-7 für Standard-Metallbauschraubengarnituren mit **normaler** Schlüsselweite (vgl. zu II.5.6.4 <1.5>) mit Hilfe spezieller Versuchsserien ermittelt wurden. Es durfte nicht von Vornherein einfach angenommen werden, dass die Anziehmomente von 8.8-Garnituren mit normaler Schlüsselweite und von 10.9-Garnituren mit großer Schlüsselweite sich zueinander verhalten würden wie ihre Streckgrenzen, denn der Reibungsdurchmesser der gedrehten (geschmierten) Mutter auf der Scheibe ist für die normalgroße Sechskantmutter theoretisch kleiner als für die übergroße HV-Mutter. Tatsächlich ergab sich aber, wie man aus Tabelle KII.8-5 ersieht, ziemlich genau das Verhältnis $640:900 \approx 7:10$. Ob man diese Anziehmomente ohne Weiteres auf 8.8-Garnituren mit großer Schlüsselweite (System HR nach EN 14399-3) anwenden dürfte – z. B. wenn man sie wegen der Bedenken gegen die volle Vorspannkraft $F_{\text{p,C}}$ nur auf die reduzierte Vorspannkraft $F_{\text{p,C}}^*$ anziehen wollte – ist schwer zu sagen. Deren anwendungstechnischer Sinn erschließt sich aber den Verfassern, wie im Kommentar <1.3> zu II.5.6.4 dargelegt, sowieso nicht.

Im Gegensatz zum EN-Drehmomentverfahren darf man beim modifizierten Drehmomentverfahren gemäß DIN EN 1993-1-8/NA bzw. DASt-Ri 024 auch kleinere Vorspannkräfte aufbringen und dabei näherungsweise von einer linearen Anziehfunktion $F_{\text{p}} = F_{\text{b}} = f(M)$ ausgehen. Als untere Grenze für eine sinnvolle Gebrauchstauglichkeitsvorspannung wird dort $F_{\text{p}} = 0{,}5\ F_{\text{p,C}}^*$ mit $M_{\text{A}} = 0{,}5\ M_{\text{A}}^*$ angegeben. Die Verfasser dieses Kommentarbuches halten allerdings nicht viel von der traditionellen 50 %-Vorspannung: Diese „Vorspannung light“ stammt noch aus der Zeit, als auf vielen Baustellen von Hand angezogen wurde. Einem modernen Drehschrauber „ist es egal“, ob er auf 50 % M_{A}^* oder auf 100 % M_{A}^* eingestellt wird. Im letzteren Fall kann man dann eventuelle Vorspannkraftverluste infolge Beschichtungsrelaxation (vgl. zu II.8.5.1 <11>) lockerer sehen.

Weitere Vorteile des modifizierten Drehmomentverfahrens gegenüber dem Standard-Drehmomentverfahren: Es spricht nichts dagegen, bei einfachen Anschlüssen, die nur wenige Schrauben enthalten, in einem einzigen Durchgang bis zum Soll-Anziehmoment anzuziehen – auch wenn in der DASt-Ri 024 in der Regel zwei Anziehschritte vorgesehen sind. Man kann ferner auf der Höhe des Soll-Anziehmomentes problemlos Feinkorrekturen vornehmen und, wenn nötig, nach einigen Tagen zur Kompensierung von Vorspannkraftverlusten nachziehen (vgl. zu II.8.5.1 <11.3>).

<2.3> Zur Gebrauchstauglichkeitsvorspannung von Schrauben < M12

Im Kommentar <1> zu II.8.2.2 wurde bereits erwähnt, dass im Behälter- und Silobau Schraubstöße in dünnen Blechwänden vielfach mit Sechskant-Schraubengarnituren < M12 ausgeführt und auch vorgespannt werden. Solche Verbindungen sind natürlich streng genommen keine vorgespannten Verbindungen im Sinne von EN 1090-2 und müssen als reine Scher-/Lochleibungsverbindungen bemessen werden. Gleichwohl dienen sie der Verbesserung der Gebrauchstauglichkeit, indem sie die Dichtigkeit gewährleisten. Die frühere (inzwischen zurückgezogene) Rundsilo-Norm DIN 18914 [R78] enthielt eine Tabelle mit Vorspannkräften und Anziehmomenten für Sechskantschrauben M8 bis M12. Sie entsprechen grob dem im vorhergehenden Kommentar <2.2> beschriebenen modifizierten Drehmomentverfahren und haben sich in Deutschland seit Jahrzehnten bewährt. Deshalb wird die Tabelle hier auf ausdrücklichen Wunsch der durch das Zurückziehen von DIN 18914 betroffenen Industrie zur Information als Tabelle KII.8-6 wiedergegeben. Sinnvoller wäre es allerdings, ein wissenschaftliches Institut nähme sich der Sache an und entwickelte für die betreffenden Schraubengarnituren bessere Wertepaare $F_{\text{p,C}}^*/M_{\text{A}}$.

Die Soll-Anziehmomente M_{A} in der Tabelle sollen angeblich für leicht geölte schwarze Schraubengarnituren gelten. Ein Vergleich mit den in der VDI-Ri 2230-1 [R199] empfohlenen Montagevorspannkräften und Anziehmomenten bestätigt das allerdings nur in sehr grober Näherung: Mit $\mu_{\text{ges}} \approx 0{,}18$ für „metallisch blank im Anlieferungszustand (leicht geölt)“ werden dort für die in Tabelle KII.8-6 angegebenen Vorspannkräfte erforderliche Anziehdrehmomente angegeben, die 20 bis 50 % größer sind als die hier tabellierten M_A-Werte. Das heißt, die in Tabelle KII.8-6 angegebenen Vorspannkräfte werden mit den dort angegebenen Anziehmomenten in der Regel nicht erreicht werden. Da es sich aber um eine reine Gebrauchstauglichkeitsvorspannung außerhalb der strengen Regeln von EN 1090-2 handelt, ist das hinzunehmen. Dass in der Tabelle auch 5.6-Schrauben aufgeführt sind, hängt mit der Tradition im Behälterbau zusammen. Es bestehen seitens der Verfasser keine Bedenken gegen eine Gebrauchstauglichkeits-Vorspannung dieser mittelfesten Schrauben.

Tabelle KII.8-6: Traditionelle Vorspannkräfte und zugehörige Soll-Anziehmomente für Standard-Metallbauschraubengarnituren M8 bis M12 (schwarz und leicht geölt)

	A_s [mm^2]	**Festigkeitsklasse**					
		5.6		**8.8**		**10.9**	
		F_p [kN]	M_A [Nm]	F_p [kN]	M_A [Nm]	F_p [kN]	M_A [Nm]
M8	36,6	8	12	17	26	24	37
M10	58,0	13	24	27	50	35	70
M12	84,3	18	42	Siehe Tabellen KII.8-2 und KII.8-5			

Zu II.8.5.4 Kombiniertes Vorspannverfahren

<1> Einführender Kommentar zum drehwinkelgesteuerten Anziehen

Wie bei der Kommentierung des EN-Drehmomentverfahrens begründet (vgl. zu II.8.5.3 <2.1>), ist das Anziehdrehmoment für ein kontrolliertes Anziehen in den überelastischen Bereich hinein als Steuergröße grundsätzlich ungeeignet, da man das Ausmaß der eingebrachten plastischen Verformung im Gewindebereich nicht abschätzen kann. Stattdessen sollte, wenn man in den überelastischen Bereich hinein will, verformungsgesteuert angezogen werden. Als geeignete Steuergröße bietet sich der relative Drehwinkel θ zwischen Mutter und Schraube an. Begrenzt man ihn sinnvoll, so lässt sich trotz planmäßiger Inanspruchnahme des überelastischen Bereiches eine gefährliche Überbeanspruchung der Schraube zuverlässig vermeiden.

Es stellt sich die Frage, warum man überhaupt „überelastisch" vorspannen will. Die Antwort ist einfach: Weil man die Schraube optimal ausnutzen will! Im Maschinenbau werden streckgrenzüberschreitende Vorspannverfahren – drehwinkelgesteuertes Anziehen gehört dazu – schon seit geraumer Zeit mit Erfolg angewendet, insbesondere bei hohen Ermüdungsbeanspruchungen wie z. B. im Fahrzeugbau [V38]. Ausreichende Zähigkeits-/Duktilitätseigenschaften der Schrauben vorausgesetzt (bei 8.8- und 10.9-Schrauben ist das der Fall), können die Schraubengarnituren gefahrlos mit einem definierten Drehwinkel in den teilplastischen Verformungsbereich hinein vorgespannt werden. Durch das elastische Rückfedern des verschraubten Systems nach dem Absetzen des Anziehgeräts wird die beim Anziehen in die Schraube eingebrachte Torsionsspannung teilweise abgebaut (Größenordnung 50 %), so dass Reserven für die spätere Betriebsbeanspruchung (z. B. $\Delta\sigma$-Ermüdung in einer Kategorie-E-Verbindung) entstehen. Selbst bei einer weiteren Plastizierung der Schraube unter einer Betriebskraft besteht keine Gefahr, weil der damit verbundene Setz-Vorspannkraftverlust wieder in den elastischen Verformungsbereich zurückführt.

Gemäß VDI-Ri 2230-1 [R199] ist das drehwinkelgesteuerte Anziehen ein indirektes Verfahren der Längenmessung, da die Längenänderung der Schraube über die Steigung des Gewindes (theoretisch) direkt proportional zu dem zurückgelegten Drehwinkel ist. Dabei werden sowohl die Druckverformungen innerhalb der verspannten Teile als auch die in den Kontaktflächen bis zur vollflächigen Anlage eintretenden elastischen und plastischen Verformungen mitgemessen.

Für das Verständnis der weiteren Darlegungen ist es sinnvoll, die Vorspannkraft/Drehwinkel-Kurve vor Augen zu haben; siehe rechtes Diagramm (b) in Bild KII.8-18. Schraubengarnituren bei der Montage von Anfang an ausschließlich drehwinkelgesteuert anzuziehen, ist wegen der großen Streuung der Vorspannkraft/Drehwinkel-Kurven im nichtlinearen Anfangsbereich nicht möglich (siehe Bild KII.8-18b). Zunächst muss ein so genanntes Fügemoment aufgebracht werden, um die zu verspannenden Teile flächig zur Anlage zu bringen. Der zugehörige Drehwinkel $\theta_{A,KV}$ (siehe Bild KII.8-18b) variiert bzw. streut sehr stark in Abhängigkeit vom Steifigkeitsverhalten des zunächst noch klaffenden Klemmpakets und ist deshalb als Steuergröße nicht geeignet. Das Fügemoment wird im Stahlbau **„Voranziehmoment"** $M_{A,KV}$ genannt. Es wird drehmomentgesteuert aufgebracht (siehe Bild KII.8-18a). Danach wird drehwinkelgesteuert weiter angezogen. Das Verfahren wird deshalb **„Kombiniertes Vorspannverfahren"** genannt.

Das drehwinkelgesteuerte Endanziehen hochfester Schraubengarnituren im Stahlbau wurde in den USA bereits seit Mitte des letzten Jahrhunderts unter der Bezeichnung *„turn-of-nut method"* optional zum drehmomentgesteuerten Endanziehen eingesetzt [V41]. In Deutschland wurde es erstmals 1974 in der DASt-Richtlinie 010 für die Anwendung hochfester Schrauben im Stahlbau unter der Bezeichnung „Drehwinkelverfahren" eingeführt. Die Voranziehmomente betrugen 10 ÷ 20 % der Anziehmomente M_A* des heutigen modifizierten Drehmomentverfahrens. Sie erwiesen sich später als viel zu klein, um bei geschweißten Stahlkonstruktionen mit ihren unvermeidbaren Schweißverwerfungen die zu verschraubenden Teile ausreichend flächig zum Anliegen zu bringen. Das Verfahren wurde deshalb nicht mehr in DIN EN 1993-1-8/NA übernommen.

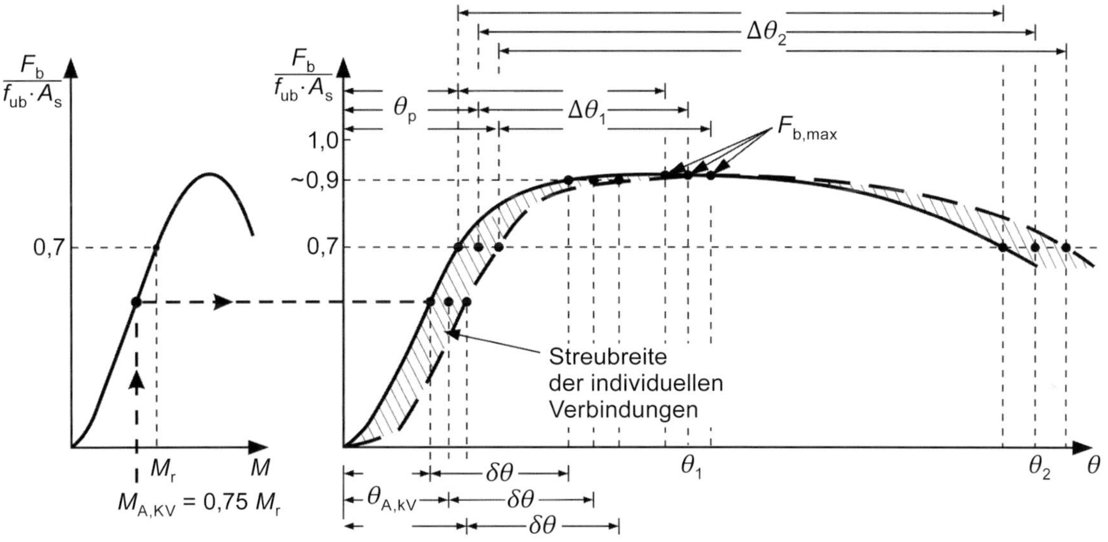

Bild KII.8-18: Zum strukturmechanischen Hintergrund des Kombinierten Vorspannverfahrens:
a) 1. Anziehschritt – Vorspannkraft/Anziehdrehmoment-Kurve
b) 2. Anziehschritt – Vorspannkraft/Drehwinkel-Kurve

Der Nationale Anhang DIN EN 1993-1-8/NA [R104] und zukünftig die DASt-Ri 024 [R29] schreiben für Bauvorhaben in Deutschland verbindlich vor, dass, wenn auf die volle Vorspannkraft $F_{p,C}$ vorgespannt werden soll, das Kombinierte Vorspannverfahren nach EN 1090-2 anzuwenden ist. Hintergrund dafür sind die im Kommentar <2.1> zu II.8.5.3 beschriebenen Vorbehalte gegenüber dem EN-Drehmomentverfahren. Die volle Vorspannkraft, daran sei erinnert, wird in EN 1090-2 für tragsicherheitsrelevantes Vorspannen, d. h. für die Verbindungskategorien B, C und E nach EN 1993-1-8, zwar nicht verbindlich gefordert, aber als Regel vorgegeben („falls nicht ein geringeres Vorspannkraftniveau festgelegt wird"), im Übrigen auch von den Verfassern dieses Kommentarbuches dringend empfohlen (vgl. zu II.8.5.1 <1.3>). Gegenüber dem EN-Drehmomentverfahren hat das Kombinierte Vorspannverfahren nach EN 1090-2 den zusätzlichen Vorteil, dass die eingesetzten Schraubengarnituren nur k-Klasse K1 aufzuweisen brauchen, so dass man feste Voranziehmomente angeben kann. Das Kombinierte Vorspannverfahren wird sich nach Meinung der Verfasser generell im Stahlbau bei Anwendungen mit hoher Sicherheitsrelevanz der vorgespannten Verbindung (Zielebene I gemäß Kommentar <1.2> zu II.8.5.1) durchsetzen.

Beachtenswert ist, dass für beide in Deutschland einsetzbaren Vorspannverfahren (vgl. Tabelle KII.8-3), d. h.

- das modifizierte Drehmomentverfahren für Vorspannen auf das Niveau $F_{p,C}$* oder weniger und
- das Kombinierte Vorspannverfahren für Vorspannen auf das Niveau $F_{p,C}$,

die moderate k-Klasse K1 ausreicht. Die komplizierte k-Klasse K2 (vgl. zu II.8.5.1 <2.2>) hat damit in Deutschland keine Bedeutung, ein nicht zu unterschätzender ökonomischer Sachverhalt.

<2> Zu Abs. 1a und Tabelle II.20 – Erster Anziehschritt, Voranziehmoment

Im ersten Anziehschritt wird **drehmomentgesteuert** ein Voranziehmoment aufgebracht in Höhe von „etwa" (!) 75 % des Referenz-Drehmoments M_r (vgl. Bild KII.8-18a):

$$M_{A,KV} = 0{,}75\, M_{r,1} \text{ oder} = 0{,}75\, M_{r,2} \text{ oder} = 0{,}75\, M_{r,test}. \tag{KII.8-10}$$

Falls die erste Variante von Gl. (KII.8-10) genommen wird, darf gemäß Normtext das Voranziehmoment vereinfachend zu

$$M_{A,KV} = 0{,}75\, M_{r,1} \cong 0{,}75 \cdot 0{,}125\, d\, F_{p,C} = 0{,}094\, d\, F_{p,C} \tag{KII.8-11}$$

angenommen werden. Die zugehörigen Zahlenwerte sind in der Normtabelle II.20 für die beiden Festigkeitsklassen 8.8 und 10.9 tabelliert. Bei der Verwendung dieser Zahlenwerte in der Praxis sollte man bedenken, dass die verbale Vorgabe der Norm für den ersten Anziehschritt bewusst „**etwa** 0,75 M_r" lautet, dass hier also eine übertriebene Exaktheit nicht erforderlich ist. Unterstrichen wird das dadurch, dass für das eingesetzte Anziehgerät nur eine vergleichsweise geringe Genauigkeit von ± 10 % verlangt wird (vgl. zu II.8.5.1 <7>). Das hängt mit dem strukturmechanischen Prinzip des Kombinierten Vorspannverfahrens und der daraus folgenden, ebenfalls bewusst groben Vorgabe des Weiterdrehwinkels im anschließenden zweiten Anziehschritt zusammen (siehe <3>). Eine Kontrolle dieses Voranziehmomentes mit ähnlicher „Schärfe" wie des Endanziehmomentes bei den Drehmoment-Vorspannverfahren wäre nicht sachgerecht. Viel wichtiger ist es, dass die Verbindungen vor dem zweiten Anziehschritt vollständig zusammengezogen sind (siehe hierzu auch zu II.12.5.2.6 <1>). Um all dies für den Anwender besser erkennbar zu machen, hätte man in Tabelle II.20 gerundete Werte statt der „exakten" Zahlenwerte normieren sollen.

In der zukünftigen DASt-Ri 024 [R29] ist das im Prinzip geschehen. Die dort angegebenen runden Voranziehmomente M_{Vor} stammen aus dem früheren deutschen „modifizierten kombinierten Vorspannverfahren". Sie liefern nach Untersuchungen am IML der Uni Duisburg-Essen zusammen mit den EN-Weiterdrehwinkeln zuverlässig hohe Vorspannungsniveaus, wie in Bild KII.8.18.

Als Anziehgeräte für den ersten Schritt des Kombinierten Vorspannverfahrens kommen im Prinzip alle drehmomentgesteuerten Anziehgeräte in Frage, ausgenommen Schlagschrauber (vgl. zu II.8.5.3 <1.3>). Als besonders vorteilhaft für das Kombinierte Vorspannverfahren werden auf dem Markt zuweilen moderne motorische Drehschrauber angepriesen, die sowohl mit Drehmomentmessung als auch mit Drehwinkelmessung ausgestattet sind und die ohne Absetzen von drehmomentgesteuertem Anziehen (bis zum Voranziehmoment) auf drehwinkelgesteuertes Anziehen (bis zum spezifizierten Weiterdrehwinkel) umgeschaltet werden können bzw. sogar selbst automatisch umschalten. Würde man sie einsetzen, entfiele aber die Möglichkeit, nach dem ersten Anziehschritt die Lage aller Muttern relativ zum Schraubengewinde zu markieren, wie von der Norm gefordert, um nach dem zweiten Anziehschritt die aufgebrachten Weiterdrehwinkel überprüfen zu können. Insofern kann auf den Stopp zwischen erstem und zweitem Anziehschritt grundsätzlich nicht verzichtet werden.

<3> Zu Abs. 1b und Tabelle II.21 – Zweiter Anziehschritt, Weiterdrehwinkel

Bild KII.8-18b veranschaulicht den zweiten Anziehschritt des Kombinierten Vorspannverfahrens. Nachdem mit Hilfe des drehmomentgesteuerten Voranziehens der Anfangsbereich der Schraubenkraft/Drehwinkel-Kurve mit seinen stark streuenden Voranziehwinkeln $\theta_{A,KV}$

umgangen wurde, sind die Weiterdrehwinkel $\delta\theta$ (Differenzdrehwinkel bis zum gewünschten Vorspannkraftniveau) relativ unabhängig vom Voranziehverlauf – vorausgesetzt, die zu verbindenden Bauteile liegen bei Beginn des Weiterdrehens ausreichend flächig aneinander, d. h. die weiteren Kurvenverläufe sind ausreichend affin. Davon kann bei den mit 0,75 M_r relativ hoch angesetzten Voranziehmomenten in der Regel ausgegangen werden. Der Weiterdrehwinkel kann nun vergleichsweise grob festgelegt werden. Er muss nur einwandfrei groß genug sein, um zuverlässig die Garnitur deutlich über die Mindestvorspannkraft $F_{p,C} = 0{,}7 \cdot f_{ub} \cdot A_S$ zu bringen (vgl. Bild KII.8-18b). Ein moderat zu großer Weiterdrehwinkel ist ungefährlich, weil die Schraube wegen des flacher werdenden überelastischen Verlaufs der Schraubenkraft/Drehwinkel-Kurve nicht überbeansprucht werden kann – im Gegensatz zur Situation bei einem zu großen Anziehmoment beim drehmomentgesteuerten Anziehen!

Tabelle KII.8-7 – die ersten drei Spalten sind identisch mit Tabelle II.21 von EN 1090-2, wobei lediglich „t" in Übereinstimmung mit der Normenreihe EN 14399 durch die Klemmlänge „Σt" ersetzt wurde – enthält die genormten Weiterdrehwinkel $\delta\theta$. Sie sind – strukturmechanisch konsequent – von der Klemmlänge, d. h. von der Schraubenlänge abhängig: Je dehnweicher die Schraube, desto mehr muss die Mutter auf der Schraube gedreht werden, um die gleiche Dehnung in der Schraube zu erzielen. An der groben Einteilung in nur drei Längenklassen kann man die sicherheitstechnische Gutartigkeit des winkelgesteuerten Weiterdrehens erkennen.

Um die Weiterdrehwinkel in die durch die Garniturhersteller mit Hilfe des Eignungsversuches nach EN 14399-2 gewährleisteten plastischen Verformungsreserven der vorspannbaren Schraubengarnituren einordnen zu können, sind die Zähigkeits-/Duktilitätskriterien der Produktnormen EN 14399-3 und -7 für HR-Garnituren sowie EN 14399-4 und -8 für HV-Garnituren ebenfalls in Tabelle KII.8-7 eingetragen. Sie bedeuten (vgl. Bild KII.8-18b):

- $\Delta\theta_1$ = Winkel, um den die Mutter (oder die Schraube), ausgehend von der Soll-Vorspannkraft $0{,}7 f_{bu} \cdot A_S$, weitergedreht werden muss, bevor die größte Schraubenkraft $F_b = F_{b,max}$ erreicht wird. Letztere erreicht wegen der überlagerten Anziehtorsion in der Regel nicht die nominelle Bruchkraft $f_{bu} \cdot A_S$, muss aber $\geq 0{,}9 f_{bu} \cdot A_S$ sein.
- $\Delta\theta_2$ = Winkel, um den die Mutter (oder die Schraube), ausgehend von der Soll-Vorspannkraft $0{,}7\, f_{bu} \cdot A_S$ weitergedreht werden muss, bevor die Schraubenkraft F_b den Wert $0{,}7 f_{bu} \cdot A_S$ wieder unterschreitet.

Man erkennt, dass die normierten Weiterdrehwinkel $\delta\theta$ – sie beginnen bei einer Vorspannkraft von etwa $0{,}75 \cdot 0{,}7 f_{bu} \cdot A_S \approx 0{,}5 f_{bu} \cdot A_S$ – die Gleichmaßwinkeldrehung $\Delta\theta_1$ nicht ausnutzen und weit weg sind vom Duktilitätsmaß $\Delta\theta_2$.

Tabelle KII.8-7: Weiterdrehwinkel des zweiten Anziehschrittes des Kombinierten Vorspannverfahrens sowie vorausgesetzte Duktilitätskriterien

Klemmlänge: Gesamtnenndicke „Σt" der zu verbindenden Teile (einschließlich aller Futterbleche und Scheiben) (d = Schrauben-∅)	**Im 2. Anziehschritt aufzubringender Weiterdrehwinkel $\delta\theta$**		**Zähigkeits-/Duktilitätskriterien nach EN 14399-3 u. -7/-4 u. -8**	
	Grad	**Drehung**	$\Delta\theta_1 \geq$	$\Delta\theta_2 \geq$
$\Sigma t < 2d$	60°	1/6	90°/90°	210°/180°
$2d \leq \Sigma t < 6d$	90°	1/4	120°/120°	240°/210°
$6d \leq \Sigma t < 10d$	120°	1/3	150°/150°	270°/240°

Zum Aufbringen des Weiterdrehwinkels ist aus rein praktischer Sicht noch Folgendes anzumerken: Verwendet man dazu ein Anziehgerät, bei dem man den Weiterdrehwinkel nicht einstellen kann, bei dem man also beim Anziehen die vorgeschriebene Markierung der Mutterposition relativ zum Schraubengewinde im Auge behalten muss (z. B. einen händischen Drehmomentschlüssel), so verdeckt dessen Schraubnuss genau diese Markierung. Man muss dann ggf. an der Nuss und am Bauteil eine zweite Markierung anbringen, mit deren Hilfe der zu erreichende Weiterdrehwinkel abgelesen werden kann. Nach dem Entfernen der Nuss kann schließlich der tatsächlich erreichte Weiterdrehwinkel mit Hilfe der Markierung auf der Garnitur überprüft werden.

<4> Zum sinnvollen Einsatz des Kombinierten Vorspannverfahrens

Für deutsche Stahlbauer ist das Kombinierte Vorspannverfahren noch immer gewöhnungsbedürftig. Man hat vorzuspannende Schraubengarnituren seit vielen Jahrzehnten praktisch ausschließlich drehmomentgesteuert auf die jetzt $F_{p,C}$* genannten Vorspannkräfte mit dem jetzt „modifiziertes Drehmomentverfahren" genannten Vorspannverfahren angezogen und damit keine schlechten Erfahrungen gemacht. In der deutschen Stahlbaubranche besteht deshalb Konsens, dass man, soweit mit der europäischen Normung vereinbar, an dieser bewährten Technologie festhalten sollte – was in der zukünftigen **DASt-Ri 024** [R29] konsequent umgesetzt worden ist (siehe <5>). Für den deutschen Anwender stellt sich nun die Frage, ob und warum er das Kombinierte Vorspannverfahren überhaupt einsetzen sollte – wo er doch grundsätzlich für alle Anwendungen auch das modifizierte Drehmomentverfahren einsetzen darf. Als Entscheidungshilfe seien hier noch einmal die Vor- und Nachteile des Kombinierten Vorspannverfahrens im Vergleich zu Drehmoment-Vorspannverfahren zusammengestellt (u. a. nach [V3] [V38] [R199]).

Vorteile:

- Die tatsächlich erreichten Vorspannkräfte liegen weit über der vorgegebenen „Mindestvorspannkraft" $F_{p,C}$, de facto nur wenig unter $F_{b,max}$, weil man gefahrlos in den überelastischen Bereich hinein vorgespannt hat (vgl. Bild KII.8.18b).
- Die erreichten Vorspannkräfte streuen deshalb nur wenig.
- Vorspannkraftverluste infolge von Setzen und ggf. Beschichtungsrelaxation bleiben deshalb zuverlässig oberhalb von $F_{p,C}$ (Ausnahme: „Dicke" Beschichtungen, vgl. zu II.8.5.1 <11>). Maßnahmen zum Ausgleich eventueller Vorspannkraftverluste, z. B. durch Nachziehen wie bei den Drehmomentverfahren, sind damit nicht erforderlich.
- Die elastischen Zugspannungsschwingbreiten $\Delta\sigma$ bei Ermüdungsbeanspruchung der vorgespannten Verbindung spielen sich im Bereich hoher Vorspannungsniveaus ab, so dass eine große Sicherheit gegen Lockern der Verbindung besteht.

Nachteile:

- Eine quantitative Überprüfung des erreichten Vorspannkraftniveaus, wie z. B. zumindest indirekt durch Nachziehen mit einem Prüfmoment bei den Drehmomentverfahren, ist nicht möglich (siehe aber zu II.12.5.2.6 <3>).
- Die Schrauben sind keinesfalls wiederverwendbar.

Abschließend sei noch einmal die von den Verfassern empfohlene Einsatzsystematik für die beiden in Deutschland zulässigen Vorspannverfahren zusammengefasst (siehe auch [V69] [V83]:

- Bei allen Verbindungen der **Kategorien A und D**, die im Hinblick auf **Zielebene II** (vgl. zu II.8.5.1 <1.2>) vorgespannt werden, ist $F_{p,C}$* mit modifiziertem Drehmomentverfahren völlig ausreichend und zu empfehlen. Die zukünftige DASt-Ri 024 enthält Beispiele für typische konstruktive Details mit Zielebene-II-Verbindungen.
- Bei Verbindungen der **Kategorie B** ist $F_{p,C}$ mit Kombiniertem Vorspannverfahren zwar zu empfehlen, aber nicht unbedingt erforderlich.
- Bei Verbindungen der **Kategorien C und E**, die im Hinblick auf **Zielebene I** vorgespannt werden, ist $F_{p,C}$ mit Kombiniertem Vorspannverfahren dringend zu empfehlen.

<5> Zu den Regelungen der DASt-Ri 024 für Vorspannkräfte und Vorspannverfahren

Eines der Grundanliegen der Macher von DASt-Ri 024 [R29] war, alle von der europäischen Normung (EN 1993-1-8 und EN 1090-2) her möglichen Regelungsöffnungen („soweit nicht anders festgelegt") konsequent auszunutzen. Das führt teilweise zu scheinbar unübersichtlichen Regelungen, insbesondere für deutsche Anwender, die es traditionsgemäß gewohnt sind, nach klaren (ganz früher „baupolizeilichen") Vorgaben zu arbeiten. Es entspricht aber der gewollten europäischen Tendenz, möglichst viele Entscheidungen den am Bau Beteiligten zu überlassen. Nachfolgend werden die zentralen Regelungen der DASt-Ri 024 kommentiert.

Erstens werden das „reduzierte" Vorspannkraftniveau $F_{p,C}$* und das „volle" Vorspannkraftniveau $F_{p,C}$ als Regel-Vorspannkraftniveaus völlig gleichberechtigt nebeneinander behandelt. Darüber hinaus sind auch hiervon abweichende Vorspannkraftniveaus zulässig. Dabei sehen die Verfasser dieses Kommentarbuches allerdings bei „normalen" Verbindungen mit Schraubengarnituren keinen vernünftigen Grund für den Bereich zwischen $F_{p,C}$* und $F_{p,C}$. Vorstellbar sind dafür höchstens spezielle firmenspezifische Sackloch- oder Gewindeteil-Vorspannungen, für die aber ohnehin eine Verfahrensprüfung erforderlich ist [V78].

Zweitens dürfen formal beide Regel-Vorspannkraftniveaus für alle fünf Verbindungskategorien A bis E und für beide Zielebenen I und II eingesetzt werden. Praktisch wird man hoffentlich in 99 % aller Fälle bei Zielebene I (Kategorien C und E, eventuell auch B) auf $F_{p,C}$ vorspannen, bei Zielebene II (Kategorien A und D) auf $F_{p,C}$*. Zumindest ist das die klare Empfehlung der Verfasser dieses Buches.

Drittens ist für das Vorspannen auf $F_{p,C}$ das Kombinierte Vorspannverfahren verbindlich vorgeschrieben, für das Vorspannen auf $F_{p,C}$* (und weniger) das modifizierte Drehmomentverfahren.

Verfahren für HRC-Schrauben

Zu II.8.5.5

Die HRC-Schrauben wurden im Kommentar <1.4> zu II.5.6.4 als europäisch genormte Sonderform vorspannbarer Schraubengarnituren (Produktnorm: **EN 14399-10**) beschrieben. Wie dort ausgeführt, ist das Verfahren gemäß DIN EN 1993-1-8/NA [R104] in Deutschland nicht ohne bauaufsichtlichen Verwendungsnachweis einsetzbar (vgl. auch Tabelle KII.8-3). Es gab eine inzwischen abgelaufene abZ dazu, jetzt eine ETA (Nr. **13/0244** [R181]). Wie gesagt, im Ausland wird dieses Vorspannverfahren relativ häufig eingesetzt. Bild KII.8-19 zeigt eine Anwendung in Frankreich; man erkennt deutlich die blanken Torsionsscherbruchflächen. Ob das Vorspannen mit HRC-Schrauben auch auf deutschen Baustellen zukünftig öfter anzutreffen sein wird, wird sich zeigen.

Die Funktionsweise des Abscherschraubers und die Verfahrensschritte beim Vorspannen sind im Normabschnitt II.8.5.5 ausführlich und verständlich beschrieben. Bemerkenswert ist, dass auch bei diesem Sonder-Vorspannverfahren in zwei Anziehschritten angezogen wird, wobei der erste wie beim Kombinierten Vorspannverfahren drehmomentgesteuert erfolgt. Auf eine vertiefte Kommentierung wird hier mit Rücksicht auf den Umfang des vorliegenden Buches verzichtet.

Quelle: Lothar Bär

Bild KII.8-19: Endgültig angezogene HRC-Schrauben in der Stahlkonstruktion eines Museumsneubaus in Frankreich

Eine ergänzende Anmerkung erscheint den Verfassern wichtig: Die im letzten Textabsatz von II.8.5.5 genannte Option, bei eventuellem Platzmangel für das Ansetzen des Abscherschraubers (einem der Hauptnachteile des Verfahrens) einfach ersatzweise mit Hilfe des EN-Drehmomentverfahrens vorzuspannen, erscheint wenig hilfreich. Erstens müsste man dann den Schraubenkopf gegenhalten, was in vielen Anwendungsfällen nicht möglich wäre. (Zur Erinnerung: Der montagetechnische Vorteil der HRC-Schrauben besteht ja gerade darin, dass man nicht gegenhalten muss, vgl. zu II.5.6.4 <1.4>). Man müsste zweitens die Garnituren prophylaktisch stets mit K2-Schmierung bestellen; denn würde man den Platzmangel schon bei der Planung erkennen, würde man ja von Vornherein normale HR-Garnituren einsetzen. Außerdem: das verzahnte Ende würde in solchermaßen vorgespannten HRC-Schrauben stehen bleiben!

Zu II.8.5.6 Verfahren mit direkten Kraftanzeigern

Auch die kraftanzeigenden Scheiben (DTI-Scheiben), zusammen mit HV- oder HR-Schraube/Mutter-Kombinationen verbaut, wurden als europäisch genormte Sonderform vorspannbarer Schraubengarnituren (Produktnorm: **EN 14399-9**) im Kommentar <1.4> zu II.5.6.4 beschrieben. Wie dort ausgeführt, ist das Vorspannen mit DTI-Scheiben gemäß DIN EN 1993-1-8/NA [R104] in Deutschland ebenfalls nicht ohne bauaufsichtlichen Verwendungsnachweis erlaubt (vgl. auch Tabelle KII.8-3). Es gibt bisher keine abZ, also kommt derzeit nur eine Zustimmung im Einzelfall (ZiE) in Frage. Im Ausland wird auch dieses Vorspannverfahren relativ häufig eingesetzt, so dass abzuwarten sein wird, wie weit es sich auf deutschen Baustellen zukünftig durchsetzen kann. Dabei müssten aber die am IML der Uni Duisburg-Essen erarbeiteten Erkenntnisse und Empfehlungen [V58] berücksichtigt werden (vgl. zu II.5.6.4 <1.4>).

Der Einbau der DTI-Scheibe und die Verfahrensschritte beim Anziehen und Überprüfen der kraftanzeigenden Restspaltbreiten mit einer Fühllehre/Spaltlehre sind in EN 14399-9, auf die im Normabschnitt II.8.5.6 mehrfach verwiesen wird, ausführlich beschrieben. Auch bei diesem Sonder-Vorspannverfahren wird in zwei Anziehschritten angezogen, wobei der erste jedoch nicht drehmomentgesteuert, sondern ebenfalls über den Spalt zwischen DTI-Scheibe und normaler flacher Scheibe definiert ist. Auf eine vertiefte Kommentierung wird hier verzichtet.

Zu II.8.6 Passschrauben

Gemeint ist hier nicht das Produkt Passschraube, sondern das Verbinden mit Passschrauben, d. h. das Herstellen von geschraubten Passverbindungen. Für das Produkt Passschraube wurde bei der Kommentierung der Ausgangsprodukte im Abschnitt II.5.6 für nicht vorgespannte und für vorgespannte Anwendungen von Passschrauben je eine einschlägige Produktnorm aufgeführt: **DIN 7968** für „deutsche“ Stahlbau-Passschrauben und **EN 14399-8** für HVP-Passschrauben (vgl. Tabelle KII.5-8).

Beide Schraubentypen haben kurze Gewinde, so dass die hier im zweiten Textabsatz genannte $t/3$-Bedingung für den höchstzulässigen Gewindeanteil des Schraubenschaftes im auf Lochleibung beanspruchten Blech unter der Mutter beim Standard-Zweiblechpaket in der Regel kein Problem darstellt. Allerdings kann insbesondere bei HVP-Schrauben bei Ausnutzung der maximalen Klemmlänge max (Σt) und gleichzeitig kleinstzulässiger Schaftlänge min l_S der Gewindeanteil etwas größer als $t/3$ ausfallen. Ob man dann eine längere Schraube mit zusätzlicher Scheibe unter der Mutter wählt, oder ob man es bei der geringfügigen Nichteinhaltung der Bedingung belässt, muss im Einzelfall entschieden werden. Bei mehr als zwei zusammengespannten Blechen (wie in Bild II.4 dargestellt) oder bei einem relativ dünnen Blech unter der Mutter ist die Bedingung meistens nicht ohne zusätzliche Scheibe(n) oder Unterlegblech unter der Mutter einzuhalten.

Die Forderung im dritten Textabsatz, dass eine Passschraube ohne übermäßigen Kraftaufwand eingesetzt werden muss, dürfte angesichts der sehr scharfen Lochspielregelung für Passverbindungen in EN 1090-2 (vgl. zu II.6.6.1 <2> sowie zu II.6.6.2 <1>) nicht einfach zu realisieren sein. Der Hinweis darauf, dass das Gewinde nicht beschädigt werden darf, ist natürlich ernst zu nehmen.

Warmnieten

Zu II.8.7

Einführender Kommentar zum Warmnieten

Diese traditionsreiche Verbindungstechnik, ohne die die Entwicklung der Stahlbauweise gar nicht möglich gewesen wäre, war lange Zeit fast völlig aus dem deutschen Stahl- und Metallbau verschwunden, verdrängt durch die wirtschaftlicheren Verfahren des Schweißens und Schraubens. Bei der Sanierung von älteren, vor allem denkmalgeschützten Bauwerken aus Stahl gewann diese Verbindungsart aber in letzter Zeit auch in Deutschland wieder verstärkt an Bedeutung. Man kann wohl zukünftig von einem zwar kleinen, aber stabilen Anwendungsbereich ausgehen. Deshalb sind die hier in EN 1090-2 wiedergegebenen Grundregeln für Nietverbindungen nicht nur für solche europäischen Länder, in denen noch häufiger genietet wird, wichtig, sondern können durchaus auch für deutsche Stahlbaufirmen in Sonderfällen Bedeutung haben.

Niete

Zu II.8.7.1

Für das Produkt Niet wurden bei der Kommentierung der Ausgangsprodukte im Abschnitt II.5.6 die klassischen deutschen Produktnormen **DIN 101**, **DIN 124** und **DIN 302** aufgeführt (vgl. zu II.5.6.10). Die im vorliegenden Textabsatz aufgestellte Forderung ausreichender Länge des Nietes ist trivial und bedarf keines Kommentars.

Einbau von Nieten

Zu II.8.7.2

<1> Zu Abs. 1 bis 3 – Zusammenziehen der zu verbindenden Teile

Analog zur geschraubten Verbindung (vgl. zu II.8.3 <1>) muss auch eine qualitätsgerecht hergestellte Nietverbindung weitgehend flächigen Kontakt aufweisen, u. a. mit Rücksicht auf den Korrosionsschutz. Da die Niete aber ihre Klemmwirkung erst beim Erkalten entwickeln, müssen – im Gegensatz zur geschraubten Verbindung – sekundäre Hilfsmittel eingesetzt werden, um die zu verbindenden Teile zusammenzuziehen und während des Nietvorganges zusammenzuhalten. Es ist naheliegend, zu diesem Zweck Montageschrauben einzusetzen. Die Norm präzisiert das insofern, als sie solche temporären Schrauben in jedem vierten Nietloch verlangt.

<2> Zu Abs. 4 – Nietgeräte

Mit den hier genannten Geräten, die einen konstanten Druck liefern, sind vor allem hydraulisch arbeitende Geräte gemeint. Bild KII.8-20 zeigt eine solche Nietmaschine im Einsatz bei den Erneuerungsarbeiten für die Stahlkonstruktion der Wuppertaler Schwebebahn, wo aus Denkmalschutzgründen viele Bauteile genietet werden mussten. Eine reine Handnietung oder die Nietung mit pneumatischen Nietklammern werden so gut wie überhaupt nicht mehr angewandt.

Quelle: Hollandia B.V.,Niederlande

Bild KII.8-20: Hydraulische Nietmaschine des Dauerdrucktyps im Einsatz bei Nietarbeiten für die Wuppertaler Schwebebahn

<3> Zu Abs. 5 bis 7 – Nietvorgang

Die detaillierten Anweisungen der Norm zum Erhitzen, Einsetzen und Schlagen des Nietes sind eindeutig und klar. Niete müssen in der Rotglut verarbeitet werden, damit das Abkühlen erst im fertig geformten Zustand erfolgt. Der Niet verkürzt sich dabei und klemmt die Verbindung zusammen. Dabei entsteht eine gewisse Vorspannung, die einer der Hauptgründe für die positiven Trageigenschaften der „guten alten“ Nietverbindung ist. Lange Niete neigen dazu, während des Nietvorganges im Loch zu knicken. Dies kann zur Folge haben, dass kein komplettes Ausfüllen des Loches und damit nicht die volle Klemmwirkung erreicht wird. Die hier im Normtext zusammengestellten elementaren Be- und Verarbeitungshinweise sollten deshalb unbedingt eingehalten werden.

<4> Zu Abs. 8 – Senkniete

Dass der Kopf eines Senknietes nicht aus einer als blecheben vorgeschriebenen Oberfläche hervorstehen darf, ist selbstverständlich.

Zu II.8.7.3 Abnahmekriterien

Eine Kommentierung der hier aufgeführten Abnahmekriterien erübrigt sich unter Hinweis auf den Abschnitt **II.12.5.3.1** der EN 1090-2, bei dessen Kommentierung auf diese Abnahmekriterien eingegangen wird.

Zu II.8.8 Einsatz besonderer Verbindungsmittel und Verbindungsmethoden

<1> Zu Abs. 1 nebst Anmerkung 1 – Allgemeine Anforderungen

Die hier zunächst geforderte Einhaltung der Empfehlungen des Verbindungsmittelherstellers sollte selbstverständlich sein. Hinsichtlich der besonders hervorgehobenen Verbindungstechnik zu anderen Konstruktionswerkstoffen (gemeint sind Beton, Mauerwerk, Holz) muss darauf hingewiesen werde, dass es dafür eine „Unmenge“ allgemeiner bauaufsichtlicher Zulassungen (abZ) und European Technical Approvals bzw. Assessments (ETA) gibt. Bevor man sich auf den mühsamen Weg einer Zustimmung im Einzelfall mit entsprechenden aufwändigen Verfahrensprüfungen usw. begibt, sollte man stets prüfen, ob es nicht ein bereits zugelassenes gleichwertiges besonderes Verbindungsmittel gibt.

<2> Zu Abs. 2 – Verfahrensprüfungen

Dass für den Einsatz besonderer Verbindungsmittel und -methoden grundsätzlich eine Verfahrensprüfung erforderlich ist – es sei denn, es gibt eine ETA oder abZ –, dürfte selbstverständlich sein und bedarf keiner Kommentierung.

<3> Zu Abs. 3 – Analogie mit genormten Schraubengarnituren

Dieser Normabsatz stellt eine aus Sicht der Verfasser enorm wichtige Öffnungsklausel gegen eine zu enge Auslegung des Begriffes „besonderes Verbindungsmittel“ dar (vgl. auch zu II.5.6.11 <1>). Als Voraussetzung dafür, dass eine „besondere Gewindebohrung“ (d. h. ein Teil mit Innengewinde) oder ein „besonderer Gewindebolzen“ (d. h. ein Teil mit Außengewinde) kein besonderes Verbindungsmittel darstellt, wird hier eine Analogie hinsichtlich der Werkstoffe, der Gewindeformen und der Gewindetoleranzen mit den Produktnormen für nicht vorspannbare Schraubengarnituren gefordert; das ist vernünftig. Diese Analogie ist die Grundlage für die in diesem Kommentarbuch unter dem Dach des Kommentars zu **II.5.6.7** „Ankerschrauben“ beschriebenen verschiedenartigen Gewindeteile mit Außengewinde und Innengewinde, die sämtlich keine besonderen Verbindungsmittel im Sinne des vorliegenden Abschnittes von EN 1090-2 darstellen.

<4> Zu Abs. 4 nebst Anmerkung 2 – Harz-Injektions-Schrauben

Wie bereits im Kommentar zu II.5.6.11 <2> postuliert, stellen Harz-Injektions-Schrauben den Prototyp eines besonderen mechanischen Verbindungsmittels im Sinne von EN 1090-2 dar – im Gegensatz zu den im vorhergehenden Kommentar <3> angesprochenen Gewindeteilen. Der in der Anmerkung in Bezug genommene informative **Anhang II.J** enthält umfangreiche Informationen, sowohl im Sinne einer Produktnorm für die speziellen Schraubenköpfe, Muttern und Scheiben, als auch im Sinne einer Verfahrensanweisung für die Lochherstellung und das Einfüllen des Harzes (siehe auch Kommentar dazu).

Die hier im Normtext allgemein geforderte „Festlegung der Anforderungen" an Bereitstellung und Einsatz von Injektionsschrauben wird im Nationalen Anhang DIN EN 1993-1-8/NA für Deutschland wieder als Forderung eines bauaufsichtlichen Verwendbarkeitsnachweises konkretisiert, also einer europäischen Zulassung bzw. Bewertung (ETA) oder einer deutschen allgemeinen bauaufsichtlichen Zulassung (abZ) oder einer bauaufsichtlichen Zustimmung im Einzelfall (ZiE). Bisher gibt es weder eine ETA noch eine abZ, so dass derzeit, ähnlich wie bei den DTI-Scheiben, nur eine ZiE in Frage kommt. Mit Injektionsschrauben liegen nach Wissen der Verfasser in Deutschland kaum baupraktische Erfahrungen vor.

Verschleiß und Fressen bei nichtrostenden Stählen — Zu II.8.9

Im vorliegenden Normabschnitt werden eigentlich keine Regeln für das mechanische Verbinden mit nichtrostenden Verbindungsmitteln gegeben, sondern einige ausgewählte spezielle Hinweise für das Handling nichtrostender Stahlbauteile, die miteinander verbunden werden sollen. Sie gehen einerseits sehr ins Detail, sind aber andererseits nicht vollständig. Da insgesamt das Bauen mit nichtrostendem Stahl in EN 1090-2 nach deutscher Auffassung immer noch nicht zufriedenstellend abgedeckt ist, wird auf die Kommentierung dieser Hinweise verzichtet. Es sei allerdings kritisch angemerkt, dass auch die deutsche Zulassung abZ **Z-30.3-6** [R9] nichts darüber aussagt, wie man bei geschraubten Verbindungen aus bzw. mit nichtrostendem Stahl Fress- und Verschleißprobleme vermeiden soll.

Für Schraubengarnituren aus nichtrostenden Stählen (vgl. zu II.5.6.3 <1.5>) ist die im vorliegenden Normabschnitt angesprochene Gefahr des Fressens naturgemäß besonders ernst zu nehmen, weil die Ausgangssituation dafür – das reibende Bewegen von Flächen relativ zueinander – beim Anziehen im Gewinde quasi planmäßig vorgegeben ist. Fresserscheinungen (schweißähnliche Verklebungen infolge örtlichen Festhaftens und Oberflächenbruch) treten deshalb bei starkem Anziehen nichtrostender Schraubengarnituren häufiger auf. Die Eignung schlupffrei dimensionierter Verbindungen und eventueller Vorkehrungen gegen das Risiko des Fressens sollten experimentell nachgewiesen werden. Zu beachten ist allerdings, dass Schrauben aus nichtrostendem Stahl in der Regel ohnehin nicht für vorgespannte Verbindungen eingesetzt werden dürfen (vgl. zu II.5.6.4 <3>). Einige Hinweise finden sich in der bereits erwähnten Broschüre **„Bemessungshilfen zu nichtrostenden Stählen im Bauwesen** [V4] (vgl. zu II.5.3.1 <4>).

Zu II.9 Montage

Einführender Kommentar zu Kapitel II.9

Traditionell wurden in Deutschland für die Stahlbauarbeiten auf der Baustelle nur einige Mindestanforderungen formuliert. Man ging davon aus, dass die Arbeiten von ausgebildeten Monteuren und Facharbeitern ausgeführt würden. Das vorliegende Kapitel II.9 von EN 1090-2 ist dagegen extrem ausführlich. Das hängt mit den unterschiedlichen Bautraditionen in den verschiedenen europäischen Ländern zusammen: Baustellenarbeiten werden vielfach mit ungelernten Arbeitern durchgeführt, so dass nicht generell handwerkliche Fachkenntnisse vorausgesetzt werden können. Einem ausgebildeten deutschen Stahlbaumonteur wird deshalb die eine oder andere Arbeitsanweisung trivial vorkommen.

Zu II.9.1 Allgemeines

<1> Zu Abs. 1 und 2 – Inhalt des Kapitels II.9

<1.1> Zu den Inhalten allgemein

Zu beachten ist, dass nicht nur die eigentliche Montage – im Sinne von Zusammenfügen der angelieferten Bauteile zum Gesamttragwerk – Inhalt dieses Kapitels ist, sondern auch sämtliche anderen Baustellenarbeiten, beginnend mit dem Klären, ob die Baustelle überhaupt geeignet ist, und endend mit dem Vergießen der Fundamente einerseits und der geodätischen Abnahme andererseits. Hinsichtlich der eigentlichen stahlbaulichen Arbeiten (Schneiden, Schweißen, Schrauben, Oberflächenbehandlung usw.) wird im vorliegenden Normtext auf die entsprechenden anderen Kapitel der EN 1090-2 verwiesen. Die Kapitel II.6 bis II.10 sind demnach als aufeinander abgestimmte Einheit zu verstehen.

Es versteht sich von selbst, dass die Montage als letzter Teil der Ausführung von Stahlbauten nicht die Fehler aus dem Planen und Fertigen kompensieren kann. Neben dem Zeitfaktor und der modernen Erscheinung der so genannten „baubegleitenden Planung“ führt auch der hohe Grad an Arbeitsteilung in den vorgelagerten Prozessen nicht selten dazu, dass beispielsweise Bauteile bereits auf dem Weg zur Baustelle sind, während dafür benötigte Hilfskonstruktionen noch technisch bearbeitet werden. Daraus folgt als dringende Forderung, dass die Montage Teil der Planung des Stahlbauwerkes sein muss, selbst wenn sie nicht von der eigenen Firma ausgeführt wird. Wird dieser Grundsatz verlassen – Negativbeispiele gibt es genug –, so besteht die Gefahr, dass viele der folgenden Forderungen und Empfehlungen nur unverbindliche Hinweise bleiben.

<1.2> Zu den Begrifflichkeiten der Montage und der Montageplanung

Die in EN 1090-2 im Zusammenhang mit der Montage und ihrer Planung verwendeten Begrifflichkeiten bedürfen – über die Definitionen in II.3.11 und II.3.11.1 hinaus – einer Klarstellung. Nach Verständnis der Verfasser stellen sie sich wie folgt dar:

- Das **Montagekonzept** ist ein in der Planungsphase vom Tragwerksplaner erstelltes theoretisches Konzept, nach dem die Montage durchgeführt werden **könnte** (siehe Normabschnitt II.9.3.1). Es wird der Berechnung der Montagezustände zugrunde gelegt, das Ergebnis wird gemeinhin als **Montagestatik** bezeichnet. Zu beachten ist, dass ein Montagekonzept (also auch eine Montagestatik) nur dann erstellt werden muss, wenn Zweifel hinsichtlich „der Standsicherheit des Tragwerks im teilerrichteten Zustand“ bestehen. Das heißt im Umkehrschluss, dass bei einfachen Tragwerken, deren Montage unkritisch erscheint, vom Tragwerksplaner in der Planungsphase kein Montagekonzept festgelegt werden muss (siehe zu II.9.3.1 <1>).
- Das **Montageverfahren** ist das vom Ausführenden der Montage – in diesem Kapitel II.9 von EN 1090-2 als „Hersteller“ im Sinne von „Montagehersteller“ bezeichnet und nicht mit dem Hersteller von Bauteilen in EN 1090-1 zu verwechseln – im Rahmen seines Auftrages konkret gewählte Verfahren für den Zusammenbau auf der Baustelle (siehe Normabschnitt II.9.3.2). Es darf vom ursprünglichen Montagekonzept abweichen, wenn es trotz größerer Effektivität mindestens gleich sicher ist. Unglücklicherweise wird der Begriff nicht nur abstrakt für das

„Verfahren“ verwendet, sondern im späteren Normabschnitt II.9.6.5 auch für die konkrete praktische Umsetzung des Verfahrens, d. h. für das Ausführen der Montage.

- Die **Montageanweisung** beschreibt das Montageverfahren. Sie ist das zentrale Planungsdokument für die Montage und ist grundsätzlich immer zu erstellen (siehe II.9.3.2). Da das Montageverfahren während der frühen Planungsphase, also ggf. dem Erstellen des Montagekonzepts, noch gar nicht bekannt ist, kann auch die Montageanweisung vom Montagekonzept abweichen. Bestehen allerdings Zweifel hinsichtlich des Montagekonzepts, so muss der Ersteller der Montageanweisung sich mit dem Tragwerksplaner abstimmen (siehe zu II.9.3.2 <1>).
- Die **Montagepläne** sind zeichnerische Darstellungen von Montageabläufen oder -phasen. Sie sind Bestandteil der Montageanweisung (siehe Normabschnitt II.9.6.1).

<2> Zu Abs. 3 – Inspektion und Abnahme des Tragwerks

Kapitel II.12 beschreibt in einem eigenen Abschnitt II.12.7 die während und nach Abschluss der Montagearbeiten durchzuführenden Inspektionen, Prüfungen und Korrekturmaßnahmen. Es ist klar, dass diese beachtet werden müssen. Unklar ist, an wen genau sich die Aufforderung zur **Abnahme** richtet: an weisungsunabhängige Mitarbeiter der ausführenden Firma (z. B. der werkseigenen Produktionskontrolle WPK, sofern vorhanden) oder an den Bauherrn bzw. seinen Bevollmächtigten oder an eine externe Prüfinstanz? Das wird sicherlich in den verschiedenen Ländern Europas, abhängig von der jeweiligen Baurechtskonstellation, unterschiedlich gehandhabt. Es sollte aber in jedem Fall vor Beginn der Montagearbeiten vertraglich eindeutig geregelt sein.

Baustellenbedingungen

Zu II.9.2

<1> Zu Abs. 1 – Technische Anforderungen im Hinblick auf die Arbeitssicherheit

Die Baustellenbedingungen werden hier interessanterweise vor allem unter dem Gesichtspunkt der **Arbeitssicherheit** gesehen – ein Aspekt, der in EN 1090-2 sonst eher am Rande behandelt wird (vgl. zu II.4.1.1 <2.6> und zu II.4.2.3).

Die hier in den Ziffern (a) bis (h) aufgeführten Punkte, die vor Beginn der Montage hinsichtlich der Gewährleistung ausreichender Arbeitssicherheit gecheckt werden sollen, sind nachvollziehbar und bedürfen keiner Kommentierung. Sie sind aber als Beispiele zu verstehen. Allgemeine Checklisten zur Planung einer Stahlbau-Baustelle und zur Baustelleneinrichtung findet man in der Stahlbau-Arbeitshilfe 5.6 [V73] und in Kapitel 7 des Buches [V72]. Die konkreten Baustellenbedingungen müssen aber immer wieder aufs Neue aus Sicht der Arbeitssicherheit kritisch hinterfragt und, wenn notwendig, ergänzt werden. Bei den Kommentaren zu II.9.3.2 wird beispielhaft ein Muster für eine projektspezifische „Gefährdungs- und Risikoanalyse“ für ein Montagevorhaben vorgestellt (siehe Tabelle KII.9-1).

<2> Zu Abs. 2 – Baustellenplan

Die aufgeführten Anforderungen an den Baustellenplan leuchten ein. In der Tat dürfte es keine Baustelle ohne einen solchen Übersichtsplan mit Zufahrten, Arbeitsflächen und Lagerflächen geben. Bild KII.9-1 zeigt ein aktuelles Beispiel mit farbig angelegten Flächen.

<3> Zu Abs. 3 und Anmerkung – Weitere Anforderungen im Hinblick auf die Arbeitssicherheit

Schnittstellen mit anderen Gewerken (z.B. Erdbau, Grundbau, Betonbau) bedürfen stets der besonderen Aufmerksamkeit, auch beim Planen der Baustelle. Die hier in den Ziffern (i) bis (l) aufgeführten weiteren, unter dem Gesichtspunkt der Arbeitssicherheit zu beachtenden Punkte sind ebenfalls nachvollziehbar und bedürfen keiner Kommentierung.

Die in der Anmerkung empfohlene Norm **EN 1991-1-6** [II.Lit47] gehört zum Eurocode 1 für Einwirkungen auf Tragwerke und damit zum Rüstzeug jedes Tragwerksplaners, der Montagekonzepte aufstellt und die zugehörigen statischen Berechnungen durchführt (siehe nachfolgende Kommentare zu II.9.3.1).

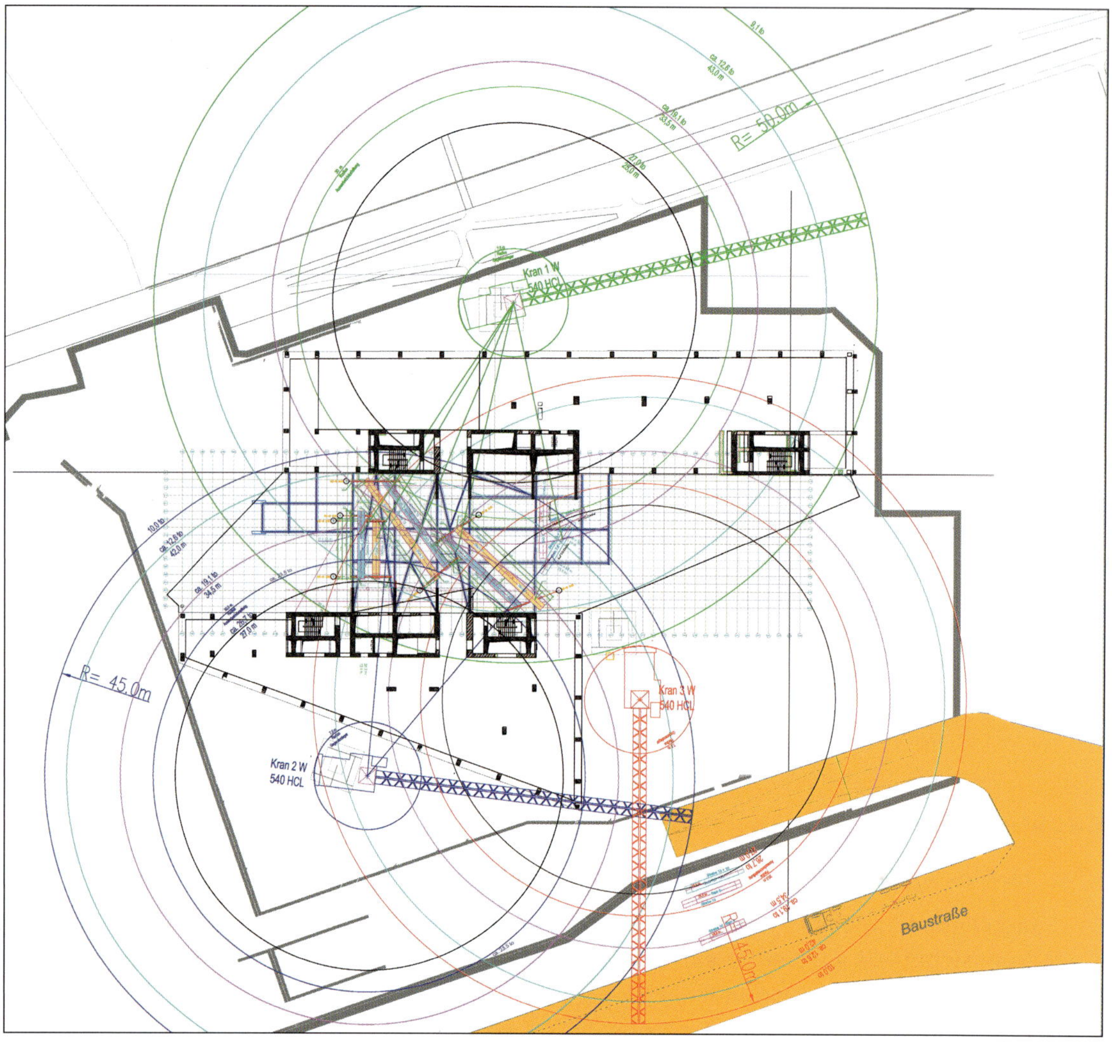

Quelle: IMO Leipzig

Bild KII.9-1: Beispiel für einen Baustellenplan

Zu II.9.3 Montageverfahren

Zu II.9.3.1 Bemessungsgrundlagen für das Montageverfahren

<1> Zum Erfordernis eines Montagekonzepts

Bei den einleitenden Kommentaren zum Inhalt des vorliegenden Normkapitels wurde u. a. der Begriff des Montagekonzepts, wie er in EN 1090-2 gemeint ist, erläutert. Im vorliegenden Abschnitt sagt die Norm nun ganz klar, dass ein Montagekonzept (mithin auch eine Montagestatik) nicht für jedes Projekt erforderlich ist. Standardmäßige Montageabläufe, die in ähnlicher Form von der ausführenden Firma schon mehrfach mit Erfolg durchgeführt wurden und deren Zwischenzustände sich vom verantwortlichen Montageleiter ohne spezielle Berechnungen beurteilen lassen, bedürfen keiner speziellen statischen Berechnung. Beispiele dafür sind Bedienungsgerüste für kleinere Kesselanlagen wie das in Bild KII.1-1 gezeigte Gerüst. Gegenbeispiele sind die kritischen Hebe- und Ziehvorgänge in Bild KII.9-2; bei ihnen wäre ein Durchführen ohne vorherige sorgfältige Berechnung verantwortungslos. Im Übrigen wird von deutschen Versicherungsunternehmen für Hubvorgänge mit Lasten > 10 t zwingend ein Hubkonzept verlangt.

<2> Zu a) bis c) – Montagekonzept: Montageabfolge, -einheiten, -verbindungen

Dies sind die Kerninhalte eines theoretischen Konzepts für die Montage; eine Kommentierung erübrigt sich.

<3> Zu d) bis f) – Montagekonzept: Standsicherheit des teilerrichteten Tragwerks, Hilfsabstützungen und -verbände

Komplexere Tragwerke lassen sich oft nur mit Hilfe von Montage-Zwischenzuständen errichten, die völlig eigenständig, unter Umständen sogar komplizierter oder zumindest aufwändiger als der Endzustand des „Produktes Tragwerk“ sind. Manchmal sind sie sogar bemessungsbestimmend. Für ein solches Tragwerk ist, wie in <1> dargelegt, ein Montagekonzept zu erstellen. Die Montagezustände müssen aus der Sicht der Tragsicherheit, ergänzend zur statischen Hauptberechnung, gesondert geplant und ggf. in einer **Montagestatik** berechnet, bemessen und nachgewiesen werden.

Die Gefährdung der Standsicherheit während der Montage entsteht laut [V52] besonders häufig beim Heben und Ziehen von schweren Lasten (Bilder KII.9-2a bis -2c). Die in den Bildern gezeigten Hubvorgänge stellen besonders zu beachtende Sonderfälle dar: Zum einen die Lastverteilung zwischen den verschiedenen Kranen in Bild KII.9-2a, zum anderen die besonderen Anforderungen, die sich aus der Höhe (Bild KII.9-2c) und der Last des Hubvorganges ergeben (Bild KII.9-2b).

Ferner ist zu beachten, dass während der Montage oft in der Summe eine größere Windangriffsfläche vorhanden ist als beim späteren (geschlossenen) Bauwerk, während andererseits aber die endgültige Stabilisierung durch Scheiben und Verbände noch nicht oder nur unvollständig realisiert ist. Seilabspannungen und Hilfsverbände zur provisorischen Stabilisierung müssen im Montagekonzept benannt werden und gehören später in die Montageanweisung (siehe <10>).

a)

b)

c)

Quelle: IMO Leipzig

Bild KII.9-2: Kritische Hebe- und Ziehvorgänge:
a) Montage eines 150 m langen Hangar-Torriegels mit vier Kränen,
b) Einheben eines Fahrbahnträgers einer H-Bahn,
c) Montage eines Deckenträgers für ein Kesselgerüst in 170 m Höhe

<4> Zu g) – Montagekonzept: Besonderheiten mit Sicherheitsrisiko

Aufzählungen wie die hier mit den Punkten (a) bis (s) vorgenommene, mögen sie auch noch so detailliert sein, können nicht alle speziellen, auf Standort und Bauwerk bezogenen Restriktionen erfassen. Der vorliegende Punkt (g) soll quasi daran erinnern und dem Bearbeiter den Blick für solche Eventualitäten schärfen.

Man denke als Beispiel an Montagearbeiten in einem laufenden Betrieb, z. B. in einem Walzwerk oder einer Gießerei, wo technologische Ereignisse ein zusätzliches Sicherheitsrisiko bedeuten und eine Veränderung der Montageweise oder des Montageablaufes erforderlich machen könnten. Obwohl der zeitliche Eintritt eines solchen Ereignisses und damit auch der bis dahin erreichte Montagestand nicht bekannt sind, muss es als Möglichkeit beim Aufstellen des Montagekonzepts in Betracht gezogen werden.

<5> Zu h) – Montagekonzept: Ausrichten und Vergießen von Fundamentanschlüssen

Dies ist unter Umständen ein heikler Punkt, da er vertraglich-organisatorische Aspekte berührt, die zum Zeitpunkt der Aufstellung des Montagekonzepts möglicherweise noch gar nicht bekannt sind. Technisch eine klare Angelegenheit, bis zum Ausrichten auch organisatorisch, stellt sich aber dann die Frage „Welches Gewerk führt den Verguss aus?“. Das muss im Vertrag vereinbart werden (siehe auch zu II.9.5.5). Dem Aufsteller des Montagekonzepts bleibt ggf. nichts anderes übrig, als hier mit den ungünstigsten Annahmen hinsichtlich Verfahren und Zeitplan zu arbeiten.

<6> Zu i), o) und p) – Montagekonzept: Überhöhungen, Verformungen, Setzungen

Überhöhungen bzw. **Voreinstellungen** (z. B. Vorschrägstellung eines Pylons, der erst von der vollen Last des Endzustandes in seine endgültige Position gezogen wird) einerseits und **Verformungen** von Teil- oder Zwischentragwerken unter Eigenlast andererseits sind gedanklich sorgfältig auseinanderzuhalten. Erstere werden, vorgegeben vom Tragwerksplaner, bei der Montage planmäßig eingestellt und verschwinden im Endzustand. Letztere stellen sich automatisch ein und gehen im Endzustand in den vom Tragwerksplaner vorherberechneten Verformungszustand über. Setzungen gehören zu den Verformungen. Wie der Tragwerksplaner die Überhöhungen, Voreinstellungen, Verformungen und Setzungen ermittelt, ist nicht Gegenstand dieses Kommentarbuches.

<7> Zu j) und k) – Montagekonzept: Dünnwandige Profilbleche zur Stabilisierung

Hier sind solche dünnwandigen Profilbleche gemeint, die zum endgültigen Tragwerk gehören (Wand-, Decken-, Dachbleche), die aber in kritischen Zwischenzuständen schon vorhanden sind und deshalb im Montagekonzept statisch zur Stabilisierung des Gesamt-Stahltragwerks herangezogen werden. Dies ist kein alltäglicher Fall und erfordert jedenfalls beim Tragwerksplaner entsprechende Spezialkenntnisse. Er wird in der Regel für die Berechnung auf den Eurocode **EN 1993-1-3** [R98] (in Deutschland zusätzlich auf den NA dazu [R99]) und für die Ausführung auf **EN 1090-4** zurückgreifen müssen (zu letzterer Norm siehe Kommentare in diesem Buch).

<8> Zu l) und m) – Montagekonzept: Transport, Anheben, Lagerung von Einheiten

Über die in <3> angesprochenen spektakulären Hebe- und Ziehvorgänge hinaus passieren auch beim „normalen“ Transport von Montageeinheiten relativ häufig Schäden. Beispiele dafür sind lange Rohrschüsse turmartiger Bauwerke (Bild KII.9-3a), die u. U. ungeeignet punktförmig gelagert werden und örtliche Einbeulungen erleiden, oder lange Fachwerkgurte (Bild KII.9-3b), die u. U. kippen können. Wie wichtig es ist, Anschlagpunkte und Auflagerungen für das Transportieren und Einheben von Montageeinheiten sorgfältig statisch zu planen, kann gar nicht genug betont werden.

Quelle: PSP, Essen

a)

Quelle: IMO Leipzig

b)

Bild KII.9-3: Kritische Transportvorgänge:
a) Transport eines Montageschusses eines Doppelmantel-Schornsteins
b) Transport eines Fachwerkbrückengurtes

<9> Zu n) – Montagekonzept: Standsicherheit der Lager

Auch die Lagerpunkte müssen, wenn nicht aus Erfahrung beurteilbar, ggf. statisch nachgewiesen werden – auch wenn sie möglicherweise nur für wenige Stunden höchstbelastet werden.

<10> Zu r) und s) – Montagekonzept: Abspannseile und andere temporäre Stahlkonstruktionen

Temporäre **Abspannseile** müssen hinsichtlich der technischen Lieferbedingungen – ausgenommen Aspekte der Dauerhaftigkeit – genauso behandelt werden wie permanente Seile des endgültigen Tragwerks (vgl. zu II.5.11). Dasselbe gilt für Bemessung, Einbau und Vorspannen. Bild KII.9-4 zeigt den Kopf eines 50 m hohen Pylons für eine seilverspannte Membran-Stadionüberdachung, an den sowohl permanente als auch temporäre Abspannseile angeschlossen sind; beide unterlagen bei Planung und Ausführung der gleichen Sorgfalt, man erkennt keinen Unterschied.

Bild KII.9-4: Einbau permanenter und temporärer Abspannseile am Pylonkopf einer seilverspannten Stadionüberdachung

Für andere **temporäre Stahlkonstruktionen** (Abstützungen, Abfangungen usw.) gilt im Prinzip dasselbe wie für die Abspannseile. Besonders sorgfältig sind angeschweißte Montagehilfen zu planen. Das betrifft sowohl ihre Position als auch ihr späteres Entfernen (vgl. zu II.7.5.6).

Zu II.9.3.2 Montageverfahren des Herstellers

<1> Zu Abs. 1 bis 4 – Montageanweisung: Zielsetzungen

<1.1> Zur Montageanweisung: Allgemeine Zielsetzung, Beziehung zum Montagekonzept

Vorab ist noch einmal darauf hinzuweisen, dass die Norm hier mit „Hersteller" den „Montagehersteller" meint, d. h. den Ausführenden der Montage (vgl. zu II.3.4 und zu II.9.1 <1.2>). Das ist entweder die Montageabteilung des Metall- oder Stahlbauers oder ein eigenständiger Montagebetrieb. Es handelt sich also in jedem Fall um diejenige Firma, die die Montage wie vertraglich vereinbart verantwortlich durchführt.

Präzise schriftliche Anweisungen für die Montage, wie sie die Norm EN 1090-2 hier in Form einer **Montageanweisung** („Verfahrensanweisung, die das **Montageverfahren** des Herstellers beschreibt") fordert, sind unabdingbar – alle Fachleute dürften sich darin einig sein. Eine solche Montageanweisung gehört zu den Ausführungsunterlagen nach II.4.1 und ggf. auch zu den in der Ausführungsdokumentation nach II.4.2.3 zu archivierenden Unterlagen. Eine solche schriftliche Montageanweisung wurde im deutschen Stahlbau schon immer gefordert.

Der Normtext weist zunächst noch einmal auf den Zusammenhang mit dem im vorhergehenden Normabschnitt II.9.3.1 abgehandelten **Montagekonzept** hin (vgl. auch zu II.9.1 <1.2>). Liegt ein solches vor, so müssen das gewählte Montageverfahren und die zugehörige Montageanweisung darauf überprüft werden, ob sie das Montagekonzept umsetzen. Das bedeutet vor allem, dass bei Abweichung vom Montagekonzept geprüft werden muss, ob die Abweichung die gleiche oder eine größere Sicherheit erreicht wie das ursprüngliche Konzept. In der Regel wird eine solche Prüfung nur im Dialog mit dem Ersteller des Montagekonzepts, also in der Regel mit dem Tragwerksplaner, möglich sein.

Die absolute Notwendigkeit, eine schriftliche Montageanweisung zu erstellen, wird erkennbar, wenn man sich die vier wesentlichen **Zielsetzungen**, so wie sie von den Verfassern gesehen werden, vor Augen hält:

- Organisatorische Fixierung des Montageablaufs,
- Sicherstellung der Standsicherheit während der Montagezwischenzustände und des Endzustandes,
- Sicherstellung der Gebrauchstauglichkeit des fertigen Bauwerks,
- Einhaltung aller gesetzlichen und vertraglichen Regelungen zur Arbeitssicherheit.

<1.2> Zur Montageanweisung: Organisatorische Fixierung des Montageablaufs

Diese erste Zielsetzung der Montageanweisung liegt auf der Hand. Die Montageanweisung muss alle wichtigen Informationen, die für den Ablauf der Montage erforderlich sind, enthalten. Sie ergänzt quasi die Ausführungszeichnungen und Fertigungspläne aus der Sicht der Montageplanung und aller dabei erarbeiteten technischen Überlegungen. Die Anweisung muss den Ablauf unter Berücksichtigung der konkreten Baustellenbedingungen (vgl. zu II.9.2) vorgeben. Nachfolgend sind, ergänzend zu den in der Norm explizit genannten Inhalten (siehe <3> weiter unten), beispielhaft weitere Punkte aufgelistet, die (sofern relevant) in der Montageanweisung angesprochen werden sollten:

- Maßnahmen für die Zugänglichkeit der Baustelle und für die Zwischenlagerung von Montage-Einzelteilen, in der Regel in Form eines Baustellenplans zu Papier gebracht (vgl. zu II.9.2 <2>, insbesondere Bild KII.9-1);
- Maßnahmen für den Vorzusammenbau von Einzelteilen zu Montageeinheiten, ggf. Angaben zum vorgesehenen Vormontageplatz;
- Anlieferungszyklus der Montage-Einzelteile;
- Montagehilfsmittel und -einrichtungen, Hebezeuge, Lastaufnahmemittel, Rüstungen (vgl. auch zu II.9.3.1 <8>);

- Montagehilfskonstruktionen, d.h. Bauteile, die nur im Verlauf von Montagezuständen erforderlich sind und später wieder demontiert werden (vgl. auch zu II.9.3.1 <10>);
- zeitlich begrenzte Korrosionsschutzmaßnahmen, deren Aufwand oft wesentlich geringer gehalten werden kann als der für den endgültigen Korrosionsschutz;
- Maßnahmen für das Arbeiten unter Witterungseinfluss (z.B. Einhausungen, vgl. Bild KII.7-19).

Produkt- oder baustellenspezifische Besonderheiten sind zu beachten und mit einzubeziehen. Die bei komplizierteren Montagen entstehenden Vorgänge sowie die benötigten Unterlagen (Ausführungs- und Nachweisunterlagen) und Produkte sind als zusätzliche Arbeitsaufträge zu behandeln. Ggf. sind spezifische Arbeitsanweisungen zu erstellen, was im vorliegenden Normabschnitt in Abs. 5 explizit gefordert wird (siehe <2>). Nicht selten werden solche zusätzlichen Arbeitsvorgänge mit anderen Partnern realisiert, z.B. Spezialmontagefirmen, Kran- und Transportfirmen, Vermessungsbüros, Planungsbüros. Für die Abwicklung solcher „Aufträge im Auftrag" gelten selbstredend alle Forderungen dieser Ausführungsnorm, z.B. hinsichtlich der Dokumentation, voll inhaltlich.

Die Montageanweisung bietet auch die Möglichkeit, Zwischenschritte, „Haltepunkte" und Prüfstopps im Montageablauf zu definieren, an denen erst aufgrund eines Soll-Ist-Vergleichs die weitere Montagefreigabe erfolgen darf – ähnlich den in II.4.2.1 für die Fertigung angesprochenen Produktionsprüfstopps (vgl. zu II.4.2.1 <2.6>).

<1.3> Zur Montageanweisung: Sicherstellung der Standsicherheit während der Montage

Diese zweite Zielsetzung der Montageanweisung ist im Prinzip eine baurechtliche Forderung. Alle Montagezwischenzustände müssen standsicher sein. Das wird in EN 1090-2 unterstrichen durch die Forderung, bei komplexeren Tragwerken schon während der frühen Planungsphase ein Montagekonzept und ggf. eine Montagestatik aufzustellen (vgl. zu II.9.3.1 <1>). Die vom Montagebetrieb zusammenzustellenden Montageunterlagen sind in solchen Fällen also mehr als eine einfache „Anweisung". Der Begriff Montageanweisung ist insofern als Synonym für die Gesamtheit aller Unterlagen zu verstehen, die für eine sachgerechte und sichere Montage erforderlich sind. Nur im einfachsten Fall ist das eine simple „Anweisung".

Im Zusammenhang mit der Standsicherheit ist besonders zu beachten, dass die Montageanweisung natürlich auch in Übereinstimmung mit den Ausführungsunterlagen erstellt werden muss. Das ist leider nicht so trivial, wie es sich anhört. Es setzt nämlich montagegerechte und stimmige Ausführungsunterlagen voraus. Sind diese nicht präzise genug oder sogar fehlerhaft, so nützt ihre einfache Umsetzung in eine Montageanweisung wenig. Man kann bei der heute üblichen komplexen Verantwortlichkeitsstruktur vom Ersteller der Montageanweisung nicht erwarten, dass er die Ausführungsunterlagen noch einmal auf Machbarkeit und Standsicherheit überprüft. Die **zentrale Funktion der Ausführungsunterlagen** für eine sichere Montage wird hier deutlich (vgl. auch zu II.4.1.1 <1.1>).

<1.4> Zur Montageanweisung: Sicherstellung der Gebrauchstauglichkeit des fertigen Bauwerks

Diese dritte Zielsetzung einer guten Montageanweisung liegt im ureigensten Interesse des Herstellers bzw. des Montagebetriebes. Sie ist eng mit dem Ziel Standsicherheit verzahnt. Auch hier spielen montagegerechte und stimmige Ausführungsunterlagen eine zentrale Rolle. Besonderer Umsicht hinsichtlich montagegerechter Ausführungsplanung bedarf es beispielsweise bei komplexen Verbundbauten, insbesondere wenn sie in Mischbauweise mit zusätzlichen Stahlbetonkernen, -rampen oder -wänden errichtet werden (siehe Bild KII.9-5a). Eine Abstimmung zwischen den verschiedenen Gewerken ist in solchen Fällen nicht nur aus der Sicht der Arbeitssicherheit (wie in II.9.2 angesprochen, vgl. Kommentar <3> dazu) unumgänglich, sondern auch aus Sicht der Gebrauchstauglichkeit. Es können leicht Fehler aus mangelnder Koordinierung zwischen Stahlbau-Detailplanung und realer Ortbetonausführung entstehen. Beispiele für solche Fehler:

- Die Werkstattüberhöhung des Stahlträgers eines Verbundträgers verschwindet nach dem Ausschalen nicht, weil nicht so betoniert wurde, wie vom Stahlbaustatiker angenommen.

- Der Baustellen-Schweißanschluss eines Trägers an eine aufgehende Stahlbetonwand lässt sich nicht ausführen, weil eine vorab einbetonierte Ankerplatte nicht in der geplanten Lage eingebaut wurde (siehe Bild KII.9.5b).
- Ein Träger lässt sich nicht ordnungsgemäß einbauen, weil an der kritischen Toleranzschnittstelle zwischen Ortbeton (Genauigkeit im cm-Bereich) und Stahlbau (Genauigkeit im mm-Bereich) eine zu geringe Längenausgleichsmöglichkeit eingeplant wurde.
- Eine Stütze lässt sich nicht stellen, weil die Fundamentanker nicht dort aus dem Beton herausstehen, wo die Stützenfußplatte ihre Löcher hat.

a) b)

Quelle: IMO Leipzig

Bild KII.9-5: Beispiel für ein komplexes Tragwerk in Stahl-Stahlbeton-Mischbauweise: EZB-Bank in Frankfurt/Main. a) Typische Bauphase, b) vor dem Betonieren in den Betonkern eingebautes Stahlschwert für den späteren Schweißanschluss eines Diagonalstabes

<1.5> Zur Montageanweisung: Einhaltung aller gesetzlichen Regelungen zur Arbeitssicherheit

Diese vierte Zielsetzung der Montageanweisung ist ebenfalls essenziell. EN 1090-2 weist im vorliegenden Normabschnitt II.9.3.2 im Abs. 4 noch einmal ausdrücklich darauf hin. Die Arbeitssicherheit stand schon bei der Behandlung der Baustellenbedingungen im Normabschnitt II.9.2 im Fokus (vgl. Kommentare dazu).

Es ist sogar so, dass in Deutschland die Unfallverhütungsvorschriften der Bauberufsgenossenschaft – früher UVV, später BGV, jetzt DGUV-Vorschriften, hier insbesondere die DGUV 38 „Bauarbeiten" [R33] (früher BGV C22) – explizit eine schriftliche Montageanweisung verlangen, die alle erforderlichen sicherheitstechnischen Angaben enthält (vgl. auch zu II.4.2.3). Die Unfallverhütungsvorschriften regeln ziemlich eindeutig, was aus deren Sicht notwendig und erforderlich ist. So sind in der Montageanweisung vor allem konkrete Hinweise auf die jeweilige Gefahrenlage des Montagezustandes und der Baustelle notwendig. Dafür wird eine Gefährdungs- und Risikoanalyse gefordert; Tabelle KII.9-1 zeigt ein Muster für eine solche Analyse. Es ist eine Auflistung fast aller denkbaren Gefahrenpunkte. In ihr können projektbezogen entsprechende Gefahrenpunkte angekreuzt, deren Risiken bewertet sowie Besonderheiten und zusätzliche Hinweise eingetragen werden. Die Auflistung erhebt keinen Anspruch auf Vollständigkeit.

Tabelle KII.9-1: Beispiel einer Gefährdungs- und Risikoanalyse für ein Montagevorhaben (7 Seiten)

Quelle: IMO Leipzig

Muster	**Gefährdungsbeurteilung**	Bearbeitet: Revision: Seite 1 von 7	Dokumenten Nummer

Niederlassung/Bereich: XXX

Baustelle: Bahnquerung Siegfriedstraße - Silbersteinstraße

Ausgabe: XXXX

Gefährdungsfaktoren	**hinweisende Fragen**	**Maßnahmen** [Zutreffend Ja ☒ Nein ☐]		**Überprüfung***	**Ergänzungen bei Änderungen****
Qualifikation / Eignung der Mitarbeiter; Mängel in der personellen Organisation bzw. unzureichende Ausbildung	Wie werden Gefährdungen durch Mängel in der personellen Organisation / wegen unzureichender Ausbildung vermieden? (z.B. Einsatz eines fachlich geeigneten Bauleiters)	☒	Unterweisung und Einarbeitung neuer Mitarbeiter, Erstunterweisung auf der Baustelle (DGUV-V1 §4), SCC Unterweisungen		
		☒	Prüfung der Fähigkeiten und Fertigkeiten der Maschinenführer vor dem Einsatzauftrag (Nachweis der Befähigung und Eignung)		
		☒	Einsatzauftrag z.B. Hebezeugeinsatz, Hubbühneneinsatz, Flurförderzeuge, Schussapparate, Funkgeräte usw. sowie DGUV-V53, V54, V56, V57, DGUV-R100-500, DGUV-G 309-003, G308-001, G308-008, G312-906 beachten		
		☒	Schriftliche Beauftragung durch Bauleiter, Einweisung der Maschinenführer und Aushändigung der Betriebsanleitung. Vorgeschriebenen Beauftragteneinsatz sicherstellen (z.B. Sicherheitsfachkraft, Ersthelfer, Sicherheitsbeauftragter)		
		☐	Einsatz eines Sicherheitskoordinators		
Eingeschränkte gesundheitliche Eignung	Wie wird der Einsatz von Personal mit einer gesundheitlichen Einschränkung vermieden?	☒	Arbeitsmedizinische Vorsorge- bzw. Eignungsuntersuchungen veranlassen (G25, G25, G26.1-3, G37, G39, G41)		
		☒	Gesetzliche Auflagen beachten (Schichtarbeit), Ruhezeiten		
		☒	Sonn- und Feiertagsarbeit beantragen		
		☒	Arbeitsschutztechnische Voraussetzungen der Leasingkräfte vertraglich vereinbaren		
Mangelhafte Planung / improvisierte Arbeitsabläufe	Wie werden Gefährdungen durch mangelhafte Planung der Baustelleneinrichtung vermieden?	☒	Materialflüsse festlegen, Lagerflächen vorsehen		
		☐	Verkehrswege planen und ggf. beleuchten		
		☒	Standorte der Hebezeuge festlegen		
		☐	Plätze für die Sozialeinrichtungen zuweisen, ASR A1-4 einhalten		
		☒	Baustellenordnung vorhanden (SiGe-Plan und RAB beachten)		

Tabelle KII.9-1 (Fortsetzung: Blatt 2 von 7)

Muster	**Gefährdungsbeurteilung**	Bearbeitet: Revision: Seite 2 von 7	Dokumenten Nummer

		☒	Einhaltung der Parameter bei Verwendung von Hubbühne, Flurfördergerät, Winde, Hub- und Zuggerät, Baufahrzeug, Auto, Hub- und Ladekran sowie Turmdrehkran		
Verletzungsgefahr durch umstürzende oder abrollende Materialien	Muss Material gelagert werden? (z.B. Fertigteile, Stahlträger, Konstruktion)	☒	Tragfähiger Untergrund		
		☒	Hilfsmittel zum standsicheren Lagern (Keile, Zwischenhölzer)		
		☒	Ist Höhenunterschied gut zu erkennen?		
		☒	Mindestabstand zu Gleisen und Verkehrswege beachten		
	Verbindungsmittel	☒	Im Container, auf Palette		
	Gefahrstoffe	☐	Kennzeichnen der Gefahrstoffe veranlassen und Betriebsanweisungen erarbeiten (Gefahrstoff - Verordnung)		
	Druckgasflaschen	☒	Keine Lagerung in Durchgängen und Durchfahrten		
		☒	in der Nähe von Gruben, Kanälen, Abflüssen und tieferliegenden Räumen		
		☒	Lagerung in Originalpaletten, Einzelflaschen gegen Umfallen sichern		
Bewegte Transportmittel und Bauteile Absturz von Bauteilen	Durch den Einsatz von: • Krane und andere Hebezeuge • Hubschraubereinsatz • Schiffseinsatz • Verschub • Hilfsabspannung	☒	Erstellung einer Montageanweisung zwingend vorgeschrieben (§ 17 DGUV-V38) siehe QM Dokument QAA07/05/01F20		
		☒	Unterweisung der Mitarbeiter, schriftliche Beauftragung		
		☒	Geeignete und geprüfte Anschlagmittel verwenden (DGUV-R100-500, TRBS)		
		☒	Absperrungen im Gefahrenbereich		
		☒	Nur bauart- und sachkundegeprüfte Arbeitsmittel einsetzen (GS- / CE-Zeichen / Prüfzeichen)		
		☒	Sicherheitsabstände zu Frei- und Fahrleitungen einhalten (§39 DGUV-V53)		
		☒	Böschungsabstände beachten		
		☒	Standort des verantwortlichen Einweisers beachten		
		☒	Hilfsabspannungen kennzeichnen		
Gefährdung durch öffentlichen Verkehr	Straßenverkehr? Schienengebundener Verkehr?	☐	Sperrung beantragen (bei Straßenverkehrsbehörde)		
		☒	Unterweisung der Mitarbeiter (z.B. Warnweste tragen)		
		☐	Lichtzeichenanlage		
		☐	Verbindung mit Bahnbetreiber aufnehmen		

Tabelle KII.9-1 (Fortsetzung: Blatt 3 von 7)

Muster	Gefährdungsbeurteilung			Bearbeitet: Revision: Seite 3 von 7	Dokumenten Nummer
		☐	Gleissperrung beantragen		
		☐	Sicherungsposten aufstellen lassen		
Angefahren / Überfahren werden	Wie werden Gefährdungen der Beschäftigten vermieden	☒	Fahrbahnverstärkungen, Lastausgleichsplatten vorsehen		
		☒	Einweiser bei Sichtbehinderung anordnen		
	- Bei Fahrbewegungen?	☒	Verkehrsordnung für die Baustelle erlassen: nur zugelassene und geprüfte Fahrzeuge einsetzen, Wendemöglichkeit vorsehen, Rückwärtsfahren vermeiden bzw. nur mit Einweiser		
		☒	Verkehrswege und Fluchtwege freihalten		
		☒	Ladungsmasse und Ladungsabmessungen einhalten		
		☒	Ladung gegen Verrutschen sichern		
	- Bei Arbeitsbewegungen?	☒	Unterweisung: im Gefahrenbereich niemanden mit Arbeit beauftragen, Blickkontakt, Vorgeschriebene Handzeichen und Signale, Einsatz von Funkgeräten und Fernseheinrichtungen		
		☒	Gefahrenbereich absperren lassen		
		☐	Sicherungsposten aufstellen		
		☐	Maschinenführer anweisen, niemanden im Gefahrenbereich zu dulden		
Absturz Stolpern Rutschen Stürzen	Welche Sicherungsmassnahmen sind erforderlich gegen: Absturz?	☐	Verkehrswege an Stellen ohne Absturzgefahr anordnen DGUV Information 201-036		
		☒	Absturzsicherungen vorsehen (z.B. Absperrungen, Abdeckungen, Geländer, PSA gegen Absturz)		
		☒	Stolperstellen vermeiden		
	Danebentreten?	☒	Witterung beachten (Sturm, Eis, Nebel, Glätte)		
		☒	Laufstege mindestens 0,5 m breit		
		☒	Verkehrswege freihalten		
		☐	Trittleisten, Stufen (DGUV-V38)		
	Ausrutschen?	☐	Rutschhemmende Maßnahmen (z.B. Oberfläche abstumpfen, Sicherheitsschuhe benutzen)		
		☐	Löcher und Öffnungen mit geeigneten Mitteln fachgerecht verschließen und abdecken		
Gefährdung durch Industriebetrieb	Werden Montagearbeiten im Einzugsbereich von Industrieanlagen durchgeführt?	☐	Verbindung mit dem Auftraggeber aufnehmen, eventuelle Berührungspunkte klären		
		☐	Freigabe durch Auftraggeber abwarten		

Tabelle KII.9-1 (Fortsetzung: Blatt 4 von 7)

Muster	Gefährdungsbeurteilung			Bearbeitet: Revision: Seite 4 von 7	Dokumenten Nummer
	(z.B. Förderanlagen, chemische Industrie, Maschinenbau)	☐	Vereinbarungen dokumentieren		
		☐	Baustellenordnung beachten		
		☐	Schweiß- und Befahrerlaubnis abfordern		
		☐	Gefahrstoff-Hinweise des AG/Kunden beachten		
Einstürzen von Gebäuden oder Bauwerksteilen	Kann im Rahmen der Baumaßnahmen die Standsicherheit von betroffenen oder angrenzenden Bauwerken gefährdet werden?	☐	Gefahrenbereich kennzeichnen und absperren lassen		
		☐	Fachfirma zur Prüfung über Auftraggeber beauftragen		
		☐	Rettungsweg festlegen		
Umsturz / Versagen von Gerüsten und Hilfskonstruktion	Wie werden Standsicherheit und Tragfähigkeit von Gerüsten und Hilfskonstruktion gewährleistet?	☒	Ausführung der Arbeiten nach den Regeln der Technik (DGUV-I 201-011)		
		☒	Aufbau von Gerüsten durch Fachbetrieb durchführen lassen		
		☒	Gerüste nur mit Freigabeschein begehen; regelmäßige Kontrollen auf ordnungsgemäßen Zustand durchführen		
		☒	Beachtung der angegebenen Tragfähigkeiten (z.B. Gerüstgruppe)		
		☒	Übergabe-/Übernahmeprotokoll beachten		
		☒	Liegt eine statische Berechnung der Hilfskonstruktion vor?		
Absturz	Wie werden die Mitarbeiter gegen die Absturzgefahr gesichert? - Von hochgelegenem Arbeitsplatz	☒	Einsatz von Gerüsten		
		☒	Einsatz Hubarbeitsbühne oder hochziehbare Personenaufnahmemittel (DGUV-I 208-019; R101-005, G308-008)		
		☐	Gerüste mit dem Bauwerk "mitwachsen" lassen		
		☐	Einsatz Auffangnetz		
		☒	Anweisung, persönliche Schutzausrüstung zu tragen, wenn kein technischer oder organisatorischer Schutz möglich ist (Mittelmann-Sicherheitsprogramm)		
	- Beim Zugang zu einem hochgelegenen Arbeitsplatz	☒	Sicherung für Arbeiten auf Dach und Träger - Mittelmann-System DS 590		
		☒	Absturzkante kennzeichnen		
		☒	Innenliegende Leiter, Anlegeleiter, Stehleiter		
		☒	Zugang mit Hilfe einer Hubarbeitsbühne oder eines Arbeitskorbes		
	Durch Öffnungen	☐	Innenliegende Leiter/Treppe bauseits		
		☒	Außenliegende Treppe, z.B. Fluchttreppe		
		☒	Steigleiter mit Haltesicherung bzw. Zwischenstation		
		☐	Überstieg durch Dachfenster/Dachluke		
		☒	Rutschsichere Abdeckung		

Tabelle KII.9-1 (Fortsetzung: Blatt 5 von 7)

Muster	Gefährdungsbeurteilung			Bearbeitet: Revision: Seite 5 von 7	Dokumenten Nummer
		☒	Absperrung mit dreiteiligem Seitenschutz		
		☒	Anseilschutz an Anschlageinrichtung		
		☒	Ausführung der Arbeiten nach den Regeln der Technik		
Verletzungsgefahr	Wie werden Mitarbeiter gegen Verletzungsgefahr geschützt? Tragen von geeigneten persönlichen Körperschutzmitteln	☒	Geeignete persönliche Schutzausrüstung bereitstellen.		
		☒	Unterweisung im Benutzen der persönlichen Schutzausrüstung		
		☒	Kopfschutz (Schutzhelm, Schutzhaube, Schutzschirm)		
		☒	Fußschutz (Sicherheitsschuhe S3)		
		☒	Augenschutz (Schutzbrillen)		
		☒	Tragen von Warnkleidung nach Baustellenordnung		
		☒	Schallschutz (Gehörschutzmittel)		
Gesundheitsgefahren: ➢ Beim Schweißen ➢ Beim Brennen ➢ Beim Fügen ➢ Beim Schleifen ➢ In Behältern und engen Räumen	Wie werden die Mitarbeiter gegen Gefahren durch Gase, Flüssigkeiten, Partikel, Gefahrstoffe und Stromschläge geschützt? Wie werden die Mitarbeiter gegen Hitzeeinwirkung geschützt?	☐	Ermittlung des Gefahrstoffes (Messen)		
		☒	Betriebsanweisung erstellen (gemäß Gefahrstoffverordnung)		
		☒	Sicherheitskennzeichnung vornehmen		
		☐	Geeigneten Atemschutz verwenden (DGUV-R112-190 beachten)		
		☐	Befahrerlaubnis/Schweißerlaubnis des Betreibers einholen		
		☐	Geeignete Sicherheitseinrichtungen für Arbeiten unter erhöhter elektrischer Gefährdung (Trenntrafo oder FI mit 30 mA		
		☒	Hitzeschutzkleidung verwenden		
		☒	Keine Wäsche und Kleidung aus Kunststoff-Fasern tragen		
		☐	Abkühlungspausen veranlassen		
		☒	Aufsichtsführender muss ständig erreichbar sein		
Laser- und Röntgentechnik	Wie wird die Strahlungswirkung auf Personen und Sachen vermieden?	☒	Gefahrenbereich kennzeichnen und absperren		
		☒	Nur qualifiziertes Personal einsetzen		
		☒	Arbeitszeit abstimmen		
		☒	Sicherungsposten einsetzen		
Elektromagnetische Strahlung	Wie werden Mitarbeiter vor elektromagnetischer Strahlung geschützt?	☐	Vorgeschriebene Arbeitszeit einhalten		
		☐	Strahlungsfreien Zustand herstellen		
		☐	Sicherheitsabstand einhalten		
Brand/Explosion	Welche Schutzmaßnahmen sind beim Einsatz von Flüssiggas erforderlich?	☒	Schutzbereich von Druckgasflaschen-Lager überwachen		
		☒	Druckregler und Hochdruckschläuche verwenden		
		☒	Gasdichte Schlauchanschlüsse Verbindungen und Schlauchbruch-/Leckgassicherungen / nur geprüfte Gebrauchtstellenvorlagen verwenden (DGUV-V79)		
		☐	Gefahrenbereich kennzeichnen		

Tabelle KII.9-1 (Fortsetzung: Blatt 6 von 7)

Muster	Gefährdungsbeurteilung			Bearbeitet: Revision: Seite 6 von 7	Dokumenten Nummer
Mangelnde Erstversorgung eines Verletzten	Welche Maßnahmen zur ersten Hilfe sind organisatorisch getroffen?	☒	Ersthelfer in ausreichender Anzahl vorhalten		
		☒	Aushang "Anleitung zur Ersten Hilfe" mit Rufnummern und Adresse von Notarzt, Rettungsdienst, Krankenhaus		
		☒	Alarmplan vorhanden		
		☒	Flucht- und Rettungswege kennzeichnen und freihalten		
		☒	Verbandkasten und Verbandbuch		
		☐	Krankentrage oder Rettungsgerät		
Gefährliche Körperströme	Verlaufen Freileitungen oder Fahrleitungen über der Baustelle bzw. in deren Einzugsbereich?	☐	Abschrankung/Schwenkbegrenzung von Kranen, Hubbühnen		
		☐	Gleiserdung/Schutzerdung der Arbeitsmittel/Bauteile freigeschalteter Fahrleitungen		
		☒	Unterweisung: Verhalten im Unglücksfall		
		☐	Verbindung mit Energieversorgungsunternehmen (EVU) / Bauebetreiber aufnehmen (z.B. Schutzabstand klären, eventuelle Abdeckung, Umlegen oder Freischalten bewirken)		
		☒	Sicherheitsabstände zu Frei-/Fahrleitungen einhalten DGUV-V53		
Körperliche Überlastung	Wie werden Überlastungen der Mitarbeiter beim Heben und Tragen schwerer Lasten vermieden?	☒	Lasten für häufiges Heben und Tragen pro Mann auf 25 kg begrenzen		
		☒	Einsatz geeigneter Hebe- und Tragehilfen		
		☒	Einsatz eines Hebezeuges und ähnlichem, Einsatz eines geeigneten Transportmittels		
		☒	Unterweisung der Mitarbeiter, Hebe- und Trageregeln		
		☒	Vermeidung langer Transportwege		
Körperliche Überlastung	Wie werden Zwangshaltungen bei der Arbeit vermieden? (z.B. Rohrleitungsschweißer)	☒	Zeitliche Begrenzung der Arbeit in Zwangshaltung		
		☒	Unterweisung der Mitarbeiter über gesunde Arbeitshaltung		
		☒	Knieschoner		
		☒	Höhenverstellbares Gerüst und/oder Vorrichtung verwenden		
		☒	Körper vor Kälte schützen - Rücken und Gelenke warm halten		
Ungeschützt bewegte Maschinenteile	Welche Maßnahmen sind gegen Verletzungsgefahren an Maschinen zu ergreifen? (Trennschleifer, Bohrmaschinen)	☒	Nur gekennzeichnete Maschinen einsetzen (CE-/GS-Zeichen)		
		☒	Augenscheinliche Kontrolle vor Benutzung des Gerätes durch Nutzer		
		☒	Überprüfung durch Elektrofachkraft entsprechend der DGUV-V4 veranlassen Prüffristen beachten		
		☒	Mitarbeiter in bestimmungsgemäße Benutzung einweisen		
Unsachgemäßes Anschlagen von Lasten		☒	Lastaufnahmeeinrichtungen im Hebezeugbetrieb beachten (DGUV-R100-500)		

Tabelle KII.9-1 (Fortsetzung: Blatt 7 von 7)

Muster	**Gefährdungsbeurteilung**		Bearbeitet: Revision: Seite 7 von 7		Dokumenten Nummer
	Was ist beim Einsatz von Seilen, Ketten und Hebebändern zu beachten?	☒	Anschlagmittel nicht über die zulässige Belastung hinaus beanspruchen		
		☒	Anschlagmittel mindestens einmal jährlich von einem Sachkundigen prüfen lassen		
		☒	Anschlagmittel mit Sicherheitshaken verwenden		
		☒	Anschlagösen vorsehen		
		☒	Sichtprüfung vor Arbeitsbeginn		
Hygiene	Sind Mitarbeiter geschützt gegen: • Infektionen?	☒	Tagesunterkunft, Waschraum, Toiletteneinrichtung nur an ungefährdeter Stelle / außerhalb des Schwenkbereiches eines Kranes und ähnlichem aufstellen		
		☒	Regelmäßige Reinigung der Unterkunft und Toilette erwirken		
	• Erkältungen?	☒	Container/Bauwagen beheizbar ausrüsten		
		☒	Baustelleneinrichtung gemäß ASR A1-4 gestalten Toilette und Waschraum bei mehr als 15 Arbeitnehmern länger als zwei Wochen Einsatz beheizbar gestalten		
	• Brandgefahr?	☒	Alle Mitarbeiter in der Bedienung der bereitgestellten Feuerlöscher unterweisen		
		☒	Feuerlöscher nach zwei Jahren prüfen lassen		
Arbeiten mit Hubarbeitsbühnen	Sind unsere Mitarbeiter mit dem Umgang von Hubarbeitsbühnen belehrt, beauftragt und vertraut?	☒	Nach QAA07/01/03F06; ...F10 und ...F16 belehren und durchsetzen.		
Arbeiten im Bereich von Gewässern	Sind Wasserrettungseinrichtungen vorhanden?	☒	Alle Mitarbeiter, die im Bereich von Gewässern bzw. mit Booten arbeiten, haben Schwimmwesten zu tragen. Ein Boot mit Antrieb ist im Arbeitsbereich des Gewässers vorzuhalten.		

Bemerkung:

Ort Datum Unterschrift des Verantwortlichen

* Prüfen der Gefährdungsbeurteilung bei Baustelleneröffnung auf Aktualität
** Eintrag von Änderungen zur Gefährdungsbeurteilung während der Bauphase

<2> Zu Abs. 5 – Montageanweisung: Spezifische Arbeitsanweisungen

Die hier als Bestandteile der Montageanweisung geforderten spezifischen Arbeitsanweisungen können beispielsweise Schweißplan und **Schweißanweisungen** (WPS) für Baustellenschweißungen (vgl. zu II.7.4.1.1) oder auch **„Schraubanweisungen"** für das Ausführen vorgespannter Schraubenverbindungen (vgl. zu II.8.5.1 <12>) sein.

<3> Zu Abs. 6a) bis 6h) – Montageanweisung: Inhalte

<3.1> Zu Inhalten einer Montageanweisung – allgemein

Hier wird im Normtext zunächst zum wiederholten Male auf die Verzahnung der Montageanweisung mit dem Montagekonzept hingewiesen: Liegt ein Montagekonzept vor, so müssen selbstverständlich alle seine Elemente in der Montageanweisung umgesetzt werden. Zusätzlich werden unter den Ziffern (a) bis (h) weitere mögliche Elemente der Montageanweisung aufgelistet. Diese sind entweder selbsterklärend (z. B. notwendige Hebezeuge oder Kennzeichnung von Schwerpunkten), oder sie sind redundant, d. h. sie wiederholen bereits behandelte Aspekte (z. B. Maßnahmen zur Gewährleistung sicherer Arbeitsplätze). Auf eine Einzel-Kommentierung wird deshalb verzichtet.

Für eine vertiefte Beschäftigung mit Montageproblemen des Stahlbaus sei das bereits erwähnte **Handbuch der Stahlbaumontage** [V52] empfohlen. Es bringt u. a. ein Beispiel für das Inhaltsverzeichnis einer Montageanweisung, das hier, von den Verfassern ergänzt durch zusätzliche Punkte, als Tabelle KII.9-2 wiedergegeben wird. Man kann die Tabelle als Checkliste bei der Erstellung einer Montageanweisung verwenden. Auf die im Kommentar <1> zu II.9.2 erwähnten allgemeinen Checklisten für die Planung einer Baustelle in [V72] und [V73] sei hier noch einmal hingewiesen. Das Buch [V72] bringt im Kapitel 9 auch Übersichten zu Montageverfahren im Hochbau und Brückenbau. Ferner finden sich in [V42] ein paar grundsätzliche Ausführungen zur Montageplanung.

Tabelle KII.9-2: Beispiel für das Inhaltsverzeichnis einer Montageanweisung (aus [V52], mit Ergänzungen durch die Verfasser)

1.0	Montagebeschreibung und sicherheitstechnische Angaben	
	1.1	Allgemeine Beschreibung des Montageobjektes
	1.2	Beschreibung der örtlichen Bedingungen für das Bauvorhaben, Verkehrsanbindung, Besonderheiten
	1.3	Montagereihenfolge und Standsicherheit
	1.4	Montagegewichte, Hebezeuge und Montagebeschreibung
	1.5	Montagehilfskonstruktionen
	1.6	Aufstiege und Zugänge
	1.7	Arbeits- und Schutzgerüste
	1.8	Gefährdungs- und Risikoanalyse (Anlage)
	1.9	Montagezeichnungen und Skizzen
	1.10	Statische Nachweise zu 1.3 und 1.8
2.0	Besondere Hinweise zur Arbeitssicherheit	
	2.1	Sicherheitsmaßnahmen abhängig vom Baufortschritt: Montagehilfskonstruktionen, Zeichnungen, Skizzen der einzelnen Montageschritte einschließlich Standsicherheitsnachweis der einzelnen Einbauphasen (Anlage)
	2.2	Bauleitung und Regelung der Verantwortlichkeit: Baustellenleiter und weisungsbefugte, aufsichtführende Personen (DGVU 38, alt BGV C22), Sicherheitsfachkräfte (DGUV 2, alt BGV A6) – eigene und die des Auftraggebers, Sicherheitsbeauftragte (DGVU 1, alt BGV A1), Koordinator des Auftraggebers (BGV A1), Anzeige der Baustelle (DGVU 38, alt BGV C22) und nach der Baustellenverordnung (Anlage)
	2.3	Baustellenorganigramm (Anlage)
3.0	Sicherheitspersonal	
4.0	Terminablaufplan und Personaleinsatz	
5.0	Zusatzanweisung – Berufsgenossenschaft Besondere Anweisung für Hübe mit Bauteilen > 10 t (Hubstudie/Anlage)	
6.0	Montageanweisung – Verschub	
7.0	Angaben zur Aufstellung von Betriebsanweisungen	
8.0	Montage – Schweißplan	
9.0	Messplan	
10.0	Versand- und Montagegewichte	

<3.2> Zu Inhalten einer Montageanweisung – konkretes Beispiel

In Bild KII.9-6 wird als Beispiel die Montageanweisung für eine stählerne Rohrbrücke wiedergegeben. Sie ist so ausführlich, dass sich zusätzliche Erläuterungen erübrigen.

Muster	Montageanweisung FW-Versorgung Berlin Neukölln Bahnquerung Siegfriedstraße – Silbersteinstraße
Bauvorhaben:	FW-Ausbau Berlin Neukölln Bahnquerung Siegfriedstraße – Silbersteinstraße BA Bahnquerung / 3. Gewerk Rohrbrücke
Bauherr:	Fernheizwerk Neukölln AG Weigandufer 49 12059 Berlin
Auftraggeber:	Fernheizwerk Neukölln AG Weigandufer 49 12059 Berlin
Termine:	Beginn Vormontage Überbau ab KW 41 Einheben Überbau in Endlage in KW 46
Projektleitung Bauherr:	Herr BBB
Projektleitung AG:	Ingenieurbüro Herr IBIB … Strasse X 13125 Berlin
Projektleitung AN:	Herr XXX (technisch) Herr YYY (kaufmännisch) Herr ZZZ (operativ)
Bauleitung AG:	Herr ……
Bauleitung AN:	Herr WWW/ Herr VVV
Sicherheitsfachkraft:	Herr SSS
QS Fachkraft:	Herr QQQ
aufgestellt von:	Herrn XXX
Ort / Datum:	Berlin / xx.xx.xxxx

Bearbeiter: XXX	Stand: 00.00.2017	Seite 1 von 8

Quelle: IMO Leipzig

Bild KII.9-6: Beispiel Montageanweisung – Rohrbrücke (Blatt 1 von 8)

Muster	Montageanweisung FW-Versorgung Berlin Neukölln Bahnquerung Siegfriedstraße – Silbersteinstraße

Inhaltsverzeichnis

1. Allgemeine Objektbeschreibung

Die Fernheizwerk Neukölln AG beabsichtigt im Rahmen ihrer Netzerweiterung, südlich des S-Bahnringes Berlin Neukölln neue Fernwärmetrassen für die Versorgung von Abnehmern zu verlegen.
Die geplante Netzerweiterung beginnt am Anschlusspunkt im Bereich der Siegfriedstraße und endet auf dem gegenüberliegendem Grundstück des Bezirksamtes von Berlin-Neukölln (ehemaliges Grundstücksgebiet Güterbahnhof Berlin Neukölln).
Die geplante Fernwärmetrasse (2 x DN 300) kreuzt die Bahnstrecke 6020 im Bereich Strecken-km 18,322 und wird über eine neu zu errichtende Rohrbrücke (Stahlkonstruktion) geführt.
Die geplante Rohrbrücke ist eine Stahlkonstruktion in geschweißter Ausführung. Sie besteht aus zwei Längsträgern HE 1000/1500 B (Wabenträger), 12 Brückenquerträgern, 18 Laufrostträgern, einer Gitterrostlage als „Sicherungsbauteil" gegen Absturz von Werkzeug und sonstigen Gegenständen, einer Laufrostlage als Inspektionsgang und einer Absturzsicherung am südlichen Ende des Rohrbrücken-Oberbaus.
Die Rohrbrücke ist am südlichen Ende auf einer Pendelstütze gelagert, welche wiederum auf einem Fertigteilfundament steht. Am nördlichen Ende setzt sich der Oberbau über die Lager direkt auf dem Fundament ab.

1.1 Bauliche Randbedingungen

Der geplante Standort der Rohrbrücke befindet sich östlich des S-Bahnhofes Hermannstraße bei Strecken-km 18,322. Da die Bauleistungen auf dem Gelände der DB-Netz AG auszuführen sind, wird eine sogenannte BETRA für alle Arbeiten beim Einbau der Rohrbrücke erforderlich.
Um die Arbeiten im Rahmen von betriebsfreien Zeiten des S-Bahnverkehrs zu minimieren, wird der Überbau inklusive der Fernwärmeleitungen auf einem Vormontageplatz errichtet, an den Einbauort verbracht und im Rahmen einer Sperrpause eingehoben.
Nachfolgend wird in dieser Montagenanweisung auf die Vormontage und den Einbau in Endlage der Rohrbrücke eingegangen.

2. Baustelleneinrichtung

Der Einbauort der Rohrbrücke befindet sich östlich des S-Bahnhofes Hermannstaße bei Strecken-km 18,322.
Der Zusammenbau der beiden Brückensegmente inklusive der Ausrüstung der Rohrbrücke mit Fernwärmeleitungen, Gitterrosten und Laufbelägen erfolgt auf einem VM-Platz westlich der Hermannbrücke (neben dem Einkaufscenter Hermann-Quartier).
Die Zufahrt zum Vormontageplatz ist über die Feuerwehrzufahrt, die sich zwischen dem Parkhaus Hermann-Quartier und den Gleisanlagen der DB befindet, sichergestellt.
Die Lage der Baustelle ist im Plan 04-1427-001 dargestellt (siehe Abb.1).
Die Baustelleneinrichtung erfolgt auf dem Vormontageplatz. Als Tagesunterkunft wird dort ein Bauwagen und als sanitäre Einrichtung eine „Dixi"-Toilette stationiert. Die Stromversorgung der Baustelle erfolgt mittels mobiler Stromerzeuger.

Bearbeiter: XXX	Stand: 00.00.2017	Seite 2 von 8

Bild KII.9-6 (*Fortsetzung*): Beispiel Montageanweisung – Rohrbrücke (Blatt 2 von 8)

Muster	Montageanweisung FW-Versorgung Berlin Neukölln Bahnquerung Siegfriedstraße – Silbersteinstraße

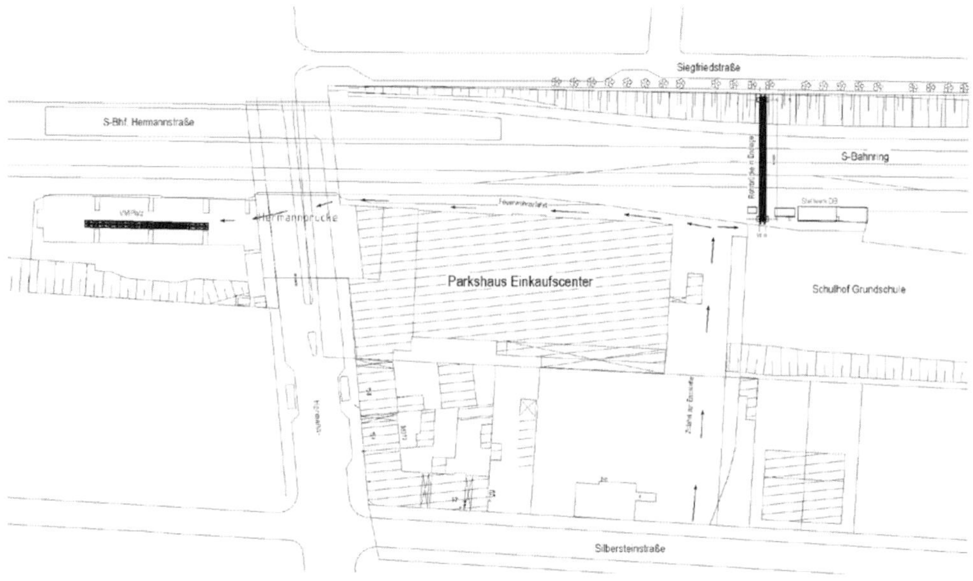

Abbildung 1 - Lage Baustelle

3. Vormontage Überbau

Die Vormontage der Stahlkonstruktion des Überbaus erfolgt, wie schon beschrieben, auf der Fläche eines ehemaligen Parkplatzes westlich der Hermannbrücke. Die Zufahrt zum Vormontageplatz erfolgt über die Feuerwehrzufahrt zwischen Parkhaus Hermann-Quartier und Gleisanlage DB-Netz AG.

Der Überbau wird in der nachfolgend aufgeführten Teilung auf die Baustelle geliefert:

- 2 Bauteile Oberbau
- 1 Bauteil Pendelstütze
- Gitterroste und Laufbeläge sowie Verschluss der Waben als Losteile.

3.1 Auflegen Bauteile Oberbau

Der Oberbau der Rohrbrücke besteht aus zwei Segmenten, welche mittels LKW auf den Vormontageplatz angeliefert werden.

Die Segemente werden mittels Kran entladen und auf entsprechend vorbereitete Zulagenböcke aufgelegt.

Anschließend erfolgt das Ausrichten und Abschweißen des Montagestoßes zwischen den beiden Segmenten. Der Zulagenaufbau ist in Plan 04-1427-002 (siehe Abb. 2), die Kranstandorte in Plan 04-1427-003 (siehe Abb. 5 und 6) und die Anschlagschemen in Plan 04-1427-004 (siehe Abb. 3 und 4) dargestellt.

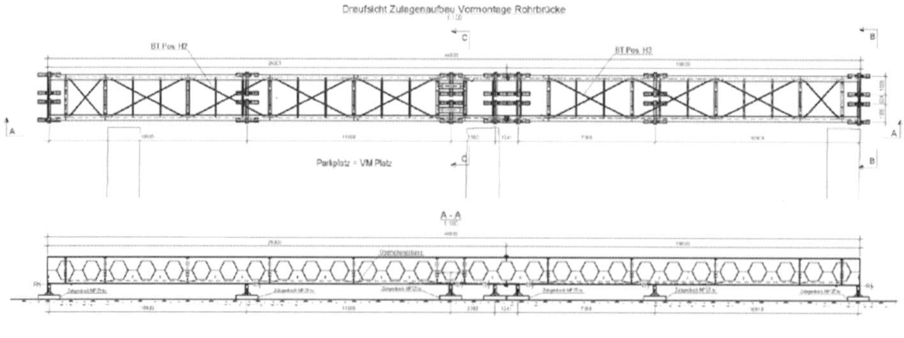

Abbildung 2 - Aufbau Zulagen

Bearbeiter: XXX	Stand: 00.00.2017	Seite 3 von 8

Bild KII.9-6 (*Fortsetzung*): Beispiel Montageanweisung – Rohrbrücke (Blatt 3 von 8)

Muster	Montageanweisung FW-Versorgung Berlin Neukölln Bahnquerung Siegfriedstraße – Silbersteinstraße

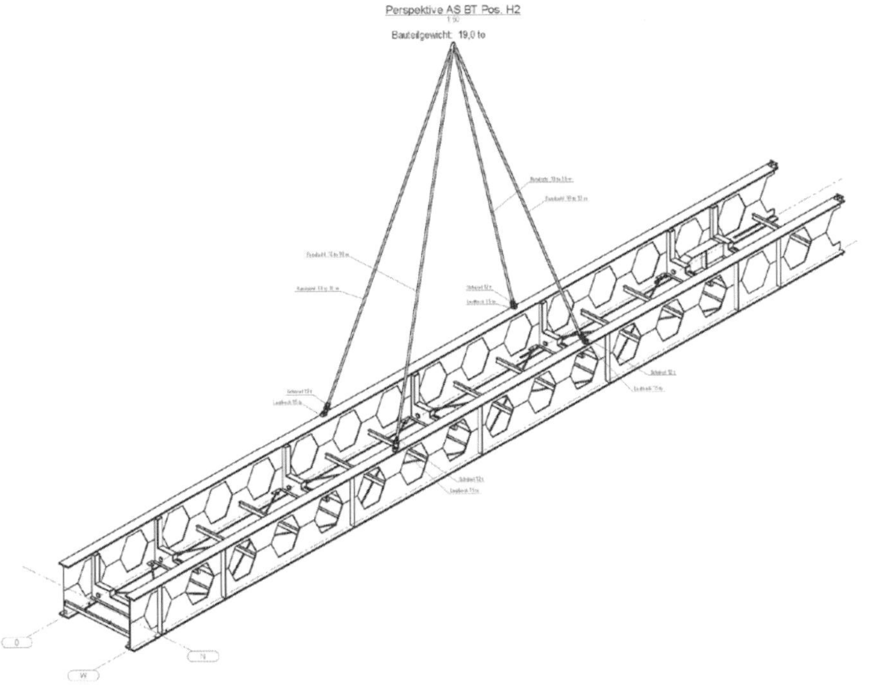

Abbildung 3 - Anschlagschema Bauteil Pos H2

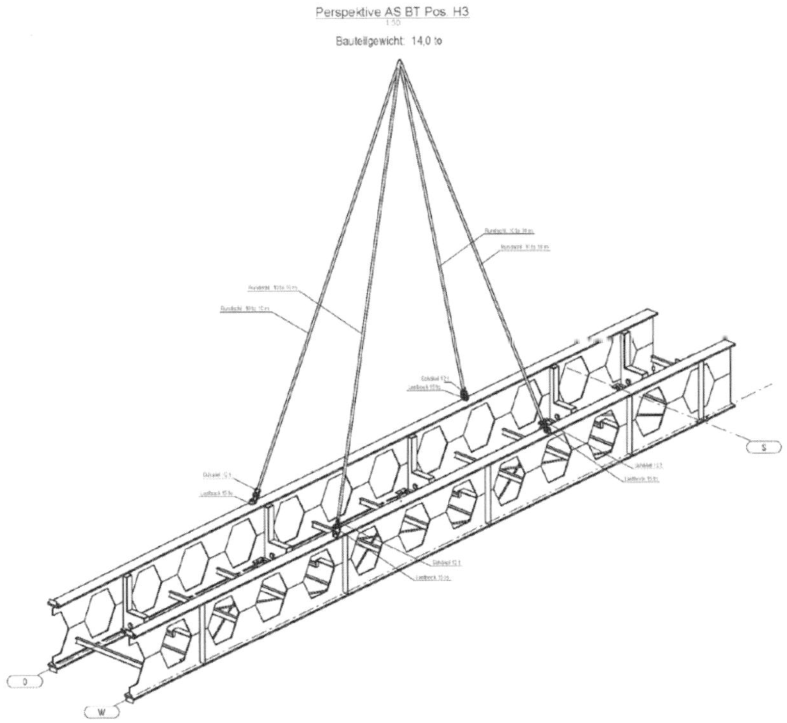

Abbildung 4 - Anschlagschema Bauteil Pos. H3

Bearbeiter: XXX	Stand: 00.00.2017	Seite 4 von 8

Bild KII.9-6 (*Fortsetzung*)**:** Beispiel Montageanweisung – Rohrbrücke (Blatt 4 von 8)

Muster	Montageanweisung FW-Versorgung Berlin Neukölln Bahnquerung Siegfriedstraße – Silbersteinstraße

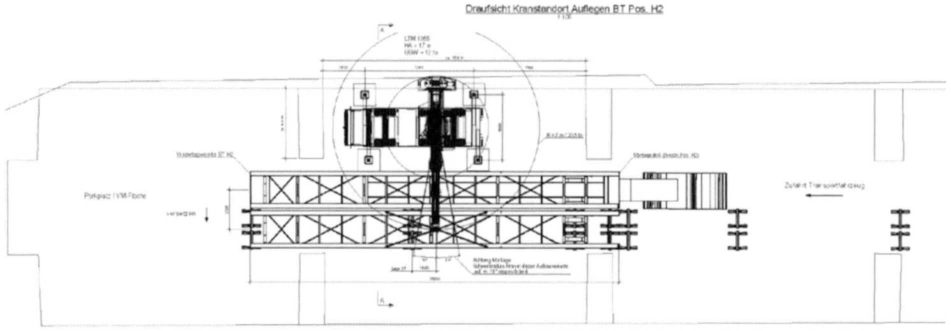

Abbildung 5 - Kranstandort Auflegen Bauteil Pos HT2

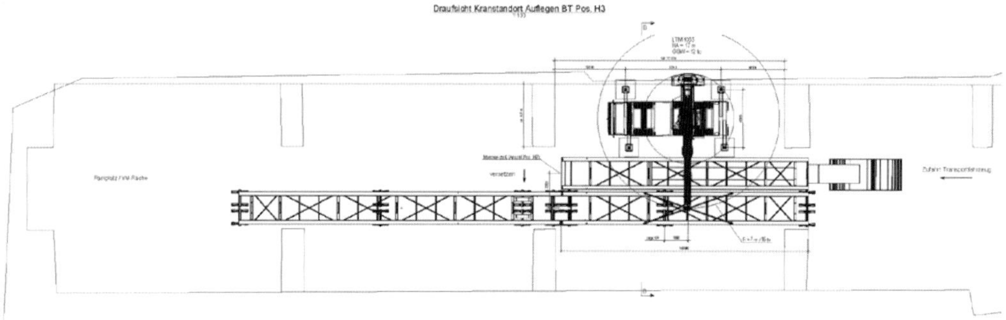

Abbildung 6 - Kranstandort Auflegen Bauteil Pos. HT3

3.2 Komplettieren Oberbau

Nach dem Abschluss der Schweißarbeiten an den Montagestößen der beiden Brückensegmente erfolgt das Aufbringen des Korrosionsschutzes im Schweißnahtbereich. Ebenfalls werden die Vogelvergrämung, der Gitterostbelag im Untergurt, der Laufbohlengang im Bereich der Querträgerobergurte und die Kabellehrrohre montiert.
Parallel zur Komplettierung des Oberbaus erfolgt die Vormontage der Fernwärmeleitung - Schweißen der Einzelsegmente zur kompletten Leitung. Diese wird nach Abschluss in die entsprechenden Rohrschellen gesetzt und auf dem Oberbau montiert. Die Vormontage und das Verlegen der Fernwärmeleitung ist eine Fremdleistung und wird durch den AG koordiniert.

4. Montage Überbau

4.1 Montage Pendelstütze / Lager

Die Pendelstütze wird mit den Segmenten des Oberbaus ausgeliefert und auf dem Vormontageplatz bis zur Montage zwischengelagert.
Nach Fertigstellung der Fundamente werden die Bauwerksachsen auf diesen angezeichnet und die Dübel zur Aufnahme der Pendelstütze (Süden) bzw. der Lagergrundplatte (Norden) gesetzt.
Anschließend erfolgt die Montage der Pendelstütze (Süden) bzw. Lagerplatte (Norden).
Da die Montagebereiche nicht im unmittelbaren Einzugsbereich der Gleisanlagen liegen, können diese Arbeiten außerhalb von Betriebspausen durchgeführt werden. Die Pendelstütze ist nach dem Aufstellen in Brückenlängsrichtung gegen Kippen durch Abspannen zu sichern.

4.2 Verladen Oberbau zum Gleistransport

Da die Vormontage des Oberbaus außerhalb des Hakenbereiches des Montagekranes erfolgt, muss der vormontierte Oberbau der Rohrbrücke mittels Gleistransport in den Hakenbereich des Montagekranes gebracht werden.
Dazu wird der Oberbau mittels Zweikranmontage auf Güterwaggons verladen und über das vorhandene Gütergleis ca. 300 m nach Osten in den Hakenbereich des Montagekranes gebracht.

Bearbeiter: XXX	Stand: 00.00.2017	Seite 5 von 8

Bild KII.9-6 (*Fortsetzung*): Beispiel Montageanweisung – Rohrbrücke (Blatt 5 von 8)

Muster	Montageanweisung FW-Versorgung Berlin Neukölln Bahnquerung Siegfriedstraße – Silbersteinstraße

Das Anschlagschema zum Verladen des Oberbaus ist auf dem Plan 04-1427-005 (siehe Abb. 7) dargestellt, die Kranstandorte auf dem Plan 04-127-007 (siehe Abb. 8).
Zum Verladen des Oberbaus müssen die beiden Gütergleise gesperrt werden. Das Verladen des Oberbaus kann außerhalb der Betriebspause der S-Bahn erfolgen. Die entsprechenden Auflagen aus der BETRA der beiden Gütergleise sind zu beachten.

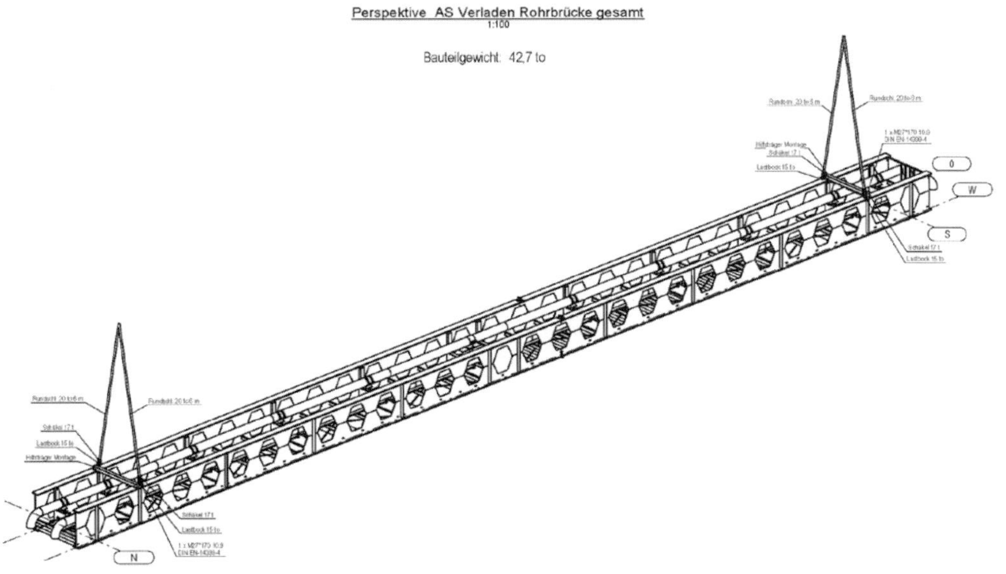

Abbildung 7 - Anschlagschema Verladen Rohrbrücke Oberbau

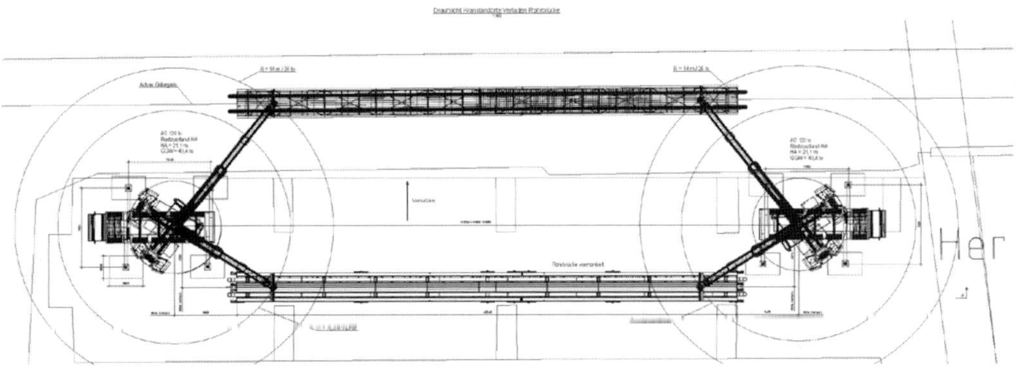

Abbildung 8 - Kranstandorte Verladen Oberbau Rohrbrücke

4.3 Montage Oberbau Rohrbrücke

Nach dem Verladen des Oberbaus auf Güterwaggons im Bereich des Vormontageplatzes wird dieser in den Hakenbereich des Montagekranes zum Einbauort gebracht.
Das Anschlagen des Überbaus an den Montagekran erfolgt noch vor Beginn der Sperrung des S-Bahnrings (außerhalb der Betriebspause der S-Bahn).
Nach Freigabe des Montagebereiches durch einen Vertreter der DB-Netz AG erfolgt das Einheben des Überbaus und Absetzen auf den Lagern bzw. auf der Pendelstütze. Für diesen Vorgang stehen ca. 2 Stunden zur Verfügung.
Das Anschlagschema für die Montage des Oberbaus ist in Plan 04-1427-005 (siehe Abb. 9), der Kranstandort in Plan 04-1427-006 (siehe Abb. 10 und 11) dargestellt.

Bearbeiter: XXX	Stand: 00.00.2017	Seite 6 von 8

Bild KII.9-6 (*Fortsetzung*): Beispiel Montageanweisung – Rohrbrücke (Blatt 6 von 8)

Muster	Montageanweisung FW-Versorgung Berlin Neukölln Bahnquerung Siegfriedstraße – Silbersteinstraße

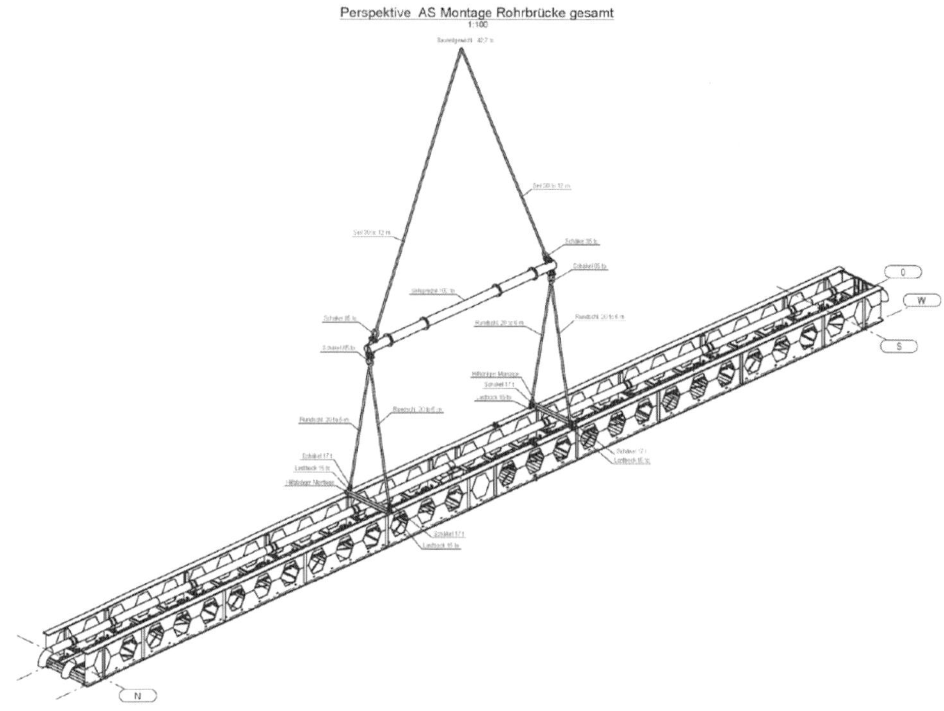

Abbildung 9 - Anschlagschema Oberbau gesamt Montage

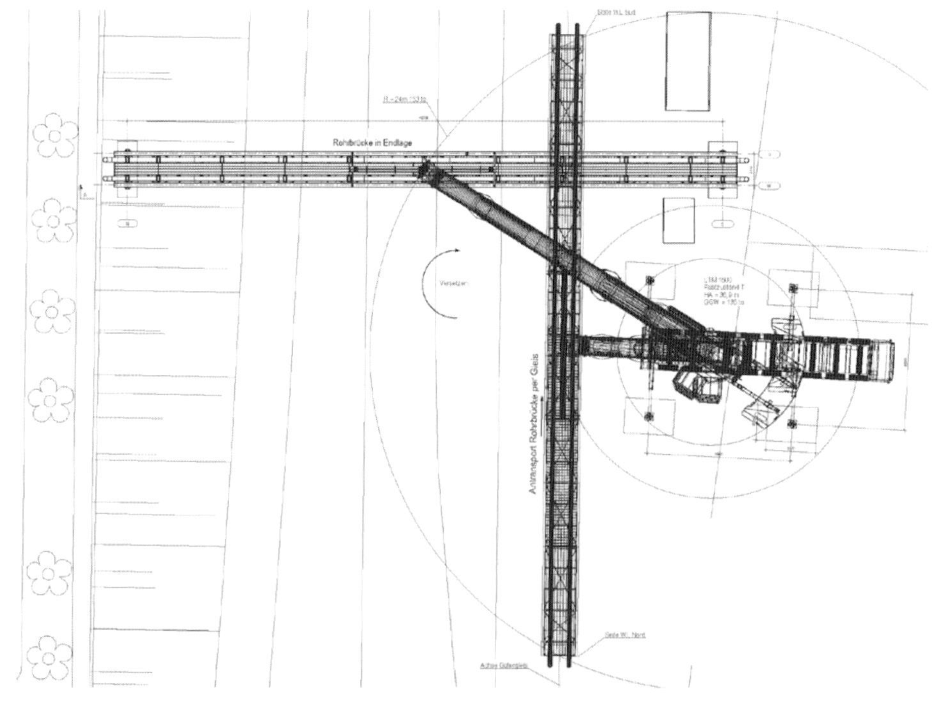

Abbildung 10 - Kranstandort Montage Oberbau Draufsicht

Bearbeiter: XXX	Stand: 00.00.2017	Seite 7 von 8

Bild KII.9-6 (*Fortsetzung*)**:** Beispiel Montageanweisung – Rohrbrücke (Blatt 7 von 8)

Muster	Montageanweisung FW-Versorgung Berlin Neukölln Bahnquerung Siegfriedstraße – Silbersteinstraße

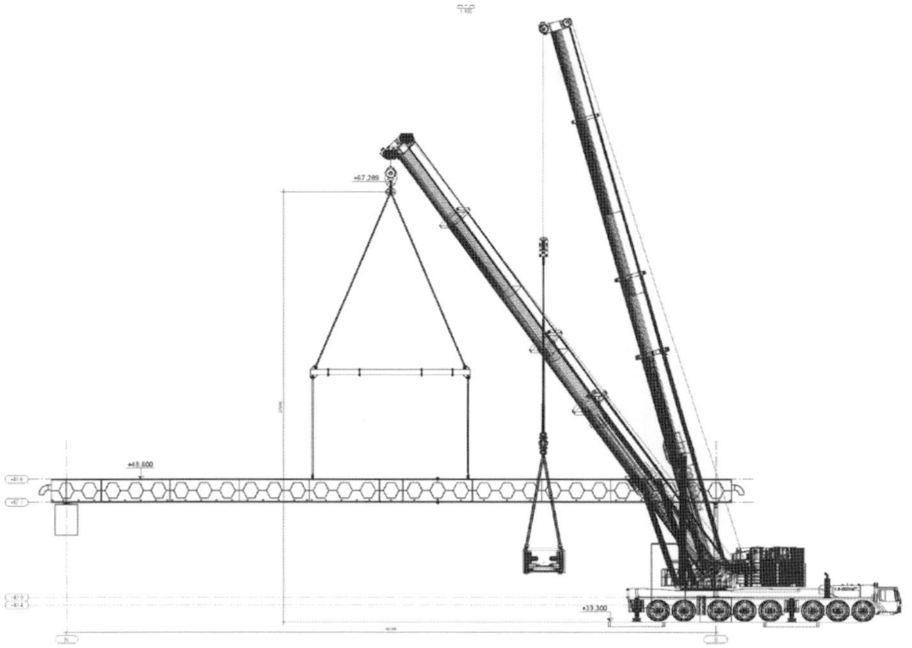

Abbildung 11 - Kranstandort Montage Oberbau Ansicht

5. Zugang zur Montage

5.1 Zugang zur Vormontage

Da die Vormontage des Oberbaus der Rohrbrücke zu ebener Erde auf Zulageböcken erfolgt, sind für den Zugang keine besonderen Maßnahmen zu ergreifen. Im Bereich des Montagestoßes der Brückensegmente wird als Witterungsschutz für das Schweißen und das Aufbringen des Korrosionsschutzes eine entsprechende Einhausung errichtet.

5.2 Zugang im Rahmen der Montage

Der Zugang auf die Rohrbrücke zum Abschlagen des Bauteils vom Kran ist über die nördliche Widerlagerseite gegeben. Um den Zugang zum Absetzen des Oberbaus auf die südliche Pendelstütze zu gewährleisten, wird eine entsprechende Hubarbeitsbühne eingesetzt. Das Herstellen des Anschlusses an die Pendelstütze erfolgt von der Hubarbeitsbühne aus.

6. Vermessen Überbau

Nach dem Schweißen des Montagestoßes wird der Überbau in seiner spannungslosen Werkstattform vermessen. Dannach erfolgt des Freisetzen der Zulagen im Mittelbereich, so dass der Überbau nur noch auf den Zulagen im Bereich der Widerlager aufliegt.
Nach der Installation der Rohrleitungen wird der Überbau zwischen den Lagerpunkten vermessen, und das gemessene Achsmaß auf die Widerlager übertragen. Dannach erfolgt das Setzen der Dübel und das Stellen der Pendelstütze.
Nach der Montage des Überbaus erfolgt die Schlussvermessung.
Alle Messwerte sind entsprechend zu protokollieren und zu dokumentieren.

7. Anlagen

- Plan 04-1427-001 – Baustelleneinrichtungsplan
- Plan 04-1427-002 – Zulagenaufbau Auflegen Bauteile Vormontage
- Plan 04-1427-003 – Kranstandorte Auflegen Bauteile Vormontage
- Plan 04-1427-004 – Anschlagschemen Entladen und Auflegen BT Pos. H2 und H3
- Plan 04-1427-005 – Anschlagschemen Verladen und Montage Rohrbrücke
- Plan 04-1427-006 – Kranstandorte Montage Rohrbrücke
- Plan 04-1427-007 – Kranstandorte Verladen Rohrbrücke zum Gleistransport
- Datenblätter Montagekrane (LTM 1500 und LTM 1130)

Bearbeiter: XXX	Stand: 00.00.2017	Seite 8 von 8

Bild KII.9-6 (*Fortsetzung*): Beispiel Montageanweisung – Rohrbrücke (Blatt 8 von 8)

Quelle: PSP, Essen

a)

Quelle: IMO Leipzig

b)

Bild KII.9-7: Montage von Verbundbrücken:
a) Rampenbrücke für Autobahnauffahrt, klassische Montage auf Gerüsten
b) Autobahn-Talbrücke, Montage durch Längsverschub

<4> Zu Abs. 7 und Abs. 8 – Montageanweisung: Besonderheiten bei Verbundtragwerken

Die Norm bringt hier einige sehr ins Detail gehende Hinweise für die Planung und Ausführung von Geschossbauten mit **Verbunddecken**, insbesondere für den Umgang mit den dünnwandigen Profilblechen. Die Hinweise sind ohne Kommentierung verständlich. Die „nackten" Verbunddeckenprofilbleche während der Montage- und Betonierzustände fallen in den Regelungsbereich der EN 1090-4 (siehe Kommentare dazu in diesem Buch), fertige Verbunddecken sind dort aber ausgeschlossen. Über diese Spezialanwendung der Verbundbauweise hinaus gibt EN 1090-2 weder für weitere Verbundkomponenten des Hochbaus (Verbunddeckenträger, Verbundstützen) noch für die oft wesentlich komplexeren Verbundtragwerke des Brückenbaus explizit Hinweise zu den Montagearbeiten.

Bei Verbundbrücken (Bilder KII.9-7a und -7b) ist die Montageanweisung besonders wichtig. Sie wird bisweilen wegen ihrer Komplexität und Ausführlichkeit auch **Montagebeschreibung** genannt – ein Begriff, der in EN 1090-2 nicht vorkommt.

Zu II.9.4 Vermessung

Zu II.9.4.1 Bezugssystem

<1> Zu Abs. 1 und 2 – Anforderungen an das Bezugssystem

Ein wichtiger, vor Beginn der Montagearbeiten zu klärender Punkt sind die Vermessungsarbeiten und das dafür benötigte Bezugssystem. Dass für eine plangenaue Errichtung des Stahlbaus ein Bezugssystem Voraussetzung ist, welches gezielt für das Messen und Ausrichten der Stahlbaukonstruktion festgelegt wurde, wird in der Regel von allen am Bau Beteiligten gleichermaßen gesehen und stellt selten ein Problem dar. Dieses bauwerksspezifische Bezugssystem wird in EN 1090-2 auch **Sekundärsystem** genannt. Dabei bezieht man sich auf die Bezeichnungssystematik der internationalen Norm **ISO 4463-1**, die hier stark in den Mittelpunkt gestellt wird.

Nach Wissen der Verfasser ist sie allerdings auf deutschen Baustellen eher unbekannt. Man beachte auch, dass ISO 4463-1 nur als Option/Auswahlmöglichkeit im Sinne von Tabelle II.A.2 in Anhang II.A eingeführt wird („sofern nichts anderes festgelegt wird"). Deshalb ist es absolut normkonform, Vermessungsarbeiten ohne Berücksichtigung von ISO 4463-1 durchzuführen. Trotzdem sei ihr Inhalt nachfolgend kurz skizziert.

Die letzte Ausgabe der ISO 4463-1 datiert von 1989. Es gibt keine deutsche Übersetzung; es ist auch nach Wissen der Verfasser keine Übernahme als DIN-Norm geplant – ein Umstand, der bei einer derart zentralen Position in einer als deutsche Technische Baubestimmung zu übernehmenden Norm verwundert. Zweck der ISO 4463-1 ist die Normierung der Planungs- und Organisationsprozesse, Messprozeduren und Annahmekriterien für das Ausrichten und Vermessen von Bauwerken. Dazu werden folgende drei Hauptbegriffe bzw. Arbeitsphasen (*stages*) eingeführt (siehe Bild KII.9-8):

- **Primärsystem (*stage 1*)**: Es ist angebunden an das **offizielle Kontrollsystem** (*official control system*). Dieses kann ein nationales, ein städtisches oder ein anderweitig anerkanntes Koordinatensystem höherer Ordnung sein. Das Primärsystem überdeckt in der Regel die ganze Baustelle. Alle nachfolgenden Messungen auf der Baustelle beziehen sich darauf. ISO 4463-1 gibt an, ein Primärsystem sei in der Regel erforderlich bei großen Baustellen, langen Bauwerken, komplizierten Bauverfahren oder schwer zugänglichen Baustellen. Daraus lässt sich der Umkehrschluss ziehen, dass in einfachen Fällen auf ein Primärsystem verzichtet werden kann.
- **Sekundärsystem (*stage 2*)**: Es dient als hauptsächliches Referenzsystem oder -raster für die Errichtung eines bestimmten Bauwerks oder einer Gruppe von Bauwerken sowie für alle damit verbundenen Arbeiten.
- **Positionspunkte (*stage 3*)**: Sie markieren den Ort einzelner Elemente, z. B. Stützen oder Wände, und damit der Details des Bauwerks. Positionspunkte können entweder vom Sekundärsystem aus festgelegt werden oder direkt vom Primärsystem aus.

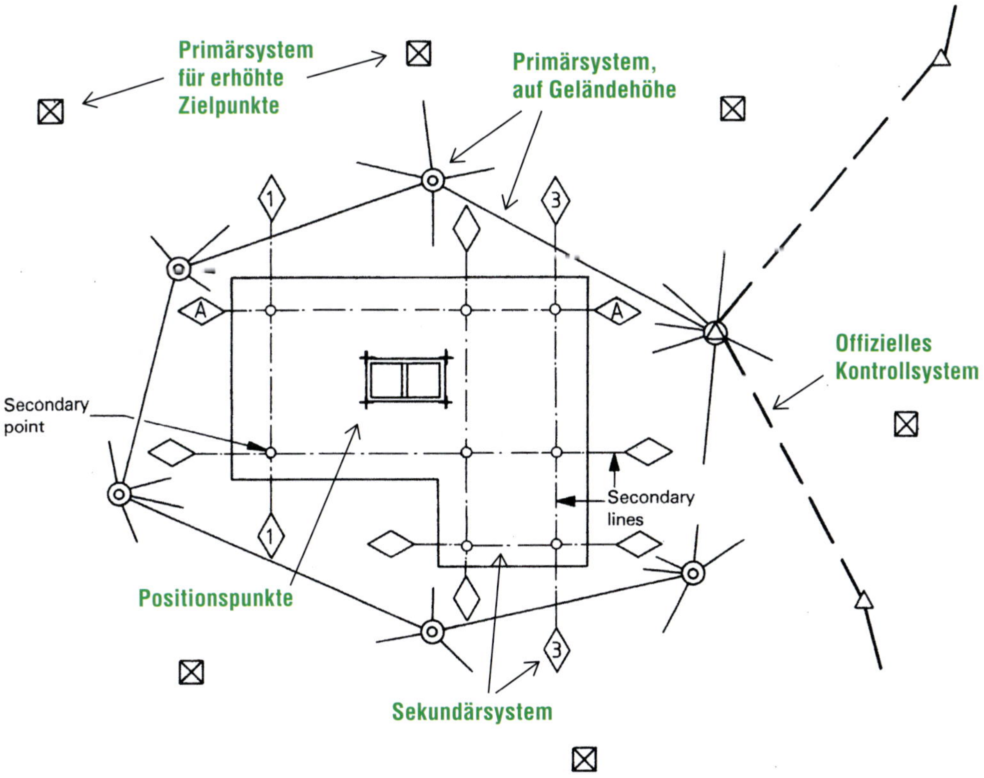

Bild KII.9-8: Zur Einrichtung des Bezugssystems für das Ausrichten und das Vermessen eines Bauwerks (Fig. 1 aus ISO 4463-1, mit Ergänzungen der Verfasser)

Für das Sekundärsystem gibt es Abnahmekriterien. Das sind im Wesentlichen zulässige Entfernungs- und Winkelabweichungen für Kontrollmessungen, bezogen einerseits auf externe Punkte des Primärsystems und andererseits auf Sekundärpunkte untereinander. Auf diese Abnahmekriterien bezieht sich die Aussage der EN 1090-2, wonach die Koordinaten des Sekundärsystems bei Übereinstimmung mit den Abnahmekriterien als korrekt anzunehmen seien. Über das Einrichten des Sekundärsystems muss ein Vermessungsprotokoll angefertigt werden.

An dieser Stelle sei der Hinweis erlaubt, dass für diese Art von Vermessungen mit permanentem Bezug zwischen Primär- und Sekundärsystemen in jedem Fall ein Fachmann, d. h. ein Vermessungstechniker oder Vermessungsingenieur hinzugezogen werden sollte. Damit ist gleichzeitig auch eine externe Kontrolle sichergestellt.

<2> Zu Abs. 3 – Bezugstemperatur

Die Forderung einer festgelegten Bezugstemperatur sollte in ihrer rechtlichen Auswirkung nicht unterschätzt werden. Es ist ein Fall bekannt geworden, bei dem die Montageschüsse eines mehrere Kilometer langen, aufgeständerten Fahrbahnträgers für eine „Monorail-Bahn" im Hochsommer auf offenem Werftgelände nach den Maßen gefertigt wurden, die vom Planer für eine Fertigung in einer Werkhalle bei normalen Temperaturen (konkret: 20 °C) gedacht waren. Da die Montage ebenfalls bei den hohen Sommertemperaturen erfolgte, fiel zunächst nicht auf, dass alle Montageschüsse einige Millimeter zu kurz waren. Erst im Herbst rissen die Anschläge sämtlicher Dehnungsfugen und verursachten einen kostspieligen Schaden mit langwierigen gerichtlichen Auseinandersetzungen.

Neben der Bezugstemperatur ist bei Vermessungsarbeiten der Einfluss durch die Sonne zu beachten. Auf dem Messprotokoll sollten deshalb Angaben zu den Wetterbedingungen gemacht werden. Ein erfahrener Messtechniker weiß, dass bei direkter Sonneneinstrahlung auf ein Stahltragwerk sinnvollerweise keine Messarbeiten ausgeführt werden können.

Zu II.9.4.2 Positionspunkte

Zur Definition der Positionspunkte nach ISO 4463-1 vgl. Kommentar <1> zum vorhergehenden Abschnitt II.9.4.1. Es sei hier aber noch einmal darauf hingewiesen, dass die Verwendung von ISO 4463-1 insgesamt optional ist.

Zu II.9.5 Abstützungen, Verankerungen und Lager

Zu II.9.5.1 Inspektion von Abstützungen

<1> Zu Abs. 1 – Sichtprüfung, geeignete Vermessungen

Die frühere deutsche Norm DIN 18800-7 [R73] war in diesem Punkt wesentlich deutlicher; dort hieß es: „Mit der Montage darf erst begonnen werden, wenn die Lage und Höhe der Auflager in einer Übergabevermessung dokumentiert sind oder eine Abnahme nach geprüften Ausführungsunterlagen vorliegt." Dies meint auch EN 1090-2 sinngemäß, wenn von „geeigneten Vermessungen" die Rede ist. Eine **Übergabevermessung** ist – unabhängig von der Größe des Bauwerkes, der Baustelle oder des betreffenden Montageabschnittes – als wichtiger „Haltepunkt" zwischen zwei Gewerken oder zwischen Auftraggeber und Auftragnehmer anzusehen. Die Aufnahme einer Übergabevermessung als Forderung in das Vertragswerk hilft in jedem Fall, spätere Streitigkeiten zwischen den Vertragsparteien zu vermeiden.

Die Forderung nach einer Übergabevermessung vor Beginn der Montage ist auch aus technischer Sicht nicht so trivial, wie sie klingen mag. Es sind beispielsweise aus dem Brückenbau Fälle bekannt geworden, in denen die beiden an den Ufern eines Kanals oder eines Flusses sich gegenüberliegenden Widerlager entweder zu weit auseinander lagen, weil sie falsch eingemessen worden waren, oder unterschiedliche Höhen aufwiesen, weil die beiden Ufer in verschiedenen Ländern mit unterschiedlichen Höhen-Bezugssystemen (unterschiedlichen offiziellen Kontrollsystemen im Sinne von ISO 4463-1, vgl. zu II.9.4.1 <1>) lagen. Man stelle sich vor, so etwas würde erst beim Einschwimmen oder Einschieben einer Brücke (siehe Bilder KII.9-9a und -9b) bemerkt, weil keine ordentliche Übergabevermessung stattgefunden hätte!

a) b)

Quelle: IMO Leipzig

Bild KII.9-9: Montage einfeldriger Brücken über einen Schifffahrtskanal:
a) Einschwimmen einer Fachwerkbrücke,
b) Einheben eines Bogenbrücken-Versteifungsträgers mit Litzenhubsystem

Es sei an dieser Stelle auch darauf hingewiesen, dass in EN 1090-2 leider keine klaren Regelungen über die Art der Freigabe der Montage und die verantwortlichen Personen dafür zu finden sind. In der Praxis gibt es dazu meist eine vertragliche Regelung. Zumindest sollte jede Firma, die Montagen ausführt, eine betriebliche Regelung haben, in der das Erstellen, das Prüfen und das Freigeben geregelt sind.

<2> Zu Abs. 2 – Vorgehen bei Nichtkonformität

Dass nicht passende Abstützungen vor Beginn der Montage korrigiert werden müssen, gehört zu den vielen eher trivialen Anweisungen der EN 1090-2.

Ausrichten und Eignung von Abstützungen

Zu II.9.5.2

<1> Zu Abs. 1 – geeignete Vorbereitung der Fundamente, Einbau von Lagern

Geeignete Vorbereitung heißt zunächst ganz vordergründig, dass der Fundamentbeton ausreichend fest für die Aufnahme der Stützenfußlasten sein muss. Darüber hinaus müssen alle später unzugänglichen Betonflächen und -hohlräume, die beim Vergießen der Lagerfuge mit Vergussmaterial in Berührung kommen bzw. ausgefüllt werden (z. B. Ausnehmungen für Schubdübel), gesäubert sein.

Die für den Einbau von Lagern zitierte, aus dem Jahre 1997 stammende europäische Norm **EN 1337-11** entspricht (bzw. entsprach) der seinerzeit praktisch unverändert übernommenen, früheren deutschen Lagernorm DIN 4141-4. Diesen Teil 11 der Normenreihe EN 1337 wird es aber in Kürze nicht mehr geben; seine Themen (Transport, Zwischenlagerung, Einbau) wurden in die einzelnen Teile der zukünftig nur noch aus acht Teilen bestehenden Normenreihe EN 1337 (vgl. Kommentar zu II.5.12) integriert. Unabhängig davon findet man ausführliche Erläuterungen zu den Themen der EN 1337-11 im Lager-Standardwerk [V6].

Es sei hier daran erinnert, dass es sich bei Lagern um ein Ausgangsprodukt handelt, für das EN 1090-2 ein Abnahmeprüfzeugnis 3.1 fordert und das nur von wenigen spezialisierten Herstellern angeboten wird (vgl. zu II.5.12). Deren Einbaubedingungen sind genau zu beachten.

<2> Zu Abs. 2 und 3 – Abnahme und Vermessung der Abstützungspositionen

Die hier postulierte Forderung, erst nach Abnahme der Positionen und Höhenlagen der Abstützungen, Verankerungen und Lager mit der Montage zu beginnen und die zugehörige Vermessung zu dokumentieren, ist inhaltlich identisch mit den ähnlich lautenden Forderungen im 1. Absatz von Abschnitt II.9.5.1; vgl. insbesondere den dortigen Kommentar zur **Übergabevermessung**. Mit „Abnahmekriterien in 11.2“ sind die grundlegenden Montagetoleranzen in II.11.2.3 gemeint, die im dortigen Kommentar ausführlich erläutert werden.

<3> Zu Abs. 4 und 5 – Ankerschrauben

Es sei zunächst auf die in Normabschnitt II.11.2.3.2 und in Tabelle II.B.23 der Anlage II.B vorgegebenen grundlegenden bzw. ergänzenden Montagetoleranzen für die Position von Ankerschrauben hingewiesen (siehe Kommentare dazu).

Die Forderung in Abs. 4, dass Ankerschrauben, die gegen einen unten im Fundament liegenden Stahlprofilrost vorgespannt werden sollen, über ihre gesamte Länge keine Verbindung mit dem Beton haben dürfen, leuchtet unmittelbar ein. Dagegen ist das in Abs. 5 vorgeschriebene Mindestmaß für den Durchmesser von Ankerschraubenhülsen (3 × Ankerdurchmesser, aber ≥ 75 mm) ein typisches Beispiele für den Hang der Macher von EN 1090-2 zur Überregulierung von Details. Das Maß sollte im Einzelfall mit Ingenieurverstand festgelegt werden. Viel wichtiger wäre es, dass das in der Praxis hin und wieder noch vorgesehene, aber nicht unproblematische Vorspannen von Ankerschrauben über Reibschluss gegen den Fundamentbeton explizit ausgeschlossen wird. Wenn überhaupt, sollte es, wenn die Vorspannung tragsicherheitsrelevant ist, nur mit vorheriger Verfahrensprüfung eingesetzt werden.

Zu II.9.5.3 Aufrechterhaltung der Gebrauchsfähigkeit der Abstützungen

Die Anweisung, Abstützungen über die gesamte Montagedauer in ihrem Zustand zu erhalten, bedarf keines Kommentars. Das gilt auch für den angesprochenen eventuellen temporären Korrosionsschutz sowie für den im 3. Textabsatz geregelten Ausgleich von Lagersetzungen.

Zu II.9.5.4 Temporäre Abstützungen

<1> Zu Abs. 1 bis 4 – Unterleg- und Futterbleche unter Fußplatten

Futter- und Unterlegbleche bzw. -klötze sind als temporäre Abstützungen ein altbewährtes Mittel zur Aufwandsminimierung bei der Montage von Stahlbauten. Die Toleranzen aller vorgelagerten und zum Teil auch der nachgelagerten Gewerke (selbst wenn diese ihre jeweiligen Vorgaben einhalten) können in der Regel nur durch solche Hilfsmittel beim Ausrichten ausgeglichen werden. Man kann sogar sagen, dass Bauen mit Stahl – insbesondere in Mischbauten aus Stahlbau und Stahlbetonbau – mit vertretbarem Aufwand ohne Futter- und Unterlegbleche nicht möglich wäre. Diese Feststellung ist wichtig, denn sie bedeutet, dass Futter- und Unterlegbleche grundsätzlich **keinen Qualitätsverlust** darstellen – egal ob nach Montageabschluss wieder entfernt oder in der Konstruktion verbleibend. Allerdings müssen in beiden Fällen gewisse Regeln und Bedingungen eingehalten werden.

EN 1090-2 nennt hier zunächst die nahe liegenden **geometrischen und werkstofflichen Bedingungen**: Die Bleche müssen eben und von ausreichender Größe sein und die gleichen Festigkeitseigenschaften besitzen wie die Fußplatte. Maßgebende Festigkeitseigenschaft ist in der Regel die Druckstreckgrenze.

Ferner müssen Unterlegstapel, die unter später zu vergießenden Fußplatten verbleiben sollen, so positioniert werden, dass sie **vom Verguss völlig umschlossen** werden (Mindestüberdeckung 25 mm). Das erreicht man am zuverlässigsten dadurch, dass man schon beim Ausrichten die Unterlegstapel nicht außenkantenbündig ansetzt, sondern um mindestens 25 mm nach innen versetzt. Das Material solcher Unterlegstapel muss auch die gleiche Korrosionsbeständigkeit aufweisen wie die übrige Konstruktion. Bei Brücken sind verbleibende Unterlegstapel und Futterbleche allerdings in der Regel („sofern nicht anders festgelegt“) nicht erlaubt. Für Eisenbahnbrücken untersagt der Standard DBS 918005 [R31] das Verbleiben grundsätzlich.

Die Ausführungsunterlagen können weitere Einschränkungen machen, die von der Nutzung des jeweils abgestützten Bauteils und von seiner Beanspruchung abhängen, ggf. auch von der Höhe der statischen Ausnutzung. In diesem Zusammenhang fällt auf, dass EN 1090-2 hinsichtlich der

Anordnung der Unterlegbleche unter einer Fußplatte keine weiteren Einschränkungen macht – abgesehen von der obengenannten Mindestüberdeckung durch späteren Verguss und von der etwas vagen Forderung nach „ausreichender Größe". Hinter dieser letzten Forderung verbirgt sich – leider nicht explizit formuliert – der indirekte Hinweis, dass der verantwortliche Montageleiter oder Richtmeister beim Ansetzen von Unterlegstapeln, die später in der Konstruktion verbleiben sollen, eine Vorstellung von den **statischen Auswirkungen** der gewählten Anordnung haben sollte.

Zwei Grenzfälle sind im Prinzip zu unterscheiden (siehe Bilder KII.9-10a und -10b): Entweder erfassen die Unterlegbleche gleichmäßig einen so großen Teil der Fußplattenfläche, dass man bei gleicher Stahlsorte ohne weiteren Nachweis ausreichende Tragsicherheit und Gebrauchstauglichkeit unterstellen kann (Bild KII.9-10a). Oder eine große Fußplatte wird mit nur wenigen kleinen Unterlegblechen so unterstapelt, dass ein statischer Nachweis unverzichtbar ist (Bild KII.9-10b). Dabei sind nicht nur die Pressung unter den Unterlegblechen und die Biegebeanspruchung in der Fußplatte zu beachten, sondern (je nach Fundamentsituation) ggf. auch die konzentrierte Lastweiterleitung nahe von Betonrändern. Der Hinweis auf örtliche Abplatzungen im 1. Absatz des vorliegenden Normabschnittes meint genau das.

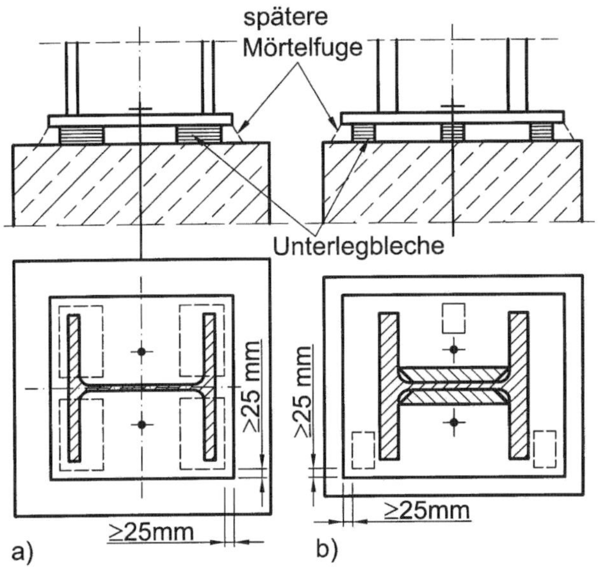

Bild KII.9-10: Beispiele für die Anordnung von Unterlegblechen unter Fußplatten mit späterer Mörtelfuge (schematisch):
a) Kein statischer Nachweis erforderlich,
b) statischer Nachweis erforderlich

Die Schlussfolgerung aus den vorstehenden Überlegungen lautet: In den Ausführungsunterlagen müssen Angaben zu Unterlegblechen enthalten sein. Es ist dort festzulegen, ob diese im Bauwerk verbleiben oder nicht und, wenn ja, welche Form und Lage sie haben.

Bisher wurde die klassische Stützenfußausbildung mit Mörtelfuge zwischen OK Fundament und UK Fußplatte unterstellt. Die Unterlegbleche liegen – vorausgesetzt die obengenannte 25-mm-Bedingung ist eingehalten – innerhalb des späteren Mörtels und sind dadurch gegen Korrosion geschützt. Im Stahlhochbau werden zunehmend auch Stützenfußkonstruktionen ausgeführt, bei denen die Fußplatte unmittelbar auf einer **im Fundament einbetonierten Stahlplatte** aufliegt. Werden hier zum Ausrichten Unterlegbleche eingeschoben, so sind diese sinngemäß wie Futterbleche in Stirnplattenstößen zu behandeln (siehe zu II.9.6.5.3 <3>). Sie sollten nicht über die Fußplatte überstehen, sondern bündig mit ihr abschließen. Zur Übertragung planmäßiger horizontaler Auflagerkräfte von der Stützenfußplatte in das Fundament sollte möglichst nicht auf der Baustelle über solche Futterblechpakete hinweg improvisiert geschweißt werden, sondern von vornherein eine statisch „saubere" Lösung mit Knaggen vorgesehen werden.

<2> Zu Abs. 5 – Ausgleichsmuttern unter Fußplatten

Wie Unterleg- und Futterbleche, so sind auch **Ausgleichsmuttern** auf Ankerschrauben, auf denen die Fußplatte aufsitzt, ein altbewährtes Mittel zum Ausrichten einer Stahlkonstruktion. Die Erlaubnis, diese Muttern „an Ort und Stelle" zu belassen, ist nicht ganz verständlich – wie sollte man sie denn entfernen? Deshalb ist klar, dass diese Ausgleichsmuttern vor allem auch unter statischen Gesichtspunkten zu wählen sind. Sie müssen entweder auf Dauer einen definierten Anteil der Stützenlast in die Anker abtragen, oder sie müssen später auf geeignete Weise entlastet werden, um die Stützenlast planmäßig als Flächenpressung über den Verguss ins Fundament zu bringen. Hierfür sind beispielsweise Kunststoffmuttern eine Option: Infolge ihrer größeren Werkstoffnachgiebigkeit nehmen sie weniger Last auf. Noch klarer ist die im Bahnstandard DBS 918005 [R31] vorgeschriebene Lösung: Über den Ausgleichsmuttern sind Polyamid-Unterlagen ausreichender Dicke anzuordnen.

Zum präzisen Höhenausrichten von Stahlkonstruktionen werden hin und wieder auch **Stellschrauben** unter Fußplatten eingesetzt. Sie sitzen entweder in Gewinden, die in die Fußplatte eingeschnitten sind, oder sind mit einer unteren Kontermutter versehen, auf der die Fußplatte ruht (ähnlich wie auf einer Ausgleichsmutter auf einer Ankerschraube). Diese Hilfsmittel zum Ausrichten werden vor allem dann angewandt, wenn an der Stahlkonstruktion technologische Anlagenteile (z. B. Fahrträger von Hängebahnen, Schwerkraftförderer o. Ä.) befestigt werden und demzufolge ein Feinjustieren notwendig wird. Die Stellschrauben sind im Prinzip wie konzentrierte Unterlegblechstapel zu sehen. Ob sie in der Konstruktion verbleiben können, muss im Einzelfall entschieden werden.

Zu II.9.5.5 Vergießen und Abdichten

<1> Zu Abs. 1 – Vergussmaterial

Vgl. hierzu auch den knappen Kommentar zum Ausgangsprodukt „Vergussmaterial" in II.5.9. Dass der Vergussmörtel frisch sein muss, gehört zu den vielen Arbeitsanweisungen der Norm EN 1090-2, über die ein ausgebildeter Bauarbeiter den Kopf schütteln dürfte (vgl. einführenden Kommentar zum vorliegenden Normkapitel II.9).

<2> Zu Abs. 2a) bis 2d) und Abs. 3 – Vorgehen beim Vergießen

Hier geht es um die typische Gewerke-Schnittstelle zwischen Stahltragwerk und Betonfundamenten. Zwar sollten elementare Forderungen wie in Abs. 2a), dass das Vergussmaterial „in Übereinstimmung mit den Empfehlungen des Herstellers" behandelt werden muss, oder wie in Abs. 3, dass die Fuge „unmittelbar vor dem Vergießen" frei von Verunreinigungen sein muss, eigentlich selbstverständlich sein. Erfahrungsgemäß kommt es aber an dieser Schnittstelle zwischen dem Beton- und dem Stahlbauer immer wieder zu Schwierigkeiten. Es fühlt sich oft keiner der beiden für die Kontrolle der handwerklich einwandfreien Ausführung des Vergusses verantwortlich. Um dem aus dem Wege zu gehen, wird diese Leistung zunehmend dem Stahlbau zugeordnet, weil zum Zeitpunkt der Vergussarbeiten (nach erfolgtem Ausrichten der Stahlkonstruktion) häufig kein Betonbau-Verantwortlicher mehr auf der Baustelle ist. So sind möglicherweise auch die überaus detaillierten Arbeitsanweisungen im vorliegenden Normabschnitt zu verstehen.

In klassischen Stahlbaulehrbüchern fand man die Forderung nach **sattem Unterstopfen** von Stützenfußplatten mit Mörtel, damit eine einwandfreie Mörtelfuge entsteht. Diese Forderung findet man in EN 1090-2 nicht mehr, weil Mörtelfugen heute in der Regel nicht mit erdfeuchtem Mörtel „unterstopft", sondern mit flüssigem Mörtel „vergossen" werden. Nichtsdestotrotz muss die Stützenfußplatte auch auf einer vergossenen Mörtelfuge satt aufliegen. Dazu ist es zuallererst erforderlich, schwindfreien Flüssigmörtel in Übereinstimmung mit den Forderungen in II.5.9 einzusetzen. Ferner darf der Vergussvorgang nicht improvisiert, sondern muss sorgfältig geplant werden. Es sei hier noch einmal auf die im Kommentar zu II.5.9 ausgesprochene Empfehlung hingewiesen, entweder mit Vergussarbeiten einen erfahrenen Subunternehmer zu beauftragen oder zumindest die Beratung des Vergussmörtelherstellers in Anspruch zu nehmen.

Es kann beispielsweise erforderlich sein, eine Schalung um die zu vergießende Fußplatte herum oder eine „Kopfschalung" gemäß Abs. 2b) vorzusehen, damit der Mörtelspiegel hoch genug steigen kann. Ggf. sind im Innenbereich großer Fußplatten Luftlöcher vorzusehen, damit die Luft entweichen kann (siehe Abs. 2d)). Die Dicke der Mörtelfuge sollte in jedem Falle mindestens 30 mm sein, um sie für das Vergießen einwandfrei vorbereiten zu können.

<3> Zu Abs. 4 und 5 – Vergießen von Köcherfundamenten

Das Vergießen von Köcherfundamenten gehört zu den hoch-anspruchsvollen Vergussarbeiten, die in jedem Falle von Betonbaufachleuten, d. h. ggf. von einem erfahrenen Subunternehmer, verantwortlich durchgeführt werden müssen. Für diese Fachleute sollte der Hinweis, dass der den unteren Stützenbereich umschließende Beton erst ausreichend abgebunden haben muss, bevor man die Stütze frei setzt, überflüssig sein!

<4> Zu Abs. 6 – Oberflächenbehandlung vor dem Vergießen

Mit „Behandlung“ ist hier nicht das Reinigen aller Flächen, die mit dem Vergussmörtel in Berührung kommen, gemeint. Dies ist keine Option, sondern absolutes Muss (vgl. auch Textabsatz 3 des vorliegenden Normabschnittes). Gemeint sind eventuelle Beschichtungen, die aus Gründen des Korrosionsschutzes oder der Dichtigkeit vorgesehen sind – was aber eher die Ausnahme ist.

<5> Zu Abs. 7 und 8 – äußere Form des Vergusses

Die hier gegebenen Hinweise, die Mörtelfuge so zu gestalten, dass kein Wasser am Stahl stehen bleiben kann, sind selbsterklärend und bedürfen keiner Kommentierung.

<6> Zu Abs. 9 – Abdichten von Auflagerfugen ohne Verguss

Lagerfugen Stahl auf Stahl wurden bereits im Kommentar <1> zu II.9.5.4 im Zusammenhang mit eingeschobenen Futterblechen angesprochen. Es ist selbstverständlich, dass solche Lagerfugen, sollte auch nur die entfernteste Möglichkeit von Feuchtigkeitsanfall bei Betrieb bestehen, ausreichend abgedichtet werden müssen.

<7> Zu Abs. 10 – Betonarbeiten nach EN 13670

Kein Kommentar erforderlich.

Verankerungen — Zu II.9.5.6

Die Verankerung von Stahlbauteilen an Teilen eines Betontragwerks gehört in der Systematik der EN 1090-2 zum Einsatz besonderer Verbindungsmethoden gemäß II.8.8 (vgl. Kommentar dazu). Dass die Dübel oder sonstigen Befestigungsmittel in Übereinstimmung mit ihrer „Spezifikation“, d. h. mit den technischen Datenblättern und Einbauanweisungen des Verbindungsmittelherstellers, eingesetzt werden müssen, ist trivial. Darüber hinaus sollte man vor dem Einsatz klären, ob eine Europäische Technische Bewertung (ETA) oder eine deutsche allgemeine bauaufsichtliche Zulassung (abZ) vorliegt oder ob man ggf. eine Zustimmung im Einzelfall (ZiE) erwirken muss.

Ankervorrichtungen können auch ganze stahlbauliche Einbauteile sein, wie z. B. das in Bild KII.9-5b gezeigte Anschlussschwert oder die in Bild KII.9-13 gezeigte Ankerplatte. Sie werden entweder mit angeschweißten Betonstahlschlaufen oder mit Kopfbolzendübeln im Beton verankert; für Letztere ist dabei in Deutschland eine ETA erforderlich (vgl. zu II.5.7 <1>).

Als „geeignete Maßnahme, um eine Beschädigung am Beton zu vermeiden“ fällt den Verfassern nur ein, „sich beim Arbeiten zu konzentrieren“.

Montage- und Baustellenarbeiten — Zu II.9.6

Montagepläne — Zu II.9.6.1

<1> Zu Abs. 1 – Erfordernis von Montageplänen

Die Funktion der Montageanweisung als dem zentralen Planungsdokument für die Montagearbeiten wurde bereits im Kommentar <1.2> zu II.9.1 herausgestellt. Die sachlichen Inhalte einer Montageanweisung werden im Normabschnitt II.9.3.2 detailliert aufgelistet und wurden in den Kommentaren dazu auf vielen Seiten ausführlich diskutiert und mit Beispielen illustriert. Dass zu einer Montageanweisung – ausgenommen kleine einfache Projekte – neben schriftlichen Anweisungen stets auch **zeichnerische Darstellungen** in Form von Montageplänen gehören, dürfte jedem Praktiker klar sein. Auch das im Kommentar <3.2> zu II.9.3.2 als Bild KII.9-6 wiedergegebene Beispiel einer Montageanweisung für eine stählerne Rohrbrücke stützt sich teilweise auf zeichnerische Darstellungen ab, die auszugsweise als erklärende Abbildungen in die Montageanweisung integriert sind. Mit ihrer Hilfe lässt sich die Vorgehensweise des Montageverfahrens anschaulicher darstellen, als ein Text das könnte. Bild KII.9-11 zeigt als weiteres Beispiel den Lage- und -Übersichtsmontageplan einer Straßenbrücke über ein Mittelgebirgstal.

Warum Montagepläne als Bestandteil der Montageanweisung erst hier im Abschnitt II.9.6 eingeführt werden, der sich gemäß Überschrift mit den konkreten Arbeiten selbst und nicht mehr mit ihrer Planung befassen soll, erschließt sich den Verfassern von der Logik des Normaufbaus her nicht. Die Montagepläne hätten als Unterabschnitt zu II.9.3.2 oder als eigener Unterabschnitt II.9.3.3 behandelt werden sollen.

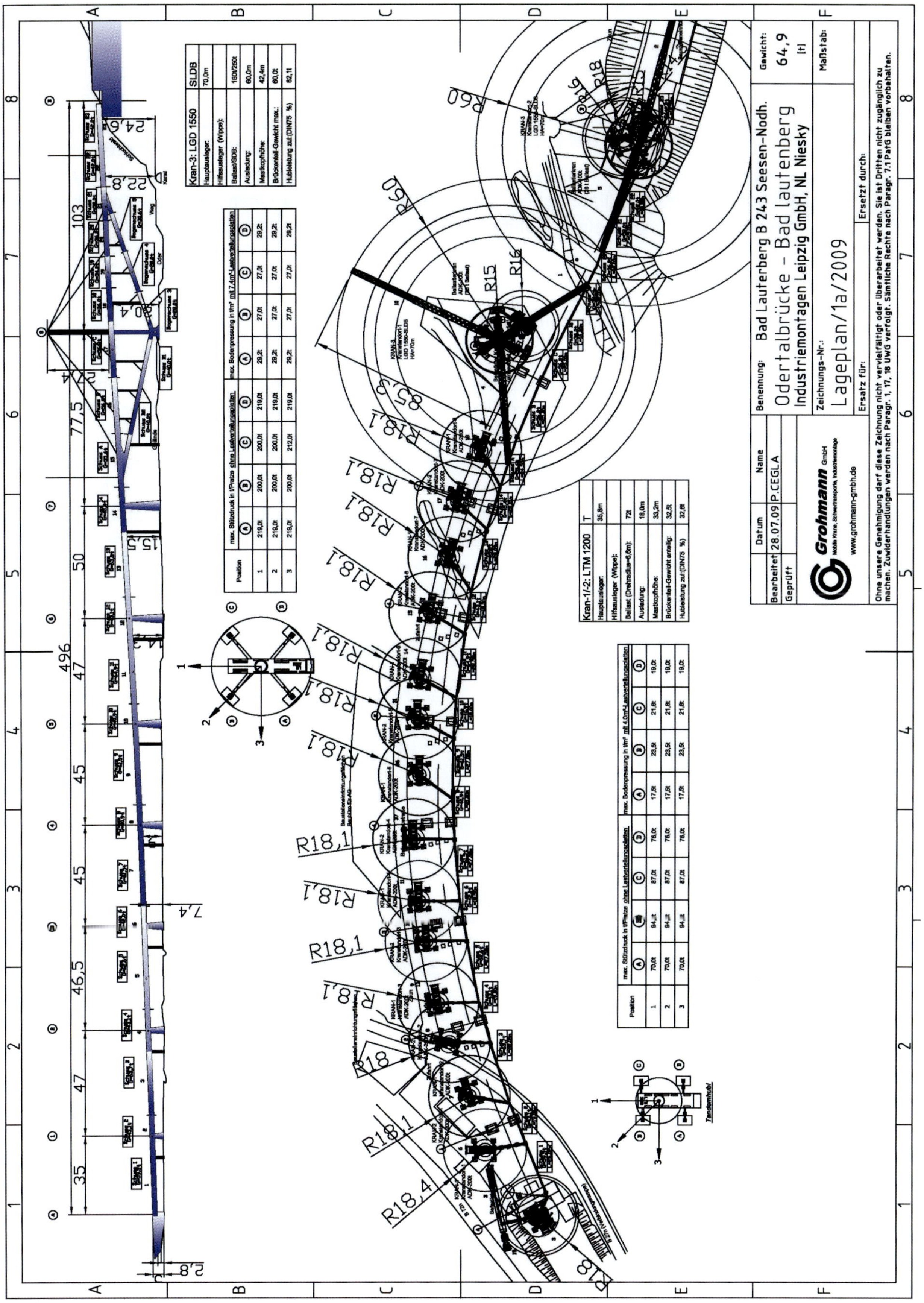

Quelle: IMO Leipzig

Bild KII.9-11: Beispiel für einen Lage- und Übersichtsmontageplan: Straßenbrücke über ein Mittelgebirgstal

<2> Zu Abs. 2 bis 8 – Inhalt von Montageplänen

Die in diesen Normabsätzen einzeln aufgelisteten Anforderungen an die Inhalte von Montageplänen sind überwiegend sehr elementar und sollten für jeden ausgebildeten Zeichner und Konstrukteur selbstverständlich sein. Eine solche normative Auflistung birgt aber andererseits die große Gefahr in sich, dass sie eine Vollständigkeit vortäuscht, die sie nicht haben kann. Beim Anfertigen eines Montageplans ist grundsätzlich das jeweils spezifische Montageproblem mit Ingenieurverstand zu durchdenken. Die Auflistung kann dabei bestenfalls die Funktion einer stichprobenhaften Checkliste haben, sie gehörte eigentlich in einen informativen Anhang. Sie wird deshalb nicht im Einzelnen kommentiert.

Zu II.9.6.2 Kennzeichnung

<1> Zu Abs. 1 – Erfordernis einer Montagekennzeichnung

Die hier geforderte Kennzeichnung der auf die Baustelle gelieferten Bauteile ist nicht nur aus sicherheitstechnischen Gründen erforderlich – sicherheitsrelevante Verwechslungen müssen ausgeschlossen werden –, sondern sie spielt auch aus organisatorischer Sicht eine große Rolle. Wie für die Fertigung (vgl. zu II.6.2 <1>), so gilt auch für die Montage, dass alle Teile und Baugruppen jederzeit eindeutig zu identifizieren sein müssen. Nur so kann effektiv transportiert und montagegerecht angeliefert werden, und nur so kann vermieden werden, dass der Montageaufwand nicht durch unnötiges Suchen, Umlagern und damit zeitweiligen Montagestillstand erhöht wird. Aus Bild KII.9-12, das eine Struktur des modernen Architektur-Stahlbaus zeigt, leuchtet das unmittelbar ein. In einem Satz zusammengefasst: Voraussetzung für eine gut organisierte, qualitätsgesicherte Montage sind klare Regelungen zur Bauteilkennzeichnung.

Quelle: COOP HIMMELB(L)AU, Wien

Bild KII.9-12: Stahlkonstruktion mit sehr vielen unterschiedlichen Einzelbauteilen: Musée des Confluences in Lyon

<2> Zu Abs. 2 und 3 – Art und Ort der Kennzeichnung

Die Art und Weise der Kennzeichnung hängt von vielen firmen- und projektspezifischen Dingen ab. Es sind zwei Kennzeichnungskriterien zu unterscheiden:

- Zuordnung zu den **Ausführungsunterlagen** nach II.4.1, d. h. mindestens Zeichnungs-Nr. und Positions-Nr.;
- Zuordnung zur **Montageanweisung** nach II.9.3.2 (bzw. zu den Montageplänen nach II.9.6.1): Einbaureihenfolge, Lage (z. B. oben/unten), Einbauausrichtung (in Abs. 2 explizit angesprochen), Anschlagpunkte usw.

Mit dem Verweis auf Abschnitt II.6.2 sind zunächst die dort für die Bauteilfertigung beschriebenen konkreten Kennzeichnungsmethoden gemeint (Farbkennzeichen, Barcodierung, Schlagzahlen, Plasmamarkierung usw., vgl. zu II.6.2 <2.2>). Es kann aber auch sinnvoll sein, die Systematik der Bauteilkennzeichnung von Vornherein integrativ unter den Gesichtspunkten der Identifizierbarkeit sowohl während der Fertigung als auch während der Montage zu planen – insbesondere, wenn beide Herstellphasen von verschiedenen eigenverantwortlichen Betrieben durchgeführt werden.

Handhabung und Lagerung auf der Baustelle Zu II.9.6.3

<1> Zu Abs. 1 und 2 – Anforderungen an Handhabung und Lagerung

Der Querverweis auf den Normabschnitt II.6.3, wo die Handhabung und Lagerung nicht nur der Ausgangsprodukte, sondern auch der fertigen Bauteile behandelt wird, ist folgerichtig, denn Lagerung im Fertigungsbetrieb, Transport zur Baustelle, Lagerung auf der Baustelle und Einbau in das Tragwerk sind ein zusammenhängender Herstellprozess. Dass das Handling dann ausschließlich eingeengt unter dem Gesichtspunkt von Beschädigungen und ihrer Reparatur betrachtet wird, ist typisch für eine Norm. Es gibt jedoch darüber hinaus auch noch den Gesichtspunkt einer **ökonomischen** Handhabung der Montage.

Im Kommentar zur Montageanweisung wurde bereits der qualitätssichernde Aspekt der Montageorganisation angesprochen (vgl. zu II.9.3.2 <1.1> u. <1.2>). Es muss klare Regelungen zum Transport und zur Zwischenlagerung (wenn notwendig) geben. Auch das gesamte übrige Handling auf der Baustelle, z. B. eine eventuelle Baustellenvorfertigung (Stichworte: Transport- und Montageabmessungen) oder die Korrosionsschutzarbeiten, sollte sorgfältig geplant sein, um ein geordnetes Baustellengeschehen zu gewährleisten.

Bei der Planung sollte auch beachtet werden, dass bereits in der Fertigung die Voraussetzung für einen optimalen Montageablauf geschaffen wird. Arbeiten, die nicht unbedingt auf der Baustelle zu erbringen sind, gehören in die Werkstatt. Nur so lässt sich die durchgängige Organisation der Herstellung eines Stahlbautragwerks, welche in den vorherigen Kapiteln II.6 bis II.8 der EN 1090-2 erläutert wurde, bis auf die Baustelle und schließlich bis zum fertigen „Produkt Bauwerk" nahtlos fortsetzen. Dabei garantiert allerdings erst eine permanente Auswertung der gegenläufigen Material- und Informationsflüsse eine qualitätsbewusste Arbeit auf der Montage. Der Prozess wird damit ständig optimiert und gestaltet sich wirtschaftlicher. Wie weit dieses unverzichtbare Ineinandergreifen von Fertigung und Montage durch die mit der Veröffentlichung der Normenreihe EN 1090 im Jahre 2011 eingeführte, quasi künstlich-normative Aufspaltung des Herstellprozesses in die Vorfertigung von Bauteilen nach EN 1090-1 und den Zusammenbau der vorgefertigten Bauteile zu einem Stahlbautragwerk nach EN 1090-2 (vgl. Vorwort zu diesem Kommentarbuch) eher erschwert wird, lässt sich nur schwer ermitteln.

Auf der Baustelle sollte zügig und effektiv, d. h. auch transportoptimiert gearbeitet werden. Voraussetzungen hierfür sind u. a.:

- **Montagegerechte Anlieferung.**
  Damit werden Zwischenlagerungen und zusätzliche Baustellentransporte reduziert sowie teure Montagezeit gespart. Weniger häufiger Umschlag verringert außerdem Beschädigungen an werksseitig aufgebrachten Korrosionsschutzsystemen. Neben der Montagereihenfolge spielt die montagegerechte Vorbereitung der Bauteile eine große Rolle. Eine exakt vorbereitete Baustellenschweißnaht, geschützt oder freigehalten vom Korrosionsschutz, erspart eine Menge Arbeitszeit.
- Planung und Bereitstellung der **Montagehilfsmittel**.
  Gemeint sind Lastaufnahmemittel, Anschlagsmaterial, Zulagen, Rüstungen, Lehrgerüste, Montageverbände, Montageverbindungsmittel usw. Improvisierte Lösungen sind zeitaufwändig und teuer, erfordern unter Umständen zusätzliches Handling und fördern damit Beschädigungen der Bauteile.
- **Planung der Prozesse.**
  Die Kennzeichnung von Anschlagpunkten oder der Hinweis auf den Schwerpunkt eines komplizierten Bauteils hilft ebenso wie zusätzliche Hinweise zur Einbaulage – vor allem dann, wenn bereits eine werkstattseitige Vormontage durchgeführt wurde (vgl. auch zu II.6.10).

– **Dünnwandige Bauteile.**
(Bleche, Kaltprofile, Verbandsteile usw.) müssen so gelagert, angeschlagen und transportiert werden, dass keine bleibenden Verformungen auftreten (vgl. zu II.9.6.1 <3>). Zu dieser Thematik findet man in den Kommentaren zu EN 1090-4 in diesem Buch detaillierte Informationen.

<2> Zu Abs. 3 und 4 – Vorgehen bei Beschädigungen

Die Norm schreibt hier vor, Beschädigungen, die beim Abladen, Transportieren, Lagern oder Montieren von Bauteilen auftreten, seien zu reparieren (in spröder EN 1090-Terminologie: die Konformität sei wieder herzustellen). Diese Anweisung gehört zu den vielen Trivialitäten der EN 1090, bei denen man den Kopf schüttelt. Insbesondere Beschädigungen am Korrosionsschutz sollten sofort und fachmännisch beseitigt werden, um Folgeschäden und -kosten zu minimieren. Die weitere Anweisung, die Vorgehensweise zur Wiederherstellung der Konformität vorher festzulegen und (außer bei EXC1) zu dokumentieren, ist insofern redundant, als sie eine der grundsätzlichen Anforderungen an die vor Beginn der Ausführungsarbeiten sowieso zu erstellende Qualitätsdokumentation nach II.4.2.1 darstellt (vgl. zu II.4.2.1 <2.5>).

<3> Zu Abs. 5 und 6 – Lagern und Verpacken von Verbindungsmitteln und Kleinteilen

Dass Verbindungsmittel sowie andere Kleinteile und Zubehörteile verpackt und gekennzeichnet sein müssen, folgt z. B. schon aus den Regelungen für die Lieferung und Kennzeichnung von mechanischen Verbindungsmitteln in Normabschnitt II.5.6.12. Dass alle diese Behälter/Kartons/Pakete vernünftig gelagert werden müssen, ist selbstverständlich und bedarf keines Kommentars.

Zu II.9.6.4 Probemontage

Mit Probemontagen sind keine Vormontagen gemeint, bei denen Bauteile auf einem Vormontageplatz zu größeren Montageeinheiten (u. U. zum kompletten Tragwerk) zusammengefügt werden – wie im Beispiel Rohrbrücke im Kommentar zur Montageanweisung (vgl. zu II.9.3.2 <3.2>, Bild KII.9-6) –, die dann als Ganzes zum endgültigen Standort des Tragwerkes transportiert und in dieses eingebaut bzw. abgesetzt werden. Eine Probemontage im Sinne dieses Normabschnittes liegt dann vor, wenn eine probeweise zusammengefügte größere Einheit (u. U. das komplette Tragwerk) wieder auseinandergenommen wird, um sie dann an Ort und Stelle endgültig wieder zusammenzufügen.

Solch probeweiser Zusammenbau kommt auf der Baustelle eher selten vor, ist jedoch in der Werkstatt ein probates Mittel, um an Bauteilen vor Verlassen der Werkstatt die korrekte Form und die Passgenauigkeit der Verbindungen zu überprüfen. Deshalb ist es folgerichtig, dass im vorliegenden Normabschnitt zuallererst der Querverweis auf II.6.10 gebracht wird (vgl. auch Kommentar dazu). Zur Erinnerung: Eine Probemontage in der Werkstatt wird immer dann sinnvoll sein, wenn geometrisch komplizierte Bauteile oder Bauteile mit besonderen Anforderungen an die Passgenauigkeit hergestellt werden und dann zu montieren sind (vgl. Beispiel in Bild KII.6-17). Man sollte dabei immer beachten, dass alle Änderungen und Anpassarbeiten auf der Baustelle mit einem Vielfachen des Werkstattaufwandes verbunden sind.

Von den drei hier angeführten Aspekten, wann eine Probemontage auf der Baustelle in Erwägung gezogen werden sollte, ist Ziffer (a) belanglos: Der Nachweis der Passung ist das Grundanliegen jeder Art von probeweisem Zusammenbau. Die anderen beiden stellen tatsächlich nachdenkenswerte Baustellenaspekte dar, sind aber selbsterklärend. Sie werden allerdings nach Kenntnis der Verfasser aus Kostengründen so gut wie nie genutzt.

Zu II.9.6.5 Montagearbeiten

Zu II.9.6.5.1 Allgemeines

<1> Zu Abs. 1 – Grundanforderungen an die Durchführung der Montage

Dass die konkrete Durchführung der Montage in Übereinstimmung mit der Montageanweisung erfolgen muss, welche ja das gewählte Montageverfahren beschreibt (vgl. zu II.9.3.2 <1.1>), ist klar. Und dass dabei die Standsicherheit sichergestellt werden muss, ist ein überflüssiges Statement, denn das ist eine der Grundanforderungen an Montageverfahren und Montageanweisung.

<2> Zu Abs. 2 – Nicht seitlich gehaltene Stützen

Gemeint sind hier frei stehend aufgestellte Stützen, bevor sie durch horizontale und/oder diagonale Tragglieder seitlich gehalten werden. Es ist unzulässig, diese Stützen vorübergehend als durch Ankerschrauben im Fundament eingespannte Stützen zu betrachten – es sei denn, das ist rechnerisch nachgewiesen.

<3> Zu Abs. 3 – Sicherheit gegen temporäre Montagelasten und Windeinwirkung

Dass hier die Tragsicherheit der Montagezwischenzustände unter temporären Lasten und unter Windlasten zum wiederholten Male explizit gefordert wird, ist nur dadurch zu entschuldigen, dass sie wirklich sehr wichtig ist. Aber auch sie ist eine der Grundanforderungen an Montagekonzept, Montageverfahren und Montageanweisung!

<4> Zu Abs. 4 – Schraubenanschlüsse im teilerrichteten Tragwerk

Diese Drittel-Empfehlung ist in der Tat eine gute und praktikable Faustregel. Sie darf allerdings nicht dazu verleiten, im Einzelfall für ein teilerrichtetes Tragwerk auf einen rechnerischen Standsicherheitsnachweis zu verzichten.

Temporäre Stahlkonstruktionen

Zu II.9.6.5.2

<1> Zu Abs. 1 und 2 – Hilfsverbände, temporäre Abspannungen

Hilfsverbände, Abstützungen, Abspannungen und ähnliche temporäre Bauteile und Konstruktionen gehören zur elementaren Methodik jeder Stahlbaumontage. Es ist daher eine unvermeidliche Folge der aus deutscher Sicht übertrieben detaillierten Behandlung der Montage in EN 1090-2 (vgl. einführenden Kommentar zu Kapitel II.9), dass das Thema in fast jedem Abschnitt immer wieder erneut aufgegriffen wird (in II.9.3.1, II.9.3.2, II.9.5.4). Noch einmal: Die temporären Konstruktionen dürfen nicht entfernt werden, so lange sie noch gebraucht werden!

Die hier außerdem angeführten Verbände im Hochbau, die im Zuge des Montagefortschritts zeitweise gelöst werden müssen, sind ein solch spezieller Fall, dass die Formulierung einer allgemeinen Arbeitsanweisung dafür aus Sicht der Verfasser sicherheitsmäßig eher kontraproduktiv ist. Die genaue Abfolge des Lösens und Wiederschließens und alle zusätzlichen Hilfsmaßnahmen gehören selbstverständlich, abgestimmt mit dem Montagekonzept des Tragwerksplaners, präzise in die Montageanweisung. Das Umsetzen dieser Montageschritte muss vom verantwortlichen Montageleiter gesteuert werden.

<2> Zu Abs. 3 und 4 – Verbindungen der Montagehilfskonstruktionen

Alle geschraubten und geschweißten Montageverbindungen müssen, sofern sie sicherheitsrelevant sind, grundsätzlich sinngemäß behandelt werden wie endgültige Verbindungen. Das gilt auch für Schweißbadsicherungen (vgl. zu II.7.5.9.2).

<3> Zu Abs. 5 bis 7 – Verschiebevorrichtungen, temporäre Anker, Pressen

Verschiebevorgänge gehören zu den schwierigeren Montagetechniken. Selbstverständlich müssen die beim Verschieben auftretenden Lasten sicher aufgenommen werden. Der Hinweis auf eine kontrollierte Abbremsmöglichkeit sollte besonders ernst genommen werden; es gibt leider spektakuläre Schadensfälle, bei denen das danebengegangen ist. Das Festsetzen von Pressen in jeder Lage unter Last gehört zur selben Kategorie elementarer Sicherheitsvorkehrungen.

Zu II.9.6.5.3 Passgenauigkeit und Ausrichtung

<1> Zu Abs. 1 – Überbeanspruchung einzelner Bauteile während des Montagevorgangs

Lokale Überbeanspruchungen mit der Folge bleibender Verformungen können beispielsweise entstehen durch Zwischenlagerung („*stacking*“) von Bauteilen auf bereits errichteten Tragwerksteilen. Bei Hochbauten wird davon häufig Gebrauch gemacht für Stapel von Profiltafeln für Decken, Dächer oder Wände. Das muss gemäß **EN 1090-4** statisch nachgewiesen und in den Verlegeplänen für die Profiltafeln festgehalten werden (siehe zu IV.4.1.3 <2.4>). Es ist darauf zu achten, dass diese statisch abgesicherten Verlegepläne strikt eingehalten werden.

Andere vorübergehende Montagelasten können durch Abstützkräfte temporärer Stabilisierungsbauteile oder durch lokale Windlasten auf temporär größere Angriffsflächen entstehen. Dies muss tunlichst vermieden werden.

<2> Zu Abs. 2 und 3 – Zeitliche Abfolge des Ausrichtens und Verbindens

Die primäre Vorgabe „sobald wie möglich ausrichten und dann endgültig zusammenbauen“ bedarf keines Kommentars. Die anschließende, schwer verständliche Einschränkung besagt sinngemäß, dass dabei aber auf die nachfolgenden Ausrichtvorgänge der übrigen Tragwerksteile Rücksicht genommen werden muss. Zu überprüfen ist auch der mögliche Einfluss später montierter und ausgerichteter Tragwerksteile auf bereits ausgerichtete Teile.

<3> Zu Abs. 4 bis 7 – Ausrichten mit Hilfe von Futterblechen

Die Thematik von Futterblechen für Zwecke des Ausrichtens wurde bereits im Zusammenhang mit der Schnittstelle Fußplatte/Fundament ausführlich diskutiert (vgl. zu II.9.5.4 <1>). Futterbleche wurden dort als altbewährtes Hilfsmittel des Stahlbaus bezeichnet, ohne das eine sachgerechte und präzise Montage von Stahlbauten kaum möglich ist. In diesem Sinne werden Futterbleche auch hier zur Erzielung der Passung in Verbindungen ausdrücklich erlaubt. Mit anderen Worten: Futterbleche dürfen zur **Überbrückung von Spalten** in Montagestößen und -anschlüssen, z. B. in geschraubten Stirnplattenanschlüssen, eingesetzt werden. Das Verwenden von Futterblechen kann auch dazu dienen, die Montage eines zwischen zwei Tragwerksteilen einzufügenden Bauteils erst zu ermöglichen, indem mit entsprechenden Spalten für die Montage geplant wird und diese Spalte dann durch die Futterbleche geschlossen werden.

Ziel der Futterung ist eine nicht klaffende bzw. nur in tolerierbarem Maße klaffende Stoßfuge/Anschlussfuge. Es stellt sich wieder die Frage nach der **tolerierbaren Größe eines verbleibenden Spaltes**, wie sie auch im Zusammenhang mit geschraubten Verbindungen in Kapitel II.8 behandelt wird; deshalb der Querverweis im vorliegenden Textabsatz 7 des Normabschnittes II.9.6.5.3 auf die Normabschnitte II.8.3 und II.8.5.1. In den dortigen zugehörigen Kommentaren <1> bzw. <5> wird die Thematik ausführlich diskutiert.

Primäres Kriterium muss natürlich sein, dass die **statische Funktion des Stoßes/Anschlusses** gewährleistet ist. Dazu gehört ***erstens***, dass der Stoß/Anschluss im Traglastzustand seine Schnittkräfte einwandfrei übertragen können muss. Beispielsweise muss ein biegefester Stirnplattenstoß zumindest im Biegedruckbereich Kontakt haben, also praktisch spaltfrei sein. Einen Anhalt für das ggf. zu tolerierende Spaltmaß bietet unter Umständen die Montagetoleranz für Kontaktstöße nach Tabelle II.B.19 im Anhang II.B. Dazu gehört ***zweitens***, dass die durch die tolerierte Klaffung ggf. verursachte Tragwerksverformung sowohl im Traglastzustand als auch im Gebrauchszustand aus statischer Sicht tolerierbar sein muss. Genau das wird übrigens durch die optionale Vorspannung von Kategorie-D-Schraubenverbindungen (Zielebene II gemäß Definition im Kommentar <1.2> zu II.8.5.1) unterstützt. Und dazu gehört ***drittens***, dass in einem ermüdungsbeanspruchten Stoß/Anschluss die gezogenen Schraubengarnituren zur Erhöhung ihrer Betriebsfestigkeit gemäß Zielebene I als Kategorie-E-Verbindung vorgespannt sein müssen, so dass dann im Bereich dieser Schrauben die ermüdungsreduzierende Druckpressung in den Kontaktflächen auch tatsächlich vorhanden ist.

Als sekundäres Kriterium für die Forderung eines spaltfreien Stoßes/Anschlusses wird in der Regel der **Korrosionsschutz** angeführt. Dieses Argument wird nach Auffassung der Verfasser meist überbewertet. Bedenkt man, dass absolut spaltfreie Kontaktflächen nur durch spanendes Nachbearbeiten nach dem Schweißen erzielbar wären, so muss man bei einer „normalen" geschweißten Stahlkonstruktion grundsätzlich von unvermeidbaren Restklaffungen in jedem Stoß/Anschluss ausgehen. Das bedeutet, der Korrosionsschutz muss unabhängig von der Spaltgröße sowieso durch geeignete Maßnahmen gewährleistet werden. In diesem Sinne fordert EN 1090-2 im Absatz 6 des vorliegenden Normtextes für die Futterbleche die gleiche Beschichtung, die auch das Tragwerk hat. Im Zweifelsfall sollten Kontaktflächen und Futterbleche eine Mindestbeschichtung gemäß II.10.8 und II.F.4 erhalten (siehe Kommentare dazu). Ob bei besonderem Feuchtigkeitsanfall die Spalte nach dem Verschrauben/Vorspannen mit dauerelastischen Dichtstoffen versiegelt werden müssen, oder ob die spätere Deckbeschichtung zum Überbrücken der Spalte ausreicht, muss im Einzelfall entschieden werden.

Als Quintessenz der vorstehenden Überlegungen wird empfohlen, das in II.8.3 gegebene großzügige Toleranzmaß von 4 mm für die an den Kanten nicht vorgespannter Schraubenverbindungen verbleibende Spaltbreite, wenn möglich, nicht auszunutzen. Vielmehr sollte als Zielgröße von Futterungsmaßnahmen generell das **Grenzmaß 2 mm** aus II.8.5.1 für vorangezogene und später vorzuspannende Schraubenverbindungen verwendet werden, sofern nicht statische Gesichtspunkte dem entgegenstehen oder zwischen Auftraggeber und Hersteller ein kleineres Grenzmaß vereinbart wurde.

Es ist darüber hinaus dringend zu empfehlen, Futterungen in Montagestößen oder -anschlüssen vorzuplanen und **vorbereitete Futterbleche** unterschiedlicher Dicke bei der Montage vorzuhalten. Nur so können improvisierte und zusammengestückelte Futterpakete vermieden werden, welche die Spalte nicht sauber ausfüllen und deshalb – abgesehen von der schlechten Optik – durch unkontrollierbare Hohlräume erhöhte Spaltkorrosionsgefahr bedeuten. Bild KII.9-13 zeigt vorbildlich vorgeplante Futterbleche für das typische Toleranzproblem eines Trägers mit beidseitigem Stirnplattenanschluss an einbetonierte Stahlplatten in Ortbetonbauteilen. Es sei noch einmal daran erinnert, dass solche Futterbleche mit demselben Mindestkorrosionsschutz versehen sein müssen wie die planmäßigen Kontaktflächen der entsprechenden Schraubenverbindung (vgl. weiter oben).

Bild KII.9-14 zeigt als Negativbeispiele zwei ausgeführte Stirnplattenstöße/-anschlüsse, bei denen man Klaffungen in der Größenordnung von bis zu 5 mm ungefuttert lassen wollte. In beiden Fällen hätte mit Hilfe vorgeplanter Futterbleche von Vornherein ein wesentlich befriedigenderes Ergebnis erzielt werden können.

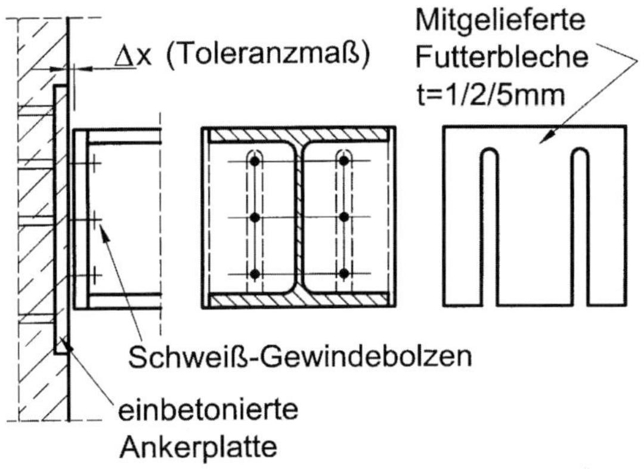

Bild KII.9-13: Beispiel für vorgeplante Futterbleche in einem Stirnplattenanschluss mit Schweiß-Gewindebolzen PD nach EN ISO 13918

Quelle: J. Lindner

a)

Quelle: PSP, Essen

b)

Bild KII.9-14: Zwei Beispiele ungefutterter Stirnplattenstöße/-anschlüsse

Im Absatz 4 des vorliegenden Normtextes wird gefordert, Futterbleche ggf. gegen Lösen bzw. Herausrutschen zu sichern, z. B. durch Anschweißen. Letzteres sollte nach Meinung der Verfasser die Ausnahme sein, da die Gefahr besteht, dass dieses Schweißen nicht mit der gebotenen Sorgfalt erfolgt und ggf. auch der Korrosionsschutz zerstört wird. Bei vorgeplanten Futtern wie in Bild KII.9-13 lässt sich das Herausrutschen in der Regel allein durch eine geeignete Formgebung verhindern.

Abschließend zum Thema „Ausrichten mit Hilfe von Futterblechen" sei auf ein seit einiger Zeit auf dem Markt befindliches Reaktionsharzsystem hingewiesen, das in der Werbung als „flüssiges Futterblech" angepriesen wird und eine allgemeine bauaufsichtliche Zulassung „zum vollflächigen und kraftschlüssigen Ausgleichen bzw. Auffüllen von Ungenauigkeiten und Unebenheiten zwischen Metallelementen wie z. B. bei Kopfplatten ..." hat (abZ **Z-3.82-2042** [R1]). Aus der Literatur sind erfolgreiche Einsätze bei unter Zeitdruck stehenden Instandsetzungsarbeiten im Stahlwasserbau bekannt.

<4> Zu Abs. 8 – Korrekturmaßnahmen bei Passproblemen, die nicht durch Futtern gelöst werden können

Die Norm erlaubt in diesem Passus explizit örtliche Modifizierungen, falls anders keine Passung zu erreichen ist. Was sollte sie auch sonst tun? Man würde das selbst ohne Erlaubnis in Erwägung ziehen. „Örtlich modifizieren" ist ein vornehmer Ausdruck für „abbrennen, abschleifen, anschweißen usw.". Das alles muss natürlich qualitätsgerecht ausgeführt werden und darf die Tragwerkseigenschaften nicht beeinträchtigen – selbstverständliche Forderungen.

Dieser allgemeinen Regelung folgt eine Anweisung für einen sehr speziellen (im Grunde willkürlich ausgewählten) Fall, der in dieser Form eigentlich nichts in der Norm zu suchen hat. Es ist natürlich grundsätzlich falsch, die Passung von Bauteilen durch übermäßige Kräfte zu erzwingen – nicht nur bei geschweißten Fachwerkbauteilen!

<5> Zu Abs. 9 bis 12 – Korrekturen bei Passungenauigkeiten von Schraubenlöchern

Zunächst muss hier angemerkt werden, dass der allgemeine Querverweis auf Kapitel II.12 hinsichtlich Übereinstimmung eines gewählten **Korrekturverfahrens** nicht weiter führt. Dort wird über Maßnahmen zur Korrektur nichts Konkretes gesagt, außer dass zum vorliegenden Unterabschnitt II.9.6.5.3 (!) und zum Abschnitt II.8.3 zurückverwiesen wird. Die in II.8.3 behandelte Korrekturmaßnahme mittels Futterung wurde im vorliegenden Unterabschnitt bereits ausführlich diskutiert (vgl. <3>).

Das hier ausdrücklich von der Norm erlaubte Ausrichten mit Hilfe von **Dornen** – es ist ein altbewährtes Hilfsmittel bei Stahlbaumontagen – wird hinsichtlich seiner Grenzen aus der Sicht zulässiger Lochaufweitungen in Abschnitt II.6.9 geregelt (vgl. Kommentar <3> dazu). Dort wird auf die ergänzenden Ovalisierungstoleranzen in Tabelle II.B.8 in Anhang II.B für Toleranzklasse 1 verwiesen, das bedeutet: zul $\Delta = \pm 1{,}0$ mm. Dieses Absolutmaß muss allerdings, wie im Kommentar <2> zu II.6.6.2 dargelegt, für kleine Schraubendurchmesser, zusammen mit der ebenfalls absolut festgelegten allgemeinen Lochdurchmessertoleranz von $\pm 0{,}5$ mm, kritisch gesehen werden (vgl. Bild KII.6-14).

Wird dieses Ovalisierungsgrenzmaß überschritten, ist gemäß II.6.9 das Aufdornen nicht mehr zulässig, und die Löcher müssen mittels **Aufreiben** angepasst werden. Werden statt Aufreiben (oder auch Fräsen) andere Schneidverfahren zur Vergrößerung von Löchern zwecks Korrektur von Passungenauigkeiten eingesetzt – laut vorletztem Absatz dieses Normabschnittes ist das ausnahmsweise zulässig –, so muss die erreichte innenseitige Lochqualität in jedem Einzelfall auf Übereinstimmung mit den allgemeinen Anforderungen an Schraubenlöcher nach II.6.6.3 überprüft werden. Diese Regelung darf nach Auffassung der Verfasser aber **keinesfalls** als Freibrief für das Aufweiten nicht passender Schraubenlöcher durch manuelles Brennschneiden fehlinterpretiert werden.

Es ist klar, dass solche nachträglich über das Grenzmaß des Aufdornens hinaus angepassten (sprich: aufgeweiteten) Löcher auf ihre statischen Auswirkungen untersucht werden müssen. Dazu wurden in EN 1090-2 und EN 1993-1-8 offenbar extra die in II.6.6.1 definierten **„übergroßen runden Löcher“** und **„kurzen Langlöcher“** erfunden. Deren Lochleibungstragfähigkeiten sind bekanntlich um 20 % bzw. 40 % gegenüber runden Löchern mit normalem Lochspiel reduziert (vgl. auch zu II.6.6.1 <1>). Selbstverständlich dürfen die aufgeweiteten Löcher nicht noch größer sein als die in II.6.6.1 in Tabelle II.11 angegebenen Grenzmaße der übergroßen runden Löcher und der kurzen Langlöcher.

Es sei hier noch einmal auf die Anweisung in II.6.9 hingewiesen, dass Löcher, die nicht zum Ausrichten genutzt werden dürfen, weil ihre Vergrößerung unzulässig ist (z. B. bei Passschrauben), zu kennzeichnen sind. Diese Kennzeichnung gehört selbstverständlich in die Montagepläne nach II.9.6.1. Auch auf die Anmerkung in II.6.9, wonach ggf. gesonderte **Ausrichtelöcher** vorgesehen werden können, sei hier noch einmal hingewiesen.

<6> Zu Abs. 13 – Überprüfung fertig gestellter Baustellenverbindungen

Der Hinweis auf die in Abschnitt II.12.5 spezifizierten Inspektions- und Prüfmaßnahmen für Schraubenverbindungen bedarf keines weiteren Kommentars.

Ergänzender Kommentar zur Freigabe der Montageunterlagen

In der früheren deutschen Norm DIN 18800-7 [R73] fand man die Anweisung, für das Ausrichten und Vermessen der Stahlkonstruktion seien die „durch eine jeweils befugte Person“ freigegebenen Montageunterlagen maßgebend. Eine vergleichbare Formulierung gibt es in EN 1090-2 nicht. Hier heißt es nur: „Montagepläne oder entsprechende Anweisungen müssen vorliegen“. Es stellt sich die Frage, müssen sie formal freigegeben werden, und wenn ja, von wem?

Eine grundsätzliche formale Freigabe von Montageunterlagen als „Haltepunkt“ ist nach Auffassung der Verfasser dieses Kommentars auf der Grundlage von EN 1090-2 nicht zu fordern! Man bedenke, dass selbst im deutschen bauaufsichtlich geregelten Bereich, wo durch die baurechtlich vorgeschriebene Prüfung von Ausführungs- und Nachweisunterlagen und deren Freigabe sowie durch die Bauüberwachung als solche eine Art Freigabeprozedere festliegt, eine Montagefreigabe expressis verbis nicht vorgesehen ist. Es genügt in der Regel der Nachweis, dass die Montage nach geprüften Ausführungsunterlagen für den Endzustand (statische Berechnung, Konstruktionszeichnungen) erfolgt und dass eine Montageanweisung (ggf. basierend auf einer Montagestatik und ggf. mit Montageplänen) vorliegt.

Ausnahmen können Bauwerke darstellen, bei denen Montagezustände (und evtl. Hilfskonstruktionen) besonderen geometrischen Anforderungen genügen müssen, z.B. bei Montageüberhöhung von Verbundbrücken oder anderen Verbundkonstruktionen. Wenn konzentrierte Lasteintragungen aus Hilfskonstruktionen, Hebezeugen o.Ä. in den Untergrund oder in nicht planmäßig dafür vorgesehene Bauwerksteile erforderlich werden, kann ebenfalls eine Nachweisführung und ggf. Freigabe durch den Rechtsträger notwendig werden. Forderungen nach Freigabe der Montageunterlagen werden vom Bauherrn in der Regel auch dann erhoben, wenn eine Beeinträchtigung von in Betrieb befindlichen Anlagen zu erwarten ist oder wenn Anforderungen an die Montage gestellt werden, die über den technischen Standard hinausgehen. Ferner kann es bei feingliedrigen Raumstabwerken mit komplizierter 3D-Geometrie sinnvoll sein, jeweils erst nach vermessungstechnischem Toleranz- und Prüfausgleich die nächste Montagephase freizugeben.

In all diesen Fällen sollte aber die Forderung von Prüfungen mit anschließender Freigabe einzelner Montageabschnitte oder der gesamten Montage **vertraglich vereinbart** werden, d.h. schon in der Ausschreibung der Montage, spätestens aber im Vergabegespräch, offengelegt werden. Auch in der Qualitätsdokumentation für die Montage gemäß II.4.2.1 bzw. im Qualitätsmanagementplan nach II.4.2.2 sollten sie, sofern zwischen den Vertragspartnern vereinbart, in Form von „Produktionsprüfstopps" enthalten sein (vgl. zu II.4.2.1 <2.6>). Die Prüfungen können solche sein, die durch externe, vom Auftraggeber vorgeschriebene Personen oder Prüfinstitutionen durchgeführt werden. Hier sollte der Stahlbauunternehmer unbedingt darauf Einfluss nehmen, dass Art, Umfang, Zeitraum und Bewertungskriterien – d.h. das komplette Prüf- und Freigabeprozedere – möglichst frühzeitig und detailliert festgelegt und zum Vertragsbestandteil werden. Eine Abstimmung einzelner Prüfaktivitäten muss dabei angestrebt werden, da sich hinter nicht eindeutig fixierten Prüfforderungen ein sehr großes Streitpotenzial verbergen kann. Dies entwickelt sich im heutigen Stahlbaugeschehen zunehmend zu einem Kostenfaktor besonderer Art. Es ist auch im eigenen Interesse des Montageausführenden, frühzeitig Haltepunkte zum Prüfen und Messen zu planen, um Fehler rechtzeitig zu erkennen und somit systematische Fehler und größere Korrekturmaßnahmen zu vermeiden.

Hinzu kommt, dass man komplexe Montagen, z.B. von Brückenbauwerken oder Großkraftwerksgerüsten, bei denen Zwischenfreigaben u.U. sinnvoll sein können, und eher routinemäßige Montagen im normalen Stahlhoch- und -geschossbau nicht „über einen Kamm scheren" sollte. Auch die ausführenden Montagefirmen sind in der Regel unterschiedlich aufgestellt. Die Frage, ob Prüfstopps eingeschaltet werden, sollte ausschließlich vom Projekt und auch vom Kunden abhängen.

Die eventuelle Freigabe von Montageunterlagen wäre natürlich auch Sache der werkseigenen Produktionskontrolle (WPK), sofern diese firmenintern eigenverantwortlich auch die Qualitätssicherung für die Montageprozesse zu organisieren hätte. Explizit vorgeschrieben ist dies allerdings in der Normenreihe EN 1090 nicht. Vor allem gibt es für eine Montage-WPK nicht den Zertifizierungszwang wie für die Fertigungs-WPK durch EN 1090-1 und die dahinter stehende BPVO – eine scheinbare Regelungslücke zwischen EN 1090-1 und EN 1090-2, auf die in diesem Kommentarbuch bereits ganz zu Anfang hingewiesen wurde (vgl. zu II-Einleitung <3>). Allerdings sind die Verfasser durchaus der Meinung, dass ein verantwortungsbewusster Montagebetrieb auch ohne externen Zertifizierungsdruck oder verwaltungstechnisch aufwändige Prüf- und Freigabeprozesse firmenintern eine reproduzierbare Qualitätssicherung auch für die Montage organisieren kann. Ob man die dann „Werkseigene Produktionskontrolle" nennt, ist im Grunde bedeutungslos.

Oberflächenbehandlung

Zu II.10

Einführender Kommentar zu Kapitel II.10

Der Schutz der Stahloberflächen ist aufgrund der besonderen Materialeigenschaften des Werkstoffs Stahl von jeher ein untrennbarer Bestandteil der Errichtung von Stahlbauten, in erster Linie als Korrosionsschutz, zuweilen auch als Brandschutz. Zwar wird in der Praxis beim Oberflächenschutz manchmal nach den Teilzielsetzungen „Tragsicherheit“ (z. B. Verhinderung von Querschnittsschwächungen durch Abrosten), „Gebrauchstauglichkeit“ (Stichwort: Dauerhaftigkeit) und „Ästhetik“ (Farbe und Oberflächenstruktur der Schutzschicht) differenziert. Die generelle Notwendigkeit und Bedeutung des Oberflächenschutzes stellt aber niemand ernsthaft in Frage. Trotzdem erschien in Deutschland erst 2002 in der neuen Ausgabe der DIN 18800-7 erstmals der **Korrosionsschutz** mit einem eigenen kurzen Kapitel als wichtiger Bestandteil der Ausführung von Stahlbauten. Der Normtext in jenem Kapitel beschränkte sich aber im Wesentlichen auf Querverweise zu den zahlreichen internationalen Normen, in denen die technischen Anforderungen an den Korrosionsschutz im Detail geregelt sind. In EN 1090-2 hat man diesen Grundsatz verlassen und die eigentlichen Korrosionsschutzmaßnahmen in einem eigenständigen normativen Anhang untergebracht, dem **Anhang II.F**; siehe die ausführlichen Kommentare dazu.

Das vorliegende Kapitel II.10 des Haupttextes der Norm befasst sich dagegen nur mit Aspekten der **Oberflächenbehandlung** von Stahlbauteilen, zwar vor allem zur Vorbereitung für das Aufbringen von Korrosionsschutz, zum Teil aber auch ohne diesen Hintergrund.

Allgemeines

Zu II.10.1

<1> Zu Abs. 1 und 2 – Inhalt des Kapitels II.10

<1.1> Zum Zusammenhang zwischen Kapitel II.10 und dem Anhang II.F

Für die eigentlichen technischen Mindestanforderungen an den Korrosionsschutz gilt mehr denn je, dass sie weitgehend an anderer Stelle, d. h. in einer Vielzahl von internationalen Normen und Richtlinien, im Detail geregelt sind. EN 1090-2 verweist gleich im 2. Textabsatz des Kapitels II.10 auf wichtige EN-ISO-Normen, geordnet nach den drei Verfahrensgruppen von Oberflächenschutzmaßnahmen:

a) EN ISO 12944-1 bis -9 für **organische Beschichtungssysteme** für Stahlbauten aus unlegiertem oder niedrig legiertem Stahl,

b) EN ISO 12670 und EN ISO 12679 für **metallische Überzüge** durch **thermisches Spritzen**,

c) EN ISO 1461, EN ISO 14713-1 und -2 für **metallische Überzüge** durch **Feuerverzinken**.

Die Wichtigkeit dieser zitierten Normen für den Stahlbau ist allerdings nicht annähernd gleichwertig. Während die Reihe EN ISO 12944 für organische Beschichtungen und die Normen EN ISO 1461 sowie EN ISO 14713-1 und -2 für das Feuerverzinken zentrale Bedeutung haben und im weiteren Verlauf von EN 1090-2 vielfach in Bezug genommen werden, führt die Nennung der beiden Normen für das thermische Spritzen weitgehend ins Leere: **EN ISO 12670** sagt zur Oberflächenbehandlung lediglich nichtssagend: „die Vorbereitung der Substratoberfläche muss in der Spritzanweisung spezifiziert werden“, wird darüber hinaus in EN 1090-2 aber nie wieder erwähnt. EN ISO 12679 wird zwar noch einmal in Anhang II.F im Abschnitt II.F.1.3 als Bezugsnorm für die Oberflächenvorbereitung zitiert, gilt aber nur sehr allgemein für „metallische, metallkeramische, oxidkeramische und Kunststoff-Beschichtungen durch thermisches Spritzen auf metallische und nichtmetallische Grundwerkstoffe“. Anstelle dieser beiden für das stahlbauliche thermische Metallspritzen bedeutungslosen Normen hätte hier **EN ISO 2063** genannt werden müssen (siehe zu II.F.6.2 <1>).

Bei allen drei Verfahrensgruppen verweist der Normtext explizit zusätzlich auf den **Anhang II.F** von EN 1090-2. Dort sind, wie bereits erwähnt, ergänzend zu den genannten europäischen Normen eine Reihe technischer Anforderungen und konkreter Arbeitshinweise zur **Ausführung und Überprüfung des Korrosionsschutzes** zusammengestellt. Zusätzlich behandelt der Anhang II.F auch die zielgerichtete Vorbereitung der Stahloberflächen, damit sie für das anschließende Aufbringen der Korrosionsschutzsysteme geeignet sind.

Das vorliegende Kapitel II.10 befasst sich, wie ebenfalls bereits erwähnt, allgemein mit der **Behandlung der Stahloberflächen** bei der Fertigung von Bauteilen und der Errichtung von Tragwerken. Die Behandlung hat zum Teil nichts mit Korrosionsschutz zu tun, zum Teil dient sie aber zur Vorbereitung für das Aufbringen von Korrosionsschutz. Das heißt, das Thema „Oberflächenvorbereitung für den Korrosionsschutz" wird sowohl im vorliegenden Kapitel II.10, als auch im Anhang II.F behandelt. Diese für den Anwender unbefriedigende thematische Doppelgleisigkeit ist in den Augen der Verfasser ein erheblicher struktureller Mangel der Norm EN 1090-2.

Deshalb wurde bei der Abfassung der ersten Auflage dieses Kommentarbuches unter den Verfassern zeitweise diskutiert, Kapitel II.10 und Anhang II.F wegen ihrer engen fachlichen Verzahnung direkt gemeinsam zu kommentieren. Davon wurde aber mit Rücksicht auf die formale Grundstruktur des Buches – Gliederung streng identisch mit der Norm selbst, vgl. Vorwort zum Buch – Abstand genommen. Zahlreiche Querverweise in beiden Richtungen sind der Preis für diese Entscheidung. Der Leser möge die daraus resultierende Unübersichtlichkeit entschuldigen.

<1.2> Zu den vorbereitenden Arbeiten der Oberflächenbehandlung allgemein

Gleich im 1. Absatz des vorliegenden Normabschnittes II.10.1 wird besonders auf die unterschiedliche Ausgangsbeschaffenheit von Stahloberflächen vor der Behandlung abgehoben. Die Oberflächen können unregelmäßig sein, d. h. imperfekt mit Ungänzen; sie können geschweißt sein; oder sie können walzrau oder bearbeitet sein. Damit besteht auch ein gewisser Zusammenhang zwischen Kapitel II.10 und Kapitel II.6.

Es wird im Normtext weiter darauf hingewiesen, dass die unterschiedlichen Forderungen der verschiedenen Oberflächenschutzsysteme für die Vorbereitung der Stahloberfläche eine entscheidende Rolle spielen und deshalb festgelegt werden müssen. Daraus folgt, dass bereits in der Planungsphase die Entscheidung über das zu wählende Korrosionsschutzsystem (ob Feuerverzinken, Spritzverzinken, Duplex, Beschichtung usw.) und die zugehörige Technologie fallen muss. Damit ist z. B. über die Verarbeitungsrichtlinien des Herstellers der Beschichtungsstoffe auch der Rahmen für die vorbereitenden Arbeiten abgesteckt. Auf die zentrale Funktion und Verbindlichkeit der **technischen Datenblätter** bzw. **technischen Merkblätter** der Beschichtungsstoffhersteller auch für die vorbereitenden Arbeiten sei bereits hier hingewiesen (siehe zu II.F.6.1 <2.2>).

Dass die Anforderungen an den Korrosionsschutz und damit auch an die vorbereitenden Arbeiten in die Ausführungsunterlagen nach II.4.1 gehören, ist selbstverständlich. Es wird im Anhang II.F.1 explizit in Form einer Leistungsspezifikation (II.F.1.2) oder von „vorgeschriebenen Anforderungen" (II.F.1.3) und auch in Form von Arbeitsanweisungen (II.F.1.4) gefordert (siehe Kommentare dazu).

<2> Zu Abs. 3 und Anmerkung 1 – Fälle ohne Bedarf für Korrosionsschutz

Der Absatz 3 des vorliegenden Normabschnittes II.10.1 spricht Fälle an, in denen kein Korrosionsschutz erforderlich ist. Diese sehr grundsätzliche Thematik gehört eigentlich nicht an diese (eher versteckte) Stelle, sondern an den Anfang des Korrosionsschutz-Anhangs II.F. Der Normtext stellt eine interessante Öffnungsklausel nicht nur für Montagehilfskonstruktionen dar. Es ist hier die Rede von

- **kurzer Nutzungsdauer** (bis maximal ein Jahr),
- von Umgebungsbedingungen mit **vernachlässigbarer Korrosivität** und
- von einer möglichen **Auslegung, die Korrosion erlaubt**,

als möglichen Gründen dafür, dass kein Korrosionsschutz erforderlich ist. In allen drei Fällen spielt der Korrosionsschutz für die Tragsicherheit keine Rolle und kann deshalb, sofern der Auftraggeber einverstanden ist, entfallen.

<3> Zu Abs. 4 und Anmerkung 2 – Brandschutzbeschichtung

Brandschutzbeschichtungen werden grundsätzlich gesondert behandelt und sind über entsprechende bauaufsichtliche Verwendungsnachweise (abZ oder ETA) geregelt. Dies betrifft auch den ausführenden Betrieb und dessen Qualifikation. Bild KII.10-1 zeigt einen brandschutzbeschichteten Stahlträger während der Feuerwiderstandsprüfung nach EN 13501-2 [R215]; man erkennt deutlich die Wirkungsweise eines solchen „reaktiven" Brandschutzsystems, nämlich das Aufschäumen der Beschichtung zu einer Dämmschicht.

Der Hinweis zur Verträglichkeit verschiedener Beschichtungssysteme sollte unbedingt beachtet werden, übrigens nicht nur in Brandschutz-Korrosionsschutz-Kombinationen. Wenn Systeme von verschiedenen Herstellern an einem Bauteil kombiniert werden müssen, sind unbedingt die jeweiligen Hersteller mit „ins Boot" zu nehmen. Es muss alles getan werden, was spätere Gewährleistungen regelt. In diesem Zusammenhang sei bereits hier auf die mögliche Vereinbarung gemeinsamer Kontrollflächen hingewiesen (siehe zu II.F.7.3).

Quelle: MPA Braunschweig

Bild KII.10-1: Stahlträger mit reaktivem Brandschutzsystem nach Feuerwiderstandsprüfung gemäß EN 13501-2 [R215]

Vorbereitung von Stahloberflächen für organische Beschichtungen — Zu II.10.2

<1> Zu Abs. 1 – Ausschluss von nichtrostenden Stählen und Metallüberzügen

Der Ausschluss nichtrostender Stähle gleich im ersten Textabsatz bedarf keines Kommentars. Auch dass hier nicht die Vorbereitung von Stahloberflächen für metallische Überzüge gemeint ist, sollte eigentlich auch ohne den expliziten Hinweis klar sein. Es geht hier also ausschließlich um die Vorbereitung von Baustahloberflächen für **Beschichtungssysteme** nach der Normenreihe EN ISO 12944. Für metallische Überzüge findet man entsprechende Angaben im Anhang II.F in den Abschnitten II.F.2.1 (vor dem Metallspritzen) und II.F.2.2 (vor dem Feuerverzinken); siehe auch Kommentare dazu.

Auf die (leider) verwirrende Doppelgleisigkeit der EN-1090-2-Regelungen zur Oberflächenvorbereitung für das Aufbringen von Korrosionsschutzsystemen sei hier noch einmal kritisch hingewiesen (vgl. zu II.10.1 <1.1>).

<2> Zu Abs. 2 – Verfahren der Vorbereitung von Stahloberflächen

Die Anforderungen an die Oberflächenvorbereitung können je nach beabsichtigtem Beschichtungsverfahren und Beschichtungsstoff sehr unterschiedlich sein. Klar ist, dass die Wirksamkeit eines Korrosionsschutzsystems maßgeblich von einer fachgerechten Oberflächenvorbereitung und dem Zustand der Oberfläche unmittelbar vor dem Aufbringen des Systems abhängt (Rost, Walzhaut, Verunreinigungen wie Staub, Öle usw., Rauheit); siehe auch Kommentar zu II.F.2.1, wo das Thema ebenfalls behandelt wird.

Der Verweis an dieser Stelle auf die in der Normenreihe **EN ISO 8504** beschriebenen Verfahren für die Oberflächenvorbereitung ist vordergründig nachvollziehbar. Noch besser wäre allerdings, da im weiteren Verlauf des Kapitels II.10 und des Anhangs II.F auch noch auf andere EN-ISO-850X-Normen verwiesen wird, ein grundsätzlicher Hinweis auf das gesamte – durchaus durchdachte – ISO-Normensystem zur „Vorbereitung von Stahloberflächen vor dem Auftragen von Beschichtungsstoffen“ gewesen:

- **EN ISO 8501**: Visuelle Beurteilung der Oberflächenreinheit (Teile 1 ÷ 4),
- **EN ISO 8502**: Prüfungen zum Beurteilen der Oberflächenreinheit (Teile 2 ÷ 6, 9, 11, 12),
- **EN ISO 8503**: Rauheitskenngrößen von gestrahlten Stahloberflächen (Teile 1 ÷ 5),
- **EN ISO 8504**: Verfahren für die Oberflächenvorbereitung (Teile 1 ÷ 3).

Die drei Teile der hier angezogenen **Normenreihe EN ISO 8504** behandeln „Allgemeine Grundsätze“ sowie konkret das „Strahlen“ und das „Reinigen mit Handwerkzeugen und mit maschinell angetriebenen Werkzeugen“. Letzteres wird in II.F.2.1 allerdings als „nicht geeignet“ für den Stahlbau eingestuft (siehe Kommentar <4> dazu), so dass nur das **Strahlen** wirklich relevant ist. **EN ISO 8504-2** behandelt zum einen die verschiedenen Strahlmittel (metallische, natürlich-nichtmetallische, synthetisch-nichtmetallische) und die Kriterien für ihre Auswahl, zum anderen die verschiedenen Strahlverfahren: Trocken-, Schleuder-, Druckluft-, Vakuum- und Nassstrahlen. Auf Einzelheiten kann hier nicht eingegangen werden.

Man sollte aber grundsätzlich, wenn es um die Oberflächenvorbereitung geht, auch die Norm **EN ISO 12944-4** zu Rate ziehen. Dort wird die Thematik ebenfalls dargestellt, und zwar besser strukturiert als hier in EN 1090-2. Beispielsweise gibt es dort ebenfalls einen ausführlichen Abschnitt „Verfahren für die Oberflächenvorbereitung“ (siehe hierzu auch den Kommentar <1.1> zu II.F.2.1).

<3> Zu Abs. 3 und Tabelle II.22 – Eigenschaften der vorbereiteten Stahloberflächen

Von den Eigenschaften, die ordnungsgemäß vorbereitete Stahloberflächen aufweisen müssen, greift EN 1090-2 – über die allgemeine Floskel hinaus, dass sie die Kriterien für die vorgesehenen Beschichtungsstoffe erfüllen müssen – im vorliegenden Normabsatz nur den **Vorbereitungsgrad** nach **EN ISO 8501-3** heraus. Die gesamte Reihe EN ISO 8501 gehört jedoch zu den einschlägigen und im deutschen Stahlbau bestens eingeführten internationalen Standardregelwerken. Sie wird deshalb in den nachfolgenden Kommentaren <3.1> bis <3.4> zunächst kurz vorgestellt.

<3.1> Zu den Inhalten der Normenreihe EN ISO 8501

Die Normenreihe EN ISO 8501 befasst sich mit der **visuellen Beurteilung** der Oberflächenreinheit von Stahloberflächen, die für das Auftragen von **Beschichtungsstoffen** vorbereitet wurden. Die Normenreihe hat vier Teile:

- Teil 1: Rostgrade und Oberflächenvorbereitungsgrade von unbeschichteten Stahloberflächen nach ganzflächigem Entfernen vorhandener Beschichtungen;
- Teil 2: Oberflächenvorbereitungsgrade von beschichteten Oberflächen nach örtlichem Entfernen der vorhandenen Beschichtungen;
- Teil 3: Vorbereitungsgrade von Schweißnähten, Kanten und anderen Flächen mit Oberflächenfehlern;
- Teil 4: Ausgangszustände, Vorbereitungsgrade und Flugrostgrade in Verbindung mit Hochdruck-Wasserwaschen.

Von allgemeiner Bedeutung sind vor allem die Teile **EN ISO 8501-1 und -3**. Bei ihrer Betrachtung sorgen allerdings die in ihnen definierten drei verschiedenen Arten von „Oberflächengraden“ möglicherweise für Verwirrung: EN ISO 8501-1 definiert **„Rostgrade“** und **„Oberflächenvorbereitungsgrade“**, EN ISO 8501-3 definiert **„Vorbereitungsgrade“**. Alle drei Arten von Oberflächengraden werden in den nachfolgenden Kommentaren <3.2> bis <3.4> erläutert. EN ISO 8501-2 wird nur für den eher seltenen Sonderfall benötigt, dass vorhandene Beschichtungen nur teilweise entfernt wurden. Sie liegt deshalb, obwohl durch das DIN anerkannt, gar nicht in deutscher Übersetzung vor. EN ISO 8501-4 schließlich gilt nur für den seltenen Sonderfall, dass beschichtete Flächen mittels Hochdruck-Wasserwaschen vorbereitet werden.

<3.2> Zu den Rostgraden nach EN ISO 8501-1

Die Rostgrade dienen der Beurteilung der Rost- und Zunder-Situation, wie sie auf Oberflächen von unbeschichteten Stahlbauten und von Stahlprodukten, die gelagert werden, anzutreffen ist. Es werden vier Rostgrade unterschieden:

- A: Stahloberfläche weitgehend mit fest haftendem Zunder bedeckt, aber im Wesentlichen frei von Rost;
- B: Stahloberfläche mit beginnender Rostbildung und beginnender Zunderabblätterung;
- C: Stahloberfläche, von der der Zunder abgerostet ist oder sich abschaben lässt, die aber nur ansatzweise für das Auge sichtbare Rostnarben aufweist;
- D: Stahloberfläche, von der der Zunder abgerostet ist und die verbreitet für das Auge sichtbare Rostnarben aufweist.

<3.3> Zu den Oberflächenvorbereitungsgraden nach EN ISO 8501-1

Dies sind Grade der visuell erkennbaren Oberflächenreinheit nach der Vorbereitung unbeschichteter Stahloberflächen bzw. nach ganzflächigem Entfernen vorhandener Beschichtungen. Die Oberflächenvorbereitungsgrade wurden früher auch „Reinheitsgrade" genannt. Sie sind zu den üblichen Verfahren der Oberflächenreinigung, die vor dem Beschichten angewendet werden, in Beziehung gesetzt. Dies sind:

- **Strahlen**; dafür gibt es die vier Oberflächenvorbereitungsgrade **Sa1, Sa2, Sa2½** und **Sa3**.
- Oberflächenvorbereitung **von Hand** und **maschinelle** Oberflächenvorbereitung; dafür gibt es die beiden Oberflächenvorbereitungsgrade **St2** und **St3**.
- **Flammstrahlen**; dafür gibt es den Oberflächenvorbereitungsgrad **Fl**.

Die Reinheit der Oberfläche wird, wie gesagt, in diesem Normteil EN ISO 8501-1 nach ihrem Aussehen beurteilt. Zu diesem Zweck sind 28 repräsentative photografische Beispiele zum Vergleich beigefügt. In den meisten Fällen ist diese visuelle Beurteilung ausreichend. Sehr selten werden zusätzlich Oberflächenprüfgeräte oder auch Tastenschnittgeräte zur Bewertung der Oberflächenreinheit eingesetzt. Hinsichtlich der Rauheitskenngrößen der Oberfläche müssen die verschiedenen Teile von ISO 8503 beachtet werden (siehe II.F.2.1). Angaben zur konkreten Reinigung der Oberflächen findet man in II.F.2, zur Überprüfung der vorbereiteten Oberflächen in II.F.7.2a; siehe auch jeweilige Kommentare dazu.

Beachtenswert aus der Sicht des Anwenders ist, dass EN 1090-2 – im Gegensatz zum „Vorbereitungsgrad" nach EN ISO 8501-3, der im nachfolgenden Kommentar <3.4> behandelt wird – keine Angaben zu erforderlichen Oberflächenvorbereitungsgraden nach EN ISO 8501-1 macht, obwohl sie zu den zentralen Vorgaben in einem Korrosionsschutzplan gehören. Auch in der bereits erwähnten Korrosionsschutz-Teilnorm **EN ISO 12944-4** (siehe zu II.F.2.1 <1.2>), die sich auf die vorstehend erwähnten repräsentativen photografischen Vergleichsmuster in EN ISO 8501-1 abstützt und an sich einen verlässlichen Wegweiser für die Oberflächenvorbereitung darstellt, finden sich nur die Definitionen, aber keine konkreten Forderungen für die Oberflächenvorbereitungsgrade. Solche Angaben müssen den **technischen Merkblättern** der Beschichtungsstoffhersteller entnommen werden, auf deren Bedeutung bereits im Kommentar <1.2> zu II.10.1 hingewiesen wurde. Eine häufig geforderte Vorbereitung ist z. B. „Strahlen mit Sa 2½".

<3.4> Zu den Vorbereitungsgraden nach EN ISO 8501-3

Die Vorbereitungsgrade nach EN ISO 8501-3 wurden in EN 1090-2 schon im Zusammenhang mit den Ausführungsunterlagen in II.4.1.3 thematisiert (vgl. Kommentare <1> und <2> dazu). Sie sollen Stahloberflächen mit Unregelmäßigkeiten, einschließlich geschweißter und bearbeiteter Oberflächen, für das Auftragen von Beschichtungsstoffen geeignet machen. Solche Unregelmäßigkeiten können vor und/oder nach dem Strahlen sichtbar werden. Noch einmal: Diese „Vorbereitungsgrade" nach EN ISO 8501-3 dürfen **nicht** mit den im vorhergehenden Kommentar <3.3> diskutierten „Oberflächenvorbereitungsgraden" nach EN ISO 8501-1 verwechselt werden!

Es werden folgende drei Vorbereitungsgrade nach EN ISO 8501-3 unterschieden:

- **P1**: **Leichte** Vorbereitung: Keine Vorbereitung oder nur eine Mindestvorbereitung, die vor dem Auftragen von Beschichtungsstoffen als notwendig betrachtet wird.
- **P2**: **Gründliche** Vorbereitung: Die meisten Unregelmäßigkeiten sind behoben.
- **P3**: **Sehr gründliche** Vorbereitung: Die Oberfläche ist frei von bedeutenden sichtbaren Unregelmäßigkeiten.

Für eine ganze Reihe von Unregelmäßigkeitstypen sind in EN ISO 8501-3 in einer umfangreichen Tabelle (mit zeichnerischen Darstellungen) die drei Vorbereitungsgrade anschaulich konkretisiert (siehe Auszug in Bild KII.10-2). Man kann die wesentlichen Aussagen dieser Tabelle etwa so zusammenfassen:

- **Löcher und Krater** auf Oberflächen müssen ausreichend offen sein, um dem Beschichtungsstoff ein Eindringen zu erlauben (P1, P2) bzw. sind unzulässig (P3).
- **Kanten** müssen frei von Graten sein (P1) bzw. müssen halbwegs glatt sein (P2) bzw. müssen mit einem Mindestradius von 2 mm gerundet sein (P3).
- **Schweißspritzer:** Die Oberfläche muss frei von allen losen Schweißspritzern sein (P1) bzw. frei von allen losen und leicht anhaftenden Schweißspritzern sein (P2) bzw. frei von allen Schweißspritzern sein (P3); siehe Bild KII.10-2.
- **geriffelte/profilierte Schweißnähte** bedürfen keiner Vorbereitung (P1) bzw. müssen teilweise bearbeitet, z.B. geschliffen werden (P2) bzw. müssen ganzflächig bearbeitet werden, d.h. glatt sein (P3); siehe Bild KII.10-2.

Art der Unregelmäßigkeit		**Vorbereitungsgrade**		
Beschreibung	**Darstellung**	**P1**	**P2**	**P3**
1 Schweißnähte				
1.1 Schweißspritzer	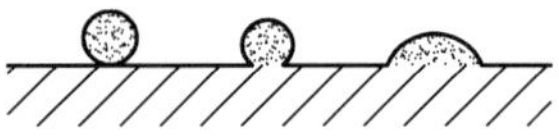	Die Oberfläche muss frei von allen losen Schweißspritzern sein [siehe a)].	Die Oberfläche muss frei von allen losen und leicht anhaftenden Schweißspritzern sein [siehe a) und b)]. Schweißspritzer wie in c) dargestellt dürfen verbleiben.	Die Oberfläche muss frei von allen Schweißspritzern sein.
1.2 Geriffelte/profilierte Schweißnaht	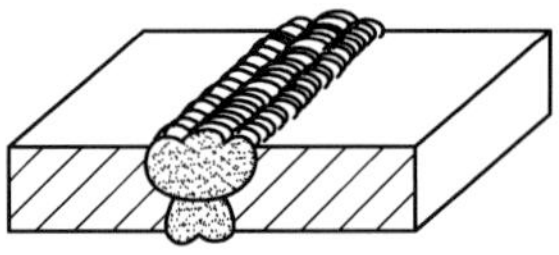	keine Vorbereitung	Die Oberfläche muss bearbeitet werden (z. B. durch Schleifen), um unregelmäßige und scharfe Profilierungen zu entfernen.	Die gesamte Oberfläche muss bearbeitet werden, d. h. glatt sein.

Bild KII.10-2: Auszug aus Tabelle 1 der EN ISO 8501-3 „Unregelmäßigkeiten und Vorbereitungsgrade"

<3.5> Erforderlicher Vorbereitungsgrad nach EN ISO 8501-3

EN 1090-2 legt für den Regelfall, dass bei einer bestimmten Korrosivitätskategorie eine bestimmte Schutzdauer des Korrosionsschutzes gefordert wird, den dafür zu fordernden Vorbereitungsgrad in **Tabelle II.22** fest. Danach wird mit wachsender Korrosivitätskategorie und/oder Schutzdauer statt der Mindestforderung P1 der Vorbereitungsgrad P2 erforderlich. Der höchste Vorbereitungsgrad P3 kann (**nicht** muss) gemäß Tabelle II.22 oberhalb C3 bei mehr als 15 Jahren Schutzdauer gefordert werden. Sofern die Parameter Schutzdauer und Korrosivitätskategorie nicht vorgegeben sind, gilt die Mindestforderung P1 – es sei denn, man legt etwas anderes fest.

Ergänzend sei erwähnt, dass EN ISO 8501-3 in einer Anmerkung darauf hinweist, unter Umständen gebe es Anforderungen an das ästhetische Erscheinungsbild der Oberfläche, die den höchsten Vorbereitungsgrad P3 erfordern, obwohl es offensichtlich keine besonderen Anforderungen im Hinblick auf die Korrosivität gibt. Das muss dann zwischen den beteiligten Partnern vorab vertraglich geregelt werden. Leider sieht die Praxis oft so aus, dass dieses Thema erst mit einem Überwacher oder Abnehmer im Auftrag des Kunden diskutiert wird; vor allem die Punkte 1.1 „Schweißspritzer" und 1.2 „geriffelte Schweißnaht" (vgl. Bild KII.10-2) sowie 2.2 „gesägte/gestanzte/geschnittene Kanten" und 2.3 „thermisch geschnittene Kanten (gemeint: Schnittflächen)" spielen dabei oft eine Rolle.

Über die zum Erreichen der Vorbereitungsgrade anzuwendenden Verfahren (z. B. Schleifen) sagt EN ISO 8501-3 nichts – außer dass sie sich nicht nachteilig auf die Festigkeit der Stahloberfläche oder von Schweißbereichen auswirken dürfen.

Aus Praxiskreisen ist bekannt, dass einzelne Merkmale des Vorbereitungsgrades P3 – vor allem die zu glättenden „geriffelten Schweißnähte" und die zu rundenden „Kanten" – sich nur mit relativ hohen Kosten realisieren lassen. Andererseits wird aber P3 zunehmend gefordert, nicht nur aus den vorgenannten ästhetischen Gründen, sondern auch aus konkreten Korrosionsschutzgründen, z. B. in DIN 19704-2 [R79] für alle außenliegenden Schnittkanten von Stahlwasserbauten. Dazu kommt, dass die neue 2018er Ausgabe von EN ISO 12944-3 den Vorbereitungsgrad P3 für Korrosivitätskategorien oberhalb C3 bei mehr als 15 Jahren Schutzdauer sogar ganz allgemein verbindlich vorschreibt. Dem Hörensagen nach liegen dieser rigiden Forderung eher Vorstellungen aus dem Offshore-Bereich bzw. aus dem Schiffbau zugrunde, und die Überarbeitung der Normenreihe EN ISO 12944 hat ohne Abstimmung mit dem für EN 1090-2 verantwortlichen Stahlbau-Ausschuss CEN/TC 135 stattgefunden.

Die Verfasser sind der Meinung, dass für stahlbautypische korrosive Beanspruchungen zunächst der Oberflächenvorbereitungsgrad nach EN ISO 8501-1 am wichtigsten ist: Das Strahlgut muss feinkörnig genug sein, um Sa 2½ zuverlässig zu erreichen. Der Vorbereitungsgrad P3 nach EN ISO 8501-3 sollte als eingehalten gelten, wenn Schweißnähte die Bewertungsgruppe C nach EN ISO 5817 erfüllen (vgl. II.7.6.1) und Kanten dreifach gebrochen sind; der Stahlwasserbau mit seinem hohen Korrosionsschutzbedürfnis ist hiervon ausgenommen.

<4> Zu Abs. 4 und 5 – Thermisch geschnittene Oberflächen

Der Hinweis in Abs. 5, wonach thermisch geschnittene Oberflächen (gemeint sind die in Abschnitt II.6.4.3 behandelten Schnittflächen) manchmal für das Strahlmittel zu hart seien, ist nach Aussage von Praktikern insofern falsch, als er in Wirklichkeit den Normalfall beschreibt. Man kann mit Strahlen weder Kanten sauber brechen noch die Zunderhaut einwandfrei entfernen. Beides ist aber, wie auch das Entfernen von Schweißspritzern, Schlacke und Zunder, unabdingbare Voraussetzung für das ordnungsgemäße Aufbringen einer Korrosionsschutzbeschichtung. Die Konsequenz ist klar: Die Schnittflächen müssen überschliffen werden.

Zu den in II.6.4.4 für Schnittflächen diskutierten Härteforderungen, auf die hier explizit Bezug genommen wird, wurde im Kommentar <1> kritisch Stellung bezogen. Dort wurde aber ebenfalls klar auf die Notwendigkeit des Überschleifens hingewiesen. Inwieweit Aufhärtungen die Oberflächenvorbereitung für eine organische Korrosionsschutzbeschichtung tatsächlich beeinträchtigen und sich negativ auf die Haftung der Beschichtung auswirken, darüber gehen die Meinungen in der Praxis allerdings auseinander. In einer Untersuchung im Institut für Stahlbau und Werkstoffmechanik der TU Darmstadt an S355J2-Blechen mit Dicken von 20 mm bis 80 mm konnte kein eindeutiger Bezug zwischen Härtewert, Rauigkeit nach dem Strahlen und Haltbarkeit der dreilagigen Korrosionsschutzbeschichtung erkannt werden [V31].

Die in Abs. 5 konkret angesprochene Verfahrensprüfung zur Feststellung der Eignung von Schneidprozessen hinsichtlich Vermeidung lokaler Aufhärtungen wird im informativen Anhang II.D behandelt (siehe Kommentar zu diesem Anhang).

Zu II.10.3 Wetterfeste Stähle

<1> Zu Abs. 1 und Anmerkung – Umgang mit wetterfesten Stählen

<1.1> Grundsätzliches zum Einsatz von wetterfesten Stählen

Bevor die im vorliegenden Normabschnitt von EN 1090-2 angesprochene spezielle Frage der Optik nach dem Abwittern kommentiert wird, seien zunächst einige grundsätzliche Anmerkungen zum Einsatz wetterfester Stähle (korrekt: wetterfester Baustähle nach EN 10025-5) in Deutschland gemacht. Die Bedeutung der wetterfesten Stähle ist, weltweit gesehen, durchaus nicht gering. Diese Feststellung trifft aber auf Deutschland – aus welchen Gründen auch immer – leider nicht zu. Das ist technisch kaum zu begründen, sondern hat nach Meinung der Verfasser eher Gründe in der deutschen Stahlbautradition. Obwohl wetterfeste Stähle nicht zu den Korrosionsschutzmaßnahmen im engeren Sinne (Stichwort: passiver Korrosionsschutz) gehören und deshalb auch im Anhang II.F „Korrosionsschutz" der EN 1090-2 nicht angesprochen werden, halten die Verfasser es für angebracht, das zumindest an dieser Stelle im Kommentar zu tun.

Der wetterfeste Baustahl hat in der „deutschen Stahlbauszene" eine recht wechselvolle Geschichte hinter sich. Ursprünglich in den 1920er Jahren in Deutschland erfunden und später in den USA weiterentwickelt, war er ab Ende der 1960er Jahre, aus den USA zurückkommend, in vielen europäischen Ländern mit einer gewissen Euphorie eingesetzt worden, so auch in der Bundesrepublik unter Werksbezeichnungen wie CorTen, Patinax usw. und in der DDR unter der Bezeichnung „KT-Stahl" (von **k**orrosions**t**räge). Die Gründe waren bei Ingenieuren eher wirtschaftlicher, bei Architekten eher gestalterischer Natur. Es gab dann Enttäuschungen, weil die speziellen Eigenschaften des wetterfesten Baustahls (siehe weiter unten) beim Konstruieren nicht ausreichend bedacht worden waren. Ab ca. 1980 stagnierte der Einsatz in Deutschland vollends, im Brückenbau zusätzlich gefördert durch (inzwischen widerlegte) Vorbehalte gegenüber der Ermüdungsfestigkeit.

In anderen Ländern lief das teilweise ganz anders. In Kanada wurden z. B. Anfang der 2000er Jahre mehr als 80 % der Stahlbrücken aus wetterfestem Stahl gebaut, und in den USA liegt der Gesamtanteil im Brückenbau inzwischen ebenfalls bei ca. 50 %. In Deutschland ist erst seit Erscheinen der **DASt-Richtlinie 007** [R19] im Jahre 1993 ein vorsichtiger allmählicher Wandel der Einstellung gegenüber dem wetterfesten Baustahl zurück zum Positiven zu beobachten. Es gibt sogar zunehmend Anwendungen, bei denen der wetterfeste Stahl vom Architekten auch aus gestalterischen Gründen gewählt wurde (siehe Bilder KII.10-3a und -3b).

a)

b)

Quelle: M. Fischer

Bild KII.10-3: Beispiele für die Anwendung wetterfesten Baustahls aus architektonischen Gründen:
a) Institut de Science Financière et d'Assurances, Lyon,
b) Archäologisches Museum Kalkriese bei Osnabrück

Alle normativen Voraussetzungen zur praktischen Anwendung von wetterfesten Baustählen sind in Deutschland vorhanden: Es gibt die harmonisierte europäische Produktnorm EN 10025-5. Die darin genormten Stahlsorten S235W und S355W waren schon früher nach DIN 18800-1 für den Stahlbau einsetzbar und sind es auch jetzt nach EN 1993-1-1. Die zukünftige Ausgabe der EN 10025-5 wird darüber hinaus die Stahlsorten S420W und S460W enthalten, beide sogar auch im Lieferzustand „+M", also thermomechanisch gewalzt. Die mit der Anwendung der DASt-Ri 007 gemachten Erfahrungen wurden in ein ausführliches **Merkblatt MB 434** „Wetterfester Stahl im Bauwesen" des Stahl-Informations-Zentrums (SIZ) umgesetzt (Autor: Prof. M. Fischer) [V48].

Bei der Planung und Ausführung von Konstruktionen aus wetterfestem Baustahl sollte man unbedingt seine besondere Wirkungsweise und die damit verbundenen speziellen Eigenschaften kennen. Diese sind:

- Bei Bewitterung an der Atmosphäre bildet sich eine primäre Rostschicht aus, die sich infolge der speziellen Legierungselemente (vor allem Cu) von der „normalen" Rostschicht unlegierter Baustähle dadurch unterscheidet,
  - dass sie sehr dicht ist und
  - dass sie fest auf dem Untergrund haftet und sehr stabil ist. Diese Rostschicht wirkt wie eine Korrosionsschutz-Deckschicht.
- Das Rosten hört aber **nicht** auf, sondern wird nur auf eine sehr kleine Abrostrate „heruntergebremst". Die Stahloberflächen geben also während der gesamten Lebenszeit ständig Rostpartikel ab, die andere Bauteile oder Baustoffe verschmutzen können. Das ist beim Entwerfen und Konstruieren zu beachten. Ferner ist bei der Bemessung zur Kompensation der Abrostrate ein Dickenzuschlag zu berücksichtigen [V91].
- Die korrosionsbremsende Deckschicht bildet sich nur bei reichlichem Luftzutritt. Gelegentliche Durchfeuchtungen schaden nicht, wenn ihnen bald wieder eine Trockenperiode folgt. Bei **Dauerfeuchtigkeit** rostet wetterfester Stahl jedoch wie normaler Baustahl. Das schließt zum einen ganze Anwendungsgebiete aus und ist zum anderen in jedem Einzelfall bei der konstruktiven Durchbildung zu beachten.
- Das günstige Korrosionsverhalten zeigt sich nicht nur an der frei bewitterten, sondern auch an der polymerbeschichteten Stahloberfläche. Das bedeutet, dass wetterfester Baustahl, wenn er korrosionsschutzbeschichtet wird, sich ebenfalls besser verhält als unlegierter Baustahl.

Aus diesen Eigenschaften folgen als bevorzugte Anwendungsgebiete für unbeschichteten wetterfesten Baustahl vor allem geschweißte **Brücken**, weil sie gut belüftet sind und der ablaufende Rostrost in der Regel nicht stört (Bild KII.10-4), ferner alle **geschweißten Vollwandkonstruktionen**, die frei stehen oder zumindest gut luftzugänglich sind und die nicht zu kleine Blech- und Profildicken aufweisen, wie z. B. Schornsteine, Türme, Rohrmaste oder Vollwandträgerkrane. Fachwerktragwerke aus wetterfestem Baustahl (z. B. Freileitungsmaste, Fachwerkbrücken) sollten **geschweißte Hohlprofilkonstruktionen** sein. Von Konstruktionen aus wetterfestem Baustahl

Bild KII.10-4: Beispiel für eine Fachwerk-Verbundbrücke aus wetterfestem Stahl in Nordspanien

mit vielen Schraubenverbindungen ist wegen der Gefahr von Dauerfeuchtigkeit in den Berührflächen (Stichwort: Spaltkorrosion) abzuraten.

Nicht anwendbar ist unbeschichteter wetterfester Baustahl

- in Meeresnähe (< 1 km Abstand),
- bei unvermeidbar längeren Feuchtigkeitsperioden (z. B. an der Geländeoberfläche, sofern dort nicht besondere konstruktive Vorkehrungen getroffen werden),
- in geschlossenen Räumen mit nicht auszuschließender Schwitzwasserbildung,
- für dünnwandige Bauteile ($t < 3$ mm).

Genauere Informationen zu den werkstofflichen Eigenschaften der wetterfesten Baustähle findet man z. B. in [V50]. Beim Konstruieren mit wetterfestem Baustahl sollten die vielen Hinweise und Empfehlungen in der DASt-Ri 007 und dem SIZ-Merkblatt 434 sorgfältig beachtet werden, um die Fehler der 1960er und 1970er Jahre zu vermeiden; weitere Ratschläge findet man in [V20]. Beim Schweißen von wetterfestem Baustahl gelten im Prinzip die gleichen Grundsätze wie beim Schweißen der vergleichbaren unlegierten Baustähle, natürlich unter Einsatz abgestimmter wetterfester Schweißzusätze (vgl. zu II.5.5 <3> und zu II.7.5.10); weitere Einzelheiten dazu siehe Abschn. 10.2.4.1 der DASt-Ri 007.

<1.2> Zum Aussehen der Oberflächen

Die hier im Normtext von EN 1090-2 angesprochenen Maßnahmen, um dafür zu sorgen, dass die Oberflächen nach dem Abwittern gut aussehen, spielen logischerweise nur dann eine Rolle, wenn der wetterfeste Stahl nicht aus ökonomischen, sondern aus architektonischen Gründen gewählt wurde (also z. B. nicht bei der in Bild KII.10-4 gezeigten Brücke), und auch dann nur, wenn der Architekt gleichmäßiges Braun wollte. Es gibt durchaus Architekten, die gerade das „natürlich ungleichmäßige" Abwitterungsbraun als gestalterisches Element lieben. Im Übrigen: Das gleichmäßigste Braun erhält man mit einer braunen Beschichtung!

<2> Zu Abs. 2 – Kontakt zwischen wetterfesten und nicht-wetterfesten Stählen

Zwischen wetterfestem und nicht-wetterfestem Stahl (z. B. unlegiertem Baustahl) gibt es keinerlei Kontaktkorrosionsproblem. Beide Stahlsorten sind ja sogar problemlos miteinander verschweißbar (vgl. <1.1>). Der vorliegende Normabsatz meint das ästhetische Problem der vom unbeschichteten wetterfesten Stahl möglicherweise über die beschichteten nicht-wetterfesten Stahloberflächen ablaufenden bräunlichen Rostflüssigkeit. Ist das nicht durch geeignete konstruktive Maßnahmen zu verhindern, so bietet sich eine entsprechende Farbgestaltung der Beschichtung an. Das Stahlskelett des in Bild KII.10-3b gezeigten Museumsgebäudes, an dem die großen Außenhautplatten aus wetterfestem Stahl befestigt sind, besteht beispielsweise aus normalem Baustahl, der mit einer dunklen rotbraunen Farbe beschichtet ist.

Zu II.10.4 Kontaktkorrosion

Diese Art der Korrosion, auch Bimetallkorrosion oder galvanische Korrosion genannt, kann immer dann auftreten, wenn unterschiedliche metallische Werkstoffe, die in der so genannten praktischen Spannungsreihe weit auseinander liegen, also ein „Korrosionspotenzial" aufweisen, im direkten Kontakt miteinander stehen. Man spricht vereinfacht von edleren und weniger edlen Metallen und meint damit das elektrische Potenzial, welches (vergleichbar mit den Vorgängen in einer Batterie) beim Kontakt anliegt und bei Vorhandensein eines Elektrolyten (z. B. Wasser) zum Fließen von Elektronen führt. Das hat zum Teil eine sehr schnelle Zerstörung des „unedleren" metallischen Werkstoffs zur Folge (in einer Batterie natürlich ein nicht gewollter Vorgang). Selbst Luftfeuchtigkeit kann als Elektrolyt bereits ausreichen. Die drei Voraussetzungen, damit es zur Kontakt- oder Bimetallkorrosion kommt, sind also

- das Korrosionspotenzial,
- der Elektrolyt und
- der direkte Kontakt.

Eine typische stahlbauliche Werkstoffkombination, die in diesem Sinne kritisch ist, sind verzinkte Verbindungsmittel auf austenitischem nichtrostendem Stahl (vgl. zu II.5.6.1 <1>). Eine vergleichbar negative Wirkung kann man mit unlegierten Bohrspänen auf nichtrostendem Stahl oder mit verzinkten Schrauben an einem beschädigten, farbbeschichteten Bauteil „erzielen". Eine Unzahl von Problemen in der Vergangenheit machen die negativen Auswirkungen bei Nichtbeachtung der ablaufenden Kontaktkorrosionsvorgänge deutlich. So ist zum Beispiel ein Schadensfall in einem Solebad (Elektrolyt!) bekannt, wo eine Brücke aus nichtrostendem Stahl in Kombination mit weniger edlen Verbindungsmitteln in wenigen Wochen entscheidend zerstört wurde.

Der Vorgang der Kontaktkorrosion wird in verschiedenen technischen Bereichen sogar bewusst genutzt. So genannte Opferanoden aus unedlerem Werkstoff „provozieren" den Angriff auf sich und schützen so z. B. Großrohrleitungen vor vorzeitigem Ausfall infolge Korrosion. Solche Anoden müssen regelmäßig erneuert werden, da sie sich durch den Elektronenfluss von der Anode zur Kathode verbrauchen.

Im Stahlbau muss man bei den verschiedenen kritischen Werkstoffkombinationen entweder konstruktive Lösungen parat haben, z. B. für eine sichere Isolation zwischen den Werkstoffen sorgen (vgl. z. B. Bild KII.5-16), oder die Kombinationen vermeiden. Die konstruktive Trennung ist eine nicht unproblematische Aufgabenstellung für den Ausführenden, denn sie muss unbedingt sicher realisiert werden. Beschädigungen in der Montagephase sind unbedingt zu vermeiden.

Im Übrigen gibt es unter den Experten im Zusammenhang mit der Bimetallkorrosion eine ganze Reihe unterschiedlicher Ansichten und Meinungen. Für den Stahl- und Metallbau sollte neben den oben angesprochenen Punkten darauf geachtet werden, dass Werkstoffe mit möglichst geringer Potenzialdifferenz gemeinsam eingesetzt werden, dass z. B. Verbindungsmittel werkstoffseitig an die zu verbindenden Bauteile angepasst werden, und dass der Elektrolyt, wenn notwendig, bei der Konstruktionsplanung berücksichtigt wird. Dies bedeutet u. a. Vorsicht bei Einsatz in Seeatmosphäre, in der chemischen Industrie und bei Kontakt mit solehaltigen Medien. Im Zweifelsfall sollte stets Expertenrat eingeholt werden!

Die konkrete Anweisung im vorliegenden Normtext, bei geschweißten Konstruktionen aus nichtrostendem Stahl und Baustahl (so genannten Schwarz-Weiß-Schweißverbindungen) den Korrosionsschutz des Baustahls um mindesten 20 mm auf den nichtrostenden Stahl weiterzuführen, sollte ernst genommen werden. Der Hinweis auf II.7.7.3 zielt auf die dort von der Schweißaufsicht geforderten Vorkehrungen zur Verhinderung von Kontaktkorrosion beim Schweißen zwischen nichtrostendem Stahl und anderen Stahlsorten (vgl. zu II.7.7.3 <2>).

Mit den Hinweisen im Normtext auf II.6.3 und II.6.9 sind die dortigen Anweisungen zum Handling von Bauteilen aus nichtrostendem Stahl bei der Fertigung, bei der Lagerung und beim Zusammenbau gemeint (vgl. zu II.6.3 <2> und zu II.6.9 <2>).

In der Norm EN 1090-4 findet sich ebenfalls ein Abschnitt (IV.E.2.4 im Anhang IV.E), in dem für die Montage tragender kaltgeformter Bauteile und Profiltafeln gefordert wird, auf die Werkstoffverträglichkeit zu achten

Feuerverzinken — Zu II.10.5

<1> Zu Abs. 1 und 1a – Handling von Bauteilen, die feuerverzinkt werden sollen

Das Feuerverzinken wird im Anhang II.F in Abschnitt **II.F.6.3** genauer spezifiziert. Im zugehörigen Kommentar, auf den hier ausdrücklich verwiesen sei, erfolgt deshalb die ausführliche Diskussion des **Feuerverzinkens im Stahlbau**. Ferner sei auf den Kommentar zum Abschnitt **II.F.7.4** hingewiesen, wo die aktuellen Erkenntnisse zum Risiko flüssigmetallinduzierter Rissbildung (LMAC) beim Verzinken behandelt werden.

Der Hinweis auf **EN ISO 14713-2** im vorliegenden Normabsatz meint in erster Linie das weite Feld der feuerverzinkungsgerechten konstruktiven Gestaltung, wofür dort Hinweise gegeben werden. Es geht vor allem darum, den Zu- und Ablauf des geschmolzenen Metalls zu erleichtern und

Lufttaschen und Lufteinschlüsse zu vermeiden. Sehr anschauliche Beispiele dazu enthält der Anhang A von EN ISO 14713-2. Auch die Frage des Einflusses der Überzugdicke auf Toleranzen wird behandelt. Zum Beispiel wird empfohlen, auf ebenen Flächen ein zusätzliches Spiel von mindestens 1 mm vorzusehen. Die Hinweise ergänzen die allgemeinen Gestaltungsgrundsätze zur Vermeidung von Korrosion und zur Eignung von Bauteilen für Zinküberzüge in **EN ISO 14713-1**.

Die Formulierung „erfolgt Beizen ...“ in Abs. 1a suggeriert fälschlicherweise, dass dieses Vorbereitungsverfahren wahlweise eingesetzt werden kann; zu verzinkende Bauteile werden aber im Rahmen der Vorbehandlung immer gebeizt. Die dann folgende Forderung, Schweißnahtfugen vor dem Beizen abzudichten, um das Eindringen von Säure zu verhindern, meint kein Abdichten nach dem Schweißen, sondern die Dichtigkeit der Nähte selbst. Die Forderung ist darin begründet, dass Fugen und Spalte sich während des Beizprozesses mit Säure zusetzen könnten, was u. a. zum Auseinandertreiben des Bauteiles führen könnte. Aus demselben Grunde ist es beispielsweise auch problematisch, unterbrochen geschweißte Nähte zu verzinken. Die Frage des „Abdichtens von Schweißnähten“ wird im folgenden Normabschnitt II.10.6 – dort gegen Feuchtigkeit – noch einmal behandelt (siehe Kommentar <2> dazu).

<2> Zu Abs. 1b und 2 – Eingeschlossene Hohlräume beim Feuerverzinken

Ein wichtiger Teilaspekt des **verzinkungsgerechten Konstruierens** ist, dass Bauteile mit eingeschlossenen Hohlräumen Lüftungs- und Entwässerungslöcher erhalten müssen, weil sich beim Verzinkungsvorgang – im Normalfall Tauchen des vorgefertigten Bauteils in das flüssige Zinkbad – die eingeschlossene Luft erhitzt und dadurch ein erhebliches Berstrisiko entsteht. Dies muss gemäß EN ISO 14713-2 „unter allen Umständen vermieden werden“, was durch die Druckentlastung mittels der Lüftungslöcher erreicht wird.

Der zweite Absatz des Normabschnittes II.10.5 legt den Finger auf eine in der Praxis hin und wieder diskutierte Folgeproblematik der Entlüftungslöcher in verzinkten Hohlbauteilen: Durch die Löcher kann natürlich nicht nur die Luft entweichen, sondern der Flüssigzink auch eindringen und dadurch auch auf den Innenflächen einen Zinküberzug erzeugen. Frage: Ist dieser Überzug im Sinne einer innenseitigen Verzinkung ausreichend, um die Hohlräume nach dem Feuerverzinken nicht abdichten zu müssen? Diese Frage ist praktisch immer positiv zu beantworten: Ein getauchtes Bauteil mit logisch angeordneten Öffnungen ist in aller Regel im Innenbereich genau so verzinkt wie außen. Hat man allerdings ausnahmsweise Zweifel daran, d. h. geht man von einer nicht ausreichenden innenseitigen Verzinkung aus, dann muss festgelegt werden, ob und wie die Löcher nach dem Feuerverzinken abgedichtet werden sollen. Welchen Seltenheitswert diese (angebliche) Problematik hat, erkennt man daraus, dass sie weder in EN ISO 1461 noch in EN ISO 14713 angesprochen wird. Für die Ingenieurbauwerke der Deutschen Bahn legt der Standard DBS 918005 [R31] konkret fest, dass Löcher nicht abzudichten seien, dafür aber am tiefsten Punkt ein kontrollierter Wasserablauf durch einen Ablaufstutzen zu schaffen sei. Der nachfolgende Normabschnitt II.10.6 greift die Abdichtungsthematik noch einmal auf.

Im Übrigen braucht man Öffnungen nicht nur zum Entweichen der eingeschlossenen Luft, sondern vor allem auch als „Zu- und Abflüsse“, um der Beizsäure und dem geschmolzenen Zink Zutritt zu allen Werkstückoberflächen zu erlauben und anschließend das Ablaufen der Behandlungsflüssigkeiten beim Herausziehen aus den Vorbehandlungsbädern sowie schließlich auch aus dem Verzinkungskessel zu erleichtern (vgl. <1>).

<3> Zu Abs. 3 – Oberflächenbehandlung vor dem Feuerverzinken

Dass Verunreinigungen der Oberfläche, die durch Beizen nicht entfernt werden können (z. B. Farbe, Öl, Fett, Schweißschlacke usw.), vor dem Beizen beseitigt werden müssen, ist selbstverständlich. Würde man die gereinigte Oberfläche dann vor dem Beizen noch strahlen, so würde das eine rauere Stahloberfläche liefern, als wenn sie direkt abgebeizt würde. Das würde zu einem dickeren Überzug führen. Der vorliegende Normabsatz erlaubt jedoch ausdrücklich, auf das Strahlen zu verzichten, sofern nicht anders festgelegt. Soll doch gestrahlt werden, so darf gemäß vorliegendem Normtext die Normenreihe EN ISO 8503 zur Beurteilung der Oberflächenrauheit der gestrahlten Flächen verwendet werden – obwohl sie formal nur für Stahloberflächen vor dem Auftragen von organischen Beschichtungsstoffen gilt.

Besondere Aufmerksamkeit vor dem Verzinken erfordern ggf. Kanten, die durch thermisches Schneiden entstanden sind (vgl. zu II.6.4.4 <1>).

Fugenabdichtung

Zu II.10.6

Es geht in diesem Normabschnitt nicht nur um planmäßige Hohlbauteile, sondern auch alle anderen Arten von Hohlräumen (z. B. Zwischenräume, Spalten oder Kontaktbereiche zwischen Bauteilelementen), im englischen Normtext zusammenfassend als „*spaces*" bezeichnet und etwas unpräzise mit „Fugen" übersetzt.

<1> Zu Abs. 1 – Hohlräume mit innenseitigem Schutzsystem

Die Formulierung in diesem Normabsatz ist nicht eindeutig. Der „durch Schweißnähte abgedichtete" Hohlraum wird ganz offensichtlich als nicht dicht verschlossen unterstellt; sonst wäre kein Korrosionsschutz für den Innenraum notwendig und damit auch nicht festzulegen. In einem solchen Fall eines nicht dicht verschlossenen Hohlraumes reicht in der Regel für den Innenraum, sofern er nicht sowieso schon verzinkt ist, ein vereinfachtes, einschichtiges System aus (siehe auch <2>).

<2> Zu Abs. 2 u. Anmerkung – Durch Schweißnähte vollständig verschlossene „Fugen" und Hohlbauteile

Im Gegensatz zum Absatz 1 ist hier von wirklich dicht durch Schweißnähte verschlossenen Hohlräumen („Fugen" bzw. „*spaces*") die Rede, so dass keine Feuchtigkeit eindringen kann. In solchen dicht verschlossenen Fugen und Hohlräumen stellt sich nach einem gewissen Zeitraum eine Art Gleichgewicht ein, der Korrosionsprozess schreitet infolge Sauerstoffmangels nicht mehr fort. Man muss in diesem Zusammenhang zwischen **begehbaren** dicht geschlossenen Hohlbauteilen (z. B. einem Hohlkastenbrückenträger im Kranbau) und **unzugänglichen** dicht geschlossene Hohlbauteilen (z. B. einer dicht geschweißten Rohrstütze) unterscheiden. Das Problem ist allerdings in beiden Fällen (wie auch bei den hier in EN 1090-2 angesprochenen allgemeinen „Fugen") das gleiche: Damit kein Innenkorrosionsschutz erforderlich ist, muss die Dichtheit gewährleistet werden.

Es gibt verschiedene Varianten, um dieses Ziel zu erreichen. Die sicherste, aber auch aufwändigste wäre sicherlich das im Normtext erwähnte Aufbringen eines geeigneten Dichtmaterials auf alle Schweißnähte. Das ist aber im Stahlbau mehr als unüblich. Erfolgt das nicht, so sind die Schweißnähte auf Dichtheit zu prüfen. Ob da eine **Sichtprüfung** ausreicht, wie im Normtext suggeriert, wird von den Verfassern bezweifelt, vor allem auch unter Hinweis auf die Anmerkung.

Für **unzugängliche dichte Hohlbauteile** wird hin und wieder empfohlen, Kontrollbohrungen mit Dichtungsschraube an der tiefsten Stelle anzubringen, um in regelmäßigen Abständen den „Wasserstand" der Hohlräume zu kontrollieren. Im Brückenbau wird das teilweise gemacht (vgl. zu II.10.5 <2>). Die Empfehlung ist aber problematischer, als es auf den ersten Blick erscheinen mag. Kontrollbohrungen machen nur Sinn, wenn erstens der Bauherr informiert wird, wenn ihm zweitens gleichzeitig ein Kontrollzyklus empfohlen wird (z. B. einmal jährlich) und wenn ihm drittens das ordnungsgemäße Wiederverschließen (Eindichten) gezeigt und als unbedingt notwendig dargelegt wird.

Die Situation ist bei **begehbaren dichten Hohlkästen** nicht viel anders. Auch hier sind Revisionsintervalle vorzugeben. Ergänzend muss betont werden, dass auch in begehbaren Hohlkästen „kein Innenkorrosionsschutz" nur in Frage kommt, wenn während des Montagezeitraums keine nennenswerte Korrosion auftreten kann und wenn nach Montageabschluss der Zutritt von feuchter Luft sowie das Auftreten von Schwitzwasser zuverlässig ausgeschlossen werden können. Trotzdem verlangt z. B. die ZTV-ING [R203] für begehbare Hohlkastenbrücken einen kompletten dreischichtigen Innenkorrosionsschutz. Einen Sonderfall stellt nur der hin und wieder vorgenommene Einbau einer Entfeuchtungsanlage dar, die einen Innenkorrosionsschutz entbehrlich macht. Im Zweifelsfall sollte man das Innere von Hohlkästen zumindest mit dem in <1> empfohlenen vereinfachten Korrosionsschutz versehen.

Zusammenfassend wird von den Verfassern folgende Planungssystematik für vollständig verschlossene, d. h. dichte Hohlräume („Fugen") und Hohlbauteile empfohlen:

- Bei wirklich dichten Bauteilen ist kein Korrosionsschutz erforderlich. „Wirklich dicht" bedeutet aber: **Dichtheitsprüfung** (z. B. mit Vakuum und Helium oder mit leichtem Überdruck bei Schweißnähten) sowie Kontrollintervalle mit definierten Grenzleckagen. Die Behandlung von Anschlüssen, Mannlöchern und ähnlichen konstruktiven Details ist vorab zu klären.
- Ohne Dichtheitsprüfung sollte ein vereinfachter Korrosionsschutz mit mindestens einem Grundanstrich vorgesehen werden.
- Das gilt auch für begehbare dichte Hohlbauteile (einschließlich klimatisierter Brückenbauwerke), die außerdem regelmäßig kontrolliert werden sollten (Intervall ≤ 5 Jahre).
- Für untergeordnete Anwendungen ist kein Korrosionsschutz erforderlich.

Insgesamt gesehen muss festgehalten werden, dass jedwede Regelung mit dem Kunden/Bauherrn, dem Planer und ggf. der Prüfinstanz abzustimmen ist. Man muss diese Aufgabe mit Ingenieurverstand unter Berücksichtigung von Bauteilabmessung, -belastung und -zugänglichkeit lösen. Unter gewissen Umständen ist der im nachfolgenden Normabsatz wieder aufgegriffenen Variante des Verzinkens der Vorzug zu geben.

<3> Zu Abs. 3 – Feuerverzinken geschlossener Querschnitte

Hier schließt sich der Kreis zum vorhergehenden Normabschnitt II.10.5. Die Lösung „Feuerverzinken" ist natürlich von der Größe der Bauteile in Bezug zur verfügbaren Zinkbadgröße abhängig. Sie erfordert jedenfalls, wie im Kommentar <2> zu II.10.5 erläutert, bei Hohlbauteilen in der Regel kein nachträgliches Verschließen der Lüftungslöcher.

Der im vorliegenden Normtext angesprochene „Überlappungsbereich mit umlaufenden Schweißnähten" ist nur ein Beispiel für eine „Fuge" im allgemeinen Sinne der Überschrift dieses Normabschnittes. Hier, wo kein sauberes Abfließen von Säuren und Beizmittel sichergestellt werden kann, müsste ohne ausreichende Entlüftung mit Problemen gerechnet werden. Der Verzinkungsbetrieb würde da meistens eine Gewährleistung ablehnen, in der Regel aus gutem Grund. Der Planer ist hier im Vorfeld gefordert (Stichwort: Verzinkungsgerechtes Konstruieren).

<4> Zu Abs. 4 – Abdichtung von Verbindungsmittel-Durchdringungen

Zunächst einmal widersprechen geschraubte Verbindungen per se der Definition eines „wirklich dichten" Hohlraums im Sinne von <2>. Solche „Hohlräume" sollten deshalb in der Regel mit vereinfachtem Innenkorrosionsschutz gemäß <1> versehen werden. Verzichtet man darauf unter Hinweis auf eine vor Ort auf die fertig verschraubte (und ggf. vorgespannte) Verbindung aufgebrachte Deckbeschichtung, so muss diese extrem sorgfältig aufgebracht werden. Eventuell reichen auch elastische Dichtkitte (z. B. Sikaflex) aus. Zusammenfassend ist festzuhalten: Die Problematik muss mit technischem Verstand von Fall zu Fall gelöst, vor allem aber in einem frühen Planungsstadium zwischen Ausführendem und Bauherrn/Kunden vereinbart werden.

Zu II.10.7 Oberflächen in Kontakt mit Beton

Dieser Normabschnitt spricht ein korrosionsschutztechnisch kritisches Thema an. Es spielt – neben den hier explizit genannten Unterseiten von Fußplatten – vor allem auch bei **Verbundbauten** eine wichtige Rolle. Während einerseits Berührflächen zwischen Stahl und Beton bei ausreichender Überdeckung – ähnlich wie einbetonierte Betonstähle – wegen der chemisch-physikalischen Schutzwirkung des Betons keinen Korrosionsschutz benötigen, sind andererseits die Randbereiche wegen der dort vorhandenen Spaltkorrosionsbedingungen sogar stärker korrosionsgefährdet als gänzlich freie Stahlflächen (siehe Bild KII.10-5). Die oft mit Rücksicht auf den Transport zur Baustelle und eine eventuelle Zwischenlagerung im Freien auf allen Berührflächen aufgebrachte Fertigungsbeschichtung reicht für diese gefährdeten Randbereiche als Korrosionsschutz keinesfalls aus. Der genannte 50-mm-Streifen muss das volle Korrosionsschutzsystem erhalten.

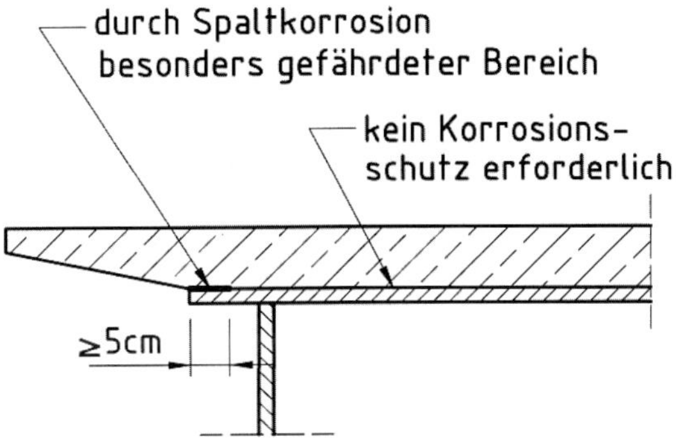

Bild KII.10-5: Randbereich einer Berührfläche Stahl/Beton mit Gefährdung durch Spaltkorrosion (Beispiel: Verbundbrücke mit durchgehendem Deckblech)

Für die ungeschützt bleibenden Stahlflächen werden konsequenterweise Reinheitsforderungen gestellt (drahtgebürstet, kein loser Staub usw.), um sicherzustellen, dass sie tatsächlich den unterstellten innigen Kontakt mit dem Beton – ähnlich wie einbetonierte Betonstähle – eingehen.

Ein weiteres Beispiel für spaltkorrosionskritische Übergänge Stahl/Beton im Sinne dieses Normabschnittes sind einbetonierte oder vermörtelte **Stahlanker in Beton oder Mauerwerk.** Anhang II.F.5 erlaubt dafür unbehandelte Stahloberflächen mit der gleichen 50-mm-Beschichtungsregelung wie im vorliegenden Normabschnitt (siehe zu II.F.5 <3>).

Unzugängliche Oberflächen

Zu II.10.8

<1> Zu Abs. 1 – Behandlung vor dem Zusammenbau

Hier sind Bereiche gemeint, die ab einem bestimmten Zusammenbaustand nicht mehr oder nur noch sehr schwer zu erreichen sind. Das kann das Innere einer nicht dicht geschlossenen Hohlkonstruktion sein (vgl. zu II.10.6 <1>), oder es können planmäßig flächig aufeinander liegende Bauteile sein, wie z.B. die Laschen oder Kopfplatten eines geschraubten Stoßes (siehe auch nachfolgende Kommentare). Im letzteren Fall ist wieder die im vorigen Normabschnitt erwähnte Spaltkorrosion angesprochen. Unzugängliche Oberflächen – ausgenommen die im vorigen Normabschnitt behandelten Innenbereiche größerer Kontaktflächen zwischen Stahl und Beton – sind vor dem Zusammenbau mit einer Mindestkonservierung zu versehen, und zwar ohne „Wenn und Aber“. Das muss in den Ausführungsunterlagen vermerkt werden, und entsprechende Arbeitsanweisungen, u.U. auch abweichend vom übrigen Korrosionsschutz, sind vorzuhalten.

<2> Zu Abs. 2 – Stoßflächen von Schraubenverbindungen

Die Frage der Beschichtung von Stoßflächen/Kontaktflächen geschraubter Verbindungen wird in EN 1090-2 an mehreren Stellen behandelt, was leider recht verwirrend ist. Die spezielle Beschichtung für **gleitfeste Verbindungen** (Kategorien B und C nach EN 1993-1-8), um die notwendige Haftreibungszahl zu erzeugen, wird in II.8.4 geregelt (vgl. Kommentar <3> dazu). Die gleitfesten Stoßflächen werden ferner auch im Anhang II.F im Abschnitt II.F.4 angesprochen, dort allerdings „Reibflächen“ genannt.

Die Stoßflächen/Kontaktflächen **anderer Schraubenverbindungen** müssen, da sie unzugänglich sind, eine Mindestbeschichtung erhalten. Diese darf aber im Falle **vorgespannter Schraubenverbindungen** gemäß vorliegendem Normabschnitt höchstens aus einer Grund- plus einer Zwischenbeschichtung bestehen. Grund für diese Schichtdickenbegrenzung ist der drohende Vorspannkraftverlust. Er wird im Kommentar <11> zu II.8.5.1 ausführlich diskutiert. Die Schichtdicken selbst werden von der Norm im Anhang II.F im Abschnitt II.F.4 genauer spezifiziert, u.a. die Höchstschichtdicke auf vorzuspannenden Stoßflächen zu **100 µm** (siehe zu II.F.4 <2>);

das bedeutet de facto nur eine Grundbeschichtung, denn zweischichtige Systeme mit einer Gesamtdicke unter 100 µm gibt es praktisch nicht. Zum Korrosionsschutz von Futterblechen in Laschenverbindungen vgl. zu II.8.1 <4>.

Es sei an dieser Stelle wieder, wie schon zu II.8.5.1 <11.1>, darauf hingewiesen, dass die Schichtdickenbegrenzung auf den Stoßflächen vorgespannter (nicht gleitfester) Schraubenverbindungen de facto bedeutet, dass die Stoßflächen (ggf. auch die Flächen unter den Scheiben) nach Aufbringen der Grundbeschichtung abgeklebt werden müssen, sofern die Bauteile endbeschichtet auf die Baustelle geliefert werden – was heute die Regel ist. Dieses Abkleben ist ein erheblicher Kostenfaktor, und es stellt sich die Frage, ob es bei nur gebrauchstauglichkeitsorientierter Vorspannung (Zielebene II, vgl. zu II.8.5.1 <1.2>) wirklich erforderlich ist. Das wird im Kommentar <2> zu II.F.4 ausführlich diskutiert.

<3> Zu Abs.3 – Korrosionsschutz von Schraubenverbindungen

Gemeint ist hier nicht der Korrosionsschutz der eingebauten Verbindungsmittel (Schraubengarnituren); dieser wird unter dem Gesichtspunkt „vergleichbare Korrosionsbeständigkeit von Schraubengarnituren und anzuschließendem Bauteil" ausführlich in den Kommentaren zu II.5.6.1 beschrieben. Hier geht es vielmehr um den Korrosionsschutz der fertig verschraubten Verbindung einschließlich ihrer unmittelbaren Umgebung, deren Beschichtung möglicherweise während der Schraubenmontage beschädigt wurde.

Die Einlassung im vorliegenden Normtext ist zwar logisch und richtig. Die Verfasser möchten jedoch das Augenmerk auf die Einschränkung „sofern nichts anderes festgelegt wird" lenken. Demnach gehört die Anweisung, das vollständige Korrosionsschutzsystem des Stahltragwerks auf die fertige Verbindung aufzubringen, zu den im Anhang II.A in Tabelle II.A.2 aufgelisteten Auswahlmöglichkeiten (vgl. zu II.4.1.1 <2.4>). Beispielsweise kann man, wenn korrosionstechnisch und ggf. auch optisch vertretbar, durchaus überlegen, ob nicht auf ein nachträgliches Beschichten von feuerverzinkten Verbindungsmitteln in einer bereits werksseitig endbeschichteten Konstruktion verzichtet werden kann (Bild KII.10-6). Wie bereits im Kommentar <1> zu II.5.6.1 thematisiert, ist das bis einschließlich Korrosivitätskategorie C3 ohne allzu große Einbuße bei der Korrosionsschutzdauer vertretbar, bei stärkerer Korrosivität müsste es allerdings einvernehmlich mit dem Bauherrn/Kunden bereits im „*Basic Design*" festgelegt werden. Bei den Überlegungen dazu sollte nicht vergessen werden, dass Stahlbau-Praktiker es für fast unmöglich halten, verzinkte Schraubenverbindungen nachträglich auf der Baustelle mit vertretbaren Kosten wirklich qualifiziert nachzubeschichten.

Quelle: PSP Essen

Bild KII.10-6: Unbeschichtet belassene feuerverzinkte Schrauben in einer im Werk endbeschichteten Stahlkonstruktion des Industriebaus

Wird trotzdem darauf bestanden, feuerverzinkte, ggf. vorgespannte Schrauben in einer beschichteten Stahlkonstruktion nachträglich zu beschichten, um sie im Sinne des vorliegenden Normabsatzes auf den vollständigen Korrosionsschutz des restlichen Stahltragwerks zu bringen, so ist nach Meinung von Fachleuten folgendermaßen vorzugehen:

- Schraubenköpfe und Muttern müssen mit einem dafür geeigneten Reinigungsmittel gesäubert werden, so dass das Schmiermittel der Schraubengarnitur vollständig beseitigt wird; als Reinigungsmittel kann z. B. die Verdünnung des eingesetzten Beschichtungsstoffs verwendet werden. Das Reinigen sollte mittels Pinsel erfolgen, um auch aus dem überstehenden Gewinde auf der Mutterseite die Rückstände vollständig auswaschen zu können.
- Die optimale Vorbereitung der Schraubenkopf- und Mutteroberflächen wäre das so genannte „Sweepen“ (siehe II.F.2.1, Abs. 6, sowie Kommentar dazu). Da das meistens nicht praktikabel ist, müssen die Oberflächen zumindest mit Kunststoffschleifvlies oder Schleifpapier sorgfältig angeschliffen werden, im Falle von Weißrost muss dieser dabei restlos entfernt werden.
- Die zur Applikation vorgesehene Beschichtung – meist ein Zweischichtsystem – muss gemäß technischem Merkblatt des Produktes für den Direktauftrag als Grundbeschichtung auf feuerverzinkten Oberflächen geeignet sein (siehe z. B. das Beispiel für ein technisches Merkblatt in Bild KII.F-4).
- Gibt es in der Projektspezifikation keine Vorgabe zur erforderlichen Dicke der Nachbeschichtung, so sollte diese in Anlehnung an EN ISO 12944-5, Tabelle D.1, für „Duplex-Systeme“ für die Schutzdauer „lang“ (> 15 Jahre) gewählt werden zu

  ≥ 120 mm (zweischichtig) bei Korrosivitätskategorie C3,

  ≥ 160 mm (zwei- oder dreischichtig) bei Korrosivitätskategorie C4,

  ≥ 200 mm (dreischichtig) bei Korrosivitätskategorie C5.

Reparaturen nach dem Schneiden oder Schweißen — Zu II.10.9

<1> Zu Abs. 1 – Reparaturmaßnahmen nach dem Schneiden

Die Notwendigkeit der hier angesprochenen Reparaturmaßnahmen an Schnittkanten korrosionsgeschützter Konstruktionsmaterialien gehört wieder zu den im Anhang II.A in Tabelle II.A.2 aufgelisteten Auswahlmöglichkeiten (vgl. zu II.4.1.1 <2.4>). Das heißt, die Frage, ob überhaupt nachträglicher Aufwand notwendig ist, sollte sehr sorgfältig geprüft werden, da ein Korrosionsschutz nur so gut wie seine schwächste Stelle ist. Im verzinkten Dünnblechbereich zum Beispiel unterlässt man gelegentlich nachträgliche Kantenschutzmaßnahmen, da Untersuchungen gezeigt haben, dass durch den Schnittvorgang der Zink über die Schnittfläche gezogen wird. Das gilt allerdings nur bis zu einer gewissen Blechdicke und muss in jedem Fall kritisch bewertet werden. Das Ziel der ggf. festzulegenden Maßnahmen ist, den gestörten Korrosionsschutz (Beschichtung oder Verzinkung) mit Hilfe des Reparaturvorgangs wieder so herzustellen, dass die erforderliche Schutzwirkung für das gesamte Bauteil gilt.

<2> Zu Abs. 2 – Reparaturmaßnahmen nach dem Schweißen vorbeschichteter Teile

Wie nach dem Schneiden (vgl. vorhergehenden Absatz), so ist auch nach dem Schweißen der beschädigte Korrosionsschutz wieder so herzustellen, dass die erforderliche Schutzwirkung für das gesamte Bauteil gilt. Wird beispielsweise ein bandbeschichtetes Bauteil zwar mit einem anderen Beschichtungssystem und einem anderen Applikationsverfahren ausgebessert, so muss aber die festgelegte Schutzwirkung trotzdem erreicht werden. Bei individuell vorbeschichteten Ausgangsprodukten wird am besten im Bereich der später zu schweißenden Naht erst gar keine Beschichtung oder nur eine zum Überschweißen geeignete Fertigungsbeschichtung aufgebracht. Anhang II.F gibt in Abschnitt II.F.3 dafür einen konkreten Abstand von 150 mm auf beiden Seiten der späteren Naht an (siehe Kommentar <1> dazu); vgl. auch zu II.7.5.1.1 <6>.

<3> Zu Abs. 3 – Reparaturmaßnahmen nach dem Schweißen feuerverzinkter Teile

<3.1> Zum Beschichten der auszubessernden Stellen

Auch in einer feuerverzinkten Konstruktion muss eine ausgebesserte Stelle einen gleichwertigen Korrosionsschutz aufweisen. Diese hier postulierte Grundforderung der Norm ist plausibel. Jedoch wird in der deutschen Stahlbaupraxis die Ausbesserungsstelle bisher meistens mit Zinkstaubfarbe nachbehandelt, landläufig als **„Kaltverzinken"** bezeichnet. Der Begriff ist fachlich nicht zutreffend, da es sich nicht um das Aufbringen eines metallischen Überzugs handelt, sondern um ein simples Anstreichen/Beschichten mit Zinkstaubfarbe. Zwar mag bei geeigneter Auswahl und Schichtdicke die kathodische Schutzwirkung annähernd vergleichbar sein, nicht aber die mechanische Belastbarkeit und vor allem nicht die Dauerhaftigkeit, also die Schutzdauer.

Man weiß also in Fachkreisen sehr wohl, dass das „Kaltverzinken" keinesfalls die Schutzdauer der Feuerverzinkung erreichen kann. Die VOB für Metallbauarbeiten, DIN 18360 [R70], enthält zwar zur Ausbesserung von Stellen, wo die Verzinkung entfernt wurde, die konkrete Anweisung, die Zinkstaubbeschichtung 1,5-mal so dick auszuführen wie die Verzinkung. Aber auch das bringt, obwohl sicherlich eine sinnvolle Vorgabe, keinen vollwertigen Ersatz der Verzinkung. Dieser Sachverhalt wird seit Jahren von allen am Bau Beteiligten mehr oder weniger stillschweigend akzeptiert, da jede andere Ausbesserungsmaßnahme – z. B. eine zusätzliche weitere Beschichtung oder eine weitere Spritzverzinkung (siehe z. B. [V103]) – unverhältnismäßig viel aufwändiger wäre. Im Übrigen ist bekannt, dass selbst durch einen zweiten Zinkstaubanstrich nicht die Schutzdauer des Feuerverzinkens erreicht wird.

Nun verlangt der deutsche Normtext von EN 1090-2, „eine zinkhaltige Grundbeschichtung **und** ein Beschichtungssystem" aufzubringen, was zwei aufeinander folgende separate Beschichtungsvorgänge (Anstriche) suggeriert, also tatsächlich eine zusätzliche Beschichtung auf den Zinkfarbanstrich. Es stellt sich aber die Frage, ob die Autoren der Norm EN 1090-2 das überhaupt so gemeint haben, denn das englische „*a zinc rich primer and paint system*" könnte auch einen einzigen Beschichtungs- bzw. Anstrichvorgang meinen. Letzteres würde mit der vorbeschriebenen bisherigen deutschen Praxis übereinstimmen. Die Verfasser dieses Kommentarbuches empfehlen jedenfalls, die vorgesehenen Reparaturmaßnahmen frühzeitig dem Auftraggeber gegenüber zu thematisieren und vertragsmäßig festzuhalten, damit ggf. eine von ihm geforderte zusätzliche Beschichtung im Angebotspreis berücksichtigt werden kann.

<3.2> Zum Thema „Schweißen und metallische Überzüge"

Im weiteren Sinne gehört die gesamte Thematik „Schweißen und metallische Überzüge" eigentlich hierher, obwohl EN 1090-2 dazu nichts Grundsätzliches sagt. EN ISO 14713-1 enthält in Abschnitt 6.4.2 dazu wertvolle „schweißtechnische Hinweise im Bezug auf Überzüge". Darin wird u. a. empfohlen, das Schweißen **vor dem Verzinken** (egal ob Feuerverzinken oder Sherardisieren oder thermisches Spritzen) zu bevorzugen. Auch für die Vorbereitung der für Feuerverzinken vorgesehenen Schweißnahtbereiche (Stichwort: Schweißschlacken) findet man in dem genannten Abschnitt Hinweise.

Die Empfehlung, nicht nach dem Feuerverzinken zu schweißen, kann nicht oft genug wiederholt werden. Eine feuerverzinkte Konstruktion – dazu gehört auch eine Duplex-beschichtete Konstruktion – sollte nicht durch nachträgliches Schweißen „geschwächt" werden. Selbst bei noch so fachgerechter Ausbesserung bleiben solche Bereiche die Schwachpunkte des gesamten Korrosionsschutzsystems und stellen unter Umständen dessen Auswahl für das betreffende Bauteil im Nachhinein in Frage. Schweißstöße auf der Baustelle sollten deshalb die absolute Ausnahme darstellen.

Soll dennoch **nach dem Verzinken** geschweißt werden, so muss der Zinküberzug örtlich in der Schweißzone vor dem Schweißen entfernt und danach wieder instand gesetzt bzw. ausgebessert werden, wie im vorliegenden Normabsatz beschrieben (vgl. <3.1>).

Reinigung von nichtrostenden Stahlbauteilen nach der Montage

Zu II.10.10

Wichtig ist hier zunächst, dass sich die angesprochene Reinigung nicht nur auf die Endreinigung nach der Montage bezieht (die wegen mangelnder Zugänglichkeit oft gar nicht möglich ist), sondern vor allem auf die Reinigung nach den einzelnen Fertigungsprozessen (thermisches Schneiden, Schweißen, mechanisches Bearbeiten). Eine solche Reinigung, vor allem die Entfernung der so genannten „**Anlauffarben**", ist zwingend erforderlich, um die erwartete Korrosionsbeständigkeit des nichtrostenden Stahls tatsächlich zu erreichen. Dabei geht es nicht um die Optik, sondern um die bei der Bildung von Anlauffarben veränderte Passivschicht auf der Stahloberfläche, die den eigentlichen Korrosionsschutz darstellt. Dass diese Anlauffarben und ihre Entfernung in EN 1090-2 überhaupt nicht erwähnt werden, ist ein Hauptkritikpunkt der deutschen Fachleute und einer der Gründe, warum man für Deutschland die Zulassung (abZ) **Z-30.3-6** [R9] immer noch für unentbehrlich hält.

Es geht, wie gesagt, primär um die Sicherstellung des Korrosionsschutzes, der nach Überzeugung der deutschen Fachleute ohne geeignete Nachbehandlung von Schnittkanten und Schweißnähten nicht gewährleistet werden kann. Als Methoden zur Entfernung von Anlauffarben kommen z. B. Bürsten, Schleifen, Beizen oder elektrochemisches Reinigen in Frage. Man kann auch durch so genanntes „Formieren" (Vorspülen und Abdecken der Nahtwurzel mit Schutzgasen) die Entstehung von Anlauffarben von Vornherein verhindern; auf Einzelheiten kann hier nicht eingegangen werden. Entbehrlich ist das Entfernen von Anlauffarben nach dem Schweißen gemäß abZ nur dann, wenn der Zutritt korrosionsauslösender Stoffe zuverlässig ausgeschlossen werden kann, z. B. bei Anlauffarben auf der Rückseite eines Stahlbauteils, die später dicht an Beton anliegt.

Die abZ schreibt sogar während der Nutzungsdauer des Bauwerkes in geeigneten Abständen Kontrollieren zugänglicher Stahloberflächen und erforderlichenfalls Metallisch-Blank-Reinigen vor, und zwar auch mit Rücksicht auf die Tragsicherheit. Wem das unverhältnismäßig aufwändig erscheint, dem sei in Erinnerung gerufen, dass das Reparieren oder Erneuern der Korrosionsschutzbeschichtung von Baustahlkonstruktionen ungleich aufwändiger ist – so die Argumentation von Befürwortern des „Bauens mit Edelstahl Rostfrei". Die gleichnamige Informationsstelle sei hier als erster Anlaufpunkt für sachkundige Beratung genannt: www.edelstahl-rostfrei.de

Zu II.11 Geometrische Toleranzen

Einführender Kommentar zu Kapitel II.11

Der Kommentar zu diesem Kapitel ist eng verzahnt mit dem Kommentar zum **normativen Anhang II.B** gleichen Titels. Ständige Querverweise sind deshalb unvermeidlich. Der Leser möge bedenken, dass die dadurch erschwerte Lesbarkeit vor allem dieser Aufspaltung der normativen Vorgaben für die geometrischen Toleranzen in Normtext einerseits und Tabellen-Anhang andererseits geschuldet ist.

Die frühere deutsche Norm DIN 18800-7 enthielt bis zur Ausgabe 2002 keine Angaben zu geometrischen Toleranzen. Erst ab 2002 gab es ein entsprechendes Kapitel, anderthalb Seiten lang, mit einigen hilfreichen Angaben zu Fertigungs- und Montagetoleranzen, die aber nichts mit irgendwelchen statischen Anforderungen zu tun hatten, sondern **funktions- und gebrauchstauglichkeitsorientierte** geometrische Toleranzen darstellten. Das eigentlich wichtigere Thema der **tragsicherheitsrelevanten** geometrischen Toleranzen wurde in DIN 18800-7 [R73] eher beiläufig angesprochen, indem die „einzuhaltenden Toleranzen die Anforderungen der Normenreihe DIN 18800 sowie der Fachnormen erfüllen" sollten. Die Verfasser des damaligen Kommentars [V66] bemängelten denn auch, dass dazu keine quantitativen Vorgaben gemacht wurden. Der DIN-Regelung lag die Vorstellung zugrunde, der Tragwerksplaner solle sich jeweils im Einzelfall um entsprechende Angaben auf den Ausführungszeichnungen kümmern, sofern er in der statischen Berechnung Annahmen über Herstellungsungenauigkeiten (so genannte „Ersatzimperfektionen") getroffen hatte, welche die Bemessung, d. h. die Tragsicherheit unmittelbar beeinflussten.

Diese Vorstellung war ausgesprochen praxisfremd, sie hat nicht funktioniert. Insofern ist die in EN 1090-2 vorgenommene klare Einteilung der geometrischen Toleranzen in zwei Kategorien grundsätzlich zu begrüßen. Ob angesichts der 38 Seiten Tabellen in Anhang II.B nicht der Grundsatz „weniger ist manchmal mehr" hätte beachtet werden sollen, sei dahingestellt.

Zu II.11.1 Toleranzkategorien

<1> Zu Abs. 1 – „Grundlegende Toleranzen" und „ergänzende Toleranzen"

Die Definition der **grundlegenden Toleranzen** unter Ziffer (a) zeigt, dass es sich um die im obigen einführenden Kommentar als **„tragsicherheitsrelevant"** bezeichneten Toleranzen handelt, die eigentlich schon immer einzuhalten waren, aber de facto in der Praxis kaum beachtet wurden. Sie müssen sicherstellen, dass das fertige Tragwerk den in der statischen Berechnung vorausgesetzten Fakten und eingeführten Annahmen entspricht, d. h. konkret: die Anforderungen der Bemessungsnormenreihe EN 1993 (Eurocode 3) und ggf. EN 1994 (Eurocode 4) erfüllt. Sie sind deshalb absolut unverzichtbar. In der englischsprachigen Version der EN 1090-2 heißen sie **„essential tolerances"**.

Die Definition der **ergänzenden Toleranzen** unter Ziffer (b) zeigt, dass es sich um die im obigen einführenden Kommentar als **„funktions- und gebrauchstauglichkeitsorientiert"** bezeichneten Toleranzen handelt, zuweilen auch einfach „Allgemeintoleranzen" genannt. Die englische Originalbezeichnung **„functional tolerances"** ist im Übrigen treffender; die Übersetzung „ergänzend" ist eher unbefriedigend. Solche allgemeinen Toleranzen wurden im gesamten Stahlbau seit jeher als unverzichtbare Randbedingungen bei der Fertigung und Montage akzeptiert, um qualitativ einwandfreie Bauteile und Tragwerke zu erhalten. Das im Normtext (neben „Passgenauigkeit") beispielhaft angeführte Zielmerkmal „Aussehen" erscheint etwas zu oberflächlich, denn zulässige Abweichungen für Achsmaße (z. B. Stützenabstände) oder für Winkligkeiten (z. B. Horizontalitätsabweichungen von Trägern) zielen ganz sicher nicht nur auf das Aussehen, sondern vor allem auf die Funktion und Gebrauchstauglichkeit.

Die zulässige Abweichung Δ für ein bestimmtes geometrisches Toleranzmerkmal (z. B. Schiefstellung einer Stütze) kann im Rahmen der ergänzenden Toleranzen sowohl kleiner als auch größer sein als für dasselbe Merkmal im Rahmen der grundlegenden Toleranzen. Der erstere

Fall wird in der Praxis zuweilen nicht verstanden („Warum soll eine Struktur schöner sein als statisch erforderlich?"), aber es geht eben nicht nur um die „Schönheit", sondern um die Funktion. Liegt dieser erstere Fall vor, braucht man sich, Einhaltung des (engeren) ergänzenden Toleranzgrenzwertes vorausgesetzt, um den (großzügigeren) grundlegenden Grenzwert nicht mehr zu kümmern, im zweiten Fall ist es umgekehrt. Dieser zweite Fall sollte allerdings die Ausnahme sein, denn ein großzügigerer ergänzender Toleranzgrenzwert nützt nichts, da der engere grundlegende Toleranzgrenzwert zwingend einzuhalten ist. Einzige Ausnahme: Öffnungsklausel in II.11.2.1, Absatz 2 (siehe Kommentar dazu).

<2> Zu Abs. 2 – Normativer Charakter der Toleranzen

Dass die **grundlegenden** Toleranzen normativ sind, leuchtet angesichts ihrer essenziellen Bedeutung für die Trag- und Standsicherheit unmittelbar ein und braucht nicht weiter kommentiert zu werden. Sie können jedenfalls in einer Bauteil- oder Bauwerksspezifikation keinesfalls außer Kraft gesetzt werden; einzige Ausnahme siehe zu II.11.2.1 <2>.

Völlig anders stellt sich die Sachlage bei den **ergänzenden** Toleranzen dar. Sie sind normativ insofern, als in jedem Fall irgendwelche ergänzenden Toleranzen beachtet werden müssen. Enthält die Bauteil- oder Tragwerksspezifikation keine Angaben, so gelten automatisch die tabellierten Werte nach Anhang II.B (siehe zu II.11.3.1). Den ergänzenden Toleranzen des Anhangs II.B kann man aber weitgehend aus dem Weg gehen, indem man in der Bauteil- oder Tragwerksspezifikation für die ergänzenden Toleranzen alternative Kriterien gemäß II.11.3.3 vorgibt. Dies ist nach Kenntnis der Verfasser in Deutschland die Regelvorgehensweise, da sie die vorhandenen Erfahrungen in den deutschen Stahlbaubetrieben weitestgehend nutzbar macht (siehe zu II.11.3.3).

Es gibt aber nach Auffassung der Verfasser – und das ist für die traditionelle deutsche Denkweise im Baugeschehen gewöhnungsbedürftig – auch eine dritte Möglichkeit, nämlich in der Bauteil- oder Tragwerksspezifikation zwar auf die Toleranz**merkmale** des Anhangs II.B Bezug zu nehmen, für diese aber andere Werte für die zulässigen Abweichungen zu spezifizieren, als dort tabelliert sind. Das widerspricht eigentlich der klassischen deutschen Interpretation des Begriffes „normativ", ist aber Tradition in anderen europäischen Ländern. Die Bauteil- oder Tragwerksspezifikation ist zentrales und maßgebendes Dokument für die Ausführung eines Stahltragwerks – so lange sie nicht den Mindestanforderungen der Norm hinsichtlich Sicherheit widerspricht!

<3> Zu Abs. 3 – Verformungen und Toleranzen

Es versteht sich eigentlich von selbst, dass alle Toleranzangaben sich auf die unverformte Systemgeometrie beziehen. Deshalb ist beispielsweise ein Fachwerkträger, wenn möglich, flach auf die Seite zu legen, wenn die Ist-Abweichungen von der Sollform gemessen werden sollen (siehe zu Tabelle II.B.12 in Anhang II.B). Ist eine solche Maßnahme nicht möglich, muss versucht werden, die elastischen Verformungen des Bauteils in seiner speziellen Lage überschlägig zu berechnen, um sie beim Soll-Ist-Vergleich berücksichtigen zu können.

<4> Zu Abs. 4 – Besondere Toleranzen

Hiermit sind projektspezifisch erforderliche zusätzliche Toleranzvorgaben gemeint,

- die entweder Toleranzmerkmale betreffen, welche zwar in Anhang II.B aufgeführt sind, für die aber engere Grenzwerte gelten sollen als dort angegeben (z. B. für einen Deckenunterzug unter einer Sporthalle eine geringere zulässige Neigung als der in Tabelle II.B.15, Nr. 3, für Klasse 2 angegebene Wert $\Delta = L/1\,000$),
- oder die zusätzliche Toleranzmerkmale betreffen, welche in Anhang II.B nicht aufgeführt sind (z. B. das Lichtraumprofil unter einer Brücke).

In jedem Fall handelt es sich bei den hier in EN 1090-2 angesprochenen „besonderen Toleranzen" in aller Regel um „besondere **ergänzende** Toleranzen".

<5> Zu Abs. 5 – Toleranzen für vorgefertigte Bauteile und für das fertige Tragwerk

Eigentliches Zielobjekt der normativen Vorgabe geometrischer Toleranzen ist das fertige Tragwerk. Es ist deshalb selbstverständlich, dass alle grundlegenden Toleranzen vor allem für die abschließende Abnahmeprüfung des fertig errichteten Tragwerks gelten, und dass dafür ggf. auch ein spezieller Satz ergänzender Toleranzen festgelegt werden muss. Im Wesentlichen handelt es sich um so genannte **Montagetoleranzen** (siehe II.11.2.3). Bei der Abnahmeprüfung am fertigen Tragwerk hat man oft das Problem, dass unvermeidbar elastische Verformungen infolge Eigengewicht in den Messungen enthalten sind, die die Abweichungen von der geometrischen Sollform überlagern (vgl. <3>). Das ist zu beachten und ggf. bei der Bewertung der Messungen rechnerisch zu berücksichtigen (siehe auch zu II.12.7.3).

Viele Toleranzeigenschaften lassen sich bei der Montage auf der Baustelle nicht mehr (oder nur noch sehr aufwändig) beeinflussen. Man denke z. B. an die Geradheit eines Druckstabes oder die Ebenheit eines Kastenträgergurtes. Deshalb müssen alle vorgefertigten Bauteile ihrerseits bereits grundlegende und ergänzende Toleranzen einhalten, die so genannten **Herstelltoleranzen** (siehe II.11.2.2). Sie gehören beim Konformitätsnachweis nach EN 1090-1 für die CE-Kennzeichnung tragender Bauteile zu den zentralen Leistungsmerkmalen, die in der Leistungserklärung gemäß EU-Bauproduktenverordnung (BPVO) [R182] (früher „Konformitätserklärung") deklariert werden müssen.

Man sollte aber besonders bei den ergänzenden Herstelltoleranzen für vorgefertigte Bauteile stets im Auge behalten, dass sie nur ein Zwischenmerkmal sind. Wirklich maßgebend ist der Endzustand des fertigen Tragwerks. Es wäre beispielsweise nicht gerechtfertigt, für die Länge einzelner Montageschüsse einer Fußgängerbrücke sehr enge Grenzabmaße festzulegen, sofern konstruktiv die Möglichkeit von Korrekturen auf der Baustelle vorgesehen ist (z. B. vorgefertigte Futterbleche). Nur die fertige Brücke muss über ihre Gesamtlänge das ggf. geforderte enge Grenzabmaß einhalten. Das Gleiche gilt z. B. für lange Pfettenzüge, die aus vorgefertigten Segmenten mittels Stirnplattenverbindungen zusammengefügt werden.

Zu II.11.2 Grundlegende Toleranzen

Zu II.11.2.1 Allgemeines

<1> Zu Abs. 1 – Zulässige Abweichungen Δ nach Anlage II.B

<1.1> Zum grundsätzlichen Zusammenhang EN 1090-2 – Normenreihe EN 1993 (Eurocode 3)

Die Tragsicherheitsrelevanz der grundlegenden geometrischen Toleranzen (vgl. zu II.11.1 <1>) besteht darin, dass sie Teil-Tragfähigkeiten sicherstellen sollen, die gemäß Bemessung des Stahltragwerks nach der Normenreihe EN 1993 (Eurocode 3) vorhanden sein bzw. erreicht werden müssen. Deshalb stehen sämtliche in den Tabellen des Anhangs II.B aufgeführten Toleranzmerkmale, für die in der Spalte „Grundlegende Toleranzen" Werte angegeben sind, im Zusammenhang mit dem Eurocode, und die angegebenen zulässigen Abweichungen Δ wurden (mehr oder weniger unmittelbar nachvollziehbar) aus den einzelnen Eurocode-Teilen abgeleitet.

Im Wesentlichen geht es um drei **Arten von Teil-Tragfähigkeiten**:

- Querschnittstragfähigkeiten (z. B. Momententragfähigkeit),
- Anschlusstragfähigkeiten (z. B. Lochleibungstragfähigkeit),
- Stabilitätstragfähigkeiten (z. B. Knick- oder Beultragfähigkeit).

Die ersten beiden Arten werden im Wesentlichen von Herstelltoleranzen der Bauteile beeinflusst. Dagegen reagiert die Stabilitätstragfähigkeit des Tragwerks oder einzelner Tragwerksteile sowohl auf Herstelltoleranzen der Bauteile als auch auf Montagetoleranzen des fertigen Tragwerks. Die Stabilität steht hinter den meisten der insgesamt ca. 50 grundlegenden Toleranzmerkmale in Anhang II.B. Dieser ist nach Herstelltoleranzen (Tabellen II.B.1 bis II.B.14) und Montagetoleranzen (Tabellen II.B.15 bis II.B.25) gegliedert. Die für die einzelnen Merkmale angegebenen Werte der zulässigen Abweichungen und ihre bemessungstechnischen Hintergründe werden in den Kommentaren zu Anhang II.B im Detail erläutert. Im Folgenden werden einige grundsätzliche Überlegungen zu den **stabilitätsorientierten** geometrischen Toleranzen wiedergegeben.

In den mit Stabilitätsfällen befassten Eurocode-Teilen kommen die Begriffe **„geometrische Imperfektionen"** und **„äquivalente geometrische Ersatzimperfektionen"** vor. Es besteht die Gefahr, dass diese **bemessungstechnischen** Begriffe mit dem hier in Rede stehenden **ausführungstechnischen** Begriff **„geometrische Toleranzen"** verwechselt oder vermischt werden. Es gibt zwar einen engen Sachbezug zwischen ihnen, sie sind jedoch nicht dasselbe. Beispielsweise müssen die Grenzwerte der geometrischen Toleranzen für die Ausführung in aller Regel kleiner vorgegeben werden als die bei der statischen Berechnung in das rechnerische Tragwerksmodell (z. B. ein Rahmenstabwerk nach Elastizitätstheorie II. Ordnung) eingeführten äquivalenten geometrischen Ersatzimperfektionen. Letztere sollen neben den eigentlichen geometrischen Imperfektionen „ersatzweise" auch den negativen Einfluss der strukturellen Imperfektionen (Eigenspannungen usw.) mit abdecken. Das geschieht in der Regel durch einfache Vergrößerung. Der Vergrößerungsfaktor liegt zwischen ca. 1,6 beim Schalen- und Plattenbeulen und ca. 2,0 bis 7,0 beim Knicken. Die in den geometrischen Ersatzimperfektionen enthaltenen eigentlichen geometrischen Imperfektionen entsprechen von der Sache her den geometrischen Toleranzen, werden aber manchmal aufgrund statistischer Überlegungen (z. B. 95 %-Fraktile aus Messreihen) etwas kleiner angenommen als der geometrische Toleranzgrenzwert.

Folgende **fünf Arten von geometrischen Imperfektionen** sind stabilitäts- und damit tragsicherheitsrelevant und kommen in den Toleranzmerkmalen des Anhangs II.B in mehr oder weniger erkennbarer Form vor:

- Geradheitsabweichungen/Vorkrümmungen von Druckstäben,
- Parallelitätsabweichungen/Vorverdrillungen von Biegeträgern,
- Richtungsabweichungen/Vorverdrehungen/Schiefstellungen von Stützen und Rahmenstielen,
- Ebenheitsabweichungen von druckbeanspruchten plattenartigen Bauteilen,
- Krümmungsabweichungen von druckbeanspruchten schalenartigen Bauteilen.

In den nachfolgenden Kommentaren <1.2> bis <1.6> werden die in Anhang II.B zu findenden zentralen Basisgrenzwerte für diese fünf stabilitätsorientierten Arten geometrischer Toleranzen etwas genauer beleuchtet.

<1.2> Geradheitsabweichungen/Vorkrümmungen von Druckstäben

Die Stabilitätsnachweise gegen **Biegeknicken** nach **EN 1993-1-1** [R96] decken mittels der Knick-Abminderungsfaktoren χ bzw. optional mittels der rechnerischen Ersatzimperfektionen $e_{0,d}$ nach Tabelle 5.1 von EN 1993-1-1[6] sowohl strukturelle Imperfektionen als auch Geradheitsabweichungen (geometrische Imperfektionen) der Druckstäbe ab. Letztere können z. B. in Form von Systemexzentrizitäten an den Stabenden oder in Form von Vorkrümmungen auftreten. Aus der wissenschaftlichen Herkunft der Abminderungsfaktoren χ ließe sich die Frage nach der Größe des fertigungstechnisch zulässigen Vorkrümmungsstiches eines Druckstabes, der nach EN 1993-1-1 bemessen wurde, vordergründig schnell beantworten. Den europäischen Knickspannungskurven (χ-Kurven in Bild 6.4 in EN 1993-1-1) liegen ursprünglich numerische Serienberechnungen mit einem angenommenen Vorkrümmungsstich (geometrische Imperfektion) von $L_{cr}/1\,000$ zugrunde (L_{cr} = Knicklänge). Die europäische Vornorm zu EN 1090 hatte es sich daraufhin einfach gemacht und diesen theoretischen Wert $L/1\,000$ als Herstelltoleranz für Stäbe übernommen.

Das erschien den Machern der EN 1090-2 übertrieben strikt, da in den 1960er und 1970er Jahren mehr als 1 000 Knickversuche an großmaßstäblichen Druckstäben in mehreren europäischen Forschungsinstituten sowie in den USA durchgeführt worden waren, mit denen eine aus-

6 Die rechnerischen Ersatzimperfektionen werden in der zukünftigen Ausgabe von EN 1993-1-1 wahrscheinlich formal anders definiert werden. Am grundsätzlichen Sachverhalt wird sich jedoch nichts ändern.

reichende statistische Tragsicherheit gegenüber den theoretischen Grenzdruckkräften nachgewiesen wurde [V45]. Unter jenen Versuchsstäben waren sehr wahrscheinlich auch solche mit größerem Stich, da viele Technische Lieferbedingungen für Stahlbauprofile größere Geradheitsabweichungen als $L/1\,000$ zulassen (siehe zu II.11.2.2.1). Als ingenieurmäßige Lösung schlugen die Verfasser des Kommentars zu DIN 18800-7 [V66] als zulässigen Stich $\boldsymbol{\Delta = L/750}$ vor. Dieser Wert wurde in die EN 1090-2 übernommen und spielte in den Toleranztabellen der 2011er Ausgabe von EN 1090-2 eine zentrale Rolle.

Die aktuelle Ausgabe von EN 1090-2 enthält nun wieder den theoretischen Vorkrümmungsstich $\boldsymbol{L/1\,000}$ der im letzten Jahrhundert durchgeführten Serienberechnungen als zulässige Abweichung Δ von Druckstäben – ob aufgrund neuer wissenschaftlich-statistischer Nachrechnungen der „alten" Knickversuchsreihen oder einfach „nur so", ist den Verfassern nicht bekannt. Sie stehen dieser Rückkehr zum engeren Toleranzwert skeptisch gegenüber, zumal ihnen keine Schadensfälle aufgrund des Wertes $L/750$ bekannt geworden sind.

Ganz sicher ist allerdings, dass **keinesfalls** die Zahlenwerte für den Stich $e_{0,d}$ der **Ersatzvorkrümmung** aus Tabelle 5.1 der EN 1993-1-1 (z. B. $e_{0,d} = L/350$ bis $L/150$ für elastische Berechnung) als geometrische Herstelltoleranz eines auf Biegeknicken bemessenen Druckstabes angesetzt werden dürfen! Diese wesentlich größeren Zahlenwerte decken, wie oben bereits gesagt, zusätzlich den Einfluss der strukturellen Imperfektionen ab, der beim Biegeknicken – querschnittstyp- und fertigungsabhängig – besonders groß ist.

<1.3> Parallelitätsabweichungen/Vorverdrillungen von Biegeträgern

Die Stabilitätsnachweise gegen **Biegedrillknicken** von Biegeträgern (früher **„Kippen"**) nach **EN 1993-1-1** decken – analog zu den Knicksicherheitsnachweisen – mittels der verwendeten Biegedrillknick-Abminderungsfaktoren χ_{LT} bzw. optional mittels der äquivalenten geometrischen Ersatzimperfektion $0{,}5\,e_{0,d}$[7] (Vorkrümmungsstich rechtwinklig zur schwachen Achse z-z) nach Abschnitt 5.3.4(3) in Verbindung mit Tabelle 5.1 der EN 1993-1-1 sowohl strukturelle Imperfektionen als auch alle biegedrillknickfördernden geometrischen Imperfektionen der Biegeträger ab. Diese können z. B. in Form von Vorverdrillungen/Vorverwindungen oder in Form von Vorkrümmungen um die schwache Achse z-z vorliegen. Aus der wissenschaftlichen Herkunft der Faktoren χ_{LT} lässt sich die Frage nach der Größe der fertigungstechnisch zulässigen Vorverdrillung oder horizontalen Vorkrümmung eines Biegeträgers, der nach EN 1993-1-1 bemessen wurde, nicht auf einfache Weise herleiten – zumindest sind den Verfassern dieses Kommentars keine diesbezüglichen Untersuchungen bekannt.

Die europäische Vornorm zu EN 1090 hatte auch hier den theoretischen Wert $L/1\,000$ als Herstelltoleranz übernommen, was ebenfalls übertrieben strikt erschien. Zwar muss die oben genannte Ersatzimperfektion $0{,}5\,e_{0,d}$ neben der Vorkrümmung um die schwache Achse auch eine eventuelle Vorverdrillung mit abdecken, andererseits ist der Imperfektionseinfluss beim Biegedrillknicken aber generell weniger ausgeprägt als beim Biegeknicken. EN 1090-2:2011 verwendete deshalb auch hier als zulässigen horizontalen Vorkrümmungsstich den Wert $\boldsymbol{\Delta = L/750}$ – ebenfalls analog zum seinerzeitigen Vorschlag im Kommentarbuch [V66]. In der aktuellen Ausgabe von EN 1090-2 wurde auch dieser Wert nun wieder auf $\boldsymbol{\Delta = L/1\,000}$ zurückgedreht.

Auf die Angabe zulässiger Vorverdrillungen wurde von Anfang an verzichtet, das heißt, wie bei der Bemessung mit Ersatzimperfektionen wird die Biegedrillknickgefahr allein durch Begrenzung des Vorkrümmungsstiches rechtwinklig zur schwachen Achse z-z ausgeschlossen. Das bedeutet, dass beispielsweise für einen gewalzten IPE-Träger, dessen seitliche Ausweichgefahr nach EN 1993-1-1 mit einem horizontalen Vorkrümmungsstich von $0{,}5\,e_{0,d} = L_c/500$ rechnerisch simuliert werden muss (L_c = Abstand zwischen Gabellagern bzw. zwischen seitlich gehaltenen Punkten des Druckgurtes, Knicklinie „b"), die äquivalente geometrische Ersatzimperfektion 2-fach größer ist als die geometrische Herstelltoleranz.

---

7 Der deutsche Nationale Anhang DIN EN 1993-1-1/NA [R97] hat die in die Bemessung einzuführenden horizontalen Vorkrümmungsstiche etwas enger festgelegt.

<1.4> Richtungsabweichungen/Vorverdrehungen/Schiefstellungen von Stützen und Rahmenstielen

Die Stabilitätsnachweise gegen **seitliches Ausweichen (globales Knicken) von Rahmenstabwerken in ihrer Ebene** nach **EN 1993-1-1** decken mittels der nach Abschnitt 5.3.2 anzusetzenden rechnerischen geometrischen Ersatzimperfektion in Form einer Anfangsschiefstellung Φ des Tragwerks sowohl strukturelle Imperfektionen als auch Richtungsabweichungen/Schiefstellungen/Vorverdrehungen (geometrische Imperfektionen) der Normalkraftstäbe des Stabwerkes ab. Der Grundwert dieser äquivalenten geometrischen Ersatzimperfektion beträgt $\Phi_0 = 1/200$. Der darin enthaltene Anteil der tatsächlichen geometrischen Imperfektion kann aus den sehr ähnlichen Vorgaben der früheren Normenreihe DIN 18800 unmittelbar abgeschätzt werden. Dort betrug der Grundwert für den in Berechnungen ohne Stabilitätseinfluss einzuführenden Schiefstellungswinkel, d. h. die eigentliche geometrische Imperfektion, $\varphi_0 = 1/400$. Diesem Wert lagen Messungen an einer großen Anzahl von Bauwerken (national und international) zugrunde [V44]. Der Vergrößerungsfaktor zur Erfassung struktureller Imperfektionen hatte demnach den Wert 2,0.

EN 1090-2 hat in Tabelle II.B.17 in Anhang II.B die zulässige Abweichung für das grundlegende Toleranzmerkmal „Schiefstellung von Stützen in einstöckigen Gebäuden“ mit $\mathbf{\Delta = \mathit{h}/300}$ und für das grundlegende Toleranzmerkmal „Schiefstellung einstöckiger Stiele von Rahmentragwerken“ mit $\mathbf{\Delta = \mathit{h}/500}$ festgelegt (h = Stiel- bzw. Stockwerkshöhe). Das heißt, im ersten Fall ist die Montagetoleranz sogar großzügiger als die eigentliche geometrische Imperfektion, im zweiten Fall aber deutlich enger. Der Hintergrund für beide Festlegungen ist den Verfassern nicht bekannt. Weitere Erläuterungen siehe Kommentare <1> zu den Tabellen II.B.17 und II.B.18.

<1.5> Ebenheitsabweichungen von druckbeanspruchten plattenartigen Bauteilen

Diese müssen mit dem Stabilitätsnachweis gegen **Plattenbeulen** nach **EN 1993-1-5** [R102] kompatibel sein. Die Beul-Abminderungsfaktoren ρ der EN 1993-1-5 decken sowohl strukturelle Imperfektionen als auch Ebenheitsabweichungen (geometrische Imperfektionen) der plattenartigen Bauteile ab. Aus der Herkunft der Abminderungsfaktoren ρ lässt sich die Frage nach der Größe der fertigungstechnisch zulässigen Ebenheitsabweichung nicht beantworten. Die Abminderungsfaktoren beruhen im Wesentlichen auf der empirischen Auswertung von vielen Plattenbeulversuchen in Form unterer Hüllkurven (Stichwort: „Winter-Kurve“). Da für viele Versuchskörper die geometrischen Imperfektionen nicht ausreichend dokumentiert waren, existiert keine klare Korrelation zwischen geometrischen Imperfektionen und Beul-Abminderungsfaktoren.

In **EN 1090-2** ist im Anhang II.B als zentraler Wert für die zulässige Ebenheitsabweichung – umformuliert auf die kritische Beulhalbwellenlänge l_{cr} als Bezugsgröße (analog zur Knicklänge L_{cr} beim Knickstab) – eine Begrenzung der Vorbeulamplitude (des Vorbeulstiches) auf $\mathbf{\Delta = \mathit{l}_{cr}/250}$ vorgegeben. Diese Ebenheitstoleranz hat eine längere Vorgeschichte. Sie tauchte nach Wissen der Verfasser zuerst Anfang der 1970er Jahre unmittelbar nach der internationalen Einsturzserie von Kastenträgerbrücken sowohl in Deutschland als auch in Großbritannien auf, beides weniger aufgrund von Messungen als vielmehr aus Umfragen bei Stahlbaufirmen. 1978 wurde der Wert $l_{cr}/250$ in Deutschland in die DASt-Richtlinie 012 [R21], in Großbritannien in den British Standard BS 5400:1978 [R17] übernommen, allerdings mit etwas unterschiedlichen Messdefinitionen.

Bis Anfang der 1980er Jahre wurden Messreihen von Ebenheitsabweichungen ausschließlich an Brücken durchgeführt. Mitte der 1980er Jahre – vor der Übernahme der vorbeschriebenen Ebenheitstoleranz in DIN 18800-3 [R71] – verifizierte man in Deutschland mit ergänzenden Messungen, dass sie sich bei werkstattüblicher Fertigungsgenauigkeit auch bei plattenartigen Bauteilen des Stahlhochbaus mit einer akzeptablen Zuverlässigkeit einhalten lässt [V60]. Der Wert $\Delta = l_{cr}/250$ beschreibt demnach qualitativ gut gefertigte geschweißte Plattenkonstruktionen – nicht mehr und nicht weniger. Ein definierter quantitativer Zusammenhang mit der Bemessung bestand nicht. Man hatte seinerzeit nicht genügend „normungsfähiges“ Wissen dafür (im Gegensatz zu den Stäben und Stabwerken). Deshalb waren numerisch gestützte Beulsicherheitsnachweise mit geometrischen Ersatzimperfektionen in DIN 18800-3 auch nicht vorgesehen.

Die Ebenheitstoleranz $l_{cr}/250$ aus DIN 18800-3 und BS 5400 wurde 2011 in EN 1090-2 übernommen und findet sich auch in der aktuellen Ausgabe von EN 1090-2 in Tabelle II.B.4 von Anhang II.B wieder. Im Gegensatz zu DIN 18800-3 bietet die Bemessungsnorm EN 1993-1-5 jetzt aber optional im Anhang C in Tabelle C.2 geometrische Ersatzimperfektionen für numerische Beulsicherheitsnachweise mit FEM an. Der empfohlene Stich („Amplitude" genannt) beträgt $l_{cr}/200$. Der darin enthaltene Anteil der geometrischen Imperfektion wird gemäß einer Anmerkung in Anhang C in der Größenordnung von ca. 80 % der geometrischen Fertigungstoleranz vermutet. Bringt man die vorbeschriebenen Zahlenwerte der EN 1090-2 und EN 1993-1-5 zusammen, so beträgt demnach der Vergrößerungsfaktor zur Erfassung der strukturellen Imperfektionen bei der Bemessung $(1/200)/(0{,}8 \cdot 1/250)$ = ca. 1,6. Beides erscheint plausibel und stimmt mit der entsprechenden Regelung bei schalenartigen Bauteilen überein (siehe <1.6>).

Weitere Erläuterungen zur normierten Ebenheitstoleranz siehe Kommentar <3> zu Tabelle II.B.4 in Anhang II.B.

<1.6> Krümmungsabweichungen von druckbeanspruchten schalenartigen Bauteilen

Diese müssen mit dem Stabilitätsnachweis gegen **Schalenbeulen** nach **EN 1993-1-6** kompatibel sein. Die Beul-Abminderungsfaktoren χ der EN 1993-1-6 decken sowohl strukturelle Imperfektionen als auch Abweichungen von der Sollkrümmung der schalenartigen Bauteile in Form von Vorbeulen (geometrische Imperfektionen) ab. Aus der Herkunft dieser Abminderungsfaktoren χ lässt sich – ähnlich wie bei den plattenartigen Bauteilen – die Frage nach der Größe der fertigungstechnisch zulässigen Vorbeulen nicht beantworten. Die Faktoren beruhen ursprünglich ebenfalls auf der empirischen Auswertung von vielen Schalenbeulversuchen in Form unterer Hüllkurven, ohne dass eine statistisch belastbare Korrelation mit deren geometrischen Imperfektionen bekannt gewesen wäre. Diese Aussage gilt – trotz großer Anstrengungen in den letzten Jahren, mit Hilfe numerischer Studien die Beziehung zwischen den genormten Abminderungsfaktoren einerseits und den geometrischen Imperfektionen andererseits auf eine theoretisch fundierte Basis zu stellen (kann hier nicht vertieft werden) – vom Prinzip her immer noch.

In **EN 1090-2** ist in Tabelle II.B.11 im Anhang II.B für die mittlere Herstelltoleranz-Qualitätsklasse B (zur Rolle dieser Qualitätsklassen siehe zu Tabelle II.B.11) für die zulässige Vorbeultiefe ein Wert von $\boldsymbol{\Delta = 0{,}010L = L/100}$ angegeben (L = spezifizierte Messbezugslänge mit beultheoretischem Hintergrund). Diese Vorbeultoleranz hat – ähnlich wie bei den plattenartigen Bauteilen – eine längere Vorgeschichte. Sie wurde Anfang der 1980er Jahre parallel in einer deutschen und einer europäischen Schalenbeulrichtlinie – DASt-Richtlinie 013 [R22] und erste Ausgabe der ECCS-Recommendations [V16] – aufgrund langjähriger baupraktischer Erfahrungen der einschlägigen Industrie derart festgelegt, dass sie bei durchschnittlichem Werkstatt- und Montagestandard problemlos eingehalten werden konnte, so dass qualitativ gut gefertigte Schalenkonstruktionen entstanden [V64]. Der Toleranzgrenzwert wurde dann in die DIN 18800-4 [R72] übernommen. Dabei wurde, wie vorher schon in den genannten Richtlinien, unterstellt, dass diese „qualitativ gut gefertigten Schalen" durch die Beul-Abminderungsfaktoren χ abgedeckt waren – was durch die inzwischen fast 40-jährige Erfahrung bestätigt wird! Ein definierter quantitativer Zusammenhang mit der Bemessung bestand aber – analog zum Plattenbeulen – nicht. Deshalb waren auch in DIN 18800-4 numerisch gestützte Beulsicherheitsnachweise mit geometrischen Ersatzimperfektionen nicht vorgesehen.

Die Herstelltoleranzen der DIN 18800-4 und der ECCS-Recommendations wurden weitestgehend als mittlere Herstelltoleranz-Qualitätsklasse B in die EN 1993-1-6 und von dort in Tabelle II.B.11 im Anhang II.B von EN 1090-2 übernommen. Im Gegensatz zu DIN 18800-4 bietet die Bemessungsnorm EN 1993-1-6 aber optional im Abschnitt 8.8 auch geometrische Ersatzimperfektionen $\Delta w_{0,eq}$ für einen numerisch gestützten Beulsicherheitsnachweis an. Sie sind um den Faktor 1,6 größer als die zulässige Vorbeultiefe, also z. B. $\Delta w_{0,eq} = L/62{,}5$ für Klasse B. Dieser Faktor 1,6 wurde im Wesentlichen aufgrund von Plausibilitätsüberlegungen „gegriffen", wird aber hoffentlich in den nächsten Jahren auf der Grundlage wachsender wissenschaftlicher Erkenntnisse differenziert und verfeinert werden können [V62]. Weitere Erläuterungen siehe Kommentar <4> zu Tabelle II.B.11.

<2> Zu Abs. 2 – Vorgehen bei Überschreitung der zulässigen Abweichungen nach Anhang II.B (Nichtkonformität)

In diesem Absatz von EN 1090-2 findet sich eine aus Sicht der Verfasser sehr wichtige **Öffnungsklausel.** Es wird eine Möglichkeit beschrieben, wie man zu große (also eigentlich unzulässige) geometrische Abweichungen („Nichtkonformitäten" in der Terminologie von EN 1090) unkorrigiert in der Konstruktion belassen darf: Indem man nämlich eine **Neuberechnung** des Tragwerks aufstellt, in der die zu großen Abweichungen berücksichtigt werden. Das ist eine einleuchtende Regelung, die aber viel mehr Bedeutung hat, als auf den ersten Blick erkennbar. Ein ganz wesentlicher Kernpunkt des EN-1090-Konzeptes der grundlegenden Toleranzen besteht darin, ihre Einhaltung unabhängig von der Art und Höhe der Beanspruchung zu fordern – obwohl sie ja gerade tragsicherheitsrelevant sind. Das macht grundsätzlich Sinn, denn es wäre höchst praxisfremd, beispielsweise von einem Werkstattleiter oder Richtmeister zu erwarten, dass er bei jedem Bauteil in die statische Berechnung schaut!

Der Preis für dieses klare Konzept ist zum einen, dass Bauteile, die bei der Bemessung nicht voll ausgenutzt wurden, eventuell unnötig kostenaufwändig gefertigt werden. Zum anderen – und das ist gravierender – müssen Bauteile, die gar nicht stabilitätsgefährdet sind (Zugstäbe, Biegeträger mit kontinuierlich gehaltenem Druckgurt usw.), Toleranzen einhalten, die ausschließlich stabilitätsorientiert sind (vgl. <1.1> bis <1.6>).

Wird also eine Nichtkonformität hinsichtlich grundlegender Toleranzen festgestellt, so sollte man als Erstes klären, ob das beanstandete Toleranzmerkmal einen Stabilitätshintergrund hat und ob das betroffene Bauteil gemäß Tragwerksplanung überhaupt druckbeansprucht ist. Trifft Ersteres zu, Letzteres aber nicht, so besteht die „Neuberechnung" aus einem einzigen Satz, in dem dieser Sachverhalt dokumentiert wird. Nur wenn das beanstandete Toleranzmerkmal sich für das betroffene Bauteil gemäß Tragwerksplanung als relevant herausstellt, muss ggf. in einem Nachtrag zur statischen Berechnung nachgewiesen werden, dass die übermäßige Abweichung keine Sicherheitsgefährdung darstellt.

Nachfolgend wird ein einfaches Beispiel für eine solche „Nichtkonformitätsbewältigung durch Neuberechnung" gebracht. Eine K-Verband-Diagonale aus kaltgefertigtem Hohlprofil mit 6,00 m Systemlänge weise eine maximale Geradheitsabweichung von $\delta = 12$ mm auf. Das ist das 2fache der zulässigen Abweichung $\Delta = L/1\,000 = 6\,000/1\,000 = 6$ mm. Eine Rückfrage beim Tragwerksplaner ergibt, dass der Stab je nach Einwirkungskombination sowohl Zug als auch Druck erhält, allerdings auf Druck nicht voll ausgenutzt ist. Es soll deshalb eine „Neuberechnung" gemäß EN 1993-1-1 als ersatzimperfekter Druckstab nach E-Theorie II. Ordnung durchgeführt werden. Für die Ermittlung des dafür anzusetzenden Ersatzvorkrümmungsstiches bieten sich zwei Varianten an:

- **Variante 1** (obere Grenze):
  Der gesamte normative Ersatz-Vorkrümmungsstich wird wegen der 2-fachen Überschreitung des zulässigen Toleranz-Vorkrümmungsstiches verdoppelt.
  Normativer Ersatz-Vorkrümmungsstich gemäß EN 1993-1-1, Tabelle 5.1 (Knicklinie „c"):
  $e_{0,\mathrm{d}} = 6\,000/200 = 30$ mm;
  Neuberechnungsstich:
  $e_{0,\mathrm{d}}{}^* = 2 \cdot 30 = \mathbf{60\ mm.}$
- **Variante 2** (untere Grenze):
  Nur der Anteil der eigentlichen geometrischen Imperfektion am normativen Ersatz-Vorkrümmungsstich wird verdoppelt.
  Anteil der geometrischen Imperfektion am normativen Ersatz-Vorkrümmungsstich (vgl. zu II.11.2.1 <1.2>):
  $e_{0,\mathrm{d,geom}} = 30/5 = 6$ mm;
  Neuberechnungsstich:
  $e_{0,\mathrm{d}}{}^* = 30 - 6 + 2 \cdot 6 = \mathbf{36\ mm.}$

Um den formal zu großen gemessenen Toleranz-Vorkrümmungsstich von 12 mm unkorrigiert belassen zu können, würden die Verfasser in diesem Fall eine Neuberechnung mit einem Ersatz-Vorkrümmungsstich von $e_{0,d}$ = **50 mm** empfehlen.

Führt diese Vorgehensweise nicht zum Erfolg, muss die Nichtkonformität selbstverständlich korrigiert werden; siehe hierzu auch Kommentare zu II.12.3 (Bauteile) und zu II.12.7.3.7 (errichtetes Tragwerk).

Zu II.11.2.2 Herstelltoleranzen

Zu II.11.2.2.1 Walzprofile

Grundsätzlich müssen alle Formtoleranzen (Dicke, Profilhöhe, Profilbreite usw.) der Walzprofil-Produktnormen eingehalten werden. Neben den in Tabelle II.2 in der Spalte „Toleranzen" aufgeführten Normen gehört dazu auch EN 10162 [II.Lit12] für Kaltprofile. Die Überprüfung dieser Formtoleranzen ist eine Aufgabe der Betriebs-Eingangskontrolle für die Ausgangsprodukte (siehe II.12.2.1).

Diese Formtoleranzen sind jedoch nachrangig gegenüber den grundlegenden Toleranzen der EN 1090-2. Das heißt, immer wenn ein grundlegendes Toleranzgrenzmaß strenger ist als der entsprechende Wert aus der Produktnorm, tritt es an dessen Stelle. Im Eurocode EN 1993-1-1 [R96] findet man unter 3.2.5 „Toleranzen" eine dem vorliegenden Absatz von EN 1090-2 sehr ähnliche Formulierung. Von den in den Walzprofil-Produktnormen vorgegebenen Formtoleranzen hat allerdings nur die **Geradheit** ein Pendant in Anhang II.B. Nur für dieses Toleranzmerkmal ist also die vorliegende Normregelung von EN 1090-2 relevant. Es stellt sich die Frage, bei welchen Walzprofil-Druckstäben das grundlegende Toleranzgrenzmaß $\boldsymbol{\Delta = L/1\,000}$ für die Geradheitsabweichung (vgl. zu II.11.2.1 <1.2>) wirklich beachtet werden muss. Tabelle KII.11-1 enthält für die wichtigsten Walzprofile die gemäß den Produktnormen vorgegebenen Grenzabmaße für die Geradheit. Sie wären, würde man aus der Profil-Lieferlänge L einen Druckstab mit der Knicklänge $l_{cr} = L$ herstellen, direkt mit dem zulässigen Vorkrümmungsstich Δ vergleichbar.

Man erkennt, dass **massive Stahlprofile** (Rechteck-, Quadrat-, Rundstahl) sowie **kleine offene Warmwalzprofile** (≤ HE 180, ≤ L 150) mit erheblich größeren Geradheitsabweichungen geliefert werden dürfen (bis zum Vierfachen!), als nach EN 1090-2 für Druckstäbe zulässig. Dies sollte bei der Beschaffung unbedingt beachtet werden, um späteren Problemen bei der Abnahmeprüfung vorzubeugen.

Hohlprofile, mittelgroße offene Warmwalzprofile sowie **Kaltwalzprofile** dürfen zwar ebenfalls mit größeren Geradheitsabweichungen geliefert werden (bis $L/500$). Das ist zwar immer noch doppelt so viel wie der EN-1090-2-Grenzwert $L/1\,000$, jedoch ist diese Diskrepanz nicht ganz so gravierend, so dass sie als Druckstäbe nur kritisch werden, wenn ihre rechnerische Knicktragfähigkeit tatsächlich nennenswert ausgenutzt wird (vgl. zu II.11.2.1 <2>, siehe auch zu Tabelle II.B.12, Nr. 3).

Große offene Warmwalzprofile (> HE 360, > L 200) sind von ihrer Liefergenauigkeit her unkritisch. Hinsichtlich geschweißter Druckstäbe siehe zu II.11.2.2.2.

Tabelle KII.11-1: Grenzabmaße für die Geradheit von Walzprofilen gemäß Produktnormen

Profiltyp	Maßgebende EN ...	Zulässiger Stich der Geradheitsabweichung über die Lieferlänge L in allen Richtungen
I-Profile H-Profile	10024 10034	$h \leq 180 \rightarrow L/333$ $180 < h \leq 360 \rightarrow L/667$ $360 < h \rightarrow L/1000$
L-Profile	10056-2	$a\,(b) \leq 150 \rightarrow L/250$ $150 < a\,(b) \leq 200 \rightarrow L/500$ $200 < a\,(b) \rightarrow L/1\,000$
Massivprofile	10059 10060	$a\,(d) \leq 25 \rightarrow$ keine Forderung $25 < a\,(d) \leq 80 \rightarrow L/250$ $80 < a\,(d) \rightarrow L/400$
Hohlprofile (warm, kalt)	10210-2 10219-2	$\rightarrow L/500$
Kaltprofile	10162	$\rightarrow L/500$

Insgesamt erkennt man aus den vorstehenden Überlegungen noch einmal, wie realitätsfremd der in EN 1090-2 neu festgelegte Toleranzgrenzwert $\Delta = L/1\,000$ für die Geradheit von Druckstäben ist (vgl. Kommentar <1.2> zu II.11.2.1).

Geschweißte Profile Zu II.11.2.2.2

Die insgesamt 18 Toleranzmerkmale der hier in Bezug genommenen fünf Tabellen des Anhangs II.B, für die grundlegende Toleranzen angegeben werden, werden in den Kommentaren zu jenem Anhang detailliert einzeln diskutiert. An dieser Stelle wird lediglich als zusammenfassender Auszug aus jenen Kommentaren ein tabellarischer Vergleich der grundlegenden Herstelltoleranzen nach EN 1090-2, Anhang II.B, mit den entsprechenden Längen-, Winkel-, Geradheits- und Ebenheitstoleranzen nach **EN ISO 13920** [II.Lit25] gebracht (Tabelle KII.11-2). Dies ist aus deutscher Sicht deshalb interessant, weil nach Kenntnis der Verfasser viele deutsche Betriebe von der Möglichkeit Gebrauch machen, die ergänzenden Toleranzen für Bauteile gemäß II.11.3.3 alternativ nach EN ISO 13920 festzulegen (vgl. zu II.11.1 <2>). Für die verglichenen Grenzabmaße nach EN ISO 13920 ist jeweils der typische durchschnittliche Abmessungsbereich zugrunde gelegt worden.

Tabelle KII.11-2: Herstelltoleranzen für geschweißte Bauteile: Vergleich der **grundlegenden** Herstelltoleranzen nach EN 1090-2, Anhang II.B, mit den **allgemeinen** Toleranzen nach EN ISO 13920 [II.Lit25]

Grundlegende Toleranzen nach Anhang II.B				Allgemeine Toleranzen nach EN ISO 13920 im Vergleich mit den grundlegenden Toleranzen nach Anhang II.B[1]	
Tabelle	Merkmal				
	Nr.	Bezeichnung	Δ		
II.B.1 offene Profile	1	Gesamthöhe Profil	$-h/50$	Kl. C enger	ok
	2	Breite Flansch	$-b/100$	Kl. C (mit Ausnahme kleiner Breiten) enger	ok
	6	Vertikalität Steg	$\pm h/200$	Kl. C zu großzügig, Kl. B ebenfalls	–
	7	Ebenheit Steg quer	$\pm b/200$ $\div b/80$	Merkmale nicht darstellbar	–
	8	Ebenheit Steg längs	$\pm b/100$	Merkmale nicht darstellbar	–
	9	Ebenheit Steg längs	$\pm b/100$	Merkmale nicht darstellbar	–

Grundlegende Toleranzen nach Anhang II.B				Allgemeine Toleranzen nach EN ISO 13920 im Vergleich mit den grundlegenden Toleranzen nach Anhang II.B[1)]	
Tabelle	Merkmal				
	Nr.	Bezeichnung	Δ		
II.B.3 offene Profile	1	Ebenheit Flansch	$\pm b/150$	Merkmale nicht darstellbar	–
	2		$\div b/30$		
	3	Geradheit Flansch	$L/1\,000$	Kl. G zu großzügig, Kl. F ebenfalls	–
II.B.4 Kasten-profile	1	Maße Profil	$-b/100$	Kl. C (mit Ausnahme kleiner Maße) enger	ok
	3	Ebenheit Blech längs	$\pm b/125$	Merkmale nicht darstellbar	–
	4	Ebenheit Blech quer	$\pm b/250$		
II.B.5 Steg-steifen	1	Geradheit parallel	$\pm b/250$	Kl. G zu großzügig, Kl. F ab 750 mm enger	(ok)
	2	Geradheit rechtwinkl.	$\pm b/500$	Kl. G zu großzügig, Kl. F ebenfalls	–
	3	Position	± 5 mm	Merkmale nicht darstellbar	–
	4		± 3 mm		
	5		$\pm t_w/2$		
	6		$\pm t_w/3$		
II.B.7 Aus-gesteifte Platten	1	Geradheit Längsst. ⊥	$a/400$	Kl. G zu großzügig, Kl. F ab 1 800 mm enger	(ok)
	2	Geradheit Längsst. ‖	$b/400$	Kl. G zu großzügig, Kl. F ab 1 800 mm enger	(ok)
	3	Geradheit Querst. ⊥	$b/400$	Kl. G zu großzügig, Kl. F ab 1 800 mm enger	(ok)
	4	Geradheit Querst. ‖	$b/400$	Kl. G zu großzügig, Kl. F ab 1 800 mm enger	(ok)
	5	Position Quersteifen	$L/400$	Merkmal nicht darstellbar	–

1) ok In II.11.3.3(a) angegebene Klasse nach EN ISO 13920 ist enger als grundlegende Toleranz nach Anlage II.B.
(ok) nächsthöhere Klasse der EN ISO 13920 ist teilweise enger als II.B.
– EN ISO 13920 ist viel zu großzügig, oder das Merkmal ist mit EN 13920 nicht darstellbar.

Aus Tabelle KII.11-2 lässt sich sehr klar ablesen, dass die grundlegenden Herstelltoleranzforderungen der EN 1090-2 von den allgemeinen Toleranzen der **EN ISO 13920** in den in II.11.3.3 dafür festgelegten **Toleranzklassen** (Kl. C für Längen- und Winkelmaße, Kl. G für Geradheit und Ebenheit) in ihrer Gesamtheit nur eingeschränkt abgedeckt werden. Einen Teil der grundlegenden Herstelltoleranzmerkmale nach EN 1090-2 kann man mit EN ISO 13920 sogar grundsätzlich nicht darstellen (z. B. die beulorientierten Ebenheitstoleranzen geschweißter Stege und Flansche). Auf die Konsequenzen aus dieser Erkenntnis wird im Kommentar zu den alternativen ergänzenden Toleranzen in II.11.3.3 und vor allem in den Kommentaren zu den einzelnen Tabellen des Anhangs II.B eingegangen.

In Abs. 2 des nachfolgenden Normabschnittes II.11.2.2.3 wird auf den Sonderfall hingewiesen, dass aus geteilten Warm- und/oder Kaltwalzprofilen ein neues Gesamtprofil zusammengeschweißt wird. Es ist logisch, dass dann für die Teilprofile noch deren Produktnormen gelten, während für die Profilabmessungen des Gesamtprofils Tabelle II.B.1 „Geschweißte Profile" gilt.

Zu II.11.2.2.3 Kaltgeformte Profile

EN 1090-2 unterscheidet hier zwischen kalt **gewalzten** und kalt **gekanteten** Profilen. Für Erstere gibt es in Form der **EN 10162** [II.Lit12] eine Produktnorm, die zu beachten ist (vgl. zu II.11.2.2.1 einschließlich Tabelle KII.11-1). Für industriell gekantete Profile gilt zwar EN 10162 ebenfalls. Jedoch werden Kantprofile oft auch individuell hergestellt, hierauf beziehen sich die speziellen grundlegenden Herstelltoleranzmerkmale für gekantete Profile in Tabelle II.B.2; sie werden im Kommentar zu jener Anhangtabelle kommentiert.

Ausgesteifte Platten — Zu II.11.2.2.4

Ausgesteifte Platten im Sinne der hier in Bezug genommenen Tabelle II.B.7 kommen im Stahlbau mit sehr unterschiedlichen Funktionen vor. Es können z. B. Gurtplatten von Kastenträgern sein (einschließlich der orthotropen Fahrbahnplatten von Brücken), oder Stege von Trägern oder Wände von kastenförmigen Pylonen oder ebene Stauwände. Gemeinsam ist all diesen ausgesteiften Platten, dass sie auch (oder nur) in ihrer Ebene druck- und/oder schubbeansprucht und deshalb beulgefährdet sind. Alle fünf Toleranzmerkmale der Tabelle II.B.7 dienen der Sicherstellung der **globalen Beultragfähigkeit** dieser ausgesteiften Platten. Sie werden im zugehörigen Kommentar ausführlich erläutert.

Schalen — Zu II.11.2.2.5

Die in Tabelle II.B.11 vorgegebenen grundlegenden Toleranzen – es handelt sich streng genommen nicht nur um Herstell-, sondern auch um Montagetoleranzen – wurden aus dem Schalen-Eurocode EN 1993-1-6 übernommen und sind ausschließlich stabilitätsorientiert. Als Besonderheit innerhalb der Teile des Eurocode 3 unterscheidet EN 1993-1-6 bei den Grenzwerten der geometrischen Toleranzen zwischen drei Herstelltoleranz-Qualitätsklassen A bis C, die auch in die Bemessung eingehen. Sie werden im Kommentar zu II.B.11 für die drei Toleranzmerkmale „Unrundheit“, „Versatz“ und „Vorbeulen“ ausführlich kommentiert. Der Basiswert für die zulässige Vorbeultiefe wurde bereits im Kommentar <1.6> zu II.11.2.1 erläutert.

Montagetoleranzen — Zu II.11.2.3

Bezugssystem — Zu II.11.2.3.1

Wichtigste Grundlage für die Messung und Dokumentation von Montagetoleranzen ist das Bezugssystem. Das hier für den Bezug der geometrischen Montagetoleranzen genannte **Sekundärsystem** wird im Montage-Normabschnitt II.9.4.1 explizit als „Bezugssystem zum Ausrichten des Stahltragwerks und zum Feststellen von Abweichungen der Lager“ definiert. Gemäß ISO 4463-1 ist es entweder direkt an das „offizielle Kontrollsystem“ (städtisches oder nationales geodätisches Koordinatennetz) angebunden, oder es ist (bei Großbaustellen) noch ein **Primärsystem** zwischengeschaltet. Die **Positionspunkte** geben gemäß ISO 4463-1 die Sollkoordinaten ausgewählter Bauwerkspunkte (Stützen, Wände usw.) wieder. Sie gehören entweder direkt zum Primärsystem oder – das dürfte die Regel sein – zum Sekundärsystem. Insofern ist der vom hiesigen Normtext möglicherweise suggerierte Eindruck, „festgelegte Positionspunkte“ und „Sekundärsystem“ hätten nichts miteinander zu tun, falsch.

Im Kommentar <1> zu II.9.4.1 werden diese Begrifflichkeiten der **ISO 4463-1** ausführlicher erläutert als in der hiesigen Anmerkung. Dort wird auch kritisch hinterfragt, wieso diese ISO-Norm, die weder als EN- noch als DIN-Norm übernommen wurde und von der es noch nicht einmal eine deutsche Übersetzung gibt, eine derart zentrale Position in EN 1090-2 einnimmt. Während aber dort ihre Verwendung wenigstens optional ist („sofern nichts anderes festgelegt wird“), fehlt diese Einschränkung im vorliegenden Normabschnitt – was nur ein Versehen sein kann.

Im Übrigen ist das hiesige Montagetoleranzen-Bezugssystem natürlich auch identisch mit dem im Normabschnitt II.12.7.3.2 im Zusammenhang mit der Kontrollvermessung des errichteten Tragwerks beschriebenen „Messsystem“ (siehe Kommentar <1> dazu). Dass diese mehrfache Redundanz für den Normanwender nicht unmittelbar klar wird, ist eine der vielen strukturellen Unvollkommenheiten der EN 1090-2.

Ankerschrauben und andere Abstützungen — Zu II.11.2.3.2

Die hier festgelegte „± 6-mm-Toleranz“ für die Lage eines **Anker- oder Abstützungsmittelpunktes (-systempunktes)** ist im Zusammenhang mit den ergänzenden Toleranzmerkmalen Nr. 3 und 4 (Lage von Ankerschrauben) in Tabelle II.B.23 zu sehen. In der Vornorm zu EN 1090 waren noch alle drei Regelungselemente gemeinsam aufgeführt. Man hat jetzt bei der Aufteilung der geometrischen Toleranzen in grundlegende und ergänzende Toleranzen die besagte „± 6-mm-Toleranz“

für die Lage eines Anker- oder Abstützungsmittelpunktes als tragsicherheitsrelevant eingestuft und deshalb den grundlegenden Toleranzen zugeordnet, was unmittelbar nachvollziehbar ist; siehe auch Kommentar <2> zu Tabelle II.B.23.

Zu II.11.2.3.3 Stützenfußpunkte

Dieses Normelement weicht von den übrigen Regeln für grundlegende Toleranzen insofern ab, als keine quantitativen Festlegungen getroffen, sondern nur konstruktive Empfehlungen gegeben werden. Hinsichtlich der Löcher für Ankerschrauben folgt aus der im vorhergehenden Normabschnitt für den Systempunkt festgelegten „± 6-mm-Toleranz", dass ihr Durchmesser mindestens 6 mm größer sein muss als der Ankerschraubendurchmesser. Bedenkt man zusätzlich, dass es sich um die toleranzmäßig extrem kritische Schnittstelle zwischen Stahlbau und Gründungsbetonbau handelt, dürften Nennlochspiele unter 15 mm an dieser Stelle unrealistisch sein. Daraus folgt, dass die in Tabelle II.11 genormten „übergroßen runden Löcher" völlig ungeeignet sind, Montagetoleranzen an solchen Schnittstellen wie Stützenfüßen aufzufangen.

Auf diese Diskrepanz in EN 1090-2 wurde bereits im Kommentar <1.2> zu II.6.6.1 hingewiesen, und im Kommentar <4.5> zu II.8.2.4 wurden als Konsequenz daraus **„signifikant übergroße runde Löcher"** definiert. Diese dürfen keinesfalls nur mit „großen Scheiben" nach EN ISO 7093 überbrückt werden, sondern erfordern grundsätzlich **Unterlegbleche**, die vom Tragwerksplaner gezielt für die Überbrückung des signifikant übergroßen Loches zu bemessen sind (vgl. zu II.8.2.4 <4.5>).

Zu II.11.2.3.4 Stützen

<1> Zu Abs. 1 – Zulässige Abweichungen nach Tabellen II.B.17 und -18

Vorab: Die Zitierung von Tabelle II.B.15 an dieser Stelle der Norm ist falsch, da sie nur ergänzende Montagetoleranzen enthält.

Stützenschiefstellungen sind der Prototyp einer bei der Montage auftretenden geometrischen Imperfektion mit hochgradiger Tragsicherheitsrelevanz. Ursachen können Abweichungen von den planmäßigen Stablängen, von den planmäßigen Anschlusswinkeln oder von den planmäßigen Auflagerpunkten sein. Es können sowohl Einzelstützen als auch die Stiele von Stockwerkrahmenkonstruktionen betroffen sein. In beiden Fällen treten seitliche Abtriebskräfte auf, die zu einer globalen Instabilität führen können. Die zugehörigen Toleranzgrenzwerte gehören unbedingt in die Ausführungsunterlagen für die Montage, d. h. in die Montageanweisung (vgl. zu II.9.3.2 <3>) und/oder in die Montagepläne (vgl. zu II.9.6.1 <2>). Der Hintergrund der in den beiden Toleranztabellen zu findenden zulässigen Basiswerte $\boldsymbol{\Delta = h/300}$ und $\boldsymbol{h/500}$ wurde im Kommentar <1.4> zu II.11.2.1 beleuchtet. Die insgesamt acht grundlegenden Toleranzmerkmale der Tabellen II.B.17 und -18 werden in den Kommentaren dazu ausführlich erläutert.

<2> Zu Abs. 2 – Zulässige Abweichungen bei Gruppen benachbarter Stützen

Der Grundgedanke hinter dieser Gruppenregelung ist einleuchtend: Bei einer Gruppe gleichartig belasteter Stützen, die kraftschlüssig miteinander verbunden sind (z. B. durch eine Massivdecke), kommt es statisch nur auf die Summe der durch die Schiefstellungen verursachten Abtriebskräfte an. Einzelne Stützen dürfen demnach schiefer stehen, sofern nur die Durchschnittsschiefstellung das jeweils zulässige Maß einhält.

Die konkrete Umsetzung dieses Grundgedankens im Normtext ist allerdings in zweifacher Hinsicht für die Verfasser schwer nachvollziehbar:

- Wie ist die Zahl **„sechs"** zu verstehen? Gilt die Regelung bis maximal sechs oder erst ab mindestens sechs Stützen?

  Die Verfasser halten folgende Auslegung für sinnvoll: Bei mehreren, miteinander horizontal kraftschlüssig verbundenen Stützen dürfen maximal sechs von ihnen gedanklich zu einer Gruppe zusammengefasst werden, welche den Wert $\Delta = h/300$ gemäß Tabelle II.B.17 nur im Mittel einhalten muss; eine einzelne Stütze innerhalb der Gruppe darf bis zu $\Delta = h/100$

schief stehen. Es fehlt bei dieser Interpretation allerdings eine Untergrenze für die Anzahl von Stützen, die gedanklich zu einer Gruppe zusammengefasst werden dürfen; vernünftig erscheint die Anzahl „3“.

Es soll aber nicht verheimlicht werden, dass auch „mindestens sechs“ gemeint sein kann, d. h. dass erst ab sechs Stützen von einer „Gruppe“ gesprochen werden darf, von denen dann allerdings die über sechs hinaus gehenden Stützen nicht in die Mittelbildung einbezogen werden dürften.

- Der Wert $\Delta = \pm h/100$ für einzelne Stützen der Gruppe erscheint unvertretbar großzügig. Eine einzelne Stütze in einem Parkdeck mit 4 m Stockwerkhöhe dürfte demnach um 40 mm schief stehen; siehe hierzu ein Beispiel im Kommentar <1.2> zu Tabelle II.B.17.

Kontaktstöße

Zu II.11.2.3.5

<1> Zu Abs. 1 – Zulässige Abweichungen nach Tabelle II.B.19

Die Toleranzvorgaben in Tabelle II.B.19 für die Geradheitsabweichung der ganzen Stütze, charakterisiert durch einen unplanmäßigen Knickwinkel am Kontaktstoß, sowie für die unplanmäßige örtliche Spaltsituation in der Kontaktfuge werden im Kommentar zu der Tabelle ausführlich diskutiert.

<2> Zu Abs. 2 – Futterbleche bei zu großen Spalten

Im vorliegenden Absatz von EN 1090-2 ist von Futterblechen in zu großen Spalten von **geschraubten Kontaktstößen** die Rede. Gemeint sind mittels geschraubter Laschen lagegesicherte Kontaktstöße zwischen Profilstirnflächen (siehe Bild KII.11-1a und -1c), keine stirnplattengesicherten Kontaktstöße (siehe Bild KII.11-1b); das folgt aus dem in Bild II.5 der Norm eingezeichneten Dickenmaß „t“. Die Futterblechstreifen aus unlegiertem Baustahl (wegen der „Quetschbarkeit“) kommen zwischen die beiden Profilstirnflächen. Die Regeln zu ihrer Dicke, ihrer maximalen Gesamtanzahl und ihrer Lagesicherung mittels Schweißnaht sind klar und bedürfen keiner Kommentierung.

Es muss hier aber angemerkt werden, dass z. B. die Deutsche Bahn in ihrem Standard DBS 918005 [R31] die Anordnung von Futterblechen in Kontakstößen ausdrücklich verbietet. Will man die Notwendigkeit von Futterblechen bei der Montage minimieren, könnte man auch an eine mechanische Bearbeitung der Kontaktflächen zum Erreichen der vorgegebenen Toleranzen denken; das ist aber in der Norm nicht vorgesehen. Sollte eine solche mechanische Bearbeitung aus Sicht des Planers oder Auftraggebers erforderlich sein, müsste sie eindeutig definiert und besonders vereinbart werden.

<3> Zu den ergänzenden Regeln in DIN EN 1993-1-8/NA

In Deutschland gelten für Kontaktstöße und Druckübertragung durch Kontakt derzeit noch die zusätzlichen Regeln im Abschnitt NCI zu 6.2.7.1(13) und 6.2.7.1(14) des Nationalen Anhangs DIN EN 1993-1-8/NA [R104]. Dort findet sich die hier als Bild KII.11-1 abgedruckte anschauliche Darstellung der zulässigen Ausbildungsvarianten von Kontaktstößen. Es wird dort vorgeschrieben, dass die Profilstoßflächen eben sind (Sägeschnitt), der Stoß zwischen zwei gleichen Profilen erfolgt und die Lage der Stoßflächen durch Verbindungsmittel gesichert ist. Auf die NA-Regeln zur Bemessung der Kontaktstöße wird hier nicht eingegangen.

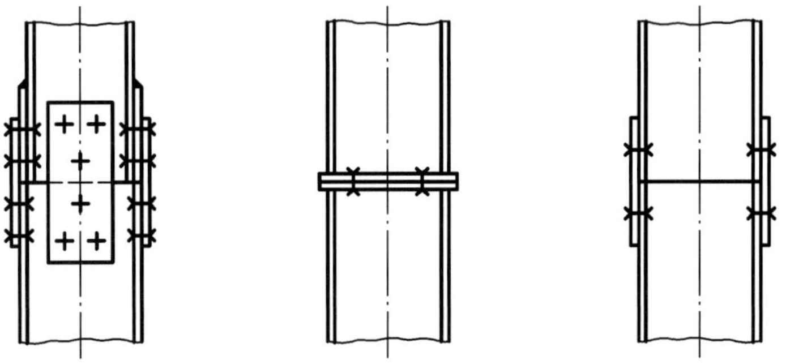

Bild KII.11-1: Mögliche Ausführungen von Kontaktstößen:
a) Teilkontakt, b) und c) vollständiger Kontakt (aus DIN EN 1993-1-8/NA [R104])

Zu II.11.3 Ergänzende Toleranzen

Zu II.11.3.1 Allgemeines

Definition und Zielsetzung der ergänzenden Toleranzen wurden im Kommentar <1> zu II.11.1 erläutert. Zur Erinnerung: Es handelt sich um die Kategorie der **funktions- und gebrauchstauglichkeitsorientierten** Toleranzen, zuweilen auch „allgemeine Toleranzen" oder „Funktionstoleranzen" genannt. Sie sind nicht tragsicherheitsrelevant und deshalb nicht absolut unverzichtbar wie die grundlegenden Toleranzen.

Im Kommentar <2> zu II.11.1 wurde auch ausgeführt, dass hinsichtlich der ergänzenden Toleranzen die normative Vorschrift der EN 1090-2 darin besteht, solche Toleranzen in jedem Fall in den Bauteil- und Tragwerksspezifikationen bzw. in den Ausführungsunterlagen festzulegen und dann auch zu beachten. Aus welchem Regelwerk die ergänzenden Toleranzen konkret entnommen werden, bleibt dem Anwender überlassen; das ist die Aussage des vorliegenden Normabschnittes II.11.3.1. Enthält die Bauteil- oder Tragwerksspezifikation oder die Ausführungszeichnung keine Angaben, so gilt automatisch Anhang II.B der EN 1090-2 mit seinen **tabellierten Werten**. Sollen **alternative Kriterien** für die ergänzenden Toleranzen angewendet werden, so ist dies in den genannten Unterlagen zu vermerken.

Zu II.11.3.2 Tabellierte Werte

<1> Zu Abs. 1 und 2 einschl. Anmerkung – Tabellen in Anhang II.B, Toleranzklassen

In Anhang II.B werden in den Tabellen II.B.1 bis -25 insgesamt für 129 Toleranzmerkmale Zahlenwerte der als **ergänzende Toleranzen** zulässigen Abweichungen Δ angegeben. Davon betreffen 38 Merkmale auch grundlegende Toleranzen, in der Regel mit anderen Grenzwerten; die übrigen 91 Merkmale beschreiben reine Funktions- und Gebrauchstauglichkeitstoleranzen. Im Kommentar zu Anhang II.B findet sich am Beginn die **Tabelle KII.B-1**, in der versucht worden ist, eine halbwegs systematische Übersicht über die Gesamtheit aller tabellierten Toleranzen zu geben, indem sie gemäß ihrem Gegenstand in Sachgruppen eingeteilt wurden. Man kann der Tabelle KII.B-1 entnehmen, bei welchen Toleranzgegenständen neben den ergänzenden Toleranzen auch grundlegende Toleranzen zu beachten sind und, wenn ja, in welcher II.B-Tabelle man sie findet. Ansonsten sei auf die Kommentare zu den 25 Tabellen des Anhangs II.B verwiesen, wo alle Toleranzmerkmale einzeln abgehandelt werden.

Bis auf die Tabellen II.B.21 „Montagetoleranzen Brückenfahrbahnen" und II.B.23 „Montagetoleranzen Betonfundamente" enthalten alle Tabellen für die ergänzenden Toleranzen zulässige Abweichungswerte in zwei Toleranzklassen 1 und 2, wobei Klasse 2 die mit den höheren Genauigkeitsanforderungen ist. Wird die Klasse nicht in der Bauteil- oder Tragwerksspezifikation oder in den Ausführungsunterlagen festgelegt, so gilt die großzügigere Klasse 1. Wichtig ist, dass die schärfere Klasse 2 für einzelne Tragwerksteile festgelegt werden kann, also nicht automatisch für das ganze Tragwerk gelten muss. Das in der Anmerkung dafür genannte Beispiel einer verglasten Fassade ist unmittelbar einleuchtend.

<2> Zu Abs. 3 – Schiefstellung einer überstehenden Ankerschraube nach Tab. II.B.23

Die hier genannte maximale Schiefstellung einer aus einem Fundament herausstehenden Ankerschraube von zul $\theta = 1/20$ ist ein einzelnes Toleranzmerkmal, das eigentlich in die Tabelle II.B.23 gehört (siehe auch Kommentar zu jener Toleranztabelle).

Alternative Kriterien

Zu II.11.3.3

<1> Zu Abs. 1a – Geschweißte Bauteile nach EN ISO 13920

Für geschweißte Stahlbauteile mit ihrem (bei unsachgemäßer Vorgehensweise) hohen Potenzial für Schrumpfverzüge und -verwerfungen wurden schon immer spezielle Fertigungstoleranzen (Herstelltoleranzen) benötigt. In Deutschland war dafür ab 2002 die internationale Norm **EN ISO 13920** vorgeschrieben. Sie entsprach der früheren deutschen Vornorm DINV 8570, die ihrerseits in deutschen Stahlbau-Fertigungsstätten gut eingeführt war. In Deutschland wird deshalb von der Möglichkeit, für geschweißte Bauteile als alternatives Regelwerk für die ergänzenden Toleranzen (anstelle der entsprechenden II.B-Tabellen) die EN ISO 13920 zu verwenden, häufig Gebrauch gemacht (vgl. Tabelle KII.11-2).

Allerdings darf dabei nicht vergessen werden, dass die grundlegenden Toleranzen der II.B-Tabellen gegenüber den allgemeinen Geradheits-, Ebenheits- und Parallelitätstoleranzen der EN ISO 13920 stets Vorrang haben (vgl. zu II.11.2.2.2). Das bedeutet beispielsweise, dass man in der Leistungserklärung für nach EN 1090-1 CE-gekennzeichnete geschweißte Stahlbauteile zum Leistungsmerkmal „Geometrische Toleranzen" nicht einfach nur „nach EN ISO 13920" angeben darf, sondern daneben auf die grundlegenden Toleranzen nach EN 1090-2 hinweisen muss. Dass das selbst bei Fachleuten manchmal nicht sauber auseinandergehalten wird, zeigt z. B. das DVS-Merkblatt 1712 [V14]. Dort wird im Beispiel für die CE-Kennzeichnung und Leistungserklärung für die geschweißten Stahlbauteile eines Anbaubalkons als erklärte Leistung für das Leistungsmerkmal „Grundlegende geometrische Toleranzen" angegeben: „EN 1090-2, ISO 13920 – C für Längen- und Winkelmaße, G für Geradheit, Ebenheit und Parallelität". Das ist nicht ganz korrekt. Das Leistungsmerkmal heißt allgemein „Geometrische Toleranzen", und in der erklärten Leistung muss dann unterschieden werden: „Grundlegende Toleranzen: EN 1090-2 – Ergänzende Toleranzen: ISO 13920 ...".

Die einheitliche Vorgabe der **Toleranzklassen C und G** für Längen- und Winkelmaße bzw. für Geradheit, Ebenheit und Parallelität hat den Vorteil der Überschaubarkeit. Es kann aber durchaus angezeigt sein, für einzelne Bauteile von Vornherein die jeweils nächsthöhere Klasse B bzw. F oder sogar die jeweils höchste Klasse A bzw. E zu fordern, um die Kollision mit den grundlegenden Toleranzen zu vermeiden oder zumindest in Grenzen zu halten (vgl. zu II.11.2.2.2, insbesondere Tabelle KII.11-2). Dieses Thema wird in den Kommentaren zu den entsprechenden Normtabellen II.B noch einmal aufgegriffen. Der DB-Standard DBS 918005 [R31] fordert beispielsweise für Eisenbahnbrücken mindestens die Toleranzklassen B und F gemäß EN ISO 13920.

Selbstverständlich besteht für untergeordnete Bauteile, bei denen keine Tragsicherheitsrelevanz vorliegt, auch die Möglichkeit, die jeweils niedrigste Klasse D bzw. H zuzugestehen; das muss dann aber in den Ausführungszeichnungen ausdrücklich vermerkt werden.

<2> Zu Abs. 1b – Nicht geschweißte Bauteile nach EN ISO 13920

Es war in Deutschland schon vor Einführung der EN 1090-2 üblich, die allgemeinen Toleranzen der EN ISO 13920 auch auf nicht geschweißte Bauteile anzuwenden. Allerdings sollte man sich im Klaren darüber sein, dass ein Teil der (durchaus nützlichen!) ergänzenden Toleranzvorgaben des Anhangs II.B, z. B. für Schraubenlöcher (Tabelle II.B.8), für Stützenpositionen (Tabelle II.B.20) und für Fachwerkknoten (Tabelle II.B.12), mit den elementaren „Grenzabmaßen für Längenmaße" der EN ISO 13920 in keiner Weise gleichwertig abgedeckt wird. Das nimmt man in Kauf, wenn man gemäß II.11.3.3 in den Bauteil- und Tragwerksspezifikationen für die ergänzenden Herstelltoleranzen generell EN ISO 13920 festlegt.

Im Übrigen gibt es eine ganze Reihe von tabellierten ergänzenden Toleranzen in Anhang II.B, die man nicht einfach pauschal durch EN ISO 13920 ersetzen darf, nämlich die Herstelltoleranzen für Türme und Maste (Tabelle II.B.14) sowie die Herstell- und Montagetoleranzen für Kranbahnen (Tabellen II.B.9 und -22) und für Brückenfahrbahnen (Tabellen II.B.13 und -21). Zusammenfassend ist festzuhalten, dass EN ISO 13920 nicht für alle in den Normtabellen des Anhangs II.B aufgeführten ergänzenden Toleranzmerkmale alternative Kriterien bereithält.

<3> Zu Abs. 1c – Andere Fälle

Es wird nicht klar, was hier mit „anderen Fällen" gemeint ist. Andere als geschweißte oder nicht geschweißte Bauteile gibt es eigentlich nicht. Im Übrigen erscheinen derart pauschale Angaben wie $\boldsymbol{d/500}$ und **5 mm** für „jede Abmessung d" wenig hilfreich, ja geradezu dilettantisch, wenn man sich vor Augen hält, dass in EN ISO 13920 allein in Klasse C die Bandbreite von ca. $d/30$ (bei $d = 100$ mm) bis ca. $d/800$ (bei $d = 20$ m) bzw. von 4 mm bis 24 mm reicht.

Nachfolgend werden noch einige zusätzliche Anmerkungen der Verfasser zur Thematik „alternative Kriterien" wiedergegeben.

<3.1> Zu Bauteilen/Herstelltoleranzen

In Deutschland existierte seit den 1970er Jahren eine Norm **DIN 18203-2** „Vorgefertigte Teile aus Stahl". Sie gab vergleichsweise enge Toleranzen vor, die teilweise nur mit übertriebenem Fertigungsaufwand einzuhalten gewesen wären (z. B. spanabhebendes Nacharbeiten). Sie war deshalb bewusst nicht in die DIN 18800-7 übernommen worden. Daraufhin erschien im Jahre 2006 eine neue Ausgabe [R69], in der man aufgrund der Erfahrungen aus der Praxis die Zahlenwerte für die Grenzabweichungen (Grenzabmaße) erhöht hatte. Inwieweit diese modifizierte DIN 18203-2 dann erfolgreich als alternatives Regelwerk für ergänzende Bauteil-Herstelltoleranzen verwendet wurde, ist den Verfassern nicht bekannt. Es ist auch uninteressant, denn sie wurde inzwischen endgültig zurückgezogen.

Im internationalen Normenwerk gibt es ein weiteres Normenpaar mit Allgemeintoleranzen für metallische Bauteile: **ISO 2768-1** und **-2**. Beide sind auch als DIN-Normen erschienen [R161, R162] und bieten sich vordergründig ebenfalls als alternative Regelwerke für ergänzende Herstelltoleranzen an. Davon ist jedoch dringend abzuraten. Der Anwendungsbereich der beiden Normen sind „Formelemente, die durch Spanen oder Umformen von metallischen Halbzeugen gefertigt wurden" und „für Längen-u. Winkelmaße, die durch Bearbeiten gefügter Teile entstehen". Die beiden Normen sind offensichtlich für den Maschinenbau gedacht. Für Allgemeintoleranzen geschweißter Stahlbauteile sind sie völlig unbrauchbar, da viel zu eng, vor allem auch im Vergleich zu EN ISO 13920. Es ist ein Fall bekannt geworden, in dem ein (offenbar wenig versierter) industrieller Bauherr für hochgradig geschweißte Bauteile eines größeren Industrie-Stahlbauprojekts Fertigungstoleranzen nach ISO 2768 vorgeschrieben hat – mit dem Ergebnis heftiger Auseinandersetzungen zwischen seinen Abnehmern/Prüfern und dem Stahlbauer!

<3.2> Zu Tragwerken/Montagetoleranzen

Es gibt eine deutsche Norm **DIN 18202** [R68] für Toleranzen von Bauwerken im Hochbau. Dort sind von der Bauweise unabhängige Grenzwerte für Maßabweichungen (Längen, Breiten, Höhen, Achs- und Rastermaße, Querschnittsmaße), für Winkelabweichungen (z. B. Horizontalitätsabweichungen von Trägern oder Schiefstellungen von Stützen) und für Fluchtabweichungen bei Stützen angegeben. Sie wurde in Deutschland traditionell für das fertige Stahltragwerk verwendet und kann auch jetzt als alternatives Regelwerk für ergänzende Montagetoleranzen im Hochbau im Sinne von EN 1090-2, Abschnitt II.11.3.3, empfohlen werden. Dabei darf aber nicht vergessen werden, dass es sich um Allgemeintoleranzen für das fertig errichtete Tragwerk handelt. Es wäre also beispielsweise nicht gerechtfertigt, für einzelne Montageschüsse eines weit gespannten Binders Längengrenzabmaße aus DIN 18202 zu entnehmen. Nur der fertige Binder muss über seine Gesamtlänge den Grenzwert für die Maßabweichung nach DIN 18202 einhalten. Der DB-Standard DBS 918005 [R31] schreibt z. B. für die Gesamtlänge einer Eisenbahnbrücke die Einhaltung der Grenzabweichung für Nennmaße über 30 m im Grundriss und im Aufriss nach DIN 18202, Tab. 1, vor: Das bedeutet konkret: Δ = ± 30 mm.

<3.3> Zu Toleranzmerkmalen nach Anhang II.B, aber mit anderen als den tabellierten Grenzwerten

Es sei noch einmal an die Ausführungen im Kommentar <2> zu II.11.1 über den normativen Charakter der ergänzenden Toleranzen nach EN 1090-2 erinnert. Danach dürfen aus Sicht der Verfasser in der Bauteil- oder Tragwerksspezifikation für die ergänzenden Toleranzmerkmale des Anhangs II.B auch andere Grenzwerte festgelegt werden, als dort in den Klassen 1 und 2 tabelliert sind. Noch einmal: Die Bauteil- oder Tragwerksspezifikation steht nach europäischem Baunormverständnis über allem – solange nicht die Sicherheit gefährdet ist, sprich: die grundlegenden Toleranzen angetastet werden!

Zu II.12 Inspektion, Prüfung und Korrekturmaßnahmen

Einführender Kommentar zu Kapitel II.12

Kapitel 12 von EN 1090-2 behandelt, viel ausführlicher als früher in Deutschland üblich, die vor, während und nach der Ausführung von Stahlbauten geforderten Inspektionen, Prüfungen und Korrekturmaßnahmen. Einige der in diesem Kapitel beschriebenen Vorgaben sollten bzw. müssen bereits von den Konstrukteuren in der Planungsphase, spätestens im Vorfeld der Ausführung, festgelegt werden – z. B. der Prüfumfang bei der Erstellung der Qualitätsdokumentation nach II.4.2.1 bzw. des Qualitätsmanagementplans nach II.4.2.2.

Insgesamt gesehen wird in Kapitel II.12 das im Vorwort zu diesem Buch angesprochene „Gewöhnungsbedürftige" des Konzeptes der Normenreihe EN 1090, als sie 2012 erschien, besonders augenfällig – nämlich die Ausführung von Stahlbauten aufzuspalten in einerseits binnenmarktrechtlich-administratives Handeln (CE-Konformitätsnachweisprozedere, Leistungserklärung nach BPVO usw.) beim Herstellen tragender Stahlbauteile (mit einem eigenen Normteil EN 1090-1) und andererseits bautechnisches Handeln (technische Regeln) beim Herstellen sowohl der Bauteile als auch des ganzen Stahltragwerks (Inhalt von EN 1090-2, jetzt zusätzlich auch von EN 1090-4). Wie bereits im Kommentar <2> zu II-Europäisches Vorwort ausgeführt, wurde die Norm EN 1090-2 so konzipiert, dass allein mit ihr bautechnisch voll funktionsfähige Stahltragwerke errichtet werden können, weshalb es auch keine Rückverweisungen auf EN 1090-1 gibt.

Das hat zur Folge, dass man bei den im vorliegenden Kapitel II.12 beschriebenen Inspektionen, Prüfungen und Korrekturmaßnahmen jeweils sorgfältig unterscheiden muss zwischen solchen, die vor, während und nach Abschluss der Bauteilfertigung anstehen, und solchen, die erst auf der Baustelle vor, während und nach dem Errichten des Tragwerks anstehen. Erstere sind möglicherweise bereits erledigt, wenn CE-gekennzeichnete Bauteile auf die Baustelle geliefert werden, welche die gesamte Konformitätsnachweisprozedur gemäß EN 1090-1 durchlaufen haben. Das Baustellen-Management – gehöre es nun zur Montageabteilung desselben Gesamtstahlbaubetriebes wie das Herstellwerk oder aber zu einem eigenständigen Montagebetrieb – braucht sich dann möglicherweise um diesen Teil der Inspektionen, Prüfungen und Korrekturmaßnahmen des Kapitels II.12 im Einzelnen nicht mehr zu kümmern.

Zu II.12.1 Allgemeines

<1> Zu Abs. 1 und 2 – Grundlagen der Anforderungen an Inspektion und Prüfung

Die im vorliegenden Kapitel II.12 beschriebenen Anforderungen an die Inspektionen und Prüfungen sollen sicherstellen, dass die Qualitätsanforderungen, welche für die Ausführung des Stahltragwerks vor Beginn der Fertigung bei den Ausführungsklassen EXC2 bis EXC4 in einer **Qualitätsdokumentation** (vgl. II.4.2.1 und Kommentare dazu), ggf. im Rahmen eines **Qualitätsmanagementplans** (vgl. II.4.2.2 und II.C sowie Kommentare dazu), niedergelegt worden sind, tatsächlich erreicht werden.

Der Umfang und der Zeitpunkt der Inspektionen, Prüfungen und Korrekturmaßnahmen können bereits vom Auftraggeber in einer Auftragsspezifikation festgelegt werden. Dabei muss er aber die Festlegungen dieser Norm beachten. Das heißt, er kann bei den Qualitätsanforderungen und beim Umfang der verlangten Prüfungen in seiner Spezifikation gegenüber den Festlegungen dieser Norm „aufsatteln"; er darf sie jedoch nicht unterschreiten, weil es sich um verbindliche Mindestanforderungen handelt (vgl. zu II-Einleitung <1>). Das kann z. B. bedeuten, dass der Auftraggeber den Prüfumfang der zerstörungsfreien Schweißnahtprüfungen oder die einzuhaltende Bewertungsgruppe von Schweißnähten oder die Toleranzen der geschweißten Bauteile erhöhen bzw. verschärfen kann. Beispiel: EN 1090-2 fordert in II.7.6.1 „nur" die Bewertungsgruppe C nach EN ISO 5817 für Schweißnähte eines Tragwerks der Ausführungsklasse EXC2; der Auftraggeber kann aber in seiner Spezifikation grundsätzlich die Bewertungsgruppe B verlangen.

Solche ggf. in der Auftragsspezifikation geforderten schärferen Inspektionen und Prüfungen sollten bzw. müssen vom Hersteller (Ausführenden) bereits bei der Angebotsausarbeitung berücksichtigt werden. Für die konkrete Ausführung der Inspektionen und Prüfungen ist aber der innerhalb der Qualitätsdokumentation vom Hersteller (Ausführenden) selbst erstellte Inspektions- und Prüfplan maßgebend (siehe <3>).

<2> Zu Abs. 3 – Individuelle Vorgehensweise bei Nichtkonformität

Dieser Normabsatz ist erst in einer späten Diskussionsphase in die neue EN 1090-2 eingefügt worden. Er hatte im ursprünglich eingebrachten Vorschlag noch den Zusatz „Falls durch ... geeignete Methoden nachgewiesen werden kann, dass ein bestimmter Fehler nicht schädlich für die Leistung des Tragwerks ist, braucht er nicht repariert zu werden“. Daraus wird klar, dass es im Grunde um ein zentrales Anliegen der Norm geht, das auch an anderen Stellen thematisiert wird (vgl. z. B. zu II.11.2.1 <2>): Bei Feststellen einer Nichtkonformität soll nicht rein formalistisch vorgegangen, d. h. unbesehen Reparatur oder Korrektur verlangt werden, sondern es soll zunächst der festgestellte Fehler (die „Nichtkonformität“) mit Augenmaß hinsichtlich seiner möglichen Konsequenzen für das Tragwerk bewertet werden. Das ist besonders wichtig bei Fehlern, die erst auf der Baustelle gefunden werden, bei denen also eine Reparatur unter Umständen sehr kostspielig wird und sich darüber hinaus auch negativ auf das Bauteil/Bauwerk auswirken kann.

Bei der Bewertung sollte es beispielsweise ein Unterschied sein, ob die Überschreitung eines nicht eingehaltenen zulässigen Grenzwertes einer geometrischen Toleranz oder einer Schweißnahtunregelmäßigkeit die Tragsicherheit oder (nur) die Gebrauchstauglichkeit oder sogar (nur) das Aussehen beeinträchtigt. Es muss auch ingenieurmäßig bewertet werden, ob eine Reparatur überhaupt die Herstellung der Tragfähigkeit bringt. Das eventuelle Belassen der Nichtkonformität muss mit dem Tragwerksplaner und, wenn notwendig, mit der Bauüberwachung abgestimmt werden. Bei nichtkonformen Schweißnähten kann für deren individuelle Bewertung unter Umständen das Klassifizierungswerkzeug „Schweißnahtklassen“ als Argumentationshilfe herangezogen werden; siehe informativen Anhang II.L und Kommentar dazu.

Man darf beim Thema Prüfen nicht vergessen, dass alle Arten von Prüfmethoden sich im Laufe der letzten Jahrzehnte ständig weiterentwickelt haben. Es werden heute „Fehler“ aufgespürt, die man vor 20 Jahren prüftechnisch gar nicht erkennen konnte. Deshalb gibt es auf Prüferseite manchmal leider eine Tendenz, ausschließlich „fehlerorientiert“ zu prüfen – ein Prüfer, der viele Fehler findet, ist ein guter Prüfer –, statt eher „bauwerksorientiert“ zu prüfen. Diese Tendenz wird auch dadurch verstärkt, dass heute im arbeitsteiligen Prozess das Prüfen oft durch eigenständige Prüfbüros erfolgt; deren Leistungsumfang vergrößert sich mit dem Finden von Fehlern.

<3> Zu Abs. 4 – Vorabgestimmter Plan für die Inspektions- und Prüfmaßnahmen

Die von der Spezifikation und/oder von EN 1090-2 geforderten Inspektions- und Prüfmaßnahmen müssen in einem **Inspektions- und Prüfplan** niedergelegt werden, der Bestandteil der vor Beginn der Fertigung zu erstellenden Qualitätsdokumentation ist (vgl. zu II.4.2.1 <2.3>). Der Inspektions- und Prüfplan sollte mit dem Auftraggeber abgestimmt sein. Enthält die Auftragsspezifikation über die Norm hinausgehende Forderungen an Inspektionen und Prüfungen (vgl. <1>), so sind sie in den Inspektions- und Prüfplan zu übernehmen. Unabhängig von den Vorgaben der Auftragsspezifikation und dieser Norm kann aber auch der Hersteller (der Ausführende) die Qualitätsanforderungen an den Beginn der Arbeiten legen und den Umfang der Prüfungen erhöhen, wenn er dies für sinnvoll erachtet und es in seinem Qualitätsmanagementhandbuch (QMH) oder in seinen internen Vorgaben zum Prüfumfang vorgesehen ist.

Der Inspektions- und Prüfplan muss nicht nur Art und Umfang der geforderten Inspektions- und Prüfmaßnahmen enthalten, sondern vor allem auch die einzusetzenden Prüfverfahren. Dabei muss auch bereits festgelegt werden, welche Inspektions- und Prüfergebnisse sowie Korrekturmaßnahmen dokumentiert werden müssen (vgl. ausführlichen Kommentar <2.3> zu II.4.2.1).

Zu II.12.2 Ausgangsprodukte und Bauteile

Zu II.12.2.1 Ausgangsprodukte

<1> Zu Abs. 1 und Anmerkungen 1 und 2 – Überprüfung der mitgelieferten Dokumente

Zu den Ausgangsprodukten nach Kapitel II.5 gehören, wie in der Anmerkung 1 noch einmal in Erinnerung gerufen, die Grundwerkstoffe (Baustähle und Stahlguss) in den verschiedenen Erzeugnisformen, die Schweißzusätze, die mechanischen Verbindungsmittel usw. Zum Zeitpunkt der Anlieferung der Ausgangsprodukte im Bauteil-Herstellerwerk sollten auch die in der Bestellung geforderten Dokumente (Prüfbescheinigungen nach EN 10204) vorliegen (vgl. zu II.5.2 <1>), zumindest wenn es sich um spezifische Bescheinigungen handelt, z. B. Abnahmeprüfzeugnisse 3.1. Dies ist leider oftmals nicht der Fall. In jedem Fall müssen aber diese Dokumente vor Beginn der Bauteilfertigung vorliegen.

Die bereitgestellten Dokumente sind auf Übereinstimmung mit den Bestellvorgaben – basierend auf den Festlegungen der Spezifikation und/oder dieser Norm – zu überprüfen. Bei Übereinstimmung können diese Produkte für die Fertigung des Bauteils bzw. der Bauteile freigegeben werden. Anmerkung 2 weist ergänzend noch einmal darauf hin, dass durch die Überprüfung der Dokumente der Umfang materialprüftechnischer Eingangsprüfungen reduziert werden soll bzw. solche zusätzlichen Prüfungen ganz vermieden werden sollen. An dieser Stelle sei der Hinweis erlaubt, dass im Zeitalter von „Industrie 4.0“ und von BIM sich absehen lässt, dass diese Dokumentenüberprüfung bald keinen „Kampf mit einem Wust von PDF-Dokumenten“ mehr darstellen wird.

Die überprüften Nachweisdokumente für die Ausgangsprodukte der Bauteile sind aufzubewahren. Sie dienen, sofern das Bauteil mit CE-Kennzeichnung nach EN 1090-1 auf die Baustelle geliefert wird, auch zur Vermeidung einer nochmaligen Überprüfung (vgl. einführenden Kommentar zu diesem Kapitel II.12) und gehören schließlich zur Ausführungsdokumentation des fertigen Tragwerks nach II.4.2.4 (vgl. Kommentar dazu).

<2> Zu Abs. 2 und 3 – Inspektion der Oberflächen auf Fehler und Beseitigung von Oberflächenfehlern

Die Inspektion der Oberflächen von angelieferten Stahl-Ausgangsprodukten (vgl. II.5.3.3) sollte im Rahmen der Eingangskontrolle im Herstellerwerk erfolgen und im Kontroll- und Prüfplan enthalten sein.

Oberflächenfehler, aber auch innere Fehler, die erst bei der Verarbeitung (z. B. bei der Schweißnahtvorbereitung oder beim Ablängen) festgestellt werden, müssen dokumentiert werden. Sie dürfen mit geeigneten Verfahren, die nach EN 1090-2 zulässig sind (z. B. Ausschleifen oder Ausfugen mit nachfolgender Auftragsschweißung), repariert werden. Die in dieser Norm festgelegten Prüf- und Qualitätsanforderungen müssen bei der Reparatur eingehalten werden. Es müssen die Nenneigenschaften des Ausgangsproduktes durch die Reparatur erreicht werden.

<3> Zu Abs. 4 – Keine Anforderung für eine besondere Prüfung von Ausgangsprodukten

Sofern die Auftragsspezifikation nicht zusätzliche Prüfungen verlangt, sind weitere Prüfungen der Ausgangsprodukte außerhalb der Eingangskontrolle des Bauteil-Herstellerwerkes nicht erforderlich, insbesondere auch nicht auf der Baustelle, wenn die Bauteile dort CE-gekennzeichnet angeliefert werden.

Bei geschweißten Konstruktionen, bei denen die Grundwerkstoffe in Dickenrichtung auf Zug beansprucht werden – Stichworte: Innere Inhomogenitäten bzw. Dopplungen – empfiehlt es sich jedoch, ggf. eine Ultraschallprüfung auf Dopplungen durchzuführen, sofern diese nicht bereits mitbestellt worden ist (vgl. zu II.5.3.4 <1>).

Bauteile

Zu II.12.2.2

Mit „Dokumenten“ sind hier sowohl die im vorhergehenden Normabschnitt besprochenen Dokumente für die Ausgangsprodukte der Bauteile gemeint, als auch Dokumente für die Bauteile selbst (z. B. Toleranzmessprotokolle). Solche Bauteil-Dokumente, die entweder vom Auftraggeber für die Bauteile beigestellt worden sind oder vom Bauteilhersteller selbst oder von seinen Unterlieferanten erstellt wurden, müssen darauf überprüft werden, ob die Voraussetzungen von EN 1090-2 erfüllt sind.

Dies gilt im besonderen Maße für Bauteile, die zur Montage auf der Baustelle angeliefert werden, unabhängig ob sie vom Bauteilhersteller (bzw. seinen Unterlieferanten) projektspezifisch als Teil des Tragwerkes gefertigt oder als Fertigprodukt bestellt worden sind. Es sei hier noch einmal auf den einführenden Kommentar zu Kapitel II.12 hingewiesen: Nach rechtlichem Status von EN 1090-1 müssen solche Bauteile in beiden Fällen eine Leistungserklärung haben und CE-gekennzeichnet sein, so dass nach Meinung der Verfasser alle hier aufgeführten Dokumenten-Überprüfungen möglicherweise redundant wären und sich eigentlich erübrigen.

Nichtkonforme Produkte

Zu II.12.2.3

Mit „Produkten“ sind hier – ähnlich wie bei den Dokumenten im vorhergehenden Normabschnitt – wieder sowohl die Ausgangsprodukte der Bauteile als auch die Bauteile selbst gemeint. Produkte, die ohne die in der Bestellung geforderten Dokumente geliefert werden (z. B. geschweißte Träger aus S355 ohne 3.1-Abnahmeprüfzeugnisse des Baustahls), gelten zunächst logischerweise als „nichtkonforme Produkte“. Die fehlenden Dokumente können nachträglich geliefert werden. Wenn die Zuordnung der nachträglichen Dokumente zu den gelieferten Produkten dann einwandfrei möglich ist, und die Anforderungen des Inspektions- und Prüfplans erfüllt sind, können die Produkte verwendet werden.

Auch eine nachträgliche Qualifizierung der Produkte durch dokumentierte Prüfung ist möglich. Bei Erfüllung der Anforderungen gelten diese dann, ebenfalls logischerweise, nicht mehr als „nichtkonforme Produkte“.

Fertigung: geometrische Abmessungen von hergestellten Bauteilen

Zu II.12.3

<1> Zu Abs. 1, 2 und 4 – Inspektions- und Prüfplan

Der hier angesprochene **Inspektions- und Prüfplan** wurde im Rahmen der Qualitätsdokumentation erstellt (vgl. zu II.4.2.1 <2.3>). Es kann sich dabei um **ein einziges** Dokument handeln; beide Pläne können aber auch **separat** erstellt werden. Die hergestellten (fertigen) Bauteile müssen den geometrischen Anforderungen im Inspektions- und Prüfplan (z. B. den Toleranzforderungen) entsprechen. Alle im Inspektions- und Prüfplan verlangten Messungen und Prüfungen müssen durchgeführt worden sein, die Mess- und Prüfergebnisse dürfen keine Abweichungen von den Vorgaben aufweisen. Dabei müssen auch die Vorgaben des Inspektions- und Prüfplans hinsichtlich Anzahl und Stellen der Messungen sowie Umfang der Prüfungen erfüllt sein.

Diese messtechnische Überprüfung der Bauteilabmessungen sowie der einzuhaltenden geometrischen Toleranzen wird im Übrigen auch in EN 1090-1 verlangt. Auch für die Bauteilgeometrie gilt also, dass bei CE-gekennzeichneten Stahlbauteilen die erneute messtechnische Überprüfung auf der Baustelle entfallen kann, vorausgesetzt, die Toleranzüberprüfungen im Werk wurden gut dokumentiert und die Dokumentationen mitgeliefert (vgl. einführenden Kommentar zu II.12).

Es sollte klar sein, dass die Forderung im 2. Normabsatz „Messungen der Bauteilabmessungen müssen immer erfolgen“ nicht jede erdenkliche Abmessung des hergestellten Bauteils betreffen kann. Vielmehr kann es in der Praxis zweckmäßig sein, die aus statischer und montagetechnischer Sicht für das spätere Tragwerk wesentlichen Abmessungen durch den Tragwerksplaner bzw. durch den Konstrukteur vorab festzulegen (vgl. zu II.4.1.4 <2>) und nur diese wesentlichen Abmessungen am hergestellten Bauteil zu überprüfen. Diese Prüfergebnisse müssen dann aber auch dokumentiert werden, sonst hat das Messen keinen Sinn.

<2> Zu Abs. 3 – Messverfahren und Messgenauigkeit

Für die hier als „Darf-Regel" in Bezug genommenen drei ISO-Normen – sie werden auch in EN 1090-1 benannt – sind im Literaturverzeichnis der EN 1090-2 leider nur die englischen Titel angegeben. Als Hilfestellung sind nachfolgend die deutschen Titel dieser (bisher weder ins Deutsche übersetzten noch als DIN-Normen übernommenen) ISO-Normen wiedergegeben.

ISO 7976-1 Toleranzen im Bauwesen – Verfahren zur Messung von Bauwerken und Bauprodukten – Teil 1: Verfahren und Instrumente.

ISO 7976-2 Toleranzen im Bauwesen – Verfahren zur Messung von Bauwerken und Bauprodukten – Teil 2: Lage der Messpunkte.

ISO 17123 Optik und optische Instrumente – Feldprüfverfahren geodätischer Instrumente (drei Teile).

Der Hinweis auf diese ISO-Normen hat natürlich nur „Empfehlungscharakter", zumal sie im deutschen Stahlbau relativ unbekannt sind. Ihre Einhaltung oder Beachtung könnte aber – vor allem bei ausländischen Bestellern bzw. Auftraggebern oder bei Baustellen außerhalb Deutschlands – in der Auftragsspezifikation gefordert werden.

ISO 17123-1 könnte möglicherweise in Sonderfällen bei der Konformitätsbewertung komplexer Tragwerke nutzbringend eingesetzt werden, während die beiden ISO-7976-Teile beim Vermessen einfacher Bauteile durch weniger erfahrene Mitarbeiter hilfreich sein könnten. Auf die Inhalte wird hier nicht weiter eingegangen.

Klar ist natürlich, dass die vorgeschriebenen geometrischen Messungen durchgeführt werden müssen, nur eben nicht obligatorisch mit Hilfe der hier genannten ISO-Normen.

<3> Zu Abs. 5 – Bezug auf die grundlegenden Toleranzen nach II.11.2

Der Hinweis in diesem Normabsatz auf die grundlegenden Toleranzen nach II.11.2 stellt keine eigenständige neue Regel dar, sondern soll lediglich die Bedeutung der grundlegenden Toleranzen in Erinnerung rufen. Die grundlegenden Herstelltoleranzen nach II.11.2.2 und nach Anhang II.B sind a priori Kernbestandteil der geometrischen Abnahmekriterien für ein Bauteil und müssen in jedem Fall im Inspektions- und Prüfplan verankert sein – im Gegensatz zu den ergänzenden Toleranzen (vgl. zu II.11.1 <2>).

Bei der Ermittlung der Abweichungen von der geometrischen Sollform sind festgelegte Überhöhungen und Voreinstellungen zu berücksichtigen, was beim Messen in der Werkstatt unbedingt zu beachten ist. Die späteren Baustellen- und Einsatzbedingungen müssen ggf. bei der Messung durch entsprechende Lagerungen nachgebildet werden, um verfälschende elastische Verformungen, die durch das Eigengewicht des Bauteils verursacht werden, zu vermeiden (vgl. auch zu II.11.1 <3>).

<4> Zu Abs. 6 – Vorgehen bei Nichtkonformität bei der Abnahmeinspektion

Die vier in diesem Normabsatz eher allgemein formulierten Maßnahmen bei festgestellter geometrischer Nichtkonformität von Bauteilen lassen sich wie folgt konkretisieren:

(a) Die Nichtkonformität ist zu beseitigen. Beispielsweise können Bauteile gekürzt werden, wenn Übermaße vorhanden sind, oder gerichtet werden, wenn der Stich zu groß ist. Bei falscher Überhöhung oder bei mangelhafter Ebenheit oder bei zu großer Verwindung können Korrekturen vorgenommen werden (z. B. durch Flammrichten). Nach der Korrektur ist erneut auf Einhalten der Sollabmessungen zu überprüfen.

(b) Hier wird noch einmal an die in II.12.1 als zulässig erklärte individuelle Vorgehensweise bei Nichtkonformität erinnert (vgl. dortigen Kommentar <2>).

(c) Wenn Korrekturmaßnahmen nicht durchführbar sind oder wenn die Konformität durch sie nicht erreicht werden kann, können gemäß Normtext „am Stahltragwerk Änderungen vorgenommen" werden. Darunter ist z. B. zu verstehen, dass Bauteile durch Auftragsschweißung auf ein Sollmaß gebracht werden; oder dass in Absprache mit der Baustelle Futter zum Ausgleich für Untermaße vorbereitet werden; oder dass falsche Lochbilder durch Zuschweißen der vorhandenen Schraubenlöcher eliminiert und die richtigen Lochbilder durch erneutes Bohren hergestellt werden. Es ist auch denkbar, bei Nichteinhalten der Ebenheitstoleranz eines geschweißten Flansches oder Steges zusätzliche Steifen einzubauen, um trotzdem ausreichende Beulstabilität zu erreichen.

Dass alle eingesetzten Verfahren zur Beseitigung von Nichtkonformitäten sich im Rahmen der EN 1090-2 bewegen müssen und dass sie auch den Vorgaben in der Qualitätsdokumentation (vgl. zu II.4.2.1 <2.5>) bzw. im Qualitätsmanagementplan (vgl. zu II.C.2.4 <1>) zur Beseitigung von Nichtkonformitäten entsprechen müssen, versteht sich von selbst.

(d) Dass nichtkonforme Bauteile, deren Umwandlung in ein konformes Bauteil mithilfe einer der drei Maßnahmen (a) bis (c) nicht gelungen ist, nicht verwendet werden dürfen, d. h. ausgetauscht werden müssen, ist selbstverständlich – eines der vielen trivialen Statements in EN 1090-2.

<5> Zu Abs. 7 bis 9 – Lokale Dellen in der Oberfläche von Hohlprofilen

Hohlprofile weisen oft Transportbeschädigungen auf. Diese müssen auf Zulässigkeit beurteilt werden (vgl. zu II.5.3.3). Einzelne Beschädigungen können belassen werden, wenn die Bedingungen der Oberflächenbeschaffenheit dennoch erfüllt werden. Örtliche unzulässige Dellen/Einbeulungen („*dents*“), die nicht den Festlegungen in Bild II.6 entsprechen, können durch Ausschleifen und nachträgliche Auftragsschweißung beseitigt werden. Hohlprofile weisen jedoch relativ dünne Wandungen auf, sodass eine Auftragsschweißung u. U. nicht sinnvoll ist. In diesem Fall dürfen alternativ die hier im Normtext beschriebenen örtlichen „Decklaschen“ aufgeschweißt werden.

Dieses Reparaturverfahren ist jeglicher Warmumformung (vgl. zu II.6.5) vorzuziehen. Aber selbst wenn man es nicht anwenden will, sollte man eher das Hohlprofil (oder Teile davon) austauschen, als eine Reparatur durch Warmumformen zu versuchen. Es ist selbstverständlich, dass der Besteller über die letztlich gewählte Vorgehensweise informiert werden und einverstanden sein muss.

<6> Zu Abs. 10 – Probeweiser Zusammenbau

Wird ein probeweiser Zusammenbau mehrerer Bauteile in der Werkstatt durchgeführt (vgl. zu II.6.10, insbesondere Bild KII.6-17), um Längen und Passungen zu überprüfen, so müssen die dafür geltenden Inspektionsanforderungen, d. h. die durchzuführenden Messungen und zugehörigen Sollwerte, ebenfalls im Inspektions- und Prüfplan enthalten sein.

Schweißen — Zu II.12.4

Allgemeines — Zu II.12.4.1

<1> Zu Abs. 1 und 2 – Bezug auf Inspektions- und Prüfplan sowie EN ISO 3834

Prüfungen vor, während und nach dem Schweißen sind nach eindeutigen Vorgaben durchzuführen, die im Inspektions- und Prüfplan festgelegt sind. Dieser ist, wie schon mehrfach erwähnt, Bestandteil der vor Beginn der Fertigung zu erstellenden **Qualitätsdokumentation** nach II.4.2.1 (vgl. Kommentar <2.3> dazu). Er wird in EN 1090-2 wiederholt in Bezug genommen (vgl. auch zu II.12.1 <2>). Auch für den **Qualitätsmanagementplan** nach II.4.2.2 – sofern für das vorliegende Projekt ein solcher aufgestellt wird – spielt er eine zentrale Rolle (siehe auch zu II.C.2.4).

In Abhängigkeit von der Ausführungsklasse sind, wie beim Schweißen selbst, auch bei der Inspektion der Schweißarbeiten die Festlegungen des jeweils zutreffenden Teils der Normenreihe EN ISO 3834 einzuhalten. Zur Erinnerung: EN ISO 3834 wurde im allerersten Absatz des Kapitels II.7 als grundlegende Normenreihe für die verschiedenen Stufen von Qualitätsanforderungen beim Schmelzschweißen eingeführt (vgl. zu II.7.1 <1>).

EN 1090-2 unterscheidet bei der Schweißnahtinspektion nach dem Schweißen grundsätzlich in die vorgeschaltete Musterprüfung, die routinemäßige Inspektion und Prüfung sowie die projektspezifische Inspektion und Prüfung (siehe Abschnitte II.12.4.2.2 bis -4). Diese drei Phasen müssen sich natürlich im Inspektions- und Prüfplan wiederfinden. Ganz wichtig ist es auch, dass schon im Inspektions- und Prüfplan auf Schweißverbindungen, bei denen erfahrungsgemäß mit Passungsproblemen zu rechnen ist, hingewiesen wird. Das ermöglicht es dem Prüfer, die wirklich kritischen Stellen von Vornherein genauer zu beachten. Das können beispielsweise bei Brückenfahrbahnen die typischen Baustellenschweißungen nach Tabelle II.B.21 in Anhang II.B sein.

Besondere Beachtung im Inspektions- und Prüfplan verdienen auch geschweißte Hohlprofilknoten. Das Schweißen von Hohlprofilen wird in EN 1090-2 aufgrund der speziellen Anforderungen an mehreren Stellen in Kapitel II.7 angesprochen: in II.7.4.2 hinsichtlich der Qualifizierung der Schweißer, in II.7.5.1.2 hinsichtlich der Schweißnahtvorbereitung und in II.7.5.11 hinsichtlich des Schweißens selbst (vgl. Kommentare dazu). Der informative Anhang II.E gibt darüber hinaus hilfreiche Hinweise für die Ausführung geschweißter Verbindungen von Hohlprofilen, insbesondere auch für den Zusammenbau der Hohlprofile zum Schweißen (siehe zu II.E.4). Dieser Zusammenbau bedarf einer besonderen Sorgfalt. Deshalb muss die Passgenauigkeit dieser Anschlüsse in der Regel noch vor dem Schweißen überprüft werden. Dabei sind die Achspositionen und seitlichen Flankenmitten (bei Kreishohlprofilen) bzw. die Ecken (bei Rechteck-Hohlprofilen) besonders zu beachten. All dies gehört ebenfalls in den Inspektions- und Prüfplan.

<2> Zu Abs. 3 – Auswahl der Verfahren der zerstörungsfreien Prüfung (ZfP)

In der 2011er Ausgabe der EN 1090-2 wurde an dieser Stelle noch empfohlen, bei Stumpfnähten Ultraschallprüfung (UT) oder Durchstrahlungsprüfung (RT) und bei Kehlnähten Eindringprüfung (PT) oder Magnetpulverprüfung (MT) anzuwenden. Auf eine solch pauschale Auswahlempfehlung hat man jetzt verzichtet, obwohl sie von der Sache her nach wie vernünftig ist. Stattdessen verweist EN 1090-2 jetzt auf **EN ISO 17635**. Dort findet man differenziertere Auswahlkriterien für die ZfP-Verfahren, u. a. im Anhang A zum Zusammenhang zwischen den Bewertungsgruppen der EN ISO 5817 und den Prüftechniken, Prüfklassen und Zulässigkeitsgrenzen der einschlägigen ZfP-Normen. Ohnehin ist der Stahlbauer in schwierigeren Fällen auf die Erfahrung seines Schweißaufsichtspersonals und vor allem des betreffenden ZfP-Spezialisten angewiesen, wenn im Inspektions- und Prüfplan die vorgesehenen Prüfverfahren angegeben werden sollen.

Bei der Auswahl des Prüfverfahrens muss ggf. auch der verwendete Schweißprozess mit berücksichtigt werden. Beispielsweise können Lagebindefehler, wie sie beim Schweißprozess 135 (MAG-Schweißen) in Stumpfnähten von Schweißern verursacht werden, die nicht die notwendige Handfertigkeit und das erforderliche Fachwissen besitzen, in der Regel mit einer Ultraschallprüfung festgestellt werden – bei Bindefehlern mit Winkelprüfkopf, und zusätzlich, wenn gefordert oder bei nicht ausreichender Anzeige, mit Senkrechtprüfkopf nach Wegschleifen der Nahtüberhöhung.

<3> Zu Abs. 4 – Qualifikation des Prüfpersonals für ZfP

Eine selbstverständliche Forderung ist, dass zerstörungsfreie Prüfungen von fachkundigem **Prüfpersonal** durchgeführt werden müssen. EN 1090-2 fordert dafür Prüfpersonal, das nach **EN ISO 9712 qualifiziert** ist. Eine **Zertifizierung** nach EN ISO 9712 wird allerdings in EN 1090-2 – ebenso wie in der Normenreihe EN ISO 3834 – **nicht** explizit gefordert. Das bedeutet im Klartext: Jeder, der an einer Ausbildung mit anschließender Qualifizierungsprüfung erfolgreich teilgenommen hat, darf prüfen.

In der 2011er Ausgabe der EN 1090-2 wurde für die Qualifizierung des ZfP-Prüfpersonals noch die mittlere Stufe 2 vorgeschrieben. Das hat man jetzt fallen gelassen und überlässt dem Anwender die Festlegung der geforderten Qualifizierungsstufe. Das entspricht der Tendenz im europäischen Arbeitsausschuss CEN/TC 135, möglichst viel fachliche Verantwortung dem Schweißaufsichtspersonal zu überlassen. Es ist jedoch zu empfehlen, nach wie vor nur ZfP-Prüfer einzusetzen, die in den angewendeten Verfahren für Prüfung, Bewertung und Dokumentation mindestens über die Qualifizierungsstufe 2 verfügen. Wenn die Prüfung nicht durch betriebseigenes Personal durchgeführt wird, sondern wenn der Prüfer von einem externen Dienstleister kommt, sollte er zusätzlich zertifiziert sein, da dann regelmäßige Überprüfungen (alle fünf Jahre) nach EN ISO 9712 sichergestellt sind. Ein Dienstleister für ZfP kann als Prüflabor eine Akkreditierung nach ISO/IEC 17025 [R159] führen, das ist aber nicht obligatorisch. Wirklich obligatorisch, und zwar sowohl für zertifiziertes als auch für qualifiziertes ZfP-Prüfpersonal, ist aber die jährliche Überprüfung der Sehfähigkeit (der „Sehtest“).

Ausgenommen von der Forderung nach qualifiziertem Prüfpersonal ist die **Sichtprüfung**. Es ist jedoch dringend zu empfehlen, dass alle Personen, die Sichtprüfungen durchführen – also auch Schweißer, Bediener und insbesondere Schweißaufsichtspersonen –, die Forderungen des Abschnittes 7.4 „Anforderungen an die Sehfähigkeit für alle Stufen“ von EN ISO 9712 erfüllen. Sie lauten auszugsweise: „... die Nahsehfähigkeit muss ausreichen, um die Jaeger-Nummer-1-Buchstaben oder Times Roman 4,5 oder gleichwertige Sehzeichen (mit einer Höhe von 1,6 mm) in einem Abstand von nicht weniger als 30 cm mit mindestens einem Auge, mit oder ohne Sehhilfe, lesen zu können.“ Die dokumentierten Prüfungen der Sehfähigkeit müssen mindestens einmal jährlich durchgeführt werden.

Das **Prüfaufsichtspersonal**, das für die Auswahl der Prüfverfahren verantwortlich ist und die Prüfungen abschließend bewertet, müsste eigentlich nach „gesundem Menschenverstand“ eine Stufe höher qualifiziert sein als das Prüfpersonal selbst, also Stufe 3 bei Stufe-2-Prüfpersonal und Stufe 2 bei Stufe-1-Prüfpersonal. Entsprechende Überlegungen waren aber im Arbeitsausschuss CEN/TC135 aufgrund der oben genannten Liberalisierungstendenz von jeher umstritten. In der deutschen Stahlbaupraxis verzichtet man nach Kenntnis der Verfasser ebenfalls auf eine speziell höhere Anforderung für Prüfaufsichtspersonal.

Inspektion nach dem Schweißen — Zu II.12.4.2

Zeitpunkt — Zu II.12.4.2.1

<1> Zu Abs. 1 und Tabelle II.23 – Mindestwartezeiten vor Durchführung der ZfP

Risse im Schweißgut oder in der Wärmeeinflusszone, die durch **Wasserstoff** verursacht werden, der nicht vor der Erstarrung aus dem Schweißgut entweichen konnte, sind zeitverzögerte Risse infolge Wasserstoffversprödung. Sie treten erst nach dem Abkühlen der Schweißnaht auf und werden deshalb auch als **Kaltrisse** bezeichnet. Es ist vorgekommen, dass eine zerstörungsfreie Prüfung unmittelbar nach dem Abkühlen von betriebsinternen Prüfern durchgeführt und die Schweißnaht als fehlerfrei gekennzeichnet wurde, dass dann aber einige Tage später bei einer weiteren Prüfung durch eine externe Abnahmeorganisation wasserstoffinduzierte Risse (Kaltrisse) festgestellt wurden, die erst nach der ersten betriebsinternen Prüfung aufgetreten sind. Das soll durch die in Tabelle II.23 festgelegten Mindestwartezeiten vom Abkühlen einer Schweißnaht bis zur Durchführung der zerstörungsfreien Prüfung vermieden werden. Die Wartezeiten sind von drei Parametern abhängig: Die Wahrscheinlichkeit des Auftretens von wasserstoffinduzierten Rissen steigt mit größerer Schweißnahtdicke (Kehlnahtdicke oder Blechdicke bei Stumpfnähten – siehe Fußnote „b“ von Tabelle II.23), mit der eingebrachten Wärmemenge und mit der Streckgrenze des verwendeten Grundwerkstoffes.

Die ursprüngliche Tabelle mit Wartezeiten war im CEN-Arbeitsausschuss TC 135 von Anfang an heftig diskutiert worden. Sie war für die Ausgabe 2011 der EN 1090-2 hinsichtlich der Werkstoffe und der Wartezeiten gegenüber den ursprünglich noch strengeren Vorstellungen einiger Ausschussmitglieder aus anderen europäischen Ländern „entschärft“ worden. In der aktuellen Ausgabe von EN 1090-2 sind nunmehr die Vorgaben für die Mindestwartezeiten weiter „entschärft“ worden, indem erstens der unlegierte Standardbaustahl S235 aus der Tabelle II.23 ganz herausgenommen wurde – bei S235 gibt es keine Wasserstoffversprödung. Zweitens muss die ursprüngliche Tabelle aus der 2011er Ausgabe nur noch angewendet werden, wenn die Vorwärmtemperatur mit der **Methode A** nach EN 1011-2:2001, Annex C, ermittelt wurde. Für Vorwärmprozesse, die mit **Methode B** ermittelt wurden, gibt es jetzt in Tabelle II.23 zusätzlich eine stark vereinfachte und großzügigere Untertabelle.

Hinter den beiden genannten Vorwärmmethoden stehen, wie man in EN 1011-2:2001 nachlesen kann, zwei unterschiedliche in Europa „gelebte" Philosophien, wie man wasserstoffinduzierte Risse in Schweißkonstruktionen aus unlegiertem Stahl, Feinkornbaustahl und niedriglegiertem Stahl vermeidet. In Deutschland wird in aller Regel Methode B angewendet, sie arbeitet mit höheren Vorwärmtemperaturen (vgl. die ausführliche Kommentierung zu II.7.5.5). Die entsprechend vereinfachte Untertabelle ist deshalb von deutscher Seite in die Ausschussarbeit eingebracht worden.

Da beide Untertabellen der Tabelle II.23 bei Schweißen mit Vorwärmen gelten, liegt die Frage nahe, ob man, wenn nicht vorgewärmt wird, d. h. wenn man offensichtlich keine Gefahr für Wasserstoffversprödung sieht, mit den ZfP unmittelbar nach dem Schweißen beginnen darf. Dem ist nicht so – auch dann sollte eine gewisse Zeit gewartet werden. Im Übrigen sei darauf hingewiesen, dass im ersten Satz des vorliegenden Normtextes „darf **im Allgemeinen** nicht vor Ende der Mindestwartezeit ..." steht. Ein versierter Stahlbauer wird sich im Sinne seiner Qualitätsoptimierung selbst für vernünftige Wartezeiten entscheiden; Tabelle II.23 kann dafür Hilfestellung leisten.

<2> Zu Abs. 2 – Reduzierung der Wartezeiten vor Durchführung der ZfP

Zusätzlich zum Vorwärmen vor dem Schweißen kann die Gefahr des Auftretens von wasserstoffinduzierten Rissen weiter reduziert werden, wenn das Entweichen von Wasserstoff aus dem Schweißgut und aus der Wärmeeinflusszone dadurch unterstützt wird, dass unmittelbar nach dem Abschluss der Schweißarbeiten nachgewärmt wird, d. h. eine Wasserstoffarmglühung („*Soaking*" im englischen Sprachgebrauch) durchgeführt wird. Hinsichtlich dieser Nachwärmung verwies der Normtext in der 2011er Ausgabe von EN 1090-2 auf den Anhang C von EN 1011-2:2001. Dieser Hinweis ist jetzt weggefallen, obwohl dort durchaus einige sachdienliche Empfehlungen zum Nachwärmen zu finden sind. Ohnehin ist aber das Nachwärmen im deutschen Stahlbau eher unüblich, weil größere Bauteile als Ganzes nicht nachgewärmt werden können, örtliches Nachwärmen aber die Gefahr von Verzug in sich birgt. Man hält sorgfältiges Einhalten der Vorwärmtemperatur auch bei den Zwischen- und Decklagen für den geeigneteren Weg.

<3> Zu Abs. 3 – unzugänglich werdende Schweißnähte

Alle Schweißnähte, die bei Fertigungsfortschritt nicht mehr überprüft werden können, weil sie durch andere Bauteile verdeckt werden, müssen nach dem Schweißen, d. h. vor dem weiteren Zusammenbau, inspiziert werden. Beispiele sind Halsnähte von geschweißten T-Profilen, die nach dem Schweißen durch zusätzliche Steifen zwischen den Gurten und Stegen verdeckt werden, oder alle Schweißnähte in einem Kastenträger, der voll geschlossen wird. „Inspizieren" bedeutet, dass zumindest eine Sichtprüfung vor dem Verdecken der Schweißnähte durchgeführt werden muss. Falls für eine solche Naht eine routinemäßige ergänzende ZfP erforderlich ist (siehe II.12.4.2.3), muss das natürlich auch vor dem Verdecken geschehen. Ergänzend sei darauf hingewiesen, dass man nicht vergessen darf, Zeit für eine evtl. erforderlich werdende Reparatur einzuplanen.

<4> Zu Abs. 4 – Schweißnähte in Bereichen korrigierter Verformungen

Mit „Verformungen" (englisch „*distortion*") sind hier Schweißverzüge/-verwindungen/-verwerfungen gemeint. Wurden sie bei der geometrischen Überprüfung als unzulässig identifiziert, d. h. hatten sie die Nichtkonformität des Bauteils zur Folge, so mussten sie korrigiert werden (vgl. zu II.12.3 <3>), z. B. durch Flammrichten nach II.6.5.3. Nach solchen Korrekturen müssen die im Bereich der Korrekturmaßnahmen gelegenen Schweißnähte erneut inspiziert werden, zumindest durch Sichtprüfung. Ob ggf. weitere ergänzende ZfP-Verfahren eingesetzt werden müssen, ist abhängig von der Art der durchgeführten Korrekturmaßnahmen und der Art und dem Umfang der ursprünglich im Inspektions- und Prüfplan geforderten zerstörungsfreien Prüfungen.

Musterprüfung **Zu II.12.4.2.2**

<1> Zu Abs. 1 – Die ersten fünf Schweißanschlüsse aufgrund eines neuen WPQR

Eine Schweißanweisung (WPS) muss, wie in Kapitel II.7 ausführlich dargelegt, durch ein Verfahren zur Qualifizierung einer vorläufigen Schweißanweisung (pWPS) nach EN ISO 15607 und nach dem für die jeweilige Schweißprozessgruppe zuständigen Teil der Normenreihe EN ISO 15609 auf der Grundlage eines WPQR für die Fertigung freigegeben sein (vgl. zu II.7.4.1 und Tabelle II.12). Dabei ist aber zu bedenken, dass diese Qualifizierung – sei es durch den Einsatz eines Standardschweißverfahrens nach EN ISO 15612 oder durch eine vorgezogene Arbeitsprüfung nach EN ISO 15613 oder durch eine Schweißverfahrensprüfung nach EN ISO 15614-1 – in der Regel bei optimalen Schweißbedingungen erfolgt ist.

Deshalb werden im vorliegenden Abschnitt von EN 1090-2 für die ersten fünf Anschlüsse, die nach der ersten auf der Grundlage eines **neuen WPQR**, d. h. eines beim Hersteller neu qualifizierten Schweißverfahrens, erstellten WPS[8] in der Werkstatt oder bei der Montage, d. h. unter realen Fertigungsbedingungen, geschweißt werden, folgende erhöhten Anforderungen formuliert:

(a) Die ausgeführten Schweißnähte müssen – unabhängig von den Routineanforderungen im Abschnitt II.7.6.1 – die Bewertungsgruppe B nach EN ISO 5817 erfüllen. Deshalb sollten diese fünf „Probeanschlüsse" einer besonderen Beachtung unterliegen, z. B. bei der Auswahl des einzusetzenden Schweißers oder Bedieners, um anschließend dessen Erfahrung beim Umsetzen der neuen WPS auswerten und erforderliche Verbesserungen einleiten zu können.

(b) Die zu prüfende Prüflänge muss insgesamt mindestens 900 mm betragen. Das sind ca. zwei normale Filmlängen bei der Durchstrahlungsprüfung. Das kann bei sehr geringen Schweißnahtlängen bedeuten, dass auch mehr als fünf Probeanschlüsse geprüft werden müssen, um in der Summe auf 900 mm zu kommen.

Die dritte in der 2011er Ausgabe von EN 1090-2 noch vorhandene Forderung, nämlich mit einem gegenüber der Routineprüfung nach Tabelle II.24 verdoppelten Prüfumfang zu prüfen, hat man fallen gelassen. Man hält die Forderung, die ersten 900 mm zu 100 % zu prüfen, für ausreichend streng.

<2> Zu Abs. 2 und Anmerkung – Vorgehen bei fehlerbehafteten Ergebnissen

Werden bei den Prüfungen der fünf Probeanschlüsse mit einer neuen WPS unzulässige Ausführungsfehler festgestellt, muss zunächst die Fehlerursache geklärt werden. Eine weitere Prüfung oder eine Fehlerbeseitigung – und dies gilt grundsätzlich für alle in der Werkstatt oder bei der Montage festgestellten Fehler (!) – sollte erst erfolgen, wenn es sich zweifelsfrei um Handfertigkeitsfehler des Schweißers oder um eine falsche Anwendung der WPS handelt. Bei anderen Fehlerursachen muss ggf. die konstruktive Gestaltung oder die verwendete Kombination Grundwerkstoff-Schweißzusatz-Schweißhilfsstoff hinterfragt und notfalls geändert werden. Das heißt auch, dass ggf. Korrekturen an der WPS vorgenommen werden müssen, in hartnäckigen Fällen sogar, dass der WPQR und/oder das Schweißverfahren und die Vorgaben für die Schweißproben zum Erstellen des WPQR in Frage gestellt werden müssen (siehe auch zu II.12.4.2.7 <3>).

Die im Normtext jetzt undatiert in Bezug genommene **EN ISO 17635** – statt der in der 2011er Ausgabe von EN 1090-2 noch datiert herangezogenen EN 12062:1997 – enthält nur einen allgemeinen Hinweis zum Prüfumfang: „Der Prüfumfang muss in einer Anwendungsnorm angege-

---

8 In der 2011er Ausgabe lautete die Formulierung noch: „Für die ersten Anschlüsse, die nach derselben neuen WPS geschweißt werden, müssen ..." Das wurde in Deutschland, sprachlich korrekt, so interpretiert, dass tatsächlich für jede neue WPS die Prozedur mit fünf verstärkt geprüften Anschlüssen durchgezogen wurde. Es hat sich aber herausgestellt, dass das in den meisten anderen europäischen Ländern wesentlich großzügiger interpretiert wurde, was einen erheblichen Wettbewerbsvorteil bedeuten kann. Deshalb jetzt die auf einen „neuen WPQR" abhebende Formulierung (statt auf eine „neue WPS"). Damit wird berücksichtigt, dass es durchaus Fälle gibt, in denen mehrere WPS auf der Basis einer Verfahrensprüfung erstellt werden, z. B. wenn für eine bestimmte Stahlsorte eine Stumpfnaht für einen größeren Dickenbereich abgedeckt werden soll und je eine Verfahrensprüfung mit der maximalen und der minimalen Wärmeeinbringung durchgeführt wird.

ben oder in einer Spezifikation festgelegt sein“; ferner zwei ebenso allgemeine Hinweise über unzulässige Inhomogenitäten: „Wenn unzulässige Inhomogenitäten festgestellt werden, müssen die Kriterien in der Anwendungsnorm angegeben oder in einer Spezifikation festgelegt sein“ und „wenn unzulässige Inhomogenitäten behoben werden, muss die Schweißnaht üblicherweise mindestens in derselben Weise wieder geprüft werden, wie es für die ursprüngliche Schweißnaht gefordert wird“. Insofern ist den Verfassern nicht klar, was der Verweis an dieser Stelle auf EN ISO 17635 bringen soll, er ist so gut wie nutzlos.

Der in der Anmerkung genannte Zweck der Musterprüfung, durch den erhöhten Prüfumfang und die höhere Bewertungsgruppe solle sichergestellt werden, dass später in der laufenden Fertigung abnahmefähige Schweißnähte hergestellt werden, ist einleuchtend. Anders formuliert: Es geht um Fehler, die nicht in der individuellen Schweißausführung, sondern in der verwendeten Schweißanweisung liegen, das bedarf keines weiteren Kommentars. Der Hinweis auf das Flussdiagramm im informativen Anhang II.K macht in dieser Anmerkung allerdings keinen Sinn. Er gehört eigentlich in II.7.4.1.1 und sollte, wie im dortigen Kommentar <1> ausgeführt, bei der Erstellung und Qualifizierung von vorläufigen Schweißanweisungen beachtet werden, da er das Verstehen der Qualifizierungsprozedur erleichtert.

Zu II.12.4.2.3 Routinemäßige Inspektion und Prüfung

<1> Zu Abs. 1 – Erfordernis einer Sichtprüfung (VT) und ggf. einer zusätzlichen Oberflächenprüfung

Wie in Deutschland schon immer vorgeschrieben, so müssen auch nach EN 1090-2 grundsätzlich **alle** Schweißnähte einer Sichtprüfung über ihre gesamte Länge, d. h. zu **100 %** unterzogen werden. Diese Sichtprüfung nach Beendigung des Schweißvorganges darf von Schweißern, Bedienern oder Schweißaufsichtspersonen oder von geeignetem, d. h. qualifiziertem Prüfpersonal (vgl. zu II.12.4.1 <3>) durchgeführt werden. Primäres Ziel der Schweißnaht-Sichtprüfung ist das Überprüfen der lokalen äußeren Merkmale im Zulässigkeitsbereich der jeweils maßgebenden Bewertungsgruppe (vgl. zu II.7.6.1 <2>). Ziel der Sichtprüfung sind aber auch die Vorgaben der Planungsunterlagen (Werkstattzeichnung usw.) für die Schweißnähte wie Vorhandensein, Lage und Abmessungen. Weitere Einzelheiten zur Sichtprüfung siehe Normabschnitt II.12.4.2.5.

Sofern Oberflächenunregelmäßigkeiten („*surface breaking defects*“) bei der Sichtprüfung festgestellt werden, d. h. bei positivem **äußeren** Befund (siehe zu II.12.4.2.5 <2>), ist zu vermuten, dass die Handfertigkeit des eingesetzten Schweißers nicht ausreichend war oder die Schweißanweisung vom Schweißer oder Bediener nicht richtig angewendet worden ist und deshalb eventuell auch **innere** unzulässige Unregelmäßigkeiten vorhanden sind.

Deshalb muss im Bereich der festgestellten Oberflächenunregelmäßigkeiten anschließend zumindest eine Oberflächenrissprüfung durchgeführt werden. Bei ferritischen Stählen kann das wahlweise eine Eindringprüfung (PT) oder eine Magnetpulverprüfung (MT) sein (siehe II.12.4.2.6). Bei austenitischen Stählen kommt nur die PT-Prüfung in Frage.

<2> Zu Abs. 2 bis 11 (außer 9) sowie Tabelle II.24 – Erfordernis und Umfang der routinemäßigen ergänzenden ZfP

Die Reihenfolge der in den Absätzen 2 bis 11 von II.12.4.2.3 gebrachten Regelungen zu den routinemäßigen ergänzenden ZfP ist nicht ganz logisch, die Kommentierung erfolgt deshalb etwas anders geordnet.

<2.1> Zur Definition der ergänzenden ZfP

Die in <1> behandelte Sichtprüfung ist per se eine zerstörungsfreie Prüfung (ZfP), abgekürzt mit VT („*visual testing*“); sie hat quasi einen Sonderstatus unter den ZfP. Unabhängig vom Ergebnis der Sichtprüfung ist diese ab Ausführungsklasse EXC2 routinemäßig durch weitere zerstörungsfreie Prüfungen zu **ergänzen**, deshalb „ergänzende“ ZfP. Diese ergänzenden ZfP müssen sowohl Oberflächenunregelmäßigkeiten als auch innere Unregelmäßigkeiten erfassen. Als ergänzende ZfP-Methoden kommen im Wesentlichen die vier in II.12.4.2.6 aufgeführten klassischen Methoden PT, MT, UT und RT infrage (siehe dortige Kommentare). Wurden nach der Sichtprüfung wegen festgestellter Oberflächenunregelmäßigkeiten bereits Oberflächenrissprüfungen durchgeführt, so dürfen diese in den nachfolgend diskutierten, vorgeschriebenen Prüfumfang eingerechnet werden, sofern sich das mit dem Prüfplan vereinbaren lässt. Anderenfalls kommen die bei der Sichtprüfung gefundenen unsicheren Bereiche noch hinzu.

<2.2> Zum Umfang der routinemäßigen ergänzenden ZfP

Nach bestandener Musterprüfung gemäß II.12.4.2.2, d. h. nach erfolgreicher Erprobung einer neuen WPS mit Hilfe der fünf „Probeanschlüsse", gilt als bewiesen, dass die geforderten Qualitätsanforderungen mit dieser WPS unter Fertigungsbedingungen erreicht werden **können**. Danach gilt für alle mit dieser WPS in der Werkstatt oder auf der Baustelle „routinemäßig" geschweißten Nähte, dass sie stichprobenartig ergänzenden ZfP mit dem Prüfumfang nach **Tabelle II.24** zu unterziehen sind. Damit soll sichergestellt werden, dass die Nahtqualität in der laufenden Fertigung auch **tatsächlich** immer erreicht wird.

Die prozentualen Angaben (p %) in Tabelle II.24 beziehen sich jeweils auf ein **Prüflos**. Darunter ist die Gesamtheit der Nähte zu verstehen, die über einen Jahreszeitraum nach derselben, mit Hilfe einer Musterprüfung nach II.12.4.2.2 erprobten (qualifizierten) WPS geschweißt werden. Die angegebenen Prozentsätze sind kumulierte Gesamtbeträge der Stichproben jedes Prüfloses. Sie beziehen sich also auf die laufende Fertigung, **nicht** automatisch auf jedes einzelne Bauvorhaben. Es darf also theoretisch durchaus kleinere Projekte geben, die gar nicht erfasst werden, z. B. wenn überwiegend für denselben Auftraggeber gearbeitet wird und die einzelnen Objekte sich stark ähneln. In der Regel verlangt allerdings jeder Auftraggeber den Mindestprüfumfang für sein Objekt. Das gilt insbesondere in der Montage, da die Bedingungen auf jeder Baustelle spezifisch sind.

Zu Tabelle II.24 ist anzumerken, dass sie de facto nur für die beiden Standard-Ausführungsklassen des Stahlbaus, EXC2 und EXC3, gilt. Die einfachste Ausführungsklasse EXC1 wird in der Tabelle nur pro forma für den äußerst seltenen Fall aufgeführt, dass man in einem kleinen Stahlbaubetrieb Stumpfnähte in höherfestem Stahl ab S420 schweißen will; für Deutschland ist das sowieso irrelevant, weil in Ausführungsklasse EXC1 nur Stähle bis S275 verarbeitet werden dürfen (vgl. zu II.4.1.2 <2.2>).

Die höchste Ausführungsklasse EXC4 wird in Tabelle II.24 gar nicht aufgeführt, sondern verbal abgehandelt: „muss der Umfang der ergänzenden ZfP für jede einzelne Naht individuell festgelegt werden" (Abs. 3). Das macht Sinn, denn EXC4 stellt eine absolute Ausnahme dar und kann nicht einfach pauschal abgehandelt werden. Dabei muss aber mindestens der Prüfumfang von EXC3 erreicht werden (siehe II.12.4.2.4, Abs. 2).

Ferner ist auf zwei wesentliche Änderungen in Tabelle II.24 gegenüber der 2011er Ausgabe hinzuweisen: Erstens ist bei den querverlaufenden Stumpfnähten die praxisfremde Abhängigkeit vom statischen Ausnutzungsgrad U weggefallen. Und zweitens ist bei den querverlaufenden Kehlnähten die Grenzblechdicke von 20 mm auf 30 mm erhöht worden – eine sinnvolle Entschärfung der ZfP-Pflicht für Kehlnähte.

<2.3> Zur Auswahl der mit ZfP zu prüfenden Schweißnahtbereiche

Für die Auswahl der innerhalb einer p %-Stichprobe zu kontrollierenden Nahtabschnitte nennt die Norm zwei Sätze von Kriterien: Erstens muss die Stichprobe **repräsentativ** sein, das heißt die relevanten Parameter Schweißnahtart, Stahlsorte des Grundwerkstoffes, Schweißprozess/-ausrüstung und Schweißer müssen abgedeckt sein (Abs. 8). Vor allem dem ersten dieser Parameter kommt große Bedeutung zu. Mit ihm ist auch gemeint, dass die jeweils schwierigsten Schweißnahtbereiche erfasst werden müssen – z. B. Nahtkreuzungen, Nahtansätze und Nahtenden.

Zweitens müssen bei der Auswahl gewisse **Längenkriterien** eingehalten werden (Abs. 7). Sie stammen wörtlich aus dem Anhang C der früheren EN 12062 und sollten beim Umstellen auf EN ISO 17635 nicht verloren gehen. Dabei spielt das Maß 900 mm eine zentrale Rolle. Ist das Prüflos so klein, dass die Gesamtlänge ihrer Nähte kleiner als 900 mm ist, muss mindestens eine von ihnen entlang ihrer individuellen gesamten Länge geprüft werden, auch wenn damit die p % überschritten werden; das gilt auch im Grenzfall nur einer einzigen Naht. Sind alle Nähte eines Prüfloses kürzer als 900 mm, müssen ausgewählte einzelne von ihnen, deren Gesamtlänge p % beträgt, entlang ihrer jeweils individuellen gesamten Länge geprüft werden. Im Normalfall eines Prüfloses mit Nähten sowohl kleiner als auch größer als 900 mm, sind alle Nähte über mindestens p % ihrer individuellen Länge zu prüfen.

Besonders kritische Bereiche, die bei der stichprobenhaften Prüfung in jedem Fall erfasst werden sollen, dürfen in den Ausführungsunterlagen – z. B. Ausführungs- oder Fertigungszeichnungen, Schweißplan, Inspektions- und Prüfplan (vgl. zu II.4.1.1) – besonders gekennzeichnet werden (Abs. 10). Sofern darüber hinaus ein bestimmtes Prüfverfahren gefordert wird – z. B. Durchstrahlungsprüfung (RT) –, muss dies ebenfalls in den Ausführungsunterlagen enthalten sein. Dabei kann auch der spezielle Prüfumfang von kritischen Nahtbereichen angegeben werden. Diese speziell benannten Prüfungen dürfen – analog zu den von der Sichtprüfung her veranlassten Oberflächenrissprüfungen (vgl. <2.1>) – ebenfalls in den Prüfumfang der routinemäßigen Kontrollen eingerechnet werden, sofern mit dem Prüfplan vereinbar.

<2.4> Zur Auswahl der zu verwendenden ZfP-Verfahren

Die Auswahl der für die ergänzenden ZfP zu verwendenden Prüfverfahren setzt eine profunde Sachkenntnis voraus. Die sollte beim zuständigen Schweißaufsichtspersonal vorhanden sein, deshalb macht die entsprechende Festlegung in Abs. 5 des vorliegenden Normabschnittes durchaus Sinn. Allerdings wird man in Fällen, in denen die ZfP-Prüfungen von einer externen Prüfinstanz oder -firma durchgeführt werden, deren Prüfaufsicht auch hinzuziehen.

<2.5> Zum Vorgehen bei positivem Befund von ergänzenden ZfP

Wie schon bei der Musterprüfung (vgl. zu II.12.4.2.2 <2>), so findet man auch hier in Abs. 11 als angebliche Hilfestellung für die obligatorische Suche nach der Ursache für fehlerbehaftete Ergebnisse den Verweis auf **EN ISO 17635**, diesmal jedoch datiert auf die aktuelle Ausgabe 2016, und zwar konkret auf den Anhang C – nur: EN ISO 17635 hat gar keinen Anhang C! Der Verweis ist also noch nutzloser als bei der Musterprüfung. Eigentlich ist es schade, dass es die traditionsreiche Schneeball-Regelung „für jede Fehlerstelle zwei neue links und rechts daneben“ nicht mehr gibt.

<2.6> Zu den Änderungen bei den ZfP gegenüber den früheren deutschen Normen

In der ersten Auflage dieses Kommentarbuches zu EN 1090-2 [V68] wurden die ZfP-Änderungen – sie bedeuteten überwiegend eine Verschärfung gegenüber DIN 18800-7 [R73] – noch ausführlich dargestellt, weil sie neu waren. Die Thematik wurde seinerzeit vor dem Hintergrund der technologischen Möglichkeiten und Verfahrensgrenzen z. B. in [V85] diskutiert. Hier wird darauf nicht mehr weiter eingegangen, die Änderungen sind inzwischen Routine.

<3> Zu Abs. 9 – Reduktion des Prüfumfangs in besonders guten Werkstätten

Die hier eröffnete Möglichkeit, bei nachgewiesener und dokumentierter, ständig guter Qualität eines bestimmten Schweißnahttyps den Umfang der routinemäßigen ZfP gegenüber Tabelle II.24 nach eigenem Ermessen des zuständigen Schweißaufsichtspersonals zu reduzieren, ist neu. Dieser Passus – quasi eine Art Belohnung für ausgesprochen sorgfältiges Arbeiten – kann eine erhebliche Erleichterung darstellen. Entsprechend streng ist die Voraussetzung, an die die Erleichterung geknüpft ist, nämlich die Einführung regelmäßig-dreimonatlicher fertigungsbegleitender Probeschweißungen.

Der ganze Passus wurde von deutscher Seite in die Ausschussarbeit eingebracht, vor allem auf Drängen kleiner und mittlerer Metallbaubetriebe. Inhaltlich gemeint ist, dass die routinemäßige ZfP bei Kehlnähten – sie sind hier mit „Nähten eines bestimmten Typs“ vor allem gemeint – durch einfaches Aufbrechen und Bewerten von Probeschweißungen (z. B. Kehlnahtprüfstücke nach

EN ISO 9017 [R203]) in regelmäßigem Abstand (alle drei Monate) ohne Qualitätseinbuße ersetzt werden kann. Dafür sprechen folgende Argumente:

- Das Aufbrechen von Probeschweißungen ist im Gegensatz zum nachträglichen ZfP-Prüfen eine qualitätssichernde Maßnahme und nicht eine nachträgliche Kontrolle.
- Mit dem Aufbrechen von Probeschweißungen erhält man für Kehlnähte eine qualitative Aussage – im Gegensatz zu ihrer MT- oder PT-Prüfung, bei denen man meistens sowieso kein verwertbares Prüfergebnis bekommt, da der wahrscheinlichste Fehlerfall, die mangelhafte Wurzel (Bindefehler, Rückfälle, ungenügende Durchschweißung usw.), nicht erfasst wird.
- Es ist für einen Stahlbaubetrieb einfacher, eine Probeschweißung aufzubrechen, als eine MT-Prüfung durchzuführen.

Man kommt damit der bewährten und praxisnahen Sicherheitsvorstellung aus früheren DIN-18800-7-Zeiten wieder viel näher als mit den 2011 für Kehlnähte eingeführten pauschal-routinemäßigen MT-/PT-Prüfungen.

Projektspezifische Inspektion und Prüfung

Zu II.12.4.2.4

<1> Zu Abs. 1 und 2 – Benennung von Schweißnähten für die Inspektion/Prüfung in den Ausführungsunterlagen

Wenn für ein konkretes Projekt der Tragwerksplaner/Auftraggeber/Kunde besonderen Wert auf das Inspizieren/Prüfen einer oder mehrerer bestimmter Schweißnähte legt (u. U. sogar auf Veranlassung eines Prüfingenieurs), darf er die dafür geforderten Parameter (Bewertungsgruppe, Umfang, Prüfverfahren) in den Ausführungsunterlagen, z. B. in der Bauteilspezifikation, kenntlich machen. Damit soll nicht die verbindliche Systematik der Tabelle II.24 unterlaufen werden, sondern es handelt sich bei diesen projektspezifischen Prüfungen zunächst einmal um On-Top-Anforderungen. Allerdings dürfen sie – ähnlich wie die durch Sichtprüfungen verursachten zusätzlichen ZfP, vgl. zu II.12.4.2.3 <2.1> – in den nach Tabelle II.24 vorgeschriebenen routinemäßigen ZfP-Prüfumfang eingerechnet werden, sofern sich das mit dem Inspektions- und Prüfplan vereinbaren lässt. Anderenfalls kommen sie hinzu.

Mit diesem neuen Normabschnitt wird im Übrigen nur eine Möglichkeit formalisiert, die es schon immer für den Planer und die zuständige Schweißaufsicht gab, nämlich auf besondere Anforderungen von Schweißnähten einzugehen und dafür Vorgaben zu machen. Das war sowohl in den Ausführungsunterlagen als auch im Inspektions- und Prüfplan oder im QM-Plan (sofern vorhanden) möglich.

Während bei den Ausführungsklassen EXC1 bis EXC3 diese projektspezifische Festlegung eine Option darstellt, ist sie bei Ausführungsklasse EXC4 obligatorisch. Dabei muss mindestens der für EXC3 in Tabelle II.24 vorgeschriebene Prüfumfang erreicht werden.

<2> Zu Abs. 3 – Verwendung von Schweißnahtklassen zur Festlegung der ergänzenden ZfP nach Prüfumfang und Prüfverfahren

Für die Festlegung und Benennung projektspezifisch zu inspizierender/prüfender Nähte darf das Werkzeug „Schweißnahtklassen“ (WIC von „*weld inspection classes*“) herangezogen werden. Es erlaubt die Klassifizierung von Schweißnähten nach ihrer Funktion und Wichtigkeit im jeweiligen Stahltragwerk, neudeutsch als „Kritikalität“ (von „*criticality*“) bezeichnet. Dieses Modewort mag für manchen Anwender befremdlich wirken, es trifft aber als einzige der denkbaren Übersetzungen den Gehalt der betreffenden Aussage. Schweißnähte mit hoher Kritikalität sind solche, die z. B. besonders hoch ausgenutzt sind und/oder besonders schwierig zu schweißen sind (Schweißposition, Zugang zur Schweißnaht) und/oder bei Versagen besonders hohe Schadensfolgen nach sich ziehen würden.

Die Vorgehensweise bei der Auswahl der Schweißnahtklassen WIC und die sich daraus nach Art und Umfang ergebenden ZfP sind als Leitfaden im informativen Anhang II.L beschrieben (siehe Kommentar dazu).

Zu II.12.4.2.5 Sichtprüfung von Schweißnähten

<1> Zu Abs. 1 – Zeitpunkt der Sichtprüfung

Die 100 %-Sichtprüfung (vgl. zu II.12.4.2.3 <1>) muss spätestens nach Abschluss der Fertigung bzw. Montage – ggf. bei unzugänglich werdenden Schweißnähten schon bei Zwischenstopps (vgl. zu II.12.4.2.1 <3>), jedoch nicht vor Ablauf der Mindestwartezeit nach Tabelle II.23 – jeweils vor irgendeinem anderen zerstörungsfreien Prüfverfahren durchgeführt werden. Dadurch können unzulässige äußere Unregelmäßigkeiten rechtzeitig festgestellt und repariert werden, ohne dass sie unentdeckt bleiben oder weitere Reparatur- und Prüfkosten verursachen.

<2> Zu Abs. 2 – Inhalt der Sichtprüfung

Die Sichtprüfung von Schweißverbindungen beinhaltet nicht nur die Kontrolle der äußeren Unregelmäßigkeiten der Schweißnähte nach EN ISO 5817, sondern darüber hinaus – ähnlich wie dies in EN ISO 9606-1 bei Stahlschweißerprüfungen verlangt wird – die Überprüfung zusätzlicher Kriterien. Das sind zunächst Vorhandensein, Vollständigkeit und Lage/Anordnung der Schweißnähte. Besondere Aufmerksamkeit ist aber auch dem Vorhandensein von Schweißspritzern, Schweißschlacke und Zündstellen zu widmen (vgl. zu II.7.5.16 <1>).

Die Sichtprüfung muss unter Prüfbedingungen, die im Abschnitt 2 von **EN ISO 17637** genannt sind, durchgeführt werden. Die einzusetzenden Messgeräte und Lehren sind aus dem informativen Anhang A von EN ISO 17637 zu entnehmen. Die Tabelle 2 im **DVS-Merkblatt 0703** [V9] enthält noch zusätzliche Messwerkzeuge und Lehren, die bei der Sichtprüfung einzusetzen sind.

Der Aufwand der 100%igen Sichtprüfung sämtlicher Schweißnähte eines Tragwerks wird hin und wieder in der Stahlbaupraxis als kostentreibend beklagt. Dem ist entgegenzuhalten, dass der ausführende Schweißer die Sichtprüfung seiner Schweißarbeiten selbst durchführen darf (vgl. zu II.12.4.1 <3> und zu II.12.4.2.3 <1>), wobei die Verantwortung allerdings bei der Schweißaufsichtsperson bleibt. Die Sichtprüfung sollte allerdings in den Vorgabezeiten für die Schweißer enthalten sein.

Bei der Prüfung der Oberflächenbeschaffenheit und der Form der Schweißung sind ggf. zusätzliche Forderungen der Ausführungszeichnungen oder des jeweiligen Anwendungsregelwerks zu beachten, z. B. Einebnen der Schweißnaht oder die Ausführung einer Kehlnaht als Hohlkehlnaht.

Durchgeführte Sichtprüfungen müssen belegt werden. Deshalb ist es erforderlich, dass sie dokumentiert werden. Dabei ist auch das Prüfergebnis festzuhalten. Bild KII.12-1 zeigt ein Beispiel, wie ein Protokoll einer Sichtprüfung aussehen kann.

Sichtprüfungs-Prüfbericht Nr.: V 12J1/2018 **Seite 1 von 2**

Auftraggeber: *Musteramt München*

Bestellnummer: *KJ-2018*

Prüfobjekt: *Stützen, Pläne J-K und C-F vom 26.03.2018 (Anlage 4, Blatt 1 und 2)*

Anforderung. : *TÜV-Prüfbericht Nr. 24011798 vom 22.08.1997: Freiheit von betriebsbedingten Rissen*

Hersteller: *Mustermann München* **Werkstoff:** *C-Stahl*

Probenanzahl: *8 Verbindungsstellen Portalstütze-Stützenkopfstummel*

Prüfdatum: *02.10.2018* **Prüfort:** *Betriebshof München*

Prüfgegenstände: *Verbindung zwischen Portalstütze und Schienenauflager (Stützenkopfstummel). Vgl. Anlage 4 a) Blatt J bis K;*

Prüfvorschrift: *EN ISO 17637* **Prüfumfang:** *Prüfzonen jeweils 100 %*

Zulässigkeitsgrenze: *Rissfrei soweit erkennbar* **Oberfläche:** *metallisch*

Beleuchtung: *LED Handlampe* **optische Hilfsmittel:** ---

Helligkeit an Prüfzone: *ca. 1000 lx* **Luxmeter:** *Labino 2353*

Prüfzone-Nr.:	Befund	Position	Abstand	Länge	Bewertung
Stütze 7.2 Anlage 4 a)	*keine relevanten Anzeigen*	---	---	---	*erfüllt*
Stütze 9.2 Anlage 4 a)	*keine relevanten Anzeigen*	---	---	---	*erfüllt*
Stütze 11.2 Anlage 4 a)	*keine relevanten Anzeigen*	---	---	---	*erfüllt*
Stütze 13.2 Anlage 4 a)	*keine relevanten Anzeigen*	---	---	---	*erfüllt*
Stütze 14.1 Anlage 4 a)	*keine relevanten Anzeigen*	---	---	---	*erfüllt*
Stütze 15.2 Anlage 4 a)	*keine relevanten Anzeigen*	---	---	---	*erfüllt*

Alle genannten Prüfergebnisse beziehen sich ausschließlich auf die bezeichneten Prüfzonen. Die auszugsweise Vervielfältigung dieses Prüfberichts bedarf der schriftlichen Genehmigung des ingenieurbüro ***bernd huber***.

Ort: *München*

Datum: *02.10.2018* **Unterschrift Stufe 3:** **Unterschrift Abnehmer:**

Quelle: Ingenieurbüro B. Huber, München

Bild KII.12-1: Beispiel für das Protokoll einer Schweißnahtsichtprüfung

<3> Zu Abs. 3 – Sichtprüfung bei geschweißten Rohrabzweigungen

Nicht fachgerecht ausgeführte geschweißte Rohrabzweigungen (Abzweigungen von Hohlprofilen) sind bei ermüdungsrelevanter Beanspruchung häufig Ursache von späterem Versagen des Tragwerkes. Deshalb sind diese Abzweigungen besonders sorgfältig durch Sichtprüfung auf unzulässige äußere Unregelmäßigkeiten zu überprüfen. Die hier genannten, besonders kritischen Stellen sind unmittelbar einsehbar und bedürfen keiner Kommentierung. Es muss allerdings darauf hingewiesen werden, dass sich die Wurzelschweißung an Hohlprofilanschlüssen einer Beurteilung durch Sichtprüfung entzieht; das kann man nur durch eine sorgfältige Nahtvorbereitung und Einsatz qualifizierter Schweißer kompensieren.

Zu II.12.4.2.6 Ergänzende ZfP-Verfahren

<1> Zu Abs. 1 – Durchführung der ZfP-Verfahren

Wie schon in II.12.4.1 bezüglich der Auswahl der ZfP-Verfahren (vgl. dortigen Kommentar <2>), so wird auch bezüglich der Durchführung der ZfP-Verfahren wieder auf die allgemeine Anleitungsnorm **EN ISO 17635** für die zerstörungsfreie Prüfung von Schweißverbindungen metallischer Werkstoffe verwiesen. Dort findet man u. a. die Vorgabe, bei Schweißnähten in Werkstoffen, die empfindlich auf wasserstoffinduzierte Rissbildung reagieren, nicht vor Ablauf der erforderlichen Mindestzeit nach dem Schweißen zu prüfen (vgl. zu II.12.4.2.1). Auch muss eine Oberflächenprüfung, sofern vorgesehen, vor jeglicher Prüfung auf innere Inhomogenitäten durchgeführt werden.

Sodann führt EN 1090-2 konkret die vier „klassischen" ZfP-Verfahren mit ihren Prüfnormen auf, die nachfolgend kurz kommentiert werden.

<1.1> Zu (a) – Eindringprüfung (PT)

Die für die Durchführung der Eindringprüfung PT zitierte Norm **EN ISO 3452-1** nennt als Anwendungsbereich das „Auffinden von Fehlern, wie z. B. Rissen, Überlappungen, Falten, Poren und Bindefehlern, die zur Oberfläche des zu prüfenden Werkstoffs hin offen sind". Sie enthält nur allgemeine Grundlagen, während man die für die Beurteilung der Anzeigen benötigten Zulässigkeitsgrenzen in der Norm **EN ISO 23277** [R156] findet. Diese kennt drei Zulässigkeitsgrenzen (1, 2 und 3) für eine Eindringprüfung, wobei „1" die schärfste Anforderung an die Unregelmäßigkeiten stellt. Die Tabelle A.1 „Empfohlene Prüfparameter" des informativen Anhangs A verlangt für Zulässigkeitsgrenze 1 eine „feine Oberfläche". Entspricht der vorhandene Oberflächenzustand nicht dieser Definition, muss durch lokales Schleifen dafür gesorgt werden, dass die Anzeigen eindeutig beurteilt werden können.

<1.2> Zu (b) – Magnetpulverprüfung (MT)

Hier ist der Sachverhalt ähnlich wie bei der Eindringprüfung: Die Durchführung der Magnetpulverprüfung MT erfolgt nach der hier zitierten **EN ISO 17638**, worin die MT-Techniken zum Nachweis von „Unregelmäßigkeiten in der Oberfläche von ferromagnetischen Schweißnähten, einschließlich der Wärmeeinflusszonen, für die meisten Schweißverfahren und Verbindungsarten" beschrieben sind. „In der Oberfläche" schließt Unregelmäßigkeiten in geringer Tiefe mit ein. Die Norm legt jedoch keine Zulässigkeitsgrenzen für die Anzeigen fest, sondern verweist auf EN ISO 23278.

EN ISO 23278 [R157] kennt ebenfalls drei Zulässigkeitsgrenzen (1, 2 und 3) für eine Magnetpulverprüfung. Die Tabelle A.1 „Empfohlene Prüfparameter" des informativen Anhangs A verlangt für die geforderte Zulässigkeitsgrenze 1, wie bei der Eindringprüfung, eine „feine Oberfläche". Letztere ist gemäß Fußnote „a" jener Tabelle wie folgt definiert: „Schweißnaht und Grundwerkstoff mit glatter, sauberer Oberfläche und mit vernachlässigbaren Einbrandkerben, Schuppungen und Spritzern." Erfahrungsgemäß lassen sich ordentlich geschweißte Nähte aller Schweißverfahren mit MT prüfen, wenn man hinsichtlich der Oberfläche folgende Bedingung einhält: Sie muss so vorbereitet werden, dass relevante Anzeigen von Scheinanzeigen unterschieden werden können. Sofern in den werkstoff- und erzeugnisformbezogenen Abschnitten keine besonderen Festlegungen getroffen sind, sollte die mittlere Rauheit R_a nach EN ISO 4287 [R212] den Wert 20 µm nicht überschreiten. Entspricht der vorhandene Oberflächenzustand nicht dieser Definition, muss durch lokales Schleifen dafür gesorgt werden, dass die Anzeigen eindeutig beurteilt werden können.

<1.3> Zu (c) – Ultraschallprüfung (UT)

Die hier zitierte **EN ISO 17640** gilt für die Ultraschallprüfung von „Schmelzschweißverbindungen in metallischen Werkstoffen mit Dicken gleich und größer als 8 mm, bevorzugt für Schweißverbindungen mit voll angeschlossenem Querschnitt, bei denen sowohl Grundmaterial als auch Schweißgut ferritisch sind". Sie kennt vier Prüfklassen (A, B, C und D) mit Zuordnung zu den

Bewertungsgruppen nach EN ISO 5817. Durch einen erhöhten Prüfaufwand, z. B. hinsichtlich der Anzahl der Einschallungen und der Oberflächenbearbeitung, wird von der Prüfklasse A bis zur Prüfklasse D eine zunehmende Auffindwahrscheinlichkeit erreicht, d. h. Prüfklasse D bietet die höchste Auffindwahrscheinlichkeit. Für die Vorgehensweise bei den Zulässigkeitsbetrachtungen und der Bewertung der Anzeigen bietet die Norm zwei Methoden an:

- Die Auswertung basiert vorzugsweise auf der Länge und der Echohöhe der Anzeige;
- die Auswertung basiert auf der Charakterisierung und Größenabschätzung von Anzeigen mit Hilfe von Abtasttechniken.

Die zweite für die Ultraschallprüfung zitierte Norm **EN ISO 23279** legt fest, wie eine Charakterisierung der Anzeigen von Inhomogenitäten vorzunehmen ist, indem sie als von flächigen oder volumenhaften Inhomogenitäten stammend eingeordnet werden [R158].

Die dritte für die Ultraschallprüfung zitierte Norm **EN ISO 13588** fehlt bei den Normativen Verweisungen in Kap. II.2. Sie liegt als Entwurf 2018-03 [R151] vor und behandelt die „automatisierte phasengesteuerte Array-Technologie".

Angaben zu zwei Zulässigkeitsgrenzen (2 und 3) für die UT-Prüfung von voll durchgeschweißten Schweißnähten in ferritischen Stählen, die nach klaren Kriterien den Bewertungsgruppen B und C von EN ISO 5817 zugeordnet werden, findet man in **EN ISO 11666** [R150]. Für Bewertungsgruppe D wird keine Zulässigkeitsgrenze angegeben, da dafür im Allgemeinen keine UT-Prüfung verlangt wird. Etwas verwirrend ist, dass die „inneren Unregelmäßigkeiten" der EN ISO 5817 hier „Inhomogenitäten" genannt werden. Bei ZfP-Experten findet diese neue Norm wenig Anklang.

<1.4> Zu (d) – Durchstrahlungsprüfung (RT)

Beide Teile der hier zitierten Normenreihe **EN ISO 17636** gelten für die Durchstrahlungsprüfung von „Schmelzschweißverbindungen in Platten und Rohren aus metallischen Werkstoffen". Sie beschreiben die eingesetzten Röntgen- und Gammastrahlungstechniken mit Filmen (Teil 1) oder mit digitalen Detektoren (Teil 2), legen aber keine Zulässigkeitsgrenzen für die Anzeigen in den Durchstrahlungsbildern fest. Zulässigkeitsgrenzen für Unregelmäßigkeiten von Stumpfnähten, die RT-geprüft wurden, findet man in der Norm **EN ISO 10675-1** [R148], die aber in EN 1090-2 nicht aufgeführt ist.

Warum für alle vier in EN 1090-2 behandelten ZfP-Verfahren – PT, MT, UT und RT – jeweils nur die Prüfnorm, nicht aber die zugehörige Bewertungsnorm mit Zulässigkeitsgrenzen aufgeführt wird, ist nicht ganz nachvollziehbar.

<2> Zu Abs. 2 – Anwendungsbereiche der ZfP-Verfahren

Die in den angegebenen EN-ISO-Normen jeweils genannten Anwendungsbereiche der einzelnen ZfP-Verfahren wurden bereits in den vorstehenden Kommentaren <1.1> bis <1.4> angesprochen bzw. zitiert. Auf eine detailliertere Kommentierung wird verzichtet, da die Auswahl der Prüfverfahren sowieso eine profunde Sachkenntnis und Erfahrungen des Prüfpersonals erfordert (vgl. zu II.12.4.2.3 <2.4>). Nur folgende Anmerkung mag interessant sein:

Es kann manchmal sinnvoll sein, mehrere ZfP-Verfahren einzusetzen und Zwischenprüfungen durchzuführen, z. B. eine Oberflächenrissprüfung nach Ausarbeitung der Wurzellage vor dem Gegenschweißen. Ebenso können Zwischenprüfungen sinnvoll sein, wenn z. B. bei einer geforderten Durchstrahlungsprüfung die Gesamtdicke der Schweißnaht diese aufgrund der geforderten Prüfklasse nicht mehr zulässt. In diesem Fall wird ein Teilbereich der Schweißnaht in einer Zwischenprüfung durchstrahlt, der Rest wird nach Fertigstellung einer Ultraschallprüfung unterzogen. Ein typischer Anwendungsfall dieser Art ist ein geschweißter Montagestoß eines dicken Gurtplattenpaketes (Bild KII.12-2), basierend auf Bild 6 vom Modul 804.4101 der Ril 804 [R196].

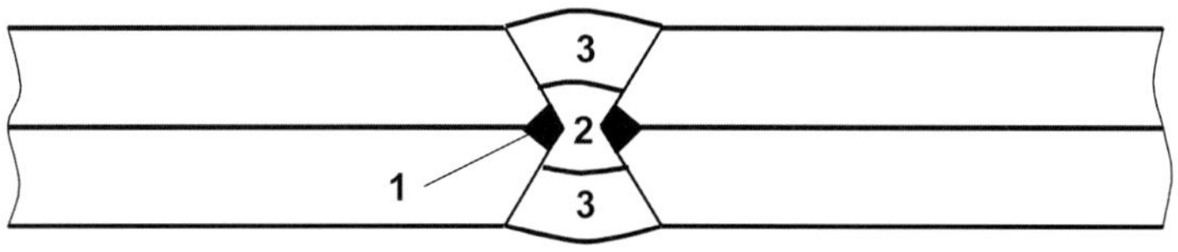

Quelle: Rainer Zwätz †

Bild KII.12-2: Zerstörungsfreie Schweißnahtprüfung eines Montagestoßes dicker Gurtplatten:
1 Stirnfugennaht zum Vorbinden der Gurtplatten,
2 Bereich, dessen Dicke eine Durchstrahlungsprüfung zulässt (Wurzelbereich ausgefugt und gegengeschweißt),
3 Gesamtdicke des Gurtplattenstoßes, der ultraschallgeprüft wird (Ausnahme Wurzelbereich)

Zu II.12.4.2.7 Korrigieren von Schweißverbindungen

<1> Zu Abs. 1 – Qualifiziertes Schweißverfahren für Ausbesserungen

Die hier postulierte Vorschrift, ab Ausführungsklasse EXC2 Schweißnähte an Bauteilen, die unzulässige Unregelmäßigkeiten enthalten, mit den in der Fertigung verwendeten Schweißverfahren auszubessern bzw. zu reparieren, bedeutet de facto, dass in jedem Fall ein qualifiziertes Schweißverfahren eingesetzt werden muss. Es muss aber nicht, wie noch in der 2011er Ausgabe von EN 1090-2 suggeriert, eine qualifizierte spezielle Reparatur-Schweißanweisung vorliegen. Es sei nochmals darauf hingewiesen, dass vor einer Reparatur unbedingt die genaue Fehlerursache bekannt sein muss (vgl. zu II.12.4.2.2 <2> und zu II.12.4.2.3 <2.5>), insbesondere wenn es sich um systematische, sich ständig wiederholende Unregelmäßigkeiten handelt (siehe <3>).

<2> Zu Abs. 2 – Überprüfung ausgebesserter Schweißnähte

Dieser Normabsatz enthält eigentlich Selbstverständliches. Werden Schweißnähte von Bauteilen nachgebessert (z.B. nachgearbeitet durch Schleifen, Fugen und/oder durch Schweißen), weil sie unzulässige Unregelmäßigkeiten aufwiesen, so müssen danach die ursprünglich gestellten Anforderungen von den nachgebesserten Schweißnähten erreicht werden.

<3> Ergänzender Kommentar zu systematischen Schweißnahtunregelmäßigkeiten

EN 1090-2 enthält leider keine Angaben über eine gesonderte Bewertung so genannter „systematischer Schweißnahtunregelmäßigkeiten“ im Sinne von **EN ISO 5817**. Dort wird der Begriff wie folgt definiert: „Unregelmäßigkeiten, die sich in regelmäßigen Abständen in der Schweißnaht über die untersuchte Schweißnahtlänge wiederholen; dabei liegen die Abmessungen der einzelnen Unregelmäßigkeiten innerhalb der Zulässigkeitsgrenzen“ (gemeint sind damit die Werte der Tabelle 1 von EN ISO 5817 für die drei Bewertungsgruppen B, C und D; vgl. zu II.7.6.1 <2>. Es geht also um ein Unregelmäßigkeitsmerkmal, das zwar einzeln gesehen die vorgegebene Grenze einhält, aber dadurch auffällig wird, dass es systematisch in regelmäßigen Abständen auftritt.

Systematische Schweißnahtunregelmäßigkeiten zeugen von einem Verfahrensfehler. Sie sind besonders scharf zu bewerten, d.h. sie können in der Summe problematisch sein, selbst wenn die Einzelunregelmäßigkeit, wie vorstehend ausgeführt, zulässig ist. Obwohl in EN 1090-2 nicht explizit gefordert, wird empfohlen, systematische Unregelmäßigkeiten in den Bewertungsgruppen B und C nicht zu tolerieren.

Bei vorliegenden systematischen Unregelmäßigkeiten muss das Schweißverfahren ggf. durch Schweißen einer Arbeitsprobe überprüft werden, um sicherzustellen, dass derartige systematische Schweißnahtunregelmäßigkeiten zukünftig vermieden werden können. Dazu kann es erforderlich sein, die Schweißparameter zu ändern, und im Extremfall kann das zu einer neuen Verfahrensqualifizierung führen (vgl. zu II.7.4.1).

Inspektion und Prüfung geschweißter Kopfbolzen für Verbundtragwerke aus Stahl und Beton

Zu II.12.4.3

<1> Vorbemerkung zur Überschrift

Die Überschrift dieses Abschnittes von EN 1090-2 verweist formal nur auf die Inspektion und Prüfung geschweißter **Kopfbolzen** für Verbundtragwerke. Es wird dringend empfohlen, auch andere Bolzenschweißverbindungen, zum Beispiel mit **Gewindebolzen** (vgl. zu II.5.7 und zu II.7.5.12), sinngemäß nach diesem Abschnitt zu inspizieren und zu prüfen!

<2> Zu Inspektionen und Prüfungen nach EN ISO 14555

EN 1090-2 führt im Abschnitt II.7.4.1.3 in Tabelle II.13 als Norm für die Qualifizierung von Bolzenschweißverfahren **EN ISO 14555** auf. Danach muss die Qualifizierung in der Regel durch eine Verfahrensprüfung oder eine vorgezogene Arbeitsprüfung erfolgen. Im Zusammenhang mit dem Schweißen der Bolzen wird in Abschnitt II.7.5.12 erneut auf EN ISO 14555 verwiesen. Da nun im vorliegenden Normabschnitt auch hinsichtlich Inspektion und Prüfung der geschweißten Bolzen wiederum pauschal auf EN ISO 14555 verwiesen wird, werden nachfolgend einige Details aus dieser Norm angesprochen und kommentiert.

<2.1> Zur Verfahrensprüfung für die Qualifizierung von Bolzenschweißverfahren

Bolzenschweißverbindungen müssen bei der **Schweißverfahrensprüfung** nach EN ISO 14555 spezielle Annahmekriterien für die inneren und äußeren Unregelmäßigkeiten erfüllen. Die Anzahl der mindestens zu schweißenden Bolzen hängt vom Schweißverfahren (Prozess 783 oder 784, vgl. zu II.7.5.12) und vom Bolzendurchmesser ab. Es wird empfohlen, für Einstellversuche und Ersatzproben jeweils eine ausreichende Anzahl zusätzlicher Bolzen an den Prüfstücken vorzusehen. Von den geschweißten Bolzen sind – zusätzlich zur 100%igen Sichtprüfung – unterschiedliche Anzahlen den verschiedenen weiteren Prüfungsarten (Biegeprüfung, Zugprüfung usw.) zu unterwerfen.

Einen guten Einblick in Form und Tiefe des Einbrandes und in innere Unregelmäßigkeiten bieten die geforderten Makroschliffe durch die Bolzenmitte. Bild KII.12-3 zeigt Makroschliffe von fehlerhaften Bolzenschweißungen. Der in Bild KII.12-3a wiedergegebene Lunkerriss aufgrund einer zu geringen Hubeinstellung ist einer der häufigsten Fehler beim Bolzenschweißen.

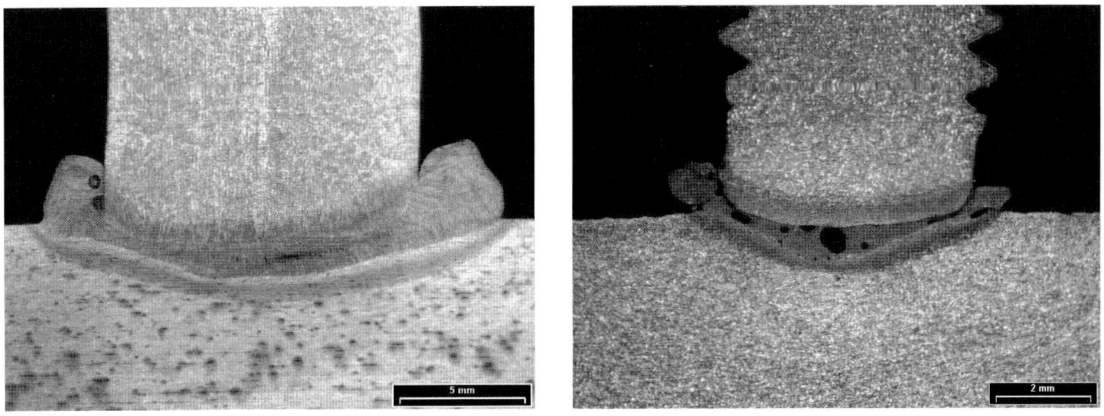

a) b)

Quelle: Rainer Zwätz †

Bild KII.12-3: Makroschliffe durch die Bolzenmitte von geschweißten Bolzen:
a) Schweißung mit Lunkerriss, b) Schweißung mit Poren und Bindefehlern

Bei Herstellern vorgefertigter Bauteile mit im Werk angeschweißten Bolzen, die damit auch in den Verantwortungsbereich der in EN 1090-1 für die CE-Kennzeichnung geforderten werkseigenen Produktionskontrolle (WPK) fallen, bietet es sich an, die Verfahrensprüfung für die Qualifizierung im Rahmen der Erstinspektion oder laufenden Überwachung der WPK durch die

Zertifizierungsstelle durchzuführen. Für Bolzenschweißungen, die bei der Montage auf der Baustelle erforderlich werden, sollte eine Arbeitsprüfung projektorientiert vor Ort durchgeführt werden.

<2.2> Zur Prozessüberwachung beim Bolzenschweißen

Neben den für die Qualifizierung des eingesetzten Bolzenschweißverfahrens erforderlichen Prüfungen sieht EN ISO 14555 auch Inspektionen und Prüfungen vor, die **vor, während und nach der Fertigung** durchgeführt werden. Diese sollen der Qualitätssicherung dienen, d. h. dem Erreichen der je nach Bolzenschweißprozess und Anwendungsbereich verschiedenen Qualitätsanforderungen an das Bolzenschweißen gemäß normativem Anhang B von EN ISO 14555. Die Qualitätsanforderungen sind, analog zum Schmelzschweißen metallischer Werkstoffe generell, nach den drei Stufen der Normenreihe **EN ISO 3834** aufgeschlüsselt und damit auch gemäß II.7.1 den vier Ausführungsklassen EXC1 bis EXC4 von EN 1090-2 zugeordnet (vgl. zu II.7.1 <1>).

Bei den Prüfungen im Rahmen der Prozessüberwachung wird – analog zur Aufrechterhaltung der Qualifizierung des Bolzenschweißverfahrens (vgl. zu 7.4.1.4) – unterschieden zwischen

- Arbeitsprüfung,
- vereinfachter Arbeitsprüfung,
- Fertigungsüberwachung.

Diese Prüfungen können an Teilen der tatsächlichen Fertigung oder an besonderen Prüfstücken durchgeführt werden. Die Prüfstücke müssen den Bedingungen der Fertigung entsprechen.

Arbeitsprüfung im Rahmen der Prozessüberwachung

Es sind mindestens zehn Bolzen zu schweißen und folgenden Prüfungen zu unterwerfen:

- Sichtprüfung (alle Bolzen),
- Biegeprüfung (fünf Bolzen),
- Makroschliff an zwei verschiedenen Bolzen (jeweils um 90° versetzt durch die Bolzenmitte); beim Kurzzeit-Bolzenschweißen können die Makroschliffe durch Drehmomentprüfungen ersetzt werden (fünf Bolzen).

Sehr hilfreich für die Bewertung der Prüfungen sind die Tabellen A.5 und A.6 im informativen Anhang A von EN ISO 14555. Die Ergebnisse der Arbeitsprüfung sind zu dokumentieren. Der informative Anhang F von EN ISO 14555 enthält fertige Vordrucke für die Dokumentation.

Arbeitsprüfungen sind durch den Hersteller **vor Beginn der Schweißarbeiten** an einer Konstruktion oder an einer Gruppe gleichartiger Konstruktionen und/oder nach einer bestimmten Anzahl von Schweißungen durchzuführen. EN 1090-2 enthält keine Vorgabe für diese Anzahl. Sie ist daher in der Bauteil- oder Auftragsspezifikation festzulegen oder, sofern zutreffend, aus dem mitgeltenden Anwendungsregelwerk zu entnehmen. Die Arbeitsprüfung beschränkt sich auf den verwendeten Bolzendurchmesser, Grundwerkstoff und Gerätetyp.

Vereinfachte Arbeitsprüfung im Rahmen der Prozessüberwachung

Die vereinfachte Arbeitsprüfung nach EN ISO 14555 dient zur Kontrolle der richtigen Geräteeinstellung und der richtigen Arbeitsweise. Zu diesem Zweck sind vorzugsweise **vor Schichtbeginn** drei Bolzen zu schweißen und zu prüfen. Dies kann auch nach einer bestimmten Anzahl von Schweißungen gefordert werden, wenn dies in der Auftragsspezifikation festgelegt ist. Die vereinfachte Arbeitsprüfung umfasst mindestens folgende Prüfungen:

- Sichtprüfung der drei Bolzen,
- Biegeprüfung der drei Bolzen.

Bild KII.12-4 zeigt beispielhaft einen Kopfbolzendübel, der die Biegeprüfung bestanden hat.

Quelle: Rainer Zwätz †

Bild KII.12-4: Geschweißter Kopfbolzendübel, der die Biegeprüfung nach EN ISO 14555 bestanden hat

Fertigungsüberwachung

Als Fertigungsüberwachung nach EN ISO 14555 genügt in der Regel die Sichtprüfung aller Schweißungen und die laufende Kontrolle der wichtigen Schweißparameter. Ein ringsum geschlossener Schweißwulst und das Erreichen der Nennlänge des Bolzens (diese wird erst nach dem Abschmelzen beim Schweißvorgang erreicht) gelten als Indizien für eine ausreichende Schweißqualität. Die nach dem Schweißen gemessene Bolzenlänge muss innerhalb der zulässigen Toleranzen nach EN ISO 13918 liegen. Entsteht der Verdacht auf mangelhafte Schweißung, so gibt EN ISO 14555 genau vor, wie vorzugehen ist (Biegeprüfung usw.).

Die Ergebnisse der Fertigungsüberwachung sind in einem **Fertigungsbuch** aufzuzeichnen. Ein Muster ist im informativen Anhang H von EN ISO 14555 enthalten. In diesem Fertigungsbuch sind auch die Ergebnisse der normalen Arbeitsprüfung und der vereinfachten Arbeitsprüfung festzuhalten. Je Bolzenschweißprozess ist ein gesondertes Fertigungsbuch vom Hersteller zu führen.

Arbeitsprüfungen beim Schweißen

Zu II.12.4.4

<1> Einführender Kommentar zu Arbeitsprüfungen

Unter Arbeitsprüfungen im Stahlbau wird der Nachweis verstanden, dass eine vergleichbare Qualität zur jeweils gültigen Verfahrensprüfung in der Fertigung bzw. bei der Montage tatsächlich erreicht wird.

Im Gegensatz zur Qualifizierung von Schweißverfahren, die für Bauteile ab Ausführungsklasse EXC2 obligatorisch ist (vgl. zu II.7.4.1.1), können (aber müssen nicht) Arbeitsprüfungen gemäß dem vorliegenden Normabschnitt bei EXC3 und EXC4 in der Spezifikation gefordert werden. Es handelt sich also um eine Auswahlmöglichkeit im Sinne der Tabelle II.A.2 in Anhang II.A (vgl. zu II.4.1.1 <2.4>). Falls also festgelegt, gilt dieser Normabschnitt II.12.4.4 – sofern nicht sogar umfangreichere Arbeitsprüfungen gefordert werden. Gemeint sind aber **nicht** die Arbeitsprüfungen, die zur Aufrechterhaltung der Qualifizierung von Schweißverfahren im Abschnitt II.7.4.1.4 gefordert werden und nicht optional sind (vgl. Kommentare dazu), sondern **auftragsbezogene** Arbeitsprüfungen.

<2> Zu (a) – Arbeitsprüfungen bei Stahlsorten oberhalb S460

Beim Schweißen von Werkstoffen > S460 sind ggf. Arbeitsprüfungen zu schweißen. Es können aber in der Spezifikation auch für Werkstoffe mit geringerer Streckgrenze als S460 Arbeitsprüfungen verlangt werden. In EN 1090-2 ist leider keine Angabe zum Zeitpunkt für die Durchführung der Arbeitsprüfungen enthalten. Dieser sollte in der Spezifikation angegeben werden.

Die im Normtext geforderten Prüfverfahren sind mit Ausnahme der Makroschliffe zerstörungsfreie Prüfungen. Die Makroschliffe sollten bei Stumpf- und Kehlnähten von Blechbauteilen aus Blechen entnommen werden, die in der Verlängerung der Schweißnähte, d.h. im Bereich von Anlauf- und Auslaufblechen, geschweißt wurden. Bei Rundnähten sind separate Proben mit den Parametern der Schweißnaht erforderlich.

<3> Zu (b) – Arbeitsprüfungen bei Kehlnähten mit tiefem Einbrand

Für die hier in EN 1090-2 geforderte Überprüfung des tiefen Einbrandes von Kehlnähten gibt es leider im DVS-Regelwerk keine Hilfestellung. Die Überprüfung des tiefen Einbrandes erfolgt in jedem Fall mit Makroschliffen. Die Makroschliffe sollten bei Kehlnähten von Blechbauteilen aus Blechen entnommen werden, die in der Verlängerung der Schweißnähte, d. h. im Bereich von Anlauf- und Auslaufblechen, geschweißt wurden. Bei Rundnähten sind separate Proben mit den Parametern der Schweißnaht erforderlich. Der Zeitpunkt von derartigen Arbeitsprüfungen kann in den Auftragsunterlagen oder im Inspektions- und Prüfplan gefordert werden.

<4> Zu (c) – Arbeitsprüfungen bei orthotropen Stahlbrückenfahrbahnplatten

Die hier beschriebenen Arbeitsprüfungen beim Schweißen von orthotropen Brückenfahrbahnen werden schon in Abschnitt II.7.5.17 von EN 1090-2 gefordert (vgl. Kommentar <1> dazu). Festlegungen für solche Arbeitsprüfungen gibt es auch im Eurocode **EN 1993-2** im informativen Anhang C, Tabelle C.4, (dort „Arbeitsproben" genannt). Die hier in EN 1090-2 für Längsrippen-Deckblech-Nähte bei Einsatz vollmechanischer Schweißprozesse und für Laschenstöße von Längsrippen gemachten Vorgaben für Arbeitsproben wurden praktisch von dort übernommen. Lediglich die Anzahl der Stellen für die Arbeitsprüfungen (Ziffer (2) in (c)) wurde modifiziert.

Die vorgeschriebenen Makroschliffe für die tragenden Schweißnähte zwischen Deckblech und Rippen sollten sowohl bei Stumpf- als auch bei Kehlnähten wiederum aus Blechen entnommen werden, die in der Verlängerung der Schweißnähte, d. h. im Bereich von Anlauf- und Auslaufblechen, geschweißt wurden. Der Makroschliff in Nahtmitte ist so zu verstehen, dass er aus der durchgeführten Arbeitsprobe (i. d. R. ca. 500 mm lang) im ungestörten Bereich außerhalb des Nahtanfangs bzw. Nahtendes entnommen wird. Einen Makroschliff aus der eigentlichen Schweißnaht eines Tragwerkes zu entnehmen, ist selbstverständlich nicht erforderlich!

Bei Verbindungen zwischen Querträgern und Rippen (vgl. II.7.5.17, Abs. 3), die üblicherweise mit manuellen oder vorzugsweise mit teilmechanischen Schweißprozessen geschweißt werden, sollten nach Meinung der Verfasser ebenfalls Arbeitsprüfungen durchgeführt werden. Sie sollten in der Spezifikation oder im Inspektions- und Prüfplan angegeben werden.

Zu II.12.5 Mechanisches Verbinden

Zu II.12.5.1 Inspektion nicht vorgespannter Schraubverbindungen

<1> Zu Abs. 1 und 2 – Sichtprüfung

Die hier vorgeschriebene Sichtprüfung aller nicht vorgespannten geschraubten Verbindungen, nachdem sie verschraubt wurden, ist selbstverständlich. Dass Garnituren, die während des Verschraubens der Anschlüsse als fehlend identifiziert werden, noch eingebaut werden müssen, ist trivial. Es gehört aber auch zur Sichtprüfung, zu kontrollieren, ob die Garnitur überhaupt „handfest" angezogen ist – eine nur lose verschraubte, d. h. „klappernde" Garnitur kann keine quasistatischen Scher-/Lochleibung- oder Zugbeanspruchungen ordnungsgemäß mit der gebotenen Sicherheit übertragen.

<2> Zu Abs. 3 bis 5 – Vorgehen bei Nichtkonformität

Typische Nichtkonformitäten bei geschraubten Verbindungen – neben versehentlich nicht eingebauten oder falschen Garnituren, die ersetzt werden müssen, und nicht handfest angezogenen Garnituren – sind

- falsch herum eingebaute Muttern (vgl. zu II.8.2.3 <2>),
- fehlende bzw. falsch herum eingebaute Scheiben (vgl. zu II.8.2.4 <2>),
- zu große Restspalte zwischen verschraubten Kontaktflächen (vgl. zu II.8.3 <1> und zu II.8.5.1 <5>),
- zu geringer oder zu großer Gewindeüberstand (vgl. zu II.8.2.2 <2>),
- nicht einbaubare Schrauben wegen nicht passender Schraubenlöcher (vgl. zu II.9.6.5.3 <5>).

Diejenigen dieser Nichtkonformitäten, die durch Ausrichten korrigiert werden können, „dürfen" gemäß diesem Normabschnitt durch **Ausrichtmaßnahmen** korrigiert werden. Es müsste eigentlich „müssen" heißen, denn wie sonst sollte man diese Nichtkonformitäten korrigieren? Ausrichten schließt alle in II.9.5.2 bis II.9.5.4 und in II.9.6.5.3 aufgeführten Maßnahmen ein, insbesondere Unterleg- und Futterbleche; vgl. Kommentare zu jenen Normabschnitten.

Die hier explizit als Sonderfall einer Nichtkonformität aufgeführte Verbindung mit einem Dickenunterschied von Bauteilen in der gleichen Lage nach II.8.1 kann nur dadurch „erneuert" werden (wie hier vorgeschrieben), dass man Futterbleche einbaut. Dabei muss man die zulässige Futteranzahl „3" einhalten und hinsichtlich der Gesamtfutterdicke die Rückwirkung auf die Bemessung beachten (vgl. zu II.8.1 <2>).

<3> Zu Abs. 6 – Verbindungen zwischen nichtrostendem Stahl und anderen Metallen

Die hier für die Überprüfung eingebauter Isolierelemente zwischen nichtrostendem Stahl und anderen Metallen (dazu gehören z. B. auch die Schraubenstähle nach EN ISO 898-1) geforderte vorherige Festlegung der Prüfdetails muss ebenso Bestandteil der Qualitätsdokumentation bzw. des Qualitätsmanagementplans sein wie die frühzeitige Festlegung der Einbaudetails selbst (vgl. zu II.5.6.3 <4>). Eine Überprüfungsmöglichkeit des korrekten Einbaus der Isolierelemente ist z. B. durch Anlegen einer elektrischen Spannung gegeben. Die Leitfähigkeit muss durch die Isolierelemente vollständig unterbunden sein.

Inspektion und Prüfung vorgespannter Schraubverbindungen

Zu II.12.5.2

Einführender Kommentar zu Unterabschnitt II.12.5.2

Die Vorgehensweisen bei der Überprüfung vorgespannter Verbindungen sind gegenüber der früheren DIN 18800-7 nur unwesentlich schärfer, was angesichts des viel umfangreicheren Textes nicht auf Anhieb erkennbar ist. Wie im Kommentar <1.2> zu II.8.5.1 bereits ausgeführt, wurde aber nach Meinung der Verfasser auch in EN 1090-2 leider versäumt, innerhalb der vorgespannten Verbindungen die Überprüfungssystematik konsequent weiter zu differenzieren, d. h. den Prüfumfang und die Prüfschärfe von der Sicherheitsrelevanz der jeweiligen Zielsetzung des Vorspannens abhängig zu machen. In dem genannten Kommentar werden in dieser Hinsicht zwei **Zielebenen I und II** definiert. Wenn auch nicht explizit in EN 1090-2 gefordert, so ist dennoch zu empfehlen, bei der Festlegung von Prüfkonzepten für vorgespannte Schraubenverbindungen und vor allem bei der Handhabung der Prüfungen und eventueller Beanstandungen stets im Hinterkopf zu haben, welcher der zwei Zielebenen die betreffende Verbindung zuzurechnen ist. Die kürzlich erschienene **DASt-Richtlinie 024** [R29] hat die Unterscheidung in die Zielebenen I und II konsequent übernommen. Ihre Regelungen für Inspektion und Prüfung vorgespannter Schraubenverbindungen werden am Ende der Kommentare zu Normabschnitt II.12.5.2.4 zusammenfassend kommentiert (siehe dortigen Kommentar <10>).

Allgemeines

Zu II.12.5.2.1

Zur Erinnerung: Schraubengarnituren aus nichtrostendem Stahl dürfen nicht als vorgespannte Verbindung eingesetzt werden, es sei denn, das ist mit einer Verfahrensprüfung abgesichert (vgl. II.5.6.4 <3>). Mit dem vorliegenden Normabsatz über „vorgespannte Schraubengarnituren in Verbindungen von nichtrostendem Stahl" können also nur Verbindungen gemeint sein, in denen Bauteile aus nichtrostendem Stahl mit Hilfe hochfester Schrauben aus Kohlenstoff- oder legiertem Stahl zusammengespannt werden, z. B. um die Spalte zu minimieren (Gebrauchstauglichkeit) oder um Reibkräfte übertragen zu können (Tragsicherheit). Im letzteren Fall gibt es für die Reibflächen einer solchen, eher selten verwendeten Verbindung aber in EN 1090-2 keine konkreten Regeln (vgl. II.8.4, Abs. 1). Deshalb ist es nur logisch, dass auch für die Inspektion und Prüfung solcher Schraubenverbindungen hier nur allgemein auf das Erfordernis hingewiesen wird, entsprechende Festlegungen zu treffen.

Zu II.12.5.2.2 Inspektion der Reibflächen

Die hier vorgeschriebene Sichtprüfung der Kontaktflächen für gleitfeste Verbindungen (Kategorien B und C nach EN 1993-1-8) unmittelbar vor dem Zusammenbau – die Betonung liegt auf „unmittelbar" – entspricht jahrzehntelanger Stahlbaupraxis in Deutschland. Sie wurde sinngemäß bereits 1956 in den damaligen „Vorläufigen Richtlinien für ... die bauliche Durchbildung von gleitfesten Schraubenverbindungen" verlangt. Mit dem Verweis auf die Abnahmekriterien in II.8.4 sind vor allem die im dortigen Absatz 5 genannten Vorsichtsmaßnahmen gemeint. Die dafür vor über 60 Jahren in den „Vorläufigen Richtlinien" gegebene Begründung ist nach wie vor aktuell: „Die Reinigung von Ruß, Zunder, Rost, Staub, Öl und dgl. ist erforderlich, um eine ungewollte Schmierwirkung auszuschalten, die den Reibbeiwert und damit die übertragbare Kraft erheblich herabsetzen würde".

Kontaktflächen von geschraubten Verbindungen, die aus anderen Gründen als der Reibkraftübertragung vorgespannt werden (z. B. Kategorie E nach EN 1993-1-8 oder Kategorien A und D mit Gebrauchstauglichkeitsvorspannung gemäß Zielebene II), werden in EN 1090-2 nicht explizit erwähnt, da ihr Zustand vor dem Zusammenfügen nicht unmittelbar tragsicherheitsrelevant ist. Gleichwohl sollten auch sie vor dem Zusammenbau durch eine Sichtprüfung überprüft werden.

Zu II.12.5.2.3 Inspektion vor dem Anziehen

<1> Zu Abs. 1 und 3 – Sichtprüfung

Eine Sichtprüfung aller Verbindungen nach dem Ausrichten sowie nach dem Einbau und handfesten Anziehen der Schraubengarnituren, aber **vor dem Vorspannen,** ist ohne Zweifel notwendig. Zwar war sie früher nicht explizit vorgeschrieben, doch war sie schon immer gängige Praxis, da sie sich fast von selbst ergibt.

Die Sichtprüfung schließt insbesondere das Vorhandensein und die korrekte Position der vorgeschriebenen vorspannbaren Scheiben, z. B. von gefasten Scheiben, ein (vgl. zu II.8.2.4 <2>).

<2> Zu Abs. 2 und 4 – Vorgehen bei Nichtkonformität

Die Vorgaben für das Vorgehen bei Nichtkonformität sind wörtlich identisch mit denen für nicht vorgespannte Verbindungen (vgl. zu II.12.5.1 <2>).

<3> Zu Abs. 5 – Überprüfung des Anziehverfahrens

Die Überprüfung des Anziehverfahrens vor dem Vorspannen der Verbindungen besteht für die standardmäßigen Vorspannverfahren, d. h. die Drehmomentverfahren (Original-EN-Variante und in Deutschland die modifizierte Variante, vgl. zu II.8.5.1 <2.1>) sowie das Kombinierte Vorspannverfahren, im Prinzip nur darin, sich die Kalibrierbescheinigung für die Genauigkeit des verwendeten Anziehgeräts vorlegen zu lassen (vgl. zu II.8.5.1 <7>). Das erfolgt am besten zusammen mit der in <1> angesprochenen Sichtprüfung.

An dieser Stelle sei daran erinnert, dass EN 1090-2 neben diesen beiden standardmäßigen Vorspannverfahren und den beiden explizit benannten Sonder-Vorspannverfahren mit HRC-Schrauben (vgl. II.8.5.5) und mit DTI-Scheiben (vgl. II.8.5.6) auch „andere Vorspannverfahren" nicht ausschließt, z. B. „**ziehende Vorspannverfahren**" (vgl. zu II.8.5.1 <8.2>). Die im vorliegenden Normabsatz vor dem Vorspannen vorgeschriebene Kontrolle der Kalibrierbescheinigung gilt selbstverständlich auch dafür.

Nach dem ziehenden Vorspannen macht dann aber eine Überprüfung mittels Kontrollanziehens bzw. Weiterdrehens der Mutter oder durch eine Sichtprüfung des Einhaltens des Weiterdrehwinkels, wie für die drei genannten „Vorspannverfahren mittels Anziehens" (in EN 1090-2 durchgängig „Anziehverfahren" genannt) in den folgenden Normabschnitten II.12.5.2.5 bis II.12.5.2.8 ausführlich beschrieben, keinen Sinn, denn die Vorspannung in der Schraube wurde ja gar nicht durch Drehen erzeugt, sondern mittels einer hydraulischen Zugpresse. Als äquivalente Qualitätskontrollmaßnahme könnte man **während des Vorspannens** die Arbeitsweise an einem vorgegebenen Prozentsatz (z. B. 10 %) der Verbindungen laufend überwachen.

Inspektion während und nach dem Anziehen — Zu II.12.5.2.4

<1> Zu Abs. 1 u. 2 – Allgemeine Inspektionsanforderungen für alle Anziehverfahren

Man ging in Deutschland früher davon aus, für eine qualifizierte externe Prüfinstanz reiche es aus, den prozentualen Anteil der zu inspizierenden Garnituren festzulegen, z. B. damals mit 5 % bei vorwiegend ruhend beanspruchten vorgespannten Verbindungen. Man verließ sich darauf, dass die Prüfinstanz die zu überprüfende 5 %-Stichprobe von Garnituren „vernünftig repräsentativ" aussuchen würde. Übertrieben formuliert: Man verließ sich darauf, dass beispielsweise in einer einschiffigen Halle mit zehn identischen Rahmenbindern von den insgesamt 20 vorgespannten Stirnplattenanschlüssen in den Rahmenecken **nicht** etwa der am einfachsten zugängliche Anschluss komplett inspiziert würde (was gerade 5 % entspräche!).

Der Arbeitsausschuss CEN/TC 135 für EN 1090-2 war dagegen der Meinung, alle Auswahlkriterien detailliert vorschreiben zu müssen. Sie werden nachfolgend kommentiert.

<2> Zu Abs. 2a – Auswahl der zu inspizierenden Stichprobe

Wie bei allen repräsentativen Stichproben in der Materialprüfung und bei verwandten Technikaufgaben, so soll auch hier die Auswahl grundsätzlich nach dem **Zufallsprinzip** erfolgen, jedoch mit der Einschränkung, dass dabei alle erkennbaren systematischen Einflussparameter möglichst anteilig erfasst werden. Für die Gesamtheit der vorgespannten Verbindungen eines Tragwerks führt EN 1090-2 folgende systematischen **Hauptparameter** auf:

- **Anschlussart**: Gemeint sind zum einen die fünf Verbindungskategorien A bis E nach EN 1993-1-8. Des Weiteren stellen die unterschiedlichen geschraubten Konstruktionsdetails, wie Stirnplattenanschlüsse, Laschenstöße, einschnittige Knotenblechanschlüsse usw., im Sinne dieses Normabsatzes „Anschlussarten" dar. Sie alle müssen in der Gesamt-Stichprobe vertreten sein.
- **Verwendete Ausrüstung**: Hiermit werden nicht verschiedene Anziehverfahren angesprochen, sondern Fälle, bei denen innerhalb eines Anziehverfahrens unterschiedliche Geräte eingesetzt werden, z. B. beim Drehmomentverfahren manuelle Drehmomentschlüssel für kleinere Durchmesser und hydraulische Drehschrauber für größere Durchmesser (vgl. zu II.8.5.3 <1>). Es leuchtet ein, dass mittels verschiedener Gerätetypen angezogene Garnituren anteilig in der Gesamt-Stichprobe enthalten sein müssen.
- **Arbeitskräfte**: Hiermit verhält es sich ähnlich wie mit der verwendeten Ausrüstung. Allerdings dürfte es auf größeren Baustellen bei Inspektionen nach dem Anziehen nicht ganz einfach sein, diesen Parameter zuverlässig zu erfassen. Dazu ist es erforderlich, dass die örtliche Bauleitung sorgfältig nachhält, welche Monteure welche Anschlüsse verschraubt und vorgespannt haben.
- **Herkunft**: Werden in einem Tragwerk Schraubengarnituren verschiedener Hersteller eingesetzt, so ist klar, dass alle Hersteller in der Gesamt-Stichprobe anteilig vertreten sein müssen.
- **Schraubengruppe**: Dieser Parameter fasst mehrere Subparameter zusammen (siehe nachfolgenden Absatz). In der letztendlich kontrollierten Gesamt-Stichprobe muss jede Schraubengruppe enthalten sein.

<3> Zu Abs. 2b – Definition einer Schraubengruppe

Gemäß EN 1090-2 umfasst eine Schraubengruppe (eigentlich korrekt: Garniturengruppe) innerhalb **einer Anschlussart** alle Schraubengarnituren **gleicher Herkunft** (d. h. desselben Herstellers), die **nominell identisch** in folgenden **Subparametern** sind:

- **Art**: Gemeint sind die den Garnituren zugrunde liegenden Produktnormen, z. B. HV-Garnituren nach EN 14399-4 und -6 (vgl. zu II.5.6.4 <1.2>) oder HR-Senkschraubengarnituren nach EN 14399-7 und -5/-6 (vgl. zu II.5.6.4 <1.3>).
- **Festigkeitsklasse**: In Frage kommen nur die beiden Festigkeitsklassen 8.8 und 10.9.
- **Größe**: Hiermit sind die beiden geometrischen Parameter Schraubendurchmesser und -länge gemeint.

Die vorstehende Definition einer Schraubengruppe entspricht im Prinzip der Definition eines „einmaligen“ Garniturenloses nach EN 14399-1: „Los einer Garnitur für Schraubverbindungen bestehend aus Schrauben aus einem einzigen Herstellungslos, Muttern aus einem einzigen Herstellungslos und Scheiben aus einem einzigen Herstellungslos“. Liefert also ein Verbindungsmittelhersteller oder -händler alle bei ihm bestellten nominell identischen Garnituren aus einem einmaligen Garniturenlos, so umfasst die entsprechende Schraubengruppe alle Garnituren dieses Garniturenloses, die innerhalb derselben Anschlussart eingesetzt werden. Greift der Hersteller oder Händler jedoch auf ein erweitertes Garniturenlos zurück (vgl. zu II.5.6.12 <1.3>), so umfasst die Schraubengruppe mehrere Herstellungslose der Garniturelemente – es sei denn, man erklärt die Schraubenherstellungslose eines erweiterten Garniturenloses zu Schraubenuntergruppen.

Die im Normtext vorgesehene Unterteilung einer großen Schraubengruppe in **Schraubenuntergruppen** macht dann Sinn, wenn sehr viele gleichartige Garnituren eingesetzt werden. Würden hier keine Schraubenuntergruppen gebildet, könnte es passieren, dass man mit den Stichprobenprüfungen an den Schraubengruppen gemäß Anhang II.M nicht die im nächsten Normabsatz 2(c) geforderte Gesamtzahl der zu kontrollierenden Garnituren (siehe <4>) erreicht, z.B. wenn das Ergebnis „Annahme“ der Stichprobe (siehe <5>) für die meisten Schraubengruppen bereits nach wenigen positiven Befunden erreicht wird. Durch die formale Bildung von Schraubenuntergruppen kann die entsprechende Gesamtzahl der zu kontrollierenden Garnituren auf jeden Fall erreicht werden. Man muss dazu einfach nur Schraubenuntergruppen in ausreichender Zahl festlegen. Die Anzahl erforderlicher Schraubenuntergruppen lässt sich anhand der zu prüfenden Gesamtzahl an Garnituren vorab festlegen. Sie ist vom späteren Verlauf und Ergebnis der Stichprobenprüfungen unabhängig (siehe Kommentare zu Anhang II.M).

Eine Schraubengruppe kann z.B. auch nach Tagesleistung der Montage oder nach einzelnen gleichartig wiederkehrenden Teiltragwerken in Untergruppen unterteilt werden.

Bild KII.12-5 zeigt einen 60 m hohen Gittermast als typisches Beispiel eines Tragwerks mit sehr vielen Schraubenverbindungen, die sich aber wegen der vielen unterschiedlichen Schraubenlängen und damit Lieferlose relativ einfach in Gruppen einteilen lassen. Im Kommentar zu Anhang II.M wird anhand der konkreten Schraubenliste eines ähnlichen 40-m-Mastes beispielhaft die Aufstellung eines sequentiellen Stichprobenplans diskutiert.

Quelle: IMO Leipzig

Bild KII.12-5: 60-m-Funkmast während der Montage

<4> Zu Abs. 2c – Gesamtanzahl der zu inspizierenden Garnituren

Die beiden für das End-Anziehen vorgegebenen Prozentzahlen (**5 %** und **10 %**) sind dieselben wie seit vielen Jahren in Deutschland praktiziert, nur etwas andersartig differenziert. Während früher nach „vorwiegend ruhend beansprucht" und „nicht vorwiegend ruhend beansprucht" differenziert wurde, erfolgt die Differenzierung jetzt nach Ausführungsklassen: 5 % bei **EXC2**, 10 % bei **EXC3** und **EXC4**. Das ist aber vom Grundsatz her gleichwertig, denn ermüdungsbeanspruchte vorgespannte Schraubenverbindungen (Kategorien B, C oder E nach EN 1993-1-8) kommen in Ausführungsklasse EXC2 selten vor

Dass vorgespannte Verbindungen in Ausführungsklasse **EXC1** während und nach dem Anziehen gar nicht inspiziert zu werden brauchen, ist unproblematisch, denn in den sowieso nur seltenen Fällen wird die Vorspannung ausschließlich zur qualitativen Verbesserung der Gebrauchstauglichkeit aufgebracht worden sein, und zwar in Deutschland in aller Regel mit dem modifizierten Drehmomentverfahren mit reduzierter Vorspannkraft (vgl. zu II.8.5.1 <1.3> und zu II.8.5.3 <2.2>).

Die in den Ausführungsklassen EXC3 und EXC4 für den ersten Anziehschritt des Kombinierten Vorspannverfahrens vorgeschriebene 5 %-Überprüfung des gesamten Tragwerks sollte angesichts der sicherheitstechnischen Gutartigkeit des winkelgesteuerten End-Anziehens (vgl. zu II.8.5.4) mit Augenmaß gehandhabt werden (siehe zu II.12.5.2.6 <1>).

<5> Zu Abs. 2d – Sequentieller Stichprobenplan nach Anhang II.M

Vorab: Es sei daran erinnert, dass die vorangestellte Formulierung „sofern nichts anderes festgelegt wird" bedeutet, dass durch Festlegung in der Auftragsspezifikation der Anhang II.M (obwohl normativ!) auch zugunsten anderer Stichprobenprüfungsvarianten außer Kraft gesetzt werden darf (Auswahlmöglichkeit nach Tabelle II.A.2 in Anhang II.A!); Näheres dazu siehe zu II.M.1 <1>.

Der hier als Regelvorgehensweise eingebrachte sequentielle Stichprobenplan gemäß Anhang II.M ist von seiner Zielsetzung her unmittelbar nachvollziehbar. Für jede Schraubengruppe bzw. Schraubenuntergruppe ist grundsätzlich eine sequentielle Stichprobennahme durchzuführen. Insgesamt sind so viele Stichprobennahmen erforderlich, dass die geforderte Gesamtzahl der zu inspizierenden Garnituren erreicht wird (vgl. <3> und <4>).

Die aus der mathematischen Statistik hergeleitete Theorie sequentieller Stichprobenpläne bietet die Möglichkeit, die Stichprobennahme für jede Schraubengruppe bzw. Schraubenuntergruppe ggf. bereits vorzeitig zu beenden und damit die endgültige Annahme (Bestätigung der Konformität) oder die endgültige Rückweisung (Feststellung der Nichtkonformität) der jeweiligen Schraubengruppe bzw. Schraubenuntergruppe zu konstatieren. Die beiden im Normtext genannten sequentiellen Typen A (für EXC2 und EXC3) und B (für EXC4) unterscheiden sich in der Schärfe der Rückweisungsgrenze und vor allem in der Mindestanzahl real zu inspizierender Garnituren.

Der theoretische Hintergrund und die konkrete Handhabung der sequentiellen Stichprobentechnik werden im Kommentar zu Anhang II.M diskutiert. Der Kommentar enthält auch zwei Beispiele.

<6> Zu Abs. 2e u. 2f – Inspektion des ersten Anziehschrittes

Die Normregelungen in den vorliegenden Absätzen 2e und 2f betreffen die stichprobenartige Inspektion des ersten Anziehschrittes der verschiedenen Vorspannverfahren auf Erreichen von 75 % des Referenz-Drehmomentes, beim Kombinierten Vorspannverfahren auch **„Voranziehmoment"** genannt (vgl. zu II.8.5.4 <2>). Es ist durch Sichtprüfung zu kontrollieren, ob nach Aufbringen dieses ersten Teil-Anziehmomentes die zu verspannenden Kontaktflächen vollständig zusammengezogen sind. Insbesondere beim Kombinierten Vorspannverfahren ist, wie im Kommentar <1> zu II.8.5.4 erläutert, ein möglichst optimales flächiges Anliegen aller Kontaktflächen vor dem Aufbringen des drehwinkelgesteuerten abschließenden Anziehschrittes wichtig (siehe auch zu II.12.5.2.6 <1>).

<7> Zu Abs. 2g – Inspektion des abschließenden Anziehens

Alle Garnituren der Stichprobe, bei denen der erste Anziehschritt inspiziert wurde, sind nach Abschluss des Vorspannens auch auf Konformität mit der Zielgröße des End-Anziehens im jeweiligen Anziehverfahren zu überprüfen, d. h. mit dem Soll-Anziehmoment beim drehmomentgesteuerten End-Anziehen, mit dem Weiterdrehwinkel beim drehwinkelgesteuerten End-Anziehen usw. (siehe nachfolgende Normabschnitte II.12.5.2.5 bis II.12.5.2.8). Hierbei sind natürlich – im Gegensatz zum ersten Anziehschritt – beide Grenzmerkmale zu kontrollieren, d. h. neben „zu geringem Anziehen" auch „Überanziehen".

<8> Zu Abs. 2h u. 2i – Vorgehen bei „Rückweisung" einer Schraubengruppe bzw. -untergruppe

Wird die Stichprobe einer Schraubengruppe bzw. -untergruppe bei der weiter oben beschriebenen sequentiellen Vorgehensweise aufgrund eines negativen Inspektionsergebnisses zurückgewiesen, so gilt die gesamte Schraubengruppe bzw. -untergruppe als zurückgewiesen. Es muss dann die Ursache für die Nichtkonformität gesucht werden, es müssen entsprechende Korrekturen in der gesamten Schraubengruppe bzw. -untergruppe angebracht werden, und es muss die Inspektion wiederholt werden.

Als Korrekturmaßnahmen kommen zunächst eine Überprüfung und Neukalibrierung des Anziehgerätes und/oder beim Drehmomentverfahren eine Wiederholung des letzten Anziehschrittes in Betracht (siehe zu II.12.5.2.5 <5>). Bei im Betrieb ermüdungsbeanspruchten Garnituren, deren Vorspannung unmittelbar tragsicherheitsrelevant ist (Kategorien C und E nach EN 1993-1-8), könnte auch schon bei der ersten Rückweisung ein Auswechseln der zurückgewiesenen Garnituren sinnvoll sein (siehe zu II.12.5.2.5 <5>).

Als eine Möglichkeit, wie nach Rückweisung einer Schraubengruppe bzw. -untergruppe und anschließend durchgeführter Korrekturmaßnahme die erneute Inspektion zugeschärft werden kann, wird in der Norm vorgeschlagen („darf ... erweitert werden"), zum umfangreicheren Stichprobenplan nach sequentiellem Typ B zu wechseln.

<9> Zu Abs. 3 – Vorgehen bei nicht verfahrenskonformem Einsatz von Verbindungsmitteln

Mit dieser strikten Forderung nach Beaufsichtigung der weiteren Arbeiten an der gesamten Schraubengruppe, nachdem ein grober Verstoß gegen die festgelegten Verfahren beim Einsatz der Garnituren festgestellt worden ist, unterstreicht, dass es sich beim Vorspannen von Schraubenverbindungen um eine qualitätssensible Technologie handelt, die mit Fachkenntnis und Sorgfalt gehandhabt werden muss. In diesem Zusammenhang sei noch einmal an die Empfehlung der Verfasser erinnert, für Verschraubungsarbeiten an vorgespannten Verbindungen eine spezielle Ausführungsanweisung zu erstellen (vgl. zu II.8.5.1 <12>, insbesondere Bild KII.8-14).

<10> Zu den Regelungen für Inspektion und Prüfung vorgespannter Schraubenverbindungen in der DASt-Ri 024

Die kürzlich erschienene **DASt-Richtlinie 024** [R29] hat, wie bereits mehrfach erwähnt, die Unterscheidung in die Zielebenen I und II des Vorspannens konsequent übernommen. Einer der Hauptgründe, überhaupt zwischen zwei solchen Zielebenen zu differenzieren (vgl. zu II.8.5.1 <1.2>), war die sich eröffnende Möglichkeit, den späteren Inspektions- und Prüfumfang und die Prüfschärfe davon abhängig machen zu können. Genau das macht nun die DASt-Ri 024, indem sie nur für das tragsicherheitsrelevante Vorspannen (Zielebene I) das volle Inspektions- und Prüfprozedere der EN 1090-2 übernimmt. Bei der Festlegung für Zielebene II ist sie dann aber nach Meinung der Verfasser etwas über das Ziel hinausgeschossen, indem sie erlaubt, „aus Gebrauchstauglichkeitsgründen vorgespannte Verbindungen der Zielebene II wie nicht vorgespannte Verbindungen zu behandeln".

Um das richtig einordnen zu können, muss man allerdings zunächst in Gedanken ergänzen „**sinngemäß** wie nicht vorgespannte Verbindungen". Das heißt, man darf die Regelung keinesfalls dahingehend missinterpretieren, dass die 100%ige Sichtprüfung nach dem handfesten Anziehen, also hier vor dem Beginn des Vorspannens, ausreicht. Selbstverständlich muss stichprobenhaft überprüft werden, ob auf der Baustelle überhaupt vorgespannt wurde. Es bietet sich z. B. an, nach dem End-Anziehen 2,5 % der Garnituren zu überprüfen (statt der 5 % für EXC2), und das ohne sequentiellen Stichprobenplan. Vor allem entfällt, daran sei noch einmal erinnert, auch die „Nachzieherei" wegen möglicher Vorspannkraftverluste, selbst wenn die Kontaktflächen der vorgespannten Verbindungen mit dem vollen Korrosionsschutzsystem endbeschichtet sind (vgl. zu II.8.5.1 <11.3>). Letzteres gilt natürlich nur, wenn, wie von den Verfassern empfohlen, auch bei Zielebene II grundsätzlich auf 100 % $F_{p,C}{}^{*}$ vorgespannt wird, nicht etwa auf die noch im deutschen NA zu EN 1993-18 [R104] als ausreichend zur Losdrehsicherung deklarierten 50 % $F_{p,C}{}^{*}$ (vgl. zu II.8.5.3 <2.2>).

Es soll an dieser Stelle nicht verschwiegen werden, dass erfahrene Praktiker die vorbeschriebenen Lockerungen bei der Inspektion und Prüfung von gemäß Zielebene II vorgespannten Verbindungen eher kritisch sehen, weil man damit unter dem bewährten Qualitätsniveau von DIN 18800-7 bleibe und dem erodierenden Qualitätsbewusstsein im deutschen Stahlbau Vorschub leiste.

Drehmomentverfahren **Zu II.12.5.2.5**

<1> Zu Abs. 1/allgemein u. Tabelle II.25 – Vorgehensweise, Inspektionsanziehmoment

Tabelle II.25 gibt zunächst in Spalte 2 an, welche Maßnahmen **zu Beginn des Anziehens** – über die im vorhergehenden Abschnitt II.12.5.2.4 beschriebenen allgemeinen Inspektionsanforderungen hinaus – durchzuführen sind. Es handelt sich im Wesentlichen um die Identifizierung und Dokumentation der Einbauorte verschiedener Lose von nominell identischen Schraubengarnituren, die entweder zu einer Schraubengruppe gehören oder Untergruppen darstellen (vgl. zu 12.5.2.4 <3>). Das ist erforderlich, weil man die Garniturenlose nach dem Einbau anhand der vorgeschriebenen Kennzeichnungen auf dem Kopf und/oder auf der Mutter (vgl. zu II.5.6.12) nicht mehr auseinanderhalten kann – es sei denn, sie tragen eine Herstellungsloskennzeichnung, was aber nicht vorgeschrieben ist (vgl. zu II.5.2 <2.3>).

Was mit der für die Ausführungsklassen EXC3 und EXC4 geforderten Überprüfung des Anziehverfahrens für jede Schraubengruppe **zu Beginn** des Anziehens beabsichtigt ist, erschließt sich den Verfassern nicht ganz, wurde doch das Anziehverfahren bereits **vor** dem Anziehen überprüft (vgl. zu II.12.5.2.3 <3>). Allerdings erfolgte das eher allgemein durch Vorlage der Kalibrierbescheinigung für das verwendete Anziehgerät. Im Gegensatz dazu steht hier die Formulierung „für jede Schraubengruppe" im Vordergrund. Es könnte also gemeint sein, dass man, wenn im Verlauf des Vorspannprozesses z. B. in der nächsten Schraubengruppe der Schraubendurchmesser wechselt, erneut einen Blick in die Kalibrierbescheinigung für das Anziehgerät werfen und/oder dessen neue Drehmoment-Einstellung überprüfen soll. Eine solche zusätzliche Forderung erscheint aber übertrieben, sollte jedenfalls mit Augenmaß gehandhabt werden. Qualifiziertes Verschraubungspersonal sollte mit dem Anwendungsbereich und der Bedienung des Anziehgerätes hinreichend vertraut sein. Eine kurze Notiz im Montagebericht, dass eine entsprechende Überprüfung durchgeführt wurde, sollte also ausreichen.

Die eigentliche Inspektion **nach dem Anziehen** (d. h. des zweiten Anziehschrittes) erfolgt unter Zuhilfenahme des Referenz-Drehmomentes M_r nach II.8.5.2: Als Inspektionsanziehmoment wird das 1,05-Fache davon aufgebracht, d. h. das (1,05/1,10)-fache = **0,95-fache Soll-Anziehmoment M_A** (vgl. zu II.8.5.3 <2.1>), und dabei wird ein „möglichst geringes Weiterdrehen" gefordert. Schon bei > 15° Weiterdrehwinkel gilt die Verbindung als nicht vollständig vorgespannt (siehe <5>). Es sei an dieser Stelle erinnert an die Vorbehalte im deutschen Stahlbau gegenüber dem drehmomentgesteuerten Anziehen auf die volle Vorspannkraft $F_{p,C}$ mit dem **EN-Drehmomentverfahren** (vgl. zu II.8.5.3 <2.1>). Danach erscheint es folgerichtig, dass man nicht zu Inspektionszwecken noch einmal drehmomentgesteuert auf dieselbe Höhe anzieht, geschweige denn darüber hinaus, wie beim modifizierten Drehmomentverfahren.

Beim **modifizierten Drehmomentverfahren** ist die DASt-Ri 024, wenn es für tragsicherheitsrelevantes Vorspannen auf $F_{p,C}{}^*$ eingesetzt wird, beim bewährten Inspektionsanziehmoment 1,10 × $M_A{}^*$ in Anlehnung an die frühere DIN 18800-7 [R73] geblieben.

<2> Zu Abs. 1a – Anziehgeräte für die Kontrolle

Die hier geforderte Gerätegenauigkeit von ± 4 % bei der Überprüfung entspricht der Forderung in II.8.5.1 für das beim Vorspannen verwendete Anziehgerät. Im Zusammenhang mit der Gerätegenauigkeit sei noch einmal auf die Tatsache hingewiesen, dass für die weit verbreiteten einfachen Drehmomentschlüssel mit anzeigendem Drehstab oder mit einfacher Verstell-Skala für das auslösende Drehmoment nach EN ISO 6789-1 und -2 nur eine Genauigkeit von ± 6 % erreichbar ist (vgl. zu II.8.5.1 <7>). Sollten diese manuellen Geräte trotzdem bei der Installation vorgespannter Verbindungen mit dem modifizierten Drehmomentverfahren eingesetzt werden (was von den Verfassern für unproblematisch gehalten wird), so ist zu empfehlen, zumindest für die Inspektion einen auf ± 4 % kalibrierbaren automatischen Drehschrauber einzusetzen.

<3> Zu Abs. 1b – Zeitpunkt der Inspektion

Bei der Zeitangabe „12 bis 72 Std. nach Beendigung des Anziehens" handelt es sich um den Versuch, die unvermeidbaren Vorspannkraftverluste infolge Kriechabfalls – vor allem wenn die Kontaktflächen in vorgespannten Verbindungen aus Korrosionsschutzgründen beschichtet sind (vgl. zu II.8.5.1 <11>) – praxisgerecht in den Griff zu bekommen. Inspiziert man zu früh, so ist die Relaxation noch nicht ausreichend abgeklungen, d. h. die Vorspannkraft fällt möglicherweise nach der Inspektion signifikant weiter ab. Inspiziert man zu spät, so hat sich möglicherweise das Anziehverhalten durch Umwelt- und Alterungsverhältnisse verändert, so dass mit dem Inspektionsanziehmoment nicht mehr die volle Vorspannkraft erzeugt wird. Generell lässt sich aber sagen, dass zu frühes Inspizieren viel problematischer ist als zu spätes Inspizieren. Selbst ein Überschreiten der 72-Std-Grenze um mehrere Wochen stellt in der Regel kein wirkliches Problem dar – abgesehen von Sonderfällen wie z. B. extrem witterungsexponierten Tragwerken.

Bei zu großem Kriechabfall hilft nur systematisches **Nachziehen.** Dass das, obwohl in der Stahlbaupraxis beim drehmomentgesteuerten Anziehen allgegenwärtig, hier im Normabschnitt II.12.5 als Korrekturmaßnahme überhaupt nicht erwähnt wird, ist verwunderlich. Beim Vorspannen aus Gebrauchstauglichkeitsgründen (Zielebene II) mit dem modifizierten Drehmomentverfahren kann es in der Regel entfallen, sofern auf 100 % $F_{p,C}{}^*$ vorgespannt wurde.

Die Vorschrift im zweiten Unterabsatz von Absatz 1b bezieht sich auf vorspannbare Garnituren mit kalibrierter Schmierung nach **k-Klasse K2**, wie sie beim EN-Drehmomentverfahren vorgeschrieben ist (vgl. Tabelle II.19). Da in diesem Fall die Anziehparameter von Los zu Los unterschiedlich sein können (vgl. zu II.8.5.3 <2.1>), ist die Kenntnis der Einbauorte der einzelnen Garniturenlose besonders wichtig und muss deshalb festgehalten werden. Beim modifizierten Drehmomentverfahren mit seinen K1-geschmierten Garnituren und festen Soll-Anziehmomenten (vgl. zu II.8.5.3 <2.2>) ist dieser Punkt nicht relevant.

<4> Zu Abs. 1c – Vorgehen bei „Rückweisung"

Das Ergebnis „Rückweisung" bei der Kontrolle einer Schraubengruppe bzw. -untergruppe, deren Verbindungen mit einem Drehmomentverfahren vorgespannt wurden, entsteht, wenn in dem Prüflos (das ist die betreffende Schraubengruppe bzw. -untergruppe) gemäß sequentiellem Stichprobenplan zu viele Garnituren mit nicht vollständiger Vorspannung vorgefunden wurden. Die logische Konsequenz ist, dass nunmehr gemäß II.12.5.2.4(i) **sämtliche** nicht konkret überprüften (also nicht bereits nachgezogenen) Garnituren der Schraubengruppe bzw. -untergruppe ebenfalls mit dem Inspektionsanziehmoment 0,95 M_A angezogen und auf den Weiterdrehwinkel < 15° hin überprüft werden müssen.

Dass vorher das eingesetzte Anziehgerät noch einmal überprüft wird, sollte selbstverständlich sein. In vielen Fällen werden jedoch die in <3> angesprochenen Kriechverluste (und nicht eine Ungenauigkeit des Gerätes) die Ursache für eine unzureichende Vorspannung sein.

<5> Zu Abs. 2 – Korrektur „nicht vollständig vorgespannter" Garnituren

Als **primäre Korrekturmaßnahme** einer Garnitur, bei der sich die Mutter bei der Kontrolle um mehr als 15° weitergedreht hat und die deshalb als „nicht vollständig vorgespannt" identifiziert wurde, fordert EN 1090-2 hier, dass sie „erneut bis zum geforderten Anziehmoment" angezogen wird. Damit ist das Soll-Anziehmoment $M_A = 1{,}10\ M_r$ nach II.8.5.3 gemeint, d. h. die Garnitur wird jetzt mit einem gegenüber dem ersten Inspektionsanziehen um 5 % höheren Inspektionsanziehmoment erneut angezogen. In Schraubenuntergruppen, die aufgrund des sequentiellen Stichprobenplans als „angenommen" gelten, bezieht sich das „Erneut-Anziehen" natürlich nur auf die wenigen Garnituren, die bis zum positiven Abbruch konkret als „nicht vollständig vorgespannt" identifiziert wurden. Die Norm sagt leider nicht, was mit Garnituren geschehen soll, die auch beim erneuten Inspektionsanziehen wieder den Grenzweiterdrehwinkel 15° überschreiten – außer dass „Korrekturmaßnahmen erfolgen müssen".

Die Regelung in der früheren DIN 18800-7 [R73] war da wesentlich klarer. Sie wurde in der DASt-Ri 024 für vorgespannte Verbindungen, die mit dem **modifizierten Drehmomentverfahren** tragsicherheitsrelevant auf $F_{p,C}{}^*$ vorgespannt wurden, 1 : 1 übernommen. Danach müssen u. a. Garnituren mit mehr als 60° Weiterdrehwinkel unter dem Inspektionsanziehmoment ausgewechselt werden. Auch die traditionelle Schneeballregel „zwei benachbarte Verbindungen im gleichen Anschluss prüfen" wurde übernommen.

Abschließend sei angesichts all dieses formalen Annahme-/Rückweisung-Handelns mit dem simplen Auswechseln der Garnituren als „letzter Weisheit" darauf hingewiesen, dass man nicht vergessen sollte, bei umfangreichem Auftreten von Nichtkonformitäten nach deren physikalisch-mechanischer oder arbeitstechnischer Ursache zu suchen!

<6> Zu Abs. 3 – Inspektion bezüglich Überanziehen

Eine stichprobenhafte Prüfung auf Überanziehen ist nach Meinung der Verfasser beim **EN-Drehmomentverfahren** dringend anzuraten. Grund für diese Empfehlung ist die gefährliche Nähe nach oben streuender Vorspannkräfte zum Zugbruch im Gewinde (vgl. zu II.8.5.3 <2.1>). Allerdings stellt sich das Prüfen auf Überanziehen als technisch anspruchsvoll dar. Das zum Prüfen eingesetzte Anziehgerät muss während des Prüfanziehens ständig das Drehmoment anzeigen, damit man dessen Wert, bei dem die Mutter beginnt, sich zu bewegen, identifizieren kann. Um nun entscheiden zu können, ob die Garnitur überangezogen ist, fehlt in EN 1090-2 eine Vorgabe, um wie viel Prozent das Soll-Anziehmoment $M_A = 1{,}10\ M_r$ überschritten werden darf. Die Verfasser halten angesichts der Darlegungen im Kommentar <2.1> zu II.8.5.3 allerhöchstens 10 % für vertretbar, besser 5 %.

Die geschilderte Anforderung an das Prüfgerät erfüllen elektrische oder hydraulische Drehschrauber mit integrierter Messausstattung für Drehmoment und Drehwinkel (vgl. zu 8.5.3 <1.2>, dort insbesondere Bild KII.8-16). Ein solches Anziehgerät gehört nicht zur Standard-Ausstattung eines Metall- und Stahlbauers; es müsste bei Instituten oder auch bei den Herstellern von Schraubgeräten ausgeliehen werden.

Beim **modifizierten Drehmomentverfahren** ist wegen der niedrigeren Vorspannkräfte eine Prüfung auf Überanziehen nicht erforderlich, auch wenn es für tragsicherheitsrelevantes Vorspannen (Zielebene I) gemäß DASt-Ri 024 eingesetzt wird. Überanziehen war in den zurückliegenden Jahrzehnten in Deutschland nie ein Thema.

Kombiniertes Vorspannverfahren — Zu II.12.5.2.6

<1> Zu Abs. 1 bis 3 – Inspektion nach dem ersten Anziehschritt

EN 1090-2 verlangt in den Ausführungsklassen EXC3 und EXC4 nach dem ersten Anziehschritt die Überprüfung beider relevanter Parameter, nämlich

- des Voranziehmomentes $M_{A,KV} = 0{,}75\ M_r$ und
- des geometrischen Zustandes der Fuge zwischen den zu verspannenden Kontaktflächen („vollständig zusammengezogen").

Bedenkt man die dem Kombinierten Vorspannverfahren zugrunde liegende Mechanik (vgl. zu II.8.5.4), so ist der zweite Parameter der viel wichtigere. Allerdings wird bei nicht vollständig zusammengezogenen Kontaktflächen die hier geforderte Re-Kalibrierung des Anziehgerätes, um die „korrekte Voranziehkraft zu erzielen", in der Regel nichts bringen, weil die Ursache für die Restklaffung meist im Fertigungszustand und/oder in den Steifigkeitseigenschaften der zusammenzuziehenden Bauteilelemente (Platten, Flansche usw.) zu suchen ist.

Sollte sich in einem solchen Fall der gewünschte Voranziehzustand „vollständig zusammengezogen" mit einem etwas erhöhten Voranziehmoment (z. B. 80 % oder 85 % von M_r) erreichen lassen, so kann nach Auffassung der Verfasser dieser Zustand dennoch als konformer Voranziehzustand betrachtet werden. Nur wenn trotz erhöhten Voranziehmomentes immer noch kein vollständiges Anliegen erreicht wurde, müssen die Verbindungen entspannt werden und gemäß Normtext ggf. „angepasst" werden. Dahinter verbergen sich in der Praxis meist recht aufwändige Maßnahmen, wie Richten oder Fräsen oder Futtern.

Vor diesem Hintergrund erscheint die Forderung, das Voranziehmoment mit derselben Schärfe zu kontrollieren wie das Endanziehmoment des Drehmomentverfahrens (> 15° Weiterdrehwinkel = fehlerhaft), stark übertrieben und sollte mit Ingenieurverstand großzügig gehandhabt werden. Man beachte auch, dass diese Inspektion nach dem ersten Anziehschritt sowieso erst ab Ausführungsklasse EXC3 gefordert wird.

<2> Zu Abs. 4 – Inspektion vor dem zweiten Anziehschritt

Es ist „lediglich" die gemäß II.8.5.4, Abs. 1b, angebrachte Markierung der Position der Mutter relativ zum Schraubengewinde in sämtlichen (!) Garnituren durch Sichtprüfung zu kontrollieren; diese Kontrolle ist für das Kombinierte Verfahren allerdings essenziell.

<3> Zu Abs. 5 – Inspektion nach dem zweiten Anziehschritt

EN 1090-2 sieht nur die Sichtprüfung des aufgebrachten Drehwinkels vor. Das ist – wenn auch für deutsche Prüfingenieure vielleicht gewöhnungsbedürftig – mechanisch konsequent, denn wegen des verformungsgesteuerten Anziehens bis in den mikroplastischen Bereich hinein (vgl. zu II.8.5.4 <3> u. <4>) wäre jeder Versuch eines „Nachziehens" bis auf $F_{p,C}$ kontraproduktiv; vgl. hierzu auch die Ausführungen im Kommentar <11.3> zu II.8.5.1.

Allerdings sind Fälle denkbar, in denen Zweifel bestehen (z. B. beim externen Prüfingenieur), ob überhaupt nach dem Voranziehen ein Weiterdrehwinkel aufgebracht worden ist, weil beispielsweise die Kennzeichnung nicht vertrauenerweckend erscheint oder unkenntlich ist. Das ließe sich durchaus durch Anziehen mit einem geeigneten Prüfmoment überprüfen; dieses müsste natürlich größer sein als das Voranziehmoment 0,75 M_r, jedoch deutlich kleiner als das End-Anziehmoment 1,10 M_r für das EN-Drehmomentverfahren nach II.8.5.1. Die Verfasser schlagen, mit allem Vorbehalt, ein Prüfmoment $M_{prüf} = 0{,}11 \cdot d \cdot F_{p,C}$ vor.

Die für die Sichtprüfung vorgegebene **Obergrenze 30°** bei zu groß aufgebrachtem Drehwinkel erscheint im Vergleich zum planmäßigen Weiterdrehwinkel $\delta\theta$ nach Tabelle II.21 für kurze Schrauben zu großzügig, für lange Schrauben zu eng. Bedauerlicherweise wurde diese Regelungsschwäche, obwohl bereits in [V68] benannt, bei der Überarbeitung von EN 1090-2 nicht behoben. Um den Einfluss der Schraubenlänge zu erfassen, sollte man bei der Inspektion nach dem zweiten Anziehschritt die Obergrenze mit $\boldsymbol{\delta\theta/3}$ (mit $\delta\theta$ = Weiterdrehwinkel nach Tabelle II.21) statt pauschal mit 30° ansetzen.

Das zweite angegebene Rückweisungskriterium **„Schrauben- oder Mutterversagen"** wird hoffentlich nicht erst bei der Inspektion festgestellt werden! Einem sorgfältig arbeitenden Monteur sollte das bereits beim Anziehen auf den Soll-Weiterdrehwinkel auffallen. Wird tatsächlich ein Gewinde-Abstreifbruch erst bei der Inspektion festgestellt, so darf das nach Meinung der Verfasser keinesfalls wie eine „normale" Rückweisung wegen Überschreitung der 30°-Grenze behandelt werden. Gemäß sequentiellem Stichprobenplan dürften sonst im ungünstigsten Falle 2 von 16 Muttern (bei Typ A) bzw. 4 von 40 Muttern (bei Typ B) einer Stichprobe abgestreift sein (!), ohne dass die Schraubenuntergruppe komplett überprüft werden müsste – was nicht akzeptabel ist.

Verfahren für HRC-Schrauben Zu II.12.5.2.7

Die Inspektion der vorgespannten HRC-Garnituren stellt sich dem Normtext entsprechend denkbar einfach dar. Da wie bei den beiden standardmäßigen Vorspannverfahren ebenfalls in zwei Schritten angezogen wird, sind auch zwei Zustände zu kontrollieren. Das erfolgt für beide Zustände durch 100%ige Sichtprüfung. Bild KII.5-20b zeigt eine HRC-Garnitur nach dem ersten Anziehschritt; hier muss visuell überprüft werden, ob die Verbindung vollständig zusammengezogen ist. Bild KII.8-19 zeigt HRC-Garnituren nach dem End-Anziehen; hier muss visuell überprüft werden, ob an allen Schrauben das Abscherende weggebrochen ist – was sehr einfach zu erkennen ist.

Angesichts der geringen Verbreitung des Verfahrens in Deutschland und der Tatsache, dass es vorerst im bauaufsichtlichen Bereich nicht ohne besonderen Verwendungsnachweis eingesetzt werden darf (vgl. zu II.8.5.5), wird auf eine weitere Kommentierung der Kontrollen verzichtet.

Verfahren mit direkten Kraftanzeigern Zu II.12.5.2.8

Die zuverlässige Inspektion von Schraubengarnituren, die mit Hilfe direkter Kraftanzeiger (DTI-Scheiben) vorgespannt wurden, stellt sich wesentlich komplexer (und nach dem Eindruck der Verfasser auch wesentlich fehleranfälliger) dar als die Inspektion von HRC-Garnituren. Das hängt mit den einerseits recht komplizierten, andererseits aber essenziellen Ablesungen des Spaltes (etwas simplifizierend „Belastungsanzeigen" genannt) zusammen. Wie bereits im Kommentar zu II.8.5.6 ausgeführt, sind der Einbau der DTI-Scheiben und die Verfahrensschritte beim Anziehen und vor allem beim Überprüfen der kraftanzeigenden Spaltbreiten in **EN 14399-9** ausführlich beschrieben. Darüber hinaus wurden am IML der Uni Duisburg-Essen in einer Forschungsarbeit zusätzliche Erkenntnisse und Empfehlungen erarbeitet [V58] (vgl. zu II.5.6.4 <1.4>).

Da auch dieses Sonder-Vorspannverfahren in Deutschland nicht ohne bauaufsichtlichen Verwendungsnachweis eingesetzt werden darf, wird – auch mit Rücksicht auf den Umfang des vorliegenden Buches – auf eine weitere Kommentierung der Inspektionsmaßnahmen verzichtet.

Inspektion, Prüfung und Reparatur von warmgenieteten Nieten Zu II.12.5.3

Inspektion Zu II.12.5.3.1

<1> Zu Abs. 1 – Anzahl zu inspizierender Niete

Die Vorgaben bedürfen keines Kommentars.

<2> Zu Abs. 2 – Sichtprüfung der Köpfe aller gesetzten Niete

Die hier genannte Sichtprüfung der Nietköpfe bezieht sich auf die äußere Kopfbeschaffenheit jedes einzelnen fertigen Nietes, also nicht nur einer Stichprobe. Sie entspricht sinngemäß der Sichtprüfung jeder einzelnen Schweißnaht (vgl. zu II.12.4.2.3 <1>) oder jeder einzelnen eingebauten Schraubengarnitur (vgl. zu II.12.5.1 <1>). In dem für die Sichtprüfung in Bezug genommenen Abschnitt II.8.7.3 werden als **Abnahmekriterien** für die Nietköpfe aufgeführt (vgl. auch zu II.8.7.3):

- keine exzentrische Position relativ zur Schaftachse;
- nicht „schlecht geformt" – gemeint ist die Kugelkalottenform;
- keine „Grübchen" (englisch „*pits*") – gemeint sind narbenähnliche Einsackstellen oder Ausbrüche;
- keine Risse;
- keine Lippen (englisch „*lips*") – gemeint sind am Kopfrand umlaufende Wulste/Krempen.

Bei der Überprüfung der **Kopfform** ist vor allem auf die Form des Schließkopfes zu achten, welche durch den eigentlichen Nietvorgang entsteht (mit Nietgerät und Döpper bzw. mit Former). Bei der **Sichtprüfung auf Risse** gelten gemäß **DIN 101** [R36] „leichte, die Haltbarkeit der Nietverbindung nicht beeinträchtigende Oberflächenrisse am Kopfrand" als zulässig. Eine darüber hinaus gehende Forderung nach völliger Rissefreiheit (etwa mit Rücksicht auf dynamische

Beanspruchungen) müsste demnach gemäß DIN 101 beim Lieferauftrag für die Rohniete vereinbart werden. Bei der Bewertung von Rissen, die ggf. bei der Sichtprüfung auf Risse gefunden werden, sollte beachtet werden, dass aus der Sicht der Beanspruchung eines Nietkopfes kleine radiale Risse am Kopfrand weniger kritisch sind als tangentiale Risse.

<3> Zu Abs. 3 – Inspektion einer Stichprobe auf genügenden Kontakt

Ein weiteres Abnahmekriterium gemäß II.8.7.3 ist genügender Kontakt des Nietes mit den verbundenen Teilen, sowohl zwischen Nietkopfunterflächen und Blechoberflächen als auch zwischen Nietschaft und Lochleibung, in der Praxis üblicherweise insgesamt als „fester Sitz" des Nietes bezeichnet. Mit dem als **Klangtest** vorgeschriebenen leichten Anschlagen des Nietkopfes mit einem 0,5 kg schweren Niethammer bzw. Niet-Testhammer soll die notwendige Klemmwirkung der Niete sichergestellt werden. Der dabei erzielte Ton gibt Auskunft über die Brauchbarkeit der Nietverbindung.

Der Klangtest braucht – im Gegensatz zur Sichtprüfung der Nietköpfe – nicht für sämtliche Niete durchgeführt zu werden, sondern nur für eine Stichprobe. Als Stichprobenverfahren werden die sequentiellem Stichprobenpläne nach Anhang II.M vorgeschrieben – im Gegensatz zu den vorgespannten Schraubenverbindungen, wo sie auch „abgewählt" werden können (vgl. zu II.12.5.2.4 <5>). Die Verfasser sind der Auffassung, dass das auch bei den Nietverbindungen zulässig ist. Die statistisch basierte sequentielle Stichprobentechnik wird im Kommentar zu Anhang II.M ausführlich beschrieben und kritisch diskutiert.

<4> Zu Abs. 4 – Vorgehen bei „Rückweisung"

Die Angaben bedürfen keines Kommentars.

Zu II.12.5.3.2 Reparaturen

Ist als Korrekturmaßnahme der Austausch eines fehlerhaften Nietes vorgesehen (natürlich vor Belastung des Tragwerks!), so wird der Nietkopf abgetrennt und der Niet ausgeschlagen. Wenn notwendig, muss das Nietloch nachgearbeitet oder unter Umständen sogar aufgerieben werden. In ein aufgeriebenes Nietloch ist in der Regel ein Ersatzniet größeren Durchmessers einzusetzen.

Zu II.12.5.4 Besondere Verbindungsmittel und Verbindungsmethoden

Zu II.12.5.4.1 Allgemeines

<1> Zu Abs. 1 – Allgemeine Anforderungen an die Inspektion

Die Formulierung „Anforderungen an die Inspektion ... müssen festgelegt werden" zielt, der Grundphilosophie dieser Norm EN 1090-2 folgend, auf die Auftragsspezifikation. Da aber in Deutschland besondere Verbindungsmittel im bauaufsichtlichen Bereich einer allgemeinen Zulassung (abZ) oder einer europäischen Bewertung (ETA) oder einer Zustimmung im Einzelfall (ZiE) bedürfen, gehören die Festlegungen zu Inspektionen dort hinein.

<2> Zu Abs. 2 – Gewindebohrungen in Gusswerkstoffen

Die Formulierung dieser Regel ist möglicherweise irreführend: Die geforderten ZfP-Prüfungen sollen natürlich **vor** dem Ausführen der Gewindebohrungen in den Bereichen durchgeführt werden, wo die Bohrungen vorgesehen sind. Die Gesamtthematik der an Stahlgussteilen durchzuführenden ZfP-Prüfungen wurde ausführlich in den Kommentaren zum Normabschnitt II.5.4 diskutiert. Dort wurde u. a. auch kritisiert, dass die ZfP-Abnahmekriterien unabhängig von der Höhe der Beanspruchung festgelegt sind, und es wurden die in Deutschland zusätzlich geltenden Bestimmungen des **NA zu EN 1993-1-8** [104] erläutert, einschließlich der Tabelle KII.5-7.

Der im vorliegenden Normabsatz von EN 1090-2 (im Grunde willkürlich) herausgegriffene Bereich um Gewindebohrungen (Sacklochgewinde) herum gehört in Tabelle KII.5-7 zu den höchstbeanspruchten Bereichen, für welche die höchste Gütestufe 1 zu gewährleisten ist, und zwar mittels

UT-Prüfung. Insofern wird die vorliegende spezielle Prüfanforderung der EN 1090-2 innerhalb der deutschen Allgemeinregelung automatisch erfüllt.

Andere mechanische Verbindungsmittel **Zu II.12.5.4.2**

Ein Kommentar zu dem hier gegebenen allgemeinen Verweis auf nationale Produktnormen, Herstellerrichtlinien usw. erübrigt sich.

Oberflächenbehandlung und Korrosionsschutz Zu II.12.6

<1> Zu Abs. 1, 2 und 4 – Inspektion der für eine Korrosionsschutzbehandlung vorbereiteten Stahloberflächen/allgemein

Die Inspektion der für das Aufbringen eines Korrosionsschutzsystems vorbereiteten Stahloberflächen ist ein Teil der im normativen Anhang II.F im Abschnitt II.F.7.2 beschriebenen **„Routineüberprüfungen"**. Dort wird allerdings auf den vorliegenden Normabschnitt II.12.6 zurückverwiesen, gleichzeitig auch auf den Normabschnitt II.10.2. Auf das Kapitel II.10 als Ganzes verweist im vorliegenden Normabschnitt bereits der erste Satz, und zwar ganz allgemein hinsichtlich der Anforderungen an die vorbereiteten Flächen. Die für den Anwender verwirrende thematische Doppelgleisigkeit zwischen Kapitel II.10 und (normativem) Anhang II.F wird hier zum wiederholten Mal deutlich (vgl. zu II.10.1 <1.1>).

Dass alle zu schützenden Stahloberflächen einer Sichtprüfung unterzogen werden müssen, sollte selbstverständlich sein. Ebenso trivial ist, dass nichtkonforme Bauteilflächen erneut behandelt und überprüft werden müssen.

All diese routinemäßigen Inspektionen der vorbereiteten Stahloberflächen gehören im Übrigen in den korrosionsschutztechnischen Inspektions- und Prüfplan (ITP); ein Muster dafür ist in Tabelle KII.F-2 abgedruckt. Sofern die Inspektionen im Herstellwerk der Bauteile erfolgen (z. B. bevor dort eine erste Beschichtung aufgebracht wird oder bevor die Bauteile zum Verzinkungsbetrieb gebracht werden), sind sie auch Teil der Aufgaben der werkseigenen Produktionskontrolle (WPK) nach EN 1090-1. Die normgemäße Vorbereitung der Bauteiloberflächen ist Teil des bei der CE-Kennzeichnung zu deklarierenden Leistungsmerkmals „Dauerhaftigkeit" und muss deshalb von der WPK im Rahmen der kontinuierlichen Produktbewertung überprüft werden.

<2> Zu Abs. 3 – Beurteilung der für eine organische Beschichtung vorbereiteten Stahloberflächen

Die hier für die Beurteilung der Qualität von Stahlflächen, auf die eine organische Beschichtung aufgebracht werden soll, genannten Normen vom Typ EN ISO 850X gehören allesamt zu einem ISO-Normensystem zur „Vorbereitung von Stahloberflächen vor dem Auftragen von Beschichtungsstoffen", das in den Kommentaren <2> und <3> zu II.10.2 ausführlich vorgestellt wurde. Insofern kann die Kommentierung hier kürzer gefasst werden.

Zu (a): Die **Oberflächenreinheit** soll nach **EN ISO 8501-1 beurteilt** werden. In der vierteiligen Normenreihe EN ISO 8501 geht es allgemein um die **„visuelle Beurteilung** der Oberflächenreinheit", in EN ISO 8501-1 konkret um Rostgrade und Oberflächenvorbereitungsgrade (Sa 1, Sa 2, Sa 2½ usw.). Letztere sind hier gemeint, sie können mit Hilfe repräsentativer fotografischer Vergleichsmuster beurteilt werden. Eine „Inspektion" im Sinne des vorliegenden Normkapitels II.12 setzt allerdings auch Vorgaben für den zu erreichenden **Oberflächenvorbereitungsgrad** voraus. Solche Vorgaben gibt es in EN 1090-2 nicht, auch nicht in der Korrosionsschutznorm EN ISO 12944-4, die sich ebenfalls auf die vorstehend erwähnten repräsentativen fotografischen Vergleichsmuster in EN ISO 8501-1 abstützt. Vorgaben müssen in den Ausführungsunterlagen für den Korrosionsschutz festgelegt werden, ggf. auch den technischen Merkblättern der Beschichtungsstoffhersteller entnommen werden (vgl. auch zu II.10.2 <3.3>).

Um die Oberflächenreinheit wirklich beurteilen zu können, muss sie zusätzlich zur visuellen Beurteilung bzw. Sichtprüfung auch **geprüft** werden. Dass soll gemäß vorliegendem Normabsatz nach **EN ISO 8502** erfolgen, einer zurzeit achtteiligen Normenreihe, in der verschiedene

Prüfungen zum Beurteilen der Oberflächenreinheit beschrieben werden, z. B. in Teil 2 die Laborbestimmung von Chlorid auf gereinigten Oberflächen und in Teil 3 das Klebeband-Verfahren zur Beurteilung von Staub auf vorbereiteten Oberflächen. Die Anwendung dieser Prüfverfahren setzt entsprechende Fachkenntnisse und Erfahrungen voraus.

Zu (b): Die **Oberflächenrauheit** soll nach **EN ISO 8503 beurteilt** werden, einer fünfteiligen Normenreihe für die Rauheitskenngrößen von gestrahlten Stahloberflächen. Sie ist auch Thema im Anhangabschnitt II.F.2.1, wo es ebenfalls um Messung und Nachweis der Oberflächenrauheit geht; siehe den dortigen Kommentar <3> dazu. Auch hier setzt die Anwendung der Prüfverfahren – das sind das Vergleichsmusterverfahren für den Sicht- und Tastvergleich nach EN ISO 8503-1 bis -4 und das Abdruckverfahren mit einem kalibrierten Abdruckband nach EN ISO 8503-5 – entsprechende Fachkenntnisse und Erfahrungen voraus. Vor allem die Kalibrierung der ISO-Rauheitsvergleichsmuster mittels Lichtmikroskop oder Tastschnittgerät ist essenziell für eine zutreffende Beurteilung der Oberflächenrauheit. Die Kalibrierung wird allerdings in der Regel nicht vom eigenen Prüfpersonal durchgeführt, sondern beim Kauf der Rauheitsvergleichsmuster mitgeliefert.

Zu (c): Der **Vorbereitungsgrad**, insbesondere an Kanten, Nähten und anderen Bereichen mit Oberflächenunregelmäßigkeiten, soll nach **EN ISO 8501-3 beurteilt** werden. Hier ist nicht der weiter oben diskutierte „Oberflächenvorbereitungsgrad" gemeint, der die „Reinheit" beschreibt, sondern hier geht es um geometrische Unregelmäßigkeiten. Dieser Vorbereitungsgrad ist zentrales Thema im Normabschnitt II.10.2 und wird dort ausführlich kommentiert (vgl. zu II.10.2 <3.4>). Die Überprüfung erfolgt durch Sichtprüfung in Verbindung mit den zeichnerischen Darstellungen in Tabelle 1 der EN ISO 8501-3.

<3> Zu Abs. 5 – Inspektion des Korrosionsschutzes

Hierzu gehören sowohl die Kontrolle des Beschichtungs- bzw. Überzugsprozesses selbst, als auch die Prüfung und Bewertung der fertigen Beschichtung bzw. des fertigen Überzugs. Beides ist ebenfalls Teil der im normativen Anhang II.F im Abschnitt II.F.7.2 beschriebenen **„Routineüberprüfungen"**. In den Kommentaren <3> und <4> dazu werden die erforderlichen Überprüfungen (von der Messung der Nassschichtdicke bis zur Sichtprüfung) ausführlich beschrieben. Eine Kommentierung an dieser Stelle erübrigt sich damit.

Ergänzend sei auf die **Kontrollflächen** nach II.F.7.3 als hervorragendes Hilfsmittel für jegliche Kontrolle von Korrosionsschutzarbeiten hingewiesen (siehe Kommentar dazu).

Zu II.12.7 Montage

Zu II.12.7.1 Inspektion der Probemontage

Die Anforderungen an die Inspektion jeglicher Probemontage – ob im Werk, wie in II.6.10 behandelt, oder allgemein, wie in II.9.6.4 behandelt – müssen in jedem Einzelfall aus den speziellen Gegebenheiten des probeweisen Zusammenbaus entwickelt werden bzw. ergeben sich zwangsläufig aus ihnen (vgl. zu II.9.6.4). Allgemeine Regeln für die Inspektion können nicht angegeben werden.

Zu II.12.7.2 Inspektion des errichteten Tragwerks

Hier ist die allgemeine Sichtprüfung bezüglich Übereinstimmung mit den Ausführungsunterlagen gemeint, die bei jeglicher Art von Tragwerk selbstverständlich ist. Sie erfordert in der Regel sehr viel Ingenieursachverstand und sollte von einer oder mehreren entsprechend qualifizierten Person(en) durchgeführt werden. Der Grundphilosophie von EN 1090-2 zufolge ist damit nicht eine externe Prüfinstanz gemeint (etwa der Prüfingenieur der deutschen Landesbauordnungen), sondern die im betriebsinternen Qualitätssystem des Herstellers dafür vorgesehene(n) Person(en). Diese ist (sind) entweder allgemein im QMH des Herstellers (sofern vorhanden) oder projektspezifisch in der Qualitätsdokumentation nach II.4.2.1 bzw. im QM-Plan nach II.4.2.2 festgelegt. Die Checkliste für den Inhalt eines QM-Plans in Anhang II.C enthält als letzten Merkposten

II.C.2.4 folgerichtig das vorgesehene „Inspektions- und Prüfverfahren“. Allgemeine Regeln für die Vorgehensweise bei dieser visuellen Endinspektion des errichteten Tragwerks können nicht angegeben werden.

Vermessung der geometrischen Lage von Verbindungsknotenpunkten — Zu II.12.7.3

Vermessungsverfahren und -genauigkeit — Zu II.12.7.3.1

<1> Zu Abs. 1 – Erfordernis und Bezugssystem der Vermessung

Eine Vermessung der Geometrie des fertigen Stahlskeletts, parallel zur Sichtprüfung des vorhergehenden Normabschnittes, sollte ebenfalls selbstverständlich sein. Die Vermessung soll sich nach EN 1090-2 nicht auf die Systemknotenpunkte beziehen, sondern dezidiert auf die **Verbindungsknotenpunkte** („*connection nodes*“), also z. B. bei einem Träger-Stützen-Knoten auf den Stirnplattenanschluss des Trägers an den Stützenflansch. Hinsichtlich des hier als Bezugssystem vorgeschriebenen **Sekundärsystems** sei auf die ausführliche Kommentierung zu II.9.4.1 verwiesen.

Im Übrigen wird man in der Regel – ausgenommen sehr kleine Baustellen – mit den Vermessungsarbeiten erfahrene Vermessungstechniker oder -ingenieure betrauen. Wie auch bei anderen Teilaufgaben, so ist es für eine qualitätsgerechte Ausführung von Stahlbauten durchaus der Normalfall, auch für die Vermessung „Spezialisten“ zu Rate zu ziehen, und das nicht nur in den Ausführungsklassen EXC3 und EXC4. Für diese Spezialisten sind eine Reihe der hier über fast zwei Seiten ausgebreiteten Einzelanweisungen für die Vermessung eigentlich überflüssig.

Man betrachte als Beispiel ein unregelmäßiges räumliches Tragwerk, konstruiert mit 3-D-Software, welches in Einzelkomponenten gefertigt wurde und nun montiert werden soll (vgl. z. B. Bild KII.9-12). Eine Vormontage sei nur bedingt möglich, eine Inspektion räumlicher Koordinaten in der Fertigung schon. Die Montage hat nun die Aufgabe, sich dem so genannten „*theoretical case*“ zu nähern. Ohne permanenten Einsatz eines Messtechnikers oder -ingenieurs mit entsprechender Ausrüstung während der Montage und ohne ein ständiges Vergleichen des gemessenen Zwischenzustandes mit dem sich entwickelnden 3-D-Modell wäre das eine unlösbare Aufgabe. Die sich unvermeidlich einstellenden Abweichungen zu erfassen und zu bewerten, ist hier die vordringlichste Aufgabe. Diese Informationen führen unter Umständen zu Korrekturmaßnahmen in der Konstruktion, zu Änderungen in Anschlussbauteilen oder zu zusätzlichen Passstücken.

Das Ergebnis der endgültigen Kontrollvermessung des errichteten Tragwerks sollte nach Auffassung der Verfasser nicht nur, wie im Normtext von EN 1090-2 vorgeschrieben, in den anspruchsvollen Ausführungsklassen EXC3 und EXC4, sondern stets aufgezeichnet werden. Man beachte, dass die Aussage „keine Pflicht zur Aufzeichnung“ im Normtext sich nicht auf diese Systemvermessung bezieht, sondern auf überprüfte Bauteilabmessungen, deren Archivierung in der Tat entbehrlich ist.

<2> Zu Abs. 2 bis 5 – Verfahren und Messeinrichtungen

In den Absätzen 3 und 5 wird auf dieselben drei englischsprachigen ISO-Normen verwiesen, wie bereits im vorliegenden Kapitel in II.12.3 bezüglich der Bestimmung der geometrischen Abweichungen von Bauteilen. Im Kommentar <1> zu jenem Normabschnitt sind die deutschen Titel der drei ISO-Normen wiedergegeben. Ihre nur eingeschränkte Verbindlichkeit geht eindeutig aus der Formulierung „dürfen ... ausgewählt werden“ hervor.

Die weiteren Anweisungen im Normtext hinsichtlich der Genauigkeit des gewählten Vermessungsverfahrens und einer eventuellen Korrektur von Temperatureinflüssen dürften für qualifizierte Vermesser eher trivial sein.

Messsystem — Zu II.12.7.3.2

<1> Zu Abs. 1 und Anmerkung – System der zulässigen Abweichungen

Mit diesem (auch schon in der englischen Originalversion) schwer verständlichen Normabsatz soll das 3-D-Referenzsystem definiert werden, auf das die festgestellten Abweichungen hinsichtlich ihrer Zulässigkeit zu beziehen sind. Es besteht aus den vermessungstechnischen „Positionspunkten" (Definition vgl. zu II.9.4.1 <1>) auf der Nullebene (im Wesentlichen die theoretischen Stützenfußpunkte), darauf aufbauenden (konischen) Hüllflächen („*envelopes*") für die Vertikalität bzw. zulässige Schiefe der Stützen sowie einer Reihe von virtuellen, auf Geschossdecken bezogenen horizontalen Ebenen. Im Prinzip ist das nichts anderes als das übliche planerische Bezugssystem für jede Art von skelettähnlichem Tragwerk, bestehend aus Längs- und Querachsen im Grundriss, auf deren Schnittpunkten die Stützen stehen, und einer Reihe horizontaler Ebenen, von denen die Ausgangsebene auf ± 0,00 liegt. Die Stützenfußpunkte (Positionspunkte) müssen geodätisch auf das Sekundärsystem eingemessen sein. Von ihnen entwickeln sich nach oben aus den zulässigen Schiefstellungen der Stützen die Hüllflächen, innerhalb derer die weiter oben liegenden Knotenpunkte liegen müssen.

<2> Zu Abs. 2 bis 4 – Einzelwerte der zulässigen Abweichungen

Für die einzelnen Verbindungsknotenpunkte und Anschlüsse müssen zulässige Abweichungen ihrer 3-D-Positionen entwickelt werden, sofern es sich nicht um Sekundärbauteile handelt.

<3> Zu Abs. 5 – Anpassen an bestehende Bauwerke

Natürlich muss das Referenzsystem für die zulässigen Abweichungen an bestehende Bauwerke angepasst werden, wenn das neue Tragwerk mit diesen in Kontakt kommen soll.

Zu II.12.7.3.3 Bezugspunkte und -höhenlagen

Die hier vorgegebenen Bezugspunkte der einzelnen stabartigen Bauteile für die Kontrollvermessung sind klar und einsehbar: Es sind jeweils die beiden Enden des Bauteils, und zwar bei Trägern und FW-Obergurten (bis 45° Neigung gegen die Horizontale) an Oberkante, bei allen anderen Stäben (einschließlich Stützen bis 10° Neigung gegen die Vertikale) in Stabmitte, was in der Regel identisch mit der Stabachse ist. Es gibt natürlich auch hier Sonderfälle, die in einer Norm nicht allumfassend benannt werden können.

Zu II.12.7.3.4 Stellen und Häufigkeit

<1> Zu Abs. 1 und 2 – Vermessen anderer als der Verbindungsknotenpunkte

Wie im Kommentar <1> zu II.12.7.3.1 dargelegt, bezieht sich die in EN 1090-2 vorgeschriebene Inspektionsvermessung des errichteten Tragwerks bewusst auf die Verbindungsknotenpunkte, um deren 3-D-Ist-Position mit der theoretischen 3-D-Position vergleichen und damit die Abweichungen feststellen und vor dem Hintergrund der Montagetoleranzen bewerten zu können. Dahinter steht die Idee, dass die geometrischen Herstelltoleranzen der Bauteile selbst ja schon vor dem Einbau gemäß II.12.3 inspiziert wurden.

Es kann aber Fälle geben, in denen zur Prüfung eines wichtigen geometrischen Toleranzmaßes auch die Position anderer Punkte benötigt wird, z. B. für das Stichmaß einer Stütze, das sich bei der Montage signifikant verändert haben könnte. Das muss dann aber im Inspektions- und Prüfplan festgelegt werden.

<2> Zu Abs. 3 – Einfluss einwirkender Lasten während des Vermessens

Alle im Kapitel II.11 und im Anhang II.B angegebenen geometrischen Toleranzen verstehen sich im unbelasteten Zustand (vgl. zu II.11.1 <4>). Da beim endgültig errichteten Tragwerk der Einfluss des Eigengewichtes nicht ausgeschaltet werden kann (wie z. B. bei der liegenden Probe- oder Vormontage eines Fachwerkträgers, siehe zu Tabelle II.B.12 <1>), müssen die elastischen Verformungen infolge Eigengewicht ggf. rechnerisch in das Referenzsystem für die Inspektion der Lagegenauigkeit eingerechnet werden. Dasselbe gilt für eventuell unvermeidbare weitere Belastungen, die während der Kontrollvermessung auf das Tragwerk einwirken.

Abnahmekriterien

Zu II.12.7.3.5

Mit dem Verweis auf II.11.2 und II.11.3 sind die im Kapitel II.11 beschriebenen grundlegenden und ergänzenden geometrischen **Montagetoleranzen** angesprochen, einschließlich der zugehörigen Tabellen im normativen Anhang II.B. Die Toleranzen werden in den zugehörigen Kommentaren dieses Buches ausführlich erläutert und diskutiert, weshalb sich eine Kommentierung an dieser Stelle erübrigt.

Definition der Nichtkonformität

Zu II.12.7.3.6

<1> Zu Abs. 1 und Anmerkung 1 – Berücksichtigung streuender Messergebnisse

Messergebnisse jeglicher Art streuen unvermeidlich. Dass das angemessen berücksichtigt werden muss, bevor man eine festgestellte Abweichung zur Nichtkonformität erklärt, ist selbstverständlich. Messtechnikern und -ingenieuren ist das bewusst, und sie berücksichtigen das bei ihrem Statement zur Lagegenauigkeit. Ob sie dabei die in der Anmerkung genannten Teile der ISO-Normenreihe 3443 [II.Lit31 ÷ 33] benötigen – sie stammen aus den späten 1970er Jahren und wurden weder ins Deutsche übersetzt noch als DIN-Normen übernommen –, vermögen die Verfasser nicht zu beurteilen.

<2> Zu Abs. 2, 3 und Anmerkung 2 – Berücksichtigung von Verformungen

Im Kommentar <2> zu II.12.7.3.4 wurde bereits darauf hingewiesen, dass Tragwerksverformungen im Referenzsystem, mit dessen Hilfe die Bauwerksgenauigkeit bewertet werden soll, um daraus Nichtkonformitäten zu erkennen, berücksichtigt werden müssen. Das gilt für elastische Verformungen aller Art (auch thermische) und natürlich auch für planmäßige Vorverformungen aller Art.

Maßnahmen bei Nichtkonformität

Zu II.12.7.3.7

Der Rückverweis auf II.12.3 meint die dort ab Textabsatz 5 gegebenen Empfehlungen für Korrekturmaßnahmen bei geometrisch nichtkonformen Bauteilen (vgl. zu II.12.3 <3>). Sie können hier bei der Korrektur des errichteten Tragwerks sinngemäß ebenfalls eingesetzt werden, d. h.

- entweder werden Bauteile ausgebaut, korrigiert (sofern möglich) und wieder eingebaut,
- oder es werden geeignete Ausrichtmaßnahmen durchgeführt, wie sie im Montage-Kapitel II.9 im Abschnitt II.9.6.5.3 und in den zugehörigen Kommentaren dieses Buches diskutiert werden.

Allgemein gültige Regeln für solche Korrekturmaßnahmen können nicht gegeben werden. Sie müssen von Fall zu Fall mit viel Sachverstand und Verantwortungsbewusstsein problemspezifisch entwickelt und mit allen Beteiligten abgestimmt werden. Dass alle eingesetzten Korrekturverfahren zur Beseitigung von Nichtkonformitäten sich im Rahmen der EN 1090-2 bewegen müssen, ist selbstverständlich.

Sonstige Abnahmeprüfungen

Zu II.12.7.4

Eine Kommentierung erübrigt sich.

Zu Anhang II.A (normativ) Zusatzangaben, Auswahlmöglichkeiten und auf die Ausführungsklassen bezogene Anforderungen

Einführender Kommentar zu Anhang II.A

Gemeinsames Merkmal der drei hier zusammengestellten umfangreichen Tabellen II.A.1 bis II.A.3 ist, dass sie, obwohl der Anhang als normativ eingestuft ist, **keine** eigenständigen Normelemente darstellen. Sämtliche in ihnen aufgeführten Sachverhalte und Regelungen kommen im Haupttext der Norm EN 1090-2 vor. Man könnte EN 1090-2 also theoretisch auch ordnungsgemäß anwenden, ohne einen einzigen Blick in diese drei Tabellen geworfen zu haben. Sie stellen „nur" – nach Auffassung der Verfasser allerdings sehr gelungene – systematische Auflistungen aller im 98 Seiten langen Normtext betroffenen Stellen für die jeweilige Thematik (Zusatzangaben, Auswahlmöglichkeiten, EXC-abhängige Anforderungen) dar. Sie sind als eine Art Checklisten quasi Hilfsmittel zur normkonformen Anwendung von EN 1090-2 und werden als solche von den Verfassern dieses Kommentarbuches wärmstens empfohlen.

Zu II.A.1 Zusatzangaben (Tabelle II.A.1)

Diese Tabelle wird erstmalig im Normabschnitt **II.4.1.1** im Zusammenhang mit den erforderlichen Inhalten der **Ausführungsunterlagen** von Stahltragwerken eingeführt (vgl. auch Kommentar <2.3> dazu). Sie wird dann im Verlaufe der Norm immer wieder zitiert. Die Tabelle listet systematisch alle im Norm-Haupttext benannten Zusatzangaben auf, welche, sofern der jeweilige spezielle Sachverhalt zutrifft, in den Ausführungsunterlagen **obligatorisch** angegeben werden müssen. Solche Sachverhalte erkennt man im Normtext daran, dass der Ausdruck „muss festgelegt werden" o. ä. verwendet wird. Ein typisches Beispiel ist die in II.5.9 zu findende Vorschrift, dass das zu verwendende Vergussmaterial festzulegen sei. Das ist für die Werkstattzeichnung (Bauteilspezifikation) einer Stütze natürlich nicht relevant. Aber für die Übersichts-Ausführungszeichnung bzw. die Montageübersichtszeichnung, auf der eben diese Stütze im Gesamtzusammenhang des Tragwerks als auf einem Fundament stehend gezeigt wird, ist es sehr wohl relevant. Dort ist die „Zusatzangabe" zum Vergussmaterial erforderlich.

Man sollte vor Abgabe der fertig gestellten Ausführungsunterlagen für ein Projekt stets die Tabelle II.A.1 noch einmal sorgfältig durchgehen, um sicherzustellen, dass nichts vergessen oder übersehen wurde. Eine Kommentierung einzelner Elemente der Tabelle erübrigt sich, da dies, wenn erforderlich, an der jeweiligen Bezugsstelle im Normtext bereits erfolgt ist.

Zu II.A.2 Auswahlmöglichkeiten (Tabelle II.A.2)

Diese Tabelle wird, genau wie Tabelle II.A.1, erstmalig im Normabschnitt **II.4.1.1** im Zusammenhang mit den erforderlichen Inhalten der **Ausführungsunterlagen** von Stahltragwerken eingeführt (vgl. auch Kommentar <2.4> dazu) und dann im Verlaufe der Norm immer wieder zitiert. Sie hat eine zu Tabelle II.A.1 analoge Hilfsfunktion. Der Unterschied besteht darin, dass es hier nicht um obligatorische Angaben in den Ausführungsunterlagen geht, sondern um **optionale** Angaben. Man erkennt sie im Normtext daran, dass dort in der Regel Formulierungen wie „sofern festgelegt" oder „sofern nichts anderes festgelegt wird" (oder ähnlich) verwendet werden. In der Tabelle II.A.2 selbst wird der optionale Charakter dadurch unterstrichen, dass sämtliche aufgelisteten Auswahlmöglichkeiten als Fragen formuliert sind.

Zu jeder Auswahlmöglichkeit der Tabelle II.A.2 gibt es als Alternative stets im Normtext eine Standardfestlegung, die automatisch greift, wenn man die angebotene Auswahlmöglichkeit nicht in Anspruch nimmt. Andersherum formuliert: Wenn man mit der jeweiligen Standardfestlegung konform geht, braucht man nichts festzulegen. Ausführungsunterlagen können also durchaus in ihrer Gesamtheit normkonform sein, ohne dass eine einzige der in Tabelle II.A.2 aufgelisteten Auswahlmöglichkeiten in Anspruch genommen wurde. Allerdings darf es nicht passieren, dass man unbewusst gedanklich eine Auswahlmöglichkeit in Anspruch nehmen möchte, ohne dass man sie in den Ausführungsunterlagen fixiert. Möchte man beispielsweise geschweißte Bauteile gemäß II.11.3.3 unter Einhaltung der geometrischen Toleranzen nach EN ISO 13920 gefertigt sehen, versäumt aber, das eindeutig anzugeben, so werden automatisch die in Anhang II.B tabellierten ergänzenden Toleranzen der Klasse 1 zugrunde gelegt.

Man sollte vor Abgabe der fertig gestellten Ausführungsunterlagen für ein Projekt stets auch die Tabelle II.A.2 noch einmal sorgfältig durchgehen. Eine Kommentierung einzelner Elemente der Tabelle erübrigt sich wie bei Tabelle II.A.1, da zur jeweiligen Bezugsstelle im Normtext bereits entsprechende Kommentare vorhanden sind.

Auf die Ausführungsklasse bezogene Anforderungen (Tabelle II.A.3) — Zu II.A.3

Diese dritte der drei Tabellen des Anhangs II.A wird erstmalig im Normabschnitt **II.4.1.2** im Zusammenhang mit der Einführung und Erläuterung der vier **Ausführungsklassen EXC1 bis EXC4** von Stahltragwerken erwähnt (vgl. auch Kommentare dazu) und dann im Verlaufe der Norm immer wieder zitiert. Auch diese Tabelle ist, um es noch einmal zu betonen, wie die Tabellen II.A.1 und II.A.2 kein eigenständiges Normelement, sondern bezieht ihren normativen Charakter ausschließlich aus der Tatsache, dass sie alle Stellen auflistet, wo im Norm-Haupttext technische Anforderungen normativ von der Ausführungsklasse abhängig gemacht werden. Man kann hier also übersichtlich erkennen, welche höhere Anforderungsschärfe (und damit meist: welche höheren Kosten) man sich ggf. mit der (oft nicht freiwilligen) Wahl der jeweils höheren Ausführungsklasse für ein konstruktives Detail oder ein ganzes Bauteil oder ein ganzes Tragwerk einhandelt.

Besonders einleuchtende Beispiele findet man beim Schweißen: Während gemäß II.7.4.2 der Einsatz von qualifizierten Schweißern nach EN ISO 9606-1 und qualifizierten Bedienern nach EN ISO 14732 bei allen vier Ausführungsklassen in gleicher Weise gefordert wird, ist gemäß II.7.4.3 das Qualifizierungsniveau der Schweißaufsichtsperson stark von der Ausführungsklasse abhängig. Ferner ist beispielsweise gemäß II.7.6.1 die routinemäßig geforderte Bewertungsgruppe für Schweißnahtunregelmäßigkeiten stark von der Ausführungsklasse abhängig.

Der 2. Textabsatz über der Tabelle II.A.3, welcher die Bedeutung der Kürzel „PC“ und „PS“ in der 1. Spalte der Tabelle erklären soll, ist unverständlich. Abgesehen davon, dass „PS“ in der Tabelle überhaupt nur zweimal vorkommt, spielt die Unterscheidung in „einfache Auswahl der Ausführungsklasse für das gesamte Tragwerk“ und „bauteilweise bzw. detailweise projektspezifische Auswahl der Ausführungsklasse“ im gesamten Haupttext der Norm keine Rolle. Und gemäß Definition der Ausführungsklassen in Anhang C von EN 1993-1-1/A1 [R96] darf sie sowieso grundsätzlich für das ganze Tragwerk, für ein einzelnes Bauteil oder für ein Detail eines Bauteils festgelegt werden (vgl. zu II.4.1.2 <3>). Angesichts dieser Unverständlichkeit halten die Verfasser es für sinnvoll, die Differenzierung in „PC“ und „PS“ in Tabelle II.A.3 nicht zu beachten.

Zu Anhang II.B (normativ) Geometrische Toleranzen

Zu II.B.1 Allgemeines

<1> Zu Abs. 1 und 2 – Art und Funktion der tabellierten Toleranzen

Vorab: Der Kommentar zu diesem normativen Anhang ist eng verzahnt mit dem Kommentar zum Normkapitel II.11 gleichen Titels. Die Tabellen wurden in den vorliegenden Anhang „ausgelagert", um den Text in Kapitel II.11 überschaubar zu halten. Ständige Querverweise sind aber natürlich unvermeidlich. Der Leser möge bedenken, dass die dadurch vielleicht erschwerte Lesbarkeit vor allem dieser Aufspaltung der normativen Vorgaben für die geometrischen Toleranzen in Normtext einerseits und Tabellen-Anhang andererseits geschuldet ist.

Zu Sinn und Zweck der beiden in diesem Anhang tabellierten Toleranzkategorien **grundlegende Toleranzen** und **ergänzende Toleranzen** vgl. zu II.11.1 <1>. Gegenüber der 2011er Ausgabe von EN 1090-2 wurden die Tabellen umgebaut und gestrafft, indem jetzt für jedes Merkmal die grundlegenden und die ergänzenden Toleranzen in einer Tabelle in Form von Tabellenspalten zusammengefasst sind. In den Tabellen gibt es aber sowohl Merkmale, für die nur grundlegende Toleranzforderungen vorliegen, als auch solche, für die nur ergänzende Forderungen vorliegen. Leider wurden die übersichtlichen Auflistungen der Toleranztabellen in der 2011er Ausgabe von EN 1090-2 jetzt weggelassen, so dass ein Überblick über die Gesamtheit der tabellierten Toleranzen erschwert wird. Als Ersatz soll die **Tabelle KII.B-1** dieses Kommentars dienen.

Die Unterteilung des Anhangs II.B in die beiden Abschnitte II.B.2 mit **Herstelltoleranzen** und II.B.3 mit **Montagetoleranzen** hat vor allem nutzerorientierte Gründe: Die Herstelltoleranzen beziehen sich auf die Bauteile. Diese werden fast ausschließlich in Werkstätten vorgefertigt, welche der Zertifizierung nach EN 1090-1 unterliegen. Die Einhaltung der Herstelltoleranzen ist daher eine Aufgabe von deren werkseigener Produktionskontrolle (WPK). Die Herstelltoleranzen gehören zu den „Wesentlichen Merkmalen" der Leistungserklärung, die gemäß EU-Bauproduktenverordnung (BPVO) [R182] für nach EN 1090-1 CE-gekennzeichnete tragende Bauteile erstellt werden muss (früher „Konformitätserklärung"). Die Montagetoleranzen beziehen sich auf das Zusammenfügen der Bauteile auf der Baustelle zu Tragwerken. Für diese gibt es keine vergleichbare, europäisch institutionalisierte Überwachung wie die zertifizierte WPK für die Bauteile.

Zum **normativen** Charakter der tabellierten Toleranzen dieses Anhangs II.B ist im Kommentar <2> zu II.11.1 ausgeführt, dass die **grundlegenden** Toleranzen verbindlich einzuhalten sind, während die **ergänzenden** Toleranzen nur dann gelten, wenn sie nicht in der Bauteil- oder Tragwerksspezifikation durch alternative Toleranz-Regelwerke oder alternative Einzelangaben außer Kraft gesetzt worden sind.

Zur Darstellungsweise und Notation der tabellierten Toleranzen erscheint eine kurze grundsätzliche Einführung sinnvoll, da sie leicht zu missverstehen ist. Ursache dafür ist, dass – mathematisch inkorrekt – mit „Δ" sowohl die jeweilige geometrische Abweichung selbst als auch ihr Grenzwert (zulässiger Wert) bezeichnet wird. Als elementares Beispiel diene das Merkmal Nr. 3 in Tabelle II.B.3: Das Bild müsste korrekterweise aussehen, wie in Bild KII.B-1 dargestellt; d. h. der Parameter des Toleranzmerkmals „Geradheit" ist eigentlich die (gemessene) Abweichung δ, und deren Grenzwert bzw. die zulässige Abweichung ist Δ. Viele Festlegungen in den Tabellen ließen sich verständlicher formulieren, wenn man diese Unterscheidung zwischen (gemessener) Abweichung δ und zugehörigem Grenzwert Δ korrekterweise eingeführt hätte.

Tabelle KII.B-1: Übersicht Toleranztabellen des Anhangs II.B

Gegenstand der Toleranzen	Ergänzende Toleranzen		Grundlegende Toleranzen	
	Tabelle Nr.	Anzahl Merkmale	Tabelle Nr.	Anzahl Merkmale
Herstelltoleranzen				
Geschweißte Bauteile				
Geschweißte offene Profile	II.B.1	10	II.B.1	6
Geschweißte offene Profile – Flansche	II.B.3	3	II.B.3	3
Geschweißte Kastenprofile	II.B.4	5	II.B.4	3
Geschweißte Profile – Stegaussteifungen	II.B.5	6	II.B.5	6
Ausgesteifte Platten	II.B.7	5	II.B.7	5
Kaltgeformte Bauteile				
Gekantete kaltgeformte Profile	II.B.2	5	II.B.2	3
Bauteile allgemein				
Bauteile – Schnittlänge usw.	II.B.6	7	–	–
Löcher, Ausklinkungen, Schnittkanten	II.B.8	7	II.B.8	3
Stützenstöße und -fußplatten	II.B.10	2	–	–
Fachwerkbauteile	II.B.12	6	II.B.12	2
Balken u. druckbeanspruchte Bauteile	–	–	II.B.25[1]	1
Bauteile in Sonderbauten				
... in Türmen und Masten	II.B.14	9	–	–
Schalen, zylindrisch und konisch	–	–	II.B.11	3
Elemente von Brückenfahrbahnen	II.B.13	6	–	–
Kranbahnträgerflansche und -schienen	II.B.9	5	–	–
Montagetoleranzen				
Hochbauten				
Betonfundamente und Abstützungen	II.B.23	5	–	–
Stützenpositionen	II.B.20	5	–	–
Stützen, einstöckige Gebäude	II.B.17	4	II.B.17	4
Stützen, mehrstöckige Gebäude	II.B.18	4	II.B.18	4
Gebäude, Skelett	II.B.15	7	–	–
Gebäude, Träger	II.B.16	5	–	–
Stützen, Kontaktstöße	–	–	II.B.19	1
Andere Bauwerke				
Brückenfahrbahnen	II.B.21	13	–	–
Kranbahnen	II.B.22	9	–	–
Türme und Maste	–	–	II.B.24	8

1 In Anhang II.B unter „Montagetoleranzen“ aufgeführt

Es empfiehlt sich, sich diesen Sachverhalt immer wieder klarzumachen, z. B. bei der immer wiederkehrenden Anmerkung vom Typ „Bezeichnungen wie z. B. $\Delta = \pm L/500$ aber $|\Delta| \geq 12$ mm bedeuten, dass $|\Delta|$ der größere der beiden Werte $L/500$ und 12 mm ist“. Anders formuliert heißt das: Der gemessene Wert δ darf nicht größer als $L/500$, braucht aber nicht kleiner als 12 mm zu sein; obwohl z. B. bei $L = 5\,000$ mm die erste Bedingung $\Delta = \pm 10$ mm ergibt, gilt als zulässige Abweichung der großzügigere Wert $\Delta = \pm 12$ mm. Man beachte, dass es auch den umge-

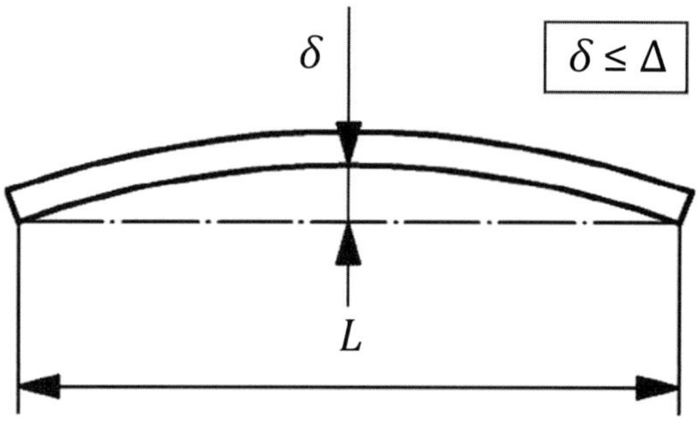

Bild KII.B-1: Modifiziertes Bild zu Tabelle II.B.3, Nr. 3

kehrten Typ Anmerkung gibt: „Bezeichnungen wie z. B. $\Delta = \pm L/500$ aber $|\Delta| \leq 5$ mm bedeuten, dass $|\Delta|$ der kleinere der beiden Werte $L/500$ und 5 mm ist". Das heißt anders formuliert: Der gemessene Wert δ darf nicht größer als $L/500$, aber auch nicht größer als 5 mm sein; obwohl z. B. bei $L = 3\,500$ mm die erste Bedingung $\Delta = \pm 7$ mm ergibt, gilt als zulässige Abweichung der strengere Wert $\Delta = \pm 5$ mm.

<2> Zur Anmerkung – Verweis auf EN 1090-4

Da jetzt kaltgeformte Profiltafeln grundsätzlich und kaltgeformte dünnwandige Bauteile größtenteils in EN 1090-4 behandelt werden (vgl. zu II.1 <1.2>), finden sich deren Herstelltoleranzen jetzt natürlich im dortigen Anhang IV.D (siehe Kommentar dazu in diesem Buch). Der hiesige Verweis auf angebliche Montagetoleranzen für Profiltafeln in EN 1090-4 ist allerdings falsch: die gibt es nicht (siehe ebenfalls Kommentare zu Anhang IV.D).

Zu II.B.2 Herstelltoleranzen

Zu Tabelle II.B.1 Herstelltoleranzen – Geschweißte Profile

Gemeint sind hier nur **offene** geschweißte I- und ähnliche Profile. Geschweißte Kastenprofile siehe Tabelle II.B.4.

<1> Zu Merkmalen Nr. 1 und 2 – Abweichende Profilabmessungen

<1.1> Zu den grundlegenden Toleranzen in Spalte 4

Die beiden **grundlegenden** Toleranzgrenzwerte sollen die Querschnittstragfähigkeit sicherstellen (vgl. zu II.11.2.1 <1.1>). Deshalb sind folgerichtig nur Minustoleranzen angegeben – eine zu große Gesamthöhe oder Flanschbreite interessiert den Statiker nicht!

Der Wert $\boldsymbol{\Delta = -h/50}$ für die **Gesamthöhe** soll einen Abfall des Widerstandsmomentes um die starke Querschnittsachse y-y um mehr als ca. 3 % gegenüber dem Sollwert verhindern. Er ist fertigungstechnisch unkritisch. Das erkennt man daran, dass die entsprechenden ergänzenden Toleranzen enger festgelegt sind (siehe <1.2>). Man braucht sich also um dieses grundlegende Toleranzmerkmal nicht zu kümmern – es sei denn, man hat in der Bauteilspezifikation deutlich großzügigere ergänzende Herstelltoleranzen festgelegt.

Anders stellt sich die Situation für die **Flanschbreite** dar. Die zulässige Abweichung $\boldsymbol{\Delta = -b/100}$ ist doppelt so streng wie diejenige für die Gesamthöhe, vermutlich weil das Widerstandsmoment um die schwache Querschnittsachse z-z quadratisch von der Flanschbreite abhängt. Würde man aber ebenfalls 3 % Abfall in Kauf nehmen, so könnte man durchaus eine Abweichung von $\boldsymbol{-b/70}$ zulassen. Der entsprechende ergänzende Toleranzgrenzwert ist hier, im Gegensatz zur Gesamthöhe, identisch mit dem grundlegenden Wert (siehe <1.2>). Man braucht also auch dieses grundlegende Toleranzmerkmal in der Regel nicht gesondert zu beachten.

<1.2> Zu den ergänzenden Toleranzen in Spalten 5 und 6

Wie in <1.1> bereits erwähnt, sind die hier angegebenen zulässigen ±-Abweichungen für die **Gesamthöhe** $\boldsymbol{h}$ über den gesamten infrage kommenden Abmessungsbereich, verglichen mit dem grundlegenden Grenzwert $h/50$, selbst für Klasse 1 viel enger, während sie für die **Flanschbreite**

b mit $b/100$ für beide Klassen 1 und 2 identisch mit dem grundlegenden Grenzwert sind (wobei konsequent im Sinne von „ergänzend“ nur die Plustoleranz angegeben wird, weil die Minustoleranz ja grundlegend gilt). Die unterschiedliche Handhabung der beiden Profilquerschnittsmaße hinsichtlich des Verhältnisses zwischen grundlegenden und ergänzenden Toleranzen hängt damit zusammen, dass die Flanschbreite von Trägern (z. B. von Deckenunterzügen) praktisch keinen Einfluss auf die Genauigkeit, d. h. die Gebrauchstauglichkeit eines zu errichtenden Gesamttragwerks hat – ganz im Gegensatz zur Trägerhöhe.

Als alternatives Regelwerk im Sinne des Abschnittes II.11.3.3 von EN 1090-2 kommt für diese ergänzenden Toleranzen die Norm **EN ISO 13920** [II.Lit25] infrage (vgl. zu II.11.3.3 <1><2> und Tabelle KII.11-2). Zur besseren Vergleichbarkeit sind deren „Grenzabmaße für Längenmaße“ in Bild KII.B-2 den zulässigen Abweichungen für die Profilabmessungen nach Anhang II.B über den gesamten infrage kommenden Abmessungsbereich grafisch gegenübergestellt, und zwar sowohl den grundlegend zulässigen als auch den ergänzend zulässigen.

Man erkennt aus Bild KII.B-2 hinsichtlich der **ergänzenden Toleranzen**, dass die in II.11.3.3 empfohlene Toleranzklasse C der EN ISO 13920 über den gesamten Abmessungsbereich noch deutlich großzügiger ist als die liberalere der beiden Toleranzklassen nach EN 1090-2 (Klasse 1). Bei mittleren Abmessungen $d = \text{ca. } 400 \div 4\,000$ mm entspricht diese Klasse 1 etwa der EN-ISO-Klasse B, während die strengere Klasse 2 etwa der strengsten EN-ISO-Klasse A entspricht. Bild KII.B-2 veranschaulicht andererseits noch einmal, dass keine signifikante Kollision von EN ISO 13920 mit den **grundlegenden Toleranzen** vorhanden ist – das geringfügige Defizit bei kleinen Flanschbreiten ist belanglos.

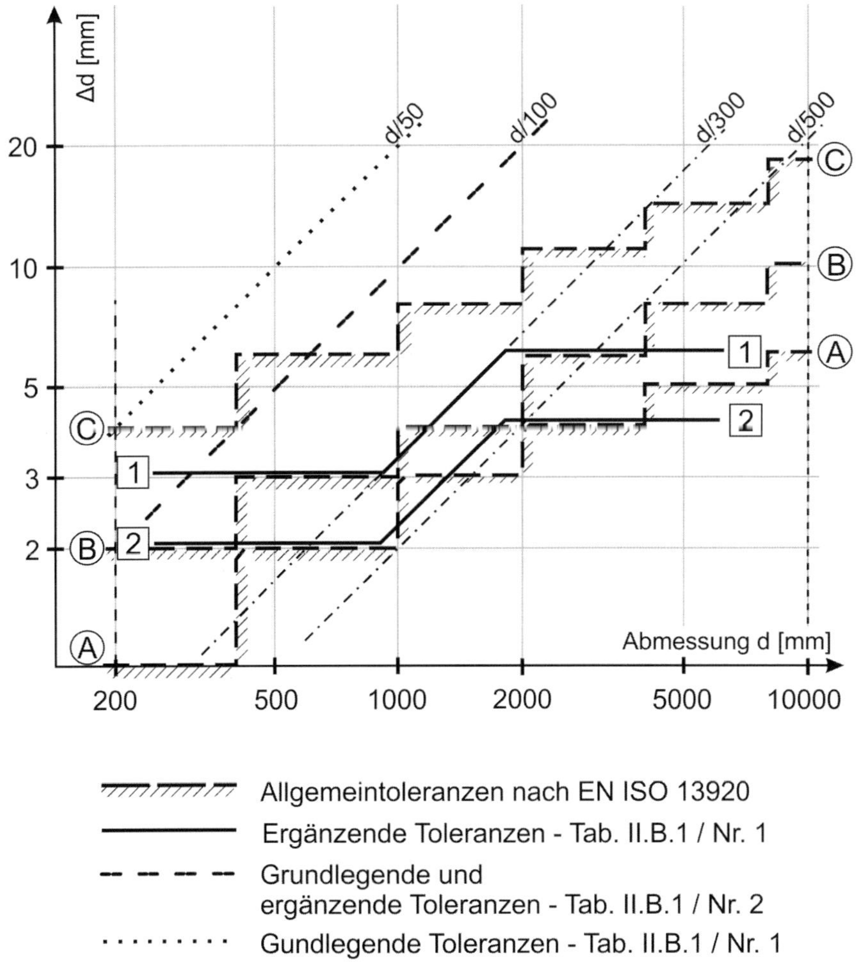

Bild KII.B-2: Allgemeintoleranzen für Längenmaße nach EN ISO 13920 im Vergleich zu ergänzenden und grundlegenden Toleranzen für Profilabmessungen nach EN 1090-2, Anhang II.B

Man kann also durchaus empfehlen, für die Profilabmessungen geschweißter offener Profile unter wirtschaftlichen Gesichtspunkten die ergänzenden Toleranzen nach **EN ISO 13920**, Klasse C, zu verwenden. Die grundlegenden Anforderungen sind damit automatisch abgedeckt.

<2> Zu Merkmalen Nr. 3 bis 5 – Abweichende Lage und Form des Flansches

Für diese Merkmale sind keine grundlegenden Toleranzforderungen angegeben. Sie können also ohne Rücksicht auf Tragsicherheitsaspekte festgelegt werden. Die hier für den „allgemeinen Fall“ angegebenen zulässigen Abweichungen Δ werden von den Allgemeintoleranzen nach EN ISO 13920, Klasse C, in der Größenordnung zutreffend wiedergegeben. Ob man die wesentlich schärferen Toleranzen für den Fall „in Kontakt mit dem Auflager bzw. mit der Lasteinleitung“ tatsächlich aus Sicht der Gebrauchstauglichkeit in Anspruch nehmen will, sollte im Einzelfall entschieden werden. Hält man das nicht für nötig, spricht nichts gegen den Ersatz dieser drei ergänzenden Merkmale durch die Allgemeintoleranzen nach **EN ISO 13920,** Klasse C.

<3> Zu Merkmal Nr. 6 – Schiefstellung des Steges über Auflagern

<3.1> Zu der grundlegenden Toleranz in Spalte 4

Der zulässige Wert $\boldsymbol{\Delta = \pm h/200}$ für die Schiefstellung des Steges über einem Auflager (entsprechend einem Schiefewinkel von **ca. 0,3°**) ist im Vergleich zu den allgemeinen Winkligkeitstoleranzen der EN ISO 13920 ziemlich streng (vgl. Tabelle KII.11-2). Der strenge Wert erscheint aber aus statischer Sicht durchaus plausibel, ist er doch immer noch großzügiger als der Grundwert $h/300$ für die Schiefstellung von einstöckigen Stützen (vgl. zu II.11.2.1 <1.4>). Es ist zu empfehlen, die Stegvertikalität unterhalb von schweren Einzellasten analog zu handhaben wie über Auflagern.

Die angegebene untere Grenze der zulässigen Abweichung (Stegdicke t_w) nimmt der Schiefetoleranz ein wenig die Schärfe: Beispielsweise braucht ein 500 mm hoher geschweißter I-Träger mit einem 10-mm-Steg über einem Auflager nicht ein Schiefemaß von 500/200 = 2,5 mm einzuhalten, sondern nur von 10 mm. Im Übrigen wird man bei größeren geschweißten Biegeträgern in der Regel sowieso eine Auflagersteife anordnen; dafür gibt es im Anhang II.B allerdings kein einzuhaltendes grundlegendes Schiefemaß (siehe zu Tabelle II.B.5 <1>).

<3.2> Zu den ergänzenden Toleranzen in Spalten 5 und 6

Die hier angegebenen Toleranzgrenzwerte $\boldsymbol{\Delta = \pm h/300}$ und $\boldsymbol{\pm h/500}$ sind noch strenger als der grundlegende Wert $h/200$. Der Grund dafür erschließt sich den Verfassern nicht. Im Übrigen ist auch nicht nachzuvollziehen, warum aus der Sicht der Gebrauchstauglichkeit die Stegvertikalität **nur** über Auflagern so wichtig ist, während dazwischen der Steg beliebig schief stehen darf.

Das allgemeine Grenzabmaß für Winkelmaße nach EN ISO 13920 beträgt in Klasse C für mittlere bis kleine Trägerhöhen ¾° bis 1° und erreicht erst in der höchsten Klasse A mit ¼° bis ⅓° von der Schärfe her die Größenordnung der grundlegenden zulässigen Schiefstellung von $h/200$. Deshalb würde die alternative Verwendung von EN ISO 13920 mit Klasse C für dieses ergänzende Toleranzmerkmal eine Überprüfung des grundlegenden Grenzmaßes $\Delta = \pm h/200$ **nicht** überflüssig machen (vgl. auch Tabelle KII.11-2). Sie hätte aber den Vorteil, dass man der noch schärferen ergänzenden Toleranzforderung nach der vorliegenden Tabelle II.B.1 aus dem Wege ginge.

<4> Zu Merkmalen Nr. 7 bis 9 – Ebenheitsabweichung des Steges

<4.1> Zu den grundlegenden Toleranzen in Spalte 4

Die textliche und notationsmäßige Darbietung dieser drei sachlich zusammengehörenden Toleranzmerkmale für Ebenheitsabweichungen des Steges ist wenig gelungen, auch schon in der englischsprachigen Version. Die Bezugslänge „L“, auf die sich die zulässige Abweichung Δ bezieht, ist immer gleich der Steghöhe „b“, deshalb $\boldsymbol{\Delta = \pm b/200}$ usw. Die Messlehre der Länge „$L = b$“ wird bei Merkmal Nr. 7 in Stegquerrichtung angesetzt, misst also die Vorkrümmung in Querrichtung. Bei den Merkmalen Nr. 8 und 9 wird sie dagegen in Steglängsrichtung angesetzt.

Der Unterschied zwischen Nr. 8 und Nr. 9 ist schwer verständlich, hat aber keine Bedeutung. In beiden Fällen geht es um die Welligkeit in Längsrichtung. Im Bild Nr. 8 ist eine einzelne Vorbeule dargestellt, die quasi zufällig die Länge $L = b$ hat. Im Bild Nr. 9 ist der allgemeinere Fall dargestellt, bei dem die Messlehre in Längsrichtung so lange verschoben werden muss, bis man den größten Wert Δ (eigentlich δ, vgl. zu II.B.1 <1>) gefunden hat.

Hinter dieser grundlegenden Herstelltoleranz steht eine Plattenbeul-Überlegung, ähnlich der im Kommentar <1.5> zu II.11.2.1 dargelegten. Dass hier (im Vergleich zum dortigen Basiswert $l_{cr}/250$) mit $\Delta = \pm b/80$ (quer bei dünnem Steg) und $\Delta = \pm b/100$ (längs) deutlich größere Ebenheitsabweichungen zulässig sind, hat etwas mit der typischen Beanspruchung eines „Steges" zu tun: Es geht entweder um Schubbeulen oder um Biegespannungsbeulen, aber nicht um das kritischere Beulen eines in Längsrichtung über seine gesamte Breite druckbeanspruchten Plattenstreifens wie beispielsweise beim Flansch eines geschweißten Kastenprofils (siehe zu Tabelle II.B.4 <3>). Wird ein geschweißtes I-Profil allerdings als Druckstab eingesetzt, so wird sein „Steg" zum „Flansch" und muss in seinen Ebenheitsabweichungen den engeren Wert $L/250$ einhalten.

<4.2> Zu den ergänzenden Toleranzen in Spalten 5 und 6

Das hier angegebene ergänzende Toleranzgrenzmaß $\Delta = b/100$ für Klasse 1 ist für die Querkrümmung des Steges (Nr. 7) ab $b/t \geq 160$ und für die Längswelligkeit des Steges (Nr. 8 und 9) immer identisch mit dem grundlegenden Grenzmaß (bzw. etwas schärfer). Klasse 2 ist entsprechend noch schärfer. Vernachlässigt man das vergleichsweise unbedeutende Defizit in der Querkrümmung – diese Formabweichung ist weniger beulkritisch als die Welligkeit in Längsrichtung –, so ergibt sich als Fazit: Bei Verwendung dieser ergänzenden Toleranzen muss man nur entscheiden, ob man die schärfere Klasse 2 anwendet oder es bei Klasse 1 belässt – die grundlegende Toleranz ist immer eingehalten.

Anders sieht es bei Verwendung von **EN ISO 13920** als alternatives Regelwerk aus: Durch die in jener Norm vorgeschriebene Ebenheitsprüfung ist die auf die Welligkeit zielende Ebenheitstoleranz nach Tabelle II.B.1, Merkmale 7 bis 9, nicht darstellbar (vgl. auch Tabelle KII.11-2). Wählt man trotzdem EN ISO 13920 generell als alternatives Regelwerk für die ergänzenden Toleranzen geschweißter Bauteile, so macht das die Überprüfung der Welligkeit als grundlegende Ebenheitstoleranz nach Tabelle II.B.1 **nicht** überflüssig.

<5> Zu Merkmal Nr. 10 – Versatz im Stegpfosten von Lochsteg- und Wabenträgern

Für dieses sehr spezielle Merkmal gibt es keine grundlegende, d.h. tragsicherheitsrelevante Forderung. Die Angaben zu den ergänzenden Toleranzen sind schwer verständlich: Wie sich der „Versatz in Dickenrichtung" („*across thickness*") vom „Überlappungsversatz" („*overlap*") unterscheidet, ist den Verfassern nicht klar. Sie empfehlen, den Überlappungsversatz mit seinen Δ-Werten von 2 mm bis 5 mm im Sinne des gezeichneten Details im Bild zum Merkmal Nr. 10 anzuwenden.

Herstelltoleranzen – Gekantete Profile

Zu Tabelle II.B.2

<1> Zu Merkmalen Nr. 1 und 2 – Abweichende Profilabmessungen

<1.1> Zu den grundlegenden Toleranzen in Spalte 4

Die Merkmalbezeichnungen sind nicht ganz so klar wie ihre englischen Pendants („*internal element width*" und „*outstand element width*"). Gemeint ist im Prinzip in Anlehnung an EN 1993-1-5 [R102] für Nr. 1 die Breite eines zweiseitig durch Kantungen gestützten Querschnittsteils und für Nr. 2 die Breite eines einseitig durch eine Kantung gestützten Querschnittsteils. Beides sind „ebene nicht ausgesteifte Querschnittsteile" gemäß Terminologie für kaltgeformte dünnwandige Bauteile nach EN 1993-1-3 [R98].

Obwohl diese Bezeichnungen einen Bezug zur Plattenstabilität dünnwandiger Stäbe suggerieren, ist das nicht der Fall. Die beiden grundlegenden Toleranzgrenzwerte in Spalte 4 sollen – analog zu den beiden ersten Merkmalen der vorhergehenden Tabelle II.B.1 für offene geschweißte Profile – die **Querschnittstragfähigkeit** offener gekanteter Profile sicherstellen; deshalb sind wieder nur Minustoleranzen angegeben. Die Breite A zwischen zwei Kantungen entspricht der „Gesamthöhe h" bei den geschweißten Profilen und hat folgerichtig denselben Toleranzgrenzwert $\boldsymbol{\Delta = -A/50}$. Die Breite B zwischen einer Abkantung und einer freien Kante entspricht der „Flanschbreite b" bei den geschweißten Profilen, hat aber im Vergleich zu deren Toleranzgrenzwert $b/100$ einen etwas großzügigeren Grenzwert $\boldsymbol{\Delta = -B/80}$. Interessanterweise entspricht er etwa dem von den Verfassern für die Breite eines geschweißten I-Flansches vorgeschlagenen Wert $b/70$ (vgl. zu Tabelle II.B.1 <1.1>).

Aus Kreisen der Stahlbaupraxis kommt der Einwand, dass insbesondere das Maß $-B/80$ für kleine Profile auch mit modernen Kantbänken nicht realisierbar sei, vor allem, wenn bei Bandmaterial die so genannte „Säbel"-Problematik hinzukomme: Für Stahlband ist eine geringfügige Säbelform (Abweichung von der Seitengradheit) gemäß Lieferbedingungen zulässig; sie erschwert aber das Herstellen langer prismatischer Kantprofile. Beispielsweise sei ein Toleranzmaß für den abgekanteten Schenkel eines U-Profils 50 × 100 mm von 50 mm/80 = 0,625 mm schlicht nicht machbar, so der Einwand. Noch gravierender ist das Problem naturgemäß bei den in EN 1090-4 geregelten dünnwandigen Kantprofilen; siehe die dortige Tabelle IV.D.2 sowie den Kommentar dazu.

Bei den ergänzenden Herstelltoleranzen (siehe <1.2>) gibt es solche kleinen Grenzabmaße nicht. Möglicherweise hat man sich bei dem grundlegenden Grenzabmaß zu sehr an die Produktnorm für kaltgewalzte Profile aus Stahl, **EN 10162** [II.Lit12], angelehnt (vgl. zu II.11.2.2.3), welche tatsächlich für Blechdicken $t \leq 1{,}5$ mm und Profilabmessungen $A \leq 200$ mm bzw. $B \leq 100$ mm Grenzabmaße unter 1 mm angibt. Die vorliegenden Toleranzen gelten jedoch vor allem für individuell projektspezifisch hergestellte Kantprofile. Die Verfasser schlagen vor, mit Rücksicht auf die Realisierbarkeit das einzuhaltende grundlegende Minus-Grenzabmaß in Anlehnung an die ergänzenden Abkanttoleranzen, Klasse 2, in Spalte 6 der vorliegenden Tabelle II.B.2 wie folgt nach unten zu begrenzen:

- Merkmal Nr. 1:
  $\Delta = -A/50$, aber $|\Delta| \geq 2$ mm für $t \leq 3$ mm bzw. $|\Delta| \geq 3$ mm für $t > 3$ mm;
- Merkmal Nr. 2:
  $\Delta = -B/80$, aber $|\Delta| \geq 1$ mm für $t \leq 3$ mm bzw. $|\Delta| \geq 2$ mm für $t > 3$ mm.

Bei Inanspruchnahme dieser empfohlenen Regelung sollten allerdings bei der Bemessung die statischen Querschnittswerte angemessen reduziert werden (z. B. auf 90 %).

<1.2> Zu den ergänzenden Toleranzen in Spalten 5 und 6

Der hier angegebene Satz zulässiger Maßabweichungen für die beiden Profilaußenmaße macht den Eindruck, sorgfältig an die praktischen Möglichkeiten moderner Abkantpressen angepasst zu sein – im Gegensatz zu den grundlegenden Toleranzgrenzmaßen (vgl. vorhergehenden Kommentar). Die Abhängigkeit von der Dicke ist ebenso plausibel wie die Abhängigkeit von der Länge. Auch dass mit einer freien Schnittkante engere Toleranzen einzuhalten sind als mit einer freien Walzkante, ist plausibel. Ob eine Verwendung der allgemeinen Längentoleranzen nach EN ISO 13920 – sie liegen für die typischen Profilabmessungen mit ± 3 bis ± 4 mm in der gleichen Größenordnung bzw. sind enger – als Ersatz für diese offenbar gezielt festgelegten Abkanttoleranzen sinnvoll ist, muss bezweifelt werden.

<2> Zu Merkmal Nr. 3 – Geradheitsabweichung des Profils

Der angegebene **grundlegende** Toleranzgrenzwert $\boldsymbol{\Delta = L/1\,000}$ ist der Basiswert für den zulässigen Vorkrümmungsstich biegeknickgefährdete Druckstäbe (vgl. zu II.11.2.1 <1.2>) und braucht nicht weiter kommentiert zu werden. **Ergänzende** Toleranzforderungen dazu gibt es nachvollziehbarerweise nicht.

<3> Zu Merkmalen Nr. 4 bis 6 – Abweichende Abkantparameter

Für die hier als **ergänzende** Toleranzen festgelegten zulässigen Abweichungen bezüglich typischer Abkantparameter gibt es keine Entsprechung bei den **grundlegenden** Toleranzen, also auch keine Tragsicherheitsaspekte. Eine Kommentierung der klar verständlichen Grenzabmaße erübrigt sich. Ergänzend sei bei Merkmal Nr. 5 daran erinnert, dass es für den Biegeradius R, auf den sich die zulässige Abweichung Δ bezieht, empfohlene Mindestwerte in EN 10025-2 gibt. Sie betragen beispielsweise für $t = 2$ mm $R_{min} = 2{,}5 \div 4$ mm und für $t = 6$ mm $R_{min} = 10 \div 16$ mm. Die hier dickenunabhängig angegebenen zulässigen Abweichungen Δ sind also vergleichsweise grob.

Herstelltoleranzen – Flansche geschweißter Profile

Zu Tabelle II.B.3

Gemeint sind hier – wie in Tabelle II.B.1 – nur die Flansche **offener** geschweißter I- und ähnlicher Profile. Flansche geschweißter Kastenprofile siehe nächste Tabelle II.B.4.

<1> Zu Merkmalen Nr. 1 und 2 – Ebenheitsabweichung des Flansches

<1.1> Zu den grundlegenden Toleranzen in Spalte 4

Diese beiden Ebenheitsmerkmale eines geschweißten Flansches sind vergleichbar mit den Ebenheitsmerkmalen Nr. 8 und 9 eines geschweißten Steges nach Tabelle II.B.1 (vgl. Kommentar <4.1> dazu). Auch hier wird eine Messlehre der Länge L in Längsrichtung über den welligen Flansch geschoben und die maximale Abweichung δ rechtwinklig zur Flanschebene gemessen. Auch hier beschreibt das Bild in Nr. 1 eine einzelne Vorbeule, die quasi zufällig die Länge L hat, während das Bild in Nr. 2 den allgemeineren Fall darstellt. Die Welligkeit wird in aller Regel am freien Flanschrand am größten sein, so wie in den Bildern dargestellt.

Die Messlänge L ist stets gleich der Flanschbreite b. Darauf bezogen hat die zulässige Abweichung Δ zwar im Mittel dieselbe Größenordnung wie bei der Ebenheitstoleranz des geschweißten Steges, ist aber mit $\boldsymbol{\Delta = \pm b/150}$ (bei gedrungenem Flansch mit $b/t = 20$) bis z. B. $\boldsymbol{\Delta = \pm b/30}$ (bei schlankem Flansch mit $b/t = 100$) stark veränderlich festgelegt. Auch hinter dieser grundlegenden Herstelltoleranz kann nur eine Plattenbeul-Überlegung stehen, konkret: der einseitig gestützte, in Längsrichtung druckbeanspruchte Plattenstreifen. Vor diesem Hintergrund sind – anders als beim Steg – die Grenzwerte für dünne Flansche in ihrer Großzügigkeit für die Verfasser nicht nachvollziehbar, insbesondere wenn man bedenkt, dass sie, bezogen auf die eigentliche strukturmechanische Plattenbreite $b_P = b/2$, sogar de facto noch großzügiger sind. Vor allem ist auch die Diskrepanz zu den strengen Ebenheits-Anforderungen für geschweißte Kastenflansche unverständlich (siehe zu Tabelle II.D.4). Der wissenschaftliche Hintergrund der vorliegenden Ebenheitstoleranzen – sollte es überhaupt einen geben – ist den Verfassern nicht bekannt.

Man braucht im Übrigen diese beiden grundlegenden Toleranzgrenzmaße in der Regel nicht gesondert zu beachten, wenn man für die ergänzenden Toleranzen die Grenzabmaße der Spalten 5 und 6 verwendet (siehe nachfolgenden Kommentar dazu).

<1.2> Zu den ergänzenden Toleranzen in Spalten 5 und 6

Die zulässigen Abweichungen der ergänzenden Toleranzen sind in Klasse 2 enger und in Klasse 1 praktisch identisch (mit Ausnahme sehr gedrungener Flansche, bei denen aber die Beulgefährdung eher gering ist). Man müsste also bei Verwendung dieser ergänzenden Toleranzen nur entscheiden, ob man die schärfere Klasse 2 anwendet oder es bei Klasse 1 belässt.

Durch die Ebenheitsprüfung nach **EN ISO 13920** ist auch hier die auf die Welligkeit zielende Ebenheitstoleranz nach Tabelle II.B.3 nicht darstellbar (vgl. zu Tabelle II.B.1 <4.2>). Wählt man trotzdem EN ISO 13920 generell als alternatives Regelwerk für die ergänzenden Toleranzen geschweißter Bauteile, so macht das auch hier die Überprüfung der Welligkeit als **grundlegende** Ebenheitstoleranz nach Tabelle II.B.3 **nicht** überflüssig.

<2> Zu Merkmal Nr. 3 – Geradheitsabweichung des Flansches

Der hier für seitlich nicht gehaltene Flansche angegebene Toleranzgrenzwert $\boldsymbol{\Delta = L/1\,000}$ ist der Basiswert für den seitlich ausweichenden Druckgurt eines biegedrillknickgefährdeten Biegeträgers (vgl. zu II.11.2.1 <1.3>) und braucht nicht weiter kommentiert zu werden.

Zu Tabelle II.B.4 Herstelltoleranzen – Flansche geschweißter Kastenprofile

<1> Zu Merkmal Nr. 1 – Abweichende Profilabmessungen

<1.1> Zu der grundlegenden Toleranz in Spalte 4

Es geht hier wieder um die Sicherstellung der **Querschnittstragfähigkeit** (vgl. zu II.11.2.1 <1.1>). Deshalb ist wieder folgerichtig nur eine Minustoleranz angegeben. Der Wert $\boldsymbol{\Delta = -b/100}$ erscheint allerdings zu strikt (vgl. dazu die Ausführungen zu den Tabellen II.B.1 und II.B.2, jeweils Kommentar <1.1>). Der dort von den Verfassern vorgeschlagene Wert $\boldsymbol{b/70}$ wäre ohne weiteres auch hier vertretbar. Er hätte den Vorteil, dass man dieses grundlegende Toleranzmerkmal bei Kastenabmessungen von mehr als ca. 300 mm nicht gesondert zu beachten bräuchte, sofern man nicht in der Bauteilspezifikation großzügigere ergänzende Herstelltoleranzen als nach Spalte 5 der vorliegenden Tabelle II.B.4 oder nach EN ISO 13920, Klasse C, festgelegt hat.

<1.2> Zu den ergänzenden Toleranzen in Spalten 5 und 6

Für die ergänzenden Toleranzen gilt hier sinngemäß alles, was im Kommentar <1.2> zu II.B.1 (einschließlich Bild KII.B-2) über das Merkmal „Profilhöhe“ für geschweißte offene Profile gesagt wurde, in gleichem Maße. Das heißt, es ist zu empfehlen, auch für die Profilabmessungen geschweißter Hohlkastenbauteile unter wirtschaftlichen Gesichtspunkten die ergänzenden Toleranzen nach **EN ISO 13920**, Klasse C, zu verwenden. Die grundlegenden Anforderungen sind damit automatisch abgedeckt.

<2> Zu Merkmalen Nr. 2 und 5 – Abweichungen von der Kastenform

Für beide Merkmale sind nur **ergänzende** Toleranzen angegeben, d. h. die Abweichungen sind nicht tragsicherheitsrelevant. Es leuchtet aber ein, dass bei einem geschweißten Hohlkasten gewisse Toleranzen für die Formhaltigkeit eingehalten werden sollten.

Merkmal Nr. 2 soll die örtliche **Verdrehung (Verdrillung)** pro Teillänge L, d. h. sowohl pro lfdm als auch über die Gesamtlänge begrenzen, allerdings nicht direkt mithilfe eines Winkelmaßes (wie z. B. bei der Verdrehung eines Gittermastes nach Tabelle II.B.24, Nr. 8, mit $\Delta = 0{,}33°/\mathrm{m}$ bei Masthöhen unter 150 m), sondern indirekt mithilfe des durch die Verdrehung entstehenden Schiefewinkels der Kastenwände. Dieser ist aber bei gleicher Verdrillung abhängig von den Kastenquerschnittsabmessungen. Der für Klasse 2 vorgegebene zulässige Schiefewert $\Delta = L/1\,000$ bedeutet z. B., wie sich leicht ausrechnen lässt, bei einem Kasten 500 × 500 mm einen zulässigen Verdrillwinkel von 0,23°/m, bei einem Kasten 3 000 × 3 000 mm dagegen von 0,04°/m. Wie leicht oder schwer sich solche Grenzverdrillwinkel einhalten lassen, kann von den Verfassern nicht eingeschätzt werden.

Merkmal Nr. 5 soll die **Querschnittsform** gewährleisten, d. h. in der Regel die Rechteckform – dann geht es um die hier explizit genannte „Rechtwinkligkeit“ –, jedoch nicht immer; insofern ist die Bezeichnung des Merkmals falsch. Leider ist die Darstellung schwer verständlich, weil wieder die ermittelte Abweichung δ und deren Grenzwert, d. h. die zulässige Abweichung Δ, begrifflich nicht auseinandergehalten werden (vgl. zu II.B.1 <1>): Δ kann nicht gleichzeitig $= (d_1 - d_2)$ und $= (d_1 + d_2)/400$ sein! Gemessen wird ein Querschnittsschiefemaß, ähnlich dem Unrundheitsmaß für Kreisquerschnitte in Tabelle II.B.11. Hätte man es analog formuliert, d. h. auf d_{nom} bezogen, lautete das dimensionslose Grenzmaß $\Delta = 0{,}005$ für Klasse 1 und $\Delta = 0{,}003\,3$ für Klasse 2. Das sind recht enge Toleranzen für die Querschnittsform.

Wählt man **EN ISO 13920** generell als alternatives Regelwerk für die ergänzenden Toleranzen geschweißter Bauteile, so verzichtet man auf die gezielte Erfassung dieser beiden Formhaltigkeitsmerkmale. Ob das aus Sicht der Gebrauchstauglichkeit vertretbar ist, muss im Einzelfall entschieden werden.

<3> Zu Merkmalen Nr. 3 u. 4 – Ebenheitsabweichung des Flansches bzw. von Blechfeldern im Flansch

<3.1> Zu der grundlegenden Toleranz in Spalte 4

Druckbeanspruchung in Längsrichtung (Merkmal Nr. 3)

Die grundlegenden Toleranzwerte für Merkmal Nr. 3 stellen eine ausreichende Beultragfähigkeit unter Druckbeanspruchung in Längsrichtung sicher. Sie basieren auf dem Basis-Plattenbeulfall „zweiseitig gestützter, in Längsrichtung gedrückter Plattenstreifen", der im Kommentar <1.5> zu II.11.2.1 ausführlich beschrieben wurde. Bild KII.B-3 zeigt die Untersicht unter einen Versuchskörper mit vier Längssteifen, also drei dazwischen liegenden Plattenstreifen. Man erkennt die im Beulversuch erzeugten, etwa quadratischen Einzelbeulen, gegen die die vorliegenden grundlegenden Toleranzen helfen sollen.

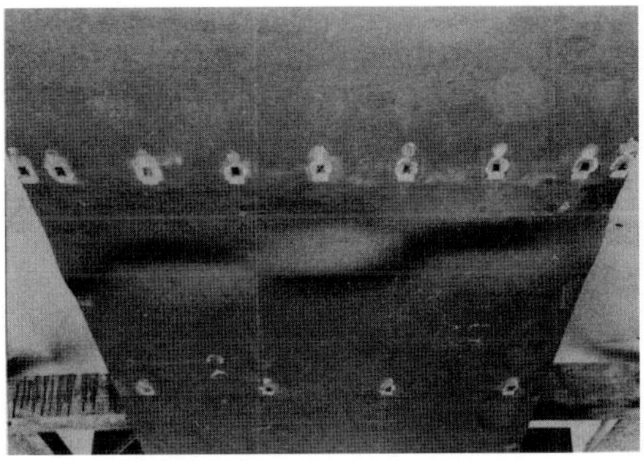

Quelle: aus [V59]

Bild KII.B-3: Untersicht unter einen Versuchskörper mit vier Längssteifen nach einem Beulversuch mit Längsdruckbeanspruchung

Wie im Kommentar <1.5> zu II.11.2.1 ausgeführt, stammt die hier spezifizierte Ebenheitstoleranz ursprünglich aus deutschen und britischen Brückenbaunormen. Die Grundidee der Regelung ist, von den tatsächlichen Ebenheitsabweichungen näherungsweise nur den beulkritischen Anteil zu erfassen, nämlich die ggf. in Längsrichtung mit der Beulhalbwellenlänge $l_{cr} = b$ oszillierende Welligkeit. Typisch für Blechfelder zwischen Kastenstegen oder zwischen Längssteifen ist, dass das einseitige Schweißen entlang der Längsränder primär die im englischsprachigen Schrifttum als „*hungry horse*" bekannte, gleichmäßige Ebenheitsabweichung zur Schweißnahtseite hin erzeugt, der sich nur sekundär ein mehr oder weniger ausgeprägter oszillierender Anteil überlagert (Bild KII.B-4). Beulrelevant ist nicht das gesamte Stichmaß f_B, sondern nur die Differenz $(f_B - f_0)$. Wählt man nun als Bezugs- bzw. Messlänge L (in Bild KII.B-4 „G" genannt) des in Längsrichtung anzusetzenden Messbügels (Messlehre) nicht die Halbwellenlänge, sondern, weil besser zu handhaben, die Vollwellenlänge $2\,l_{cr} = 2b$, so erhält man die Definition des Toleranzmaßes δ für Merkmal Nr. 3 (in Bild KII.B-4 „f_b*" genannt). Die Messlehre wird längs so lange verschoben, bis der Größtwert $\delta_{max} = \Delta$ gefunden ist.

Leider ist die Darstellung im Bild des Merkmals Nr. 3 auch in der aktuellen Ausgabe von EN 1090-2 unbefriedigend geblieben (obwohl schon in [V68] moniert). Deshalb ist zum besseren Verständnis die entsprechende Darstellung aus der früheren deutschen Norm DIN 18800-3 in Bild KII.B-5 (erste Zeile) wiedergegeben. Die Messlehrenlänge L bzw. G (im Bild des Merkmals Nr. 3 gar nicht eingezeichnet) wird in Bild KII.B-5 „l_m" genannt. Der einzuhaltende Grenzwert des Toleranzmaßes (in Bild KII.B-5 „f" genannt) ergibt sich zu $\mathbf{\Delta = 2(l_{cr}/250) = 2b/250 = b/125}$. Wenn der Abstand a zwischen Querschotten im Kastenprofil (und damit die Beulfeldlänge) kürzer ist als $2b$, muss die Messlehrenlänge entsprechend angepasst werden: Das Grenzmaß beträgt dann $\mathbf{\Delta = a/250}$. In diesem Fall weist das kritische Beulmuster nur eine Halbwelle in Längsrichtung auf.

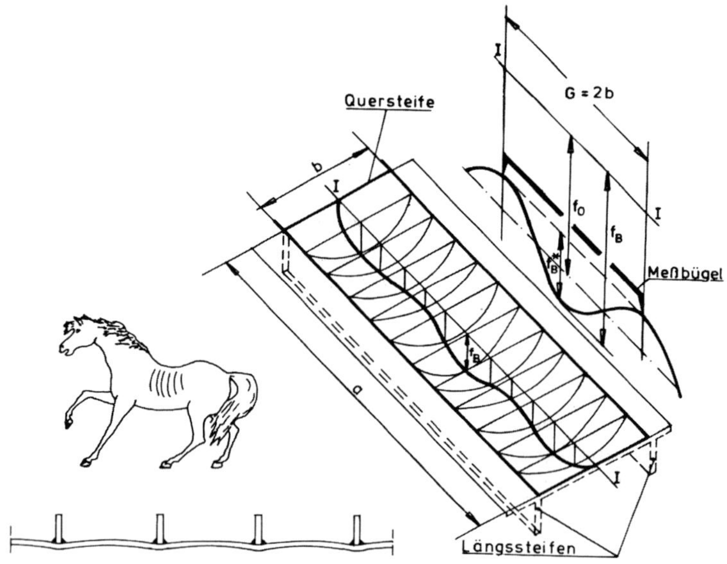

Quelle: *nach Massonet* [V46]

Bild KII.B-4: Ebenheitsabweichung Typ „*hungry horse*“ und Toleranzdefinition für längs gedrückte lange Blechfelder gemäß BS 5400:1978

unversteifte Beulfelder	allgemein	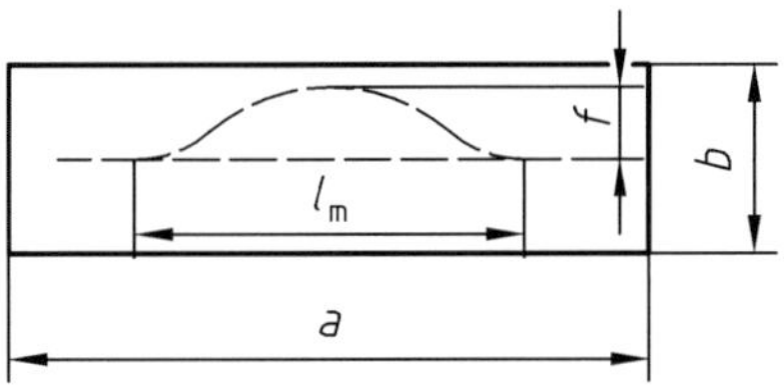	$f = \frac{l_m}{250}$ $l_m = a$, wenn $a \le 2\,b$ $l_m = 2\,b$, wenn $a > 2\,b$
	mit Druckbeanspruchung in Querrichtung	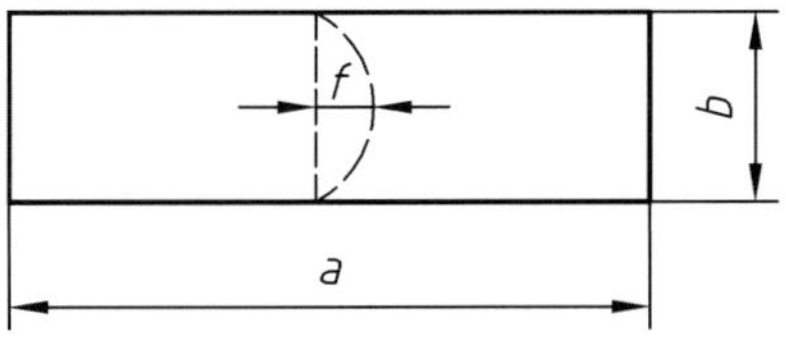	$f = \frac{l_m}{250}$ $l_m = b$, wenn $b \le 2\,a$ $l_m = 2\,a$, wenn $b > 2\,a$

Bild KII.B-5: Verständlichere Darstellung der Toleranzmerkmale Nr. 3 und 4 (Auszug aus Tabelle 2 der früheren DIN 18800-3 [R71])

Druckbeanspruchung in Querrichtung (Merkmal Nr. 4)

Mit Toleranzmerkmal Nr. 4 soll der seltene Fall abgedeckt werden, dass ein langer Plattenstreifen (nur oder auch) in Querrichtung druckbeansprucht wird und **knickstabähnlich** beult (vgl. EN 1993-1-5 [R102]). In diesem Fall spielt nicht die Welligkeit in Längsrichtung die dominierende Rolle, sondern die Vorkrümmung in Querrichtung (Stichmaß f_B in Bild KII.B-4). Die Messlehre muss jetzt in Querrichtung angesetzt werden und hat natürlich die Länge $L = b$ (Bild KII.B-5, 2. Zeile), so dass $\boldsymbol{\Delta = l_{cr}/250 = b/250}$ wird. Die zweite Zeile „$b > 2a$“ beim Merkmal Nr. 4 hat eine rein formalistische Funktion: Die Richtungen tauschen jetzt die Rolle, die „quer“ gedrückte Platte wird „lang“ in Querrichtung (!).

Mit dem Toleranzmerkmal Nr. 4 wird im Grunde das EN-1090-Konzept, grundlegende Toleranzen unabhängig von der Art und Höhe der Beanspruchung vorzugeben (vgl. zu II.11.2.1 <2>), verlassen. Der Grund dafür ist, dass sich das in Querrichtung gemessene Grenzmaß $b/250$ bei durchschnittlicher Fertigungsgenauigkeit nur schwer einhalten lässt, wie Messungen gezeigt haben [V60]. Liegt tatsächlich der seltene Fall einer Druckbeanspruchung in Querrichtung vor, so müssen ggf. besondere Maßnahmen bei der Fertigung ergriffen werden, um diese spezielle grundlegende Toleranz einzuhalten.

<3.2> Zu den ergänzenden Toleranzen in Spalten 5 und 6

Die ergänzenden Toleranzen dieser beiden Merkmale sind – auch in ihren Grenzabmaßen – vollkommen identisch mit den grundlegenden Pendants in Spalte 4 der Tabelle II.B.4. Da diese Art von Ebenheitstoleranz, die auf die beulkritische Welligkeit zielt, durch die Ebenheitsprüfung von EN ISO 13920 nicht darstellbar ist (vgl. zu Tabelle II.B.3), würde eine generelle Verwendung von **EN ISO 13920** als alternatives Regelwerk für die ergänzenden Toleranzen geschweißter Bauteile die Überprüfung der Flanschwelligkeit als grundlegendes Ebenheitstoleranzmerkmal nach Tabelle II.B.4 **nicht** überflüssig machen.

Zu Tabelle II.B.5

Herstelltoleranzen – Stegaussteifungen und Kreuzstöße von Profilen oder Kastenprofilen

Gemeint sind, wie den Bildern in Verbindung mit den Texten zu entnehmen ist, nur Stegaussteifungen rechtwinklig zur Spannrichtung der Träger, also bei horizontalen Trägern vertikale Stegaussteifungen. Für Längssteifen gelten die Herstelltoleranzen nach Tabelle II.B.7.

<1> Zu Merkmalen Nr. 1 und 2 – Geradheitsabweichung der Stegaussteifungen

<1.1> Zu der grundlegenden Toleranz in Spalte 4

Diese (offenbar stabilitätsorientierten) Toleranzen sind selbsterklärend. Die angegebenen zulässigen Abweichungen erscheinen von der Größenordnung her plausibel, insbesondere auch die Tatsache, dass die Abweichung aus der Stegebene heraus kritischer gesehen wird als die Abweichung parallel zur Stegebene. Die genaue Herkunft der Grenzwerte ist den Verfassern nicht bekannt.

Vermisst wird eine Angabe zur zulässigen Schiefstellung einer Auflagersteife, etwa so wie für unausgesteifte Träger über Auflagern gemäß Merkmal Nr. 6 in Tabelle II.B.1 (vgl. Kommentar <3.1> zu jener Tabelle).

<1.2> Zu den ergänzenden Toleranzen in Spalten 5 und 6

Die ergänzenden Toleranzen für die beiden Geradheitsabweichungen der Steifen sind für Klasse 1 identisch mit den grundlegenden Toleranzen, für Klasse 2 entsprechend schärfer.

Alternativ können in EN ISO 13920 Grenzabmaße Δ abgelesen werden. Sie betragen im relevanten Längenbereich b = ca. 200 mm bis ca. 3 000 mm in Klasse G ca. $b/70$ bis $b/270$ und in Klasse F ca. $b/130$ bis $b/500$. Man erkennt, dass die grundlegenden Grenzwerte $\Delta = b/250$ bzw. $b/500$ durch Klasse G praktisch gar nicht und durch Klasse F nur für die Geradheitsabweichung parallel zur Stegebene ab b = ca. 750 mm abgedeckt werden (vgl. auch Tabelle KII.11-2). Fazit: Diese beiden Merkmale sind nach EN ISO 13920 zwar darstellbar, aber mit zu großzügigen Grenzabmaßen. Verwendet man also die Allgemeintoleranzen nach **EN ISO 13920**, Klasse C, generell als alternative ergänzende Toleranzen für geschweißte Bauteile, so müssen für die beiden vorliegenden Merkmale die grundlegenden Grenzwerte trotzdem überprüft werden.

<2> Zu Merkmalen Nr. 3 bis 6 – Abweichende Position der Stegaussteifungen

<2.1> Zu der grundlegenden Toleranz in Spalte 4

Die Toleranzmerkmale **Nr. 3** und **Nr. 4** sind von der Zielsetzung her einleuchtend; auch dass die genaue Position einer Auflagersteife wichtiger ist als die einer Steife zwischen den Auflagern, ist logisch. Die Angabe von Absolutmaßen für die zulässige Abweichung ist allerdings weniger einleuchtend. Das Maß **Δ = ± 3 mm** erscheint für einen 500 mm hohen Hallenbinder vernünftig, für einen 5 000 mm hohen Brückenträger jedoch viel zu eng.

Für die Toleranzmerkmale **Nr. 5** und **Nr. 6** zur Steifenexzentrizität gilt hinsichtlich der Logik der Zielsetzung dasselbe wie zuvor. Die Koppelung des zulässigen Exzentrizitätsmaßes an die Stegdicke t_w ist dagegen plausibler als die Absolutmaße bei den beiden vorhergehenden Merkmalen.

Die mit den beiden Anmerkungen vorgenommene Erweiterung des Regelungsinhalts auf **Kreuzstöße** wird im Übrigen von den Verfassern kritisch gesehen: Die Stege kreuzender Querträger haben eine völlig andere statische Funktion als Stegaussteifungen.

<2.2> Zu den ergänzenden Toleranzen in Spalten 5 und 6

Alle vier ergänzenden Toleranzwerte sind wieder für Klasse 1 identisch mit den grundlegenden Werten und für Klasse 2 entsprechend schärfer. In EN ISO 13920 kann die „abweichende Position der Steifen“ nicht dargestellt werden. Eine generelle Verwendung der Allgemeintoleranzen nach **EN ISO 13920**, Klasse C, als alternative ergänzende Toleranzen für geschweißte Bauteile macht also auch hier die Überprüfung der grundlegenden Toleranzen **nicht** überflüssig.

Zu Tabelle II.B.6 Herstelltoleranzen – Bauteile

Hier handelt es sich formal um reine **ergänzende Toleranzen**, ohne Pendants bei den grundlegenden Toleranzen, also ohne Tragsicherheitsaspekte. Sie können demnach unter den in II.11.3.3 genannten Randbedingungen frei gewählt werden (vgl. auch zu II.11.1 <2>). Es wäre sinnvoll gewesen, die sehr ähnlichen Merkmale Nr. 1 bis Nr. 6 der Tabelle II.B.14 hier zu integrieren (siehe Kommentar zu jener Tabelle).

<1> Zu Merkmalen Nr. 1 und 2 – Längenabweichung

Die Längentoleranz nach **Nr. 1** (z. B. $\Delta = \pm 4$ mm für einen 10 m langen Träger in Klasse 1) ist nach Aussage von Praktikern extrem eng. Das sollte man nur in absoluten Ausnahmefällen verlangen. Umgekehrt ist der Wert $\Delta = \pm 50$ mm (unabhängig von der Länge) nach **Nr. 2** für Fälle, bei denen ein Ausgleich auf der Baustelle möglich bzw. vorgesehen ist, unnötig großzügig.

Die Grenzabmaße nach **EN ISO 13920**, Klasse C, mit z. B. $\Delta = \pm 8$ mm für $L = 2$ m und $\Delta = \pm 18$ mm für $L = 10$ m erscheinen da als sinnvoller Kompromiss, so dass die „Abwahl“ der ergänzenden Längentoleranzen nach Tabelle II.B.6 in der Bauteilspezifikation dringend zu empfehlen ist. Dass dabei Kontaktstöße besonders zu beachten sind, versteht sich von selbst. Es sei an dieser Stelle noch einmal davor gewarnt, **ISO 2768** als alternatives Regelwerk für Allgemeintoleranzen geschweißter Stahlbauteile zu verwenden (vgl. zu II.11.3.3 <3.1>).

<2> Zu Merkmalen Nr. 3 und 4 – Gradientenabweichung

Als zulässiger Wert $\Delta = \pm L/1\,000$ für die Geradheitsabweichung in **Nr. 3** wird zum wiederholten Male der Basiswert für knickgefährdete Druckstäbe verwendet (vgl. zu II.11.2.1 <1.2>). Der zulässige Wert $\Delta = \pm L/500$ (Klasse 1) für die Überhöhungsabweichung in **Nr. 4** ist identisch mit dem entsprechenden grundlegenden Toleranzgrenzmaß für Fachwerkträger in II.B.12 (siehe Kommentar <1.1> dazu). Das ist logisch, denn eigentlich ist die Überhöhung eines Vollwandträgers und eines Fachwerkträgers in gleichem Maße (ja oder nein) tragsicherheitsrelevant. Bei Ersatz dieser ergänzenden Merkmale durch die Allgemeintoleranzen nach EN ISO 13920 ist zu beachten, dass deren Geradheitsgrenzabmaße deutlich großzügiger sind (vgl. zu Tabelle II.B.5 <1.2>).

<3> Zu Merkmal Nr. 5 – Ebenheitsabweichung von Kontaktstoßflächen

Kontaktstöße sind, neben dem vorliegenden, „nur“ ergänzenden Spaltweitengrenzmaß, auch unter Tragsicherheitsaspekten hinsichtlich ihrer geometrischen Toleranzen genormt, und zwar im grundlegenden Montagetoleranzmerkmal in Tabelle II.B.19. Insofern ist der hier möglicherweise entstehende falsche Eindruck, Kontaktstöße seien ein ausschließliches Problem von nicht-tragsicherheitsrelevanten Fertigungstoleranzen, bedenklich. Im Übrigen sollte es jedem Hersteller überlassen bleiben, wie er die geforderten Toleranzen in der Kontaktfuge einhält (siehe auch zu Tabelle II.B.19).

<4> Zu Merkmal Nr. 6 – Rechtwinkligkeitsabweichung von Bauteilenden

Die Rechtwinkligkeit von Endflächen ist eine klassische funktionsorientierte Herstelltoleranz, die sich aber auch über das allgemeine Grenzabmaß für Winkelmaße nach **EN ISO 13920** vernünftig regeln lässt. Es beträgt dort in Klasse C für mittlere bis kleine Trägerhöhen $\frac{3}{4}^\circ \div 1^\circ$, d. h. ist mit

$\Delta = D/78 \div D/57$ großzügiger als die hier in Tabelle II.B.6 genannten zulässigen Rechtwinkligkeitsabweichungen. Nach Wissen der Verfasser haben aber die Werte von EN ISO 13920 bisher ihren Zweck voll und ganz erfüllt.

<5> Zu Merkmal Nr. 7 – Formabweichung/Verdrehung

Dieses Merkmal ist in Definition und zulässigen Abweichungen nahezu identisch mit Merkmal Nr. 2 in Tabelle II.B.4 (vgl. Kommentar <2> dazu).

Herstelltoleranzen – Ausgesteifte Platten

Zu Tabelle II.B.7

<1> Zu ausgesteiften Platten allgemein

Wie bereits im Kommentar zu II.11.2.2.4 ausgeführt, kommen ausgesteifte Platten im Sinne dieser Tabelle im Stahlbau mit sehr unterschiedlichen Funktionen vor. Gemeinsam ist ihnen, dass sie auch (oder nur) in ihrer Ebene druck- und/oder schubbeansprucht und deshalb beulgefährdet sind. Alle fünf Toleranzmerkmale der Tabelle II.B.7 dienen mit ihren **grundlegenden** Grenzwerten der Sicherstellung der **globalen Beultragfähigkeit** solcher ausgesteiften Platten. Bild KII.B-6 zeigt als warnendes Beispiel die Innenansicht eines global ausgebeulten Steges einer zweiwandigen offenen Vollwandträgerbrücke. Man erkennt, dass mehrere Längssteifen zusammen mit einer Quersteife nach außen ausgebeult sind.

Quelle: aus [V63]

Bild KII.B-6: Innenansicht eines ausgebeulten Brückenträgersteges mit Längs- und Quersteifen

Die **lokale Beultragfähigkeit** der unausgesteiften Plattenfelder zwischen den Steifen wird mit den Toleranzmerkmalen Nr. 2 und 3 der Tabelle II.B.4 sichergestellt (vgl. Kommentare dazu), die stets zusammen mit den Merkmalen der vorliegenden Tabelle anzuwenden sind.

<2> Zu den Merkmalen Nr. 1 bis 4 – Geradheitsabweichung von Längs- und Quersteifen

<2.1> Zu der grundlegenden Toleranz in Spalte 4

Merkmal **Nr. 1** betrifft den Beitrag der Biegesteifigkeit der **Längssteifen** zur globalen Beultragfähigkeit längsausgesteifter Platten. Dabei wird unterstellt, dass die Längssteife bei der Abtragung von Längsdruckkräften mitwirkt und sich dementsprechend ungünstigstenfalls wie ein an den Plattenquerrändern (Quersteifen oder Querschotte) gelenkig gelagerter Knickstab mit einer Halbwelle als erster Eigenform (Knicklänge $L_{cr} = a$) verhält. Es mag verwundern, dass das vorgegebene Grenzmaß für den Vorkrümmungsstich $\boldsymbol{\Delta = \pm a/400}$ zweieinhalb mal so groß ist wie das Basismaß $L/1\,000$ für Knickstäbe (vgl. zu II.11.2.1 <1.2>). Das hat damit zu tun, dass das Gedankenmodell des freien Knickstabes sehr konservativ ist. Wichtig ist allerdings, dass man das Maß Δ richtig interpretiert: Es ist nicht der Stich genau in Steifenmitte, sondern der größte über die gesamte Steifenlänge gemessene Stich. Damit wird sichergestellt, dass auch globale Beulformen mit mehr als einer Halbwelle in Längsrichtung abgedeckt sind.

Das Toleranzgrenzmaß $a/400$ findet sich bereits seit Anfang der 1980er Jahre sowohl im deutschen Regelwerk (DASt-Richtlinie 012 [R21]) als auch im allerersten Entwurf des Eurocode 3 [R191]. Messungen haben gezeigt, dass es sich bei werkstattüblicher Genauigkeit als 95 %-Fraktile einhalten lässt [V60].

Das Merkmal **Nr. 2** betrifft den Beitrag der lokalen Stabilität der **Längssteifen** zur globalen Beultragfähigkeit der ausgesteiften Platte. Es geht um das seitliche „Umfallen" der Steifen (siehe Bild KII.B-7), rechnerisch als Drillknicken mit gebundener Drillachse oder Beulen eines einseitig gestützten Plattenstreifens behandelbar. Es ist sicher sinnvoll, das durch eine zulässige Abweichung von der Geradheit parallel zur Platte zu verhindern. Zu beachten ist, dass die Bezugslänge für diese Abweichung nicht die Plattenlänge a, sondern die Plattenbreite b ist. Das Grenzmaß $\mathbf{\Delta = \pm} \boldsymbol{b}\mathbf{/400}$ erscheint plausibel. Zum Vergleich: Bei den Längssteifen von längsversteiften Kreiszylindern beträgt das entsprechende Grenzmaß $a/667$. Wie bei der Geradheitsabweichung rechtwinklig zur Platte, so muss auch hier der größte über die gesamte Steifenlänge gemessene Stich als Maß Δ verwendet werden.

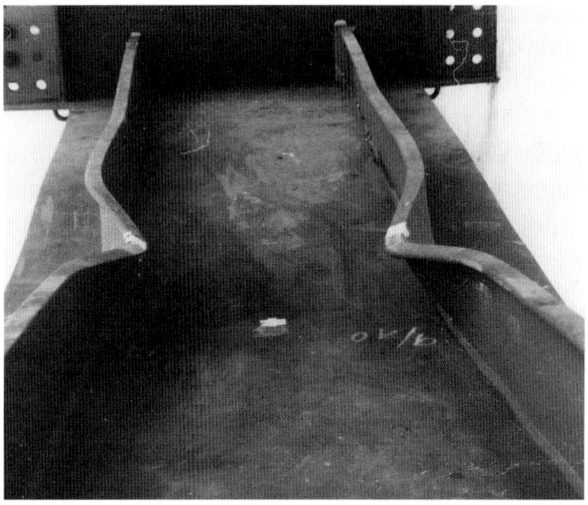

Quelle: aus [V59]

Bild KII.B-7: Versuchskörper mit zwei Flachwulst-Längssteifen nach einem Beulversuch mit Längsdruckbeanspruchung

Die Toleranzmerkmale **Nr. 3** und **Nr. 4** sollen in quer- und längsausgesteiften Platten den Beitrag der **Quersteifen** (vgl. Bild KII.B-6) bzw. den Beitrag der lokalen Stabilität der Quersteifen (in Anlehnung an die Merkmale Nr. 1 und 2) zur globalen Beultragfähigkeit sicherstellen. Obwohl die Quersteifen nicht selbst druckbeansprucht sind, hat es sich eingebürgert, als Toleranzgrenzmaß in beiden Richtungen in Anlehnung an die Längssteifen ebenfalls $\mathbf{\Delta = \pm} \boldsymbol{b}\mathbf{/400}$ zu verwenden. Die alternative Angabe von $a/400$ hat eher formalen Charakter; eine längsversteifte Platte, die kürzer als quadratisch ist und trotzdem eine zusätzliche Quersteife erhält, dürfte kaum vorkommen.

<2.2> Zu den ergänzenden Toleranzen in Spalten 5 und 6

Die ergänzenden Toleranzen der vier Merkmale sind in Klasse 1 identisch mit den grundlegenden Toleranzen; die Grenzwerte in Klasse 2 sind entsprechend schärfer. Verwendet man generell die Allgemeintoleranzen nach **EN ISO 13920**, Klasse C, als alternative ergänzende Toleranzen für geschweißte Bauteile, so macht das die Überprüfung aller vier grundlegenden Geradheitstoleranzen nach Tabelle II.B.7 **nicht** überflüssig.

<3> Zu Merkmal Nr. 5 – Abweichende Lage mehrerer Quersteifen zueinander

Es geht hier um den Fall, dass nebeneinanderliegende Quersteifen nicht sollgemäß in einer Ebene (nämlich der Ebene der versteiften Platte) liegen. Die Längssteifenachsen erhalten in einem solchen Fall zwangsläufig einen Knick, so dass die Längsdruckkräfte auf die betreffende Quersteife Abtriebskräfte ausüben. Quersteifen sind im Übrigen nach EN 1993-1-5 [R102], Abschnitt 9.2.1 „Minimale Anforderungen an Quersteifen", gegen solche Abtriebskräfte zu bemessen.

Das **grundlegende** Toleranzgrenzmaß $\mathbf{\Delta = \pm} \boldsymbol{L}\mathbf{/400}$ soll sicherstellen, dass die Quersteifen nicht durch Abtriebskräfte überbeansprucht werden. Der Wert erscheint plausibel, wenn man bedenkt, dass er bei $L_1 = L_2$ einen Schiefewinkel des Längssteifenabschnittes von $L_1/200$ beschreiben würde. Für die entsprechenden **ergänzenden** Toleranzen gilt dasselbe wie für die vier Merkmale Nr. 1 bis 4 (vgl. <2.2>).

Herstelltoleranzen – Löcher, Ausklinkungen, Schnittkanten

Zu Tabelle II.B.8

<1> Zu Merkmalen Nr. 1 und 2 – Lageabweichung einzelner Schraubenlöcher

<1.1> Zu der grundlegenden Toleranz in Spalte 4

Zur Lageabweichung **einzelner Löcher innerhalb einer Lochgruppe** (Merkmal **Nr. 1**) hatte es noch im Entwurf prEN 1090-2:2005 nur bei den ergänzenden Toleranzen Grenzmaße gegeben (± 1 und ± 2 mm, siehe <1.2>). Es war also unterstellt worden, dass keine Tragsicherheitsrelevanz vorlag. Erst in der ersten offiziellen Version von EN 1090-2 fand sich dieses Toleranzmerkmal auch bei den grundlegenden Toleranzen wieder. Das geschah zu Recht, denn es hat in der Tat Einfluss auf die **Anschlusstragfähigkeit** (vgl. zu II.11.2.1 <1.1>). Übernommen wurde mit ±2 mm der großzügigere der ergänzenden Toleranzgrenzwerte.

Man stelle sich folgendes einfache Beispiel vor: Einschnittiger Scher-/Lochleibungs-Anschluss (Kategorie A nach EN 1993-1-8) mit vier Schrauben M16-10.9 in S355-Blechen, Abscheren im Gewinde maßgebend, Lochdurchmesser d_L = 18 mm, also Δd = 2 mm. Wenn nun einzelne der acht Schraubenlöcher in ihrer Position um 2 mm verbohrt werden, so kann das ungünstig zur Folge haben, dass z. B. zwei der vier Schrauben sofort „greifen", während die anderen beiden zunächst 4 mm Schlupf durchlaufen, bevor sie greifen. Gemäß [V65] beträgt die Abscherbruchverschiebung von M16-10.9 im Gewinde bei der gehärteten Lochleibung eines Laborschergerätes nur ca. 2 mm (ähnlich Bild KII.B-8), bei einer Baustahl-Lochleibung also höchstens 4 bis 5 mm. Die ersten beiden Schrauben könnten demnach bereits abgeschert sein, bevor die anderen beiden überhaupt greifen. Die Anschlusstragfähigkeit wäre trotz Einhaltens von Δ = ± 2 mm nicht mehr ausreichend.

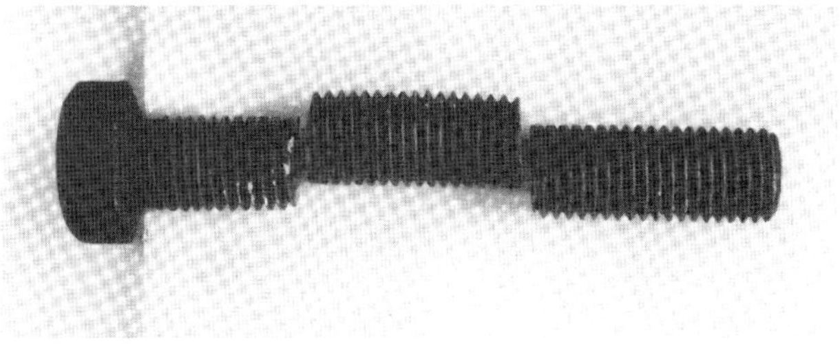

Quelle: aus [V39]

Bild KII.B-8: Abscherbruch im Gewinde einer M24-10.9-Schraube

Fazit dieses einfachen Beispiels: Der in Tabelle II.B.8 für das Merkmal Nr. 1 gegebene grundlegende Absolutwert **Δ = ± 2 mm** ist problematisch. Er mag für große Schraubendurchmesser ≥ M30 vertretbar sein [V26], ist jedoch für kleine Durchmesser zu großzügig. Angesichts der Präzision heutiger Bohranlagen ist diese Großzügigkeit auch völlig unnötig. Es wird deshalb dringend empfohlen, grundsätzlich die zulässige Abweichung der Klasse 2 der ergänzenden Toleranzen, nämlich **Δ = ± 1 mm**, zu verwenden (siehe <1.2>). Dieses grundlegende Toleranzmerkmal wird im Übrigen im Haupttext von EN 1090-2 an keiner Stelle in Bezug genommen, auch nicht im „zuständigen" Kapitel II.11 – eine angesichts seiner Tragsicherheitsrelevanz zu kritisierende Tatsache.

Auch bei der Abstandsabweichung **einzelner Löcher vom Rand** (Merkmal **Nr. 2**) ist eine erhebliche Tragsicherheitsrelevanz vorhanden, hier durch die Abhängigkeit der Lochleibungstragfähigkeit vom Randabstand in Kraftrichtung (siehe Bild KII.B-9). Es ist deshalb konsequent, dass hier nur eine Minustoleranz angegeben wird. Der Wert „Null" für diese Toleranz, d. h. **Δ = –0 mm**, ist allerdings fertigungstechnisch problematisch. Eine Nulltoleranz gehört eigentlich nicht in eine Ausführungsnorm. Der bessere Weg wäre, in der Werkstattzeichnung einen etwas größeren Randabstand, als statisch zulässig ist, einzutragen (z. B. 2 mm mehr), und für diesen Soll-Randabstand in der Arbeitsanweisung eine normale Plus-Minustoleranz von z. B. Δ = ± 2 mm vorzusehen.

Quelle: aus [V56]

Bild KII.B-9: Lochleibungsbruch bei zu kurzem Randabstand in Kraftrichtung

<1.2> Zu den ergänzenden Toleranzen in Spalten 5 und 6

Die ergänzenden Toleranzen der beiden Merkmale entsprechen für Klasse 1 den grundlegenden Toleranzen und sind für Klasse 2 entsprechend schärfer. An die in <1.1> gegebene Empfehlung, für Merkmal **Nr. 1** grundsätzlich die zulässige Abweichung **Δ = ± 1 mm** zu verwenden, sei noch einmal erinnert. Für Merkmal **Nr. 2** wird auch bei der ergänzenden Toleranz die fertigungstechnisch problematische Minus-Nulltoleranz wiederholt; vgl. dazu die Empfehlung in <1.1>.

<2> Zu Merkmalen Nr. 3 bis 5 – Lageabweichungen von Lochgruppen

Die Tragsicherheitsrelevanz des Merkmals **Nr. 3** ist nicht sehr ausgeprägt. Das **grundlegende** Maß Δ = ± 2 mm ist deshalb – im Gegensatz zur Lage eines Loches innerhalb der Lochgruppe (vgl. <1.1>) – unproblematisch. Die anderen beiden Toleranzmerkmale für Lochgruppen sind ebenfalls wenig tragsicherheitsrelevant, weshalb für sie gar keine grundlegenden Grenzwerte angegeben sind. Die als ergänzende Toleranzen aufgeführten zulässigen Abweichungen erscheinen machbar. Allerdings ist für Merkmal **Nr. 4** die Angabe eines vom Sollabstand „c" unabhängigen absoluten Grenzabmaßes für den Abstand nicht sehr sinnvoll. Das Merkmal „Abstand von Lochgruppen" gibt es im Übrigen noch einmal speziell für Türme und Maste in Tabelle II.B.14, dort interessanterweise mit deutlich restriktiveren Absolut-Grenzabmaßen (siehe Kommentar dazu).

<3> Zu Merkmal Nr. 6 – Ovalität von Löchern

Für dieses Merkmal gibt es in Tabelle II.B.7 keine grundlegende Toleranzforderung in Spalte 4. Bei den **ergänzenden** Toleranzen in Spalten 5 und 6 erschließt sich der tiefere Sinn einer vom Lochdurchmesser d unabhängigen zulässigen Ovalität den Verfassern nicht, insbesondere nicht zusammen mit der in EN 1090-2 ebenfalls durchmesserunabhängig vorgegebenen Lochdurchmessertoleranz von ± 0,5 mm (vgl. zu II.6.6.2 <2>). Für eine Schraube M27 ist es ziemlich belanglos, ob ihr normales rundes Loch genau 30 mm kreisrund oder stattdessen 31,0 × 30,0 mm oval ist. Für eine Schraube M12 in einem 14-mm-Nennloch ist dagegen ein Istloch von 15,0 mm × 14,0 mm (vgl. Bild KII.6-14) durchaus problematisch, und zwar bei Zugbeanspruchung auch unter Tragsicherheitsaspekten. Mit modernen Bohr- oder Stanzmaschinen lässt sich für kleine Löcher problemlos eine geringere Ovalität einhalten.

<4> Zu Merkmal Nr. 7 – Maßabweichungen von Ausklinkungen

Auch für dieses Merkmal werden nur **ergänzende** Toleranzforderungen angegeben. Es gilt das Gleiche wie bereits für das Merkmal Nr. 2 „Randabstand eines Loches" postuliert (vgl. <1.1>): Eine Minus-Nulltoleranz gehört normalerweise nicht in eine Stahlbau-Werkstattzeichnung. Stattdessen sollten die Nennmaße etwas größer und dafür vernünftige Plus-Minus-Toleranzen angegeben werden.

Zu Tabelle II.B.9 Herstelltoleranzen – Kranbahnträger

Dies sind – ebenso wie die Montagetoleranzen für Kranbahnen in Tabelle II.B.22 – geometrische Toleranzen, die ausschließlich auf die Funktions- und Betriebssicherheit des Krans ausgerichtet sind (Laufruhe usw.), stellen also den Prototyp **ergänzender** Toleranzen nach Definition

EN 1090-2 dar. Nach Aussagen von Stahlbaupraktikern sind sie im Großen und Ganzen relativ problemlos einzuhalten. Es ist aber in der Regel davon auszugehen, dass der Kranhersteller und/ oder der Bauherr (bzw. der spätere Kranbetreiber) sowieso eigene, ggf. schärfere Toleranzvorgaben machen. Es stellt sich die grundsätzliche Frage, ob solche „Betriebstoleranzen" überhaupt in eine allgemeine Ausführungsnorm für Stahlbauten gehören. Vor diesem Hintergrund wird auf eine Kommentierung der Toleranzmerkmale der Tabelle II.B.9 (wie auch der Tabelle II.B.22) verzichtet.

Herstelltoleranzen – Stützenstöße und Fußplatten

Zu Tabelle II.B.10

Absolutmaße für zulässige Werte der hier angesprochenen Exzentrizitäten innerhalb vorgefertigter Stahlstützen machen aus Sicht der Verfasser wenig Sinn. Sie sollten zumindest auf die Profilabmessungen bezogen werden. Dass die Exzentrizität am werkstattgeschweißten Stoß einer längeren Stütze (Merkmal **Nr. 1**) nicht tragsicherheitsrelevant sein soll, wie hier in Spalte 4 der Tabelle II.B.10 durch das Fehlen einer grundlegenden Anforderung postuliert, darf bezweifelt werden. Die gleiche Frage stellt sich im Übrigen auch, wenn der Stützenstoß ein Montagestoß ist (siehe Merkmal Nr. 4 in Tabelle II.B.15 und Kommentar dazu).

Dagegen ist die Exzentrizität einer Stütze auf ihrer angeschweißten Fußplatte (Merkmal **Nr. 2**) sowohl „grundlegend" als auch „ergänzend" eher unwichtig, verglichen mit ihrer Exzentrizität bezogen auf das darunter liegende Fundament (siehe Merkmal Nr. 1 in Tabelle II.B.20). Eine weitere Kommentierung erübrigt sich.

Herstelltoleranzen – Zylindrische und konische Schalen

Zu Tabelle II.B.11

<1> Zu Herkunft und Art der Toleranzen

Wie bereits im Kommentar zum Normabschnitt II.11.2.2.5 erläutert, handelt es sich bei diesen aus dem „Schalen-Eurocode" EN 1993-1-6 übernommenen geometrischen Toleranzen um ausschließlich stabilitätsorientierte, also **grundlegende** Toleranzen. Auf die Angabe entsprechender ergänzender Toleranzen (z. B. engere Unrundheitsgrenzen) hat man verzichtet. Gleichwohl können sie für manche Anwendungen sinnvoll sein; sie müssen dann in den Ausführungsunterlagen angegeben werden.

Bei den ersten beiden Merkmalen handelt es sich streng genommen nicht nur um Herstell-, sondern auch um Montagetoleranzen. Auf die Besonderheit, dass je nach Herstellqualität – gekennzeichnet durch drei Qualitätsklassen A bis C, welche auch in die Bemessung eingehen – bei den Grenzwerten der geometrischen Toleranzen unterschieden wird, wurde ebenfalls bereits im Kommentar zu II.11.2.2.5 hingewiesen

<2> Zu Merkmal Nr. 1 – Unrundheit

Unrundheit ist im Schalenbau sehr oft kein Herstell-, sondern ein Montagetoleranzmerkmal. Man denke beispielsweise an baustellengeschweißte kreiszylindrische Tankbehälter. Man beachte, dass bei der Ermittlung des Istwertes $\delta = 1\,000 \cdot (d_{max} - d_{min})/d_{nom}$ (nicht „Δ", vgl. einführenden Kommentar <1> zu Anhang II.B) die beiden extremalen Durchmesser d_{max} und d_{min} nicht zwangsläufig rechtwinklig zueinander gemessen werden müssen. Nicht die exakt-mathematische Ovalisierung soll ermittelt werden, sondern ein daran angelehntes Maß für die Unrundheit; das wird durch die Skizze (b) zum Ausdruck gebracht. Eigentliche beulmechanische Zielgröße ist die Krümmung, die nicht an einzelnen Stellen deutlich kleiner als die Nennkrümmung des Kreises sein soll. In [V64] wird das genauer beschrieben.

Zentrales Grenzabmaß für die Unrundheit ist der Wert **Δ = 10** (ohne Vorzeichen!) für $d \geq 1{,}25$ m in Klasse B. Dieser Wert hatte in der früheren deutschen Schalenbeulnorm DIN 18800-4 ursprünglich noch 5 betragen, war aber schon kurz nach Erscheinen der Norm im Jahre 1990 aus Kreisen der Baupraxis als viel zu restriktiv kritisiert worden. Im Grobstahlbau, bei dem die runde Form auf der Baustelle durch Zusammenschweißen einer Vielzahl rund gewalzter Segmente hergestellt werden muss (Großbehälter und -silos, Schornsteine großen Durchmessers usw.), sei der

Wert 5 (das entspricht einer Ovalität von 0,5 %) nicht realisierbar. Da es sich bei der Unrundheit einer unversteiften Rotationsschale um eine nur begrenzt beulrelevante, sondern eher allgemein qualitätsrelevante Herstellungsungenauigkeit handelt – in der Systematik von EN 1090-2 eher eine Mischung aus grundlegender und ergänzender Toleranz –, zog man bei der Erarbeitung von EN 1993-1-6 die Konsequenz: Man vergrößerte das Grenzabmaß für die mittlere Klasse B auf das Doppelte und für die niedrigste Klasse C auf das Dreifache.

Dass die Norm bei kleinen Durchmessern die zulässige Unrundheit doppelt so groß vorgibt, hat Praktikabilitätsgründe. Der Wert **Δ = 20** (2 % Ovalität) für Klasse B entspricht der Formtoleranz von Kreishohlprofilen nach EN 10210-2 und EN 10219-2, und genauer sind solche kreiszylindrischen Bauteile auch in einer Stahlbauwerkstatt mit vertretbarem Aufwand nicht herzustellen.

Das erwähnte System der **drei Klassen A bis C** (korrekt: Herstelltoleranz-Qualitätsklassen) wurde in EN 1993-1-6 eingeführt, um die Abhängigkeit der Bemessung von der Herstellgenauigkeit, die bei schalenförmigen Stahlbauten besonders ausgeprägt ist, transparent zu machen und eine an den jeweiligen Anwendungsfall besser angepasste, gezielte Beulbemessung zu ermöglichen. Beispielsweise kann ein Tragwerksplaner bei der Bemessung eines dünnwandigen Innenrohres aus nichtrostendem Stahl für einen Doppelmantel-Schornstein großen Durchmessers, welches auf der Baustelle unter schwierigen Bedingungen innerhalb des Tragrohrs stehend aus einzelnen Schüssen zusammengeschweißt werden soll, von Vornherein die niedrigste Klasse C annehmen, um Problemen bei der späteren Abnahme vorzubeugen. Andererseits kann ein Hersteller von serienmäßig komplett im Werk gefertigten Spezialsilos bei der Bemessung Klasse A einsetzen, weil er mit Hilfe seines QS-Systems die geometrischen Toleranzen gut im Griff hat. Insgesamt helfen die Qualitätsklassen, Hersteller dafür zu sensibilisieren, wie wichtig die Kontrolle der Formgenauigkeit während des Fertigungs- und Montageprozesses ist.

<3> Zu Merkmal Nr. 2 – Versatz der Wandbleche

Auch die unplanmäßige (versehentliche) Exzentrizität an Stößen (gemeint sind geschweißte Stumpfstöße) ist sowohl ein Herstell- als auch ein Montagetoleranzmerkmal, wobei sie in der Regel eher auf der Baustelle ein Problem darstellt. Dort müssen die zu stoßenden Ränder der vorgefertigten zylindrischen Segmente oft mühsam so zueinander gezogen werden, dass sie ohne (bzw. mit zulässigem) Versatz verschweißt werden können (siehe Bild KII.B-10). Eine Beeinträchtigung der Beultragfähigkeit entsteht, wenn durch eine solche imperfekte Schweißverbindung, bei der das Zueinanderziehen nicht geklappt hat, Membrandruckkräfte **rechtwinklig** („senkrecht") hindurch geleitet werden müssen. Der Versatz der Druckkräfte erzeugt dann ein Störmoment mit zugehörigen Verformungen in der Schalenwand, welches, ähnlich wie Vorbeulen (siehe <4>), das Einfallen lokaler Beulen verursachen oder zumindest begünstigen können.

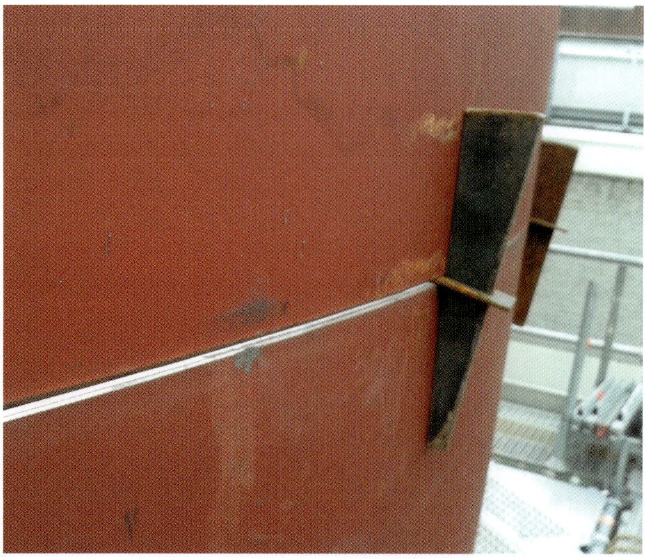

Bild KII.B-10: Vorbereitung eines horizontalen Schweißstoßes in der Schalenwand einer stehenden zylindrischen Anlagenkomponente

Aus Vorstehendem folgt, dass in einem stehenden Zylinder horizontale Ringschweißstöße betroffen sind, sofern vertikale Membrandruckkräfte (z. B. aus Dachlast oder aus globaler Rohrbiegung) wirken, und vertikale Schweißstöße, sofern Umfangs-Membrandruckkräfte (z. B. aus Vakuum im Inneren oder aus Wind von außen) wirken. Bei liegenden zylindrischen Komponenten drehen sich die Richtungen „vertikal" und „horizontal" entsprechend um.

Bei den zulässigen Abweichungen Δ für den Versatz handelt es sich um traditionelle Erfahrungswerte, im Wesentlichen aus dem Tank- und Silobau. Sie finden sich auch schon in früheren Regelwerken. Damals machte man noch keinen Unterschied zwischen tragsicherheitsrelevanten (grundlegenden) und gebrauchstauglichkeitsorientierten (ergänzenden) geometrischen Toleranzen. Deshalb haben die dickenunabhängigen oberen Begrenzungen für Δ (z. B. $|\Delta| \leq 3$ mm für Klasse B) keinerlei stabilitätsmechanischen Hintergrund, sind also eigentlich keine grundlegenden Toleranzen; sie hätten als ergänzende Toleranzen eingebracht werden sollen. Das sollten Anwender beachten, die es mit Wandblechen zu tun haben, die deutlich dicker als 15 mm sind. Würde man beispielsweise im 40 mm dicken unteren Wandbereich eines hohen WEA-Rohrturms der Klasse B den zulässigen Versatz an Schweißnähten mit 3 mm spezifizieren (statt tragsicherheitsrelevant mit $0{,}2\,t = 8$ mm), so wäre das eine reine „Schönheitstoleranz" – die zu spezifizieren ein Auftraggeber/Kunde natürlich das Recht hätte.

Wichtig für den Anwender ist es auch, den planmäßigen Versatz e_{int} bei außen- oder innenbündig abgestufter Wanddicke von der geometrischen Imperfektion $\delta = e_{\text{tot}} - e_{\text{int}}$ (nicht „Δ", vgl. einführenden Kommentar <1> zu Anhang II.B) zu unterscheiden.

<4> Zu Merkmal Nr. 3 – Einbeulungen (Vorbeulen)

Vorbeulen sind das mit Abstand am meisten stabilitätsrelevante der drei in Tabelle II.B.11 aufgeführten Toleranzmerkmale für einfach gekrümmte Schalen (Zylinder und Kegel). Sie sind besonders gefährlich, wenn ihre Abmessungen (Breite × Höhe) etwa in der Größenordnung der so genannten kritischen Eigenbeulform der Schale liegen. Bild KII.B-11 zeigt solch eine kritische Vorbeule in einer zylindrischen Wandung unterhalb einer Ringschweißnaht. Das Maß δ für die vorhandene Vorbeultiefe (die Vertiefung) bzw. der zugehörige Grenzwert Δ ist deshalb im Merkmal Nr. 3 auf zwei formelmäßig gegebene Messbezugslängen L bezogen, welche die jeweils kritische Eigenbeulform einer kreiszylindrischen Schale unter Membrandruck in Meridianrichtung und in Umfangsrichtung angenähert beschreiben.

Gemäß EN 1993-1-6 brauchte man die jeweilige Messbezugslänge L nur anzuwenden, wenn in der zugehörigen Richtung unter Betriebseinwirkungen auch tatsächlich Membrandruckkräfte auftreten. Das hat man bei Übernahme der Regelungen in die EN 1090-2 im Sinne der angestrebten „sauberen" Trennung in Bemessungsnormen einerseits und Ausführungsnormen andererseits zu verbessern versucht. Die beultheoretisch zum Meridiandruckbeulen gehörende Messbezugslänge $L = 4 \cdot (rt)^{0,5}$ in beiden Richtungen muss jetzt grundsätzlich angesetzt werden,

Bild KII.B-11: Vorbeule mit gegenüber Axialdruck kritischen Abmessungen in einer zylindrischen Schalenwand (von innen gesehen)

die beultheoretisch zum Umfangsdruckbeulen gehörende Messbezugslänge $L = 2{,}3 \cdot (h^2rt)^{0{,}25}$ entlang einer Umfangslinie jedoch nur, „sofern festgelegt". Ob das konkret in den Ausführungsunterlagen festgelegt wird, dafür muss nun aber doch wieder der Tragwerksplaner sorgen – wenn nämlich signifikante Membrandruckkräfte in Umfangsrichtung oder signifikante Membranschubkräfte auftreten.

Die dritte (kurze) Messbezugslänge $L = 25\,t$ über Schweißnähte hinweg soll gegen Tragfähigkeitsverlust durch einen kurzwelligen übergroßen Schweißnahteinzug, wiederum unter rechtwinklig wirkenden Membrandruckkräften, absichern. Der Wert „25" ist ein Erfahrungswert, der ganz grob die Breite von typischen herzförmigen Schweißnahteinzügen an Ringschweißnähten beschreibt.

Zentrales Grenzabmaß für Vorbeulen ist die für Klasse B angegebene zulässige Vorbeultiefe $\boldsymbol{\Delta = L/100}$ (bzw. $\Delta = 0{,}010\,L$). Sie wurde bereits im Kommentar <1.6> zu II.11.2.1 erläutert. Man beachte, dass für die zulässige Vorbeultiefe nur eine Plus-Toleranz angegeben wird (das in der 2011er Ausgabe von EN 1090-2 davor gesetzte „±" war falsch). Gemäß EN 1993-1-6 sind nur nach innen gerichtete Vorbeulen stabilitätsmechanisch gefährlich, müssen also durch **grundlegende** Toleranzen begrenzt werden. Es sei allerdings an dieser Stelle angemerkt, dass nach Wissen der Verfasser viele Bauherren/Kunden diese Vorbeulgrenzwerte in ihren Auftragsspezifikationen als Plus-Minus-Toleranzen vorschreiben. Das sei ihnen unbenommen, der jeweilige Minus-Wert (d. h. Vorbeule nach außen) ist dann aber eine **ergänzende**, keine grundlegende Toleranz.

Das eigentliche Problem bei der Überprüfung von Vorbeultiefen ist das reale Messen, insbesondere in Umfangsrichtung. Die im Bild zu Merkmal Nr. 3 dargestellte, von außen angesetzte gekrümmte Messlehre ist in erster Linie symbolisch zu verstehen. Man kann, anstatt aufwändige Messlehren zu bauen, beispielsweise auch von innen mit Messlinealen oder mit Messdrähten oder mit berührungslosen Messverfahren (z. B. Laser) messen.

Weitere Erläuterungen zu geometrischen Toleranzen für schalenartige Stahlbauten findet man z. B. in [V54] und [V64].

Zu Tabelle II.B.12 Herstelltoleranzen – Fachwerkbauteile

<1> Zu Merkmalen Nr. 1 bis 4 – Abweichungen in der Fachwerkgeometrie

<1.1> Zu der grundlegenden Toleranz in Spalte 4

Bei Merkmal **Nr. 1** geht es um Abweichungen von der Sollform des **Gesamtfachwerksystems**, z. B. eines **Fachwerkträgers**. Die Einordnung dieses Toleranzmerkmals unter „Herstelltoleranzen" ist allerdings willkürlich. Man hatte offenbar nur kleinere Fachwerkträger vor Augen, die vollständig in der Werkstatt gefertigt und in ihrer Gänze als „Fachwerkbauteil" zur Baustelle transportiert werden. In diesem Fall ist die Vorschrift, sie flach auf der Seite liegend zu vermessen, vergleichsweise einfach umzusetzen. Große Fachwerkträger (z. B. Hallenbinder, Rohrbrücken usw.) werden jedoch meistens erst auf der Baustelle zusammengebaut; ihre Systemabweichung ist dann ein Montagetoleranzmerkmal. Ist das Flachlegen nicht möglich, muss versucht werden, die elastischen Verformungen des Fachwerkträgers in seiner speziellen Lage überschlägig zu berechnen, um sie beim Soll-Ist-Vergleich berücksichtigen zu können (vgl. zu II.11.1 <3>).

Die Herkunft bzw. der Hintergrund der zulässigen Abweichung $\boldsymbol{\Delta = \pm L/500}$ ist den Verfassern nicht bekannt; die Größenordnung erscheint aber plausibel (z. B. $\Delta = \pm 40$ mm bei einem 20 m weit gespannten Hallenbinder). Es ist klar, dass bei einem weit gespannten Fachwerkträger, der überhöht gefertigt wurde, die gemessenen Abweichungen δ_i (nicht „Δ_i", vgl. einführenden Kommentar <1> zu Anhang II.B) auf die planmäßige Überhöhung bezogen werden müssen, nicht auf die Horizontale wie im rechten Bild des Merkmals Nr. 1. Der absolute untere Grenzwert $\boldsymbol{|\Delta| \geq 12}$ **mm** für die zulässige Abweichung ist ebenfalls plausibel und aus der Sicht der Tragsicherheit vertretbar.

Für die Merkmale **Nr. 2** und **Nr. 4** (Abweichungen der **Systemmaße von Fachwerken**) gibt es aus unerfindlichen Gründen keine Vorgabe grundlegender Toleranzen, obwohl solche Abweichungen, sofern von signifikanter Größenordnung, durchaus tragsicherheitsrelevant sein können. Zu den entsprechenden ergänzenden Toleranzen siehe <1.2>.

Die für die **Geradheitsabweichung von Fachwerkstreben** (Merkmal **Nr. 3**) angegebene zulässige Abweichung $\mathbf{\Delta = \pm \mathit{L}_i/1\,000}$ ist der Basiswert für biegeknickgefährdete Druckstäbe (vgl. zu II.11.2.1 <1.2>) und braucht nicht weiter kommentiert zu werden. Im Gegensatz zum vorhergehenden Merkmal ist aber hier die Angabe eines absoluten unteren Grenzwertes $\mathbf{|\Delta| \geq 4}$ **mm** aus der Sicht der Tragsicherheit etwas fragwürdig. Für z. B. 2 m lange Druckstreben eines 20 m weit gespannten Hallenbinders bedeutet ein Stich von 4 mm immerhin $\delta = L_i/500$ und damit eine Überschreitung des eigentlich aus statischer Sicht als zulässig betrachteten Wertes um 100 %!

<1.2> Zu den ergänzenden Toleranzen in Spalten 5 und 6

Die unter Gebrauchstauglichkeitsgesichtspunkten, d. h. als ergänzende Toleranz, zulässige **Gesamtformabweichung** (Merkmal **Nr. 1**) ist mit $\mathbf{\Delta = \pm \mathit{L}/500}$, unabhängig von der Klasse, dieselbe wie die grundlegende. Der absolute untere Grenzwert $\mathbf{|\Delta| \geq 12}$ **mm** für die zulässige Abweichung in Klasse 1 könnte sich allerdings für weniger weit gespannte Fachwerkträger aus der Sicht der Gebrauchstauglichkeit als zu großzügig erweisen; er bedeutet z. B. für einen 4 m weit gespannten Gitter-Deckenträger eine zulässige Geradheitsabweichung (Vorverformung) von $L/333$. Falls das zu viel erscheint, muss Klasse 2 mit $\mathbf{|\Delta| \geq 6}$ **mm** gewählt werden. Auch die Geradheitstoleranzen nach EN ISO 13920 könnten hier als alternative ergänzende Toleranzen verwendet werden; sie wären in Klasse G ab 10 m Stützweite enger.

Aus dem Bild zu Merkmal **Nr. 2** wird nicht klar, ob der eingetragene Systemabstand „p“ zwischen Fachwerkknoten des Obergurtes nur für diesen gelten soll, oder stellvertretend auch für den Untergurt, oder gar für alle Fachwerkstäbe. Wäre Letzteres nicht der Fall (wofür die textliche Formulierung „kumulierte Abweichung Σp“ in der 2. Zeile dieses Merkmals spricht), würde von der Gesamtlogik her generell eine Toleranzvorgabe für die Fachwerksystemlängen fehlen. Daran ändert auch nichts, dass im Merkmal **Nr. 4** – quasi willkürlich aus der Gesamtthematik „Fachwerkbauteile“ herausgegriffen – Grenzwerte für die Querschnittssystemabweichungen von Dreigurt- und Viergurtträgern angegeben sind.

Betrachtet man zunächst **kleinere** Fachwerkbauteile, die im Sinne der Überschrift „Herstelltoleranzen“ dieser Tabelle II.B.12 in der Werkstatt hergestellt werden, so bietet sich wieder die Verwendung der allgemeinen Längentoleranzen von **EN ISO 13920**, Klasse C, als ergänzende Toleranzen für die Systemlängen der Fachwerkstäbe an. Sie sind mit $\mathbf{\Delta = \pm 5 \div 10}$ **mm** für Längen zwischen 0,5 m und 3,0 m vernünftiger als das für Merkmal Nr. 2 vorgegebene Absolutmaß ± 5 mm (oder gar ± 3 mm in Klasse 2) und entsprechen in der Größenordnung den im Merkmal Nr. 4 für die Dreigurt- und Viergurt-Querschnitte vorgegebenen Grenzabweichungen.

Handelt es sich um **größere** Fachwerkträger, die erst auf der Baustelle zusammengefügt werden, so macht es Sinn, mit den ergänzenden Systemtoleranzen auf **DIN 18202** [R68] auszuweichen. Deren Grenzabweichungen für Achs- und Rastermaße sind, den Baustellenbedingungen angepasst, größer. Sie betragen z. B. für Systemlängen zwischen 1,0 m und 6,0 m $\mathbf{\Delta = \pm 12 \div 16}$ **mm.**

Ebenso wie für Merkmal Nr. 1, so ist auch die als ergänzende Toleranz zulässige **Geradheitsabweichung** der Fachwerkstreben (Merkmal **Nr. 3**) mit $\mathbf{\Delta = \pm \mathit{L}/1\,000}$, unabhängig von der Klasse, dieselbe wie die grundlegende.

<2> Zu Merkmalen Nr. 5 und 6 – Exzentrizitätsabweichungen an Fachwerkknoten

Feste Toleranzgrenzmaße für die Position von Fachwerkstreben am Fachwerkgurt, unabhängig von der Art des Fachwerks (d. h. offenbar gültig für kleine geschweißte Hohlprofilfachwerke ebenso wie für große geschraubte Walzprofilfachwerke) und unabhängig von der Bemessung (d. h. gültig für planmäßig zentrischen wie für planmäßig exzentrischen Anschluss) machen nach Meinung der Verfasser keinen Sinn und werden deshalb nicht kommentiert.

Zu Tabelle II.B.13 Herstelltoleranzen – Brückenfahrbahnen

Diese speziellen Brückenfahrbahntoleranzen wurden, dem europäischen Grundprinzip der konsequenten Trennung von Bemessung (Eurocode) und Ausführung (EN 1090) folgend, aus dem **Anhang C** (konkret: Tabelle C.3) des Brücken-Eurocode **EN 1993-2** nach EN 1090-2 übernommen, allerdings gleichzeitig auch dort noch belassen. Ob die Fahrbahntoleranzen tatsächlich bei der zukünftigen Neu-Ausgabe von EN 1993-2 konsequent entfernt werden, lässt sich bei Drucklegung dieses Buches nicht absehen, da es noch keinen Entwurf dafür gibt. Da sie in jenem Anhang C.3 Liefertoleranzen für Halbzeuge darstellen (z. B. Fahrbahnbleche oder Trapezprofile) und deshalb „**Halbzeugtoleranzen**" heißen, wurden sie hier konsequent den **ergänzenden** Herstelltoleranzen zugeordnet. Auf eine qualitative und quantitative Kommentierung an dieser Stelle wird verzichtet; Gründe dafür siehe zu Tabelle II.B.21. Für deutsche Anwender sei ergänzend auf Tabelle NA.G.3 im Nationalen Anhang DIN EN 1993-2/NA [R110] hingewiesen, die eine geringfügig redaktionell verbesserte Version von Tabelle C.3 darstellt.

Zu Tabelle II.B.14 Herstelltoleranzen – Türme und Maste

Tabelle II.B.14 enthält ein „Sammelsurium" von neun angeblich turm- und mastspezifischen **ergänzenden** Herstelltoleranzmerkmalen, von denen aber allein acht redundant sind, d. h. auch bei den allgemeinen Bauteil-Herstelltoleranzen in den Tabellen II.B.6 und II.B.8 geregelt sind (z.T. mit identischen, z. T. mit etwas großzügigeren Grenzwerten). Dabei ist Merkmal **Nr. 2** mit seiner allgemeinen Minus-Nulltoleranz für „festgelegte Mindestlängen" grundsätzlich fertigungstechnisch problematisch, wie bereits mehrfach angesprochen (vgl. zu Tabelle II.B.8, Merkmale Nr. 2 und 7). Lediglich Merkmal **Nr. 3** ist typisch für den Gittermastbau, hätte aber sachlich in Tabelle II.B.8 integriert werden können. Es ist bedauerlich, dass es bei der Überarbeitung der EN 1090-2 nicht gelungen ist, Tabelle II.B.14 überflüssig zu machen.

Im Übrigen ist nicht ganz klar, wie weit man die vorliegenden ergänzenden Herstelltoleranzen für Bauteile von Türmen und Masten gemäß EN 1090-2, Abschnitt II.11.3.3, mittels Ersatz durch EN ISO 13920 außer Kraft setzen darf.

Zu II.B.3 Montagetoleranzen

Zu Tabelle II.B.15 Montagetoleranzen – Gebäude

Für diese sieben Toleranzmerkmale gibt es keine grundlegenden, sondern nur **ergänzende** Grenzwerte. Bei sechs von ihnen ist das nachvollziehbar, denn sie haben keinen signifikanten Einfluss auf die Stand- und Tragsicherheit des Stahlskeletts. Sie können deshalb „kollisionsfrei" durch die allgemeinen Hochbautoleranzen nach **DIN 18202** [R68] „abgewählt" werden. Bei Merkmal Nr. 4 ist die fehlende Tragsicherheitsrelevanz nicht ganz so klar; siehe weiter unten.

Mit den Grenzwerten für die **Abweichungen der Stockwerkhöhen** (Merkmale **Nr. 1** und **Nr. 2**) verhält es sich ähnlich wie mit den Abweichungen der Stützenabstände in Tabelle II.B.20 (siehe Kommentar dazu). Sie erscheinen nicht unvernünftig. Im Vergleich zu den allgemeinen Längen-Grenzabweichungen im Aufriss nach DIN 18802 sind sie aber bei den Einzelstockwerkshöhen (Merkmal Nr. 2) in Klasse 1 ca. 35 % kleiner, bei den zur Gesamthöhe aufsummierten Stockwerkshöhen (Merkmal Nr. 1) in Klasse 1 für niedrige bis mittelhohe Gebäude ($h \leq$ ca. 30 m) ca. 0 % bis 15 % kleiner, werden dann aber für hohe bis sehr hohe Gebäude zunehmend großzügiger.

Eine unzulässige **Neigung von Trägern** (Merkmal **Nr. 3**), in Klasse 1 mit $\Delta = \pm L/500$, aber höchstens 10 mm angegeben, wird mittels der allgemeinen Grenzwerte für Winkelabweichungen nach DIN 18202 deutlich großzügiger behandelt (bis zum Zweifachen).

Das zulässige **Exzentrizitätsmaß an Stützenstößen** (Merkmal **Nr. 4**) von $\Delta = \pm 5$ mm in Klasse 1 macht für eine HEB-200-Stütze durchaus Sinn, ist für eine HEB-1000-Stütze jedoch zu eng. Die frühere deutsche Norm DIN 18800-7 [R73] schrieb hierfür eine Begrenzung auf 1 % des größeren Wertes der beiden Profilmaße vor, was wesentlich sinnvoller ist als ein Absolutwert. Darauf wurde schon bei der Kommentierung der gleichartigen Herstelltoleranz für Werkstatt-Stützenstöße (Merkmal Nr. 1 in Tabelle II.B.10) hingewiesen. Dort wurde auch schon kritisch angemerkt, dass die Exzentrizität an Stützenstößen eigentlich ein tragsicherheitsrelevantes Merkmal ist, welches eigentlich auch eine grundlegende Toleranzvorgabe erfordert; siehe hierzu den Kommentar zu Toleranzmerkmal Nr. 4 in Tabelle II.B.18.

Die zulässige **Höhenlageabweichung eines Stützenfußpunktes** (Merkmal **Nr. 5**), $\Delta = \pm 5$ mm in beiden Klassen, mag zwar streng erscheinen, ist aber wohl vor dem Hintergrund, dass die gesamte weitere Montagegenauigkeit in der Regel davon beeinflusst wird, gerechtfertigt. Das Merkmal gehört sachlich eigentlich zu Merkmal Nr. 1 in Tabelle II.B.20. Die Norm DIN 18202 enthält kein äquivalentes Toleranzmerkmal für Höhenlageabweichungen. Man müsste es bei „Abwahl“ von Tabelle II.B.15 also selbst festlegen und in den Ausführungsunterlagen fixieren. Ganz auf ein Toleranzgrenzmaß für die Höhenlage der Stützenfußpunkte zu verzichten, ist in jedem Fall nicht zu empfehlen.

Die Begrenzung lokaler **Höhendifferenzen an Trägerenden** (Merkmale **Nr. 6** und **Nr. 7**) auf 10 mm in Klasse 1 erscheint recht großzügig. Hier sollte ggf. Klasse 2 spezifiziert werden. Bezugshöhe in Merkmal Nr. 7 ist die tatsächlich erreichte, mittlere Ist-Deckenhöhe, nicht die geplante Deckenhöhe, wie durch die etwas unglückliche Übersetzung „festgelegt“ für „*established*“ möglicherweise suggeriert. Natürlich muss die Ist-Deckenhöhe die Toleranzvorgabe nach Merkmal Nr. 1 einhalten.

Man kann zu Tabelle II.B.15 – analog zu Tabelle II.B.20 – zusammenfassend festhalten, dass die allgemeinen Hochbautoleranzen nach **DIN 18202** dort, wo sie anwendbar sind, zwar in der Regel großzügiger sind als die vorliegenden spezifischen Stahlskeletttoleranzen, dass Letztere jedoch offensichtlich gezielter auf Stahlbauraster ausgerichtet sind. Insbesondere ist zu beachten, dass wichtige Merkmale (z. B. die Stützenfußposition) mit DIN 18202 gar nicht darstellbar sind. Man sollte Tabelle II.B.15 deshalb nicht unbesehen „abwählen“.

Montagetoleranzen – Träger in Gebäuden

Zu Tabelle II.B.16

Vier dieser fünf, ebenfalls ausschließlich als **ergänzende** Toleranzen aufgeführten Toleranzmerkmale stehen mit denen in der vorhergehenden Tabelle II.B.15 in engem Zusammenhang (Ausnahme: Merkmal Nr. 3) und hätten eigentlich mit jener zu einer Tabelle „**Skeletttragwerke**“ zusammengefasst werden sollen. Sie können, da keine grundlegenden Toleranzen zu beachten sind, „kollisionsfrei“ durch die allgemeinen Hochbautoleranzen nach **DIN 18202** [R68] „abgewählt“ werden. Merkmal Nr. 3 ist dagegen tragsicherheitsrelevant (siehe weiter unten).

Für den **Trägerabstand** (Merkmal **Nr. 1**) gilt das Gleiche wie für den Stützenabstand (Nr. 3 in Tabelle II.B.20) und die Stockwerkshöhe (Nr. 2 in Tabelle II.B.15). Der Absolutwert $\Delta = \pm 10$ mm in Klasse 1 ist für typische Trägerabstände (s = ca. 3 m bis 10 m) ca. 35 % ÷ 50 % kleiner als die allgemeine Grenzabweichung für Maße im Grundriss nach DIN 18202.

Das zulässige **Exzentrizitätsmaß von Trägeranschlüssen** an Stützen (Merkmal **Nr. 2**) von $\Delta = \pm 5$ mm in Klasse 1 ist identisch mit dem Grenzmaß für unvermeidbar exzentrische Stützenstöße (Nr. 4 in Tabelle II.B.15). Das ist logisch, denn beide Merkmale gehören sachlich zusammen. Zur Größe des Grenzmaßes vgl. Kommentar zu Tabelle II.B.15.

Die horizontale **Geradheitsabweichung** eines Trägers im Grundriss (Merkmal **Nr. 3**) ist, wie gesagt, ausgesprochen tragsicherheitsrelevant (vgl. zu II.11.2.1 <1.3>). Sie wird deshalb sogar mit einer eigenen Tabelle II.B.25 angesprochen, und zwar mit dem **grundlegenden** stabilitätsorientierten Toleranzgrenzmaß $L/1\,000$. Insofern ist der vorliegende ergänzende Grenzwert $L/500$ für Klasse 1 völlig bedeutungslos. Das Merkmal sollte aus Tabelle II.B.16 entfernt werden, weil es fehlende Tragsicherheitsrelevanz suggeriert.

Die zulässigen Abweichungen von der **Soll-Überhöhung** eines Vollwand- oder Fachwerkträgers (Merkmale **Nr. 4** und **Nr. 5**) in Höhe von $\Delta = \pm L/300$ bzw. $\pm L/200$ in Klasse 1 sind sinnvolle Gebrauchstauglichkeitsvorgaben. Für Fachwerkträger kollidiert dieses Grenzmaß allerdings mit Nr. 1 in Tabelle II.B.12, wo mit Rücksicht auf die grundlegende Toleranz die zulässige Abweichung in Klasse 1 mit $\Delta = \pm L/500$ festgelegt ist. Bedauerlicherweise wurde diese Diskrepanz bei der Überarbeitung von EN 1090-2 nicht bereinigt.

Zu Tabelle II.B.17 Montagetoleranzen – Stützen einstöckiger Gebäude

Gemeint sind hier nicht nur Stützen in einstöckigen Gebäuden, sondern gemäß Anmerkung am Ende der Tabelle II.B.18 auch stockwerkhohe, d. h. nicht-durchlaufende Stützen in mehrstöckigen Gebäuden. Warum man angesichts dieses Sachverhaltes nicht die noch in der 2008er Ausgabe von EN 1090-2 für diese Tabelle verwendete Überschrift „Einstöckige Stützen" beibehalten hat, ist nicht nachvollziehbar.

<1> Zu Merkmal Nr. 1 – Schiefstellung von Stützen

<1.1> Zu der grundlegenden Toleranz in Spalte 4

Die Herkunft des Grundwertes $\boldsymbol{\Delta = \pm h/300}$ für die tragsicherheitsmäßig zulässige Schiefstellung einstöckiger Stützen ist den Verfassern nicht bekannt (vgl. auch zu 11.2.1 <1.4>). Sie stellt jedenfalls im Vergleich zu den üblichen ergänzenden Toleranzen keine Verschärfung dar (siehe <1.2>). Zusätzlich sei, obwohl hier in Tabelle II.B.17 nicht erwähnt, auf die spezielle Erleichterungsregelung für **Stützengruppen** gemäß Normabschnitt II.B.11.2.3.4 hingewiesen (vgl. Kommentar <2> dazu).

<1.2> Zu den ergänzenden Toleranzen in Spalten 5 und 6

Die ergänzende Schiefstellungstoleranz ist in Klasse 1 identisch mit dem grundlegenden Grenzwert, in Klasse 2 mit $\Delta = \pm h/500$ entsprechend schärfer. Auch die zulässige allgemeine Winkelabweichung nach **DIN 18202**, angewendet auf die Schiefstellung durchschnittlich hoher Stützen, liegt in derselben Größenordnung. Man braucht also diese grundlegende Toleranz nicht gesondert zu beachten, sofern man nicht in der Tragwerksspezifikation großzügigere ergänzende Montagetoleranzen als nach Tabelle II.B.17 der EN 1090-2 oder (alternativ) als nach DIN 18202 festgelegt hat.

Allerdings sollte man die erforderliche Sorgfalt, um die allgemeinen Schiefetoleranzen nach DIN 18202 bei Stützen einzuhalten, nicht unterschätzen. In Bild KII.B-12 sind gemessene Schiefstellungen der Stahlstützen eines Parkhauses in Verbundbauweise aufgetragen. Man erkennt, dass das betreffende Grenzabmaß $\Delta = 8$ mm für die Schiefe zwar im Mittel eingehalten, maximal aber um fast 150 % überschritten wurde.

Interessanterweise wäre die in Bild KII.B-12 dargestellte Konstellation sogar im Rahmen der grundlegenden Toleranzen nach EN 1090-2, Abschnitt II.11.2.3.4, zulässig. Es handelt sich hier um eine Gruppe von mehr als sechs benachbarten Stützen, die über die Stahlbetondecke kraft- und verformungsschlüssig miteinander verbunden sind. Deshalb dürften einzelne von ihnen

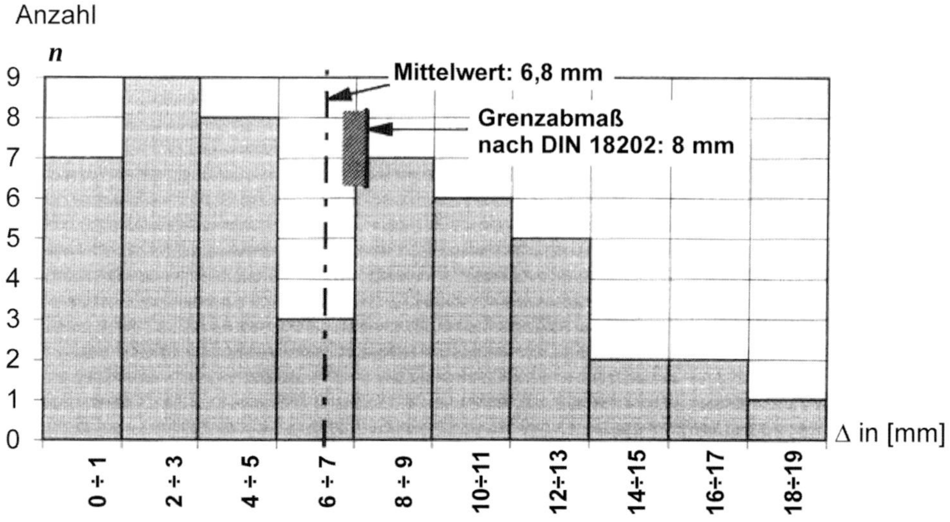

Bild KII.B-12: Gemessene Schiefstellungen von Stahlstützen in einem Parkhaus im Vergleich zum Grenzabmaß nach DIN 18202

formal bis zu **$\Delta = \pm h/100$** schief stehen, sofern nur die Durchschnittsschiefstellung in Ordnung wäre. Ob die Regelung II.11.2.3.4 allerdings wirklich so großzügig gemeint ist, ist den Verfassern nicht klar (vgl. auch zu II.11.2.3.4 <2>).

<2> Zu Merkmalen Nr. 2 und 3 – Schiefstellung einstöckiger Rahmenstiele

<2.1> Zu der grundlegenden Toleranz in Spalte 4

Von den beiden in den Merkmalen Nr. 2 und Nr. 3 dargestellten Schiefstellungskonstellationen von Stielen einstöckiger Rahmentragwerke ist nur die gleichsinnige Schiefstellung des Merkmals **Nr. 3** tragsicherheitsrelevant, erfordert also ein grundlegendes Grenzmaß. Bei dem vorgeschriebenen zulässigen mittleren Schiefemaß **$\Delta = \pm h/500$** handelt es sich um eine recht vorsichtige Festlegung, deren Herkunft den Verfassern ebenfalls nicht bekannt ist (vgl. auch zu 11.2.1 <1.4>). Dieses Grenzabmaß einzuhalten, erfordert deutlich mehr Aufwand als das allgemeine grundlegende Stützenschiefe-Grenzmaß $h/300$. Würde beispielsweise in dem dargestellten zweistieligen Rahmen ein Stiel eine Schiefstellung von $h/300$ aufweisen, so dürfte der andere Rahmenstiel höchstens um $h/1\,500$ gleichsinnig schief stehen, um den geforderten Mittelwert $h/500$ einzuhalten!

<2.2> Zu den ergänzenden Toleranzen in Spalten 5 und 6

Die gegensinnige Schiefstellung der beiden im Bild zu Merkmal **Nr. 2** gezeigten Rahmenstiele ist aus Sicht der Tragsicherheit unbedenklich ist, da die stabilitätsgefährdenden Abtriebskräfte sich gegenseitig „neutralisieren“. Deshalb erlaubt EN 1090-2 in Tabelle II.B.17 als ergänzende Toleranz für gegensinnig schief stehende Stiele relativ großzügige Grenzmaße $h/150$ (Klasse 1) bzw. $h/300$ (Klasse 2), für gleichsinnig schief stehende Stiele (Merkmal **Nr. 3**) jedoch nur das strenge grundlegende Maß $h/500$.

Die Beziehung zu DIN 18202 stellt sich hier anders dar als bei der allgemeinen Stützenschiefstellung: Mit den Bautoleranzen nach **DIN 18202** lässt sich der stabilitätsrelevante Unterschied zwischen gleichsinnig schief stehenden Rahmenstielen (Merkmal Nr. 3) und gegensinnig schief stehenden Rahmenstielen (Merkmal Nr. 2) nicht darstellen. Mit dem elementaren Grenzwert für Winkelabweichungen nach DIN 18202 würde man einerseits Merkmal Nr. 3 in seiner Gefährlichkeit nicht erkennen und andererseits Merkmal Nr. 2 unnötig streng behandeln. Fazit: Eine eventuelle generelle Verwendung von DIN 18202 für ergänzende Montagetoleranzen macht die Überprüfung des grundlegenden Toleranzgrenzmaßes Nr. 3 in Tabelle II.B.17 **nicht** überflüssig.

<3> Zu Merkmal Nr. 4 – Schiefstellung von Kranbahnstützen

Die Herkunft des extrem scharfen **grundlegenden** Schiefe-Grenzmaßes **$\Delta = \pm h/1\,000$** ist den Verfassern nicht bekannt. Es geht vermutlich weniger um eine echte Tragsicherheitsforderung (wie bei den anderen grundlegenden Toleranzen), sondern darüber hinaus um eine von der Funktionssicherheit des Krans herrührende strenge Gebrauchstauglichkeitsforderung. Dafür spricht, dass man im Eurocode für Kranbahnen, EN 1993-6 [R115], eine Begrenzung der seitlichen Verschiebung in Höhe der Kranauflagerung auf $h/400$ findet. Damit sollen nicht nur übermäßige Tragwerksschwingungen vermieden werden, sondern auch eine signifikante Abstandsänderung zusammengehörender Kranbahnträger.

Der in Tabelle II.B.17 genannte **ergänzende** Toleranzgrenzwert für die Schiefstellung ist aber selbst in Klasse 2 mit $\Delta = \pm 15$ mm für Stützenhöhen bis 15 m noch großzügiger als der grundlegende Grenzwert $\Delta = \pm h/1\,000$. Insofern ist nicht ganz klar, wozu die vorliegenden ergänzenden Toleranzen überhaupt dienen sollen: Um das Überprüfen und Einhalten der strengen Toleranzvorgabe $h/1\,000$ kommt man nicht herum.

<4> Zu Merkmal Nr. 5 – Geradheitsabweichung einstöckiger Stützen

Der angegebene **grundlegende** Toleranzgrenzwert **$\Delta = \pm h/1\,000$** ist der Basiswert für biegeknickgefährdete Druckstäbe (vgl. zu II.11.2.1 <1.2>). Es sei an dieser Stelle daran erinnert, dass die Liefertoleranzen von Walzprofilen zum Teil deutlich großzügiger sind als dieser statisch zulässige Stich von $L/1\,000$ (vgl. zu II.11.2.2.1, dort insbesondere Tabelle KII.11-1) und dass deshalb der vorliegenden grundlegenden Toleranz bei Einsatz von Walzprofilstützen (z. B. Hohlprofilstützen) besonderes Augenmerk gewidmet werden sollte.

Zu Tabelle II.B.18 Montagetoleranzen – Mehrstöckige Gebäude

<1> Zu Merkmalen Nr. 1 und 2 – Schiefstellung durchlaufender Stützen

Die pro Stockwerksabschnitt als **grundlegende** Toleranz zulässige **Teilschiefstellung** (Merkmal **Nr. 2**) entspricht mit $\boldsymbol{\Delta = \pm h/300}$ derjenigen von Stützen in einstöckigen Gebäuden bzw. von stockwerkhohen Stützen in mehrstöckigen Gebäuden gemäß Tabelle II.B.17 (dortiges Merkmal Nr. 1, vgl. Kommentar dazu). Die eventuelle statische Rahmenwirkung durchlaufender Stützen – z. B. als Bestandteile von stabilisierenden Stockwerkrahmen – wird also vernachlässigt. Inwieweit auch hier bei mehreren Stützen innerhalb eines Stockwerks in Anlehnung an die Gruppenregelung in II.11.2.3.4 gemittelt werden darf, ist nicht klar (vgl. Kommentar dazu).

Dass die als **grundlegende** Toleranz zulässige **Gesamtschiefstellung** mehrstöckiger durchlaufender Stützen (Merkmal **Nr. 1**) mit zunehmender Stockwerkszahl „n" (die Definition für n fehlt leider in Tabelle II.B.18) schärfer werden muss, leuchtet ein. Es ist im Prinzip mit dem ähnlichen Vorgehen bei der Bemessung nach Eurocode EN 1993-1-1 [R96] abgestimmt. Dort wird in Abschn. 5.3.2(3) die in die statische Berechnung einzuführende Ersatz-Anfangsschiefstellung Φ des Tragwerks, welche stets deutlich größer sein muss als die durch Ausführungstoleranzen begrenzte tatsächliche geometrische Imperfektion, vom Grundwert $\Phi_0 = 1/200$ bis auf $1/300$ (bei $\Sigma h = 9$ m) abgemindert, bleibt dann allerdings bei größeren Gebäudehöhen konstant[9]. Bei mehreren Stützen „in einer Reihe" darf die Ersatzschiefstellung weiter abgemindert werden, z. B. bei acht Stützen auf 1/400. Die in der vorliegenden Toleranztabelle II.B.18 angegebene Formel $\boldsymbol{\Delta = \pm \Sigma h/(300\sqrt{n})}$ liefert z. B. für drei Stockwerke ein Schiefe-Grenzabmaß Δ von $\Sigma h/520$, d. h. bei einer angenommenen Stockwerkhöhe von 3 m und damit Gesamthöhe von 9 m ca. 60 % bis 75 % der nach EN 1993-1-1 statisch anzunehmenden Schiefstellung, was vergleichsweise großzügig ist.

Kritisch ist hier aber anzumerken, dass eine vernünftige obere Begrenzung für das in die vorliegende Δ-Formel einzusetzende „n" fehlt. Von der Standsicherheit her bräuchte die geometrische Toleranz eigentlich nicht strenger begrenzt zu werden, als etwa auf die Hälfte der in die statische Berechnung eingeführten Ersatzschiefstellung. Das wäre $\Sigma h/800$ und würde bedeuten, dass man „n" nicht größer als $n = 7$ einzusetzen bräuchte. Bei z. B. 12 Stockwerken liefert die Δ-Formel mit $\Sigma h/1\,040$ bereits eine aus statischer Sicht unnötig strenge Toleranz. Das schließt natürlich nicht aus, dass man aus Funktionsgründen eine solch strenge Forderung als ergänzende Toleranz festlegt.

Bei komplexeren Skelett-Tragwerken kann die Frage, welcher Wert „n" in die Δ-Formel einzusetzen ist, ein zusätzliches Problem darstellen. Beispielsweise könnte sich für den aus drei Montageschüssen zusammengesetzten, statisch durchlaufenden Außenstützenstrang des in Bild KII.B-13 skizzierten Tragwerks die Frage stellen, ob

- $n = 3$, also Anzahl der Montageschüsse, oder
- $n = 6$, also Anzahl der an den Stützenstrang angeschlossenen Stockwerke (Geschosse 1, 2, 3, 4, 8, 9), oder
- $n = 9$, also Gesamtanzahl der Stockwerke des Gebäudes

eingesetzt werden muss. Die Antwort ist eindeutig: $n = 9$, denn bei tragsicherheitsrelevanten Stützenschiefstellungen geht es grundsätzlich um die horizontalen Abtriebskräfte, welche auf den einzelnen Geschossebenen durch die vertikalen Auflagerkräfte aus den Geschosslasten in die Stützenzüge eingetragen werden und so die Instabilitätsgefahr durch seitliches Ausweichen des Gesamttragwerkes erhöhen. Dabei spielt es keine Rolle, ob der Stützenstrang konstruktiv

9 Die rechnerischen Ersatzimperfektionen werden in der zukünftigen Ausgabe von EN 1993-1-1 wahrscheinlich formal anders definiert werden. Am grundsätzlichen Sachverhalt wird sich jedoch nichts ändern.

aus Stützenschüssen besteht, die jeweils über mehrere Stockwerke durchlaufen (wie hier: 3 Stützenschüsse) oder ob in einem Sub-System die Lasten mehrerer Stockwerke über Sekundärstützen zwischenabgetragen und dann gesammelt in den Hauptstützenstrang eingetragen werden (wie hier: Geschosse 4 bis 8).

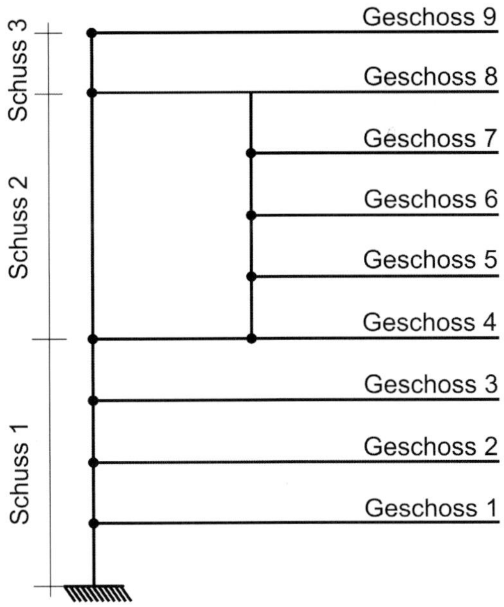

Bild KII.B-13: Beispiel für ein komplexes Skelett-tragwerk

Die in Tabelle II.B.18 tabellierten **ergänzenden** Schiefstellungstoleranzen sind für beide Merkmale Nr. 1 und Nr. 2 wieder in Klasse 1 identisch mit der grundlegenden Toleranz und in Klasse 2 entsprechend schärfer. **DIN 18202** liefert mit wachsender Höhe zwar größenordnungsmäßig ähnlich schärfer werdende Grenzwerte für die Winkelabweichungen, gleichwohl müssen die vorliegenden grundlegenden Toleranzen immer überprüft werden.

<2> Zu Merkmalen Nr. 3 und 4 – Geradheitsabweichung durchlaufender Stützen

Im Merkmal **Nr. 3** trifft man, wie bereits bei den einstöckigen Stützen nach Tabelle II.B.17, als **grundlegende** Toleranz den wiederholt in Bezug genommenen Basiswert für den zulässigen Vorkrümmungsstich biegeknickgefährdeter Druckstäbe $\mathbf{\Delta = \pm \mathit{h}/1\,000}$ wieder (vgl. zu II.11.2.1 <1.2>).

Wird eine Stütze gestoßen, so entsteht in der Regel unvermeidbar am **Stützenstoß** eine mehr oder weniger ausgeprägte knickartige Abweichung von der geraden Sollform (Merkmal **Nr. 4**). Der Stich dieser knickartigen Abweichung wird nun gemäß EN 1090-2 schärfer behandelt als der Stich der eher stetigen Abweichung des Merkmals Nr. 3 (Vorkrümmung), denn die vorgeschriebene Formel $\mathbf{\Delta = \pm \mathit{s}/1\,000} = \pm(s/h)\cdot(h/1\,000)$ liefert recht enge zulässige Stichmaße. Es ist zwar sachlich richtig, dass dies für typische Stoßpositionen nicht weit oberhalb des Stützenfußes kleinere Werte sein müssen als bei einem Stoß in halber Höhe. Aber selbst für den letzteren Fall beträgt der Wert mit $\mathbf{\Delta_{max} = \pm \mathit{h}/2\,000}$ nur die Hälfte des zulässigen Stichs der Vorkrümmung – obwohl man de facto die Summe beider Geradheitsabweichungen misst. Sollte dieses sehr strenge Toleranzmaß einmal überschritten werden, so wird das von den Verfassern nicht als wirklich tragsicherheitsgefährdend eingeschätzt, so lange der Grundwert $h/1\,000$ eingehalten wird.

Die frühere deutsche Norm DIN 18800-7 enthielt für Stützenstöße keine Begrenzung des knickartigen Stiches, sondern eine Begrenzung der unplanmäßigen Außermittigkeit der Querschnittsachsen an der Stoßstelle auf 1 % des größeren Wertes der beiden Profilmaße. Diese Begrenzung entfällt jetzt als grundlegende Forderung, und zwar sowohl für Werkstattstöße als auch für Montagestöße (vgl. zu Tabellen II.B.10, Merkmal Nr. 1, und II.B.15, Merkmal Nr. 4); sie soll offenbar durch die enge Stichtoleranz quasi mit abgedeckt werden.

Die **ergänzenden** Toleranzen dieser beiden Merkmale sind in beiden Klassen identisch mit der grundlegenden Toleranz – man hätte hier besser „keine Anforderung" in die Tabelle schreiben sollen! Verwendet man generell die Bautoleranzen nach **DIN 18202** als alternative ergänzende Montagetoleranzen, so entbindet das **nicht** von der Überprüfung der beiden grundlegenden Toleranzmerkmale Nr. 3 und 4 der Tabelle II.B.18, da diese gar nicht darstellbar sind.

Zu Tabelle II.B.19 Montagetoleranzen – Kontaktstöße

Bei Stützen-Kontaktstößen kommt, bedingt durch Ungenauigkeit der Sägeschnitte und/oder ggf. der angeschweißten Kopfplatten (sofern vorhanden), zur knickartigen Abweichung von der geraden Sollform bei einem normalen Stützenstoß (Merkmal Nr. 4 in der vorhergehenden Tabelle II.B.18) noch die Möglichkeit eines Winkelspaltes hinzu. Deshalb enthält das vorliegende **grundlegende** Toleranzmerkmal für Kontaktstöße über die globale Geradheitsregelung der ganzen Stütze in Tabelle II.B.18 hinaus auch lokale Regelungen bezüglich der **Spaltsituation** in der Kontaktfuge.

Zur Erinnerung: Kontaktstöße werden auch im Haupttext im Unterabschnitt **II.11.2.3.5** behandelt. Im Kommentar dazu ist ein erläuterndes Bild aus DIN EN 1993-1-8/NA [R104] zu den möglichen Ausführungen von Kontaktstößen abgedruckt (Bild KII.11-1). Es verdeutlicht, dass Kontaktstöße selbstverständlich lagegesichert sein müssen, in der Regel durch geschraubte Laschen oder Stirnplatten. Insofern ist das Bild in Tabelle II.B.19 als Prinzipskizze zu verstehen, nicht als Konstruktionsskizze – würde die Kontaktfuge direkt verschweißt, wäre es ein geschweißter Stoß, kein Kontaktstoß.

Die vorliegende Begrenzung des örtlichen Winkelversatzes (Knickwinkels) $\Delta\theta$ ist de facto nur eine alternative Formulierung zur zulässigen Geradheitsabweichung nach Tabelle II.B.18, Merkmal Nr. 4. Vergleicht man die beiden unterschiedlich formulierten Toleranzvorgaben miteinander, so ergibt sich Folgendes: Wie man leicht nachrechnen kann, entspricht der zulässige lokale Knickwinkel $\boldsymbol{\Delta\theta = \pm 1/500}$ bei Anordnung des Stoßes auf halber Höhe einem zulässigen Stich der knickartigen Geradheitsabweichung von $\boldsymbol{\Delta = \pm h/2\,000}$, also genau dem Wert für einen normalen Stützenstoß gemäß Nr. 4 in Tabelle II.B.18. Bei einer Stockwerkshöhe von 4 m sind das 2 mm. Es stellt sich die ernsthafte Frage nach der Realitätsnähe einer so engen Toleranzforderung.

Bezüglich der **Spaltsituation** in der Kontaktfuge selbst findet man in Tabelle II.B.19 dieselben Vorgaben wie in der früheren DIN 18800-7, wobei dort die Formulierung etwas verständlicher war: Danach durfte der Spalt zwischen den Stirnflächen von Kontaktstößen in Stützen 1 mm nirgendwo überschreiten und musste über wenigstens 2/3 der nominellen Kontaktfläche weniger als 0,5 mm betragen.

Ergänzend sei daran erinnert, dass in II.11.2.3.5 auch Regeln für den Einbau von Futterblechen (Zwischenlagen) zwischen den beiden Profilstirnflächen angegeben sind, um bei Ausführungen nach Bild KII.11-1a und -1c die Spaltweite unter die vorstehende enge zulässige Abweichung zu drücken (vgl. Kommentar <2> dazu). Ob diese Spaltweitenbegrenzung bei Kontaktstößen mit Lagesicherung durch geschraubte Stirnplatten, wie in Bild KII.11-1b dargestellt, auch zwischen den Stirnplatten eingehalten werden muss, wird nicht klar. Es gibt hier begrifflich einen fließenden Übergang zu „normalen" Stirnplattenstößen mit etwas großzügigeren zulässigen Spaltweiten (vgl. zu II.9.6.5.3 <3>).

Zu Tabelle II.B.20 Montagetoleranzen – Stützenpositionen

Bei diesen fünf Toleranzmerkmalen handelt es sich um typische Gebrauchstauglichkeitstoleranzen, die keinen signifikanten Einfluss auf die Stand- und Tragsicherheit des Stahlskeletts haben und deshalb ausschließlich als **ergänzende** Toleranzen geführt werden. Sie können also kollisionsfrei „abgewählt" werden, z. B. durch die allgemeinen Hochbautoleranzen nach **DIN 18202** [R68]. Allerdings sollte man überprüfen, ob man sich damit tatsächlich einen Gefallen tut.

Die zulässige **Lageabweichung eines Stützenfußpunktes** (Merkmal **Nr. 1**), $\Delta = \pm 10$ mm in Klasse 1, erscheint vernünftig. DIN 18202 enthält kein äquivalentes Toleranzmerkmal für Lageabweichungen. Man müsste es bei „Abwahl" von Tabelle II.B.20 also selbst festlegen und in den Ausführungsunterlagen fixieren – oder ganz darauf verzichten. Letzteres ist allerdings angesichts der Wichtigkeit einer genauen Lage der Stützenfußpunkte für die gesamte folgende Montage nicht unbedingt zu empfehlen.

Die Grenzwerte für die **Abweichungen der Stützenabstände** (Merkmale **Nr. 2** und **Nr. 3**) erscheinen ebenfalls nicht unvernünftig. Im Vergleich zu den allgemeinen Längen-Grenzabweichungen im Grundriss nach DIN 18802 sind sie aber bei den Einzelabständen (Merkmal Nr. 3) in Klasse 1 ca. 35 % kleiner, bei den aufsummierten Abständen (Merkmal Nr. 2) in Klasse 1 für kleine bis mittelgroße Gebäude ($L \geq$ ca. 20 m) ca. 20 % bis 35 % kleiner, für große Gebäude ($L \geq 60$ m) etwa gleich groß und schließlich für sehr große Gebäude zunehmend großzügiger.

Für die zulässigen **Fluchtabweichungen von Stützenreihen** (Merkmale **Nr. 4** und **Nr. 5**) gilt im Prinzip dasselbe wie vor: Sie erscheinen recht vernünftig, sind aber in Klasse 1 für typische Stützenabstände (ca. 3 bis 10 m) um bis zu 50 % kleiner als die DIN-18202-Grenzwerte für Fluchtabweichungen bei Stützen.

Man kann zu Tabelle II.B.20 zusammenfassend festhalten, dass die allgemeinen Hochbautoleranzen nach **DIN 18202** zwar etwas großzügiger sind als die vorliegenden speziellen Stützenpositionstoleranzen, dass Letztere jedoch offensichtlich gezielter auf Stahlbauraster ausgerichtet sind. Man sollte sie deshalb nicht unbesehen „abwählen".

Montagetoleranzen – Brückenfahrbahnen

Zu Tabelle II.B.21

Diese speziellen, ausschließlich **ergänzenden** Brückenfahrbahntoleranzen wurden, analog zu Tabelle II.B.13, aus dem **Anhang C** „Empfehlungen für die bauliche Durchbildung von Stahlfahrbahnen" (dort konkret: Tabelle C.4) des Brücken-Eurocode **EN 1993-2** nach hier übernommen, allerdings dort gleichzeitig noch belassen. Wie bereits im Kommentar zu Tabelle II.B.13 angesprochen, lässt sich bei Drucklegung dieses Buches nicht absehen, ob die Fahrbahntoleranzen tatsächlich bei der zukünftigen Neu-Ausgabe von EN 1993-2 konsequent daraus entfernt werden. Die in Tabelle II.B.21 wiedergegebenen Toleranzen heißen in EN 1993-2 **„Fertigungstoleranzen"** und gelten für den Entwurf, die Fertigung und die Montage von Stahlfahrbahnen. Dass sie bei der Übernahme in die 2011er Ausgabe von EN 1090-2 komplett unter „Montagetoleranzen" eingeordnet wurden, war vermutlich der Tatsache geschuldet, dass die ganze Übernahme der Toleranzen von EN 1993-2 nach EN 1090-2 mit „heißer Nadel gestrickt worden war" (im Entwurf 2005 für EN 1090-2 hatte es diese Tabellen noch nicht gegeben). Von der Sache her gehört der größere Teil der 13 Merkmale in Tabelle II.B.21 eher zur Werkstattfertigung der Fahrbahnelemente, statt zu ihrer Montage auf der Baustelle; das hätte bei der Überarbeitung der EN 1090-2 in Ordnung gebracht werden sollen – ist aber leider nicht geschehen.

Wie bei der Herstellungstoleranztabelle II.B.13, so wird auch hier abzuwarten sein, wie in der zukünftigen EN 1993-2 die Ausführungsregelungen aussehen werden. Dass die Tabellen II.B.13 und II.B.21 bei der jetzigen Überarbeitung von EN 1090-2 gar nicht „angefasst" wurden, hängt vermutlich damit zusammen, dass praktisch kein europäischer Brückenbauer konkret mit ihnen arbeitet, sondern ausschließlich mit dem „Brücken Eurocode" EN 1993-2. Das gilt insbesondere für Deutschland, dessen Nationaler Anhang **DIN EN 1993-2/NA** [R110] sogar anstelle des informativen Normanhangs C einen eigenen normativen Anhang NA.G gleichen Titels enthält. Man darf auch nicht vergessen, dass viele der hier in den Tabellen II.B.13 und II.B.21 zusammengestellten Vorgaben grundsätzlich bereits seit Beginn der 2000er Jahre aus der Vornorm zu EN 1993-2 bekannt waren und deshalb für den Brückenbauer quasi eine langjährig bekannte Praxis darstellen. In Deutschland sind außerdem seit jeher bei Eisenbahnbrücken die zusätzlichen Vorgaben von Ril 804 [R196] und DBS 918005 [R31] zu beachten, ein Aufwand, den man nicht unterschätzen sollte.

Zu Merkmal **Nr. 10** ist anzumerken, dass die Reihenfolge der Angaben in Spalten 3 und 4 nicht der Reihenfolge der Bilder in Spalte 2 entspricht. Klarer dargestellt sind die Vorgaben sowohl in Tabelle C.4 von EN 1993-2 als auch in Tabelle NA.G.4 des deutschen NA, in beiden Fällen als Konstruktionsdetail Nr. 13.

Das Merkmal **Nr. 11** wurde noch fehlerhafter aus EN 1993-2 übernommen: Es geht bei der Schweißnaht, für die der Radius r spezifiziert wird, nicht um die Naht zwischen dem Flansch des Querträgers und dem Querträgersteg (wie fälschlicherweise in Spalte 4 angegeben), sondern zwischen dem Flansch und dem Hauptträgersteg (Ziffer 1 in der Legende). Das ist aus dem Originalbild in Tabelle C.4 in EN 1993-2 (dort Konstruktionsdetail Nr. 15), hier als Bild KII.B-14 abgedruckt, klar zu erkennen. Diese Schweißnaht ist sehr wichtig, da an dieser Stelle die Gefahr der Ausbildung eines Risses groß ist. Sie muss deshalb mit großer Sorgfalt als umlaufende Hohlkehlnaht mit dem geforderten Mindestradius hergestellt werden.

15)
Anschluss der Querträgergurte an das Hauptträgerstegblech

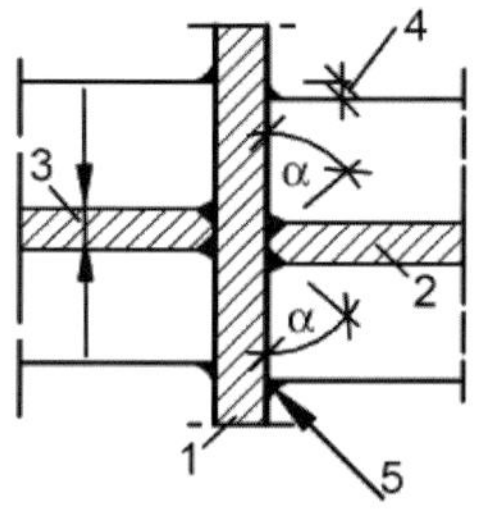

Legende
1 Hauptträgersteg
2 Querträgersteg
3 $t_{w,cross,b}$
4 Versatz $\leq 0{,}5\ t_{w,cross}$
5 $r \geq \frac{t_{w,maingirder}}{2} \geq 8$

Bild KII.B-14: Auszug aus EN 1993-2, Tabelle C.4

Es ist im Übrigen davon abzuraten, diese umlaufende Hohlkehlnaht $r \geq 8$ mm sinngemäß auf niveaugleiche Anschlüsse von Querträgerenden an einen Hauptträger-Ober- oder -Untergurt zu übertragen; bei einer solchen konkreten Anwendung sind trotz sorgfältiger Ausführung schon nach drei Jahren Risse aufgetreten. Nicht so rissanfällig ist die in Tabelle C.4 von EN 1993-2 als Konstruktionsdetail Nr. 16 für niveaugleiche Gurtanschlüsse vorgeschlagene konstruktive Lösung. Sie hat allerdings einen geringfügig höheren Fertigungsaufwand, ist aber zusätzlich montagefreundlicher.

Auf eine weitergehende Kommentierung der Brückenfahrbahntoleranzen an dieser Stelle wird verzichtet. Wichtig erscheint den Verfassern jedoch der allgemeine Hinweis, dass hinsichtlich Schweißnahtunregelmäßigkeiten die Kriterien von **EN ISO 5817** höherrangig sind als die vorliegenden ergänzenden Toleranzen (vgl. auch zu II.7.6.3). Für deutsche Anwender sei ergänzend auf Tabelle NA.G.4 im Nationalen Anhang DIN EN 1993-2/NA [R110] hingewiesen, die eine geringfügig redaktionell verbesserte Version von Tabelle C.3 darstellt.

Zu Tabelle II.B.22 Montagetoleranzen – Kranbahnen

Dies sind – ebenso wie die Herstelltoleranzen in Tabelle II.B.9 – geometrische Toleranzen, die ausschließlich auf die Funktions- und Betriebssicherheit des Krans ausgerichtet sind (Laufruhe usw.), d. h. es sind **ergänzende** Toleranzen. Nach Aussagen von Stahlbaupraktikern sind sie im Großen und Ganzen relativ problemlos einzuhalten. Es ist aber in der Regel davon auszugehen, dass der Kranhersteller und/oder der Bauherr (bzw. der spätere Kranbetreiber) sowieso eigene, ggf. schärfere Toleranzvorgaben machen. Es stellt sich die grundsätzliche Frage, ob solche „Betriebstoleranzen“ überhaupt in eine allgemeine Ausführungsnorm für Stahlbauten gehören. Vor diesem Hintergrund wird auf eine Kommentierung der Toleranzmerkmale der Tabelle II.B.22 (wie auch der Tabelle II.B.9) verzichtet.

Montagetoleranzen – Betonfundamente und Abstützungen

Zu Tabelle II.B.23

Bei diesen fünf Toleranzmerkmalen handelt es sich zwar „nur“ um **ergänzende**, d. h. nicht-tragsicherheitsrelevante Toleranzen. Sie sind jedoch für die fehleranfälligen Schnittstellen zwischen den präzise vorgefertigten Stahlbau-Bauteilen und den vor Ort unvermeidbar gröber hergestellten Beton- und Stahlbeton-Bauteilen enorm wichtig.

<1> Zu Merkmalen Nr. 1 und 2 – Lageabweichungen von Betonkomponenten

Die beiden Merkmale beschreiben quasi die vom Stahlbauer erwartete Lagegenauigkeit von Betonflächen, an die Stahlbauteile angeschlossen werden sollen. Das in beiden Richtungen unterschiedlich große Toleranzgrenzmaß $\Delta = -15/+5$ mm für die horizontale **Oberfläche eines Betonfundamentes**, auf das eine Stütze gestellt werden soll (Merkmal **Nr. 1**), erscheint vernünftig, denn eine Minusabweichung (zu tief) ist leichter zu korrigieren und darf deshalb größer sein als eine Plusabweichung. Das Toleranzgrenzmaß $\Delta = \pm 25$ mm für die **Fläche einer lotrechten Betonwand**, an die ein Träger angeschlossen werden soll (Merkmal **Nr. 2**), erscheint dagegen recht großzügig. Nimmt der Betonbauer das tatsächlich in Anspruch, so muss die Anschlusskonstruktion des Stahlbauteils sorgfältig durchdacht sein, um 25 mm ausgleichen zu können – eine einfache Futterung dürfte da nicht ausreichen. Es ist dringend zu empfehlen, bei der Anfertigung der Ausführungsunterlagen diese Beton-Anschlusstoleranz gut zu durchdenken und ggf. enger festzulegen.

<2> Zu Merkmalen Nr. 3 und 4 – Lage von Ankerschrauben

Wie im Kommentar zu II.11.2.3.2 bereits ausgeführt, sind diese beiden ergänzenden Toleranzmerkmale im Zusammenhang mit der grundlegenden „± 6-mm-Toleranz“ für die Lage eines Anker- oder Abstützungsmittelpunktes zu sehen. In der Vornorm zu EN 1090 waren alle drei Regelungselemente noch gemeinsam aufgeführt. Zusammengefasst gilt also Folgendes:

- **Ankergruppen** müssen mit ihrem Mittelpunkt gemäß II.11.2.3.2 auf **± 6 mm** genau sitzen (die Anmerkung in Spalte 3 des Merkmals Nr. 4 weist noch einmal explizit darauf hin).
- **Einzelne Anker** (auch als Teil einer Ankergruppe) sollten, sofern sie fest einbetoniert sind, also nicht mehr „reguliert“ werden können, auf **± 3 mm** genau sitzen; sie brauchen dagegen nur auf **± 10 mm** genau zu sitzen, sofern sie noch „reguliert“ werden können (z. B. innerhalb eines größeren Bohrloches, wie im Bild zu Merkmal Nr. 3 skizziert). Mit der Δp- bzw. Δx-Angabe in beiden Merkmalen ist gemeint, dass einbetonierte Ankerteile eher zu viel (nämlich maximal 25 mm bzw. 45 mm) als zu wenig (nämlich nur maximal 5 mm) aus dem Beton herausstehen sollten.

<3> Zu Merkmal Nr. 5 – Lage einer einbetonierten Stahlankerplatte

Das Toleranzgrenzmaß von 10 mm in allen Richtungen erscheint vernünftig.

Montagetoleranzen – Türme und Maste

Zu Tabelle II.B.24

Beide Eurocode-Teile für turmartige Stahlbauten, **EN 1993-3-1** [R111] und **EN 1993-3-2** [R113], verweisen hinsichtlich der Ausführung auf EN 1090-2 – wie alle Stahlbau-Eurocodes. Das heißt, die vorliegenden, ausschließlich **grundlegenden** Toleranzen gelten, soweit anwendbar, neben **Türmen** und **Masten** auch für **Schornsteine**. Beide Eurocode-Teile, einschließlich ihrer Nationalen Anhänge DIN EN 1993-3-1/NA [R112] und DIN EN 1993-3-2/NA [R114], geben einige zusätzliche Ausführungstoleranzen an, die ebenfalls zu beachten sind.

Inwieweit die vorliegenden grundlegenden Toleranzen auch auf **„Gerüsttürme“** angewendet werden können, die aus Gerüstteilen aufgebaut und nach einem Regelwerk bemessen werden, das keine „eigenen“ geometrischen Toleranzen enthält (z. B. Traggerüste nach EN 12812 [R123]), muss im Einzelfall entschieden werden.

<1> Zu Merkmal Nr. 1 – Geradheitsabweichung von Eckstielen und Gurtbauteilen

Die mit $\boldsymbol{\Delta = \pm L/1\,000}$ angegebene zulässige Geradheitsabweichung entspricht dem auch für „normale“ Stahlbauten in EN 1090-2 durchgängig verwendeten Grundmaß für biegeknickgefährdete Druckstäbe und biegedrillknickgefährdete Biegeträger (vgl. zu II.11.2.1 <1.2> u. <1.3>). Im NA zu EN 1993-3-1 [R112] wird dieses Toleranzgrenzmaß auch für die Geradheitsabweichung der Mastachse abgespannter Masten zwischen benachbarten Abspannpunkten vorgegeben.

<2> Zu Merkmalen Nr. 2 bis 4 – Maßabweichungen, Lageabweichungen

Die angegebenen Absolutwerte für die Grenzabmaße von Querschnittsabmessungen und für die zulässigen Anschlussexzentrizitäten, beides offenbar bezogen auf Gittermaste, beruhen auf Erfahrungswerten aus dem Mastbau und sind so klar, dass sie keines Kommentars bedürfen.

<3> Zu Merkmalen Nr. 5 und 6 – Vertikalität

Dies ist die wichtigste Montagetoleranz für alle turmartigen Stahlbauten. Die beiden hier angegebenen Schiefe-Grenzmaße $\Delta = \pm 0{,}05\ \%$ (= $h/2\,000$) für **Maste** und $\Delta = \pm 0{,}20\ \%$ (= $h/500$) für **Türme** sind klare Vorgaben und bedürfen ebenfalls keines Kommentars. Es fällt allerdings auf, dass der für Türme zulässige Wert gegenüber der 2011er Ausgabe von EN 1090-2 verdoppelt wurde.

Der Eurocode 1993-3-1 empfiehlt in seinem informativen Anhang F als maximal zulässige Verschiebung der Spitze von **Gittermasten** einen Wert $\Delta = \pm H/500$ (mit H = Masthöhe). Diese vergleichsweise großzügige Regelung erscheint logisch, denn Gittermaste sind sicher weniger empfindlich gegen Abweichungen von der Vertikalität als schlanke Rohrmaste. Der NA zu EN 1993-3-1 modifiziert in seinem normativen Anhang NA.F die allgemeine Vertikalitätstoleranz für **Türme und Maste** als maximale „Abweichung der Abspannpunkte sowie der Mast- oder Turmspitzen von der Vertikalen durch den Fußpunkt“ zu

$\Delta = 0{,}01\sqrt{z}$ mit z = Höhe des betrachteten Punktes über dem Fußpunkt in m.

Das bedeutet z. B. Schiefe-Grenzmaße von $h/700$ für $z = 50$ m und von $h/1\,000$ für $z = 100$ m, also verwirrenderweise für Maste deutlich großzügiger, jedoch für Türme deutlich schärfer als EN 1090-2.

Für selbsttragende **Schornsteine** schreibt EN 1993-3-2 als zulässige Abweichung des Tragrohres aus der Lotrechten auf jedem Höhenniveau h (in m) über dem Fuß folgenden Wert vor:

$$\Delta = \left(h/1000\right) \cdot \sqrt{1 + \left(50/h\right)}.$$

Das bedeutet z. B. Schiefe-Grenzmaße von $h/700$ für $z = 50$ m und von $h/815$ für $z = 100$ m.

Zusammenfassend liegen alle angegebenen Schiefegrenzmaße in der Größenordnung zwischen $\boldsymbol{\Delta = \pm h/1\,000}$ und $\boldsymbol{\Delta = \pm h/500}$ – ausgenommen den sehr strengen Wert $\Delta = \pm h/2\,000$ der vorliegenden Tabelle II.B.24 für Maste (womit keine Gittermaste, sondern nur Rohrmaste gemeint sein können). Der Hintergrund für diese sehr strenge Forderung ist den Verfassern nicht bekannt.

<4> Zu Merkmalen Nr. 7 und 8 – Verdrehung

Dieses Toleranzmerkmal bezieht sich offensichtlich auf Gittermaste. Die Angaben sind klar verständlich und bedürfen keines Kommentars. Die Anmerkung, dass es bei permanenter seitlicher Belastung (gemeint kann nur eine Verdrehbelastung sein, z. B. durch exzentrisch ziehende Leiterseile oder Abspannseile) nicht anzuwenden ist, ist eigentlich überflüssig, da geometrische Imperfektionen und Toleranzen sich grundsätzlich auf die unbelastete Struktur beziehen (vgl. zu II.11.1.3 <3>).

<5> Zur Ebenheit von geschraubten Ringflanschstößen

Dieses z. B. für Rohrtürme von Windenergieanlagen und für freistehende Stahlschornsteine wichtige Toleranzmerkmal fehlt bisher in EN 1090-2. In der **DIBt-Ri WEA** (Richtlinie für Windenergieanlagen) [R35] werden, sofern ein vereinfachter Ermüdungssicherheitsnachweis geführt wird, folgende Toleranzvorgaben für die Ringflanschverbindungen von Rohrtürmen gemacht:

- Nach Abschluss der Fertigung der einzelnen Turmsegmente darf die Ebenheitsabweichung pro Flansch einen Wert von 2,0 mm über den gesamten Umfang und max. 1,0 mm über ein Segment von 30° nicht überschreiten, wobei der Bereich an der Turmwand maßgebend ist.
- Die Neigungen α_S der Flanschaußenflächen (siehe Bild KII.B-15) dürfen nach dem Vorspannen den Grenzwert 2° nicht übersteigen.

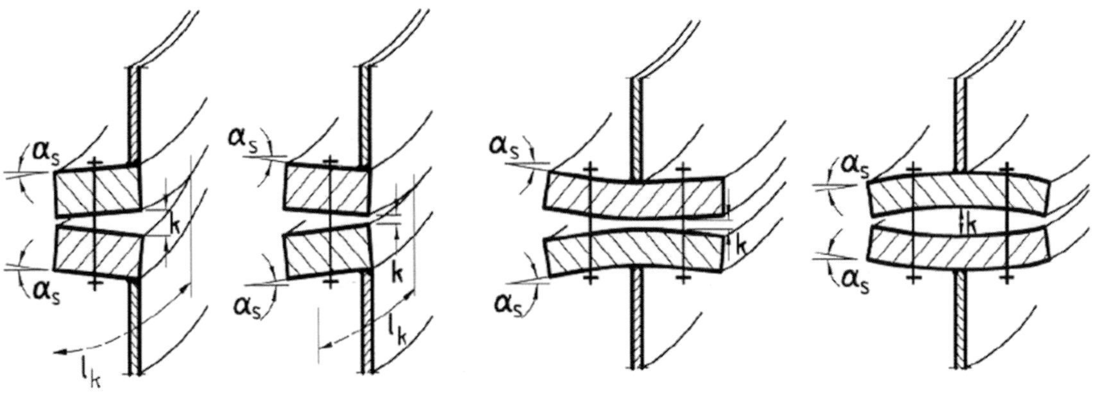

Quelle: aus [R35]

Bild KII.B-15: Ringflanschverbindungen in stählernen Rohrtürmen:
a) b) L-Flansch, überwiegend rohrseitig bzw. flanschseitig klaffend,
c) d) T-Flansch, überwiegend flanschseitig bzw. rohrseitig klaffend

In der deutschen WEA-Industrie werden diese Ebenheitstoleranzen nach Wissen der Verfasser angesichts der hochgradigen Ermüdungsbeanspruchung durchgängig im Sinne **grundlegender** Toleranzen angewendet, wobei die Flanschflächen in der Regel nach Abschluss der Schweißarbeiten an den Rohrsegmenten spanend abgearbeitet (gefräst) werden. Inwieweit die Ringflanschtoleranzen auch für andere turmartige Stahlbauten, z. B. freistehende Schornsteine, geeignet sind, muss im Einzelfall entschieden werden. Wissenschaftliche Grundlagen zu den Flanschtoleranzen findet man u. a. in [V30].

Montagetoleranzen – Biegebeanspruchte Balken und druckbeanspruchte Bauteile

Zu Tabelle II.B.25

Hier wird zum Abschluss der Toleranztabellen der **grundlegende** Basiswert $\boldsymbol{\Delta = \pm L/1\,000}$ (der schon in der englischen Version von EN 1090-2 ausgedruckte Wert $L/750$ kann nur ein höchst bedauerlicher Druckfehler sein) für biegeknickgefährdete Druckstäbe und biegedrillknickgefährdete Biegeträger (vgl. zu II.11.2.1 <1.2> u. <1.3>) noch einmal ganz allgemein gebracht. Das unterstreicht seine zentrale Bedeutung. Eine weitere Kommentierung erübrigt sich.

Zu Anhang II.C (informativ) Checkliste für den Inhalt eines Qualitätsmanagementplans

Zu II.C.1 Allgemeines

Dieser Anhang ist **informativ**, weil er im Normabschnitt II.4.2.2, wo der Qualitätsmanagementplan (QM-Plan) als qualitätssichernde Vorabdokumentation eingeführt wird, dezidiert als „**Checkliste** für die **empfohlene** Gestaltung eines QM-Plans für die Ausführung von Stahltragwerken" in Bezug genommen wird. Diese Checkliste enthält Angaben über den Aufbau und Inhalt eines projektspezifischen QM-Plans, sofern ein solcher vom Auftraggeber oder durch das Qualitätsmanagementhandbuch für die Ausführung des betreffenden Stahltragwerks überhaupt gefordert wird (vgl. zu II.4.2.2 <1>). Die aufgelisteten QM-Plan-Elemente müssen bei jedem Auftrag darauf überprüft werden, ob sie für das jeweilig auszuführende Stahltragwerk relevant sind. Weil die Angaben im Haupttext der Norm in II.4.2.2 eher abstrakt sind, ist die Checkliste überaus hilfreich. Es sei noch einmal darauf hingewiesen, dass die Festlegungen in einem QM-Plan projektbezogen sind und somit immer nur für einen Auftrag und auch nur für den jeweiligen Standort des Stahltragwerks gelten.

Die als Bezugsdokument für die Entwicklung des vorliegenden Anhangs genannte Norm **ISO 10005** [II.Lit36] ist ein sehr allgemein gehaltenes dreisprachiges Regelwerk „Qualitätsmanagementsysteme – Leitfaden für Qualitätsmanagementpläne" vom Mai 2009. Es macht Vorgaben für einen QM-Plan für Dienstleistungen, Hardware (Produkte), Software und verfahrenstechnische Produkte. Für Unternehmen mit einem QM-System werden die Vorgaben der EN ISO 9001 [R146] gespiegelt. Grundanliegen eines QM-Plans nach ISO 10005 ist es, eine Verbindung zwischen den Kundenanforderungen, der Produktrealisierung und der Kundenzufriedenheit herzustellen.

Für Unternehmen mit einem QM-Handbuch und/oder QM-System nach EN ISO 9001 ergeben sich aus ISO 10005 kaum zusätzliche Erkenntnisse; der vorliegende Anhang II.C enthält die wesentlichen Hinweise für einen QM-Plan eines Metall- und Stahlbauers. Letzterer bekommt allerdings oft eine Vorlage zum QM-Plan von seinem Auftraggeber oder Kunden, z.B. von der „Deutsche Bahn AG Beschaffung, Infrastruktur, Lieferantenmanagement und Qualitätssicherung". Basis für den projektbezogenen QM-Plan ist dann das vom Kunden bzw. Auftraggeber übergebene Dokument.

Zu II.C.2 Inhalt

Zu II.C.2.1 Management

<1> Zu Abs. 1 – Projektbezogene Festlegung

Mit diesem Satz ist gemeint, dass bei der Aufstellung eines projektspezifischen QM-Plans als Allererstes das betreffende Stahltragwerk definiert werden muss (im Sinne einer kurzen Bau- oder Konstruktionsbeschreibung). Alsdann ist der Standort, bezogen auf das Projekt, zu bewerten (z.B. steiles Gelände, große Windanfälligkeit, schwer zugänglich für die Anlieferung großer Bauteile usw.). Für diese ganz konkreten, projektbezogenen Gegebenheiten gilt dann der QM-Plan.

<2> Zu Abs. 2 – Projektmanagement-Organigramm

Ein solches Organigramm ist nicht nur für einen QM-Plan nach II.4.2.2 erforderlich, sondern auch schon für seine „vereinfachte" Form, die Qualitätsdokumentation nach II.4.2.1 (vgl. Kommentar dazu). In dem zu erstellenden Projektmanagement-Organigramm müssen die Angaben zum jeweils zuständigen Leitungspersonal und dessen Aufgaben enthalten sein, damit alle anfallenden Tätigkeiten und Verantwortlichkeiten des jeweils zuständigen Personals vorgegeben sind. Bild KII.4-3 zeigt, wie ein solches Organigramm für ein reines Montageprojekt aufgebaut sein könnte.

<3> Zu Abs. 3 – Planung und Koordinierung mit anderen Parteien in einem Bauvorhaben

Sind mehrere Parteien, d. h. konkret Firmen, Institutionen oder Behörden, in einem Bauvorhaben tätig und aufeinander angewiesen, zum Beispiel hinsichtlich Zeitpunkt des Einbaus einer Komponente oder eines Bauteils oder hinsichtlich Erbringen einer Leistung auf der Baustelle oder hinsichtlich Entnahme von Proben für baubegleitende Prüfungen, so müssen klare Planungen, Leistungsabgrenzungen, Termine und Absprachen unter ihnen vorliegen, um den Baufortschritt zu ermöglichen und Behinderungen zu vermeiden.

Mit **„Beobachtung der Umsetzung"** und des Baufortschritts sind zunächst die für deutsche Bauvorhaben klassischen Funktionen eines bauherrenseitigen Fachbauleiters bzw. Objektüberwachers nach HOAI angesprochen. Auch ihr Einsatz muss mit den Abläufen des Baugeschehens koordiniert sein und deshalb im QM-Plan vorgeplant werden. Ist ein externer Bauüberwacher vorgesehen, wie beispielsweise nach deutschem Bauordnungsrecht („Vieraugenprinzip"), so ist auch er – sofern zum Zeitpunkt der Erstellung des QM-Plans bereits bekannt – im QM-Plan vorab zu benennen.

<4> Zu Abs. 4 – Untervergabe

Wenn gewisse Aufgaben, z. B. die zeitgenaue Lieferung und/oder der zeitgenaue Einbau von vorgefertigten Bauteilen im Sinne von EN 1090-1, von Unterlieferanten wahrgenommen werden, müssen diese Aufgaben und der oder die Namen der Unterlieferanten allen beteiligten Parteien rechtzeitig bekannt gemacht werden. Deshalb gehören auch sie in den QM-Plan.

<5> Zu Abs. 5 – Benennung und Kompetenznachweis des Personals

Sofern qualifiziertes Personal mit normenseitig gefordertem Kompetenz- bzw. Qualifikationsnachweis in einem Bauvorhaben eingesetzt wird, ist dieses Personal vorab im QM-Plan zu benennen. Die vorgelegten Qualifikationen sind darauf zu überprüfen, ob sie die in der Spezifikation oder in EN 1090-2 genannten Forderungen erfüllen. Dies gilt vor allem für Schweißer und Bediener von vollmechanischen oder automatischen Schweißanlagen (vgl. zu II.7.4.2), für Schweißaufsichtspersonen (vgl. zu II.7.4.3) sowie für Prüfer und Prüfaufsicht bei durchzuführenden zerstörungsfreien Prüfungen (vgl. zu II.12.4.1). Die überprüften Qualifikationsnachweise sind zu den Bauakten zu nehmen; sie werden später Bestandteil der Ausführungsdokumentation (vgl. zu II.4.2.4).

<6> Zu Abs. 6 – Überwachung von Abweichungen und Änderungen

Es gehört zu den Erfahrungen jedes Bauschaffenden, dass es nur sehr wenige Bauvorhaben gibt (meist nur sehr kleine), bei denen die ursprünglichen Vorgaben der Planung ohne Abweichungen und/oder Änderungen im Verlauf der Ausführung eingehalten werden. „Wer arbeitet, macht Fehler" und „wer viel arbeitet, macht viele Fehler" heißt es im Volksmund! Unvermeidlich werden im Verlauf jedes größeren Bauvorhabens Planungs-, Konstruktions- oder Ausführungsfehler festgestellt. Diese müssen korrigiert werden, sofern nicht ein modifizierter Gebrauchstauglichkeitsnachweis (*„fitness for purpose"*) und, falls erforderlich, ggf. auch ein modifizierter Tragsicherheitsnachweis geführt werden kann, dem der Planer, der Bauherr/Auftraggeber und ggf. auch die externe Überwachungsinstanz zustimmen.

Die geplante Vorgehensweise bei während des Baufortschritts festgestellten Abweichungen und Ausführungsfehlern sowie bei Änderungen des ursprünglichen Plans sollte ebenfalls bereits im QM-Plan enthalten sein.

Spezifikationsbewertung Zu II.C.2.2

<1> Zu Abs. 1 – Erfordernis einer Bewertung der Spezifikation

Gemeint ist mit diesem Satz, dass die Bauwerksspezifikation darauf zu überprüfen ist, ob die in ihr enthaltenen Anforderungen (einschließlich der festgelegten Ausführungsklasse) möglicherweise zur Folge haben, dass zusätzliche Maßnahmen ergriffen werden müssen, die über das aktuelle Qualitätsmanagementsystem des Unternehmens hinausgehen.

Jede Spezifikation eines Bauherrn/Auftraggebers sollte sowieso schon im Rahmen der Prüfung der Anforderungen vor Abgabe eines Angebots (Vertragsprüfung) auf Machbarkeit und Erfüllbarkeit der darin enthaltenen Anforderungen und Vorgaben überprüft werden (wie z. B. in EN ISO 3834-2, -3 und -4 für das Schmelzschweißen metallischer Werkstoffe gefordert). Erfüllt ein Hersteller zum Zeitpunkt der Spezifikationsbewertung die geforderten Vorgaben (noch) nicht – z. B. hinsichtlich der Zertifizierung für die geforderte Ausführungsklasse, der Schweißer- und Bedienerprüfungen, der erforderlichen Methode der Qualifizierung eines Schweißverfahrens, der geforderten Arbeitsanweisungen für vorgespannte Schraubenverbindungen, Brennschneiden und Flammrichten oder der geforderten Qualifikation von Schweißaufsichts- und Prüfpersonal –, so sind spätestens bei Übernahme des Auftrags die erforderlichen zusätzlichen Maßnahmen zur Qualifizierung durchzuführen.

<2> Zu Abs. 2 – Erweiterte Qualitätsmanagementmaßnahmen

Alle im vorhergehenden Punkt der Checkliste als erforderlich identifizierten zusätzlichen Qualitätsmanagementmaßnahmen müssen natürlich im Vorfeld der Ausführung in den QM-Plan für das Projekt aufgenommen werden.

Zu II.C.2.3 Dokumentation

Zu II.C.2.3.1 Allgemeines

Dies ist ein außergewöhnlich wichtiger Punkt der Checkliste, insbesondere bei Großbauvorhaben mit komplexen Untervergabestrukturen. In dem QM-Plan muss ein Verfahren zur Handhabung aller vom Auftraggeber oder von den Unterlieferanten erhaltenen sowie auch der eigenen Ausführungsunterlagen, insbesondere der Ausführungszeichnungen, enthalten sein. Das Verfahren muss einerseits sicherstellen, dass der jeweils aktuelle Revisionsstand der Ausführungszeichnungen für alle am Projekt Beteiligten einsehbar bekannt gemacht wird. Andererseits muss beschrieben werden, wie der Einsatz von nicht mehr gültigen Dokumenten verhindert werden soll – unabhängig davon, ob der Auftraggeber, der Unterlieferant oder der Hersteller diese erstellt hat. Ein solches **„Zeichnungsmanagement/Dokumentenmanagement“** ist auf deutschen Baustellen seit Jahrzehnten ein zunehmend wichtiges Thema; teilweise werden sogar Mitarbeiter ausschließlich mit dieser Tätigkeit beauftragt.

Zu II.C.2.3.2 Dokumentation vor der Ausführung

Vorab: Es geht hier nicht vordergründig um die Dokumentation selbst, sondern um das Festlegen von Verfahren im QM-Plan, wie die vor der Ausführung benötigten Dokumente und Unterlagen rechtzeitig bereitgestellt werden können.

<1> Zu Ziffer (1) – Bereitstellung von Bescheinigungen für Ausgangsprodukte

Die erforderlichen Werkstoffnachweise der einzusetzenden Baustähle (in Form von Walzprofilen, Profilblechen, Bändern mit Eignung zum Kaltumformen usw.), nichtrostenden Stähle, Stahlgusssorten, Schweißzusätze und mechanischen Verbindungsmittel (vgl. Kapitel II.5) müssen in der Regel vor dem Beginn der Fertigung vorliegen. Soweit Konformitätsnachweise (Leistungserklärung, CE-Kennzeichnung) für die betreffenden Ausgangsprodukte erforderlich sind (weil ihnen europäisch harmonisierte Produktnormen zugrunde liegen), müssen diese auf Vollständigkeit geprüft werden.

<2> Zu Ziffer (2) – Bereitstellung von WPS und WPQR

Die Schweißanweisungen (WPS) müssen für alle Schweißverbindungen vorliegen, zumindest rechtzeitig vor Beginn der jeweiligen Schweißarbeiten. Das Gleiche gilt für die erforderlichen Nachweise der Qualifizierung der einzusetzenden Schweißverfahren (WPQR) entsprechend den Vorgaben der Spezifikation oder der EN 1090-2 (vgl. zu II.7.4.1).

<3> Zu Ziffer (3) – Bereitstellung von Verfahrensbeschreibungen

Die in der Spezifikation oder in EN 1090-2 geforderten Verfahrensbeschreibungen für spezifische Arbeitsprozesse (Arbeitsanweisungen) müssen jeweils rechtzeitig vorliegen, sowohl für die Werkstattfertigung – z. B. für das Brennschneiden oder das Flammrichten – als auch für die Montage – z. B. für das Vorspannen von Schraubenverbindungen oder das Aufbringen des Korrosionsschutzes. Darüber hinaus muss auch die Montagebeschreibung für das vom Hersteller vorgesehene Montageverfahren, d. h. die Montageanweisung (vgl. zu II.9.3.2), rechtzeitig schriftlich fixiert sein.

Interessanterweise wird hier beiläufig auch eine Verfahrensbeschreibung für das Vorspannen von Verbindungsmitteln erwähnt. De facto fehlt aber in EN 1090-2 die Forderung einer solchen Anweisung (vgl. zu II.8.5.1 <12>). Dass sie hier beispielhaft aufgeführt wird, bestärkt die Verfasser in dem Eindruck, dass sie von den Autoren der EN 1090-2 einfach nur vergessen wurde, und unterstreicht die Empfehlung, in der Regel eine Arbeitsanweisung für das Vorspannen (eine „Schraubanweisung") zu erstellen (vgl. Bild KII.8-14).

<4> Zu Ziffer (4) – Bereitstellung von Berechnungen für Montagehilfskonstruktionen

Soweit für den Zusammenbau in der Fertigung (relativ selten der Fall) oder für die Montage auf der Baustelle Zusammenbau- oder Montagehilfen in Form temporärer Stahlkonstruktionen benötigt werden, sind diese rechnerisch nachzuweisen. Das gehört zu den Kerninhalten einer Montageanweisung nach II.9.3.2 (vgl. Kommentar <1.3> dazu), insbesondere, wenn die Hilfskonstruktionen das Tragverhalten der Tragkonstruktion entweder ungewollt beeinflussen können oder sogar planmäßig beeinflussen sollen. Dabei sind die kritischsten Montagezustände zu berücksichtigen. Dies gilt selbstverständlich auch für kritische Bauzustände ohne Montagehilfen, also ohne temporäre Stahlkonstruktionen (Stichwort: Tragsicherheit des teilerrichteten Tragwerks, vgl. zu II.9.3.1 <3>). Für alle diese Fälle ist es besonders wichtig, dass die statischen Nachweise rechtzeitig vorliegen. Das muss durch eine festgelegte Vorgehensweise im QM-Plan gewährleistet werden.

Dieses Element der Checkliste ist enorm wichtig, denn leider passiert ein großer Anteil der schweren Schadensfälle von Stahltragwerken während der Bauphase auf der Baustelle, entweder aufgrund des Nichtvorhandenseins ausreichender Montagehilfen (z. B. Einsturz eines Stahltragwerkes ohne Einbau ausreichender Hilfswindverbände) oder aufgrund falscher Dimensionierung von Montagehilfskonstruktionen oder aufgrund der Nichtbeachtung des kritischsten Montagezustandes in der Montagestatik (z. B. Einsturz einer Brücke, weil beim Einschieben Bereiche, die später nur positive Biegemomente haben werden, vorübergehend negative Biegemomente erhalten).

<5> Zu Ziffer (5) – Vorkehrungen für rechtzeitig durchzuführende Genehmigungs- und Abnahmevorgänge

Das Verfahren für Zwischengenehmigungen oder -freigaben zur Weiterfertigung durch den Auftraggeber – sofern dies in der Spezifikation verlangt wird – sollte (besser: muss) vor Fertigungsbeginn bekannt sein. Sofern Zwischenabnahmen durch den Bauherrn/Auftraggeber (Zweitstelle) oder durch eine Abnahmeorganisation (Drittstelle) für das Stahltragwerk wegen späterer fehlender Zugänglichkeit gefordert werden, sollten (besser: müssen) alle erforderlichen Genehmigungen zum Zeitpunkt der Fertigungsaufnahme vorliegen. Sind „Haltepunkte" zum Durchführen von Zwischenabnahmen in den Fertigungsanweisungen (Fertigungsplänen) vorgesehen (so genannte Produktionsprüfstopps, vgl. II.4.2.1f), müssen diese Abnahmen vor dem Weiterbau durchgeführt worden sein. Die erforderlichen Dokumentationen müssen jeweils dem Fertigungsfortschritt folgend erbracht werden. Der QM-Plan muss das durch Beschreibung des Verfahrens, wie das erreicht werden soll, sicherstellen.

Zu II.C.2.3.3 Ausführungsbelege

Das Handling von Ausführungsbelegen (in der Praxis meist „Ausführungsdokumente“ genannt, nicht zu verwechseln mit den „Ausführungsunterlagen“) wird im Normabschnitt II.4.2.2 als einer der zentralen Inhalte eines QM-Plans genannt (vgl. zu II.4.2.2 <2.3>). Nach Beendigung der Bauarbeiten gehören die Ausführungsbelege in die Ausführungsdokumentation nach II.4.2.4 (vgl. Kommentar dazu). Über die in EN 1090-2 geforderten Ausführungsbelege hinaus (Stichwort: Mindestforderungen) können natürlich in der Bauwerksspezifikation weitere Belege über ausgeführte Arbeiten gefordert werden. Alle diese Ausführungsbelege müssen zum jeweils geforderten Zeitpunkt („Haltepunkt“) vorliegen. Im QM-Plan müssen die Verfahren benannt werden, mit denen die rechtzeitige Bereitstellung gewährleistet werden soll. Dabei ist auch grundsätzlich zu klären, ob die Dokumente des Auftraggebers oder eigene Dokumente verwendet werden sollen. Der vorliegende Abschnitt des Anhangs II.C listet im Sinne der Checkliste noch einmal die wichtigsten damit angesprochenen Dokumenttypen auf. Sie werden nachfolgend einzeln kommentiert.

<1> Zu Ziffer (1) – Zurückverfolgung der Ausgangsprodukte

Gemäß Normabschnitt II.5.2 muss die Rückverfolgbarkeit der Ausgangsprodukte von den fertig im Tragwerk eingebauten Bauteilen zurück zu den geforderten Werkstoffnachweisen – mit Ausnahme der Ausführungsklassen EXC1 – von Fertigungsbeginn bis zum Abschluss der Montage gewährleistet sein (vgl. zu II.5.2 <3> bis <5>). Dass das auch wirklich funktioniert, muss im QM-Plan durch entsprechende Verfahren zur Bereitstellung der Ausführungsbelege sichergestellt werden. Sofern nur eine Sorte Werkstoff, z. B. nur S235JR, eingesetzt wird, ist der spätere Nachweis relativ einfach, da die im Werkszeugnis ausgewiesene Schmelzennummer sowieso nicht zu der Liefereinheit gehören muss (nicht spezifischer Werkstoffnachweis, vgl. zu II.5.2 <2.1>). Bei mehreren Stahlsorten in einem Bauvorhaben (was die Regel ist) müssen aber entsprechende Dokumentketten erstellt und als Ausführungsbelege in den QM-Plan aufgenommen werden.

<2> Zu Ziffer (2) – Inspektions- und Prüfberichte, Maßnahmen bei Nichtkonformität

Zu den hier angesprochenen **Inspektions- und Prüfberichten** gehören zunächst die angelieferten Werkstoffnachweise. Sie müssen auf Übereinstimmung mit den Vorgaben der Spezifikation oder der EN 1090-2 überprüft werden. Bei positivem Befund sind sie als Ausführungsbelege zu den Akten der Ausführungsdokumentation zu nehmen. Aber nicht nur die Werkstoffnachweise sind hier angesprochen, sondern z. B. auch Berichte über ZfP-Schweißnahtprüfungen oder über Prüfungen von vorgespannten Verbindungen oder von Korrosionsschutzmaßnahmen.

Außerdem müssen bei **Nichtkonformitäten** (vgl. II.12.2.3) während der Fertigung die im QM-Plan vorgegebenen Maßnahmen vollständig vollzogen worden sein, bevor eine Weiterfertigung erlaubt werden kann. Der ordnungsgemäße Vollzug der Korrekturmaßnahmen muss dokumentiert und als Ausführungsbeleg zu den Akten der Ausführungsdokumentation genommen werden. Zu den in Frage kommenden Nichtkonformitäten gehören die im Text des Anhangs II.C an dieser Stelle aufgeführten Punkte:

Nichtkonforme Vorbereitung der Nahtflanken

Eine Schweißnahtvorbereitung, die nicht den Vorgaben entspricht, muss vor Beginn der Schweißarbeiten nachgearbeitet werden, zum Beispiel durch Brennschneiden oder Schleifen und nachfolgendes Auftragsschweißen (vgl. zu II.7.5.1). Das ordnungsgemäße Durchführen dieser Maßnahme muss als Ausführungsbeleg dokumentiert werden.

Nichtkonforme Schweißungen

Abweichungen oder Ausführungsfehler, die beim Schweißen oder nach Abschluss der Schweißarbeiten festgestellt werden, müssen entsprechend den Vorgaben des QM-Plans korrigiert werden (vgl. zu II.12.4.2.5). Auch diese Korrekturen sind als Ausführungsbelege zu hinterlegen.

Nichtkonforme geometrische Toleranzen

Abweichungen von den **grundlegenden** geometrischen Toleranzen nach II.11.2 müssen – sofern nicht durch eine Neuberechnung ein Nachweis ausreichender Tragfähigkeit gelingt (vgl. zu II.11.2.1 <2>), der vom Auftraggeber und ggf. auch von der externen Prüfinstanz akzeptiert wird – entsprechend den Vorgaben des QM-Plans bzw. der EN 1090-2 korrigiert werden (vgl. zu II.12.3 <3>). Im Falle einer Neuberechnung gehört diese zu den Ausführungsbelegen.

Abweichungen von den **ergänzenden** geometrischen Toleranzen nach II.11.3 brauchen nur so weit korrigiert zu werden, wie dies in der Auftragsspezifikation bzw. im QM-Plan festgelegt ist. Ggf. kann für das nichtkonforme Bauteil ein Gebrauchstauglichkeitsnachweis geführt werden, der vom Auftraggeber akzeptiert wird. Dieser gehört dann ebenfalls zu den Ausführungsbelegen.

Nichtkonforme Oberflächenvorbereitung und -behandlung

Abweichungen von der vorgegebenen Oberflächengüte oder Oberflächenbeschaffenheit (vgl. zu II.12.2.1 <2> und zu II.12.3 <5>) müssen – sofern nicht ein Gebrauchstauglichkeitsnachweis möglich ist, der vom Auftraggeber akzeptiert wird – entsprechend den Vorgaben des QM-Plans korrigiert werden. Die vorgenommene Korrektur ist wiederum als Ausführungsbeleg zu hinterlegen.

Nicht durchgeführte Kalibrierung der Ausrüstung

Alle vorgeschriebenen Kalibrierungen der vorgesehenen Ausrüstung/Einrichtung – z.B. für Schweißgeräte aufgrund der Vorgaben von EN ISO 3834-2 nur bei den Ausführungsklassen EXC3 und EXC4 erforderlich – müssen zum Zeitpunkt des Einsatzes vorliegen. Ist das nicht der Fall, so liegt nach Definition von EN 1090-2 ebenfalls eine Nichtkonformität vor. Zu den zu kalibrierenden Geräten gehören auch die Anziehgeräte zum Vorspannen von Schraubengarnituren (vgl. zu II.8.5.1 <7> und zu II.8.5.3 <1>), deren Kalibrierbescheinigungen vor Beginn der Vorspannarbeiten vorliegen müssen (vgl. zu II.12.5.2.3 <3>). Auch geodätische Messgeräte wie Theodolit und Nivelliergerat müssen kalibriert sein.

<3> Zu Ziffer (3) und (5) – Vermessungsergebnisse der Vor- und Hauptmontage

Sofern **Vormontagen** in der Werkstatt oder auf der Baustelle erfolgt sind (vgl. zu II.6.10 und zu II.9.6.4), müssen deren dokumentierte Vermessungsergebnisse rechtzeitig vor dem Beginn der eigentlichen Hauptmontage vorliegen, damit sie ggf. berücksichtigt werden können, indem z.B. noch Korrekturen vorgenommen werden.

Nach Abschluss der **Hauptmontage** eines Tragwerks muss das Ergebnis der abschließenden Vermessung (vgl. zu II.12.7.3) ebenfalls dokumentiert werden. Sofern wegen geometrischer Nichtkonformitäten der angelieferten Bauteile oder des fertig errichteten Tragwerks Korrekturmaßnahmen erforderlich wurden (vgl. zu II.12.3 <4> bzw. zu II.12.7.3.7), sind diese Maßnahmen und die damit erzielten Ergebnisse – wie bereits weiter oben ausgeführt – ebenfalls als Ausführungsbeleg zu hinterlegen.

<4> Zu Ziffer (4) – Lieferpläne für Bauteile

Lieferpläne für Bauteile müssen auf den Montageablaufplan abgestimmt sein und dabei die Zwischenlagermöglichkeiten auf der Baustelle berücksichtigen. Diese Abstimmung ist besonders wichtig, wenn Bauteile von Unterlieferanten beigestellt werden oder wenn (in Ausnahmefällen) Ausgangsprodukte erst auf der Baustelle benötigt und deshalb direkt dorthin geliefert werden. In diesen Fällen muss der späteste Zeitpunkt der Anlieferung festgelegt werden. Die Einbaustellen müssen rechtzeitig gekennzeichnet und dokumentiert werden.

<5> Zu Ziffer (6) – Fertigstellungsbescheinigung

Der Abschluss (die Fertigstellung) der Montage ist mit Datum zu dokumentieren. Sollte ausnahmsweise die Übergabe eines Stahltragwerks mit nicht korrigierten Nichtkonformitäten erfolgen, müssen diese natürlich vor Dokumentation des Montageabschlusses aufgelistet werden, wie in II.12.7.3.7 vorgeschrieben. Sofern eine Übergabebescheinigung im QM-Plan aufgrund der Spezifikation verlangt wird, ist diese zu erstellen; sie bildet in der Regel logischerweise den Abschluss der Ausführungsdokumentation nach II.4.2.4.

Zu II.C.2.3.4 Aufzeichnungen

Alle aufgrund der Spezifikation oder der EN 1090-2 im QM-Plan geforderten Aufzeichnungen und Dokumente über die Ausführung (vgl. die vorstehend kommentierten Checklisten in II.C.2.3.2 und II.C.2.3.3) müssen entsprechend den Vorgaben aufbewahrt werden und jederzeit kontrolliert werden können. Die hier empfohlene Mindest-Aufbewahrungsdauer beträgt jetzt geändert zehn Jahre statt wie bisher fünf Jahre. Sie kann bei Bedarf im QM-Plan auch länger festgelegt werden. Sinnvoll wäre eigentlich die geplante Nutzungsdauer des Bauwerkes; sie beträgt aber z. B. bei einer Brücke 100 Jahre, was für eine Komplett-Archivierung wohl zu lange wäre.

Sofern spätere Zustandskontrollen während der Nutzung eines Tragwerkes rechtlich als notwendig vorgesehen sind (z. B. wiederkehrende Überprüfung des Zustandes vorgespannter Schraubenverbindungen in hochgradig ermüdungsbeanspruchten Türmen von Windenergieanlagen) oder von der Spezifikation gefordert werden, sind diese ebenfalls im QM-Plan auszuweisen. Auch für diese Kontrollen muss die gesamte Ausführungsdokumentation zur Verfügung stehen.

Zu II.C.2.4 Inspektions- und Prüfverfahren

<1> Zu Ziffer (a) – Identifizierung der vorgeschriebenen Prüfungen und Inspektionen

EN 1090-2 schreibt an sehr vielen Stellen **Prüfungen und Inspektionen** vor; allein das Wort „Inspektion“ bzw. „inspizieren“ kommt ca. 200-mal vor. Das reicht z. B. von der Inspektion der angelieferten Ausgangsprodukte auf Oberflächenfehler über die Inspektion der Eignung thermischer Schneidprozesse, der Schweißnahtvorbereitung vor dem Schweißen und der fertigen Schweißnähte nach dem Schweißen, der Einhaltung geometrischer Toleranzen vorgefertigter Bauteile, der Installation nicht vorgespannter und der Vorspannung vorgespannter Schraubenverbindungen bis zur Inspektion des Korrosionsschutzes mittels Kontrollflächen und schließlich des fertig errichteten Tragwerks auf Einhaltung der grundlegenden und Funktionstoleranzen. Alle diese vorgeschriebenen Prüfungen und Inspektionen müssen bei der Aufstellung des QM-Plans für ein bestimmtes Projekt identifiziert und in die Ablaufplanung integriert werden.

Für viele der vorgeschriebenen Prüfungen und Inspektionen schreibt EN 1090-2 sowieso die Erstellung eigenständiger **Inspektions- und Prüfpläne** vor, z. B. für die Geometrie der Bauteile, für die Qualität der Schweißnähte und für die Vorspannung der Schraubenverbindungen. Diese Pläne müssen mit dem QM-Plan verzahnt werden. Man erkennt hier eine erhebliche Überlappung der Aufgaben der werkseigenen Produktionskontrolle (WPK) nach EN 1090-1 mit dem Aufstellen eines QM-Plans – wie sie im Übrigen auch schon bei der Kommentierung des für jedes Projekt obligatorischen „kleinen QM-Plans“, d. h. der Qualitätsdokumentation nach II.4.2.1, festgestellt wurde (vgl. zu II.4.2.1 <2>).

Zu den Punkten, für die hinsichtlich aller vorgesehenen Prüfungen und Inspektionen im QM-Plan Angaben vorhanden sein sollten, gehören gemäß vorliegendem Abschnitt des Anhangs II.C:

Inspektionsumfang

Neben dem hier besonders thematisierten Umfang muss auch der jeweilige Zeitpunkt der Prüfung oder Inspektion entsprechend den Vorgaben dokumentiert werden.

Abnahmekriterien

Keine Prüfung sollte durchgeführt werden, wenn nicht – neben dem Prüfumfang – auch die einzuhaltenden Kriterien vorgegeben sind, z. B. die Bewertungsgruppe einer Schweißnaht nach EN ISO 5817 (vgl. zu II.7.6) oder die maßgebenden grundlegenden Toleranzen bzw. die Klasse der ergänzenden Toleranz (vgl. zu II.11.2 und II.11.3).

Umgang mit Nichtkonformitäten

Die vorgesehenen Maßnahmen beim Auftreten von Nichtkonformitäten einschließlich möglicher Korrekturmaßnahmen (und ggf. unvermeidbarer Zugeständnisse) werden in EN 1090-2 wiederholt thematisiert, allein im konkreten Zusammenhang mit der Qualitätsdokumentation und dem Qualitätsmanagementplan dreimal (vgl. zu II.4.2.1 <2.5>), zu II.C.2.1 <6> und zu II.C.2.3.2 <2>), scheinen also den Autoren der Norm enorm wichtig gewesen zu sein. Ob eine solche Regelungsredundanz für das Arbeiten mit der Norm hilfreich ist, sei dahingestellt. Noch einmal: Die vorgesehenen Maßnahmen müssen vorher festgelegt sein; im Falle konkreten Auftretens von Nichtkonformitäten muss die reale Durchführung der Maßnahmen dokumentiert werden, und dabei sind alle vom Auftraggeber zugestandenen Abweichungen von den Vorgaben ebenfalls zu dokumentieren und dem jeweiligen Bauteil eindeutig zuzuordnen, damit sie identifiziert werden können.

Verfahren zur Freigabe oder Ablehnung/Rückweisung

Das englische Wort „*rejection*" wurde hier mit „Ablehnung", an anderen Stellen der Norm mit „Rückweisung" übersetzt; gemeint ist dasselbe. Im QM-Plan müssen die Verfahren zur Freigabe oder Ablehnung/Rückweisung eines Bauteils oder Tragwerks enthalten sein. Das wurde bereits unter dem Thema „Ausführungsbelege" abgehandelt (vgl. zu II.C.2.3.3 <5>). Dazu gehören auch die vorgesehenen Maßnahmen, die bei Ablehnung/Rückweisung zu treffen sind.

<2> Zu Ziffer (b) – Projektspezifische Anforderungen an Inspektionen und Prüfungen

Werden in der Bauwerksspezifikation Prüfungen oder Inspektionen gefordert, bei denen eine Zweitstelle (Kunde/Bauherr/Auftraggeber) oder eine Drittstelle (Abnahmeinstitution) eingebunden werden bzw. anwesend sein muss, so muss dies im QM-Plan des Bauvorhabens oder Tragwerkes mit Zeitpunkt und Anforderungsmodalitäten ausgewiesen werden. Dabei sollten auch der Zeitpunkt sowie der zeitliche Vorlauf, mit welchem die Prüfungen und Inspektionen angemeldet werden müssen, enthalten sein. Besonders wichtig sind diese Angaben, wenn die Prüfung oder Inspektion während eines Produktionsprüfstopps stattfinden soll, siehe folgenden Absatz.

<3> Zu Ziffer (c) – Identifizierung von Produktionsprüfstopps

Planmäßige Produktionsprüfstopps und die zugehörigen Anforderungen an die Beaufsichtigung von Inspektionen und Prüfungen während dieser Stopps müssen auch ohne QM-Plan bereits in der für jedes Bauvorhaben (außer EXC1) obligatorischen Qualitätsdokumentation festgelegt werden. Das wurde im Kommentar zu II.4.2.1 <2.6> diskutiert.

Treten aufgrund negativer Prüf- oder Inspektionsergebnisse durch eine Zweit- oder Drittstelle **unplanmäßige** Stopps in der Werkstatt oder auf der Baustelle auf, so müssen diese dokumentiert werden. Dabei sind der Zeitpunkt und die Ursache der Nichtannahme der Prüf- oder Inspektionsergebnisse sowie der Name des Prüfers und ggf. seiner Organisation festzuhalten.

Selbstverständlich müssen auch die während der Produktionsprüfstopps erzielten positiven Prüf- und Inspektionsergebnisse dokumentiert werden. Die zugehörigen Zwischenfreigaben (Zwischenabnahmen) eines Bauteils oder Tragwerks müssen ebenso mit Datum dokumentiert werden wie die endgültige Fertigstellung des Tragwerks (vgl. zu II.C.2.3.2 <5>). Alle diese Dokumente gehören als Ausführungsbelege nach Abschluss des Bauvorhabens in die Ausführungsdokumentation nach II.4.2.4.

Zu Anhang II.D (informativ) Verfahren zum Prüfen der Eignung automatisierter thermischer Schneidverfahren

Zu II.D.1 Allgemeines

<1> Zu Abs. 1 und 2 mit Anmerkung – Zweck und Anwendungsbereich des Verfahrens

Der informative Anhang II.D wurde neu in EN 1090-2 aufgenommen. Er wird in den beiden Normabschnitten II.6.4.3 und II.6.4.4 jeweils als Leitfaden für die dort geforderte Eignungsüberprüfung **automatisierter** thermischer Schneidprozesse empfohlen, zum einen hinsichtlich der geometrischen Qualität der Schnittflächen nach EN ISO 9013, zum anderen hinsichtlich der Einhaltung von Härteanforderungen in freien Schnittflächen. Bei der Schnittflächenqualität soll er nicht die international bewährte ISO-Norm ersetzen, sondern Hilfestellung bei ihrer Umsetzung, d. h. beim Messen, Auswerten und Dokumentieren, geben.

Die in Abs. 2 prinzipiell erlaubte Anwendung auf alle drei wesentlichen thermischen Schneidverfahren (vgl. zu II.6.4.3 <1>) wird in der anschließenden Anmerkung sofort wieder relativiert, indem für das Laserstrahl- und Plasmaschneiden auf andere für die Steuerung benötigte Parameter hingewiesen wird. Das hängt mit der hohen Einbringung von Energie und der damit möglichen höheren Schneidgeschwindigkeit und den infolgedessen entstehenden Problemen mit Randzonenaufhärtung zusammen. Maßnahmen muss man unter Berücksichtigung der Materialgüte und -dicke planen. Das kann z. B. das Vorwärmen oder das Nacharbeiten der Schnittkanten sein. Der Fokus des Anhangs II.D liegt jedenfalls auf dem **Autogenschneiden**, das in der Stahlbaupraxis nach wie vor bei über zwei Dritteln aller Schneidaufgaben eingesetzt wird (siehe Bild KII.D-1).

Bild KII.D-1: Automatisiertes autogenes Brennschneiden eines 170 mm dicken Bleches aus Stahl S355

<2> Zu Abs. 3 bis 5 – Aufbau des Verfahrens

Der Aufbau des Verfahrens ist sowohl operativ als auch begrifflich an die in EN ISO 15607 normierten allgemeinen Regeln für die Qualifizierung von Schweißverfahren angelehnt (vgl. Kommentare zu II.7.4.1), d. h. es gibt

- eine vorläufige Schneidanweisung **pCPS**, analog zur pWPS,
- einen Qualifizierungsbericht über das Schneidverfahren **CPQR**, analog zum WPQR,
- und die endgültige Schneidanweisung **CPS**, analog zur WPS („C" für „*Cutting*").

Für die pCPS und den CPQR sind in den **Tabellen II.D.4 und II.D.3** Vorschläge für Formularvordrucke wiedergegeben (fälschlicherweise als Beispiele bezeichnet). Sie sind verständlich und werden nicht im Detail kommentiert.

<3> Zu Abs. 6 – Qualifizierungsbereich

Der CPQR (und damit auch die CPS) darf gemäß Abs. 6 nur für einen ihm eigenen Qualifizierungsbereich verwendet werden. Die fünf den Qualifizierungsbereich definierenden Parameter Werkstoffgruppe, Werkstoffdicke, Brenngas-/Sauerstoffdruck, Schneidgeschwindigkeit/-höhe und Vorwärmtemperatur sind jedoch weder in der CPQR-Tabelle II.D.3 noch in der pCPS-Tabelle II.D.4 als solche gekennzeichnet, sondern scheinbar gleichberechtigt neben 17 weiteren Parametern aufgelistet. In dieser Hinsicht sind beide Tabellenvordrucke verbesserungsfähig (siehe auch zu Abschnitt II.D.3).

<4> Zu Abs. 7 – Durchführung des Verfahrens

In konsequenter Verfolgung der Analogie zur Schweißverfahrensprüfung wird hier die Möglichkeit eröffnet, dass die verantwortliche Schweißaufsichtsperson (vSAP) des Betriebes selbst die Schneidverfahrensprüfung leitet und betreut. Die Formulierung „als Prüfer und Gutachter" im Textabsatz 7 ist irreführend: Das englische „*assessor*" hätte besser mit „Begutachter/Auswerter" übersetzt werden sollen, statt mit „Gutachter", was im Deutschen einen administrativen Charakter impliziert. Sollen die Prüfungen in einem externen Werkstoffprüflabor durchgeführt werden (was natürlich ebenfalls möglich ist), so sollte dieses für die benötigten Prüfmethoden nach EN ISO/IEC 17025 [R159] akkreditiert sein.

Beschreibung des Verfahrens — Zu II.D.2

Allgemeines — Zu II.D.2.1

In diesem Abschnitt geht es um die **Prüfkörper** (er hätte auch so bezeichnet werden sollen). Ihre Anzahl ist mit „4" im Haupttext der Norm vorgegeben (vgl. II.6.4.3 und II.6.4.4). Sie müssen gemäß den dortigen Vorgaben erstens hinsichtlich geometrischer Qualität die kleinste und größte abzudeckende Schnittdicke sowie eine scharfkantige Ecke[10] und einen kurvenförmigen Bogen erfassen, zweitens hinsichtlich der Härteüberprüfung – sofern diese überhaupt gefordert wird (vgl. zu II.6.4.4 <1>) – die für lokale Aufhärtungen anfälligsten Bereiche mit erfassen. Gradschnitt, scharfkantige Ecke und Bogen lassen sich in einer „intelligenten" Prüfkörpergeometrie zusammenfassen, die in Bild II.D.1 dargestellt ist. Warum sie nicht auch für Fasenschnitte verwendet werden kann, ist nicht ganz einzusehen; wahrscheinlich ist die Frage noch nicht aufgetaucht, weil die Härteprüfung nur für freie Schnittflächen eine Rolle spielt, und die sind meist senkrecht. Wenn man den Prüfkörper nach Bild II.D.1 verwendet, muss man, um auf die Anzahl „4" zu kommen, zwei identische dünne und zwei identische dicke Prüfkörper prüfen.

Dass man die Neigungstoleranz nicht zu bestimmen braucht, wenn das zu qualifizierende Schneidverfahren gar nicht für Fasenschnitte eingesetzt werden soll, sollte selbstverständlich sein. Kritisch zu sehen ist dagegen die Anmerkung, gemäß der für Fasenschnitte, die zur Schweißnahtvorbereitung dienen, deren Oberfläche aber vor dem Schweißen behandelt/beschliffen wird (vgl. z. B. zu II.7.5.1.1 <3>), die Ermittlung der Neigungstoleranz bei der Schneidverfahrensprüfung ebenfalls für entbehrlich gehalten wird. Das Nachbearbeiten der Schweißnahtkanten dient zuallererst dem Beseitigen von Zunder oder Kerben, nicht der Korrektur des Flankenwinkels. Es ist effektiver, gleich den richtigen Flankenwinkel mit dem Schneidverfahren zu erreichen und dann aber auch die Einhaltung der Neigungstoleranz zu überprüfen.

Anmerkung zum Wortlaut in Abs. 2: Es muss natürlich „müssen entsprechend EN 1090-2 bestimmt werden" heißen, nicht „dürfen ... bestimmt werden". Man kann nicht in einem informativen Anhang normative Forderungen des Haupttextes außer Kraft setzen.

10 Mit „scharfkantig" ist der für einspringende Ecken vorgeschriebene Mindestradius 5 mm gemeint (vgl. II.6.7).

Zu II.D.2.2 Gemittelte Rautiefe R_{z5}

Die gemittelte Rautiefe ist die erste der drei Zielgrößen der Schneidverfahrensprüfung. Sie wird in EN ISO 9013 mit Hilfe eines Bildes definiert, welches hier in Anhang II.D als Bild II.D.3 abgedruckt ist und keiner weiteren Kommentierung bedarf. Der Anhang II.D legt in Bild II.D.2 zusätzlich die Länge und Lage der Messstrecke l_n im geraden Brennschnitt fest. Hinsichtlich des zu verwendenden Oberflächenprüfgerätes findet man in EN ISO 9013 die Vorgabe, es müsse ein Feinmessgerät, z. B. ein elektrisches Tastschnittgerät, zum kontinuierlichen Abtasten in Vorschubrichtung verwendet werden; ferner den Hinweis, solche Geräte seien in EN ISO 3274 [R134] beschrieben. Da letztere Norm allerdings 20 Jahre alt ist, bringt dieser Hinweis wenig.

In den scharfkantigen Ecken und kurvenförmigen Bereichen der Prüfkörper, wo naturgemäß keine mittlere Rautiefe ermittelt werden kann, muss man sich mit einer Sichtprüfung begnügen – Ziel: Feststellen, ob die Schnittflächenqualität visuell mindestens vergleichbar mit den Gradschnitten ist.

Zu II.D.2.3 Rechtwinkligkeits- und Neigungstoleranz

Dies ist die zweite der drei Zielgrößen der Schneidverfahrensprüfung. Sie wird in EN ISO 9013 ebenfalls mit Hilfe eines Bildes definiert, welches in diesem Buch im Kommentar <4> zu II.6.4.3 als Bild KII.6-10 abgedruckt ist und ebenfalls keiner weiteren Kommentierung bedarf.

Zu II.D.2.4 Härteprüfung

Die Schnittflächenhärte ist die dritte der drei Zielgrößen der Schneidverfahrensprüfung. Es sei hier aber noch einmal deutlich daran erinnert, dass die Prüfung der Härte auf thermischen Schnittflächen überhaupt nur bei Konturschnittflächen, die später frei bleiben bzw. Korrosionsschutz bekommen sollen, eine Rolle spielt und dass sie auch dafür in EN 1090-2 nicht für alle Baustähle obligatorisch gefordert wird (vgl. zu II.6.4.4 <1>) – beides im Gegensatz zur gemittelten Rautiefe und zur Rechtwinkligkeits- und Neigungstoleranz.

Die Macher des Anhangs II.D gehen davon aus, dass sie – in Kenntnis der Zweifel in Fachkreisen, ob auf schmalen Schnittflächen die Vickers-Härte mit der notwendigen Zuverlässigkeit gemessen werden kann –, mit den in Bild II.D.4 und Tabelle II.D.1 festgelegten Messstellen-Anordnungen auf der geschliffenen Brennschnittoberfläche einen guten Kompromiss gefunden haben, der auch in der Praxis akzeptiert werden wird.

Zu II.D.3 Qualifizierungsbereich

In diesem Abschnitt werden die fünf in Abschnitt II.D.1 aufgeführten Paramater zur Definition des Qualifizierungsbereiches eines CPQR und der zugehörigen CPS genauer spezifiziert. Die Kritik der Verfasser, dass sie in den Formularvordrucken (Tabellen II.D.3 und II.D.4) nicht gebührend hervorgehoben werden, wird hier noch einmal wiederholt. Die in den Abschnitten II.D.3.1 bis II.D.3.5 angegebenen konkreten Qualifizierungsbereiche bzw. -bandbreiten für die fünf Parameter sind nachvollziehbar und bedürfen keiner Kommentierung. Ergänzend sei darauf hingewiesen, dass im Falle von Härteanforderungen die Eignungsprüfung mit der höchsten in Frage kommenden Schneid- bzw. Abkühlgeschwindigkeit durchgeführt werden muss.

Zu II.D.4 Prüfbericht

Die Auflistung entspricht den üblichen Anforderungen an einen „ordentlichen" Prüfbericht und bedarf keines Kommentars.

Geschweißte Hohlprofilverbindungen

Zu Anhang II.E (informativ)

Einleitung

Zu II.E.1

Stabwerke aus miteinander verschweißten Hohlprofilen gehören heute zum Standard-Repertoire des Stahlbaus. Einen guten Überblick gibt ein Beitrag von *Puthli et al.* im Stahlbau-Kalender 2011 [V53]. Er enthält eine ausführliche Literaturliste, u. a. auch mit den Veröffentlichungen von **CIDECT** (Comité International pour le Développement et l'Etude de la Construction Tubulaire) zum Konstruieren mit Hohlprofilen und zur Bemessung von Hohlprofilanschlüssen, auf die hier ausdrücklich hingewiesen sei. Normenseitig waren geschweißte Hohlprofilverbindungen in Deutschland bis zur Einführung der Eurocodes in **DIN 18808** [R77] geregelt, und zwar sowohl hinsichtlich Konstruktion und Bemessung als auch hinsichtlich Ausführung. Das ist jetzt, dem Grundprinzip der strikten Trennung von Bemessung und Ausführung folgend, anders: Der Eurocode-Teil **EN 1993-1-8** enthält in seinem Kapitel 7 umfangreiche Regeln für die Konstruktion und Bemessung von Anschlüssen mit Hohlprofilen. Für die Ausführung ist jetzt EN 1090-2 zuständig.

Für geschweißte Hohlprofilanschlüsse werden im Normtext von EN 1090-2 immer dann Festlegungen getroffen, wenn sich aus dem „Hohlsein" Besonderheiten ergeben; ansonsten gelten alle allgemeinen Regelungen sinngemäß. Besondere Festlegungen finden sich in den Abschnitten II.7.4.1.1, II.7.4.2, II.7.5.1.2, II.7.5.4, II.7.5.9.2, II.7.5.11, II.12.3, II.12.4.1 und II.12.4.2.5. Dabei wird an mehreren Stellen auch auf den vorliegenden Anhang II.E hingewiesen, in der Regel in Anmerkungen. Der Anhang ist informativ und enthält zusätzliche, empfehlende Hinweise für die Ausführung geschweißter Verbindungen von Hohlprofilen.

Viele der Empfehlungen im Anhang II.E sind eigentlich selbstverständlich und gehören zum Grundwissen von Schweißaufsichtspersonen. Die deutschen Delegierten im Arbeitsausschuss CEN/TC 135 für EN 1090 hatten sich deshalb wiederholt gegen die Zusammenstellung der Details im Anhang II.E ausgesprochen – mit dem Argument „Schulbuchcharakter". Auf der anderen Seite müssen eine Reihe der Empfehlungen, wenn ihnen gefolgt werden soll, bereits in den Ausführungsunterlagen enthalten sein und sind deshalb vor allem auch von den Konstrukteuren zu beachten. Aus heutiger Sicht stellt der Anhang II.E eine Zusammenstellung sinnvoller Hinweise für wenig schweißerfahrene Normanwender dar; sie erhebt dabei keinen Anspruch auf Vollständigkeit. Die Hinweise werden nachfolgend in knapper Form kommentiert.

Regeln für Nahtanfangs- und -endstellen

Zu II.E.2

<1> Zu Abs. 1a und 1b – Nahtanfangs- und -endstellen an ebenen Anschlüssen

Nahtanhäufungen sollten grundsätzlich vermieden werden. Da die fachgerechte Ausführung des Nahtanfangs und des Nahtendes von einlagigen Schweißnähten für den Schweißer immer einer besonderen Sorgfalt bedarf, sollten an diesen Stellen nicht noch zusätzliche Schweißnähte vorhanden sein. Dazu zählen neben den in Abs. 1a erwähnten Nähten zwischen Strebe und Gurt z. B. auch Heftstellen.

Der Nahtanfang und das Nahtende sollten nicht an den Eckrundungen von Hohlprofilen liegen (Abs. 1b), da das Umschweißen des Hohlprofils sonst zusätzlich erschwert wird.

<2> Zu Abs. 2c bis 2f sowie Bild II.E.1 – Nahtanfangs- und -endstellen an anderen Anschlüssen

Schweißer von Hohlprofilen müssen bei Abzweigwinkeln $< 60^\circ$ besonders geschult und geprüft werden (vgl. zu II.7.4.2 <2>). Bild II.E.1 zeigt Empfehlungen für die Lage von Nahtanfangs- und -endstellen sowie für die Schweißfolge. Wie bereits unter Abs. 1b ausgeführt, sollten die Nahtanfangs- und -endstellen bei quadratischen oder rechtwinkligen Hohlprofilen nicht in den Rundungen liegen (Bild II.E.1a) und bei kreisförmigen Hohlprofilen nicht in den Profil-Hauptachsen, sondern in Bereichen mit geringerer Beanspruchung (Bild II.E.1b). Die vielen zusätzlichen Nahtanfangs- und -endstellen nach der im Bild II.E.1 empfohlenen Schweißfolge erleichtern nicht die

Arbeit des Schweißers. Bei sehr kleinen Durchmessern oder Abmessungen der Hohlprofile kann auf diese Empfehlung der Schweißfolge verzichtet werden.

Schweißnähte von Hohlprofilen sollten – allein aus Korrosionsschutzgründen – immer vollständig umlaufend geschweißt werden, auch wenn die dadurch entstehende Nahtlänge zur Kraftübertragung nicht erforderlich ist (Abs. 2f).

Zu II.E.3 Schweißnahtvorbereitung

<1> Zu Abs. 1 und Bildern II.E.2 bis II.E.5 – Details für die Schweißnahtvorbereitung von Stumpf- und Kehlnähten

Gurt-Streben-Anschlüsse (gemeint sind die Anschlüsse sowohl von Vertikal- als auch von Diagonalstäben an Gurte) bedürfen einer sehr sorgfältigen Schweißnahtvorbereitung. Die Schweißnahtvorbereitung ist – soweit wie möglich – nach **EN ISO 9692-1** auszuwählen, wobei die zusätzlichen Festlegungen im Abschnitt II.7.5.1.2 von EN 1090-2 zu beachten sind (vgl. Kommentare dazu). Die Bilder II.E.2 bis II.E.5 zeigen klar verständliche Schweißdetails, die nicht zusätzlich kommentiert werden müssen. Die jeweiligen Empfehlungen zu dem Wurzelspalt „b“ und zu dem Wurzelsteg „c“ – sofern erforderlich – sind besonders zu beachten. Sind Handschweißprozesse vorgesehen, sollte man Wurzelstege ganz vermeiden. Im Detail „D“ der Stumpfnahtanschlüsse (Bilder II.E.2 und II.E.4) ist die Schweißnahtvorbereitung (Öffnungswinkel β) von großer Bedeutung, damit die Schweißnaht vom Schweißer voll durchgeschweißt werden kann. Wird bei Abzweigwinkeln $\theta < 60°$ gemäß dem Hinweis in Bild II.E.2 ein Kehlnahtdetail im vorderen Bereich nach Detail D in Bild II.E.3 ausgeführt, so ist die Schweißnahtvorbereitung im Übergang von einer Stumpfnaht zur Kehlnaht mit besonderer Sorgfalt auszuführen.

<2> Zu Abs. 2 und Bild II.E.6 – Stumpfstöße von Hohlprofilen in Gehrungen

Die Empfehlungen im Normtext zur Vergrößerung bzw. Verkleinerung des Flankenwinkels bei der Nahtvorbereitung für einen Gehrungsstoß sind nachvollziehbar, weil geometrisch simpel. Leider sind sie im Bild II.E.6 nicht sehr verständlich wiedergegeben. Eingezeichnet ist oben und unten der jeweils resultierende Fugenöffnungswinkel, der wie zwischen zwei zentrischen Hohlprofilen 60° betragen soll. Damit dass so ist, müssen die Flankenwinkel unten um den halben Gehrungswinkel vergrößert und oben um den halben Gehrungswinkel verkleinert werden.

Zu II.E.4 Zusammenbau für das Schweißen

<1> Zu Abs. 1 und Bild II.E.7 – Zu beachtende Grundsätze für die Schweißdetails

Der Normtext in Abschnitt II.7.5.4 empfiehlt die Befolgung der hier gegebenen „Anleitungen“ (a) bis (d). Sie sind, zusammen mit Bild II.E.7, verständlich. Dass der **Fall A** die ideale (empfohlene) Ausführung darstellt, leuchtet unmittelbar ein. Leider ist sie wegen der Fachwerkgeometrie nicht bei allen Anschlüssen möglich.

Der überlappende Anschluss nach **Fall B** wird als „akzeptabel“ bezeichnet, wobei in Sonderfällen auch der verdeckte vordere Bereich „a“ geschweißt werden muss. Das bedeutet dann, dass der im Bild II.E.7 linke Diagonalstab erst komplett an den Gurt angeschlossen werden muss. Die Nahtvorbereitung am rechten Diagonalstab und der Zusammenbau der beiden Diagonalen und des Gurtes müssen dann sehr sorgfältig erfolgen. Die Rohranschluss- bzw. -abzweigwinkel dürfen nicht zu klein sein, damit Detail „D“ nach Bild II.E.2 noch fehlerfrei geschweißt werden kann. Ein größerer Anschlusswinkel (> 45°) verbessert zwar die Schweißmöglichkeit im Detail „D“, führt aber zu Problemen bei der Ausführung der Schweißnaht zwischen den Diagonalen.

Der Anschluss nach **Fall C** sollte wegen der Gefahr von Wurzel- und Bindefehlern vermieden werden. Wenn er aber doch erforderlich ist, gelten die vorstehenden Ausführungen zum Rohranschlusswinkel beim Fall B sinngemäß.

Abschließend zu diesem ersten Absatz von Abschnitt II.E.4 sei darauf hingewiesen, dass hier bei einem unerfahrenen Normanwender möglicherweise der falsche Eindruck entstehen kann, man könne in der Werkstatt bei der Vorbereitung des Zusammenbaus eines Hohlprofilfachwerks vor Ort entscheiden, welche der drei Varianten A, B oder C man wählt. Das ist natürlich nicht so! Die Bewertungen „empfohlen", „akzeptabel" und „zu vermeiden" richten sich de facto an den Konstrukteur (vgl. auch zu II.E.1).

<2> Zu Abs. 2 – Abweichungen bei nicht ermüdungsbeanspruchten Anschlüssen

Gemeint sind **statisch** oder **quasistatisch beanspruchte** Anschlüsse. Auf die in den EN-Normen anderen Bezeichnungen für die Beanspruchungskategorien, verglichen mit den früheren traditionellen deutschen Bezeichnungen „vorwiegend ruhend" und „nicht vorwiegend ruhend", wurde bereits hingewiesen.

Bei zentrischen Stumpfstößen von statisch oder quasistatisch beanspruchten Hohlprofilen können beim Zusammenbau für die Wurzelpunkte und Wurzelstege größere Abweichungen zugelassen werden. Diese sind hier quantifiziert.

<3> Zu Abs. 3 – Anpassung durch maschinelle Bearbeitung der Enden

Unterschiede in den Wanddicken, Ovalitäten oder Abweichungen von der Rechtwinkligkeit von Hohlprofilen können maschinell angepasst werden. In der Regel erfolgt dies durch Beschleifen. Dabei muss darauf geachtet werden, dass die verbleibenden Wanddicken die Vorgaben der jeweilig zutreffenden Spezifikation erfüllen.

<4> Zu Abs. 4 und Bild II.E.8 – Anpassung bei zentrischen Stumpfstößen von Hohlprofilen unterschiedlicher Dicke

Bei Wanddickenunterschieden an Hohlprofilstumpfnähten können verschiedene verbleibende Schweißbadsicherungen aus Flachstahl nach Bild II.E.8 verwendet werden. Die Abmessungen des Badsicherungsflachstahls sollten mindestens 3 mm × 20 mm (besser 4 mm × 30 mm) betragen. Leider enthält Bild II.E.8 keine Aussagen zum notwendigen Stegabstand. Er sollte den Empfehlungen von EN 9296-1 entsprechen, aber mindestens 4 mm betragen. Die in den ersten beiden Skizzen von Bild II.E.8 gezeigten Wurzelstege sind im Übrigen für Handschweißprozesse nicht geeignet.

a) Bei Wanddickenunterschieden $\leq 1{,}5$ mm (obere Methode im Bild II.E.8) sind keine zusätzlichen Maßnahmen erforderlich. Sie ist deshalb die billigste Methode der Nahtvorbereitung.

b) Bei Wanddickenunterschieden von 1,5 mm bis 3 mm (mittlere Methode im Bild II.E.8) darf die verbleibende Badsicherung vor dem Anbringen durch Warmumformen den Abmessungen der Wanddicken angepasst werden. Dies ist jedoch ein zusätzlicher Arbeitsgang.

c) Bei Wanddickenunterschieden ≥ 3 mm (untere Methode im Bild II.E.8) muss die größere Wanddicke mit einer Neigung von 1 : 4 oder flacher versehen werden. Diese Methode ist zwar für den Schweißer die einfachste Lösung, ist aber die aufwändigste Nahtvorbereitung, da sie nicht allein durch Brennschneiden erzeugt werden kann.

<5> Zu Abs. 5 und Bild II.E.9 – Ring- oder bandförmige Schweißbadsicherungen

Bild II.E.9 zeigt Möglichkeiten von eingelegten verbleibenden Schweißbadsicherungen bei Stumpfstößen von runden oder quadratischen bzw. rechteckigen Hohlprofilen. Die eingetragenen Abmessungen der eingelegten Badsicherung von $t = 3 \div 6$ mm und $b = 20 \div 25$ mm sind Empfehlungen. Es können auch breitere Badsicherungen verwendet werden. Sie können aus passenden kleineren Hohlprofilabschnitten bestehen – bei quadratischen und rechteckigen Hohlprofilen die einzige Möglichkeit. Bei runden Hohlprofilen kann die verbleibende Badsicherung angepasst werden, um eine bessere Wurzelschweißung zu ermöglichen. Der eingelegte Rohrabschnitt wird aufgeschnitten, oder es wird ein eingelegter gerundeter Flachstahl verwendet. Damit können sowohl zu große Innendurchmesser (linke Methode im Bild II.E.9) als auch zu kleine Innendurchmesser (mittlere Methode im Bild II.E.9) des zu schweißenden Hohlprofils ausgeglichen werden. Diese Methoden der verbleibenden Schweißbadsicherung führen aber zu zusätzlichen Kosten.

Zu II.E.5 Kehlnahtanschlüsse

<1> Zu Abs. 1 – Gurt-Streben-Anschlüsse mit Stumpf- und Kehlnähten

Gemeint sind Anschlüsse diagonaler Hohlprofile an Gurte, bei denen die umlaufende Naht teils Stumpfnaht, teils Kehlnaht ist (verwirrenderweise unter der Überschrift „Kehlnahtanschlüsse"). Details für den Stumpfnahtteil der Verbindung enthalten die Bilder II.E.2 und E.II.4, für den Kehlnahtteil die Bilder II.E.3 und II.E.5. Sie sind selbsterklärend und bedürfen keiner Kommentierung (vgl. zu II.E.3 <1>).

<2> Zu Abs. 2 und 3 sowie Bild II.E.10 – Kelch- oder Trichternähte

Gemeint sind hier Kehlnähte, welche an den Rundungen von quadratischen oder rechtwinkligen Hohlprofilen parallel zu deren Profilachsen verlaufen, um diese statisch miteinander zu verbinden. Sie haben zwangsläufig einen kelch- oder trichterförmigen Nahtquerschnitt, deshalb die deutsche Übersetzung der englischen *„flare weld"*. Das erläuternde Bild II.E.10 passt allerdings nicht zum Normtext, es ist nach Meinung der Verfasser schlicht falsch. Einem entsprechenden Einspruch während der Bearbeitungsphase der aktuellen Fassung von EN 1090-2 wurde jedoch unverständlicherweise vom Arbeitsausschuss CEN/TC 135 nicht stattgegeben. Das korrigierte Bild II.E.10 wird hier als Bild KII.E-1 wiedergegeben; darauf bezieht sich die nachfolgende Kommentierung.

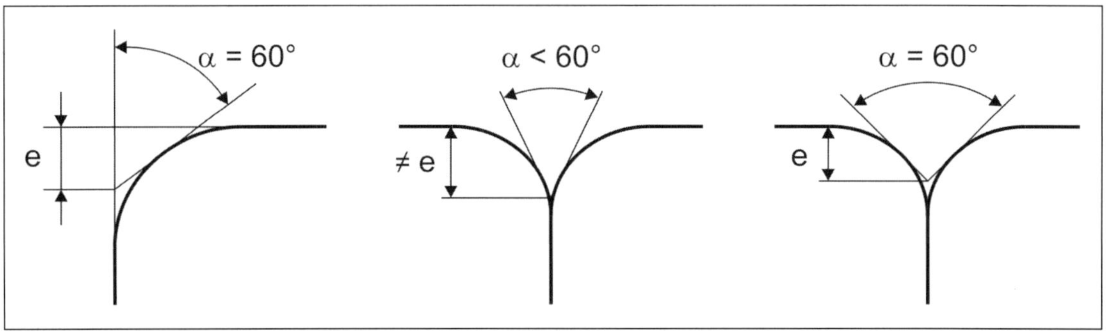

a) b) c)

Bild KII.E-1: Kelch- oder Trichternaht zur Verbindung zweier Bauteile aus quadratischen/rechteckigen Hohlprofilen (korrigierte Version des Bildes II.E.10 in EN 1090-2)

Mit „Nahtvorbereitung" meint der Normtext quasi die Walzrundungen selbst, denn beschleifen darf man sie natürlich nicht – der statische Querschnitt der verbundenen Hohlprofile würde dadurch geschwächt. Das muss man ggf. bei der Wahl des Schweißprozesses beachten. Beispielsweise ist es mit Lichtbogenhandschweißen (Prozess 111) aufgrund des Elektrodendurchmessers u. U. nicht möglich, den Nahtgrund zu erfassen.

Der „eingeschlossene Winkel" $\alpha = 60°$ ist gedanklich tangential in den Trichter zu legen und liefert die effektive Tiefe „*e*" der Naht; das ist die sonst mit „*a*" bezeichnete rechnerische Nahtdicke (Bild KII.E-1a und -1c). Der Tangentialwinkel im Nahtgrund ist in der Regel kleiner als 60° (Bild KII.E-10b), deshalb darf nicht die ganze Trichterhöhe als „*e*" verwendet werden.

Korrosionsschutz

Zu Anhang II.F (normativ)

Einführender Kommentar zu Anhang II.F

Im einführenden Kommentar zu Kapitel II.10 wird ausgeführt, dass erst seit 2002 der Korrosionsschutz Eingang in die deutsche Normung für die Ausführung von Stahlbauten gefunden hatte. Heute ist grundsätzlich für jeden Anwendungsfall und jede planerische Forderung ein Beschichtungssystem oder eine andere Korrosionsschutzlösung vorhanden. Deshalb sind klare vertragliche Vereinbarungen zwischen dem Kunden/Bauherrn und der Stahlbaufirma sowie ggf. dem Korrosionsschutzunternehmer notwendig. Nur so kann späterer Streit vermieden werden. Deshalb ist man in EN 1090-2 im Vergleich zur früheren deutschen Norm DIN 18800-7 [R73] einen wesentlichen Schritt weiter gegangen, indem nicht nur Querverweise auf die einschlägigen EN- und EN-ISO-Normen gebracht werden, sondern indem auch technische Anforderungen postuliert werden.

Allgemeines

Zu II.F.1

Anwendungsbereich

Zu II.F.1.1

<1> Zu Abs. 1 – Inhalt des Anhangs II.F

Leider fehlt im Anhang II.F der Hinweis, dass EN 1090-2 auch die Möglichkeit eröffnet, in gewissen Fällen bei Baustahlkonstruktionen ganz auf Korrosionsschutz zu verzichten (vgl. zu II.10.1 <2>).

<1.1> Zum Zusammenhang zwischen Anhang II.F und dem Hauptkapitel II.10

Die Aussage in diesem ersten Textabsatz, der Anwendungsbereich des Anhangs II.F umfasse den Korrosionsschutz im Hinblick auf beides, sowohl die Oberflächenvorbereitung als auch das Aufbringen des Korrosionsschutzsystems, ist zwar zutreffend. Es muss jedoch daran erinnert werden, dass auch das Kapitel II.10 des Haupttextes sich explizit mit der Oberflächenbehandlung befasst, dagegen nicht mit den Korrosionsschutzsystemen selbst. Wie im Kommentar <1.1> zu II.10.1 ausgeführt, sind durch diese inkonsequente Normstruktur zahlreiche Querverweise in beiden Richtungen unvermeidbar; der Leser möge das verzeihen.

Genau wie im Abschnitt II.10.1 des Haupttextes, so wird auch hier gleich zu Anfang des Anhangs II.F klar gemacht, welche Korrosionsschutztechniken nach Auffassung des Arbeitsausschusses CEN/TC 135 im Stahlbau von herausragender Bedeutung sind. Es sind die drei klassischen passiven Korrosionsschutztechniken, nämlich das Aufbringen einer **organischen Beschichtung** und das Aufbringen eines **metallischen Überzugs**, entweder durch **Feuerverzinken** oder durch **thermisches Spritzen**. Daneben gibt es aber – über den naheliegenden Einsatz nichtrostender Stähle (siehe <1.2>) hinaus – einige weitere Maßnahmenpakete zur Verhinderung bzw. Verringerung von Korrosion, die in EN 1090-2 nur am Rande erwähnt werden. Zum einen ist da der Einsatz wetterfester Baustähle nach EN 10025-5 zu nennen, die in II.10.3 nur kurz angesprochen werden (vgl. aber den ausführlichen Kommentar dazu). Des Weiteren ist, obwohl wie die wetterfesten Stähle nicht zu den passiven Korrosionsschutzmaßnahmen gehörend, das korrosionsschutzgerechte konstruktive Gestalten von Stahlkonstruktionen zu nennen. Alle Stahlbau-Planenden und -Ausführenden tun gut daran, sich ständig vor Augen zu halten, dass optimaler und wirtschaftlicher Korrosionsschutz bereits am Bildschirm beim Konstruieren beginnt. Das kann gar nicht genug betont werden. Die einschlägigen Normen (EN ISO 12944-3, EN ISO 1461, EN ISO 14713-1 und -2) enthalten viele Beispiele dazu. Dass darüber hinaus auch die Methode des Kathodischen Korrosionsschutzes in EN 1090-2 nicht behandelt wird, ist zwar schade, aber angesichts ihrer eher seltenen Anwendung nachzuvollziehen.

Eine zusammenfassende Darstellung zum Korrosionsschutz im Stahlbau findet man in [V34]. Für eine vertiefte Beschäftigung mit Korrosions- und Korrosionsschutzproblemen im Bauwesen sei auch die zweibändige Monographie [V50] empfohlen. Zusätzlich kann auch die 1999 vom

a) b)

Quelle: F. Schuhmann

Bild KII.F-1: Farblich gestaltete Korrosionsschutzbeschichtungen:
a) PET-Polyethylen-Anlage der DOW Chemical in Tarragona,
b) Kapazitätserweiterung Steamcracker BASF in Antwerpen

Deutschen Stahlbauverband DSTV herausgegebene Korrosionsschutz-Richtlinie [R172] sowie die so genannte Verbände-Richtlinie „Duplex-Systeme" [R201] für die Planung, Beratung und Ausführung von Korrosionsschutzleistungen mit herangezogen werden. Die vom Verband der Lackindustrie und vom Bundesverband Korrosionsschutz herausgegebene VdL-Broschüre „Korrosionsschutz von Stahlbauten ..." [V87] ist für eine vertiefte Beschäftigung mit dem Korrosionsschutz von Stahlbauten durch Beschichtungssysteme zu empfehlen. Ergänzend dazu liefert [V92] Informationen aus unmittelbar fachpraktischer Erfahrung.

Für den naturgemäß besonders anspruchsvollen Korrosionsschutz von Stahlwasserbauten findet man in [V93] viele wertvolle Hinweise; vor allem aber gibt es dazu das 2015 erschienene HTG-FAKOR-Handbuch [V27].

Die Bilder KII.F-1a und -1b zeigen die farblichen Gestaltungsmöglichkeiten einer modernen Korrosionsschutzbeschichtung im Industriebau, sowohl aus grafisch-architektonischer Sicht (a) als auch aus funktionaler Sicht (b).

<1.2> Zur Verwendung nichtrostenden Stahls zwecks Korrosionsvermeidung

EN 1090-2 enthält an vielen Stellen Regeln für das Bauen mit nichtrostenden Stählen, angefangen von ihren Eigenschaften als Ausgangsprodukte in Kapitel II.5 über die Formgebung in Kapitel II.6 bis zum Schweißen in Kapitel II.7. Bedenkt man den Hauptgrund für ihren Einsatz – nämlich dass sie, vorausgesetzt man hat die richtige Sorte gewählt, ohne zusätzlichen Korrosionsschutz ausreichend korrosionsbeständig sind –, so verwundert es, dass in EN 1090-2 nirgends etwas darüber steht, wie man die korrosionstechnisch richtige Sorte auswählt. Der Eurocode **EN 1993-1-4** [R100] enthält in seinem normativen Anhang A ein Verfahren für die Auswahl der nichtrostenden Stahlsorte mit Hilfe eines „Korrosionsbeständigkeitsfaktors", der die vorherrschenden Umgebungsbedingungen am geplanten Einsatzort erfasst, und von fünf „Korrosionsbeständigkeitsklassen" (CRC) I bis V. Im vorliegenden Buch ist im Kommentar <4> zu II.5.3.1 daraus eine Tabelle mit geeigneten nichtrostenden Stahlsorten für die einzelnen Klassen abgedruckt.

<1.3> Zu den grundlegenden internationalen Normen bzw. Normenreihen für den Korrosionsschutz

Die technischen Forderungen an den Korrosionsschutz sind heute in einer Vielzahl internationaler Normen sehr gut geregelt, so dass EN 1090-2 sich weitgehend durch einfaches Zitieren auf diese abstützen kann. Bereits im 2. Textabsatz des Kapitels II.10 wurden die in diesem Sinne wichtigsten europäischen Normen aufgelistet, geordnet nach den drei oben in <1.1> benannten drei Korrosionsschutztechniken. Sie werden hier noch einmal wiederholt:

- **EN ISO 12944-1** bis **-9** für **Beschichtungssysteme**,
- **EN ISO 12670** und **EN ISO 12679** für metallische Überzüge durch **thermisches Spritzen**,
- **EN ISO 1461, EN ISO 14713-1** und **-2** für metallische Überzüge durch **Feuerverzinken**.

Aus Gründen der Umfangsbeschränkung können diese grundlegenden Normen bzw. Normenreihen im vorliegenden Kommentarbuch nicht einzeln diskutiert und erläutert werden. Wer sich näher mit Korrosionsschutz im Stahlbau befassen muss, kommt ohnehin nicht darum herum, in diese Normen vertieft einzusteigen. Nachfolgend werden lediglich für die beiden Normenreihen, deren Teile bei den Normativen Verweisungen in Abschnitt II.2.7 nicht einzeln bzw. nicht vollständig aufgeführt sind, alle Teile aufgelistet. Zu den jeweils aktuellen Ausgaben bei Drucklegung dieses Buches vgl. Tabelle KII.2-1.

Normenreihe **EN ISO 12944** *– Korrosionsschutz von Stahlbauten durch Beschichtungssysteme:*

- Teil 1: Allgemeine Einleitung;
- Teil 2: Einteilung der Umgebungsbedingungen;
- Teil 3: Grundregeln zur Gestaltung;
- Teil 4: Arten von Oberflächen und Oberflächenvorbereitung;
- Teil 5: Beschichtungssysteme;
- Teil 6: Laborprüfungen zur Bewertung von Beschichtungssystemen;
- Teil 7: Ausführung und Überwachung der Beschichtungsarbeiten;
- Teil 8: Erarbeiten von Spezifikationen für Erstschutz und Instandsetzung;
- Teil 9: Beschichtungssysteme und Leistungsprüfverfahren im Labor für Bauwerke im Offshorebereich.

Die Normenreihe EN ISO 12944 gilt generell für das Beschichten von „Bauteilen aus unlegiertem oder niedriglegiertem Stahl", d. h. aus allen in Tabelle II.2 aufgeführten Baustählen (vgl. zu II.5.3.1 <2>), und „von mindestens 3 mm Dicke", d. h. formal nicht für dünnwandige Bauteile. Des ungeachtet nimmt aber EN 1090-4 die Teile 2, 4, 6 und 7 von EN ISO 12944 ebenfalls in Bezug (siehe <1.4>).

Für Planungszwecke seien hier die Teile 5 und 8 besonders hervorgehoben. EN ISO 12944-5 erlaubt die Auswahl eines geeigneten Beschichtungssystems in Abhängigkeit von der Schutzdauer und der Korrosionsbelastung (Korrosivitätskategorie). EN ISO 12944-8 kann als eine Art Checkliste für die notwendigen Maßnahmen bei Planung und Bewertung von Korrosionsschutzarbeiten dienen. Ergänzend sei schon an dieser Stelle auf die wichtige Funktion der technischen Merkblätter hingewiesen, in denen die Beschichtungsstoffhersteller den Bezug ihrer Produkte zu EN ISO 12944 darstellen und eine Fülle von Informationen für den Anwender geben (siehe zu II.F.6.1 <2.2>)[11].

Normenreihe **EN ISO 14713** *– Zinküberzüge: Leitfäden und Empfehlungen zum Schutz von Eisen- und Stahlkonstruktionen vor Korrosion:*

- Teil 1: Allgemeine Konstruktionsgrundsätze und Korrosionsbeständigkeit;
- Teil 2: Feuerverzinken;
- Teil 3: Sherardisieren.

---

11 Zwischen der neuen Ausgabe 2018 der Normenreihe EN ISO 12944 und EN 1090-2 gibt es einige Widersprüche – Grundtendenz: Zum Teil Verschärfung der korrosionsschutztechnischen Anforderungen im Vergleich zu den bewährten Vorgängerausgaben der Normenreihe. Dies ist nach einhelliger Meinung des DIN-Spiegelausschusses zu EN 1090-2, NA005-08-14AA, für den Stahlbau nicht akzeptabel. Es sollen entsprechende Einsprüche vorgebracht werden. Als kurzfristige Problemlösung ist an die Erarbeitung verbandsinterner Regeln gedacht. Im vorliegenden Kommentarbuch wird an den entsprechenden Stellen auf die jeweiligen Veränderungen hingewiesen.

Zu diesen drei Teilen von EN ISO 14713 ist anzumerken, dass den Verfassern nicht bekannt ist, warum bei den Normativen Verweisungen in Abschnitt II.2.7 der Teil 3 von EN ISO 14713 [R153] nicht genannt wird – ist doch das Sherardisieren ein in Europa neben dem Feuerverzinken durchaus gebräuchliches Verzinkungsverfahren (vgl. auch zu II.5.6.1 <5>).

<1.4> Zum Korrosionsschutz kaltgeformter dünnwandiger Bauteile

Der Anwendungsbereich der EN 1090-2 umfasst bekanntlich auch „kaltgeformte Bauteile und dünnwandige Profilbleche", allerdings nur sofern diese nicht in den Anwendungsbereich der neuen Norm EN 1090-4 fallen (vgl. zu II.1 <1.2>). Das gilt folglich auch für den Korrosionsschutz. Nun werden aber bei den meisten dünnwandigen Bauteilen (z. B. Profilbleche, in EN 1090-4 „Profiltafeln" genannt) sowieso bereits die Ausgangsprodukte im Zuge ihrer industriellen Fertigung (band)verzinkt und/oder (band)beschichtet, so dass ihr Korrosionsschutz für den Stahlbauer eine Eigenschaft des angelieferten Ausgangsproduktes ist und als Arbeitsschritt bei der Ausführung von Stahlbauten nicht auftaucht. Der Fokus des Anhangs II.F von EN 1090-2 und der zugehörigen Kommentierung liegt deshalb folgerichtig auf den Korrosionsschutzarbeiten an „normalen" Bauteilen aus unlegiertem oder niedriglegiertem Stahl. Zum Korrosionsschutz kaltgeformter dünnwandiger Profile und Profiltafeln siehe Anhang IV.E von EN 1090-4 und zugehörige Kommentare in diesem Buch.

Es gibt aber durchaus auch projektspezifisch kaltgeformte Bauteile, teilweise sogar mit Dicken $t < 3$ mm, die zusammen mit den „normalen" Stahlbauteilen stückverzinkt und/oder stückbeschichtet werden müssen. Für diese dünnwandigen Bauteile ist der Korrosionsschutz besonders wichtig, da bei Abrostungen die Standsicherheit unmittelbar gefährdet ist. Die Normenreihe EN ISO 12944 enthält hierfür keine besonderen Regeln, da sie, wie bereits erwähnt, erst ab 3 mm Bauteildicke gilt. Deshalb gab es in Deutschland für den Korrosionsschutz tragender dünnwandiger Bauteile aus Stahl früher die DIN 55928-8. Entsprechende Regelungen waren auch z. B. in der DASt-Richtlinie 016 [R24] enthalten, die aber mit Einführung des Eurocodes EN 1993-1-3 [R98] aus der bauaufsichtlichen Liste der Technischen Baubestimmungen gestrichen wurde. Als Nachfolgenorm von DIN 55928-8 gibt es in Deutschland seit 2010 die **DIN 55634**, gerade als zweiteilige Normenreihe ganz neu erschienen [R87] [R88]. Sie ist die Vorlage für den Korrosionsschutz-Anhang **IV.E** von **EN 1090-4** (siehe Kommentare dazu in diesem Buch). DIN 55634 steht zwar nicht in der MVV-TB-Liste der Technischen Baubestimmungen, wird aber vom DIBt bei Zulassungs- oder Zustimmungsbescheiden in Bezug genommen. Ob und, wenn ja, wie diese Inbezugnahme zukünftig auf den Anhang IV.E von EN 1090-4 umgestellt werden wird, ist derzeit nicht bekannt.

<2> Zu Abs. 2 und Anmerkung 1 – Ausführungsunterlagen zum Korrosionsschutz

Hier wird im Normtext zunächst mit Recht noch einmal darauf hingewiesen, dass die Anforderungen an den Korrosionsschutz in die Ausführungsunterlagen gehören. Für die Vorbereitung der Stahloberflächen wird das schon im Normabschnitt II.4.1.3 explizit gefordert (vgl. zu II.4.1.3 <1>). Alle weiteren, für die zu erbringende Konservierungsleistung notwendigen Angaben müssen ebenfalls eindeutig in den Ausführungsunterlagen vermerkt werden, ggf. getrennt für Arbeiten in der Werkstatt und auf der Baustelle. Letzteres ist besonders wichtig, da – falls überhaupt auf der Baustelle noch endbeschichtet wird – dazu in der Regel das Applikationsverfahren gewechselt wird und es zu Differenzen in der Helligkeit durch veränderte Lichtbrechung kommen kann.

Hinsichtlich der Form, in welcher die Anforderungen an den Korrosionsschutz in den Ausführungsunterlagen angegeben werden sollen, nennt der Normtext scheinbar optional nebeneinander

- die Form einer **Leistungsspezifikation** oder
- die Form von **vorgeschriebenen Anforderungen** für die zu verwendende Schutzbehandlung.

Das ist vor dem Hintergrund der Präzisierungen, die für die beiden Begriffe in den folgenden Normabschnitten II.F.1.2 und II.F.1.3 gegeben werden, höchst verwirrend. Allein die für ein Projekt anzunehmende Korrosivitätskategorie und die gewünschte Schutzdauer zu benennen – das ist der Inhalt einer Leistungsspezifikation gemäß II.F.1.2 –, reicht als Korrosionsschutzangabe in den Ausführungsunterlagen keinesfalls aus. Vielmehr muss dort vor allem die vorgesehene korrosionsschutztechnische Umsetzung der globalen Vorgabe in Form einzelner Anforderungen angegeben werden. Das muss nicht „auf dem Umweg" über eine „Leistungsspezifikation" geschehen, sondern kann auch direkt erfolgen. In diesem Sinne ist der Normtext gemeint und wird dementsprechend zu den Abschnitten II.F.1.2 und II.F.1.3 kommentiert.

Vollends verwirrend wird das „System" der in EN 1090-2 verwendeten Begrifflichkeiten für die Korrosionsschutzplanung mit dem Hinweis in der Anmerkung 1 auf die **„Korrosionsschutzspezifikationen"** nach EN ISO 12944-8 für Beschichten bzw. nach EN ISO 1461 und EN ISO 14713-1 und -2 für Feuerverzinken. Diese Korrosionsschutzspezifikationen sind etwas gänzlich anderes als die Leistungsspezifikation der EN 1090-2. Sie stellen zwar auch technische Dokumente dar, die „alle Anforderungen an den Korrosionsschutz enthalten", dies jedoch z. B. im Falle des Beschichtens sehr detailliert (Beschreibung der Umgebungsbedingungen der jeweiligen Teilfläche, Vorgaben für die Oberflächenvorbereitung, für die Beschichtungsstoffe, für die Beschichtungsarbeiten usw.).

Die Korrosionsschutzspezifikationen nach EN ISO 12944-8 bzw. nach EN ISO 1461 und EN ISO 14713-1 und -2 gehören demnach sachlich zu II.F.1.3 „Vorgeschriebene Anforderungen". Für deren Zusammenstellung kann z. B. EN ISO 12944-8 mit seinen zehn informativen Anhängen (Checklisten, Beispielspezifikationen, Formblätter) in der Tat sehr hilfreich sein und sollte immer zu Rate gezogen werden (vgl. <1.3>).

<3> Zu Anmerkung 1 – Pulverbeschichten von feuerverzinktem Stahl

Der Hinweis auf die beiden Pulverbeschichtungsnormen **EN 13438** [II.Lit15] und **EN 15773** [II.Lit17] am Ende der Anmerkung 1 läuft formal ins Leere, da das Pulverbeschichten an keiner anderen Stelle von EN 1090-2 erwähnt wird. Aus der Tatsache, dass dieser Hinweis erst mit der A1-Änderung 2011 in die Stahlbau-Ausführungsnorm EN 1090-2 kam, erkennt man schon, dass die Pulverbeschichtung von feuerverzinktem Stahl als Alternative zur klassischen Flüssigbeschichtung nach der Normenreihe EN ISO 12944 für den „normalen" Stahlbau bisher aus einer Außenseiterrolle nicht herausgekommen ist. Gleichwohl hat diese Korrosionsschutztechnik im modernen Architekturstahlbau und vor allem im Bereich der Stahlleichtkonstruktionen eine wachsende Bedeutung, wenn es um kleinteilige feuerverzinkte Bauteile geht (z. B. Fassadenelemente, Geländer usw.), für die ein Duplex-System vom Bauherrn gewünscht wird.

Bei der Pulverbeschichtung werden Pulverlacke, basierend auf Epoxid-, Polyester- oder ähnlichen Harzen, elektrostatisch auf den verzinkten Untergrund appliziert (vernetzt, eingebrannt), entweder händisch mit Lackierpistolen oder (im Stahlbau die Regel) in Pulverbeschichtungsanlagen, in jedem Fall aber im Werk, nicht etwa auf der Baustelle. Die Anwendungsgrenzen werden bestimmt von der gewählten Oberflächenvorbereitung des Zinküberzuges, den Abmessungen, dem Stückgewicht und dem Energieverbrauch (der Einbrennvorgang ist sehr energieintensiv). Wenn möglich wird eine nasschemische Oberflächenvorbereitung eingesetzt; die entsprechenden Anlagen können Bauteillängen von ca. 6 m und Einzelgewichte von ca. 250 kg heben. Anlagen, in denen die feuerverzinkten Bauteile gesweept werden, können auch größere Bauteile pulverbeschichten; die derzeit größten Bauteillängen liegen bei ca. 10 m, die größten Einzelgewichte bei ca. 2,0 t. Die frühere Ausbesserungsproblematik (Stichwort: mechanische Belastbarkeit) ist mittlerweile technisch weitgehend gelöst. Die Farbindustrie bietet jetzt auch ein breites Spektrum an Ausgangsmaterial für viele Anwendungsgebiete an.

Durch Pulverbeschichtung auf feuerverzinkter Oberfläche, d. h. als Duplex-System, kann ein den traditionellen Nassbeschichtungssystemen vergleichbares Korrosionsschutzverhalten bis „C5-lang" (siehe zu II.F.1.2 <1>) und damit ein vollwertiger Korrosionsschutz von Stahlbauteilen gewährleistet werden. In Deutschland sind die Anforderungen an Pulverbeschichtungssysteme

– neben den beiden in der vorliegenden Anmerkung 1 in EN 1090-2 zitierten EN-Normen – seit 2009 in **DIN 55633** [R86] normativ geregelt. Diese Norm bezieht sich auf den Korrosionsschutz von Stahlbauten, deren Bauteile aus legiertem oder niedrig legiertem Stahl von mindestens 3 mm Dicke bestehen und **unbeschichtet** oder **bereits feuerverzinkt** sind. Sie ergänzt die Normenreihe EN ISO 12944, die ausschließlich den Schutz durch Beschichtungssysteme aus flüssigen Beschichtungsstoffen zum Inhalt hat. Im deutschen bauaufsichtlichen Bereich ist aber für Pulverbeschichten trotzdem noch eine abZ erforderlich. Zu den beiden zitierten EN-Normen ist anzumerken, dass sie sich ausschließlich auf Duplex-Pulverbeschichtungen beziehen, wie ja auch in Anmerkung 1 angegeben.

Zusammenfassend sehen die Verfasser den Einsatz des Pulverbeschichtens im klassischen Stahlhochbau eher zurückhaltend, gehen aber von einer zunehmenden Anwendung im Metall-Leichtbau aus. Einem geplanten Einsatz sollte unbedingt eine frühzeitige Beratung durch entsprechende Fachleute vorausgehen, bei größeren Abmessungen insbesondere auch hinsichtlich der Kosten. Nützliche Hinweise für Duplex-Systeme mit Pulverbeschichtung enthält die bereits erwähnte Verbände-Richtlinie „Duplex-Systeme“ [R201].

<4> Zu Anmerkung 2 – Thermisches Spritzen von metallischen Überzügen

Die Norm **EN ISO 2063**, auf die hier verwiesen wird, ist seit kurzem als Normenpaar neu erschienen (vgl. Tabelle KII.2-1). Die beiden Normteile werden im Kommentar <1> zu II.F.6.2 im Zusammenhang mit der Ausführung thermischer Spritzarbeiten erläutert. Darüber hinaus wird im Kommentar <1.1> zu II.F.2.1 die Oberflächenvorbereitung vor dem Metallspritzen und im Kommentar <3.2> zu II.F.7.2 die Messung der Dicke thermischer Spritzschichten, beides nach EN ISO 2063-2, angesprochen.

Thermisches Metallspritzen kommt in der Regel dann zur Anwendung, wenn die Bauteile zu groß für das Feuerverzinken sind. Ein neueres Beispiel sind geschweißte Schüsse von WEA-Rohrtürmen, deren Ringflansche nach Abschluss der Schweißarbeiten planeben gefräst werden. Erst danach können die Kontaktflächen ihren Mindestkorrosionsschutz erhalten, und das geht dann nur noch durch thermisches Spritzverzinken mit ≥ 80 µm. Eine weitere Anwendung ist die Ausbesserung von feuerverzinkten Bauteilen nach Transportbeschädigungen oder in Montagestoßbereichen, wenn große feuerverzinkte Bauteile (z. B. Brückenschüsse) nachträglich zusammengeschweißt wurden [V103].

<5> Zu Abs. 3 und Anmerkung 3 – Korrosionsschutz von Seilen

Seile (in Form von Spiral- und Litzenbündelseilen) gehören zu den im Haupttext der EN 1090-2 in Abschnitt II.5.11 behandelten hochfesten Zuggliedern aus Stahl, zusammen mit hochfesten Zugstäben, z. B. Rundstahlstäben mit Gewinde (vgl. zu II.5.11). Letztere werden wie normale Stahlbauteile gegen Korrosion geschützt. Der Korrosionsschutz von Seilen ist dagegen ein hochkomplexes Spezialgebiet, für das die Erfahrung von Experten oder Spezialfirmen unerlässlich ist.

Der in der Anmerkung 3 in Bezug genommene Eurocode-Teil **EN 1993-1-11** [II.Lit5] behandelt die Bemessung der hochfesten Zugglieder. Abschnitt 4 von EN 1993-1-11 enthält für den Korrosionsschutz von Drähten, Seilen und Litzen ausführliche Vorgaben, getrennt nach Korrosionsschutz der Einzeldrähte, Korrosionsschutz in den Drahtzwischenräumen und Korrosionsschutz der Seiloberfläche. Der hier in der Anmerkung konkret genannte informative Anhang A von EN 1993-1-11 hat dagegen zwar einen kleinen Unterabschnitt A.4.5 „Korrosionsschutz“. Dieser enthält aber nur Angaben dazu, wie die Wasserdichtheit eines Kabelsystems mit Wassereinwirkung in Versuchen nachzuweisen ist (z. B. durch Salznebeltests), hilft also dem Anwender von EN 1090-2 nicht weiter.

Leistungsspezifikation

Zu II.F.1.2

<1> Zu Abs. 1 – Hauptinhalte einer Leistungsspezifikation

Durch die Formulierung „Wird eine Leistungsspezifikation verwendet, ... muss sie festlegen" wird noch einmal klar, dass sie in EN 1090-2 nicht vorgeschrieben, sondern optional ist. Es ist jedoch zu empfehlen, schon früh in der Planung eine solche zu erstellen, da sie dazu zwingt, sich frühzeitig über die beiden Haupt-Eingangsparameter jeder Korrosionsschutzplanung, die Schutzdauer und die Korrosivitätskategorie, Gedanken zu machen.

Die **Schutzdauer** ist die erwartete Standzeit eines Korrosionsschutzsystems bis zur ersten Instandsetzung. In der Definition der verschiedenen Schutzdauer-Zeitspannen unterscheiden sich die aktuellen Ausgaben der beiden zitierten Normen unverständlicherweise, was natürlich die Erstellung einer systemoffenen Leistungsspezifikation erschwert.

EN ISO 12944-1 unterscheidet vier Zeitspannen:

- kurz (L, von *Low*): .... bis zu 7 Jahre,
- mittel (M, von *Medium*): .... 7 bis 15 Jahre,
- lang (H, von *High*): .... 15 bis 25 Jahre,
- sehr lang (VH, *Very High*): .... über 25 Jahre.

EN ISO 14713-1 unterscheidet fünf Zeitspannen:

- unbedeutend (VL, von *Very Low*): .... 0 bis 2 Jahre,
- gering (L, von *Low*): .... 2 bis 5 Jahre,
- mäßig (M, von *Medium*): .... 5 bis 10 Jahre,
- stark (H, von *High*): .... 10 bis 20 Jahre,
- sehr stark (VH, *Very High*): .... über 20 Jahre.

In EN ISO 12944-1 wird darauf hingewiesen, dass die Schutzdauer ein technischer Begriff bzw. Planungsparameter sei und nicht mit dem juristischen Begriff „Gewährleistungszeit" verwechselt werden dürfe. Zu EN ISO 14713-1 ist ergänzend anzumerken, dass es eine der wenigen Normen in EN 1090-2 ist, die datiert zitiert werden.

Die **Korrosivitätskategorien** beschreiben atmosphärische Umgebungsbedingungen. In beiden zitierten Normen, **EN ISO 12944-2** und **EN ISO 14713-1**, werden dieselben sechs Korrosivitätskategorien unterschieden:

- C1: unbedeutend,
- C2: gering,
- C3: mäßig,
- C4: stark,
- C5: sehr stark,
- CX: extrem.

CX umfasst gemäß EN ISO 12944-2 unterschiedliche extreme Umgebungen; eine typische extreme Umgebung sei die in EN ISO 12944-9 behandelte Offshore-Umgebung. Ausführliche verbale Beschreibungen zu den einzelnen Korrosivitätskategorien in Tabellenform findet man sowohl in EN ISO 12944-2 als auch in EN ISO 14713-1; Tabelle 1 aus letzterer Norm ist hier auszugsweise als Tabelle KII.F-1 abgedruckt. Bild KII.F-2 zeigt ein typisches Beispiel für ein Stahltragwerk des Industriebaus, dessen Korrosionsschutzsystem für Korrosivitätskategorie C4 ausgelegt ist.

Tabelle KII.F-1: Beschreibung der typischen atmosphärischen Umgebungen, bezogen auf die Abschätzung der Korrosivitätskategorien (Auszug aus Tabelle 1 in EN ISO 14713-1, dort gibt es zusätzlich noch 13 Anmerkungen)

Korrosivitätskategorie C Korrosionsgeschwindigkeit für Zink (basierend auf dem ersten Jahr der Auslagerung), r_{corr} in $\mu m \cdot a^{-1}$ und Korrosivität	**Typische Umgebungen (Beispiele)**	
	Innen	**Außen**
C1 $r_{corr} \leq 0{,}1$ unbedeutend	beheizte Räume mit niedriger relativer Luftfeuchte und unbedeutender Luftverunreinigung, z. B. Büros, Schulen, Museen	trockenes oder kaltes Klimagebiet, atmosphärische Umgebung mit sehr niedriger Luftverunreinigung und geringer Zeit mit Nässe, z. B. bestimmte Wüsten, zentrale arktische/antarktische Bereiche
C2 $0{,}1 < r_{corr} \leq 0{,}7$ gering	nicht beheizte Räume mit schwankender Temperatur und relativer Luftfeuchte. Seltene Kondensatbildung und geringe Luftverunreinigung, z. B. Lagerräume, Sporthallen	gemäßigtes Klimagebiet, atmosphärische Umgebung mit geringer Luftverunreinigung (SO_2 < 5 µg/m³), z. B. ländliche Bereiche, Kleinstädte. Trockenes oder kaltes Klimagebiet, atmosphärische Umgebung mit kurzzeitiger Nässe, z. B. Wüsten, subarktische Bereiche
C3 $0{,}7 < r_{corr} \leq 2{,}1$ mäßig	Räume mit gelegentlicher Kondensatbildung und mäßiger, durch den Produktionsprozess bedingter Luftverunreinigung, z. B. Lebensmittelverarbeitungswerke, Wäschereien, Brauereien, Molkereien	gemäßigtes Klimagebiet, atmosphärische Umgebung mit mittlerer Verunreinigung (SO_2: 5 µg/m³ bis 30 µg/m³) oder leichte Chloridbelastung, z. B. städtische Bereiche, Küstenbereiche mit niedriger Chloridablagerung. Subtropische und tropische Klimagebiete mit Atmosphären mit geringer Verunreinigung.
C4 $2{,}1 < r_{corr} \leq 4{,}2$ stark	Räume mit häufiger Kondensatbildung und hoher, durch den Produktionsprozess bedingten Luftverunreinigung, z. B. Industrieanlagen, Schwimmbäder	gemäßigtes Klimagebiet, atmosphärische Umgebung mit hoher Verunreinigung (SO_2: 30 µg/m³ bis 90 µg/m³) oder beträchtliche Chloridbelastung, z. B. verunreinigte städtische Bereiche, industrielle Bereiche, Küstenbereiche ohne Versprühen von Salzwasser, starke Tausalzbelastung, subtropische und tropische Klimagebiete mit Atmosphäre mit mittlerer Verunreinigung
C5 $4{,}2 < r_{corr} \leq 8{,}4$ sehr stark	Räume mit sehr häufiger Kondensatbildung und/oder mit hoher, durch den Produktionsprozess bedingten Luftverunreinigung, z. B. Bergwerke, industriell genutzte Kavernen, unbelüftete Schuppen in Gebieten mit subtropischem und tropischem Klima	gemäßigte und subtropische Klimagebiete, atmosphärische Umgebung mit sehr hoher Verunreinigung (SO_2: 90 µg/m³ bis 250 µg/m³) und/oder wesentliche Chloridbelastung, z. B. industrielle Bereiche, Küstenbereiche, Schutzhütten an der Küste
CX $8{,}4 < r_{corr} \leq 25{,}0$ extrem	Räume mit nahezu ständiger Kondensatbildung oder ausgedehnten Belastungszeiten mit starker Feuchtigkeitseinwirkung und/oder mit hoher, durch den Produktionsprozess bedingten Luftverunreinigung, z. B. unbelüftete Schuppen in feuchten, tropischen Klimagebieten mit eindringenden Verunreinigungen aus der Außenluft, einschließlich luftübertragener Chloride und Feststoffteilchen, die Korrosion fördern	subtropische und tropische Klimagebiete (sehr lange Nässeeinwirkungszeiten), atmosphärische Umgebung mit sehr hoher (SO_2) Verunreinigung (mehr als 250 µg/m³), inklusive begleitender und durch Produktion bedingte Faktoren und/oder starke Chloridbelastung, z. B. extreme industrielle Bereiche, Küsten- und Offshore-Bereiche mit gelegentlichem Salzsprühkontakt

Quelle: Dresdner Lackfabrik novatic

Bild KII.F-2: Beispiel für ein für die Korrosivitätskategorie C4 beschichtetes Stahltragwerk: Abraumförderbrücke F60 im Tagebau Nochten der Vattenfall Mining

<2> Zu Abs. 2 und Anmerkung – Weitere mögliche Inhalte der Leistungsspezifikation

Die erforderliche Schutzdauer und die für das betreffende Stahltragwerk zutreffende Korrosivitätskategorie, d. h. die beiden Anforderungsparameter für den Korrosionsschutz, werden in der Regel vertraglich festgelegt und finden sich dann auch im „*Basic Design*" wieder. Leider wird aber nicht immer vertraglich fixiert, auf welchem Weg das damit definierte Ziel erreicht werden soll. Obwohl sachlich eigentlich zusammengehörend, ist dies gemäß Terminologie und Struktur der EN 1090-2 kein Bestandteil der Leistungsspezifikation, sondern betrifft den nächsten Schritt, nämlich die Entwicklung der technischen „vorgeschriebenen" Anforderungen zu ihrer Umsetzung (siehe zu II.F.1.3). Die Leistungsspezifikation darf gemäß Normtext lediglich eine Vorgabe enthalten, mit welcher der infrage kommenden Korrosionsschutztechniken (Beschichten, Feuerverzinken, Metallspritzen, evtl. auch Duplex-System) das Ziel grundsätzlich erreicht werden soll – eine Vorgabe, die ohne genauere Spezifikation der zugehörigen Detailforderungen im Grunde überflüssig ist.

Hinter der in der Anmerkung als Hilfestellung für die Bewertung von Beschichtungsschäden empfohlenen EN ISO 4628 [II.Lit19] verbirgt sich eine derzeit neunteilige Normenreihe mit einem Teil 1 „Allgemeine Einführung und Bewertungssystem" und weiteren Teilen zur speziellen Bewertung des Blasengrades, des Rostgrades, des Rissgrades, des Abblätterungsgrades, des Kreidungsgrades, der von einem Ritz ausgehenden Enthaftung und Korrosion und der Filiformkorrosion. Auf eine Kommentierung dieser sehr speziellen Thematik wird aus Platzgründen verzichtet.

Vorgeschriebene Anforderungen Zu II.F.1.3

<1> Zu Abs. 1 – Umsetzung der Leistungsspezifikation in vorgeschriebene Anforderungen

Es geht nun um die Entwicklung der einzelnen technischen Anforderungen, mit denen die in der Leistungsspezifikation global festgelegten Ziele „Schutzdauer" und „Korrosivitätskategorie" erreicht werden sollen (vgl. zu II.F.1.1 <2>). Hier sollte der Stahlbauer versuchen, beratend gemeinsam mit dem Kunden/Bauherrn eine technisch sinnvolle und kostengünstige Lösung zu finden. Für das Beschichten wird man dabei z. B. feststellen, dass – von Grenzfällen abgesehen – für den betreffenden Einsatzbereich und die betreffenden Umgebungsbedingungen zwar in EN ISO 12944-5 (normativer Anhang B) Mindestanzahlen an Schichten und Mindestschichtdicken vorgeschrieben sind, dass aber meist mehrere Beschichtungssysteme jeweils zum gleichen Ergebnis bezüglich der gewünschten Schutzdauer kommen. Der Stahlbauer hat nun die Chance, eine für ihn günstige Variante in Abhängigkeit von seiner Ausrüstung und seinem Personal, von jahreszeitlichen Bedingungen, von Festlegungen zur Deckbeschichtung usw. zu wählen.

Das Ergebnis wird zunächst in den im vorliegenden Normabschnitt II.F.1.3 behandelten „vorgeschriebenen Anforderungen" zusammengefasst und dann in einem weiteren Schritt in Arbeits- und Prüfanweisungen umgesetzt (siehe II.F.1.4). Das schließt u. a. auch die Vorgaben für die Betriebseinheiten mit ein, die die Stahloberflächen vorbereiten (Werkstatt, Subunternehmer usw.); siehe II.F.2 (vgl. auch II.10.2). Auf die empfohlene Zuhilfenahme von EN ISO 12944-8 (vgl. zu II.F.1.1 <2>) sei hier noch einmal ausdrücklich hingewiesen.

Die Verfasser weisen an dieser Stelle darauf hin, dass mit dem hier in EN 1090-2 beschriebenen normativen Prozedere ein durchschnittlicher Standard-Durchlauf für die Korrosionsschutzarbeiten beschrieben wird. Bei einem kleinen Auftrag mit z. B. 80 µm Grundbeschichtung reichen als Ausführungsunterlage möglicherweise eine Zusammenbau- und eine Zuschnittzeichnung aus, d. h. der Ablauf entspricht dann nur „sinngemäß" den Normvorgaben. Auch können ergänzende Festlegungen zwischen den Vertragsparteien vereinbart werden, die damit auch verbindlich werden.

<2> Zu Abs. 2 – aufgelistete Punkte für die vorgeschriebenen Anforderungen

Die hier aufgelisteten zehn Anforderungspunkte **(a)** bis **(j)** haben den Charakter einer Checkliste. Das heißt, es sind nur die für das jeweilige Projekt in Frage kommenden Punkte zu beachten bzw. zu bearbeiten.

Die ersten vier Punkte **(a)** bis **(d)** beziehen sich auf die Vorbereitung der Oberflächen und werden – außer im Hauptkapitel II.10 – im vorliegenden Anhang in den Abschnitten II.F.2 bis II.F.5 abgehandelt (siehe Kommentare dazu). Die weiteren vier Anforderungspunkte **(e)** bis **(h)** beziehen sich auf das Aufbringen der Beschichtung bzw. des Überzuges und werden in Abschnitt II.F.6 abgehandelt (siehe Kommentare dazu). Der Anforderungspunkt **(i)** bezieht sich auf die Inspektion und Überprüfung der Korrosionsschutzarbeiten und wird – außer im Hauptabschnitt II.12.6 – im vorliegenden Anhang im Abschnitt II.F.7 abgehandelt (siehe Kommentare dazu). Der letzte Punkt **(j)** der Anforderungsliste schließlich ist ein reiner Merkposten für das Sonderproblem „Kontaktkorrosion". Diese wird im vorliegenden Anhang II.F nicht weiter behandelt, sondern nur im Haupttext kurz in II.10.4 (vgl. Kommentar dazu).

<3> Zu den speziellen Anforderungspunkten für Beschichtungen

Mit den Anforderungspunkten **(e)** und **(f)** werden zusätzlich zur Oberflächenvorbereitung das Beschichtungssystem, das Applikationsverfahren, die Verarbeitungsrichtlinien der Beschichtungs- und/oder Zusatzstoffhersteller und eventuelle sonstige besondere Bedingungen in den Planungsprozess eingebracht. Das heißt, die vorgeschriebenen Anforderungen bereiten den Konservierungsvorgang vor und legen die Abläufe fest. Wie diese aussehen, hängt vom jeweiligen Verfahren ab und wird an den entsprechenden Stellen in den nachfolgenden Abschnitten kommentiert. Im Kommentar zu II.F.2.1 wird auch auf die Haftfähigkeit der Beschichtungsprodukte im Zusammenhang mit der Oberflächenvorbereitung eingegangen.

In Punkt **(f)** und der zugehörigen Anmerkung verweist die Norm auf die Situation der Farbausbesserungen(„*touch-up painting*"). Dieser Punkt sollte bei der Spezifizierung der Korrosionsschutzarbeiten nicht vernachlässigt werden, hat er doch in der Vergangenheit schon zu größeren und kostspieligen Problemen geführt. Der Kunde/Bauherr muss auf die Problematik der eventuellen

Farbunterschiede bei werkstattseitiger Endbeschichtung und baustellenseitiger Ausbesserung hingewiesen werden. Hierzu sollten, wenn notwendig, Reparaturanweisungen erstellt und bestätigt werden.

Arbeitsanweisung

Zu II.F.1.4

<1> Zu Abs. 1 und 2 – Erfordernis und Inhalte von Arbeitsanweisungen

Jeder Prozess in der Fertigung und Montage von Stahlbauten erfolgt letztlich auf Basis einer „Arbeitsanweisung", in welcher Form auch immer. Beispiele innerhalb der EN 1090-2 sind die Schweißanweisung nach II.7.4.1 und die Montageanweisung nach II.9.3.2. Die hier geforderte Arbeitsanweisung für Korrosionsschutzarbeiten ist also im Prinzip nichts Besonderes. Allerdings gibt es bei ihrer Entwicklung zwei Besonderheiten:

- den Umgang mit den Ausgangsprodukten für den Korrosionsschutz, d. h. den Korrosionsschutzprodukten (siehe <2>),
- den Umgang mit den fertig beschichteten oder mit metallischem Überzug versehenen Bauteilen aus Stahl (siehe <3>).

Auch die hier in EN 1090-2 geforderte Einbindung von Arbeitsanweisungen in den **Qualitätsmanagementplan** (QM-Plan) ist – ebenso wie die Festlegung des Vorgehens bei Abweichungen einschließlich ihrer Reparatur oder des Verwerfens des Bauteils – vom Grundsatz her keine ausgefallene Forderung. An die Stelle des im vorliegenden Normtext bedingt („sofern gefordert") genannten QM-Plans tritt in der Regel als Qualitätsplanungsdokument die projektspezifische **Qualitätsdokumentation** nach II.4.2.1 (der „kleine QM-Plan"). Zur Erinnerung: Gemäß EN 1090-2 ist die Aufstellung eines QM-Plans nicht obligatorisch, dagegen die einer Qualitätsdokumentation schon (vgl. zu II.4.2.2 <1>). Die Arbeits-, Prüf- und Kontrollanweisungen für die Korrosionsschutzarbeiten müssen unter den entsprechenden Punkten in die Qualitätsdokumentation integriert werden (vgl. zu II.4.2.1 <2.1> bis <2.6>).

Nicht besonders erwähnt im vorliegenden Normabschnitt II.F.1.4, aber selbstverständlich ist, dass alle qualitätssichernden Aktivitäten zum Korrosionsschutz auch im Sinne von II.4.2.4 nach Abschluss des Bauvorhabens in der „Ausführungsdokumentation" dokumentiert werden müssen. EN 1090-2 fordert das konkret im vorliegenden Anhang II.F in Abschnitt II.F.7.1.

<2> Zu Abs. 3 – Umgang mit den Korrosionsschutzprodukten

Der im 3. Absatz des vorliegenden Normabschnittes angesprochene Umgang mit Korrosionsschutzprodukten bezieht sich vor allem auf die Verarbeitungsrichtlinien. Als Beispiel sei die Topfzeit für 2K-Beschichtungen genannt; Trocken- und Zwischentrockenzeiten sind weitere Beispiele. Die Norm meint aber auch die Arbeitsbedingungen, die Raumtemperatur und Luftfeuchtigkeit, die Bauteiltemperatur (!), zulässige Arbeitsplatzkonzentrationen von Lösemitteln usw.

<3> Zu Abs. 4 bis 7 – Handhabung, Lagerung und Transport von korrosionsgeschützten Bauteilen

Das Handling beschichteter, feuerverzinkter oder spritzverzinkter Bauteile ist in der Regel mit der Gefahr verbunden, dass die Beschichtung bzw. der Überzug beschädigt wird. EN 1090-2 führt deshalb im Hauptkapitel II.6 in Tabelle II.8 bei der Zusammenstellung von Schutzmaßnahmen für Bauteile während des Fertigungsprozesses auch das Thema Korrosionsschutz auf (vgl. zu II.6.3 <2>). Man muss die Anschlagpunkte optimieren und geeignete Lastaufnahmemittel vorhalten, außerdem die Auflageflächen für die beschichteten bzw. verzinkten Bauteile entsprechend gestalten, ggf. für leichtere, stabförmige Bauteile mit Palettensystemen arbeiten. Trotzdem bleiben Schäden oft nicht aus; sie sollten möglichst umgehend ausgebessert werden. Generelle Schlussfolgerung: Umschlag- und Transportvorgänge müssen minimiert werden.

Zu II.F.2 Oberflächenvorbereitung von Baustählen

Zu II.F.2.1 Oberflächenvorbereitung von Baustählen vor dem Beschichten oder Metallspritzen

<1> Zu Abs. 1 – Kriterien für die Oberflächenvorbereitung

<1.1> Zu den relevanten Normen

Im Normabschnitt II.10.2, auf den hier als Erstes verwiesen wird – die ärgerliche Doppelgleisigkeit des Kapitels II.10 und des normativen Anhangs II.F sei hier zum wiederholten Male angeprangert (vgl. einführenden Kommentar zu II.10) –, wird für die Vorbereitungsverfahren die Normenreihe **EN ISO 8504** und für die visuelle Beurteilung der vorbereiteten Oberflächen die Normenreihe **EN ISO 8501** in Bezug genommen. Beide Normenreihen wurden im Kommentar zu II.10.2 besprochen. Da in II.10.2 auch die geforderten Vorbereitungsgrade P1 bis P3 nach EN ISO 8501-3 spezifiziert werden, wurde der ganze Komplex der drei in EN ISO 8501 definierten verschiedenen Arten von „Oberflächengraden" – **Rostgrad** und **Oberflächenvorbereitungsgrad** nach **EN ISO 8501-1** sowie **Vorbereitungsgrad** nach **EN ISO 8501-3** – dort ausführlich kommentiert (vgl. zu II.10.2 <3>). Der Vorbereitungsgrad nach EN ISO 8501-3 wird darüber hinaus bereits im Normabschnitt II.4.1.3 als eine der wesentlichen Informationen genannt, die in den Ausführungsunterlagen angegeben werden müssen (vgl. Kommentare dazu).

Im Normabschnitt II.12.6, auf den hier als Zweites verwiesen wird, geht es um die Inspektion und Prüfung der vorbereiteten Stahloberflächen. Als normative Grundlagen dafür werden dort, zusätzlich zur Normenreihe EN ISO 8501, die Normenreihen **EN ISO 8502** und **EN ISO 8503** in Bezug genommen. Beide werden im Kommentar zu II.12.6 angesprochen, eine Kommentierung an dieser Stelle erübrigt sich deshalb.

Dagegen muss hier eine andere Norm erwähnt werden, auf die weder im Normabschnitt II.10.2 noch im Normabschnitt II.12.6 verwiesen wird, die aber, wenn es um die Oberflächenvorbereitung für organisches Beschichten geht, grundsätzlich beachtet werden muss: **EN ISO 12944-4**. Diese in der Praxis gut eingeführte Norm – zu ihrer Einordnung in die gesamte Normenreihe EN ISO 12944 vgl. zu II.F.1.1 <1.3> – stellt die Verbindung her zwischen einerseits den in EN ISO 8501-1 definierten Oberflächenvorbereitungsgraden Sa 1, Sa 2, Sa 2½ usw. (früher auch „Reinheitsgrade" genannt) und andererseits den Voraussetzungen dafür, dass sie konkret erreicht werden. Es werden dort alle Aspekte behandelt, die von der Stahloberfläche her eine ordnungsgemäße Konservierung sicherstellen, im Einzelnen:

- die verschiedenen **Arten** vorzubereitender Oberflächen (unbeschichtet, fertigungsbeschichtet, thermisch gespritzt, feuerverzinkt);
- die verschiedenen **Verfahren** für die Vorbereitung bzw. Reinigung der Oberflächen (Reinigen mit Wasser oder Lösemitteln usw., Abbeizen, Vorbereiten mit Handwerkzeugen oder motorischen Werkzeugen, Strahlen mit verschiedenen Strahlmitteln, Druckwasserstrahlen, Flammstrahlen); siehe hierzu auch <1.3>;
- die schon besprochenen verschiedenen **Oberflächenvorbereitungsgrade** (Sa 1, Sa 2, Sa 2½ usw., vgl. zu II.10.2 <2.3>);
- die **Bewertung** der vorbereiteten Oberflächen hinsichtlich Reinheit und Rauheit mittels fotografischen Vergleichs, mittels Rauheitsmessung, mittels Klebeband nach EN ISO 8502-2 oder mittels physikalischer und chemischer Methoden.

Wer sich konkret mit der Vorbereitung von Stahloberflächen für Korrosionsschutzbeschichtungen befassen muss, kommt nicht umhin, sich intensiv mit den Inhalten von EN ISO 12944-4 auseinanderzusetzen!

Da die Überschrift zum vorliegenden Normabschnitt II.F.2.1 neben dem Beschichten auch das **Metallspritzen** nennt, fehlt eigentlich der Hinweis auf das Metallspritz-Normenpaar **EN ISO 2063-1** und **-2**, dessen Teil 2 u. a. auch Angaben zur Oberflächenvorbereitung für das Metallspritzen enthält, z. B. Vorbereitungsgrad Sa 2½ für Zink und Sa 3 für Aluminium, beides nach EN ISO 8501-1, sowie Oberflächenrauheit (R_z) im Bereich von 50 μm bis 100 μm. Ferner fehlt formal auch der Hinweis auf die im Abschnitt II.F.1.3 sogar explizit als angebliche Bezugsnorm für die Oberflächenvorbereitung zum thermischen Spritzen zitierte **EN ISO 12679**. Sie enthält in der Tat ein Kapitel „Oberflächenvorbereitung zum Spritzen“, in dem sich detaillierte Angaben zum Reinigen und Entfetten, zum Abdecken von nicht zu beschichtenden Flächen (z. B. Bohrungen) und zum Strahlen einschließlich Nachreinigung der gestrahlten Oberflächen finden. Da die Norm aber recht allgemein für alle möglichen Spritzzusätze und spritzbeschichteten Werkstoffe gilt (vgl. zu II.10.1 <1.1>), spielt sie in der Stahlbau-Praxis keine Rolle. Die Ausführung des Metallspritzens wird im Kommentar zu Abschnitt II.F.6.2 diskutiert.

<1.2> Zu den konkreten Anforderungen

EN 1090-2 spezifiziert hier keine konkreten Anforderungen, sondern verlässt sich auf die einschlägigen internationalen Normenreihen für die Prüfung und Bewertung vorbereiteter Oberflächen. Dies sind, wie bereits dargelegt, alle Teile von EN ISO 8501 (visuelle Beurteilung der Oberflächenreinheit mit Hilfe photografischer Vergleichsmuster, vgl. zu II.10.2 <3.1>), alle Teile von EN ISO 8502 (physikalische und chemische Prüfungen zum Beurteilen der Oberflächenreinheit) und alle Teile von EN ISO 8503 (Prüfung der Rauheit, siehe <3>).

Die frühere deutsche Norm DIN 18800-7 enthielt bezüglich der Oberflächenvorbereitung für eine Korrosionsschutzbeschichtung einen ausdrücklichen Warnhinweis auf Rückstände von **öl-, fett-** oder **silikonhaltigen Stoffen**, die bei der Stahlbaufertigung verwendet werden: Ihre rückstandslose Entfernung sei als Voraussetzung für eine einwandfreie Haftung der Beschichtungsstoffe besonders wichtig. Insbesondere silikonhaltige Rückstände lassen sich aber nur äußerst schwer bzw. fast gar nicht ordnungsgemäß entfernen. Silikonhaltige Rückstände stammen von Schmiermitteln, die zur Erhöhung der Werkzeugstandzeiten im Zuschnitt eingesetzt werden. Soweit möglich, sollte auf sie ganz verzichtet werden. Maschinenhersteller von Zuschnitteinheiten haben sich auf diese Situation weitestgehend mit so genannten Minimalschmierungen (fast rückstandsfrei) oder mit Trockenbearbeitung (hartmetallbestückte Werkzeuge, hohe Drehzahlen und Luftkühlung) oder mit einer Kombination aus beiden eingestellt. Dies hat aber leider auch Nachteile: Die Standzeiten der Werkzeuge, die Werkzeugkosten und die Folgekosten begrenzen die Anwendung. Die Entscheidung für den einen oder anderen Weg ist durch den Anwender zu treffen.

Besondere Aufmerksamkeit sollte auch dem Entfernen von **Schweißspritzern** gewidmet werden, da diese sich nach dem Aufbringen der Korrosionsschutzbeschichtung lösen und somit ungeschützte Stellen verursachen könnten. Außerdem besteht beim Überstreichen oder Überspritzen von Schweißspritzern immer die Gefahr, dass die über dem Spritzer vorhandene Schichtdicke geringer ist als in dem anschließenden flächigen Bereich (vgl. auch zu II.10.2 <3>).

<2> Zu Abs. 2 und 3 – Reinigungsprozesse mittels Strahlen

Der mit Abstand am häufigsten eingesetzte Reinigungsprozess ist Strahlen, wobei das anschließende Säubern mittels Druckluft mit eingeschlossen ist (im englischen Begriff „*blast cleaning*“ besser erkennbar). Die bereits erwähnte Norm **EN ISO 8504-2** behandelt ausführlich das Verfahren **Strahlen**: Strahlmittel, Strahlverfahren, Wirksamkeit, Einschränkungen der Verfahren, Durchführung, Auswertung der Ergebnisse. Bei der Lektüre dieser Norm wird sehr deutlich, dass die gesamte Oberflächenvorbehandlung bzw. der gesamte Ablauf der Konservierung ein Prozess ist, der ausgebildete und erfahrene Fachleute erfordert – ausdrücklich auch für Abnehmer und Überwacher.

Die Beantwortung der grundsätzlichen Frage, zu welchem Zeitpunkt im Fertigungsdurchlauf gestrahlt wird, hat Einfluss auf die weiteren Arbeitsschritte. Es kann vor dem Zuschnitt, nach dem Zuschnitt oder erst nach dem Schweißen gestrahlt werden. Wenn vor dem Zuschnitt gestrahlt wird, ist in der Regel Nachstrahlen zumindest der Schweißnähte erforderlich. Das erfolgt am effektivsten mit maschinellen Handstrahlgeräten, die einen Oberflächenvorbereitungsgrad Sa 2½ sicher erreichen – falls erforderlich, sogar Sa 3. Wenn erst nach dem Schweißen gestrahlt wird, bedeutet das in der Regel erhöhten Aufwand z. B. für die Schweißnahtvorbereitung.

Auf die zweite, für den weiteren Fertigungsablauf nicht weniger wichtige Frage des Schmier-(Kühl-)mittels im Zuschnitt wurde bereits in <1.2> eingegangen. Sie hat Einfluss auf den Vorbereitungsprozess für die Konservierung, insbesondere dahingehend, ob ein „Waschgang" vorgeschaltet werden muss und mit welchem Reinigungsmittel.

Ausgerechnet für diesen Standard-Reinigungsprozess Strahlen verlangt der vorliegende Normabschnitt die Durchführung von **Verfahrensprüfungen**. Bei Einführung der EN 1090-2 im Jahre 2011 drängte sich für deutsche Stahlbauer die Frage auf, ob damit, verglichen mit den traditionellen Vorgehensweisen, zusätzlicher Aufwand gefordert wurde. Nach Meinung der Verfasser der 1. Auflage dieses Buches [V68] war das nicht der Fall: Ein Fachbetrieb mit klaren Arbeitsabläufen und qualifizierten Mitarbeitern habe auch schon vor Einführung der EN 1090-2 permanent die Ergebnisse des eingesetzten Vorbereitungsprozesses, d. h. die erreichte Oberflächenreinheit und -rauheit, in Abhängigkeit von den Schutzanforderungen, dem Beschichtungssystem, der erforderlichen Schichtdicke und dem Applikationsverfahren, geprüft und dokumentiert. Das verlange in der Regel schon das QS-System. Mit der „Verfahrensprüfung" würde also, so die Verfasser, in EN 1090-2 nur ein vereinheitlichter Begriff für die in Deutschland traditionell übliche Vorgehensweise eingeführt. Wenn keine vertraglichen oder anderweitigen Gründe dagegenstünden, könne die übliche „Erstprüfung" durchaus als „Verfahrensprüfung" bezeichnet werden.

Auch die in EN ISO 12944-7 beschriebenen **Kontrollflächen** sind geeignet, die Bedingungen der Konservierung abzustimmen, d. h. „festzustellen, ob der Reinigungsprozess für den nachfolgenden Beschichtungsprozess geeignet ist" (wie im vorliegenden Normabsatz 3 gefordert), und deren Ausführung zu dokumentieren (siehe zu II.F.7.3). Man kann im Interesse der Stahlbaubetriebe gar nicht oft und eindringlich genug auf diese fast „kostenlose Versicherung" hinweisen.

<3> Zu Abs. 4 – Oberflächenrauheit

Mit der Oberflächenrauheit wird hier eines der in EN ISO 12944-4 aufgeführten Kriterien für die Oberflächenvorbereitung (vgl. <1.1>) durch explizite Nennung der beiden „zuständigen" Normteile **EN ISO 8503-1** und **-2** besonders herausgehoben. Gemäß EN ISO 12944-4 beeinflusst die Oberflächenrauheit die Haftfestigkeit der Beschichtung; für Beschichtungssysteme im Rahmen des Korrosionsschutzes sei der Rauheitsgrad „mittel (G)" bzw. „mittel (S)" nach EN ISO 8503-1 besonders geeignet[12]. Die Zusätze (G) und (S) stehen für die beiden Strahlmitteltypen „kantig" (von „*grit*") und „kugelig" (von „*shot*"). Außer „mittel" gibt es noch „fein" und „grob". Gemäß EN ISO 12944-4 ist es in der Regel nicht notwendig, engere Rauheitstoleranzen oder besondere Rauheitswerte festzulegen; sie können aber zwischen den Vertragspartnern vereinbart werden.

In vielen der schon mehrfach erwähnten **technischen Merkblätter** der Beschichtungsstoffhersteller (siehe zu II.F.6.1 <2.2>) wird ebenfalls auf die Rautiefe und das dafür notwendige Strahlgut bei der Untergrundvorbehandlung hingewiesen. Diese Parameter haben etwas mit dem „Verklammern" der Beschichtungsstoffe zu tun und differieren von System zu System etwas. Bei der Festlegung ist Erfahrung gefragt, da bei ständig wechselnden Beschichtungssystemen – das ist der Normalfall in der Stahlbaufertigung – nicht immer das Strahlmittel komplett gewechselt werden kann. Man stellt quasi einen Mittelwert durch ständigen Teilaustausch ein und kontrolliert die Rautiefe permanent über ISO-Vergleichsmuster oder mit modernen Messgeräten.

Die gewünschte Rauheit wird durch erfahrenes Personal mit Hilfe eines „intelligenten Mix" im Strahlmittel erreicht, indem das Strahlmittel, welches sich durch den Betrieb abnutzt, selten komplett ausgetauscht wird. Eine zu hohe Rauheit würde u. a. zu einem erhöhten Beschichtungsstoffverbrauch führen. Die Überprüfung der Rauheit erfolgt mit kalibrierten Rauheitsvergleichsmustern und/oder entsprechenden Messgeräten.

12 In EN ISO 12944-5 wird seit 2018 bei Einsatz von Zinkstaubgrundbeschichtungen die Rauheit „mittel (G)" verbindlich vorgeschrieben, was aus Sicht des Stahlbaus je nach Härte des Stahls (z. B. Schnittkanten) einen deutlich erhöhten Aufwand bedeutet.

<4> Zu Abs. 5 und Anmerkung – Reinigung von bereits beschichteten Oberflächen

Diese Situation kommt – neben dem Fall tatsächlich vorhandener Altbeschichtung – zum Beispiel dann vor, wenn die letzte Deckschicht erst nach Montage aufgebracht werden soll (heute nur noch selten der Fall) oder wenn großflächig auszubessern ist. Auch Fertigungsbeschichtungen können hierher gehören. Grundsätzlich ist in solchen Fällen eine differenzierte Vorgehensweise notwendig. Die vorhandene Beschichtung ist zu reinigen, d. h. von Schmutz und Ablagerungen zu befreien (dazu gehören auch Produkte des sogenannten „Auskreidens"), und ihr Zustand ist zu überprüfen. Dabei ist vor allem die Haftfähigkeit sicherzustellen. Diese hängt von der Untergrundvorbehandlung ab, welche exakt und notfalls auch bis auf die metallische Oberfläche erfolgen muss. Im letzteren Fall ist der komplette Beschichtungsaufbau ggf. neu zu konzipieren.

Wenn zwischen den beiden Schichten ein Systemwechsel erfolgt, ist die Verträglichkeit der Beschichtungsstoffe im Gesamtsystem sicherzustellen. Unterschiedliche Beschichtungssysteme sind immer problematisch. Ist der Systemwechsel nicht zu umgehen, sollten beide Hersteller (sofern bekannt und „greifbar") in das Prozedere mit einbezogen werden. Auch vertragsrechtliche und Gewährleistungsansprüche sind zu beachten.

Zur Anmerkung: Mit Handentrosten ist der Einsatz von Handwerkzeugen wie Schaber, Drahtbürste, Spachtel, Schleifpapier oder Rostklopfhammer gemeint, mit maschinellem Entrosten der Einsatz von maschinell (elektrisch oder pneumatisch) angetriebenen Werkzeugen wie Topfbürsten, Nadelpistolen oder Schleifern aller Art. Dafür gibt es sogar eine eigene Norm, die **EN ISO 8504-3**, gerade als Entwurf neu erschienen. Sie gilt ausdrücklich auch für „beschichtete Stahloberflächen, die Schadensbereiche aufweisen, welche eine Instandsetzung der Beschichtung erfordern". Dabei werde manchmal zuerst mit Handwerkzeugen gereinigt, um lose haftende Verunreinigungen vor der Verwendung von maschinell angetriebenen Werkzeugen zu entfernen. Die Einstufung „nicht geeignet" in der vorliegenden Anmerkung bezieht sich vor allem auf großflächiges Entrosten, für Reparaturen ist das manuelle Entrosten nach Meinung von Fachleuten durchaus zulässig. Die weiteren Vorgaben der Anmerkung sind verständlich und bedürfen keines Kommentars.

<5> Zu Abs. 6 – Vorbereitung verzinkter Oberflächen für weiteres Beschichten

Über die am besten geeignete Vorgehensweise bei geforderter organischer Beschichtung auf verzinktem Untergrund (Duplex-Korrosionsschutz, siehe zu II.F.6.3 <1>) gibt es auch unter Experten keine einhellige Meinung. Für eine Diskussion muss nach den verschiedenen Verzinkungsverfahren unterschieden werden.

<5.1> Nach EN ISO 1461 stück-feuerverzinkte Oberflächen

Auf diesen häufigsten Fall bei der Ausführung von Stahlbauten bezieht sich in erster Linie die Aussage von EN 1090-2 im vorliegenden Absatz, wonach „ein geeignetes Haftgrundmittel" oder „Sweep-Strahlen (Sweepen)" scheinbar gleichberechtigte Alternativen für die Vorbereitung einer verzinkten Fläche sind. Diese Aussage entspricht aber nicht mehr dem aktuellen Stand der Technik. Haftgrundiermittel sind heute nur noch in begrenzten Ausnahmefällen tatsächlich eine geeignete Alternative. Die Gründe hierfür liegen in erster Linie nicht in der technischen Leistungsfähigkeit solcher Mittel, sondern vielmehr in ihren hinsichtlich Arbeits- und Umweltschutz problematischen Inhaltsstoffen (z. B. Chromaten).

Die neue **EN ISO 12944-4** nennt das **Sweep-Strahlen** mit nichtmetallischen Strahlmitteln als Regelvorgehensweise – „andere Bearbeitungsverfahren und -mittel müssen spezifiziert werden". Für eine solche Spezifizierung muss die Vergleichbarkeit explizit nachgewiesen werden, beispielsweise durch Vorlage entsprechender Prüfzeugnisse oder besser durch Nachweis von langjährigen, praxisbewährten Erfahrungen bei vergleichbaren Konstruktionen. Aus rein technischer Sicht ist das Sweepen für die heute überwiegend eingesetzten modernen Beschichtungsstoffe (vor allem auf Basis 2K-EP und 2K-PUR) nachweislich die beste Oberflächenvorbereitungsmethode. Es gibt zwar technisch vergleichbare Alternativen, die aber in den im Stahlbau üblichen Produktionsprozessen kaum wirtschaftlich umsetzbar sind.

Das Sweep-Strahlen (Sweepen) ist ein schonendes Strahlen mit geringem Druck und kleiner Grit-Korngröße. Es dient, wie gesagt, bei verzinkten Bauteilen dem Reinigen und Aufrauen der Oberfläche, wobei aber die fest haftende Zinkschicht weder punktuell durch Einschläge von Strahlmittelkörnern beschädigt noch bis zum Untergrund abgestrahlt werden darf. Die verzinkte Oberfläche muss nach dem Sweepen einheitlich matt aussehen; der Zinkabtrag durch das Sweepen sollte unter 10 μm bleiben.

Es gibt einige wenige moderne Beschichtungsstoffe, die nach einer einfachen Reinigung auch ohne Sweep-Strahlen ein ausgezeichnetes Haftvermögen auf frischer Feuerverzinkung erreichen können (so genanntes „direktes" Beschichten). Hierzu zählen z. B. bestimmte wasserverdünnbare Beschichtungsstoffe auf Basis 1K-AY, wie sie für Gittermaste, Fahrbahnleitungsmaste, Lärmschutzwände usw. zum Einsatz kommen. Für solche Beschichtungsstoffe mit ausreichendem „eigenen" Haftvermögen liegt die Betonung auf „frischer" Feuerverzinkung, d. h. die feuerverzinkten Flächen dürfen keiner Freibewitterung oder Feuchtigkeit ausgesetzt werden, auch nicht bei Transport oder kurzzeitiger Lagerung im Freien. Schon bei kurzzeitiger Exposition würden sich sehr schnell Zinksalze bilden, die wiederum zwingend eine geeignete Oberflächenvorbereitung zur Folge hätten. Aktuelle Erkenntnisse zur direkten Beschichtung von Zinküberzügen findet man in [V94].

Im Übrigen: Die früher sehr verbreitete Auffassung, dass verzinkte Oberflächen vor einer Beschichtung erst einmal abwittern sollten (am besten mehrere Jahre), war vor 30, 40 Jahren für die damals üblichen Beschichtungsstoffe auf Basis PVC oder PVC-Kombinationen nicht falsch – nur gilt sie eben heute nicht mehr.

Folgendes Standard-Prozedere bietet sich demnach für das Beschichten stückverzinkter Stahlkonstruktionen an:

- Reinigen der verzinkten Konstruktion (Staub, Fett, Öl, Flussmittelrückstände, Kennzeichnungsstoffe), Überprüfen der Schichtdicke und der Ausführungsqualität;
- Sweepen, unter Umständen muss dabei auf die Materialdicke Rücksicht genommen werden; Ziel ist eine Oberfläche mit dem Rauheitsgrad „fein" nach EN ISO 8503-2 (vgl. <3>);
- Auswahl eines geeigneten Beschichtungssystems, möglichst ohne notwendiges Haftgrundiermittel, in Sonderfällen evtl. mit Haftvermittler; Abstimmung der Vorgehensweise gemäß der Verarbeitungsrichtlinie des Beschichtungsstoffherstellers;
- Überprüfung der Untergrundvorbehandlung möglichst unmittelbar vor dem Beschichten.

Bei dieser Vorgehensweise dürften keine Probleme zwischen den Korrosionsschutz-Partnern auftreten. Renommierte Beschichtungsstoffhersteller haben ihre Produkte inzwischen so weiterentwickelt, dass Standardgewährleistungen ohne Schwierigkeiten übernommen werden. Voraussetzung ist natürlich, dass der Beschichtungsstoffhersteller eindeutig auf die Absicht des Beschichtens einer verzinkten Oberfläche hingewiesen wird.

<5.2> Mit anderen Verfahren verzinkte Oberflächen

Als anderes Verzinkungsverfahren für zu beschichtende Oberflächen ist zunächst das **Band-Feuerverzinken** (Bandverzinken) zu nennen. Es spielt aber im allgemeinen Stahlbau praktisch keine Rolle, sondern nur als Eigenschaft der Ausgangsprodukte für die dünnwandigen kaltgeformten Bauteile und Profiltafeln des Stahlleichtbaus. EN 1090-4 behandelt im normativen Anhang IV.E deren Korrosionsschutz (siehe Kommentar dazu in diesem Buch).

Des Weiteren können auch **galvanisch verzinkte** Bauteile nachträglich beschichtet werden. Das Sweep-Strahlen scheidet hier als geeignete Vorbereitungsmethode aus, da die Gefahr besteht, die relativ dünne Zinkschicht (10 ÷ 15 μm) komplett abzustrahlen. Galvanisierte Oberflächen sind aber in der Regel nach einfacher Reinigung mit einer Vielzahl von Beschichtungsstoffen vollkommen unkritisch überlackierbar. Es empfiehlt sich allerdings, vorher Probeflächen anzulegen und zu prüfen.

Schließlich kommen auch **spritzverzinkte** (thermisch gespritzte) Oberflächen für nachfolgendes Beschichten im Sinne von Duplex-Korrosionsschutz infrage. Im Abschnitt II.F.6.2 von EN 1090-2 wird explizit darauf hingewiesen (siehe Kommentar <2> dazu). Auch hier wird mit Rücksicht auf die im Vergleich zu Feuerverzinkungsschichten kleineren Schichtdicken in aller Regel auf das Sweep-Strahlen verzichtet, vor allem auch, weil spritzverzinkte Oberflächen hinsichtlich des Haftvermögens nachfolgender Beschichtungen ebenfalls unkritisch sind, sofern die Spritzverzinkung möglichst unverzüglich, mindestens jedoch innerhalb von wenigen Stunden überlackiert („versiegelt") wird. Allerdings besteht dabei die Gefahr, dass sich in der Versiegelungsbeschichtung infolge von Ausgasungen aus der porösen Spritzmetallschicht Blasen bilden. In der Praxis hat es sich bewährt, die Grundbeschichtung des vorgesehenen Systems (meist Basis 2K-EP) für den ersten Arbeitsgang stark zu verdünnen (20 bis 25 %) und als Versiegelungsbeschichtung („*Sealer*") zum Schließen der Poren der Spritzverzinkung zu verwenden. Die nächste(n) Schicht(en) wird bzw. werden dann entsprechend den üblichen Herstellerangaben appliziert.

Oberflächenvorbereitung von Baustählen vor dem Feuerverzinken

Zu II.F.2.2

<1> Zu Abs. 1 – Normen für die Oberflächenvorbereitung

Im Normabschnitt II.10.5, auf den hier verwiesen wird, steht zur eigentlichen Oberflächenvorbereitung vor dem Feuerverzinken nur wenig (vgl. zu II.10.5 <3>). Bemerkenswert ist lediglich, dass dort explizit die Normenreihe **EN ISO 8503** in Bezug genommen wird, obwohl sie formal nur für Stahloberflächen vor dem Auftragen von organischen Beschichtungsstoffen gilt. Im letzteren Zusammenhang wurde sie im Kommentar <3> zu II.F.2.1 behandelt. Gleiches gilt im Prinzip auch für die Normenreihe **EN ISO 8501** (vgl. zu II.F.2.1 <1.1>). Auch sie wird, obwohl formal nur für Stahloberflächen vor dem Auftragen von organischen Beschichtungsstoffen zuständig, oft allgemein zur visuellen Beurteilung der Oberflächenreinheit von Stahloberflächen herangezogen. Zu den verschiedenen Arten von „Oberflächengraden" nach EN ISO 8501-1 und -3 vgl. ausführlichen Kommentar <2> zu II.10.2.

Die beiden hier konkret in Bezug genommenen Normen **EN ISO 1461** und **EN ISO 14713-2** behandeln zwar explizit nur das Feuerverzinken (Stückverzinken), geben jedoch zur Oberflächenbeschaffenheit vor dem Feuerverzinken nur mehr oder weniger allgemeine Empfehlungen vom Typ „um einen ästhetisch ansprechenden und funktionsfähigen Überzug sicherzustellen, sollten die Oberflächen frei von Fehlern sein" (EN ISO 14713-2) oder „... sollte metallisch blank sein", „Beizen wird empfohlen, aber Überbeizen sollte vermieden werden" usw. (informativer Anhang C). In der Regel übernimmt der Verzinkungsbetrieb die erforderliche Vorbehandlung der Bauteile, unabhängig davon, ob die Stückverzinkung als eigenständige Korrosionsschutzmaßnahme oder als erste Phase eines Duplex-Systems erfolgen soll. Der Verzinkungsbetrieb benötigt dazu aber vom Stahlbauer eine Reihe von Informationen, die in einem normativen Anhang A zu EN ISO 1461 optional aufgelistet sind. Die wichtigste davon ist der Grundwerkstoff (Zusammensetzung, besondere Eigenschaften) der Bauteile, die zum Verzinken gegeben werden; das gilt nicht nur bei hochfesten Stählen.

Es wird empfohlen, den Kunden/Bauherrn darüber zu informieren, dass eine Verzinkungsoberfläche keine homogene Ansicht bieten wird (siehe hierzu auch zu II.F.7.2 <4.3>). Bei einem geplanten Duplex-Aufbau hängt die Nachbehandlung des Zinküberzuges vom weiteren Beschichtungsaufbau ab (vgl. zu II.F.2.1 <5>).

<2> Zur Anmerkung – Anfälligkeit hochfester Stähle für Rissbildung und Versprödung infolge Beizens

Da Beizen die in EN ISO 1461 empfohlene Vorbehandlung darstellt und in der Verzinkungspraxis tatsächlich auch die Regel ist, gilt der hier postulierte Warnhinweis auf eine möglicherweise durch das Beizen verursachte wasserstoff- und/oder flüssigmetallinduzierte Rissbildung sowie Alterungs- und/oder Flüssigmetallversprödung praktisch immer. Der diesbezügliche Verweis auf EN ISO 14713-2 ist wenig hilfreich, da man dort keine wirklich zielführenden Hinweise zur Vermeidung von Rissbildung und Versprödung findet. Die DASt-Richtlinie 022 [R27] enthält bei der Behandlung der Anforderungen an die Vorbehandlung vor dem Feuerverzinken beim Stichwort „Beizen" ebenfalls nur den Hinweis, dass „die Gefahr wasserstoffinduzierter Rissbildung beim Beizen von hochfesten Bauteilen durch den Einsatz von geeigneten Inhibitoren in der Beize gesenkt werden kann". Letztlich ist der Stahlbauer hier auf die Fachkenntnisse des Verzinkers angewiesen.

Zu II.F.3 Schweißnähte und Oberflächen zum Schweißen

<1> Zu Abs. 1 – Schweißen an beschichteten Bauteilen

Das Verbot, im Bereich einer später zu schweißenden Naht Beschichtungsstoffe aufzubringen, die die Schweißqualität beeinträchtigen können, ist unmittelbar nachvollziehbar und bedarf keines Kommentars. Im Übrigen ist in II.10.9 geregelt, wie und in welchem Umfang beschädigte Vorbeschichtungen oder Überzüge nach dem Schweißen repariert werden müssen (vgl. zu II.10.9 <2>). Der Verweis im vorliegenden Normtext auf II.7.5.1.1 meint den dortigen 8. Textabsatz, in dem **Fertigungsbeschichtungen** (auch Shop-Primer genannt) behandelt werden, die nur nach spezieller Schweißverfahrensprüfung auf den Nahtflanken belassen werden dürfen (vgl. zu II.7.5.1.1 <6>).

Im weiteren Sinne gehört auch die Gesamtthematik **„Schweißen und metallische Überzüge"** hierher, obwohl EN 1090-2 dazu nichts Grundsätzliches aussagt. Im Kommentar <3> zu II.10.9 werden dazu einige Empfehlungen und Hinweise gegeben.

<2> Zu Abs. 2 – Beschichten im Bereich von Schweißnähten

Die vorliegende Normregelung ist unmittelbar nachvollziehbar und bedarf keines Kommentars. Der Verweis im Normtext auf Tabelle II.22 spricht die Vorbereitungsgrade P1 bis P3 unregelmäßiger Stahloberflächen nach EN ISO 8501-3 an. Sie schließen explizit die unmittelbare Umgebung von Schweißnähten (Stichwort: Schweißspritzer) und die Schweißnahtoberflächen selbst mit ein (vgl. zu II.10.2 <3.4>).

Zu II.F.4 Oberflächen bei vorgespannten Verbindungen

<1> Zu Abs. 1 – Kontaktflächen für gleitfest vorgespannte Verbindungen

Die Vorbereitung bzw. Vorbehandlung von Kontaktflächen für vorgespannte Schraubenverbindungen wird – wie bereits bei der Kommentierung des Hauptkapitels II.10 im Zusammenhang mit „unzugänglichen Oberflächen" kritisch angemerkt (vgl. zu II.10.8 <2>) – in EN 1090-2 verwirrenderweise an mehreren Stellen behandelt. Geht es um Kontaktflächen, in denen planmäßig Reibkräfte übertragen werden sollen (hier „Reibflächen" genannt, in II.10.8 „Stoßflächen"), so sind die entsprechenden Anforderungen im Normabschnitt II.8.4 geregelt und werden bei dessen Kommentierung ausführlich diskutiert (vgl. insbesondere den dortigen Kommentar <3>). Dass diese Anforderungen in die Ausführungsunterlagen gehören, wie hier noch einmal explizit gefordert, sollte selbstverständlich sein. Die durch den Verweis im Normtext auf II.12.5.2.1 (gemeint ist II.12.5.2.2) angesprochene Inspektion besteht aus einer sorgfältigen Sichtprüfung (vgl. Kommentar dazu).

<2> Zu Abs. 2 – Kontaktflächen für andere als gleitfeste vorgespannte Verbindungen

Die Regelungen der EN 1090-2 für die Beschichtung von Kontaktflächen für vorgespannte Schraubenverbindungen, die **nicht** gleitfest ausgeführt werden, sind noch unübersichtlicher über die gesamte Norm verteilt als diejenigen für gleitfeste Verbindungen. Während im Hauptkapitel II.8 die Beschichtung als mögliche Quelle eines Vorspannkraftverlustes infolge von Kriechen bzw. Relaxation behandelt wird, insbesondere wenn sie „dick" ist (vgl. II.8.5.1, Textabsatz 17, sowie Kommentare <11> dazu), wird im Hauptkapitel II.10 im Zusammenhang mit „unzugänglichen Oberflächen" vor einer „übermäßigen Beschichtung" vorgespannter Stoßflächen gewarnt (vgl. zu II.10.8 <2>). Nunmehr im Anhang II.F werden die Warnhinweise insofern quantifiziert, als die Beschichtung für vorgespannte Verbindungen konkret auf eine Grundbeschichtung mit maximal **100 µm** Trockenschichtdicke begrenzt wird, allerdings ohne weitere Begründung.

Der Klarheit halber seien die nach Meinung der Verfasser wichtigsten Aspekte noch einmal zusammengestellt:

- Kontaktflächen von Schraubenverbindungen benötigen in aller Regel, egal ob vorgespannt oder nicht vorgespannt, einen **Mindestkorrosionsschutz**. Damit soll der Gefahr von Spaltkorrosion entgegengewirkt werden, die bei geschraubten Stahlkonstruktionen vor allem in elementaren Scher-/Lochleibungs-Verbindungen immer wieder zu gravierenden Rostschäden führt. Deshalb ist mindestens eine unbeschädigte Fertigungsbeschichtung oder besser eine Grundbeschichtung erforderlich. Auch ein metallischer Überzug (z. B. Feuer- oder Spritzverzinkung) ist als Mindestkorrosionsschutz für Kontaktflächen geeignet (vgl. auch zu II.10.8 <1> <2>).
- Wird die Verbindung vorgespannt, aber nicht als gleitfeste Verbindung eingesetzt, so sollte differenziert werden, je nachdem, ob die technische Zielsetzung des Vorspannens **tragsicherheitsrelevant** oder nur **gebrauchstauglichkeitsorientiert** ist (Zielebene I oder II, vgl. zu II.8.5.1 <1.2>).
- Bei Vorspannen gemäß **Zielebene I** muss die Forderung nach einer Trockenschichtdicke $\leq 100\ \mu m$ pro Kontaktfläche zwecks Minimierung der Vorspannkraftverluste in jedem Fall erfüllt werden. Das bedeutet bei der heute üblichen werksseitigen Komplettbeschichtung, dass nach Aufbringen der Grundbeschichtung mindestens die Stoßflächen abgeklebt werden müssen (Bild KII.F-3a), in besonders kritischen Fällen auch die Flächen unter den Scheiben der Schraubengarnituren (Bild KII.F-3b).

Quelle: PSP, Essen

a)

Quelle: A. Gelhaar, ISL

b)

Bild KII.F-3: Nach Aufbringen der Grundbeschichtung abgeklebte Flächen in werksseitig endbeschichteten Stahlkonstruktionen:
a) nur Stoßflächen abgeklebt, b) zusätzlich auch Flächen unter den Scheiben abgeklebt

- Das kostenträchtige Abkleben kann bei Verbindungen, die im Sinne von **Zielebene I** vorgespannt werden sollen, nur vermieden werden, indem man die Vorspannkraftverluste auf geeignete Weise bestimmt und von Vornherein in der Bemessung berücksichtigt. Hilfestellung kann dabei unter Umständen der informative Anhang II.I leisten (siehe Kommentare dazu).
- Bei Verbindungen, die „nur“ im Sinne von **Zielebene II** vorgespannt werden sollen, ist zu überlegen, ob das Abkleben wirklich erforderlich ist, d. h. ob die zu erwartenden Vorspannkraftverluste von allerhöchstens 30 % (siehe Kommentar zu Anhang II.I) angesichts des rein qualitativen Charakters des Vorspannens die erheblichen zusätzlichen Kosten rechtfertigen. So etwas ist natürlich frühzeitig zwischen dem Bauherrn/Kunden und dem Stahlbauer abzustimmen.

Zu II.F.5 Behandlung von Verbindungsmitteln

<1> Zu Abs. 1 – Spezifikation für die Behandlung

Eine extra Spezifikation für die korrosionsschutztechnische Behandlung von Verbindungsmitteln, wie hier suggeriert, ist im Stahlbau unüblich und nach Meinung der Verfasser auch in Zukunft nicht erforderlich. Der Normtext sagt allerdings auch nicht, dass sie die folgenden Punkte (a) bis (e) „enthalten" soll, sondern nur, dass die Punkte „berücksichtigt" werden sollen („*shall be consistent with the following*"). Was mit „Behandlung" der Verbindungsmittel vor dem Hintergrund des Korrosionsschutzes wirklich gemeint ist, erschließt sich den Verfassern nicht – in aller Regel baut man die Elemente der Schraubengarnituren so ein, wie sie angeliefert wurden, d. h. schwarz (wie hergestellt), feuerverzinkt, molykotisiert usw. Das selbstverständliche Entfernen von eventueller Verschmutzung vor dem Einbau kann doch wohl nicht gemeint sein?

Die angeführten Punkte (a) bis (e) müssen im Übrigen allesamt beachtet werden; sie sind aber trivial bzw. redundant: Werkstoff, Art, Oberflächenzustand (z. B. „tZn") und Anziehverfahren der Schraubengarnituren sowie Werkstoff und Oberflächenzustand der mit ihrer Hilfe verbundenen Bauteile (Punkte (b) bis (d)) gehören sowieso in die Ausführungsunterlagen (vgl. zu II.4.1.1 <2.2>). Die Vergleichbarkeit der Korrosionsschutz-Klassifizierung mit der übrigen Stahlkonstruktion (Punkt (a)) ist eine bereits in II.5.6.1 postulierte Grundforderung bei der Auswahl der Verbindungsmittel (vgl. ausführliche Kommentare dazu). Und dass beim Anziehen eventuell entstandene Schadstellen am Oberflächenschutz der Verbindungsmittel ausgebessert werden müssen, ist selbstverständlich. Warum und wie man allerdings den voraussichtlichen Reparaturbedarf dafür vorher schätzen soll (Punkt (e)), erschließt sich den Verfassern nicht.

<2> Zu Abs. 2 – Zeitpunkt der Behandlung

Eine Oberflächenbehandlung von Verbindungsmitteln **nach** ihrem Einbau ist z. B. bei feuerverzinkten Schraubengarnituren relevant, um sie entweder für das Nachbeschichten zwecks Angleichung an den werksseitigen Korrosionsschutz des restlichen Stahltragwerks (vgl. zu II.10.8 <3>) oder für das Aufbringen einer Duplex-Endbeschichtung auf die fertig montierte Stahlkonstruktion vorzubereiten. Dass die Kontrolle der Schraubenverbindungen vorher abgeschlossen sein muss, ist trivial.

<3> Zu Abs. 3 – Ankerschrauben in Beton

Einbetonierte Ankerschrauben stellen einen Sonderfall der Problematik „Stahloberflächen in Kontakt mit Beton" dar, der im Normabschnitt II.10.7 behandelt wird (vgl. Kommentar dazu). Ob die unteren eingebetteten Teile von Ankerschrauben unterhalb des Übergangsbereiches von 50 mm eventuell doch **nicht** ungeschützt bleiben dürfen, ist eine „festzulegende Auswahlmöglichkeit" nach Tabelle II.A.2. Der Hinweis auf EN ISO 12944-3 im vorliegenden Normabsatz ist dabei nicht hilfreich; dort findet man nur die Aussage, dass Übergangsstellen zwischen Beton und Stahl besondere Aufmerksamkeit erfordern. Dagegen ist die Tatsache, dass der in der Regel recht konservative DB-Standard DBS 918005 [R31] explizit erlaubt, den unteren eingebetteten Teil von Ankerschrauben unbehandelt einzubauen, eher ein brauchbarer Hinweis.

Würde man statt ungeschützter Ankerschrauben mit 50 mm Übergangs-Korrosionsschutz feuerverzinkte Ankerschrauben einsetzen, wäre das nur bei schwachem Korrosionsangriff vertretbar (Korrosivitätskategorien C1/C2 nach EN ISO 12944-2). Ab Korrosivitätskategorie C3 müssten es stattdessen Ankerschrauben aus nichtrostendem Stahl sein.

Zu II.F.6 Korrosionsschutzverfahren

Einführender Kommentar zu Abschnitt II.F.6

Falls jemand in die englischsprachige Version von EN 1090-2 schaut und sich wundert, warum die dortige Überschrift „*Coating methods*" hier mit „Korrosionsschutzverfahren" übersetzt wurde: Das hängt mit einer Diskrepanz zwischen offiziellem englischem und deutschem Korrosionsschutzvokabular zusammen. Die „*coating methods*" sind der Oberbegriff für „*painting*", „*metal spraying*“ und „*galvanizing*“, was in sich logisch ist. Würde man „*painting*“ sprachlich korrekt mit „Anstreichen“ übersetzen (früher ein durchaus geläufiger Begriff in der deutschen Korrosionsschutzbranche), so gäbe es kein Problem. Da aber diese Art von organischem Korrosionsschutz in Deutschland nur „**organische Beschichtung**“ (bzw. einfach nur „**Beschichtung**“) genannt werden darf, andererseits aber die eigentlich korrekte Übersetzung des Oberbegriffs „*coating*“ ebenfalls „Beschichtung“ ist, entsteht insbesondere für den Sprachkundigen eine gewisse sprachliche Verwirrung. Der Klarheit halber nennen wir nach offizieller deutscher Terminologie die verschiedenen „*metallic coating methods*“ deshalb nicht „metallische Beschichtungen“, sondern „**metallische Überzüge**“.

Organische Beschichtung

Zu II.F.6.1

<1> Zu Abs. 1 – Überprüfung der Oberflächenbeschaffenheit vor dem Beschichten

Dieser nochmalige deutliche Hinweis im Normtext auf die Bedeutung der Oberflächenbeschaffenheit vor dem Beschichten und auf die einschlägigen Normen und vor allem auf die Verarbeitungsrichtlinien des Beschichtungsstoffherstellers ist aus didaktischer Sicht durchaus angebracht, bedarf aber keines weiteren Kommentars. Diesbezüglich sei auf die ausführlichen Kommentare zu II.4.1.3 <1> und <2>, zu II.10.2 <1> bis <3>, zu II.12.6 sowie zu II.F.2.1 <1> bis <5> verwiesen. Dass das Überprüfen der Oberflächenbeschaffenheit unmittelbar vor Beginn der Beschichtungsarbeiten stattfinden muss, sollte selbstverständlich sein.

<2> Zu Abs. 2 – Technische Regeln für das Beschichten

<2.1> Zur Norm EN ISO 12944-7

Die zentrale Bedeutung der Normenreihe EN ISO 12944 für den Korrosionsschutz von Stahlbauten durch Beschichtungssysteme wurde bereits im Kommentar <1.3> zu II.F.1.1 betont. Im hier in Bezug genommenen Teil 7 geht es um die Durchführung und Überwachung der Beschichtungsarbeiten. Der nochmalige Verweis auf diese Norm soll vor allem denjenigen Betrieben und Personen eine Hilfe geben, die nicht ständig das Thema Korrosionsschutz als Gewerk bearbeiten oder beplanen müssen.

<2.2> Zu den technischen Merkblättern/Informationen der Beschichtungsstoffhersteller

Obwohl im Normtext von EN 1090-2 an dieser Stelle nicht genannt, weisen die Verfasser noch einmal ausdrücklich auf die **technischen Merkblätter** (oder Datenblätter oder Informationsblätter) der **Beschichtungsstoffhersteller** hin. Das soll sowohl den Stahlbau-, als auch den Korrosionsschutzausführenden für deren Bedeutung sensibilisieren. EN ISO 12944-7 enthält im Übrigen auch die Vorgabe, dass die technischen Datenblätter von Beschichtungsstoffherstellern alle für die sachgemäße Verwendung der Beschichtungsstoffe notwendigen Einzelheiten enthalten müssen. Der Anwender sollte die in den technischen Merkblättern bzw. Datenblättern niedergelegten Verarbeitungsrichtlinien des Lieferanten gewissenhaft prüfen und umsetzen, vor allem auch in regelmäßigen Abständen die aktuelle Version anfordern. Technische Weiterentwicklungen führen zum Beispiel oft zu veränderten Verarbeitungsbedingungen, auf die reagiert werden muss.

Planer und Anwender sollten sich auch nicht scheuen, die „Beratungshilfe“ des Beschichtungsstoffherstellers bei Bedarf in Anspruch zu nehmen. Die gleiche Interessenlage von Anwender und Beschichtungsstoffhersteller führt dazu, dass solche technische Beratung und ggf. anschließende Begleitung der Verarbeitungsprozesse in der Regel auf recht hohem Niveau stattfinden. In diesem Zusammenhang sei zum wiederholten Male auf die Möglichkeit des Anlegens von **Kontrollflächen** hingewiesen (siehe zu II.F.7.3).

In den Bildern KII.F-4 und KII.F-5 sind beispielhaft technische Merkblätter/Informationen für je eine typische Grund- und Deckbeschichtung wiedergegeben. Mit ihnen lässt sich beispielsweise ein Beschichtungssystem für Korrosivitätskategorie C3/lang(H) mit einer Trockenschichtdicke (DFT) von 160 µm herstellen, bestehend aus einer 80 µm dicken 2K-EP-Grundierung mit Zinkphosphat als Korrosionsschutzpigment (siehe Bild KII.F-4) und einer 80 µm dicken lichtstabilen 2K-PUR-Deckbeschichtung mit aliphatischem Isocyanat (siehe Bild KII.F-5). Mit einer zusätzlichen, 80 µm dicken 2K-EP-Zwischenbeschichtung (mit Eisenglimmer als Korrosionsschutzpigment) der gleichen Firma erhält man ein Dreischichtsystem mit DFT = 240 µm, das für die Korrosivitätskategorie C4/lang(H) geeignet ist.

Der Leser kann sich anhand dieser beiden Beispiel-Merkblätter/Informationen selbst ein Bild machen, welche Fülle von für den Verarbeiter wichtigen produktspezifischen Hinweisen und Kennwerten in solchen technischen Merkblättern aufgeführt sind, deren Beachtung bzw. Einhaltung für eine sach- und fachgerechte Ausführung der Korrosionsschutzarbeiten unerlässlich ist. Allerdings ist auch klar, dass Untergrundvorbehandlung und Applikationsdaten die wichtigsten Prämissen zur qualitätsgerechten Ausführung sind.

Einem unbedarften Anwender fällt möglicherweise beim Studium der beiden Beispiel-Informationsblätter auf, dass die für Beschichtungssysteme maßgebende internationale Norm EN ISO 12944-5 gar nicht erwähnt wird (gilt auch für die Merkblätter anderer Hersteller). Es gibt also keinen definierten Bezug zu den in EN ISO 12944-5 im (allerdings informativen) Anhang C gelisteten Beschichtungssystemen für unlegierten Stahl. Das hängt damit zusammen, dass jene Systeme nur eine Art Kategorien darstellen; für jedes dort beschriebene System haben die renommierten Beschichtungsstoffhersteller eine ganze Reihe geeigneter Grundierungen, Zwischenbeschichtungen und Deckbeschichtungen im Angebot. Es gibt also zu jedem EN-ISO-12944-System viele Varianten, von welchen der Hersteller anhand der jeweiligen Kundenanforderungen wie aus einem Systembaukasten das optimale System auswählen kann.

Die Systematisierung in EN ISO 12944-5 hat aber durchaus ihre Berechtigung. Sie wird z. B. in Ausschreibungen verwendet, und für den Beschichtungsstoffhersteller stellt die Benennung eines EN-ISO-12944-Systems eine klare Handlungsempfehlung über die Anzahl und Qualität der Beschichtungen dar und erleichtert die Auswahl der geeigneten Produkte für den Kunden. Die beiden vorstehend beispielhaft beschriebenen konkreten Beschichtungssysteme sind z. B. den Systemen C3.06 und C4.06 nach EN ISO 12944-5 zuzuordnen.

Beim Betrachten der beiden Beispiel-Informationsblätter in den Bildern KII.F-4 und -5 fällt ferner auf, dass auf das nationale Regelwerk **TL/TP-KOR-Stahlbauten** [R198] Bezug genommen wird (gilt ebenfalls auch für die Merkblätter anderer Hersteller). Beim Herausgeber dieses Regelwerks, der Bundesanstalt für Straßenwesen (BASt), wird eine Liste zertifizierter Beschichtungsstoffe geführt, die sowohl bei Straßenbrücken als auch bei Eisenbahnbrücken eine zentrale Rolle spielt. Dazu zu gehören, ist natürlich ein wichtiges Werbeargument für Beschichtungsstoffhersteller.

GEHOLIT + WIEMER
LACK– UND KUNSTSTOFF– CHEMIE GMBH

Seite 1 von 4
11/2015/08

TECHNISCHE INFORMATION

GEHOPON-E87-Metallgrund

2K-EP Grundbeschichtung
TL/TP-KOR-Stahlbauten, Blatt 87

■ **ANWENDUNGSGEBIETE**

Korrosionsschutz-Grundbeschichtung für nachfolgende Zweikomponenten-Systeme auf Basis Epoxid- und Polyurethan, im Brückenbau, Stahlhochbau für Behälter- und Gerätebeschichtungen, für Anlagen und Konstruktionen in aggressiver Atmosphäre, in kerntechnischen Anlagen und dergleichen.

■ **PRODUKT-EIGENSCHAFTEN**

GEHOPON-E87-Metallgrund auf Basis Epoxidharz besitzt eine ausgezeichnete Haftung auf Stahl und feuerverzinktem Stahl.
Andere Untergründe auf Anfrage.
Aufgrund der Zusammensetzung ist GEHOPON-E87-Metallgrund hervorragend als Grundbeschichtung für nachfolgende Zweikomponenten-Systeme geeignet.

Beständigkeiten

Zusammen mit geeigneten Zweikomponenten-Deckbeschichtungen erhält man Korrosionsschutzsysteme mit ausgezeichneter mechanischer Widerstandsfähigkeit sowie Beständigkeit gegen Chemikalien, aggressive Atmosphäre oder auch Licht- und Wetterbeständigkeit.

Temperaturbeständigkeit (trocken): 120 °C Dauer, kurzfristig 150 °C

Prüfzeugnisse

- Die Produkte sind von der Bundesanstalt für Straßenwesen zugelassen nach Blatt 87 der TL/TP-KOR-Stahlbauten und unterliegen der regelmäßigen Fremdüberwachung.

■ **PRODUKTDATEN**

	<u>GEHOPON-E87-Metallgrund</u>	<u>Härter</u>
Produkt-Nummer und Farbtöne	E87-102 sandgelb etwa RAL 1002 Stoff-Nr. 687.02	EX-74
	E87-812 rotbraun etwa RAL 8012 Stoff-Nr. 687.06	
Mischungsverhältnis	15 Gew.-Teile	1 Gew.-Teil
Lieferform	Nach Mischung mit Härter verarbeitungsfertig	
Lagerfähigkeit	In Originalgebinden bei Normaltemperatur mindestens 12 Monate.	
Geeignete Verdünnung	V-538	

76670 Graben-Neudorf Postfach 1120 76676 Graben-Neudorf Sofienstraße 36 Tel. (07255) 99-0 Fax (07255) 99-123
47005 Duisburg Postfach 100529 47249 Duisburg Obere Kaiserswerther Str. 18 Tel. (0203) 99707-0 Fax (0203) 99707-10

Quelle: GEHOLIT+WIEMER

Bild KII.F-4: Beispiel: Technische Information für eine Grundbeschichtung (Blatt 1 von 4)

GEHOLIT + WIEMER
LACK– UND KUNSTSTOFF– CHEMIE GMBH

Seite 2 von 4
11/2015/08

TECHNISCHE INFORMATION

GEHOPON-E87-Metallgrund

Theoretische Kennwerte

GEHOPON-E87-Metallgrund, sandgelb etwa RAL1002, E87-102

Dichte	Festkörper	VOC-Gehalt		Festkörpervolumen	
(g/mL)	(Masse-%)	(Masse-%)	pro 10 µm DFT* (g/m²)	(%)	(mL/kg)
1,65	81	19	4,9	64	390
DFT (µm)	rechnerische schichtdicke (µm)	Verbrauch (kg/m²)		Ergiebigkeit (m²/kg)	
80	124	0,206		4,8	

Anmerkungen

- Alle Angaben gelten bei Zweikomponentenstoffen für die Mischung
- DFT: Trockenschichtdicke (dry film thickness)
- Die aufgeführten Kennwerte sind ca.-Werte und gelten für die angegebene Qualität (Farbton). Die Werte können bei anderen Farbtönen geringfügig hiervon abweichen.

* Basis zur Berechnung: Verbrauch in g/m² bei DFT 10 µm

Angabe nach 2004/42/EG ChemVOCFarbV „Decopaint-Richtlinie"

Unterkategorie nach Anhang IIA	VOC-Grenzwert (Stufe II ab 2010)	max. VOC-Gehalt im verarbeitungsfertigen Zustand (inkl. der unter „Verarbeitungsmethoden" angegebenen max. Verdünnungsmenge)
J (Zweikomponenten-Reaktionslacke) Typ Lb	500 g/L	< 500 g/L

Beschichtungssysteme

Untergrund	Stahl	
Oberflächen-vorbereitung	Strahlen im Oberflächenvorbereitungsgrad Sa 2 ½ gemäß DIN EN ISO 12944-4	
	Produkt	**NDFT (µm)**
Grundbeschichtung	GEHOPON-E87-Metallgrund	80
Zwischen-beschichtung(en)	GEHOPON-E87-ZB oder WIEREGEN-M87-ZB	80
Deckbeschichtung	WIEREGEN-M87	80

Das/die genannte/n Beschichtungssystem/e stellen praxiserprobte Beispiele dar, die in der Regel modifiziert werden können. Die Auswahl der Beschichtungsstoffe sowie deren Anzahl und Schichtdicke richtet sich nach der zu erwartenden Belastung, evtl. bestehenden Vorschriften und den Arbeitsverfahren.

Bitte entnehmen Sie weitere Hinweise den Planungshilfen der TL/TP-KOR-Stahlbauten Anhang G, Blatt 87.

HINWEISE ZUR AUSFÜHRUNG

Oberflächenvorbereitung

Stahlflächen:
Strahlen im Oberflächenvorbereitungsgrad Sa 2 ½ gemäß DIN EN ISO 12944-4.

Feuerverzinkte Stahlflächen:
Bedingung für eine einwandfreie Haftung der Beschichtungsstoffe sind trockene und saubere Oberflächen der Verzinkung. Neben Verunreinigungen wie Fett, Öl, Staub usw. müssen insbesondere Zinksalze (Korrosionsprodukte des Zinks) vollständig entfernt werden.
Feuerverzinkte Stahlteile, die einer Freibewitterung oder Kondensatbelastung unterliegen: Oberflächenvorbereitung durch Sweepstrahlen gemäß DIN EN ISO 12944-4. Gesweepte Flächen müssen eine matte Oberfläche aufweisen.
Hinweis: Zinksalze bilden sich relativ schnell und sind anfangs nicht bzw. kaum erkennbar.

76670 Graben-Neudorf · Postfach 1120 · 76676 Graben-Neudorf · Sofienstraße 36 · Tel. (07255) 99-0 · Fax (07255) 99-123
47005 Duisburg · Postfach 100529 · 47249 Duisburg · Obere Kaiserswerther Str. 18 · Tel. (0203) 99707-0 · Fax (0203) 99707-10

Bild KII.F-4 *(Fortsetzung)*: Beispiel: Technische Information für eine Grundbeschichtung (Blatt 2 von 4)

GEHOLIT + WIEMER
LACK– UND KUNSTSTOFF– CHEMIE GMBH

Seite 3 von 4
11/2015/08

TECHNISCHE INFORMATION

GEHOPON-E87-Metallgrund

Beschichtungen:
Haftungsmindernde Substanzen müssen entfernt werden.

Luft- und Untergrundtemperaturen optimal bei 15 bis 25 °C, nicht unter 5°C

Rel. Luftfeuchte max. 80 % relative Luftfeuchte

Die Oberflächentemperatur der zu beschichtenden Teile muss während der Applikation um mindestens 3 °C über dem Taupunkt der Luft liegen (s. Korrosionsschutz-Basisnorm DIN EN ISO 12944-7).

Verarbeitungshinweise

Mischen Mit der entsprechend abgepackten Härtermenge am besten mit einem maschinellen Rührwerk gründlich mischen. Nach einer Wartezeit von 15 Minuten und nochmaligem Durchrühren ist das Gemisch gebrauchsfertig.

Verarbeitungsmethoden

Verfahren / Parameter	empfohlene Sollschichtdicke je Arbeitsgang	Zugabe von Verdünnung V-538
Airless-Spritzen Düse: 0,33 bis 0,58 mm Materialdruck:: 150 bis 250 bar	80 bis 100 µm	1 bis 3 %
Druckluft-Spritzen Düse: 1,5 bis 2,0 mm Zerstäuberdruck : 3,0 bis 4,0 bar	80 bis 100 µm	4 bis 6 %
Rollen / Streichen	40 bis 60 µm	bis 1 %
Beim Rollen/Streichen können zum Erreichen einer einheitlichen Schichtdicke und Optik ggf. mehrere Arbeitsgänge erforderlich sein. Dies hängt u. a. ab vom Farbton, den Verarbeitungsverfahren und -geräten, den Umgebungsbedingungen und der Geometrie der zu beschichtenden Teile.		

Anmerkungen
- Diese Angaben beziehen sich auf Temperaturen von ca. 20 °C.
- Die aufgeführten Parameter sind als Empfehlung bzw. Anhaltspunkt zu verstehen. In der Praxis kann es erforderlich sein, hiervon abzuweichen.

Geräteeinigung Mit Verdünnung V-538

Verarbeitungszeit

Umgebungstemperatur	+ 10 °C	+ 20 °C	+ 30 °C
maximale Verarbeitungszeit	8 Std.	6 Std.	4 Std.

76670 Graben-Neudorf Postfach 1120 76676 Graben-Neudorf Sofienstraße 36 Tel. (07255) 99-0 Fax (07255) 99-123
47005 Duisburg Postfach 100529 47249 Duisburg Obere Kaiserswerther Str. 18 Tel. (0203) 99707-0 Fax (0203) 99707-10

Bild KII.F-4 (*Fortsetzung*): Beispiel: Technische Information für eine Grundbeschichtung (Blatt 3 von 4)

GEHOLIT + WIEMER
LACK– UND KUNSTSTOFF– CHEMIE GMBH

Seite 4 von 4
11/2015/08

TECHNISCHE INFORMATION

GEHOPON-E87-Metallgrund

Wartezeit zwischen den Arbeitsgängen

Umgebungstemperatur	+ 10 °C	+ 20 °C	+ 30 °C
Wartezeit minimal	15 Std.	10 Std.	6 Std.

Aushärtungszeit
Trockengrad gemäß DIN 53150 bei 80 µm DFT

Umgebungstemperatur	+ 7 °C	+ 23 °C
Trockengrad 1 (staubtrocken)	≤ 2 Std.	≤ 1 Std.
Trockengrad 6 (grifffest)	≤ 20 Std.	≤ 10 Std.

■ **SCHUTZMASSNAHMEN**

Härter reagiert alkalisch und daher ätzend auf Haut und Schleimhäute (Augen!). Verschmutzungen deshalb vermeiden, notfalls gründlich mit Wasser und Seife waschen.

Alle sicherheitsrelevanten Daten können dem aktuellen Sicherheitsdatenblatt zu diesem Produkt entnommen werden.
Es gilt das jeweils aktuelle Sicherheitsdatenblatt, welches unter www.geholit-wiemer.de abgerufen werden kann.

Die vorstehenden Angaben entsprechen dem letzten Stand unserer Erfahrungen. Eine Gewähr für den Anwendungsfall sowie eine Haftung aus Beratung durch unsere Mitarbeiter kann von uns nicht übernommen werden. Insofern üben unsere Mitarbeiter lediglich eine unverbindliche Beratertätigkeit aus. Die Bauaufsicht, die Einhaltung der Verarbeitungsrichtlinien und die Beachtung der anerkannten Regeln der Technik liegen ausschließlich beim Verarbeiter, auch dann, wenn unsere Mitarbeiter bei der Verarbeitung anwesend sind.
Bedingt durch technische Entwicklungen können Änderungen eintreten. Gültig ist jeweils die neueste Ausgabe dieser Information.

76670 Graben-Neudorf	Postfach 1120	76676 Graben-Neudorf	Sofienstraße 36	Tel. (07255) 99-0	Fax (07255) 99-123
47005 Duisburg	Postfach 100529	47249 Duisburg	Obere Kaiserswerther Str. 18	Tel. (0203) 99707-0	Fax (0203) 99707-10

Bild KII.F-4 (*Fortsetzung*): Beispiel: Technische Information für eine Grundbeschichtung (Blatt 4 von 4)

LACK– UND KUNSTSTOFF– CHEMIE GMBH

Seite 1 von 4
10/2017/07

TECHNISCHE INFORMATION

WIEREGEN-M87

2K-PUR Deckbeschichtung
TL/TP-KOR-Stahlbauten, Blatt 87

■ **ANWENDUNGSGEBIETE**

Hochwertige Deckbeschichtung in Beschichtungssystemen für den Korrosionsschutz von Stahlbauten und -konstruktionen.

■ **PRODUKT-EIGENSCHAFTEN**

WIEREGEN-M87 enthält als Bindemittel ein Polyacrylat mit einem speziellen Polyisocyanat als Härtungskomponente. Die Pigmentierung von WIEREGEN-M87 in Eisenglimmerfarbtönen besteht im Wesentlichen aus korrosionsschutztechnisch hochwertigem Eisenglimmer.

Die Verarbeitung erfolgt vorzugsweise im Airless-Spritzverfahren, wobei in einem Arbeitsgang 80 bis 100 µm Schichtdicke erzielt werden können. Eine Verarbeitung im Streich- oder Rollverfahren ist ebenfalls möglich. In einem Arbeitsgang werden hier Schichtdicken von ca. 60 µm erreicht.

Beständigkeiten

Deckbeschichtungen mit WIEREGEN-M87 besitzen eine hervorragende Wetterbeständigkeit sowie eine gute Farbtonstabilität.

Zusammen mit geeigneten Epoxid-Beschichtungsstoffen (siehe Beschichtungssysteme) erhält man Korrosionsschutzsysteme mit ausgezeichneter mechanischer Widerstandsfähigkeit sowie Beständigkeit gegen aggressive Atmosphäre, Tausalz u.ä.
Temperaturbelastungen bis 120 °C sind möglich (trockene Wärme).

Beschichtungen mit WIEREGEN-M87 können nach Reinigung der Oberfläche auch nach Monaten und Jahren überschichtet werden, ohne dass Haftungsschwierigkeiten auftreten.

Prüfzeugnisse

- Die Produkte sind von der Bundesanstalt für Straßenwesen zugelassen nach Blatt 87 der TL/TP-KOR-Stahlbauten und unterliegen der regelmäßigen Fremdüberwachung. Weitere Farbtöne (ohne Stoff-Nr.) entsprechen in der Zusammensetzung den Vorgaben der TL/TP-KOR-Stahlbauten.

■ **PRODUKTDATEN**

Produkt-Nummer	M87-E.... (je nach Farbton)	M87-S.... (je nach Farbton)
Farbton	**Eisenglimmer-Farbtöne** gemäß G+W-Farbtonkarte	**RAL-Farbtöne** (andere Farbtöne auf Anfrage)
Mischungsverhältnis	**12 : 1 mit Härter DX-4**	**9 : 1 mit Härter DX-10**
Glanzgrad		seidenglänzend

76670 Graben-Neudorf	Postfach 1120	76676 Graben-Neudorf	Sofienstraße 36	Tel. (07255) 99-0	Fax (07255) 99-123
47005 Duisburg	Postfach 100529	47249 Duisburg	Obere Kaiserswerther Str. 18	Tel. (0203) 99707-0	Fax (0203) 99707-10

Quelle: GEHOLIT+WIEMER

Bild KII.F-5: Beispiel: Technische Information für eine Deckbeschichtung (Blatt 1 von 4)

GEHOLIT + WIEMER
LACK– UND KUNSTSTOFF– CHEMIE GMBH

TECHNISCHE INFORMATION

WIEREGEN-M87

Lagerfähigkeit In Originalgebinden bei Normaltemperatur mindestens 18 Monate.

Geeignete Verdünnung V-89

Theoretische Kennwerte

WIEREGEN-M87, M87-E7602

Dichte	Festkörper	VOC-Gehalt		Festkörpervolumen	
(g/mL)	(Masse-%)	(Masse-%)	pro 10 µm DFT* (g/m²)	(%)	(mL/kg)
1,45	70,5	29,5	8,3	51,5	355
DFT (µm)	rechnerische Nass-schichtdicke (µm)	Verbrauch (kg/m²)		Ergiebigkeit (m²/kg)	
80	156	0,225		4,4	

Theoretische Kennwerte

WIEREGEN-M87, M87-S9010, Neu mit Härter DX-10

Dichte	Festkörper	VOC-Gehalt		Festkörpervolumen	
(g/mL)	(Masse-%)	(Masse-%)	pro 10 µm DFT* (g/m²)	(%)	(mL/kg)
1,35	73,5	26,5	6,1	59	435
DFT (µm)	rechnerische Nass-schichtdicke (µm)	Verbrauch (kg/m²)		Ergiebigkeit (m²/kg)	
80	135	0,185		5,4	

Anmerkungen

- Alle Angaben gelten bei Zweikomponentenstoffen für die Mischung
- DFT: Trockenschichtdicke (dry film thickness)
- Die aufgeführten Kennwerte sind ca.-Werte und gelten für die angegebene Qualität (Farbton). Die Werte können bei anderen Farbtönen geringfügig hiervon abweichen.

* Basis zur Berechnung: Verbrauch in g/m² bei DFT 10 µm

Angabe nach 2004/42/EG ChemVOCFarbV „Decopaint-Richtlinie"

Unterkategorie nach Anhang IIA	VOC-Grenzwert (Stufe II ab 2010)	max. VOC-Gehalt im verarbeitungsfertigen Zustand (inkl. der unter „Verarbeitungsmethoden" angegebenen max. Verdünnungsmenge)
J (Zweikomponenten-Reaktionslacke) Typ Lb	500 g/L	< 500 g/l

Beschichtungssysteme

Untergrund	Stahl	
Oberflächen-vorbereitung	Strahlen im Oberflächenvorbereitungsgrad Sa 2 ½ gemäß DIN EN ISO 12944-4	
	Produkt	**NDFT (µm)**
Grundbeschichtung	GEHOPON-E87-Zink	70
Zwischen-beschichtung(en)	GEHOPON-E87-ZB oder WIEREGEN-M87-ZB in 1 bis 2 Arbeitsgängen	80 bis 160
Deckbeschichtung	WIEREGEN-M87	80

Untergrund	Stahl mit Feuerverzinkung gemäß DIN EN ISO 1461	
Oberflächen-vorbereitung	Reinigen gemäß DIN EN ISO 12944-4	
	Produkt	**NDFT (µm)**
Grundbeschichtung	GEHOPON-E5-Protect	80
Deckbeschichtung	WIEREGEN-M87	80

WIEREGEN-M87 kann - nach erfolgtem Sweepstrahlen - auch direkt auf feuerverzinkten Stahl aufgebracht werden.

Das/die genannte/n Beschichtungssystem/e stellen praxiserprobte Beispiele dar, in der Regel modifiziert werden können. Die Auswahl der Beschichtungsstoffe sowie deren Anzahl und Schichtdicke richtet sich nach der zu erwartenden Belastung, evtl. bestehenden Vorschriften und den Arbeitsverfahren.

76670 Graben-Neudorf Postfach 1120 76676 Graben-Neudorf Sofienstraße 36 Tel. (07255) 99-0 Fax (07255) 99-123
47005 Duisburg Postfach 100529 47249 Duisburg Obere Kaiserswerther Str. 18 Tel. (0203) 99707-0 Fax (0203) 99707-10

Bild KII.F-5 (*Fortsetzung*): Beispiel: Technische Information für eine Deckbeschichtung (Blatt 2 von 4)

GEHOLIT + WIEMER
LACK– UND KUNSTSTOFF– CHEMIE GMBH

Seite 3 von 4
10/2017/07

TECHNISCHE INFORMATION

WIEREGEN-M87

■ HINWEISE ZUR AUSFÜHRUNG

Oberflächenvorbereitung

Beschichtungen:
Haftungsmindernde Substanzen müssen entfernt werden.

Feuerverzinkte Stahlflächen:
Wird WIEREGEN-M87 direkt auf Verzinkung aufgebracht, bitte folgendes beachten:
Bedingung für eine einwandfreie Haftung der Beschichtungsstoffe sind trockene und saubere Oberflächen der Verzinkung. Neben Verunreinigungen wie Fett, Öl, Staub usw. müssen insbesondere Zinksalze (Korrosionsprodukte des Zinks) vollständig entfernt werden.
Feuerverzinkte Stahlteile, die einer Freibewitterung oder Kondensatbelastung unterliegen: Oberflächenvorbereitung durch Sweepstrahlen gemäß DIN EN ISO 12944-4. Gesweepte Flächen müssen eine matte Oberfläche aufweisen.
Hinweis: Zinksalze bilden sich relativ schnell und sind anfangs nicht bzw. kaum erkennbar.

Luft- und Untergrundtemperaturen optimal bei 15 bis 25 °C, nicht unter 7 °C

Rel. Luftfeuchte max. 80 % relative Luftfeuchte

Die Oberflächentemperatur der zu beschichtenden Teile muss während der Applikation um mindestens 3 °C über dem Taupunkt der Luft liegen (s. Korrosionsschutz-Basisnorm DIN EN ISO 12944-7).

Verarbeitungshinweise

Verarbeitungsmethoden

Verfahren / Parameter	empfohlene Sollschichtdicke je Arbeitsgang	Zugabe von Verdünnung V-89
Airless-Spritzen Düse: 0,33 bis 0,58 mm Materialdruck: 150 bis 250 bar	80 bis 100 µm	bis 3 %
Druckluft-Spritzen Düse: 1,5 bis 2,0 mm Zerstäuberdruck: 3 bis 4 bar	80 bis 100 µm	4 bis 6 %
Rollen / Streichen	40 bis 60 µm	bis 1 %
Beim Rollen/Streichen können zum Erreichen einer einheitlichen Schichtdicke und Optik ggf. mehrere Arbeitsgänge erforderlich sein. Dies hängt u. a. ab vom Farbton, den Verarbeitungsverfahren und -geräten, den Umgebungsbedingungen und der Geometrie der zu beschichtenden Teile.		

Anmerkungen
- Diese Angaben beziehen sich auf Temperaturen von ca. 20 °C.
- Die aufgeführten Parameter sind als Empfehlung bzw. Anhaltspunkt zu verstehen. In der Praxis kann es erforderlich sein, hiervon abzuweichen.

76670 Graben-Neudorf Postfach 1120 76676 Graben-Neudorf Sofienstraße 36 Tel. (07255) 99-0 Fax (07255) 99-123
47005 Duisburg Postfach 100529 47249 Duisburg Obere Kaiserswerther Str. 18 Tel. (0203) 99707-0 Fax (0203) 99707-10

Bild KII.F-5 (*Fortsetzung*): Beispiel: Technische Information für eine Deckbeschichtung (Blatt 3 von 4)

GEHOLIT + WIEMER
LACK- UND KUNSTSTOFF- CHEMIE GMBH

Seite 4 von 4
10/2017/07

TECHNISCHE INFORMATION

WIEREGEN-M87

Geräteeinigung Mit Verdünnung V-562

Verarbeitungszeit

Umgebungstemperatur	+ 10 °C	+ 20 °C	+ 30 °C
maximale Verarbeitungszeit	10 Std.	6 Std.	4 Std.

Wartezeit zwischen den Arbeitsgängen

Umgebungstemperatur		+ 10 °C	+ 20 °C	+ 30 °C
Wartezeit	minimal	24 Std.	16 Std.	12 Std.
	maximal	unbegr.	unbegr.	unbegr.

Aushärtungszeit
Trockengrad gemäß DIN EN ISO 9117-5 bei 80 µm DFT

Umgebungstemperatur	+ 7 °C	+ 23 °C
Trockengrad 1 (staubtrocken)	≤ 5 Std.	≤ 2 Std.
Trockengrad 6 (grifffest)	≤ 72 Std.	≤ 16 Std.

■ **SCHUTZMASSNAHMEN** Alle sicherheitsrelevanten Daten können dem aktuellen Sicherheitsdatenblatt zu diesem Produkt entnommen werden. Es gilt das jeweils aktuelle Sicherheitsdatenblatt, welches unter www.geholit-wiemer.de abgerufen werden kann.

Die vorstehenden Angaben entsprechen dem letzten Stand unserer Erfahrungen. Eine Gewähr für den Anwendungsfall sowie eine Haftung aus Beratung durch unsere Mitarbeiter kann von uns nicht übernommen werden. Insofern üben unsere Mitarbeiter lediglich eine unverbindliche Beratertätigkeit aus. Die Bauaufsicht, die Einhaltung der Verarbeitungsrichtlinien und die Beachtung der anerkannten Regeln der Technik liegen ausschließlich beim Verarbeiter, auch dann, wenn unsere Mitarbeiter bei der Verarbeitung anwesend sind.
Bedingt durch technische Entwicklungen können Änderungen eintreten. Gültig ist jeweils die neueste Ausgabe dieser Information.

76670 Graben-Neudorf	Postfach 1120	76676 Graben-Neudorf	Sofienstraße 36	Tel. (07255) 99-0	Fax (07255) 99-123
47005 Duisburg	Postfach 100529	47249 Duisburg	Obere Kaiserswerther Str. 18	Tel. (0203) 99707-0	Fax (0203) 99707-10

Bild KII.F-5 (*Fortsetzung*): Beispiel: Technische Information für eine Deckbeschichtung (Blatt 4 von 4)

<3> Zu Abs. 3 – Vorgehen beim Beschichten mit mehreren Schichten

Die Vorschrift, jeder Schicht eine eigene Farbschattierung zu geben, damit man sie beim Arbeiten auseinanderhalten kann, leuchtet unmittelbar ein und bedarf keiner weiteren Kommentierung. Wichtig ist auch, dass man die Aushärtezeiten der einzelnen Schichten beachtet.

Bei mehreren Schichten ist darüber hinaus zu beachten, dass das ausgeschriebene und ausgeführte Beschichtungssystem nur dann die Anforderungen erfüllen kann, wenn neben einer ordnungsgemäßen Verarbeitung der einzelnen Beschichtungsstoffe das System als Ganzes in sich schlüssig, d. h. aufeinander abgestimmt ist. Dieser Aspekt ist dann besonders wichtig, wenn zwischen den einzelnen Schichten (altmodisch formuliert: „den einzelnen Anstrichen") der Beschichtungsstoffhersteller gewechselt wird und/oder die Aufgaben des Beschichtens in eine andere Verantwortung übergehen. Falls solche Konstellationen sich nicht vermeiden lassen (z. B. wenn der Verarbeiter konfektioniertes bzw. zugeschnittenes und bereits mit einer Fertigungsbeschichtung versehenes Ausgangsmaterial weiterverarbeitet), muss sichergestellt werden, dass die technischen Bedingungen bekannt und zwischen den Lieferanten, den Verarbeitern und dem Kunden abgestimmt sind. Auch hier sei noch einmal auf die Möglichkeit des Anlegens von **Kontrollflächen** hingewiesen (siehe zu II.F.7.3).

<4> Zum Thema Kantenschutz

Die 2011er Ausgabe von EN 1090-2 enthielt an dieser Stelle die Forderung, ab Korrosivitätskategorie C3 und fünf Jahren Schutzdauer die zu beschichtenden Kanten mit einem zusätzlichen organischen Kantenschutz zu versehen. Diese Forderung ist weggefallen. Nach Meinung der meisten Fachleute ist eine solche streifenförmige Zusatzbeschichtung entlang Kanten und Schweißnähten aber nach wie vor zu empfehlen, zumindest wenn für die Stahloberfläche der anspruchsvolle Vorbereitungsgrad P3 nach EN ISO 8501-3 verlangt wird (vgl. zu II.10.2 <3.4><3.5>). Für den Straßenbrückenbau wird gemäß aktueller **ZTV-ING** [R203] ebenfalls nach wie vor ein Kantenschutz verlangt.

Hinweise zum Kantenschutz findet man in **EN ISO 12944-7**. Danach wird z. B. empfohlen, zu diesem Zweck keine anorganischen Zinkstaubgrundierungen zu verwenden.

<5> Zu Abs. 4 – Unzulässige Arbeitsbedingungen für das Beschichten

Mit den angesprochenen Umgebungsbedingungen ist vor allem die Lufttemperatur gemeint. Wenn sie unterhalb der für das verwendete Beschichtungsprodukt in den Empfehlungen des Herstellers genannten Werte liegt, müssen die Beschichtungsarbeiten unterbrochen werden. Das Gleiche gilt, wenn die zu beschichtende Oberfläche nass oder zu kalt ist. Die Hersteller-Empfehlungen sind unbedingt zu beachten.

<6> Zu Abs. 4 – Schutz von frisch beschichteten Oberflächen

Frisch beschichtete Oberflächen sind so lange vor Wasseransammlungen zu schützen, bis sie ausreichend ausgehärtet sind. Der Zeitraum ist den Empfehlungen des Beschichtungsstoffherstellers zu entnehmen; diese Vorschrift für frisch beschichtete Oberflächen im Absatz 4 ist einleuchtend.

Im Übrigen sei hier noch einmal daran erinnert, dass beschichtete Oberflächen auch nach vollzogener Trocknung und Aushärtung empfindlich gegenüber mechanischen Beschädigungen bei Handling, Transport und Lagerung bleiben; darauf wird in EN 1090-2 wiederholt warnend hingewiesen, und zwar im Abschnitt II.6.3 (vgl. Kommentar <2> dazu), im Abschnitt II.9.6.3 (vgl. Kommentar <1> dazu) und im vorliegenden Anhang II.F selbst im Zusammenhang mit den Arbeitsanweisungen in Abschnitt II.F.1.4 (vgl. Kommentar <3> dazu).

Metallspritzen

Zu II.F.6.2

<1> Zu Abs. 1 – Technische Regeln für das thermische Metallspritzen

Das thermische Metallspritzen – in EN 1090-2 gelegentlich auch nur „Metallspritzen" oder „thermisches Spritzen" genannt – erfolgt mit Zink oder Aluminium oder mit einer Legierung aus beiden. Dieser so genannte Spritzzusatz wird aufgeschmolzen und mit Hilfe einer Flammpistole (Druckluft) auf die Stahlfläche gesprüht. Das Verfahren liefert, ebenso wie das Feuerverzinken, einen **metallischen Überzug**. Speziell bei Verwendung von Zink spricht man auch von **„Spritzverzinken"**. In den Anwendungsregeln wird diese Korrosionsschutztechnik deshalb ähnlich wie das Feuerverzinken behandelt, obwohl es vom Verfahren, von der Schutzwirkung und vom Einsatz her gravierende Unterschiede gibt.

Die hier als maßgebend für die Durchführung genannte Norm EN ISO 2063 ist vor kurzem, wie bereits erwähnt, als Normenpaar neu erschienen. **EN ISO 2063-1** behandelt die Aufgaben für den Korrosionsschutz-Planer: Die Anforderungen an Spritzschichten gegen Korrosion von Eisen- und Stahloberflächen im Temperaturbereich zwischen –50 °C und +200 °C, an ihre Planung und an die konstruktive Gestaltung des zu schützenden Bauteils werden festgelegt. Charakteristische Eigenschaften der Schicht, z. B. Mindestschichtdicke, Mindesthaftfestigkeit und Oberflächenbeschaffenheit, werden angegeben, und Prüfverfahren werden festgelegt.

EN ISO 2063-2 behandelt die Aufgaben des Herstellers bei der Ausführung der Korrosionsschutzarbeiten durch thermisches Spritzen in der Werkstatt und auf der Baustelle. Neben Anforderungen an die Oberflächenvorbereitung (vgl. zu II.F.2.1 <1>) werden vor allem Anforderungen an die konkrete Ausführung des thermischen Spritzens sowie an die Prüfung und Nachbehandlung, z. B. Versiegeln der Schicht, festgelegt. Die Norm empfiehlt, für die thermisch gespritzte Schicht eine „Schichtspezifikation" zu erstellen. Auch Anforderungen an die Geräte, den Arbeitsplatz und die Qualifikation des Spritz- und Prüfpersonals werden formuliert. Auf diese EN ISO 2063-2 kommt EN 1090-2 in II.F.7.2 im Zusammenhang mit der Schichtdickenmessung noch einmal zurück (siehe Kommentar <3.2> dazu).

Formal nicht ganz nachvollziehbar ist, warum die beiden Normen **EN ISO 12670** und **EN ISO 12679** – im Haupttext in Abschnitt II.10.1 immerhin als maßgebend für thermisches Spritzen genannt – hier nicht wieder aufgeführt werden. Allerdings sind sie für das stahlbauliche thermische Metallspritzen vergleichsweise bedeutungslos: Beide gelten für alle möglichen Spritzzusätze und spritzbeschichteten Werkstoffe (vgl. zu II.10.1 <1.1>). Auf ihre Kommentierung an dieser Stelle wird deshalb verzichtet.

Das thermische Metallspritzen wird im Stahlbau eher ein Sonderfall bleiben. Es wird vornehmlich bei großen Bauteilen wegen nicht ausreichender verfügbarer Zinkbadgröße zur Anwendung kommen (vgl. das im Kommentar <4> zu II.F.1.1 erwähnte Beispiel der Ringflansch-Kontaktflächen von WEA-Rohrturmschüssen), ferner bei filigranen Konstruktionen und bei Konstruktionen, die zu starkem Wärmeverzug neigen (die thermische Belastung des Werkstückes ist sehr gering). Ein zu beachtender Nachteil ist, dass Hohlräume und schwer zugängliche Stellen möglicherweise nicht erreicht werden. **Spritzverzinken ist kein Ersatz für das klassische Stückverzinken!** Die maximal erreichbaren Schichtdicken, die unmittelbar nach dem Beschichten erforderliche Versiegelung (siehe nachfolgenden Normabsatz 2) und die weitere Behandlung sprechen gegen eine Anwendung im größeren Rahmen. Bild KII.F-6 zeigt einen „Metallspritzer" bei der Arbeit.

Quelle: Muehlhan AG, Hamburg

Bild KII.F-6: Spritzverzinken eines zylindrischen Behälters

<2> Zu Abs. 2 – Nachfolgendes Beschichten von metallgespritzten Oberflächen

Das hier angesprochene Beschichten von metallgespritzten Oberflächen wurde bereits im Kommentar <5.2> zu II.F.2.1 behandelt. Dem ist nur hinzuzufügen, dass unbedingt der Stofflieferant zu informieren bzw. zu Rate zu ziehen ist, wenn ein Beschichtungssystem auf einen thermisch gespritzten metallischen Überzug aufgebracht werden soll.

In jedem Fall muss eine metallgespritzte Oberfläche möglichst unverzüglich mit einer speziellen Beschichtung **„versiegelt"** werden. Diese Versiegelung mit einem *„Sealer"* unmittelbar nach Abkühlen der Spritzschicht wird im vorliegenden Normabsatz verbindlich vorgeschrieben. Gemäß Empfehlung in der 2008er Ausgabe von EN ISO 12944-5 sollte das innerhalb von vier Stunden erfolgen (die 2018er Ausgabe enthält keine solche zeitliche Empfehlung mehr). Der erwähnte Kommentar <5.2> zu II.F.2.1 enthält weitere Einzelheiten zur Versiegelung.

Feuerverzinken

Zu II.F.6.3

<1> Zur Anwendung der Feuerverzinkung

In EN ISO 14713-2 findet man den Hinweis, dass ein feuerverzinktes Bauteil durch das nachfolgende Aufbringen zusätzlicher Beschichtungen, z. B. organischer Nass- oder Pulverbeschichtungen, stärker geschützt werden kann. Dieses kombinierte Korrosionsschutzsystem wird als **„Duplex-System"** bezeichnet, und zwar nicht nur zusammen mit dem Feuerverzinken, sondern auch mit anderen Verzinkungstechniken (siehe <2.2>).

Über dieser Anwendung als erste Phase eines Duplex-Systems darf aber nicht vergessen werden, dass das Feuerverzinken natürlich vor allem als **eigenständiges Korrosionsschutzverfahren** entwickelt wurde. Diese klassische Anwendung gewinnt im Stahlbau seit einiger Zeit wieder zunehmend an Bedeutung, hin und wieder mit architektonischem Hintergrund (siehe Bild KII.F-7), vor allem aber mit ökonomischem Hintergrund. Zum Beispiel hält gemäß EN ISO 14713-1 bei Korrosivitätskategorie C3 ein 85-µm-Zinküberzug mindestens 40 Jahre und ein 200-µm-Zinküberzug mindestens 95 Jahre. Der letztere Wert macht es möglich, Feuerverzinkung sogar als lebenslangen wartungsfreien Korrosionsschutz für Stahlbrücken zu verwenden, nachdem bisherige deutsche Vorbehalte gegenüber der Ermüdungssicherheit feuerverzinkter Bauteile durch neuere wissenschaftliche Arbeiten ausgeräumt wurden [V102].

<2> Zu Abs. 1 – Technische Regeln für das Verzinken

<2.1> Zum Feuerverzinken/Stückverzinken

Die hier in EN 1090-2 für die Durchführung des Feuerverzinkens als maßgebend genannte Norm **EN ISO 1461** regelt Anforderungen und Prüfungen ausschließlich für das diskontinuierliche **Feuerverzinken** von Bauteilen (das so genannte **Stückverzinken**). Weder erfasst sie kontinuierlich feuerverzinkte Flacherzeugnisse aus Stahl (siehe aber Anhang IV.E in EN 1090-4) noch Bauteile, die durch andere Verfahren verzinkt werden (z. B. Sherardisieren, siehe <2.2>).

Im normativen Anhang A von EN ISO 1461 ist zusammengestellt, welche Informationen der Auftraggeber dem Stückverzinker zur Verfügung stellen muss (siehe auch weiter unten). Der informative Anhang C enthält umfangreiche fachliche Erläuterungen, die einen Beitrag zum Verständnis der Voraussetzungen und Vorgänge beim Feuerverzinken von Bauteilen leisten sollen. Anhang D schließlich informiert über die Bestimmung der Schichtdicke. Im deutschen Nationalen Anhang NB zu EN ISO 1461 findet man folgende **Kurzzeichen** zur Kennzeichnung der Feuerverzinkung auf Ausführungsunterlagen:

- *t Zn* Überzug durch Feuerverzinken, allgemein (t für **t**hermisch, **Zn** für Zink);
- *t Zn o* Feuerverzinken **o**hne Anforderung in Bezug auf eine Nachbehandlung;
- *t Zn b* Feuerverzinken und **B**eschichten;
- *t Zn k* Feuerverzinken, **k**eine Nachbehandlung.

Im Hauptabschnitt **II.10.1** von EN 1090-2 wurden neben EN ISO 1461 auch die beiden Normen EN ISO 14713-1 und -2 als verbindlich für das Aufbringen eines metallischen Überzugs durch Feuerverzinken genannt (vgl. auch zu II.F.1.1 <1.2>). Warum sie hier nicht ebenfalls erneut aufgeführt werden, ist nicht ganz zu verstehen. Im Gegensatz zum Teil 1 der Normenreihe EN ISO 14713 – er gilt allgemein für alle Arten von Zinküberzügen (siehe <2.2>) –, gilt **EN ISO 14713-2** speziell für Feuerverzinken.

Bei der Planung und Ausführung des Stückverzinkens von Stahlkonstruktionen ist grundsätzlich zu beachten, dass beim Feuerverzinken die chemische Zusammensetzung des Stahls, die Art der Konstruktion, die Fertigung und der Verzinkungsvorgang selbst aufeinander abzustimmen sind. Das beginnt in der Tragwerksplanung (im „*Basic Design*") bereits bei der Auswahl der Ausführungsklassen und beim Festlegen grundlegender konstruktiver Details. Dabei spielt auch die in jüngster Vergangenheit aufgrund einiger (teilweise spektakulärer) Schadensfälle in den Blickpunkt gerückte flüssigmetallinduzierte Rissbildung (LMAC) eine Rolle (siehe auch zu II.F.7.4). Von besonderer Bedeutung im Hinblick auf eine mögliche Rissbildung bei hochfesten Stählen sind die Beizdauer, die zur Vermeidung von Wasserstoffversprödung möglichst kurz gehalten werden muss, sowie darüber hinaus ein zügiges und steiles Eintauchen in das Zinkbad und eine möglichst geringe Tauchdauer zur Vermeidung einer Lötrissigkeit.

Quelle: Architekten: Reiser & Partner, Bochum

Bild KII.F-7: Fassadenkonstruktion mit Feuerverzinkung als eigenständigem Korrosionsschutz: Werner-von-Siemens-Schule in Bochum

Einige wesentliche Empfehlungen für den Hersteller von Stahlbauteilen, die später feuerverzinkt werden sollen, sind nachfolgend zusammengestellt:

- Die werkstoffliche Eignung des Stahles zum Feuerverzinken ist bei der Stahlbestellung zu vereinbaren. Eine Kopie dieser Bestellung und der vom Stahlhersteller mitgelieferten Prüfbescheinigung sind auch dem Verzinker zur Information zu übergeben.
- In der Bestellung für das Verzinken sind vom Verzinker alle das Zinkbad betreffenden Angaben zu fordern. Diese Unterlage ist der Dokumentation beizufügen; das wird auch in der **DASt-Richtlinie 022** [R27] gefordert, auf die im Kommentar zu II.F.7.4 noch näher eingegangen wird.
- Der Auftraggeber sollte sich über die Qualitätssicherung der Verzinkerei informieren und die jeweiligen Prozessdaten des Verzinkungsvorgangs dokumentieren lassen.

- Die Konstruktion ist hinsichtlich ihrer konstruktiven Eignung zum Feuerverzinken, d.h. hinsichtlich ihrer verzinkungsgerechten Gestaltung und Ausführungsplanung, einer kritischen Prüfung zu unterziehen; ungünstige Eigenspannungszustände und Steifigkeitssprünge sollten nicht vorhanden sein; konstruktive Kerben sind zu vermeiden.
- LMAC-gefährdete Bauteile sind gesondert zu prüfen; Festlegungen hierzu, z.B. Bauteile mit und ohne zusätzliche ZfP-Kontrolle, sind in den Ausführungsunterlagen bzw. in der Bauteilspezifikation zu vermerken; die Ergebnisse sind aufzuzeichnen; siehe hierzu auch zu II.F.7.4.
- Schweißeigenspannungen sowie Gefügeveränderungen im Schweißnahtbereich sind durch geeignete Schweißfolgen niedrig zu halten; Fehlstellen, wie z.B. Einbrandkerben, sind zu vermeiden.
- Für Bauteile, die vor dem Feuerverzinken kalt umgeformt werden sollen, sind alterungsunempfindliche Baustähle mit verbesserter Kerbschlagzähigkeit zu wählen (siehe Hinweise in EN ISO 1461, Anhang C1.5). Dies sollte bei der Stahlbestellung vermerkt werden, am besten durch einen besonderen Bestellhinweis „für Kaltumformung und Feuerverzinkung geeignet".
- Sollen feuerverzinkte Stahlteile nachträglich beschichtet werden (Duplex-Systeme), ist der Verzinkungsbetrieb darauf hinzuweisen, damit er keine Maßnahmen ergreift, die das Haftvermögen und die Eigenschaften von Beschichtungen negativ beeinflussen (Empfehlung Beiblatt EN ISO 1461). In diesen Fällen ist das Kurzzeichen „*t Zn k*" (vgl. weiter oben) zu verwenden.

<2.2> Zu weiteren Verzinkungstechniken

Wie bereits mehrfach angeklungen, gibt es neben dem thermischen Metallspritzen/Spritzverzinken und dem Feuerverzinken eine Reihe weiterer Verzinkungstechniken, die in manchen Ländern fast ebenso verbreitet sind wie das Feuerverzinken. **EN ISO 14713-1** ist die Grundnorm für alle Verzinkungstechniken, konkret: für feuerverzinkte, sherardisierte, thermisch gespritzte, mechanisch plattierte und galvanisch abgeschiedene Überzüge. Die Norm behandelt u.a. die verzinkungsgerechte konstruktive Gestaltung von Bauteilen und die verzinkungsgerechte Oberflächenvorbereitung.

In Großbritannien ist beispielsweise für kleinere Bauteile (z.B. Raumfachwerkelemente) sowie Kleinteile und Verbindungsmittel das schon mehrfach erwähnte Sherard-Verzinken bzw. **Sherardisieren** sehr verbreitet. Dabei wird der Zinküberzug durch erhitzten Zinkstaub in einer rotierenden Trommel aufgebracht. Man spricht von einer Zinkdiffusionsschicht. Die erreichbaren Schichtdicken sind mit bis zu 50 µm kleiner als beim Feuerverzinken, jedoch deutlich größer als beim galvanischen Verzinken [V50]. Der Überzug ist sehr dicht, so dass die Korrosionsschutzwirkung nicht viel schlechter ist als bei Feuerverzinkung. Vorteile sind u.a., dass es keine Wasserstoffversprödung geben kann und dass – im Gegensatz zum Feuerverzinken – kein oder nur geringer Festigkeitsabfall bei höherfesten und/oder vergüteten Stählen auftritt. Gegen den Einsatz solcher sherardisierter Bauteile und Verbindungsmittel an Stelle feuerverzinkter Bauteile und Verbindungsmittel ist aus korrosionsschutztechnischer Sicht in der Regel nichts einzuwenden, zumal es inzwischen mit **EN ISO 14713-3** [R153] auch eine internationale Norm dazu gibt. Gemäß dieser Norm kann auch ein sherardisierter Gegenstand durch das nachfolgende Aufbringen zusätzlicher Beschichtungen stärker geschützt werden, was ebenfalls als „Duplex-System" bezeichnet wird.

Zum Verzinken von mechanischen Verbindungsmitteln vgl. die ausführlichen Kommentare <1> bis <3> zu II.5.6.1.

<3> Zu Abs. 2 – feuerverzinkte kaltgeformte Bauteile

Kaltgeformte (oft dünnwandige) feuerverzinkte Bauteile können auf zweierlei Weise entstehen:

- Entweder werden sie aus bereits bandfeuerverzinkten („kontinuierlich schmelztauchveredelten") Stahl-Flacherzeugnissen nach EN 10346 gefertigt (siehe Kommentare zu EN 1090-4 in diesem Buch). In diesem Fall sind die gemäß II.10.9 vor und nach Schneid- und Schweißarbeiten durchzuführenden Maßnahmen zu beachten (vgl. Kommentar <3> dazu). Die allgemeine

Thematik „Schweißen und metallische Überzüge“, zu der EN 1090-2 nichts Grundsätzliches sagt (vgl. zu II.10.9 <3.2>), sollte ebenfalls im Auge behalten werden.

- Oder sie werden nach der Fertigung stückverzinkt, wie in <2.1> beschrieben. In diesem Fall muss, sofern bleibende Verformungen (Verwindungen, Verzüge) nach dem Verzinken vermieden werden sollen, der Tauchvorgang besonders sorgfältig geplant werden. Beispielsweise sollte der Mangel an Eigensteifigkeit insbesondere von langen dünnwandigen Bauteilen und die daraus bei höherer Zinkbadtemperatur resultierende Anfälligkeit für Verzug beachtet und sehr ernst genommen werden.

<4> Zu Abs. 3 – Nachfolgendes Beschichten von verzinkten Oberflächen

Hier werden die bereits mehrfach erwähnten Duplex-Korrosionsschutzsysteme angesprochen; zu ihrer Definition vgl. <2.1>. Die Vorgehensweise bei der Vorbereitung der verzinkten Oberfläche für das nachfolgende Beschichten wurde im Kommentar <5> zu II.F.2.1 ausführlich diskutiert. Eine weitere Kommentierung dazu erübrigt sich.

Zu II.F.7 Inspektion und Überprüfung

Zu II.F.7.1 Allgemeines

<1> Zur Begrifflichkeit „Überprüfung“

Ärgerlicherweise wird auch in der aktuellen englischsprachigen Ausgabe von EN 1090-2 an dieser Stelle immer noch inkonsequent von „*inspection and checking*“ gesprochen, obwohl dasselbe gemeint ist, was in EN 1090-2 sonst durchgängig „*inspection and testing*“ heißt. „*Checking*“ wurde korrekt mit „Überprüfung“ übersetzt, gemeint ist aber „Inspektion und Prüfung“, und in diesem Sinne erfolgt auch die Kommentierung.

<2> Zu Abs. 1 – Erfordernis und Art der Inspektionen und Prüfungen

Im Hauptkapitel II.12 von EN 1090-2 wird hinsichtlich der Inspektion des Korrosionsschutzes ausdrücklich auf den vorliegenden Anhang II.F verwiesen. Dass die Anforderungen an die Inspektionen und Prüfungen, wie im vorliegenden Normtext verlangt, sowohl in den Qualitätsmanagementplan nach II.4.2.2 gehören – bzw. bei Verzicht auf einen solchen: in die Qualitätsdokumentation nach II.4.2.1 (vgl. Kommentar <1> dazu) –, als auch in die Ausführungsunterlagen nach II.4.1, dürfte selbstverständlich sein.

Der auf den Korrosionsschutz bezogene Teil der Ausführungsunterlagen wurde bei der Kommentierung von II.F.1.1 ausführlich diskutiert (dort Kommentar <2>), jedoch nur fokussiert auf die Vorgabe der Leistungsspezifikation bzw. der so genannten vorgeschriebenen Anforderungen. Im vorliegenden Normabschnitt II.F.7.1 wird nun klar, dass auch alle vorgesehenen Inspektionen und Prüfungen zu den Ausführungsunterlagen für den Korrosionsschutz gehören. Die Tabellen KII.F-2 und -3 zeigen, wie ein entsprechender „Inspektions- und Prüfplan (ITP) Korrosionsschutz“ für das Aufbringen eines Beschichtungssystems nach EN ISO 12944-5 aufgebaut sein könnte. Teil 1 enthält die erforderlichen Qualitätskontrollen nach der Stahlentrostung und dem Vorbereiten der Oberflächen bis kurz vor dem Applizieren der Grundbeschichtung. Teil 2 enthält die nach dem Applizieren der einzelnen Schichten und schließlich des gesamten Beschichtungssystems erforderlichen Qualitätskontrollen.

Tabelle KII.F-2: Muster für einen Inspektions- und Prüfplan (ITP) Korrosionsschutz, Teil 1: Oberflächenvorbereitung

Inspektions- und Prüfplan Korrosionsschutz – Teil 1: Oberflächenvorbereitung				
Prüfung	**Prüfverfahren**	**Prüflos Prüfumfang Anzahl**	**Zulässigkeitsgrenzen Prüfklasse**	**Zeitpunkt der Prüfung**
Prüfungen zum Beurteilen des Ausgangszustandes der Substratoberfläche	Sichtprüfung: Rostgrad	100 % der Beschichtungsfläche	Rostgrade A bis D nach EN ISO 8501-1	Vor den Beschichtungsarbeiten
Prüfungen zum Beurteilen der Substratoberfläche	Sichtprüfung: Vorbereitungsgrade Kanten, Schweißnähte und Stahloberflächen auf Unregelmäßigkeiten	100 % der Beschichtungsfläche	P1 bis P3 nach EN ISO 8501-3 Bei Kanten ist alternativ zu EN ISO 8501-3 eine dreifache Brechung möglich.	Vor den Beschichtungsarbeiten
Prüfungen zum Beurteilen der Oberflächenreinheit	Bestimmen von wasserlöslichen Salzen durch Leitfähigkeitsmessung	Stichprobe	EN ISO 8502-6 und EN ISO 8502-9 Maximum 20 mg/m² NaCl	Vor den Beschichtungsarbeiten
Umgebungsbedingungen	Digitale Messgeräte mit Datenspeicherung und -ausdruck von Luft- und Objekttemperatur und relativer Luftfeuchtigkeit zur Ermittlung der Taupunkttemperatur	Einzelwertmessung zur Freigabe von jeder der Applikationen/Beschichtungsarbeiten	Entsprechend den Datenblättern der Beschichtungsstoffe	Unmittelbar vor den Beschichtungsarbeiten
Prüfungen zum Beurteilen der Oberflächenreinheit	Sichtprüfung: Reinheit der Oberfläche, Oberflächenvorbereitungsgrad, Fotografische Vergleichsmuster	100 % der Beschichtungsfläche	Oberflächenvorbereitungsgrad Sa 2½ nach EN ISO 8501-1 und EN ISO 8502	Unmittelbar vor der Ausführung der GB
Prüfungen zum Beurteilen der Oberflächenrauheit	Rauheitsvergleichsmuster Rauheit der Oberfläche: mittlere/maximale Rautiefe R_{y5}	100 % der Beschichtungsfläche	GB Datenblatt Vergleichsmuster G nach EN ISO 8503-1, -2 (kantige Strahlmittel, mindestens 50 µm)	Unmittelbar vor der Ausführung der GB
Prüfungen zum Beurteilen der Oberflächenreinheit	Staubtest: Staub auf gereinigten Stahloberflächen Klebebandverfahren	Stichprobe	Klasse 2 EN ISO 8502-3	Unmittelbar vor der Ausführung der GB
Prüfungen zum Beurteilen der Oberflächenreinheit	Bestimmen von wasserlöslichen Salzen durch Leitfähigkeitsmessung	Stichprobe	EN ISO 8502-6 und EN ISO 8502-9 Maximum 20 mg/m² NaCl	**Optional** Unmittelbar vor der Ausführung der GB
GB = Grundbeschichtung				

Quelle: bauforumstahl

Tabelle KII.F-3: Muster für einen Inspektions- und Prüfplan (ITP) Korrosionsschutz, Teil 2: Beschichtung

Inspektions- und Prüfplan Korrosionsschutz – Teil 2: Beschichtung				
Prüfung	**Prüfverfahren**	**Prüflos Prüfumfang Anzahl**	**Zulässigkeitsgrenzen Prüfklasse**	**Zeitpunkt der Prüfung**
Schichtdicken	Trockenschichtdickenmessgeräte mit digitaler Messung und Datenspeicherung	Stichprobenweise nach jeder Schicht, Schichtdicke DFT des gesamten Beschichtungssystems	Entsprechend dem Beschichtungssystem	Nach den Beschichtungsarbeiten für jede Schicht
Sichtprüfung	Visuelle Prüfung	100 % der Beschichtungsfläche	Beschichtungsfehler	Nach den Beschichtungsarbeiten für jede Schicht
Schichtdicken	Keilschnittgerät zur Bestimmung der Schichtenzahl in Anlehnung an DIN 50986	Messung der Schichtdicke DFT des gesamten Beschichtungssystems, Arbeitsprobe	Entsprechend dem Beschichtungssystem	Nach den Beschichtungsarbeiten für das gesamte Beschichtungssystem
Haftfestigkeit	Geräte zur Gitter-/Kreuzschnittprüfung nach EN ISO 2409	Messung der Haftfestigkeit des gesamten Beschichtungssystems, Arbeitsprobe	Entsprechend dem Beschichtungssystem	Nach den Beschichtungsarbeiten für das gesamte Beschichtungssystem
Haftfestigkeit	Geräte mit hydraulischem Antrieb zur Abreißprüfung nach EN ISO 16276-1	Messung der Haftfestigkeit des gesamten Beschichtungssystems, Arbeitsprobe	Entsprechend dem Beschichtungssystem	Nach den Beschichtungsarbeiten für das gesamte Beschichtungssystem

Quelle: bauforumstahl

<3> Zu Abs. 2 – Dokumentation der Inspektionen und Prüfungen

Die Dokumentation der Ergebnisse der Inspektionen und Prüfungen zum Korrosionsschutz ist ein Teil der Ausführungsdokumentation, die gemäß II.4.2.4 für jedes Stahlbau-Projekt nach Abschluss zusammenzustellen ist (vgl. Kommentare dazu).

Zu II.F.7.2 Routineüberprüfungen

<1> Zu Routineprüfungen des Korrosionsschutzes allgemein

In der Gesamtheit der Normregelungen zur Prüfung von Korrosionsschutzmaßnahmen lässt sich implizit folgende einleuchtende Prüfungssystematik identifizieren:

- Prüfung der Oberflächenvorbereitung vor dem Aufbringen der Beschichtung bzw. des Überzuges,
- Prüfung des Beschichtungs- bzw. Überzugsprozesses selbst,
- Prüfung der fertigen Beschichtung bzw. des fertigen Überzuges.

Ferner wird an mehreren Stellen der Normen die Dokumentation der Ergebnisse verlangt. Damit soll sichergestellt werden, dass die fertiggestellte Stahlkonstruktion hinsichtlich ihres Korrosionsschutzes den Forderungen des einschlägigen Regelwerkes und denen des Vertrages zwischen dem Kunden/Bauherrn und dem Lieferer (der Stahlbaufirma) entspricht.

Die Durchführung der Inspektionen und Prüfungen gemäß II.F.7.2 bis II.F.7.4 ist zunächst eine Aufgabe der werkseigenen Produktionskontrolle (WPK) nach EN 1090-1 und im QM-Plan (bzw. bei Verzicht auf einen solchen: in der Qualitätsdokumentation) festgelegt (vgl. auch zu II.F.7.1 <1>). Für die Überprüfung der Korrosionsschutzarbeiten durch externe Prüfinstanzen sei den Stahlbaufirmen empfohlen, analog zur stahlbaulichen Ausführung klare vertragliche Vereinbarungen (z. B. über Prüfkriterien, Prüfumfang, Prüfzeitpunkte) mit dem Auftraggeber einerseits und der Korrosionsschutzfirma und dem Beschichtungsstoffhersteller andererseits zu treffen.

<2> Zu Ziffer (a) – Prüfung der für Korrosionsschutz vorbereiteten Stahloberflächen

Als erste Aktivität der Routineprüfungen wird hier, der im vorhergehenden Kommentar dargelegten Prüfungssystematik folgend, die Prüfung der vorbereiteten Stahloberflächen gefordert. Die Rückverweisung zu den Haupttext-Abschnitten II.10.2 und II.12.6 ist insofern konsequent, als in II.10.2 die Vorbereitung selbst und in II.12.6 ihre Inspektion und Prüfung ausführlich behandelt werden. An beiden Stellen geht es allerdings nicht nur um die Reinheit – hier unverständlicherweise als einziges Kriterium genannt –, sondern um die drei Kriterien Reinheit, Rauheit und Vorbereitungsgrad. Alle drei wurden in den zugehörigen Kommentaren dieses Buches ausführlich diskutiert, so dass sich eine erneute Kommentierung an dieser Stelle erübrigt.

<3> Zu Ziffer (b) – Messung der Schichtdicke

<3.1> Zu b1) Dicke von Schichten organischer Beschichtungssysteme

Die hier in Bezug genommene Norm **ISO 19840** behandelt die Messung der Trockenschichtdicke (DFT, von *„dry film thickness"*) von Beschichtungssystemen auf rauen Substraten und die Kriterien für deren Annahme. Die aktuelle Ausgabe 2012-09 wurde jedoch bisher nicht als DIN übernommen, und es gibt sie nur in englischer Sprache, obwohl 2002 schon einmal ein deutscher Entwurf für eine DIN EN ISO 19840 erschienen war, der aber bald darauf wieder zurückgezogen wurde. Die neue Ausgabe von EN ISO 12944-7 schreibt nun diese ISO 19840 als primäres Regelwerk („sofern nicht anders vereinbart") für die DFT-Bestimmung und die Annahmekriterien vor.

Die zweite – allerdings nur für Beschichtungen auf feuerverzinktem Untergrund – hier in Bezug genommene Norm **EN ISO 2808** ist dagegen bereits seit 1999 als DIN übernommen und in deutschen Stahlbaubetrieben gut eingeführt. Da sie die Messung sowohl der **Nassschichtdicke** als auch der **Trockenschichtdicke** behandelt, und zwar nicht nur auf bereits verzinktem Untergrund, sondern ganz allgemein, wird nur sie hier kommentiert. Die in [V68] von den damaligen Verfassern ausgesprochene Empfehlung, die ISO 19840 zunächst zu ignorieren, kann allerdings angesichts der dominanten Position in EN ISO 12944-7 nicht aufrechterhalten werden.

Die Prüfung der **Nassschichtdicke** (d. h. der flüssigen Schicht unmittelbar nach Aufbringen des Beschichtungsstoffes) ist – neben der Qualitätskontrolle der Beschichtungsstoffe und der Prüfung der Applikationsparameter des Beschichtungssystems (Luftfeuchtigkeit, Taupunkt, Temperatur usw.; Vorgangs- und Zwischentrockenzeiten; Stand- und Verarbeitungszeiten) – die zentrale Maßnahme bei der Prüfung und Inspektion des Beschichtungsprozesses. Bild KII.F-8 illustriert die Messung mittels „Messkamm" nach EN ISO 2808. Achtung: Die daraus gewonnenen Ergebnisse sind **beschichtungsstoffabhängig.** Der jeweilige Festkörperanteil ist dabei zu berücksichtigen. Die Ergebnisse der Nassschichtdickenmessungen sind – wie auch die während des Beschichtungsprozesses gemessenen Applikationsparameter – zu protokollieren und in den Unterlagen zu dokumentieren. EN ISO 2808 bietet neben diesem bekanntesten Verfahren zwei weitere mechanische Verfahren (Messrad und Messuhr) sowie ein gravimetrisches und ein photothermisches Verfahren zur Messung der Nassschichtdicke an.

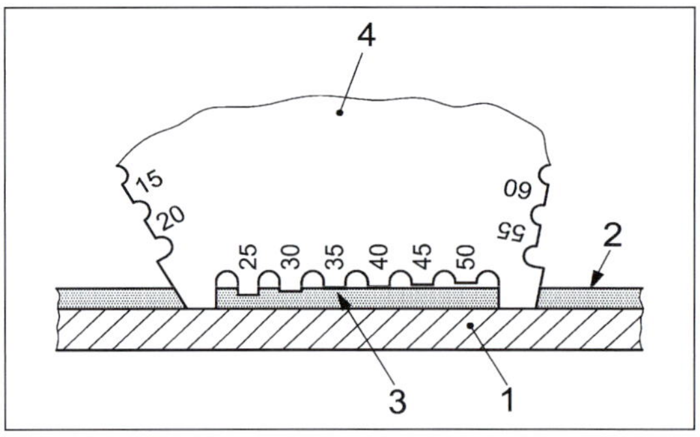

a)

Quelle: L. Bär

b)

Bild KII.F-8: Messung der Nassschichtdicke mit einem Messkamm nach EN ISO 2808: a) Geräteskizze (aus der Norm), Legende: 1 – Substrat/Untergrund, 2 – Beschichtung, 3 – Benetzung, b) Messvorgang

Die Prüfung der **Trockenschichtdicke,** sowohl der Einzelschichten als auch der Gesamtbeschichtung, erfolgt ebenfalls nach einem der zahlreichen in EN ISO 2808 beschriebenen Verfahren, auf die hier nicht im Einzelnen eingegangen werden kann. Bild KII.F-9 zeigt eines der vielen auf dem Markt befindlichen Geräte mit digitaler Anzeige (hier nach dem Ultraschallverfahren arbeitend). Zum Umfang der DFT-Messungen und zu den dabei einzuhaltenden Forderungen siehe Ziffer (d) des vorliegenden Normabschnittes und zugehörigen Kommentar.

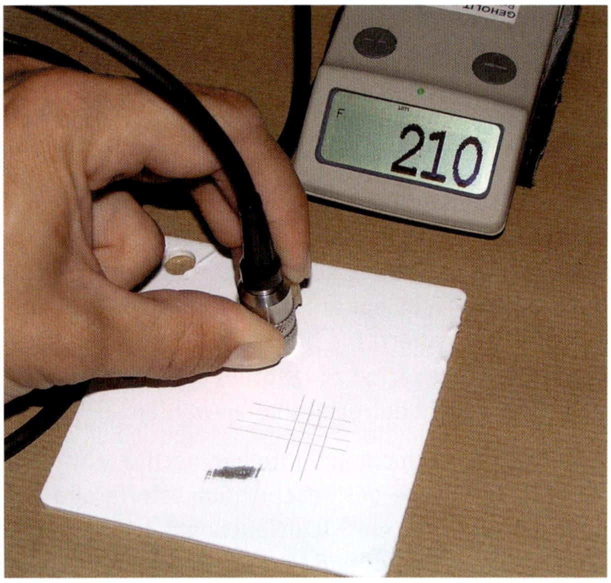

Quelle: L. Bär

Bild KII.F-9: Messung der Trockenschichtdicke (DFT) einer Beschichtung

<3.2> Zu b2) Dicke von thermischen Spritzschichten

Wie bereits mehrfach erwähnt, ist die hier angegebene EN ISO 2063 kürzlich als Normenpaar neu erschienen (vgl. zu II.F.6.2 <1>). Die vorliegende normative Verweisung betrifft im Wesentlichen **EN ISO 2063-2**. Dabei handelt es sich – im Gegensatz zu EN ISO 2808 im vorhergehenden Normabsatz – nicht um eine spezielle Norm zur Messung der Schichtdicke. Vielmehr legt EN ISO 2063-2 u. a. auch fest, wie Anzahl und Lage der Messpunkte zu wählen sind und wie die „örtliche Schichtdicke" eines Messpunktes definiert ist, welche mit der in der Schichtspezifikation geforderten Mindestschichtdicke verglichen wird. Die Messung der Dicke muss mittels elektromagnetischer Messverfahren durchgeführt werden. Bei Meinungsverschiedenheiten sind, sofern dies möglich ist, mikrographische Schliffe zu verwenden. Die elektromagnetische Dickenmessung selbst ist nach **EN ISO 2178** [R131] durchzuführen.

<3.3> Zu b3) Dicke von Feuerverzinkungsschichten

Ähnlich wie EN ISO 2063 bei den Spritzschichten, so ist auch die hier angegebene **EN ISO 1461** keine spezielle Norm zur Messung der Schichtdicke eines durch Feuerverzinken erzeugten Zinküberzugs (vgl. zu II.F.6.3 <2>). Es werden aber Empfehlungen gegeben, welche Prüfverfahren eingesetzt werden sollten, z. B. zur zerstörungsfreien Prüfung der Zinkschichtdicke das bereits im vorhergehenden Kommentar für Spritzschichten empfohlene magnetische Verfahren nach **EN ISO 2178**. Im Falle von Unstimmigkeiten schreibt EN ISO 1461 das (zerstörende) gravimetrische Verfahren zur Bestimmung der durchschnittlichen örtlichen Überzugsdicke vor. Angaben dazu findet man in Anhang D.3 von EN ISO 1461.

Die Zinkschichtdickenmessung liefert neben der Prüfung der genormten bzw. vertraglich vereinbarten Mindest- und Höchstschichtdicken auch eine indirekte Aussage über das eingesetzte Verzinkungsverfahren: Stückverzinken liefert ca. 70 ÷ 170 µm, Bandverzinken ca. 20 ÷ 30 µm, galvanisches Verzinken ca. 10 ÷ 15 µm.

<4> Zu Ziffer (c) – Sichtprüfung der fertigen Beschichtung bzw. des fertigen Überzugs

Obwohl EN 1090-2 hier (unverständlicherweise) nur für organische Beschichtungen eine Sichtprüfung verlangt (nach EN ISO 12944-7), sind nach Auffassung der Verfasser auch für metallische Überzüge Sichtprüfungen dringend zu empfehlen.

<4.1> Zur Sichtprüfung von Schichten organischer Beschichtungssysteme

Beschichtungen sind gemäß **EN ISO 12944-7** – neben der Trockenschichtdicke (vgl. <3.1>) – vor allem hinsichtlich der nachfolgend aufgelisteten Eigenschaften zu überprüfen [V34], wobei die Gleichmäßigkeit der Farbe besonders häufig Gegenstand von Differenzen zwischen den Parteien ist:

- Gleichmäßigkeit, Farbe, Deckvermögen;
- Mängel: das sind vor allem Fehlstellen, Orangehaut-Effekt, Krater, Luftblasen, Abblätterungen, Risse, Läufer;
- Haftfestigkeit;
- Porosität.

Der bekannteste (Schnell-)Test zur Prüfung der **Haftfestigkeit** ist die Gitterschnittprüfung nach **EN ISO 2409** [R132]. Dabei wird die Beschichtung durch ein sich rechtwinklig kreuzendes Raster von Parallelschnitten bis zum Stahluntergrund eingeschnitten. Beurteilt wird das Abplatzungsverhalten entlang der Schnittränder. Die Prüfung testet neben der eigentlichen Haftung der Beschichtung auch deren plastische Verformbarkeit. Bild KII.F-10 illustriert die Herstellung des Gitterschnittes und zeigt je eine bestandene und nicht bestandene Gitterschnittprüfung.

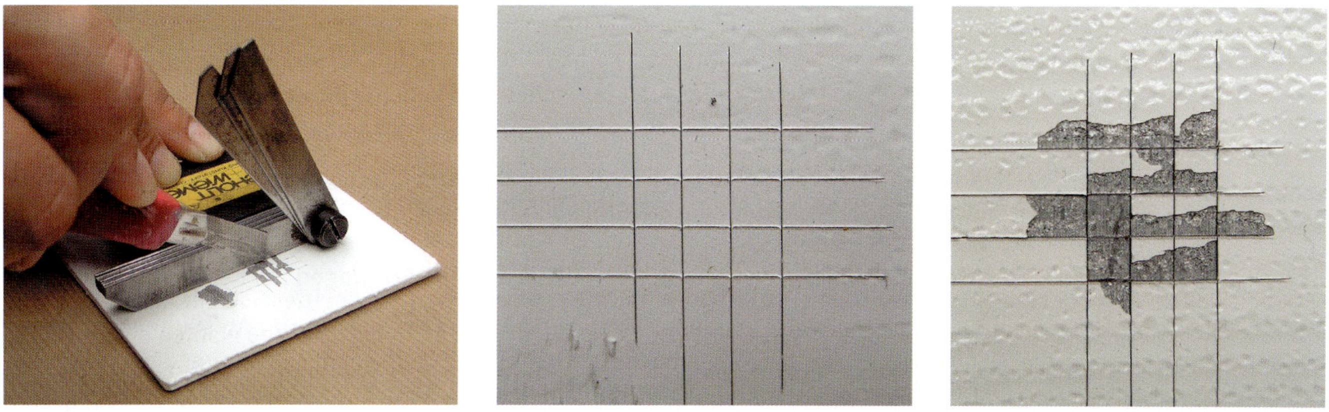

a) b) c)

Quelle: L. Bär

Bild KII.F-10: Gitterschnittprüfung von Beschichtungen nach EN ISO 2409:
a) Herstellung des Gitterschnittes, b) Gitterschnitt mit Bewertung Gt0, c) Gitterschnitt mit Bewertung Gt5 (ungenügend)

Weit problematischer gestaltet sich oft die Bewertung der so genannten **Farbunterschiede.** Für Kunden und Architekten ist der gestalterische Aspekt einer Beschichtung (Farbton, Glanzgrad, Oberflächenstruktur) häufig ebenso wichtig wie der korrosionsschutztechnische. Er lässt sich aber praktisch nicht prüf- und messtechnisch erfassen. Alle Beteiligten sollten sich darüber im Klaren sein, dass erstens Beschädigungen an Beschichtungen, die im Werk aufgebracht wurden, beim Transport und der Montage unvermeidbar sind, und dass zweitens geringfügige Farbtonunterschiede zwischen ausgebesserten und ursprünglich beschichteten Flächen ebenfalls unvermeidbar sind. Will man das vermeiden, muss die letzte Deckbeschichtung nach Ausbesserung aller Schadstellen auf der Baustelle aufgebracht werden.

Dies ist aber korrosionsschutztechnisch nicht die qualitativ beste Lösung. Beispielsweise lassen sich die erforderlichen Applikationsparameter wie Temperatur, Luftfeuchtigkeit, Taupunkt usw. in einer Korrosionsschutzhalle optimal einstellen, während sie auf der Baustelle kaum beeinflussbar sind. Es ist deshalb nicht auszuschließen, dass auf der Baustelle nur wenige Stunden am Tag Farbe aufgebracht werden kann, in den Herbst- und Wintermonaten manchmal überhaupt nicht. Es ist einfach unbestritten, dass der höherwertige Korrosionsschutz im Werk aufgebracht wird. Eine geteilte Leistung, z. B. das Aufbringen der Grund- und Zwischenbeschichtung im Werk und der Deckbeschichtung nach der Montage auf der Baustelle, wäre ein gangbarer Kompromiss. Allerdings muss dann vor Aufbringen der Deckbeschichtung nicht nur die Stahlbaumontage, sondern die Gesamtmontage abgeschlossen sein.

<4.2> Zur Sichtprüfung von thermischen Spritzschichten

Nach **EN ISO 2063-2** muss nach Abschluss der Spritzbeschichtung eine 100 %-Sichtprüfung durchgeführt werden, selbst wenn es nicht in den Fertigungsanweisungen festgelegt ist. Die Oberfläche muss ein gleichmäßiges Erscheinungsbild haben, ohne Blasen oder blanke Flecken, und frei sein von nichthaftenden Partikeln und Fehlern, die sich nachteilig auf die Standzeit und den geplanten Einsatz der Schutzschicht auswirken können.

Außerdem gehört – neben der Mindestschichtdicke und dem Aussehen – auch eine ausreichende **Haftfestigkei**t zu den in EN ISO 2063-2 für thermische Spritzschichten geforderten Eigenschaften. Ihre Prüfung ist jedoch nicht Teil der Routineprüfungen nach EN 1090-2, sondern müsste im Vertrag gesondert vereinbart werden.

<4.3> Zur Sichtprüfung von Verzinkungsschichten

Nach **EN ISO 1461** müssen alle wesentlichen Zinkoberflächen, mit dem unbewaffneten Auge betrachtet, frei von Verdickungen/Blasen, rauen Stellen und Fehlstellen sein. Ferner dürfen keine Reste von Flussmittel oder Zinkschlacke am Bauteil haften. Zu beachten ist, dass eine feuerverzinkte Oberfläche in der Regel nicht gleichmäßig aussieht, sondern eine so genannte „Zinkblume“ aufweist. Diese kann bei unbeeinflusster Erstarrung des Zinküberzugs durch Zinkkristalle mit unterschiedlichem Glanz und unterschiedlicher Größe entstehen. Die Qualität des Überzugs wird dadurch nicht beeinflusst. Zu beachten ist ferner, dass gemäß EN ISO 1461 auch das Auftreten von dunkel- bzw. hellgrauen Bereichen und von „Weißrost“ kein Grund zur Zurückweisung ist, sofern der geforderte Mindestwert der Dicke des Zinküberzugs vorhanden ist.

Das **Haftvermögen** von Zinküberzügen auf stückverzinkten Stahlteilen braucht, im Gegensatz zu den thermischen Spritzschichten, gemäß EN ISO 1461 üblicherweise nicht geprüft zu werden.

<5> Zu Ziffer (d) – Umfang und Annahmekriterien der DFT-Prüfungen bei Beschichtungen

Das Thema der zu fordernden Mindest-, Mittel- und Maximalwerte der DFT-Messungen, bezogen auf die Nennschichtdicke (NDFT) – im Vorgängerbuch [V68] noch als dringend empfohlener Gegenstand der Vertragsverhandlungen behandelt – ist jetzt mit den vorliegenden Vorgaben unter Ziffer (d) normativ geregelt (allerdings „sofern nicht anders festgelegt“). Die ausführlichen Empfehlungen dazu in der **DSTV-Korrosionsschutzrichtlinie** [R172] haben sich damit weitgehend erledigt. Die hier gegebenen quantitativen Forderungen sind verständlich und bedürfen keiner Kommentierung. Lediglich sei darauf hingewiesen, dass EN ISO 12944-7 als oberen Grenzwert für die DFT bis zu 3 × NDFT erlaubt (statt 2 × NDFT hier in EN 1090-2) – solche Diskrepanzen zwischen verbindlichen Normen sind ärgerlich.

Bei Straßenbrücken und Ingenieurbauten nach **ZTV-ING** [R203] darf, ebenfalls abweichend von EN ISO 12944-7, die gemessene Schichtdicke nicht das Doppelte und nur an einzelnen Stellen, z. B. Kehlen, nicht das Dreifache der Sollschichtdicke überschreiten.

Kontrollflächen

Zu II.F.7.3

Die hier in EN 1090-2 ab Korrosivitätskategorie C3 als Regelvorgehensweise („sofern nichts anderes festgelegt") vorgeschriebenen Kontrollflächen („*reference areas*") nach Kapitel 8 von **EN ISO 12944-7** sind „geeignete Flächen am Bauwerk, die angelegt werden, um einen akzeptierten Ausführungsstandard der Arbeiten herzustellen, um zu bestätigen, dass Angaben eines Herstellers oder Auftragnehmers richtig sind, und um das Verhalten der Beschichtung zu jedem Zeitpunkt nach ihrer Fertigstellung zu beurteilen". Gemäß EN ISO 12944-7 werden die Kontrollflächen zwar „im Allgemeinen nicht für Gewährleistungszwecke benutzt, können jedoch nach Vereinbarung zwischen den Vertragspartnern für diesen Zweck herangezogen werden". Diese vage Formulierung hinsichtlich der Verwendung für Gewährleistungszwecke entspricht **nicht** der allgemeinen Praxis, wo genau das gang und gäbe ist! In der Regel ist einer der ersten Schritte in einem gutachterlichen Vorgehen die Frage nach den Kontrollflächen.

Bedenkt man, dass eine Reparatur oder gar eine Kompletterneuerung des Korrosionsschutzsystems erhebliche Kosten verursachen, so ist sowohl ausführenden Stahlbaufirmen als auch der jeweils ausführenden Korrosionsschutzfirma dringend zu raten, sich durch das Anlegen von Kontrollflächen abzusichern. Da es sich um eine kongruente Interessenlage aller Beteiligten handelt, gibt es in der Regel kaum Einwände einer Partei zu diesem Verfahren, obwohl es sich formal nur um eine optionale Auswahlmöglichkeit nach Tabelle II.A.2 der EN 1090-2 handelt (vgl. zu II.4.1.1 <2.4>). Die Verfasser empfehlen jedenfalls dringend, von dieser Auswahlmöglichkeit Gebrauch zu machen. Dabei sollten die zu verwendenden Kontrollflächen bereits in der Verhandlungsphase bzw. im Vergabeverfahren festgelegt und frühzeitig im Vertragswerk AN/AG und in dessen technischen Bestimmungen fixiert werden. Mitgeltende technische Unterlagen wie Werkstandards o. Ä. des Auftraggebers sind dabei unbedingt zu berücksichtigen, um nicht kalkulierte nachträgliche Kosten zu vermeiden. Selbstverständlich gehören die festgelegten Kontrollflächen in die Ausführungsunterlagen.

Der Sinn der Kontrollflächen liegt zum einen darin, eine technische Grundlage für die Korrosionsschutzarbeiten am Objekt zwischen allen Beteiligten abzustimmen und zu kontrollieren sowie die Herstellerangaben für die Beschichtungsstoffe in den unmittelbaren Beschichtungsvorgang einzubringen („Einstellen der Farbe"). Zum anderen ist eine Kontrollfläche im späteren Reklamationsfall als „Vergleichsmuster" wichtig, um den Verursacher von Korrosionsschäden einwandfrei ermitteln zu können. Gemeinsam ausgeführt mit Vertretern des Beschichtungsstoffherstellers, des Kunden/Bauherrn und ggf. der Prüfinstanz, sichert das Verfahren der Kontrollflächen die notwendige Qualität und minimiert damit das Risiko späterer Reklamationen. Der dabei stattfindende Austausch unter „Experten" ist – quasi als Nebeneffekt – auch eine wertvolle Mitarbeiterschulung.

Als Kontrollflächen werden repräsentative Teilflächen am Bauwerk ausgewählt. „Repräsentativ" heißt, dass sie z. B. auch kritische Schweißnähte, Schraubenverbindungen, Kanten, Ecken usw. erfassen sollten. Anzahl und Größe der Kontrollflächen muss im angemessenen Verhältnis zur Gesamtfläche des Bauwerkes stehen. Anhang A zu EN ISO 12944-7 gibt Empfehlungen dazu; die empfohlene Anzahl geht von „1" bei < 5 000 m^2 bis „5" bei > 50 000 m^2, die empfohlene Fläche von 0,3 % bis 0,1 % der Gesamtfläche. Das ist deutlich weniger als in der alten Ausgabe von EN ISO 12944-7!

Eine Kontrollfläche wird im Beisein aller Beteiligten (d. h. des Herstellers des Stahltragwerks, der ausführenden Firma der Korrosionsschutzarbeiten, der Herstellerfirma des Beschichtungssystems, ggf. der Verzinkerei und des Bauüberwachers für die Korrosionsschutzarbeiten) entrostet/gestrahlt und anschließend mit dem geforderten Korrosionsschutzsystem versehen.

Jeder der Beteiligten muss mit der jeweiligen Ausführung der Arbeiten einverstanden sein. Ist er das nicht, weil seines Erachtens die Ausführung nicht in Übereinstimmung mit den Ausführungsunterlagen erfolgte, kann er ein Nacharbeiten verlangen. Das Anlegen einer Kontrollfläche wird in einem **Kontrollflächenprotokoll** festgehalten. Einen Vordruck für ein solches Protokoll enthält Anhang B zu EN ISO 12944-8. Nach Kenntnis der Verfasser wird dieser Vordruck von namhaften Korrosionsschutzbetrieben 1 : 1 verwendet, hat sich also offensichtlich bewährt.

Versagt während der Garantiezeit das Korrosionsschutzsystem sowohl der Bauwerksflächen als auch der Kontrollfläche, haftet in der Regel der Hersteller des Beschichtungssystems. Treten während der Garantiezeit Schäden am Korrosionsschutzsystem der Bauwerksflächen auf, während das Korrosionsschutzsystem der Kontrollfläche keine Schäden aufweist, haftet in der Regel die ausführende Firma der Korrosionsschutzarbeiten. Für die genaue Ursachenermittlung wird in jedem Falle die Kontrollfläche herangezogen. Dies erfolgt in Einzelfallentscheidungen ggf. durch qualifizierte Sachverständige.

Zu II.F.7.4 Feuerverzinkte Bauteile

<1> Zu Abs. 1 und Anmerkung – Risiko flüssigmetallinduzierter Rissbildung (LMAC)

Die Prüfung nach dem Feuerverzinken beschränkte sich früher traditionell für den Stahl- und Metallbauer auf die in II.F.7.2 beschriebenen Routineprüfungen, nämlich die Schichtdickenmessung nach EN ISO 1461 (vgl. zu II.F.7.2 <3.3>), unter Umständen ergänzt durch eine Sichtprüfung der Verzinkungsschicht (vgl. zu II.F.7.2 <4.3>). EN 1090-2 fordert als Regelmaßnahme („sofern nichts anderes festgelegt wird") zusätzlich eine gezielte Inspektion aller feuerverzinkten Bauteile nach dem Verzinken unter dem speziellen Gesichtspunkt der LMAC-Rissbildung, die in der Regel nur durch geschultes Prüfpersonal des Verzinkungsbetriebes durchgeführt werden kann. Diese Inspektion ist in Deutschland verbindlich durch die DASt-Richtlinie 022 vorgeschrieben (siehe nachfolgenden Absatz).

Auslöser dieser Inspektionsforderung waren Schadensfälle durch flüssigmetallinduzierte Rissbildung (*„liquid metal assisted cracking"*, daher **LMAC**) während des Feuerverzinkungsprozesses, die im ersten Jahrzehnt dieses Jahrhunderts vermehrt aufgetreten waren. Ihnen trägt der vorliegende Normabschnitt II.F.7.4 Rechnung. Es gibt darüber eine ganze Reihe von Veröffentlichungen (z. B. [V18]), einige davon mit Richtliniencharakter (siehe [II.Lit39, 40, 42, 43]), von denen für den deutschen Stahlbau vor allem die **DASt-Richtlinie 022** [II.Lit40] (auch [R27]) zu beachten ist (Erläuterungen dazu siehe [V19]). Sie ist 2016 neu erschienen und wird auch in der MVV-TB-Liste für Bauprodukte, die nicht die CE-Kennzeichnung tragen (vgl. zu II.5.1 <1.3>), als bauaufsichtlich verbindliches Regelwerk aufgeführt.

Die DASt-Ri 022 richtet sich an Planer, Hersteller und Verzinker und behandelt Maßnahmen, mit denen Einbußen der Tragsicherheit und der Gebrauchstauglichkeit durch Rissbildung beim Verzinkungsprozess verhindert werden sollen. Sie ist als Ergänzung zu EN 1090-2 sowie zu EN ISO 1461 gedacht und spezifiziert für vorgefertigte vollwandige Stahlbauteile (aus Walzprofilen oder geschweißt) die verwendbaren Zinklegierungen und die Durchführung des Verzinkungsprozesses abhängig von der Konstruktion, Ausbildung und Bestimmung. Gemäß MVV-TB ist im bauaufsichtlichen Bereich von den drei aufgeführten Zinkbadklassen nur die Klasse 1 zulässig, und die in Anlage 4 der DASt-Ri 022 beschriebenen rechnerischen Nachweise gegen Rissbildung dürfen nicht herangezogen werden.

Der Titel „Feuerverzinken von tragenden Stahlbauteilen" der DASt-Ri 022 ist insofern etwas irreführend, als es, wie vorstehend beschrieben, ausschließlich um konkrete Regelungen zur Verhinderung von **LMAC-Rissbildung** geht. Andere Anforderungen an die Feuerverzinkung, wie die Qualität des Zinküberzugs oder die Einhaltung der Sollform des Bauteils (Verwindungsfreiheit), werden **nicht** behandelt. Auch die Gefahr von wasserstoffinduzierter Rissbildung beim Vorbehandlungs-Beizen wird nur beiläufig erwähnt. Allen Herstellern, die Bauteile stückverzinken lassen wollen, ist aber trotzdem dringend zu empfehlen, die vielen Hinweise der DASt-Ri 022 zur verzinkungsgerechten Tragwerksplanung, konstruktiven Gestaltung, Materialbestellung und Fertigung frühzeitig zu beachten. Anlage 5 der Richtlinie enthält ein Muster einer **Bestellspezifikation** für das Feuerverzinken.

<2> Zu Abs. 2 und 3 – Kontrolle nach dem Verzinken mit Hilfe zusätzlicher ZfP

Als geeignetes Verfahren für die zerstörungsfreie Prüfung (ZfP) verzinkter Bauteile auf Risse unter Zinkschichten kommt das **Magnetpulverfahren (MT)** in Frage, sofern gewisse Randbedingungen beachtet werden; Einzelheiten dazu findet man in Anlage 3 der DASt-Ri 022. Eine MT-Prüfung wird nach DASt-Ri 022 zusätzlich zur generell vorgeschriebenen 100 %-Sichtprüfung erforderlich:

- an Stellen, bei denen die Sichtprüfung Verdachtsmomente ergeben hat,
- an von Vornherein planmäßig ausgewählten kritischen Stellen stichprobenhaft.

Diese ausgewählten kritischen Stellen sind unter Ziffer (b) im vorliegenden Normabsatz gemeint. Die DASt-Ri 022 bietet für ihre Festlegung eine ausgeklügelte Systematik mit drei Konstruktionsklassen, drei Detailklassen und drei davon abhängigen Vertrauensklassen an. In der niedrigsten Vertrauensklasse 3 (z. B. hohe Träger aus S355J0 mit halben Kopfplatten am Ende) ist pro Lieferlos mindestens eines der kritischen Details (im Beispiel: eine Kopfplatte) mit MT zu prüfen.

<3> Zu Abs. 4 – Vorgehen bei Verdacht auf Rissbildung

Die Vorgaben des vorliegenden Absatzes von Anhang II.F bedürfen keines Kommentars.

Zu Anhang II.G (normativ) Bestimmung der Haftreibungszahl

Zu II.G.1 Allgemeines

<1> Zu Abs. 1 – Ziel der Prüfung

Auf diesen normativen Anhang wird im Normabschnitt **II.8.4** im Zusammenhang mit der Vorbereitung von Kontaktflächen für gleitfeste Verbindungen Bezug genommen. Dort sind in Tabelle II.17 verschiedene Arten von Oberflächenbehandlungen beschrieben, für die ohne Versuch angenommen werden darf, dass damit mindestens die in der Tabelle angegebenen Haftreibungszahlen der zugeordneten Reibflächenklassen erzielt werden (vgl. zu II.8.4 <3>). Wenn für geplante gleitfeste Verbindungen Oberflächenbehandlungen vorliegen bzw. gewählt werden, die sich nicht den Angaben von Tabelle II.17 zuordnen lassen, oder wenn man für eine der tabellierten Oberflächenbehandlungen eine höhere Haftreibungszahl als den Tabellenwert anstrebt (z. B. für die traditionelle ASI-Beschichtung auf gestrahltem Untergrund, vgl. zu II.8.4 <3>), dann müssen die Haftreibungszahlen mittels der in diesem Anhang II.G beschriebenen Verfahrensprüfung ermittelt werden.

<2> Zu Abs. 2 und 3 – Prüfrandbedingungen

Der Hinweis, dass bei dem Prüfverfahren Kriechverformungen berücksichtigt werden, ist sowohl für feuerverzinkte als auch für beschichtete Reibflächen wichtig, da sie unter Dauerlast einer Kriechgleitgefahr unterliegen (vgl. zu II.8.4 <3>).

Zu II.G.2 Maßgebende Kenngrößen

Die aufgelisteten Kenngrößen bedürfen keiner Kommentierung.

Zu II.G.3 Prüfkörper

<1> Zu Abs. 1 und Bild II.G.1 – Standardprüfkörper

Für die Prüfkörperabmessungen werden in Bild II.G.1 zwei Varianten mit den Verschraubungen M16-10.9 und M20-10.9 genau vorgegeben, die wahlweise verwendet werden können. Es ist im Rahmen einer Verfahrensprüfung nicht erforderlich, beide Abmessungsvarianten zu berücksichtigen. Man kann sich für eine Variante frei entscheiden. Es ist sicherlich sinnvoll, die Wahl von der geplanten Anwendung abhängig zu machen. Bei großen Bauteilen und Schraubendurchmessern ≥ M20 sollte nach Bild II.G.1a verfahren werden, bei kleinen Bauteilen und Schraubendurchmessern ≤ M16 nach Bild II.G.1b.

Den relativ dünnen Prüfkörpern liegt die Überlegung zugrunde, auf der sicheren Seite liegend diejenige Konstellation zu prüfen, bei der die Anpressflächen in den Kontaktfugen um die einzelnen Schrauben herum möglichst klein sind, so dass lokale Effekte (plastisches Einebnen) den größten Einfluss auf eine eventuelle Reduktion der Reibung haben dürften.

Die Herkunft dieser repräsentativen Standardabmessungen ist für die Verfasser nicht ganz klar. Die Prüfkörperabmessungen bei den Grundlagen-Untersuchungen der TU Delft in den 1980er Jahren [V23] – übrigens ebenfalls mit den beiden Verschraubungen M16-10.9 und M20-10.9 durchgeführt – waren anders.

<2> Zu Abs. 2 bis 4 – Werkstoff und Fertigung der Prüfkörperbleche

Die Prüfkörper müssen aus einer der im Bauwesen üblichen Stahlsorten hergestellt werden, d. h. nach der Normenreihe EN 10025, wenn es um eine Baustahlanwendung geht, und nach dem Normenpaar EN 10088-4 und -5, wenn es um eine gleitfeste Verbindung aus nichtrostendem Stahl geht. Der Einfluss der Stahlsorte innerhalb dieser Gruppen auf die Haftreibungszahl dürfte unerheblich sein. Viel wichtiger ist sicherlich der Vorbereitungsgrad der Stahloberfläche.

<3> Zu Abs. 5 und 6 – Beschichtung der Prüfkörperkontaktflächen

Für die mittlere Schichtdicke auf den Berührflächen der Prüfkörper wird gefordert, dass diese um mindestens „25 % dicker“ sein muss als gemäß Spezifikation bzw. Mindestanforderung. Es liegt auf der Hand, dass mit dieser Forderung sichergestellt werden soll, dass Vorspannkraftverluste und Kriechgleiten auf der sicheren Seite liegend erfasst werden.

<4> Zu Abs. 7 bis 12 – Zusammenbau und Vorbereitung der Prüfkörper

Beim Prüfaufbau ist darauf zu achten, dass die Schrauben entgegen der eingeleiteten Zugkraft an den Lochleibungen anliegen, damit die zu messende Gleitkraft-Verschiebung-Beziehung nicht durch teilweises Lochleibungstragverhalten verfälscht wird. Darüber hinaus sind die hier im Normtext vorgegebenen Regeln für den Zusammenbau und die Vorbereitung der Prüfkörper klar verständlich; Kommentare dazu sind nicht erforderlich.

Prüfverfahren und Auswertung der Ergebnisse

Zu II.G.4

<1> Zu Abs. 1 – Anzahl der Prüfkörper

Die hier für die Verfahrensprüfung nach Anhang II.G geforderten fünf Prüfkörper – vier für die Prüfung mit normaler Geschwindigkeit, der fünfte für die Kriechprüfung – liefern insgesamt 10 Gleitkraftwerte. Das wird als zunächst statistisch ausreichend angesehen, Ausnahmen siehe <3> und <4>.

<2> Zu Abs. 2 bis 6 – Durchführung der Prüfung: Vier Basis-Prüfkörper

Die Anweisungen für die Ermittlung der beiden Gleitmaß- und Gleitkraftwerte aus den acht gemessenen Relativverschiebungen, gemäß dem auf den vier Gleitebenen tatsächlich beobachteten Gleitmechanismus, das Ganze unter Beachtung der Gleitkraft-Definitionen für verschiedenartige Kraftverschiebungskurven in Bild II.G.2, sind verständlich formuliert und bedürfen keiner Kommentierung.

<3> Zu Abs. 7 und 8 – Durchführung der Prüfung: Fünfter Basis-Prüfkörper

Dieser Prüfkörper dient der Überprüfung, ob ausgeprägtes Kriechgleiten zu erwarten ist, so dass erweiterte Kriechprüfungen erforderlich werden. Die als Kriterium benutzte Gleitmaßgrenze von nur 0,002 mm mutet auf den ersten Blick extrem gering an. Eine solche Gleitwegmessung ist aber mit potentiometrischen Wegaufnehmern durchaus möglich. Dieser Wert 0,002 mm ist abgeleitet aus entsprechenden Dauerstandversuchen. Nur wenn in dieser fünften, etwas länger dauernden Prüfung, im Zeitraum von fünf Minuten bis zu drei Stunden nach Aufbringen der vollen Dauerlast der Gleitweg (das so genannte „verzögerte Gleitmaß“) unter 0,002 mm liegt, kann mit Sicherheit davon ausgegangen werden, dass innerhalb der Lebensdauer des Tragwerks von 50 Jahren keine Gleitverschiebungen auftreten, die größer als 0,3 mm sind und die damit für die Reibtragfähigkeit kritisch wären. Anfängliches Gleiten, dass durch das unmittelbare Relaxations- bzw. Setzungsverhalten nach Aufbringen der Last beeinflusst wird, bleibt dabei richtigerweise unberücksichtigt, indem die Messergebnisse erst nach fünf Minuten unter Maximallast berücksichtigt werden.

Wird das Gleitmaß von 0,002 mm erreicht, dann sind drei zusätzliche Prüfungen als Dauerstandversuche nach II.G.5 durchzuführen.

<4> Zu Abs. 9 und 10 – Erhöhung der Anzahl der Prüfkörper

Der Prüfumfang wird, außer bei Überschreiten des Maximalgleitmaßes nach <3>, auch dann erweitert, wenn die Standardabweichung aus den zehn Gleitkraft-Ergebnissen an den fünf Prüfkörpern zunächst zu groß ist. Die erforderliche Anzahl weiterer Prüfungen ergibt sich nach der angegebenen Formel. Erst wenn die mittlere Gleitkraft genau genug bestimmt wurde, folgt das eventuell notwendige erweiterte Kriechprüfverfahren.

Zu II.G.5 Erweitertes Kriechprüfverfahren und Auswertung

Die Vorgehensweise bei der erweiterten Kriechprüfung ist ebenfalls verständlich beschrieben und braucht nicht kommentiert zu werden. In Abs. 3 hat sich ein Druckfehler eingeschlichen: Die Gleitflächenklassen findet man in Tabelle II.17 (nicht II.16).

Es ist darauf aufmerksam zu machen, dass die **Dauer** der erweiterten Kriechprüfung nicht von Vornherein feststeht. Die Prüfung kann unter Umständen relativ schnell beendet werden, wenn nämlich gemäß Bild II.G.3 die durch 300 µm Gleitweg und die Lebensdauer des Tragwerks festgelegte Tangente an die gemessene „Verschiebungs-log Zeit"-Kurve signalisiert, dass der Grenzwert von 300 µm nicht eingehalten werden kann. Die Prüfung kann aber auch recht lange dauern, unter Umständen auch mehrere Monate, bis feststeht, ob die Kriechgleitgrenze eingehalten wird. Dies ist bei der Versuchsplanung unbedingt zu berücksichtigen.

Zu II.G.6 Prüfergebnisse

Die in diesem Abschnitt des Anhangs II.G gegebenen detaillierten Anweisungen zur Ermittlung des Nennwertes der Haftreibungszahl μ aus den Ergebnissen der Normalprüfungen und ggf. der erweiterten Kriechprüfungen sowie zur Einordnung in die vier Reibflächenklassen A bis D der Tabelle II.17 im Normabschnitt II.8.4 bedürfen keiner Kommentierung.

Kalibrierprüfung für vorgespannte Schraubengarnituren unter Baustellenbedingungen

Zu Anhang II.H
(normativ)

Zu II.H.1

Allgemeines

<1> Zu Abs. 1 bis 3 – Sinn und Zweck von Anhang II.H

Auf diesen normativen Anhang II.H wird im Haupttext der Norm erstmalig in Abschnitt II.8.5.1, Abs. 5 verwiesen, und zwar explizit als Alternative zur werkseitigen Kalibrierung vorspannbarer Schraubengarnituren durch den Garniturhersteller. Irgendwelche Einschränkungen werden nicht genannt. Der Eindruck einer gleichberechtigten Alternative wird noch verstärkt, indem in Abs. 13 jenes Normabschnittes suggeriert wird, man könne frei entscheiden, ob man die hochfesten Schraubengarnituren im angelieferten geschmierten Zustand einsetzt oder lieber nach Anhang II.H selbst „unter Baustellenbedingungen" kalibriert. Warum allerdings jemand auf die Idee kommen sollte, die im Anlieferungszustand vorhandene Schmierung zu ändern und die Garnituren dann aufwändig neu zu kalibrieren, bleibt unklar (vgl. auch zu II.8.5.1 <9>). Ein naheliegendes Ziel, nämlich die nach EN 14399-1 mit der CE-Kennzeichnung deklarierte k-Klasse höherzustufen (z. B. von K0 auf K1 oder von K1 auf K2), scheidet jedenfalls gemäß Abs. 3 des vorliegenden Abschnittes II.H.1 definitiv aus.

Zusammengefasst ist den Verfassern nicht klar, wozu man diesen Anhang braucht – außer vielleicht für Schraubengarnituren, deren mitgelieferte Schmierung unter einer langen Lagerung gelitten hat oder die unter extremen Umwelteinflüssen angezogen werden müssen, welche von den Laborbedingungen des Garniturherstellers nicht abgedeckt sind. In einem solchen Fall würde man wohl ein anerkanntes Prüflabor mit der Neu- bzw. Nachkalibrierung auf der Grundlage des vorliegenden Anhangs II.H beauftragen. Das Prüflabor würde dann aber wahrscheinlich nach EN 14399-2 vorgehen. Eine Kalibrierung von erst auf der Baustelle händisch geschmierten Garnituren – ein Gedanke, der einem bei dem Stichwort „unter Baustellenbedingungen" zwangsläufig kommt – muss in jedem Fall auf seltene Sonderfälle beschränkt bleiben (vgl. zu II.8.5.1 <9>).

Die in den ersten beiden Textabsätzen beschriebene Zielsetzung des Anhangs ist praktisch identisch mit der Zielsetzung der Norm **EN 14399-2**, nach welcher die Garniturhersteller die Kalibrierung durchführen müssen. Der einzige Unterschied ist demnach, dass hier der Anziehversuch unter **Baustellenbedingungen** stattfinden soll (siehe <2>).

Zur Geschichte des Anhangs II.H: In sämtlichen ENV-1090-Ausgaben der 1990er Jahre gab es ihn nicht – im Gegensatz zur unbestritten notwendigen Haftreibungszahl-Verfahrensprüfung (jetzt Anhang II.G). Selbst in prEN 1090-2:2005 gab es den Anhang noch nicht, erst in der ersten offiziellen Ausgabe EN 1090-2:2008 war er plötzlich da, obwohl es zu dieser Zeit längst die Norm EN 14399-2 mit ihrer ausgefeilten Gebrauchseignungsprüfung für vorspannbare Schraubengarnituren gab. Von welchem Land er in den Arbeitsausschuss CEN/TC 135 eingebracht wurde, ist den Verfassern nicht bekannt.

<2> Zur Überschrift und zu Abs. 1 – Baustellenbedingungen

Was genau mit „Baustellenbedingungen" gemeint ist, darüber sagt weder der Haupttext der Norm noch der vorliegende Anhang etwas aus (vgl. auch zu II.8.5.1 <3>). Mit Baustellenbedingungen im landläufigen Sinne hat die beschriebene Vorgehensweise jedenfalls nichts zu tun. Das Bild II.H.1 zeigt dieselbe Labor-Messvorrichtung wie Bild 1 in EN 14399-2 (siehe zu II.H.4 <1>). Um an einer typischen Baustellenverbindung kalibrieren zu können, müsste man simulierte Blech-Klemmpakete verwenden, wie z. B. früher bei der Einstellung von Schlagschraubern auf der Baustelle gelegentlich gefordert. In diesem Sinne sind die „Baustellenbedingungen" offensichtlich nicht gemeint.

Ganz sicher ist auch nicht gemeint, dass eine Baufirma sich für eine Großbaustelle eine Vorrichtung gemäß Bild II.H.1 beschafft, diese in einem Baucontainer aufstellt und dann den Richtmeister jeweils acht Versuche pro Schraube/Mutter/Scheiben-Lieferlos eines Verbindungsmittel-Billigherstellers prüfen lässt, der selbst nicht zu einer ordentlichen werksseitigen Kalibrierung der

Garnituren in der Lage ist. Abgesehen davon, dass derart kalibrierte Garnituren natürlich keine CE-Kennzeichnung hätten und z. B. in Deutschland im bauaufsichtlich geregelten Bereich deshalb gar nicht eingesetzt werden dürften, darf es grundsätzlich nicht sein, dass man mit simplen „Baustellenversuchen", die vom Aufwand und vom experimentellen Know-how her unter dem Level der werkseigenen Produktionskontrolle eines zertifizierten Garniturherstellers für HR- oder HV-Garnituren liegen, einem Lieferlos von Schraubengarnituren quasi die k-Klasse K2 verpassen kann, so dass die Garnituren z. B. in Frankreich drehmomentgesteuert auf das volle $F_{p,C}$ angezogen werden dürften. Um dem vorzubeugen, ist schon mit der Änderung A1:2011 in EN 1090-2 der bereits erwähnte dritte Textabsatz in den vorliegenden Abschnitt II.H.1 aufgenommen worden.

Vorbild für den Anhang II.H könnte möglicherweise die auf USA-Baustellen verbindlich vorgeschriebene Kalibrierprüfung für vorzuspannende hochfeste Schraubengarnituren gewesen sein [R195]. Jene Kalibrierprüfung muss allerdings – obwohl auch in den USA der *„supplier"* für die gesamte Garnitur verantwortlich ist – grundsätzlich vor Beginn des Einsatzes jedes neuen Garniturtyps, beim Drehmomentverfahren sogar täglich, durchgeführt werden. Damit soll nicht nur die Garnitur, sondern auch das Anziehgerät und der Monteur überprüft werden. In den USA gibt es aber nach Wissen der Verfasser keine unserer EN 14399-2 vergleichbare Norm für die werkseitige Kalibrierung.

Aus Abs. 2 in II.H.7 (siehe Kommentar dazu) lässt sich schlussfolgern, dass die Schöpfer des Anhangs II.H offenbar unter „Baustellenbedingungen" einfach nur die Tatsache verstehen, dass die Kalibrierung an den im Bauwerk konkret eingesetzten Garnituren durchgeführt wird, egal wo.

Zu II.H.2 Symbole und Einheiten

Es handelt sich im Prinzip um eine Auswahl der auch in EN 14399-2 verwendeten Symbole und Einheiten, mit geringfügigen Abweichungen, die aber bedeutungslos sind.

Zu II.H.3 Prinzip der Prüfung

Die Formulierung „können ermittelt werden" ist falsch: Da die Kalibrierung nach Anhang II.H in EN 1090-2 ausdrücklich als Alternative zur werkseitigen Kalibrierung eingeführt wurde (vgl. <1>), muss es „müssen ermittelt werden" heißen. Ursache für diese falsche Formulierung ist ein Missverständnis bei der Übersetzung: *„The test has the possibility to measure ..."* ist eine Fakt-Beschreibung der Messmöglichkeiten, die die Prüfeinrichtung haben muss.

Von den vier in EN 14399-2 spezifizierten Parametern für die Eignungsprüfung vorspannbarer Schraubengarnituren fehlt hier die Schraubenverlängerung; sie wird allerdings auch dort nur, wenn verlangt, gemessen. Die Einschränkung „sofern gefordert" bei der Messung des Anziehdrehmoments und des relativen Drehwinkels bezieht sich nur auf die Kalibrierung von HRC- und DTI-Garnituren, bei denen der Zahlenwert des Anziehmomentes, bei HRC-Garnituren auch des Drehwinkels, nicht benötigt wird. Für das Drehmomentverfahren (einschließlich des deutschen modifizierten Drehmomentverfahrens) und das Kombinierte Vorspannverfahren ist dagegen die Aufnahme der Anziehdrehmoment/Schraubenkraft-Kurve und der Drehwinkel/Schraubenkraft-Kurve unabdingbar, um die in EN 14399-3, -4, -7 und -8 geforderten Gebrauchseigenschaften (funktionellen Eigenschaften) von HR- und HV-Garnituren nachweisen zu können.

Zu II.H.4 Prüfapparatur

<1> Zu Abs. 1 – Messeinrichtung für die Schraubenkraft

Der Hinweis auf die in EN 14399-2 beschriebene Messeinrichtung war in der 2011er Ausgabe von EN 1090-2 noch eindeutig („muss entsprechen"), was auch dadurch unterstrichen wurde, dass Bild II.H.1 identisch mit Bild 1 in EN 14399-2 war. Obwohl die beiden Bilder auch in den aktuellen Ausgaben von EN 1090-2 und EN 14399-2 immer noch identisch sind, heißt es jetzt nur noch „darf entsprechen". Die vom Text her formal gleichwertige Erlaubnis, auch eine andere „mechanisch oder hydraulisch wirkende Messeinrichtung, wie z. B. eine Kraftmessdose", zu verwenden, ist in dieser lapidaren Form gefährlich. Kraftmessdosen gibt es in unterschiedlichsten Ausführungen. Bei der weiter oben angesprochenen Kalibrierprüfung auf USA-Baustellen ist beispielsweise nicht irgendeine Kraftmessdose, sondern ein „*bolt tension calibrator*“ vorgeschrieben. Solche Spezialgeräte werden auf dem amerikanischen Markt von mehreren Firmen angeboten.

Der Hinweis, die Kraftmessdose müsse den Festlegungen nach Abschnitt II.H.8 entsprechen, führt nur für das Kombinierte Vorspannverfahren nicht ins Leere; nur für dieses finden sich dort Genauigkeitsforderungen für die benutzte Kraftmesseinrichtung (siehe zu II.H.8 <1>).

<2> Zu Abs. 2 – Bei der Prüfung verwendetes Anziehgerät

Dass das im Kalibrierversuch verwendete Anziehgerät dem real auf der Baustelle eingesetzten Gerät entsprechen muss und mit ± 4 % auch ebenso genau sein muss, wie generell für das Drehmomentverfahren gefordert (vgl. zu II.8.5.1 <7>), ist bei einer „Prüfung unter Baustellenbedingungen“ logisch. Die in EN 14399-2 darüber hinaus für die Messung des Anziehdrehmomentes geforderte Präzision von ± 1 % ist hier nicht relevant, da – im Gegensatz zum Prüflabor – Prüf-Anziehgerät und Baustellen-Anziehgerät vom gleichen Typ sein sollen.

Für das Kalibrierintervall des Prüf-Anziehgerätes wird interessanterweise mit „mindestens einmal jährlich“ ein fester Wert angegeben – im Gegensatz zum Baustellen-Anziehgerät selbst (vgl. zu II.8.5.1 <7>).

Prüfgarnituren — Zu II.H.5

Es ist sinnvoll, sich bei der Definition eines Prüfloses zunächst eng an die Definition eines einmaligen Garniturenloses nach EN 14399-1 anzulehnen. Sie lautet: „Satz bestehend aus Schrauben aus einem einzigen Herstellungslos, Muttern aus einem einzigen Herstellungslos und Scheiben aus einem einzigen Herstellungslos“. Auf der Baustelle kommt hinzu, dass innerhalb eines Prüfloses die weiteren Randbedingungen (z. B. Lagerungszeitraum und -umgebung, Einbaubedingungen usw.) innerhalb eines Prüfloses gleich sein müssen.

Der Hinweis in der Anmerkung auf extreme Umwelteinflüsse auf der Baustelle bedeutet im Klartext, dass diese auch im „Kalibrierversuch unter Baustellenbedingungen“ präsent sein müssen – z. B. eine Temperatur von –20 °C für eine Montage am Polarkreis oder +40 °C und 95 % Luftfeuchtigkeit bei einer Montage in den Tropen. Erfolgt die Kalibrierung in einem anerkannten Prüflabor, so müssen dort diese Baustellenbedingungen simuliert werden.

Die Anzahl der Prüfgarnituren pro Prüflos beträgt für das Kombinierte Vorspannverfahren gemäß Tabelle II.H.1 mindesten „3“, für die anderen drei Anziehverfahren gemäß Normtext in II.H.8 „8“. Die letztere Anzahl ist größer als die gemäß EN 14399-1 im Herstellerwerk im Rahmen der werkseigenen Produktionskontrolle im Anziehversuch zu prüfende Garniturenanzahl „5“ je einmaliges Garniturenlos.

Prüfaufbau — Zu II.H.6

Wie bei der Prüfapparatur ist auch beim Prüfaufbau die enge Anlehnung an EN 14399-2 augenscheinlich. Sie sollte – leider nicht „muss“ – in jedem Fall beachtet werden. Auf die geforderte gefaste Scheibe nach EN 14399-6 für HR- und HV-Garnituren (vgl. zu II.5.6.4 <1.2>) unter dem Schraubenkopf und auf die geforderte kleinste zugelassene Klemmlänge sei besonders hingewiesen. Letztere liefert das ungünstigste Steifigkeitsverhältnis zwischen Klemmpaket und Schraubengarnitur.

Prüfverfahren — Zu II.H.7

<1> Zu Abs. 1 mit Anmerkung – Ort der Prüfung, verwendetes Anziehverfahren

Zum Thema „Durchführung **auf der Baustelle**“ wurde im Kommentar zu II.H.1 bereits Kritisches angemerkt. Im Normalfall wird eine Kalibrierprüfung nach diesem Anhang II.H in einem externen (und anerkannten) Prüflabor im Auftrag des Bauherrn, des Generalunternehmers oder der Stahlbaufirma stattfinden. Dass dieses Prüflabor auch das Werkslabor des Garniturherstellers sein kann, ist trivial – sofern nicht die Kalibrierprüfung nach Anhang II.H gerade deshalb durchgeführt wird, weil man der mitgelieferten Kalibrierung misstraut! Was unter „anderswo unter geeigneten Bedingungen“ zu verstehen ist, ist unklar.

Bei der Durchführung in einem **Prüflabor** wird sich die in II.H.4 postulierte Bedingung, dass das bei der Prüfung verwendete Anziehgerät dem auf der Baustelle eingesetzten Anziehgerät (z.B. einem Drehmomentschlüssel oder einem Hydraulikschrauber) entsprechen muss, nicht immer realisieren lassen. Prüflabors arbeiten in der Regel (wie auch die Labors der Garniturhersteller) mit rechnergesteuerten Schraubenprüfständen (siehe z.B. Bild KII.H-1), an denen man unter Umständen den vorgesehenen Montageschrauber nicht so einfach ansetzen kann. Hier muss im Einzelfall eine sachlich fundierte Entscheidung getroffen werden.

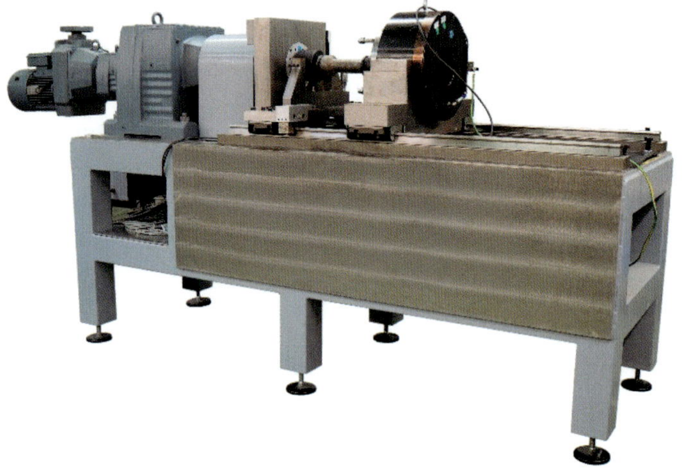

Quelle: IML, Uni Duisburg-Essen

Bild KII.H-1: Anziehprüfstand zur Ermittlung von Anziehparametern

Die Forderung, im Kalibrierversuch das gleiche **Anziehverfahren** wie auf der Baustelle zu verwenden, ist selbstverständlich.

<2> Zu Abs. 2 bis 4 – Durchführung der Anziehversuche

Die Anweisungen zur Prüf- und Messdurchführung sind (freundlich formuliert) nicht einfach zu verstehen. Nach dem Verständnis der Verfasser ist, wenn man die späteren Ausführungen in II.H.8 bereits mit berücksichtigt, sinngemäß Folgendes gemeint:

- Die **Schraubenkraft F_b** ist grundsätzlich zu messen. Bei den beiden Sonder-Vorspannverfahren HRC und DTI wird daraus in jedem Versuch „i“ diejenige Schraubenkraft $F_{b,i}$ herausgefiltert, bei der das jeweilige Kalibrierkriterium „Abscheren des Abscherendes“ bzw. „vorgegebene Restspaltweite“ erreicht ist.
- Das **Anziehdrehmoment M** ist bei beiden Standard-Vorspannverfahren (Drehmoment- und Kombiniertes Verfahren) zusätzlich zu messen; d.h. es ist die Anziehdrehmoment/Schraubenkraft-Kurve $F_b = f(M)$ gemäß Bild KII.8-11 aufzunehmen. Aus ihr wird für jeden Versuch „i“ dasjenige Anzieh-Drehmoment M_i herausgefiltert, bei dem gerade das 1,10-Fache (beim Drehmomentverfahren) bzw. das 0,75-Fache (beim Kombinierten Vorspannverfahren) der Nenn-Vorspannkraft $F_b = F_{p,C} = 0{,}7 f_{ub} A_s$ erreicht ist.
- Der **Drehwinkel θ** wird nur optional („sofern gefordert“) zusätzlich gemessen, d.h. eine Drehwinkel/Schraubenkraft-Kurve $F_b = f(\theta)$ gemäß Bild KII.8-18b wird nur optional aufgenommen. Sie wird später („sofern gefordert“) zur Überprüfung der Zähigkeits-/Duktilitätskriterien für HR- und HV-Garnituren nach EN 14399-3 und -4 verwendet (siehe zu II.H.8 <3>).

<3> Zu Abs. 5 – Beendung des Anziehversuches beim Drehmomentverfahren

Die erste Anweisung, dass der Versuch zu beenden sei, sobald die Schraubenkraft F_b den Wert 1,1 $F_{p,C}$ überschreitet, gilt offensichtlich nur für den Fall, dass keine Kurve $F_b = f(\theta)$ aufgenommen wird; denn Letztere macht nur Sinn, wenn mit ihr gemäß EN 14399-3 bzw. -4 die Duktilitätsdrehwinkel $\Delta\theta_1$ und $\Delta\theta_2$ und die maximale Schraubenkraft $F_{bi,max} \geq 0{,}9 f_{ub} A_s$ überprüft werden können (siehe zu II.H.8 <3>). Das geht aber nicht, wenn man den Versuch schon vorher bei $F_b = 1{,}1 \cdot 0{,}7 f_{ub} A_s = 0{,}77 f_{ub} A_s$ abgebrochen hat! Die zweite Anweisung meint offenbar genau diese Überprüfung, und die dritte Anweisung ist albern.

Auswertung der Prüfergebnisse

Zu II.H.8

<1> Zu Abs. 1 und Tabelle II.H.1 – Abnahmekriterien beim Kombinierten Vorspannverfahren

Ziel der Anziehversuche ist das mittlere Anziehdrehmoment M_m zur Erzielung einer Vorspannkraft von $0{,}75\, F_{p,C}$. Dieses Anziehdrehmoment tritt an die Stelle des Voranziehmomentes $M_{A,KV} = 0{,}75\, M_{r,1}$ für den ersten Anziehschritt nach II.8.5.4, Tabelle II.8.20 (vgl. zu II.8.5.4 <2>). Dazu ist kritisch anzumerken, dass die hier gegenüber der 2011er Ausgabe von EN 1090-2 erfolgte Umdefinition von M_m nicht sauber mit II.8.5.2 und II.8.5.4 abgestimmt wurde. Dort bezieht sich $M_m = M_{r,test}$ grundsätzlich auf die volle Vorspannkraft $F_{p,C}$; das muss bei Vergleichen der beiden Kalibriervarianten beachtet werden.

Tabelle II.H.1 gibt als quasi-statistisches Grenzmaß Höchstwerte für die relative Bereichsbreite e_M der individuellen Prüfwerte M_i vor – analog zur Definition der k-Klasse K1 mit Hilfe eines zulässigen Streubandes der individuellen Prüfwerte k_i (vgl. zu II.8.5.1 <2.2>). Wegen des geringen Genauigkeitsanspruches an das Voranziehmoment des Kombinierten Vorspannverfahrens (vgl. zu II.8.5.4 <2>) reichen drei Versuche je Prüflos. Hält man damit das Grenzmaß $e_M \leq 0{,}25$ nicht ein, muss man weitere Garnituren prüfen. Auch die Anforderungen an die Genauigkeit der Kraftmesseinrichtung in Tabelle II.H.1 sind folgerichtig mit ± 6 % Messunsicherheit und ± 3 % Wiederholbarkeitsfehler ziemlich großzügig (zum Vergleich: ± 2 % bzw. ± 1 % für die Schraubenkraftmessung nach EN 14399-2).

<2> Zu Abs. 2 und 3 – Abnahmekriterien beim Drehmomentverfahren

Gemeint ist hier das EN-Drehmomentverfahren gemäß Terminologie dieses Buches (vgl. zu II.8.5.1 <2.1> und zu II.8.5.3 <2.1>). Ziel der Anziehversuche ist das aus acht gemessenen Anziehdrehmomenten zur Erzielung einer Vorspannkraft von $1{,}10\, F_{p,C}$ ermittelte End-Anziehmoment M_A für das Drehmomentverfahren (vgl. zu II.8.5.3 <2.1>). Es wird aus unerfindlichen Gründen nicht als statistischer Mittelwert, sondern als Mittel des jeweils größten und kleinsten der gemessenen acht Werte ermittelt. Dieses Anziehmoment tritt an die Stelle des Anziehmomentes $M_A = 1{,}10\, M_{r,2}$ bzw. $1{,}10\, M_{r,test}$ nach II.8.5.3, Abs. 3b; vgl. Gl. (KII.8-7a) dieses Buches. Hier ist ebenfalls die gegenüber der 2011er Ausgabe von EN 1090-2 erfolgte Umdefinition von $M_{r,test}$ nicht sauber mit II.8.5.2 und II.8.5.3 abgestimmt worden. Dort ist $M_{r,test}$ das (angeblich nach Anhang II.H!) ermittelte Referenz-Drehmoment, das anschließend noch mit 1,10 multipliziert werden muss, um M_A zu erhalten. Hier in Anhang II.H wird mit $M_{r,test}$ das fertige Anziehmoment, von Vornherein für $1{,}10\, F_{p,C}$ ermittelt, bezeichnet – sehr ärgerlich!

Als quasi-statistisches Grenzmaß wird wie beim Kombinierten Vorspannverfahren die relative Bereichsbreite der individuellen Prüfwerte M_i begrenzt, allerdings mit 0,20 bei acht Versuchen wesentlich stringenter – vor dem Hintergrund der Wichtigkeit für das drehmomentgesteuerte Vorspannen auf $F_{p,C}$ nachvollziehbar, denn dieses relative Grenzmaß sollte natürlich statistisch gleichwertig sein mit dem Variationskoeffizienten $V_k \leq 0{,}06$ für die k-Klasse K2 (vgl. zu II.8.5.1 <2.2>, insbesondere Tabelle KII.8-4). Ob das wissenschaftlich verifiziert worden ist, ist den Verfassern nicht bekannt.

An dieser Stelle stellt sich erneut die bereits im Kommentar <3> zu II.8.5.1 aufgeworfene Frage, warum das EN-Drehmomentverfahren angesichts des hier betriebenen Aufwands in der Regel von der Kalibrierprüfung nach Anhang II.H ausgeschlossen wird. Wonach soll denn der Planer entscheiden, ob es ggf. „nach den Ausführungsunterlagen doch zulässig" ist?

<3> Zu Abs. 4 und 5 sowie Anmerkung 1 – Abnahmekriterien für die Drehwinkel $\Delta\theta_1$ und $\Delta\theta_2$

Nach dem Verständnis der Verfasser gelten diese Regeln für Kombiniertes Vorspannverfahren und Drehmomentverfahren gleichermaßen. Gemeint sind die in den Produktnormen EN 14399-3 und -4 für HR- und HV-Garnituren als Zähigkeits-/Duktilitätskriterien aus dem Vorspannkraft/Drehwinkel-Diagramm abgegriffenen Differenzdrehwinkel (vgl. Bild KII.8-18b). Unterstellt man, dass es sich um ordnungsgemäß mit CE-Kennzeichnung gelieferte vorspannbare Garnituren handelt, die bei der vorliegenden Kalibrierprüfung nach Anhang II.H nach- oder umkalibriert oder einfach nur überprüft werden sollen, so haben sie die Duktilitätsprüfung bereits im Rahmen der werkseigenen Produktionskontrolle bestanden, so dass eine Überprüfung im Regelfall nicht noch einmal gefordert werden muss – deshalb die Aufnahme der Drehwinkel/Schraubenkraft-Kurve $F_b = f(\theta)$ beim Anziehversuch lediglich als Option (siehe aber abschließenden Kommentar zu Anhang II.H).

<4> Zu Abs. 6 bis 9 – Kalibrierprüfung von HRC- und DTI-Garnituren

Die beschriebenen Abnahmekriterien sind verständlich und bedürfen keiner Kommentierung. Im Abs. 7b findet sich ein Druckfehler: Beim Mittelwert $F_{b,m}$ der gemessenen Schraubenkräfte fehlt der Index „b".

Zu II.H.9 Prüfbericht

Die Auflistung entspricht den üblichen Anforderungen an einen „ordentlichen" Prüfbericht und bedarf keines Kommentars.

Abschließender Kommentar zu Anhang II.H

Die im Anhang II.H aufgeführten Regelungen für eine Kalibrierprüfung vorspannbarer Schraubengarnituren eignen sich gut als prinzipielle Grundlage für eine Verfahrensprüfung beim Einsatz von **Sonder-Vorspannverfahren**, z.B. in Deutschland im Rahmen einer bauaufsichtlichen Zustimmung im Einzelfall (ZiE) für den Einsatz von DTI-Scheiben.

Von den beiden Standard-Vorspannverfahren wird das (EN-)**Drehmomentverfahren** nachvollziehbar sinnvoll behandelt, d.h. die Kalibrierprüfung nach II.H liefert vermutlich ein mit der werkseitigen Kalibrierung vergleichbares Sicherheitsniveau. Genau für dieses Verfahren wird die Anwendung von II.H im Haupttext der Norm (siehe II.8.5.1, Abs. 5) aber ohne weitere Begründung nur als wählbare Ausnahme zugelassen. Im Übrigen ist dieses EN-Drehmomentverfahren in Deutschland sowieso nicht zugelassen (vgl. zu II.8.5.3 <2.1>).

Für das in Deutschland zur Aufbringung der vollen Vorspannkraft $F_{p,C}$ vorgeschriebene **Kombinierte Vorspannverfahren** bleibt aus Sicht der Verfasser folgende wichtige Frage hinsichtlich der Kalibrierprüfung nach Anhang II.H offen: Die Anziehversuche liefern, wie dargelegt, nur das Voranziehmoment des ersten (drehmomentgesteuerten) Anziehschrittes, der aber weniger wichtig ist als der zweite (drehwinkelgesteuerte) Anziehschritt (vgl. zu II.8.5.4). Dieser wird jedoch bei der Kalibrierprüfung aus unerfindlichen Gründen nicht überprüft. Man verlässt sich quasi darauf, dass der genormte Weiterdrehwinkel nach Tabelle II.21 ohne spezielle Überprüfung zuverlässig mindestens die volle Vorspannkraft liefert. Das ist nur dann vertretbar, wenn die Garnituren tatsächlich die vorausgesetzten Duktilitätseigenschaften aufweisen, welche bei der werkseitigen Kalibrierung im Rahmen der werkseigenen Produktionskontrolle routinemäßig überwacht werden. Daraus folgt, dass man die **Drehwinkel/Schraubenkraft-Kurve** $F_b = f(\theta)$ nicht optional, sondern **obligatorisch** aufnehmen und damit die Drehwinkel $\Delta\theta_1$ und $\Delta\theta_2$ überprüfen muss, wenn es um eine Kalibrierprüfung nach Anhang II.H für das Kombinierte Vorspannverfahren geht.

Nach Abwägen aller im vorliegenden Kommentar diskutierten Pro- und Kontra-Argumente kommen die Verfasser zu dem Schluss, dass Anhang II.H in Europa angesichts der ausgefeilten Regelungen in EN 14399-2 überflüssig ist. Er sollte in zukünftigen Ausgaben von EN 1090-2 ersatzlos gestrichen werden.

Bestimmung der Vorspannkraftverluste bei dicken Oberflächenbeschichtungen

Zu Anhang II.I (informativ)

Allgemeines

Zu II.I.1

<1> Zu Abs. 1 und Anmerkung 2 – Erfordernis einer Überprüfung möglicher Vorspannkraftverluste

In Kapitel II.8 wird am Ende der allgemeinen Regelungen für das Anziehen vorgespannter Schraubengarnituren darauf hingewiesen, dass in den normierten Anziehverfahren (Abschnitte II.8.5.3 bis II.8.5.6) mögliche Vorspannkraftverluste infolge von Relaxation der Kontaktflächenbeschichtung nur dann nicht schon berücksichtigt seien, wenn es sich um „dicke" Beschichtungen handele. Gemäß Definition im normativen Anhang II.F (hier in Anhang II.I noch einmal wiederholt) ist eine Beschichtung „dick", wenn ihre Nenndicke (NDFT) größer als 100 µm beträgt. Bei dicken Beschichtungen müsse, so der Normtext in II.8.5.1 weiter, festgelegt werden, ob zusätzliche Maßnahmen erforderlich seien. Dabei dürfe der mögliche Vorspannkraftverlust nach vorliegendem Anhang II.I beurteilt („*evaluated*") werden.

Festzuhalten ist zunächst, dass EN 1090-2 es den am Bau Beteiligten überlässt, zu entscheiden, ob etwas zur Berücksichtigung der Vorspannkraftverluste unternommen werden muss, und wenn ja, was. Wichtigstes Kriterium für diese Entscheidung sollte nach Meinung der Verfasser sein, welcher der beiden im Kommentar <1.2> zu II.8.5.1 definierten Zielebenen des Vorspannens die betreffenden Schraubenverbindungen zuzuordnen sind.

Bei **Zielebene I** (Verbindungskategorien B/C und E) könnte in einer konkreten Verbindung, deren Tragfähigkeit in der Bemessung zu 100 % ausgenutzt wurde und deren Garnituren beim Anziehen nur gerade die Nennvorspannkraft (in aller Regel $F_{p,C}$) erreicht haben, schon ein Abfall der Vorspannkraft um 10 % eindeutig nicht in Kauf genommen werden, denn er würde den Eurocode-Teilsicherheitsbeiwert $\gamma_M = 1{,}25$ schon fast zur Hälfte „aufbrauchen". An dieser Stelle der Überlegungen kommt der 10%ige Vorspannkraftverlust ins Spiel, der gemäß Anmerkung 2 bei den normierten Anziehverfahren bereits „berücksichtigt" sei, also quasi als Systemreserve vorausgesetzt wird. Dabei kann es sich im Prinzip nur um den Überziehungsbetrag des Anziehmomentes M_A beim Drehmomentverfahren handeln, der alle Ist-Vorspannkräfte statistisch über den Nennwert bringen soll (vgl. zu II.8.5.3 <2.1>). Damit wird auch klar, dass das Thema „Vorspannkraftverlust" vor allem ein Thema der **Drehmomentverfahren** (einschließlich des deutschen modifizierten Drehmomentverfahrens) ist. Beim Kombinierten Vorspannverfahren, dessen beim Anziehen erreichten Ist-Vorspannkräfte zuverlässig um mindestens 25 % über $F_{p,C}$ liegen (vgl. zu II.8.5.4, dort insbesondere Bild KII.8-18), spielt es nur bei sehr ungewöhnlichen, z. B. extrem dicken oder extrem kriechanfälligen Beschichtungssystemen eine Rolle.

Bei **Zielebene II** (Verbindungskategorien A und D mit Vorspannung aus Gebrauchstauglichkeitsgründen) sind eventuelle Vorspannkraftverluste wesentlich entspannter zu sehen. Darauf wurde bereits im Kommentar <2> zu II.F.4. hingewiesen. Inwieweit trotzdem eine Überprüfung durchgeführt werden soll, und ob zusätzliche Maßnahmen erforderlich sind, muss im Einzelfall zwischen den am Bau Beteiligten entschieden werden.

<2> Zu Abs. 2 und Tabelle II.I.1 – Überprüfung der Eignung einer Beschichtung, Abschätzung möglicher Vorspannkraftverluste

Tabelle II.I.1 hat eine längere Geschichte. Sie wurde für die 2002er Ausgabe der deutschen Norm DIN 18800-7 auf der Grundlage von Forschungsarbeiten am Leipziger Institut für Stahlbau Anfang der 1990er Jahre entwickelt [V35]. Ziel jener Untersuchungen war gewesen, herauszufinden, ob und inwieweit stahlbautypische Beschichtungen mit praxisüblichen Dicken auf den Kontaktflächen vorgespannter Verbindungen zugelassen werden können. Eine große Anzahl von Relaxationsversuchen an 3-Blech-Probekörpern mit HV-Garnituren M16 und M24 mit einem Paketdicke/Durchmesser-Verhältnis von 2,5 wurde durchgeführt – ähnlich Bild II.I.1 im vorliegenden Anhang II.I, d. h. mit sechs zusammengepressten beschichteten Oberflächen, einschließlich der Flächen unter den Scheiben. Die Schraubengarnituren waren mit dem heute „modifiziert“ genannten Drehmomentverfahren auf die heute $F_{p,C}$* genannte Vorspannkraft angezogen worden; auf Einzelheiten kann hier nicht eingegangen werden.

Bei der in [V35] vorgenommenen Ergebnisbewertung ist jedoch interessant, dass unterschieden wurde zwischen vorgespannten Zug- und GV-Verbindungen einerseits und vorgespannten SL-Verbindungen (SLV) andererseits. Für Erstere wurden höchstens 10 % Vorspannkraftverlust als tolerierbar angesehen, für Letztere jedoch 30 % – Begründung: Es gebe hinsichtlich der rechnerischen Tragfähigkeit keinen Unterschied zwischen vorgespannten und nicht vorgespannten Scher-/Lochleibungs-Verbindungen; die Vorspannkraft diene lediglich dazu, das Tragverhalten der Verbindung und der Konstruktion günstig zu beeinflussen. Das war de facto die Differenzierung in unsere heutigen Zielebenen I und II! Auf der Grundlage jener Überlegungen wurden die stahlbautypischen Beschichtungen/Beschichtungssysteme hinsichtlich ihrer Eignung auf Kontaktflächen vorgespannter Schraubenverbindungen für DIN 18800-7 in drei Gruppen eingeteilt:

- Nicht geeignet, weil Vorspannkraftverluste > 30 % möglich;
- nur geeignet für vorgespannte Scher-/Lochleibungs-Verbindungen, weil Vorspannkraftverluste zwar ≤ 30 %, aber > 10 %;
- auch geeignet für vorgespannte GV- und Zugverbindungen, weil Vorspannkraftverluste ≤ 10 %.

Diese Eignungs-Eingruppierung findet sich jetzt auch in der Tabelle II.I.1 von EN 1090-2 wieder. Und genau für diesen eher qualitativen Einschätzungszweck ist sie nach wie vor geeignet, nicht weniger, aber auch nicht mehr. Eine quantitative „Bestimmung“ von Vorspannkraftverlusten gibt sie nicht her. Und man darf nicht vergessen, dass ihr das modifizierte Drehmomentverfahren mit Vorspannkräften $F_{p,C}$* zugrunde liegt. Dass sie hier formal für alle Vorspannverfahren der EN 1090-2 gilt, d. h. für Vorspannen auf $F_{p,C}$ – nach Kenntnis der Verfasser ohne entsprechende wissenschaftliche Verifizierung der Übertragbarkeit –, ist eine sehr grobe Näherung. Die Zusammenhänge zwischen den jetzt stärker zusammengequetschten (bzw. unter den Scheiben herausgequetschten) Beschichtungen, insbesondere unter dem Weiterdrehwinkel des Kombinierten Vorspannverfahrens, und ihrer anschließenden Relaxation dürften eher nichtlinear sein, vor allem beim Kombinierten Vorspannverfahren!

Zu **Zeile 1** der Tabelle II.I.1 (als Referenz aufgeführt) ist anzumerken, dass metallische Überzüge (Feuerverzinkung, Spritzverzinkung) generell als innerhalb des 10 %-Systemreservenbandes liegend angenommen werden, sofern sie die üblichen baupraktischen Dicken nicht überschreiten. Das gilt auch für die in **Zeile 2** aufgeführte ASI-Reibflächenbeschichtung (vgl. Tabelle II.17) und die in **Zeile 3** aufgeführte Grundbeschichtung, beide deutlich unter 100 µm NDFT. Allerdings zeigen neueste Untersuchungen am Fraunhofer-Institut in Rostock und am Institut für Metall- und Leichtbau in Essen [V89], dass bei tragsicherheitsrelevanten Verbindungen, unabhängig von der Verbindungskategorie (B/C oder E), der Gesamtvorspannkraftverlust nach realistischer Lebenszeit-Ermüdungsbeanspruchung nur bei Verbindungen, die mit dem Kombinierten Vorspannverfahren angezogen wurden, wirklich zuverlässig oberhalb der Nenn-Vorspannkraft $F_{p,C}$ bleibt (vgl. hierzu die Empfehlungen der Verfasser im Kommentar <4> zu II.8.5.4).

Die Vorbehalte der EN 1090-2 gegen „dicke“ Beschichtungen beziehen sich vor allem auf komplette organische Korrosionsschutzsysteme, wie in den Zeilen 4 und 5 der Tabelle II.I.1 aufgeführt. Ärgerlich ist, dass die Systembezeichnungen in Spalte 2 nicht mehr stimmen, da inzwischen eine neue Ausgabe der EN ISO 12944-5 erschienen ist (vgl. Tabelle KII.2-1). Die fünf beispielhaft in Bezug genommenen Systeme heißen jetzt: C3.08 (statt A3.10), C3.09 (statt A3.11), C4.09/10/11 (statt A4.13/14/15); beim letzteren System C4.11 ist dabei die Gesamtschichtdicke geringfügig höher (um 20 µm) als vorher bei A4.15.

Das System C3.08 in **Zeile 3** – in EN ISO 12944-5 mit 60 µm NDFT angegeben – steht stellvertretend für unproblematische Grundbeschichtungen mit Dicken unter 100 µm, die auch bei nach **Zielebene I** vorgespannten Verbindungen ohne besondere Maßnahmen akzeptiert werden können. Dabei sollte allerdings bei Verbindungen, die drehmomentgesteuert angezogen werden, die Fußnote „b“ in Tabelle II.I.1 ernst genommen werden, d. h. entweder in der Bemessung nur

90 % der Nennvorspannkraft angesetzt werden oder nach ein paar Tagen nachgezogen werden. Für Deutschland hat das nur eine untergeordnete Bedeutung, da man (hoffentlich) mit dem modifizierten Drehmomentverfahren nur in Ausnahmefällen nach Zielebene I vorspannen wird; vgl. hierzu die Kommentare <4> und <5> zu II.8.5.4.

Die vier Systeme in **Zeile 4** – in EN ISO 12944-5 mit 160 bis 260 µm NDFT angegeben – erfordern, wenn sie komplett in Form von endbeschichteten Kontaktflächen auf die Baustelle kommen und vorgespannt werden sollen, eine Entscheidung, wie vorzugehen ist (z. B. beim modifizierten Drehmomentverfahren: Nachziehen ja/nein). Das Vorspannen komplett endbeschichteter Kontaktflächen kommt sowieso nur für **Zielebene II** infrage.

Sollte man aus irgendwelchen Gründen auf den Kontaktflächen besonders kriechanfällige Beschichtungssysteme, wie z. B. die in **Zeile 5** aufgeführten PVC-Beschichtungen, verwenden wollen/müssen, ist eine Verfahrensprüfung nach Abschnitt II.I.2 unumgänglich.

Grundsätzlich ist zu Tabelle II.I.1 noch anzumerken, dass die dort erfassten Systeme nur noch ca. ein Drittel der heute im Stahlbau üblichen Beschichtungen abdecken; die dort aufgeführten Beschichtungen haben teilweise nur noch eine sehr geringe Bedeutung. Fazit: Wenn man in Zukunft in EN 1090-2 an einer solchen Tabelle festhalten will, sollte sie durch entsprechende Forschungsarbeiten auf den aktuellen Stand der Beschichtungstechnik gebracht werden.

<3> Zu Abs. 3 und 4 – Ermittlung der Vorspannkraftverluste

Benötigt man für ein konkretes Beschichtungssystem die genaue Beziehung zwischen Schichtdicke und Vorspannkraftverlust (z. B. für Bemessungszwecke), muss man in einer Verfahrensprüfung nach II.I.2 gezielte Versuche durchführen. Der Hinweis, dass diese nichts mit der Haftreibungszahl zu tun haben, ist überflüssig.

Prüfdurchführung — Zu II.I.2

<1> Zu Abs. 1 und 3 – Durchführung der Relaxationsversuche

Die vorgeschlagene Vorgehensweise ist verständlich und bedarf keiner Kommentierung.

<2> Zu Abs. 2 – Vorgehen bei mehr als drei Stahlteilen

Das hier beschriebene Vorgehen ist gänzlich unverständlich. Wenn eine andere Konstellation als die in Bild II.I.1 dargestellte vorliegt, wird man vernünftigerweise die Verfahrensprüfung von Vornherein mit der richtigen Konstellation durchführen; Bild II.I.1 heißt ja bewusst „Beispiel für Probekörper". Und wie man mit Hilfe der Gesamtanzahl der beschichteten Oberflächen auf Basis von Tabelle II.I.1 den möglichen Vorspannkraftverlust abschätzen soll, erschließt sich den Verfassern überhaupt nicht. Man soll doch wohl nicht für eine z. B. dreischnittige Verbindung mit acht beschichteten Oberflächen (z. B. System C4.10 nach EN ISO 12944-5) den Vorspannkraftverlust auf ca. $(8/6) \cdot 30\,\% \approx 40\,\%$ schätzen! Das wäre totaler Unsinn! Diesen Absatz des informativen Anhangs II.I sollte man ignorieren.

Zu Anhang II.J (informativ) Harz-Injektions-Schrauben

Auf diesen Anhang wird in EN 1090-2 nur einmal Bezug genommen, und zwar in **II.8.8** im Zusammenhang mit dem Einsatz besonderer Verbindungsmittel. Der Anhang ist daher nur informativ.

Bei den Harz-Injektions-Schrauben handelt es sich um **besondere Verbindungsmittel** nach II.5.6.11, die nur in Scherverbindungen der Kategorien A, B oder C nach EN 1993-1-8 einsetzbar sind. Zum möglichen Einsatz in Deutschland gemäß DIN EN 1993-1-8/NA mittels bauaufsichtlichen Verwendbarkeitsnachweises vgl. zu II.5.6.11 <2> und zu II.8.8 <4>.

Harz-Injektions-Schrauben wurden an der TU Delft entwickelt. Erste Untersuchungen in Deutschland gab es dazu in den 1990er Jahren, z. B. [V57]. Die Erstanwendung in Deutschland erfolgte 1997 bei der Hauptträgerstegverstärkung an der Schlossbrücke Oranienburg, Berlin. Aktuelle Anwendungen in Deutschland sind den Verfassern nicht bekannt. In anderen europäischen Ländern scheint das anders auszusehen, denn die zukünftige Ausgabe des Eurocode EN 1993-1-8 wird gegenüber der jetzigen Ausgabe wahrscheinlich noch umfangreichere Bemessungsregeln enthalten.

Der Einsatz von Harz-Injektions-Schrauben ist in diesem Anhang II.J jedenfalls so ausführlich und verständlich erläutert, dass sich hier ein weiterer Kommentar erübrigt.

Flussdiagramm zur Erstellung und Verwendung einer WPS

Zu Anhang II.K (informativ)

Dieser informative Anhang wird in EN 1090-2 nur einmal in einer **Anmerkung** erwähnt, und zwar in II.12.4.2.2 im Zusammenhang mit dem Umfang ergänzender ZfP bei der Musterprüfung nach dem Schweißen, allerdings mit dem sehr allgemeinen Hinweis „Zur Erstellung und Verwendung einer WPS siehe das Flussdiagramm in Anhang K“. Das im vorliegenden Anhang gezeigte Flussdiagramm enthält gegenüber den Festlegungen in den zitierten Normabschnitten II.7.4.1 und II.12.4.2 keine zusätzlichen Informationen. Es erleichtert aber das Verstehen des Qualifizierungsprozesses einer pWPS mit Hilfe eines WPQR zur WPS und die Anwendung der qualifizierten WPS in der Fertigung (vgl. zu II.7.4.1.1). Das Flussdiagramm kann als Ergänzung zu den Kommentaren zu Normabschnitt II.7.4.1.2 mit den Bildern KII.7-8 bis -10 angesehen werden.

Zu Anhang II.L (informativ) Leitfaden für die Auswahl von Schweißnahtklassen

Zu II.L.1 Allgemeines

<1> Zu Abs. 1 und 2 – Zweck und Anwendung der Schweißnahtklassen

Der informative Anhang II.L wurde neu in EN 1090-2 aufgenommen. Er wird im Normabschnitt II.12.4.2.4 dafür empfohlen, Hilfestellung bei der Auswahl von Schweißnahtklassen zu geben. Die Schweißnahtklassen selbst wurden ebenfalls neu in die 2018er Ausgabe von EN 1090-2 eingeführt, und zwar im Zusammenhang mit der Option, in den Ausführungsunterlagen projektspezifische Inspektionen/Prüfungen von Schweißnähten festzulegen (vgl. zu II.12.4.2.4 <1>).

Es gibt fünf Schweißnahtklassen WIC1 bis WIC5. Die Abkürzung WIC steht für „*Weld Inspection Classes*", woran man erkennt, dass die Übersetzung ins Deutsche eigentlich unvollständig ist: Es müsste korrekt „Schweißnahtinspektionsklassen" heißen. Das würde deutlich zum Ausdruck bringen, dass die Schweißnahtklassen keine physikalisch-geometrischen Eigenschaften der Schweißnähte beschreiben – wie etwa die Bewertungsgruppen nach EN ISO 5817 –, sondern dass sie die Schweißnähte nach ihrer Funktion und Wichtigkeit im jeweiligen Stahltragwerk, d. h. nach ihrer „Kritikalität", klassifizieren. WIC1 beschreibt die kleinste, WIC5 die höchste Anforderung an Inspektion und Prüfung.

Die Absätze 1 und 2 beschreiben – über die allgemeine Empfehlung im Normabschnitt II.12.4.2.4 hinaus –, in welchen Fällen die Anwendung von Schweißnahtklassen nützlich sein kann. Dem Tragwerksplaner kann sie als Steuerungswerkzeug dienen, um einerseits einen unsinnig großen Prüfumfang unwichtiger Schweißnähte zu vermeiden, andererseits aber dafür zu sorgen, dass besonders kritische bzw. tragsicherheitsrelevante oder auch optisch exponierte Schweißnähte möglichst komplett geprüft werden. Beispielsweise könnte er rein theoretisch – sofern dem keine nationalen baurechtlichen Bestimmungen entgegenstehen – auch bewusst eine eigentlich zu niedrige Ausführungsklasse wählen (z. B. EXC1 statt EXC2 oder EXC2 statt EXC3), dann aber dafür sorgen, dass die wirklich wichtigen Nähte sogar noch über die Standardforderung der eigentlich maßgebenden Ausführungsklasse hinaus geprüft werden. Allerdings darf bezweifelt werden, dass Tragwerksplaner im realen Baugeschehen so etwas machen.

Eine weitere denkbare Anwendung des Werkzeugs „Schweißnahtklassen" wird hier im Anhang-Text nicht erwähnt, nämlich die Zuhilfenahme bei der individuellen Bewertung einer festgestellten Nichtkonformität einer Schweißnaht gemäß II.12.1, Abs. 3 (vgl. Kommentar dazu). Das war angeblich sogar einer der Gründe, warum man die Schweißnahtklassen in EN 1090-2 eingeführt hat. Man kann mit Hilfe der Zuordnung zu den Schweißnahtklassen feststellen, ob die betroffene Naht sehr wichtig/wichtig/eher unwichtig/völlig unwichtig ist und hat damit eine Grundlage für die Entscheidung, ob die betreffenden Unregelmäßigkeiten belassen werden können oder ausgebessert werden müssen. Alle Verantwortlichen (Tragwerksplaner, Ausführender, Bauüberwacher, Prüfingenieur) sind dabei natürlich zu beteiligen. Um ehrlich zu sein: Eine einvernehmliche Entscheidung, beispielsweise eine weniger wichtige, fehlerhafte Naht zu belassen, wenn man mit der Reparatur mehr Schaden anrichtet als Verbesserung schafft, war schon immer möglich.

<2> Zu Abs. 3 – anfängliche Auswahl einer Schweißnahtklasse

Die hier gegebene Empfehlung, bei der anfänglichen Auswahl einer Schweißnahtklasse vorsichtshalber die höhere Wahrscheinlichkeit von Fehlern bei ungünstigen Schweißkonfigurationen (schwierige Zugänglichkeit usw.) zu berücksichtigen, ist im Grunde ein viertes Auswahlkriterium, das zu den nachfolgend behandelten drei Kriterien noch hinzukommt.

Auswahlkriterien

Zu II.L.2

<1> Zu Abs. 1 – Die drei Auswahlkriterien für die Schweißnahtklasse

Die drei aufgeführten Kriterien Ermüdung, Versagensfolgen und Art der Schweißnahtspannung sind die gleichen Kriterien, die auch die Bemessung von Schweißnähten nach Eurocode 3 (Normenreihe EN 1993) beherrschen.

<2> Zu Tabelle II.L.1 – Vorgehensweise zur Auswahl der Schweißnahtklasse

Vorab: In der Titelzeile der Tabelle finden sich zwei Druckfehler: Weder das hochgestellte „c" in Spalte 2 noch das hochgestellte „b" in Spalte 3 ergeben Sinn. Ansonsten treten die drei genannten Auswahlkriterien in der Tabelle klar und systematisch in Erscheinung. Zu ihrer konkreten Anwendung ist jedoch Folgendes kritisch anzumerken:

Grad der Ermüdungsbeanspruchung: Die in der Fußnote (a) gegebene quantitative Abgrenzung einer „geringen" Ermüdungsbeanspruchung gegenüber einer „hohen" Ermüdungsbeanspruchung hört sich leider viel einfacher an als sie ist. Beispielsweise kommt beim Ermüdungssicherheitsnachweis nach Eurocode EN 1993-1-9 die berechnete Ermüdungslebensdauer nur indirekt als ertragbare Anzahl von Spannungsschwingspielen vor, die sich aber nicht auf einfache Weise in Jahre umrechnen lässt (kann hier nicht vertieft werden). Die einzige aus EN 1993-1-9 herleitbare Aussage lautet etwa: Wenn die für die betreffende Schweißnaht berechnete Spannungsschwingbreite $\Delta\sigma_{E,2}$ kleiner ist als der Schwellenwert der Ermüdungsfestigkeit $\Delta\sigma_L$ für den entsprechenden Kerbfall, dann liegt ganz sicher eine „geringe" Ermüdungsbeanspruchung vor. Darüber hinaus kann nur ein erfahrener Tragwerksplaner die Abgrenzung qualitativ vornehmen.

Versagensfolgen:

Die in der Fußnote (b) gegebene Definition „erheblicher" Versagensfolgen entspricht im Prinzip der Schadens- bzw. Versagensfolgeklasse CC3 nach Grundlagen-Eurocode EN 1990 [II.Lit3]. Diese gilt allerdings für ganze Bauwerke (vgl. z. B. Tabelle KII.4-2 in diesem Buch), wie z. B. Tribünen oder Straßenbrücken. Die Entscheidung, welche Schweißnähte innerhalb eines solchen Bauwerks bei ihrem individuellen Versagen das Versagen des ganzen Bauwerks verursachen würden, kann wiederum nur ein erfahrener Tragwerksplaner treffen. Dabei wird ihm auch die Fußnote (c) nicht sehr hilfreich sein, sofern mit den „zufälligen Einwirkungen" die „außergewöhnlichen Einwirkungen" nach EN 1990 und EN 1991-1-7 [R94] [R95] gemeint sind; sie werden dort unterschieden in solche, die nicht identifizierbar sind (z. B. externe Explosionen, Terror) und solche, die identifizierbar sind (z. B. Innenraumexplosionen oder Fahrzeug-/Schiffsanprall). Sofern überhaupt gegen diese Einwirkungen bemessen wird, stellt sich die Frage, ob das Ergebnis dann eine „hinreichende" Restfestigkeit darstellt.

Art der Schweißnahtspannung: Dies ist das einzige der drei Auswahlkriterien, das sich aufgrund der statischen Berechnung des Tragwerks und der Bemessung der Schweißnähte nach EN 1993-1-8 oder -1-9 eindeutig beurteilen lässt. Es geht im Wesentlichen um die bekannten Normal- und Schubspannungskategorien senkrecht und parallel zur Schweißnahtachse nach EN 1993-1-8. Auch die Einstufung in „hohe" Zugspannungen gemäß Fußnote (d) lässt sich aus der statischen Berechnung heraus vornehmen. Dabei sollte zusätzlich beachtet werden, ob eine Zug- bzw. Hauptspannung nicht nur quer zur Naht, sondern auch noch in Dickenrichtung des Grundwerkstoffes wirkt (vgl. zu II.7.2.2 <1.7>).

Fazit zu Tabelle II.L.1: Trotz ihrer optisch scheinbaren Einfachheit erfordert die Tabelle sehr erfahrene Tragwerksplaner, die mit mehr oder weniger Fingerspitzengefühl Schweißnähte realistisch klassifizieren und den fünf Schweißnahtklassen WIC1 bis WIC5 zuordnen. Denn ganz sicher ist die Tabelle nicht so gedacht, dass man vorsichtshalber immer auf die sichere Seite geht und dann konsequent immer bei WIC4 oder WIC5 mit den maximalen Prüfumfängen landet.

Zu II.L.3 Umfang der ergänzenden Prüfungen

Zu Tabelle II.L.2 Umfang der ergänzenden Prüfungen entsprechend WIC

Tabelle II.L.2 ist quasi die Konkurrenztabelle zu Tabelle II.24 in Kapitel II.7. Während dort der Umfang der ergänzenden ZfP in Abhängigkeit von den drei Ausführungsklassen EXC1 bis EXC3 festgelegt wird, erfolgt hier die Festlegung in Abhängigkeit von den fünf Schweißnahtklassen WIC1 bis WIC5, was eine stärkere Differenzierung erlaubt. Ferner werden – im Gegensatz zu Tabelle II.24 – auch die einzusetzenden ZfP-Verfahren festgelegt.

Diese pauschale Festlegung der ZfP-Verfahren kann man aber auch kritisch sehen: Die Prüfverfahren haben ihre Anwendungsgrenzen und speziellen Eigenschaften, z. B. ist UT erst ab ca. 8 mm Dicke möglich, wird RT ab 30 mm Dicke schwierig, sind MT/PT nicht immer notwendig, usw. Die Möglichkeit, solche individuellen Gegebenheiten zu berücksichtigen, ist im Anhang II.L nicht vorgesehen; die pauschale Festlegung der einzusetzenden ZfP-Verfahren in Tabelle II.L.2 steht im Grunde im Gegensatz zum begrüßenswerten Anliegen des zugrunde liegenden Normabschnittes II.12.4.2.4, mehr ingenieurmäßiges Denken bei der Festlegung der ZfP-Anforderungen einzusetzen.

Die Abhängigkeit von der Art der Schweißverbindung stellt sich in Tabelle II.L.2 ähnlich dar wie in Tabelle II.24 (dort Schweißnahtart genannt). Die hier aufgeführte „Geradeaus"-Stumpfnaht ist die Übersetzung einer „*in-line butt weld*". Damit ist die elementare Stumpfnaht in der Ebene bzw. parallel zur Ebene eines Bleches gemeint, im Gegensatz zur Stumpfnaht rechtwinklig zur Blechebene, der T-Stumpfnaht.

Die vorgegebenen Prüfumfänge sind absurd hoch, z. B. 100 % MT/PT **plus** 50 % UT **plus** 5 % RT für eine durchgeschweißte Stumpfnaht unter niedrigen quasi-statischen Querzugspannungen – nur weil die Folgen ihres Versagens angeblich erheblich wären (WIC4 gemäß Tabelle II.L.1). Im Rahmen der routinemäßigen Prüfung nach Tabelle II.24 würde diese Naht „nur" über 10 % ihrer Länge mit „nur" einem der gängigen ZfP-Verfahren (festzulegen von der Schweißaufsichtsperson) geprüft! Dabei ist zwar zu beachten, dass die hohen Prüfumfänge in den routinemäßigen Gesamtumfang nach Tabelle II.24 eingerechnet werden dürfen; das ändert aber den grundsätzlichen Sachverhalt nur unwesentlich.

Was eigentlich fehlt, um zumindest formal eine vollständige Alternative zur routinemäßigen ZfP nach II.12.4.2.3 darzustellen, ist eine Festlegung der Bewertungsgruppen nach EN ISO 5817, die bei den in Tabelle II.L.2 festgelegten ZfP erreicht werden müssen. Dafür gelten auch hier die auf die Ausführungsklassen EXC bezogenen Routineanforderungen nach II.7.6.1.

Abschließender Kommentar zu Anhang II.L

Nach Abwägen aller im vorliegenden Kommentar diskutierten Pro- und Kontra-Argumente kommen die Verfasser mehrheitlich zu dem Schluss, dass Anhang II.L in der vorliegenden Form für den Stahlbau keine Hilfe ist. Von seiner Anwendung wird abgeraten. Er sollte in zukünftigen Ausgaben von EN 1090-2 entweder substanziell verbessert oder ersatzlos gestrichen werden.

Sequentielles Verfahren zur Inspektion von Verbindungsmitteln

Zu Anhang II.M
(normativ)

Allgemeines

Zu II.M.1

<1> Einführender Kommentar zur Funktion dieses Anhangs II.M

Auf diesen Anhang wird an zwei Stellen in EN 1090-2 Bezug genommen, und zwar in II.12.5.2.4 bei der **Inspektion vorgespannter Schraubenverbindungen** während und nach dem Anziehen, unabhängig vom gewählten Anziehverfahren (vgl. Kommentar <5> dazu), und in II.12.5.3.1 bei der **Inspektion von Nietverbindungen** (vgl. Kommentar <3> dazu). Im ersten (wichtigeren) Falle handelt es sich um eine optionale Anwendung, d. h. dieser Anhang II.M wird nur dann normativ, wenn in der Auftragsspezifikation nicht eine andere Stichprobenregelung festgelegt ist.

Stahlbau-Ausführende (Hersteller), denen das in diesem Anhang beschriebene sequentielle Verfahren unverständlich oder zu kompliziert oder einfach nicht praktikabel erscheint, könnten beispielsweise in der Auftragsspezifikation mit dem Auftraggeber und ggf. der Prüfinstanz vereinbaren, dass, in Anlehnung an das traditionelle Vorgehen in Deutschland, die unter Beachtung der Vorgaben in II.12.5.2.4 repräsentativ zusammengestellte 5 %- bzw. 10 %-Stichprobe komplett durchgeprüft wird. Als nichtkonform identifizierte Garnituren müssten dann, ebenfalls wie früher üblich, ausgewechselt werden, und zwei weitere benachbarte Garnituren müssten zusätzlich geprüft werden („Schneeballregelung“).

<2> Zu Abs. 1 und 2 – Hintergrund des sequentiellen Stichprobenverfahrens

Die in den ersten Absätzen des Anhangs II.M als Grundlage für das sequentielle Verfahren zur Inspektion von Verbindungsmitteln genannte internationale Norm **ISO 2859-5** gehört zu einer **Normenreihe** mit dem Titel „Annahmestichprobenprüfung anhand der Anzahl fehlerhafter Einheiten oder Fehler (Attributprüfung)“, die bisher aus den Teilen 1 bis 5 sowie 10 besteht. Der Untertitel des hier in Bezug genommenen Teils 5 lautet: „System sequenzieller Stichprobenpläne für losweise Prüfung, geordnet nach der annehmbaren Qualitätsgrenzlage (AQL)“. Diese Teilnorm ISO 2859-5 wurde, im Gegensatz zu den anderen erwähnten fünf Teilen, bisher nicht als DIN-Norm übernommen, und es gibt sie auch nur in englischer Sprache .

Für Interessierte sei aber erwähnt, dass Teil 10 der Normenreihe, welcher seit 2009 als **DIN ISO 2859-10** [R164] mit dem Untertitel „Einführung in das **ISO-2859-Attribut-Stichprobensystem**“ erschienen ist, einen Überblick über die wahrscheinlichkeitstheoretischen Grundlagen und die Hintergründe zu ISO 2859-5 bietet. Hieraus sind die folgenden Erläuterungen (größtenteils wörtlich) entnommen.

Es wird zunächst in der Einleitung von ISO 2859-10 hervorgehoben, dass Teil 1 der Normenreihe nach der annehmbaren Qualitätsgrenzlage (AQL, von *„acceptance quality limit“*) geordnete Stichprobenpläne für die Prüfung einer Serie von Losen enthält (die aktuelle deutsche Ausgabe **DIN ISO 2859-1** [R163] trägt genau diesen Untertitel). Unter der Annahme-Qualitätsgrenze **AQL** wird das gerade noch tolerierbare Qualitätsniveau eines Produkts verstanden, ausgedrückt als Anteil fehlerhafter Produkte in Prozent oder als Anzahl Fehler je hundert Einheiten. ISO 2859-1 wurde hauptsächlich für die Prüfung fortlaufender Serien von Losen entwickelt, die alle aus demselben Herstellungs- oder Dienstleistungsprozess stammen. In diesem Fall wird eine angemessene Absicherung (anders ausgedrückt, die maximale mittlere Qualitätslage des Prozesses als Anteil fehlerhafter Einheiten in Prozent) erhalten durch die Verwendung von Regeln für den Verfahrenswechsel von normaler auf verschärfte Prüfung, falls eine bestimmte (begrenzende) Anzahl von nicht annehmbaren Losen in einer kurzen Serie aufeinander folgender Lose gefunden werden sollte.

ISO 2859-5 enthält sequentielle Stichprobenpläne, die das Annahmestichprobensystem für die Prüfung anhand der Anzahl fehlerhafter Einheiten oder Fehler in ISO 2859-1 ergänzen, und zwar mit einer Trennschärfe, die im Wesentlichen der der entsprechenden Anweisungen in ISO 2859-1 entspricht. Die Stichprobenprüfpläne in ISO 2859-5 unterstützen die Quantifizierung der Risiken, nicht zufriedenstellende Produkte anzunehmen (bekannt als Abnehmerrisiko) und zufriedenstellende Produkte nicht anzunehmen (bekannt als Lieferantenrisiko), und die Wahl einer Anweisung, die nicht mehr Risiko zulässt als vertretbar ist.

Der hauptsächliche **Vorteil** von sequentiellen Stichprobenanweisungen nach ISO 2859-5 ist gemäß ISO 2859-10 eine **Reduzierung des mittleren Stichprobenumfangs.** Dies ist der arithmetische Mittelwert aller Stichprobenumfänge, die bei der Anwendung einer gegebenen Stichprobenanweisung für ein bestimmtes Los oder eine bestimmte Qualitätslage des Prozesses auftreten können. Doppel-, Mehrfach- und sequentielle Stichprobenanweisungen führen alle zu geringeren mittleren Stichprobenumfängen als Einfach-Stichprobenanweisungen mit einer vergleichbaren Operationscharakteristik. Die durchschnittlichen Einsparungen bei der Verwendung einer sequentiellen Stichprobenanweisung sind größer als für Doppel- oder Mehrfach-Stichprobenanweisungen.

Als **Nachteile** von sequentiellen Stichprobenanweisungen nach ISO 2859-5 werden in ISO 2859-10 u. a. angeführt:

- die **Kompliziertheit** – die Regeln für eine sequentielle Anweisung seien schwerer zu verstehen als die einfacheren Regeln für eine Einfach-Stichprobenanweisung;
- die **Schwankung im Prüfumfang** – die tatsächliche Anzahl geprüfter Einheiten für ein bestimmtes Los seien im Vorhinein nicht bekannt, und das bringe für die Verwendung von sequentiellen Stichprobenanweisungen verschiedene organisatorische Schwierigkeiten mit sich. Beispielsweise könne sich die Planung der Prüfabläufe schwierig gestalten.

Die Autoren der Norm EN 1090-2 hielten offenbar die Vorteile für größer als die Nachteile. Von den beiden in ISO 2859-5 angebotenen Verfahren (numerisch oder grafisch) entschied man sich für das grafische Verfahren des **sequentiellen Inspektionsdiagramms** („*acceptability chart*"). Dieses hielt man, wie weiter oben dargelegt, offensichtlich für Ingenieur-Anwender ohne Erläuterungen für ausreichend verständlich.

<3> Zu Abs. 3 ff. – Grafisches Verfahren mit sequentiellem Inspektionsdiagramm

In der Tat ist die Idee des sequentiellen Inspektionsdiagramms aus Sicht der Verfasser dieses Kommentarbuches durchaus verständlich, allerdings nicht anhand des Bildes II.M.1 im Anhang II.M mit seinen festen Zahlenwerten, sondern anhand der allgemeinen Darstellung in Figure 2 in ISO 2859-5, hier als Bild KII.M-1 abgedruckt. In diesem Bild bedeuten:

n_{cum}	aktueller kumulierter Stichprobenumfang, auf der Abszisse aufgetragen (konkret auf EN 1090-2 angewendet: Anzahl tatsächlich kontrollierter Verbindungsmittel);
D	aktuelle kumulierte Anzahl nichtkonformer Produkte, auf der Ordinate aufgetragen (konkret auf EN 1090-2 angewendet: Anzahl als nichtkonform/fehlerhaft festgestellter Verbindungsmittel);
1	Rückweisungsbereich oberhalb der Rückweisungsgeraden $R = (g \cdot n_{cum}) + h_R$;
4	Annahmebereich unterhalb der Annahmegeraden $A = (g \cdot n_{cum}) - h_A$;
3	Unbestimmtheitsbereich zwischen Annahme- und Rückweisungsgerade;
g, h_R, h_A	Parameter der Rückweisungs- und Annahmegeraden;
n_t, Ac_t, Re_t	festgelegte Begrenzungswerte für n_{cum}, A und R, mit denen der Unbestimmtheitsbereich aus praktischen Erwägungen abgeschnitten wird;
2	Beispiel: Kontrolle wird abgebrochen, das Los wird zurückgewiesen.

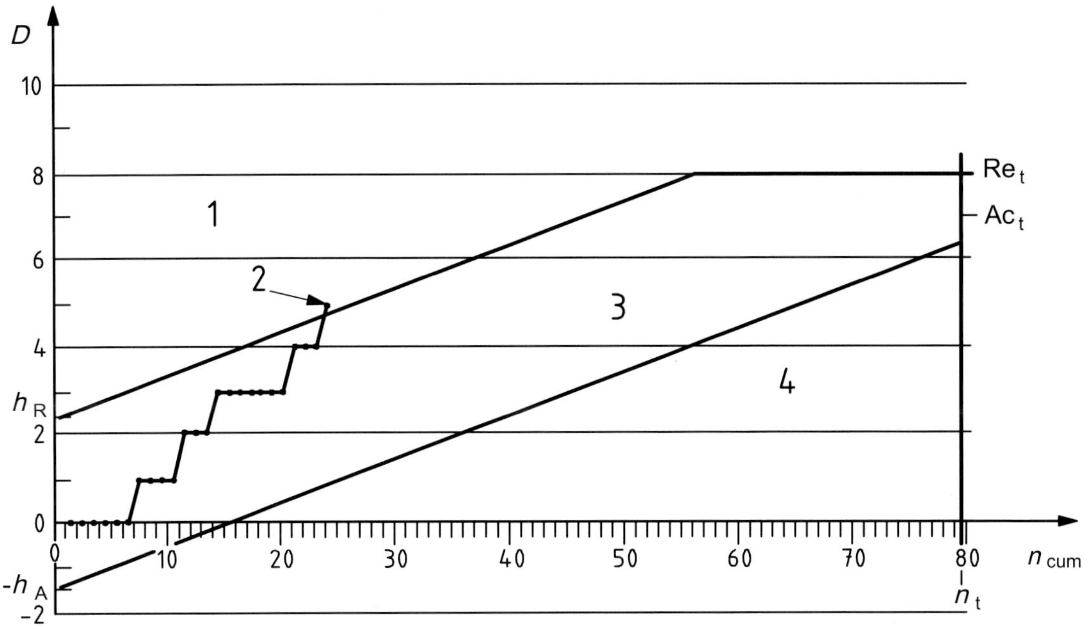

Bild KII.M-1: Allgemeines sequentielles Inspektionsdiagramm (aus ISO 2859-5)

Die Parametersätze der beiden parallelen Begrenzungsgeraden und das Wertepaar der vertikalen und horizontalen Endbegrenzung werden in ISO 2859-5 aus Tabellen abgelesen in Abhängigkeit der drei **Eingangsparameter**

- **Losgröße** (von 50 bis 500 000),
- annehmbare Qualitätsgrenzlage **AQL** (von 0,01 % bis 10 %),
- **Inspektionsschärfe** (I, II, III bzw. reduziert/normal verschärft).

Unterstellt man einmal feste Vereinbarungen zum Inspektionsgrad (z. B. „normal") und/oder zum Inspektionsniveau (z. B. II) sowie zu AQL (z. B. 4 %), so bleibt noch der Eingangsparameter „Losgröße". Er ist in ISO 2859-5 zu Losgrößenklassen zusammengefasst: $n = 51 \div 90$, $91 \div 150$, $151 \div 280$, $281 \div 500$ usw. Für den Anwender der EN 1090-2 ist es nun nicht ohne Weiteres nachvollziehbar, wie man zu zwei losgrößenunabhängigen, aber zahlenmäßig fixierten Inspektionsdiagrammen kommen konnte, wie sie im Anhang II.M in den Bildern II.M.2 und II.M.3 normativ vorgegeben werden. Aufgrund der Hintergrundinformationen dazu aus dem Arbeitsausschuss CEN/TC 135 (Veröffentlichungen oder Berichte sind den Verfassern nicht bekannt) wird das aber klar.

Die Größenordnung der zu kontrollierenden Lose (= Schraubengruppen bzw. -untergruppen) ist infolge der normativen Vorgaben in engen Grenzen quasi von Vornherein festgelegt, wie nachfolgend erläutert. Dadurch war es möglich, unter Inkaufnahme eines angemessenen Näherungscharakters die beiden zahlenmäßig fixierten Inspektionsdiagramme II.M.2 und II.M.3 zu entwickeln. Mit den aus ihnen zu entnehmenden Mindestanzahlen positiver Befunde hintereinander, nach denen günstigstenfalls die Annahme eines Loses erfolgen kann (5 beim sequentiellen Typ A, 14 beim sequentiellen Typ B) sowie mit den normativ vorgegebenen Gesamtanzahlen zu kontrollierender Verbindungsmittel (5 % bzw. 10 %, vgl. II.12.5.2.4.c) erhält man die in Tabelle KII.M-1 angegebenen, jeweils anzustrebenden optimalen (durchschnittlich erforderlichen) Losgrößen. Diese Losgrößen sind bei der Aufstellung des Inspektions- und Prüfplans (ITP) anzustreben. Sind Schraubengruppen zu groß, so sind sie in Untergruppen zu zerlegen. Beliebig große Lose, für die eine Annahme mit nur sehr wenigen positiven Stichproben nicht akzeptabel wäre, sind also prinzipiell ausgeschlossen. Das wird im Kommentar <2> zu II.M.2 mit einem zahlenmäßigen Beispiel veranschaulicht.

Tabelle KII.M-1: Optimale (durchschnittlich erforderliche) Losgröße bei Anwendung des Anhangs II.M

Sequentieller Plan	Gesamtanzahl zu prüfender Verbindungsmittel	Optimale Losgröße[1]	Typische Anwendungsfälle nach EN 1090-2
Typ A	5 %	100	EXC2: Zweiter Schritt bei Drehmoment- und kombiniertem Verfahren, DTI-Verfahren, Niete EXC3: Erster Schritt beim kombiniertem Verfahren, Niete
	10 %	50	EXC3: Zweiter Schritt bei Drehmoment- und kombiniertem Verfahren, DTI-Verfahren
Typ B	5 %	280	EXC4: Erster Schritt beim kombiniertem Verfahren, Niete
	10 %	140	EXC4: Zweiter Schritt bei Drehmoment- und kombiniertem Verfahren, DTI-Verfahren

1 Ein Los ist eine Schraubengruppe bzw. ggf. eine Schraubenuntergruppe

Man erkennt aus diesen Überlegungen auch, dass die Nutzung des sequentiellen Verfahrens für eine sehr kleine Anzahl von zu prüfenden Verbindungsmitteln im Tragwerk (d. h. deutlich weniger als 100) keinen Sinn macht. Im Inspektions- und Prüfplan sollte dann eine einfache Stichprobenanweisung festgelegt werden, mit der die geforderte 5 %- bzw. 10 %-Stichprobe erreicht wird.

Zu II.M.2 Anwendung

<1> Zur Anwendung der sequentiellen Inspektionsdiagramme Bilder II.M.2 und II.M.3

Über beiden Diagrammen finden sich **Mindestanzahlen** und **Maximalanzahlen**. Erstere wurden bereits im vorhergehenden Kommentar <3> zu II.M.1 erläutert: Diese Anzahl positiver Befunde hintereinander ist mindestens erforderlich, um das ganze Los annehmen zu dürfen. Die Maximalanzahlen haben den Zweck, dass nach Erreichen dieser Maximalzahl der Unbestimmtheitsbereich entweder durch Annahme oder durch Rückweisung des ganzen Loses verlassen werden muss.

Nach **Stichprobenplan sequentieller Typ A** (Bild II.M.2) folgt günstigstenfalls bereits nach **5** positiven Befunden hintereinander die endgültige Annahme des Loses. Ist innerhalb der ersten **5** Einzelprüfungen ein negativer Befund dabei, müssen insgesamt mindestens **12** Einzelprüfungen (**11** positive und **1** negative) für die endgültige Annahme des Loses erfolgen. Tritt ab der fünften Einzelprüfung ein zweiter negativer Befund auf, muss die Maximalanzahl **16** bis zur Annahme geprüft werden, ohne dass es zu einem dritten negativen Befund kommt, der sonst zu einer Zurückweisung des Loses führte. Die endgültige Rückweisung des Loses folgt nach **2** negativen Befunden innerhalb der ersten **4** bzw. nach **3** negativen Befunden innerhalb der maximalen **16** Einzelprüfungen.

Nach **Stichprobenplan sequentieller Typ B** (Bild II.M.3) folgt günstigstenfalls bereits nach **14** positiven Befunden hintereinander die endgültige Annahme des Loses. Ist innerhalb der ersten **14** Einzelprüfungen ein negativer Befund dabei, müssen insgesamt mindestens **23** Einzelprüfungen (**22** positive und **1** negative) für die endgültige Annahme des Loses erfolgen. Tritt ab der vierzehnten Einzelprüfung ein zweiter negativer Befund auf, müssen insgesamt mindestens **32** Einzelprüfungen (**30** positive und **2** negative) für die endgültige Annahme des Loses erfolgen. Tritt noch ein dritter und/oder vierter negativer Befund auf, muss die Maximalanzahl **40** bis zur Annahme geprüft werden, ohne dass es zu einem fünften negativen Befund kommt, der sonst zu einer Zurückweisung des Loses führte. Die endgültige Rückweisung des Loses folgt nach

3 negativen Befunden innerhalb der ersten **10** bzw. nach **4** negativen Befunden innerhalb der ersten **19** Einzelprüfungen oder nach **5** negativen Befunden innerhalb der maximalen **40** Einzelprüfungen.

<2> Einfaches Beispiel für einen Inspektions- und Prüfplan

Ein nach Stichprobenplan Typ A zur Inspektion anstehendes Beispieltragwerk der Ausführungsklasse EXC2 beinhaltet insgesamt 400 Schraubengarnituren, die mit dem Drehmomentverfahren angezogen werden. Davon werden aufgrund der in II.12.5.2.4 genannten Unterteilungsmerkmale (vgl. Kommentare <2> und <3> dazu) drei Schraubengruppen gebildet. Gruppe 1 besteht aus 250, Gruppe 2 aus 120 und Gruppe 3 aus 30 Garnituren. Gemäß II.12.5.2.4 c sind von der Gesamtanzahl Garnituren im Tragwerk (400) nach dem zweiten Anziehschritt (das ist das Aufbringen des Weiterdrehwinkels) mindestens 5 %, also 20 Stück zu kontrollieren.

Zunächst wird die anteilige Anzahl der zu prüfenden Garnituren für jede der drei Schraubengruppen ermittelt:

- Schraubengruppe 1: 250 · 0,05 = 12,5, jedoch mindestens 5;
- Schraubengruppe 2: 120 · 0,05 = 6,0, jedoch mindestens 5;
- Schraubengruppe 3: 30 · 0,05 = 1,5, jedoch mindestens 5.

Da nach Stichprobenplan Typ A mindestens fünf Garnituren je Los für die endgültige Annahme des Loses zu prüfen sind, bedeutet das, dass mindestens vier Lose (20 geteilt durch 5) zu bilden sind. Da aber nur drei sachlich begründbare Schraubengruppen vorhanden sind, muss die größte Gruppe 1 – wie in II.12.5.2.4.b vorgesehen – in zwei Untergruppen aufgeteilt werden. Oder (alternativ) für diese Gruppe 1 muss der Stichprobenplan Typ B mit mindestens 14 Stichproben (vgl. <1>) im Inspektions- und Prüfplan vereinbart und angewendet werden.

Nicht jede Schraubengruppe muss für sich genommen exakt die für das Gesamttragwerk geforderten 5 % erfüllen. Man würde im Beispiel also zweckmäßig für die Schraubengruppen 2 und 3 je ein Los mit jeweils mindestens 5 Stichproben definieren. Für die verbleibenden 10 erforderlichen Stichproben wird dann die Schraubengruppe 1 in die Untergruppen 1.1 und 1.2 geteilt, die jeweils auch ein Los mit mindestens 5 Stichproben ergeben. In der Summe werden dann also die geforderten 20 Stichproben auf jeden Fall erreicht.

Zu beachten ist, dass jedes Los unabhängig von den anderen Losen beurteilt wird. Wenn in einem Los die Zahl der geprüften Garnituren aufgrund negativer Befunde nach Stichprobenplan Typ A auf 12 oder 16 oder nach Stichprobenplan Typ B auf 23, 32 oder 40 erweitert wird, kann nicht in den anderen Losen der Prüfumfang reduziert werden oder auf die vorher vereinbarte Aufteilung in Untergruppen verzichtet werden. Bei negativen Befunden steigt also die Gesamtzahl der letztlich geprüften Garnituren auf jeden Fall über 5 % (bzw. 10 % nach II.12.5.2.4 c2ii) im Gesamttragwerk.

Im Beispiel wird zunächst die Untergruppe 1.1 inspiziert. Hier werden gleich zu Beginn 5 positive Stichprobenbefunde hintereinander registriert, so dass für diese Untergruppe eine endgültige Annahme erfolgt. Als Nächstes folgt die Untergruppe 1.2. Hier findet man innerhalb der ersten 5 Einzelprüfungen einen negativen Befund, so dass die Stichprobe zunächst auf insgesamt 12 Einzelprüfungen erweitert werden muss. Innerhalb dieser Einzelprüfungen tritt kein weiterer negativer Befund auf, so dass auch hier die Annahme des Loses erfolgt. Bei den Gruppen 2 und 3 verhält es sich wie bei Untergruppe 1.1, so dass auch hier bereits nach 5 positiven Einzelprüfungen die Annahme der Stichprobe erreicht wird. In der Gesamtabrechnung wurden also 5 + 12 + 5 + 5 = 27 Garnituren geprüft. Die geforderte Gesamtanzahl von 20 zu prüfenden Garnituren im Tragwerk wurde durch den einen negativen Befund in der Untergruppe 1.2 um 7 übertroffen.

Wäre im gleichen Beispiel die Ausführungsklasse EXC4 zu beachten, gälte der Stichprobenplan Typ B, und insgesamt wären mindestens 10 % der Garnituren im Tragwerk, also 40 Stück, zu prüfen.

Analog ist dann die anteilige Anzahl der zu prüfenden Garnituren für jede der drei Schraubengruppen wie folgt:

- Schraubengruppe 1: 250 · 0,10 = 25, jedoch mindestens 14;
- Schraubengruppe 2: 120 · 0,10 = 12, jedoch mindestens 14;
- Schraubengruppe 3: 30 · 0,10 = 3, jedoch mindestens 14.

Eine Aufteilung der Schraubengruppe 1 in Untergruppen erübrigt sich jetzt, da mit der Mindeststichprobenzahl aus den drei Schraubengruppen 3 · 14 = 42 die geforderte Mindestanzahl zu prüfender Garnituren von 40 bereits erreicht wäre. Auch hier würde bei negativen Befunden die Gesamtanzahl der zu prüfenden Garnituren im Gesamttragwerk weiter ansteigen.

<3> Komplexeres Beispiel für einen Inspektions- und Prüfplan

In Tabelle KII.M-2 ist die Schraubenliste eines Gittermastes für Mobilfunkantennen (ähnlich Bild KII.12-5) wiedergegeben. Gemäß Kommentar <2.2> zu II.4.1.2 sind Antennentragwerke der Ausführungsklasse EXC3 zuzuordnen. Das bedeutet, dass gemäß II.12.5.2.4 insgesamt 10 % der vorgespannten HV-Garnituren zu prüfen sind und dass dabei nach dem sequentiellen Inspektionsdiagramm Typ A nach Anhang II.M vorzugehen ist. Nachfolgend wird dargestellt, wie die Kontrolle ablaufen könnte.

Tabelle KII.M-2: Zusammenstellung der Schrauben, Muttern und Scheiben für einen 40-m-Gittermast

Verbindungsmittel 40-m-Mast gemäß EN 14399-4 u. EN 14399-6													
	M12×35	**M12×40**	**M12×45**	**M12×50**	**M12×55**	**M12×95**	**12×100**	**12×110**	**Mu 12**	**Sch 13**	**M24×80**	**Mu 24**	**Sch 25**	**A4 10×25**
Schuss 1	115	12		18					145	290				20
Schuss 2	90	92	8						190	380				52
Schuss 3	52	84	8						144	288				32
Schuss 4	124	80	32						236	472				64
Schuss 5	20	20	40	4					84	168				52
Schuss 6	20	4	16						40	80	64	64	128	52
Schuss 7	18	4	20	16	16				74	148				20
Bühne – 2 500	16	7	3			4	1	1	32	64				
Bühne – 5 000 u. – 7 500	24	8				8	0		40	80				
Topmast			4		8				12	24				
Tragrohre 0 bis – 5 m		48	64						112	224				
Summe	**479**	**359**	**195**	**38**	**24**	**12**	**1**	**1**	**1 109**	**2 218**	**64**	**64**	**128**	**292**
	M16×40	**M16×45**	**M16×50**	**M16×55**	**M16×60**	**M16×65**	**Mu 16**	**Sch 17**	**M20×70**	**Mu 20**	**Sch 21**			**C-Schienen**
Schuss 1				32			32	64						10
Schuss 2	4	8		32			44	88						26
Schuss 3	8	8			48		64	128						16
Schuss 4	8		16			64	88	176						32
Schuss 5	8	60	4				72	144	48	48	96			26
Schuss 6	8	0	12	88	8		116	232						26
Schuss 7		16	24	56	24	6	126	252						10
Bühne – 2 500		8					8	16						
Bühne – 5 000 u. – 7 500		16					16	32						
Topmast		6					6	12						
Summe	**36**	**122**	**56**	**208**	**80**	**70**	**572**	**1 144**	**48**	**48**	**96**			**146**

Insgesamt enthält das Tragwerk 2 085 Schraubengarnituren. Nach Tabelle KII.M-1 ergibt sich die optimale (durchschnittlich erforderliche) Losgröße zu 50 bzw. die erforderliche Anzahl an Losen zu mindestens 2 085 : 50 = 41,7. Es sollten also mindestens 42 Gruppen bzw. Untergruppen gebildet werden, die als separate Lose hinsichtlich Annahme oder Rückweisung inspiziert werden.

Nach Auffassung der Verfasser wäre die in Tabelle KII.M-3 angegebene Aufteilung plausibel, sofern kein Wechsel im Montagepersonal und Werkzeug stattfindet, was eine andere Aufteilung in Gruppen und damit in Lose erfordern würde. Jedes der 42 Lose der Tabelle, d. h. jede Gruppe/Untergruppe wird separat auf Annahme oder Rückweisung inspiziert.

Die in Tabelle KII.M-3 empfohlene Aufteilung in Lose ist natürlich nur eine Möglichkeit. Es könnte evtl. auch zweckmäßiger sein, die Lose vorrangig schussweise und erst nachrangig nach Schraubenlänge festzulegen. Der Anwender hat bei der Festlegung einen gewissen Spielraum.

Tabelle KII.M-3: Empfohlene Loseinteilung für das Beispiel gemäß Tabelle KII.M-2

Los Nr.	Losgröße	Los beinhaltet
1	58	M12×35 Schuss 1 (Untergruppe a)
2	57	M12×35 Schuss 1 (Untergruppe b)
3	45	M12×35 Schuss 2 (Untergruppe a)
4	45	M12×35 Schuss 2 (Untergruppe b)
5	52	M12×35 Schuss 3
6	62	M12×35 Schuss 4 (Untergruppe a)
7	62	M12×35 Schuss 4 (Untergruppe b)
8	58	M12×35 Schüsse 5 bis 7
9	40	M12×35 alle Bühnen
10	55	M12×40 Schüsse 1, 5, 6 und 7/Bühnen
11	46	M12×40 Schuss 2 (Untergruppe a)
12	46	M12×40 Schuss 2 (Untergruppe b)
13	42	M12×40 Schuss 3 (Untergruppe a)
14	42	M12×40 Schuss 3 (Untergruppe b)
15	80	M12×40 Schuss 4
16	48	M12×40 Tragrohre
17	48	M12×45 Schüsse 2 bis 4
18	40	M12×45 Schuss 5
19	43	M12×45 Schüsse 6, 7 / Bühne, Topmast
20	64	M12×45 Tragrohre
21	62	M12×50 / ×55 Schüsse 1, 5, 7 / Topmast
22	14	M12×95 / ×100 / ×110 / alle Bühnen
23	64	M24×80 Schuss 6
24	40	A4 10×25 Schüsse 1 und 7
25	52	A4 10×25 Schuss 2
26	32	A4 10×25 Schuss 3
27	64	A4 10×25 Schuss 4

Los Nr.	Losgröße	Los beinhaltet
28	52	A4 10×25 Schuss 5
29	52	A4 10×25 Schuss 6
30	36	M16×40 alle Schüsse
31	60	M16×45 Schuss 5
32	62	M16×45 restl. Schüsse, Bühnen, Topmast
33	56	M16×50 alle Schüsse
34	32	M16×55 Schuss 1
35	32	M16×55 Schuss 2
36	44	M16×55 Schuss 6 (Untergruppe a)
37	44	M16×55 Schuss 6 (Untergruppe b)
38	56	M16×55 Schuss 7
39	48	M16×60 Schuss 3
40	32	M16×60 Schüsse 6 und 7
41	70	M16×65 alle Schüsse
42	48	M20×70 Schuss 5

Ernst & Sohn
A Wiley Brand

Stahlbau-Kalender 2019

Hrsg.: Ulrike Kuhlmann
Stahlbau-Kalender 2019
Verbindungen, Digitales
Planen und Bauen
April 2019. ca. 1000 Seiten. ca.
€ 149,–* Fortsetzungspreis: ca.
€ 129,–* ISBN
978-3-433-03266-4 Auch als
erhältlich ebook

Zentrale Themen des Stahlbau-Kalender 2019 sind Verbindungen im Stahlbau sowie Digitales Planen und Bauen.

Verbindungen sind ein Innovationstreiber im Stahlbau. Die richtige Auswahl und Detailausbildung kann die Wirtschaftlichkeit von Stahlkonstruktionen erhöhen. Das Buch stellt anwendungsbereites Wissen mit zahlreichen Beispielen zur Verfügung. Auf die Methoden und Vorgehensweisen zur Bemessung und konstruktiven Durchbildung verschiedener Verbindungsarten wird in sechs Beiträgen ausführlich eingegangen. Die Verwendung vorgefertigter Zugstabsysteme bei filigranen Stahl-Glas-Konstruktionen für Fassaden, Dachtragwerke oder Fußgängerbrücken hat in den letzten Jahren zugenommen. Besonders wichtig für die Praxis sind z. B. die neuen Entwicklungen bei vorgespannten geschraubten Verbindungen. Auch Setzbolzen und Metallschrauben weisen eine breite Anwendungspalette im Stahlbau und Metallleichtbau auf. Gussknoten ermöglichen aufgrund der freien Formbarkeit den optimalen Einsatz von Hohlprofilen, auch bei geometrisch komplizierten Tragstrukturen. Mit tragenden Klebverbindungen werden neuartige Konstruktionen und Mischbauweisen im Konstruktiven Ingenieurbau hervorgebracht. Damit einher geht das Erfordernis des werkstoffgerechten Konstruierens als Voraussetzung für dauerhafte und wirtschaftliche Tragwerke.

Was digitales Planen und Bauen konkret für den Stahlbau und für die Werkstattfertigung bedeutet, wird in drei praxisbezogenen Beiträgen dargestellt.

Der Stahlbau-Kalender dokumentiert und kommentiert verlässlich den aktuellen Stand des deutschen Stahlbau-Regelwerkes. Das Buch ist ein Wegweiser für die richtige Berechnung und Konstruktion im gesamten Stahlbau mit neuen Themen in jeder Ausgabe. Herausragende Autoren aus der Industrie, aus Ingenieurbüros und aus der Forschung vermitteln Grundlagen und geben praktische Hinweise.

- **Stahlbau-Kalender 2018**
  Schwerpunkte: Verbundbau, Fertigung
- **Stahlbau-Kalender 2017**
  Schwerpunkte: Dauerhaftigkeit, Ingenieurtragwerke

Online Bestellung:
www.ernst-und-sohn.de/stahlbau-kalender/sk19

IV Kommentare zu DIN EN 1090-4 Technische Anforderungen an tragende, kaltgeformte Bauelemente aus Stahl und tragende, kaltgeformte Bauteile für Dach-, Decken-, Boden- und Wandanwendungen

Einführender Kommentar

Zu IV

EN 1090-4 trägt den Titel „Ausführung von Stahltragwerken und Aluminiumtragwerken – Teil 4: Technische Anforderungen an tragende, kaltgeformte Bauelemente aus Stahl und tragende, kaltgeformte Bauteile für Dach-, Decken-, Boden- und Wandanwendungen". Dieser Titel sagt noch nicht aus, an wen die Normeninhalte adressiert sind. Tatsächlich regelt die Norm sowohl die Herstellung von Profiltafeln und tragenden kaltgeformten Bauteilen als auch ihre Montage auf der Baustelle. Dementsprechend sind die einzelnen Kapitel und Abschnitte der Norm nicht für alle Anwender von gleicher Bedeutung.

Die nachfolgende Tabelle KIV.0 gibt einen Überblick, welche Gruppe vorrangig Adressat der jeweiligen Normenkapitel und -abschnitte ist. Hierbei wird zwischen Hersteller, Planer und Montage unterschieden, wobei hier die Planung sowohl die Erstellung der statischen Berechnung als auch der Verlegepläne umfasst.

Tabelle KIV.0: Übersicht, an wen sich die einzelnen Normenkapitel und -abschnitte vorrangig richten

Kapitel, Abschnitt	Inhalt	Adressat
IV.1	Anwendungsbereich	Alle
IV.2	Normative Verweisungen	Alle
IV.3	Begriffe	Alle
IV.4	Vorschriften, Dokumentation	
IV.4.1	Ausführungsunterlagen	Planer, Montage
IV.4.2	Dokumentation der Montage	Montage
IV.4.3	Rückverfolgbarkeit	Alle
IV.4.4	Ausführungsdokumentation	Montage
IV.5	Ausgangsprodukte	
IV.5.1	Allgemeines	Hersteller
IV.5.2	Identifizierbarkeit, Prüfbescheinigungen und Rückverfolgbarkeit	Hersteller
IV.5.3	Werkstoffe	Hersteller
IV.5.4	Grenzabmaße der Dicke	Planer
IV.5.5	Mindestnennblechdicken	Planer
IV.5.6	Geometrische Toleranzen	Hersteller
IV.5.7	Mechanische Verbindungselemente	Planer
IV.5.8	Zubehör	Planer
IV.5.9	Oberflächenschutz	Hersteller, Planer
IV.5.10	Leistungskriterien für das Verhalten bei Brand von außen bei Dachkonstruktionen	Hersteller, Planer
IV.5.11	Brandverhalten	Hersteller, Planer
IV.5.12	Feuerbeständigkeit	Hersteller, Planer
IV.5.13	Freisetzen gefährlicher Stoffe	Hersteller
IV.5.14	Blitzschutz	Planer

Kapitel, Abschnitt	Inhalt	Adressat
IV.6	Herstellung	Hersteller
IV.7	Schweißen	Hersteller
IV.8	Mechanisches Verbinden	Planer, Montage
IV.9	Montage	Montage
IV.10	Oberflächenschutz	
IV.10.1	Korrosionsschutz	Hersteller, Planer
IV.10.2	Reinigung und Wartung	Montage
IV.11	Geometrische Toleranzen	Alle
IV.12[1)]	Kontrollen, Prüfungen und Nachbesserung	
IV.12.1	Allgemeines	Alle
IV.12.2	Tragende Bauteile, Profiltafeln und Verbindungselemente	Montage
IV.12.3	Herstellung: geometrische Maße der gefertigten tragenden Bauteile und Profiltafeln	Hersteller
IV.12.4[1)]	Kontrolle des montierten Tragwerks	Montage
IV.12.5[1)]	Kontrolle von Verbindungselementen	Montage
IV.A	Grundanforderungen an Profiltafeln	Planer
IV.B	Sonderanforderungen an Profiltafeln	Planer
IV.B.7	Begehbarkeit	Montage, Hersteller
IV.B.10	Auskragende Profile	Montage, Planer
IV.C	Dokumentation	Montage
IV.D	Geometrische Toleranzen	Alle
IV.E	Korrosionsschutz durch metallische Überzüge mit oder ohne organische Beschichtungen	Hersteller, Planer
IV.F	Zusätzliche Angaben	Alle

1) Die englischen Begrifflichkeiten „inspect/inspection" wurden in DIN EN 1090-4 noch traditionell mit „kontrollieren/Kontrolle" übersetzt, in DIN EN 1090-2 dagegen korrekt mit „inspizieren/Inspektion". Gemeint ist jeweils dasselbe; der Anwender der Normen bzw. Leser dieses Buches möge diese Diskrepanz verzeihen.

Nationales Vorwort

Zu IV

Neben der üblichen Angabe des verantwortlichen europäischen Arbeitsausschusses (CEN/TC 135) und des zuständigen deutschen „Spiegelausschusses“ (NA 005-08-14 AA) wird hier klar postuliert, dass

- die europäische Norm EN 1090-4 eine inhaltlich vollständig überarbeitete, an das europäische Konzept angepasste – gemeint ist: in die Normenreihe EN 1090 eingepasste – Version der noch aus dem Jahre 1987 stammenden deutschen Norm DIN 18807-3 (mit zwei Seiten Änderung von 2001) ist,
- in Deutschland also baurechtlich an deren Stelle tritt.

DIN 18807-3 [R76] taucht deshalb auch bei der Kommentierung von EN 1090-4 in diesem Kommentarbuch unvermeidbar häufig auf.

Unmittelbar vor Drucklegung dieses Kommentarbuches wurde vom DIN folgender Entwurf für einen ergänzenden Textabsatz am Ende des Nationalen Vorworts zu DIN EN 1090-4 veröffentlicht:

„Dieses Dokument (EN 1090-4:2018) enthält mehrfach die Formulierung „sofern nicht anders festgelegt“ (siehe Tabelle F.2). Diese Formulierung ist vom Technischen Komitee CEN/TC 135 eingefügt worden, um Mitgliedsstaaten die Möglichkeit zu geben, weiterhin in Abweichung von EN 1090-4 nationale Bestimmungen anzuwenden, sofern diese existieren. In Deutschland kommt diese Formulierung nicht zur Anwendung. Ausnahme bildet Anhang E. Hier gilt abweichend für Deutschland DIN 55634, *Beschichtungsstoffe und Überzüge – Korrosionsschutz von tragenden dünnwandigen Bauteilen aus Stahl.*“

Es ist davon auszugehen, dass diese Ergänzung offiziell wird. Die darin festgelegten speziellen Regelungen für Deutschland wurden aber in den Kommentaren des vorliegenden Buches sinngemäß bereits berücksichtigt; siehe insbesondere zu IV.1 <2> und zu IV.E.1 <1>.

Zu IV Europäisches Vorwort

<1> Zu Abs. 1 und 5 – Herkunft und Funktion der Norm EN 1090-4

Die Norm EN 1090-4 wurde, wie bereits im Vorwort zu diesem Buch erläutert, vom Europäischen Komitee für Normung (CEN) analog zu **EN 1090-2** erarbeitet, allerdings nicht aufgrund eines Mandates der Europäischen Kommission, vor allem **nicht**, wie z. B. EN 1090-1, eines Mandates zur Unterstützung grundlegender Anforderungen der Verordnung (EU) Nr. 305/2011, der so genannten EU-Bauproduktenverordnung (BPVO) [R182]. EN 1090-4 ist deshalb, wie EN 1090-2, auch **keine** europäisch harmonisierte Norm, sondern eine „ganz normale" Norm. Sie befähigt somit nicht zur Verleihung eines CE-Zeichens. Die Regelungen zur CE-Zeichen-Vergabe für tragende Bauteile aus Stahl sind in EN 1090-1 festgelegt. Darunter fallen auch die in EN 1090-4 behandelten Bauelemente und Bauteile (vgl. zu II.1 <1.2>). EN 1090-4 unterliegt aber natürlich der CEN/CENELEC-Geschäftsordnung und ist deshalb von den nationalen Normungsinstituten der Mitgliedsländer zu übernehmen.

EN 1090-4 wurde aufgrund einer Initiative der europäischen Hersteller von kaltgeformten Bauteilen und Bauelementen erarbeitet. Die Herstellung und Montage dieser Produkte fielen seit dem Inkrafttreten von EN 1090-2 in deren Anwendungsbereich. EN 1090-2 enthielt aber hierzu fast keine Regelungen, obwohl der Stahlleichtbau ständig an Bedeutung gewonnen hatte – von 2008 bis 2017 gab es allein in der Zeitschrift STAHLBAU acht entsprechende Schwerpunkthefte, jeweils mit Editorial des Viertverfassers dieses Buches. Diese Normungslücke wurde mit der Erarbeitung von EN 1090-4 geschlossen. Erstmals darüber berichtet wurde 2014 in [V104]. Im Anwendungsbereich der neuen Fassung von EN 1090-2 wird nun ausdrücklich festgelegt, dass alle Bauteile, die vom Regelungsbereich nach EN 1090-4 erfasst sind, nicht mehr unter EN 1090-2 fallen. EN 1090-4 hat also, auf die betroffenen Produkte bezogen, Vorrang vor EN 1090-2.

EN 1090-4 basiert, wie im Nationalen Vorwort klar postuliert, im Prinzip auf der deutschen Norm DIN 18807-3 [R76], allerdings zusätzlich auch auf der DASt-Richtlinie 016 [R24]. Die Norm DIN 18807-3 wurde von deutscher Seite als Grundlage für die europäische Normungsarbeit eingebracht. Erst während des Normungsprozesses wurde zu einem späten Zeitpunkt aus einem Bereich der Wirtschaft der Wunsch geäußert, neben den Profiltafeln (DIN 18807-3 behandelt ausschließlich Stahltrapezprofile) auch die tragenden kaltgeformten Bauteile (Kantteile) in den Anwendungsbereich der Norm aufzunehmen. Dies führte leider zu einer Verzögerung des gesamten Prozesses und zu einem späteren Erscheinen der Norm.

<2> Zu Abs. 2 – Inkrafttreten von EN 1090-4

Mit Veröffentlichung von EN 1090-4 als deutsche Norm wird DIN 18807-3 den europäischen Regeln entsprechend zurückgezogen, da sie mit ihr konkurriert, d. h. die gleichen Sachverhalte regelt. EN 1090-4 wird dann auch in die deutsche bauaufsichtliche Liste der Technischen Baubestimmungen in der MVV-TB [R194] (vgl. zu II-Europäisches Vorwort <4>) anstelle von DIN 18807-3 übernommen.

<3> Zu Abs. 4 – Zusammenhang zwischen EN 1090-1 einerseits und EN 1090-2/EN 1090-4 andererseits

Wie ebenfalls bereits im Vorwort zu diesem Buch dargelegt, sind EN 1090-1 einerseits und EN 1090-2 und EN 1090-4 andererseits Teile einer fünfteiligen Normenreihe „Ausführung von Stahltragwerken und Aluminiumtragwerken". Sie sind also fachlich aufeinander abgestimmt, aber nicht nur das. EN 1090-1 ist, da keinerlei technische Regeln für die Herstellung der hinsichtlich des Konformitätsnachweises behandelten vorgefertigten tragenden Bauteile enthaltend, auf EN 1090-2 und EN 1090-4 als technische Bezugsdokumente angewiesen. Umgekehrt könnte man aber mit EN 1090-4 allein ein voll funktionsfähiges und tragsicheres „kaltgeformtes Tragwerk" herstellen und errichten. Man hätte dann nur keinen rechtlich-verwaltungstechnischen Rahmen für eine Bewertung und Überprüfung der Leistungsbeständigkeit und somit keine Kennzeichnung (keine CE-Kennzeichnung und keine Leistungserklärung), die den freien Warenverkehr innerhalb der Europäischen Union gewährleisten würde.

Anwendungsbereich

Zu IV.1

<1> Zu Abs. 1 – Begrifflichkeiten

Die Norm unterscheidet zwischen **kaltgeformten Bauteilen, kaltgeformten Profiltafeln** und **kaltgeformten Tragwerken.** Bauteile sind hier einzelne aus Blechstreifen kaltgeformte Teile, wie z. B. Pfetten, Wechsel, Riegel. Profiltafeln sind alle i. d. R. durch Rollformen aus einem Stahlcoil hergestellten flächigen Bauteile. Kaltgeformte Tragwerke sind Einheiten von mindestens zwei kaltgeformten Bauteilen und/oder kaltgeformten Profiltafeln, die aufgrund ihrer Verbindung eine Tragwirkung aufweisen.

Ein Begriff, den jeder normale Stahlbauer bei EN 1090-4 fast automatisch im Hinterkopf hat, kommt weder im Titel noch überhaupt in der Norm vor: **dünnwandig**. Wie im Kommentar <1.2> zu II.1 ausgeführt, hat das vor allem formale, u. a. auch industriepolitische Gründe: Es lässt sich keine quantitative Grenzdicke definieren, unterhalb derer ein Bauteil dünnwandig ist (wie etwa früher 3 mm). Gleichwohl geht es aber in EN 1090-4 eindeutig um qualitativ dünnwandige Bauteile. Insofern ist die Vorstellung des normalen Stahlbauers dem allgemeinen Verständnis zumindest nicht abträglich.

<2> Zu Abs. 1 – Zielsetzung der Norm

In Abs. 1 wird zwar analog zu EN 1090-2 als vordergründige Zielsetzung das Festlegen der Anforderungen für die Ausführung genannt. Es fehlt aber formal die Hintergrund-Zielsetzung von EN 1090-2 (vgl. II.Einleitung), ein ausreichendes Niveau an **„mechanischer Festigkeit und Standsicherheit, Gebrauchstauglichkeit und Dauerhaftigkeit“** sicherzustellen. Das gilt für EN 1090-4 natürlich genauso und ist als zentrale Zielsetzung einer sachgemäßen Ausführung von kaltgeformten Stahltragwerken nach dieser Norm identisch mit der in den Eurocodes niedergelegten Zielsetzung einer sachgemäßen Bemessung der Stahltragwerke.

EN 1090-4 definiert, genau wie EN 1090-2, dort, wo sie **verbindliche Anforderungen** festlegt, grundsätzlich **technische Mindestanforderungen**. Das bezieht sich auf alle angesprochenen Herstellungs- und Montagearbeiten, beginnend beim Materialeinkauf als vorbereitendem Prozess, über das Umformen bis hin zur Auswahl des Korrosionsschutzes und zur Montage. Die Mindestanforderungen sind zum Teil niedrig angesetzte untere Grenzanforderungen, deren Einhaltung unabdingbar ist, um ein brauchbares und sicheres „kaltgeformtes Stahltragwerk“ zu erhalten. Eine Hilfestellung beim Auffinden derjenigen verbindlichen Anforderungen in der Norm, die in jedem Mitgliedsland der EU gleichermaßen gelten, bietet Tabelle F.1 in Anhang F von EN 1090-4 (zur Erinnerung: in diesem Kommentarbuch mit **Tabelle IV.F.1** bezeichnet). Diese Anhangtabelle listet die Elemente auf, für die in den Ausführungsunterlagen in jedem Fall Angaben gemacht werden müssen („zusätzlich erforderliche Angaben“ genannt).

EN 1090-4 enthält darüber hinaus viele Möglichkeiten, nationale Besonderheiten zu berücksichtigen, wozu man die für europäische Normen typischen Öffnungsklauseln mit der Formulierung „sofern nichts anderes festgelegt wird“ benutzen kann. Eine Hilfestellung beim Auffinden dieser Empfehlungen bietet **Anhangtabelle IV.F.2.** Diese Tabelle listet die Elemente auf, die in einem ganzen Mitgliedsland der EU abweichend von den Mindestanforderungen ausgeführt werden dürfen. Mit der genannten Formulierung sind keine Festlegungen gemeint, die eventuell vom Bauherrn oder anderen am Bau Beteiligten projektbezogen gewünscht werden könnten. Diese Möglichkeit ist in EN 1090-4 durch die Formulierung „sofern nichts anderes festgelegt wird“ ausdrücklich **nicht** gemeint.

Das wird hier deshalb betont, weil es im Gegensatz zu EN 1090-2 steht. Dort darf man von Normregelungen, die mit „sofern nicht anders festgelegt“ o. ä. gekennzeichnet sind, bei einem individuellen Projekt oder Tragwerk abweichen, sofern man gewisse Bedingungen einhält, z. B. Produkteigenschaften oder Vorgehensweisen auf dem gleichen Level definiert wie in der betreffenden Normregelung (vgl. zu II.4.1.1 <2.4>). Das ist ein ganz wesentlicher Unterschied zwischen den beiden sonst weitgehend aufeinander abgestimmten Normen EN 1090-2 und EN 1090-4.

Letztere verwendet solche Stellen im Prinzip so, wie die Eurocodes ihr spezielles Werkzeug „Nationaler Anhang".

Für ein qualitativ anspruchsvolleres Bauwerk kann es manchmal sinnvoll sein, schärfere als die Mindestanforderungen festzulegen. Außer in der Ausschreibung oder Auftragsspezifikation, kann das auch in nationalen Fachnormen oder anderen Ausführungsregelwerken für spezielle Stahlbauten erfolgen. Großzügigere Anforderungen als diejenigen der EN 1090-4 dürfen dagegen keinesfalls festgelegt werden, auch nicht in Ausschreibungen oder Auftragsspezifikationen oder nationalen Regelwerken.

Neben verbindlichen Anforderungen sind in EN 1090-4 viele **empfehlende Festlegungen** enthalten. Diese Empfehlungen sind anhand des verwendeten modalen Hilfsverbs „sollte" erkennbar. Die Bedeutung aller modalen Hilfsverben ist in diesem Kommentarbuch in Tabelle KII.1-1 zusammengefasst.

<3> Zu Abs. 1 – erste Voraussetzung für die Anwendung der Norm

EN 1090-2 setzt in ihrer Einleitung voraus, dass „die Arbeiten mit notwendiger Fachkunde, technischer Ausrüstung und Mitteln" ausgeführt werden. Das gilt natürlich gleichermaßen für DIN 1090-4, auch wenn es nicht ausdrücklich postuliert wird. **Fachkundiges Personal** und angemessene **technische Ausrüstung** sind die selbstverständliche und unabdingbare Grundvoraussetzung dafür, kaltgeformte Bauteile und Profiltafeln bzw. Tragwerke gemäß den Anforderungen dieser Norm herstellen und montieren zu können. Um das sicherzustellen, gibt es zunächst für die Herstellung der Bauteile das komplexe Netzwerk aus zertifizierter und überwachter werkseigener Produktionskontrolle (WPK) und die Bewertung und Überprüfung der Leistungsbeständigkeit für die CE-Kennzeichnung gemäß EN 1090-1.

Darüber hinaus enthält EN 1090-4 selbst – ähnlich wie EN 1090-2 – ebenfalls viele Organisations-, Kontroll- und Prüfvorgaben, die der Qualitätssicherung dienen sollen. Soweit sie sich auf die Herstellung der Bauteile beziehen, wird ihre Einhaltung europaweit durch das vorstehend angesprochene Instrument der nach EN 1090-1 zertifizierten und überwachten WPK gewährleistet. Soweit sie sich aber auf die Arbeiten während des Transports, der Lagerung und des Vor- und endgültigen Zusammenbaus der Bauteile zum Tragwerk, d. h. auf die Baustellenarbeiten im weitesten Sinne, beziehen, fehlt für Europa ein solches externes Kontrollinstrument.

<4> Zu Abs. 2 und 3 – zweite Voraussetzung für die Anwendung der Norm

Zentrale Bezugsnorm der EN 1090-4 (wie auch der EN 1090-2) hinsichtlich der **Bemessung** von kaltgeformten Bauteilen, Profiltafeln und Tragwerken ist der Eurocode 3 (Normenreihe EN 1993), insbesondere Teil 1-3 **(EN 1993-1-3)**. Alle kaltgeformten Bauteile und Profiltafeln, die nach EN 1993-1-3 bemessen wurden, müssen nach EN 1090-4 ausgeführt werden. Umgekehrt müssen alle kaltgeformten Bauteile und Profiltafeln, die nach EN 1090-4 gefertigt, geliefert und/oder montiert werden sollen, nach EN 1993-1-3 bemessen worden sein. EN 1090-4 und EN 1993-1-3 bilden demnach eine untrennbare fachliche Einheit.

EN 1090-4 umfasst alle kaltgeformten Bauteile, Profiltafeln und Tragwerke, ohne eine Dickenbegrenzung anzugeben. Nach EN 1993-1-3:2010, 3.2.4, gilt für die Anwendung dieser Norm eine Blechdicken-Obergrenze für Bleche und Bauteile von 15 mm. Diese Dicke ist somit auch eine Obergrenze für die Anwendung der Regelungen von EN 1090-4. Im deutschen Nationalen Anhang zu EN 1993-1-3 von 2010 war nur für Deutschland eine Beschränkung von 3 mm angegeben. Diese Beschränkung ist seit 2017 mit der Neuausgabe des Nationalen Anhangs **DIN EN 1993-1-3/NA** [R99] weggefallen.

<5> Zu Abs. 4 – Bemessung nach anderen Regeln

Die Norm enthält in diesem Absatz, analog zu EN 1090-2, eine Öffnungsklausel hinsichtlich der zugrunde liegenden Bemessung für die Anwendbarkeit. Sie darf auch bei Tragwerken, die nach anderen Bemessungsregeln als in EN 1993 angegeben bemessen wurden, angewendet werden, vorausgesetzt, die Bedingungen für die Ausführung in EN 1090-4 stimmen mit diesen anderen

Bemessungsregeln überein und es sind zusätzliche Anforderungen festgelegt, sofern sie erforderlich sind.

<6> Zu Abs. 5 – Einwirkungen

Kaltgeformte Tragwerke – im Normtext steht versehentlich nur „kaltgeformte Profiltafeln" – dürfen im Sinne dieser Norm nur unter „vorwiegend ruhenden" oder auch seismischen Einwirkungen stehen, d. h. unter Eigen-, Nutz- und Verkehrslasten, unter allen Arten von atmosphärischen Einwirkungen (Wind, Schnee, Eis, Temperaturen) sowie unter der außergewöhnlichen Einwirkung Erdbeben. Kaltgeformte Tragwerke unter ermüdungsrelevanten Einwirkungen sind ausgeschlossen.

Die bislang im deutschen Sprachgebrauch verwendeten Begriffe „vorwiegend ruhende Beanspruchung" und „nicht vorwiegend ruhende Beanspruchung", mit denen sowohl die Ermüdungsrelevanz als auch die Schwingungsanfälligkeit erfasst wurden, werden in den Eurocodes und in der Normenreihe EN 1090 nicht mehr durchgängig benutzt. Im vorliegenden Buch werden diese traditionellen Begriffe daher nicht mehr verwendet. Nicht vorwiegend ruhende Einwirkungen und Ermüdungseinwirkungen können nicht unbedingt gleichgesetzt werden, denn Werkstoffermüdung kann es auch ohne Schwingungen geben. Es wird in den Eurocodes und in der Normenreihe EN 1090 bewusst nur noch zwischen ermüdungsrelevanten und nicht ermüdungsrelevanten Einwirkungen unterschieden, wobei Letztere in der Regel „statisch oder quasi-statisch" genannt werden.

<7> Zu Abs. 6 – Konstruktionsklassen – Profiltafeln

EN 1993-1-3:2010, Abschnitt 2 (6) unterscheidet zwischen drei Konstruktionsklassen

- **Konstruktionsklasse I:** Konstruktion, bei der kaltgeformte Bauteile und Blechkonstruktionen zur Gesamttragfähigkeit eines Tragwerks beitragen;
- **Konstruktionsklasse II:** Konstruktion, bei der kaltgeformte Bauteile und Blechkonstruktionen zur Tragfähigkeit eines einzelnen Tragwerksteils beitragen;
- **Konstruktionsklasse III:** Konstruktion, bei der kaltgeformte Bauteile und Blechkonstruktionen lediglich der Übertragung der Lasten auf das Tragwerk dienen.

EN 1090-4 schränkt den Anwendungsbereich für Profiltafeln auf die Konstruktionsklassen I und II ein. Dies bedeutet, dass Profiltafeln, die nach EN 1090-1 CE-gekennzeichnet sind, in Tragwerken eingebaut werden dürfen, in denen sie z. B. in Form eines Schubfeldes die Gesamttragfähigkeit eines Gebäudes sicherstellen, oder für Träger/Pfetten eine kontinuierliche seitliche Stützung darstellen, die aufgrund einer Verbindung ihrer Rippenuntergurte mit dem Obergurt des Trägers/der Pfette gewährleistet ist.

Selbsttragende Profiltafeln, die für die Konstruktionsklasse III eingesetzt werden, d. h. die lediglich zur Weiterleitung von Lasten auf das Tragwerk dienen, sind nach der europäisch harmonisierten Produktnorm (hEN) **EN 14782** [R127] geregelt. Diese Lasten sind Eigen-, Nutz- und Verkehrslasten und alle Arten von atmosphärischen Einwirkungen (Wind, Schnee, Eis, Temperaturen). National gelten jedoch weitere Vorschriften zur Abgrenzung der Anwendung der beiden hEN-Produktnormen EN 14782 und EN 1090-1. Das Deutsche Institut für Bautechnik in Berlin hat im DIBt-Newsletter 3/2012 Folgendes veröffentlicht:

> „Tragende Trapezprofile, Wellprofile und Kassettenprofile, deren Tragfähigkeitswerte nach den Eurocodes 3 und 9 oder durch Versuche nach Abschnitt 3 ermittelt werden, fallen ausschließlich in den Anwendungsbereich von EN 1090-1. Anderenfalls gelten die Normen EN 14782 und EN 14783."

Darüber hinaus besagt das Nationale Vorwort von DIN EN 14782: „Die Produkte nach dieser Norm sind für den Lastfall ‚Ständige Lasten' nur für ständige Lasten aus Eigengewicht der Elemente bei Unterstützungsabständen bis maximal 1 m geregelt."

Daraus folgt, dass Produkte nach EN 14782 in Deutschland nur dann eingesetzt werden dürfen, wenn keine statische Berechnung für das Bauwerk bzw. die betroffene Konstruktion erforderlich ist und die vorgesehene Spannweite 1 Meter nicht überschreitet. Anderenfalls müssen Produkte nach EN 1090-1 verwendet werden (siehe Bild KIV.1-1). Produkte mit einer CE-Kennzeichnung nach EN 14782 sind in diesen Fällen nicht ausreichend, deren Verwendung stellt hier einen baurechtlichen Verstoß dar. Die oben beschriebene Regelung zur Anwendung von EN 14782 soll zukünftig auch in die MVV-TB [R194] einfließen.

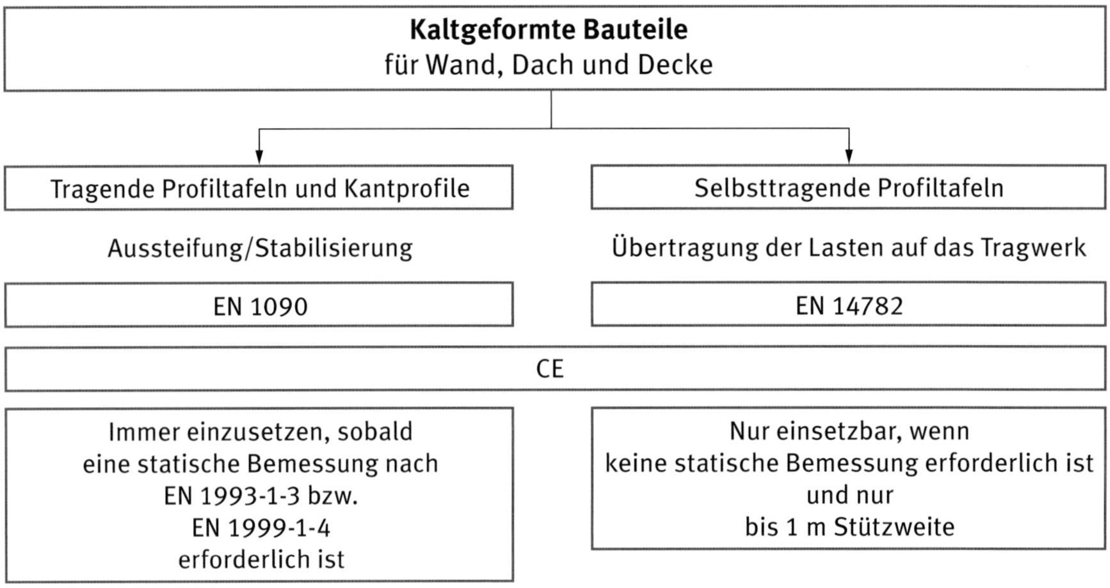

Quelle: IFBS

Bild KIV.1-1: Auswahlschema für Profiltafeln und Kantprofile aus Metall

<8> Zu Abs. 7 – Konstruktionsklassen – Bauteile

Für kaltgeformte Bauteile gibt es keine Einschränkung aufgrund der Konstruktionsklassen. Die Norm gilt für alle kaltgeformten tragenden Bauteile, die nach EN 1993-1-3 bemessen worden sind für die Konstruktionsklassen I, II und III.

<9> Zu Abs. 8 und 10 – tragende Profiltafeln

Die Arten der tragenden kaltgeformten Profiltafeln sind Trapez-, Well-, Stehfalz-, Kassetten- oder Verbunddeckenprofile. Zur Verdeutlichung sind in EN 1090-4, Bild IV.1 beispielhaft Profiltafelquerschnitte aufgeführt. Perforierte, gelochte und mikroprofilierte Profiltafeln fallen ebenfalls unter den Anwendungsbereich der Norm.

<10> Zu Abs. 9 und 10 – tragende Bauteile

Die Arten der tragenden kaltgeformten Bauteile sind in EN 1090-4, Bild IV.2 beispielhaft mit ihren Profilquerschnitten dargestellt. Es sind einfache offene (Bild IV.2a, siehe auch Bild KIV.1-2) und nicht geschweißte offene zusammengesetzte (Bild IV.2b) und nicht geschweißte geschlossene zusammengesetzte Querschnitte (Bild IV.2c). Geschweißte, zusammengesetzte Querschnitte sind nicht im Anwendungsbereich von EN 1090-4 enthalten, ihre Ausführung erfolgt nach EN 1090-2.

Darüber hinaus sind jedoch kaltgeformte Hohlprofile erfasst, einschließlich Schweißung der Längsnaht, sofern sie nicht in **EN 10219-1**[1] behandelt sind (siehe Abschnitt IV.7.1). Das sind jene, bei denen die Gefahr des lokalen Beulens besteht. Hierzu ist anzumerken, dass **EN 10219-2**[1] in

1 Das Normenpaar EN 10219-1 und -2 findet sich bei den Normativen Verweisungen in EN 1090-2 unter den Produktnormen für Stähle.

Anhang C Tabellen mit Querschnittsgrößen für eine begrenzte Größenauswahl von runden, quadratischen und rechteckigen Hohlprofilen enthält. Für diese Querschnitte werden Berechnungsformeln angegeben. In diesen Formeln ist jedoch der Effekt des lokalen Beulens flacher Elementbereiche nicht enthalten. Es fehlen darüber hinaus in EN 10219-2 Grenzwerte für das Verhältnis der Breite der ebenen Bereiche zur Blechdicke, unterhalb derer das lokale Beulen vernachlässigt werden kann. Hierdurch entstand eine Regelungslücke, die noch durch EN 10219-2 abgedeckt werden muss und nun vorübergehend über EN 1090-4 und die dazugehörige Bemessungsnorm EN 1993-1-3 abgedeckt wird.

Ferner gehören auch perforierte, gelochte und mikroprofilierte kaltgeformte Bauteile zu den tragenden Bauteilen nach EN 1090-4.

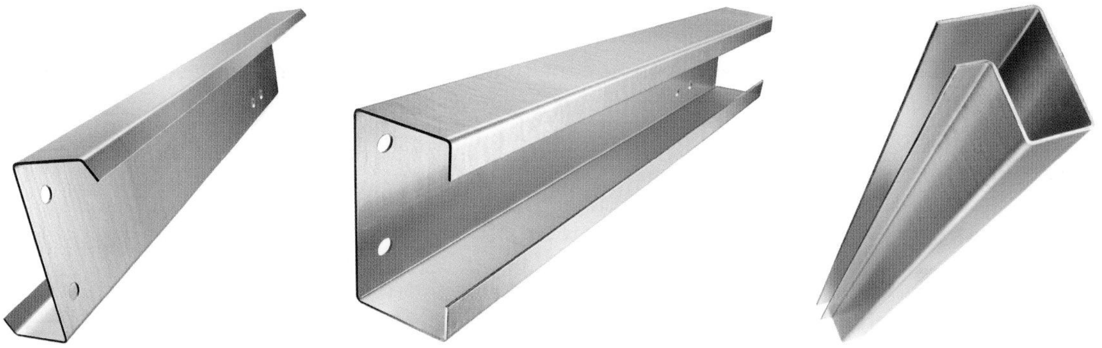

Quelle: Schrag Kantprofile GmbH

Bild KIV.1-2: Beispiele von tragenden kaltgeformten Bauteilen mit offenem Profilquerschnitt

<11> Zu Abs. 11 – Abstandhalterkonstruktionen

Abstandhalterkonstruktionen zwischen Außen- und Innenschale oder Ober- und Unterschale für Dächer, Wände und Decken, die aus Profiltafeln hergestellt wurden, sind ebenfalls von dieser Norm erfasst, sowie deren Verbindungen und Befestigungen, sofern sie zur Lastübertragung beitragen.

<12> Zu Abs. 12 und 13 – Verbunddecken

Verbunddeckenprofile fallen insofern in den Regelungsbereich der Norm, als es die Montage und Betonagezustände betrifft. Fertige Verbundkonstruktionen sind dagegen ausgeschlossen. Auch der Verbund mit anderen Werkstoffen, wie z. B. mit Dämmmaterialien in einem Sandwichelement, ist nicht erfasst.

<13> Zu Abs. 14 und 17 – nicht erfasste Anforderungen

Die Norm beinhaltet keine Angaben zu bauphysikalischen Anforderungen sowie Dichtheitsanforderungen. Diese sind auch bei der Bemessung nicht Gegenstand der Eurocodes. Sie sind vielmehr aus den verschiedenen gültigen Normen und Rechtsvorschriften abzuleiten. Ausführungsregeln unter bauphysikalischen Aspekten werden ebenfalls nicht gegeben, wobei einige Konstruktionsregeln, z. B. Mindest- oder Höchstabstände von Verbindungsmitteln, die Wirksamkeit auch bauphysikalischer oder dichtender Maßnahmen sicherstellen. Für die korrekte Ausführung unter Berücksichtigung aller Anforderungen einer Konstruktion aus tragenden kaltgeformten Profiltafeln, Bauteilen und Tragwerken sind in Deutschland die IFBS-Fachregeln des Metallleichtbaus [R192(1)] heranzuziehen.

<14> Zu Abs. 15 – Handwerkliche Verfahren

Die Norm beinhaltet keine Angaben zu Produkten, die nach handwerklichen Verfahren hergestellt wurden. Dies betrifft insbesondere Klempnerarbeiten und meist kleinformatige Bekleidungsprodukte wie z. B. Dachplatten, Schindeln und Rauten.

<15> Zu Abs. 16 – Bemessungs- und Prüfverfahren

EN 1090-4 enthält mit Anhang IV.B eine Besonderheit. Viele Teile der im Prinzip zu Grunde liegenden deutschen Normen DIN 18807-2 und -3 (vgl. zu IV-Europäisches Vorwort <1>) enthalten Bemessungs- und Prüfvorschriften. Solche Vorschriften sind zurzeit aber noch nicht im Eurocode EN 1993-1-3 enthalten. Wären diese Vorschriften nicht in die vorliegende Norm übernommen worden, wären jahrzehntelange Erfahrungen verloren gegangen, und es wäre zumindest in Deutschland eine Regelungslücke entstanden.

Aus diesem Grunde hat sich der zuständige europäische Normenausschuss CEN/TC 135 (bzw. seine verantwortliche Working Group WG 14) entschieden, in Abstimmung mit dem für den Eurocode zuständigen Ausschuss CEN/TC 250 eine Sonderregelung zu vereinbaren. Alle vom (Tragwerks-)Planer zu berücksichtigenden Festlegungen, die noch nicht in EN 1993-1-3 enthalten sind, werden in EN 1090-4 im normativen Anhang IV.B zusammengefasst. Parallel läuft die Überarbeitung der Eurocodes. Die Inhalte von Anhang IV.B sollen in die Neufassung von EN 1993-1-3 aufgenommen werden. Sobald dies geschehen ist, wird im Zuge einer Revision von EN 1090-4 der Anhang IV.B gestrichen werden. Mit der Veröffentlichung der Neufassung von EN 1993-1-3 ist jedoch nicht vor dem Jahr 2022 zu rechnen.

<16> Zu Abs. 17 sowie Anmerkungen 2 und 3 – Beispiele für behandelte Konstruktionen

Die Anmerkungen am Ende des Kapitels IV.1 beinhalten eine nicht abschließende beispielhafte Auflistung von Konstruktionen, die durch EN 1090-4 abgedeckt sind. Im Besonderen wird darauf hingewiesen, dass ein Zusammenbau von Aluminium- und Stahlbauteilen möglich ist und durch EN 1090-4 und EN 1090-5 nicht ausgeschlossen wird. Die Bilder KIV.1-3 und KIV.1-4 zeigen beispielhaft je eine von EN 1090-4 erfasste Wand- und Dachkonstruktion. Viele Anwendungsbeispiele findet man natürlich auch in der einschlägigen Fachliteratur über Metallleichtbau (z. B. [V49] [V70).

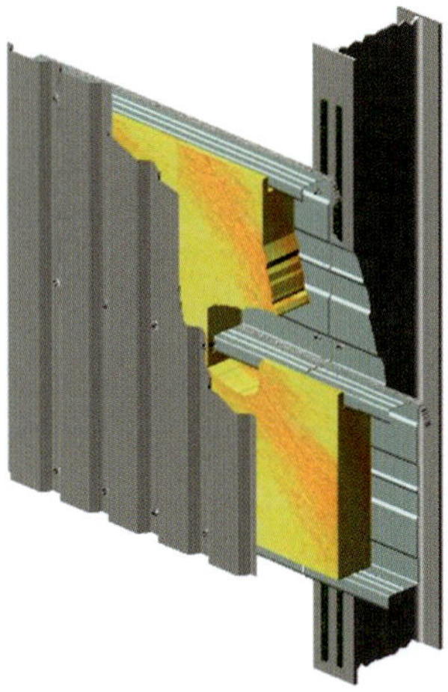

Quelle: IFBS

Bild KIV.1-4: Beispiel einer Falzprofildachkonstruktion

Quelle: IFBS

◂ **Bild KIV.1-3:** Beispiel einer Kassettenwand

Normative Verweisungen

Zu IV.2

<1> Zum Umfang der normativen Verweisungen

DIN 18807-3 zitierte 8 Regelwerke. Die vorliegende EN 1090-4 führt im Kapitel „Normative Verweisungen“ nun allein 54 reine Normen auf und dazu noch 31 weitere Dokumente in einem Literaturverzeichnis am Ende der Norm, bei denen es sich überwiegend ebenfalls um Normen handelt. Diese im separaten Literaturverzeichnis von EN 1090-4 aufgelisteten Dokumente werden anders als die mit Anforderungen verknüpften „Normativen Verweisungen“ entweder nur in Anmerkungen oder in Sätzen mit reinem Hinweischarakter zitiert oder dienen dem Leser der Norm lediglich als zusätzliche Informationsquelle. Sie werden in diesem Kommentarbuch mit [IV.Litxx] zitiert.

Die große Anzahl der normativen Verweisungen und weiteren Bezugsdokumente hängt mit der immer noch flutartig weiter anwachsenden Anzahl immer differenzierterer EN- und ISO-Normen zusammen, die als DIN-Normen übernommen werden. Die 54 Normen und 31 übrigen zitierten Dokumente stellen noch nicht einmal alle Regelwerke dar, die direkt oder indirekt zu beachten sind. Zusätzliche, in den Kommentaren erwähnte Regelwerke werden im Literaturverzeichnis am Ende des Buches unter **Regelwerke** als [Rxx] aufgelistet.

Die Auflistungen in IV.2 und im Literaturverzeichnis sollen für den Anwender der EN 1090-4 einen Überblick bieten. Keinesfalls muss er etwa alle aufgeführten Normen selbst vorliegen haben oder beherrschen. Im vorliegenden Kommentarbuch wird an vielen Stellen kurz der Inhalt der dort zitierten Normen skizziert; teilweise werden auch Auszüge abgedruckt (z. B. Tabellen), um dem Anwender Hilfestellung bei der Entscheidung zu geben, ob er sich die zitierte Norm im Originalumfang selbst beschaffen und durchlesen muss.

Fast alle aufgelisteten EN-, EN-ISO- und ISO-Normen sind als DIN-EN- bzw. DIN-EN-ISO- bzw. DIN-ISO-Norm offiziell in das deutsche Normenwerk übernommen worden. Der Zusatz „DIN“ wird aber in der Auflistung in IV.2 grundsätzlich weggelassen. Dieser Vorgehensweise folgt – wie bereits im Vorwort dargelegt – auch das vorliegende Kommentarbuch; das schließt die zu kommentierenden Normen EN 1090-2 und EN 1090-4 selbst mit ein, die natürlich auch als DIN EN 1090-2 bzw. DIN EN 1090-4 offizielle deutsche Normen sind. Hier sei darauf hingewiesen, dass zu allen Eurocodeteilen auch Nationale Anhänge existieren, die in dem jeweiligen Land der Anwendung zu beachten sind.

Zwei Fragenkomplexe dürften sich vielen Anwendern im Zusammenhang mit den „Normativen Verweisungen“ aufdrängen:

- Wie geht man mit den „datierten“ und „undatierten“ Verweisungen um?
- Wie verbindlich werden die in den normativen Verweisungen zitierten Normen aufgrund ihrer Zitierung? Gelten sie gar allesamt im deutschen bauaufsichtlichen Bereich als quasi automatisch baurechtlich eingeführt, weil DIN EN 1090-4 selbst als Technische Baubestimmung bauaufsichtlich eingeführt ist?

Beide Fragenkomplexe werden ausführlich im Kommentar zu EN 1090-2 diskutiert, vgl. dort zu II.2 <2> und <3>. Ähnlich wie dort, werden auch hier alle aufgeführten Normen, um bei Normzitaten im Text nicht ständig das konkrete Ausgabedatum anhängen zu müssen – der sowieso schon spröde Text würde noch schwieriger lesbar –, in Tabelle KIV.2-1 am Ende dieses Kapitels II.2 für sämtliche zitierten Normen die zur Zeit der Drucklegung dieses Buches aktuellen Ausgabedaten, auf die sich die Kommentare konkret beziehen, zusammengestellt.

<2> Zu den verschiedenen Normenarten

<2.1> Produktnormen für Ausgangsprodukte

Produktnormen müssen grundsätzlich in „europäisch harmonisierte“ und „nicht europäisch harmonisierte“ Produktnormen unterteilt werden. Die große Zahl nicht europäisch harmonisierter Produktnormen lässt sich dann hinsichtlich ihrer Verbindlichkeit in zwei weitere Kategorien unterteilen. Im Kommentar <3> zu II.2 wird das ausführlich diskutiert, da es in EN 1090-2 wegen der großen Zahl dort zitierter Produktnormen (harmonisiert und nicht harmonisiert) eine zentrale Thematik darstellt. In EN 1090-4 werden jedoch nur sieben Produktnormen für Ausgangsprodukte zitiert, von denen bisher keine einzige „europäisch harmonisiert" ist. Die Thematik ist also hier von eher untergeordneter Bedeutung und wird deshalb nicht weiter vertieft.

<2.2> Weitere Normenarten

Neben den zuvor angesprochenen Produktnormen für Ausgangsprodukte lassen sich weitere Arten von Normen unterschieden. Dies sind:

- Bearbeitungsnormen im weitesten Sinne (z. B. EN ISO 1461),
- Prüfnormen im weitesten Sinne (z. B. EN 13523-1),
- Anforderungsnormen im weitesten Sinne (z. B. für die Bemessung oder den Brandschutz).

Leider sind die normativen Verweisungen in Kapitel IV.2 nicht nach sachlichen Gesichtspunkten gegliedert (wie im entsprechenden Kapitel II.2 von EN 1090-2). In der bereits erwähnten Tabelle KIV.2-1 ist versucht worden, mit Hilfe einer solchen sachlichen Gliederung dem Anwender eine bessere Übersicht über die normativen Verweisungen zu geben.

Tabelle KIV.2-1: Übersicht normative Verweisungen

Norm	aktuelle DIN-Ausgabe	Norm	aktuelle DIN-Ausgabe	Norm	aktuelle DIN-Ausgabe
Ausgangsprodukte					
EN 10143	2008-11	EN 10162	2003-12	EN 10204	2005-01
EN 10152	2017-06	EN 10169	2012-06	EN 10346	2015-10
EN ISO 4042	2018-11				
Andere Bauprodukte					
EN 508-1	2014-08	EN 1090-1	2012-02		
EN 508-3	2009-07	EN 14782	2015-09/E		
Prüfung					
EN 13523-1	2017-05	EN ISO 2409	2013-06	EN ISO 6270-1	2002-02
EN 13523-6	2002-10	EN ISO 2808	2007-05	EN ISO 6507	2018-07
EN 13523-7	2014-08	EN ISO 2810	2004-10	EN ISO 8492	2014-03
EN 13523-8	2017-10	EN ISO 3452-1	2014-09	EN ISO 8493	2004-10
EN 13523-10	2017-05	EN ISO 3834	2006-03	EN ISO 9227	2017-07
EN 13523-19	2011-09	EN ISO 4136	2013-02	EN ISO 9712	2012-12
EN 13523-21	2017-10	EN ISO 5173	2012-02	EN ISO 17639	2013-12
EN 13523-26	2014-08	EN ISO 6270-1	2002-02	EN ISO 17872	2007-06
Schweißen					
EN ISO 14554-1	2014-05	EN ISO 14731	2016-11/E	EN ISO 15607	2004-03
EN ISO 14554-2	2014-05	EN ISO 14732	2013-12		
Korrosionsschutz					
EN ISO 1461	2009-10	EN ISO 12944-4	2018-04	EN ISO 14713-1	2017-08
EN ISO 2081	2009-05	EN ISO 12944-6	2018-04	EN ISO 14713-2	2010-05
EN ISO 12944-2	2018-04	EN ISO 12944-7	2018-04		

Norm	aktuelle DIN-Ausgabe	Norm	aktuelle DIN-Ausgabe	Norm	aktuelle DIN-Ausgabe
Anforderungsnormen im weitesten Sinne					
EN 1090-2	2018-09	EN 1090-3	2017-03/E	EN 1090-5	2017-07
EN 1990	2010-12	EN 1993-1-1	2014-07	EN 1993-1-3	2010-12
EN 1991	2010-12	EN 1993-1-4	2015-10	EN 1995-1-1	2010-12
EN 62305-3	2011-10	EN ISO 717-1	2013-06		
EN 62561-1	2017-12	EN ISO 11654	2018-05/E		

Zu IV.3 Begriffe, Formelzeichen und Abkürzungen

Zu IV.3.1 Begriffe

Einführender Kommentar zu Abschnitt IV.3.1

DIN 18807-3 enthielt keine Begriffsdefinitionen. Man setzte voraus, die Norm sei für Fachleute geschrieben worden, die sich bei Zweifelsfällen einigen würden. Heute muss jedoch davon ausgegangen werden, dass sich nicht ausschließlich ausgebildete Fachleute (Ingenieure, Techniker, Facharbeiter usw.) mit den Aufgaben des Metallleichtbaus befassen. Das traditionelle Bauen, bei dem das gesamte Gewerk weitestgehend aus einer Hand kam, wurde in den letzten Jahrzehnten zunehmend zur Ausnahme. Es müssen heute nicht nur technisch-fachliche, sondern auch vertragsrechtliche und organisatorische Faktoren, soweit sie den Ablauf der Herstellung und Montage beeinflussen, geregelt werden. Das Strukturieren von Aufträgen, das Aufteilen in kleinere Einheiten und das Untervergeben von Teilleistungen führen letztendlich dazu, dass auch berufsfremde Personen, Institutionen und Organisationen sich mit dem Metallleichtbau befassen. Die vorliegende Norm EN 1090-4 enthält gemäß den europäischen Normenbestimmungen in Kapitel IV.3 Begriffsbestimmungen, die für die Verwendung der Norm erforderlich sind, um Missverständnisse und Auslegungsprobleme zu vermeiden. 14 Begriffsdefinitionen sind im Kapitel IV.3 aufgeführt.

Zu IV.3.1.1 Bauteil I

Zu IV.3.1.2 Bauteil II

In den deutschen allgemeinen bauaufsichtlichen Zulassungen für die Verbindungselemente (siehe z. B. abZ Nr. Z-14.1-4 [R2], Z-14.1-537 [R3], Z-14.4-407 [R4],) und den europäischen technischen Bewertungen (ETA) werden die beiden zu verbindenden Bauteile nach Bauteil I und Bauteil II unterschieden. Dies ist erforderlich, um klar zu definieren, welche und in welcher Reihenfolge Bauteile zu verbinden sind, da sich hiernach die charakteristischen Zug- bzw. Auszugskräfte und Querkräfte anhand von Tabellen ermitteln lassen.

Zu IV.3.1.3 Dachtragschale

Als Dachtragschale wird hier jede lastabtragende Profiltafel definiert, die Auflasten zu den Auflagern weiterleitet.

Zu IV.3.1.4 Dachrandabschluss

Ein Kommentar ist nicht erforderlich.

Zu IV.3.1.5 Randabschluss

Im Gegensatz zum vorgenannten **Dach**randabschluss, werden Randabschlüsse nur an den Kanten einer Stahlverbunddecke eingesetzt.

Zu IV.3.1.6 Verbindung

Ein Kommentar ist nicht erforderlich.

Zu IV.3.1.7 Verwahrungsblech

Verwahrungsbleche sind immer nicht-tragende Kantteile, die nicht unter den Regelungsbereich von EN 1090-1 und -4 fallen. Hierzu zählen z. B. Tropfleisten am Fuß einer Wand oder über Türen und Fenstern.

Zu IV.3.1.8 Verlegepläne

Inhalt und Umfang der Ausführungsunterlagen, zu denen die Verlegepläne gehören, werden ausführlich im Kommentar zu IV.4.1.3 diskutiert.

Kassettenprofile

Zu IV.3.1.9

Mit Kassettenprofilen sind im Sinne dieser Norm tragende Kassettenprofile gemeint, die vorwiegend als innere Tragschale in der Wand, aber auch zum Teil im Dach eingesetzt werden. Die Kassettenprofile werden mit Dämmmaterial gefüllt und werden durch die Befestigung der äußeren Schale auf den Kassettenprofilobergurten ausgesteift. Kassettenprofile dürfen nicht mit so genannten Siding- oder Linerprofilen verwechselt werden.

Durchdringung

Zu IV.3.1.10

Durchdringungen sind alle Arten von Öffnungen, die auf der Baustelle aus einer oder mehreren Profiltafeln ausgeschnitten werden. Hierzu zählen z. B. Öffnungen für Rohre, Lichtkuppeln, Fenster.

Aussteifung

Zu IV.3.1.11

Ein Kommentar ist nicht erforderlich.

Kalotte

Zu IV.3.1.12

Kalotten dienen der Lastverteilung bei Obergurtbefestigungen von Profiltafeln als Dachdeckung bei Tragkonstruktionen aus Stahl oder Holz. Sie stellen eine besondere Form von Dichtscheibe dar. Zur Erläuterung sind zwei Beispiele einer Kalotte in Bild KIV.3-1 dargestellt.

a)

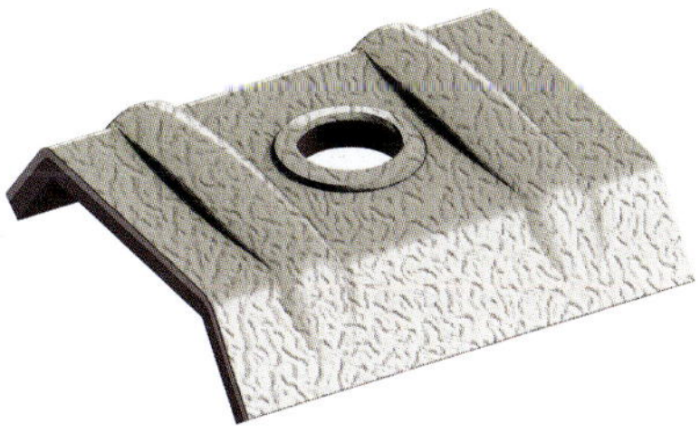

b)

Quelle: EJOT Baubefestigungen GmbH

Bild KIV.3-1: Kalotten für Profiltafeln: a) für Wellprofile, b) für Trapezprofile

Kaltgeformtes tragendes Bauteil

Zu IV.3.1.13

Die Norm EN 10079 [II.Lit11] enthält Begriffsbestimmungen für Stahlerzeugnisse, die in der Stahlindustrie hergestellt oder von ihr oder ihren Kunden verwendet werden. Dort findet sich der Begriff „Kaltprofile". Das sind Langerzeugnisse unterschiedlicher Formen mit einem jeweils über die gesamte Länge gleich bleibenden offenen oder wieder zusammengefügten Querschnitt. Sie werden aus warm- oder kaltgewalzten Flacherzeugnissen mit oder ohne Oberflächenveredelung ohne wesentliche Änderung der Dicke durch Kaltumformverfahren (z. B. Walzprofilieren, Ziehen, Pressen, Abkanten) hergestellt. Der Begriff wird in EN 1090-2 ebenfalls verwendet (vgl. zu II.3.9.1).

Auswechselung

Zu IV.3.1.14

Ein Kommentar ist nicht erforderlich.

Symbole und Abkürzungen

Zu IV.3.2

Nach den CEN-Regeln für die Erarbeitung von Normen ist zu Beginn jeder Norm eine Übersicht mit allen in der Norm verwendeten Symbolen und Abkürzungen voranzustellen. Im Normentext selbst sollen möglichst keine Symbolerklärungen aufgeführt werden, damit der Leser bei jeder Norm eine definierte Stelle kennt, an der er Symbolerläuterungen finden kann. Die vorliegende Auflistung bedarf keiner Kommentierung.

Zu IV.4 Vorschriften und Dokumentation

Einführender Kommentar zu Kapitel IV.4

Die deutsche Norm für die Bemessung von Stahltrapezprofilen war seit der zweiten Hälfte der 80er-Jahre DIN 18807-3 [R76] und für Kantteile die DASt-Richtlinie 016 [R24]. Dass der Stahlbau-Eurocode EN 1993 keine Grundsätze für die Konstruktion mehr enthält – obwohl der Normentitel immer noch „Bemessung und Konstruktion" lautet – dürfte mehrere Gründe haben, die sowohl in den unterschiedlichen Traditionen der verschiedenen Ingenieurgesellschaften Europas als auch in den überragenden heutigen Berechnungsmöglichkeiten zu suchen sind. Soweit konstruktive Details angesprochen werden, geht es ausschließlich um deren rechnerische Bemessung, nicht um Regeln oder Empfehlungen für ihre konstruktive Ausbildung. Im Zusammenhang mit der hier zu kommentierenden EN 1090-4 spielt dieser Aspekt aber, ebenso wie für EN 1090-2 (vgl. zu II.4), keine Rolle und wird nicht weiter vertieft.

Zu IV.4.1 Ausführungsunterlagen

Zu IV.4.1.1 Allgemeines

<1> Zur Erfordernis von Ausführungsunterlagen

<1.1> Zu Funktion und Umfang der Ausführungsunterlagen

Umfassende und präzise Ausführungsunterlagen sind – neben ggf. dem ebenfalls vor der Ausführung zu erstellenden Qualitätsmanagementplan bzw. der Dokumentation der Montagequalität (siehe zu IV.4.2) – das „A und O" für eine planungskonforme, wirtschaftliche und vor allem sichere Errichtung eines Bauwerks in Stahlleichtbauweise. In der Vergangenheit sind immer wieder Fehlentscheidungen bei der Ausführung und auch Schadensfälle bekannt geworden, die wegen unvollständiger oder fehlerhafter Ausführungsunterlagen entstanden.

Mit der zentralen Stellung der Ausführungsunterlagen in EN 1090-4 soll erreicht werden, dass zwischen dem vom Tragwerksplaner, der das Tragwerk konstruiert und bemisst (ggf. nach planerischen Vorgaben eines Objektplaners, z. B. eines Architekten), und dem vom Hersteller der Produkte und der Montagefirma zu leistenden Anteil an der Errichtung einer Konstruktion des Stahlleichtbaus keine Lücke bleibt. Die Gefahr solcher Lücken ist umso größer geworden, je mehr sowohl die Tragwerksplanung als auch die Ausführung in Teilprozesse gesplittet werden, für die unterschiedliche Personen, Büros und Firmen zuständig sind.

Für die Erstellung der Ausführungsunterlagen müssen, zunächst ganz allgemein formuliert, „für alle Teile der Konstruktion die notwendigen Informationen und technischen Anforderungen vor Beginn der Ausführungsarbeiten vereinbart und vollständig geregelt sein". Das heißt, die Ausführungsunterlagen müssen **alle** für die Errichtung einer Konstruktion – von der Bestellung der Ausgangsprodukte über die Herstellung mit begleitender werkseigener Produktionskontrolle bis hin zur Montage – notwendigen Informationen und technischen Anforderungen enthalten. Dabei sind die **Bauteilspezifikationen** gemäß EN 1090-1 quasi eine Untermenge der Ausführungsunterlagen für das Gesamtbauwerk.

Die technischen Anforderungen werden, soweit die Tragsicherheit betroffen ist, vom Tragwerksplaner vorgegeben. Soweit die Gebrauchstauglichkeit und Dauerhaftigkeit betroffen sind, sind die Anforderungen entweder normativ geregelt wie z. B. den Korrosionsschutz betreffend (siehe Anhang IV.E dieser Norm, in Deutschland zusätzlich Normenpaar DIN 55634-1 und -2 [R87] [R88]), oder sie müssen zwischen dem Bauherrn/Auftraggeber, dem Tragwerksplaner und dem Hersteller vereinbart und abschließend geregelt werden. Eine enge Kooperation zwischen dem Tragwerksplaner und dem Ausführenden bei der Erstellung und Abstimmung der Ausführungsunterlagen ist im Sinne einer qualitätssicheren Ausführung einer Konstruktion des Stahlleichtbaus grundsätzlich anzustreben. Dies wird leider oft nur unvollkommen praktiziert.

Unbestritten ist, dass Ausführungsunterlagen, die nicht vom Ausführenden selbst angefertigt wurden, von ihm auf Vollständigkeit und Machbarkeit überprüft werden müssen. Unvollständige

Verlegepläne oder Details, die nicht ausführbar sind, müssen zurückgewiesen bzw. einvernehmlich korrigiert werden. Ggf. kann der Hersteller auch Änderungen zur Erreichung einfacherer bzw. sinnvollerer Ausführungsvarianten vorschlagen.

Die Wichtigkeit guter und vollständiger Ausführungsunterlagen kann nicht genug betont werden. Nur klare, in zeichnerischer oder in Schriftform gemachte Anweisungen bieten die Gewähr dafür, dass die geforderte Qualität und Sicherheit erreicht werden und der Soll-Zustand ausreichend definiert ist. Es sollte allen Beteiligten stets bewusst sein, dass weder nach statischen Berechnungen noch nach Prüfberichten, Besprechungsvermerken oder Baubeschreibungen gebaut wird bzw. werden kann, sondern ausschließlich nach den Ausführungsunterlagen.

Gemäß Normentext sollen die technischen Anforderungen und notwendigen Informationen für alle Teile der Stahlleichtbaukonstruktion **vor Beginn der Ausführungsarbeiten** vollständig („*complete*") geregelt sein. Das muss nicht zwangsläufig heißen, dass alle Ausführungsunterlagen bereits „abschließend" fertig sind – das ist bei größeren Projekten gar nicht machbar. In jedem Fall muss aber von Anfang an geregelt sein, wie bei eventuellen Änderungen bereits vereinbarter Ausführungsunterlagen während der Bauausführung zu verfahren ist. Die vereinbarte Regelung muss u. a. sicherstellen, dass der verantwortliche Tragwerksplaner auch bei der Ergänzung bzw. Änderung der Ausführungsunterlagen mit einbezogen wird.

<1.2> Art der Ausführungsunterlagen

EN 1090-4 definiert eindeutig, dass die Ausführungsunterlagen aus Verlegeplänen und Details bestehen und dass sie aufgrund der vorliegenden Tragwerksplanung erstellt werden müssen. Die Inhalte und die Form von **Verlegeplänen** werden in IV.4.1.3 geregelt. Form und Inhalt von Details werden nicht näher benannt. Die Darstellung von Details ist aber immer dort vorteilhaft, wo einzelne Anschlusssituationen die genaue Montage erläutern, gerade im Hinblick auf die Verbindungen und Arbeitsabfolgen.

<2> Zu den Inhalten der Ausführungsunterlagen

Die im vorliegenden Normabschnitt IV.4.1.1 gegebene Auflistung von fünf Punkten (a) bis (e), die in den Ausführungsunterlagen zu berücksichtigen sind, bedeutet nicht, dass nicht weitere, hier nicht gelistete Angaben von Fall zu Fall erforderlich sind.

<2.1> Zu (a) – Zusatzangaben

Die Auflistung in Anhang IV.F enthält in den beiden Tabellen IV.F.1 und IV.F.2 die Angaben, die in jedem Fall erforderlich sind, um eine Ausführung vollständig zu definieren (vgl. die ausführlichen Erläuterungen zu IV.1 <2>). Dies bezieht im Fall der Ausführungsunterlagen eine vollständige Dokumentation der geplanten Montage ein, wobei eine genaue Angabe, was unter dieser vollständigen Dokumentation zu verstehen ist, nicht gemacht wird.

<2.2> Zu (b) – Ausführungsklassen

Die Ausführungsklassen werden in einem gesonderten Abschnitt IV.4.1.2 behandelt (siehe Kommentar dazu).

<2.3> Zu (c) – Technische Anforderungen, die die Sicherheit betreffen

Diese Angaben werden in den Abschnitten IV.4.2.3 und IV.9.7 näher beschrieben (siehe Kommentare dazu).

<2.4> Zu (d) – Vorbereitungsgrade

In EN ISO 12944-4 werden die Vorbereitungsgrade für das Aufbringen einer organischen Beschichtung in die primäre und die partielle Oberflächenvorbereitung unterteilt, bestimmt durch Schutzdauer, Farbsystem und Kundenwunsch. Für den dünnwandigen Bereich sind diese Vorbereitungsgrade in der Regel nicht erforderlich, da wir es meist mit bandverzinkten und meist zusätzlich bandbeschichteten Materialien zu tun haben und eine Stückbeschichtung nur selten zur Ausführung kommt. Aus diesem Grund wird unter diesem Punkt in EN 1090-4 auf die „Schwesternorm“ EN 1090-2 verwiesen, die in II.10.2 und in II.F.2.1 hierfür Regelungen enthält (vgl. ggf. die Kommentare dazu in diesem Buch).

Sollte doch eine Stückbeschichtung erforderlich sein, so muss der geforderte Vorbereitungsgrad in den Ausführungsunterlagen angegeben werden.

<2.5> Zu (e) – Toleranzklassen

Die geometrischen Toleranzen werden in IV.4.1.4 behandelt, und dort werden auch die Toleranzklassen eingeführt, die jedoch nur für gekantete oder gefalzte Bauteile zur Anwendung kommen (siehe Kommentar dazu).

Zu IV.4.1.2 Ausführungsklassen

<1> Zu Abs. 1 bis 3 einschl. Anmerkung – Ausführungsklassen in EN 1090-2

Eines der zentralen Merkmale der Norm EN 1090-2 ist die Definition von vier Ausführungsklassen für Stahlkonstruktionen, bezeichnet mit **EXC1** bis **EXC4** (EXC von *„execution class“*), auf die hier in EN 1090-4 ebenfalls Bezug genommen wird.

Die Ausführungsklassen sind in Deutschland seit 2012 an die Stelle der fünf Klassen A bis E getreten, in welche früher gemäß DIN 18800-7 geschweißte Bauteile entsprechend ihren unterschiedlichen schweißtechnischen Anforderungen und Einsatzbereichen eingeteilt wurden (vgl. zu II.4.1.2 <1>). Ein Tragwerk darf mehrere unterschiedliche Ausführungsklassen enthalten. Ein Hersteller kann also innerhalb eines Tragwerkes unterschiedliche Ausführungsklassen anstreben, z. B. EXC3 nur für einige besonders wichtige Bauteile, für das Gros der Bauteile aber EXC2, um damit den strengen Forderungen nach vollständiger Rückverfolgbarkeit der Stahlerzeugnisse aus dem Wege zu gehen. Der Normalfall sollte aber die Zuordnung eines Stahlbautragwerkes zu einer einzigen Ausführungsklasse sein (vgl. zu II.4.1.2 <3>).

Genauere Regelungen für die Auswahl der Ausführungsklasse nach EN 1090-2 dürfen seit 2014 gemäß EN 1993-1-1/A1 [R96] im Nationalen Anhang festgelegt werden. Der deutsche Nationale Anhang **DIN EN 1993-1-1/NA** [R97] hat davon Gebrauch gemacht (vgl. zu II.4.1.2 <2.2>).

<2> Zu Abs. 4 – Ausführungsklassen in EN 1090-4

In EN 1090-4 haben die Ausführungsklassen eher eine nachgeordnete Bedeutung. Bauteile und Profiltafeln, die dieser Norm entsprechen, dürfen einerseits nur für EXC1 bis EXC3 verwendet werden, andererseits gibt es keine Unterscheidung in den Anforderungen der jeweiligen Ausführungsklassen für Profiltafeln. EN 1090-2 kommt hier nicht zur Anwendung. Für die Profiltafeln ist die Wahl der Ausführungsklassen unerheblich, sofern die Tragkonstruktion nicht der Klasse EXC4 zugeordnet ist. Für Profiltafeln in ECX4 ist EN 1090-4 nicht anwendbar.

Zu IV.4.1.3 Verlegepläne

<1> Zu Abs. 1 – Funktion der Verlegepläne

Verlegepläne sind der essenzielle Teil der Ausführungsunterlagen. Eine Dach- bzw. Wandkonstruktion des Metallleichtbaus kann ohne vollständige Verlegepläne nicht fachgerecht ausgeführt werden. Aus diesem Grund ist in Abschnitt IV.4.1.3 mit dem ersten Satz dies auch besonders hervorgehoben. Außerdem wird hier der Zusammenhang zwischen Verlegeplan und Tragwerksplanung hergestellt. Dies sollte eine Selbstverständlichkeit sein, sieht in der Praxis aber leider immer wieder anders aus. Aufgrund kurzfristiger Bestelländerungen kann die statische Berechnung ein Produkt A angeben, auf dem Verlegeplan ist aber das Produkt B aufgeführt. Diese Abweichungen müssen in jedem Fall gesondert nachgewiesen werden, in der Regel durch einen Nachtrag zur statischen Berechnung. Auf gar keinen Fall darf toleriert werden, dass ein Produkt C eingebaut wird, das weder in der statischen Berechnung noch im Verlegeplan zu finden ist. Dies gilt auch, wenn einzelne Produktbezeichnungen verschiedener Hersteller (z. B. Profilform) eine Gleichartigkeit suggerieren, die aber aufgrund der zugehörigen Ausgangmaterialien oder durchgeführten Tragfähigkeitsuntersuchungen nicht existiert.

<2> Zu Abs. 2 – Inhalte der Verlegepläne und Aufbauanweisungen

Als Ergebnis der Standsicherheitsnachweise und der Gebrauchstauglichkeitsnachweise sind Ausführungszeichnungen (für den Metallleichtbau Verlegepläne genannt) zu erstellen, in denen alle konstruktiven Festlegungen der Nachweisberechnungen enthalten sind. Die auszuführende Metallleichtbaukonstruktion ist darin in ihren Einzelheiten zu dokumentieren. Es müssen deshalb in den Verlegeplänen alle erforderlichen Informationen eindeutig, vollständig und übersichtlich enthalten sein. Abschnitt IV.4.1.3 enthält eine umfangreiche Auflistung von 24 Mindestangaben, die auf keinem Verlegeplan bzw. in keinen Aufbauanweisungen fehlen dürfen. Weitergehende Angaben können von Fall zu Fall erforderlich werden. Hierbei werden unterschiedliche Arten von Informationen notwendig. Zur Veranschaulichung eines Verlegeplanes siehe Bilder KIV.4-1 und KIV.4-2. Die aufgelisteten Mindestanforderungen werden nachfolgend kommentiert.

<2.1> Zu Spiegelstrich 1, 3, 4 – Tragende Bauteile und Profiltafeln

Die genaue Bezeichnung der Bauteile und Profiltafeln ist anzugeben. Hierbei sind alle in EN 1090-4 aufgeführten Angaben erforderlich, da die damit beschriebenen Eigenschaften für die Tragfähigkeit und Gebrauchstauglichkeit der Konstruktion unverzichtbar sein können und nicht beliebig austauschbar sind. Hier gilt wieder der Grundsatz, dass Tragwerksplanung, Verlegeplan und Ausführung übereinstimmen müssen. Die Lage ist wichtig, da sich die Profiltafeln je nach Einbaufeld allein z. B. hinsichtlich ihrer Dicke unterscheiden können und deshalb die Gefahr von Verwechselungen besteht. Die Verlegerichtung kann für den Anspruch an ein regensicheres Dach von Bedeutung sein.

<2.2> Zu Spiegelstrich 2, 7 – Verbindungselemente

Art und Anordnung der Verbindungselemente sind aufzuführen. Hierbei ist stets zu beachten, dass die Verbindungselemente in Deutschland einer allgemeinen bauaufsichtlichen Zulassung (abZ) bzw. einer Europäischen Technischen Bewertung (ETA) bedürfen. Ohne diese Verwendbarkeitsnachweise dürfen Verbindungselemente in Deutschland für den Metallleichtbau nicht verwendet werden. Die ETAs werden von den Herstellern der Verbindungselemente gehalten. Für den Bereich der abZs ist der IFBS stellvertretend Inhaber der Zulassungen für Verbindungselemente für Stahl-, Aluminium- und Sandwichkonstruktionen (z. B. Nr. Z-14.1-4 [R2], Nr. Z-14.1-537 [R3], Nr. Z-14.4-407 [R4]); siehe auch IFBS-Fachregeln des Metallleichtbaus – Verbindungstechnik [R192(2)]. Verbindungselemente müssen in Deutschland im bewitterten Bereich immer aus nichtrostendem Material bestehen (siehe DIN 55634-1 [R87] bzw. vorgenannte abZs). Nur in Bereichen, die keiner direkten Bewitterung ausgesetzt sind, sind auch verzinkte Schrauben zulässig.

<2.3> Zu Spiegelstrich 5, 8, 9, 10, 11, 13, 17 – Konstruktive Details und Besonderheiten

Angaben zur Unterkonstruktion sind in den Verlegeplänen erforderlich, da z. B. die Auflagerbreite einen Einfluss auf die Tragfähigkeit der Profiltafeln hat. Vor Ort ist somit die vorhandene Auflagerbreite mit den Angaben in den Verlegeplänen zu vergleichen. Im Fall einer Abweichung ist ggf. eine statische Überprüfung erforderlich.

Zu den konstruktiven Details zählen auch die Angabe des Typs und der Lage der Dichtbänder, ohne die eine, soweit erforderlich, luftdichte Konstruktion nicht erstellt werden kann.

Darüber hinaus sind statisch wirksame Bereiche genau anzugeben, die sich von der gleichförmigen Profiltafelfläche unterscheiden. Hierzu zählen z. B. die biegesteifen Stöße, Ränder sowie alle Auswechselungen an Öffnungen und Aufbauten bzw. Einbauten bei Eintragung weiterer Lasten. Auf diese zusätzlichen Lasten, die z. B. über Abhängungen eingeleitet werden, ist besonderes Augenmerk zu richten. Häufig werden erst nach Abschluss der Montagearbeiten die weiteren Planungen für die elektrische Versorgung, Entwässerung, Heizung und Belüftung vorgelegt, so dass die daraus resultierenden Lasten in der Bemessung der Tragschalen nicht ausreichend enthalten sind. Der Planer hat also besonders auf die Zurverfügungstellung der weiteren Angaben zur technischen Gebäudeausstattung zu achten. Mit Elektrokabeln gefüllte Bereiche zwischen zwei Untergurten eines Trapezprofils können durchaus Lasten in die Tragschale einleiten, die der zu berücksichtigenden Schneelast entsprechen.

<2.4> Zu Spiegelstrich 6, 12, 14, 15, 17, 18, 19 – Montage

Bei diesen Angaben stehen zum einen die Gewährleistung der Arbeitssicherheit im Vordergrund (Themen: Begehbarkeit, spezielle Gefährdungen, Lagerung auf Dachflächen), zum anderen der Montageablauf und schließlich die einzuhaltenden Ausführungstoleranzen. Die Materiallagerung auf Dachflächen ist in der statischen Berechnung zu berücksichtigen. Nur die dort ausgewiesenen Flächen sind für die in der statischen Berechnung angesetzten Lasten zu verwenden.

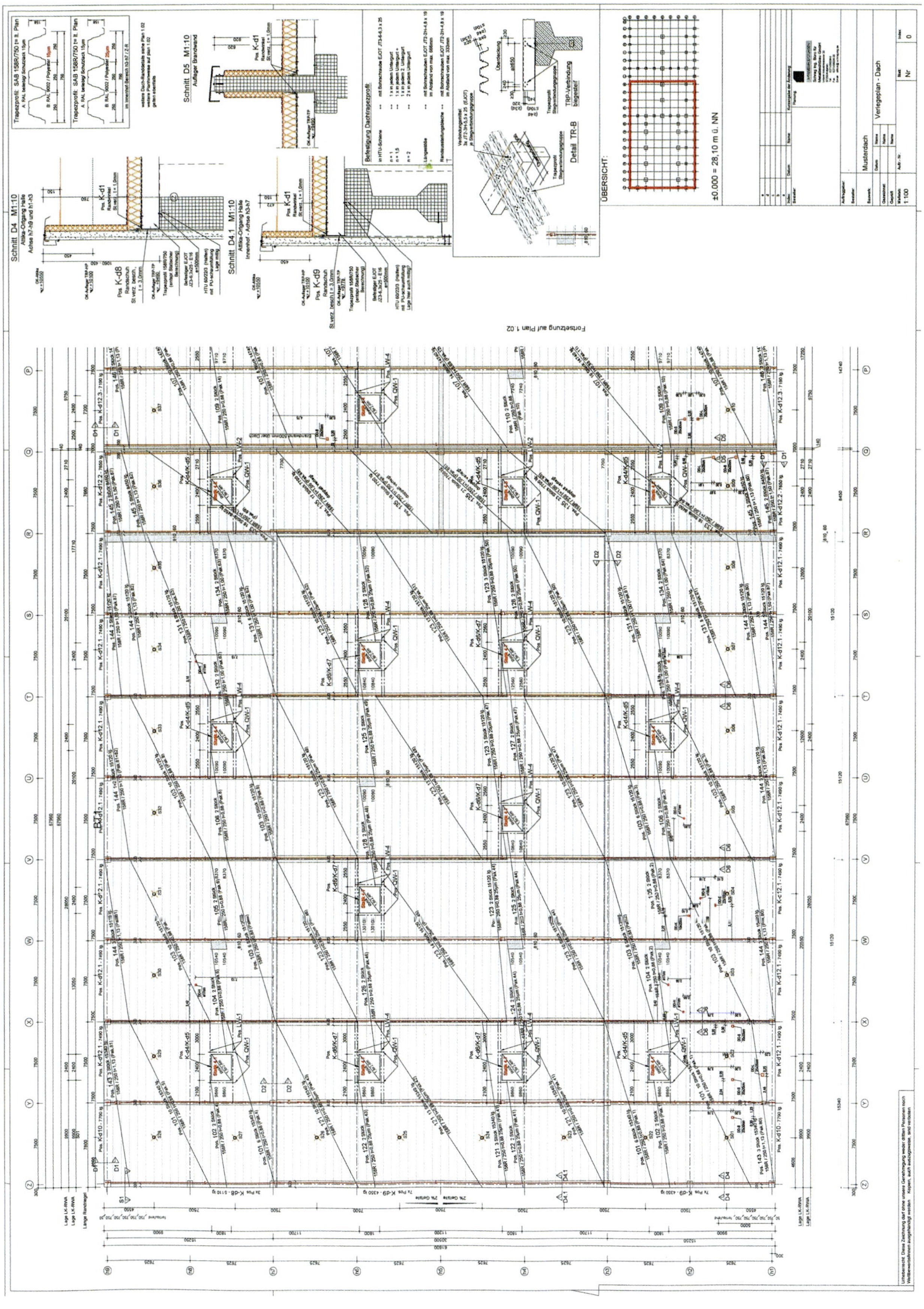

Quelle: Schrag Ing. Büro für Metallleichtbau GmbH

Bild KIV.4-1: Beispiel für einen Dach-Verlegeplan

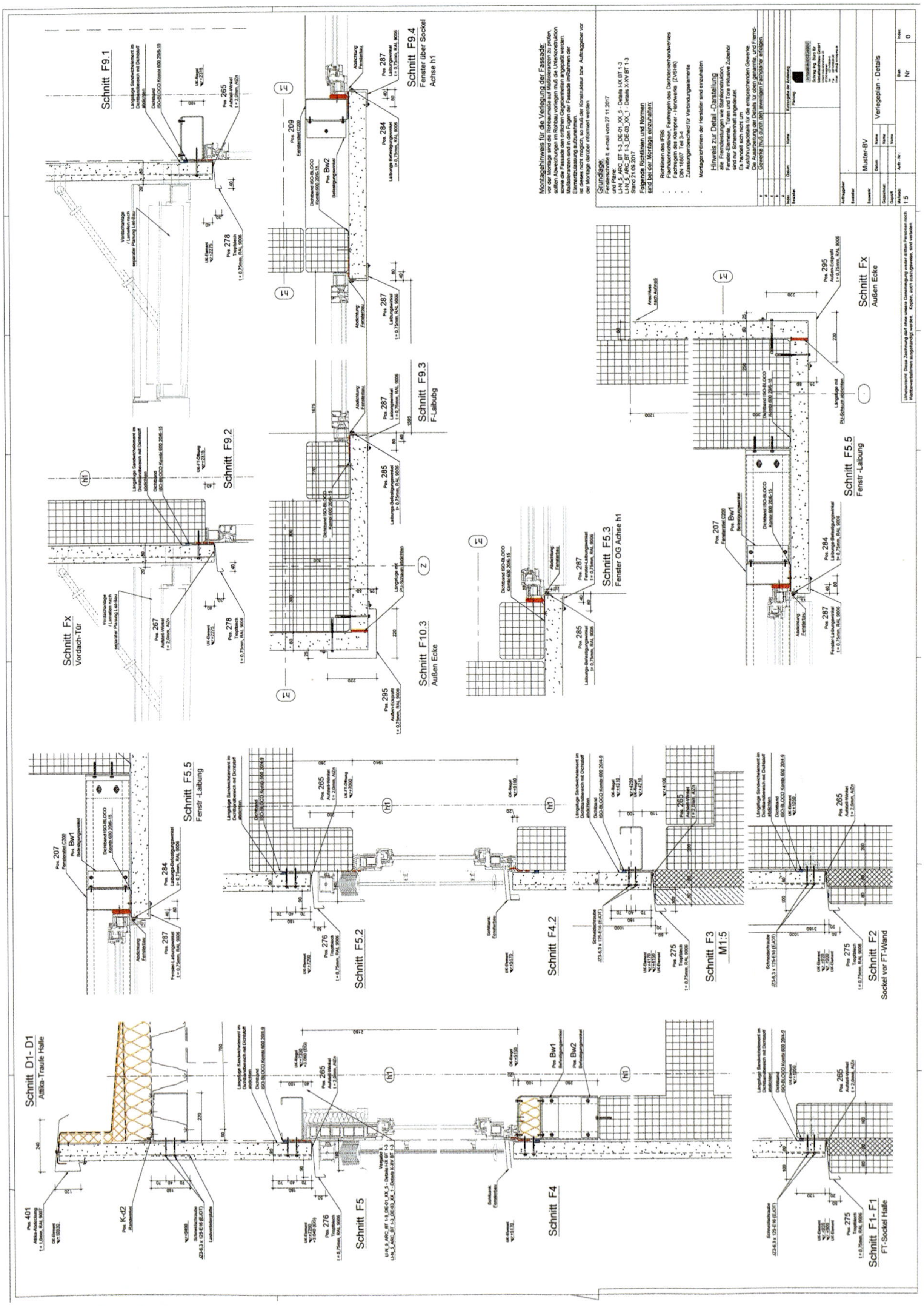

Quelle: Schrag Ing. Büro für Metallleichtbau GmbH

Bild KIV.4-2: Beispiel für Details zu einem Verlegeplan

<3> Zu Abs. 3 – Schubfelder

Schubfelder dienen anstelle von Verbänden der Stabilisierung ganzer Gebäude bzw. Gebäudeteile. Daher sind Schubfeldbereiche in den Verlegeplänen besonders zu kennzeichnen und ihre Wichtigkeit dem Ausführenden zu signalisieren. Weitere Angaben zur Ausführung von Schubfeldern sind in Abschnitt IV.9.17 der Norm enthalten (siehe Kommentar dazu).

Geometrische Toleranzen

Zu IV.4.1.4

<1> Zu den Arten geometrischer Toleranzen

Die Norm EN 1090-4 teilt – wie auch EN 1090-2 – die von Stahlleichtbaukonstruktionen bei der Herstellung einzuhaltenden geometrischen Toleranzen konsequent in zwei Kategorien ein:

- **grundlegende** Toleranzen, die **tragsicherheitsrelevant** sind („*essential tolerances*").
- **ergänzende** Toleranzen, die **funktions- und gebrauchstauglichkeitsorientiert** sind („*functional tolerances*").

Die beiden Kategorien werden im Normabschnitt IV.11.2 definiert und in Anhang IV.D aufgelistet; die Kommentare dazu geben die zugehörigen Hintergrundinformationen. Im Gegensatz zu EN 1090-2 enthält EN 1090-4 keine Toleranzen für die Montage auf der Baustelle.

Alternativ zu Anhang IV.D dürfen aber andere ergänzende Toleranzen zwischen dem Bauherrn/Auftraggeber und dem Hersteller, ggf. unter Hinzuziehung des Tragwerksplaners, vereinbart werden (sowohl großzügigere als auch strengere). Diese müssen dann aber sorgfältig in den Ausführungsunterlagen angegeben werden.

<2> Zu (a) – Grundlegende geometrische Toleranzen

Da die grundlegenden Toleranzen die Tragsicherheit betreffen, unterliegen sie nicht der freien Entscheidung der am Projekt Beteiligten und brauchen demzufolge in den Ausführungsunterlagen nicht besonders angegeben zu werden. Die in Anhang IV.D aufgeführten 17 grundlegenden Toleranzmerkmale für Profiltafeln (Tabelle IV.D.1) und 3 grundlegenden Toleranzmerkmale für gekantete Bauteile (Tabelle IV.D.2) sind verbindlich. Es ist aber doch zu empfehlen, auf Ausführungszeichnungen eine entsprechende Sammelbemerkung über oder neben dem Schriftfeld anzubringen, etwa der Art „Die grundlegenden geometrischen Toleranzen nach EN 1090-4, Anhang D sind einzuhalten".

Darüber hinaus ist es denkbar, dass ein Tragwerksplaner, wenn ihm aufgrund seiner statischen Berechnung ein bestimmtes Toleranzmerkmal besonders wichtig erscheint, dafür sorgt, dass ein Warnvermerk auf der Ausführungszeichnung noch einmal gezielt auf diesen Toleranzwert hinweist. Werden grundlegende Toleranzen überschritten, so ist der Fall gegeben, dass das Produkt nicht konform ist mit der vorliegenden Norm (Nichtkonformität); weitere Ausführungen dazu sind in Abschnitt IV.11.3 zu finden.

<3> Zu (b) – Ergänzende geometrische Toleranzen

Anders verhält es sich mit den ergänzenden Toleranzen. Die in Anhang IV.D aufgeführten 3 ergänzenden Toleranzmerkmale für Profiltafeln (Tabelle IV.D.1) und 5 ergänzenden Toleranzmerkmale für tragende Bauteile (Tabelle IV.D.2) gelten allerdings (im Gegensatz zu EN 1090-2) als quasi-verbindlich, sofern nicht explizit andere ergänzende Toleranzmerkmale vereinbart werden (vgl. <1>).

Wenn ergänzende Toleranzen oder Toleranzklassen (für tragende Bauteile) für die gesamte Zeichnung gelten sollen, kann dies ebenfalls durch Sammelangabe über dem Schriftfeld erfolgen. Sofern unterschiedliche Toleranzklassen für die tragenden Bauteile auf einer Zeichnung gewählt werden, muss das detailliert angegeben werden.

Die gesamten Zusammenhänge der Toleranzen sind im Kommentar zu Kapitel IV.11 ausführlich erläutert.

Zu IV.4.2 Dokumentation der Montage

Zu IV.4.2.1 Allgemeines

Gemäß Abs. 1 ist es nicht verpflichtend, eine „Dokumentation der Montagequalität" (entspricht der „Qualitätsdokumentation" in EN 1090-2, Abschnitt II.4.2.1), zu erstellen. Falls sie verlangt wird, ist zu beachten, dass es sich um eine **qualitätssichernde** Dokumentation handelt, die **vor Beginn** der Ausführungsarbeiten zu erstellen ist (vgl. den einführenden Kommentar zu II.4.2).

Die in Abs. 2 und 3 angesprochene „Montagedokumentation" ist dagegen eine **beweissichernde** Dokumentation. Sie ist Teil der in Abschnitt IV.4.4 geregelten Ausführungsdokumentation, muss **während** der Montagearbeiten in Form von Montageberichten, die ausführlich den Baufortschritt dokumentieren, zusammengestellt werden und ist vor allem obligatorisch. Im Anhang IV.C sind die Inhalte im Einzelnen aufgeführt und beschrieben.

Zu IV.4.2.2 Dokumentation der Montagequalität

Zu den Inhalten einer Dokumentation der Montagequalität führt die Norm hier sechs Punkte (a) bis (f) auf. Sie werden nachfolgend kommentiert.

<1> Zu (a) – Organigramm der für die Ausführung zuständigen Personen

Für alle Stufen einer Projektausführung – also von der Vertragsprüfung, der Montageplanung über die Ausführung bis zur Endkontrolle – müssen (sofern vereinbart, vgl. zu IV.4.2.1) die Aufgaben und Befugnisse der am Projekt beteiligten Personen vorher schriftlich festgelegt werden. Die Festlegung erfolgt am besten, wie hier explizit vorgeschrieben, mit Hilfe eines Organigramms. Ein Beispiel eines Organigramms innerhalb der in EN 1090-2 geforderten „Qualitätsdokumentation" für den Fall einer reinen Stahlbaumontage zeigt Bild KII.4-3.

<2> Zu (b) – Arbeitsprozesse, Verfahren und Arbeitsanweisungen

Die zur Anwendung kommenden Arbeitsprozesse und Verfahren müssen (sofern vereinbart, vgl. zu IV.4.2.1) vor Ausführungsbeginn eindeutig festgelegt und somit dokumentiert werden. Ein Montagebetrieb, der nach EN ISO 9001 [R146] zertifiziert ist, wird die für ein bestimmtes Projekt benötigten Arbeitsanweisungen einfach aus seinem Qualitätsmanagement-Handbuch entnehmen, in dem alle für den Betrieb relevanten Arbeitsanweisungen beschrieben sind.

<3> Zu (c) – Kontroll- und Prüfplan (statt angeblich Qualitätsmanagementplan)

Bei dem hier unter angeblichem Bezug auf EN 1090-2 geforderten spezifischen „Qualitätsmanagementplan" handelt es sich um einen bedauerlichen Übersetzungsfehler. Gemeint ist der frühere „an die Stahlkonstruktion angepasste Prüfplan", später zum „Kontroll- und Prüfplan" erweitert, in der aktuellen Ausgabe von EN 1090-2 der „an das Stahltragwerk angepasste **Inspektions- und Prüfplan**" (vgl. Fußnote in Tabelle KIV.0). Dieser stellt – in der europäischen Praxis meist unter der englischen Abkürzung „**ITP**" diskutiert – in der Tat ein wichtiges projektspezifisches Planungs- und Ausführungsdokument dar, das für jedes Bauvorhaben vorhanden sein sollte; vgl. die umfangreiche Kommentierung zu II.4.2.1 <2.3> in diesem Buch.

<4> Zu (d) – Abweichungen und Abänderungen

Wie auch unter (b) definiert, sind in der „Dokumentation der Montagequalität" nicht nur die generellen Verfahrensweisen vor Ausführungsbeginn zu dokumentieren, sondern natürlich auch die vorgesehene Vorgehensweise in den Fällen, in denen z. B. von der vorgegebenen Planung abgewichen werden muss. Hier sind auch die genauen Verantwortlichkeiten zu regeln. Beispiele für Ereignisse, für die vorher klar sein muss, wie man bei eventuellem Auftreten vorzugehen gedenkt:

- Eine Unterkonstruktion entspricht nicht den Vorgaben der statischen Berechnung. Nun muss ein Statiker eingeschaltet werden, um die Auswirkungen auf die Tragfähigkeit z. B. der Profiltafeln bei zu geringer Auflagerbreite zu überprüfen. Die veränderte Situation muss in den Ausführungszeichnungen bzw. -unterlagen vermerkt werden.

- Sollten Änderungen in der Montageplanung erforderlich werden, deren Ursachen betrieblicher Art sind, so ist durch die verantwortliche Stelle bei den entsprechenden Abteilungen des eigenen Betriebes eine Klärung zu veranlassen. Nach der Lösung des Problems sind die Unterlagen zu aktualisieren.
- Sollten Änderungen im Montageplan notwendig werden, deren Ursachen in Kundenwünschen oder in differenziert auslegbaren Vertragsbedingungen oder in geänderten Bauabläufen bzw. Bausituationen liegen, so ist unter Einschaltung des zuständigen Montageleiters eine Klärung zu veranlassen. Die Gründe der Planabweichung sind schriftlich zu erfassen und dem Kunden/Auftraggeber anzuzeigen.

Die im Zuge der Ausführung dann tatsächlich vorgenommenen Änderungen oder Abweichungen von den ursprünglich in den Ausführungsunterlagen festgelegten Qualitätsanforderungen sind zu begründen und zu beschreiben bzw. ebenfalls zu dokumentieren; dies gehört in die Ausführungsdokumentation nach IV.4.4.

<5> Zu (e) – Vorgehensweise bei Nichtkonformitäten, Reklamationen und Streitigkeiten

Zur Definition einer Nichtkonformität vgl. zu II.3.13. Die Norm EN 1090-4 regelt die Vorgehensweise beim Auftreten von **Nichtkonformitäten** bei der Herstellung der Profiltafeln und tragenden Bauteile in IV.12.3.1. Nichtkonformitäten im Sinne von EN 1090-4 beziehen sich immer auf (fehlerhafte) Bauprodukte. Da die Montagearbeiten im Sinne von EN 1090-4 nicht zertifiziert werden, kann es bei der Ausführung definitionsgemäß nicht zu „Nichtkonformitäten“ kommen. Selbst eine Abweichung vom Verlegeplan bei der Verlegung ist rein formal keine „Nichtkonformität“.

Eine Nichtkonformität kann aber an verschieden Stellen festgestellt werden, zum einen bei der Herstellung (siehe IV.12.3.1) und zum anderen auf der Baustelle, hierbei insbesondere dadurch, dass falsches oder von den Ausführungsunterlagen abweichendes Material angeliefert wurde. Nichtkonform sind u.a. Produkte mit zu großen Toleranzen oder Produkte aus Stahlgüten, die nach EN 1090-4 nicht erlaubt sind. Um diese Art der Nichtkonformität handelt es sich im vorliegenden Abschnitt.

In der „Dokumentation der Montagequalität“ müssen spezielle Vorgehensweisen im Fall von Nichtkonformitäten für das jeweilige Projekt beschrieben werden. Das ist mit den WPKs der Bauprodukthersteller abzustimmen, da in deren WPK-Systembeschreibungen ebenfalls Angaben über das geplante Vorgehen bei Auftreten von Nichtkonformitäten niedergeschrieben sind.

Ein als nichtkonform erkanntes Produkt ist in der Regel auf geeignete Art zu kennzeichnen, z.B. mit „gesperrt“. Wenn möglich, ist das Produkt gesondert zu lagern. Die Sperrung eines nichtkonformen Produktes ist zu dokumentieren. Zur Sperrung ist der mit der Prüfung Beauftragte berechtigt.

Während die vorstehenden Ausführungen implizit unterstellen, dass alle Beteiligten – in der Regel der Besteller/Auftraggeber oder sein Abnahmebeauftragter auf der einen Seite, der Hersteller auf der anderen Seite, bei schwerwiegenderen Nichtkonformitäten ggf. auch der Tragwerksplaner – einvernehmlich die Nichtkonformität anerkennen, trifft das bei **Reklamationen** durch den Besteller oder seinen Abnahmebeauftragten (z.B. den Architekten) nicht zu. Typisches Reklamationsbeispiel ist das Aussehen einer beschichteten Oberfläche. Für solche Reklamationen könnte beispielsweise in der „Dokumentation der Montagequalität“ folgende allgemeine Vorgehensweise fixiert werden:

- Überprüfen, ob sich die reklamierte Nichtkonformität auf eine Eigenschaft bezieht, die in der Bestellung konkret gefordert wird.
- Wenn nein: Überprüfen, ob die geforderte Eigenschaft aus den einschlägigen bzw. maßgebenden Regelwerken folgt.
- Wenn nein: siehe „Streitigkeit“ gemäß nachfolgendem Absatz.

Auch die Vorgehensweise bei **Streitigkeiten** hinsichtlich der Qualität muss in der „Dokumentation der Montagequalität“ festgelegt werden. Dazu gehört z.B. die Festlegung des Gerichtsstandes oder einer außergerichtlichen Schiedsgerichtsbarkeit. Auch die Festlegung von Teilabnahmen kann ein Bestandteil der Dokumentation sein, mit dem Ziel, den Umfang eventueller Streitigkeiten zu begrenzen (siehe auch nachfolgenden Punkt (f)).

Zur Vorgehensweise beim Auftreten von Nichtkonformitäten gehört auch die Festlegung, wie danach die ggf. erforderlich werdenden **Korrekturmaßnahmen** geplant werden und ablaufen sollen. Je nach Bedarf wird man bei der Fehlersuche und/oder dem Erarbeiten der Korrekturmaßnahme eine oder mehrere innerbetriebliche Abteilungen sowie andere Struktureinheiten (z. B. Qualitätsstelle, Technisches Controlling usw.) einbinden. Die Durchführung von Korrekturmaßnahmen muss überwacht werden. Ziel der Überwachung ist es festzustellen, ob die angestrebte Verbesserung erreicht wurde.

Das QM-Handbuch von nach EN ISO 9001 [R146] zertifizierten Betrieben enthält in der Regel ebenfalls eine Reihe von Arbeitsanweisungen und Formblättern für den Umgang mit Nichtkonformitäten, Reklamationen und Streitigkeiten. Auf diese kann man natürlich bei der Erstellung der „Dokumentation der Montagequalität" für ein konkretes Projekt zurückgreifen.

<6> Zu (f) – Kontrollprüfungen

Bereits vor Beginn der Ausführungsarbeiten sind die Art der durchzuführenden Prüfungen und Kontrollen sowie der Kontrollumfang und die Kontrollzeitpunkte festzulegen und zu dokumentieren.

Im Übrigen sollte die Festlegung von **Kontrollprüfungen** bereits in der Planungsphase vom Montagebetrieb nicht als „Schikane" der technischen Kontrollinstanzen angesehen werden, sondern auch als Chance für eine kostenkontrollierte Ausführung des Bauwerks. Das Prüfkonzept beeinflusst die Ökonomie eines Bauvorhabens in erheblichem Maße. Wenn bei Vertragsabschluss die durchzuführenden Prüfungen nicht eindeutig fixiert werden, kann das zu unangenehmen Auseinandersetzungen zwischen dem Qualitätsanspruch des Bauherrn und den Vorstellungen der ausführenden Montagefirma führen. Andererseits hat sich gezeigt, dass ein technisch sinnvoll geplantes Prüfkonzept durchaus das rechtmäßige Sicherheitsbedürfnis der Öffentlichkeit und des Bauherrn befriedigen kann, ohne dass dabei alle technisch machbaren Prüfmöglichkeiten komplett ausgeschöpft werden müssen. In diesem Sinn sorgt eine frühzeitige Planung der Kontrollprüfungen auch dafür, dass nicht vom Auftraggeber bzw. der von ihm beauftragten Prüfinstanz nachträglich kostenintensive Prüfungen „nachgeschoben" werden können. Ausgenommen hiervon sind selbstverständlich Prüfungen, die auf Grund des äußeren Befundes Zweifel an einer fachgerechten Ausführung beseitigen sollen.

Der Prüfstatus bei Zwischen- und Abnahmeprüfungen wird durch Abnahme-, Prüf- oder Messprotokolle dokumentiert. Die zur Prüfung berechtigte Person kennzeichnet den Prüfstatus durch Unterschrift, Datum und Prüfergebnis auf dem Protokoll. Änderungen an der Kennzeichnung des Prüfstatus dürfen durch dieselbe Person, die die Erstkennzeichnung vorgenommen hat, oder durch deren Vorgesetzte(n) erfolgen. Alle Dokumentationen der Ergebnisse der nach dem Kontroll- und Prüfplan vorgesehenen Prüfungen und Kontrollen gehören zur Ausführungsdokumentation (siehe IV.4.4).

Unverzichtbar für die Dokumentation vor Ausführungsbeginn sind natürlich auch Angaben zur Zuwegung, so dass die zur Prüfung berechtigten Personen genaue Angaben erhalten, wie sie auf sicherem Wege zu den zu prüfenden Bauteilen gelangen können.

Zu IV.4.2.3 Sicherheit der Montagearbeiten

Europäische (EN) und Internationale (EN ISO oder ISO) Anwendungsnormen enthalten relativ wenig oder gar keine Aussagen und Anforderungen zur Arbeitssicherheit. Für die Ausführung von Stahlleichtbaukonstruktionen sind im Normabschnitt IV.9.7 einige wenige Anforderungen zur Arbeitssicherheit enthalten (siehe Kommentare dazu).

Detaillierte Dokumentation der Rückverfolgbarkeit

Zu IV.4.3

Der Montagebetrieb muss die Rückverfolgbarkeit der angelieferten Bauprodukte bis zur fertigen Montage und auch darüber hinaus gewährleisten. Diese Rückverfolgbarkeit beruht auf den schriftlichen Dokumenten, wie Prüfbescheinigungen, Lieferscheinen, CE-Zeichen, Leistungserklärungen bzw. Übereinstimmungszeichen.

Ausführungsdokumentation

Zu IV.4.4

Während die gemäß EN 1090-4 von der Montagefirma vor Ausführungsbeginn zu erstellende „Dokumentation der Montagequalität" nach IV.4.2.2 nicht zwingend erforderlich ist und vereinbart werden muss (vgl. IV.4.2.1 und Kommentar dazu), hat demgegenüber nach EN 1090-4 eine umfassende Dokumentation nach beendeter Ausführung zu erfolgen, die **Ausführungsdokumentation**. Zu den Unterlagen gehören:

- die Montageberichte der Montagedokumentation nach IV.4.2.1,
- Verwendbarkeitsnachweise,
- Leistungserklärungen,
- Prüfbescheinigungen,
- Aufzeichnungen über die jeweilige Verwendung der verschiedenen Ausgangsprodukte,
- Angaben von genehmigten Abweichungen,
- Berichte über Prüfungen.

Grundsätzlich gehören auch aktuelle **Bestandszeichnungen** („*as-built drawings*"), obwohl in EN 1090-4 nicht explizit aufgeführt, zu einer guten Ausführungsdokumentation. Auf deren ordnungsgemäße Erstellung und Ablieferung sollte vor allem der Bauherr schon bei Vertragsabschluss Wert legen. Wer jemals bei einer Umbaumaßnahme – die angebliche Ausführungszeichnung in der Hand – ratlos vor dem realen Tragwerk gestanden und nach Ähnlichkeiten gesucht hat, wird bestätigen, dass es sehr wichtig ist, Abweichungen, die während der Bauausführung einvernehmlich festgelegt worden sind, abschließend in die Bestandspläne zu übernehmen.

Die Art, der Inhalt und der Umfang der Ausführungsdokumentation können in den Mitgliedsländern der EU voneinander abweichen. Dies ist durch die Anmerkung deutlich gemacht, dass Typ und Inhalt der Ausführungsdokumentation national festgelegt werden können.

Zu IV.5 Ausgangsprodukte

Zu IV.5.1 Allgemeines

<1> Zum Begriff „Ausgangsprodukte“

In der vorliegenden EN 1090-4 wird der Begriff **„Ausgangsprodukte“** als Oberbegriff für Werkstofferzeugnisse, Verbindungsmittel, Korrosionsschutzsysteme usw. an Stelle des in der deutschen Normenreihe DIN 18807 traditionell verwendeten Begriffes „Werkstoffe“ verwendet. EN 1090-1 spricht im selben Zusammenhang von **„Konstruktionsmaterialien“**.

Zu den Ausgangsprodukten im Sinne von EN 1090-4 gehören alle Grundwerkstoffe für Tragwerke des Stahlleichtbaus, d. h. Baustähle (in Form von Profilblechen und von Bändern). Außerdem gehören dazu mechanische Verbindungselemente (z. B. Schrauben, Niete und Setzbolzen), Dichtbänder, Profilfüller und Materialien für den Korrosionsschutz (z. B. Beschichtungsstoffe).

<2> Zu Abs. 2 und 3 – Zu verwendende Ausgangsprodukte

Der Verweis auf Abschnitt IV.5.3 zeigt, dass hier in beiden Absätzen vordergründig nur das spezielle Ausgangsprodukt „Werkstoff“ gemeint ist. Die für die Herstellung von kaltgeformten Profiltafeln und Bauteilen zu verwendenden Werkstoffe werden in Abschnitt IV.5.3 behandelt.

EN 1090-4 enthält aber im vorliegenden Abs. 3 eine wichtige Öffnungsklausel. Danach ist es einem Hersteller von Profiltafeln und tragenden Bauteilen freigestellt, auch andere Werkstoffe als die in IV.5.3 aufgeführten zu verwenden, sofern deren Eigenschaften genau festgelegt werden. Welche Eigenschaften damit gemeint sind, kann einer Auflistung im entsprechenden Abschnitt II.5.1 von EN 1090-2 entnommen werden, wo die gleiche Öffnungsklausel für Werkstoffe formuliert ist (vgl. zu II.5.1 <3>).

Es gibt aber darüber hinaus noch eine allgemeinere Bedeutung der Öffnungsklausel, die hier für die Verwendung von Ausgangsprodukten, welche nicht durch die aufgeführten Normen abgedeckt sind, formuliert ist. Eine solche Öffnungsklausel entspricht einer langen deutschen Tradition. Ohne sie wäre eine moderne Ausführungsnorm weder für den allgemeinen Stahlbau (EN 1090-2) noch für den Stahlleichtbau (EN 1090-4) zeitgemäß. Dass die Eigenschaften eines solchen Produktes festgelegt werden müssen, ist trivial. Die Festlegung muss natürlich ein den Normen vergleichbares Niveau haben. Die festgelegten Eigenschaften müssen an geeigneter Stelle in den Ausführungsunterlagen fixiert werden und sind später vom Hersteller, analog zu genormten Erzeugnissen, zu bestätigen, beispielsweise durch ein 3.1-Abnahmeprüfzeugnis.

Der Passus „müssen deren Eigenschaften festgelegt werden“ kann gedanklich fortgesetzt werden mit „oder festgelegt worden sein“. Wenn also ein kompetenter Arbeitsausschuss die Eigenschaften bereits in einer Norm festgelegt hat, z. B. in einer **internationalen** oder **nationalen Produktnorm** – umso besser. Entscheidendes Kriterium für die Verwendbarkeit einer Produktnorm unter dem Dach von EN 1090-2 wie auch von EN 1090-4 ist nach Auffassung der Verfasser, dass in ihr die Produkteigenschaften eindeutig und auf dem Vollständigkeits- und Präzisionsniveau vergleichbarer EN-Normen beschrieben sind. Beispielhaft wäre hier EN 508-1 zu nennen, die auch eine Auflistung von Werkstoffen für Profiltafeln enthält, die aber nicht alle für tragende Anwendungen geeignet sind; deshalb wurde sie hier nicht in Bezug genommen.

Gibt es für das als alternatives Ausgangsprodukt ins Auge gefasste Produkt keine verwendbare Produktnorm, so handelt es sich um ein **„nicht geregeltes“** Bauprodukt, für das die Eigenschaften dann tatsächlich individuell festgelegt werden müssen. Die Verwendbarkeit muss dann in Deutschland durch ein spezielles bauaufsichtliches Verfahren nachgewiesen werden: Entweder eine **ETA** (Europäische Technische Bewertung) mit CE-Kennzeichnung oder eine **abZ** (allgemeine bauaufsichtliche Zulassung), ein **abP** (allgemeines bauaufsichtliches Prüfzeugnis) oder eine **ZiE** (bauaufsichtliche Zustimmung im Einzelfall), alle drei mit Ü-Kennzeichnung. Erläuterungen zum baurechtlichen Hintergrund für die CE- bzw. Ü-Kennzeichnung von Bauprodukten findet man in den Kommentaren <1.3> und <1.4> zu II.5.1.

Ergänzend wird an dieser Stelle darauf hingewiesen, dass auch die deutschen **Nationalen Anhänge** (NAs) zu den **Eurocodes** einige spezielle Regelungen zur Verwendbarkeit von Ausgangsprodukten enthalten, die ggf. zu beachten sind.

Die Tabelle KIV.5-1 gibt eine Übersicht über die für Deutschland maßgebenden Produktnormen bzw. bauaufsichtlichen Verwendbarkeitsnachweise und deren Kennzeichnungen für den Bereich der Metallleichtbauprodukte.

Tabelle KIV.5-1: Für Deutschland maßgebende Produktnormen und Verwendbarkeitsnachweise im Stahlleichtbau

Bauprodukt	Produktnorm bzw. Verwendbarkeitsnachweis	Kennzeichnung
Tragende Stahlprofiltafeln	EN 1090-1	CE
Selbsttragende Stahlprofiltafeln (bis 1 m Stützweite) (s. auch Bild KIV.1-1)	EN 14782 [R127]	CE
Tragende kaltgeformte Bauteile	EN 1090-1	CE
Verbindungselemente zur Verbindung von Profiltafeln und Bauteilen aus Stahl oder mit Unterkonstruktionen aus Stahl oder Holz (Niete, Bohrschrauben, gewindefurchende Schrauben, Setzbolzen)	Z-14.1-4* [R2]	Ü
Verbindungselemente zur Verbindung von Profiltafeln und Bauteilen aus Aluminium oder mit Unterkonstruktionen aus Aluminium, Stahl oder Holz (Niete, Bohrschrauben, gewindefurchende Schrauben)	Z-14.1-537* [R3]	Ü
Gewindeformende Schrauben zur Verbindung von Sandwichelementen mit Unterkonstruktionen aus Stahl oder Holz	Z-14.1-407* [R4]	Ü
Befestigungsschrauben für Bauteile und Bleche aus Metall	ETA**	CE
Befestigungsschrauben für Sandwichelemente	ETA**	CE
Blindniete	ETA**	CE
Setzbolzen	ETA**	CE

* Diese Zulassungen sind Sammelzulassungen. Zulassungsinhaber ist der IFBS, stellvertretend für die Hersteller der Verbindungselemente. Die Hersteller sind in den Anlagenblättern bei den jeweiligen Verbindungselementen aufgeführt.
Neben den Sammelzulassungen kann es weitere Zulassungen geben, die direkt von den Herstellern gehalten werden.

** Europäische Technische Bewertungen, ETAs, können nur direkt vom Hersteller beantragt werden, in diesem Bereich gibt es keine Sammel-ETAs. Demzufolge ist hier eine Vielzahl von ETAs auf dem Markt verfügbar. Einzelne Verbindungselemente sind sowohl durch eine abZ wie auch eine ETA erfasst.

Zu IV.5.2 Identifizierbarkeit, Prüfbescheinigungen und Rückverfolgbarkeit

<1> Zu Abs. 1 – Dokumentation der Eigenschaften von Ausgangsmaterialien

Dass die Eigenschaften der gelieferten Ausgangsprodukte („*constituent products*“, hier unpräzise mit „Ausgangsmaterialien“ übersetzt) dokumentiert werden müssen, ist eine Forderung, die auch bisher nach DIN 18807-1 unter der Bezeichnung „Überwachung (Güteüberwachung)“ selbstverständlich war. Dazu gehören u. a. alle **Prüfbescheinigungen** nach EN 10204 (siehe <2>) und/ oder **Konformitätsnachweise**, d. h. in der Regel die Begleitinformation zur CE-Kennzeichnung, in Deutschland ggf. ersatzweise zum Ü-Zeichen. Die Nachweisdokumente müssen so klar und ausführlich sein, dass gemäß IV.12.2.1 die in ihnen dokumentierten Istwerte der Eigenschaften auf Übereinstimmung mit den in der Bestellung geforderten Sollwerten überprüft werden können. Diese Überprüfung ist in der Regel eine reine Dokumentenprüfung (siehe zu IV.12.2.1).

Folgerichtig wird diese Überprüfung und Dokumentation der Begleitdokumente auch in **EN 1090-1** für die „*constituent products*“ (dort mit „Konstruktionsmaterialien“ übersetzt) für vorgefertigte Bauteile aus Stahl gefordert. Es handelt sich dort um eine Aufgabe der werkseigenen Produktionskontrolle WPK.

Die Nachweisdokumente für die gelieferten Ausgangsprodukte gehören zu den Ausführungsbelegen nach IV.4.4 und müssen zum Ende des Bauvorhabens in die Ausführungsdokumentation nach IV.4.4 übernommen werden (vgl. Kommentar dazu).

<2> Zu Abs. 2 – Prüfbescheinigungen nach EN 10204

Die europäische Norm für die verschiedenen Arten von Prüfbescheinigungen metallischer Erzeugnisse ist EN 10204. Sie gilt für alle Werkstoffe, die im nachfolgenden Normabschnitt IV.5.3 erfasst werden. Tabelle KII.5-1 enthält die derzeit nach EN 10204 möglichen Prüfbescheinigungen (Tabelle A.1 aus EN 10204). Danach gibt es zum einen die nichtspezifischen Prüfbescheinigungen 2.1 und 2.2 und zum anderen die spezifischen Prüfbescheinigungen 3.1 und 3.2.

Als **Standard-Prüfbescheinigung** bei anspruchsvolleren Ausgangsprodukten, bei denen man auf einen lieferungsspezifischen Nachweis der Eigenschaften nicht verzichten kann, dient das **Abnahmeprüfzeugnis 3.1** (früher 3.1.B). Es wird zwar auch, wie die nichtspezifischen Prüfbescheinigungen 2.1 und 2.2, vom Hersteller des Stahl-Vormaterials ausgestellt, muss jedoch die Unterschrift von dessen betriebsinternem Abnahmebeauftragten (Leiter der QS-Abteilung oder der WPK o. Ä.) tragen. Dieser muss von der Herstellung unabhängig sein, also nicht weisungsgebunden. **Abnahmeprüfzeugnisse 3.2** müssen zusätzlich die Unterschrift eines **externen** Abnahmebeauftragten tragen.

Der von Vornherein eingeschränkte Aussagegehalt von nichtspezifischen Prüfbescheinigungen 2.1 und 2.2 wurde im Kommentar zu II.5.2 ausgiebig dargestellt. Man kann diese Werksbescheinigungen und Werkszeugnisse bestenfalls als eine qualitative Form der Herkunftsbezeichnung verwenden. Deshalb wird in dieser Norm EN 1090-4 für Stahlprodukte als Prüfbescheinigung allein das Abnahmeprüfzeugnis 3.1 herangezogen. Dessen Inhalt wird sogar exakt vorgeschrieben (siehe zu IV.5.3 <3>).

Aber auch das Vorliegen eines Abnahmeprüfzeugnisses 3.1 entbindet den Verarbeiter streng juristisch nach vorliegenden Urteilen von Oberlandesgerichten nicht automatisch von der Notwendigkeit, stichprobenhafte **Eingangskontrollen** durchzuführen (z. B. Verwechslungsprüfungen durch Härteprüfung oder spektralanalytische Bestimmung von ausgewählten chemischen Elementen).

<3> Zu Abs. 3 und 4 – Rückverfolgbarkeit, Lieferung und Etikettierung von Ausgangsprodukten

Je mehr unterschiedliche Werkstoffe und Vorprodukte im Stahlleichtbau verwendet werden, umso wichtiger wird die Rückverfolgbarkeit aller in einem Projekt eingesetzten Ausgangsprodukte durch alle Phasen der Herstellung hindurch.

Die im vorliegenden dritten Normenabsatz sehr detailliert behandelte Kennzeichnung und Etikettierung ist nicht identisch mit der CE-Kennzeichnung, die über EN 1090-1 geregelt ist, beinhaltet diese aber, wie nachfolgend erläutert. In EN 1090-1 ist festgelegt, welche Angaben in den „ergänzenden Angaben“ zum CE-Zeichen bzw. in der Leistungserklärung nach EU-Bauproduktenverordnung [R182] aufgeführt sein müssen. Die hier behandelte Kennzeichnung von Ausgangsprodukten dient allein der eindeutigen Identifizierbarkeit im Verlaufe des Montageprozesses bzw. der vollständigen Rückverfolgbarkeit, da EN 1090-4 nicht in den Regelungsumfang der harmonisierten Norm EN 1090-1 eingreifen darf. Die Angaben auf der Kennzeichnung – oder wie es unter IV.5.2 b) ausgedrückt ist „Etikettierung oder mitgelieferte Bescheinigung“ – enthalten also die regulatorisch verbindlichen Angaben der CE-Kennzeichnung bzw. Leistungserklärung und zusätzlich die in diesem Absatz aufgeführten Angaben, die u. a. für die Montage von Bedeutung sind, wie das Paketgewicht und die Länge eines Paketes.

Werkstoffe

Zu IV.5.3

<1> Zu Abs. 1 und 3 – Werkstoffe für kaltgeformte tragende Bauteile

Für kaltgeformte tragende Bauteile werden in diesem Normenabschnitt keine spezifischen Werkstoffe aufgelistet, es wird lediglich gefordert, dass die Werkstoffe für den Kaltumformprozess geeignet sein müssen. Als Hilfestellung für die Auswahl der geeigneten Stähle wird auf den Eurocode 3 – EN 1993-1-3 – und auf EN 10346 verwiesen. Dort ist eine große Anzahl an Stählen aufgeführt, die je nach Umformprozess mehr oder weniger geeignet sein können.

Für den Bereich der nichtrostenden Stähle wird auf EN 508-3 verwiesen. Diese Norm behandelt zwar nur Profiltafeln aus nichtrostendem Stahl und listet somit in ihrer Tabelle 1 Stähle auf, die für die kontinuierliche Rollformung geeignet sind. Diese Auswahl wurde aber auch für die tragenden Bauteile als abschließend und ausreichend angesehen.

<2> Zu Abs. 2, 4 und Tabelle IV.1 – Werkstoffe für Profiltafeln

Für den Produktbereich der Profiltafeln gibt EN 1090-4 im Gegensatz zu den kaltgeformten tragenden Bauteilen die geeigneten Werkstoffe sehr genau vor. Es wird auf EN 10346 verwiesen und aus deren Regelungsbereich eine Auswahl an geeigneten Stählen in Tabelle IV.1 aufgeführt. Nur diese Stähle dürfen verwendet werden. Eine Ausnahme bilden lediglich Stähle mit anderen metallischen Überzügen, die über eine eigene Europäische Technische Bewertung ETA verfügen (Fußnote „c“ in Tabelle IV.1). Diese Öffnungsklausel wurde in die Norm aufgenommen, um die Anwendung innovativer Produkte nicht zu behindern. Neue Überzüge wie zuletzt Zink-Magnesium, ZM, sollen natürlich mit entsprechendem Nachweis (z. B. ETA) angewendet werden dürfen.

Der gemäß Tabelle IV.1 erlaubte Stahlsortenbereich umfasst die Stähle S220GD bis S550GD. Dieser Bereich ist durch die Erfahrung in den verschiedenen EU-Mitgliedsländern abgedeckt und gibt Stähle vor, die einen zuverlässigen Rollformprozess erlauben. Höherfeste Stähle sind für den Rollformprozess ungeeignet, wie auch Stähle mit niedrigerer Streckgrenze als 220 N/mm^2, die dann auch ausdrücklich von der Verwendung ausgeschlossen werden. Außerdem schließt die Norm Stähle mit Tiefziehgüte aus. Diese Stähle sind im Allgemeinen sehr weich und weisen keine ausgeprägte Streckgrenze auf. Nach EN 1090-4 ist somit die Verwendung von DX-Stählen untersagt.

<3> Zu Abs. 5 und 6 – Abnahmeprüfzeugnis 3.1 der Grundwerkstoffe

Der Hersteller von tragenden kaltgeformten Bauteilen und Profiltafeln ist verpflichtet, die Eigenschaften seines Vormaterials durch ein Abnahmeprüfzeugnis 3.1 nach EN 10204 zu belegen (vgl. auch zu II.5.2 <2>). Dieses Prüfzeugnis muss er sich vom Hersteller des Vormaterials aushändigen lassen. Ferner muss er darauf achten, dass alle in der Auflistung zu Absatz 5 aufgeführten Eigenschaften enthalten sind. Diese verbindliche Auflistung stellt einen bedeutenden Fortschritt hin zu einer einheitlichen Regelung der Inhalte von 3.1-Abnahmeprüfzeugnissen dar. Bislang konnten die Inhalte noch selbst festgelegt werden – meist mit unzureichendem Umfang.

Über die Definition der Inhalte ist dies nun unterbunden. Sollte kein Abnahmeprüfzeugnis 3.1 vorhanden sein, oder sind nicht alle Angaben der Auflistung enthalten, so darf das Vormaterial nicht weiterverarbeitet werden, bis alle geforderten Eigenschaften festgestellt werden konnten, notfalls durch eigene Prüfungen des Bauteilherstellers.

Zu IV.5.4 Grenzabmaße der Dicke

EN 1090-4 fordert hier, dass in den Ausführungsunterlagen die Grenzabmaße der Dicke oder die Toleranzklassen festgelegt sein müssen. Dies ist von Bedeutung, da diese Angaben wesentlich für die statische Bemessung sind und hier Bemessung und Ausführung auf den gleichen Annahmen beruhen müssen. EN 1090-4 lässt ausdrücklich die Forderung geringerer Blechdickentoleranzen zu (z. B. „eingeschränkte" Toleranz S nach EN 10143), dies muss aber in jedem Fall in den Verlegeplänen vermerkt werden.

Nach der bisher in Deutschland gültigen Norm DIN 18807-1 [R74] galten für die Nennblechdicke die normalen Grenzabmaße „N" nach EN 10143, Tabelle 2, für die unteren Grenzabmaße jedoch nur die halben Tabellenwerte. Insbesondere ist bei der Verwendung von Typenprüfbescheinigungen deshalb darauf zu achten, welche Dickentoleranzen den Berechnungen zugrunde liegen. Alte Bescheinigungen sind noch auf Basis der halben Minustoleranz aufgestellt worden, so dass es bei Verwendung von Materialien mit vollen Minustoleranzen der Toleranzklasse N auf der unsicheren Seite liegend zu einer Überschätzung der Tragfähigkeit kommt.

In Tabelle KIV.5-2 ist ein Vergleich der bisherigen Mindestblechdicken nach DIN 18807-1 und der heutigen Mindestblechdicken nach EN 1090-4 (bei Annahme von Toleranzklasse N) angegeben. Die Nennblechdicke t_N beinhaltet die Verzinkung, jedoch nicht eine organische Beschichtung.

Tabelle KIV.5-2: Kleinste zulässige Blechdicken auf der Grundlage von EN 10143:2006-09, Tabelle 2 „Normal", für Baustahl

Kleinste zulässige Blechdicke (mm)[1] mit metallischem Überzug[2]				
t_N (mm)	**Coilbreite ≤ 1 200 mm**		**Coilbreite > 1 200 mm**	
	DIN 18807-1	**EN 1090-4**	**DIN 18807-1**	**EN 1090-4**
0,50	0,475	0,450	0,470	0,440
0,55	0,525	0,500	0,520	0,490
0,63	0,600	0,570	0,595	0,560
0,75	0,720	0,690	0,715	0,680
0,88	0,845	0,810	0,840	0,800
1,00	0,965	0,930	0,960	0,920
1,13	1,090	1,050	1,085	1,040
1,25	1,195	1,140	1,185	1,120
1,50	1,445	1,390	1,435	1,370
2,00	1,930	1,860	1,925	1,850

1 Aus messtechnischen Gründen ist die 3. Stelle hinter dem Komma zu runden.
2 Bei der Verwendung der Legierverzinkung AZ 185 ist die kleinste zulässige Blechdicke um 0,01 mm zu erhöhen.

Mindestnennblechdicken — Zu IV.5.5

Einführender Kommentar zur Begrifflichkeit

Für tragende kaltverformte Bauteile und Profiltafeln sind im vorliegenden Normabschnitt Mindestnennblechdicken in Abhängigkeit von der Art und der Verwendung vorgeschrieben. Im vorigen Abschnitt wurden die Mindestblechdicken für das Vormaterial beschrieben. Die beiden Begriffe dürfen nicht verwechselt werden. Hier ist die Nenndicke eines Bauteils gemeint, die aus den verschiedensten Gründen nicht kleiner gewählt werden darf. Wir betrachten hier somit die Bestelldicken und nicht die Mindestdicken nach Abzug der Grenzabmaße der jeweiligen Toleranzvorgabe von der Nenndicke.

In DIN 18807-3 wurden für die Nennblechdicke t_N in Abhängigkeit von dem betrachten Bauteil Mindestwerte angegeben und fälschlicherweise als „Mindestblechdicken“ bezeichnet, obwohl es sich um „Mindestnennblechdicken“ handelte.

Mindestnennblechdicken für Profiltafeln — Zu IV.5.5.1

Die aufgeführten Mindestnennblechdicken sind Werte, die sich aus Erfahrungen der Montagepraxis ableiten. Eine statische Berechnung kann in jedem Fall größere Dicken ergeben, die dann auch einzusetzen sind. In Anmerkung 2 wird auch ausdrücklich darauf hingewiesen, dass im Fall einer besonderen Wertigkeit einer Fassade größere Dicken erforderlich sein können. Dies ist schon bei der Planung zu berücksichtigen. Gebäude, die darauf schließen lassen, dass ihre Architektur vom Standard-Industriebau abweicht, erfordern eine besondere Sorgfalt in der Planung und der Materialwahl. Bei diesen Anwendungen kann es der Regelfall sein, dass allein aus ästhetischen Gründen eine dickere Blechdicke gewählt werden muss, um Beulenbildung zu vermeiden.

Anmerkung 3 ist eine Öffnungsklausel für andere europäische Länder, die u. U. eigene technische Anwendungsregeln aufgestellt haben und auch kleinere Blechdicken zulassen. Für Deutschland gilt dies nicht, hier sind die Werte nach EN 1090-4 verbindlich einzuhalten.

Die Tabelle KIV.5-3 gibt einen Vergleich zwischen den Bestimmungen nach bislang in Deutschland gültiger DIN 18807-3 und heutiger EN 1090-4.

Tabelle KIV.5-3: Mindestnennblechdicken für Profiltafeln

<table>
<tr><th rowspan="2">Anwendung</th><th colspan="2">Mindestnennblechdicke [mm]</th></tr>
<tr><th>DIN 18807-3</th><th>EN 1090-4</th></tr>
<tr><td colspan="3">Tragschale:</td></tr>
<tr><td>– bis 1 500 mm Stützweite</td><td>0,50</td><td rowspan="2">0,75</td></tr>
<tr><td>– über 1 500 mm Stützweite</td><td>0,75</td></tr>
<tr><td colspan="3">Dachdeckungen:</td></tr>
<tr><td>– bis 1 500 mm Stützweite</td><td>0,50</td><td rowspan="2">0,50</td></tr>
<tr><td>– über 1 500 mm Stützweite</td><td>0,63</td></tr>
<tr><td colspan="3">Geschossdecken:</td></tr>
<tr><td>– als tragende Bauteile</td><td>0,88</td><td rowspan="2">0,75</td></tr>
<tr><td>– als dauerhafte Schale für tragende Betondecken</td><td>0,75</td></tr>
<tr><td colspan="3">Wände und Wandbekleidungen:</td></tr>
<tr><td>– Außenschale</td><td>0,50</td><td>0,50</td></tr>
<tr><td>– einfache Schale oder Innenschale für alle Stützweiten</td><td>0,50</td><td>0,50</td></tr>
<tr><td>– Kassettenprofile</td><td>0,75</td><td>0,75</td></tr>
</table>

Zu IV.5.5.2 Mindestnennblechdicken für tragende Bauteile

Die aufgeführten Mindestnennblechdicken sind, wie bei den Profiltafeln, Werte, die sich aus Erfahrungen der Montagepraxis ableiten. Eine statische Berechnung kann in jedem Fall größere Dicken ergeben, die dann auch einzusetzen sind.

Die Tabelle KIV.5-4 gibt einen Vergleich zwischen den Bestimmungen nach bislang in Deutschland gültiger DIN 18807-3 und heutiger EN 1090-4, wobei deutlich wird, dass EN 1090-4 wesentlich mehr Anwendungen regelt als DIN 18807-3.

Tabelle KIV.5-4: Mindestnennblechdicken für tragende Bauteile

Anwendung	Mindestnennblechdicke [mm]	
	DIN 18807-3	EN 1090-4
Pfetten und Riegel	–	0,88
Abstandsprofile in Dächern und Wänden	–	0,75
Randaussteifungsprofile	1,00	1,00
Randabschluss	–	0,75
Halterungen	–	0,88

Zu IV.5.6 Geometrische Toleranzen

Siehe hierzu die Kommentare zu Kapitel IV.11 und Anhang IV.D.

Zu IV.5.7 Mechanische Verbindungselemente

Zu IV.5.7.1 Allgemeines

<1> Zu Abs. 1 – Anforderungen

EN 1090-4 behandelt bei den mechanischen Verbindungselementen im Wesentlichen die für den Stahlleichtbau bzw. Metallleichtbau bis zu Blechdicken von 4 mm typischen Produktgruppen gewindeformende Schrauben, Blindniete und Setzbolzen. Normale metrische Schrauben und Muttern dürfen natürlich ebenfalls zur Anwendung kommen, für deren Herstellung wird aber auf EN 1090-2 und die dortigen ausführlichen Bestimmungen verwiesen. Interessant ist in diesem Zusammenhang, dass hier Schraubengarnituren M6, M8 und M10 für nicht vorgespannte Verbindungen explizit zugelassen sind (vgl. hierzu zu II.5.6.3 <1.1> und zu II.8.2.2 <1>).

Die Verwendung von Verbindungselementen für dünnwandige Bauteile ist in Deutschland über die allgemeine bauaufsichtliche Zulassung (abZ) Nr. **Z-14.1-4** [R2] sowie über entsprechende europäische technische Bewertungen (ETAs) geregelt (vgl. auch zu IV.5.1 <2>, insbesondere Tabelle KIV.5-1). Zulassungsinhaber für die genannte abZ, die für die typischen Verbindungselemente gilt, ist der Internationale Verband für den Metallleichtbau, IFBS, Krefeld. Die ETAs der Verbindungselemente beziehen sich auf jeweils spezielle Firmenprodukte.

Für den Bereich der Verbindungstechnik sei an dieser Stelle auf die Fachregeln des Metallleichtbaus des IFBS, insbesondere „Planung und Ausführung“ [R192(1)] und „Verbindungstechnik“ [R192(2)] verwiesen.

<2> Zu Abs. 2 und 3 – Wasserstoffversprödung

Bei einem galvanischen Überzug in Fugen zwischen kaltgeformten Bauteilen kann grundsätzlich das Risiko einer Wasserstoffversprödung gegeben sein. EN 1090-4 listet die Randbedingungen auf, in welchen Fällen hierauf zu achten ist. Weiterführende Erläuterungen zur Thematik „galvanisch verzinkte Verbindungselemente“ sind in Kommentar <3> zu II.5.6.1 enthalten.

Arten von Befestigungselementen und Werkstoffen

Zu IV.5.7.2

<1> Zu Abs. 1 – Verwendbarkeitsnachweis

Im europäischen Kontext dieser Norm sind nur Verbindungselemente erlaubt, die eine ETA besitzen, da es keine europäischen Normen für gewindeformende Schrauben, Blindniete und Setzbolzen gibt und zudem auf nationale Dokumente in einer europäischen Norm nicht verwiesen werden darf. In Deutschland können außerdem die Verbindungselemente mit einer abZ zur Anwendung kommen, wie bereits mehrfach erwähnt (vgl. zu IV.5.7.1 <1>).

<2> Zur Anmerkung – Verwendung im Schubfeld

Der Eurocode EN 1993-1-3 enthält in dem Abschnitt 10.3.4, auf den hier verwiesen wird, keine weiteren Anforderungen an die Verwendbarkeitsnachweise. Insofern ist die Anmerkung an dieser Stelle irreführend. Vielmehr werden im Eurocode die Verbindungselemente aufgezählt, die grundsätzlich für ein Schubfeld verwendet werden können. Zusätzlich zu den nach ETAs abgedeckten Verbindungsmitteln ist hier auch die Möglichkeit einer Verbindung mit Schrauben und Muttern und durch Schweißen aufgezählt – wobei die letztere Verbindungsart bei beschichteten Profiltafeln unter keinen Umständen zum Einsatz kommen darf, da der Korrosionsschutz hierdurch zerstört würde.

<3> Zu Abs. 2 – Werkstoffe

EN 1993-1-3, Anhang B, enthält eine Übersicht der Werkstoffe für Verbindungselemente in Bezug auf mögliche Umwelteinflüsse, so dass je nach Korrosivitätskategorie (in EN 1993-1-3 „Umweltklasse“ genannt) eine Auswahl getroffen werden kann. Für die Produktgruppen gewindeformende Schrauben, Blindniete und Setzbolzen sind die Werkstoffe jedoch über die jeweiligen ETAs festgelegt, so dass sich für diese Verbindungselemente der Verweis erübrigt.

Hinweis: In der aktuellen Ausgabe von EN 1993-1-4 [R100] sind die nichtrostenden Stahlsorten für die jeweilige Korrosionsbeständigkeitsklassen (CRC) in Bezug auf die Umgebungseinflüsse festgelegt; vgl. hierzu die ausführlichen Erläuterungen im Kommentar <1.5> zu II.5.6.3.

<4> Zu Abs. 3 – Verbindungselementtypen

Die Typen (a) bis (c) (gewindeformende Schrauben, Blindniete, Setzbolzen) sind die gängigen Verbindungselemente, die nach ETAs geregelt sind und im Bereich der Dach- und Wandkonstruktionen zur Anwendung kommen. Unter (d) bis (f) werden die Verbindungstypen aufgelistet (Schrauben mit Muttern, Klammern, Punktschweißungen), die vorwiegend im Bereich des Bauens mit tragenden kaltgeformten Bauteilen, z. B. im Regallagerbau, Verwendung finden.

Die gewindeformenden Schrauben unter (a) unterteilen sich in:

- gewindefurchende Schrauben,
- Bohrschrauben mit Bohrspitze,
- Fließbohrschrauben mit Verdrängungsspitze.

An dieser Stelle sei noch angemerkt, dass es sich nicht um „selbstschneidende Schrauben mit Bohrspitze“ handelt (wie in Abs. 3a unpräzise angegeben), sondern um Bohrschrauben.

<5> Zu Abs. 4 – Korrosionsschutz von Verbindungselementen

EN 1090-4 regelt grundsätzlich, dass Verbindungselemente, die der Bewitterung ausgesetzt sind, aus austenitischem nichtrostendem Stahl oder Aluminium hergestellt sein müssen. Auch hier gibt es die Einschränkung „sofern nicht anders festgelegt“, diese bezieht sich aber wie auch schon zuvor ausgeführt (vgl. zu IV.1 <2>), auf zusätzliche nationale Festlegungen in einzelnen EU-Mitgliedsstaaten. Für Deutschland gibt es keine abweichenden Festlegungen.

Eine Ausnahme ermöglicht EN 1090-4 jedoch, sofern nämlich der Anwender im Einzelfall nachweist, dass das Korrosionsschutzsystem des freiliegenden Teils von Verbindungselementen aus unlegiertem Stahl dem Korrosionsschutz der verbundenen Teile entspricht (das ist schon in heutigen abZs für Verbindungselemente enthalten). Dieser Nachweis dürfte aber bei der Verbindung organisch beschichteter Profiltafeln ohne eine gleichwertige Beschichtung des Verbindungselementes nur schwer zu führen sein. Außerdem legt auch **DIN 55634-1** [R87], praktisch gleichlautend mit EN 1090-4, fest: „Verbindungselemente, die der Witterung oder einer ähnlichen Korrosionsbelastung ausgesetzt sind, müssen aus nichtrostenden Stählen bestehen. Es dürfen nur Verbindungselemente verwendet werden, deren Eignung nachgewiesen ist." DIN 55634-1 steht zwar nicht in den Listen Technischer Baubestimmungen der MVV-TB, wird aber vom DIBt bei Zulassungs- oder Zustimmungsbescheiden offiziell in Bezug genommen (vgl. auch zu II.F.1.1 <1.4>). Somit gilt für Deutschland ein „Quasi-Verbot" verzinkter Schrauben für kaltgeformte Bauteile, wenn mit Befeuchtung des Verbindungsmittels zu rechnen ist, bzw. ab Korrosivitätskategorie C2 nach EN ISO 12944-2.

Die Verwendung von nichtrostendem Stahl ab der Korrosivitätskategorie C2 ist mittlerweile auch in die neuen europäischen technischen Bewertungen ETA für Verbindungselemente der jeweiligen Hersteller mit aufgenommen worden. In den europäischen technischen Zulassungen (Vorgängerversion der Bewertung) wurde für den Korrosionsschutz auch auf EN 1993-1-3, Anhang B verwiesen. Ende Juni 2018 liefen die europäischen technischen Zulassungen aus, da sie eine Geltungsdauer von maximal 5 Jahren hatten und zuletzt am 30. Juni 2013 ausgestellt werden konnten. Sie können nicht mehr verlängert werden. Seitdem sind nur noch die europäischen technischen Bewertungen zu verwenden. Dies bedeutet, dass es jetzt in allen Dokumenten die gleiche klare Regelung gibt zur Verwendung von nichtrostenden Stählen im bewitterten Bereich bzw. ab der Korrosivitätskategorie C2.

Die Forderung, dass bei elektrolytischer Galvanisierung die Schichtdicke mindestens 8 µm betragen muss, entspricht der Anforderung nach EN 1993-1-3, Anhang B. Hier ist aber hervorzuheben, dass dieser Überzug nur bei einer Anwendung in Korrosivitätskategorie C1 verwendet werden darf – somit nur in trockenen Innenräumen! Bei allen anderen Umgebungsbedingungen verlangt auch der Eurocode mindestens einen Überzug von 45 µm, der aber aufgrund der vorgenannten Ausführungen im bewitterten Bereich nicht angewendet werden kann und nur für Innenanwendungen ohne Befeuchtung geeignet ist.

<6> Zu Abs. 5 – Regendichte Verbindung

Schrauben für den Bauaußeneinsatz im Metallleichtbau werden mit Dichtscheiben ausgestattet und stellen so die Dichtheit des Befestigungspunktes sicher. Die Dichtscheiben bestehen aus einem nichtrostenden Metallrücken und aufvulkanisierter weicher EPDM-Dichtung. Der Metallrücken ermöglicht, dass die EPDM-Dichtung mit der nötigen Kraft gegen das Metallprofil gepresst und komprimiert werden kann. Um die Dichtfunktion zu gewährleisten, muss der Innendurchmesser der EPDM-Dichtung zudem kleiner sein als der Innendurchmesser des Metallrückens und kleiner sein als der Schaftdurchmesser unterhalb des Schraubenkopfes.

Empfohlene Dichtscheibendurchmesser sind gemäß den IFBS-Fachregeln des Metallleichtbaus [R192(2)]:

Dachanwendung:

- ≥ ∅ 16 mm bei Befestigung im Obergurt mit Kalotte,
- ≥ ∅ 19 mm bei Befestigung im Obergurt ohne Kalotte,
- ≥ ∅ 19 mm bei Befestigung im wasserführenden Untergurt (an Stahl- oder Stahlbetonunterkonstruktion).

Wandanwendung:

- ≥ ∅ 16 mm bei Befestigung von Profilen,
- auf die Profilgeometrie abgestimmte Dichtscheiben für Wellprofile (z. B. ∅ 12 und 14 mm).

EN 1090-4 legt die Mindestdicke von Dichtungen auf 1,6 mm fest.

Bei der Befestigung von Profiltafeln im wasserführenden Untergurt an Holzunterkonstruktion empfiehlt es sich, Dichtscheiben mit einem Durchmesser von 19 mm und einer weichen EPDM-Dichtung mit einer Dicke von 3 mm zu verwenden.

Zubehör

Zu IV.5.8

Ein Kommentar ist nicht erforderlich.

Oberflächenschutz

Zu IV.5.9

Der Korrosionsschutz (Oberflächenschutz) wird ausführlich zu Kapitel IV.10 und Anhang IV.E kommentiert.

Es ist generell von einer hohen Schutzdauer für Gebäude auszugehen. Nach EN ISO 12944-1 bedeutet diese eine Zeitspanne von mehr als 15 Jahren. Lediglich für temporäre Bauten kann im Einzelfall eine kürzere Schutzdauer vorgegeben werden.

Leistungskriterien für das Verhalten bei Brand von außen bei Dachkonstruktionen

Zu IV.5.10

Das Brandverhalten bei einem Brand von außen bei tragenden Profiltafeln entspricht dem deutschen Nachweis für harte Bedachungen nach DIN 4102-7 [R53] und ist in der Produktnorm für selbsttragende Profiltafeln **EN 14782** [IV.Lit26] näher ausgeführt. Natürlich ist dieses Kriterium nur dann relevant, wenn eine Profiltafel bei einer Außenanwendung im Dach zum Einsatz kommt. Tragende kaltgeformte Bauteile unterliegen hinsichtlich dieses Kriteriums keinen Anforderungen.

Produkte nach EN 14782 und somit auch nach EN 1090-4 werden als den Anforderungen an das Verhalten bei Beanspruchung durch Feuer von außen „ohne weitere Prüfung entsprechend" angesehen, sofern sie die im EU-Kommissionsbeschluss 2000/553/EG [R186] angegebenen Definitionen erfüllen, d. h. wenn sie flache oder profilierte Metallbleche mit einer Nenndicke von $\geq 0{,}4$ mm sind und mit einer beliebigen äußeren Beschichtung versehen sind, die anorganisch ist oder einen Brennwert PCS von $\leq 4{,}0$ MJ/m^2 oder eine Masse von ≤ 200 g/m^2 hat.

Die folgenden Produkte werden in Übereinstimmung mit dem geänderten Kommissionsbeschluss 2005/403/EU [R187] ohne weitere Prüfung den Klassen $B_{\text{Dach(t1)}}$, $B_{\text{Dach(t2)}}$ und $B_{\text{Dach(t3)}}$ zugehörig angesehen: Profilierte Stahlbleche, flache Stahlbleche aus verzinktem oder mit einer Zink-Aluminium-Legierung beschichtetem Stahl mit einer Metallnenndicke von $\geq 0{,}40$ mm, die auf der Außenseite (Wetterseite) und wahlweise auf der Rückseite (Innenseite) mit einer organischen Beschichtung versehen sind. Die Außenbeschichtung ist ein flüssig aufgebrachter Plastisol-Anstrichstoff mit einer Nenntrockenfilmdicke von höchstens 0,200 mm, einem PCS von nicht mehr als 8,0 MJ/m^2 und einer Trockenmasse von höchstens 330 g/m^2. Die organische Beschichtung auf der Rückseite (falls vorhanden) darf keinen PCS von mehr als 4,0 MJ/m^2 und eine Trockenmasse von höchstens 200 g/m^2 haben.

Brandverhalten

Zu IV.5.11

Das Brandverhalten ist eines der nach EN 1090-1 für Bauteile zu deklarierenden Leistungsmerkmale; deshalb der Verweis. Dort findet man die entsprechenden Normenverweise und Anforderungen.

Für die Profiltafeln sei aber hier auch auf die spezifischen Klassifizierungen hingewiesen, die von der Industrie angestrengt und von der Europäischen Kommission in Beschlüssen veröffentlicht worden sind:

– Nicht-organisch beschichtete Produkte gelten in Übereinstimmung mit den Bestimmungen des Beschlusses der Europäischen Kommission 96/603/EG [R185] in seiner geänderten Fassung ohne die Notwendigkeit der Prüfung als den Anforderungen an die Leistungsklasse A1 des charakteristischen Brandverhaltens entsprechend.

- Produkte mit einer Polyester-Beschichtung, die eine Nenndicke von höchstens 25 µm und einen PCS von bis zu 1 MJ/m² (einschließlich) oder eine Masse von ≤ 70 g/m² haben, sind in Übereinstimmung mit den Anforderungen des entsprechenden Kommissionsbeschlusses 2010/737/EU [R188] ohne die Notwendigkeit einer Prüfung A1 klassifiziert.
- Produkte mit einer Plastisol-Beschichtung, die eine Nenndicke von höchstens 200 µm und einen PCS von bis zu 7 MJ/m² (einschließlich) oder eine Masse von ≤ 300 g/m² haben, gelten in Übereinstimmung mit den Anforderungen des entsprechenden Kommissionsbeschlusses 2010/737/EU [R188] ohne die Notwendigkeit einer Prüfung C-s3,d0 klassifiziert.

Produkte, die nicht den vorgenannten Beschreibungen entsprechen, müssen nach EN 13501-1 [R210] geprüft und klassifiziert werden. Der Prüfaufbau für den SBI-Test ist für Profiltafeln in Anhang C von EN 14782 [IV.Lit26] (siehe auch [R127]) geregelt.

Zu IV.5.12 Feuerbeständigkeit

Die Feuerbeständigkeit ist ebenfalls eines der nach EN 1090-1 für Bauteile zu deklarierenden Leistungsmerkmale (dort unter der Bezeichnung Feuerwiderstand); deshalb wieder der Verweis auf die dortigen Normenverweise und Anforderungen.

Zu IV.5.13 Freisetzen gefährlicher Stoffe

Auch das Freisetzen gefährlicher Stoffe (konkret: Cadmium und radioaktive Strahlung) ist eines der nach EN 1090-1 für Bauteile zu deklarierenden Leistungsmerkmale; deshalb wieder der Verweis auf die dortigen Normenverweise und Anforderungen.

Zu IV.5.14 Blitzschutz

<1> Zum Blitzschutz durch Metalldächer

Wie alle baulichen Anlagen können auch Gebäude mit Metalldächern vom Blitz getroffen werden. Aus diesem Grund wünschen viele Eigentümer oder Nutzer einen Blitzschutz auf dem Gebäude, in manchen Fällen schreiben auch die Bauordnungen einen Blitzschutz vor.

Ein Blitzschutz wird an baulichen Anlagen üblicherweise durch Fangleitungen realisiert, die über Ableitungen mit der Erde verbunden sind. Solche Fangleitungen haben auf Metalldächern nur eine Fangwirkung in einem schmalen Bereich (ca. 1 m Breite) entlang der Fangleitung. Fangleitungen auf First und Ortgang schützen diese gegen direkte Einschläge. Die Dachfläche neben diesen Leitungen wird dadurch nicht geschützt. Sollte auch die Dachfläche gegen direkte Einschläge geschützt werden, dann müssten dort in Abständen von wenigen Metern weitere Fangleitungen angebracht werden, auf denen in Abständen von wiederum wenigen Metern Fangspitzen mit 15 bis 40 cm Höhe befestigt wären („Igeldach"). Fangleitungen auf dem Dach werden aber von vielen Architekten abgelehnt, da sie den optischen Gesamteindruck stören.

Metalldächer und Metallwände gelten jedoch unter Einhaltung bestimmter Randbedingungen als natürliche Blitzfangeinrichtung nach **EN 62305-3.** Die DIN-Version von EN 62305-3 gilt in Deutschland gleichlautend als Norm **VDE 0185-305-3.** Im nationalen Beiblatt 4 zu dieser Norm [R130] wird ausführlich beschrieben, wie diese Randbedingungen aussehen. Zu diesem Zweck müssen die Dachelemente derart miteinander verbunden sein, dass der Blitzstrom zu den Anschlussstellen der Ableitungen und mit den Ableitungen in die Erde geführt werden kann. Hierfür müssen folgende Voraussetzungen erfüllt sein:

- Beschichtete oder unbeschichtete Metall-Dachelemente sind in geringen Abständen miteinander verschraubt oder vernietet.
- Dachelemente aus unbeschichtetem Metall sind durch Falzen, Löten oder Schweißen verbunden.

- Das Metalldach muss fachgerecht, d. h. entsprechend dem anzuwendenden Regelwerk (z. B. Normen und Richtlinien der Bauaufsicht, Anweisungen von Herstellern und Fachverbänden, Fachregeln der Handwerker), ausgeführt und mit seiner Unterkonstruktion standsicher verbunden sein.
- Das Metalldach muss wie jedes andere Dach auch nach jedem Blitzeinschlag kontrolliert und evtl. ausgebessert werden.
- Die Materialdicken müssen den Werten der Tabelle KIV.5-5 entsprechen.

Tabelle KIV.5-5: Mindestdicke von Metallblechen und Metallrohren in Fangeinrichtungen (EN 62305-3, Tabelle 3)

Werkstoff	Dicke *t* in mm[a]	Dicke *t′* in mm[b]
Blei	–	2,0
Stahl (rostfrei, verzinkt)	4	0,5
Titan	4	0,5
Kupfer	5	0,5
Aluminium	7	0,65
Zink	–	0,7

a Verhindert Durchlöchern, Überhitzung, Entzündung.
b *t′* nur für Metallbleche, wenn Durchlöchern, Überhitzung und Abschmelzen zulässig sind.

<2> Zum Nachweis der Eignung

Der Nachweis der Eignung als Fangeinrichtung ist in folgenden Fällen erbracht:

- **Das Dach ist aus blankem Metall:**
  Es kommen nur Aluminium, Kupfer, nichtrostender Stahl, legierverzinkter Stahl, Zink oder evtl. Blei in Frage.
- **Das Dach ist aus beschichtetem Metall**
  und die Einzelteile sind mit **Schrauben** oder **Nieten** oder durch **Schweißen** oder **Löten** miteinander verbunden.
  Diese Metalldächer entsprechen somit natürlichen Bestandteilen eines äußeren Blitzschutzsystems nach EN 62305-3, Abschnitt 5, gleichgültig, ob die Bleche blank oder organisch beschichtet sind. Eine dünne organische Beschichtung oder 1 mm Bitumen oder 0,5 mm PVC sind nicht als Isolierung zu betrachten.
- **Das Dach ist aus beschichtetem Metall**
  und die Einzelteile sind **gefalzt, geklemmt, gepresst, gebördelt, ineinandergeschoben oder aneinandergelegt.**
  In diesen Fällen muss ein Nachweis durch die Vorlage eines Prüfzeugnisses über eine Typprüfung mit der entsprechenden Ausführung des Daches erbracht werden oder, bei Abweichung davon, durch ein zusätzliches Gutachten eines dafür anerkannten Sachverständigen. Für die Typprüfung wurde eine Prüfvorschrift erarbeitet.

Der Hersteller erstellt für seine Metalldächer, die als natürlicher Bestandteil des Blitzschutzsystems verwendet werden sollen, eindeutige Vorschriften für die Fertigung der Elemente.

Tabelle 1 von EN 62305-3, Beiblatt 4 (siehe Tabelle KIV.5-6) enthält eine Übersicht über die Eignung von Metalldächern als natürlicher Bestandteil des Blitzschutzsystems.

Tabelle KIV.5-6: Übersicht über die Eignung von Metalldächern als natürlicher Bestandteil des Blitzschutzsystems (EN 62305-3, Beiblatt 4, Tabelle 1)

	Metalldächer			
	Nach DIN EN 62305-3 (VDE 0185-305-3) **Eignung ohne weitere Anforderung**		**Typgeprüfte Dachelemente** **Eignung ohne weitere Anforderung**	**Abweichungen von typgeprüften Dachelementen** **Eignung nur durch Gutachten von Sachverständigen**[a]
Oberfläche des Metalls	Beschichtet	Unbeschichtet	Beschichtet	Beschichtet
Verbindung	Löten, Schweißen, Schrauben, Nieten	Löten, Schweißen, Schrauben, Nieten, Falzen, Bördeln, Pressen, Klemmen	Einhängen, Bördeln, Falzen, Pressen, Klemmen	Einhängen, Bördeln, Falzen, Pressen, Klemmen und andere Verbindungsarten
Montage nach	Montagerichtlinien der Hersteller bzw. Verbände		Montagerichtlinien der Hersteller bzw. Verbände auf der Grundlage bestehender Prüfberichte	Gutachten auf der Grundlage bestehender Montagerichtlinien und Prüfberichte

a Ein Gutachten kommt nur zur Anwendung bei einer Modifikation der funktionalen Eigenschaften von bereits geprüften Dächern und anderen Verbindungsarten.

ANMERKUNG Nach Auffassung der Hersteller von Metalldächern braucht kein Gutachter eingeschaltet zu werden, wenn keine signifikanten, die Funktion betreffenden Änderungen vorliegen. Unterschieden wird zwischen funktionalen und dekorativen Eigenschaften (z. B. Änderung der Schichtdicke oder der Farbgebung). Durch einen Gutachter wird festgestellt, ob die Änderungen gegenüber der vorliegenden Typprüfung signifikant sind und eine weitere Typprüfung erforderlich ist.

Herstellung — Zu IV.6

Allgemeines — Zu IV.6.1

<1> Zu Abs. 1 einschl. Anmerkung und Abs. 2 – Kaltumformen

Hier wird quasi noch einmal daran erinnert, dass es sich bei allen in EN 1090-4 behandelten Bauelementen und Bauteilen grundsätzlich um **kaltgeformte** Teile handelt. Zum Kaltumformen von Stahlblech gibt es eine ganze Reihe von Verfahren, von denen aber das Rollformen und das Kanten die beiden wesentlichen sind (siehe ausführliche Kommentierung zu IV.6.3). Im Übrigen ist das Kaltumformen auch in EN 1090-2 ein wichtiges Thema (vgl. II.6.5.4 und Kommentare dazu).

Bei den in der Anmerkung angesprochenen Grenzwerten für Biegeradien hat sich leider ein Übersetzungsfehler eingeschlichen: Gemeint sind natürlich die Mindestbiegeradien, oberhalb derer **keine** mit dem bloßen Auge sichtbare Risse zu erwarten sind. Sie sind bei kaltgeformten Bauteilen ein wichtiges Fertigungskriterium (vgl. auch zu II.5.3.1 <3>) und von der Stahlsorte abhängig. Für einen zum Kaltumformen geeigneten unlegierten Baustahl S355JOC nach EN 10025-2 beträgt der Mindestbiegeradius z. B. gemäß EN 10162 $r \leq 1{,}5\,t$ für 4 mm $< t \leq$ 8 mm.

Bei nichtrostenden Stählen ist das Kaltumformen die Regel-Formgebungsmethode. Die abZ Nr. Z-30.3-6 [R9] enthält einige Regeln dazu.

<2> Zu Abs. 3 – Schweißen

Unter den Verbindungstechniken des Stahlleichtbaus spielt das Schweißen wegen der Dünnwandigkeit nur eine untergeordnete Rolle, ausgenommen den Sonderfall der Längsschweißnaht in kaltgeformten Hohlprofilen, die nicht durch die einschlägige Produktnormenreihe EN 10219 abgedeckt sind (vgl. IV.1, Abs. 10), sowie das Punktschweißen (vgl. IV.5.7.2f). Beide Ausnahmen werden in Kapitel IV.7 und den zugehörigen Kommentaren angesprochen. Muss doch einmal an kaltgeformten Bauteilen geschweißt werden, so gelten – sofern es überhaupt erlaubt ist – die allgemeinen Regeln des Kapitels II.7 von EN 1090-2.

Identifizierbarkeit — Zu IV.6.2

Vgl. hierzu die Kommentare zu II.6.2.

Kaltumformen — Zu IV.6.3

<1> Zu Abs. 1 – Rollprofilieren und Pressen

Die hier aufgeführten Verfahren Rollprofilieren (auch Rollformen genannt, aber nicht zu verwechseln mit dem warmen Walzprofilieren) und Pressen sind nur eine beispielhafte Auswahl der vielen in der Praxis eingesetzten Kaltumformverfahren. Weitere Verfahren sind Kaltbiegen, Kaltziehen, Kaltkröpfen, Kaltfalzen. Mit dem Verweis auf die Produktnormen meint der Normtext zwei Aspekte:

- Der betreffende Stahl muss zum Kaltumformen geeignet sein; hierzu vgl. zu IV.5.3.
- Das Kaltumformen unterliegt bestimmten konstruktiven und verarbeitungstechnischen Bedingungen, die bindend einzuhalten sind.

Zum letzteren Aspekt gehören z. B. die bereits erwähnten, in den Produktnormen EN 10025-2 bis -4 für Baustähle angegebenen Mindestwerte für die Biegehalbmesser beim Abkanten (vgl. zu IV.6.1 <1>). Darüber hinaus findet man dort aber keine konkreten Empfehlungen für das Kaltumformen.

Rollformanlagen (siehe Bild KIV.6-1) bestehen im Allgemeinen aus einer Abhaspelvorrichtung, einer in Abhängigkeit von der Profilform bestimmten Anzahl hintereinander angeordneter Walzenpaare, einer Abläng- und einer Stapelvorrichtung. Das oberflächenveredelte Band wird an der Haspel vom Coil abgerollt und durch stufenweises Umformen durch die Walzenpaare hindurch fortlaufend bis zur endgültigen Form profiliert. Die Anzahl der Umformstationen wird durch die fertige Profilgeometrie bestimmt, d. h., je höher, breiter oder komplexer eine Profilform ist, umso mehr Stationen sind im Profiliervorgang erforderlich. Dabei werden zunächst die Flächen und anschließend die Ränder verformt. Das Ablängen erfolgt, je nach Anlagentyp, entweder hinter der Haspel in noch flachem Zustand oder im Anschluss an den Profiliervorgang durch eine profilfolgende Schere.

Die Walzensätze sind austauschbar, wodurch auf einem Rollformer unterschiedliche Querschnittsformen herstellbar sind. Rollformer neuerer Bauart verfügen über so genannte Revolvereinrichtungen mit unterschiedlichen Rollensätzen, die je nach Bedarf in kurzer Zeit einschwenkbar sind. Dadurch reduzieren sich beim Profilwechsel die Rüstzeiten in der Produktion auf wenige Minuten.

Die unterschiedlichen Profilarten und Profilgeometrien sind mit und ohne Perforierung erhältlich. Der Perforiervorgang erfolgt in der Regel vor der Profilierung. Mit perforierten Profiltafeln kann die Raumakustik verbessert werden.

a) b)

Quelle: IFBS

Bild KIV.6-1: Rollformanlage zur Herstellung von Profiltafeln:
a) Gesamtansicht, b) Detail

Moderne **Kantbänke** zum Abkanten von Blechen können heute Bauteile bis zu ca. 10 m Länge, zum Teil sogar noch mehr, verarbeiten.

<3> Zu Abs. 2 – Beschädigte Oberflächen

EN 1090-4 weist hier noch einmal ausdrücklich auf die Einhaltung der Mindestinnenradien hin. Werden diese unterschritten, kann es – neben den erwähnten Werkstoffrissen (vgl. zu IV.6.1 <1>) – auch zu Haftungsverlust bei metallischem Überzug und zu Rissen in der organischen Beschichtung kommen.

Die Verfasser weisen abschließend darauf hin, dass zum erfolgreichen Kaltumformen viel Erfahrung gehört und dass deshalb die Verarbeitungshinweise der Stahlhersteller sorgfältig beachtet werden müssen.

Zu IV.6.4 Schneiden

Zu IV.6.4.1 Allgemeines

Die hier genannte Grundanforderung an Schneidarbeiten, das Einhalten geometrischer Toleranzen, muss bei jeder der als „bekannt und anerkannt" aufgezählten Schneidverfahren eingehalten werden. Es sind übrigens im Prinzip die gleichen Schneidverfahren, die auch in EN 1090-2 für den allgemeinen Stahlbau als „bekannt und anerkannt" aufgeführt sind (vgl. II.6.4 und Kommentare dazu). In der Anmerkung und dem folgenden Absatz wird auch die Wahlfreiheit anderer Verfahren eröffnet. In jedem Fall ist aber zu beachten, dass der Korrosionsschutz des beschichteten Stahlblechs nicht beeinträchtigt wird.

EN 1090-4 überlässt dem Hersteller für die Ausführung von Trennschnitten die Entscheidung und die Verantwortung für die Wahl des Schneidverfahrens und der Vorgehensweise. Er hat damit die Möglichkeit, die Fertigungskosten zu optimieren, muss dabei aber die spezifizierten Anforderungen hinsichtlich Qualität der Schnittflächen (Freiheit von Graten) beachten.

Bei der Fertigung von Profiltafeln wird generell das Scherschneiden (siehe Bild KIV.6-2) angewendet. Für Trennschnitte auf der Baustelle ist die vorrangige Technik das Nibbeln (zu beiden Verfahren siehe nachfolgenden Normabschnitt II.6.4.2). Das Sägen mit einer Bandsäge wird im Bereich des Stahlleichtbaus hauptsächlich beim Schneiden von Stahl-Sandwichelementen angewendet und wird aus diesem Grund hier nicht näher behandelt.

Nicht nur wegen der im Normentext angesprochenen Verletzungsgefahr, sondern auch aus Korrosionsschutzgründen ist es wichtig, dass die Kanten von Schnittflächen entgratet werden.

Scherschneiden und Nibbeln

Zu IV.6.4.2

Der Normtext dieses Abschnittes von EN 1090-4 ist praktisch identisch mit dem entsprechenden Abschnitt II.6.4.2 in EN 1090-2. Auf die dort etwas ausführlichere Kommentierung sei hier ausdrücklich verwiesen.

Beim **Scherschneiden** (meist vereinfachend als „**Scheren**" bezeichnet) befindet sich das Blech zwischen zwei Werkzeugschneiden, die sich parallel aneinander vorbeibewegen und dabei das Blech durchtrennen. Dieses Verfahren hat den Vorteil, dass beim Trennschnitt die Zinkschicht um die Schnittfläche herumgezogen wird und so für einen dauerhaften Korrosionsschutz an dieser Fläche sorgt. Die Scheren sind profilfolgend und ermöglichen so die Erhaltung der Geometrie am geschnittenen Profilende (siehe Bild KIV.6-2). Erfolgt das Abtrennen oder Durchtrennen eines Erzeugnisses oder das Schneiden einer Form oder das Herausschneiden eines Loches in einem einzigen Scherschneidhub, so spricht man im Werkstatt-Jargon immer noch von „Stanzen", obwohl das als eigenständiges Fertigungsverfahren „Zerteilen" gemäß DIN 8588 [R65] nicht mehr geführt wird (siehe zu IV.6.5.1 <1>).

Quelle: IFBS

Bild KIV.6-2: Schere zum Schneiden eines Kassettenprofils

Nibbeln bedeutet das stückweise Abtrennen des Werkstoffs längs einer beliebig geformten Schnittlinie mit schnell aufeinander folgenden Stanzhüben (DIN 8588 [R65]: Knabberschneiden). Charakteristisch für dieses Schneidverfahren ist, dass das Werkzeug selbst eine sehr einfache Form hat (z. B. Kreis, Quadrat usw.), dass mit ihm aber durch den mehrfachen Einsatz hintereinander, wobei der Abstand von Loch zu Loch kleiner als die Abmessung des Stempels ist, komplexe Formen ausgeschnitten werden können (siehe Bild KIV.6-3, auch Bild KII.6-6). Besonders effizient geschieht das mit modernen CNC-gesteuerten Nibbelmaschinen. Als Elektro-Nibbelwerkzeuge werden vor allem so genannte **Knabber** oder Nager (quasi der „große Bruder" des Nibblers) eingesetzt. Ein wesentlicher Vorteil dieses Schneidverfahrens – wie auch des eigentlichen Stanzens – ist das verzugsfreie Trennen. Achtung: Geometrie und Oberfläche einer geknabberten Fläche müssen kontrolliert und gegebenenfalls nachgearbeitet werden.

Quelle: C. & E. Fein GmbH

Bild KIV.6-3: Nibbler

Das eigentliche Nibbeln kommt in der Regel bei geringen Blechdicken zum Einsatz, aber wie beim Scherschneiden auch bei beschichteten Blechen. Es stellt ebenfalls eine schonende Schneidtechnik dar, die für ein Umschließen der Schnittfläche sorgt und die ggf. vorhandene organische Beschichtung nicht beschädigt.

Entscheidend für die Machbarkeit bleibt die geforderte Schnittflächenqualität. Sollten die Schnittflächen Kerben oder Risse aufweisen, müssen sie nachgearbeitet werden, z. B. durch Schleifen mit einer Mindesttiefe von 0,5 mm. Risse in Schnittflächen sind in der Regel bereits bei einer sorgfältigen Sichtprüfung erkennbar. Bei Zweifeln muss die Sichtprüfung durch eine Oberflächenrissprüfung (Eindringverfahren oder Magnetpulverprüfung) ergänzt werden. Im Kommentar zu II.6.4.2 finden sich weitere Überlegungen zur Schnittflächenqualität gescherter Schnitte.

Zu IV.6.4.3 Thermisches Schneiden

Für die Kommentierung gilt das Gleiche wie für den Normtext: Es wird auf die ausführlichen Kommentare zu II.6.4.3 verwiesen

Zu IV.6.5 Stanzen

Zu IV.6.5.1 Allgemeines

<1> Zum Begriff „Stanzen"

In EN 1090-2 wird, wie auch hier in EN 1090-4 im Unterkapitel IV.6.4, das Stanzen unter den „bekannten und anerkannten" Schneidverfahren nicht eigenständig aufgeführt. Der Hintergrund dafür ist die aktuelle Interpretation der Systematik der Fertigungsverfahren Zerteilen, wie z. B. in der deutschen Norm **DIN 8588** [R65] niedergelegt (vgl. dazu den Kommentar zu II.6.4.2). Folgerichtig taucht in EN 1090-2 das Stanzen nur im Unterkapitel II.6.6 „Lochen" im Zusammenhang mit **gestanzten Löchern und Ausschnitten** auf. Dasselbe ist de facto auch hier in EN 1090-4 der Fall, nur mit dem Unterschied, dass die Abschnittüberschrift irreführenderweise allgemein „Stanzen" lautet und dass statt des Begriffes Ausschnitte („*cut-outs*") der Begriff Kerben („*notches*") verwendet wird.

In diesem Zusammenhang fällt auch auf, dass die beiden – neben dem Stanzen – im Stahlbau gebräuchlichen Lochungsverfahren Bohren und thermisches Schneiden hier in EN 1090-4 gar nicht erwähnt werden. Zwar ist das Stanzen im Stahlleichtbau angesichts der Dünnwandigkeit sicherlich das am häufigsten eingesetzte Lochungsverfahren, jedoch nicht das einzige. Bei Bedarf sei auf den ausführlichen Normabschnitt II.6.6 „Lochen" in EN 1090-2 und die zugehörigen Kommentare in diesem Buch verwiesen.

<2> Zu Abs. 1 und 2 einschl. Anmerkung – Anforderungen und Anwendungsgrenze

EN 1090-4 begrenzt die Anwendung für das Stanzen von Kerben und Löchern in kaltgeformte tragende Bauteile und Profiltafeln auf Materialdicken bis 15 mm. Der Sinn dieser Begrenzung ist allerdings nicht nachvollziehbar, da kaltgeformte Bauteile mit Dicken über 15 mm sowieso nicht in den Anwendungsbereich von EN 1090-4 fallen. Wiederum ist auch hier die Öffnungsklausel „sofern nicht anders festgelegt" enthalten. Für Deutschland liegen dazu keine allgemeingültigen anderen Festlegungen vor.

Mit dem Verweis zur Thematik der Verbindungen mit mechanischen Verbindungselementen und Bolzen auf EN 1090-2 sind die dortigen Regeln für Lochdurchmesser, Nennlochspiele und Lochtoleranzen gemeint, vgl. die entsprechenden Kommentare zu II.6.6.1 und II.6.6.2. Die in der vorliegenden Anmerkung ganz allgemein formulierte Anwendbarkeit der Regeln für M12 in Tabelle II.11 auch auf kleinere Schraubendurchmesser ≥ M6 wird allerdings vom Erstverfasser dieses Buches sehr kritisch gesehen (vgl. zu II.6.6.1 <1.1>).

<3> Zu Abs. 3 – Ausführungsklassen der Löcher

Die hier formal eingeräumte Möglichkeit, im gleichen Bauteil die Löcher in unterschiedlichen Ausführungsklassen zu stanzen, läuft ins Leere, da weder in EN 1090-2 (im Gegensatz zur 2011er Ausgabe) noch hier in EN 1090-4 bei Löchern eine Abhängigkeit von der Ausführungsklasse geregelt ist, vgl. auch Kommentar zu IV.4.1.2.

Ausführung **Zu IV.6.5.2**

<1> Zu Abs. 1 bis 5 – Anwendungsgrenzen für das Stanzen ohne und mit Aufreiben

Das Stanzen von Löchern ist, wie bisher auch in EN 1090-2 geregelt, nur zulässig, wenn der Lochdurchmesser nicht kleiner als die Bauteilnenndicke ist, d. h. das Stanzen von Löchern mit $d < t$ ist grundsätzlich unzulässig. Das unterscheidet sich aber deutlich von der aktuellen Ausgabe von EN 1090-2, wonach jetzt im allgemeinen Stahlbau Löcher auch dann gestanzt werden dürfen, wenn der Lochdurchmesser kleiner als die Dicke ist; das Stanzen von Löchern ist jetzt ab $d \geq 0{,}7\ t$ zulässig.

Für alle Ausführungsklassen dürfen Löcher durch Stanzen ohne Aufreiben bis zu einer Blechdicke von 4 mm hergestellt werden. Dies ist zwar eine Erweiterung gegenüber den Regelungen der bisherigen EN 1090-2, die dies nur für Blechdicken bis 3 mm erlaubte. Die Erweiterung ist aber de facto gegenstandslos, da einerseits bis einschließlich Ausführungsklasse EXC3 auch bei Blechdicken bis 8 mm auf das Aufreiben verzichtet werden darf, andererseits aber die Ausführungsklasse EXC4 für Bauteile und Profiltafeln nach EN 1090-4 gar nicht zulässig ist (vgl. IV.4.1.2, Abs. 4). Insofern ist die Normstruktur hier nicht schlüssig.

Es gilt also für Dicken ab $t > 8$ mm generell, bei Konstruktionsdetails unter starken zyklischen oder seismischen Belastungen bereits ab $t > 4$ mm, die bisherige Regelung von EN 1090-2, dass Löcher und Nuten mit einem um mindestens 2 mm geringeren Durchmesser gestanzt und anschließend aufgerieben werden müssen; zum werkstoffmechanischen Zweck des Aufreibens vgl. zu II.6.6.3 <2.2>. Ausnahmen sind allein bei Bauteilen möglich, die über eine eigene ETA verfügen.

Es muss an dieser Stelle darauf hingewiesen werden, dass in der aktuellen Ausgabe von EN 1090-2 das Stanzen von Löchern stark liberalisiert und weitgehend in die Verantwortung der am Bau Beteiligten gelegt worden ist. Das Aufreiben ist dort jetzt eine reine Option („sofern nichts anderes festgelegt wird"), und zwar nicht nur unabhängig von der Ausführungsklasse, sondern auch unabhängig von der Dicke. Und die zyklische und seismische Beanspruchung kommt dort nur in einer unverbindlichen Anmerkung als Beispiel für fehlende Eignung für Stanzen ohne nachfolgendes Aufreiben ins Spiel. Es sei dahingestellt, ob es sinnvoll ist, dass im Stahlleichtbau das Stanzen von Löchern rigoroser gehandhabt wird als im normalen Stahlbau; das sollte bei einer Überarbeitung von EN 1090-4 bedacht werden.

<2> Zu Abs. 6 bis 8 – Werkstoffe und Aufhärtungen

Die in Abs. 6 geforderte Begrenzung der Härte der gestanzten Lochleibungsflächen auf 450 (HV 10) bei Stählen ≥ S460 ist zahlenmäßig identisch mit einer entsprechenden Forderung in EN 1090-2, Abschnitt II.6.4.4. Sie gilt dort aber nicht für Löcher, sondern allgemein für freie Schnittflächen, auf denen lokale Aufhärtungen sich negativ für das spätere Aufbringen von Korrosionsschutz auswirken. Für gestanzte Löcher gibt es in EN 1090-2 keine explizite Härteforderung – obwohl dickere Bleche eigentlich kritischer sein müssten als die dünnen Bleche des Stahlleichtbaus. Insofern ist den Verfassern die Sinnhaftigkeit der vorliegenden Forderung nicht klar, zumal Härtemessungen auf der gestanzten Lochleibungsfläche dünner Bleche nahezu unmöglich sind.

Der Wortlaut der in Abs. 7 geforderten Eignungsprüfung des Lochstanzprozesses hinsichtlich Vermeidung lokaler Aufhärtungen stimmt fast wörtlich überein mit dem Wortlaut der in EN 1090-2, Abschnitt II.6.4.4, geforderten Eignungsüberprüfung der Schneidprozesse, allerdings dort wiederum bezogen auf freie Schnittflächen, darüber hinaus mit Schwerpunkt „automatisiertes thermisches Schneiden". Die zum vorliegenden Normabsatz eigentlich äquivalente Überprüfung der Eignung des Lochstanzprozesses in Abschnitt II.6.6.3 von EN 1090-2 hat dagegen vor allem die Lochgeometrie, nicht die Härte der Lochwandung im Visier. Insofern ist den Verfassern auch hier die Sinnhaftigkeit der vorliegenden Forderung nicht ganz klar.

Gut nachvollziehbar ist der Verweis in Abs. 8 auf das im vorhergehenden Kommentar behandelte Aufreiben der mit Untermaß gestanzten Löcher, wenn Aufhärtungen im unmittelbaren Lochbereich zuverlässig vermieden werden sollen. Das bedarf keiner weiteren Kommentierung.

<3> Zu Abs. 9 – Geometrie gestanzter Löcher

Die zulässigen Stanzverformungen am Lochrand wurden in EN 1090-4 bewusst abweichend von den Regelungen nach EN 1090-2 gewählt. Die Hersteller von kaltgeformten tragenden Bauteilen haben während des Normungsprozesses darauf hingewiesen, dass die in der bisherigen Fassung von EN 1090-2 enthaltenen Bestimmungen für die i. d. R. dünnwandigen kaltgeformten Bauteile nicht praktikabel sind. Neben den absoluten Maßen stellt eine wesentliche Änderung hier das Bezugsmaß dar. EN 1090-2 bezieht die Toleranzen auf den Lochdurchmesser, EN 1090-4 auf die Bauteildicke.

<4> Zu Abs. 10 – Geometrie gestanzter Ausklinkungen und einspringender Ecken

Die englischen „*notches and re-entrant corners*" wurden hier in EN 1090-4 etwas unglücklich mit „Kerben und Kanten" übersetzt. Der Ausrundungsradius 5 mm für Blechdicken ab 5 mm ist identisch mit EN 1090-2, II.6.7.

Schweißen

Zu IV.7

Schweißen von individuell hergestellten, kaltgewalzten Hohlprofilen

Zu IV.7.1

Der Anwendungsbereich von EN 1090-4 schließt kaltgeformte Hohlprofile mit geschweißten Längsnähten ein, sofern sie nicht durch das einschlägige Produktnormenpaar EN 10219-1 und -2 abgedeckt sind (vgl. zu IV.1 <10>). Sie stellen – neben punktgeschweißten kaltgeformten Bauteilen, siehe IV.7.2 – die einzige planmäßige Schweißfertigung im Rahmen von EN 1090-4 dar. Allein auf diese spezielle Schweißanwendung bezieht sich im Prinzip das vorliegende Kapitel IV.7.

Die Ausführungen in IV.7.1 folgen strukturell und inhaltlich im Wesentlichen den allgemeinen Festlegungen in Kapitel II.7 und Abschnitt II.12.4 von EN 1090-2, angepasst, wo nötig, an die Besonderheiten der kaltgeformten Hohlprofile, sonst zum Teil einfach durch Verweis auf die entsprechende Regelung in EN 1090-2, wie unter IV.7.1.2.3 auf die Bestimmungen bezüglich der Schweißaufsicht.

Auf eine Einzelkommentierung wird hier mit Rücksicht auf den Umfang des Buches verzichtet. Für eingehende Erläuterungen zum Schweißen selbst sei auf die Kommentare zu Kapitel II.7 verwiesen, zur Inspektion und Prüfung von Schweißarbeiten auf die Kommentare zu Abschnitt II.12.4.

Widerstandspunktschweißen

Zu IV.7.2

Der Querverweis auf EN 1090-2 ist hier wenig zielführend: Dort werden lediglich in II.7.1 die Norm für die Qualitätsanforderungen für Widerstandsschweißen (**EN ISO 14554**) und in II.7.4.1.3, Tabelle II.13, die Normen für die Qualifizierung der zur Prozessgruppe 2 „Widerstandsschweißen" gehörenden Schweißverfahren (**EN ISO 15609-5** und **EN ISO 15614-12**) benannt. Weitergehende Anforderungen gibt es dort nicht, insbesondere auch nicht an das Widerstands**punkt**schweißen. Dieses Schweißverfahren spielt im allgemeinen Stahlbau nur eine sehr untergeordnete Rolle, d. h. es müsste, wenn überhaupt, eigentlich hier in EN 1090-4 behandelt werden, da es sich wegen der guten Automatisierbarkeit besonders für die industrielle Serienfertigung von Feinblechkonstruktionen eignet – allerdings vorwiegend angewendet im Fahrzeug- und Karosseriebau. In einzelnen Ländern, z. B. in den USA, werden diese Schweißverfahren zur Befestigung von Trapezprofilen auf Stahl-Unterkonstruktionen angewendet.

Schweißen auf der Baustelle

Zu IV.7.3

Das Verbot, an organisch beschichteten Bauprodukten und Bauteilen zu schweißen, bedarf keiner Kommentierung.

Für Baustellenschweißarbeiten allgemein findet man in EN 1090-2 keine speziellen **technischen Regeln**. Alle behandelten Aspekte – Qualifizierung von Schweißverfahren, Schweißpersonal, Schweißaufsichtspersonal, Abnahmekriterien für Schweißnähte, Inspektionen und ZfP-Prüfungen von Schweißnähten usw. – gelten gleichermaßen für Werkstatt- und Baustellenschweißungen. Einzige Ausnahme ist der in Abschnitt II.7.5.3 behandelte Witterungsschutz der Schweißer und der Arbeitsbereiche (vgl. Kommentare dazu).

Ein wichtiger **baurechtlicher** Aspekt des Schweißens auf deutschen Baustellen betrifft das erforderliche Zertifikat des ausführenden Betriebes. Handelt es sich um einen reinen Montagebetrieb, der nicht als Hersteller vorgefertigter Stahlbauteile nach EN 1090-1 zertifiziert ist (was die nachgewiesene Eignung für die Ausführung von Schweißarbeiten einschließt), so muss er über ein separates, auf Basis von EN 1090-2 in Verbindung mit EN 1090-1 durch eine bauaufsichtlich anerkannte Stelle ausgestelltes Schweißzertifikat verfügen. Das steht in Anlage A 1.2.4/5 zur A1-Liste der Technischen Baubestimmungen in der MVV-TB [R194].

Zu IV.8 Mechanisches Verbinden

Zu IV.8.1 Allgemeines

<1> Zu Abs. 1 – Geltungsbereich

Kapitel IV.8 der Norm EN 1090-4 behandelt die Typen mechanischer Verbindungen, die für kaltgeformte Profiltafeln und tragende Bauteile zur Anwendung kommen. Hierunter fallen die Verbindungen mit gewindeformenden Schrauben, Nieten und Setzbolzen. Alle anderen Arten von Verbindungen mithilfe mechanischer Verbindungselemente[2], im Wesentlichen Schraubenverbindungen, werden von Kapitel II.8 in EN 1090-2 erfasst. Unter dem Begriff „gewindeformende Schraube" werden die folgenden Schraubentypen zusammengefasst:

- Bohrschrauben mit Bohrspitze,
- Fließbohrschrauben mit Verdrängungsspitze,
- gewindefurchende Schrauben.

Die mit diesen Schraubentypen realisierten Verbindungen gehören zu den **lösbaren** Verbindungen (siehe Bild KIV.8-1). Ihre kennzeichnenden Eigenschaften werden im Kommentar <1> zu IV.8.2 beschrieben. Die **nicht-lösbaren** Verbindungen werden von den weiteren genannten Verbindungselementtypen gebildet, den Nieten und Setzbolzen (siehe Bild KIV.8-1). Einen sehr guten Überblick über mechanische Verbindungen im Metallleichtbau findet man in [V105].

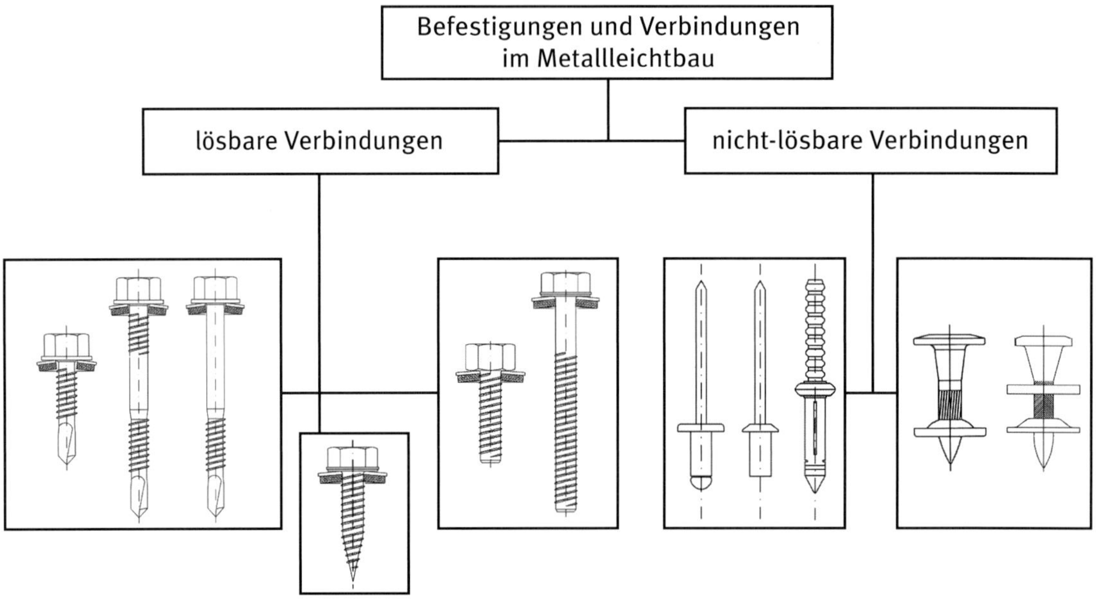

Quelle: IFBS

Bild KIV.8-1: Befestigungs- und Verbindungsarten im Stahlleichtbau

<2> Zu Abs. 2 – Auswahl und Verwendung

In diesem Absatz wird nochmals darauf hingewiesen, dass die benutzten Verbindungselemente in den Verlegeplänen enthalten sein müssen. Sollte es erforderlich werden, doch andere Verbindungselemente einzusetzen, so ist deren Verwendbarkeit zuvor hinsichtlich der Anwendungsgrenzen und charakteristischen Tragfähigkeiten zu überprüfen. Für den Fall, dass nichts gegen den anderen Typ Verbindungselement spricht, sind die Verlegepläne unverzüglich abzuändern, so dass das neu ausgewählte Verbindungselement in den Plänen enthalten ist.

---

2 Das englische Wort „*fastener*" wird in den Eurocodes und in EN 1090-2 mit „Verbindungsmittel" übersetzt, in vielen anderen Normen und auch hier in EN 1090-4 mit „Verbindungselement". Gemeint ist immer dasselbe.

Die Anweisung, die Verbindungselemente nach den Empfehlungen des Verbindungselementeherstellers zu verwenden, wird in der Regel durch das Befolgen der Anwendungshinweise und Anwendungsgrenzen der zugehörigen abZ bzw. ETA und der IFBS-Fachregeln [R192(2)] erfüllt. Für Setzbolzen wird hierin ausdrücklich auf die Herstellerangaben verwiesen.

<3> Zu Abs. 3, 4 und 7 – Verfahrensprüfung

Vor der Anwendung eines Verbindungselementtyps ist immer zu überprüfen, ob dieser Typ für die jeweilige Anwendung tatsächlich geeignet ist. Auch wenn die Planungsunterlagen der Vorgewerke für ein Stahlbauteil z. B. eine Stahlgüte X aufzeigen, ist es leider häufig der Fall, dass höherwertige Stahlgüten eingesetzt worden sind. Falls dann das Verbindungselement für diese Stahlgüte keine Zulassung besitzt, kommt es zur Zerstörung der Schraubengewinde (siehe Bild KIV.8-2), was zu einem Verlust der Tragfähigkeit führt. Für Setzbolzen sind Probesetzungen vorgeschrieben, falls die Brauchbarkeit z. B. nicht über den Nagelvorstand kontrolliert werden kann.

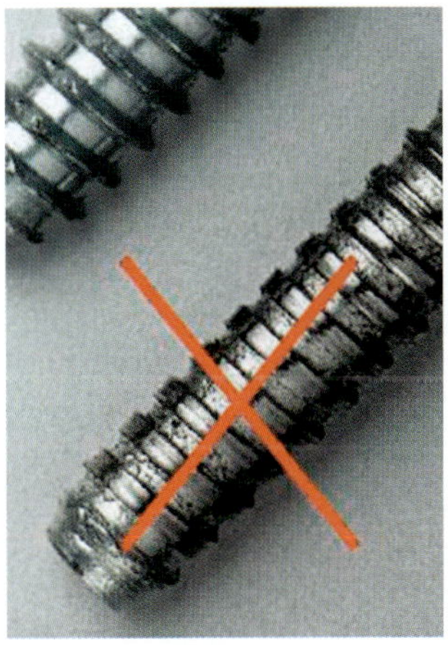

Quelle: SFS intec AG

Bild KIV.8-2: Zerstörtes Gewinde einer gewindefurchenden Schraube aufgrund zu hoher Festigkeit des Stahlbauteils

<4> Zu Abs. 5 und 7 – Regelwerke

Der Verweis in Abs. 5 bezieht sich nur auf die europäischen Regelwerke. Insbesondere werden hier europäische Normen erwähnt, die zurzeit für die Produkte jedoch nicht existieren und nur der Vollständigkeit halber aufgeführt sind. Wenn es darüber hinaus verbindliche nationale Anwendungsdokumente gibt, sind diese natürlich ebenfalls gültig – in diesem Fall also die deutschen abZs. Eine Übersicht über die in Deutschland gültigen Verwendbarkeitsnachweise ist in **Tabelle KIV.5-1** zu finden.

Dass die in den Regelwerken für die Montage angegebenen technischen Festlegungen eingehalten werden müssen, ist selbstverständlich. Zu beachten ist vor allem der in Abs. 7 zum wiederholten Male erfolgende Hinweis auf die Herstelleranweisungen.

<5> Zu Abs. 6 – Kontakt der verbundenen Bauteile

Bauteil I und Bauteil II müssen zwecks Erhaltung der Tragfähigkeit direkt aufeinanderliegen, im bewitterten Bereich muss dies auch zur Erhaltung des Korrosionsschutzes gewährleistet sein. Der Verweis in diesem Absatz auf Tabelle IV.B.2 ist jedoch nicht zutreffend. In Tabelle IV.B.2 werden Abminderungsfaktoren für die Tragfähigkeit der Verbindungsmittel bei außermittiger Befestigung bzw. bei unsymmetrischer Unterkonstruktion angegeben, zum Thema Kontakt ist dort nichts geregelt. Der richtige Verweis würde sich vielmehr auf Abschnitt IV.B.6 beziehen.

Dort wird ausgesagt, dass ein direkter Kontakt selbst dann besteht, wenn eine durchgehende Zwischenlage (z. B. trittfeste Wärmedämmstreifen) mit einer maximalen Dicke von 3 mm vorhanden ist. Für diesen Fall müssen die Tragfähigkeiten nicht abgemindert werden. Dies gilt nicht nur für Kassettenprofile, sondern generell für die Anwendung Bauteil I an Bauteil II. Das Bauteil, das dem Kopf des Verbindungsmittels zugewandt ist, im Allgemeinen die Profiltafel, wird als Bauteil I bezeichnet. Das andere Bauteil, im Allgemeinen die Unterkonstruktion, wird als Bauteil II bezeichnet. Diese Regelung ist auch in den abZs und ETAs der Verbindungselemente enthalten.

Bei planmäßiger Querkraftbeanspruchung müssen die zu verbindenden Bauteile unmittelbar aufeinanderliegen, und die Verbindungselemente befinden sich an der Kontaktstelle von Bauteil I und Bauteil II, sodass die Verbindungselemente keine zusätzliche Biegung erhalten. Die Anordnung von druckfesten thermischen Trennstreifen mit einer Dicke von maximal 3 mm ist zulässig.

<6> Zu Abs. 8 – Bohrspäne

Bei Bohrvorgängen anfallende kleine Bohrspäne führen, soweit sie der Bewitterung ausgesetzt sind, zu Verfärbungen der verzinkten oder beschichteten Oberfläche. Diese Verfärbungen stellen keine Beeinträchtigung des Korrosionsschutzes dar und sind, sofern sie in geringem Maße vorkommen, kein die Leistung mindernder Mangel. Bohrspäne auf sichtbaren und der Bewitterung ausgesetzten Oberflächen müssen entfernt werden, soweit dies mit vertretbarem Aufwand durchführbar ist. Danach verbleibende Restspäne sind systembedingt und gelten nicht als Leistungsminderung. Auch solche nicht, die durch Bewegung der Bauteile später heraustreten und sichtbar werden.

Zu IV.8.2 Einsatz von gewindefurchenden Schrauben und Bohrschrauben

<1> Zu Eigenschaften und Funktion der gewindeformenden Schrauben

Zu den drei unter dem Begriff „gewindeformende Schrauben“ zusammengefassten Verbindungselementtypen vgl. zu IV.8.1 <1>, insbesondere Bild KIV.8-1.

Gewindefurchende Schrauben

Gewindefurchende Schrauben (Bild KIV.8-3) formen ihr Muttergewinde spanlos und toleranzfrei in ein passend vorgebohrtes Loch. Die Bohrlochdurchmesser sind in Abhängigkeit von der Unterkonstruktionsdicke zu wählen und müssen den Vorgaben der Zulassung bzw. Bewertung entsprechen. Zum Einschrauben der gewindefurchenden Schrauben sind geeignete Setzwerkzeuge mit niedriger Drehzahl zu verwenden. Der Einbau mit Schlagschraubern ist für alle gewindeformenden Schrauben unzulässig.

Quelle: EJOT Baubefestigungen GmbH

Bild KIV.8-3: Gewindefurchende Schraube für Metallunterkonstruktion

Bohrschrauben

Bohrschrauben verfügen über eine Bohrspitze (Bild KIV.8-4), so dass das Bohren eines Loches, das Formen eines Muttergewindes und der Einschraubvorgang in einem Arbeitsgang erfolgen. Zum Einbringen von Bohrschrauben verwendet man üblicherweise Elektroschrauber mit höherer Drehzahl. Es sind die Empfehlungen der Verbindungselementhersteller zur maximalen Bohrleistung der Bohrspitze zu beachten. Die Bohrleistung einer Schraube mit Bohrspitze beschreibt die maximal durchdringbare Gesamtmaterialdicke, die von einer Bohrschraube durchdrungen werden kann, hierbei sind die Gesamtdicke aus Bauteil I und Bauteil II zu berücksichtigen. Bild KIV.8-5 zeigt eine gesetzte Bohrschraube mit Hinterschnitt.

Quelle: SFS intec AG

Bild KIV.8-4: Bohrschraube für Metallunterkonstruktion

Quelle: SFS intec AG

Bild KIV.8-5: Gesetzte Bohrschraube mit Hinterschnitt

Fließbohrschrauben

Fließbohrschrauben sind in EN 1090-4 nicht extra erwähnt, fallen aber, weil ebenfalls zu den gewindeformenden Schrauben gehörend (vgl. zu IV.8.1 <1>), auch unter den hier beschriebenen Anwendungsbereich und können wie die anderen beiden genannten Schraubentypen behandelt werden. Fließbohrschrauben verfügen über eine Verdrängungsspitze, welche sich ihr Loch durch Materialverdrängung (Fließbohren) spanlos erstellt (Bild KIV.8-6). Die spezielle Geometrie der Spitze durchdringt die Bauteile ohne Vorbohren und formt das Muttergewinde ebenfalls spanlos und toleranzfrei in einem Arbeitsgang. Die Verdrängungsleistung dieses Schraubentyps beschreibt die maximal durchdringbare Gesamtmaterialdicke. Hierbei ist die Gesamtdicke aus Bauteil I und Bauteil II zu berücksichtigen.

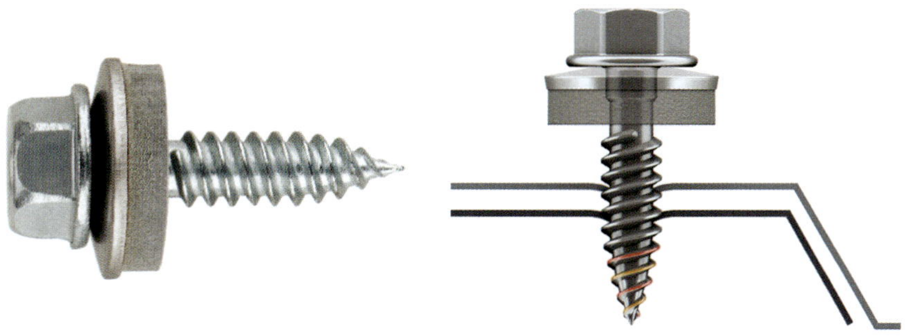

a) b)

Quelle: SFS intec AG

Bild KIV.8-6: Fließbohrschraube mit Hinterschnitt und 3 mm EPDM-Dichtung für den bewitterten Bereich: a) Produkt, b) Setzvorgang

<2> Zu Abs. 1 – Schraubenlänge

Die Tragfähigkeit der Schraubenverbindungen ist entscheidend abhängig vom Durchmesser des Bohrloches sowie vom Klemmbereich des Verbindungselementes, unter Berücksichtigung der Werkstoffe und der Bauteildicken der zu verbindenden Teile. Zur Bestimmung des Klemmbereiches sind Bauteil I und Bauteil II mit einzurechnen. Für den Klemmbereich von nichtrostenden Bohrschrauben und Fließbohrschrauben dürfen angeschweißte Bohrspitzen oder gehärtete Spitzen nicht mitgerechnet werden. Zur Bohrspitze bzw. Spitze können auch die ersten beiden Gewindegänge zählen. Es sind die Angaben der Verbindungselementhersteller zu beachten.

Der Richtwert zur Auswahl der Schraubenlänge von gewindefurchenden Schrauben ohne Bohrspitze kann mit $L \geq a + 20$ mm abgeschätzt werden. Das Maß a entspricht der gesamten Aufbaudicke oberhalb von Bauteil II. Bei planmäßiger Querkraftbeanspruchung müssen die zu verbindenden Bauteile unmittelbar aufeinanderliegen, und die Scherfuge muss sich in der Kontaktstelle befinden, so dass das Verbindungselement keine zusätzliche Biegung erhält. Zur Anordnung druckfester Trennstreifen ist ein Abstand von maximal 3 mm zulässig. Bei Doppelverlegung von Trapezprofilen sind gegebenenfalls zusätzliche konstruktive Maßnahmen erforderlich (siehe auch Bild IV.A.2).

<3> Zu Abs. 2 – Unterbrochene Gewinde

Mit dem Begriff „unterbrochenes Gewinde" ist der Hinterschnitt einer Schraube gemeint. Dieser Hinterschnitt ist ein gewindefreier Bereich unterhalb des Schraubenkopfes. Bei der Verbindung zweier dünner Profile miteinander bewirkt der Hinterschnitt, dass Bauteil I in den gewindefreien Bereich läuft und Bauteil II ohne zusätzlichen Kraftanstieg herangezogen werden kann (vgl. Bild KIV.8-5). Der Hinterschnitt erhöht die Sicherheit gegen Überdrehen und Rückdrehen des Verbindungselementes.

Bohrschrauben und Fließbohrschrauben mit Hinterschnitt werden vorwiegend bei der Längs- und Querstoßverbindung von Profiltafeln verwendet. Die Verbindungselemente mit Hinterschnitt werden ohne Tiefenanschlag oder Drehmomentbegrenzung eingeschraubt, so dass beide Bauteile in die gewindefreie Zone transportiert werden. Dadurch ist sichergestellt, dass das Gewinde das Bohrloch durch Überdrehen nicht aufweitet. Bei der Verbindung der Profiltafeln im bewitterten Bereich haben sich nichtrostende Dichtscheiben mit weichem EPDM und einer Dicke von 3 mm bewährt.

<4> Zu Abs. 3 – Obergurtbefestigung

Schrauben im Obergurt dürfen nicht so fest angedreht werden, dass Beulen im Obergurt der zu befestigenden Profiltafel entstehen. Dies würde einerseits zu optischen Beeinträchtigungen führen, andererseits könnte die Dichtscheibe aufgrund der Blechverformung ihre Dichtfunktion nicht mehr ordnungsgemäß wahrnehmen, somit bestünde die Gefahr des Feuchtigkeitseintritts in die Dachkonstruktion.

Kalotten mit EPDM-Dichtung können der Lastverteilung bei der Befestigung von Profiltafeln dienen. Kalotten werden für Well- und Trapezprofilierungen angeboten und sind für verschiedene Profilgeometrien erhältlich (vgl. Bild KIV.3-1). Grundsätzlich darf die Befestigung von Profiltafeln auf der Unterkonstruktion mit und ohne Kalotte erfolgen, aber natürlich immer mit Dichtscheibe.

<4> Zu Abs. 4 bis 8 und Bild IV.4 – Setzen der Schrauben

Wenn die Dichtscheibe nicht richtig anliegt, kann ihre Funktion nicht sicher erfüllt werden (siehe Bild IV.4a „zu locker" oder 4d „zu schräg"). Sie darf durch den Einschraubvorgang jedoch nicht unzulässig deformiert werden (siehe Bild IV.4c „zu fest"). Die Schraube ist nur so weit anzuziehen, dass die Dichtscheibe gemäß den Herstellerangaben komprimiert ist (siehe Bild IV.4b „korrekt"). Es wird empfohlen, Schrauben mit vorkonfektionierter Dichtscheibe anschlagorientiert einzuschrauben. Durch einen korrekt eingestellten Tiefenanschlag wird eine unzulässige Verformung der Dichtscheibe verhindert. Hierdurch werden regendichte Befestigungen hergestellt.

Einsatz von Blindnieten

Zu IV.8.3

Blindniete werden im Allgemeinen zur Verbindung von Profiltafeln miteinander oder mit Randversteifungsblechen oder sonstigen kaltgeformten Profilen verwendet. Da die Tragfähigkeit der Nietverbindungen vom Bohrlochdurchmesser abhängt, sind die im Zulassungsbescheid angegebenen Werte einzuhalten. Bei der Auswahl der Blindniete ist unter Berücksichtigung der Einsatzerfordernisse auf den Werkstoff für Niethülse und Dorn und die entsprechenden Durchmesser und Klemmlängen zu achten. Es werden im Allgemeinen Aluminium-, Monel-Niete mit einem Dorn aus verzinktem oder nichtrostendem Stahl oder Niete aus nichtrostendem Stahl mit Dorn aus ebenfalls nichtrostendem Stahl eingesetzt.

Es sollten die vom Hersteller empfohlenen Werkzeuge zur Verarbeitung verwendet werden, insbesondere die auf den jeweiligen Niet abgestimmten Mundstücke. Nietverbindungen sind im Allgemeinen regensicher.

Analog zur geschraubten Verbindung (vgl. zu IV.8.1 <5>) muss auch eine qualitätsgerecht hergestellte Nietverbindung weitgehend flächigen Kontakt aufweisen (Bild KIV.8-7).

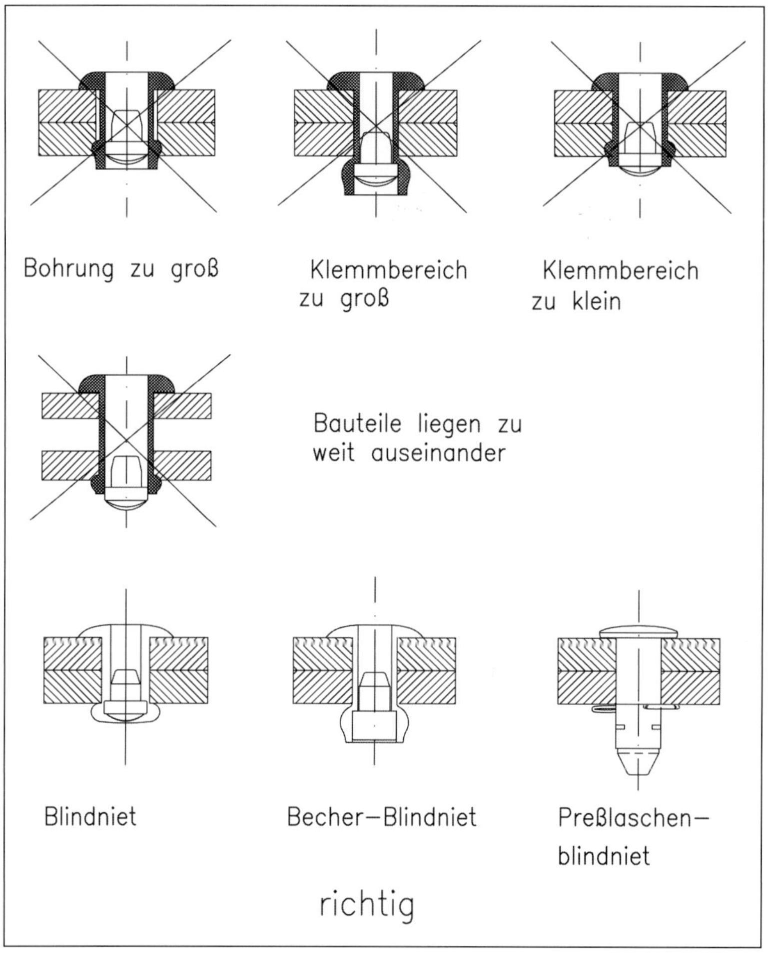

Quelle: IFBS

Bild KIV.8-7: Sitz von Blindnieten

Einsatz von Setzbolzen

Zu IV.8.4

<1> Zu Abs. 1 und 2 – Anwendung und Kontrolle

Setzbolzen sind Nägel oder Gewindebolzen aus hochfestem Stahl, die für die Befestigung von Bauteilen an Stahl, Beton und auch an Mauerwerk zum Einsatz kommen. Setzbolzen werden in einem Arbeitsschritt direkt in den Untergrund eingetrieben. Dabei sind die für den jeweiligen Setzbolzen spezifizierten Bolzensetzgeräte zu verwenden. Die Randierung am Schaft oder an der Spitze des Setzbolzens bewirkt einen Mikroformschluss zwischen Setzbolzen und Untergrund (siehe Bild KIV.8-8). Setzbolzen finden Anwendung bei der Befestigung von Profiltafeln an der Tragkonstruktion aus Stahl, dabei müssen Bauteil I und Bauteil II nicht vorgebohrt werden. Die Verwendung von Setzbolzen aus C-Stahl für permanente, sicherheitsrelevante Verbindungen ist gemäß Zulassung ausschließlich im trockenen Innenbereich gestattet. Die Bedingungen für Bauteil I und Bauteil II sind in den allgemeinen bauaufsichtlichen Zulassungen (abZs) und ETAs beschrieben.

Die Kontrolle der Setzbolzenverbindung wird in IV.12.5.3 behandelt.

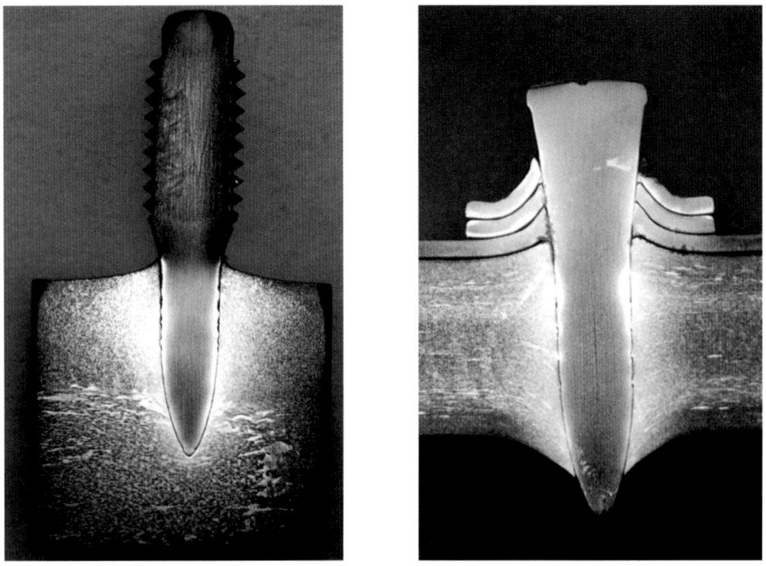

a) b)

Quelle: Hilti AG

Bild KIV.8-8: Formschluss zwischen Setzbolzen und Stahluntergrund
a) ohne Durchdringung, b) mit Durchdringung der Tragkonstruktion

<2> Zu Anmerkung 1 und 2 – Beschädigungen

Zum Auftreten von Abplatzungen der Beschichtung im Bereich der austretenden Setzbolzenspitze (vgl. Bild KIV.8-8b) sind in Normen hierzu keine speziellen Angaben enthalten, da diese relativ unerheblich für die Schutzwirkung der Beschichtung im Hinblick auf die Korrosion sind. Es sei lediglich darauf verwiesen, dass für Bauteile, die besonderen mechanischen Einwirkungen unterliegen, Vereinbarungen bezüglich der Haftung der Beschichtung zu treffen sind, siehe DIN 55634-1 [R87].

Zu IV.8.5 Befestigung von kaltgeformten tragenden Bauteilen und Profiltafeln mit der Unterkonstruktion

Zu IV.8.5.1 Arten von Verbindungen

Im Englischen lautet die Überschrift „*Types of connections and attachments*", also „Arten von Verbindungen und Befestigungen"; beides ist nicht dasselbe. Als **„Befestigungen"** werden Verbindungen von Profiltafeln und tragenden Bauteilen an der Unterkonstruktion bezeichnet („mit" der Unterkonstruktion ist sprachlich nicht korrekt, im Englischen: „*attachment ... **to** the supporting member*"). Die Unterkonstruktion kann aus Stahl, Holz oder Beton mit eingelassenen Befestigungsleisten aus Stahl bestehen. Als **„Verbindung"** wird das Verschrauben oder Vernieten von Profiltafeln untereinander oder von Profiltafeln und gleichartigen Blechbauteilen bezeichnet.

Befestigung der Profiltafeln mit der Unterkonstruktion quer zur Spannrichtung

Zu IV.8.5.2

<1> Zu Abs. 1 und 2 – Anzahl der Befestigungen bei Profiltafeln

EN 1090-4 legt in diesem Abschnitt die Mindestanzahl von Befestigungen an der Unterkonstruktion quer zur Spannrichtung der Profiltafeln fest. Eine statische Berechnung muss aber in jedem Fall durchgeführt werden. Sofern diese eine geringere erforderliche Zahl an Befestigern ergibt, gilt die normierte Mindestanzahl. EN 1090-4 enthält im vorliegenden Abschnitt auch Angaben zur Befestigung am Tafelende, wogegen die bisherige deutsche Norm DIN 18807-3 Angaben für das Ende der Verlegefläche enthielt, was natürlich dem Tafelende bei EN 1090-4 entspricht. In Tabelle KIV.8-1 sind die neuen und alten Regelungen EN 1090-4 zu DIN 18807-3 zur Verdeutlichung der Unterschiede gegenübergestellt.

Tabelle KIV.8-1: Mindestbefestigungen von Profiltafeln an der Unterkonstruktion quer zur Spannrichtung

Anwendung		Mindestbefestigung	
		DIN 18807-3	EN 1090-4
Am Zwischenauflager			
Rippenbreite	$b_R > 400$ mm	jede zweite Rippe	jede Rippe
Rippenbreite	400 mm $\geq b_R > 100$ mm	jede zweite Rippe	jede zweite Rippe
Rippenbreite	$b_R \leq 100$ mm	jede zweite Rippe	jede dritte Rippe
Am Tafelende			
Rippenbreite	$b_R > 100$ mm	–	jede Rippe
Rippenbreite	$b_R \leq 100$ mm	–	jede zweite Rippe
Am Ende der Verlegefläche			
Rippenbreite	$b_R > 100$ mm	jede Rippe	jede Rippe
Rippenbreite	$b_R \leq 100$ mm	jede Rippe	jede zweite Rippe
Schubfelder			
Schubfeldträger		jede Rippe	jede Rippe
Zwischenauflager (ohne Schubfeldtragwirkung)		jede zweite Rippe	jede zweite Rippe

<2> Zu Abs. 3 und Bild IV.5 – Anzahl der Befestigungen bei Kassettenprofiltafeln

Die Angaben zu den Kassettenprofilen entsprechen den bisherigen deutschen Regelungen in DIN 18807-3/A1 [R76]. Die Kassettenprofile sind mit mindestens je 2 Verbindungselementen an den Auflagerpunkten zu befestigen.

Auch die Vorgabe in Bild IV.5, dass der maximale Abstand der Befestiger zum Kassettensteg nicht mehr als 75 mm betragen darf, ist schon in DIN 18807-3/A1 enthalten und somit kein Novum in Deutschland. Der Hintergrund hierfür ist, dass nur direkt neben den Stegen angeordnete Befestigungen rechnerisch berücksichtigt werden dürfen. Für alle bis 75 mm vom Steg angebrachten Verbindungselemente dürfen nur die 0,7-fachen charakteristischen Tragfähigkeitswerte angesetzt werden, sofern kein besonderer Nachweis erfolgt. Darüber hinaus wird die Tragfähigkeit der Schrauben und Setzbolzen aufgrund der Biegeweichheit des Kassettenuntergurtes so stark herabgesetzt, dass die Befestigungen nicht mehr berücksichtigt werden dürfen.

Zu IV.8.5.3 Befestigung der Profiltafeln mit der Unterkonstruktion parallel zur Spannrichtung der Profiltafel

EN 1090-4 legt in diesem Abschnitt die Mindestanzahl von Befestigungen an der Unterkonstruktion parallel zur Spannrichtung der Profiltafeln fest. Eine statische Berechnung muss aber in jedem Fall durchgeführt werden. Sofern diese eine geringere erforderliche Zahl an Befestigern ergibt, gilt die Mindestanzahl von EN 1090-4. Neue und alte Regelung nach EN 1090-4 und DIN 18807-3 unterscheiden sich hier nicht.

Die Mindestabstände sind aus praktischen montagetechnischen Erwägungen in dieser „krummen" Größe gewählt worden. Der Monteur kann bei einem Abstand von 333 mm leicht abschätzen, dass er 3 Verbindungselemente auf 1 m zu setzen hat, bzw. bei 666 mm 3 auf 2 m.

Die Entscheidung, ob zwei gemeinsam auf einem Träger der Unterkonstruktion endende Profiltafeln ohne oder mit Überlappung an diesem befestigt werden sollen, hängt von den zur Verfügung stehenden Auflagerbreiten ab (siehe **Bild IV.6**). Die dabei einzuhaltenden Mindestauflagerbreiten findet man in Abschnitt IV.B.3 des Anhangs IV.B.

Zu IV.8.5.4 Unterkonstruktion aus Metall

Die angegebenen Einschraubbedingungen stellen auch den bisherigen Stand der technischen Regelung in Deutschland dar und finden sich deshalb schon in den Fachregeln des IFBS [R192(2)].

Die Befestigung von Bauteil I erfolgt in der Regel an Bauteil II. Bauteil II ist dabei das dickere Bauteil. Verbindungen, bei denen das Bauteil I dicker ist als das Bauteil II, sind bautechnisch problematisch, lassen sich jedoch nicht immer vermeiden. In diesem Fall sollte Bauteil I mindestens 1/10 größer als der Schraubendurchmesser vorgebohrt werden, oder es sind vom Verbindungselementhersteller empfohlene Bohrschrauben zu verwenden, die speziell für diesen Anwendungsfall entwickelt wurden.

Bohrschrauben und **Fließbohrschrauben** durchdringen die Unterkonstruktionen, sodass unterseitig des Bauteils II (Unterkonstruktion) die Spitzen hervorstehen (vgl. Bilder KIV.8-5 und KIV.8-6b). Unterkonstruktionen, deren Dicke geringer als die Schaftlänge der verwendeten **gewindefurchenden Schrauben** oder **Setzbolzen** ist, werden von den Verbindungselementen durchdrungen. Ein Entfernen der hervorstehenden Spitzen ist nicht zulässig. Durch das Kürzen würde der Korrosionsschutz der Schraube über den gesamten Querschnitt unterbrochen. Die Temperaturerhöhung, die beispielsweise beim Trennen mit Winkelschleifern hervorgerufen würde, könnte zu einer Änderung des Gefüges im Schrauben-Grundwerkstoff und damit zu Tragfähigkeitsverlusten führen. Durch mechanisches Kappen der Schraube, z. B. mit einem Bolzenschneider, erzeugte Belastungen könnten ebenfalls die Tragfähigkeit der Verbindung unzulässig herabsetzen. Wenn planmäßig keine Schraubenenden oder Bohrspitzen sichtbar sein dürfen, sind andere Verbindungselemente, z. B. Niete in der Längsstoßverbindung, zu wählen. Ein Abdecken der Schraubenenden ist nicht üblich.

Zu IV.8.5.5 Unterkonstruktion aus Holz oder Holzwerkstoffen

Unterkonstruktionen aus Holz müssen durchgehend eben ausgebildet sein. Die Auflagerflächen der Profiltafeln müssen die gleiche Orientierung wie die fertige Fläche haben und dürfen nicht durch Schrauben, Laschen, Kopf- und Stoßplatten und -laschen gestört sein. Bohrschrauben für den Einsatz in Holzunterkonstruktionen haben für diesen Einsatzzweck geformte Bohrspitzen und Gewindegeometrien. Es sind generell nur Verbindungselemente gemäß abZ bzw. ETA zu verwenden, bei denen die Verwendbarkeit für Holzunterkonstruktionen ausdrücklich vermerkt ist und Tragfähigkeitswerte angegeben sind. Die Holzunterkonstruktion muss mindestens der Sortierklasse S10 nach **DIN 4074-1** [R52] bzw. Festigkeitsklasse C24 nach **EN 338** [R90] entsprechen. Die Unterkonstruktionen verlaufen quer zur Profillängsachse.

Die zu verbindenden Bauteile sind gemäß Zulassung vorzubohren, oder es sind Bohrschrauben zu verwenden. Bohrschrauben gelten als vorgebohrt. Im Falle wasserführender Profiltafeln empfiehlt sich die Befestigung der Profile im Obergurt. Hierfür sind nur Schrauben zu verwenden, die auf eine ausreichende Kopfauslenkung hin geprüft worden sind. Diese Schrauben sind in der allgemeinen bauaufsichtlichen Zulassung Z-14.4-407 [R4] oder in entsprechenden ETAs geregelt. Bei der Befestigung von Profiltafeln im wasserführenden Untergurt empfiehlt es sich, Dichtscheiben mit einen Durchmesser von 19 mm und einer weichen EPDM-Dichtung mit einer Dicke von 3 mm zu verwenden.

EN 1090-4 weist ausdrücklich darauf hin, dass ein Einschlagen von Schrauben in Holz verboten ist. Dies sollte zwar eine Selbstverständlichkeit sein, geschieht aber leider immer wieder in der täglichen Baupraxis. Beim Einschlagen werden die Holzfasern unplanmäßig zerstört, und es kommt zu keinem Kraftschluss zwischen Holz und Schraube, so dass die charakteristischen Tragfähigkeitswerte der Schraube nicht erreicht werden können.

Unterkonstruktion aus Beton oder Mauerwerk

Zu IV.8.5.6

Befestigungen an massiven Unterkonstruktionen aus Stahlbeton, Spannbeton oder Mauerwerk sind unter Zwischenschaltung von ausreichend verankerten, bauaufsichtlich zugelassenen Stahlschienen unter Beachtung der einschlägigen Zulassungen und Normen auszuführen. In jedem Fall sind die Mindestauflagerbreiten der Profiltafeln bzw. Bauteile zu beachten.

Bei oberflächenbündig eingebauten Stahlschienen (über die gesamte Auflagerlänge) kann die gesamte Sockelbreite genutzt werden und ist als Auflagerbreite beim statischen Nachweis anzusetzen. Stehen die Stahlschienen aus der massiven Oberfläche hervor, muss deren Breite der Mindestauflagerbreite der Profiltafel bzw. des Bauteils entsprechen. Sind keine eingelassenen Stahlschienen vorhanden, können gekantete Stahlprofile mit bauaufsichtlich zugelassenen Ankern am Massivsockel befestigt werden. Die Profiltafel bzw. das Bauteil wird dann direkt am Kantprofil befestigt.

Eine unmittelbare Befestigung auf Mauerwerk oder flächigen Betonteilen ist nicht zulässig, da es keinen allgemein verbindlichen Verwendbarkeitsnachweis gibt.

Unter Beachtung der entsprechenden Vorgaben der abZ bzw. der ETA des Ankers kann in Kombination mit den konstruktiven Vorgaben der einschlägigen Normen sowie unter Beachtung der Vorgaben der abZ bzw. ETA der Verbindungselemente unter Umständen direkt am massiven Sockel befestigt werden. Die Tragfähigkeit dieser Ausführung muss durch eine geprüfte statische Berechnung gesondert nachgewiesen werden.

Verbindung von Profiltafeln

Zu IV.8.6

<1> Zum gesamten Abschnitt IV.8.6 – Anforderungen

Die Anforderungen an die Verbindung der Profiltafeln untereinander an den Längsrändern in diesem Abschnitt von EN 1090-4 unterscheiden sich nicht wesentlich von den bisher in Deutschland geltenden Bestimmungen nach DIN 18807-3, die u. a. auch den IFBS-Fachregeln des Metallleichtbaus [R192(2)] zugrunde liegen. Zum konkreten Normtext ist kritisch anzumerken, dass auch hier bei der Übersetzung von „*fastening*“ nicht sauber zwischen „Befestigung“ und „Verbindung“ unterschieden wird: In Abs. 3 geht es nicht um die „Befestigung von Längsstößen“, sondern um die „Verbindung in Längsstößen“.

<2> Zu Abs. 4 – Mindestdurchmesser von Verbindungselementen

EN 1090-4 spricht hier eine Empfehlung für den Mindestdurchmesser von Schrauben und Blindnieten in Längsstößen aus, ohne Unterscheidung, ob es sich hierbei um Verbindungselemente für die Außen- oder Innenanwendung handelt. Gerade Schrauben ohne Elastomer-Dichtung für die Innenanwendung haben zum Teil einen geringeren Durchmesser als die genannten 4,8 mm (siehe z.B. abZ Nr. Z.14.1-4 [R2]). Die Verwendung solcher Schrauben wird also nicht mehr empfohlen, durch die Wahl des modalen Hilfsverbs „sollte“ ausgedrückt.

<3> Zu Abs. 5 einschl. Anmerkung – geeignete Verbindungselemente

In der Anmerkung wird auf die Eignung des so genannten „Hinterschnittes“ bei Schrauben hingewiesen. Die gewählte Formulierung ist einer nicht perfekten Übersetzung geschuldet. Die Anmerkung soll vielmehr ausdrücken, dass Schrauben mit einem Hinterschnitt, also einem gewindefreien Bereich unterhalb des Schraubenkopfes (vgl. zu II.8.2 <3>), bei der Verbindung zweier Profile miteinander bewirken, dass Bauteil I in den gewindefreien Bereich läuft und Bauteil II ohne zusätzlichen Kraftanstieg herangezogen werden kann. Der Durchmesser des Hinterschnitts ist kleiner oder gleich groß wie der Durchmesser des Schraubenschaftes. Der Begriff „Innendurchmesser“ bedeutet Schaftdurchmesser. Der Hinterschnitt erhöht somit die Sicherheit gegen Überdrehen und Rückdrehen des Verbindungselementes. Schrauben mit Hinterschnitt sind somit mehr als nur „geeignet“.

<4> Zu Abs. 6 – Verbindungsabstände im Längsstoß

Die bisher in Deutschland nach DIN 18807-3 geltenden Abstände zwischen den Verbindungselementen am Längsstoß gelten weitestgehend auch nach EN 1090-4. Auf einige Änderungen sei hier jedoch hingewiesen. Als Schubfeld ausgeführte Tragschalen aus Trapezprofiltafeln müssen in einem Abstand von maximal 500 mm miteinander verbunden werden (und nicht in 666 mm Abstand wie bisher). Für Tragschalen aus Kassettenprofilen im Dach galt bisher der maximale Verbindungselementabstand von 800 mm, dieser wurde auf 666 mm verkleinert. Der Abstand für als Schubfeld ausgeführte Tragschalen aus Kassettenprofilen wurde versehentlich von 300 mm in Anlehnung an DIN 18807-3/A1 auf 333 mm vergrößert. Hier ist aber in jedem Fall die Angabe des Eurocodes EN 1993-1-3 zu beachten, der wie DIN 18807-3 einen Maximalabstand von 300 mm vorschreibt. Bei der nächsten Überarbeitung von EN 1090-4 muss die falsche Angabe 333 mm durch 300 mm ersetzt werden, da hier sonst eine inkonsistente Parallelregelung zum Eurocode existiert.

Zu IV.8.7 Rand- und Zwischenabstände von Verbindungselementen für Profiltafeln

Die Rand- und Zwischenabstände von Verbindungselementen für Profiltafeln sind im Eurocode EN 1993-1-3 und ergänzend in Anhang IV.B geregelt. Dort werden diese Abstände kommentiert.

Montage

Zu IV.9

Einführender Kommentar zu Kapitel IV.9

DIN 18807-3 [R76] enthielt Angaben zur konstruktiven Ausbildung von Profiltafeln, jedoch fast keine Ausführungen zu ihrer Montage, lediglich einige wenige zur Montagesicherheit. Die Montage wurde in Deutschland bislang allein von den IFBS-Fachregeln des Metallleichtbaus abgedeckt [R192(1)]. Da der Aufbau der Normenreihe EN 1090 auch die Montage abdeckt, mussten nun in den neuen Teil 4 auch Montageaspekte aufgenommen werden. Diese sind größtenteils auf Basis der zuvor genannten IFBS-Fachregeln erarbeitet worden und somit für viele ausführende deutsche Firmen kein Neuland.

Allgemeines

Zu IV.9.1

<1> Zu Abs. 1 und 2 – Inhalt des Kapitels IV.9

Als Erstes ist zu beachten, dass es in Kapitel IV.9 nicht ausschließlich um die Montage der **Profiltafeln** geht, wie aus dem Normtext des Abs. 1, wenn man ihn wörtlich nimmt, fälschlicherweise herauszulesen ist. Die Montage der kaltgeformten **Bauteile**, soweit Gegenstand von EN 1090-4 (vgl. IV.1 und Kommentare dazu), ist selbstverständlich ebenfalls Gegenstand des Kapitels IV.9. Der Verweis auf EN 1090-2 meint dagegen alle für die Errichtung des Gesamttragwerkes auf der Baustelle zu verrichtenden Arbeiten, die nicht direkt mit der Montage der Profiltafeln oder tragenden kaltverformten Bauteile zu tun haben. Das erscheint u. a. auch deshalb logisch, weil in EN 1090-2 ebenfalls kaltgeformte Bauteile behandelt werden (vgl. zu II.1 <1.2>) und deren Montageaspekte sich nicht vom allgemeinen Stahlbau unterscheiden.

Zu beachten ist ferner, dass nicht nur die eigentliche Montage – im Sinne von Zusammenfügen der angelieferten Profiltafeln und kaltverformten Bauteile zum „kaltverformten Tragwerk“ (vgl. zu IV.1 <1>) – Inhalt dieses Kapitels ist, sondern auch sämtliche anderen zugehörigen Baustellenarbeiten, beginnend mit der Klärung, ob die Baustelle überhaupt geeignet ist, und endend mit der Abnahme und Übergabe an andere Gewerke. Die Montagearbeiten des Stahlleichtbaus müssen integrativer Teil der Gesamtplanung des Bauwerkes sein. Das gilt besonders, wenn sie im Sinne der heutigen hochgradigen Arbeitsteilung von einer darauf spezialisierten Firma ausgeführt werden (vgl. hierzu auch zu II.9.1 <1.1>).

Hinsichtlich der eigentlichen Montagearbeiten (Einbau von Verbindungselementen und Oberflächenbehandlung) wird im vorliegenden Normentext auf die entsprechenden anderen Kapitel der EN 1090-4 verwiesen. Die Kapitel IV.6 bis IV.10 sind demnach als aufeinander abgestimmte Einheit zu verstehen.

<2> Zu Abs. 3 – Kontrolle und Abnahme des Tragwerks

Vorab: Mit „Tragwerk“ ist hier wieder das „kaltverformte Tragwerk“ (bzw. die „kaltverformten Tragwerke“) der EN 1090-4 gemeint, nicht das Gesamttragwerk, dem die Profiltafeln und kaltverformten Bauteile hinzugefügt werden. Für dessen Inspektion, Prüfung und Korrekturmaßnahmen ist Kapitel II.12 von EN 1090-2 zuständig (zur Übersetzungsdiskrepanz bei den Begriffen Kontrolle/Inspektion in den beiden Teilnormen DIN EN 1090-2 und DIN EN 1090-4 vgl. Fußnote in Tabelle KIV.0). Das hier in Bezug genommene Kapitel IV.12 beschreibt in den Abschnitten IV.12.4 und IV.12.5 die während und nach Abschluss der Montagearbeiten durchzuführenden Kontrollen, Prüfungen und Korrekturmaßnahmen am kaltverformten Tragwerk (bzw. an den kaltverformten Tragwerken). Es ist klar, dass diese beachtet werden müssen. Unklar ist – genau wie in EN 1090-2 (vgl. zu II.9.1 <2>) –, an wen genau sich die Aufforderung zur **Abnahme** richtet: an weisungsunabhängige Mitarbeiter der ausführenden Firma oder an den Bauherrn bzw. seinen Bevollmächtigten oder an eine externe Prüfinstanz? Das wird sicherlich in den verschiedenen Ländern Europas, abhängig von der jeweiligen Baurechtskonstellation, unterschiedlich gehandhabt. Es sollte aber in jedem Fall vor Beginn der Montagearbeiten vertraglich eindeutig geregelt sein.

Zu IV.9.2 Baustellenbedingungen

Abschnitt 9.2 in EN 1090-4 ist wortwörtlich identisch mit dem entsprechenden Abschnitt in EN 1090-2. Aus diesem Grund wird an dieser Stelle auf die Kommentare zu II.9.2 verwiesen. Dabei ist allerdings zu beachten, dass es dort um die Gesamtbaustelle geht, während hier die speziellen Baustellenaspekte für die Montage der Dach- und Wandkonstruktionen im Vordergrund stehen. Das gilt insbesondere für die Arbeitssicherheit, z.B. an den Schnittstellen mit anderen Gewerken: Während dort Erdbau, Grundbau, Betonbau usw. gemeint sind, geht es hier im Abs. 3 eher um die Schnittstelle zwischen Stahlleichtbau und allgemeinem Stahlbau.

Zu IV.9.3 Schulung/Anleitung von Baupersonal

Die Forderung in diesem Abschnitt, dass die Montage nur von Firmen vorgenommen werden darf, die über das erforderliche Spezialwissen und Erfahrung verfügen, ist einerseits verbindlich, andererseits werden aber keine Angaben gemacht, wie dies nachzuweisen ist. Mit dem Verweis auf IV.4.2.2 werden lediglich die Mindestinhalte einer Qualifizierung umrissen. Das entspricht dem Grundprinzip der Normenreihe EN 1090 für die Ausführung von Metallbauten, wonach die Teile 2 bis 5 keinerlei Vorgaben für die administrative Umsetzung ihrer qualitätssichernden Organisations-, Inspektions- und Prüfvorgaben enthalten. Zur Erinnerung: Soweit sie sich auf die Herstellung der Bauteile beziehen, wird ihre Einhaltung in Europa zum Teil durch das Instrumentarium der nach der harmonisierten Bauproduktnorm EN 1090-1 zertifizierten und überwachten WPK gewährleistet. Soweit sie sich aber auf die Baustellenarbeiten beziehen, gibt es in Europa kein solches extern-administratives Inspektionsinstrument, da das Bauen nationalem Recht unterliegt (vgl. zu II-Europäisches Vorwort <2> und zu II-Einleitung <4>).

Der geforderte Nachweis von Spezialwissen und Erfahrung kann z. B. durch die Mitgliedschaft im **IFBS** – Internationaler Verband für den Metallleichtbau – nachgewiesen werden. Durch eine Mitgliedschaft im IFBS erhalten die Mitgliedsfirmen laufend alle wichtigen aktuellen Informationen auf dem Gebiet des Metallleichtbaus und können ihr Personal schulen lassen. Qualifizierte Montagefirmen sind in Deutschland in der Lage, folgende Nachweise zu erbringen:

- Fachbezogene ordnungsgemäße Zugehörigkeit zur Handwerkskammer oder IHK,
- Unbedenklichkeitsbescheinigung der Berufsgenossenschaft und der gesetzlichen Krankenkassen,
- Nachweis über bestehenden Haftpflicht-, Personen- und Vermögensversicherungsschutz des Unternehmens,
- für firmenfremdes Personal eine behördliche Bescheinigung nach dem Arbeitnehmerüberlassungsgesetz,
- Nachweis über ausreichende Erfahrung in der Montage von Profiltafeln aus Metall, z. B. durch das IFBS-Qualitätszeichen „Montagearbeiten mit Bauelementen aus Metallblech für Dach-, Decken- und Wandsysteme",
- Nachweis über ausreichend qualifiziertes Personal (siehe folgender Absatz).

Das Montagepersonal muss gemäß vorliegendem Normabschnitt „ausreichend qualifiziert" sein. Auch dies wird nicht näher beschrieben. Da es für die Montage von Metallleichtbaukonstruktionen zurzeit weder in Deutschland noch irgendwo anders in der EU einen Ausbildungsberuf gibt, ist zumindest der Nachweis der Teilnahme an Weiterbildungsmaßnahmen erforderlich. Nur so kann ein unabhängiger Nachweis vorgelegt werden, dass qualifiziertes Personal auf der Baustelle tätig ist. Eine Möglichkeit besteht in der Beschäftigung von IFBS-Fachmonteuren, die im Laufe einer mehrwöchigen Schulung durch den IFBS in Theorie und Praxis in der Verarbeitung und Verlegung unterwiesen werden und zum Nachweis das IFBS-Zertifikat „IFBS-Fachmonteur" erhalten.

Kontrolle vorangegangener Arbeiten

Zu IV.9.4

Für Deutschland kann die „europäisch allgemeine" Aussage in diesem Abschnitt etwas konkretisiert werden: Vor Montagebeginn sind die Vorgewerke durch Inaugenscheinnahme gemäß VOB zu überprüfen und deren Einflüsse auf die eigene zu erbringende Leistung zu identifizieren. Bei erkennbaren Abweichungen an den Vorgewerken von den Planunterlagen, die Verlegearbeiten beeinträchtigen oder unmöglich machen, sind gemäß VOB Teil B § 4 Ziff. 3 schriftlich Bedenken anzumelden, und es ist auf die Konsequenzen hinzuweisen. Solche Abweichungen sind z. B.:

- Nicht-Einhalten der geometrischen Montagetoleranzen von EN 1090-2, bei den ergänzenden Montagetoleranzen ggf. ersatzweise nach DIN 18202 (vgl. zu II.11.3.3.3 <3.2>),
- Abweichungen der Unterkonstruktion von den Planunterlagen hinsichtlich Werkstoffqualitäten (z. B. bei Stahl, Holz, Beton) und Abmessung,
- Nichtübereinstimmung der baulichen Voraussetzungen für die Anwendung von Verankerungselementen, insbesondere auch die Nichtübereinstimmung mit den Zeichnungen,
- Fehlen von sicherheitstechnischen Voraussetzungen.

Verlegepläne

Zu IV.9.5

Vgl. Kommentare zu IV.4.1.3.

Erforderliche Werkzeuge

Zu IV.9.6

Die Norm verlangt hier pauschal „geeignete Werkzeuge". Es ist nicht ihre Aufgabe, Einzelheiten dazu zu liefern. Dem Leser dieses Buches soll die nachfolgende Zusammenstellung einen Überblick verschaffen, welche Werkzeugtypen gemeint sind. Dabei sind die abgebildeten Werkzeuge zwar „geeignet" im Sinne der Norm, jedoch nur als Beispiele zu verstehen.

<1> Setzwerkzeuge

<1.1> Metallbauschrauber

Zum Einschrauben gewindeformender Schrauben verwendet man Elektroschrauber bzw. Metallbauschrauber mit Tiefenanschlag und einstellbarem bzw. speziell abgestimmtem Drehmoment (Bild KIV.9-1). Nur bei Einhaltung der in der jeweiligen Verbindungselemente-Zulassung (abZ oder ETA) angegebenen Anzugsmomente können die Schrauben mit den dort als übertragbar aufgeführten Zug- und Querkräften belastet werden.

Quelle: Hilti AG

Bild KIV.9-1: Akku-Metallbauschrauber

<1.2> Bohrmaschine

Zur Befestigung der Profiltafeln und tragenden Bauteile mittels gewindeformender Schrauben auf der Stahlunterkonstruktion und auf in Stahlbetonträgern eingelassenem Flachstahl mit hinterlegtem Futter benötigt man zum Vorbohren eine Bohrmaschine mit Bohrern, die je nach Dicke der Unterkonstruktion einen Durchmesser von ∅ 3,5 mm bis ∅ 5,8 mm haben.

Auf Holzunterkonstruktionen werden die Profiltafeln und tragenden Bauteile nach dem Vorbohren mit ∅ 4,0 mm bis ∅ 4,8 mm mit speziellen gewindefurchenden Schrauben ∅ 6,5 mm und Unterlegscheiben befestigt. Die Werkzeuge gleichen denen für die Schraubbefestigung auf Stahl. Bei Verwendung von Bohrschrauben entfällt das Vorbohren, der Elektroschrauber genügt dann als Werkzeug.

<1.3> Bolzensetzgerät

Für die Befestigung der Stahlprofiltafeln und tragenden kaltverformten Stahlbauteile mittels Setzbolzen auf Stahlträgern mit über 6 mm Flanschdicke und auf im Beton eingelassenem Flachstahl ist ein Bolzensetzgerät erforderlich – moderne Geräte verfügen über ein Kartuschen-Magazin (Bilder KIV.9-2 und KIV.9-3). Außer diesem Werkzeug benötigt man Treibkartuschen, die es für unterschiedliche Materialgüten und -dicken der Unterkonstruktion in unterschiedlich farbig gekennzeichneten Stärken gibt, und natürlich als Befestigungselement den „Spezialnagel" oder Setzbolzen.

a)

b)

Quelle: Hilti AG

Bild KIV.9-2: Vollautomatisches Bolzensetzgerät für Deckenarbeiten, Standgerätversion zum Setzen magazinierter Nägelbefestigung

a)

b)

Quelle: Hilti AG

Bild KIV.9-3: Halbautomatisches Bolzensetzgerät für schwere Anwendungen, zum Setzen magazinierter Nägel in Stahlkonstruktionen, Wandanwendungen

<1.4> Nietgerät

Wenn die Verbindung der Profiltafeln untereinander und der Abschlussbleche mit den Profilen durch Blindniete erfolgt, benötigt man dazu als Werkzeug für die Nietbohrung zunächst eine Bohrmaschine mit einem Bohrerdurchmesser gemäß Zulassung für die Niete. Für das eigentliche Nieten gibt es diverse Werkzeuge, von Handzangen über elektrisch betätigte Geräte bis hin zu Druckluftnietwerkzeugen (Bild KIV.9-4).

Quelle: GESIPA Blindniettechnik GmbH

Bild KIV.9-4: Akku-Nietsetzgerät

<1.5> Zusammenfassung Setzwerkzeuge

In Tabelle KIV.9-1 sind die beschriebenen Setzwerkzeuge noch einmal übersichtlich mit Einsatzbereichen und beispielhaften zugehörigen Verbindungselementen zusammengefasst.

Tabelle KIV.9-1: Setzwerkzeuge und Verbindungselemente für Profiltafeln (beispielhaft)

Setzen des Verbindungselementes in ...	Verbindungselement	Werkzeug
Stahlkonstruktion	A C E	1/2/3/4 1 7
Betonkonstruktion mit Ankerschiene	C A	1 1/2
Holzkonstruktion	B	1/5
Profiltafeln untereinander oder in Blechen oder Kantteilen	C D F	1 1 6/8

A gewindefurchende Schraube ∅ 6,3 × 19 mm,
B gewindefurchende Schraube ∅ 6,5 × 50 mm,
C Bohrschraube ∅ 5,5 oder ∅ 6,3 mm, Länge gem. Herstellerangabe,
D Bohrschraube ∅ 4,2/4,8/5,5/6,3 mm × 16 ÷ 25 mm,
E Setzbolzen, Stahlkonstruktion – Flanschdicke ≥ 6 mm,
F Blindniet ∅ 4,8 mm/5 mm, Klemmbereich bis 6,5 mm.

1 Elektroschrauber
0–600 U/min bei gewindefurchenden Schrauben,
0–1 800 U/min bei Bohrschrauben,
2 Bohrmaschine, Bohrer 5,3 mm für Flanschdicke 2 ÷ 5 mm,
3 Bohrmaschine, Bohrer 5,5 mm für Flanschdicke > 5 ÷ 7 mm,
4 Bohrmaschine, Bohrer 5,7 mm für Flanschdicke ≥ 7 mm,
5 Bohrmaschine, Bohrer 4,8 mm,
6 Bohrmaschine, Bohrer 4,9 bzw. 5,1 mm,
7 Bolzensetzgerät und Kartuschen unterschiedlicher Stärke,
8 Nietgerät.

Es gelten die Bestimmungen der jeweiligen Verbindungselemente-Zulassung abZ bzw. ETA.

<2> **Schneidwerkzeuge**

Vorab: Soweit möglich, sollten Baustellenschnitte vermieden werden. Trotzdem erforderliche Schneidarbeiten, z. B. bei Dachöffnungen, Ausklinkungen und Anpassarbeiten am Dachrand, erfolgen zweckmäßig mit Geräten, die einen funkenlosen Schnitt erzeugen. Dafür kommen die im Normabschnitt IV.6.4.1 genannten Schneidverfahren **Sägen** und **Scherschneiden/Nibbeln** in Frage (vgl. Kommentar zu jenem Abschnitt). Geeignet sind z. B. Stichsägen mit großer Schnitttiefe und passenden Sägeblättern mit Zahnteilungen von ca. 1 mm. Des Weiteren verwendet man die nicht so universell einsetzbaren elektrischen oder manuellen Blechscheren oder so genannte „Nibbler“ bzw. „Knabber“, die auch quer zum Profil einen sauberen Schnitt erzeugen. Zum Schneidverfahren Nibbeln vgl. die ausführliche Kommentierung von Normabschnitt IV.6.4.2, wobei es hier allerdings nicht um Nibbelmaschinen geht, sondern um tragbare Nibbelwerkzeuge. Bild KII.6-6 zeigt einen Elektro-Nibbler für Blech bis 10 mm im Baustelleneinsatz.

Die Verwendung von **Trennschleifmaschinen** und **Winkelschleifern** muss, wenn irgend möglich, unterbleiben, da der metallische Überzug im Schnittbereich und damit die kathodische Schutzwirkung zerstört würde. Falls doch in Ausnahmefällen mit Trennschleifmaschinen gearbeitet wird, müssen offenliegende Blechflächen in der Umgebung gegen Funkenflug geschützt werden, da sonst die kleinen Stahlsplitter in kurzer Zeit zu flächig-punktueller Korrosion führen. Dies ist immer noch ein sehr häufiger Beanstandungsgrund. Weiterhin müssen die mit Trennschleifmaschinen geschnittenen Bereiche im eingebauten Zustand unsichtbar und vor allem unbewittert sein.

Neben den genannten Schneidwerkzeugen sind natürlich auch Werkzeuge wie Handblechscheren, Falzzangen, Hämmer, Anschlag- und Gehrungswinkel (d. h. das übliche Montagewerkzeug) usw. an der Baustelle vorzuhalten.

Zu IV.9.7 Sicherheit auf der Baustelle

<1> **Zu Abs. 1 – Anforderungen an die Arbeitssicherheit**

Ähnlich wie in EN 1090-2 (vgl. zu II.4.2.3), so wird auch in EN 1090-4 das Thema Arbeitssicherheit nur im Zusammenhang mit der Montage detailliert angesprochen, obwohl natürlich bei der Herstellung der Profiltafeln und Bauteile ebenfalls Unfallverhütungsvorschriften zu beachten sind. In IV.4.2.3 wird explizit gefordert, dass in der „Dokumentation der Montagequalität“ auch die Arbeitssicherheit bei der Montage zu berücksichtigen sei. In IV.9.2 werden dann die Baustellenbedingungen vor allem unter dem Gesichtspunkt der Arbeitssicherheit abgehandelt, genau wie in EN 1090-2 in II.9.2 (vgl. Kommentare dazu). Und im vorliegenden Normabschnitt folgen nun eine Reihe spezieller Sicherheitsanforderungen bei den Montagearbeiten des Stahlleichtbaus. Darüber hinaus sind aber stets die jeweils einschlägigen nationalen Unfallverhütungsvorschriften zu beachten, z. B. in Deutschland die Vorschriften der gewerblichen Berufsgenossenschaften, zusammengefasst in ihrem Spitzenverband Deutsche Gesetzliche Unfallversicherung (**DGUV**).

Die für das Bauwesen in Deutschland wichtigste DGUV-Vorschrift, die **DGUV 38** (früher **BGV C22**) [R33] wurde bereits im Kommentar zu II.4.2.3 erwähnt. Bei der Montage von Profiltafeln aus Metall gilt speziell die **DGUV 201-024** (früher **BGI 815**) [R34]. In Letzterer sind die Bestimmungen der DGUV 38/BGV C22 für die praktische Anwendung im Metallleichtbau konkretisiert und aufbereitet worden. So wie generell für Montagearbeiten vorab eine Gefährdungsbeurteilung erfolgen und auf der Baustelle eine schriftliche Montageanweisung vorliegen muss (vgl. zu II.9.3.2 <1.5>, insbesondere Bild KII.9-6), so wird dies in BGI 815 auch speziell für das Verlegen von Profiltafeln gefordert. Es gehört unter anderem zu den Pflichten des Unternehmers, dafür zu sorgen, dass diese Vorschriften für die Montage von Profiltafeln eingehalten werden. Die Montageanweisung muss alle erforderlichen sicherheitstechnischen Angaben einschließlich der vom Planer getroffenen Festlegungen enthalten. Der **IFBS** hält in seinen Fachregeln [R192(1)] sowohl eine Mustergefährdungsbeurteilung als auch eine Mustermontageanweisung vor.

Die Gefährdungsbeurteilung und Montageanweisung sind in Deutschland auch ein Nachweis der Unternehmerpflichten gemäß Arbeitsschutzgesetz (ArbSchG). Der Unternehmer hat außerdem darauf zu achten, dass persönliche Schutzausrüstungen, z. B. Schutzschuhe, Schutzhandschuhe und Schutzhelme vom Montagepersonal bestimmungsgemäß angewandt werden. Aufstiege zu Arbeitsplätzen, Verkehrswege und nicht begehbare Bauteile müssen den Anforderungen BGI 815 entsprechen.

<2> Zu Abs. 2 – Absetzplätze für Profiltafeln

Unter IV.4.1.3 ist bereits behandelt worden, dass die Absetzplätze für die Materialstapel auf den Verlegeplänen aus statischen Gründen zu kennzeichnen sind. Hier folgt noch einmal der Hinweis, nun unter Sicherheitsaspekten, dass die gekennzeichneten Absetzplätze auch tatsächlich einzuhalten sind. Ein Verlegen der Absetzplätze ohne vorherige statische Überprüfung der Tragsicherheit der zu belastenden Konstruktion kann im schlimmsten Fall zum Versagen der Konstruktion führen – mit unwägbarem Risiko für Leib und Leben aller auf der jeweiligen Dachfläche (und darunter) Tätigen.

<3> Zu Abs. 3 bis 5 – Sicherung und Arbeitsunterbrechung bei höherer Windbelastung

EN 1090-4 enthält in diesen Absätzen besondere Hinweise auf die Sicherung des Materials im Fall des Auftretens stärkerer Windbelastung. Der Unternehmer hat in seiner Gefährdungsbeurteilung festzuhalten, ab welcher Windstärke eine Arbeitsunterbrechung erforderlich wird und die Lagermaterialien speziell gesichert werden müssen.

Neben diesen außergewöhnlichen Situationen werden hier auch Festlegungen zur Sicherung von Profiltafeln während der Montage getroffen, wie z. B. die Montagesicherung gegen Abkippen.

Kontrolle von Verpackung und Inhalt

Zu IV.9.8

Die Kontrolle des angelieferten Materials muss immer unmittelbar nach der Anlieferung zur Baustelle erfolgen. Für diese Kontrolle muss jede Versandeinheit mit einem Etikett versehen sein, das ggf. auch die Vorgaben der EU-Bauproduktenverordnung [R182] für Produkte nach harmonisierten EN-Normen und nach ETAs berücksichtigt. Folgende Angaben müssen auf dem Etikett enthalten sein:

- Hersteller/Herstellwerk,
- Kennzeichnungsjahr,
- Produktbezeichnung,
- Verwendungszweck,
- wesentliche Produktmerkmale (z. B. Blechdicke, Streckgrenze, Korrosionsschutzsystem),
- Übereinstimmungszeichen (Ü-Zeichen) für national geregelte Anwendungen oder Produktmerkmale,
- CE-Kennzeichen mit Referenznummer zur Leistungserklärung für europäisch harmonisierte Anwendungen,
- produktspezifische Leistungserklärung einschließlich Referenznummer zur CE-Kennzeichnung und
- Verweis auf die Produktnorm oder ETA- oder Zulassungsnummer.

Beanstandungen sind in den Versandpapieren zu vermerken und unverzüglich dem Lieferanten zu melden. Die Etiketten/Paketanhänger und die Durchschriften der Versandpapiere sind in der Bauakte aufzubewahren.

Lagerung

Zu IV.9.9

Dieser Abschnitt von EN 1090-4 enthält die wichtigsten Hinweise zur richtigen Lagerung von Profiltafeln und kaltgeformten tragenden Bauteilen. Zudem werden ausführliche Hinweise speziell für die Lagerung von Bauteilen aus nichtrostendem Stahl gegeben. Sie sind weitgehend identisch mit denen für den allgemeinen Stahlbau in Tabelle II.8 von EN 1090-2 (vgl. Kommentare dazu). Eine Einzel-Kommentierung erübrigt sich, da die aufgelisteten Forderungen verständlich und nachvollziehbar sind. Nachfolgend werden hier noch einige ergänzende Hinweise gegeben:

- Pakete mit Profiltafeln müssen schräg gelagert werden, damit eventuell anfallende Feuchtigkeit im Paket, z. B. durch Regen oder Kondensat, abgeführt wird.
- Lagerflächen auf dem Dach zur vorübergehenden Lagerung von Baustoffen und Geräten (z. B. Bitumenblöcke, Behälter, Maschinen) dürfen nur in den Auflagerbereichen der Profiltafeln angelegt werden; dazu ist die Genehmigung der örtlichen Bauleitung einzuholen.
- Die vorübergehende Lagerung auf dem Dach darf nur über lastverteilende Unterlagen erfolgen. Die Gesamtbelastung darf nur so groß sein, wie sie z. B. vom Trapezprofil und vom weiteren Tragwerk aufgenommen werden kann.
- Die verschiedenen Materialien, Profile und Kantteile sind übersichtlich und möglichst nach Baubereichen positionsweise zu lagern.
- Wenn ein Absetzen der Pakete auf dem Dachtragwerk erforderlich ist, soll dies im Bereich der Bauwerksstützen erfolgen; andernfalls ist die örtliche Bauleitung zu befragen. Werden die Pakete bzw. einzelne Profiltafeln auf geneigten Dachkonstruktionen abgesetzt, so sind sie gegen Abrutschen zu sichern; ggf. sind auch die Profiltafeln innerhalb der Pakete gegen Abrutschen zu sichern.
- Bei allen nicht zusätzlich beidseitig kunststoffbeschichteten Profiltafeln ist eine regensichere, gut durchlüftete Abdeckung der im Freien lagernden Pakete durch Planen erforderlich. Dies empfiehlt sich auch bei längerer Lagerung für kunststoffbeschichtete Profiltafeln. Werksseitige Paketumhüllungen müssen zur Vermeidung von Kondensatbildung an den Enden geöffnet werden.

Zu IV.9.10 Beschädigte tragende Bauteile, Profiltafeln und Verbindungselemente

Der hier angesprochene Nachweis der ausreichenden Funktionsfähigkeit und Haltbarkeit im Fall von Beschädigungen kann nur durch Personen mit besonderer Sachkenntnis und im Fall der Tragfähigkeit nur von einem Statiker durchgeführt werden.

Zu IV.9.11 Entladen, Hebezeuge/Seile/Gurte

<1> Zu Abs. 1 und 2 – Geeignete Vorrichtungen und Maßnahmen

Die hier gegebenen Anweisungen für geeignete Vorrichtungen zum sicheren Entladen, für Schutzkleidung sowie für eventuelle vorbeugende Maßnahmen zum Schutz der Bauteile und Profiltafeln vor dauerhaften Schäden sind nachvollziehbar.

<2> Zu Abs. 3 – Spezielle Hebezeuge für Kräne

Gemäß Abs. 3 dieses Normabschnittes soll beim Einsatz von Kränen das Abladen von Profiltafeln mit dafür geeigneten speziellen Hebezeugen, d. h. Anschlagmitteln erfolgen. Dazu gehören vor allem Hebebänder mit und ohne Traverse (siehe Bilder KIV.9-5 und KIV.9-6). Eindrückungen lassen sich dabei nicht immer vermeiden.

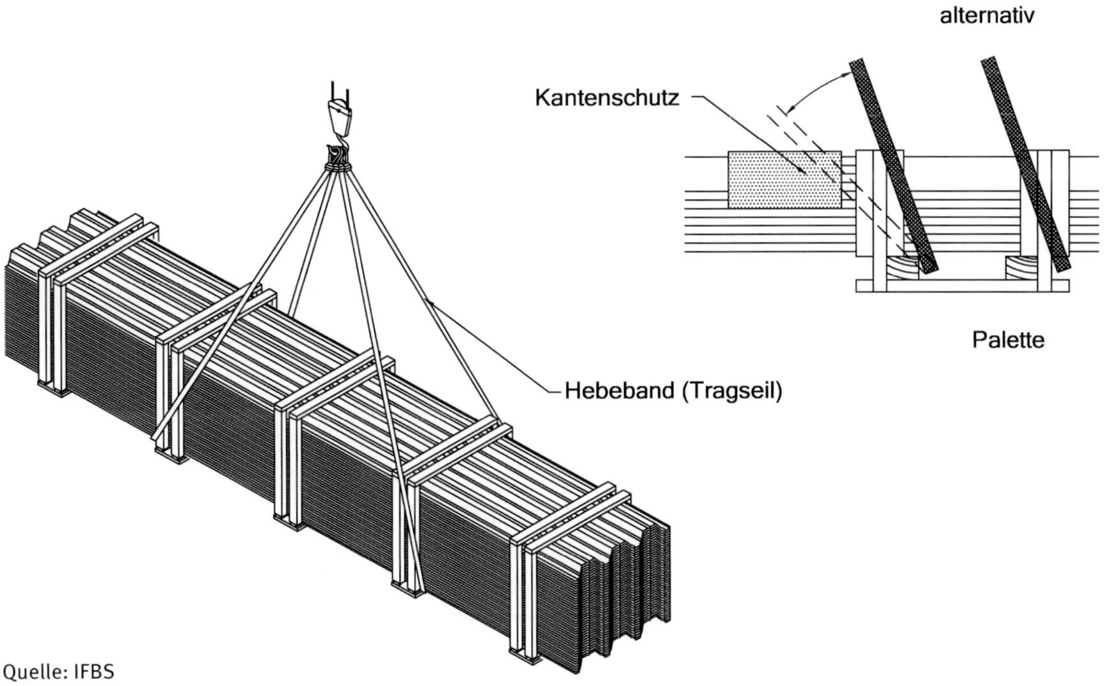

Quelle: IFBS

Bild KIV.9-5: Heben von Profiltafeln mit Hebebändern

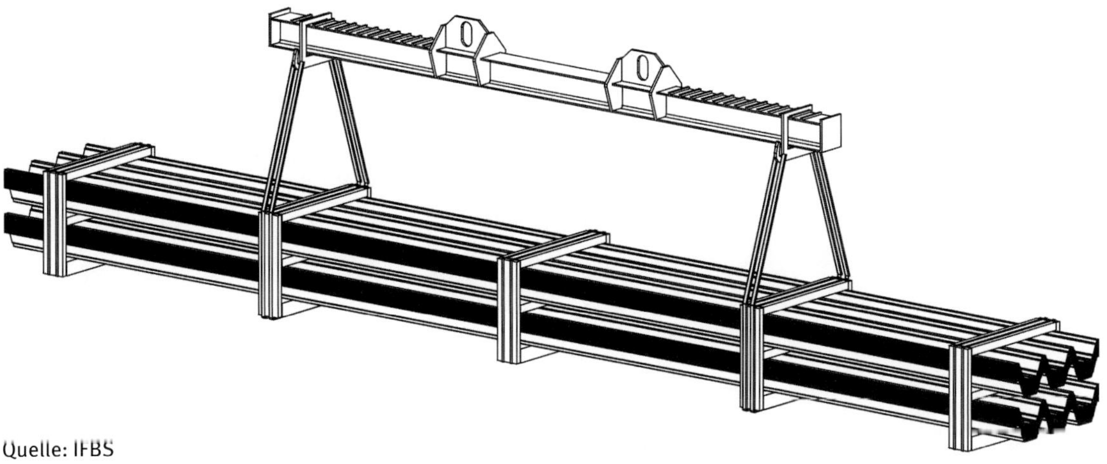

Quelle: IFBS

Bild KIV.9-6: Heben von Profiltafeln mit Hebebändern und Traverse

Verlegen

Zu IV.9.12

<1> Zu Abs. 1 – Hersteller-Verlegeempfehlungen

Im vorliegenden Absatz von EN 1090-4 wird für das Verlegen der Profiltafeln und Bauteile (hier inkonsequenterweise wieder einmal als „Produkte" bezeichnet) auf die Empfehlungen der Hersteller und alternativ der Herstellerverbände verwiesen. Für Deutschland sind hier hauptsächlich die für den Metallleichtbau relevanten Fachregeln des IFBS und hier im Besonderen die Fachregeln zur Planung und Ausführung [R192(1)] zu nennen.

<2> Zu Abs. 2 – Sicherung von Öffnungen

Hier wird nur einer von vielen Verlege-Aspekten herausgegriffen, die Herstellung von Öffnungen in Dachflächen. Diese Arbeiten und Stellen im Dach sind natürlich besonders unfallträchtig und verdienen eine gesonderte Erwähnung. Andere Bereiche wie z. B. die Dachränder dürfen aber nicht vernachlässigt werden.

EN 1090-4 unterscheidet nicht zwischen kleinen und großen Öffnungen. Kleine Öffnungen bis 200 mm Durchmesser sind mit System-Rohrmanschetten, die sich der Profilgeometrie anpassen, regensicher abzudichten, dabei muss der Wasserlauf sicher umgelenkt werden. Bei großen Öffnungen in Dächern ist die Abtragung der Lasten statisch nachzuweisen, und es sind ggf. erforderliche zusätzliche Maßnahmen, wie der Einbau von Wechseln, festzulegen.

Zu IV.9.13 Verlegerichtung

<1> Zu Abs. 1 – Optische Aspekte

Insbesondere bei Metallic-Lackierungen (Beschichtungen) ist die Verlegerichtung von entscheidender Bedeutung. In den Metallic-Lacken sind Metallpartikel enthalten, die beim Beschichtungsprozess ausgerichtet werden. Wird nun eine Profiltafel anders gerichtet verlegt als die übrigen Tafeln, so hat diese andere Reflexionseigenschaften, die beim Betrachter den Eindruck erwecken, es seien Farb-, Helligkeits- oder Glanzgradunterschiede vorhanden. Bei dem in Bild KIV.9-7 abgebildeten Gebäude wurde dieser Effekt bewusst eingesetzt, um aufgrund der verschiedenen Reflexionseigenschaften eine große Wandfläche optisch aufzulockern. Alle Flächen bei diesem Gebäude (mit Ausnahme der roten) haben eine RAL-9006-Lackierung, deren visuelle Anmutung je nach Orientierung und tageszeitabhängiger Beleuchtungsrichtung von Weiß bis Dunkelgrau und Blau wechselt.

Quelle: Hammersen Elementbau GmbH & Co. KG

Bild KIV.9-7: Beispiel für den Einfluss der Verlegerichtung auf den Farbeindruck: Die weißen, grauen und blauen Wandflächen haben identische Lackierungen in RAL 9006 („weißaluminium“)

<2> Zu Abs. 2 – Aspekte der Windrichtung

Früher wurde mit Rücksicht auf die Regendichtheit generell empfohlen, die Verlegerichtung entgegen der vorherrschenden Windrichtung auszuwählen. Aufgrund der Tatsache, dass es vielfach nicht die vorherrschende Windrichtung gibt, ein Dach in jeder Windrichtung dicht sein muss und heute sowieso Dichtbänder zu verwenden sind, kann auf diese Empfehlung in Deutschland verzichtet werden. Die eventuelle Berücksichtigung der vorherrschenden Windrichtung ist somit nur noch eine zusätzliche Sicherheitsmaßnahme, die Regendichtheit wird durch andere Maßnahmen gewährleistet.

Einhaltung der Überdeckungsbreite beim Einbau

Zu IV.9.14

Mit diesem kurzen Satz in IV.9.14 wird darauf hingewiesen, dass während der Montage nicht an den Profiltafeln gezogen werden darf oder sie herunter- und breitgetreten werden dürfen, um evtl. vorhandene Lücken eines Verlegefeldes bis zum nächsten Auflager zu schließen. Diese leider immer wieder zu beobachtende Unsitte führt zu einer deutlichen Herabsetzung der Tragfähigkeit der betroffenen Profiltafeln, da ihre Geometrie (im Wesentlichen ihre Höhe) verändert wird. Sollte während der Montage festgestellt werden, dass bis zum Rand der Verlegefläche entgegen der Planung ein Bereich nicht wie vorgesehen abgedeckt werden kann, so ist dieser Bereich mit einer zusätzlichen ganzen oder geschnittenen Tafel abzudecken. Hierfür sind Reservetafeln mitzubestellen.

Zustand nach der Montage (Bohrspäne, Oberflächenbeschmutzung, Schutzfolie)

Zu IV.9.15

<1> Zu Abs. 1 – Bohrspäne

Um eine Rostverschmutzung unter Feuchteeinwirkung zu vermeiden, müssen Bohrspäne umgehend entfernt werden. Anderenfalls können sie zu Verfärbungen führen oder sogar die Korrosionsschutzwirkung beeinträchtigen (vgl. zu IV.8.1 <6>).

<2> Zu Abs. 2 und 3 – Schutzfolien

Zur Entfernung der Schutzfolien ist kein Kommentar erforderlich. Der Hinweis auf den Einsatz von Saugtraversen betrifft eher die Arbeitssicherheit als das Thema „Verschmutzung". Ein Anheben von Profiltafeln mit Schutzfolien über Saugtraversen birgt die Gefahr, dass sich die Folien während des Hebevorganges ablösen oder dass aufgrund eines Faltenwurfes auf der Oberfläche die Saugwirkung herabgesetzt ist. Beides kann zum Ablösen und somit zum Absturz der Tafel führen.

Abnahme nach der Montage

Zu IV.9.16

<1> Zu Abs. 1 – Erfordernis und Zeitpunkt der Abnahme

Beim Thema Abnahme muss man sich zum wiederholten Male in Erinnerung rufen, dass die europäische Norm EN 1090-4 – analog zu den anderen Teilen der Normenreihe EN 1090 (außer EN 1090-1) – einen in sich schlüssigen Satz **technischer** Ausführungsregeln bzw. -anforderungen für Tragwerke des Stahlleichtbaus enthält, jedoch keinerlei Vorgaben für die administrative oder juristische Umsetzung der qualitätssichernden Organisations-, Inspektions- und Prüfvorgaben. Wie schon im Kommentar <2> zu IV.9.1 ausgeführt, müssen die hier postulierten Forderungen zur Abnahme nach der Montage zweifelsohne beachtet werden. Es bleibt aber offen, an wen sie gerichtet sind und wie sie durchgesetzt werden sollen – das ist nicht Aufgabe der Norm.

In Deutschland spielt die Abnahme einer Bauleistung zum einen im Bauordnungsrecht als Abschlussaktion der Bauüberwachung eine Rolle, zum anderen im Bauvertragsrecht im Rahmen der **VOB, Teil B** (**DIN 1961** [R51]), § 12. Wenn entsprechende vertragliche Vereinbarungen der Abnahme gemäß EN 1090-4 entgegenstehen, sollte im beidseitigen Einverständnis eine gemeinsame Begehung durchgeführt werden, über die ein Begehungsprotokoll angefertigt wird. Streitigkeiten über die Ursachen für spätere Mängelrügen und Reklamationen können so vermieden werden. Der Auftraggeber ist gesetzlich verpflichtet, das ihm tatsächlich angebotene vertragsgemäße – also mangelfreie – Werk abzunehmen. Tut er das nicht, so kann ihm der Auftragnehmer nach § 640 Satz 3 BGB – auch beim VOB-Vertrag – eine angemessene Frist zur Abnahme setzen. Diese Fristsetzung erfolgt aus Beweisgründen am besten schriftlich. Nach fruchtlosem Verstreichen dieser Frist, deren Länge vom Einzelfall abhängt, gilt das Gewerk – bzw. bei einer in sich abnahmefähigen Teilleistung, das Teilgewerk – als abgenommen mit allen daraus folgenden Konsequenzen, also auch dem Gefahrübergang und der Fälligkeit der Vergütung, entsprechende Rechnungsstellung vorausgesetzt.

<2> Zu Abs. 2 – Abnahme von Sonderbauteilen

Die ordnungsgemäße und funktionsgerechte Ausführung von Schubfeldern und biegesteifen Stößen, insbesondere der Verbindungen, ist in einem Abnahmeprotokoll vom verantwortlichen Fachbauleiter der ausführenden Firma festzuhalten und durch Unterschrift zu bestätigen. Diese Abnahme sollte gemeinsam mit dem örtlichen Bauleiter durchgeführt und bestätigt werden. Ein Beispiel für ein Abnahmeprotokoll findet man in den IFBS-Fachregeln für Planung und Ausführung [R192(1)]. Das Original ist in den Bauakten aufzubewahren.

Zu IV.9.17 Schubfelder

Die als Schubfelder ausgebildeten Dach- und Deckenbereiche sind wesentliche Bestandteile für die Standsicherheit des Bauwerkes. Zwecks Kennzeichnung dieser Bereiche sind die in Bild IV.7 abgebildeten Warnschilder „Warnung – Schubfeld im Dach" beim IFBS erhältlich, siehe www.ifbs.eu/shop. Auf die Pflicht, den Eigentümer bzw. Betreiber des Gebäudes auf geeignete Weise über Größe, Lage und Bedeutung der Schubfelder zu informieren, sei hier besonders hingewiesen.

Im Schubfeldbereich erfolgt die Anordnung der Verbindungselemente in den Längsstößen – darauf sei hier noch einmal hingewiesen, vgl. IV.8.6 – gemäß statischer Berechnung im Abstand von 50 mm $\leq e_L \leq$ 500 mm, jedoch mindestens mit jeweils vier Verbindungselementen zwischen den Auflagerträgern. Alle aus der statischen Berechnung in die Verlegepläne übertragenen Ausführungsangaben sind strikt einzuhalten. Nachträgliche Änderungen im Schubfeld, z. B. Öffnungen für Lichtkuppeln, müssen vor Ausführung statisch überprüft und zeichnerisch festgelegt werden.

Die ordnungsgemäße Ausführung von Schubfeldern ist in einem Abnahmeprotokoll festzuhalten und vom verantwortlichen Fachingenieur oder vom Fachbauleiter zu bestätigen.

Zu IV.9.18 Blitzschutz

<1> Zur Montage des Blitzschutzsystems

Grundsätzliches zum Blitzschutz durch Metalldächer wurde im Kommentar zu IV.5.14 ausführlich diskutiert, ferner die Anforderungen an ein Metalldach oder eine Metallwand, um als „natürliche Blitzfangeinrichtung" anerkannt zu werden, sowie der Nachweis der Eignung. Hier geht es um die Montage des Blitzschutzsystems. Dabei trägt die Dach-Montagefirma die Verantwortung für die Ausführung des Daches entsprechend den Vorgaben der Norm oder ggf. der Typprüfung, der Blitzschutzbauer die Verantwortung für den richtigen Anschluss der Ableitungen zur Erdung und eventuell der Verbindungsleitungen der Dachteile.

Die Abnahmeprüfung oder die Wiederholungsprüfungen des Blitzschutzes des Gebäudes müssen daher von der Dach-Montagefirma und dem Blitzschutzbauer durchgeführt werden. Jeder prüft den von ihm zu verantwortenden Teil, beide gemeinsam die Verbindungsklemmen und deren richtigen Sitz.

<2> Zur Qualitätssicherung

Um sicherzustellen, dass das ausgeführte Metalldach den Vorgaben der Norm oder dem Dach, das bei der Typprüfung geprüft wurde, entspricht, muss der Lieferant des Dachsystems dem Errichter eine Anweisung für die Errichtung geben. Dies kann auch in Form einer Montagerichtlinie von hierfür zuständigen Verbänden erfolgen, wie z. B. in Deutschland mit den IFBS-Fachregeln realisiert [R192(1)]. Die Arbeitskräfte müssen in der Anwendung der Montagerichtlinie entsprechend geschult sein.

Der Errichter des Dachsystems gibt nach Fertigstellung eine Bestätigung über die konforme Ausführung an den Auftraggeber und eventuell direkt an den Errichter des Blitzschutzsystems. Dieser stellt die entsprechenden Ableitungen und Erdungen her und übergibt das gesamte Blitzschutzsystem dem Auftraggeber.

Die Gewährleistung trägt jedes der beiden Gewerke für den von ihm errichteten Teil.

Zu IV.10 Oberflächenschutz

Zu IV.10.1 Korrosionsschutz

Stahl ist ein Baustoff, der wegen seiner technischen Eigenschaften (u. a. Tragfähigkeit, Umformbarkeit) sowie seiner Wirtschaftlichkeit seine dominierende Stellung für dünnwandige Bauteile auch zukünftig behalten und ausbauen wird. Zur Erhaltung der Bauwerkssicherheit ist Stahl in aller Regel, entsprechend der vorgesehenen Nutzungsdauer, vor Korrosion zu schützen.

Mit Erscheinen von EN 1090-4 wird erstmals auf europäischer Ebene der Korrosionsschutz kaltgeformter Bauteile und Profiltafeln analog zu den bisher in Deutschland bewährten Normen geregelt. In Deutschland galt bis zum Jahr 2010 DIN 55928-8 für den Korrosionsschutz von tragenden dünnwandigen Bauteilen. Danach wurde diese Norm an die dann existierenden ISO-Normen angepasst und als DIN 55634 veröffentlicht. Dies geschah auch mit einer deutlichen Erweiterung des Regelungsbereiches, da seit diesem Zeitpunkt auch die stückverzinkten und stückbeschichteten dünnwandigen tragenden Bauteile vom Regelungsumfang erfasst sind.

Die Norm DIN 55634, seit März 2018 abgelöst von der Neufassung **DIN 55634-1 und -2** [R87] [R88], war nun die Vorlage für die Regelung des Korrosionsschutzes in EN 1090-4 im normativen Anhang IV.E, so dass sich für Anwender in Deutschland kaum etwas ändert.

Abschnitt IV.10.1 bildet mit Anhang IV.E eine Einheit, so dass sich hier die Kommentierung der wenigen Korrosionsschutzregeln von IV.10.1 erübrigt. Die entsprechenden Erläuterungen sind in den Kommentaren zu Anhang IV.E zu finden.

Zu IV.10.2 Reinigung und Wartung

Zu IV.10.2.1 Organisch beschichtete Produkte

<1> Zu Abs. 1 bis 3 und 6 – Verschmutzungen und deren Beseitigung

Zur problemlosen Beseitigung vieler Verschmutzungen, vor allem im frischen Zustand (z. B. Mörtelspritzer, wie hier in EN 1090-4 erwähnt), genügt oft bereits leichtes Abwischen mit einem feuchten Tuch. Die Norm empfiehlt viel Wasser zur Reinigung, jedoch können angetrocknete bzw. hartnäckige Verunreinigungen je nach Art der Beschichtung mit vom jeweiligen Hersteller empfohlenen Mitteln entfernt werden. Dabei ist zu beachten, dass die Reinigung möglichst ohne Druck vorzunehmen ist, um bleibende Veränderungen der Oberfläche wie Glanzverlust oder Druckstellen zu vermeiden. Abschließend ist auch hier gründlich mit klarem Wasser nachzuspülen. Salmiak- bzw. scheuersandhaltige Mittel, Nitroverdünnungen oder chlorhaltige bzw. aromatische Lösungsmittel dürfen auf keinen Fall verwendet werden.

<2> Zu Abs. 4 und 5 – Optische Beeinträchtigungen

Die Frage, ob sichtbare Mängel bzw. Beschädigungen besser über einen Austausch oder einen Anstrich zu „heilen“ sind, stellt sich eigentlich nur bei kleinflächigen Schädigungen. Diese werden in der Regel ausgebessert, und es wird kein Austausch vorgenommen, da bei einem Austausch des beschädigten Bauelementes gegen ein solches mit „identischer“ Beschichtung Farbton- und Glanzabweichungen auftreten können. Außerdem haben sich in der Regel, nach einer gewissen Expositionszeit unter Witterungseinfluss, Glanz und Farbeindruck geändert, so dass bei einem Austausch das nachgelieferte Bauelement den einheitlichen Eindruck des Bauwerkes stärker beeinträchtigen kann als eine sorgfältig durchgeführte Ausbesserung.

An Wandflächen sollten kleinflächige Schädigungen aufgrund der zuvor erwähnten möglichen Farbtonabweichungen, wenn vertretbar, nicht ausgebessert werden. Auf Dachflächen ist immer eine Ausbesserung vorzunehmen. Sollten Kratzer die Beschichtung durchdrungen haben, so dass der Stahluntergrund freiliegt, gilt das zuvor Gesagte. Auch hier empfiehlt es sich auszubessern. Es ist erforderlich, durch eine zusätzliche Korrosionsschutzgrundierung den vollen Korrosionsschutz wiederherzustellen.

<3> Zu Abs. 7 – Zugänglichkeit für Wartungsarbeiten

Die Notwendigkeit einer Zugänglichkeit aller Flächen zu Reinigungszwecken wird oft unterschätzt. Aber gerade abgeschattete Bereiche unterliegen in der Regel größeren Korrosionsgefahren als frei beregnete. Wandflächen unter Vordächern können nicht regelmäßig vom Regen abgespült werden, so dass sich im Laufe der Zeit ein Staub-/Schmutzfilm ablagert, der einen deutlich größeren Korrosionsangriff verursachen kann als die normale Bewitterung. Außerdem sind alle Schnitt- und Anschlussbereiche konstruktiv so zu gestalten, dass die Schnittflächen luftumspült sind und keine Gefahr der Schmutzablagerung besteht, wie z. B. auf Tropfleisten. Sollte es doch zu Schmutzablagerung kommen, gewährleistet die geforderte Zugänglichkeit im Rahmen einer regelmäßigen Wartung die Sicherstellung des Korrosionsschutzes über einen langen Zeitraum.

Produkte mit metallischem Überzug **Zu IV.10.2.2**

Trotz großer Sorgfalt im Umgang mit Bauelementen können kleinere Beschädigungen nicht ausgeschlossen werden. Dies macht unter Umständen das Ausbessern von Kratzern, Abschürfungen usw. sowie die Nachbehandlung von Schnittflächen erforderlich. Leichte Beschädigungen durchdringen bei Duplex-Korrosionsschutzsystemen in der Regel nicht das gesamte System aus Metallüberzug und organischer Beschichtung. Im Allgemeinen ist der Stahlkern noch mit einem, wenn auch ggf. angekratzten Metallüberzug bedeckt. Bei geringfügigen Beschädigungen an der Beschichtung von frei bewitterten Wänden kann deshalb wegen der kathodischen Schutzwirkung des Metallüberzugs (Bild KIV.10-1) üblicherweise auf eine Ausbesserung verzichtet werden.

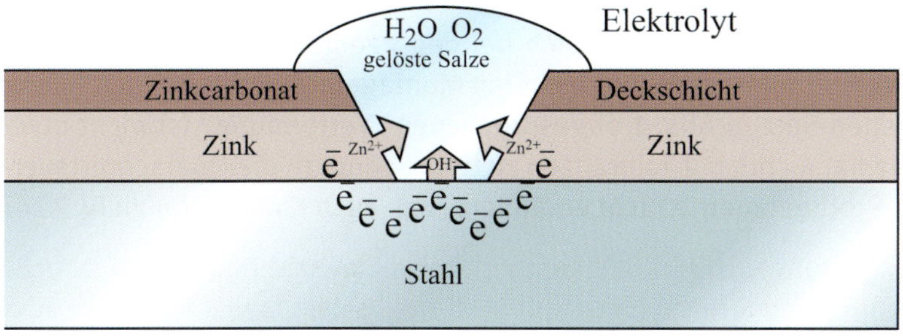

Quelle: Wirtschaftsvereinigung Stahl

Bild KIV.10-1: Kathodischer Schutz des Stahls durch Zink

Bei unsachgemäßer Bearbeitung von verzinkt-bandbeschichtetem Feinblech oder bei größeren (tieferen) Beschädigungen kann die Beschichtung sogar nachteilig wirken. Wird z. B. die organische Beschichtung örtlich so beschädigt, dass sie abgehoben wird, so kann es insbesondere bei geringer Dachneigung zu starker Zink- bzw. Spaltkorrosion kommen. Dieser Effekt kann auch durch unsachgemäße Schnitte auftreten, wenn die Beschichtung beim Schneidvorgang abgehoben wird und die Schnittflächen bewitterter Bauelemente lang anhaltend feuchtebelastet sind. Die starke Zinkkorrosion tritt im anodischen, wassergefüllten Spalt auf. In der kathodischen Zone (hoher Sauerstoffgehalt) kommt die Korrosionsschutzwirkung des Zinks voll zum Tragen, dabei kommt es zu einer ungewollten, fortwährenden Opferung des Zinks (Bild KIV.10-1).

Nichtrostender Stahl **Zu IV.10.2.3**

Die Reinigung von nichtrostenden Stahlbauteilen ist gleichlautend auch Gegenstand von Abschnitt II.10.10 in EN 1090-2. Lediglich den früher ebenfalls enthaltenen speziellen Hinweis auf saure Lösungen hat man dort in der aktuellen Ausgabe weggelassen. Für die Reinigung gibt es Spezialisten, spezielle Verfahren und Materialien, die je nach Anforderung zum Einsatz kommen. Es gibt Schadens- und Streitfälle durch unsachgemäßes Vorgehen zuhauf, deren Zahl man möglichst nicht erweitern sollte. Im Kommentar zu II.10.10 wird insbesondere das Problem der so genannten „Anlauffarben“ thematisiert, und es wird auf die Zulassung abZ Nr. **Z-30.3-6** [R9] verwiesen, die in Deutschland beim Bauen mit nichtrostendem Stahl zusätzlich zu beachten ist. Als erster Anlaufpunkt für Beratung sei hier die **Informationsstelle Edelstahl Rostfrei** genannt (www.edelstahl-rostfrei.de).

Zu IV.11 Geometrische Toleranzen

Einführender Kommentar zu Kapitel IV.11

Der Kommentar zu diesem Kapitel ist einerseits eng verzahnt mit dem Kommentar zum **normativen Anhang IV.D** gleichen Titels. Andererseits kann er kurzgehalten werden, da die Systematik der vorgegebenen Toleranzen praktisch identisch mit derjenigen von EN 1090-2 ist; vgl. das dortige Kapitel II.11 und den dortigen Anhang II.B, beides zusammen mit den zugehörigen Kommentaren in diesem Buch. Hinsichtlich der Begriffsdefinition „Toleranz" einschließlich der Terminologie der in EN 1090-2 und EN 1090-4 tabellierten Werte sei auf den Kommentar zu II.3.15 verwiesen.

DIN 18807-1 [R74] enthielt bereits Angaben zu geometrischen Toleranzen, unter dem Begriff „Grenzabmaße der Profilgeometrie". Diese Toleranzen dienten der Einhaltung der tragsicherheitsrelevanten Geometrie der Profiltafeln, waren also „grundlegende Toleranzen" im Sinne von EN 1090-2 und EN 1090-4 (siehe weiter unten). Sie bilden die Grundlage für die in Anhangabschnitt IV.D.2 tabellierten Werte. Für die tragenden kaltgeformten Bauteile wurden die bisherigen Toleranzen in EN 1090-2 überprüft, ggf. angepasst und nach EN 1090-4 in den Anhangabschnitt IV.D.3 überführt.

Zu IV.11.1 Allgemeines

<1> Zu Abs. 1 – Herstelltoleranzen

In diesem kurzen Absatz wird verdeutlicht, dass es sich bei den geometrischen Toleranzen in EN 1090-4 ausschließlich um Herstelltoleranzen und nicht um Montagetoleranzen handelt (siehe auch IV.11.3.3). Mit der im zweiten Satz in Abs. 1 angesprochenen „Verformung" ist nicht etwa die Durchbiegung gemeint – die hat nichts mit Toleranzen zu tun –, sondern die Querschnittsverformung. Die Montage darf die Profilgeometrie nicht verändern, vgl. auch Kommentar zu IV.9.14.

<2> Zu Abs. 2 – Toleranzgröße

Die in EN 1090-4 aufgeführten Toleranzen (korrekt: Grenzabweichungen oder Grenzabmaße) sind für den normalen Anwendungsfall gedacht und richten sich zuerst nach den Bedürfnissen der statischen Berechnung, so dass beispielsweise die Widerstandsgrößen, die für die Tragfähigkeit eines Bauteils erforderlich sind, auch unter Ausnutzung der Toleranzen noch erreicht werden können (so genannte **grundlegende Toleranzen**, siehe weiter unten).

An zweiter Stelle dienen Toleranzen auch der konstruktiven Ausbildung, der Passgenauigkeit von Bauteilen und an dritter Stelle dem optischen Erscheinungsbild. Beides sind im Sinne dieser Norm **ergänzende Toleranzen**, sie sind funktions- und gebrauchstauglichkeitsorientiert. Der letzte Punkt ist natürlich gerade für Bauherrn meistens der entscheidende: Für die Erreichung z. B. einer optisch hochwertigen Fassade kann es erforderlich sein, engere Toleranzen im Einzelfall festzulegen. Hier seien nur die Längentoleranzen von Profiltafeln genannt. Diese gegenüber den Normvorgaben eingeschränkten Toleranzen müssen aber vor Bestellung mit dem Hersteller gesondert vereinbart werden.

Zu IV.11.2 Toleranzkategorien

Die beiden Toleranzkategorien „grundlegend" und „ergänzend" werden in EN 1090-4 bereits in Abschnitt IV.4.1.4 eingeführt. In den zugehörigen Kommentaren <1> bis <3> wurden sie in ihren systematischen Zusammenhängen in kompakter Form erläutert. Hier folgt nun die ausführliche Definition, wobei der Abschnitt IV.11.2 aber fast wortgleich identisch mit Abschnitt II.11.1 in EN 1090-2 ist. Aus diesem Grunde wird hier auf einen eigenen Kommentar verzichtet und auf den Kommentar zu II.11.1 verwiesen.

Grundlegende Toleranzen

Zu IV.11.3

Allgemeines

Zu IV.11.3.1

Abschnitt IV.11.3 ist ebenfalls fast wortgleich identisch mit dem entsprechenden Abschnitt II.11.2 in EN 1090-2. Aus diesem Grunde wird auch hier auf einen eigenen Kommentar verzichtet und auf denjenigen zu II.11.2 in EN 1090-2 verwiesen. Besonderes Augenmerk sollte dem dortigen Kommentar zur Öffnungsklausel bei Überschreitung der zulässigen Abweichungen (hier Abs. 2 in IV.11.3.1, dort Abs. 2 in II.11.2.1) gewidmet werden.

Herstelltoleranzen

Zu IV.11.3.2

Da der Anwendungsbereich von EN 1090-4 grundsätzlich zwischen Profiltafeln und anderen kaltgeformten Bauteilen, den Trägern, Pfetten usw., unterscheidet (vgl. IV.1), ist auch Anhang IV.D in zwei Teile gegliedert, auf die hier verwiesen wird. Die Toleranzmaße werden im Kommentar zum Anhang IV.D kommentiert.

Montagetoleranzen

Zu IV.11.3.3

EN 1090-4 enthält keine speziellen Festlegungen zu Montagetoleranzen des Stahlleichtbaus, es wird lediglich auf die Angaben von EN 1090-2 für den allgemeinen Stahlbau verwiesen. Diese behandeln das gesamte Stahltragwerk, sind aber zumindest teilweise auf die aus Profiltafeln und/oder tragenden Bauteilen zusammengesetzten „kaltverformten Tragwerke“ nach EN 1090-4 übertragbar. Für das Verlegen von Profiltafeln enthält EN 1090-2 allerdings keine speziellen Montagetoleranzangaben. Hierzu sei nur auf die Fachregeln des Metallleichtbaus des IFBS für Planung und Ausführung verwiesen [R192(1)].

Ergänzende Toleranzen

Zu IV.11.4

Zunächst sei noch einmal auf den Kommentar zu IV.4.1.4 verwiesen, wo auch die Idee hinter der Kategorie „ergänzende Toleranzen“ kurz angesprochen wird. Sehr ausführlich werden Definition und Zielsetzung der ergänzenden Toleranzen im Kommentar <1> zu II.11.1 erläutert. Zur Erinnerung: Es handelt sich um die Kategorie der **funktions- und gebrauchstauglichkeitsorientierten** Toleranzen, zuweilen auch „allgemeine Toleranzen“ oder „Funktionstoleranzen“ genannt. Sie sind nicht tragsicherheitsrelevant und deshalb nicht absolut unverzichtbar wie die grundlegenden Toleranzen.

Im Kommentar <2> zu II.11.1 wird auch ausgeführt, dass hinsichtlich der ergänzenden Toleranzen die normative Vorschrift der EN 1090-2 (wie auch hier der EN 1090-4) darin besteht, solche Toleranzen in jedem Fall in den Bauteil- und Tragwerksspezifikationen bzw. in den Ausführungsunterlagen festzulegen und dann auch zu beachten. Enthält die Bauteil- oder Tragwerksspezifikation oder die Ausführungszeichnung keine Angaben, so gilt automatisch Anhang IV.D der EN 1090-4 mit seinen **tabellierten Werten** für ergänzende Toleranzen. Sollen **alternative Kriterien** für die ergänzenden Toleranzen angewendet werden, so ist dies in den genannten Unterlagen zu vermerken.

Zu IV.12 Kontrollen, Prüfungen und Nachbesserung

Einführender Kommentar zu Kapitel IV.12

Im vorliegenden Kapitel IV.12 werden Kontrollen, Prüfungen und Nachbesserungsmaßnahmen beschrieben, bei denen jeweils sorgfältig unterschieden werden muss zwischen solchen, die vor, während und nach Abschluss der Herstellung der kaltgeformten Profiltafeln und tragenden Bauteile anstehen, und solchen, die erst auf der Baustelle vor, während und nach ihrem Einbau in das Tragwerk anstehen. Erstere sind bereits erledigt, wenn CE-gekennzeichnete Bauteile auf die Baustelle geliefert werden, welche die gesamte Konformitätsnachweisprozedur gemäß EN 1090-1 oder gemäß ETAs durchlaufen haben. Die ausführende Montagefirma braucht sich um diesen Teil der im Abschnitt IV.12.3 beschriebenen Kontrollen, Prüfungen und Korrekturmaßnahmen im Einzelnen nicht zu kümmern.

Zu IV.12.1 Allgemeines

<1> Zu Abs. 1 und 2 – Grundlagen der Anforderungen an Kontrolle und Prüfung

Die im vorliegenden Kapitel IV.12 beschriebenen Anforderungen an die Kontrollen und Prüfungen sollen sicherstellen, dass die Qualitätsanforderungen, welche für die Ausführung des „kaltgeformten Tragwerks“, sofern verlangt, in einer **Dokumentation der Montagequalität** (vgl. IV.4.2.2 und Kommentare dazu), ggf. auch in einem **Kontroll- und Prüfplan** (ITP) – **nicht** Qualitätsmanagementplan (vgl. Kommentar <3> zu IV.4.2.2), niedergelegt worden sind, tatsächlich erreicht werden.

Der Umfang und der Zeitpunkt der Kontrollen, Prüfungen und Korrekturmaßnahmen können bereits vom Auftraggeber in einer Auftragsspezifikation festgelegt werden. Dabei muss er aber die Festlegungen dieser Norm beachten. Das heißt, er kann bei den Qualitätsanforderungen und beim Umfang der verlangten Prüfungen in seiner Spezifikation gegenüber den Festlegungen dieser Norm „aufsatteln“; er darf sie jedoch nicht unterschreiten, weil es sich um verbindliche Mindestanforderungen handelt.

Solche ggf. in der Auftragsspezifikation geforderten schärferen Kontrollen und Prüfungen sollten bzw. müssen von der herstellenden Firma bzw. der ausführenden Montagefirma bereits bei der Angebotsausarbeitung berücksichtigt werden. Für die konkrete Ausführung der Kontrollen und Prüfungen ist aber der ggf. innerhalb der Dokumentation der Montagequalität vom Hersteller bzw. Ausführenden selbst erstellte **Kontroll- und Prüfplan** maßgebend.

<2> Zu Abs. 3 – Erinnerung an die Ausführungsdokumentation

Der dritte Absatz dieses Normabschnittes stellt eine Erinnerung an die für jedes Bauvorhaben gemäß IV.4.4 zwingend erforderliche Ausführungsdokumentation dar (vgl. Kommentar dazu).

Zu IV.12.2 Tragende Bauteile, Profiltafeln und Verbindungselemente

Zu IV.12.2.1 Allgemeines

Dieser Absatz weist nochmals auf die Kontrollpflicht der ausführenden Firma bzw. Firmen hin. Es werden hier explizit zwar nur die kaltgeformten tragenden Bauteile und Profiltafeln des Stahlleichtbaus sowie deren Verbindungselemente angesprochen, letztlich muss die verantwortliche Montagefirma aber gemäß EN 1090-2 für jedes Bauteil eine Eingangskontrolle durchführen und dessen Übereinstimmung mit den Planunterlagen überprüfen, um die Funktionsfähigkeit des Gesamttragwerks nach erfolgter Montage sicherstellen zu können.

Die überprüften Nachweisdokumente für die Bauteile und Profiltafeln sind aufzubewahren. Sie dienen, sofern diese mit CE-Kennzeichnung auf die Baustelle geliefert werden, auch zur Vermeidung einer nochmaligen Überprüfung und gehören schließlich zur Ausführungsdokumentation des fertigen Tragwerks nach IV.4.4 (vgl. Kommentar dazu).

Nichtkonforme Produkte — Zu IV.12.2.2

In diesem Abschnitt wird noch einmal herausgestellt, dass nur tragende Bauteile und Profiltafeln verwendet werden dürfen, deren Kennzeichnung und Etikettierung die Vorgaben nach IV.5.2 erfüllen (vgl. Kommentar <3> dazu). Erfüllt das Etikett diese Anforderungen nicht, ist das Produkt „nichtkonform“ und darf zunächst nicht weiterverwendet/eingebaut werden.

Die fehlenden Dokumente bzw. Angaben können nachträglich geliefert werden. Wenn die Zuordnung der nachträglichen Dokumente zu den gelieferten Produkten dann einwandfrei möglich ist, und die Anforderungen des Kontroll- und Prüfplans erfüllt sind, können die Produkte verwendet werden.

Auch eine nachträgliche Qualifizierung der Produkte durch dokumentierte Prüfung ist möglich. Bei Erfüllung der Anforderungen gelten diese dann, ebenfalls logischerweise, nicht mehr als „nichtkonforme Produkte“.

Herstellung: geometrische Maße der gefertigten tragenden Bauteile und Profiltafeln — Zu IV.12.3

Allgemeines — Zu IV.12.3.1

<1> Zu Abs. 1 – Erforderliche Messungen gemäß „Prüfplan“

Vorab: Der vorliegende Abschnitt IV.12.3 behandelt, wie aus der Überschrift zu entnehmen, ausschließlich die **Herstellung** von kaltverformten tragenden Bauteilen und Profiltafeln. Die Forderungen hinsichtlich geometrischer Messungen sind also nur für den Hersteller dieser Produkte relevant. Mit dem in Bezug genommenen „Prüfplan“ – er kommt in der gesamten Norm EN 1090-4 sonst nicht vor (!) – ist der in IV.4.2.2 unter Punkt (c) fälschlicherweise als „Qualitätsmanagementplan“ geforderte **Kontroll- und Prüfplan** (vgl. zu IV.4.2.2 <3>) gemeint. Er spielt bei der Ausführung von Stahlbauten nach EN 1090-2 eine zentrale Rolle, dort „Inspektions- und Prüfplan (ITP)“ genannt (vgl. zu II.4.2.1 <2.3>).

Die hergestellten (fertigen) tragenden Bauteile und Profiltafeln müssen den geometrischen Anforderungen im Kontroll- und Prüfplan (z. B. den Toleranzforderungen) entsprechen. Alle dort verlangten Messungen und Prüfungen müssen durchgeführt worden sein, die Mess- und Prüfergebnisse dürfen keine Abweichungen von den Vorgaben aufweisen. Dabei müssen auch die Vorgaben des Kontroll- und Prüfplans hinsichtlich Anzahl und Stellen der Messungen sowie Umfang der Prüfungen erfüllt sein.

Diese messtechnische Überprüfung der Bauteilabmessungen sowie der einzuhaltenden geometrischen Toleranzen wird im Übrigen auch in EN 1090-1 verlangt. Auch für die Bauteilgeometrie gilt also, dass bei CE-gekennzeichneten Bauteilen die erneute messtechnische Überprüfung auf der Baustelle entfallen kann.

Es sollte klar sein, dass die Forderung „die tragenden Bauteile und Profiltafeln müssen immer vermessen werden“ nicht jede erdenkliche Abmessung des hergestellten Bauteils betreffen kann. Vielmehr sind hiermit die Größen nach IV.12.3.2 und IV.12.3.3 sowie die Toleranzen nach Anhang IV.D gemeint. Mit Rücksicht auf das spätere Tragwerk können aus statischer und montagetechnischer Sicht weitere wesentliche Abmessungen, die überprüft werden müssen, durch den Tragwerksplaner bzw. durch den Konstrukteur vorab festgelegt werden.

<2> Zu Abs. 2 – Löcher

Mit den „Empfehlungen für Löcher“ sind, da es im vorliegenden Abschnitt IV.12.3 um geometrische Maße geht, deren Toleranzen gemeint. Die zugehörigen Regeln findet man in EN 1090-2 im Abschnitt II.6.6.2 (vgl. Kommentare dazu). Für gestanzte Löcher sind spezielle Lochtoleranzen nach EN 1090-4 zu beachten (vgl. IV.6.5.2 und Kommentar <3> dazu).

<3> Zu Abs. 2 – Vorgehen bei Nichtkonformität bei der Abnahmekontrolle

Die beiden in diesem Normabsatz nur kurz angerissenen Maßnahmen bei festgestellter geometrischer Nichtkonformität von Bauteilen und Profiltafeln lassen sich wie folgt konkretisieren:

- Die Nichtkonformität ist zu beseitigen. Beispielsweise können Bauteile gekürzt werden, wenn Übermaße vorhanden sind, oder gerichtet werden, wenn der Stich zu groß ist. Bei falscher Überhöhung oder bei mangelhafter Ebenheit oder bei zu großer Verwindung können Korrekturen vorgenommen werden. Nach der Korrektur ist das Bauteil erneut auf Einhalten der Sollabmessungen zu überprüfen.
- Wenn Korrekturmaßnahmen nicht durchführbar sind oder wenn die Konformität durch sie nicht erreicht werden kann, darf das tragende Bauteil oder die Profiltafel für den vorgesehenen Einsatzzweck nicht verwendet werden. Das steht hier zwar nicht explizit im Normtext, sollte aber selbstverständlich sein.

Zu IV.12.3.2 Profiltafeln

Hier wird wieder Bezug genommen auf den in IV.4.2.2 unter Punkt (c) fälschlicherweise als „Qualitätsmanagementplan" geforderten **Kontroll- und Prüfplan** (vgl. zu IV.4.2.2 <3>). Er muss auch die geometrischen Messstellen und die Häufigkeit der Messungen enthalten. EN 1090-4 gibt hier nur eine detaillierte Liste der Maße, die in gewissen Abständen kontrolliert werden sollen, jedoch keine Hinweise, wie die Messstellen zu wählen sind. Es ist zu empfehlen, für die Kontrollprüfungen die „Qualitätsrichtlinien für Sandwichelemente und Profile" [R189] und die „Prüfbestimmungen für Profile" [R190] der European Association for Panels and Profiles heranzuziehen. In diesen Richtlinien wird detailliert ausgeführt, wie und wo die einzelnen Messungen durchzuführen sind.

Zur Häufigkeit der Prüfungen legt EN 1090-4 hier die Frequenzen fest. Generell kann gesagt werden, dass immer dann Prüfungen vorzunehmen sind, wenn eine Veränderung im Produktionsprozess eine Änderung der Bauteil- bzw. Profilgeometrie nach sich ziehen könnte. Innenradien und Aussteifungssicken sind mindestens einmal jährlich zu überprüfen.

Die in diesem Abschnitt beschriebenen Prüfungen stimmen im Übrigen weitestgehend mit den bisher in Deutschland vorgeschriebenen Prüfungen nach DIN 18807-1 [R74] überein.

Zu IV.12.3.3 Bauteile

Für die an tragenden kaltgeformten Bauteilen vorzunehmenden Messungen gilt sinngemäß das für Profiltafeln im vorhergehenden Abschnitt Gesagte.

Da es sich bei den tragenden Bauteilen oft um so genannte „Kantteile" handelt, ist bei diesen Bauteilen die Überprüfung der Rissfreiheit an den Biegeschultern von besonderer Bedeutung. Hierauf macht EN 1090-4 bereits beim Thema Kaltumformen in Kapitel IV.6 in einer Anmerkung aufmerksam (vgl. zu IV.6.1 <1>). Nun schreibt EN 1090-4 im letzten Absatz von IV.12.3.3 konkret vor, dass bei einem r/t-Verhältnis, das kleiner als der in der betroffenen Produktnorm angegebene sichere Grenzwert ist, eine regelmäßige Überprüfung auf Rissfreiheit durchgeführt und in der Dokumentation angegeben werden muss.

Empfohlene Mindestwerte für die Biegeradien (meist Biegehalbmesser genannt) finden sich in allen gängigen Produktnormen für Stahlsorten, die zum Kaltbiegen oder Abkanten ohne Rissbildung geeignet sind (z. B. in EN 10025-2 bis -4). Für Deutschland sind sie als kleinste zulässige Biegehalbmesser beim Kaltbiegen von Flacherzeugnissen in Abhängigkeit von der Blechdicke in **DIN 6935** [R57] genormt.

Zu IV.12.4 Kontrolle des montierten Tragwerks

Dieser Abschnitt behandelt das Ergebnis der Montage von tragenden kaltgeformten Bauteilen und Profiltafeln und ist somit für die Montagefirma relevant. Dabei lässt die Norm, der Grundphilosophie der Normenreihe EN 1090 zufolge, offen, ob die Kontrolle durch eine externe Prüfinstanz oder im Rahmen des betriebsinternen Qualitätssystems der Montagefirma oder durch den Auftraggeber vorgenommen werden soll.

Die abschließende Prüfung, ob alle eingebauten Bauteile unverformt sind, ist für die Erzielung der Tragsicherheit und Gebrauchstauglichkeit eine selbstverständliche Notwendigkeit. Ebenso müssen alle Montagehilfsmittel bei der Fertigstellung entfernt sein, oder so geplant sein, dass sie am Bauwerk verbleiben können.

Kontrolle von Verbindungselementen — Zu IV.12.5

Einführender Kommentar zu Abschnitt IV.12.5

Es geht in diesem Normabschnitt nicht, wie von der Überschrift her möglicherweise suggeriert, um Kontrolle, Prüfung und Korrekturmaßnahmen der Verbindungselemente als Ausgangsprodukte im Sinne von Abschnitt IV.5.7. Diese Kontrolle ist dadurch erfolgt, dass für angelieferte Verbindungselemente die vorgeschriebenen und mitgelieferten Prüfbescheinigungen nach EN 10204 und/oder Leistungserklärungen nach hENs oder ETAs und/oder Übereinstimmungserklärungen nach abZs überprüft wurden. Hier geht es vielmehr um die fertigen Verbindungen.

Gewindeformende Schrauben — Zu IV.12.5.1

<1> Zu Abs. 1 – Überprüfungen

Die geltenden ETAs enthalten für gewöhnlich keine Forderungen zur Überprüfung der fertigen Verbindung. Sie nennen vielmehr notwendige Montagebedingungen, wie z. B. der geforderte direkte Kontakt der zu verbindenden Bauteile. Hinweise zur Überprüfung finden sich zum Teil in den Empfehlungen der Hersteller der Verbindungselemente und natürlich in den IFBS-Fachregeln des Metallleichtbaus „Verbindungstechnik“ [R192(2)]. Auf der Baustelle ist in jedem Fall der richtige Schraubensitz zu kontrollieren. Dies betrifft sowohl die Ausrichtung der Schraube als auch die Komprimierung der Dichtscheibe (vgl. Bild IV.4 in EN 1090-4). Die Verbindungselemente sind rechtwinklig zur Profiltafelfläche/Bauteiloberfläche einzubringen, um eine einwandfrei tragende und erforderlichenfalls dichtende Verbindung sicherzustellen. Dabei ist auf eine fluchtgerechte Ausrichtung zu achten. Eine zu geringe Anpressung, wie auch eine zu starke, kann zu Undichtheiten führen, im letzteren Fall aufgrund der Zerstörung der EPDM-Dichtung; vgl. auch Kommentare zu IV.8.2.

<2> Zu Abs. 2 – Austausch von Schrauben

Hinweise zum Austausch von Schrauben bei fehlerhafter Montage finden sich zum Teil in den Empfehlungen der Hersteller der Verbindungselemente und natürlich in den IFBS-Fachregeln des Metallleichtbaus „Planung und Ausführung“ [R192(1)]. Schrauben in bestehenden Verbindungen, die bereits belastet worden sind, dürfen nur gegen gewindeformende Schrauben mit größerem Durchmesser ausgetauscht werden, wobei das Loch für die dickere Schraube passend aufzubohren ist (siehe abZ Nr. **Z-14.1-4** [R2], Abschnitt 4).

Blindniete — Zu IV.12.5.2

Für Blindniete gilt das zu IV.12.5.1 für gewindeformende Schrauben Gesagte sinngemäß; vgl. auch Kommentar zu IV.8.3.

Setzbolzen — Zu IV.12.5.3

Für Setzbolzen enthalten die zu Grunde liegenden ETAs Angaben zur Montage und Überprüfung des korrekten Sitzes.

Falls die Eignung der empfohlenen Kartusche nicht anderweitig geprüft werden kann, sind Probesetzungen auszuführen, z. B. zur Prüfung des Nagelvorstandes NVS, siehe Bild KIV.12-1. Der ordnungsgemäße Sitz des Setzbolzens ist darüber hinaus auch während der Montagearbeiten stichprobenartig durch Kontrolle des Nagelvorstandes zu überprüfen. Geeignete Setztiefenlehren werden im Allgemeinen vom Setzbolzenhersteller mitgeliefert. Wird der Nagel mit Überenergie eingetrieben, kann die Rondelle beschädigt werden. Ist der Bolzen nicht tief genug eingetrieben, liegt die Rondelle nicht satt auf. Dies reduziert die Tragfähigkeit und entspricht nicht den abZs bzw. ETAs.

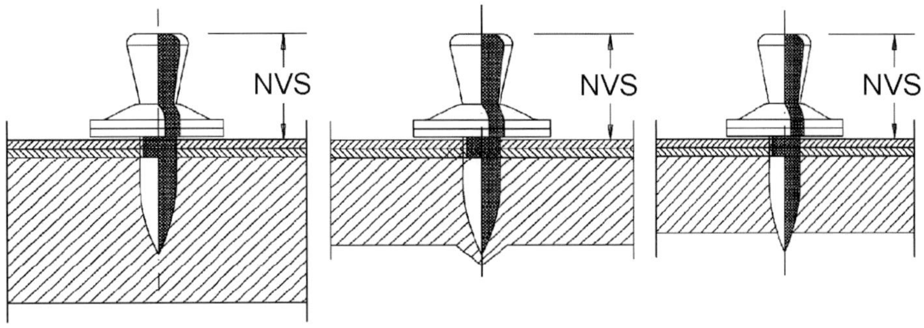

Quelle: IFBS

Bild KIV.12-1: Nagelvorstandkontrolle bei einem Setzbolzen

Zu IV.12.5.4 Verbindungen mit metrischen Schrauben

Verbindungen mit metrischen Schrauben sind in EN 1090-2 in Kapitel II.8, deren Kontrollen in Abschnitt II.12.5 geregelt; vgl. zugehörige Kommentare in diesem Buch.

Grundanforderungen an Profiltafeln

Zu Anhang IV.A
(normativ)

Einführender Kommentar zu Anhang IV.A

Zum Titel: Die gesamte Norm behandelt nichts anderes als **Grundanforderungen an Profiltafeln**, aber nur hinsichtlich der Herstellung und Montage (neben solchen an kaltgeformte tragende Bauteile). Anhang IV.A müsste korrekt eigentlich **„Planerische** Grundanforderungen an Profiltafeln" heißen.

Die bislang in der deutschen Norm **DIN 18807-3** [R76] enthaltenen Planungs- und Konstruktionsanforderungen sind in EN 1090-4 in die Anhänge IV.A und IV.B übernommen worden (vgl. auch zu IV.1 <15>). Im Anhang IV.A sind dabei die planerisch-konstruktiven Anforderungen behandelt, die bei jedem Bauwerk beachtet werden müssen, weil sie fast immer relevant sind. In Anhang IV.B sind dann zusätzliche planerisch-konstruktive Anforderungen aufgeführt, die nicht in jedem Fall vorkommen, wie z. B. ein biegesteifer Stoß.

In den folgenden Erläuterungen wird immer auch auf die bislang konkret bestehenden Regelungen nach DIN 18807-3 Bezug genommen, um für deutsche Anwender zu erklären, inwieweit Abweichungen zu ihrer bisherigen Praxis vorliegen.

Allgemeines — Zu IV.A.1

Im Kapitel IV.1 „Anwendungsbereich" ist es zwar schon eindeutig gesagt, aber an dieser Stelle wird nochmals darauf hingewiesen, dass Verbunddecken nicht in den Regelungsbereich von EN 1090-4 fallen.

Unterkonstruktionen — Zu IV.A.2

Werkstoffe — Zu IV.A.2.1

Kein Kommentar erforderlich.

Scherkräfte[3]/Festpunkte — Zu IV.A.2.2

Verbindungselemente, die nach abZ bzw. ETA für die Befestigung von Profiltafeln an der Unterkonstruktion zugelassen sind, sind so geprüft worden, dass ein direkter Kontakt zwischen den zu verbindenden Bauteilen besteht. Die charakteristischen Werte für die Zug- und Querkräfte[3] in den Anlageblättern dieser Zulassungen beruhen auf dieser Voraussetzung. Das ist auch in EN 1090-4, IV.8.1, für die Ausführung so vorgeschrieben (vgl. zu IV.8.1 <5>). Eine Ausnahme bildet die Verwendung von Trennstreifen bis zu einer Dicke von 3 mm. Diese Trennlage ist erlaubt, bei vollem Ansatz der angegebenen Werte. Bei einem größeren Abstand unterliegen die Verbindungselemente größeren Verformungen, die in die Tragfähigkeitsermittlung nicht eingegangen sind. Aus diesem Grund ist bei einer Obergurtbefestigung von Trapez- oder Wellprofilen immer ein Festpunkt vorzusehen. Die ansonsten vorhandenen Schubkräfte[3] würden die Tragfähigkeit der Schrauben bei den großen Abständen zwischen Obergurt und Unterkonstruktion stark herabsetzen.

DIN 18807-3 ging auf diese Problematik nicht ein, es war nur ein allgemeiner Hinweis vorhanden, dass bei Dachneigungen > 30° (58 %) konstruktive Maßnahmen zur Aufnahme des Dachschubes vorzusehen seien. Für Kassettenprofile enthielt DIN 18807-3/A1 dagegen weitere Angaben, die aber nicht in EN 1090-4 überführt wurden. Sie werden nachfolgend aufgeführt, da sie nach Meinung der Verfasser trotzdem Berücksichtigung finden sollten. Danach dürfen Kassetten-

---

3 Es ist hier abwechselnd von „Schubkräften", „Scherkräften" und „Querkräften" die Rede. Erstere meint eine aus der statischen Tragwerkswirkung resultierende Kraft, die beiden Letzteren eine auf das Verbindungselement rechtwinklig zu seiner Achse einwirkende Beanspruchung.

profiltafeln zur Abtragung des Dachschubes aus der Dachneigung ohne weiteren Nachweis herangezogen werden, wenn folgende Kriterien eingehalten sind:

- Bemessungswert des Dachschubes ≤ 0,45 kN/m^2;
- die Kassettenprofile sind mit mindestens je 2 Verbindungselementen an den Auflagerpunkten befestigt;
- die Kassettenprofile sind untereinander an Obergurt und Steg im Abstand von jeweils maximal 800 mm verbunden.

Beim Nachweis der Verbindungen ist der Dachschub zu berücksichtigen.

Zu IV.A.3 Randausbildung der Verlegefläche

Zu IV.A.3.1 Dachrandabschluss in Längsrichtung

Die konstruktiven Vorgaben am Dachrandabschluss, anschaulich in Bild IV.A.1 erläutert, haben sich im Vergleich zu den vorherigen Regelungen nach DIN 18807-3 nicht geändert. Weiterhin wird der Abschluss mittels Randversteifungsträger oder durch Auflagerprofile, die an einer Wand befestigt werden, oder über Randversteifungsbleche bildhaft erläutert. Mindestdicke des Randversteifungsbleches und die Verbindungselementabstände sind unverändert.

Eine Verbesserung ist jedoch eingeflossen. Bislang war das Randversteifungsblech mit dem abgekanteten Ende nach oben eingezeichnet, dies wurde nun so geändert, dass das Ende nach unten zeigt. Bislang hat die alte Darstellung dazu verleitet, dass die Dachdämmung an den aufgehenden Schenkel geschoben wurde, man hatte eine praktische Anschlagkante. Dies hatte jedoch zur Folge, dass zur aufgehenden Wand eine „Dämmlücke" entstand. Die jetzt dargestellte Variante erlaubt eine geschlossene Dämmebene bis zur aufgehenden Wand.

Eine Konstruktionsvariante wurde aus DIN 18807-3 nicht übernommen, der halbgeschlossene Hohlkasten aus ein bis zwei Kantprofilen. Diese Variante wird aus montagetechnischen und Kostengründen fast nicht mehr angewendet.

In jedem Fall ist bei Einsatz von Randversteifungsblechen das Blech immer über zwei Obergurte zu führen, so dass ein stabiler geschlossener Hohlkasten, bestehend aus Trapezprofil und Randversteifungsblech, entsteht, der dann den Dachrand ausreichend stabilisiert.

Zu IV.A.3.2 Querschnittsschwächungen

Dieser Abschnitt ist identisch mit Abschnitt 4.8.2 von DIN 18807-3. Die Angaben sind klar, ein Kommentar erübrigt sich.

Zu IV.A.3.3 Aussteifungen und Doppellagen

<1> Zu Abs. 1 bis 3 – Maßnahmen zur Erhöhung der Tragfähigkeit

Sollte in einem Feld, z. B. einem Endfeld, die Tragfähigkeit der Profiltafel nicht ausreichen und ist auch durch eine höhere Blechdicke keine Abhilfe zu schaffen, so sind Aussteifungsprofile einzulegen, die die erhöhten Lasten aufnehmen können. Die Geometrie der Profiltafeln darf durch diese Maßnahmen nicht verändert werden.

Alternativ bietet sich eine teilweise Überlappung der benachbarten Profiltafeln an, so dass eine partielle Doppelverlegung entsteht.

Als dritte Möglichkeit bietet sich die Verlegung von zwei Profiltafeln übereinander an, zu einer vollständigen Doppelverlegung. Diese Möglichkeit war bislang in DIN 18807-3 nicht beschrieben. In den IFBS-Fachregeln des Metallleichtbaus [R192(1)] ist diese Möglichkeit hingegen enthalten. Hier wird außerdem darauf hingewiesen, dass ab einer Blechdicke von mehr als 1 mm der Stoß nicht mehr überlappt werden kann und nur noch ein Stumpfstoß möglich ist, da dann die Profile nicht mehr ineinanderpassen. Um trotzdem auch bei höheren Blechdicken eine Überlappung zu realisieren, ist hier in EN 1090-4 in IV.A.3.3 die Möglichkeit des Einlegens von Metallstreifen aufgenommen worden (siehe Bild IV.A.2). Diese Streifen dienen der gezielten Auflagerung der oberen Lage auf der unteren Lage (mindestens an den Auflagern und möglichst in Feldmitte). Bei Doppellagen entsteht kein Schubverbund. Bei einer Doppellage aus dünnen Profiltafeln dürfen die Tragfähigkeiten der beiden Tafeln addiert werden. Bei der hier beschriebenen Doppellage mit Auflagerstreifen bedarf das System aus zwei Profiltafeln unter den gegebenen Auflagerbedingungen einer gesonderten statischen Bemessung.

<2> Zu Abs. 4 und 5 – Verbindungen

Für die Verwendung von Setzbolzen ist gemäß den geltenden ETAs eine Mindestuntergrunddicke von 6 mm erforderlich, um einen reproduzierbaren Eintreibprozess sicherzustellen. Eine Verbindung von Doppellagen über Setzbolzen ist somit nicht zulässig. Es kommen nur Niete nach IV.8.3 oder Schrauben nach IV.8.2 in Frage.

Vermeidung von Eisschanzen — Zu IV.A.3.4

Auf Dachdeckungen des Metallleichtbaus ist hochstehendes oder ansteigendes Wasser zu vermeiden, damit es nicht durch die Längsstöße in das Dachinnere eindringen kann. Besondere Gefährdung geht dabei von Schneeanhäufungen, Schneebarrieren und Eisschanzen aus, die sich häufig z. B. unter Solaraufbauten, in ihrem Schatten oder an Dachrändern bilden. Sie müssen deshalb unbedingt durch geeignete Planungsmaßnahmen verhindert werden. Ist das nicht möglich, muss bei Auftreten für eine unverzügliche Beseitigung durch Räumung gesorgt werden. Das gilt besonders für von Solaranlagen abgerutschten Schnee oder abgerutschte Eisplatten.

Die geeigneten Planungsmaßnahmen zur Vermeidung von Eisschanzen sind hier in EN 1090-4 aufgeführt; eine Kommentierung ist nicht erforderlich. Es ist vom Planer zu überprüfen, ob einzelne Maßnahmen ausreichen oder ob mehrere kombiniert werden müssen, um eine ausreichende Wirksamkeit zu erzielen.

Nach starken Schneefällen mit Anhäufungen und Verwehungen oder bei Witterungsbedingungen, die zu Eisschanzen führen können, z. B. Frost-Tau-Wechseln oder Frost mit Sonnenschein, ist der Zustand des Daches zu kontrollieren. Besteht die Gefahr der Überschwemmung des Daches, weil seine planmäßige Entwässerung behindert wird, müssen die Hindernisse unverzüglich entfernt werden. Dabei ist unbedingt darauf zu achten, dass die Dachfläche nicht beschädigt wird.

Bauphysikalische Anforderungen — Zu IV.A.4

Allgemeines — Zu IV.A.4.1

Kein Kommentar erforderlich.

Wasserdurchlässigkeit — Zu IV.A.4.2

In diesem Abschnitt wird die **Regendichtheit** eines Daches angesprochen, nicht die **Wasserdichtheit**, die z. B. eine Dichtheit gegen stehendes Wasser bedeuten würde. Dies kann aber von einem „normalen" Metalldach nicht gewährleistet werden.

Die Norm unterscheidet zwei Anforderungen, zum einen die Dichtheit der Profiltafel selber (Freiheit von Löchern), zum anderen die Dichtheit des Systems, bestehend aus Dichtbändern und Profiltafeln. Hinweise zur richtigen Konstruktion und Wahl der Dichtbänder sind in den IFBS-Fachregeln „Bauphysik" [R192(3)] enthalten, grundsätzliche Anforderungen zur Dichtheit finden sich in den IFBS-Fachregeln „Planung und Ausführung" [R192(1)].

Wärmedämmung — Zu IV.A.4.3

Dieser Abschnitt ist in EN 1090-4 sehr knapp gehalten. Eine ausführliche Darstellung hätte aber den Normenrahmen gesprengt. Grundsätzlich ist festzustellen, dass die beste Wärmebrückenminimierung in der Vermeidung von durchgehenden Metallteilen besteht, die die Dämmebene durchdringen. Weitere Hinweise und ein ausführlicher Wärmebrückenkatalog sind in den IFBS-Fachregeln „Bauphysik“ [R192(3)] zu finden.

Zu IV.A.4.4 Vermeidung von Tauwasser/Feuchteschutz

Zu IV.A.4.4.1 Allgemeines

<1> Zu Abs. 1 – Luft- und Feuchtigkeitsundurchlässigkeit

Die Forderung nach dauerhafter Luft- und Feuchtigkeitsundurchlässigkeit bezieht sich natürlich nur auf gedämmte Gebäudehüllen. Für einfache einschalige ungedämmte Gebäude wie z. B. Lager ist dies nicht zwingend erforderlich und sollte bauwerksbezogen vereinbart werden.

<2> Zu Abs. 2 bis 4 – Diffusion und Konvektion

Man muss zwei Effekte des Feuchtigkeitstransports unterscheiden, die Diffusion und die Konvektion. Eine Dampfsperrschicht mit einer wasserdampfdiffusionsäquivalenten Luftschichtdicke $s_d \geq 100$ m verhindert sicherlich, dass Wasserdampf aus feuchter Luft in die Dach- oder Wandkonstruktion diffundiert. Dies ist aber der unkritischere Teil. Viel mehr Augenmerk muss auf die Konvektion gelegt werden. Bei einem s_d-Wert der Dachhaut von 100 m entweichen am Tag 0,1 g Wasserdampf pro m^2 Dachfläche durch Diffusion. Bei einem Riss in der Dampfsperre von z. B. 2 mm Breite und einer Länge von 3 m können 7 200 g pro Tag, also ein Vielfaches gegenüber der Diffusion, in die Dachkonstruktion eingetragen werden.

Somit muss verhindert werden, dass warme Luft in oder durch das Dach strömt und durch Unterschreiten der Taupunkttemperatur daraus Tauwasser entsteht. Es ist dabei nicht so wichtig, dass die Dampfsperre als „Dampfsperre“ mit einem großen s_d-Wert gegen Diffusion wirkt, sondern vielmehr, dass sie als „Luftsperre“ einen großen Sperrwert gegen Konvektion aufweist. Wie dies erreicht werden kann, ist im nachfolgenden Abschnitt IV.A.4.4.2 beschrieben; siehe auch [R192(3)].

Zu IV.A.4.4.2 Maßnahmen gegen Konvektion

Kein Kommentar erforderlich (vgl. zu IV.A.4.4.1 <2>).

Zu IV.A.4.5 Luftschalldämmung (R_w)

Eine einschalige, ungedämmte Trapezprofilwand mit einer Blechdicke von 1 mm und einem Flächengewicht von 11 kg/m^2 erreicht gemäß VDI-Richtlinie 2571 [R200] ein bewertetes Schalldämmmaß von $R'_w = 25$ dB. Eine einschalige Konstruktion kann also im Regelfall zur Schalldämmung nicht ausreichend sein. Vielmehr sind für diesen Zweck zweischalige Konstruktionen erforderlich. Diese erzielen bewertete Schalldämmmaße von bis zu $R'_w = 55$ dB(A) in der Dachfläche und bis zu $R'_w = 57$ dB(A) in der Wandfläche. Eine sehr ausführliche Übersicht über geprüfte Konstruktionen findet sich in [R192(3)].

Zu IV.A.4.6 Schallabsorption (α_w)

Zur Erreichung einer befriedigenden Schallabsorption sind gelochte Profile mit dahintergestellter/gelegter Mineralfaserdämmung erforderlich. Bei handelsüblichen Konstruktionen von Industriehallenwand- und -dachaufbauten mit Lochblechabdeckung, der dem lärmigen Raum zugewandten Schallabsorptionsschicht des Bauteils, wurden in einem breitbandigen Frequenzbereich (100 Hz bis 6 300 Hz) mittlere Schallabsorptionsgrade α_w von ca. 0,6 bis 0,9 nachgewiesen. $\alpha_w = 1{,}0$ würde bedeuten, dass die Energie aller auf das Bauteil auftreffenden Schallwellen vollständig absorbiert wurde. Eine sehr ausführliche Übersicht über geprüfte Konstruktionen findet sich in [R192(3)].

Zu IV.A.4.7 Blitzschutz

Vgl. die Kommentare zu IV.5.14 und IV.9.18.

Dachentwässerung

Zu IV.A.5

In Deutschland unterscheidet man die **Mindestdachneigung** von 3° als diejenige Grenze der Dachneigung, die nicht unterschritten werden darf, und die **Regeldachneigung** von 7° als die untere Dachneigungsgrenze, bei der sich in der Praxis eine Dachdeckung (unabhängig vom Baustoff) als regensicher erwiesen hat. Die Größe der Regeldachneigung ist abhängig vom Werkstoff, von der Profilart und der Verwendung zusätzlicher Maßnahmen. Die Mindestdachneigung hat hier in Abschnitt IV.A.5 Eingang in EN 1090-4 gefunden, der Begriff der Regeldachneigung, der aus dem Dachdeckerbereich stammt, dagegen nicht.

Beträgt die Dachneigung weniger als 7° (Regeldachneigung), so sind nach EN 1090-4 nach dem Stand der Technik zusätzliche Dichtungsmaßnahmen vorzusehen. Diese Maßnahmen bestehen in erster Linie in dem richtigen Einsatz von Dichtbändern [R192(3)].

Die Mindestdachneigung von 3° soll bei Dachdeckungen mit Profiltafeln nicht unterschritten werden. Bei Verwendung von gebogenen Profiltafeln, wie z. B. Stehfalzprofilen im Firstbereich, ist dies aber unvermeidlich und in diesen Fällen auch zulässig. Voraussetzung hierfür ist das Fehlen von Querstößen.

Die Querstoßüberdeckung ist immer in Abhängigkeit von der Dachneigung nach Tabelle IV.A.1 zu wählen. Auch wenn dies nicht explizit gefordert wird, sollten auch bei Dachneigungen über 7° immer Dichtbänder in den Überlappungsstößen angeordnet werden, um ein Eintreiben von Schlagregen zu verhindern.

Die am Ende dieses Abschnitts aufgeführten Normen EN 12056-1 und EN 12056-3 [IV.Lit25] enthalten Angaben zu Schwerkraftentwässerungsanlagen innerhalb von Gebäuden und deren Planung und Bemessung.

Zu Anhang IV.B (normativ) Sonderanforderungen an Profiltafeln

Einführender Kommentar zu Anhang IV.B

Die normungstechnische Geschichte und Besonderheit dieses normativen (!) Anhangs wurde im Kommentar <15> zu IV.1 ausführlich geschildert. Demnach sind hier, ergänzend zu Anhang IV.A (vgl. den dortigen einführenden Kommentar), aus DIN 18807-3 [R76] besondere planerisch-konstruktive Anforderungen an Profiltafeln bzw. an Leichtbautragwerke aus Profiltafeln (z. B. die Ausbildung und Bemessung eines biegesteifen Profiltafelstoßes) übernommen worden und werden hier quasi „zwischengeparkt“, damit sie nicht verloren gehen. Das ist in der Tat eine Besonderheit und stellt einen Bruch in der Systematik der EN-Normen für den Konstruktiven Ingenieurbau dar, da es mit der „Ausführung“, d. h. der Herstellung und der Montage von Metalltragwerken im Sinne der Normenreihe EN 1090 eigentlich nichts zu tun hat.

Wie bei Anhang IV.A, so wird auch hier bei den folgenden Erläuterungen immer auch auf die bislang bestehenden deutschen Regelungen nach DIN 18807-3 [R76] Bezug genommen, um zu erklären, inwieweit Abweichungen zur bisherigen Praxis vorliegen.

Zu IV.B.1 Allgemeines

<1> Zu Abs. 1 – Hinweis für den Tragwerksplaner

Hier wird noch einmal klar formuliert, dass sich Anhang IV.B nicht an den Ausführenden, sondern an den Planer, insbesondere den Tragwerksplaner richtet; vgl. den einführenden Kommentar zu diesem Anhang.

<2> Zu Abs. 2 – Verbunddecken

Obwohl Verbunddecken schon im Kapitel IV.1 „Anwendungsbereich“ ausgeschlossen wurden, wird hier zum wiederholten Male darauf hingewiesen, dass diese Konstruktionen in EN 1090-4 nicht behandelt werden.

<3> Zu Abs. 3 – Durchlaufwirkung

Eine gängige Praxis bei der Bemessung von durchlaufenden Profiltafeln ist hier beschrieben. Aufgrund der versetzten Verlegung der Tafeln und der dadurch vorhandenen „Verschmierung“ der erhöhten Auflagerlasten an den Zwischenauflagern, kann die Durchlaufwirkung auf die Auflagerreaktion unter den hier angegebenen Randbedingungen vernachlässigt werden.

<4> Zu Abs. 4 – Wassersackbildung

Die bestehende Regelung von DIN 18807-3 zum Thema Wassersack wurde in diesem Absatz fast identisch übernommen. Generell ist hier anzumerken, dass der beste Schutz gegen Wassersackbildung eine ausreichende Dachneigung von mindestens 3° ist (Mindestdachneigung, vgl. IV.A.5). Sollte dies im Einzelfall nicht möglich sein, so ist die Entwässerung gerade vor dem Hintergrund der Wassersackbildung sorgfältig zu planen. Dies bedeutet, dass sich bei geringer Dachneigung kleine Pfützen aufgrund der entstehenden Durchbiegung unter Wasserlast stetig vergrößern und das Wasser bei schlechter Entwässerungsplanung nicht mehr abfließen kann.

<5> Zur Anmerkung – Eigengewicht der Außenwandbekleidung

Die hier genannte Empfehlung, dass für Kassettenprofile das Eigengewicht der Außenbekleidung von bis zu $g_d = 0{,}23\ \text{kN/m}^2$ vernachlässigt werden kann, entstammt DIN 18807-3/A1 [R76], aber in verkürzter Form. Da der technische Sachverhalt weiterhin richtig ist, wird nachfolgend die ausführlichere Formulierung von DIN 18807-3/A1 wiedergegeben.

„Ein Nachweis der Kassettenprofiltafeln für die Abtragung der Eigenlast der Außenschale ist bis zu einem Bemessungswert der Flächenlast von 0,23 kN/m² einschließlich gegebenenfalls vorhandener Distanzprofile nicht erforderlich. Die zulässigen Abstände der Verbindungen der

Außenschale bzw. Distanzprofile mit den Kassettenprofiltafeln und der Kassettenprofiltafeln untereinander in den Stegen sind einzuhalten. Beim Nachweis der Verbindungen der Kassettenprofiltafeln mit der Unterkonstruktion ist diese Eigenlast jedoch zu berücksichtigen."

Gebrauchstauglichkeit

Zu IV.B.2

<1> Zu Abs. 1 – Ober-/Untergurtbefestigung

Der Hinweis in diesem Absatz soll verdeutlichen, dass es keine Vorschrift zur Obergurtbefestigung in wasserführenden Schichten gibt. Letztlich muss jede Verbindung dicht sein. Dies kann bei richtiger Montage von den heute zugelassenen Verbindungselementen auch gewährleistet werden. Bei einer Obergurtbefestigung ist jedoch darauf zu achten, dass die Verbindungselemente auch für den vergrößerten Abstand zwischen Bauteil I (Profiltafel) und Bauteil II (Unterkonstruktion) zugelassen sind. Hierfür können z. B. Sandwichbefestiger benutzt werden.

<2> Zu Abs. 2 – Befestigungsuntergrund

Bei jeder Auswahl von Befestigungselementen sind die Anwendungsgrenzen der jeweiligen abZ oder ETA zu entnehmen.

<3> Zu Abs. 3 bis 6 – Durchbiegungsbeschränkung

Die bisher in Deutschland geltenden zulässigen Durchbiegungen nach DIN 18807-3 wurden mit zwei Ausnahmen in EN 1090-4 übernommen. Die beiden Ausnahmen betreffen

- den zweiten Spiegelstrich in Abs. 4: Jetzt $f_{max} \leq l/200$ (statt früher $l/300$);
- den Abs. 6: Jetzt $f_{max} \leq l/500$ (statt früher $l/300$).

Auflagerbreiten

Zu IV.B.3

Für die Wahl der Auflagerbreite unterschied man nach DIN 18807-3 drei Fälle.

- Aus dem Tragsicherheitsnachweis ergaben sich die erforderlichen Auflagerbreiten. Dies ist jetzt nur noch impliziert in Abs. 1 dadurch ausgedrückt, dass ggf. „besondere Ausführungsfestlegungen berücksichtigt werden müssen".
- Vorgabe von Mindestauflagerbreiten für den Fall, dass das Trapezprofil unmittelbar nach dem Verlegen auf dem Auflager befestigt wird. Diese Mindestauflagerbreiten finden sich jetzt unverändert in Tabelle IV.B.1.
- Für alle anderen Fälle galt eine Auflagerbreite zuzüglich Trapezprofilüberstand von mindestens 80 mm, bei Mauerwerk mindestens 100 mm. Diese Angaben sind in EN 1090-4 nicht mehr enthalten. Hier ist in Abs. 2 nur noch angegeben, dass aus Sicherheitsgründen die Auflagerbreite in diesen Fällen ausreichend groß sein muss.

Unterkonstruktion aus Beton oder Mauerwerk

Zu IV.B.4

<1> Zu Abs. 1 – Auflagerbauteile

Bei einer Unterkonstruktion aus Beton, Stahlbeton, Spannbeton oder Mauerwerk ist immer ein zusätzliches Auflagerbauteil aus (bevorzugt) Metall (siehe Bilder IV.B-1a bis -1d) vorzusehen. Hierdurch ist die Lastaufnahme sowohl in Quer- als auch in Zugrichtung möglich, um eine tragfähige und durchgängige Verbindung der Profiltafeln mit der Unterkonstruktion zu ermöglichen. In Ausnahmefällen kann auch auf Holz zurückgegriffen werden. Sofern keine zugelassenen Schienensysteme verwendet werden, schreibt EN 1090-4 eine Mindestdicke des Stahl-Auflagerteils von 8 mm vor. Sofern man auf zugelassene Schienensysteme zurückgreift (z. B. Bild KIV.B-1), entfällt natürlich diese Forderung, und es sind die Angaben der abZ oder ETA zu beachten.

Quelle: www.halfen.com

Bild KIV.B-1: HTU-Schienen zum Befestigen von Trapezprofilen mit gewindefurchenden Schrauben, Bohrschrauben oder Setzbolzen

<2> Zu Abs. 2 – Überhöhung

Ist das Auflager im Verhältnis zur Stützweite der Profiltafel sehr breit, so kann sich die Tafel aufgrund ihrer Verformung unter Eigen- und Verkehrslast so durchbiegen, dass sie sich an den Rändern des Auflagers auflegt. Somit kann es statt zu einer flächigen Auflagerung über der gesamten Breite zu einer Schneidenlagerung an den Auflagerrändern kommen. Dies führt zu einer Unterschreitung der Mindestauflagerbreite und kann zum Versagen der Profiltafel infolge Knittern führen. Aus diesem Grund sind bei Unterkonstruktionen mit einer Breite von mehr als 10 % der rechnerischen Stützweite die Auflagerbauteile mit einer Überhöhung gegenüber der Betonfläche, entsprechend der Biegelinie der Profiltafeln, einzubauen. Dies soll die Schneidenlagerung vermeiden.

<3> Zu Abs. 3 – Direktbefestigung

Eine direkte Befestigung in Beton wird in diesem Absatz in Ausnahmefällen wie z. B. beim Bauen im Bestand erlaubt und ist in Bild IV.B.1e auch gezeigt. Hierbei ist aber darauf hinzuweisen, dass diese Verbindung speziell nachgewiesen werden muss, da es zurzeit noch keine Befestiger gibt, die für diesen Anwendungsfall zugelassen sind. Hierbei scheitert es nicht an dem fehlenden Nachweis der Verankerung im Beton, sondern vielmehr an der fehlenden Aussage zur Durchknöpftragfähigkeit der Verbindung mit der dünnen Stahlprofiltafel. Einer Verankerung an einem Hutprofil ist in jedem Fall der Vorzug zu geben. Hierbei kann eine definierte Verbindung zwischen Profiltafel und Hutprofil (siehe Bild IV.B.1d) hergestellt werden. Die Befestigung des Hutprofils auf Beton-Unterkonstruktion hat dann auch aufgrund der höheren Materialdicke des Hutprofils eine erhöhte Tragfähigkeit.

<4> Zu Bild IV.B.1 – Beispiele für Ausführungen von Auflagern

Die gezeigten Beispiele waren mit Ausnahme der direkten Befestigung in der Unterkonstruktion (Bild IV.B.1e) schon in DIN 18807-3 enthalten und bedürfen keiner weiteren Erläuterung.

Zu IV.B.5 Exzentrische Verbindungen

Bei unsymmetrischen Unterkonstruktionen aus Metall und/oder außermittigen Verbindungen wird die Zugtragfähigkeit der Verbindung herabgesetzt. Dieser Zusammenhang ist in entsprechenden Anlagen der abZs bzw. der ETAs der Verbindungselemente über Abminderungsfaktoren berücksichtigt, hat aber in den Eurocode EN 1993-1-3 bisher nur teilweise Eingang gefunden. Bis zum Erscheinen der nächsten ergänzten Fassung des Eurocodes ist die entsprechende Tabelle aus den Zulassungen nun als Tabelle IV.B.2 in EN 1090-4 aufgenommen worden.

Aussteifung von Kassettenprofilen

Zu IV.B.6

<1> Zu Abs. 1 bis 4 – Stabilisierung der Kassettenprofilobergurte durch die Außenschale

Kassettenprofile sind keine für sich allein lastabtragenden Bauteile. Sie erreichen ihre Tragfähigkeit nur in Kombination mit einer Außenschale, die die Stege der Kassette stabilisiert. Über rechnerische Nachweise oder versuchstechnisch kann die Tragfähigkeit einer Kassettenwand nachgewiesen werden. Die Hersteller von Kassettenprofilen sind in der Regel im Besitz dieser Nachweise, die zum Teil auch als baustatische Typenprüfung vorliegen; Bild KIV.B-2 zeigt einen Auszug aus einem Typenprüfbescheid. In diesen statischen Typenberechnungen bzw. Typenprüfungen sind die Randbedingungen für deren Gültigkeit angegeben. Hierzu zählen u.a. die Mindestblechdicke der Außenschale und der Abstand der Verbindungselemente zur Befestigung der Außenschale auf den Kassettenstegen, oder bei horizontaler Verlegung der Außenschale der Abstand der Distanzkonstruktion (in Bild KIV.B-2 als a1-Wert ausgewiesen).

Anlage 2 Bescheid über die baustatische Typenprüfung Nr. T14-028 vom 05.03.2014

Stahlkassettenprofil Typ **Wu 120/600**
unperforiert

Querschnitts- und Bemessungswerte
EN 1993-1-3

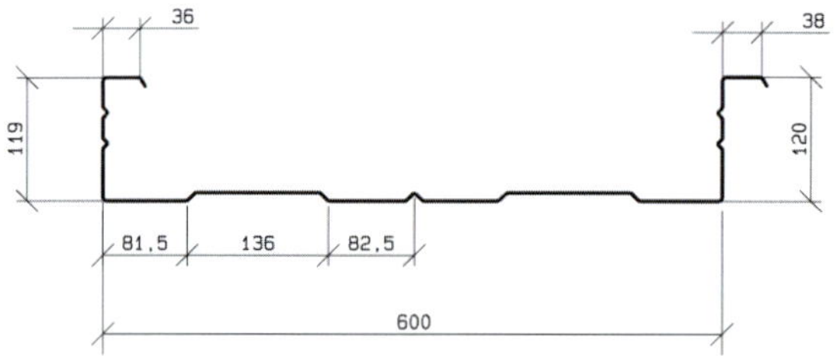

Anlage 2

Als Typenentwurf
in bautechnischer Hinsicht geprüft
Prüfbescheid Nr.T14-028
Landesdirektion Sachsen
Landesstelle für Bautechnik

Leipzig, den 05.03.2014

FREISTAAT SACHSEN – LANDESDIREKTION SACHSEN

i.A. [signature] [signature]

Leiter Bearbeiter

Nennsteckgrenze des Stahlkerns $f_{y,k}$= 320 N/mm²

Abstand der Befestigung a1 ≤ 732 mm

Charakteristisch Tragfähigkeitswerte für andrückende Flächenlast [1)2)]

Nenn-Blech-dick	Feld-moment	End-auflager-kraft [5)] la = 40	Quer-kraft	Elastisch aufnehmbare Schnittgrößen an Zwischenauflagern [1)2)3)4)] Stützmomente b_B = 100mm		Stützmomente b_B = 300 mm		Zwischenauflagerkräfte b_B = 100 mm		Zwischenauflagerkräfte b_B = 300 mm	
t_N	$M_{c,Rk,F}$	$R_{w,Rk,A}$	$V_{w,Rk}$	$M_{0\,Rk,B}$	$M_{C,Rk,B}$	$M_{0\,Rk.B}$	$M_{C,Rk,B}$	$R_{0\,Rk,B}$	$R_{w,Rk,B}$	$R_{0\,Rk,B}$	$R_{w,Rk,B}$
mm	kNm/m	kN/m		kNm/m				kN/m			
0,75	4,93	7,37		8,89	4,78	10,6	5,80	25,07	17,6	27,45	19,8
0,88	6,56	10,4		12,5	6,68	13,3	7,57	36,12	25,2	42,43	28,8
1,00	8,07	13,2		15,9	8,43	15,9	9,20	46,43	32,2	50,40	36,8
1,13	9,12	14,9		17,9	9,53	17,6	10,40	52,27	36,4	56,74	41,6
1,25	10,1	16,5		19,8	10,5	19,8	11,5	57,82	40,2	62,77	46,0
1,50	12,1	19,8		23,8	12,6	23,8	13,8	69,50	48,3	75,45	55,2

Charakteristische Tragfähigkeitswerte für abhebende Flächenbelastung [1)2)6)]

Nenn-blech-Dicke	Feld-Moment	End-Auflager-Kraft [5)]	Zwischenauflager					Maßgebende Querschnittswerte: Eigen-last	Trägheitsmomente		Quer-Schnitts-fläche
t_N	$M_{c,Rk,F}$	$R_{w,Rk,A}$	$M_{0,Rk,B}$	$M_{C,Rk,B}$	$R_{0\,Rk,B}$	$R_{w,Rk,B}$	$V_{w,Rk}$	g	I^{+}_{eff}	I^{-}_{eff}	Ag
mm	kNm/m	kN7m	kNm/m		kN/m			kN/m²	cm⁴/m	cm⁴/m	cm²/m
0,75	4,77	8,56	4,44	4,44		21,4		0,094	167		11,2
0,88	6,44	11,2	5,90	5,90		28,0		0,110	207		13,2
1,00	8,00	13,6	7,26	7,26		34,0		0,125	247		15,1
1,13	9,04	15,4	8,21	8,21		38,4		0,142	279		17,2
1,25	10,0	17,0	9,09	9,09		42,5		0,157	308		19,1
1,50	12,0	20,4	10,9	10,9		51,0		0,188	370		23,0

1) Interaktionsbeziehung für M u. V

$$\frac{M_{Ed}}{Mc,Rk,B/\gamma_M} \leq 1 \quad \text{wenn} \quad \frac{V_{Ed}}{Vw,Rk/\gamma_M} \leq 0{,}5$$

Für $\frac{V_{Ed}}{V_{w,Rk}/\gamma_M} \geq 0{,}5$ gilt Gleichung 6.27 (EN1993-1-3) die im Sinne der Sicherheit vereinfacht werden kann.

$$\frac{M_{Ed}}{M_{c,Rk,B}/\gamma_M} + \left(2 \cdot \frac{V_{Ed}}{V_{w,Rk}/\gamma_M} - 1\right)^2 \leq 1$$

2) Interaktionsbeziehungen für M und R

$$\frac{M_{Ed}}{M_{0,Rk,B}/\gamma_M} + \frac{F_{Ed}}{R_{o,Rk,B}/\gamma_M} \leq 1$$

$$\frac{M_{Ed}}{M_{c,Rk,B}/\gamma_M} \leq 1 \text{und} \frac{F_{Ed}}{R_{w,Rk,B}/\gamma_M} \leq 1$$

3) Für kleinere Zwischenauflagerbreiten b_B als angegeben, müssen die aufnehmbaren Tragfähigkeitswerte linear im entsprechenden Verhältnis reduziert werden. Für b_B <10mm,z.B. bei Rohren, darf maximal der Wert für b_B =10 mm eingesetzt werden.
4) Bei Auflagerbreiten, die zwischen den aufgeführten Auflagerbreiten liegen, dürfen die aufnehmbaren Tragfähigkeitswerte jeweils linear Interpoliert werden.
5) Die Auflagerbreiten , l_a =^ dem Abstand von der Auflagerkannte bis zum Tafelende (aus Versuchen begründet)
6) Verbindungen mit der Unterkonstruktion in jedem anliegenden, breiten Gurt mit mindestens 2 Verbindungen

Quelle: Wurzer Profiliertechnik GmbH

Bild KIV.B-2: Bescheid über die baustatische Typenprüfung eines Stahlkassettenprofils (Auszug)

<2> Zu Abs. 5 und 6 – Abstand der Außenschale

Auch für die Verbindung der Kassettenprofile mit der Außenschale gilt die Bedingung, dass die beiden Schalen direkt aufeinander zu liegen haben, um die in den Typenblättern aufgeführten Tragfähigkeiten der Kassettenwand erreichen zu können, wie dies auch für die Verbindungselemente gilt (vgl. zu IV.8.1 <5>). Dabei gilt hier ebenso, dass eine Trennlage von bis zu 3 mm als direkt aufliegend angesehen werden kann. Für größere Abstände ist ein gesonderter Tragfähigkeitsnachweis für die Kassettenwand zu führen.

<3> Zu Abs. 7 – Indirekte Verbindung der Außenschale über Distanzprofile

In diesem Absatz werden die den Absätzen 1 bis 4 zugrunde liegenden Zusammenhänge über die Stabilisierung der schmalen Kassettenprofilobergurte vertieft.

Alle veröffentlichten Tragfähigkeitswerte für Kassettenprofile beziehen sich auf zweischalige Konstruktionen, wobei die Außenschale aus kontinuierlichen schubsteifen Trapezprofiltafeln bzw. Wellprofiltafeln besteht und unmittelbar („direkt") auf den schmalen Kassettenprofilobergurten befestigt wird. Unter diesen Voraussetzungen und mit einer Mindeststeifigkeit der Außenschale können die Befestigungspunkte in der Wandebene als unverschieblich betrachtet werden.

Bei Außenwänden aus Stahlkassettenkonstruktionen werden zunehmend anstelle von Außenschalen aus Stahl- oder Aluminiumtrapezprofilen solche aus großflächigen abgekanteten Stahl- oder Aluminiumelementen verwendet. Diese Profiltafeln werden häufig auf Lisenen befestigt, die in Abständen bis 2 m mit den schmalen Obergurten der Kassettenprofile verbunden sind. Diese werden auch z. B. bei horizontal verlegter Außenschale verwendet. Häufig werden aus architektonischen Gründen auch Steckfalzpaneele als Außenschale eingesetzt, deren Befestigung auf den schmalen Kassettengurten nur mit dem Steckfalzrand erfolgt, während der andere Rand im Steckfalz gleiten kann. Damit nimmt die Schubsteifigkeit der Außenschale ab und kann nur teilweise und nur nach Erreichen bestimmter Verformungen aktiviert werden. Damit sind zum einen die Abstände der Lisenen (i. d. R. 1 ÷ 2 m) viel größer als bei der direkten Befestigung der Trapezprofile in jedem oder jedem zweiten Gurt. Zum anderen nimmt die stabilisierende Wirkung der schubsteifen Trapezprofile für die knickgefährdeten schmalen Kassettengurte mit der Höhe der Zwischenprofile ab.

Außerdem müssen diese Profile in Längsrichtung unverschiebbar gehalten werden, so dass das seitliche Ausweichen der schmalen Gurte der Kassettenprofile behindert ist und somit der vergrößerte Abstand von mehr als 3 mm keine Rolle spielt. Ist eine der beiden Bedingungen nicht gegeben, ist ein gesonderter Nachweis zu führen. Einige Hersteller von Kassettenprofilen haben in ihren Typenblättern bereits Abminderungsformeln enthalten, die es erlauben, die Tragfähigkeit in Abhängigkeit vom Lisenenabstand und der Höhe der Distanzprofile zu vermindern. Außerdem werden Abminderungsfaktoren im Falle der freien Verschieblichkeit angegeben.

Begehbarkeit

Zu IV.B.7

Einführender Kommentar zu Abschnitt IV.B.7

Die Regelung der Begehbarbarkeit von Profiltafeln dient dem Schutz der Personen, die sich während und nach erfolgter Montage auf einem Metalldach bewegen. Hierzu wurde der Begriff der Grenzstützweite eingeführt.

Die Grenzstützweite ist neben der Tragfähigkeit und der zulässigen Durchbiegung ein zusätzliches Bemessungskriterium von Stahltrapezprofilen für Dach und Decke. Die Grenzstützweite ist die Stützweite, bis zu der Dach- bzw. Deckenprofile während der Montage oder auch später bei Nutzung noch als begehbar gelten, ohne im Normalfall bleibende Verformungen zu hinterlassen.

Die Ermittlung der Grenzstützweite durch Prüfung wurde in Deutschland bislang in DIN 18807-2 [R75] geregelt. Dieses Verfahren wurde fast identisch in den vorliegenden Anhangabschnitt von EN 1090-4 überführt.

In DIN 18807-2 stand bisher unter Pkt. 7.7 „Begehbarkeit“ sinngemäß, dass die Profiltafeln während der Montage nur unter Anwendung lastverteilender Maßnahmen begangen werden dürfen, es sei denn, es wird ein Nachweis nach DIN 18807-2 geführt. Das DIBt hat seinerzeit hierzu festgelegt: „Bei Stahltrapezprofiltafeln mit Stützweiten, für die die Begehbarkeit nicht experimentell nachgewiesen wurde, besteht neben der Möglichkeit eines rechnerischen Nachweises (vgl. DIN 18807-1, Abschnitt 6) selbstverständlich auch die Möglichkeit der Begehbarkeit unter Anwendung lastverteilender Maßnahmen. Bauaufsichtlich sind lastverteilende Maßnahmen dem Nachweis der Grenzstützweite äquivalent.“

Zu IV.B.7.1 Begehbarkeit während der Montage

<1> Zu Abs. 1 – Begehbarkeit nur zu Montagezwecken

Das Begehen von Trapezprofilen darf während der Montage, d. h. in einem Zustand, in dem noch nicht sichergestellt ist, dass die Profiltafeln entsprechend den Verlegeplänen befestigt sind, ausschließlich durch hierfür ausgebildetes Montagepersonal erfolgen. Allen anderen Gewerken muss zu dieser Zeit aus Sicherheitsgründen der Zutritt versagt werden.

<2> Zu Abs. 2 – Begehbarkeit mit lastverteilenden Maßnahmen

Dieser Absatz enthält die bisherige deutsche Regelung, dass die Tafeln nur mit lastverteilenden Maßnahmen (vgl. einführenden Kommentar zu Anhangabschnitt IV.B.7) begangen werden dürfen, außer man hat einen Nachweis durch Prüfung nach IV.B.7.3 geführt, so dass auf diese Lastverteilung verzichtet werden kann. In diesem Absatz werden erstmals Mindestanforderungen an die Lastverteilung gestellt, so dass ungeeignete Mittel nicht zum Einsatz kommen.

Zu IV.B.7.2 Begehbarkeit und Zugang nach der Montage

<1> Zu Abs. 1 und 3 – Wartungs- und Reinigungszwecke

Trapezprofildächer dürfen nach erfolgter Montage nicht für andere Zwecke als Wartung und Reinigung ihrer selbst begangen werden. Für die Wartung anderer Dachaufbauten, wie z. B. Lüfter etc., sind eigene Laufstege zu errichten.

<2> Zu Abs. 2 – Begehbarkeit mit lastverteilenden Maßnahmen

Vgl. zu IV.B.7.1 <2>. Außerdem wird hier eine Klausel eingeführt, die größere Grenzstützweiten bei Zweifeldträgersystemen erlaubt, da die Prüfungen immer nur an einem Einfeld-System durchgeführt werden und die sich ergebenden Grenzstützweiten somit auch nur dafür gelten.

Zu IV.B.7.3 Prüfung der Begehbarkeit

Abschnitt IV.B.7.3 entspricht den bisherigen deutschen Regelungen nach DIN 18807-2, 3.7, 5.1, 5.2 und 7.7. Die Versuchsdurchführung und -auswertung ist verständlich beschrieben, auf einen Kommentar wird verzichtet.

Zu IV.B.8 Biegesteifer Stoß

<1> Zu Abs. 1 und 2 – Mindestüberlappungslänge

Zur Aktivierung der Durchlaufwirkung von mehreren in Reihe liegenden Trapezprofilen kann ein biegesteifer Stoß in der Trapezprofiltragschale angeordnet werden, in DIN 18807-3 wie auch hier in EN 1090-4 „statisch wirksame Überdeckung“ genannt. Die Inhalte der zugehörigen Textabsätze wurden fast identisch übernommen. Die Mindestlänge des Überlappungsbereiches[4] wurde allerdings geändert. Bislang galt eine Länge von ca. 10 % der größeren angrenzenden

4 Achtung – die Notation „L“ wird nicht konsistent verwendet: Im Text ist L die größere der angrenzenden Stützweiten, in Bild IV.B.3 die überkragende Länge der am Stoß endenden Profiltafel.

Stützweite. Dies ist auf 8 % reduziert worden. Wenn der Stoß nicht als statisch durchlaufend angesehen wird, darf die Überlappungslänge sogar auf 6,5 % verringert bzw. bis auf 11 % vergrößert werden, aber dann handelt es sich eben nicht mehr um einen biegesteifen Stoß. Insofern ist diese Angabe hier deplatziert, wenn nicht sogar überflüssig. Die Überlappungslänge darf jedoch im Fall des biegesteifen Stoßes nicht mehr als 15 % der kürzeren Stützweite betragen.

<2> Zu Abs. 3 und 4 – Verbindungselemente

Es werden weiterhin Verbindungselementegruppen von zweimal vier Verbindungselementen gefordert. Deren Rand- und Lochabstände sind identisch mit den bisherigen Regelungen nach DIN 18807-3. Neu aufgenommen wurde der Hinweis auf die Verwendung von Flachblechen als Füller im Auflagerbereich nach Bild IV.A.2 (im dortigen Text „Metallstreifen“ genannt), bei Profiltafel-Blechdicken über 1 mm. Bei diesen dicken Blechen lassen sich die Profile nicht mehr ineinanderlegen, so dass sie anstatt auf dem Untergurt in den Stegen aufliegen und somit ohne Flachblech/Metallstreifen keine planmäßige Einleitung der Auflagerkräfte über die Untergurte erfolgen kann.

<3> Zu Abs. 5 – Bevorzugte Überdeckungsvariante

In Bild IV.B.3 sind zwei Varianten des biegesteifen Stoßes dargestellt. Im Detail 1 liegt das überkragende Ende der Profiltafel unten, im Detail 2 liegt das überkragende Ende der Profiltafel oben. Im Fall von Detail 2 ergeben sich deutlich größere Kräfte K als bei der Variante 1, deshalb und aus montagetechnischen Gesichtspunkten ist das Detail 1 immer vorzuziehen. Leider hat sich hier im Text ein Druckfehler eingeschlichen: Fälschlicherweise wird die entgegengesetzte Empfehlung gegeben.

<4> Zu Abs. 6 und 7 – gelochte Bleche und Kassettenprofile

Hierzu ist kein Kommentar erforderlich.

Drehbettung

Zu IV.B.9

Die Berechnung der Drehbettungswirkung durch Profiltafeln ist ausführlich im Eurocode EN 1993-1-3, 10.1 beschrieben. EN 1090-4 enthält an dieser Stelle einen Hinweis zur Vereinfachung. Wenn die Drehbettungswirkung nicht nach Eurocode ermittelt wird, darf für die Anschluss-Drehfedersteifigkeit vereinfachend ein Wert angesetzt werden, der de facto nach EN 1993-1-3, Tab. 10.3 dem Mindestwert bei abhebenden Lasten (Windsog) entspricht.

Die Anmerkung verweist auf die weitere Möglichkeit der Aussteifung durch Drehbettung mithilfe von Sandwichelementen und ist als Hinweis für den Tragwerksplaner gedacht. Im deutschen Nationalen Anhang von EN 1993-1-3 [R99] sind seit einigen Jahren entsprechende Werte aufgeführt, die aber erst bei der Revision des Eurocodes in diesen aufgenommen werden und somit nach Abschluss erst europaweit zur Verfügung stehen werden.

Auskragende Profile

Zu IV.B.10

Der Haupt-Textteil in diesem Normenabschnitt stammt aus DIN 18807-3. Früher musste allerdings eine Einzellast von 1 kN (Mannlast) verteilt werden, in EN 1090-4 werden jetzt keine genauen Angaben gemacht, stattdessen wird hinsichtlich des Personengewichts auf den Eurocode 1, EN 1991 verwiesen. Ab einer Kragarmlänge über $L/10$ oder 300 mm ist immer ein Nachweis nach EN 1993-1-3 erforderlich. EN 1090-4 enthält im Gegensatz zu DIN 18807-3 in Bild IV.B.4 fünf verschiedene Beispiele, die die konstruktiven Möglichkeiten der Lastquerverteilung am Kragarmende aufzeigen. Sie sind unmittelbar einsehbar und bedürfen keiner Kommentierung.

Zu IV.B.11 Öffnungen in der Verlegefläche

<1> Zu Abs. 1 bis 3 – Öffnungen ohne Nachweis und ohne Auswechselung

Die Angaben in diesen Absätzen sind ebenso wie die Konstruktionsskizzen in Bild IV.B.5 der DIN 18807-3 entnommen, so dass es sich bei den Auswahlkriterien, wann eine Öffnung ohne weiteren Nachweis erstellt werden darf oder wann auf eine Auswechselung verzichtet werden darf, um in Deutschland langjährig bekannte Kriterien handelt. Sie sind verständlich beschrieben, und die konstruktiven Vorgaben für die Abdeckbleche und ihre Verbindung mit den Profilobergurten in Bild IV.B.5 sind ebenfalls unmittelbar verständlich; eine Kommentierung ist deshalb nicht erforderlich.

<2> Zu Abs. 3c – Vereinfachter statischer Nachweis

Eine der Bedingungen in Abs. 3, um Öffnungen ohne Auswechslung ausführen zu dürfen, ist der vereinfachte statische Nachweis der öffnungsgeschwächten Verlegefläche mit einer erhöhten Flächenlast. Dieser Nachweis mit α-fachen Lasten ist gegenüber DIN 18807-3 geändert worden. Durch den IFBS beauftragte Untersuchungen an der RWTH Aachen haben ergeben, dass die bisherigen α-Werte teilweise auf der unsicheren Seite lagen. Aus diesem Grunde wurde die bisherige Grafik für den Erhöhungsfaktor α durch lineare Gleichungen für zwei verschiedene Öffnungsgrößen ersetzt (siehe Tabelle IV.B.5). Zukünftig sollen weitere Untersuchungen das Tragverhalten analysieren, um noch bessere Berechnungsverfahren zu erhalten und auch um optimierte Lösungen für die Abdeckbleche zu finden.

In EN 1090-4 ist in der Tabelle IV.B.5 jedoch ein wichtiger Hinweis nicht übertragen worden. Es wird nur der Abstand L_A zwischen Mitte Öffnung und Endauflagerlinie definiert und somit das Verhältnis L/L_A. Die α-Werte gelten jedoch auch für den Fall eines Durchlaufträgers, so dass die Tabelle richtigerweise aussehen muss, wie in Tabelle KIV.B-1 dargestellt.

Tabelle KIV.B-1: Tabelle IV.B.2 korrigiert

Durchmesser der Öffnung Ø mm	Erhöhungsfaktor α[a]
≤ 200	$1 + L_A/L$ bzw. $1 + L'_A/L$
300	$1 + 3L_A/L$ bzw. $1 + 3\,L'_A/L$

L Stützweite

L_A Abstand zwischen Mitte Öffnung und Endauflagerlinie (siehe Bild KIV.B-3)

L'_A Abstand zwischen Mitte Öffnung und Momentennullpunkt (siehe Bild KIV.B-3)

α Verhältnis q_0/q

q Eigengewicht des Daches, einschließlich des Eigengewichtes der Profiltafel

q_0 α-fache Dachlast

a Für Lochdurchmesser zwischen 200 mm und 300 mm kann α linear interpoliert werden.

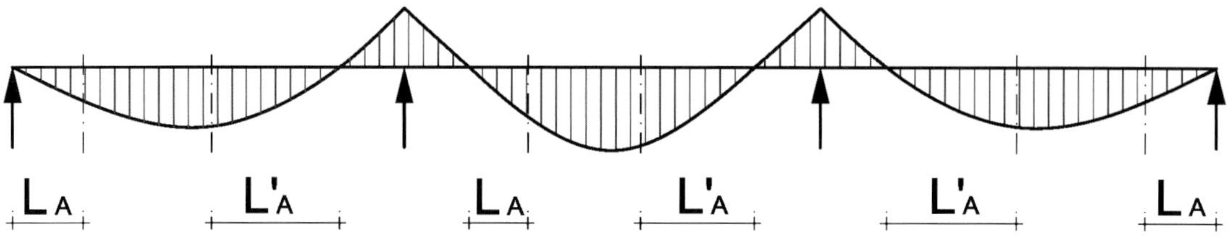

Bild KIV.B-3: Als Durchlaufträger ausgebildete Profiltafelkonstruktion

<3> Zu Abs. 4 – Öffnungen in Kassettenprofilen

EN 1090-4 regelt auch die Erstellung von Öffnungen in Kassettenprofilen. Da bei einer Kassette sich nur die an die Stege angrenzenden Bereiche der Untergurte an der Lastaufnahme beteiligen, reicht es als Kriterium aus, mindestens 100 mm der Untergurte rechts und links vom Kassettensteg stehen zu lassen, um auf eine statisch wirksame Auswechslung verzichten zu können. Siehe hierzu auch den Kommentar <2> zu IV.8.5.2.

<4> Zu Abs. 5 – Aussteifung der Öffnungen

Die Abdeckbleche nach Bild IV.B.5 dienen zum einen der Aussteifung der Öffnung, zum anderen aber auch der Schaffung einer planebenen Fläche für die weitere Verlegung der Dampfsperrschicht und der Dämmung.

<5> Zu Abs. 6 – Auswahl der Verbindungselemente

Zur Festlegung von Mindestdurchmessern für die Verbindungselemente an Öffnungsrändern ist kein Kommentar erforderlich.

Ergänzende Kommentare zu Anhang IV.B

DIN 18807-3 enthielt weitere Regelungen, die leider nicht in EN 1090-4 übernommen worden sind, hier aber als Empfehlungen genannt werden sollten. Dies sind die Themen Querverteilung von Einzellasten bei Trapezprofilen und Stützweitenreduzierung.

<1> Zur Querverteilung von Einzellasten bei Trapezprofilen

Für Einzel- und Linienlasten ist die Lastquerverteilung zu verfolgen. Dabei ist zu unterscheiden zwischen der Lasteinleitung direkt in eine oder zwei benachbarte Rippen und der Lasteinleitung über querverteilende tragende Zwischenschichten.

<1.1> Lastquerverteilung ohne querverteilende Zwischenschichten

Einzellasten, die in eine oder zwei benachbarte Rippen einer Profiltafel im Abstand $x \leq l/2$ vom Auflager eingeleitet werden, durften nach DIN 18807-3, sofern kein genauerer Nachweis geführt wird, nach Tabelle KIV.B-2 und Bild KIV.B-4 querverteilt werden, wenn die Lasteinleitung über mindestens zwei Stege und die Last-Längsverteilung in Spannrichtung über mindestens 50 mm erfolgt.

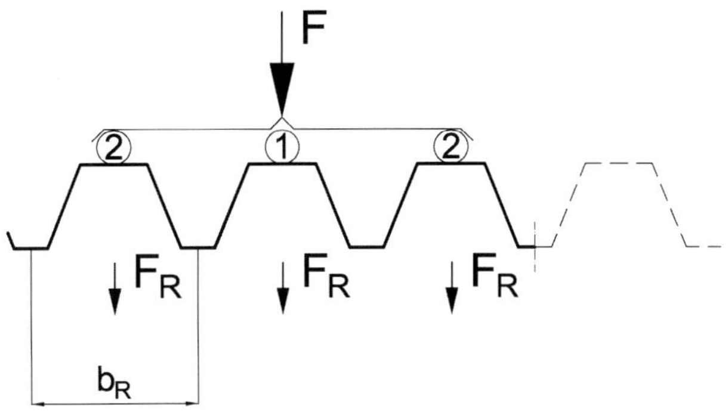

Lastanteil je Rippe: $F_R = C_i/100 \times F$

Bild KIV.B-4: Lastquerverteilung ohne lastverteilende Zwischenschichten (aus DIN 18807-3 [R76])

Tabelle KIV.B-2: Lastquerverteilung ohne lastverteilende Zwischenschichten (aus DIN 18807-3 [R76])

Einzellast-verteilung nach	Belastete Profilrippe C_1 [%]	Erste benachbarte Profilrippe C_2 [%]
beiden Seiten	$(352-0{,}8\cdot b_R)\cdot\left(\frac{x}{l}-0{,}5\right)^2+(12+0{,}2\cdot b_R)$	$(44-0{,}1\cdot b_R)\cdot\left[1-4\left(\frac{x}{l}-0{,}5\right)^2\right]$
einer Seite	$(240-0{,}6\cdot b_R)\cdot\left(\frac{x}{l}-0{,}5\right)^2+(40+0{,}15\cdot b_R)$	$(60-0{,}15\cdot b_R)\cdot\left[1-4\left(\frac{x}{l}-0{,}5\right)^2\right]$
l Stützweite der Profiltafeln in m, x Abstand der Einzellast vom Auflager in m, b_R Rippenbreite in mm.		

<1.2> Lastquerverteilung mit querverteilenden Zwischenschichten

Eine ausreichende Querverteilung für ausbetonierte Trapezprofile liegt vor, wenn:

- die Stahltrapezprofile oberseitig nur verzinkt (ohne Beschichtung) sind,
- die Betonfestigkeitsklasse mindestens B 15 (DIN 18807-3-Regelung) beträgt,
- die Rippen der Profiltafeln vollständig mit Beton ausgefüllt sind,
- die Betonüberdeckung der Trapezprofilobergurte mindestens 50 mm beträgt.

Anstelle des Betons B 15 kann ein Estrich oder anderer Belag mit einer Festigkeit, die mindestens der eines Betons B 15 entspricht, verwendet werden. Der Aufbeton darf für Querkanäle (z. B. Kabelkanäle) bis 600 mm Breite unterbrochen werden.

Wird kein genauer Nachweis erbracht, dürfen die mitwirkenden Plattenbreiten quer zur Tragrichtung nach Tabelle KIV.B-3 ermittelt werden.

Die Lasteintragungsbreite b_e (siehe Bild KIV.B-5) darf angenommen werden zu

$$b_e = b_L + 2\,(s_L + d).$$

Hierin bedeuten:

b_L Lastaufstandsbreite,

s_L lastverteilende Deckschicht (z. B. Estrich),

d Dicke der durchlaufenden Betonüberdeckung.

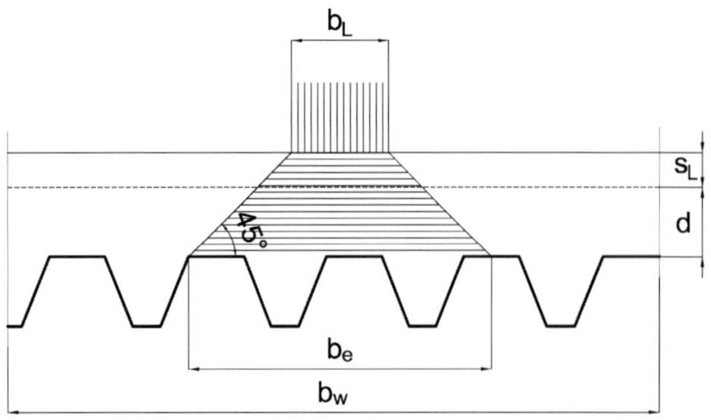

Bild KIV.B-5: Lasteintragungsbreite b_e (aus DIN 18807-3 [R76])

Für die Berechnung des Biegemomentes gilt:

$\overline{M} = M/b_{w}$.

Für die Berechnung der Querkraft gilt:

$\overline{Q} = Q/b'_{w}$.

Hierin bedeuten:

M Balkenbiegemoment je Breiteneinheit b_{e},

Q Balkenquerkraft je Breiteneinheit b_{e},

$\overline{M}$ Plattenbiegemoment je Breiteneinheit b_{w},

$\overline{Q}$ Plattenquerkraft je Breiteneinheit b'_{w},

b_{w} rechnerische Lastverteilungsbreite bei M (siehe Tabelle KIV.B-3),

b'_{w} rechnerische Lastverteilungsbreite bei Q (siehe Tabelle KIV.B-3).

Sind die voranstehend genannten Voraussetzungen für eine Lastquerverteilung nicht vorhanden, z. B. wegen eines oberseitigen zusätzlichen Korrosionsschutzes oder wenn die Rippen nicht vom Beton ausgefüllt sind, so kann die Querverteilung durch eine Bewehrung rechtwinklig zur Spannrichtung der Stahldecke hergestellt werden. Diese Bewehrung muss einen Mindestdurchmesser von 4,0 mm und einen Stahlquerschnitt von mindestens 0,5 cm^2/m haben. Decken, bei denen eine ausreichende Querverteilung nicht nachgewiesen wird, dürfen, außer durch Verkehrslasten, nur von leichten Trennwänden unabhängig von der Richtung dieser Wände belastet werden.

Erfolgt die Lastquerverteilung z. B. durch Stahlprofile, Blechformteile, Holzbohlen, Betonfertigplatten oder Ähnliches, ist deren ausreichende Wirksamkeit nachzuweisen.

Tabelle KIV.B-3: Rechnerische Lastverteilungsbreite (aus DIN 18807-3 [R76])

	1	2	3
Lfd. Nr	Statisches System Schnittgrößen	Rechnerische Lastverteilungsbreite b_w	Gültigkeitsgrenzen
1	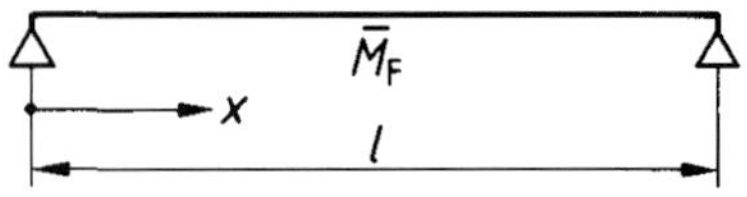	$b_w = b_e + 2 \cdot x \cdot \left(1 - \frac{x}{l}\right)$	$0 < x < l/2$ $b_e < 0{,}8 \cdot l$
2	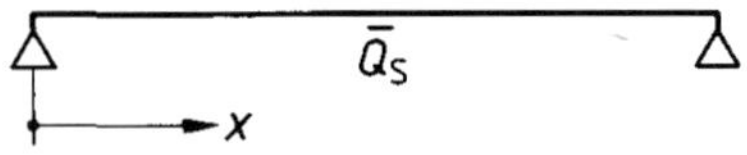	$b'_w = b_e + 0{,}5 \cdot x$	
3	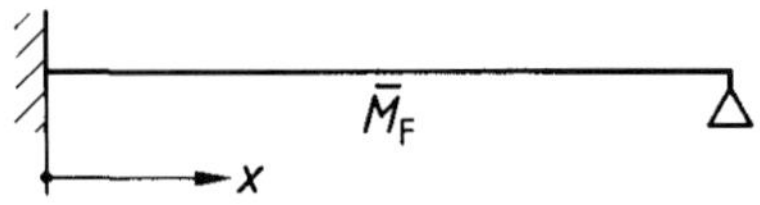	$b_w = b_e + 1{,}33 \cdot x \cdot \left(1 - \frac{x}{l}\right)$	$0 < x < l$ $b_e < 0{,}8 \cdot l$
4	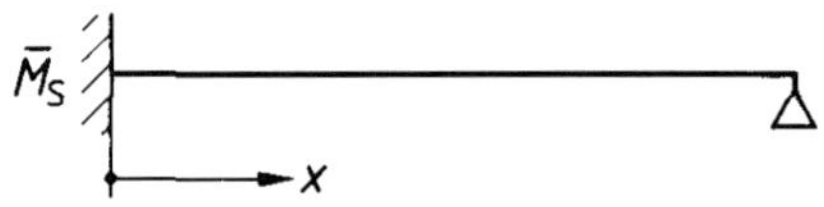	$b_w = b_e + 0{,}45 \cdot x \cdot \left(2 - \frac{x}{l}\right)$	
5	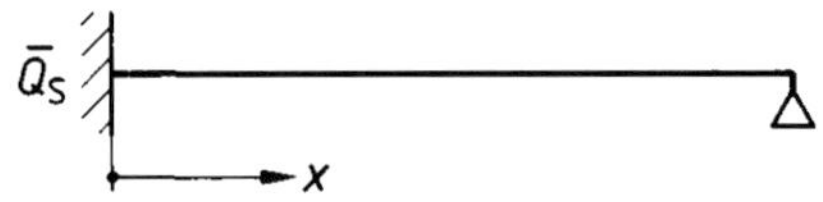	$b'_w = b_e + 0{,}3 \cdot x$	$0{,}2 \cdot l < x < l$
6	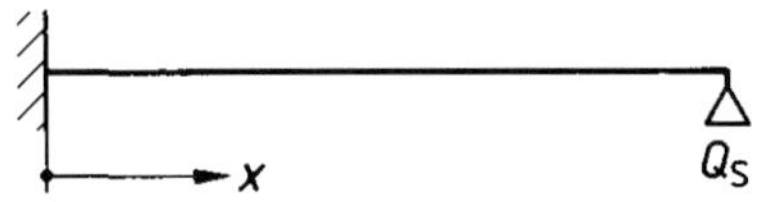	$b'_w = b_e + 0{,}4 \cdot l \cdot \left(1 - \frac{x}{l}\right)$	$0 < x < 0{,}8 \cdot l$ $b_e \leq 0{,}4 \cdot l$
7	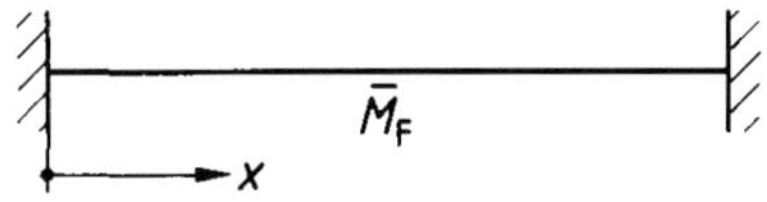	$b_w = b_e + 0{,}8 \cdot x \cdot \left(1 - \frac{x}{l}\right)$	$0 < x < l/2$ $b_e < 0{,}8 \cdot l$
8	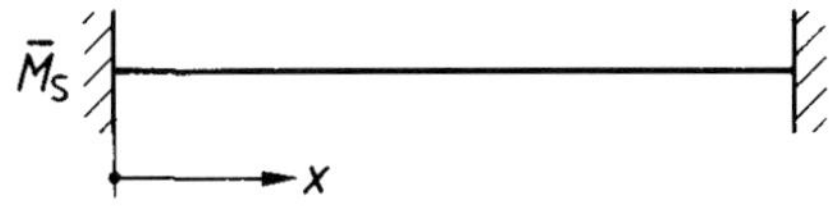	$b_w = b_e + 0{,}45 \cdot x \cdot \left(2 - \frac{x}{l}\right)$	$0 < x < l/2$ $b_e < 0{,}4 \cdot l$
9	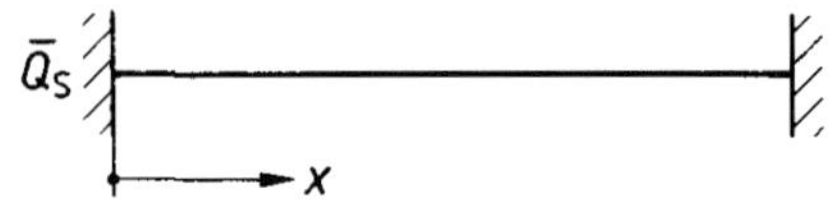	$b'_w = b_e + 0{,}3 \cdot x$	$0{,}2 \cdot l < x < l/2$ $b_e < 0{,}4 \cdot l$
10	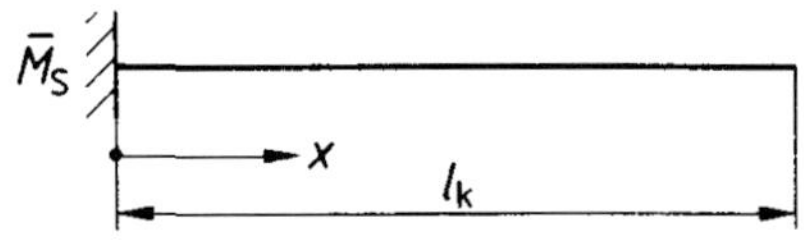	$b_w = b_e + 1{,}33 \cdot x$	$0 < x < l_k$ $b_e \leq 0{,}8 \cdot l_k$
11	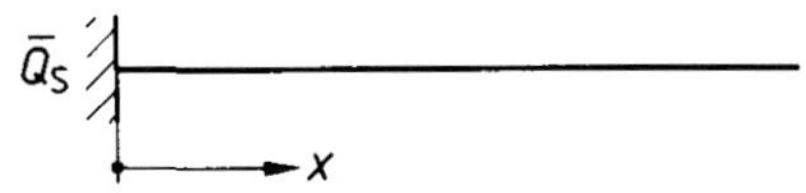	$b'_w = b_e + 0{,}3 \cdot x$	$0{,}2 \cdot l_k < x < l_k$ $b_e \leq 0{,}4 \cdot l_k$

<2> Zur maßgebenden Stützweite

Als maßgebende Stützweite L gilt bei Innenfeldern von Durchlaufträgern das Achsmaß der Auflager (siehe Bild KIV.B-6a). Bei Einfeldträgern und Endfeldern von Durchlaufträgern gilt als Stützweite L die lichte Weite L_W zuzüglich der halben jeweils erforderlichen Auflagerbreiten b_A bzw. b_B (siehe Bild KIV.B-6b).

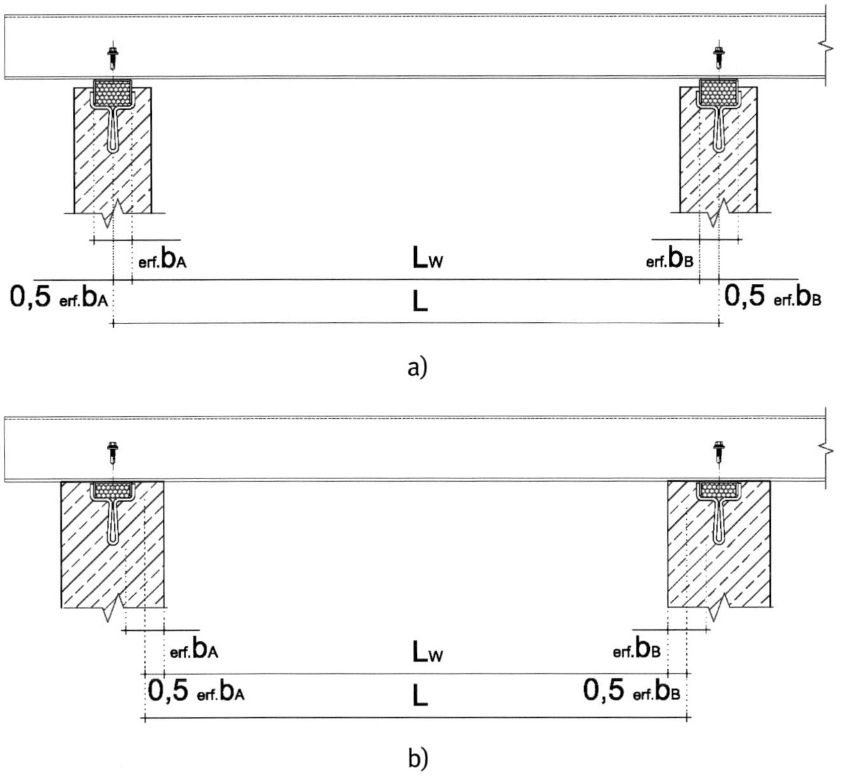

Quelle: IFBS

L	maßgebende Stützweite,	
L_W	lichte Weite zwischen den Auflagern,	
erf b_A	erforderliche Endauflagerbreite	≥ min b_A,
erf b_B	erforderliche Zwischenauflagerbreite	≥ min b_A.

Bild KIV.B-6: Maßgebende Stützweiten und Auflagerbreiten

Zu Anhang IV.C (informativ) Dokumentation

Dieser informative Anhang wird im Normkapitel IV.4 im Zusammenhang mit der geforderten montagebegleitenden Dokumentation des Standes/Fortschrittes der Bauarbeiten sowie eventueller Zwischenfälle in Bezug genommen (vgl. zu IV.4.2.1 und zu IV.4.4): Er enthalte eine Liste der für die Montageberichte empfohlenen Inhalte. Das wird hier im einführenden Text des Anhangs noch einmal wiederholt.

Es wird dann empfohlen, zur Dokumentation laufend, d. h. täglich Montageberichte anzufertigen. Diese Montageberichte stellen das Bautagebuch dar, dessen Führung vertraglich vereinbart werden muss. Das Bautagebuch ist von der Bauleitung zu führen und soll alle Angaben enthalten, die zum Nachvollziehen der tatsächlich stattgefundenen Bauabläufe dienen. Die Auflistung (a) bis (p) der empfohlenen Bestandteile der Montageberichte bzw. des Bautagebuches ist schlüssig und verständlich und wird deshalb nicht im Einzelnen kommentiert.

Geometrische Toleranzen

Zu Anhang IV.D
(normativ)

Einführender Kommentar zu Anhang IV.D

Zum **normativen** Charakter dieses Anhangs IV.D ist im Kommentar zu IV.11.4 ausgeführt, dass die hier tabellierten **grundlegenden** Toleranzen in der Tat verbindlich einzuhalten sind, während die hier tabellierten **ergänzenden** Toleranzen nur dann gelten, wenn sie **nicht** in der Bauteil- oder Tragwerksspezifikation durch alternative Toleranz-Regelwerke oder alternative Einzelangaben außer Kraft gesetzt worden sind. Die beiden Toleranzkategorien „grundlegend" und „ergänzend" werden in Abschnitt IV.4.1.4 in die Norm EN 1090-4 eingeführt und im zugehörigen Kommentar hinsichtlich ihres systematischen Hintergrundes erläutert. Die tabellierten Angaben in diesem Anhang sind eng verzahnt mit dem Kapitel IV.11 im Haupttext der EN 1090-4.

Die Darstellungsweise und Notation der tabellierten Toleranzen ist ähnlich wie im Anhang II.B von EN 1090-2. Sie ist teilweise missverständlich, wenn auch hier in Anhang IV.D von EN 1090-4 viel weniger gravierend. Deshalb sei hier diesbezüglich nur auf den Kommentar <1> zu II.B.1 in diesem Buch verwiesen.

Allgemeines

Zu IV.D.1

<1> Zu Abs. 1 – Inhalt von Anhang IV.D

Anhang IV.D enthält die grundlegenden und ergänzenden Toleranzen jeweils gemeinsam in einer Tabelle, analog zur aktuellen Ausgabe von EN 1090-2. Die Toleranzwerte für Profiltafeln einerseits und kaltgeformte Bauteile (Kantteile) und Hohlprofile andererseits werden in getrennten Tabellen IV.B.1 und IV.B.2 aufgeführt.

<2> Zu Abs. 2 – Messgeräte

EN 1090-4 liefert keine Angabe zu der Wahl der Messgeräte. Die Eignung ist vom Hersteller selbst zu beurteilen. Da im Rahmen des Systems 2+ zur Bewertung und Überprüfung der Leistungsbeständigkeit gemäß EU-Bauproduktenverordnung (BPVO) [R182] keine fremdüberwachende Stelle Proben entnimmt und überprüft, entfällt im Gegensatz zu der bisher in Deutschland üblichen Praxis die Toleranzmessung durch eine externe Prüfstelle. Da die Notifizierten Stellen für die Zertifizierung nach BPVO (meist gleichzeitig traditionelle Prüfstellen) aber noch zwecks Überwachung der werkseigenen Produktionskontrolle WPK ins Herstellwerk kommen, können deren Mitarbeiter (sofern sie Messerfahrung haben) hinsichtlich geeigneter Messgeräte vom Hersteller befragt werden. Außerdem liefern die Prüfbestimmungen der European Association for Panels and Profiles [R190] nützliche Hinweise über die Ausführung der Messungen.

Grundlegende und ergänzende Herstelltoleranzen – Kaltgeformte Profiltafeln

Zu IV.D.2

Zu Tabelle IV.D.1

Tabelle IV.D.1 enthält Toleranzwerte, die in ihrer überwiegenden Mehrzahl in Deutschland aus DIN 18807-1 [R74] bekannt sind. Viele sind unverändert geblieben, einige wurden jedoch verschärft bzw. auch aufgeweicht. Tabelle KIV.D-1 gibt hierzu einen vergleichenden Überblick für acht der insgesamt 17 Toleranzmerkmale, für die grundlegende Toleranzen in Tabelle IV.D.1 angegeben sind, ergänzt um die entsprechenden Toleranzwerte für selbsttragende Dachdeckungsprodukte nach EN 508-1.

Die ergänzenden Toleranzen Nr. 8 bis 10 in Tabelle IV.D.1 für die Geradheit, die Tafellänge und die Randwelligkeit des Längsstoßes sind für Deutschland neu, in DIN 18807-1 gab es sie nicht. Sie sind den „Europäischen Qualitätsrichtlinien für Sandwichelemente und Profiltafeln" [R189] entnommen. In EN 508-1 gab und gibt es ein Merkmal Rechtwinkligkeit. Eine vergleichende Übersicht zu diesen vier ergänzenden Toleranzen gibt Tabelle KIV.D-2.

Für das

- Trapezprofil mit einspringendem Aussteifungselement oben, Merkmale Nr. 12 bis 15,
- einspringende Schwalbenschwanzprofil, Merkmale Nr. 16 bis 19, und das
- allgemeine Deckenprofil, Merkmal Nr. 20,

enthielt DIN 18807-1 keine gesonderten Toleranzen. Diese Profile kommen vorwiegend in Großbritannien vor.

Tabelle KIV.D-1: Grundlegende Toleranzen für Profiltafeln im Vergleich: EN 1090-4/DIN 18807-1 (zurückgezogen)/EN 508-1

<table>
<tr><th rowspan="3">Nr.</th><th rowspan="3">Merkmal</th><th rowspan="3">Bezugsgröße</th><th colspan="4">Zulässige Abweichung Δ (Maße in Millimeter)</th></tr>
<tr><th colspan="4">Grundlegende Toleranz</th></tr>
<tr><th colspan="2">EN 1090-4</th><th>DIN 18807-1</th><th>EN 508-1</th></tr>
<tr><td>1</td><td>Profilhöhe</td><td>h</td><td>$h \leq 50$
$50 < h \leq 100$
$h > 100$</td><td>± 1,0
± 1,5
± 2,0</td><td>über alle Höhen
+2
$-0{,}01h \leq 2$</td><td>identisch mit EN 1090-4</td></tr>
<tr><td rowspan="2">2</td><td rowspan="2">Sickentiefe</td><td>h_r</td><td colspan="2">+3 −1</td><td rowspan="2">identisch</td><td rowspan="2">identisch</td></tr>
<tr><td>v_s</td><td colspan="2">$+2 \quad -0{,}15 \times v \leq 1$</td></tr>
<tr><td>3</td><td>Sickenlage</td><td>h_a, h_b, h_{sa}, h_{sb}, b_k</td><td colspan="2">± 3</td><td>identisch</td><td>nicht geregelt</td></tr>
<tr><td rowspan="2">4</td><td>Breite der Obergurte</td><td rowspan="2">b</td><td colspan="2">+4/−1</td><td>identisch</td><td rowspan="2">mit Sicken: +2/−1
ohne Sicken: +4/−1</td></tr>
<tr><td>Breite der Untergurte</td><td colspan="2">+4/−1</td><td>+2/−1</td></tr>
<tr><td rowspan="2">5</td><td rowspan="2">Baubreite</td><td rowspan="2">w</td><td colspan="2">$h \leq 50$
± 5,0</td><td>$h \leq 55$
$\pm 0{,}01 \times b$</td><td rowspan="2">identisch mit EN 1090-4</td></tr>
<tr><td colspan="2">$h > 50$
$\pm 0{,}1 \times h \leq 15$</td><td>$h > 55$
$\pm 0{,}02 \times b$</td></tr>
<tr><td>6</td><td>Baubreitenunterschied</td><td>w_3</td><td colspan="2">$(w_1 + w_2)/2$ − Toleranz $\leq w_3$ $\leq (w_1 + w_2)/2$ + Toleranz</td><td>nicht geregelt</td><td>identisch mit EN 1090-4</td></tr>
<tr><td>7</td><td>Biegeradius</td><td>r</td><td colspan="2">± 2</td><td>identisch</td><td>mit Sicken: ± 2
ohne Sicken: +2</td></tr>
<tr><td rowspan="2">11</td><td rowspan="2">Lochdurchmesser</td><td rowspan="2">d_n</td><td>$d_n \leq \varnothing 5$
$d_n > \varnothing 5$</td><td>± 0,2
+0,2/−0,4</td><td rowspan="2">nicht geregelt</td><td rowspan="2">nicht geregelt</td></tr>
<tr><td colspan="2">Bei zusätzlicher Beschichtung nach der Formgebung muss die Messung ohne zusätzliche Beschichtung durchgeführt werden</td></tr>
</table>

Tabelle KIV.D-2: Ergänzende Toleranzen für Profiltafeln im Vergleich: EN 1090-4/DIN 18807-1 (zurückgezogen)/EN 508-1

Nr.	Merkmal	Bezugsgröße	Zulässige Abweichung Δ (Maße in Millimeter)		
			Ergänzende Toleranz		
			EN 1090-4	DIN 18807-1	EN 508-1
8	Geradheit	δ	2,0 mm/m der Blechlänge, höchstens 10 mm	nicht geregelt	identisch
9	Tafellänge	l	$L \leq 3\,000$ +10/−5 $L > 3\,000$ +20/−5	nicht geregelt	identisch
10	Randwelligkeit am Längsstoß	D	$D \leq \pm 2{,}0$ über eine Länge von 500	nicht geregelt	identisch
	Rechtwinkligkeit	S	nicht geregelt	nicht geregelt	Profile mit Sicken: nicht geregelt Profile ohne Sicken: $\leq 0{,}005w$

Grundlegende und ergänzende Herstelltoleranzen – kaltgeformte Bauteile einschließlich nach Maß kaltgewalzter Hohlprofile — Zu IV.D.3

Gekantete oder gefalzte Bauteile — Zu IV.D.3.1

Zu Tabelle IV.D.2

Die Tabelle IV.D.2 wurde EN 1090-2 entnommen (dort Tabelle II.B.2) und in geringem Maße den Erfordernissen der dünnwandigen kaltgeformten Bauteile angepasst. Im Folgenden wird nur auf die Unterschiede zu Tabelle II.B.2 eingegangen. Für die Toleranzmerkmale Nr. 1 (innere Bauteilbreite), 4 (Ebenheit), 5 (Biegeradius) und 6 (Form) wurden die zulässigen Abweichungen unverändert übernommen. Zu diesen Toleranzen wird auf den Kommentar zu Tabelle II.B.2 verwiesen.

Für das Toleranzmerkmal **Nr. 2**, Bauteilbreite, wird in EN 1090-2 als grundlegende Toleranz angegeben: $-\Delta = B/80$. Diese Vorgabe wird schon für „normale" Stahlbau-Kantteile aus Praxiskreisen als zu eng kritisiert (vgl. zu Tabelle II.B.2 <1.1>), für die hier betrachteten „dünnwandigen" Kantteile funktioniert sie jedoch gar nicht. Der Toleranzwert ist für tragende kaltgeformte Bauteile nach EN 1090-4 nicht einzuhalten. Die Bauteilbreite bewegt sich oft im Bereich um die 40 mm, so dass hier ein Toleranzmaß von 0,5 mm gefordert wird. Außerdem werden die tragenden Kantteile in der Regel aus Spaltband einer gegebenen Breite hergestellt. Das Auslaufmaß zu den freien Schenkeln hin kann variieren und hat keine Auswirkung auf die Tragfähigkeit, wenn die statisch angesetzte Gurtbreite eingehalten wird. Aus diesem Grund wurde die Definition von B geändert. EN 1090-4 führt hier den Wert B_D ein. B_D ist die Gurtbreite, die im statischen Nachweis als mindestens erforderlich angesetzt worden ist. Die Toleranz beträgt dann $-\Delta = B_D/80$, so dass praktisch mit einer beliebigen Plustoleranz gearbeitet werden kann, die statisch erforderliche Breite aber kaum unterschritten werden darf. Darüber hinaus sind bei der Bauteilbreite die ergänzenden Toleranzen der Klasse 1 gegenüber EN 1090-2 verändert worden.

Beim Toleranzmerkmal **Nr. 3** „Geradheit" ist EN 1090-4 mit $\Delta = \pm L/750$ beim bewährten Grundwert der 2011er Ausgabe von EN 1090-2 geblieben, während er in der aktuellen Ausgabe von EN 1090-2 aus den Verfassern unbekannten Gründen auf $\Delta = \pm L/1\,000$ verschärft wurde (vgl. dazu den kritischen Kommentar <1.2> zu II.11.2.1 in diesem Buch).

Zu IV.D.3.2 Rollgeformte Profile

<1> Zu Abs. 1 und 2 – Toleranzen

EN 1090-4 nimmt hier Bezug auf die zuständige Produktnorm **EN 10162**, wie übrigens auch EN 1090-2 im Abschnitt II.11.2.2.3. Hier werden nun die Toleranzen für den Querschnitt, die Geradheit, die Verdrillung und die Konkavität/Konvexität anstelle der Kantprofil-Toleranzen von EN 1090-4, Anhang IV.D.3.1 herangezogen. Es muss allerdings darauf hingewiesen werden, dass das für die Geradheit nicht in Ordnung ist: Der Wert $\Delta = L/500$ aus EN 10162 ist gegenüber dem grundlegenden Wert $L/750$ von Tabelle IV.D.2 zu großzügig und darf nicht angewendet werden (vgl. hierzu auch Kommentar zu II.11.2.2.1).

Da EN 10162 keine Toleranzangaben für die Kantenaussteifungen dieser rollgeformten Profile enthält, sind hier zusätzlich solche aufgeführt, und zwar konsequent differenziert nach Minustoleranz (Kategorie „grundlegend“) und Plustoleranz (Kategorie „ergänzend“).

<2> Zu Abs. 3 bis 6 – Messungen

In diesen Absätzen werden grundlegende Vorgehensweisen zur Messung der Querschnittsmaße angegeben, die aber auch bei der Messung der zuvor behandelten tragenden Bauteile und Profiltafeln die Regel sind und hier somit keine wirkliche Neuerung bedeuten.

Korrosionsschutz durch metallische Überzüge mit oder ohne organische Beschichtungen

Zu Anh. IV.E
(normativ)

Einführender Kommentar zu Anhang IV.E

Wie bereits im Kommentar zu Normabschnitt IV.10.1 angesprochen, gab es auf europäischer Ebene bislang keine Norm, die den speziellen Korrosionsschutz von tragenden dünnwandigen Bauteilen in allen Aspekten regelt, wie es in Deutschland früher mit DIN 55928-8 bzw. heute mit **DIN 55634-1 und -2** [R87] [R88] gewährleistet ist. Lediglich EN 10169 legt für kontinuierlich organisch beschichtete Flacherzeugnisse aus Stahl Anforderungen in Hinblick auf die Gebrauchseigenschaften fest. Diese Norm macht aber keine Angaben zur Auswahl geeigneter Überzüge oder Beschichtungen und auch nicht zur Kontrolle ihrer Produkteigenschaften durch den Hersteller.

Da der Korrosionsschutz für tragende kaltgeformte Profiltafeln und Bauteile von hoher Bedeutung ist – zum einen wegen ihrer Dünnwandigkeit, zum anderen wegen ihrer meist witterungsexponierten Lage am Gebäude –, entschlossen sich die Erarbeiter der Norm EN 1090-4, diese Lücke zu füllen und DIN 55634 (Ausgabe 2010) in ihren wesentlichen Teilen in kompakter Form in EN 1090-4 als normativen Anhang aufzunehmen. Somit sind die Regelungen für den speziellen Korrosionsschutz tragender dünnwandiger Bauteile, die in Deutschland schon seit Jahrzehnten Gültigkeit besitzen, nun auch europaweit verfügbar.

Die nachfolgende Kommentierung des Anhangs IV.E beschränkt sich auf die für den Anwender der Produkte, d. h. für den Stahlleichtbauer wesentlichen Punkte, andernfalls wäre ein eigenes Kommentarwerk erforderlich. Ergänzend sei aber auf das erwähnte deutsche Normenpaar DIN 55634-1 und -2 verwiesen, das textlich etwas ausführlicher gestaltet ist.

Korrosionsschutz

Zu IV.E.1

<1> Zu Abs. 1 – Allgemeine Anforderungen

Der erste Satz enthält wie an vielen anderen Stellen der Norm eine Öffnungsklausel für abweichende nationale Bestimmungen (vgl. zu IV.1 <2>). Sofern ein Mitgliedsland der EU eigene Regeln zum Korrosionsschutz gesetzlich erlassen hat, braucht dort Anhang IV.E nicht berücksichtigt zu werden. Für Deutschland wird sich noch entscheiden, ob die Bauaufsicht in der MVV-TB [R182] zukünftig auch auf DIN 55634-1 und -2 verweisen wird (vgl. auch zu II.F.1.1 <1.4>) oder ausschließlich auf EN 1090-4 einschließlich Anhang IV.E. Da beide aber weitestgehend deckungsgleich sind, wird sich für den deutschen Anwender dadurch wenig ändern.

In jedem Fall sind die besonderen Bedingungen am Ort eines jeden Bauobjektes zu prüfen, um den genau angepassten Korrosionsschutz auswählen zu können. Eine pauschale Einstufung eines Gebietes z. B. in C2 kann falsch sein, wenn in unmittelbarer Nähe zum zukünftigen Standort eine Produktion mit aggressiven Emissionen für eine lokale stärkere Korrosionsbelastung sorgt.

<2> Zu Abs. 2 und 3 – Metallische Überzüge und organische Beschichtungen

Der Metallüberzug für die kaltgeformten Bauteile beschränkte sich nach den bisherigen Normen auf Zink „Z“, Zink-Aluminium „ZA“ und Aluminium-Zink „AZ“. In den letzten Jahren kam vermehrt Zink-Magnesium „ZM“ zum Einsatz und wurde aus diesem Grunde in diesen Anhang aufgenommen. Zink-Magnesium bildet eine wirtschaftlichere Alternative zu den bisherigen Überzügen bei gleichzeitiger Ressourcenschonung.

Bei den in EN 1090-4 behandelten Produkten handelt es sich vorwiegend um bandverzinktes Material, so dass die Anwendung der (Stück-)Feuerverzinkung, wie hier zusätzlich aufgeführt, eher die seltene Ausnahme ist.

Anhang IV.E basiert in Bezug auf die organischen Beschichtungen auf **EN 10169**, die eine Übersicht über alle verfügbaren Systeme organischer Beschichtungen enthält. Diese werden aber im Folgenden in Anhang IV.E behandelt.

<3> Zu Abs. 4 – Systematik von Anhang IV.E

Anhang IV.E enthält Tabellen, die zum Teil in abgewandelter Form anderen Regelwerken entnommen worden sind. Tabelle IV.E.1 aus EN ISO 12944-2 enthält z. B. eine Übersicht über die Korrosivitätskategorien mit Beispielen für typische zugehörige Umgebungen, so dass der Planer eine erste Orientierungshilfe für die Auswahl des notwendigen Korrosionsschutzsystems erhält.

Die Tabellen IV.E.2 bis IV.E.4 enthalten Übersichten über die erforderlichen Metallüberzüge mit oder ohne organische Beschichtung im Hinblick auf den Einbauort des Produktes am bzw. im Gebäude (Außenwand, Dach, Decke). Diese Tabellen gab es schon in DIN 18807-1 [R74]. Sie berücksichtigen die speziellen Eigenschaften und Verwendungen kaltgeformter Profiltafeln und Bauteile und liefern dem Planer somit klare Hinweise für die Auswahl von Korrosionsschutzsystemen, z. B. ob ein Metallüberzug ausreicht oder eine zusätzliche organische Beschichtung erforderlich ist. Leider sind die Tabellen noch etwas inkonsistent aufgebaut und bedürfen einer redaktionellen Überarbeitung im Zuge der nächsten Normenrevision.

EN 508-1 enthält eine Tabelle mit den gesetzlich vorgeschriebenen Mindestzinkauflagen in einigen europäischen Ländern. Der Hinweis auf diese Norm jeweils in einer Fußnote der Tabellen IV.E.2 bis IV.E.4 dient zur Orientierung für die Planung in diesen Ländern.

Die Tabellen IV.E.5 und IV.E.6 enthalten zusätzlich eine umfangreiche Auflistung von Beschichtungssystemen, bestehend aus metallischem Überzug und den verschiedenen erhältlichen organischen Beschichtungen, mit jeweiliger Angabe ihrer Eignung für die verschiedenen Korrosivitätskategorien und Schutzdauern. Diese Tabellen ermöglichen dem Planer eine konkrete Vorauswahl geeigneter Systeme. In jedem Fall ist aber mit dem Hersteller der tragenden Profiltafeln bzw. Bauteile vor der Bestellung die Eignung im Einzelfall zu klären.

Die Tabellen IV.E.1 bis IV.E.6 führen den Planer somit von der atmosphärischen Belastung am Standort seines Bauobjektes, über den Einsatzort des jeweiligen Bauteils am bzw. im Gebäude hin zur Auswahl des konkreten Korrosionsschutzsystems.

<4> Zu Abs. 5 und Tabelle IV.E.1 – Korrosivitätskategorien nach EN ISO 12944 2

Die Einstufung in Korrosivitätskategorien muss gemäß vorliegendem Normabsatz 5 grundsätzlich nach **EN 12944-2** erfolgen. Mit dem Hinweis auf möglicherweise „örtlich verschiedene" Kategorien ist nicht nur der in <1> angesprochene Sonderfall einer in unmittelbarer Nähe zum Standort des geplanten Gebäudes vorhandenen Industrieanlage mit aggressiven Emissionen gemeint, sondern vor allem auch mögliche Unterschiede zwischen innen und außen, wie z. B. bei einem Schwimmbad in ländlicher Umgebung.

Tabelle IV.E.1 ist EN ISO 12944-2 entnommen und wurde nur zur Information in EN 1090-4 eingefügt, um dem Nutzer der Norm das Nachschlagen in verschiedenen Regelwerken zu ersparen. Leider ist sie nicht mehr ganz aktuell: Die neue Ausgabe 2018-04 fasst die Kategorien C5-I und C5-M zusammen, definiert dafür aber eine 6. Kategorie CX. Hierzu sei auf den Kommentar <1> zu II.F.1.2 verwiesen, wo auch die etwas aussagekräftigere entsprechende Tabelle aus EN ISO 14713-1 abgedruckt ist.

Für Deutschland gelten für die Umgebungsbedingungen zu ca. 85 % die Korrosivitätskategorien C2 und C3. Nur in ausgesprochenen Industriegebieten mit produzierender Industrie und entlang den Küsten sind die Korrosivitätskategorien C4 und C5 anzutreffen, CX nur im Offshore-Bereich. C1 gilt nur für neutrale Innenatmosphären.

<5> Zu Tabelle IV.E.2 – Korrosivitätskategorien/Schutzdauer für Wandsysteme und Anforderungen an Beschichtungen

Diese Tabelle ist aus der Tabelle 2 – Korrosionsschutzklassen für Wandsysteme – der DIN 18807-1 [R74] hervorgegangen. In ihr werden die Anforderungen an die beiden Seiten (wetterzugewandt/wetterabgewandt) einer tragenden Profiltafel bzw. eines tragenden Bauteils in Abhängigkeit der Konstruktionsart und des Einbauortes im Gebäude angegeben. Für die Wetterseite ist immer die Schutzdauer „hoch" angegeben, so dass das Korrosionsschutzsystem nach den Tabellen IV.E.6

und IV.E.7 in Abhängigkeit von der Korrosivitätskategorie für Schutzdauer „H" ausgewählt werden muss[5]. Für die wetterabgewandte Seite gilt generell, dass in trockenen und geschlossenen Räumen ohne Kondensationsgefahr eine Verzinkung der Bauteile ausreicht und keine zusätzliche organische Beschichtung erforderlich ist. In Räumen mit hoher Feuchtebelastung ist ein Metallüberzug mit organischer Beschichtung zu wählen oder nur Aluminium-Zink, das auch unter dem Begriff Galvalume bekannt ist und früher schon die Korrosionsschutzklasse III nach DIN 55928-8 erfüllte.

Bei einer **einschaligen ungedämmten Wand** ist auf der wetterabgewandten Seite die Schutzdauer Hoch, H, nicht vorgeschrieben, so dass hier auch bei hoher Feuchtebelastung auf dünnere Beschichtungen zurückgegriffen werden kann. Ferner gibt es für einschalig ungedämmte Wände eine Erleichterung (Fußnote b): Bei dieser Konstruktion darf auf der Wetterseite eine mittlere Schutzdauer angesetzt werden, wenn es in einem Gebiet mit Korrosivitätskategorie C2 um ein kleines Gebäude geht, wie z. B. Schuppen, die in der Landwirtschaft für Geräte und zur Lagerung benutzt werden. Somit ist bei solchen untergeordneten Gebäuden eine Eindeckung mit verzinktem Material ohne zusätzliche organische Beschichtung möglich.

Bei **zweischaligen Konstruktionen** und **Außenwandbekleidungen** unterscheidet die Norm danach, ob zwischen Innen- und Außenschale bzw. zwischen Wand und Bekleidung ein Luftspalt vorgesehen ist. Bei Vorhandensein eines Luftspaltes ist davon auszugehen, dass mögliche anfallende Feuchte schnell wieder abtrocknen kann. In diesen Fällen kann die Schutzdauer niedriger angesetzt werden, so dass auch dünnere Beschichtungssysteme eingesetzt werden können, die früher in die Korrosionsschutzklasse II fielen wie z. B. eine DU-Beschichtung. Ohne Luftspalt ist immer mit einem Feuchtestau zu rechnen, so dass in diesen Fällen immer das Korrosionsschutzsystem für eine hohe Schutzdauer auszulegen ist und somit Dünnbeschichtungen nicht zur Anwendung kommen können (siehe auch Tabellen IV.E.6 und IV.E.7). In diesen Fällen ist der Korrosionsschutz für die Innenseite wie der Korrosionsschutz für die Außenseite auszulegen.

Für den **Zwischenriegel** hat sich ein Fehler in die Norm eingeschlichen. Ein Zwischenriegel befindet sich nie in einem trockenen Raum, man kann nur unterscheiden, ob ein Luftspalt vorhanden ist oder nicht. Somit kann der obere Teil der Spalte für den Zwischenriegel ignoriert werden, er muss bei der nächsten Überarbeitung der Norm gestrichen werden. Generell gilt für Zwischenriegel das zuvor für die wetterabgewandte Seite der Außenschale Gesagte.

Für die **Innenschale** und die **Auswechselungsprofile** gilt, ohne dass es hier explizit aufgeführt ist, für die dem Zwischenraum zugewandte Seite das Gleiche wie für die wetterabgewandte Seite der Außenschale. Die Spalte „Innenschale/Auswechselungsprofile" bezieht sich allein auf die Anforderung an die dem Innenraum zugewandte Seite und enthält somit die gleichen Anforderungen wie die wetterabgewandte Seite einer einschaligen Wand.

<6> Zu Tabelle IV.E.3 – Korrosivitätskategorien und Schutzdauer für Dachsysteme

Diese Tabelle ist aus der Tabelle 1 – Korrosionsschutzklassen für Dach- oder Deckensysteme – der DIN 18807-1 [R74] hervorgegangen und in ihrem Aufbau der Tabelle IV.E.2 ähnlich.

Für **einschalige ungedämmte Dächer** gibt es zunächst die zu den Wänden analoge Erleichterung (Fußnote b) hinsichtlich der auf der Wetterseite anzusetzenden Schutzdauer bei kleinen Gebäuden in einem Gebiet mit Korrosivitätskategorie C2. Somit ist auch für das Dach bei solchen untergeordneten Gebäuden eine Eindeckung mit verzinktem Material ohne zusätzliche organische Beschichtung möglich. Die in der Fußnote b ebenfalls aufgeführten Trapezprofile für Carportdächer ohne stabilisierende Wirkung fallen gar nicht unter den Anwendungsbereich dieser Norm, so dass dieser Hinweis hier eigentlich überflüssig ist.

Ansonsten gilt für einschalige ungedämmte Dächer auch das Gleiche wie bei der einschaligen ungedämmten Wand, mit der Ausnahme, dass über Räumen mit einer hohen Feuchtebelastung

5 Zur aktuellen Definition der verschiedenen Schutzdauer-Zeitspannen nach EN ISO 12944-1 und EN ISO 14713-1 vgl. Kommentar <1> zu II.F.1.2.

immer von der Schutzdauer Hoch, H, auszugehen ist. Dies ergibt sich aus dem höheren Schutzbedürfnis für tragende Dachbauteile.

Für das **einschalige, oben wärmegedämmte, unbelüftete Dach** ist die „Wetterseite" als Seite zur Wärmedämmung zu verstehen. Diese Seite der tragenden Profiltafeln darf mit einer 12-µm-Beschichtung oder mit Aluminium-Zink ausgeführt werden. Für die dem Innenraum zugewandte Seite gilt das Gleiche wie für das ungedämmte Dach.

Für das **zweischalige wärmegedämmte Dach** ist Tabelle IV.E.3 wie folgt zu lesen: Für die Wetterseite der Oberschale gilt wieder die Schutzdauer Hoch in Abhängigkeit von der Korrosivitätskategorie. Für die wetterabgewandte Seite der Oberschale wird eine Verzinkung mit organischer Beschichtung gefordert, aber ohne eine Festlegung auf eine hohe Schutzdauer. Demzufolge kann hier genauso wie auf der Oberseite der Profiltafel im einschaligen, oben wärmegedämmten Dach mit einer dünneren Beschichtung gearbeitet werden, ohne dass dies hier explizit wie bei dem zuvor genannten Dach aufgeführt ist.

Für den **Zwischenriegel** gilt, dass in Abhängigkeit von der Feuchtebelastung ein nur verzinkter Riegel oder ein verzinkter Riegel mit dünnerer organischer Beschichtung oder ein verzinkter Riegel mit organischer Beschichtung nach Schutzdauer Hoch ausgewählt werden kann.

Für die **Oberseite der Unterschale** mit der Seite zur Dämmung gilt das Gleiche wie für die Unterseite der Oberschale. Für die **Unterseite der Unterschale** entsprechen die Anforderungen denen der Unterseite für die einschaligen Dächer.

<7> Zu Tabelle IV.E.4 – Korrosivitätskategorie und Schutzdauer von Profiltafeln für Boden- und Deckensysteme

Diese Tabelle ist neu und war in DIN 18807-1 nicht enthalten. Sie berücksichtigt die besonderen Anforderungen an Profiltafeln und tragende kaltverformte Bauteile in Böden und Decken. Die Tabelle ist im Gegensatz zu den beiden zuvor behandelten übersichtlicher gestaltet und bedarf keiner weiteren Kommentierung.

Zu IV.E.2 Eignung von Beschichtungssystemen

Zu IV.E.2.1 Auswahl

<1> Zu Abs. 1 und 2 – Auflistung von verwendbaren Beschichtungssystemen

EN 1090-4 stellt zunächst klar, dass die Anforderungen in den folgenden Abschnitten IV.E.2.2 und IV.E.2.3 nicht für Beschichtungen auf Überzügen nach EN ISO 1461 und somit nicht für Beschichtungen auf stückverzinkten Erzeugnissen oder Bauteilen gelten; für Letztere ist EN 1090-2 (dort Anhang II.F) zuständig.

Sodann werden die Abkürzungen aufgeführt, die in den beiden Tabellen IV.E.5 und IV.E.6 dieser Norm verwendet werden, sowohl für die Oberflächenvorbereitung und -vorbehandlung wie auch für die verschiedenen organischen Beschichtungsstoffe. EN 1090-4 listet nur die üblicherweise verwendeten Beschichtungen auf, weitere können EN 10169 entnommen werden. Zu den verwendeten Schutzdauerklassen muss darauf hingewiesen werden, dass sie – wie auch die Korrosivitätskategorien – leider formal nicht mehr der aktuellen Ausgabe von EN ISO 12944-1 entsprechen (vgl. zu II.F.1.2 <1>), was aber nach Meinung der Verfasser die Anwendbarkeit der beiden Tabellen praktisch nicht schmälert.

<2> Zu Tabelle IV.E.5 – Beispiele für Beschichtungssysteme durch Bandbeschichtung

Tabelle IV.E.5 basiert auf folgenden Grundannahmen:

- Das Grundmaterial ist feuerverzinktes Stahlband oder ein anderes Flacherzeugnis aus Stahl.
- Die Verzinkung besteht aus reinem Zink „Z", Zink-Aluminium „ZA", Aluminium-Zink „AZ" oder Zink-Magnesium „ZM". Die jeweiligen Auflagegewichte und daraus resultierenden Schichtdicken sind mit angegeben.

- Die Beschichtung besteht aus flüssig- oder pulverförmig aufgebrachtem organischem Material, das durch einen kontinuierlichen Prozess auf das Stahlband (Bandbeschichtung) aufgetragen wird.

Die Tabelle ist folgendermaßen aufgebaut:

- Eine System-Nr. soll die Benennung eines Beschichtungssystems erleichtern. Dazu ist allerdings kritisch anzumerken, dass man die Systeme für das Verständnis eines durchschnittlichen Anwenders besser mit z. B. E5.0 usw. benannt hätte (die Benennung A2.0 usw. stammt aus DIN 55634-1, dort Tabelle A.2, und hat demzufolge keinerlei Bezug zu EN 1090-4).
- Ein Beschichtungssystem besteht aus einer Grundbeschichtung und einer Oberbeschichtung auf der Oberseite, i. d. R. die Außenseite (siehe Bild KIV.E-1) – außer im Fall von Dünnbeschichtungen und Pulverbeschichtungen direkt auf einem galvanisierten Untergrund; bei beiden fehlt die Grundbeschichtung.
- Die Grundbeschichtung ist einschichtig und besitzt Dicken zwischen 5 und 20 µm.
- Oberbeschichtungen sind ein- oder zweischichtig und besitzen Dicken von 20 bis 195 µm.
- Grundbeschichtung und Oberbeschichtung bilden ein Beschichtungssystem, bestehend aus bis zu 3 Schichten und Gesamtdicken bis 200 µm.
- Nach der Bezeichnung der Oberbeschichtung richtet sich der Systemname (i. d. R. die Bindemittelart), an dem sich der Planer für seine Auswahl zu orientieren hat. Die Oberbeschichtung ist für viele Eigenschaften wie z. B. UV-Beständigkeit, Kreidungsresistenz und Robustheit entscheidend.
- Die in den letzten 15 Spalten angegebene erwartete Schutzdauer bezieht sich auf die Haftung des Beschichtungssystems an dem feuerverzinkten Untergrund. Die angegebene Schutzdauer basiert auf Erfahrung und kann bei den Produkten der verschiedenen Hersteller variieren. In jedem Fall ist der Hersteller der Profiltafel bzw. des tragenden Bauteils nach den Einsatzempfehlungen zu befragen.

Die Aussage im letzten Spiegelstrich, dass sich die Schutzdauer auf die Haftung des Beschichtungssystems an dem feuerverzinkten Untergrund bezieht, bedeutet nicht, dass das Produkt danach Rotrost zeigt und seine Tragfähigkeit verliert. Da wir es hier mit einem System aus Verzinkung plus organischer Beschichtung zu tun haben (einem so genannten Duplex-Korrosionsschutz), kann nach Enthaftung der organischen Beschichtung immer noch die Verzinkung das Bauteil vor Korrosion schützen – und dies über viele Jahre hinweg. Ob ein Bauherr ein Bauteil akzeptiert, das abblätternde Beschichtungen aufweist, ist dann eine ästhetische Frage, aber zunächst keine der Tragfähigkeit.

Gemäß EN ISO 12944-1 ist die Schutzdauer als Zeitraum bis zur ersten Teilerneuerung definiert. Das ist also der Zeitraum, beginnend mit Einsetzen der Korrosionsbeanspruchung, nach dessen Ablauf zur Aufrechterhaltung der funktionellen Schutzwirkung (nicht der ästhetischen Wirkung) geeignete Maßnahmen an der Beschichtung durchgeführt werden müssen, um gegebenenfalls die Standzeit des Korrosionsschutzsystems zu verlängern.

Die Schutzdauer ist keine „Gewährleistungszeit". Die Schutzdauer ist ein technischer Begriff, der dem Auftraggeber helfen kann, ein Instandhaltungsprogramm festzulegen. Die Gewährleistungszeit ist ein juristischer Begriff, der Gegenstand der Vertragsbedingungen ist. Die Gewährleistungszeit ist im Allgemeinen kürzer als die Schutzdauer. Es gibt keine Regeln, die beide Begriffe miteinander verbinden.

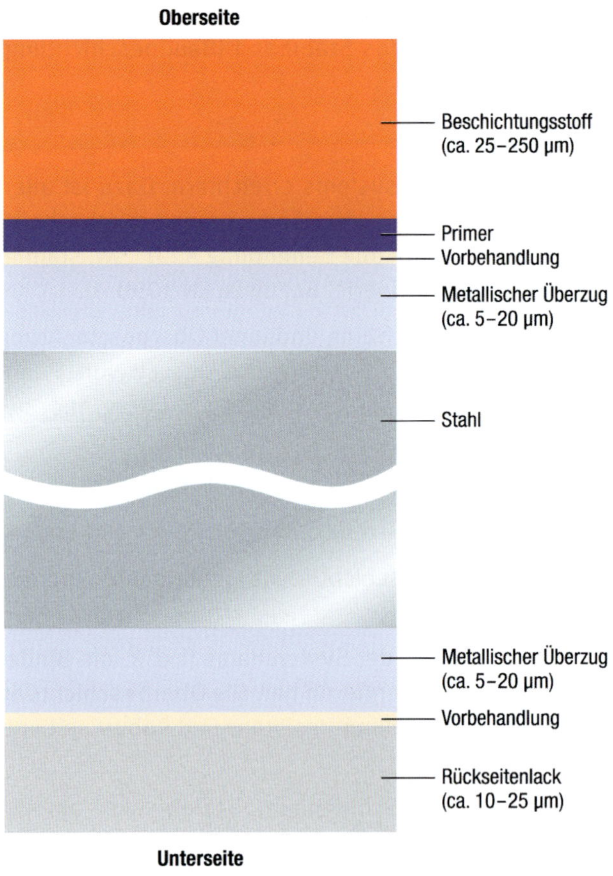

Quelle: Wirtschaftsvereinigung Stahl

Bild KIV.E-1: Schematischer Aufbau von bandbeschichtetem Stahlblech

Die aufgeführten Beschichtungssysteme erreichen bis Schutzdauer Hoch bei Korrosivitätskategorie C5-M und decken somit fast alle Einsatzmöglichkeiten ab, ausgenommen Offshorebereiche (siehe Anmerkung 5 in Tabelle IV.E.5). Lediglich im Bereich besonders aggressiver Industrieatmosphäre C5-I wird für die Schutzdauer Hoch keine Empfehlung ausgesprochen, da hier eine individuelle Beratung besonders erforderlich ist, bzw. der Einsatz von Profiltafeln und tragenden kaltgeformten Bauteilen auch ausgeschlossen werden muss.

Zwei Besonderheiten sind in Tabelle IV.E.5 enthalten. Die Fußnote „f" bei den Systemen A2.1 und A2.2 gibt an, dass diese beiden Dünnbeschichtungen für die Korrosivitätskategorie C2 Hoch nur für die Innenseiten von doppelschaligen Systemen geeignet sind; im normalen Außeneinsatz dürfen diese Systeme nicht verwendet werden. Auch für das System A2.0 wird in Anmerkung 2 angegeben, dass es in C2 nur für Innenanwendungen benutzt werden darf. Außerdem gibt Fußnote „b" an, dass die Systeme A2.3, A2.4, A2.6, A2.7, A2.8 und A2.12 nicht für Küstenregionen mit geringer Salzbelastung, die in C3 eingestuft sind (ansonsten wären diese Regionen in C4 oder C5-M eingeordnet), angewendet werden dürfen. Die Tabelle zeigt an, dass die betreffenden Beschichtungsstoffe erst bei höheren Schichtdicken für diese Anwendung geeignet sind, wie z. B. Polyesterharz SP erst ab 45 µm.

Zur Vermeidung des vorzeitigen Versagens sind in regelmäßigen Abständen Inspektionen und Wartungen durchzuführen.

<3> Zu Tabelle IV.E.6 – Beispiele für Beschichtungssysteme durch Stückbeschichtung

Tabelle IV.E.6 ist wie Tabelle IV.E.5 aufgebaut, so dass das zuvor Gesagte hier in gleicher Weise gilt. Der Unterschied zu Tabelle IV.E.5 besteht darin, dass hier die Beschichtung nicht durch einen kontinuierlichen großindustriellen Prozess auf das Stahlband oder das Flacherzeugnis aufgetragen wird (Bandbeschichtung), sondern dass einzelne feuerverzinkte Bauteile aus Stahlband oder einem anderen Flacherzeugnis individuell beschichtet werden. Diesen Prozess bezeichnet man als Stückbeschichtung. Da die Bauteile vor dem Beschichten vielleicht schon durch viele Hände gegangen sind, ist hier besonderes Augenmerk auf die Oberflächenvorbereitung zu legen, die daher in Tabelle IV.E.6 mit aufgeführt ist. Die Systembezeichnungen A5.1 usw. sind wieder an DIN 55634-1, dort Tabelle A5, angelehnt, stimmen aber leider nicht mit den dortigen Systemen überein.

Zu der hier behandelten Stückbeschichtung ist anzumerken, dass sie nicht mit der Beschichtung normaler feuerverzinkter Stahlbauteile nach EN 1090-2, Anhang F, bzw. nach der Normenreihe EN ISO 12944 – dabei handelt es sich ausschließlich um „Stückbeschichtung" – verwechselt werden darf. EN ISO 12944 gilt nicht nur formal erst ab 3 mm Materialdicke, sondern enthält auch nicht die speziellen chemischen Dünnblech-Oberflächenvorbereitungen Chromatieren („C" in Tabelle II.E.5) und Zinkphosphatierung („Znph" in Tabelle II.E.5); Sweepen als Vorbereitung feuerverzinkter Oberflächen entfällt natürlich bei dünnwandigen Bauteilen. Bei den Beschichtungssystemen mit diesen chemischen Vorbereitungen sind die erforderlichen Schichtdicken zur Erreichung einer bestimmten Schutzdauer bei gegebener Korrosivitätskategorie im Vergleich zu den Systemen der EN ISO 12944-5 (dort Tabelle D.1) zum Teil deutlich geringer.

Untersuchung der Eignung (Erstprüfung) — Zu IV.E.2.2

Dieser Abschnitt richtet sich an den Hersteller eines Beschichtungssystems bzw. an eine externe Prüfstelle, die die hier beschriebenen Prüfungen im Auftrag des Herstellers durchführt, um festzustellen, ob sich ein neues Beschichtungssystem für den angedachten Verwendungszweck eignet. Bei diesen Stellen – in Deutschland z. B. die VA Karlsruhe beim KIT – muss eine entsprechend profunde Sachkenntnis vorausgesetzt werden; es kann nicht Aufgabe des vorliegenden Kommentarbuches sein, dazu Hilfestellung zu geben. Für den Planer und den Ausführenden des Stahlleichtbau-Tragwerks andererseits ist dieser Abschnitt ohne Bedeutung, da er sich darauf verlassen muss, dass er nach dieser Norm geprüftes Material erhält, sich aber nicht in die Prüfeinzelheiten der Erstprüfung vertiefen muss. Eine Kommentierung ist somit nicht erforderlich.

Überwachung — Zu IV.E.2.3

Dieser Abschnitt richtet sich wieder an den Hersteller eines Beschichtungssystems, zusätzlich aber auch an den Hersteller bzw. Bandbeschichter der tragenden Profiltafeln oder den Hersteller bzw. Stückbeschichter der tragenden kaltverformten Bauteile, ferner wieder ggf. an eine externe Prüfstelle, die die hier beschriebenen Typ- und Überwachungsprüfungen im Auftrag des Herstellers durchführt. Die Struktur des Abschnittes – Typprüfung und werkseigene Produktionskontrolle WPK – ist angelehnt an den Aufbau harmonisierter EN-Normen, wobei aber deren entscheidendes Werkzeug, die Zertifizierung durch eine Notifizierte Stelle, fehlt. Das heißt, es hängt von der baurechtlichen Situation im jeweiligen Mitgliedsland der EU bzw. EFTA ab, wie die Forderungen des vorliegenden Normabschnittes IV.E.2.3 durchgesetzt werden.

Es wird der Umfang der **Typprüfung** nach erfolgter Eignungsprüfung (Erstprüfung gemäß IV.E.2.2) festgelegt. Bei der Typprüfung wird das Beschichtungssystem einer Korrosivitätskategorie oder Korrosionsbelastung zugeordnet, so dass sich hieraus der zukünftige mögliche Verwendungszweck ergibt. Die Typprüfung muss wiederholt werden, wenn das Beschichtungssystem oder das Aufbringungsverfahren verändert wird, mindestens jedoch in einem Zeitraum von höchstens fünf Jahren.

Die Typprüfung ist Grundlage für die kontinuierliche **werkseigene Produktionskontrolle (WPK)**, die in IV.E.2.3.3 beschrieben wird und vom Hersteller der Beschichtungssysteme bzw. vom Bauteilhersteller durchzuführen ist. Die kontinuierliche werkseigene Produktionskontrolle garantiert die Konstanz der Produkteigenschaften und somit der Eigenschaften, die in der Typprüfung festgestellt worden sind.

Planer und Ausführende von Tragwerken des Stahlleichtbaus müssen sich, wie bei der Erstprüfung, darauf verlassen, dass die ausgelieferten beschichteten Profiltafeln und Bauteile aus einer nach dieser Norm überwachten Produktion stammen. Dazu dienen u. a. die in den Normabschnitten IV.5.2 und IV.5.3 geforderten Abnahmeprüfzeugnisse 3.1 (vgl. Kommentare dazu).

Eine weitergehende Kommentierung der werkseigenen Überwachungssystematik würde den Rahmen des vorliegenden Buches überschreiten.

Zu IV.E.2.4 Kontaktkorrosion

Abschnitt IV.E.2.4 enthält Hinweise zur Vermeidung von Kontaktkorrosion bei der Verwendung verschiedener Metalle in einer Konstruktion. Dass entsprechende Vorkehrungen zu treffen sind, wird in Abschnitt IV.10.1 von EN 1090-4 gefordert. Kontaktkorrosion ist auch immer von den Oberflächenanteilen der sich berührenden Metalle abhängig, so dass die hier abgebildete Tabelle IV.E.7 nur als vereinfachende Orientierungshilfe verstanden werden darf.

So sei hier besonders auf die Vorgabe in Abs. 3 hingewiesen, dass Verbindungselemente immer aus den gleichen Werkstoffen bestehen oder edler als der Werkstoff der tragenden Bauteile und Profiltafeln sein müssen, im Fall verzinkter Stahlbauteile also aus verzinktem Kohlenstoffstahl oder aus nichtrostendem Stahl. Letztere Kombination ist aber in Tabelle IV.E.7 als nicht zulässig beschrieben. Dies liegt daran, dass Tabelle IV.E.7 von etwa gleichen Oberflächenanteilen der sich berührenden Metalle ausgeht. Im Fall der Verbindungselemente haben diese aber – sofern nicht sowieso durch Dichtungen und auch durch die organische Beschichtung vom verzinkten Material getrennt – ein günstiges Oberflächenverhältnis der sehr kleinen edlen Schraube zu dem großen unedleren Bauteil, so dass für das unedlere Bauteil keine Gefahr der Kontaktkorrosion besteht.

Im Übrigen ist das Thema Kontaktkorrosion natürlich auch im normalen Stahlbau sehr wichtig. Diesbezüglich sei auf die ausführlichen Kommentare zu II.10.4 und speziell über Verbindungselemente zu II.5.6.1 <1> sowie auch auf Bild KII.5-16 hingewiesen.

Zusätzliche Angaben

Zu Anhang IV.F (normativ)

<1> Zu IV.F.1 und Tabelle IV.F.1 – Zusatzinformationen

Nach der Systematik der Normenreihe EN 1090 ist am Ende der Norm eine Auflistung all jener Angaben vorhanden, die, sofern der jeweilige spezielle Sachverhalt zutrifft, zusätzlich erforderlich sind, um die Anforderungen für die Ausführung vollständig zu definieren. Die analoge Auflistung für EN 1090-2 findet sich im dortigen Anhang II.A in Tabelle II.A.1. Diese Angaben sind in der Norm mit dem Wortlaut „es muss festgelegt sein" oder „ist/sind festzulegen" gekennzeichnet.

Es wird in Tabelle IV.F.1 nicht angegeben, wo die geforderten Informationen/Angaben festgehalten werden sollen. Auch richten sich die Forderungen an verschiedene Adressaten:

- Die Angaben in Kapitel/Abschnitte IV.5, IV.6, evtl. IV.10.2 und IV.12 sind vom Hersteller zu liefern.
- Die Angaben in Kapitel/Abschnitte IV.4 und evtl. IV.10.2 sind vom Montageunternehmen zu liefern.
- Die Angaben in Kapitel/Abschnitte IV.8, IV.10.1 und IV.B sind vom Planer zu liefern.

In der 3. Zeile von Tabelle IV.F.1 hat sich ein Fehler eingeschlichen: Es geht um die „Dokumentation der Montage**qualität**", die vor Beginn der Ausführungsarbeiten zu erstellen ist (vgl. zu II.4.2.1 und II.4.2.2).

<2> Zu IV.F.2 und Tabelle IV.F.2 – Zusätzliche Angaben, sofern nicht anders festgelegt

Tabelle IV.F.2 folgt ebenfalls der Systematik der Normenreihe EN 1090. Sie listet all jene Stellen in der Norm auf, an denen die Formulierung „sofern nicht anders festgelegt" verwendet wird. Die analoge Auflistung für EN 1090-2 findet sich im dortigen Anhang II.A in Tabelle II.A.2.

Wie schon eingangs in diesem Kommentar zu EN 1090-4 erläutert (vgl. zu IV.1 <2>), stellt diese Formulierung jeweils eine Öffnungsklausel für von EN 1090-4 abweichende nationale Regelungen dar. Hersteller, Planer und Montageunternehmen müssen anhand dieser Tabelle überprüfen, ob in dem Land, in dem die betreffenden Produkte installiert werden sollen, zu diesen einzelnen Punkten nationale gesetzliche Regelungen existieren, die dann Vorrang gegenüber EN 1090-4 besitzen. So kann es z. B. für den Korrosionsschutz eine eigene nationale Norm geben, die, sofern gesetzlich eingeführt, Vorrang vor Anhang IV.E hat und diesen Anhang somit außer Kraft setzt.

Literaturhinweise

Zu IV

Die Literaturhinweise enthalten eine Auflistung von Normen, die in EN 1090-4 entweder nur mit Empfehlungscharakter oder gar nicht zitiert werden und somit nicht unmittelbar für die Anwendung der Norm benötigt werden. Sie sollten aber dennoch bekannt sein, um in Sonderfällen je nach Anwendung oder Belastung eine fachgerechte Konstruktion erstellen zu können. Hierfür seien die aufgezählten Eurocodes ein Beispiel. Hinsichtlich der gar nicht zitierten Normen unterscheiden sich die hiesigen Literaturhinweise von jenen am Ende von EN 1090-2, die sämtlich irgendwo im Text mit Empfehlungscharakter zitiert werden, also ggf. gezielt zu Rate gezogen werden können.

Zudem enthalten die Literaturhinweise eine Liste grundlegender Veröffentlichungen zu Profiltafelkonstruktionen, ebenfalls ohne dass sie in der Norm in Bezug genommen werden, die aber für das vertiefte Verständnis der Zusammenhänge hilfreich sein können.

Literatur

Veröffentlichungen (Bücher, Aufsätze, Merkblätter, Arbeitshilfen, Empfehlungen usw.)

[V1] **Ahrens, Ch./Zwätz, R.**: Schweißen im Stahlbau. In: Kuhlmann, U. (Hrsg.): Stahlbau-Kalender 2004, S. 271–371. Berlin: Ernst & Sohn 2004.

[V2] **Ahrens, Ch./Zwätz, R.**: Schweißen im bauaufsichtlichen Bereich. Fachbuchreihe Schweißtechnik. Düsseldorf: DVS Media GmbH 2007.

[V3] **Berenbak, J.**: Evaluation tightening preloaded bolt assemblies according to EN 1090-2 "Technical requirements for steel structures" for 95 % reliability EN 1990. Study for CEN/TC135 WG2. Delft University of Technology: 2012.

[V4] **Bemessungshilfen** zu nichtrostenden Stählen im Bauwesen, 4. Auflage 2017. Hrsg.: The Steel Construction Institute (SCI), Ascot/UK. Deutsche Übersetzung: Sonderdruck 863 der Informationsstelle Edelstahl Rostfrei, www.edelstahl-rostfrei.de.

[V5] **Berg, J./Stranghöner, N./Gorbachov, A.**: Influence of Thermal Cutting Methods on the Hardness of Free Edge Regions of Structural Steel. Proc. 12th Nordic Steel Construction Conference, Oslo, September 2012, p. 189–198.

[V6] **Block, T./Eggert, H./Kauschke, W.**: Lager im Bauwesen, 3. Auflage. Berlin: Ernst & Sohn 2013.

[V7] **DIBt-Praxisforum 2017**: Tagungsband – Novellierung des Bauordnungsrechts: Was bleibt? Was ändert sich? Was ist neu? Berlin: DIBt Nov. 2017.

[V8] **DVS-Merkblatt 0700**:2013-06 – Voraussetzungen zum Erwerb der Berechtigung, betriebseigene Schweißer- und/oder Bedienerprüfungsbescheinigungen als Hersteller auszustellen. Hrsg.: Deutscher Verband für Schweißen und verwandte Verfahren DVS. Düsseldorf: DVS Media GmbH 2013.

[V9] **DVS-Merkblatt 0703**:2016-08 – Grenzwerte für Unregelmäßigkeiten von Schmelzschweißverbindungen nach DIN EN ISO 5817. Hrsg.: Deutscher Verband für Schweißen und verwandte Verfahren DVS. Düsseldorf: DVS Media GmbH 2016.

[V10] **DVS-Merkblatt 0902**:2018-03/E – Lichtbogenbolzenschweißen mit Hubzündung. Hrsg.: Deutscher Verband für Schweißen und verwandte Verfahren DVS. Düsseldorf: DVS Media GmbH 2018.

[V11] **DVS-Merkblatt 0957**:2005-07 – Umgang mit umhüllten Stabelektroden – Transport, Lagerung und Rücktrocknung. Hrsg.: Deutscher Verband für Schweißen und verwandte Verfahren DVS. Düsseldorf: DVS Media GmbH 2005.

[V12] **DVS-Merkblatt 1710**:2015-08 – Schweißplan im Metallbau. Hrsg.: Deutscher Verband für Schweißen und verwandte Verfahren DVS. Düsseldorf: DVS Media GmbH 2015.

[V13] **DVS-Merkblatt 1711**:2016-08 – Voraussetzungen und Verfahren für die Zertifizierung von Herstellern nach DIN EN 1090-1. Hrsg.: Deutscher Verband für Schweißen und verwandte Verfahren DVS. Düsseldorf: DVS Media GmbH 2016.

[V14] **DVS-Merkblatt 1712**:2017-08 – Werkseigene Produktionskontrolle nach DIN EN 1090-1/-2 von repräsentativen Bauwerken, Tragwerken bzw. Bauteilen aus Stahl am Beispiel eines Anbaubalkons in EXC1. Hrsg.: Deutscher Verband für Schweißen und verwandte Verfahren DVS. Düsseldorf: DVS Media GmbH 2017.

[V15] **DVS-Merkblatt 3011**:2017-06 – Schweißen von Schwarz-Weiß-Verbindungen (S/W-Verbindungen). Hrsg.: Deutscher Verband für Schweißen und verwandte Verfahren DVS. Düsseldorf: DVS Media GmbH 2017.

[V16] **ECCS**:1980-11 – European Recommendations for Steel Construction, Section 4.6: Buckling of Shells. Brussels: European Convention for Constructional Steelwork (ECCS) 1980.

[V17] **Esser, J./Hellwig, G.**: Wirkungslose Schraubensicherungen. DIN-Mitteilungen 4 (2004), 14–16.

[V18] **Feldmann, M./Pinger, T./Tschickardt. D./Langenberg, P./Karduck P./v. Richthofen, A.**: Rissbildung durch Flüssigmetallversprödung beim Feuerverzinken. In: Kuhlmann, U. (Hrsg.): Stahlbau-Kalender 2008, S. 939–1017. Berlin: Ernst & Sohn 2008.

[V19] **Feldmann, M./Schäfer, D./Sedlacek, G.**: Feuerverzinken von tragenden Stahlbauteilen nach DASt-Richtlinie 022 und Bewertung verzinkter Stahlkonstruktionen. In: Kuhlmann, U. (Hrsg.): Stahlbau-Kalender 2010, S. 765–806. Berlin: Ernst & Sohn 2010.

[V20] **Fischer, M.**: Wetterfester Baustahl – Anwendungsgebiete und konstruktive Gestaltung. Stahl 1992 (4), 63–68.

[V21] **Friede, R.**: Vorspannkraftverluste durch Setzen und selbsttätiges Losdrehen planmäßig vorgespannter Schraubenverbindungen. Diss. TU Darmstadt 2010.

[V22] **Friede, R./Lange, J./Nicolay, T.**: Tragverhalten von Scher-Lochleibungsverbindungen mit dem Beginn des Gewindes in der Nähe der Scherfuge. Stahlbau 79 (2010), 901–907.

[V23] **Gruintjes, T.J.J./Bouwman, L.P.**: Slip factors of structural connections formed with high-strength friction grip bolts and with contact surfaces treated in various ways. Report, Faculty of Civil Engineering and Geosciences, TU Delft, 1984.

[V24] **Hasselmann, U./Valtinat, G.**: Geschraubte Verbindungen. In: Kuhlmann, U. (Hrsg.): Stahlbau-Kalender 2002, S. 343–421. Berlin: Ernst & Sohn 2002.

[V25] **Herion, S.**: Guss im Bauwesen. In: Kuhlmann, U. (Hrsg.): Stahlbau-Kalender 2007, S. 545–589. Berlin: Ernst & Sohn 2007.

[V26] **Hölbling, W./Misiek, T./Saal, H.**: Tragverhalten von Schrauben in Scher-Lochleibungs-Verbindungen mit ungenau hergestellten Schraubenlöchern. Stahlbau 78 (2009), 42–46.

[V27] **HTG-FAKOR**: Handbuch des Korrosionsschutzes durch organische Beschichtungen für Stahl im Wasserbau. Hamburg: Fachausschuss für Korrosionsfragen der Hafentechnischen Gesellschaft e.V. 2015.

[V28] **Illgner, K.H./Esser, J.**: Schrauben Vademecum, 9. Auflage. Bramsche: Rasch-Verlag 2001.

[V29] **IAB-252** – IIW Guideline for International Welding Engineers, Technologists, Specialists and Practitioners – Personnel with Qualification for Welding Coordination. Porto Salvo/Portugal: EWF-IAB/IIW Secretariat 2016.

[V30] **Jakubowski, A./Schmidt, H.**: Ermüdungssichere Bemessung vorgespannter Ringflanschstöße unter Berücksichtigung von Flanschimperfektionen. Stahlbau 74 (2005), 452–461.

[V31] **Jost, K./Lange, J./Renner, A.**: Zum Einfluss der Härte von Brennschnittkanten auf die Haltbarkeit von Beschichtungen. Stahlbau 82 (2013), 671–677.

[V32] **Jungbluth, D.**: Einfluss dauerhafter Kennzeichnungsmethoden auf das Ermüdungsverhalten von Baustählen. Dissertation Universität Duisburg-Essen, 2018.

[V33] **Kathage, K./Ortmann, Ch.**: Muster-Verwaltungsvorschrift Technische Baubestimmungen (MVV-TB), Normen und Zulassungen im Stahlbau. In: Kuhlmann, U. (Hrsg.): Stahlbau-Kalender 2018, S. 331–434. Berlin: Ernst & Sohn 2018.

[V34] **Katzung, W.**: Korrosionsschutz von Stahlbauten. In: Kuhlmann, U. (Hrsg.): Stahlbau-Kalender 2006, S. 597–634. Berlin: Ernst & Sohn 2006.

[V35] **Katzung, W./Pfeiffer, H./Schneider, A.**: Zum Vorspannkraftabfall in planmäßig vorgespannten Schraubenverbindungen mit beschichteten Kontaktflächen. Stahlbau 65 (1996), 307–311.

[V36] **Kayser, K.**: Kritische Betrachtungen zum Korrosionsschutz von Schrauben. VDI-Z 126 (1984), H. 20, 98–108.

[V37] **Kindmann, R./Stracke, M.**: Verbindungen im Stahl- und Verbundbau, 3. Auflage. Berlin: Ernst & Sohn 2012.

[V38] **Kloos, K.H./Thomala, W.**: Schraubenverbindungen – Grundlagen, Berechnung, Eigenschaften, Handhabung; 5. Auflage. Berlin: Springer-Verlag 2007.

[V39] **Knobloch, M./Schmidt, H.**: Tragfähigkeit und Tragverhalten stahlbauüblicher Schrauben unter reiner Scherbeanspruchung und unter kombinierter Scher-Zugbeanspruchung. Forsch.bericht Nr. 41 des FB Bauwesen der Universität Essen, 1987.

[V40] **Knobloch, M./Schmidt, H.**: Statistische Tragfähigkeitsdaten industriell gefertigter Schrauben unter vorwiegend ruhender Zug- und Abscherbeanspruchung im Gewinde. Forsch.bericht Nr. 52 des FB Bauwesen der Universität Essen, 1990.

[V41] **Kulak, G.L./Fisher, J.W./Struik, J.H.A.**: Guide to Design Criteria for Bolted and Riveted Joints, 2nd edition. New York: John Wiley & Sons 1987.

[V42] **Lange, J.**: Baubetrieb im Stahl- und Verbundbau. In: Kuhlmann, U. (Hrsg.): Stahlbau-Kalender 2000, S. 641–687. Berlin: Ernst & Sohn 2000.

[V43] **Lehnert, T./Schröter, F.**: Stähle für den Stahlbau – Herstellung, Normung und Anwendung. In: Kuhlmann, U. (Hrsg.): Stahlbau-Kalender 2016, S. 311–357. Berlin: Ernst & Sohn 2016.

[V44] **Lindner, J./Gietzelt, R.**: Imperfektionsannahmen für Stützenschiefstellungen. Stahlbau 53 (1984), 94–101.

[V45] **Lindner, J./Scheer, J./Schmidt, H.** (Hrsg.): Stahlbauten – Erläuterungen zu DIN 18800 Teil 1 bis Teil 4, 3. Auflage. Berlin: Beuth und Ernst & Sohn 1998.

[V46] **Massonet, Ch.**: Tolerances in Steel Plated Structures. IABSE Survey No. S-14/80. Zürich: IABSE 1980.

[V47] **Misiek, Th./Volz, M.**: Schraubenvorspannung im Stahlbau. Bauingenieur 91 (2016), 371–380.

[V48] **Merkblatt 434** des Stahl-Informations-Zentrums: Wetterfester Stahl im Bauwesen, Ausgabe 2004 (Verfasser: M. Fischer). Düsseldorf 2004.

[V49] **Möller, R./Pöter, H./Schwarze, K.**: Planen und Bauen mit Trapezprofilen und Sandwichelementen. Bd. 1: Grundlagen, Bauweisen, Bemessung. Bd. 2: Gestaltung, Planung, Ausführung. Berlin: Ernst & Sohn 2004 und 2011.

[V50] **Nürnberger, U.**: Korrosion und Korrosionsschutz im Bauwesen, Bd. 1 und 2. Wiesbaden/Berlin: Bauverlag 1995.

[V51] **Ornig, H./Rauch, R./Holzingeruth, A.**: Flammrichten von TM-Stählen mit Streckgrenzen von 355 bis 690 N/mm^2. Schweißtechnik 47 (1993), 133–139, 150–156, 174–175.

[V52] **Petzschmann, E./Skufca, K.-H.** (Hrsg.): Handbuch der Stahlbaumontage – Grundlagen für die Aus- und Weiterbildung des Montageführungspersonals, 2. Auflage. Düsseldorf: Stahlbau-Verlag 2000.

[V53] **Puthli, R./Ummenhofer, T./Wardenier, J./Pertermann, Ina**: Anschlüsse mit Hohlprofilen nach DIN EN 1993-1-8 – Hintergrund, Kommentare, Beispiele. In: Kuhlmann, U. (Hrsg.): Stahlbau-Kalender 2011, S. 395–459. Berlin: Ernst & Sohn 2011.

[V54] **Rotter, J.M./Schmidt, H.** (Hrsg.): Buckling of Steel Shells – European Design Recommendations. Revised 2nd impression of 5th edition. Brussels: European Convention for Constructional Steelwork (ECCS) 2013.

[V55] **Saal, H./Ulbrich, D./Volz, M.**: Nichtrostende Stähle nach der allgemeinen bauaufsichtlichen Zulassung Z-30.3-6. In: Kuhlmann, U. (Hrsg.): Stahlbau-Kalender 2007, S. 317–369. Berlin: Ernst & Sohn 2007.

[V56] **Scheer, J./Maier, W./Paustian, O.**: Planung und Auswertung von Versuchen an geschraubten Verbindungen – Teil 1: Herstellung und Gütekontrolle von Schrauben, Muttern und Scheiben sowie Ableitung von Basisvariablen für geschraubte Verbindungen. Bericht Nr. 6065-1, Institut für Stahlbau der TU Braunschweig, 1983.

[V57] **Scheer, J./Reim, H.**: Scherverbindungen mit Injektionsschrauben. Bauingenieur 71 (1996) 385–393.

[V58] **Schiborr, M.**: Anwendung von direkten Kraftanzeigern in vorgespannten Verbindungen. Dissertation Universität Duisburg-Essen, 2017.

[V59] **Schmidt, H.**: Zum Tragverhalten axial gedrückter, geschweißter, längsversteifter Blechfelder. In: Vier Vorträge zum Plattenbeulproblem. Schriftenreihe des Lehrstuhls für Stahlbau der TU Hannover, H. 9, S. 69–94, 1975.

[V60] **Schmidt, H.**: Ebenheitstoleranzen geschweißter Blechkonstruktionen des Stahlbaus als Grundlage zur Gewährleistung ausreichender Plattenstabilität. In: Festschrift Joachim Scheer, S. 204–218. Institut für Stahlbau der TU Braunschweig, 1987.

[V61] **Schmidt, H.**: Geschraubte Verbindungen unter vorwiegend ruhender Beanspruchung – Tragverhalten und Tragsicherheitsnachweis nach den neuen deutschen und europäischen Stahlbaunormen. In: Wissenschaft und Praxis, Bd. 62, S. 237–272. Biberach: Bauakademie 1991.

[V62] **Schmidt, H.**: Stabilität stählerner Schalentragwerke. In: Kuhlmann, U. (Hrsg.): Stahlbau-Kalender 2009, S. 529–612. Berlin: Ernst & Sohn 2009.

[V63] **Schmidt, H./Düsing, I.**: Buckling Failure of a 40 Years Old Welded Plate Girder Bridge during Controlled Wrecking. In: Proc. 4th Int. Conf. Structural Failure, Wien 1992.

[V64] **Schmidt, H./Greiner, R.**: Erläuterungen zu DIN 18800 Teil 4. In: Beuth-Kommentar Stahlbauten – Erläuterungen zu DIN 18800 Teil 1 bis Teil 4 (Hrsg.: J. Lindner, J. Scheer, H. Schmidt), 3. Auflage, S. 333–417. Berlin: Beuth und Ernst & Sohn 1998.

[V65] **Schmidt, H./Knobloch, M.**: Schrauben unter reiner Scherbeanspruchung und kombinierter Scher-Zugbeanspruchung. Stahlbau 57 (1988), 169–174.

[V66] **Schmidt, H./Zwätz, R./Bär, L./Schulte, U.**: Ausführung von Stahlbauten – Erläuterungen zu DIN 18800-7. Berlin: Beuth und Ernst & Sohn 2005.

[V67] **Schmidt, H./.Stranghöner, N.**: Ausführung geschraubter Verbindungen nach DIN EN 1090-2. In: Kuhlmann, U. (Hrsg.): Stahlbau-Kalender 2011, S. 283–340. Berlin: Ernst & Sohn 2011.

[V68] **Schmidt, H./Zwätz, R./Bär, L./Kathage, K./Hüller, V./Kammel, C./Volz, M.**: Ausführung von Stahlbauten – Kommentare zu DIN EN 1090-1 und DIN EN 1090-2. Berlin: Beuth und Ernst & Sohn 2012.

[V69] **Schmidt, H./Hüller, V./Machura, G.**: Fertigung und Errichtung von Stahltragwerken – praktische Umsetzung der neuen Regelungen nach DIN EN 1090. In: Kuhlmann, U. (Hrsg.): Stahlbau-Kalender 2015, 359–409. Berlin: Ernst & Sohn 2015.

[V70] **Schwarze, K./Raabe, O.**: Stahlprofiltafeln für Dächer und Wände. In: Kuhlmann, U. (Hrsg.): Stahlbau-Kalender 2009, S. 761–856. Berlin: Ernst & Sohn 2009.

[V71] **Sedlacek, G./Kammel, Ch.**: Zum Dauerverhalten von GV-Verbindungen in verzinkten Konstruktionen – Erfahrungen mit Vorspannkraftverlusten. Stahlbau 70 (2001), 917–926.

[V72] **Siebers, R./Malkwitz, A./Helmus, M./Meins-Becker; A.** (Hrsg.): Baubetrieb im Stahlbau. Düsseldorf: Bauforumstahl, Berlin: Beuth 2018.

[V73] **Stahlbau-Arbeitshilfe 5.6** – Ausführung von Stahlbauten – Baustelleneinrichtung, Auflage 3/13. Hrsg.: Bauforumstahl, Düsseldorf. www.bauforumstahl.de.

[V74] **Steller, F.**: Flammrichten von Schweißkonstruktionen, Teil 2 – Werkstoffe und Arbeitsweise. Der Praktiker 66 (2014), 196–201.

[V75] **Steurer, A.**: Trag- und Verformungsverhalten von auf Zug beanspruchten Schrauben. ETH Zürich, IBK-Bericht Nr. 217. Basel: Birkhäuser 1996.

[V76] **Steurer, A.**: Das Tragverhalten und Rotationsvermögen geschraubter Stirnplattenverbindungen. ETH Zürich, IBK-Bericht Nr. 247. Basel: Birkhäuser 1999.

[V77] **Stranghöner, N.** (project coordinator) and 28 further researchers from 10 European institutions and companies: Execution and reliability of slip resistant connections for steel structures using carbon and stainless steel – Final Report on RFCS Research Project SIROCO (RFSR-CT-2014-00024). European Commission 2018.

[V78] **Stranghöner, N./Jungbluth, D.**: Verfahrensprüfung zur Bestimmung von Anziehparametern für vorgespannte geschraubte Verbindungen, Stahlbau 86 (2017), 1079–1088.

[V79] **Stranghöner, N./Jungbluth, D./Afzali, N./Lorenz, C.**: Einblick in das Vorspannverhalten von geschraubten Verbindungen aus nichtrostendem Stahl. Stahlbau 86 (2017), 302–314.

[V80] **Stranghöner, N./Afzali, N./de Vries, P./Glienke, R./Ebert, A.**: Optimization of the test procedure for slip factor tests according to EN 1090-2. Steel Construction 10 (2017), 267–281.

[V81] **Stranghöner, N./Jungbluth, D./Abraham, C./Söderman, A.**: Tightening behaviour of preloaded stainless steel bolting assemblies. Steel Construction 10 (2017), 319–332.

[V82] **Stranghöner, N./Schmidt, H./Jungbluth, D.**: Vorspannen von Metallbauschrauben ISO 4014/4017 der FK 8.8 – und höher? In: Stahlbau, Holzbau u. Verbundbau – Festschrift 60. Geburtstag U. Kuhlmann, 132–138. Berlin: Ernst & Sohn 2017.

[V83] **Stranghöner, N./Schmidt, H./Machura, G./Jungbluth, D.**: Aktualisierte Regelungen zur Fertigung und Errichtung von Stahltragwerken nach DIN EN 1090. In: Kuhlmann, U. (Hrsg.): Stahlbau-Kalender 2018, 981–1035. Berlin: Ernst & Sohn 2018.

[V84] **Ummenhofer, T./Misiek, T./Kathage, K.**: Zugstäbe und ihre Anschlüsse. In: Kuhlmann, U. (Hrsg.): Stahlbau-Kalender 2011, S. 461–501. Berlin: Ernst & Sohn 2011.

[V85] **Ummenhofer, T./Steidl, F./Ruff, D.C./Knödel, P.**: EN 1090 – Zerstörungsfreie Prüfung unter Berücksichtigung der technologischen Möglichkeiten und Verfahrensgrenzen. Stahlbau 81 (2012), 177–180.

[V86] **Valtinat, G./Huhn, H.**: Festigkeitssteigerung von Schraubenverbindungen bei ermüdungsbeanspruchten, feuerverzinkten Stahlkonstruktionen. Stahlbau 72 (2003), 715–724.

[V87] **VdL-Broschüre:** Korrosionsschutz von Stahlbauten durch Beschichtungssysteme im Leistungsbereich DIN EN ISO 12944 (Autoren: A.W.H. Capell, W.D. Kaiser, P. Öchsner, R. Schmidt). Hrsg: Verband der Lackindustrie, Frankfurt/Main, und Bundesverband Korrosionsschutz, Köln, 2010.

[V88] **Zwätz, R.**: Qualitätsanforderungen beim Schmelzschweißen von metallischen Werkstoffen – Kommentar zur Normenreihe DIN EN ISO 3834. DIN/DVS-Taschenbuch. Düsseldorf: DVS Media GmbH 2007.

[V89] **Stranghöner, N./Makevičius, L./Henkel, K.-M./Glienke, R./Dörre, M.**: Vorspannkraftverluste geschraubter Verbindungen infolge beschichteter Kontaktflächen. Stahlbau 87 (2018), 991–1009.

[V90] **Denkert, C./Ulbrich, D./Glienke, R.**: Zur Verwendung von Keilsicherungsscheiben für geschraubte Verbindungen im bauaufsichtlich geregelten Bereich. Stahlbau 87 (2018), 1010–1018.

[V91] **Krivý, V./Marek, P./Kreislová, K./Knotková, D.**: Bestimmung der Dickenzuschläge für wetterfesten Stahl im Brückenbau. Stahlbau 82 (2013), 583–588.

[V92] **Gelhaar, A./Schneider, A.**: Korrosionsschutz von Stahlkonstruktionen durch Beschichtungssysteme. In: Kuhlmann, U. (Hrsg.): Stahlbau-Kalender 2012, 489–519. Berlin: Ernst & Sohn 2012.

[V93] **Gabrys, U./Binder, G./Kunz, C./Stahl, H.**: Stahlwasserbau – neue Entwicklungen. In: Kuhlmann, U. (Hrsg.): Stahlbau-Kalender 2015, 367–408. Berlin: Ernst & Sohn 2015.

[V94] **Rudolf, A.**: Direkte Beschichtung von Zinküberzügen – Einfluss der Verzinkung. Stahlbau 87 (2018), 849–859.

[V95] **Braun, J./Tusche, J.**: Fahrbahnübergänge nach Europäischer Zulassung. In: Kuhlmann, U. (Hrsg.): Stahlbau-Kalender 2012, 693–745. Berlin: Ernst & Sohn 2012.

[V96] **Butz, C./Braun, C.**: Brückenlager nach Europäischer Norm. In: Kuhlmann, U. (Hrsg.): Stahlbau-Kalender 2012, 667–692. Berlin: Ernst & Sohn 2012.

[V97] **Spannaus, M./Ummenhofer, T.**: Stahlguss im Bauwesen. Stahlbau 84 (2015), 525–533.

[V98] **DVS-Merkblatt 0904**:2000-12 – Hinweise für die Praxis – Lichtbogenbolzenschweißen. Hrsg.: Deutscher Verband für Schweißen und verwandte Verfahren DVS. Düsseldorf: DVS Media GmbH 2000.

[V99] **Stranghöner, N./Jungbluth, D.**: Verschraubung von aufgeschweißten Gewindebolzen nach Merkblatt DVS 0904. Stahlbau 85 (2016), 418–428.

[V100] **Stranghöner, N./Lorenz, C./Feldmann, M./Citarelli, S./Bleck, W./Münstermann, S./Brinnel, V.**: Sprödbruchverhalten hochfester Schrauben großer Abmessungen bei tiefen Temperaturen. Stahlbau 87 (2018), 17–29.

[V101] **Stranghöner, N./Ulbrich, D./Baddoo, N.**: Neue Regeln nach Eurocode für nichtrostende Stähle. In: Kuhlmann, U. (Hrsg.): Stahlbau-Kalender 2016, 359–409. Berlin: Ernst & Sohn 2016.

[V102] **Ungermann, D./Holtkamp, S./Rademacher, D./Hechler, O./Pinger, T.**: Anwendung der Feuerverzinkung im Brückenbau. In: Kuhlmann, U. (Hrsg.): Stahlbau-Kalender 2017, 767–812. Berlin: Ernst & Sohn 2017.

[V103] **Lebelt, P./Gehrke, J.**: Korrosionsschutztechnologie für Montageschweißstöße einer feuerverzinkten Stahlbrücke. Stahlbau 86 (2017), 191–196.

[V104] **Podleschny, R./Misiek, T.**: Neue europäische Normen für den Metallleichtbau – Bemessung, Konstruktion und Ausführung von Dach- und Wandbekleidungen. In: Kuhlmann, U. (Hrsg.): Stahlbau-Kalender 2014, 165–251. Berlin: Ernst & Sohn 2014.

[V105] **Ulbrich, D./Primke-Engel, R./Blunk, C./Glienke, R.**: Mechanische Verbindungen im Metallleichtbau. Stahlbau 82 (2013), 805–818.

Regelwerke (Normen, Richtlinien, gesetzliche Vorschriften usw.)

[R1] **AbZ Nr. Z-3.82-2042**:2013-01 – Allgemeine bauaufsichtliche Zulassung für Metall Polymer „MM1018P“ und „MM1018FL“. Berlin: DIBt.

[R2] **AbZ Nr. Z-14.1-4**:2016-04 – Allgemeine bauaufsichtliche Zulassung für Verbindungselemente zur Verwendung bei Konstruktionen mit „Kaltprofilen“ aus Stahlblech – insbesondere mit Stahlprofiltafeln. Berlin: DIBt.

[R3] **AbZ Nr. Z-14.1-537**:2015-09 – Mechanische Verbindungselemente zur Verbindung von Bauteilen aus Aluminium miteinander oder mit Unterkonstruktionen aus Aluminium, Stahl oder Holz. Berlin: DIBt.

[R4] **Abz Nr. Z-14.4-407**:2015-09 – Allgemeine bauaufsichtliche Zulassung für gewindeformende Schrauben zur Verbindung von Sandwichelementen mit Unterkonstruktionen aus Stahl oder Holz. Berlin: DIBt.

[R5] **AbZ Nr. Z-14.4-420**:2013-11 – Allgemeine bauaufsichtliche Zulassung für dübelartige Verbindungselemente („Hollo-Bolts“) mit Schrauben M8 bis M20. Berlin: DIBt.

[R6] **AbZ Nr. Z-14.4-746**:2015-08 – Allgemeine bauaufsichtliche Zulassung für galvanisch verzinkte Verbindungsmittel für den Regalbau. Berlin: DIBt.

[R7] **AbZ Nr. Z-16.7-445**:2016-10 – Ausstattung von MAURER-Brückenlagern. Berlin: DIBt.

[R8] **AbZ Nr. Z-30.2-64**:2014-11 – Allgemeine bauaufsichtliche Zulassung für Flacherzeugnisse aus den warmgewalzten schweißgeeigneten Feinkornbaustählen im thermomechanisch (M) gewalzten Zustand S355M und S355ML. Berlin: DIBt.

[R9] **AbZ Nr. Z-30.3-6**:2018-03 – Allgemeine bauaufsichtliche Zulassung für Erzeugnisse, Bauteile und Verbindungsmittel aus nichtrostenden Stählen. Berlin: DIBt.

[R10] **AbZ Nr. Z-30.6-39**:2013-09 – Allgemeine bauaufsichtliche Zulassung für PEIKKO Ankerbolzen. Berlin: DIBt.

[R11] **AbZ Nr. Z-30.11-29**:2013-02 – Allgemeine bauaufsichtliche Zulassung für Verbindungselemente und Bauteile aus Stahl mit Metalldiffusionsüberzug Greenkote. Berlin: DIBt.

[R12] **AbZ Nr. Z-30.11-45**:2015-01 – Allgemeine bauaufsichtliche Zulassung für mit den Beschichtungssystemen DELTA-MKS beschichtete Stahlbauteile und Verbindungselemente. Berlin: DIBt.

[R13] **BFS-RL 02-101** – Richtlinie: Darstellung von Stahlkonstruktionen in Werkstattzeichnungen, Empfehlungen des BFS-Arbeitsausschusses Fertigung. Düsseldorf: bauforumstahl September 2015.

[R14] **BFS-RL 07-101** – Richtlinie: Erstellung von Herstellungsunterlagen im Stahlbau, Empfehlungen des BFS-Arbeitsausschusses Technisches Büro. Düsseldorf: bauforumstahl September 2015.

[R15] **BMVBS-Erlass WS 12/5257.15/1-6** – Bauaufsichtliche Einführung der Eurocodes als Technische Baubestimmungen für den Bereich Wasserstraßen. Berlin: BMVBS 2012-09.

[R16] **BSH 7005**:2015-12, Standard Konstruktion, Mindestanforderungen an die konstruktive Ausführung von Offshore-Bauwerken in der ausschließlichen Wirtschaftszone (AWZ). Hamburg/Rostock: Bundesamt für Seeschifffahrt und Hydrographie (BSH).

[R17] (**BS 5400**:1978 – Steel, concrete and composite bridges. London: British Standards Institute BSI. – *withdrawn*)

[R18] **DAfStb-Richtlinie**:2011-11 – Herstellung und Verwendung von zementgebundenem Vergussbeton und Vergussmörtel (VeBMR). Berlin: Beuth Verlag 2011.

[R19] **DASt-Richtlinie 007**:1993-05 – Lieferung, Verarbeitung und Anwendung wetterfester Baustähle. Hrsg.: Deutscher Ausschuss für Stahlbau DASt. www.deutscherstahlbau.de.

[R20] **DASt-Richtlinie 009**:2008-05 – Stahlsortenauswahl für geschweißte Stahlbauten. Hrsg.: Deutscher Ausschuss für Stahlbau DASt. www.deutscherstahlbau.de.

[R21] (**DASt-Richtlinie 012**:1980/09 – Beulsicherheitsnachweise für Platten, zusammen mit Kommentar zur DASt-Richtlinie 012: Grundlagen, Erläuterungen, Beispiele; 2. Auflage. Hrsg.: Deutscher Ausschuss für Stahlbau DASt. – *überholt*)

[R22] (**DASt-Richtlinie 013**:1980/07 – Beulsicherheitsnachweise für Schalen. Hrsg.: Deutscher Ausschuss für Stahlbau DASt. – *überholt*)

[R23] **DASt-Richtlinie 014**:1981-01 – Empfehlungen zum Vermeiden von Terrassenbrüchen in geschweißten Konstruktionen aus Baustahl. Hrsg.: Deutscher Ausschuss für Stahlbau DASt. www.deutscherstahlbau.de.

[R24] **DASt-Richtlinie 016**:1992-02 – Bemessung und konstruktive Gestaltung von Tragwerken aus dünnwandigen kaltgeformten Bauteilen. Hrsg.: Deutscher Ausschuss für Stahlbau DASt. www.deutscherstahlbau.de.

[R25] **DASt-Richtlinie 018**:2001-11 – Hammerschrauben. Hrsg.: Deutscher Ausschuss für Stahlbau DASt. www.deutscherstahlbau.de.

[R26] **DASt-Richtlinie 021**:2013-09 – Schraubenverbindungen aus feuerverzinkten Garnituren M39 bis M72 entsprechend DIN EN 14399-4 und DIN EN 14399-6. Hrsg.: Deutscher Ausschuss für Stahlbau DASt. www.deutscherstahlbau.de.

[R27] **DASt-Richtlinie 022**:2016-04 – Feuerverzinken von tragenden Stahlbauteilen. Hrsg.: Deutscher Ausschuss für Stahlbau DASt. www.deutscherstahlbau.de.

[R28] **DASt-Richtlinie 023**:2010-04 – Langlochverbindungen mit Schrauben. Hrsg.: Deutscher Ausschuss für Stahlbau DASt. www.deutscherstahlbau.de.

[R29] **DASt-Richtlinie 024**:2018-10 – Anziehen von geschraubten Verbindungen der Abmessungen M12 bis M36. Hrsg.: Deutscher Ausschuss für Stahlbau DASt. www.deutscherstahlbau.de

[R30] **DBS 918002-02**:2013-01 – DB Standard: Technische Lieferbedingungen für warmgewalzte Erzeugnisse aus Baustählen für den Eisenbahnbrückenbau. Hrsg.: DB Netz AG, Frankfurt/Main.

[R31] **DBS 918005**:2016-08 – DB Standard: Technische Lieferbedingungen für die Ausführung von Eisenbahnbrücken und sonstigen Ingenieurbauwerken. Hrsg.: DB Netz AG, Frankfurt/Main.

[R32] **DGUV 100-500** (früher: **BGR 500**) – Berufsgenossenschaftliche Regeln für Sicherheit und Gesundheit bei der Arbeit (BG-Regeln): Betreiben von Arbeitsmitteln, Fassung März 2017. Hrsg.: Berufsgenossenschaften der Bauwirtschaft. www.dguv.de.

[R33] **DGUV 38** (früher: **BGV C22**) – Unfallverhütungsvorschrift Bauarbeiten, Fassung Januar 1997. Hauptverband der gewerblichen Berufsgenossenschaften HVBG. www.dguv.de.

[R34] **DGUV 201-024** (früher: **BGI 815**) – Montage von Profiltafeln und Porenbetonplatten, Fassung Mai 2002. Hrsg.: Berufsgenossenschaften der Bauwirtschaft. www.dguv.de.

[R35] **DIBt-Ri WEA**:2015-03 – Richtlinie für Windenergieanlagen, Einwirkungen und Standsicherheitsnachweise für Turm und Gründung. Berlin: Deutsches Institut für Bautechnik DIBt 2015.

[R36] **DIN 101**:2011-02 – Niete; Technische Lieferbedingungen.

[R37] **DIN 124**:2011-03 – Halbrundniete; Nenndurchmesser 10 bis 36 mm.

[R38] **DIN 186**:2010-09 – Hammerschrauben mit Vierkant.

[R39] **DIN 188**:2011-02 – Hammerschrauben mit Nase.

[R40] **DIN 261**:2010-12 – Hammerschrauben.

[R41] **DIN 302**:2011-03 – Senkniete, Nenndurchmesser 10 bis 36 mm.

[R42] **DIN 434**:2000-04 – Scheiben, vierkant, keilförmig für U-Träger.

[R43] **DIN 435**:2000-01 – Scheiben, vierkant, keilförmig für I-Träger.

[R44] **DIN 488**:2009-08 – Betonstahl (Teile 1 bis 6).

[R45] **DIN 820-2**:2018-09 – Normungsarbeit; Teil 2: Gestaltung von Dokumenten (ISO/IEC-Direktiven – Teil 2:2004, modifiziert); dreisprachige Fassung CEN/CENELEC-Geschäftsordnung – Teil 3:2009.

[R46] **DIN 929**:2013-12 – Sechskant-Schweißmuttern.

[R47] **DIN 976-1**:2016-09 Mechanische Verbindungselemente – Gewindebolzen; Teil 1: Metrisches Gewinde.

[R48] **DIN 1478**:2005-09 – Spannschlossmuttern aus Stahlrohr oder Rundstahl.

[R49] **DIN 1480**:2005-09 – Spannschlossmuttern, geschmiedet (offene Form).

[R50] **DIN 1910-100**:2008-02 – Schweißen und verwandte Prozesse; Begriffe – Teil 100: Metallschweißprozesse mit Ergänzungen zu DIN EN 14610:2005.

[R51] **DIN 1961**:2016-09: VOB Vergabe- und Vertragsordnung für Bauleistungen – Teil B: Allgemeine Vertragsbedingungen für die Ausführung von Bauleistungen.

[R52] **DIN 4074-1**:2012-06 – Sortierung von Holz nach der Tragfähigkeit – Teil 1: Nadelschnittholz.

[R53] **DIN 4102-7**:2018-11 – Brandverhalten von Baustoffen und Bauteilen – Teil 7: Bedachungen; Begriffe, Anforderungen und Prüfungen.

[R54] **DIN 6319**:2001-10, Berichtigung 1:2007-01 – Kugelscheiben und Kegelpfannen.

[R55] **DIN 6917**:1989-10 – Scheiben, vierkant, keilförmig für HV-Schrauben an I-Profilen in Stahlkonstruktionen.

[R56] **DIN 6918**:1990-04 – Scheiben, vierkant, keilförmig für HV-Schrauben an U-Profilen in Stahlkonstruktionen.

[R57] **DIN 6935**:2011-10 – Kaltbiegen von Flacherzeugnissen aus Stahl.

[R58] **DIN 7968**:2017-08 – Sechskant-Passschrauben mit Sechskantmutter für Stahlkonstruktionen.

[R59] **DIN 7969**:2017-08 – Senkschrauben mit Schlitz mit Sechskantmutter für Stahlkonstruktionen.

[R60] **DIN 7989-1**:2001-04 – Scheiben für Stahlkonstruktionen; Teil 1: Produktklasse C.

[R61] **DIN 7989-2**:2001-04 – Scheiben für Stahlkonstruktionen; Teil 2: Produktklasse A.

[R62] **DIN 7990**:2017-08 – Sechskantschrauben mit Sechskantmutter für Stahlkonstruktionen.

[R63] **DIN 7992**:2010-09 – Hammerschrauben mit großem Kopf.

[R64] **DIN 8580**:2003-09 – Fertigungsverfahren: Begriffe, Einteilung.

[R65] **DIN 8588**:2013-08 – Fertigungsverfahren Zerteilen: Einordnung, Unterteilung, Begriffe.

[R66] (**DIN 11204**:2008-02 – Verbindungselemente – Prüfbescheinigungen, Liste und Beschreibung der Angaben – *zurückgezogen*).

[R67] **(DIN 18201**:1997-04 – Toleranzen im Bauwesen – Begriffe, Grundsätze, Anwendung, Prüfung. – *zurückgezogen*)

[R68] **DIN 18202**:2013-04 – Toleranzen im Hochbau – Bauwerke.

[R69] (**DIN 18203-2**:2006-08 – Toleranzen im Hochbau – Vorgefertigte Teile aus Stahl – *zurückgezogen*).

[R70] **DIN 18360**:2016-09 – VOB Vergabe- und Vertragsordnung für Bauleistungen – Teil C: Allgemeine Technische Vertragsbedingungen für Bauleistungen (ATV); Metallbauarbeiten.

[R71] (**DIN 18800-3**:2008-11 – Stahlbauten – Teil 3: Stabilitätsfälle; Plattenbeulen. – *zurückgezogen*)

[R72] (**DIN 18800-4**:2008-11 – Stahlbauten – Teil 4: Stabilitätsfälle; Schalenbeulen. – *zurückgezogen*)

[R73] (**DIN 18800-7**:2008-11 – Stahlbauten – Teil 7: Ausführung und Herstellerqualifikation. – *zurückgezogen*)

[R74] (**DIN 18807-1**:1987-06 – Trapezprofile im Hochbau, Stahltrapezprofile, Allgemeine Anforderungen, Ermittlung der Tragfähigkeitswerte durch Berechnung. – *zurückgezogen*)

[R75] (**DIN 18807-2**:1987-06 + A1:2001-05 – Trapezprofile im Hochbau, Stahltrapezprofile, Durchführung und Auswertung von Tragfähigkeitsversuchen. – *zurückgezogen*)

[R76] (**DIN 18807-3**:1987-06 + A1:2001-05 – Trapezprofile im Hochbau; Stahltrapezprofile: Festigkeitsnachweis und konstruktive Ausbildung. – *wird zurückgezogen*)

[R77] (**DIN 18808**:1984-10 – Stahlbauten – Tragwerke aus Hohlprofilen unter vorwiegend ruhender Beanspruchung. – *zurückgezogen*)

[R78] (**DIN 18914**:1985-09 – Dünnwandige Rundsilos aus Stahl, einschl. Beiblatt 1. – *zurückgezogen*)

[R79] **DIN 19704**:2014-11 – Stahlwasserbauten – Teil 1: Berechnungsgrundlagen; Teil 2: Bauliche Durchbildung und Herstellung.

[R80] **DIN 22261-1**:2015-11 – Bagger, Absetzer und Zusatzgeräte in Braunkohlentagebauen – Teil 1: Bau, Inbetriebnahme und Prüfungen.

[R81] **DIN 22261-2**:2016-10 – wie vor – Teil 2: Berechnungsgrundlagen.

[R82] **DIN 22261-3**:2015-11 – wie vor – Teil 3: Ausführung von Stahltragwerken.

[R83] **DIN 24117**:2007-02 – Bau und Baustoffmaschinen, Verteilermaste für Betonpumpen – Berechnungsgrundsätze und Standsicherheit.

[R84] (**DIN 34820**:2004-05 – Flache Scheiben mit Fasen für den Stahlbau. – *zurückgezogen*)

[R85] **DIN 34828**:2005-09 – Anschweißenden für Spannschlösser.

[R86] **DIN 55633**:2009-04 – Beschichtungsstoffe; Korrosionsschutz von Stahlbauten durch Pulver-Beschichtungssysteme – Bewertung der Pulver-Beschichtung, Ausführung der Beschichtung.

[R87] **DIN 55634-1**:2018-03 – Beschichtungsstoffe und Überzüge – Korrosionsschutz von tragenden dünnwandigen Bauteilen aus Stahl – Teil 1: Anforderungen und Prüfverfahren.

[R88] **DIN 55634-2**:2018-03 – wie vor – Teil 2: Überwachung und Zertifizierungsanforderungen.

[R89] **DIN CEN/TR 17052**:2017-06 – Leitfaden für die Umsetzung von EN 1090-1:2009 +A1:2011; Deutsche Fassung CEN/TR 17052:2017.

[R90] **DIN EN 338**:2016-07 – Bauholz für tragende Zwecke – Festigkeitsklassen.

[R91] **DIN EN 1011-6/E**:2017-07 – Schweißen: Empfehlungen zum Schweißen metallischer Werkstoffe – Teil 6: Laserstrahlschweißen; Deutsche und Englische Fassung prEN 1011-6:2017.

[R92] **DIN EN 1011-8**:2018-07 – (wie vor) – Teil 8: Schweißen von Gusseisen.

[R93] **DIN EN 1792**:2003-06 – Schweißen: Mehrsprachige Liste mit Begriffen für Schweißen und verwandte Prozesse; Dreisprachige Fassung EN 1792:2003.

[R94] **DIN EN 1991-1-7**:2010-12 – Eurocode 1: Einwirkungen auf Tragwerke – Teil 1-7: Allgemeine Einwirkungen – Außergewöhnliche Einwirkungen.

[R95] **DIN EN 1991-1-7/NA**:2010-12 – Nationaler Anhang zu (wie vor).

[R96] **DIN EN 1993-1-1**:2010-12 plus **DIN EN 1993-1-1/A1**:2014-07 – Eurocode 3: Bemessung und Konstruktion von Stahlbauten – Teil 1-1: Allgemeine Bemessungsregeln und Regeln für den Hochbau.

[R97] **DIN EN 1993-1-1/NA**:2018-12 – Nationaler Anhang zu (wie vor).

[R98] **DIN EN 1993-1-3**:2010-12 – Eurocode 3: Bemessung und Konstruktion von Stahlbauten – Teil 1-3: Allgemeine Regeln – Ergänzende Regeln für kaltgeformte Bauteile und Bleche.

[R99] **DIN EN 1993-1-3/NA**:2017-05 – Nationaler Anhang zu (wie vor).

[R100] **DIN EN 1993-1-4**:2015-10 – Eurocode 3: Bemessung und Konstruktion von Stahlbauten – Teil 1-4: Allgemeine Bemessungsregeln – Ergänzende Regeln zur Anwendung von nichtrostenden Stählen.

[R101] **DIN EN 1993-1-4/NA**:2017-01 – Nationaler Anhang zu (wie vor).

[R102] **DIN EN 1993-1-5**:2017-07 – Eurocode 3: Bemessung und Konstruktion von Stahlbauten – Teil 1-5: Plattenförmige Bauteile.

[R103] **DIN EN 1993-1-8**:2010-12 – Eurocode 3: Bemessung und Konstruktion von Stahlbauten – Teil 1-8: Bemessung von Anschlüssen.

[R104] **DIN EN 1993-1-8/NA**:2010-12 – Nationaler Anhang zu (wie vor).

[R105] **DIN EN 1993-1-10**:2010-12 – Eurocode 3: Bemessung und Konstruktion von Stahlbauten – Teil 1-10: Stahlsortenauswahl im Hinblick auf Bruchzähigkeit und Eigenschaften in Dickenrichtung.

[R106] **DIN EN 1993-1-10/NA**:2016-04 – Nationaler Anhang zu (wie vor)

[R107] **DIN EN 1993-1-12**:2010-12 – Eurocode 3: Bemessung und Konstruktion von Stahlbauten – Teil 1-12: Zusätzliche Regeln zur Erweiterung von EN 1993 auf Stahlgüten bis S700.

[R108] **DIN EN 1993-1-12/NA**:2011-08 – Nationaler Anhang zu (wie vor).

[R109] **DIN EN 1993-2:**2010-12 – Eurocode 3: Bemessung und Konstruktion von Stahlbauten – Teil 2: Stahlbrücken.

[R110] **DIN EN 1993-2/NA**:2014-10 – Nationaler Anhang zu (wie vor).

[R111] **DIN EN 1993-3-1**:2010-12 – Eurocode 3: Bemessung und Konstruktion von Stahlbauten – Teil 3-1: Türme, Maste und Schornsteine – Türme und Maste.

[R112] **DIN EN 1993-3-1/NA**:2015-11 – Nationaler Anhang zu (wie vor).

[R113] **DIN EN 1993-3-2**:2010-12 – Eurocode 3: Bemessung und Konstruktion von Stahlbauten – Teil 3-2: Türme, Maste und Schornsteine – Schornsteine.

[R114] **DIN EN 1993-3-2/NA**:2017-01 – Nationaler Anhang zu (wie vor).

[R115] **DIN EN 1993-6**:2010-12 – Eurocode 3: Bemessung und Konstruktion von Stahlbauten – Teil 6: Kranbahnen.

[R116] **DIN EN 10079**:2007-06 – Begriffsbestimmungen für Stahlerzeugnisse.

[R117] (**DIN EN 10083-2**:2006-10 – Vergütungsstähle – Teil 2: Technische Lieferbedingungen für unlegierte Stähle. – zurückgezogen)

[R118] **DIN EN 10088-2**:2014-12 – Nichtrostende Stähle – Teil 2: Technische Lieferbedingungen für Blech und Band aus korrosionsbeständigen Stählen für allgemeine Verwendung.

[R119] **DIN EN 10088-3**:2014-12 – Nichtrostende Stähle – Teil 3: Technische Lieferbedingungen für Halbzeug, Stäbe, Walzdraht, gezogenen Draht, Profile und Blankstahlerzeugnisse aus korrosionsbeständigen Stählen für allgemeine Verwendung.

[R120] **DIN EN 10340-1/E**:2017-03 – Stahlguss für das Bauwesen; Teil 1: Allgemeines.

[R121] **DIN EN 10340-2/E**:2017-03 – Stahlguss für das Bauwesen; Teil 2: Technische Lieferbedingungen.

[R122] **DIN EN 10343**:2009-07 – Vergütungsstähle für das Bauwesen – Technische Lieferbedingungen.

[R123] **DIN EN 12812**:2008-12 – Traggerüste – Anforderungen, Bemessung und Entwurf.

[R124] **DIN EN 13001-1**:2015-06 – Krane; Konstruktion allgemein – Teil 1: Allgemeine Prinzipien und Anforderungen.

[R125] **DIN EN 13001-3-1**:2013-12: – wie vor – Teil 3-1: Grenzzustände und Sicherheitsnachweis von Stahltragwerken.

[R126] **DIN EN 13814-1/E**:2016-02 – Sicherheit von Fahrgeschäften und Vergnügungseinrichtungen; Teil 1: Konstruktion, Bemessung und Herstellung.

[R127] **DIN EN 14782/E**:2015-09 – Selbsttragende Dachdeckungs- und Wandbekleidungselemente für die Innen- und Außenanwendung aus Metallblech – Produktspezifikation und Anforderungen.

[R128] **DIN EN 20273**:1992-02 – Mechanische Verbindungselemente, Durchgangslöcher für Schrauben.

[R129] **DIN EN 50341-2-4** (VDE 0210-2-4):2016-04 – Freileitungen über AC 1 kV – Teil 2-4: Nationale Normative Festlegungen (NNA) für Deutschland (basierend auf EN 50341-1: 2012).

[R130] **DIN EN 62305-3 Beiblatt 4** (VDE 0185-305-3 Beiblatt 4):2008-01 Blitzschutz – Teil 3: Schutz von baulichen Anlagen und Personen – Beiblatt 4: Verwendung von Metalldächern in Blitzschutzsystemen.

[R131] **DIN EN ISO 2178**:2016-11 – Nichtmagnetische Überzüge auf magnetischen Grundmetallen; Messen der Schichtdicke – Magnetverfahren.

[R132] **DIN EN ISO 2409**:2013-06 – Beschichtungsstoffe – Gitterschnittprüfung.

[R133] **DIN EN ISO 2553/E**:2017-04 – Schweißen und verwandte Prozesse – Symbolische Darstellung in Zeichnungen – Schweißverbindungen.

[R134] **DIN EN ISO 3274**:1998-04 – Oberflächenbeschaffenheit: Tastschnittverfahren – Nenneigenschaften von Tastschnittgeräten.

[R135] **DIN EN ISO 4014**:2011-06 – Sechskantschrauben mit Schaft; Produktklassen A und B.

[R136] **DIN EN ISO 4016**:2011-06 – Sechskantschrauben mit Schaft; Produktklasse C.

[R137] **DIN EN ISO 4017**:2015-05 – Sechskantschrauben mit Gewinde bis Kopf; Produktklassen A und B.

[R138] **DIN EN ISO 4018**:2011-07 – Sechskantschrauben mit Gewinde bis Kopf; Produktklasse C.

[R139] **DIN EN ISO 4032**:2013-04 – Sechskantmuttern, Typ 1; Produktklassen A und B.

[R140] **DIN EN ISO 4033**:2013-04 – Sechskantmuttern, Typ 2; Produktklassen A und B.

[R141] **DIN EN ISO 4034**:2013-04 – Sechskantmuttern; Produktklasse C.

[R142] **DIN EN ISO 4035**:2013-04 – Sechskantmuttern, niedrige Form mit Fase (Typ 0); Produktklassen A und B.

[R143] **DIN EN ISO 4762**:2004-06 – Zylinderschrauben mit Innensechskant.

[R144] **DIN EN ISO 6520-1**:2007-11 – Schweißen und verwandte Prozesse; Einteilung von geometrischen Unregelmäßigkeiten an metallischen Werkstoffen – Teil 1: Schmelzschweißen.

[R145] **DIN EN ISO 6892-1**:2017-02 – Metallische Werkstoffe; Zugversuch – Teil 1: Prüfverfahren bei Raumtemperatur.

[R146] **DIN EN ISO 9001**:2015-11 – Qualitätsmanagementsysteme – Anforderungen (ISO 9001:2015); Deutsche und Englische Fassung EN ISO 9001:2015.

[R147] **DIN EN ISO 10642**:2013-04 – Senkschrauben mit Innensechskant.

[R148] **DIN EN ISO 10675-1**:2017-04 – Zerstörungsfreie Prüfung von Schweißverbindungen – Zulässigkeitsgrenzen für die Durchstrahlungsprüfung, Teil 1: Stahl, Nickel, Titan und deren Legierungen.

[R149] **DIN EN ISO 10683**:2018-11 – Verbindungselemente – Nichtelektrolytisch aufgebrachte Zinklamellenüberzüge.

[R150] **DIN EN ISO 11666**:2018-05 – Zerstörungsfreie Prüfung von Schweißverbindungen – Ultraschallprüfung: Zulässigkeitsgrenzen (ISO 11666:2018).

[R151] **DIN EN ISO 13588/E**:2018-03 – Zerstörungsfreie Prüfung von Schweißverbindungen – Ultraschallprüfung: Anwendung von automatisierter phasengesteuerter Array-Technologie.

[R152] **DIN EN ISO 13919-1**:1996-09 – Schweißen; Elektronen- und Laserstrahl-Schweißverbindungen; Leitfaden für Bewertungsgruppen für Unregelmäßigkeiten – Teil 1: Stahl.

[R153] **DIN EN ISO 14713-3**:2017-08 – Zinküberzüge; Leitfäden und Empfehlungen zum Schutz von Eisen- und Stahlkonstruktionen vor Korrosion – Teil 3: Sherardisieren.

[R154] **DIN EN ISO 16048**:2003-06 – Passivierung von Verbindungselementen aus nichtrostenden Stählen.

[R155] **DIN EN ISO 17662**:2016-09 – Schweißen – Kalibrierung, Bestätigung und Gültigkeitserklärung von Einrichtungen einschließlich ergänzender Tätigkeiten, die beim Schweißen verwendet werden.

[R156] **DIN EN ISO 23277**:2015-06 – Zerstörungsfreie Prüfung von Schweißverbindungen; Eindringprüfung von Schweißverbindungen – Zulässigkeitsgrenzen.

[R157] **DIN EN ISO 23278**:2015-06 – Zerstörungsfreie Prüfung von Schweißverbindungen; Magnetpulverprüfung von Schweißverbindungen – Zulässigkeitsgrenzen.

[R158] **DIN EN ISO 23279**:2017-12 – Zerstörungsfreie Prüfung von Schweißverbindungen; Ultraschallprüfung – Charakterisierung von Anzeigen in Schweißnähten.

[R159] **DIN EN ISO/IEC 17025**:2018-03 – Allgemeine Anforderungen an die Kompetenz von Prüf- und Kalibrierlaboratorien.

[R160] **DIN ISO 128**:2003-09 – Technische Zeichnungen, Allgemeine Grundlagen der Darstellung – Teil 1: Einleitung und Stichwortverzeichnis.
Auswahl weiterer Teile: Teil 22:1999-11: Grund- und Anwendungsregeln für Hinweis- und Bezugslinien; Teil 23:2000-03: Linien in Zeichnungen des Bauwesens.

[R161] **DIN ISO 2768-1**:1991-06 – Allgemeintoleranzen – Toleranzen für Längen- und Winkelmaße ohne einzelne Toleranzeintragung.

[R162] **DIN ISO 2768-2**:1991-04 – Allgemeintoleranzen – Toleranzen für Form und Lage ohne einzelne Toleranzeintragung.

[R163] **DIN ISO 2859-1**:2014-08 – Annahmestichprobenprüfung anhand der Anzahl fehlerhafter Einheiten oder Fehler (Attributprüfung) – Teil 1: Nach der annehmbaren Qualitätsgrenzlage (AQL) geordnete Stichprobenpläne für die Prüfung einer Serie von Losen.

[R164] **DIN ISO 2859-10**:2009-12 – wie vor – Teil 10: Einführung in das ISO-2859-Attribut-Stichprobensystem.

[R165] **DIN-Fachbericht CEN ISO/TR 3834-6**:2007-05 – Qualitätsanforderungen für das Schmelzschweißen von metallischen Werkstoffen – Teil 6: Richtlinie zur Einführung von ISO 3834.

[R166] **DIN CEN ISO/TR 15608/DIN SPEC 8517**:2013-08 – Schweißen; Richtlinien für eine Gruppeneinteilung von metallischen Werkstoffen.

[R167] **DIN-Fachbericht CEN ISO/TR 17844**:2004-11 – Schweißen; Vergleich von genormten Verfahren zur Vermeidung von Kaltrissen.

[R168] **DIN-Fachbericht CEN ISO/TR 20172/DIN SPEC 1097**:2009-10 – Schweißen; Werkstoffgruppeneinteilung – Europäische Werkstoffe.

[R169] **DIN-Fachbericht CEN ISO/TR 20173/DIN SPEC 1116**:2010-03 – wie vor – Amerikanische Werkstoffe.

[R170] **DIN-Fachbericht CEN ISO/TR 20174**:2006-09 – wie vor – Japanische Werkstoffe.

[R171] **DIN SPEC 18088-13**:2019-xy – Ausführung von Windenergieanlagen aus Stahl im Offshore-Bereich (in Arbeit).

[R172] **DSTV-Richtlinie Korrosionsschutz** von Stahlbauten in atmosphärischen Umgebungsbedingungen durch Beschichtungssysteme, Ausgabe 1999 (Verfasser: W. Katzung). Düsseldorf: Deutscher Stahlbauverband DSTV (zurzeit in Überarbeitung).

[R173] **DSV/GAV-Richtlinie** für die Herstellung feuerverzinkter Schrauben, Stand Juli 2009. Hrsg.: Deutscher Schraubenverband e. V. & Gemeinschaftsausschuss Verzinken e. V.

[R174] **DVS-Richtlinie 1146**:2016-08 – Lehrgang: Betonstahlschweißer – Schweißen von Betonstahl nach DIN EN ISO 17660 Teil 1 für die Prozesse 111, 114, 135, 136 und 138. Düsseldorf: DVS Media GmbH.

[R175] **DVS-EWF-Richtlinie 1175**:2004-03 – Lehrgang: Schweißaufsicht – Zusatzausbildung für das Schweißen von Betonstahl. Düsseldorf: DVS Media GmbH.

[R176] **DVS-Richtlinie 1702**:2009-09 – Verfahrensprüfungen im konstruktiven Ingenieurbau. Hrsg.: Deutscher Verband für Schweißen und verwandte Verfahren DVS. Düsseldorf: DVS Media GmbH.

[R177] **DVS-Richtlinie 1708**:2009-09 – Voraussetzungen und Verfahren für die Erteilung der Herstellerqualifikation zum Schweißen von Betonstahl nach DIN EN ISO 17660-1: 2006-12 oder nach DIN EN ISO 17660-2:2006-12. Düsseldorf: DVS Media GmbH.

[R178] **ETA-03/0039**:2013-06 – Einbetonierte und an Stahlplatten angeschweißte Kopfbolzen aus Stahl und aus nichtrostendem Stahl. Berlin: DIBt.

[R179] **ETA-03/0041**:2013-05 – Einbetonierte und an Stahlplatten angeschweißte Kopfbolzen aus Stahl und aus nichtrostendem Stahl. Berlin: DIBt.

[R180] **ETA-13/0243**:2013-05 – IHF-Stretch-Bolt Schraubengarnituren. Berlin: DIBt.

[R181] **ETA-13/0244**:2013-05 – Schraubengarnituren mit TCB studs. Berlin: DIBt.

[R182] **EU-Bauproduktenverordnung (BPVO)**: Verordnung (EU) Nr. 305/2011 des Europäischen Parlaments und des Rates zur Festlegung harmonisierter Bedingungen für die Vermarktung von Bauprodukten und zur Aufhebung der Richtlinie 89/106/EWG des Rates. Brüssel: 09.03.2011; Berichtigung vom 04.04.2011; Modifikation des Anhangs III vom 21.02.2014.

[R183] **EU-Druckgeräterichtlinie**: Richtlinie 2014/68/EU des Europäischen Parlaments und des Rates vom 15. Mai 2014 zur Harmonisierung der Rechtsvorschriften der Mitgliedstaaten über die Bereitstellung von Druckgeräten auf dem Markt. Brüssel: Amtsblatt der Europäischen Union, L 189/164, 27.06.2014.

[R184] **EU-Maschinenrichtlinie:** Richtlinie des Europäischen Parlamentes und des Rates über Maschinen (95/16/EG), 2006 geändert durch die Richtlinie 2006/42/EG. Brüssel: Amt für amtliche Veröffentlichungen der Europäischen Gemeinschaften.

[R185] **EU-Komm.-Entscheidung 1996/603/EG**:1996-10 – Festlegung eines Verzeichnisses von Produkten, die in die Kategorien A „Kein Beitrag zum Brand" gemäß der Entscheidung 94/611/EG zur Durchführung von Artikel 20 der Richtlinie 89/106/EWG des Rates über Bauprodukte einzustufen sind.

[R186] **EU-Komm.-Entscheidung 2000/553/EG**:2000-09 – Durchführung der Richtlinie 89/106/EWG des Rates hinsichtlich des Verhaltens von Bedachungen bei einem Brand von außen.

[R187] **EU-Komm.-Entscheidung 2005/403/EG**:2005-05 – Festlegung der Brandverhaltensklassen bestimmter Bauprodukte für Dächer und Bedachungen bei einem Brand von außen gemäß Richtlinie 89/106/EWG des Rates.

[R188] **EU-Komm.-Entscheidung 2010/737/EU**:2010-12 – Festlegung der Brandverhaltensklassen für bestimmte Bauprodukte (Stahlbleche mit Polyester-, bzw. Plastisol-Beschichtung).

[R189] **European Association for Panels and Profiles**:2016-10 – Qualitätsrichtlinien für Sandwichelemente und Profile.

[R190] **European Association for Panels and Profiles**:2008-12 – Prüfbestimmungen für Profile.

[R191] (**Eurocode 3 Entwurf** – Gemeinsame einheitliche Regeln für Stahlbauten. Kommission der EU. Köln: Stahlbau-Verlag 1984. – *überholt*)

[R192] **IFBS-Fachregeln** des Metallleichtbaus:
(1) Planung und Ausführung, 2014-01,
(2) Verbindungstechnik, 2016-12,
(3) Bauphysik, 2016-12.
Hrsg.: Internationaler Verband für den Metallleichtbau (IFBS), Krefeld.

[R193] **MBO** – Musterbauordnung (Hrsg.: Bauministerkonferenz der Länder ARGEBAU), Fassung November 2002, zuletzt geändert Mai 2016. www.is-argebau.de

[R194] **MVV-TB** – Muster-Verwaltungsvorschrift Technische Baubestimmungen (Hrsg.: Deutsches Institut für Bautechnik, Berlin), Ausgabe August 2017, mit Druckfehlerkorrektur vom 11. Dezember 2017. www.dibt.de.

[R195] **RCSC**:2009-12 – Specification for Structural Joints Using High-Strength Bolts. Chicago/USA: Research Council on Structural Connections.

[R196] **Ril 804**:2015-07 – Richtlinie 804: Eisenbahnbrücken (und sonstige Ingenieurbauwerke) planen, bauen und instand halten. Frankfurt/Main: DB Netz AG.

[R197] **SEW 088**:2017-10 – Stahl-Eisen-Werkstoffblatt 088: Schweißgeeignete un- und niedriglegierte Stähle – Empfehlungen für die Verarbeitung, besonders für das Schmelzschweißen (einschließlich Beiblatt 1 und Beiblatt 2). Düsseldorf: Verlag Stahleisen 2017.

[R198] **TL/TP KOR-Stahlbauten**:2014-05 – Technische Lieferbedingungen und Technische Prüfvorschriften für Beschichtungsstoffe für den Korrosionsschutz von Stahlbauten. Hrsg.: Bundesanstalt für Straßenwesen (BASt), Bergisch Gladbach.

[R199] **VDI-Richtlinie 2230-1**:2015-11 – Systematische Berechnung hochbeanspruchter Schraubenverbindungen, Blatt 1: Zylindrische Einschraubenverbindungen. Hrsg.: Verein Deutscher Ingenieure VDI, Düsseldorf.

[R200] (**VDI-Richtlinie 2571**:1976-08 – Schallabstrahlung von Industriebauten. – *2006 zurückgezogen)*

[R201] **Verbände-Richtlinie**: Korrosionsschutz von Stahlbauten – Duplex-Systeme. Hrsg.: DSTV, BVK, VdL, IVF. Düsseldorf 2000.

[R202] **WLTB**:2015-07 – Wasserstraßenspezifische Liste Technischer Baubestimmungen im Technischen Regelwerk Wasserstraßen (TR-W), Stand 2015-07. Hrsg.: Bundesverkehrsministerium (BMVI).

[R203] **ZTV-ING**:2017-02 – Zusätzliche Technische Vertragsbedingungen und Richtlinien für Ingenieurbauten – Teil 1: Allgemeines; Teil 4: Stahlbau, Stahlverbundbau. Hrsg.: Bundesanstalt für Straßenwesen (BASt), Bergisch-Gladbach.

[R204] **AbZ Nr. Z-30.10-65**:2016-07 – Bleche und Bänder aus kontinuierlich schmelztauchveredelten Flacherzeugnissen aus Stahl S390GD, S420GD und S450GD. Berlin: DIBt.

[R205] **AbZ Nr. Z-14.4-585**:2016-05 – KÖCO Gewindebolzen K 800. Berlin: DIBt.

[R206] **AbZ Nr. Z-14.4-664**:2014-11 – Schraubenverbindungen mit RIPP LOCK Sicherungsscheiben zur Schraubensicherung. Berlin: DIBt.

[R207] **AbZ Nr. Z-14.4-702**:2016-08 – HEICO-LOCK® HLK-Scheiben. Berlin: DIBt

[R208] **AbZ Nr. Z-14.4-705**:2016-07 – Schraubenverbindungen mit Nord-Lock Keilsicherungsscheibe zur Schraubensicherung. Berlin: DIBt.

[R209] **ETA-13/0246**:2013-05 – Nord-Lock SC bolt securing washer. Berlin: DIBt.

[R210] **DIN EN 13501-1**:2010-01 – Klassifizierung von Bauprodukten und Bauarten zu ihrem Brandverhalten – Teil 1: Klassifizierung mit den Ergebnissen aus den Prüfungen zum Brandverhalten von Bauprodukten.

[R211] **ISO/TR 17671**:2002-02 – Welding: Recommendations for welding of metallic materials – Part 1: General guidance for arc welding, Part 2: Arc welding of ferritic steels, Part 3: Arc welding of stainless steels.

[R212] **DIN EN ISO 4287**:2010-07 – Geometrische Produktspezifikation (GPS): Oberflächenbeschaffenheit: Tastschnittverfahren – Benennungen, Definitionen und Kenngrößen der Oberflächenbeschaffenheit.

[R213] **DIN EN ISO 9017**:2018-04 – Zerstörende Prüfung von Schweißverbindungen an metallischen Werkstoffen: Bruchprüfung.

[R214] **ETAG 032**:2013-05 – Guidelines for European Technical Approval of Expansion Joints for Road Bridges, Parts 1 to 8. Brussels, EOTA 2013.

[R215] **DIN EN 13501-2**:2016-12 – Klassifizierung von Bauprodukten und Bauarten zu ihrem Brandverhalten – Teil 2: Klassifizierung mit den Ergebnissen aus den Feuerwiderstandsprüfungen, mit Ausnahme von Lüftungsanlagen.

Stichwortverzeichnis

Inserentenverzeichnis

Die inserierenden Firmen und die Aussagen in Inseraten stehen nicht notwendigerweise in einem Zusammenhang mit den in diesem Buch abgedruckten Normen. Aus dem Nebeneinander von Inseraten und redaktionellem Teil kann weder auf die Normgerechtheit der beworbenen Produkte oder Verfahren geschlossen werden, noch stehen die Inserenten notwendigerweise in einem besonderen Zusammenhang mit den wiedergegebenen Normen. Die Inserenten dieses Buches müssen auch nicht Mitarbeiter eines Normenausschusses oder Mitglied von DIN sein. Inhalt und Gestaltung der Inserate liegen außerhalb der Verantwortung von DIN.

Zuschriften bezüglich des Anzeigenteils werden erbeten an:

Wilhelm Ernst & Sohn
Verlag für Architektur und technische Wissenschaften
GmbH & Co. KG, Berlin
Rotherstraße 21
10245 Berlin